2026
최신개정

名品

최신 출제기준 반영

# 종자기사 · 산업기사

권현준 저

## 필기

# PREFACE

종자를 공부하는데 있어 처음 입문하는 사람에게는 용어 및 개념에 어려움이 많은 학문입니다. 단순히 종자의 종류만 알고 암기하는 것이 아니라 우리나라에 조건에 적합한 종자를 선택하고 새로운 산업군에 어울리는 종자를 개발하는 것까지 종자, 육종 나아가 작물에 대해서까지 학습을 해야하는 분야입니다.

이러한 종자라는 학문을 접하는데 있어 좀더 쉽게 그리고 즐겁게 시작하는 것이 중요하다고 판단했습니다.

이 책은 깊고 복잡하게 공부를 시작하기보다 쉽게 종자를 이해하고 나아가 관련 자격증을 취득하기 위한 **기출문제** 및 **CBT문제**를 수록하였습니다. 이론의 경우 이러한 문제의 출제율에 맞추어 자격증 취득에 좀더 중점을 두고 반드시 알아야 하는 필수 이론을 쉽게 공부하기 위해 **요약 정리**해두었습니다

그래서 처음 이론을 접하시는 분들이 어렵게 접근하기보다 대략적인 종자에 대한 이해를 도모하고 차후 문제를 통해 심도 있는 학습을 하고자 구성하였습니다. 실제 관련 문제에 필요한 내용들을 첨부하여 공부하는데 책을 하나하나 찾아보는 수고를 줄이고 효율적인 공부가 가능하도록 구성하였습니다.

앞으로 종자분야는 사람들의 생활에 있어 식량문제를 해결하는 중요한 학문이 될것이고 이것을 인지하고 있기에 관련 법규도 개설하여 운영을 하고 있습니다.

지금부터 이책을 통해 많은 분들이 자격증 합격 분만 아니라 종자의 발전과 본인의 행복한 미래를 위한 밑거름이 되길 기원합니다.

지은이

Seeds

# 자격시험안내 INFORMATION

## 01 개요

농업 생산성을 증가시키고 농가 소득을 증대시키기 위한 정책적 배려에서 작물재배가 크게 장려되어 우수한 작물품종의 개발 및 보급이 요구되었다. 이에 전문적인 지식과 일정한 자격을 갖춘 자로 하여금 작물종자의 채종과 생산업무를 수행하도록 하기 위하여 자격제도 제정.

## 02 시행기관 및 원서접수

한국산업인력공단(www.q-net.or.kr)

## 03 진로 및 전망

- 작물시험장, 원예시험장, 종자생산업체, 국립종자원, 원예재배농장, 자영농, 종묘상, 농촌진흥청 등의 관련 분야 공무원으로 진출할 수 있다. 「종자산업법」에 따라 종자관리사로 진출할 수 있다.
- 최근 응시자와 합격자수가 증가하는 추세이며, 합격률도 높은 편이다.

## 04 시험과목 및 검정방법

| 구분 | 종자기사 | 종자산업기사 |
|---|---|---|
| 필기 | ① 종자생산학<br>② 식물육종학<br>③ 재배원론<br>④ 식물보호학<br>⑤ 종자관련법규 | ① 종자생산과 법규<br>② 육종<br>③ 재배<br>④ 작물보호 |
| 실기(필답형) | 종자생산실무(기사 2시간 30분, 산업기사 2시간) | |

## 05 합격기준

필기·실기 : 100점 만점에 60점 이상 득점자

## 06 응시절차

| | | |
|---|---|---|
| 1 | 필기원서접수 | •Q-net를 통한 인터넷 원서접수<br>•필기접수 기간 내 수험원서 인터넷 제출<br>•사진(6개월 이내에 촬영한 3.5×4.5cm 칼라사진, 수수료 전자결제<br>•수험표 본인 선택(선착순) |
| 2 | 필기시험 | 수험표, 신분증, 필기구(흑색 싸인펜 등), 공학용계산기 지참 |
| 3 | 합격자 발표 | •Q-net를 통한 합격확인(마이페이지 등)<br>•응시자격(기술사, 기능장, 산업기사, 서비스 분야 일부종목)<br>•제한종목은 합격예정자 발표일부터 8일 이내에(토, 공휴일 제외)<br>•응시자격서류를 제출하여 합격처리된 사람에 한하여 실기접수가 가능 |
| 4 | 실기원서 접수 | •실기접수기간 내 수험원서 인터넷(www.Q-net.or.kr)제출<br>•사진(6개월 이내에 촬영한 반명함판 사진파일(JPG), 수수료(정액)<br>•시험일시, 장소, 본인 선택(선착순)<br>단, 기술사 면접시험은 시행 10일 전 공고 |
| 5 | 실기시험 | 수험표, 신분증, 필기구, 공학용 계산기, 수험자 지참준비물(작업형 시험한정) 지참 |
| 6 | 최종합격자 발표 | Q-net를 통한 합격확인(마이페이지 등) |
| 7 | 자격증 발급 | •(인터넷) 인터넷 신청 후 우편 배송<br>•(방문수령) 여권규격사진 및 신분확인 서류 |

## 07 전국 한국산업인력공단 안내

| 기관명 | 주소 | 연락처 |
|---|---|---|
| 서울지역본부 | (02512)서울 동대문구 장안벚꽃로 279(휘경동 49-35) | 02-2137-0590 |
| 서울서부지사 | (03302)서울 은평구 진관3로 36(진관동 산100-23) | 02-2024-1700 |
| 서울남부지사 | (07225)서울시 영등포구 버드나루로 110(당산동) | 02-876-8322 |
| 서울강남지사 | (06193)서울시 강남구 테헤란로 412 알레르망타워 15층(대치동) | 02-2161-9100 |
| 인천지사 | (21634)인천시 남동구 남동서로 209(고잔동) | 032-820-8600 |
| 경인지역본부 | (16626)경기도 수원시 권선구 호매실로 46-68(탑동) | 031-249-1201 |
| 경기동부지사 | (13313)경기 성남시 수정구 성남대로 1214 광우빌딩(1~7층) | 031-750-6200 |
| 경기서부지사 | (14488) 경기도 부천시 길주로 463번길 69(춘의동) | 032-719-0800 |
| 경기남부지사 | (17561)경기 안성시 공도읍 공도로 51-23 | 031-615-9000 |
| 경기북부지사 | (11801)경기도 의정부시 바대논길 21 해인프라자 3~5층(고산동) | 031-850-9100 |
| 강원지사 | (24408)강원특별자치도 춘천시 동내면 원창 고개길 135(학곡리) | 033-248-8500 |
| 강원동부지사 | (25440)강원특별자치도 강릉시 사천면 방동길 60(방동리) | 033-650-5700 |
| 부산지역본부 | (46519)부산시 북구 금곡대로 441번길 26(금곡동) | 051-330-1910 |
| 부산남부지사 | (48518)부산시 남구 신선로 454-18(용당동) | 051-620-1910 |
| 경남지사 | (51519)경남 창원시 성산구 두대로 239(중앙동) | 055-212-7200 |
| 경남서부지사 | (52733)경남 진주시 남강로 1689(초전동 260) | 055-791-0700 |
| 울산지사 | (44538)울산광역시 중구 종가로 347(교동) | 052-220-3277 |
| 대구지역본부 | (42704)대구시 달서구 성서공단로 213(갈산동) | 053-580-2300 |
| 경북지사 | (36616)경북 안동시 서후면 학가산 온천길 42(명리) | 054-840-3000 |
| 경북동부지사 | (37580)경북 포항시 북구 법원로 140번길 9(장성동) | 054-230-3200 |
| 경북서부지사 | (39371)경상북도 구미시 산호대로 253(구미첨단의료 기술타워 2층) | 054-713-3000 |
| 광주지역본부 | (61008)광주광역시 북구 첨단벤처로 82(대촌동) | 062-970-1700 |
| 전북지사 | (54852)전북특별자치도 전주시 덕진구 유상로 69(팔복동) | 063-210-9200 |
| 전북서부지사 | (54098)전북특별자치도 군산시 공단대로 197번지 풍산빌딩 2층(수송동) | 063-731-5500 |
| 전남지사 | (57948)전남 순천시 순광로 35-2(조례동) | 061-720-8500 |
| 전남서부지사 | (58604)전남 목포시 영산로 820(대양동) | 061-288-3300 |
| 대전지역본부 | (35000)대전광역시 중구 서문로 25번길 1(문화동) | 042-580-9100 |
| 충북지사 | (28456)충북 청주시 흥덕구 1순환로 394번길 81(신봉동) | 043-279-9000 |
| 충북북부지사 | (27480)충북 충주시 호암수청2로 14 (호암동) 충주농협 호암행복지점 3~4층 | 043-722-4300 |
| 충남지사 | (31081)충남 천안시 서북구 상고1길 27(신당동) | 041-620-7600 |
| 세종지사 | (30128)세종특별자치시 한누리대로 296(나성동) | 044-410-8000 |
| 제주지사 | (63220)제주 제주시 복지로 19(도남동) | 064-729-0701 |

## 08 출제기준

### 종자기사

| 직무 분야 | 농림어업 | 중직무 분야 | 농업 | 자격 종목 | 종자기사 | 적용 기간 | 2024.1.1.~2028.12.31. |
|---|---|---|---|---|---|---|---|

○ 직무내용
농작물의 새로운 품종개발을 위해서 교배, 돌연변이 유발, 형질전환, 선발 등의 육종행위를 수행하고, 선발된 신품종의 가장 적합한 재배조건과 번식방법을 확립하며, 우수한 성능을 가진 품종의 종자를 효율적으로 생산·번식시키며, 종자검사 및 종자보증 등의 종자관리를 수행하는 직무이다.

| 필기검정방법 | 객관식 | 문제수 | 100 | 시험시간 | 2시간 30분 |
|---|---|---|---|---|---|

| 필기과목명 | 문제수 | 주요항목 |
|---|---|---|
| 종자생산학 | 20 | 1. 종자의 형성과 발달<br>2. 채종기술<br>3. 수확 후 종자관리<br>4. 종자발아와 휴면<br>5. 종자의 수명과 퇴화<br>6. 포장검사와 종자검사 |
| 식물육종학 | 20 | 1. 육종의 기초<br>2. 변이<br>3. 생식<br>4. 유전<br>5. 육종방법<br>6. 특성 및 성능의 검정방법<br>7. 품종의 유지 증식 및 보급<br>8. 생명공학 기술이용 |
| 재배원론 | 20 | 1. 재배의 기원과 현황<br>2. 재배환경<br>3. 작물의 내적균형과 식물호르몬 및 방사선 이용<br>4. 재배기술<br>5. 각종 재해<br>6. 수확, 건조 및 저장과 도정 |
| 식물보호학 | 20 | 1. 작물보호의 개념<br>2. 식물의 병해<br>3. 식물 해충<br>4. 잡초<br>5. 농약(작물보호제) |
| 종자관련법규 | 20 | 1. 종자관련법규 |

# 종자산업기사

| 직무 분야 | 농림어업 | 중직무 분야 | 농업 | 자격 종목 | 종자산업기사 | 적용 기간 | 2023.1.1.~2026.12.31. |
|---|---|---|---|---|---|---|---|
| ○ 직무내용<br>농작물의 새로운 품종 개발을 위해서 교배, 돌연변이 유발, 선발 등의 육종 행위를 수행하고 우수한 성능을 가진 품종의 종자 및 작물을 효율적으로 보호 · 생산 · 번식을 수행하는 직무이다. | | | | | | | |

| 필기검정방법 | 객관식 | 문제수 | 80 | 시험시간 | 2시간 |
|---|---|---|---|---|---|

| 필기과목명 | 문제수 | 주요항목 |
|---|---|---|
| 종자생산과 법규 | 20 | 1. 종자의 발달<br>2. 종자생산체계<br>3. 보증종자의 검사 |
| 육종 | 20 | 1. 육종의 기초<br>2. 육종기술<br>3. 특성 및 성능검정 |
| 재배 | 20 | 1. 작물현황분석<br>2. 재배 환경<br>3. 재배 기술 |
| 작물보호 | 20 | 1. 작물보호의 기초<br>2. 작물 병 · 해충 및 잡초관리<br>3. 작물보호제(농약) |

# CONTENTS

## PART 01 종자생산학

## PART 02 식물육종학

# PART 03 재배원론

## PART 04 식물보호학

## PART 05 종자관련법규



## PART 06 종자기사 필기 과년도문제

# PART 07 종자산업기사 필기 과년도문제

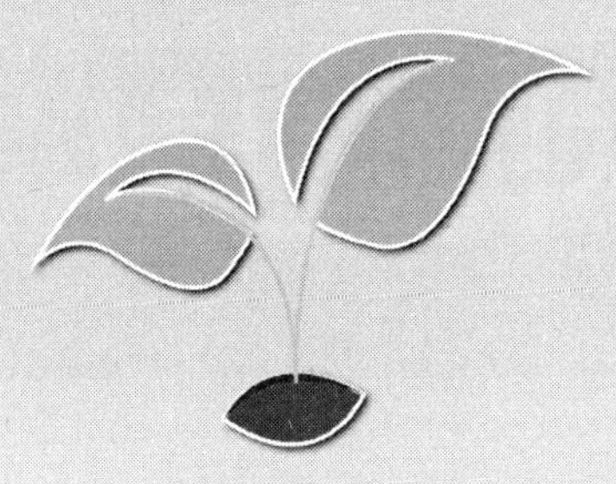

# PART 1

# 종자생산학

ENGINEER SEEDS

PART 01

# 종자생산학

## 01 종자의 형성과 발달

### 1. 종자의 형성

#### (1) 화아유도와 분화

① 식물의 기본 구성 단위는 세포이고 세포가 분열과 신장을 통해 기관을 형성하며 기관은 식물체를 형성하게 된다.

② 식물은 뿌리, 줄기, 잎의 영양기관과 꽃, 종자, 과실의 생식기관으로 분류된다.

③ 화아분화

㉠ 화아분화(꽃눈의 분화)는 식물의 생장점이나 엽맥에 꽃으로 발달할 원기가 생기는 것으로 영양생장에서 생식생장으로 전환하는 것을 말한다.

㉡ 화아분화에 영향을 주는 요인으로 일장, 온도(춘화처리 등), 습도 등의 외부환경요인이 있으며 내적요인으로는 식물의 성숙도, 영양상태(C/N율 등), 식물호르몬 등이 있다.

㉢ 작물에 있어 잎줄기채소와 뿌리채소는 영양기관을 수확하는 것이기에 화아분화가 늦을수록 유리하지만 채종을 위한 재배의 경우 화아분화가 빠를 수록 유리하다.

㉣ 열매채소는 꽃에서 나온 열매를 목적으로 하기에 화아분화를 유도한다.

㉤ 보통 화아분화가 시작되면 잎줄기채소는 잎의 수의 변화가 없고 생장속도가 둔해진다.

㉥ 화아분화 시기에는 뿌리채소는 뿌리의 비대가 불량해진다.

#### (2) 화아분화의 영향인자

① 일장

㉠ 식물은 일장에 의해 화아분화가 유도되며 이러한 현상을 일장효과 혹은 광주성이라 한다.

㉡ 화아분화의 유도는 낮보다는 밤의 길이가 더 많은 영향을 미친다.

㉢ 일장에 자극을 받는 부위는 잎으로 노엽이나 미성엽은 자극에 둔하지만 어리고 충분히 전개된 잎은 반응을 잘 하는 편이다.

㉣ 일장의 자극을 받은 잎에서 생성된 화성물질은 사부를 통해 생장점으로 이동한다.

㉤ 개화를 결정하는 일장을 한계일장이라 하며 보통 장일성 식물은 한계일장이상, 단일성

식물은 한계일장 이하의 빛을 받아야 개화가 유도된다.

ⓑ 일장에 대한 개화 반응 및 관련 작물은 다음과 같다.

| | |
|---|---|
| 장일식물 | · 한계일장보다 더 긴 일장에서 개화하는 식물<br>· 보리, 시금치, 상추, 양파, 감자 등 |
| 단일식물 | · 한계일장보다 짧은 일장에서 개화하는 식물<br>· 콩, 옥수수, 담배, 고구마, 들깨, 국화, 코스모스 등 |
| 중성식물 | · 개화에 일장의 영향을 받지 않는 식물<br>· 오이, 호박, 고추, 토마토, 가지, 완두콩 등 |
| 정일식물 | · 특정 일장이나 일정 범위 내에서만 개화하는 식물<br>· 사탕수수 |
| 장단일식물 | · 장일조건 후 단일조건에서 개화하는 식물<br>· 달리아 |
| 단장일식물 | · 단일조건 후 장일조건에서 개화하는 식물<br>· 페튜니아 |

② 온도

㉠ 작물의 화아유도를 위해 저온이 필요한 현상을 춘화라 한다.

㉡ 생육 초기에 일정기간 인위적 저온처리를 하는 것을 버널리제이션(춘화처리)라고 한다.

㉢ 춘화처리는 보통 5℃ 정도에서 가장 효과적인데 예외적으로 상추의 경우 고온에서 화아분화가 촉진된다. 월년생 장일식물은 0~10℃ 저온 조건에서 유효하고 단일식물은 10~30℃ 정도의 고온조건에서 유효하다.

㉣ 식물체가 온도에 자극을 받는 감응부위는 생장점이나 세포분열이 왕성한 부위이다.

㉤ 식물의 춘화형은 생육단계별 감온에 따라 종자춘화형, 녹식물춘화형, 무춘화형으로 구분된다.

| | |
|---|---|
| 종자춘화형 | · 최아종자의 시기에 저온에 감응하여 개화<br>· 완두, 잠두, 무, 배추 등 |
| 녹식물춘화형 | · 유묘의 시기에 저온에 감응하여 개화<br>· 양파, 파, 양배추, 당근, 담배, 사탕무 등 |
| 무춘화형 | · 개화에 저온을 요구하지 않고 일장반응에 따라 개화<br>· 갓 등 |

③ C/N 율

㉠ C/N 율은 식물체 내의 탄수화물(C)와 질소(N)의 비율로서 식물의 영양상태를 나타내고 성장에 영향을 주는 요인이 된다.

㉡ C/N 율이 높을 경우 화성이 유도되고 C/N 율이 낮을 경우 영양생장이 이루어진다.

④ 화학물질

㉠ 식물호르몬이나 외부에서 공급되는 화학물질 등에 의해 화아분화에 영향을 받으며 대표적으로 옥신, 지베렐린 등이 있다.

㉡ 옥신에서 IAA, NAA 등은 장일식물의 개화를 촉진하나 단일식물의 개화는 억제한다.

㉢ 지베렐린은 저온이나 장일을 대체하여 개화를 유도 및 촉진한다.

㉣ 시토키닌, 에틸렌 등은 개화를 촉진하고 말릭하이드라자이드(MH, maleic hydrazide)는 개화를 억제한다.

### (3) 체세포분열

① 유사분열

㉠ 유사분열은 몸의 크기를 증가시키기 위해 염색체와 방추사가 나타나는 분열로 체세포 분열에 해당한다.

㉡ 유사분열 과정은 전기, 중기, 후기, 종기의 순서로 세포 내 염색체가 유사분열에 의해 복제 후 배가 되고, 딸세포는 복제 배가 되어 쌍을 이루게 되어 모든 염색체 1개씩을 받게 된다.

| | |
|---|---|
| 전기 | · 염색사의 나선화로 염색체가 굵고 짧아진다.<br>· 각 염색체는 2개씩의 염색분체를 구성하고 인과 핵막이 소실된다. |
| 중기 | · 세포의 양극에서 방추사가 형성되며 방추사가 동원체에 부착하여 각 염색체가 적도판에 배열된다.<br>· 중기는 분열주기 중에서 가장 짧은 시기에 해당한다. |
| 후기 | · 각 염색체에서 동원체가 종단되고 염색분체의 종단된 동원체를 따라 분리되며 분리된 동원체는 방추사에 의해 각각 다른 극으로 이동하게 된다. |
| 종기 | · 염색체들의 각 한 벌씩이 양극에 접합하고 나선화가 풀리면서 핵막이 형성된다. 인이 다시 생성되며 방추사가 소실되고 세포판의 형성으로 세포질이 분열된다. |

② 세포주기

㉠ 유사분열하는 세포의 일생을 유사분열기간과 중간기를 포함하여 세포주기라 한다.

㉡ 중간기는 DNA 및 여러 물질이 합성되는 시기로 DNA 합성 시기에 따라 $G_1$기, S기 $G_2$기 로 분류한다.

㉢ 세포주기는 M기, $G_1$기, S기, $G_2$기, M기 순으로 반복된다.

| M기 | 유사분열이 진행되는 기간, 전기가 가장 길고 중기가 가장 짧다. |
|---|---|
| $G_1$기 | 유사분열이 끝나고 DNA가 합성될 때까지 기간을 말한다. |
| S기 | DNA 복제 기간, DNA 합성은 각 염색체상의 여러 부위에서 동시에 시작된다. |
| $G_2$기 | DNA 가 복제되어 유사분열이 시작되기까지의 기간을 말한다. |

### (4) 생식세포분열

① 감수분열

㉠ 감수분열은 암수의 생식기관에서 생식모세포의 염색체 수가 반감되는 세포분열을 말한다. 즉 2회 연속된 유사분열을 통하여 염색체 수가 반감하는 세포 분열로 대개 생식세포 분열시 일어난다.

㉡ 이 과정을 통하여 염색체는 수적으로 반감될 뿐 아니라 각 상동염색체까지 서로 분리되게 된다.

㉢ 감수분열의 경과는 제1감수분열과 제2감수분열로 구분되는데, 제1감수분열은 한 개의 2배체 세포로부터 2개의 반수체세포를 형성하는 감수분열이고 제2감수분열은 반수체 세포에서 자매동원체를 분리시키는 동형분열이다.

㉣ 제1분열과 제2분열의 짧은 사이기간을 분열간기라 하는데, 이 시기에는 일반적인 유사분열이나 제 1감수분열의 간기와는 달리 DNA 복제가 일어나지 않는다.

㉤ 감수분열의 과정은 간기, 전기, 중기, 후기, 말기의 과정을 거친다.

| 간기 | DNA가 복제되어 유전물질의 양이 2배가 된다. |
|---|---|
| 전기 | 염색사가 염색체로 변하고 상동염색체 한 쌍이 대합하여 2가염색체를 형성한다. |
| 중기 | 2가염색체가 적도면에 배열되고 양극에서 방추사가 나와 2가염색체에 붙는다. |
| 후기 | 2가염색체가 갈라져 양극으로 이동하고 염색체 수가 반으로 줄어든다. |
| 말기 | 핵막이 형성되고 세포질이 분열하여 2개의 딸세포로 분리된다. |

### (5) 화기구조

① 꽃의 구조

㉠ 꽃은 대개 꽃잎, 꽃받침, 수술, 암술로 구성되며 꽃눈은 꽃받침, 꽃잎, 수술, 암술의 순서로 안쪽으로 분화해 들어간다.

- 꽃잎은 암술과 수술의 보호 역할과 수분매개 시 곤충의 유인하는 역할을 한다.
- 꽃받침은 꽃잎을 아래쪽에서 받쳐 전체를 보호한다.
- 수술은 꽃가루를 만드는 기관으로 꽃밥과 수술대로 구성되어 있다.

- 암술은 수술의 꽃가루를 받아 열매를 만드는 곳으로 암술머리, 암술대, 씨방으로 구성되어 있다.

㉡ 단자엽식물

- 단자엽식물은 외떡잎식물이라 하며 자엽 1개와 3배수의 화기구조를 가진 식물이다
- 벼, 보리, 밀, 옥수수, 피, 갈대, 억새풀 등이 해당된다.

㉢ 쌍자엽식물

- 쌍떡잎식물이라 하며 자엽 2개와 4~5배수의 화기구조를 가진 식물이다.
- 완두콩, 녹두, 팥, 무, 배추, 상추, 당근, 사과나무, 토마토, 감자 등이 해당된다.

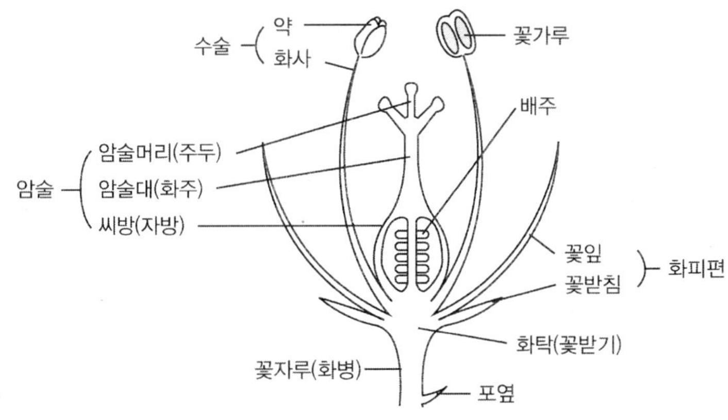


## (6) 꽃가루 형성

① 화분

㉠ 화분(꽃가루)는 종자식물의 꽃밥에서 만들어진 가루모양의 웅성 배우체이며 개개의 입자를 가리킬 때에는 화분립(pollen grain)이라고 한다.

㉡ 종자식물에서는 종에 따라 화분이 형태, 구성성분, 발아공의 수 등이 서로 다르며 특히 유사한 분류군에서는 서로 유사한 화분의 특성을 가지고 있으므로 식물을 분류하는데 중요한 특징이 된다.

㉢ 화분립의 크기와 형태는 다양한데 일반적으로 직경이 25～100μm 정도이다.

② 화분의 형성

㉠ 화분은 꽃의 웅성기관인 수술의 꽃밥에서 생성된다.

㉡ 2배체 화분모세포가 제 1감수분열을 진행하여 반수체 2개의 화분을 만들고 이들은 다시 2감수분열을 통해 반수체인 4개의 화분을 만든다.

### (7) 배낭의 형성

① 배낭은 식물의 자성배우자로 염색체 조성은 n 상태이며 대포자라고 한다.

② 속씨식물의 배낭은 배주(밑씨)속 배낭모세포(2n)가 감수분열을 통해 4개의 배낭세포(n)를 만드는데 3개는 퇴화되고 1개만 성숙하게 된다. 연속되어 3회의 핵분열을 거치게 되면서 8개의 핵(n)을 갖는 배낭이 형성되는데 1개는 알세포(n), 2개 조세포, 2개의 극핵(2n), 3개의 반족세포가 나타난다.

③ 겉씨식물은 배낭모세포에서 감수분열을 통해 배낭이 되고 무수한 핵분열 과정을 거쳐 2개의 알세포(n)가 만들어지는 2개의 핵이 나타나고 나머지 핵들의 경우 배젖을 형성하는데 이 배젖들은 수정을 하지는 않는다.

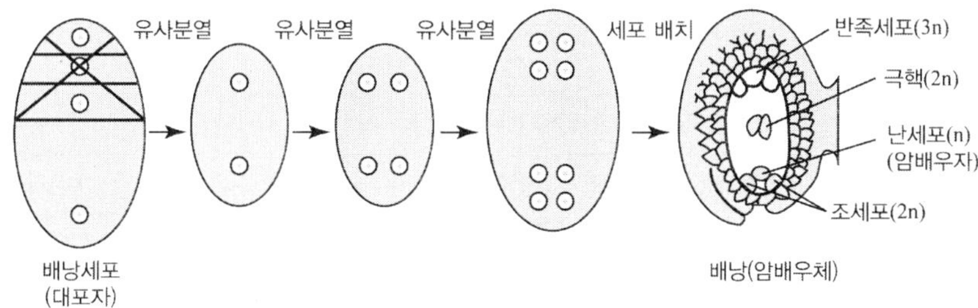


### (8) 수분(受粉)

① 정핵의 형성

㉠ 꽃가루(화분)는 소포자실에서 만들어지며 꽃밥 속의 화분모세포는 감수분열하여 꽃가루 4분자(n)가 되고, 성숙하여 꽃가루(n)가 된다.

㉡ 정핵(웅핵)은 꽃가루가 발아하면 그 속의 핵이 분열하면서 꽃가루관핵(n)과 생식핵(n)이 되고 생식핵이 다시 분열하여 2개의 정핵(n)이 된다.

② 수분

㉠ 성숙된 화분이 수술의 꽃밥에서 터져 나와 암술머리로 옮겨지는 과정을 수분이라 한다.

㉡ 수분 시 꽃가루의 발아에 영향을 주는 요인에는 당분, 칼슘, 붕소, 식물호르몬 등이 있다.

㉢ 수분을 위해 꽃가루를 매개하는 방법에는 충매화, 풍매화, 조매화, 수매화가 있다.

| | |
|---|---|
| 충매화 | · 곤충이나 벌레가 꽃가루를 옮겨준다.<br>· 분꽃, 무꽃, 벚꽃, 장미꽃 등 |
| 풍매화 | · 바람에 의해 꽃가루가 옮겨진다.<br>· 소나무꽃, 옥수수꽃, 은행나무꽃 등 |
| 조매화 | · 새가 꽃가루를 옮겨준다.<br>· 동백꽃 등 |
| 수매화 | · 물이나 조류에 의해 꽃가루가 옮겨진다.<br>· 연꽃, 나사말꽃, 검정말꽃 등 |

③ 수분 방식

㉠ 한 개체의 화분이 같은 개체의 주두에 옮겨지는 자가수분이 있으며 벼, 보리, 콩, 밀, 토마토 등이 대표적이다.

㉡ 타가수분은 한 꽃에서 형성된 화분이 다른 개체의 주두로 옮겨지는 것으로 무, 배추, 양배추, 시금치, 호밀 등이 대표적이다.

㉢ 피망, 갓, 수수 등은 자가수분이 원칙이나 타가수분이 가능하다.

㉣ 타가수분의 원인에는 화기의 구조적 원인, 자웅이숙, 자가불화합성, 웅성불임성, 자웅이주 등이 있다.

| | |
|---|---|
| 자가불화합성 | 동일개체 내의 암·수 생식세포 간에 수정이 이루어지지 않는 현상 |
| 자웅이숙 | 암술과 수술의 성숙 시기가 서로 달라 같은 꽃에서 자가수분이 일어나지 못한다. |
| 자웅이주 | 암그루와 수그루가 따로 있는 경우로 시금치, 은행나무 등이 있다. |
| 자웅동주 | 한 그루에 암꽃과 수꽃이 각각 피기 때문에 다른 꽃의 꽃가루가 전달되어야 하며 오이, 수박, 호박 등이 있다. |
| 이형예 | 한 꽃 속에 있는 암술과 수술의 길이가 다른 것으로 보통은 이형예 단독으로 인하여 타가수분이 나타나기보다 자가불화합성과 자웅이숙이 함께 작용하는 경우가 많다. |
| 장벽수정 | 꽃밥이 암술대의 움푹한 곳에 위치하여 자가수정이 어려운 경우가 있다. |

㉤ 폐화수분은 양성화 식물 중 꽃이 열리기도 전에 수술의 꽃가루가 나와 자가 수분이 되는 경우를 말한다. 콩류, 상추, 우엉 등이 여기에 속하며 자가수분에 해당된다.

### (9) 수정(무수정생식 포함)

① 수정

㉠ 수정은 화분의 정핵과 배낭의 난핵이 융합하는 현상이다.

㉡ 배낭은 식물의 자성배우자(암배우자)로 대포자라 하며 화분은 웅성배우자(수배우자)로 소포자라 한다. 수정의 경우 자성배우자와 웅성배우자가 완전히 성숙했을 때 가능하다.

㉢ 수분된 화분은 암술머리에서 발아하여 화주의 유도조직 내로 화분관을 신장하고 화분관이 배주의 주공에 도달하여 정핵이 이동하고 배낭 속에서 정핵과 난핵이 융합하게 된다.

㉣ 수정으로 접합자가 이루어질 때 접합자의 핵은 양친의 배우자가 융합하여 만들어진다. 세포질은 배낭이 가지고 있던 것으로 화분세포의 세포질은 후대에는 전해지지 않는다.

㉤ 피자식물(속씨식물)의 수정은 배낭 내로 들어간 2개의 정핵 중 하나는 난핵과 융합하여 2n 인 배를 형성하고 다른 하나는 2개의 극핵과 융합하여 3n 의 배유를 형성한다.

② 중복수정

㉠ 중복수정은 배와 배유의 형성이 한 배낭 내에서 동시에 이루어지는 것을 말한다.

㉡ 피자식물에서 꽃가루가 암술머리에 붙어 수분이 이루어지면 꽃가루가 발아하여 꽃가루관이 뻗어 나와 암술대를 통과하여 배낭으로 들어간다. 꽃가루에 있던 2개의 정핵 중 1개는 난핵과 결합하여 배가 되고 다른 1개는 2개의 극핵과 결합해서 배젖(배유)이 된다.

- 정핵(n)+난핵(n) → 배(2n)
- 정핵(n)+2개 극핵(2n) → 배젖(3n)

㉢ 나자식물(겉씨식물)은 2개의 정핵 중에서 1개만이 난핵과 결합하여 배가 되고 배젖은 수정을 거치지 않고 배낭세포에서 유래한다.

- 정핵(n)+난핵(n) → 배(2n)
- 배낭세포 → 배젖(n)

㉣ 속씨식물(피자식물)의 중복수정은 정핵(n)과 2개의 극핵(2n)이 만나 배젖(3n)의 유전자조성에서 부친의 유전자 1개가 모친의 유전자 2개보다 우성을 나타낼 경우 배젖의 형질이 부친 쪽을 닮게 되는데 이때 모체의 일부분인 배젖에 부친의 영향이 직접 당대에 나타나는 경우를 크세니아(Xenia)라고 한다.

㉤ 크세니아의 경우 예를 들어 찰벼와 메벼를 교잡하여 얻은 교잡종자의 경우 배유가 메벼의 성질이 나타나는 경우를 말한다. 주로 찰성벼, 보리, 밀, 옥수수 등에서 나타난다.

㉥ 꽃가루의 유전적 특성이 배유에 나타나는 경우를 크세니아(xenia), 배유 이외의 열매껍질 같은 부분에 나타나는 현상을 메타크세니아(metaxenia)라 한다.

③ 무수정생식

㉠ 정핵과 난핵의 합작 없이 일어나는 생식으로 유성생식의 일종이지만 수정 없이 발생되는 생식으로 단위 생식을 의미한다.

㉡ 무수정생식(아포믹시스, apomixis)는 난핵과 정핵의 결합이 없는 무성생식이다.

㉢ 식물에서 감수분열과 수정의 결과로 배가 생기지 않고 배주안에 있는 2배체 세포에서 생기는 경우가 있는데 이러한 경우 어미에 해당되는 식물체의 세포와 유전적으로 동일한 개체가 만들어진다.

④ 무수정생식 유형

㉠ 복상포자생식(Diplospory)

- 복상포자생식은 배주, 주심, 표피 내의 포원세포가 분화되고 대포자모세포로 발달하여 정상적으로 분화되지만 감수분열을 처음부터 생략하거나 감수분열 과정이 진행되는 도중 분열에 문제가 생겨 발생한다.
- 복상포자생식에서 난세포가 수정 없이 배발생을 하고 극핵도 수정 없이 단독으로 배유 형성을 한다.
- 즉 복상포자생식에 의해 형성된 난세포는 수정 없이 배발생을 해서 모체의 유전자형과 동일한 종자를 형성하게 된다.

㉡ 무포자생식(Apospory)

- 배가 발생하는 배낭이 하나의 배주에서 2개 이상 발생하는 경우, 난세포에서 유래된 배낭은 퇴화를 하고 배낭을 둘러싸고 있는 일반적인 체세포에서 발생한 배낭이 정상적인 종자를 형성하게 된다.
- 무포자생식은 대포자가 아닌 체세포에서 생긴다고 하여 이름이 붙여졌다.
- 무포자생식의 경우 복상포자생식에 비해 비교적 세포학적 관찰이 쉬운 편이다.

㉢ 부정배 형성

- 배낭을 둘러싸고 있는 많은 체세포들이 여러 개의 배가 발생하는 경우 부정배형성이라 한다. 자연상태에서 감귤류의 주심세포나 주피의 세포가 단위생식으로 부정배를 형성하기도 한다.
- 대표적으로 감귤류, 선인장 등에서 주로 관찰이 된다.

## 2. 종자의 발달

### (1) 꽃의 형태와 분류

① 꽃의 형태

㉠ 완전화, 불완전화

- 꽃잎, 꽃받침, 암술, 수술 등을 모두 갖추고 있는 경우를 완전화라고 하며 콩, 감자, 담배, 목화, 사과나무 등이 해당된다.
- 꽃잎, 꽃받침, 암술, 수술 중에서 하나라도 갖추지 않은 경우 불완전화라고 한다. 벼, 밀, 보리, 갈대 등은 꽃잎이 없는 불완전화이고, 튤립, 둥글레 등은 꽃받침이 없는 불완전화이다.

㉡ 양성화, 단성화

- 한 꽃에 암술과 수술이 함께 있는 경우 양성화(자웅동화)라고 하며 암술과 수술이 같은 꽃에 있지 않은 경우는 단성화(자웅이화)라고 한다.
- 양성화를 가진 식물은 자가수정에 유리하고 단성화를 가진 식물은 타가수정이 유리하다.
- 양성화의 경우 자가불화합성이 나타내지 않기에 자식률이 매우 높은 편이다.
- 양성화에서 암술이 먼저 성숙하는 것을 자예선숙이라 하며 질경이, 목련, 달맞이꽃 등에서 관찰된다.

ⓒ 자웅이화

- 암꽃과 수꽃이 동일한 개체에 있는 경우 자웅동주라 하며 오이, 호박, 참외, 수박, 옥수수, 소나무 등이 있다.
- 암꽃과 수꽃이 서로 다른 개체에 있는 경우 자웅이주라 하며 시금치, 아스파라거스, 주목, 은행나무 등이 있다.

② 꽃의 분류

㉠ 유한화서

- 화서는 꽃이 줄기의 맨 끝에 위치하는 유한화서가 있는데 식물의 성장이 꽃이 핌으로써 거의 정지하게 된다.
- 단정화서, 단집산화서, 복집산화서, 전갈꼬리형화서, 집단화서 등이 있다.
- 단정화서는 화서축의 선단에 1개의 꽃을 피우는 종류로 목련, 장미, 튤립 등이 있다.
- 단집산화서는 가운데 꽃이 맨 먼저 피고 다음 측지 또는 소화경에서 꽃이 핀다.
- 복집산화서는 2차지경 위에 꽃이 피는 것으로 작살나무 등이 있다.

㉡ 무한화서

- 꽃이 측지에 착생하고 개화 후 다른 줄기들도 지속적으로 신장하는 것을 무한화서라 한다.
- 무한화서에는 총상화서, 원추화서, 수상화서, 유이화서, 육수화서, 산방화서, 산형화서, 두상화서 등이 있다.
- 두상화서는 꽃차례축의 끝이 원형판으로 되어 그 위에 작은 꽃자루가 없는 꽃들이 밀집하여 모여 달리는 머리모양을 띠고 있다.
- 총상화서는 긴 화경에 여러 개의 작은 소화경이 붙어 꽃이 배열되어 개화하는 형태이다.
- 산형화서는 화서축의 선단부에 우산살 모양의 소화경이 발생하며 화서의 선단부는 둥근 것이 특징으로 파, 양파, 부추 등이 있다.
- 수상화서는 길고 가느다란 꽃차례 축에 작은 꽃자루가 없는 꽃이 조밀하게 달린

꽃차례로 보리가 해당된다.

- 유이화서는 수꽃이나 암꽃이 따로 모여 있는 화서로 수상화서가 변형된 것이다.

### (2) 과실의 발달과 종류

① 과실의 발달

㉠ 과실은 성숙한 씨방으로 씨방은 배주를 가지고 있고 이 배주가 종자로 발달하게 된다.

㉡ 과실은 꽃의 발육에 따라 진과와 위과로 분류한다.

㉢ 진과는 암술의 양쪽 벽이 비대한 것으로 감, 포도, 복숭아, 매실, 은행, 자두 등이 여기에 해당된다.

㉣ 위과는 꽃받침이 발달해 과실이 되는 것으로 사과, 배, 무화과 등이 있다.

㉤ 복과는 많은 꽃의 자방들이 모여 하나의 덩어리를 이루는 것으로 라즈베리, 파인애플 등이 있다.

㉥ 그 외에 취과(집합과)는 여러 개의 심피가 1개의 열매처럼 되어 있으며 단과는 단지 1개의 씨방이 자라서 열매를 맺는 것이다.

② 과실의 분류

㉠ 과수는 형태적 분류에 따라 인과류, 핵과류, 장과류, 준인과류, 각과류로 분류된다.

㉡ 꽃받침이 발달하는 인과류에는 사과, 배, 비파 등이 대표적이다.

㉢ 중과피가 발달하는 특징이 있는 핵과류는 복숭아, 매실, 살구, 자두 등이 있다.

㉣ 씨방이 발달한 준인과류는 감귤, 감 등이 있다.

㉤ 씨방의 외과피가 발달한 장과류는 포도, 무화과, 딸기 등이 있다.

㉥ 각과류는 씨의 자엽부분을 식용하는 밤, 호두 등이 대표적이다.

③ 단위결과

㉠ 수정이 되고 종자가 생기지 않아도 과실이 형성되는 경우가 있는데 이를 단위결과라 한다.

㉡ 단위결과는 염색체의 조성이 복잡하여 정상적인 배우자를 형성할 수 없는 경우 발생하는데 대표적으로 바나나, 포도, 오이, 감귤류 등이 해당된다.

㉢ 단위결과는 화분의 자극이나 생장조절물질의 조절, 배수성 등을 이용하여 인위적으로 유발할 수 있다.

㉣ 채소류 중 단위결과성이 높은 오이 등을 제외하고 단위결과로 정상과가 어려우므로

과실의 비대발육에 수정과 종자의 발달, 착과제 처리 등의 과정이 필요하다.

ⓜ 착과제 처리

· 착과제 처리 목적은 수분 및 수정이 불확실할 때 단위결과를 유기시키는 것이다.

· 보통 과실은 수정의 결과 이루어지는 종자의 형성과 함께 발육하나 수정이 되지 않고 자방이 발육하여 과실을 형성하는 단위결과가 발생하기도 한다.

· 포도, 수박 등 단위결과를 유도하여 씨 없는 과실을 생산할 수 있다.

④ 종자와 과실의 정의

㉠ 식물학에서 배주가 수정하여 자란 것을 종자라 정의하고 수정 후에 자방과 관련기관이 비대한 것을 과실이라 한다.

㉡ 식물학상 종자에 해당되는 종류에는 목화, 담배, 참깨, 유채, 두류 등이 있다.

㉢ 식물학상 과실에 해당하고 나출된 것으로 밀, 쌀보리, 옥수수, 박하, 제충국 등이 있으며 과실의 외측이 내영, 외영에 싸여 있는 것으로 벼, 귀리, 겉보리 등이 있다.

### (3) 종자의 발달과 성숙

① 종자의 발달

㉠ 종자는 종피와 배, 저장양분을 함유한 배유 등으로 구성되어 있으며 종자의 발달 관계는 다음과 같다.

- 씨방(자방) → 열매
- 밑씨(배주) → 종자
- 주피 → 씨껍질(종피)
- 주심 → 내종피
- 극핵(2개)+정핵 → 배젖(속씨식물)
- 난핵 + 정핵 → 배

㉡ 종자는 세포분열과 신장을 위한 양분과 수분 흡수로 중량이 무거워지는데 종자에서는 배젖이 무게의 대부분을 차지한다. 수정 직후의 건물중은 과피가 가장 무거우나 약 1주일 정도 지나면 배젖이 종자무게의 대부분을 차지한다.

㉢ 배젖이 발달함에 따라 종자 내의 당 함량이 감소하고 탄수화물 함량이 증가하며 외종피 또는 과피의 DNA, RNA 함량은 종자의 발달 과정 중에 변화가 거의 없다.

㉣ 주심은 포원세포에서 자성배우체가 되는 기원으로 자방조직에서 유래하며 포원세포가 발달한다.

② 배의 발달

㉠ 배(2n)은 배낭 속의 난핵과 정핵이 수정한 결과 발생하며 이후 식물체가 되는 접합자이다. 접합자의 첫 세포분열까지는 약 5시간 내외정도가 소요된다.

㉡ 쌍자엽식물은 분열에 의해 접합자가 정단세포와 기부세포로 나뉘고 분열과 발달을 계속하여 성숙한 배가 형성된다.

㉢ 기부세포가 분열하여 생성된 배병세포는 발육 중인 배에게 양분과 지베렐린 등을 공급한다.

㉣ 배의 발생 법칙에는 절약의 법칙, 기원의 법칙, 수의 법칙, 목적불변의 법칙 등이 있으며 내용은 다음과 같다.

| | |
|---|---|
| 절약의 법칙 | 필요 이상의 세포는 만들지 않는다. |
| 기원의 법칙 | 세포의 형성과 발달순서는 유전적으로 정해져 있으므로 어떤 세포의 기원은 이전의 세포에 의해 결정된다. |
| 수의 법칙 | 세포의 수는 식물의 정에 따라 다르며 동일 세대에 있는 세포들은 세포분열 속도에 따라 다르다. |
| 목적불변의 법칙 | 미리 정해진 방향에 따라 분열하고 미래에 발휘할 기능에 따라 일정한 위치를 정한다. |

③ 배유(배젖)의 발생

㉠ 배유(배젖, 3n)은 배낭 속 2개의 극핵과 정핵이 수정한 다음 세포분열을 통해 많은 저장물질이 축적되어 만들어지는데 주변 조직으로부터 얻은 양분을 배에 공급하게 된다.

㉡ 쌍자엽식물은 배유가 형성되나 발달과정에서 퇴화를 하며 성숙한 종자는 배로 구성된다. 이와 같은 무배유종자들은 떡잎이 발달하고 여기에 저장물질이 있다.

㉢ 외떡잎식물의 배젖은 종자 발아 시 양분을 공급해 준다.

㉣ 배젖은 발달하여 주공이나 합점 끝에 형성된 기생근을 통해 주위의 양분을 흡수한다.

㉤ 성숙한 배젖은 바깥쪽 호분층에 단백질을 저장한다. 이 단백질은 주로 전분을 분해하는 가수분해효소들이다. 단자엽식물의 경우 배에서 생성된 지베렐린은 배반을 통해 방출되어 호분층으로 이동한다.

㉥ 피자식물(속씨식물)의 종자 핵형은 배유 3n, 배 2n, 종피 2n 으로 구성되게 된다.

④ 종자의 성숙

㉠ 종자의 성숙은 크게 배의 발달, 양분의 축적, 종자의 성숙으로 이루어진다.

ⓛ 양분의 축적 단계에는 광합성을 통해 생성된 양분이 성숙 중인 종자로 이동되어 축적된다. 종자의 수분함량은 50% 정도 수준이며 배의 세포 분열이 정지되고 크기만 증가한다.

ⓒ 종자의 성숙 단계에서는 종자가 건조되어 수분 함량이 약 15% 내외 정도가 유지된다. 이때는 엽록소의 기능이 떨어지거나 상실되고 배유의 구조 변화가 나타난다.

ⓔ 종자의 성숙 단계에서 배유의 변화에 따라 유숙기, 호숙기, 황숙기, 완숙기, 고숙기로 구분된다.

## 3. 종자의 구조

### (1) 종자의 외곽부

① 종피는 배주를 싸고 있는 주피가 변화하면서 만들어진 것으로 경층, 팽창층, 색소층 등으로 구성되어 있다.

② 종피는 모체의 일부이며 종자의 내부를 보호하는데 휴면이나 발아지연을 유발하기도 한다.

③ 종피의 표면은 식물에 따라 차이가 있는데 파 종자의 경우 주름이 있고 토마토 종자는 털이 있으며 소나무 종자는 날개가 있기도 하다.

### (2) 저장조직과 배

① 종자의 저장조직

㉠ 종자의 저장조직은 배유, 외배유, 자엽으로 구성되어 있으며 양분을 저장하는 배유종자와 배유가 없거나 퇴화된 무배유종자가 있다.

| | |
|---|---|
| 배유종자 | · 배유에는 양분이 저장되고 배는 잎, 생장점, 줄기, 뿌리 등의 어린 조직이 모두 갖추고 있다.<br>· 벼, 보리, 밀, 옥수수, 양파, 당근, 토마토 등 |
| 무배유종자 | · 자엽에 양분이 저장되어 있고 배는 유아, 배축, 유근의 세부분으로 형성되어 있다.<br>· 콩, 완두, 팥, 녹두, 클로버 등의 콩과식물 및 수박, 오이, 호박, 상추, 배추 등 |

ⓛ 종자의 저장물질은 전분(탄수화물), 단백질, 지방, 유기산 등이 있으며 배유, 자엽, 배축, 외배유 등에 주로 저장되며 소량은 종자 전체 분포하기도 한다.

ⓒ 외배유는 주심(중앙의 유조직)조직의 일부가 수정 후 발달해 영양을 저장한다.

ⓒ 자엽에 양분을 저장하는 것으로 콩과식물은 단백질과 탄수화물을 저장하고 오이, 호박, 상추, 배추 등은 지방과 단백질을 저장한다.

㉣ 배유에 양분을 저장하는 것으로 단백질과 탄수화물을 저장하는 벼, 보리, 밀, 옥수수 등이 있고 지방을 저장하는 들깨, 참깨 등이 있다.

② 배

배는 유아, 떡잎, 배축, 유근 등으로 구성된다.

| | |
|---|---|
| 유아 | 배의 끝에 있는 눈으로 신장발달을 통해 지방부의 줄기, 잎을 형성한다. |
| 떡잎 | 양분의 저장기관으로 종자가 발아할 때 본엽 출현 시까지 배에 양분을 공급한다. |
| 배축 | 배에 있는 줄기 모양의 주축으로 배축 중 자엽 윗부분을 상배축, 자엽 아랫부분을 하배축이라 한다. |
| 유근 | 뿌리가 될 부분으로 발아에 의해 신장한다. |

## 4. 종자의 형태

### (1) 외형적 특징

① 종자의 크기는 식물종에 따라 수mm ~ 수십 cm 까지 다양하다.

② 종자의 형상은 원형이나 타원형이나 식물의 종류에 따라 다양하게 나타난다.

| 형상 | 종류 | 형상 | 종류 |
|---|---|---|---|
| 타원형 | 벼, 밀, 팥, 콩 | 능각형 | 메밀, 삼 |
| 구형 | 배추, 양배추 | 난형 | 고추, 무, 레드클로버 |
| 방추형 | 보리, 모시풀 | 도란형 | 목화 |
| 방패형 | 파, 양파, 부추 | 난원형 | 은행나무 |
| 접시형 | 굴참나무 | 신장형 | 양귀비, 닭풀 |

③ 식물종에 따라 종자의 이동을 위한 편모나 날개가 있다.

④ 종자에 따라 고유색이나 무늬가 다양하게 나타난다.

### (2) 외형에 나타나는 특수기관

① 성숙종자에는 제(배꼽), 주공(발아공), 봉선, 합점, 우류 등의 특수기관이 있다.

② 종자의 배병이나 태좌에 붙어있던 흔적인 제(배꼽)은 식물의 종류에 따라 위치가 다르다. 배추, 시금치는 종자의 끝에 위치하고 상추, 쑥갓은 종자의 기부에 위치한다. 콩의 경우 종자의 뒷면에 위치하는 것이 특징이다.

③ 주공은 제(배꼽)의 끝에 위치하며 꽃가루의 침입구이다.

④ 봉선은 가는 선이나 홈을 이룬 것으로 종피와 다른 색을 띠며 길이를 통해 종자의 구분이

가능하다.

⑤ 합점은 봉선의 가장 끝에 있는 혹 같은 점으로 여기서부터 관다발이 갈라지면서 종자의 내부로 들어간다.

⑥ 우류는 종자의 제 옆에 있는 주름이다.

# 02 채종기술

## 1. 채종의 생리

### (1) 생식의 양식과 채종

① 종자 채종

㉠ 채종재배를 위해서 주요 작물별 적절한 집단 채종포를 선정한다. 종자의 생리적, 병리적, 유전적 퇴화 방지를 위해 지리적 격리지(섬, 산간지 등)의 인위적 격리가 요구된다.

㉡ 채종재배에 공용할 종자는 원종포 등에서 생산 관리된 우량종자를 선택한다.

㉢ 종자를 충실하게 하기 위해 영양생장을 억제할 필요가 있으며 질소 과용을 피하고 인산 및 칼륨을 충분히 공급한다.

㉣ 작물의 특성은 특정 생육 시기 및 특정 환경에서 발현되기에 모본의 선택 및 이형주의 도태는 생육 초기에서 후기에 걸쳐 실시한다.

㉤ 작물의 종자생산 관리체계는 기본식물, 원원종, 원종, 채종포(보급종), 농가의 순이다.

㉥ 채종재배는 결론적으로 품종의 순도와 활력을 위해 재배지 선정, 재배법, 비배관리, 종자의 선택과 처리, 수확 및 조제에 대한 전반적인 관리가 요구되며 그 중에서도 종자의 순도와 활력을 유지하는것이 가장 기본이 된다.

㉦ 채종재배에서 종자를 증식하고자 할 때는 박파, 다비, 소비재배 등의 방법을 통해 증식률을 높일 수 있다.

② 수정 양식 및 생식

㉠ 유성생식 작물은 자가수정작물과 타가수정작물 및 자가수정과 타가수정을 함께하는 작물로 구분된다.

㉡ 자가수정작물(자식성작물)에는 벼, 보리, 밀, 귀리, 조, 콩, 담배, 토마토, 가지, 고추, 상추, 완두 등이 있다. 자가수정작물은 약간 거리를 두거나 격리하지 않아도 좋으며 자연교잡률은 4% 이하를 기준으로 한다.

㉢ 자식성 작물의 경우 다른 꽃가루와 수정이 잘 이루어지지 않도록 꽃이 열리지 않거나 암술머리가 꽃잎에 가려있는 등 선천적으로 자기 꽃 내에서의 수정이 용이한 구조를 가진다.

㉣ 타식성작물에는 옥수수, 호밀, 메밀, 딸기, 양파, 마늘, 시금치, 아스파라거스 등이 있다. 타가수정작물은 격리해서 채종하며 자가수정률은 5% 정도를 기준으로 하며

자웅이주, 자웅동주이화, 자웅동주동화로 분류된다.

| 자웅이주 | 시금치, 아스파라거스 |
|---|---|
| 자웅동주이화 | 옥수수, 호박, 수박, 오이 |
| 자웅동주동화 | 무, 배추, 양배추 |

㉤ 타식성 작물은 자가수분이 방해되는 화기구조를 가지고 있거나 꽃가루와 암술머리의 성숙기가 다른 특성을 지닌다.

㉥ 유전적으로 순수하지 않은 타식성 작물은 자식을 계속하면 유전적으로 순수해지지만 후대에 자식약세 현상(자가열세)이 나타난다.

㉦ 자식과 타식을 겸하는 작물도 있는데 주로 자가수정을 하며 자연교잡률이 높은 것이 특징이다. 작물에는 목화, 수수, 유채 등이 있다.

### (2) 1대잡종 종자의 양산

① 잡종강세

㉠ 잡종강세는 잡종 자손의 형질이 부모보다 우수하게 나타나는 현상이다. 즉 다른 계통 간에 교잡을 하였을 때 잡종 1세대 부모보다 질병, 환경 등에 대한 저항성, 생산력, 성장 등이 뛰어나게 나타나는 현상이다.

㉡ 1대 잡종은 값이 비싸고 매년 바꾸어야 하는 단점이 있으나 다수확성, 품질 균일성, 강건성, 내병성으로 많이 이용되고 있다.

㉢ 1대 잡종에서 수확한 종자를 다시 심으면 변이가 일어나 균일성이 떨어지기에 매년 구입하여 사용하는 것이 좋다.

㉣ 1대 잡종 종자 생산을 위해서는 웅성불임성, 자가불화합성 등의 유전적 특성을 활용하고 개화기를 일치시키는 등의 노력이 필요하다.

㉤ 잡종강세 이용에 필요한 요건

- 1회의 교잡에 의해 많은 종자를 생산할 수 있어야 한다.
- 단위 면적당 재배에 요구하는 종자량이 적어야 한다.
- 1대 잡종을 재배하는 이익이 1대 잡종을 생산하는 경비보다 커야 한다.
- 교잡 조작이 용이해야 한다.

② 웅성불임성

㉠ 웅성불임성은 웅성기관에 이상이 발생하여 불임이 생기는 현상이다.

㉡ 웅성불임은 꽃밥이나 꽃가루가 기형이나 미발육으로 인하여 수정기능이 결여되어 있는 상태이지만 외관상으로는 정상으로 보이기도 한다.

㉢ 유전적 원인에 의한 웅성불임성은 육종적으로 활용가능한데 웅성불임 품종을 모계로 하고 조합능력이 높은 다른 품종을 부계로 하여 제웅(자가수정 방지를 위한 작업) 등의 교배작업 없이 1대 잡종 종자를 얻을 수 있다.

㉣ 제웅은 자가수정을 방지하기 위해 꽃망울 상태에서 모계의 수술을 제거해 주는 것으로 제웅 시 꽃가루가 일부 남아 있으면 자식(自殖)이 될 수 있어 꽃밥을 완전 제거하도록 한다.

㉤ 양파, 당근, 고추, 토마토, 옥수수 등의 종자생산에는 웅성불임성을 이용한다.

㉥ 제웅법에는 절영법, 개열법, 화판인발법 등의 기술이 있다.

| | |
|---|---|
| 절영법 | · 영의 선단 부위를 가위로 잘라 핀셋으로 수술을 끄집어 낸다.<br>· 벼, 보리, 밀 등에 적합하다 |
| 개열법 | · 꽃봉오리의 꽃잎을 꽃망울 때 핀셋으로 밀어 내고 꽃밥을 제거한다.<br>· 콩, 고구마, 감자 등에 적용한다. |
| 화판인발법 | · 꽃봉오리 끝을 손으로 눌러 잡아당겨 꽃잎과 꽃밥을 함께 제거한다.<br>· 콩, 자운영 등에 적용한다. |

㉦ 웅성불임성은 작용기작에 따라 세포질 유전자적 웅성불임, 세포질적 웅성불임, 유전자적 웅성불임 등으로 구분된다.

㉧ 세포질 유전자적 웅성불임은 잡종강세를 이용하기 위해 웅성불임친과 그 웅성불임성을 유지하는 유지친, 웅성불임성의 임성을 회복시켜 주는 회복인자친이 있어야 한다.

③ 자가불화합성

㉠ 생식기관에 이상이 없이 수분까지 정상적으로 이루어지나 수정이 안되어 결실이 불가능한 경우를 불화합성이라 한다. 이때 자가수분 또는 같은 계통 간에 결실을 못하는 경우를 자가불화합성이라 한다.

㉡ 자가불화합성을 이용하여 잡종강세를 나타내는 무, 배추 등의 1대 잡종 종자의 대량생산이 가능하다.

㉢ 교배양친을 유지하기 위해 자식하려면 자가불화합성을 일시적으로 타파해야 하며 뇌수분, 노화수분, 지연수분, 고온처리, 전기 자극, 이산화탄소 처리 등의 방법을 활용한다.

㉣ 뇌수분의 경우 자가수정률이 높은 편이며 양배추, 무 등의 식물에 적합하다. 배추 $F_1$ 의 원종 채종 시 뇌수분을 실시하는 이유도 개화 시에 자가불화합성이 나타나기 때문이다.

## 2. 교잡성과 인공수분

### (1) 무성생식과 영양번식

① 식물에서 생식세포가 관여하지 않고 뿌리나 줄기, 잎 등 영양기관에 의해 일어나는 무성생식을 말한다.

② 영양번식은 대부분의 다년생 잡초는 종자와 영양번식기관 등 두 가지 방법으로 번식한다.

③ 영양번식의 경우 모체와 유전적으로 완전히 동일한 개체를 얻을 수 있으며 초기생장이 좋다는 장점이 있다. 모체와 유전적으로 완전히 동일하기에 우량한 유전질의 유지가 가능하다.

### (2) 자연교잡

① 자연교잡

㉠ 자연교잡은 인위교잡이 아닌 자연적으로 일어나는 교잡으로 다른 속, 종, 아종, 변종, 품종에 속하는 개체가 자연 상태에서 교배하여 잡종이 만들어진다.

㉡ 자연교잡에 의해 품종이 퇴화하는 경우도 있기에 격리재배를 통해 이를 방지하기도 한다.

㉢ 자연교잡에 영향을 주는 요인에는 품종, 채종포의 크기, 격리거리, 주위 환경, 매개충, 개화기 등 다양한 요인이 있다.

㉣ 제웅 없이 풍매나 충매에 의한 자연교잡을 이용하는 작물에는 양파, 고추와 같은 웅성불임 작물에 적합하다.

② 자연교잡 방지

㉠ 격리법은 채종을 위한 작물은 꽃가루와 종자전염병 등에 있어 격리시키는 방법이다.

| | |
|---|---|
| 차단격리법 | · 다른 화분의 혼입을 차단하는 방법이다.<br>· 복대법이라 하여 봉지를 씌우는데 육종이나 원종, 원원종 채종에서 이용되는 방법이다.<br>· 그 외에도 망실재배, 망상 이용 등의 방법이 있다. |
| 시간격리법 | · 화분오염원과 개화기를 다르게 조절하는 방법이다.<br>· 춘화처리, 일정처리, 생장조절제 처리, 파종기 조절 등의 처리방법이 있다. |
| 거리격리법 | · 다른 품종과 거리를 멀리 하여 재배하는 방법이다. |

㉡ 화판제거법은 벌을 유인하는 꽃잎을 제거하여 꽃가루를 이동시키는 벌의 접근을 막는 방법이다.

㉢ 웅화, 웅예, 웅주를 제거하는 방법이 있는데 박과채소에서 교잡의 위험성이 있는

웅화(수꽃)을 제거하고 시금치의 경우 웅주(수그루)를 제거하는 방법을 활용한다.

㉣ 웅예선숙은 암술보다 수술이 먼저 성숙하는 것으로 옥수수, 딸기, 양파, 수박, 당근 등이 있다.

③ 자연교잡의 영향인자

㉠ 작물의 종류 및 품종에 따라 자연교잡율이 달라진다.

㉡ 채종포가 크면 집단 내의 수정률이 높아지고 혼종이 방지된다.

㉢ 교잡식물과 거리가 멀수록 교잡 위험이 줄어든다.

㉣ 교잡식물과 사이에 강, 바다, 산 등과 같은 장애물이 있을 경우 교잡 위험이 줄어든다.

㉤ 매개곤충의 개체수 및 활동범위에 따라 교잡률이 달라진다.

㉥ 교잡식물과 개화기의 일치정도에 따라 교잡률이 달라지며 개화기가 비슷할수록 교잡률이 높아진다.

### (3) 인공수분

① 인공수분은 인공적으로 꽃가루를 암술머리에 묻혀주는 방법이다.

② 수분수는 화합성이 높고 완전한 꽃가루를 많이 생산하고 주품종과 개화기가 일치한 것이 좋다.

③ 인공수분의 경우 수박, 오이, 호박, 참외 등과 같은 박과채소나 일부 작물에서 이용되고 있다.

④ 교배에 앞서 제웅이 필요한 것으로 벼, 보리, 토마토, 가지, 귀리 등이 있으며 교배 전 제웅이 필요 없는 것으로 오이, 호박, 수박 등이 있다. 제웅 후 충매에 의한 자연교잡에는 토마토, 오이 등이 있다.

### (4) 개화기조절

① 개화기가 다른 두 품종간의 교잡을 위해 개화기를 조절하거나 특정 개화기를 피하기 위해 개화기를 빠르게 혹은 늦추게 조절한다.

② 다른 품종간의 교잡에 있어 양친 계통간의 개화기 차이로 채종량이 적어지는 경우, 수꽃과 암꽃의 개화기가 많이 차이나는 경우 개화시기를 일치시켜 교배하여 채종량을 늘리게 된다.

③ 개화기 조절 방법에는 파종기 조절, 일장처리, 저온처리, 생장조절제처리, 환상박피, 접목, 춘화처리 등의 방법이 있다.

## 3. 채종지 선정 및 채종포관리

### (1) 채종지의 조건

① 기후

㉠ 강우량이 많으면 임실률이 떨어지기에 강우량 및 습도가 적당해야 한다. 양파의 경우 공중습도가 높은 경우 수정이 잘 안되기에 강우가 적은 곳을 채종지로 선택하기도 한다.

㉡ 개화기에는 다소 건조한 것이 좋다.

㉢ 온도가 너무 높은 곳은 꽃가루가 건조하여 임실률이 떨어진다.

㉣ 겨울에는 기온이 온화하고 등숙기에 기온의 교차가 큰 곳이 좋다.

② 토양 및 포장

㉠ 토양의 경우 유기질이 풍부한 식양토~사양토가 적당하다.

㉡ 배수가 양호하고 지력이 좋은 곳을 선정한다.

㉢ 토양의 산도는 중성이 좋으며 pH 가 낮을 경우 석회를 이용하여 pH 6~7 정도로 조절해준다.

㉣ 토양병원균 및 토양 해충의 발생밀도가 낮은 곳을 선정한다.

㉤ 유해잡초 발생지는 피하도록 한다.

### (2) 채종포의 관리

① 채종지 선정

㉠ 채종재배는 작물별로 적절한 집단채종포를 선정해야 한다.

㉡ 종자의 퇴화 방지를 위해 씨감자는 고랭지에서, 옥수수 및 십자화과작물 등과 같은 타가수정을 원칙으로 하는 작물은 유전적 퇴화 방지를 위해 섬이나 산간지에서 인위적 격절이 필요하다.

㉢ 벼, 맥류 등의 화본과작물은 과도한 비옥지 및 척박지 토양은 피하도록 한다.

㉣ 채종포 관리에 있어 가장 우선적으로 고려해야 할 사항은 자연적 교잡과 이품종 혼입에 대한 방지이다.

㉤ 겨울 기온이 온화하며 등숙기에 기온의 교차가 큰 곳을 선정한다.

㉥ 채종포는 꽃 피는 시기와 종자의 등숙기에 비가 적고 건조한 곳이어야 한다.

② 종자의 처리

㉠ 채종재배에 공용할 종자는 원종포 등에서 생산 관리된 우량종자를 선택한다.

㉡ 생리적 퇴화 방지를 위해 선종과 종자소독 등 필요한 처리를 하고 파종하도록 한다.

㉢ 감자는 바이러스 병 등과 같은 전염 방지를 위해 바이러스 검정법을 적용하도록 한다.

③ 파종과 정식

㉠ 파종은 주로 조파(줄뿌림)으로 한다. 조파는 종자의 소요량이 적고 고르게 파종할수 있어 이형주를 제거하거나 관찰할 경우 통로로도 이용할 수 있다.

㉡ 파종기는 지역 및 품종에 따라 조정하되 너무 빠르거나 늦지 않도록 한다.

㉢ 파종 시에는 종자열의 간격을 유지하고 단위면적당 파종량을 조절한다.

㉣ 재식밀도는 토성, 비옥도, 가용수분 함량 등을 고려하여 결정하며 밀식보다는 소식하여 충실한 종자를 생산하도록 한다.

④ 격리재배

㉠ 채종재배는 다른 품종과의 교잡으로 퇴화의 가능성이 있기에 품종특성 유지를 고려한다면 다른 품종과 채종포장과의 격리를 해야 한다.

㉡ 격리거리는 작물별에 차이가 포장 검사 및 종자검사의 검사기준에 의거한다.

| 작물 | 포장격리 |
|---|---|
| 벼, 겉보리, 쌀보리, 맥주보리, 밀, 콩, 고구마, 팥, 땅콩, 녹두 | · 원원종포·원종포는 이품종으로부터 3m이상 격리되어야 하고, 채종포는 이품종으로부터 1m이상 격리되어야 한다. 다만, 각 포장과 이품종이 논둑등으로 구획되어 있는 경우에는 그러하지 아니하다. |
| 옥수수 | · 원원종,원종의 자식계통 및 채종용 단교잡종 : 원원종, 원종의 자식계통은 이품종으로부터 300m 이상, 채종용 단교잡종은 200m 이상 격리되어야 한다. 다만, 건물 또는 산림 등의 보호물이 있을 때는 200m 로 단축할 수 있다.<br>· 복교잡종, 삼계교잡종 : 이품종 또는 유사품종으로부터 200m 이상 격리되어야 한다 |
| 감자 | · 원원종포 : 불합격포장, 비채종포장으로부터 50m 이상 격리되어야 한다.<br>· 원종포 : 불합격포장, 비채종포장으로부터 20m 이상 격리되어야 한다.<br>· 채종포 : 비채종포장으로부터 5m이상 격리되어야 한다.<br>· 십자화과, 가지과, 장미과, 복숭아나무, 무궁화나무, 기타 숙주로부터 10m 이상 격리되어야 한다.<br>· 다른 채종단계의 포장으로부터 1m이상 격리되어야 한다.<br>· 망실재배를 하는 원원종포·원종포 또는 채종포의 경우에는 격리거리를 포장격리기준의 10분 1로 단축할 수 있다. |

| 작물 | 포장격리 |
|---|---|
| 참깨 | · 이품종으로부터 500m 이상 격리되어야 한다. 다만, 동일 종피색 품종간의 격리거리는 5m 이상으로 하며, 망실재배시에는 격리거리를 적용하지 아니 한다. |
| 들깨 | · 이품종으로부터 5m 이상 격리되어야 한다. |
| 유채 | · 원원종은 망실재배를 원칙으로 하며, 이때 격리거리는 필요없다.<br>· 원종, 보급종은 이품종으로부터 1,000m 이상 격리되어야 한다.다만, 산림 등 보호물이 있을 때에는 500m 까지 단축할 수 있다. |
| 화훼 구근류 | · 불합격 포장, 다른 구근류 재배포장으로부터 20m 이상 격리되어야 한다. 다만, 망실재배를 하는 포장의 경우에는 10분의 1로 단축할 수 있다. |

㉢ 채소작물의 포장격리 기준은 다음의 내용에 따른다.

| 작물명 | 격리거리(m) | 포장 내지 식물로부터 격리되어야 하는 것 |
|---|---|---|
| 무 | 1,000 | ① ② |
| 배추 | 1,000 | ① ② |
| 양배추 | 1,000 | ① ② |
| 고추 | 500 | ① ② |
| 토마토 | 300 | ① ② |
| 오이 | 1,000 | ① ② |
| 참외 | 1,000 | ① ② |
| 수박 | 1,000 | ① ② |
| 호박(박) | 1,000 | ① ② |
| 파 | 1,000 | ① ② |
| 양파 | 1,000 | ① ② ③ |
| 당근 | 1,000 | ① ② |
| 상추 | 60 | ① ② |
| 시금치 | 1,000 | ① ② |

① 같은 종의 다른 품종

② 바람이나 곤충에 의해 전파된 치명적인 특정병 또는 기타병에 감염된 같은 작물이나 다른 숙주식물

③ 교잡양파 양친계통 : ① ②로부터 1,600m

위의 격리거리 요건은 다른 종자작물과 종자포장에서 같은 시기에 개화하는 채소 생산작물에 적용된다. 종자포장내지 단지가 자연적 또는 인위적인 방어물로 불필요한 화분립원과 종자전파성 질병을 충분히 방어할 수 있고 다른 작물에 의한 수분이 불가능 할 때는 무시한다.

(예, "온실재배, 교배모본에 인위적 교배장치를 한 재배"등)

⑤ 시비와 관개

㉠ 채종재배는 종자에 충실하기 위해 질소과용을 피하고 인산 및 칼륨을 충분히 공급한다.

㉡ 채종재배 시 질소의 공급을 일찍 끊게 되면 개화 및 채종기가 빨라진다.

㉢ 퇴비는 토성에 따라 충분히 부숙된 퇴비를 사용하도록 한다.

㉣ 채종포가 건조하면 발아 및 유묘 출현이 불량하기에 충분히 물을 공급한다.

㉤ 충분한 양분이 공급되지 못할 경우 신장 억제 및 꽃가루의 생산능력이 떨어지게 된다.

- 무, 배추, 양배추 등은 붕소가 결핍되면 화주가 돌출되고 개화가 불균일하게 된다.
- 완두, 옥수수, 멜론 등은 몰리브덴이 부족할 경우 꽃가루 생산능력이 떨어진다.

㉥ 토양이 비옥하고 배수가 양호하며 보수력이 좋은 토양이 좋다.

⑥ 결실 조절

㉠ 한 그루에 너무 많은 열매가 있으면 충분한 양분 공급이 어려워 생산된 종자의 활력이 떨어지고 수명이 짧다. 이러한 경우 적심, 적과, 가지치기 등을 통해 결실량을 조절하여 종자에 충분한 양분이 공급되도록 유도한다.

㉡ 가능하면 균등하게 성숙시켜 수확기간을 단축하도록 한다.

㉢ 적심은 성장과 결실을 조절하기 위하여 식물의 눈이나 생장점을 따 내는 작업으로 순따기 혹은 순지르기라고 한다. 과채류, 두류 등에 실시하기 좋으며 담배, 상추 등의 작물에 적용할 수 있다.

⑦ 이형주 제거

㉠ 이형주는 동일 품종 내에서 고유한 특성을 갖지 않은 개체를 말한다. 이러한 개체는 빨리 제거해야 정상적인 식물체에 수분되는 것을 막아 품종의 유전적 순도를 높이거나 유지할 수 있다.

㉡ 이형주는 출수개화기나 성숙기에 걸쳐 제거하도록 한다.

## 4. 수확 · 정선

### (1) 수확

① 종자가 충분히 성숙된 단계에서 채종을 실시하는데 식물에 따라 채종적기에 차이가 있다.

② 곡물류의 채종적기는 황숙기이며 십자화과작물(채소류)는 갈숙기에 적기이다.

- 곡물류 성숙과정 : 유숙기→호숙기→황숙기→완숙기→고숙기
- 채소류 성숙과정 : 백숙기→녹숙기→갈숙기→고숙기

③ 종자를 적절한 시기보다 빨리 수확하면 정선과정에서 등숙정지립이 많고 저장 시 빨리 퇴화하게 된다. 또한 건조 과정을 거치는 동안 위축되는 종자가 많아진다.

④ 종자를 적기보다 늦게 수확하게 되면 탈곡제조 과정에서 손실이 발생한다.

⑤ 채종재배를 위한 종자의 수확적기

㉠ 성숙하여 최고의 건물중일 때

㉡ 안전한 저장이 가능한 수준으로 수분 함량이 낮을 때

㉢ 발아력이 생성되었을 때

㉣ 채종량과 품질을 동시에 고려한 시기

⑥ 수확 종자의 관리

㉠ 탈곡한 종자는 즉시 펴서 골고루 말리도록 한다.

㉡ 건조를 할 때는 맑은 날에 마른 바닥에 펴주고 자주 뒤섞어준다.

㉢ 수분 함량이 많은 종자는 온도를 낮추고 오랫동안 건조한다.

㉣ 직사광선이 과도할 경우 피하도록 하고 너무 온도가 높지 않도록 주의한다.

⑦ 채종과수 및 채종량

㉠ 1포기당 채종과수는 수박, 오이가 3~4과, 호박이 4~5과, 토마토가 3~4과 정도이다.

㉡ 작물별 10a 기준 채종량 기준은 다음과 같다.

| 작물명 | 채종량(kg/10a) | 작물명 | 채종량(kg/10a) |
|---|---|---|---|
| 벼 | 550 | 감자 | 1600~1700 |
| 보리 | 300 | 옥수수 | 130~200 |
| 콩 | 140 | 삼계교잡종 | 460 |

### (2) 정선

① 종자의 크기가 크고 충실하며 발아 및 생육에 좋은 종자를 가려내는 과정으로 종자의 용적, 중량, 비중, 색 등을 통해 이물질, 피해립, 중량이 가볍고 작은 종자 등을 선별하도록 한다.

② 종자를 정선할 때는 보통 대략정선, 건조, 정밀정선, 비중정선, 소독, 포장의 순서로 실시한다.

| | |
|---|---|
| 대략정선 | 바람과 적정 체에 의한 선별로 종자에 포함한 줄기, 잎, 죽은 곤충, 모래 등 이물과 종자로서 활용가치가 없는 미숙립 등을 대략적으로 선별한다. |
| 정밀정선 | 바람과 적정 체에 의한 선별로 정상종자보다 작거나 큰 종자, 피해립(파쇄립, 현미 등) 등을 정밀하게 선별한다. |
| 비중정선 | 종자의 무게에 의한 선별로 갑판의 진동과 바람의 세기에 의해 정상종자보다 가볍거나 무거운 종자를 선별한다. |

③ 종자 정선에서 표면조직에 의한 선발에는 알팔파, 새삼 등이 적합하고 완충력을 이용한 선발에는 티머시, 액체친화성을 이용한 선발에는 클로버가 있다.

## 03 수확 후 종자관리

### 1. 건조

(1) 자연건조

① 종자는 함수율이 높아 부패하거나 용기 속에 그대로 장기간 보관하면 자연열로 인해 발아력을 상실하기도 한다.

② 일반적인 자연건조법에는 양광건조법과 반음건조법이 있다.

| 양광건조법 | 햇빛이 충분한 곳에 종자를 얇게 펴고 하루에 2~3회 뒤집어 건조시켜 준다. 주로 단백질, 지방을 저장 양분으로 하는 작은 종자에 적합한 방법이다. |
|---|---|
| 반음건조법 | 햇볕에 약한 종자를 통풍이 잘되는 옥내에 얇게 펴서 건조하는 방법이다. |

(2) 열풍건조(인공건조)

① 열풍건조기를 이용하여 건조시키는 방법으로 종자의 양이 많을 경우 이용한다.

② 열풍건조법을 이용하면 외부의 날씨에 영향을 받지 않고 원하는 시기에 건조할 수 있는 장점이 있다.

③ 열풍건조의 경우 보통 25℃ ~ 40℃ 온도를 유지하여 건조하며 50℃ 이상으로는 올리지 않는다.

### 2. 종자처리

(1) 종자소독

① 종자소독

㉠ 종자의 병균 및 선충을 제거하기 위해 화학적, 물리적 처리를 하는 것을 종자소독이라 한다.

㉡ 종자소독을 통해 종자의 병균을 제거하여 확산 피해를 막을 수 있고 발아 중 해충이나 토양미생물에 의한 피해를 경감시킬 수 있다.

② 화학적 방제

㉠ 농약을 이용하는 화학적 방제는 종자를 약제에 침지하거나 분의하는 방법을 이용한다.

㉡ 농약의 구비조건은 다음과 같다.

- 살균, 살충력이 강하고 효과가 커야 한다.
- 약효가 오래 가고 저장 중 변질되지 않아야 한다.
- 값이 저렴하고 구입하기 용이해야 한다.
- 다른 약제와의 혼용할 수 있어야 한다.

㉢ 종자소독용 약제는 다음과 같다.

| | |
|---|---|
| • 다이아지논 유제<br>• 트리플루미졸 유제<br>• 페니트로티온 유제<br>• 베노밀 · 티람 수화제 | • 카복신 · 티람 분제<br>• 프로클로라즈 유제<br>• 플루디옥소닐 종자처리액상수화제<br>• 알루미늄포스파이드 훈증제 |

③ 물리적 방제

㉠ 냉수온탕침법은 종자를 20℃ 이하의 냉수에 6~24시간 동안 담갔다가 이것을 50~55℃ 물에 담근 다음 건져내는 방법으로 시간과 온도에 주의하도록 한다. 주로 키다리병, 벼세균성알마름병, 잎마름선충병 등의 방제에 효과가 있다.

㉡ 건열처리는 종자를 60~80℃ 온도에 일정기간 처리하여 종자에 있는 병원균이나 바이러스를 제거하는 방법이다.

㉢ 바이러스를 제거하기 위해 고온처리가 가장 널리 사용되고 있다. 고온처리를 통해 바이러스 복제를 저해하고 바이러스가 불활성화가 된다.

㉣ 그 외에도 온도, 습도, 방사선, 고주파 처리 등의 방법을 활용하여 종자의 병원균 및 바이러스를 제거한다.

④ 생물적 방제

㉠ 생물적 방제는 병원균에 의한 식물의 저항성을 유도하는 방법으로 환경의 보존과 생태계 균형 유지에 적합한 방법이다.

㉡ 식물 약독바이러스, 길항미생물, 근권미생물을 이용한 방제법이 있다.

㉢ 병원균의 생육을 억제하는 능력을 갖는 길항미생물을 이용하여 용균작용, 항생작용, 기생작용, 경쟁작용, 유도저항성 작용 등을 인위적으로 조절한다.

㉣ 생물학적 방제용 미생물 종류는 다음과 같다.

| 세균류 | 진균류 |
|---|---|
| • *Agrobacterium*<br>• *Bacillus*<br>• *Pseudomonas*<br>• *Streptomyces* | • *Ampelomyces*<br>• *Candida*<br>• *Coniothyrium*<br>• *Glicoladium*<br>• *Trichoderma* |

### (2) 종자프라이밍

① 종자프라이밍은 일정 조건에서 종자에 삼투압 용액이나 수용성 화합물을 흡수시켜 종자 내 대사 작용이 진행되지만 발아하지 않도록 처리하는 기술로 발아 촉진과 발아 후 생육 촉진을 목적으로 한다.

② 종자프라이밍은 유근의 신장을 억제하는 범위에서 종자에 수분을 흡수시켜 종자가 발아에 필요한 생리적 준비를 갖추게 하는 것으로 최아는 유근이 출아하지만 프라이밍은 유근이 출아하지 않는다.

③ 종자 프라이밍 처리시 호랭성 종자는 10~20℃, 호온성 종자는 25~30℃ 조건에서 수일간 침지한다.

④ 종자 프라이밍은 발아 속도와 발아율 증대 뿐 아니라 발아의 균일성 향상, 포장 출현율 증대, 기계 파종과 휴면타파 등의 목적을 둔다.

⑤ 종자프라이밍에 사용되는 용액으로 PEG(polyethylene glycol), $Ca(NO_3)_2$, $KNO_3$ 등을 활용한다.

⑥ 종자 프라이밍 약제는 종자 내에 일정 수분을 유지시키고 식물에 무독성이어야 한다. 용액을 이용한 종자프라이밍은 용액에 공기를 지속적으로 공급한다. 무기염 용액은 종자가 해를 입을 수 있기에 주의해야 한다.

### (3) 종자코팅

① 종자코팅은 종자피복이라고도 하는데 종자의 보호나 발아, 생육을 조장하기 위해 농약이나 필요한 재료를 종자의 외부에 바르는 작업을 말한다.

② 종자코팅에 사용되는 물질에는 살균제, 살충제, 안정제, 염료, 생장조절제 등을 첨가한 필름 코팅이 있으며 처리방법 및 목적에 따라 다음과 같이 다양한 방법들이 있다.

| 필름코팅 | 농약, 색소를 혼합하여 접착제로 종자 표면에 코팅 처리를 한다. |
|---|---|
| 팰릿종자<br>(seed pelleting) | 기계화 파종 및 포장 발아율을 높이기 위해 점토로 코팅하여 크기를 증대시킨다. |
| 피복종자 | 피복 재료 속의 살충, 살균제 등을 첨가하여 원형으로 처리한다. |
| 장환종자 | 일정 크기의 구멍으로 압출하여 원통형으로 절단한다, |
| 종자테이프 | 분해 가능한 좁은 띠에 종자를 몇 립씩 넣어 한줄로 배치한다, |
| 종자매트 | 분해 가능한 넓은 판에 종자를 무작위로 배치한다, |

(4) 기타 종자처리

① 인공종자

㉠ 인공종자는 조직배양으로 생산한 배양 가능물질을 수분과 양분, 통기성이 있는 겔(gel)로 포장하고 캡슐로 만들어 파종이 가능도록 만든다.

㉡ 인공종자는 건조에 약하고 정상적인 식물체로 발달이 힘들고, 장기적 저장이 어렵다. 그러나 발아력이 우수하다. 인공종자의 겔에는 생장조절물질, 살균제가 첨가되어 있어 식물의 생장에 도움이 된다.

㉢ 인공종자에는 당근, 셀러리, 미나리 등에서 활용되고 있다.

## 3. 종자저장

(1) 종자 저장

① 종자 저장은 호흡작용을 억제하여 종자의 활력을 유지하는 것이며 가장 중요한 외적요인은 온도와 상대습도이며 내적요인은 수분함량이다.

② 종자의 저장을 위한 건조제에는 실리카겔, 염화칼슘(염화석회), 생석회, 나뭇재 등이 활용된다.

③ 장기 보관용 종자 저장고의 습도는 20~30% 정도에서 저장할 때 종자의 수명이 가장 길어진다.

④ 종자 저장을 위해 사용되는 훈증제는 알루미늄포스파이드 훈증제, 메틸브로마이드 훈증제 등이 종자 소독 후 저장하는데 활용된다.

⑤ 종자 저장시 철제용기가 종이재료 용기보다 종자의 안전저장에 유리한 이유는 철제용기가 수분의 함량을 유지시키는데 가장 효과적이기 때문이다. 캔과 같은 알루미늄 철제용기

는 수분함량을 5% 수준으로 유지시킨다.

⑥ 저장종자의 발아력 상실 원인은 다음과 같다.

㉠ 종자 단백질의 변성

㉡ 호흡에 의한 종자의 저장물질의 소모

㉢ 저장기간 동안 저장고 온도 및 습도의 상승 혹은 급격한 변화

⑦ 종자 저장시 수분의 함량이 많을 경우 나타나는 문제점은 다음과 같다.

㉠ 저장 중 양분의 손실이 발생한다.

㉡ 호흡의 증가로 종자 사멸 및 발아 곤란하다.

㉢ 곰팡이가 번식한다.

㉣ 곤충의 번식장소가 되기도 한다.

㉤ 종자의 기계적 피해가 발생한다.

### (2) 종자의 저장방법과 설비

① 종자의 저장방법

㉠ 건조저장법

- 수분함량 12~14% 이하로 건조시켜 저장하도록 한다.
- 건조한 종자를 저온, 저습, 밀폐된 상태로 저장하면 수명이 연장된다.

㉡ 상온저장법

- 상온저장법은 실온저장법이라 하며 종자를 건조시켜 용기에 담아 0~10℃ 정도의 실온에서 보관하는 방법이다.
- 기온과 습도를 낮게 유지하는 것이 좋고 가을에서 이듬해 봄까지 저장한다.
- 장기간 저장하는 방법으로는 적합하지 않다.

㉢ 밀봉(저온)저장법

- 종자를 건조시키고 탈기하여 진공상태로 밀봉시켜 냉장고와 같은 저장소에 보관하는 방법이다.
- 함수율 5~7% 이하로 유지한 종자를 밀봉용기에 보관하는데 실리카겔과 같은 건조제와 황산칼륨과 같은 활력억제제를 종자 무게의 10% 정도 함께 넣어 보관하면 효과가 극대화 된다.
- 수년~수십년까지 발아력을 유지할 수 있다.

# 04 종자발아와 휴면

## 1. 발아에 관여하는 요인

### (1) 종자의 내적 조건

① 수분

㉠ 종자는 수분을 흡수하여 발아를 하는데 종피가 수분을 흡수하면서 연해지고 배, 배유 등이 팽창하면서 파열되기 쉽게 된다.

㉡ 연해진 종피는 가스교환이 쉽게 일어나고 산소가 종자의 내부로 공급되면서 호흡이 시작되고 효소가 활성화되면서 이산화탄소도 발생하게 된다.

㉢ 수분이 흡수된 상태에서 내부세포의 원형질 농도가 낮아지고 저장물질의 이동이 활발해진다

㉣ 수분의 함량이 너무 높을 경우 오히려 종자의 발아율은 감소하게 된다.

㉤ 식물의 종류에 따라 종자가 발아하기 위해 요구되는 수분 함량에 차이가 있다. 완두 59.8%, 콩 50%, 밀 40.8%, 사탕무 31%, 옥수수 30.5%, 벼 26.5% 정도이다.

㉥ 수중에서도 발아가 잘되는 것으로 벼, 상추, 당근, 셀러리 등이 있다. 반대로 수중에서 발아가 잘 안되는 종자에는 밀, 콩, 무, 귀리, 양배추, 가지, 고추 등이 있다.

㉦ 발아에 필요한 종자의 수분 흡수량은 종자무게 대비 벼 23%, 밀 30%, 콩 100% 정도이다.

② 온도

㉠ 종자의 발아는 온도의 영향을 받으며 최적온도 20~30℃에서 가장 빠르다.

㉡ 종자가 발아 가능한 최저온도 조건은 0~10℃, 최고온도는 35~40℃ 정도이다. 너무 고온이나 저온은 발아에 불리하며 발아가 되지 않는 경우도 발생한다.

㉢ 식물에 따라 온도의 주기적 변화를 주는 변온조건에서 발아가 촉진되는 경우도 있다.

㉣ 저온작물은 고온작물에 비해 발아 온도가 낮고 파종기의 기온이나 지온은 발아의 최저온도보다 높고 최적온도보다 낮다.

㉤ 저온에서 발아하는 종자에는 시금치, 상추, 부추 등이 있다.

㉥ 고온에서 발아하는 종자에는 토마토, 가지, 고추 등이 있으며 옥수수는 40℃ 내외의 최고온도 조건을 가진다.

③ 산소

㉠ 식물의 종자는 대부분 충분한 산소가 공급되어야 호흡이 이루어지면서 발아를 할 수 있다.

㉡ 종자에 따라 요구되는 산소 요구량이 다른데 벼, 상추 등의 종자는 산소가 없을 경우 무기호흡에 의해 발아하기도 한다.

| 산소가 없이 발아되는 종자 | 벼, 상추, 당근, 셀러리 |
|---|---|
| 산소가 없으면 발아가 감퇴하는 종자 | 담배, 토마토 |
| 산소가 없으면 발아하지 못하는 종자 | 밀, 무, 배추, 가지, 고추 |

④ 광(光)

㉠ 식물의 종류에 따라 광선에 의해 종자가 발아되거나 억제되는 경우가 있다.

㉡ 광을 주어야 발아하는 호광성 종자는 담배, 상추, 우엉 등이 있으며 광을 싫어하는 혐광성 종자에는 호박, 고추, 양파, 오이 등이 있다.

| 호광성종자 | 담배, 상추, 우엉, 뽕나무, 베고니아, 셀러리 |
|---|---|
| 혐광성종자 | 호박, 토마토, 고추, 양파, 가지, 오이, 무, 부추 |

㉢ 호광성 종자의 경우 발아를 촉진하는 광파장은 적색부분(660~700nm) 이며 660~670nm 파장에서 가장 활성화된다. 반대로 적외선 파장(730nm) 부근에서는 발아가 억제되는 현상을 보인다.

㉣ 종자 발아에 있어 광의 효과에는 종자의 나이, 침윤시간, 침윤온도, 발아온도 등에 영향을 받는다.

㉤ 식물에 존재하는 색소단백질인 파이토크롬(phytochrome)은 특정 파장을 흡수하여 광가역 반응을 일으킨다. 파이토크롬의 특징은 다음과 같다.

- 광흡수색소로서 일장효과에 관여하며 Pr 은 호광성 종자의 발아를 억제한다.
- 종자발아, 화아유도 등의 생리학적 조절에 관여한다.
- 적색광에 의해 가능한 반응이 적색광에 이어 바로 근적외광을 처리하면 무효화 된다는 것을 광가역성이라 한다.
- 적색광, 근적외광을 교대로 처리하면 마지막에 조사한 빛에 의해 발아율이 좌우된다.

## 2. 종자의 발아 과정

### (1) 종자의 발아

① 발아는 종피를 뚫고 유아 및 유근이 출현하는 것으로 자엽 및 저장기관의 위치에 따라 지상발아, 지하발아로 분류된다.

| | |
|---|---|
| 지상발아 | · 자엽이 지반 외부로 나와 생장점에 양분이 공급한다.<br>· 콩, 오이, 녹두, 강낭콩 등 |
| 지하발아 | · 자엽 및 양분저장기관이 지하에 남고 유아는 지상으로 나온다.<br>· 벼, 보리, 옥수수, 팥, 완두, 잠두 등 |

② 종자의 발아의 내적 요인에는 유전성, 육종, 선발효과, 종자 성숙도 등이 있다.

③ 종자의 발아에 관여하는 외적 요인에는 수분, 온도, 산소, 광 등이 있다.

④ 종자의 발아과정은 다음과 같다.

| 발아 과정 | 특징 |
|---|---|
| 1단계 : 수분 흡수 | · 수분을 흡수하여 표면이 연해져 발아가 용이해진다.<br>· 가스교환이 쉬워진다. |
| 2단계 : 효소의 활성<br>3단계 : 배의 생장 | · 배유와 자엽에 보유된 전분, 단백질, 지방 등의 양분이 효소작용으로 활성화된다. |
| 4단계 : 종피의 파열<br>5단계 : 유묘의 형성 | · 발아시 어린뿌리가 나와 땅속에 뿌리를 내리고 종피에서 떡잎과 어린줄기가 출현한다.<br>· 유근과 유아의 출현은 보통 유근이 먼저 출현한다.<br>· 세포의 신장, 세포의 분열을 통해 유근이나 유아, 자엽 등의 생장이 일어난다. |

### (2) 흡수(침윤)

① 종자의 발아는 과피의 주공을 통해 물을 흡수하면서 시작된다. 종자의 흡수량 및 흡수속도는 종자 내부의 화학성분, 종피의 투과성, 작물의 종류, 온도 등에 영향을 받는다.

② 종자의 흡수는 물의 침윤과 삼투에 의해 이루어지며 발아 전에 모관현상이나 침윤에 의해 첫 번째 흡수가 되어 발아가 시작되면 삼투에 의해 2번째 흡수가 이루어진다.

③ 침윤 종자의 수분 흡수에 영향을 주는 요인에는 세포의 수분 흡수 능력에 있으며 세포의 수분장력, 세포의 삼투압, 세포의 팽압 등이 있다.

### (3) 저장양분 분해효소의 생성과 활성

① 종자의 수분 흡수를 기점으로 효소 활성기, 저장조직 분해기, 뿌리 신장기로 크게 3단계로 나눌 수 있다.

| 효소활성기 | 효소가 활성화 되면서 호흡을 시작한다. |
|---|---|
| 저장조직분해기 | 저장조직이 분해되고 양분을 생장점으로 전류시켜 새로운 성분을 합성하고 호흡량이 증가하며 종자의 건물중이 감소한다. |
| 뿌리 신장기 | 종자의 발아, 뿌리의 신장 등이 시작되고 뿌리의 수분 및 양분의 흡수가 가능하게 된다. |

② 단자엽식물에서는 배에서 생성된 지베렐린이 호반층으로 이동되어 아밀라아제, 프로테아제, 리파아제 등의 가수분해효소를 합성하도록 유도한다.

③ 종자 내의 수분은 결합수, 흡착수, 유리수 등의 다양한 형태로 존재한다.

### (4) 저장양분의 분해 · 전류 및 재합성

① 종자 발아를 위한 저장조직 분해에는 탄수화물, 지질, 단백질 대사가 관여한다.

② 종자의 저장양분은 탄수화물, 지방, 단백질은 분자량이 큰 물질이라 조직 내에 이동이 어렵다. 분자량이 큰 물질들은 가수분해를 통해 분자량이 작아지고 물에 녹는 가용성 물질로 변해 운반이 가능해진다.

③ 배나, 생장점으로 이동한 물질은 원형질이나 세포막 물질이 합성되고 세포의 신장, 세포의 분열을 통해 유근, 유아, 자엽 등의 생장이 이루어진다.

④ 광합성산물의 종자로 전류는 수크로스(sucrose) 로 이루어지며 수크로스(sucrose) 는 전분 합성의 기초가 된다. 종자의 저장탄수화물은 전분이며 전분합성은 배유세포의 전분체(amyloplast) 내에서 이루어진다.

## 3. 발아의 촉진과 억제

### (1) 발아촉진

① 발아촉진은 종자가 일정하게 발아하도록 종자휴면을 타파하는 것이다.

② 발아를 촉진하는 물질에는 지베렐린, 시토키닌, 에틸렌, 과산화수소, 질산칼륨, 티오요소 등이 있다.

| | |
|---|---|
| 지베렐린<br>(gibberellin) | · 지베렐린은 종자의 휴면타파의 효과가 있는 식물생장조절제로 옥신과 함께 사용시 효과가 극대화된다.<br>· 지베렐린은 휴면하지 않는 종자에는 발아촉진효과가 있다.<br>· 지베렐린은 극성이 없으며 미숙종자에 다량 포함되어 있다.<br>· 주로 $GA_3$ 이 많이 이용되고 있다. |
| 시토키닌<br>(cytokinin) | · 시토키닌은 주로 뿌리에서 합성되며 옥신과 함께 작용하여 세포분열을 촉진한다. 주로 물관을 통해 이동하며 측지발생 및 세포의 분열에 관여한다.<br>· 어린종자나 과일에도 시토키닌이 많으나 열매가 성숙할수록 시토키닌의 함량은 감소한다.<br>· 키네틴(kinethin)은 호광성종자의 암발아를 유도한다. |
| 에틸렌 | · 과실의 성숙을 촉진하는 물질로 주로 기체상태로 존재하며 전구물질은 메티오닌(methionine)이다.<br>· 에틸렌은 0.1 ppm 정도의 낮은 농도로서 식물의 생장에 영향을 미친다.<br>· 에틸렌을 생성하며 식물의 노화 및 과일의 숙기에 영향을 주는 약제를 에테폰이라 한다. |
| 과산화수소 | · 과산화수소($H_2O_2$)는 콩과식물, 토마토, 보리 등의 발아를 촉진시키고 종자의 살균 역할도 한다. |
| 질산칼륨 | · 발아촉진에 사용되며 화본과 목초의 발아에 효과적이다. |
| 티오요소 | · 발아 촉진에 이용되며 발아에 필요한 광, 온도를 대체하는 효과가 있다. |

### (2) 발아억제

① 발아억제는 종자가 싹이 트는 것이 저해되는 것으로 외부 환경적 요인 및 발아억제물질로 인하여 발아가 억제 된다.

② 발아 억제 물질은 종자의 과피의 껍질에 존재하며 암모니아($NH_3$), 시안화수소(HCN), 쿠마린, 페놀산, 아브시스산(ABA, abscisic acid) 등이 있다.

③ 발아억제물질인 쿠마린(coumarin)의 경우 보리의 영 부위에 존재하면서 보리의 발아를 억제하기도 한다.

### (3) 발아에 관여하는 물리적요인

① 삼투압

종자의 발아 용액의 삼투압이 높으면 침윤이 어렵게 되어 발아가 억제된다.

② 수소이온농도

대부분의 종자는 pH 4.0 ~ 7.6 사이에서 종자의 발아가 이루어진다.

③ 온도

저온은 수확 전 작물의 종자 발아의 활성화를 낮춘다.

④ 방사선

감마선에 조사된 종자는 발아율이 떨어진다.

⑤ 기계적 손상

종자의 수분 함량이 감소될수록 기계적 손상을 입을 가능성이 높아진다.

## 4. 종자의 발아능과 종자세

### (1) 발아능

① 발아능

㉠ 발아능은 종자가 발아하여 정상적인 식물을 만들 수 있는 능력으로 종자의 질을 평가하는 기준 중 하나이다.

㉡ 종자의 발아능을 검사하는데 표준발아검사가 가능 흔하게 이용된다.

② 표준발아검사

㉠ 종자의 준비

- 순도검사를 마친 정립종자를 최소한 무작위로 400립 추출하여 100립씩 4반복 치상한다.

㉡ 치상재료 및 치상방법

- 종자의 치상에는 샬레, 여과지, 발아지, 모래, 탈지면 등의 재료를 이용한다.

㉢ 수분과 공기

- 종자의 건조를 막기 위해 발아매체에 수분을 공급해야 한다.

㉣ 온도

- 규정온도에서 ±1℃ 범위만 허용한다.

㉤ 광

- 광은 목초종자의 발아에 필요하며 암발아종자의 경우 암흑상태에서 조사한다.

㉥ 휴면 타파

- 질산칼륨과 과산화수소가 보통종자의 발아증진에 이용된다.

㉦ 발아묘 판별

- 발아묘는 정상묘, 비정상묘로 구분하고 발아하지 않은 종자는 경피종자, 휴면종자,

죽은종자로 구분한다.

③ 정상묘

㉠ 초생근을 포함한 근계가 잘 발육한 것

㉡ 하배축의 발육이 양호하고 통도조직까지 상해가 없는 것

㉢ 완전하고 녹색인 초생엽이 잎 안에 있거나 뚫고 나온 것

㉣ 정상적인 유아를 가진 완전한 상배축이 있는 것

㉤ 초생근이 피해를 받았지만 2차근이 여러 개 발육하여 생육에 지장이 없는 것

㉥ 상하배축과 자엽의 피해 및 부패면적이 작고 통도조직까지 미치지 않은 것

④ 기타 발아능검사

㉠ 전기전도율 검사

- 죽은 종자는 세포막의 강도가 낮고 물의 투과가 잘되며 세포 내용물이 물에 용출되어 전기전도율을 증가시킨다는 근거에 두고 검사를 실시한다.

㉡ 배 절제법

- 휴면종자의 배를 상처 없이 추출하여 배지에서 자라도록 하여 녹색으로 변하는 것을 보고 발아능을 검사하는 방법이다. 배를 절단하는 고도의 기술과 시간이 요구된다.

㉢ X-선 검사

- 죽은 종자의 금속염 흡수 정도 차이를 X-선을 이용하여 종자의 발아능을 검사하는 방법이다.

㉣ 유리지방산 검사

- 종자가 발아할 때 지방분해에 의해 발생하는 유리지방산을 측정하여 종자의 발아능을 검사한다.

㉤ 구아이아콜 검사(Guaiacol)

- 종자를 절단하여 구아이아콜수용액을 주입하여 색의 변화를 관찰하는 방법이다. 발아력이 강한 종자는 배 및 배유의 단면이 갈색이나 청색으로 변하며 죽은 종자는 색이 변하지 않는다.

㉥ 지베렐린과 티오요소 혼합액 검사

- 휴면 중인 종자의 발아력을 신속하게 검사하는 방법이다.

### (2) 종자세

① 종자세

㉠ 종자세는 종자의 발아와 유묘의 출현 중에 보이는 활성과 능력의 정도를 결정하는

종자의 성질이나 광범위한 포장조건 하에서 신속 균일하게 출현하여 정상의 묘로 자라는 능력을 결정짓는 종자의 성질로 종자의 품질을 결정하는 척도라 할 수 있다.

㉡ 종자의 퇴화에 따라 종자세가 저하되는 경향을 보인다. 종자세와 발아능을 비교해보면 종자의 퇴화가 진행될수록 종자세와 발아능이 저하되는데 종자세의 저하가 더 빠르게 진행된다.

㉢ 종자세의 영향인자에는 종자의 충실도, 퇴화 정도, 기계적 손상의 정도, 종자균의 감염 상태 등이 있다. 외부적 요인에는 토양수분, 비옥도, 습도, 온도 등이 있다.

② 종자세 평가 방법

㉠ 전기전도율 검사

· 종자 침출물의 전기전도도를 측정하는 방법이다.

㉡ 노화촉진검사

· 저장력이 낮은 종자는 저장력이 큰 종자에 비하여 저장 중 활력을 빨리 잃는다는 것에 근거를 두고 평가하는 방법이다.

㉢ 저온검사

· 종자 발에 저온 다습한 조건에서 감사하는 방법으로 가장 오래된 검증방법이다. 주로 옥수수, 대두 등에 이용되는 방법이다.

㉣ 퇴화조절검사

· 당근, 양파, 상추 등 포장에서 발아율이 낮은 종자에 이용되는 방법이다.

㉤ 저온발아검사

· 온도를 발아적온보다 낮게하고 나머지 조건은 표준발아검사에 준하는 조건에서 진행하는데 목화 등의 작물에 이용된다.

㉥ 유묘생장검사

· 종자세가 높은 종자는 건물중이 빠르게 증가하는 경향을 이용하여 유묘의 생장 정도를 건물중(mg)/발아가능유묘수로 나타낸다.

㉦ 테트라졸륨(tetrazolium) 종자세검사

· 살아 있는 종자 조직의 착색 정도를 통해 종자세를 평가한다.

㉧ 유묘판별검사

· 유묘를 정상묘와 비정상묘로 분류하고 정상묘를 다시 양묘와 불량묘로 구분한다.

㉨ 와사검사

· Fusarium 감염여부를 알기 위해 고안된 방법이나 종자의 불량묘 검사에도 이용된다. 종자를 벽돌가루나 모래가 들어 있는 용기에 파종하고 수분이 있는 벽돌가루를 3cm 정도 덮은 다음 실온의 암소에서 발아시키는 방법이다.

㉫ ATP 검사

- 종자의 발아과정 중 유아에서 ATP 함량 변화를 확인하는 방법이다.

㉬ GADA 검사

- 종자의 저장 능력 검사에 적합한 방법인데 보리와 같은 종자에 GADA(Glutamic acid decarboxylase)의 함량이 높으면 포장출현율이 높아 종자세 검사에도 적용이 가능하다.

㉭ glucose 대사검사

- 종자의 발아과정에 평균대사반응을 측정하는 방법으로 glucose 가 재침출되지 않을수록 종자세가 높은 것으로 평가한다.

## 5. 종자의 휴면

### (1) 휴면의 형태

① 종자 휴면

㉠ 휴면은 작물이 일시적으로 생장활동을 멈추는 현상으로 식물이 불리한 환경을 극복하기 위한 수단이다.

㉡ 성숙한 종자가 발아조건이 되어도 발아하지 않을 경우 휴면이라 하며 생육의 일시적 정지상태라 할 수 있다.

㉢ 종자의 휴면기간

- 벼 : 1주일~6개월
- 맥류 : 거의 없음 ~ 3개월
- 감자 : 수일 ~ 5개월
- 경실종자 : 수개월 ~ 수년

㉣ 야생종은 재배종에 비해 휴면성이 강한 편이다.

② 휴면의 효과

㉠ 작물재배나 육종에 있어 휴면을 통해 다양한 효과를 얻을 수 있다.

㉡ 우량종자의 안전한 장기저장이 가능하다.

㉢ 맥류의 수발아 억제가 가능하다.

㉣ 괴근, 괴경 등 영양기관 맹아억제 및 추대를 방지한다.

㉤ 과수류의 동상해 응급대책의 효과가 있다.

③ 휴면의 형태

㉠ 자발적 휴면은 외적 조건이 생육에 부적당하지 않을 때, 내적 원인에 의해 유발되는 휴면으로 생리적 휴면, 미숙 배 휴면, 종피 휴면 등이 있으며 종피에 발아억제물질이 많이 함유하여 휴면하는 경우도 포함된다.

㉡ 타발적 휴면은 발아력을 가진 종자에 수분, 광, 가스, 온도, 등의 외적 조건에 의해 유발되는 휴면이다.

㉢ 자발적 휴면과 타발적 휴면을 1차 휴면이라 하고 성숙한 종자가 불리한 환경조건에서 장기간 보존되어 휴면이 새로이 발생하는 경우를 2차 휴면이라 한다.

(2) 휴면의 원인

① 종피 불투수성

㉠ 장기간 발아하지 않는 종자를 경실이라 하는데 종피가 수분의 투과를 저해하여 발아를 시작하지 못하는 경우를 말한다.

㉡ 물의 투과성 저해로 인한 경실 종자에는 자운영, 고구마, 나팔꽃 등이 있다.

② 종피 불투기성

㉠ 종피의 불투기성으로 산소 흡수가 저해되어 발아하지 못하는 경우가 있다.

㉡ 보리, 귀리, 도꼬마리 등에서 주로 나타난다.

③ 종피의 기계적 저항

· 잡초종자에서 종피가 기계적 저항으로 배의 늘어남이 억제되어 휴면하게 된다.

④ 발아 억제 물질

㉠ 종실이나 과피에 발아 억제 물질이 존재하는 경우 휴면하는 경우가 있다.

㉡ 순무종자는 과피, 옥수수종자는 배유, 토마토, 오이 등의 장과류는 장과에 발아억제물질이 존재한다.

㉢ 종피휴면을 하는 식물에서 벼는 영에, 보리는 영과 과피, 도꼬마리는 내종피에 발아억제물질이 존재한다.

⑤ 배의 미숙

㉠ 장미과식물에서 종자가 모주를 이탈할 때 배의 발육이 미숙하여 발아하지 못하는 경우가 있다.

㉡ 배의 성숙에는 수주일~수개월의 기간이 필요한 경우가 있는데 이러한 기간 및 과정을 후숙이라 한다.

㉢ 후숙은 휴면하는 종자의 발아를 위해 종자의 수분함량을 조절하고, 다량의 산소를 공급하는 등의 작업을 하게 된다.

㉣ 화곡류 종자는 온도 15~20℃, 1~2개월 후숙을 하면 최대 발아율을 나타낸다.

⑥ 배유의 미숙

㉠ 배는 완숙되었지만 종자의 저장물질인 배유가 미숙하면 휴면이 발생하기도 한다.

㉡ 배유가 미숙하면 저장물질의 변화에 필요한 가수분해효소, 호흡에 필요한 산화환원효소가 불활성되어 휴면이 발생하게 된다.

⑦ 발아 촉진 물질(생장소)의 부족

- 배유에서 배로, 자엽에서 유아 및 유근으로 생장촉진물질의 공급이 저해되면 휴면이 발생한다.

⑧ 식물호르몬 불균형

- 생장억제물질인 ABA 와 생장촉진물질인 지베렐린의 함량비로 인하여 휴면이 발생되거나 조기에 타파되기도 한다.

### (3) 휴면의 타파

① 종피파상법

㉠ 경실의 휴면 타파를 통해 발아를 촉진시키기 위한 방법으로 종피에 상처를 내는 방법이다.

㉡ 자운영 경실종자는 모래와 섞어 절구에 가볍게 찧어 상처를 내며 고구마 종자는 손톱깎이를 이용하여 상처를 낸다.

② 생장조절제

㉠ 지베렐린, 시토키닌, 에틸렌, 질산칼륨, 티오요소, 키네틴, 과산화수소 등의 생장조절제를 처리하여 휴면을 타파할 수 있다.

㉡ 지베렐린은 땅콩, 앵두, 셀러리, 씨감자 등, 시토키닌은 상추에 효과가 있다.

③ 광 처리

㉠ 광발아종자는 광이 휴면을 타파한다.

㉡ 가시광선 파장영역에서 600~700nm 의 적색광 파장영역은 휴면을 타파시킨다. 반대로 청색광(420~500nm)은 휴면을 유도하고 초적색광(720~780nm)에서는 휴면이 발생한다.

④ 온도 처리

㉠ 종자가 침윤하기 전에 저온처리하면 휴면이 타파되고 이후 고온 처리를 하면 발아가 촉진된다.

㉡ 배 휴면을 하는 종자는 0~6℃ 조건의 저온에서 수일~수개월 저장하면 휴면이 타파된다.

㉢ 배휴면을 하는 종자를 저온습윤처리를 하면 불용성 물질이 분해되어 가용성 물질로

변화된다. 이때 삼투압이 낮아지면서 배의 물질이동이 쉬워지면서 휴면이 타파되며 새로운 조직의 형성을 위한 당류, 아미노산 등의 유기물질들이 나타난다.

⑤ 작물별 휴면타파

㉠ 벼 종자는 40℃ 의 고온에서 3주 정도 처리한다.

㉡ 맥류 종자의 경우 0.5~1% 과산화수소용액에 24시간 침지 후 저온(5~10℃) 조건에서 처리한다.

㉢ 감자는 최아법, 박피절단법, 지베렐린 처리(GA처리), 에틸렌-클로로하이드린 처리를 한다. 지베렐린처리는 2ppm 에 30~60분 정도 침지하고 그늘에 말리도록 한다.

㉣ 화본과 목초는 파종 전에 질산칼륨이나 지베렐린으로 처리한다.

㉤ 시금치는 60℃ 고온에서 3~5일 정도 처리한다.

㉥ 상추 및 자작나무의 경우 저온 및 광처리를 통해 휴면을 타파한다.

⑥ 층적처리

㉠ 층적처리는 휴면의 타파뿐만 아니라 발아력 저하방지, 발아억제물질 제거, 후숙 방지 등의 효과가 있다.

㉡ 나무상자나 나무통에 습기가 있는 모래 혹은 톱밥과 종자를 층을 만들어 종자를 넣어 저온저장고에 보관한다. 일반적으로 모래 4cm, 종자 2cm 로 층을 쌓는다.

# 05 종자의 수명과 퇴화

## 1. 종자의 수명

### (1) 종자 수명

① 종자의 수명은 종자가 발아할 수 있는 발아력을 가지고 있는 기간을 말한다. 종자의 수명에 따라 단명종자, 중명종자, 장명종자로 분류할 수 있다.

| 단명종자(1~2년) | 양파, 파, 콩, 땅콩, 당근, 메밀, 고추, 상추, 우엉 등 |
|---|---|
| 중명(상명)종자(2~3년) | 벼, 밀, 보리, 무, 완두 등 |
| 장명종자<br>(4~6년, 6년 이상) | · 비트, 수박, 호박, 오이, 배추, 가지, 토마토, 알팔파, 클로버 등<br>· 화훼류의 장명종자 : 스토크, 백일홍, 안개초, 봉선화 등 |

② 종자의 수명에 관여하는 요인

㉠ 종자의 유전성 및 성숙도

㉡ 종자의 기계적 손상 정도

㉢ 종자 저장고의 공기조성 및 환경

㉣ 온도 및 상대습도

- 저장기간 중에 종자의 수명이 짧아지는 요인으로 고온, 고습이 있다.
- 대부분 종자는 80% 상대습도, 25~30℃ 온도에 저장하면 발아력이 빨리 저하되나 50% 이하의 상대습도, 5℃ 이하의 온도에서 저장하면 발아력을 유지할 수 있다. 장기저장을 위한 최적은 상대습도는 20~30% 이다.

㉤ 종자의 수분함량

- 종자가 더 이상 수분을 흡수하지 않고, 잃지 않는 상태를 수분평형이라 한다.
- 종자를 저장하려면 종자를 최소한 평형수분함량까지 건조시켜야 한다. 전분종자의 평형수분함량은 약 14% 이고, 유료종자의 평형수분함량은 8% 정도이다.
- 안전하게 저장하기 위한 종자의 최대수분함량은 일반종자 5~7%, 유지종자 3~5% 정도이다.
- 안전저장을 위한 종자 최대수분함량은 대략 벼 15%, 보리 13%, 콩 11%, 시금치 9%, 배추 5%, 고추 4.5% 정도이며 토마토는 일반적인 종자들보다 더 낮은 수준으로 해야 한다.

## 2. 종자의 퇴화증상

### (1) 종자의 퇴화

① 작물 재배에서 연수가 경과하는 동안 유전적, 생리적으로 생산력이 감퇴하는 경우 종자의 퇴화라고 한다.

② 종자의 퇴화 증상

| | |
|---|---|
| • 종자의 호흡감소<br>• 종자 내부의 효소 활성 감소<br>• 발아율의 저하<br>• 발아조건 감소<br>• 변색 | • 발육 저하<br>• 저항력 저하<br>• 균일성 및 수량의 감소<br>• 유리지방산 증가<br>• 종자침출액 증가 |

### (2) 종자 퇴화의 원인

① 유전적 퇴화

㉠ 세대가 경과함에 따라 유전적으로 변이가 발생하거나 순수하지 못해 유전적으로 퇴화하는 경우가 있다.

㉡ 돌연변이, 자연교잡, 근교약세 등이 있다.

| | |
|---|---|
| 돌연변이 | 원래의 특성을 잃고 세대가 경과되어 누적된다. |
| 자연교잡 | 번식체계, 격리거리, 종자생산 규모, 꽃가루 매개 방법 등이 퇴화 정도를 결정하게 된다. |
| 이형유전자의 분류 | 열성유전자 분리 |
| 근교약세 | 타식성 작물을 계속 자식시키면 세력이 약해진다. |
| 기회적 부동 | 재식 개체수가 적거나 채종 개체수가 적은 경우 특정 유전자형만 채종되어 다음 세대 유전자의 비율이 달라지게 된다. |
| 이형종자의 기계적 혼입 | 파종, 이앙, 수확 등의 작업과정에서 다른 품종이 혼입되는 경우가 있다. |
| 역도태 | 수량과 품질이 개화, 추대로 쇠약해지면서 역도태가 된다. |

② 생리적 퇴화

㉠ 생산지의 환경이 나쁘면 생리적 조건이 불량해지면서 퇴화하게 된다.

㉡ 콩 등은 동일 장소에서 재배 및 채종을 계속하면 미량원소가 결핍되고 다음해의 수량이 감소하게 되는데 이러한 퇴화를 후작용에 의한 퇴화라 한다.

㉢ 온도와 일장에 의한 퇴화가 있는데 벼의 경우 고랭지에서 2년 정도 채종을 되풀이 한 것을 난지에 재배하였을 때 재래종에 비해 출수가 늦고 수량이 적어지게 된다.

③ 병리적 퇴화

· 종자로 전염하는 병해로 인하여 병리적으로 퇴화하는 것을 말한다.

④ 기타 종자 퇴화

| | |
|---|---|
| • 종자 저장 양분의 고갈<br>• 분열조직세포의 기아<br>• 유해물질의 축적<br>• 발아유도기구의 분해<br>• 리보솜 분리의 저해 | • 효소의 분해와 불활성<br>• 지질의 자동산화<br>• 가수분해효소의 형성과 활성화<br>• 병균의 침입<br>• 기능상 구조변화 |

### (3) 종자 퇴화의 방지

① 유전적 퇴화의 방지

㉠ 격리재배를 통해 자연교잡을 방지한다.

㉡ 이형종자의 혼입을 막기 위해 낙수 제거, 채종포 변경, 수확 및 조세의 주의, 완숙퇴비 사용한다.

② 생리적 퇴화의 방지

㉠ 재배적 조건이 불량해도 종자는 생리적으로 퇴화할 수 있기에 이를 막으려면 재배시기의 조절, 비배관리의 개선, 착과수의 제한, 종자의 선별 등의 작업이 필요하다.

㉡ 벼 종자는 분지의 비옥한 점질토양이 좋으며, 감자의 경우 고랭지에서 채종하도록 한다.

③ 병리적 퇴화의 방지

㉠ 무병지에서 채종하는 것이 좋다.

㉡ 종자의 소독, 이병주 및 이병수를 제거하도록 한다.

# 06 포장검사와 종자검사

## 1. 포장검사

### (1) 포장검사

① 국가보증이나 자체보증을 받는 종자를 생산하려는 자는 농림수산식품부장관이나 종자관리사로부터 1회 이상 포장검사를 받아야 한다.

② 포장검사의 주된 목적은 품종의 유전적 순도검사이며, 주로 작물의 개화기를 전후하여 실시한다.

③ 포장검사는 <검사신청→달관검사→표본검사→표본조사구결정→표본조사구당 조사수량 결정→검사결과 판정→합격, 불합격 재관리→포장검사부에 기록 결과 처리>의 과정을 거친다.

### (2) 관련 용어

① 백분율(%) : 검사항목의 전체에 대한 중량비율을 말한다. 다만 발아율, 병해립과 포장검사항목에 있어서는 전체에 대한 개수비율을 말한다.

② 품종순도 : 재배작물 중 이형주(변형주), 이품종주, 이종종자주를 제외한 해당품종 고유의 특성을 나타내고 있는 개체의 비율을 말한다.

③ 이형주(off type) : 동일품종 내에서 유전적 형질이 그 품종 고유의 특성을 갖지 아니한 개체를 말한다.

④ 포장격리 : 자연교잡이 일어나지 않도록 충분히 격리된 것을 말한다.

⑤ 작황균일 : 시비, 제초, 약제살포 등 포장관리상태가 양호하여 작황이 고르게 좋은 것을 말한다.

⑥ 제거 : 포장에서 검사규격상 불필요한 것을 뽑아 없애는 것을 말한다.

⑦ 소집단(lot) : 생산자(수검자)별, 종류별, 품위별로 편성된 현물종자를 말한다.

⑧ 1차시료(primary sample) : 소집단의 한 부분으로부터 얻어진 적은 양의 시료를 말한다.

⑨ 합성시료(composite sample) : 소집단에서 추출한 모든 1차시료를 혼합하여 만든 시료를 말한다.

⑩ 제출시료(submitted sample) : 검정기관(또는 검정실)에 제출된 시료를 말하며 최소한 관련 요령에서 정한 양 이상이여야 하며 합성시료의 전량 또는 합성시료의 분할시료이여야 한다.

⑪ 원원종 : 품종 고유의 특성을 보유하고 종자의 증식에 기본이 되는 종자를 말하며, “원원종

포"라 함은 원원종의 생산포장을 말한다.

⑫ 원종 : 원원종에서 1세대 증식된 종자를 말하며, "원종포"라 함은 원종의 생산포장을 말한다.

⑬ 보급종 : 원종 또는 원원종에서 1세대 증식하여 농가에 보급하는 종자를 보급종 또는 보급종Ⅰ이라 말하며, 보급종Ⅱ는 보급종을 1세대 다시 증식한 것을 말하고, "채종포(또는 증식포)"라 함은 보급종의 생산포장을 말한다.

⑭ 검사시료(working sample) : 검사실(분석실)에서 제출시료로부터 취한 분할시료로 품위검사에 제공되는 시료이다.

⑮ 분할시료(sub-sample) : 합성시료 또는 제출시료로부터 규정에 따라 축분하여 얻어진 시료이다.

⑯ 봉인(sealing) : 종자가 들어있는 콘테이너(용기)나 포장이 파괴되거나 손이간 흔적을 남기지 않고는 다시 종자를 넣거나 뺄 수 없도록 봉하는 것을 말한다.

⑰ 수분 : 103±2℃ 또는 130-133℃ 건조법에 의하여 측정한 수분을 말하되 이와 같은 동등한 측정결과를 얻을 수 있는 전기저항식 수분계, 전열 건조식수분계, 적외선조사식수분계 등에 의하여 측정한 수분을 말한다.

⑱ 정립 : 이종종자, 잡초종자 및 이물을 제외한 종자를 말하며 다음의 것을 포함한다.

1) 미숙립, 발아립, 주름진립, 소립
2) 원래크기의 1/2이상인 종자쇄립
3) 병해립(맥각병해립, 균핵병해립, 깜부기병해립 및 선충에 의한 충영립을 제외한다)
4) 목초나 화곡류의 영화가 배유를 가진 것

⑲ 발아 : 실험실에서의 종자의 발아란 알맞은 토양조건에서 장차 완전한 식물로 생장할 수 있는지의 여부를 가리키는 묘의 단계까지 필수구조들이 출현하고 발달된 것을 말한다.

⑳ 발아율 : 일정한 기간과 조건에서 정상묘로 분류되는 종자의 숫자비율을 말한다.

㉑ 이종종자 : 대상작물 이외의 다른 작물의 종자를 말한다.

㉒ 이품종 : 대상품종 이외의 다른 품종을 말한다.

㉓ 잡초종자 : 보편적으로 인정되는 잡초의 괴근, 괴경 및 종실과 이와 유사한 조직을 말한다. 다만, 이물질로 정의된 것을 제외한다.

㉔ 메성배유개체출현율 : 찰성벼, 보리, 밀, 옥수수 등에서 키세니아 현상으로 일어나는 메성전분배유소지 개체의 출현율을 말한다.

㉕ 이물 : 정립이나 이종종자로 분류되지 않는 종자구조를 가졌거나 종자가 아닌 모든 물질로 다음의 것을 포함한다.

1) 원형의 반 미만의 작물종자 쇄립 또는 피해립

2) 완전 박피된 두과종자, 십자화과 종자 및 야생겨자종자
3) 작물종자 중 불임소수
4) 맥각병해립, 균핵병해립, 깜부기병해립, 선충에 의한 충영립
5) 배아가 없는 잡초종자
6) 회백색 또는 회갈색으로 변한 새삼과 종자
7) 모래, 흙, 줄기, 잎, 식물의 부스러기 꽃 등 종자가 아닌 모든 물질

㉖ 피해립 : 발아립, 부패립, 충해립, 열손립, 박피립, 상해립 및 기타 기계적 손상립으로 이물에 속하지 아니한 것을 말한다.

㉗ 기타 위에 명시된 용어의 정의 외에는 ISTA의 종자검정규정에 따른다.

㉘ 모수 : 원원종 또는 원종 등에서 유래된 무성 번식체로서 보급종 생산용 재료(대목, 접수, 삽수 등)를 생산하기 위해 사용되는 식물체를 말하고, “모수포”라 함은 모수가 식재되어 있는 포장을 말한다.

㉙ 무병(virus free) 묘목 : 바이러스 무병화 과정(열처리, 생장점 배양 등)을 거친 묘목 또는 포장검사 대상바이러스에 감염되지 않은 묘목을 말한다.

㉚ 격리망실 : 출입문 시건장치와 진딧물 등의 해충을 완전히 차단할 수 있는 시설이 구비되어 있는 망실을 의미하며, 망실의 그물망 격자 크기는0.5 × 0.7 mm 이하이어야 한다.

㉛ 미숙립율 : 벼의 껍질을 벗긴 현미만을 정선하여 1.7mm 줄체를 통과한 미숙현미의 무게를 전체 현미의 무게로 나눈값의 비율을 말한다.

㉜ 발아세 : 치상 후 일정기간까지의 발아율 또는 표준발아검사에서 중간발아조사일까지의 발아율을 말한다.

### (3) 작물별 포장검사의 기준

1) 벼

가) 포장검사

- 검사시기 및 회수 : 유숙기로부터 호숙기 사이에 1회 검사한다. 다만, 특정병에 한하여 검사횟수 및 시기를 조정하여 실시할 수 있다
- 포장격리 : 원원종포・원종포는 이품종으로부터 3m 이상 격리되어야 하고 채종포는 이품종으로부터 1m 이상 격리되어야 한다. 다만, 각 포장과 이품종이 논둑 등으로 구획되어 있는 경우에는 그러하지 아니 하다.
- 전작물 조건 : 없음
- 포장조건 : 파종된 종자는 종자원이 명확하여야 하고 포장검사시 1/3 이상이 도복(생육 및 결실에 지장이 없을 정도의 도복은 제외)되어서는 아니 되며, 적절한 조사를

할 수 없을 정도로 잡초가 발생되었거나 작물이 왜화·훼손되어서는 아니된다.

ㅁ 검사규격

| 채종단계 \ 항목 | | 최저한도(%) | 최고한도(%) | | | | | 작황 |
|---|---|---|---|---|---|---|---|---|
| | | 품종순도 | 이종종자주 | 잡초 | | 병주 | | |
| | | | | 특정해초 | 기타해초 | 특정병 | 기타병 | |
| 원원종포 | | 99.9 | 무 | 무 | - | 0.01 | 10.00 | 균일 |
| 원종포 | | 99.9 | 무 | 0.00 | - | 0.01 | 15.00 | 균일 |
| 채종포 | 1세대 | 99.7 | 무 | 0.01 | - | 0.02 | 20.00 | 균일 |
| | 2세대 | 99.0 | | | | | | |

※ 정의

· 특정해초 : 피를 말한다.

· 특정병 : 키다리병, 선충심고병을 말한다.

· 기타병 : 도열병, 깨씨무늬병, 흰잎마름병, 잎집무늬마름병, 줄무늬잎마름병, 오갈병, 이삭누룩병 및 세균성벼알마름병을 말한다.

나) 종자검사

ㅁ 검사규격

| 채종단계 \ 항목 | 최저한도(%) | | 최고한도(%) | | | | | | | | | | |
|---|---|---|---|---|---|---|---|---|---|---|---|---|---|
| | 정립 | 발아율 | 수분 | 이품종 | 이종종자 | 잡초종자 | | | 피해립 | 병해립 | | 이물 | 메벼출현율 |
| | | | | | | 특정해초 | 기타해초 | 계 | | 특정병 | 기타병 | | |
| 원원종 | 99.0 | 85 | 14.0 | 0.02 | 0.02 | 무 | 0.03 | 0.05 | 2.0 | 2.0 | 5.0 | 1.0 | 0.2 |
| 원종 | 99.0 | 85 | 14.0 | 0.05 | 0.03 | 무 | 0.10 | 0.10 | 3.0 | 5.0 | 10.0 | 1.0 | 0.4 |
| 보급종 | 98.0 | 85 | 14.0 | 0.10 | 0.05 | 0.00 | 0.10 | 0.20 | 3.0 | 5.0 | 10.0 | 2.0 | 0.6 |

※ 보급종 정립 중 미숙립율 최고한도는 4.0% 이하로 한다.

※ 정의

· 특정해초 : 포장검사규격에 준한다.

· 기타해초 : 물달개비, 여뀌, 마디꽃, 논뚝외풀, 사마귀풀 및 올챙이 고랭이를 말한다.

· 특정병 : 포장검사규격에 준한다.

· 기타병 : 도열병, 깨씨무늬병 및 이삭누룩병을 말한다.

2) 감자

가) 포장검사

· 검사시기 및 회수

· 춘작 : 유묘가 15cm 정도 자랐을 때 및 개화기부터 낙화기 사이에 각각 1회 실시한다.

· 추작 : 유묘가 15cm 정도 자랐을 때 및 제1기 검사후 15일경에 각각 1회 실시한다.

나) 포장격리

· 원원종포 : 불합격포장, 비채종포장으로부터 50m 이상 격리되어야 한다.

· 원종포 : 불합격포장, 비채종포장으로부터 20m 이상 격리되어야 한다.

· 채종포 : 비채종포장으로부터 5m이상 격리되어야 한다.

· 십자화과·가지과·장미과·복숭아나무·무궁화나무 기타 숙주로부터 10m 이상 격리되어야 한다.

· 다른 채종단계의 포장으로부터 1m이상 격리되어야 한다.

· 망실재배를 하는 원원종포·원종포 또는 채종포의 경우에는 격리거리를 1) 내지 5)의 포장격리기준의 10분 1로 단축할 수 있다.

다) 전작물 조건

· 연작하지 아니한 포장이어야 한다. 다만, 연작피해 방지대책을 강구한 경우에는 그러하지 아니할 수 있다.

· 윤부병 발생포장은 2년 이상 윤작하여야 한다.

· 갈쭉병 발생포장은 5년간 감자 및 가지과작물을 재배하여서는 아니된다.

라) 포장조건 : 벼에 준한다.

마) 검사규격

| 항목 / 채종단계 | 최고한도(%) | | | | | | | | | | | | | 작황 |
|---|---|---|---|---|---|---|---|---|---|---|---|---|---|---|
| | 이품종주 | 이종종자주 | 특정병 | | | | | | | 기타병 | | | | |
| | | | 모자이크바이러스 | 잎말림바이러스 | 기타바이러스 | 바이러스계 | 갈쭉병 | 둘레썩음병 | 풋마름병 | 흑지병 | 위조병 | 기타병 | 병해계 | |
| 원원종포 | 무 | 무 | 0.5 | 0.3 | 0.2 | 1.0 | 무 | 무 | 무 | 0.5 | 0.5 | 5.0 | 6.0 | 균일 |
| 원종포 | 무 | 무 | 1.0 | 0.5 | 0.5 | 2.0 | 무 | 무 | 무 | 1.0 | 1.0 | 6.0 | 8.0 | 균일 |
| 채종포 | 무 | 무 | 2.0 | 1.0 | 1.0 | 4.0 | 무 | 무 | 무 | 1.5 | 1.5 | 7.0 | 10.0 | 균일 |

※ 정의

· 특정병 : 모자이크바이러스 · 잎말림바이러스 · 기타 바이러스 · 갈쭉병 및 둘레썩음병 · 풋마름병을 말한다.

· 기타병 : 흑지병 · 후사리움위조병 · 역병 · 하역병 등을 말한다.

바) 종자검사

ㅁ 검사규격

| 항목 / 채종단계 | 괴경중량 | 최고한도(%) | | | | | | | | | | | | |
|---|---|---|---|---|---|---|---|---|---|---|---|---|---|---|
| | | 이품종 | 특정병 | | | | 기타병 | 피해서 | | | | 기형서 | 싹튼감자 | 이물 |
| | | | 바이러스 | 둘레썩음병 | 풋마름병 | 갈쭉병 | | 계 | 동해 | 수분해 | 기타 | | | |
| 원원종 | 30-330g | 무 | 1.0 | 무 | 무 | 무 | 1.0 | 13.0 | 무 | 10.0 | 3.0 | 0.5 | 무 | 0.5 |
| 원 종 | 30-330g | 무 | 2.0 | 무 | 무 | 무 | 3.0 | 15.0 | 무 | 10.0 | 5.0 | 0.8 | 3.0 | 0.5 |
| 보급종 | 50-270g | 0.01 | 4.0 | 무 | 무 | 무 | 5.0 | 18.0 | 무 | 10.0 | 8.0 | 1.0 | 6.0 | 1.0 |

주) · 인공씨감자를 재배하여 생산된 종자 또는 양액재배로 생산된 종자를 씨감자로 사용하는 경우는 괴경중량을 3-50g 으로 할 수 있으며 인공씨감자를 종자로 직접 사용하는 경우 괴경중량은 0.5g 이상으로 할 수 있다.

· 농림축산식품부장관 및 종자관리사는 괴경중량 기준 대신에 괴경크기 기준을 정하여 검사할 수 있다.

※ 정의

· 특정병 : 바이러스·둘레썩음병·풋마름병·갈쭉병을 말한다.

· 기타병 : 더뎅이병·흑지병·역병·무름병·마른썩음병 등을 말한다. 다만, 더뎅이병은 개체의 병반지름이 5mm이내이고, 병반지름의 합이 2cm 이하로서 병반면적이 전체 표면적의 3% 이내인 것은 제외한다.

· 피해서 : 중심공동서·동해·일소·기계적상해·개열서·충해·수분해 기타 원인에 의하여 손상을 받은 것을 말한다.

· 싹튼감자 : 눈이 5mm 이상 자란 것을 말한다.

## (4) 포장검사방법(종자검사요령)

① 검사방법

㉠ 포장검사는 달관검사와 표본검사로 구분하여 실시하되, 달관검사 결과 검사규격이 합격 또는 불합격 범위에 속하는 포장에 대하여는 표본검사를 생략할 수 있으며, 달관검사로 판정이 어려운 포장에 대하여는 표본검사를 실시한다. 단, 검사결과 규격 미달 포장이라도 재관리하면 합격이 가능한 포장에 대하여는 재관리검사를 실시할 수 있다.

㉡ 검사단위는 필지별로 하되, 동일인이 동급의 동일품종을 인접 경계 필지에 재배하여 생육이 균일할 때에는 동일 필지 포장으로 간주하여 검사할 수 있다.

② 포장검사시기

- 포장검사 시기는 작물의 품종별 고유특성이 가장 잘 나타나는 생육시기에 실시하여야 하며, 작물의 생육기간을 고려하여 1회 이상 포장검사를 실시하되 작물별 검사시기와 검사횟수는 "종자관리요강(농식품부 고시)"에 따른다.

③ 달관검사

- 필지별로 포장주위를 돌면서 관찰하거나 포장안으로 들어가 조사하되, 필요한 경우 드론 등의 장비를 보조 수단으로 활용 할 수 있다. 그 결과 다음과 같은 조건을 충족한 상태일 때에는 표본검사를 실시하지 아니하고 합격 판정한다.

- 이종종자주, 이품종주, 이형주, 특정잡초 및 특정병해가 검사규격이내인 경우
- 포장의 전반적인 작황이 균일한 경우. 단, 필지의 일부분의 (전체의 3분의 1 미만) 작황이 불량하고 그 외 부분의 작황이 양호할 때에는 구분 표시하고 부분 합격시킬 수 있다.
- 포장조건 및 격리거리가 적정할 때. 그리고 다른 시설물로 격리 효과가 유지되거나 포장주위의 작물이 동일 품종의 동급 이상의 작물로 재배되었을 경우도 포함시킬 수 있다.
- 기타 종자생산에 대한 장애 요인의 제거가 가능하다고 판단될 때

④ 표본검사

㉠ 표본 조사구수 결정

가) 일반재배

- 원원종·원종(전체작물)

| 포장의 크기 | 표본조사구수 |
|---|---|
| 2a 미만 | 전체면적 또는 전체면적의 50% 검사<br>(단, 벼의 경우 2개 조사구 이하로 한다) |
| 2a 이상~10a 미만 | 3개 조사구 이상 |
| 10a 이상~20a 미만 | 5개 조사구 이상 |
| 20a 이상 | 20a 초과시마다 1구씩 추가<br>(예 : 35a 의 경우는 6개 조사구) |

※ 전체면적의 50% 검사는 달관검사결과 성적이 양호할 때 실시한다.

· 보급종(전체작물)

| 포장의 크기 | 표본조사구수 |
|---|---|
| 40.0a 까지<br>40.1 ~ 60a<br>60.1a 이상 | 3개 조사구 이상<br>5개 조사구 이상<br>30a 초과시마다 1구씩 추가<br>(예 : 85a의 경우는 6개 조사구 |

나) 망실 재배

· 감자류 : 검사신청 면적의 1/3 이상의 망실면적(3동 이하일 경우 1동)을 조사구로 한다. 다만, 1동의 포장 크기가 2.1a이상일 경우에는 일반재배에 따름

· 기타작물 : 일반재배에 따름

## 2. 종자검사(종자검사요령)

### (1) 검사신청

① 검사대상은 포장검사에 합격한 포장에서 생산한 종자로 한다.

② 검사신청서는 종자산업법 시행규칙 별지 종자검사신청서 및 재검사신청서 서식에 따라 제출하되 일괄 신청할 때는 품종별, 생산자별(생산계획량과 검사신청량 표시)로 명세표를 첨부하여야 한다.

③ 신청서는 검사희망일 3일전까지 관할 검사기관에 제출하여야 하며, 재검사 신청서는 종자검사결과 통보를 받은 날로부터 15일 이내에 통보서 사본을 첨부하여 신청한다.

④ 종자검사 신청서를 접수한 관할 검사기관에서는 검사신청자가 요구한 검사 희망일에 검사함을 원칙으로 하되, 업무형편을 고려하여 검사신청자와 협의한 후 조정할 수 있으며, 검사희망일로부터 20일 이내 검사를 완료하여야 한다. 단, 발아시험 기간 등으로 20일 이내에 검사가 완료되지 않을 때에는 그 사유를 신청자에게 중간 통보하여야 한다.

⑤ 검정용 시료가 규정된 양보다 적을 때에는 신청자에게 통지하고 분석을 중지한다. 다만, 비싼 종자일 때에는 그러하지 아니할 수 있다.

⑥ 사전준비

㉠ 검사신청자는 검사현장에 필요한 저울, 시트, 깔판 등 기자재를 준비 하여야 한다.

㉡ 시료채취에 필요한 운반, 계량, 해장, 기타 필요한 비용은 해당 검사 신청자가 부담한다.

### (2) 시료추출

① 소집단(lot)

㉠ 소집단의 구성

- 작물별, 생산자별, 품종별, 품위별로 편성하되 소집단(lot)의 크기는 제시된 소집단의 최대중량을 기준하여 5% 허용범위를 넘지 않아야 하며, 감자 등 서류작물은 최대 40톤 단위로 한다.
- 과수 원종 및 모수는 묘목 한 주를 한 개의 소집단으로 한다. 보급종은 과종별·생산자별·품종별·품위별로 편성하되 소집단 크기가 10,000주를 초과하지 않아야 한다.
- 소집단은 시료추출과 검사표시가 용이하도록 적재되어야 한다.
- 소집단의 시료채취는 대표성이 있어야 하며 그 시료의 품위가 확연히 불균일할 때에는 시료채취를 거부하여야 한다. 다만, 검사신청자가 희망할 경우 품위별로 소집단을 다시 편성하게 한 후 시료를 채취할 수 있다. 채취된 시료는 혼합, 교반하여 균일하게 한다.

㉡ 소집단의 포장(용기)

- 포장(용기)은 봉인할 수 있거나 자동 봉인되는 것이어야 한다.
- 소집단의 시료 추출시 모든 용기는 소집단 내용을 증명하는 표시나 꼬리표가 있어야 하며, 소집단 식별 표시는 종자 검사기관에 의해 허가 또는 지정된 것이어야 한다
- 봉인은 포장할 경우 자동적으로 봉인이 되는 것 또는 종자검사기관(또는 검사원)이 인정하는 봉인이어야 한다. 만약 그렇지 않으면 시료 채취원의 통제에 따라 공인된 봉인 도장을 찍거나, 지울 수 없는 표시를 하거나, 개봉하면 파손 또는 흔적이 남는 라벨을 붙여야 한다. 시료가 채취된 종자 소집단이나 그 일부가 미봉인 상태로 있어서는 안된다.

② 포장(용기)검사

- 소집단의 포장재, 포장상태, 표시사항 등의 적정여부를 검사한다.

③ 중량검사

- 중량검사는 임의추출 방법에 의하되 소집단별 실 중량의 조사수량과 비율은 다음과 같다. 단, 포장재 중량이 균일한 것은 일정량의 포장재를 계량하여 포장재 평균 중량으로 실 중량을 추정할 수 있다.

| 소집단 크기 | 100대 까지 | 101~500대 | 501대 이상 |
|---|---|---|---|
| 조사수량 또는 비율 | 5대 이상 | 5% 이상 | 3% 이상<br>(최소 25대 이상) |

④ 시료 추출

㉠ 시료채취는 수검자 입회하에 시료채취원이 행한다.

㉡ 시료 추출 밀도 및 추출량

· 소집단별 1차시료 추출은 다음 기준에 따르며, 합성시료의 양은 제출시료의 최소 중량 이상이어야 한다. 단, 고가품 종자이거나 이종종자 등을 판정하지 않는 경우에는 그러하지 아니할 수 있다.

가) 종 실(Seed)

- 15kg~100kg까지의 포장물에서 시료채취

| 소집단의 크기 | 채취해야 할 1차 시료의 개수 | 합성시료 |
|---|---|---|
| 1~4대 | 매 포장에서 3개소 이상의 1차 시료 | 1점 |
| 5~8대 | 매 포장에서 2개소 이상의 1차 시료 | 1점 |
| 9~15대 | 매 포장에서 1개소 이상의 1차 시료 | 1점 |
| 16~30대 | 총 15개소 이상의 1차 시료 | 1점 |
| 31~59대 | 총 20개소 이상의 1차 시료 | 1점 |
| 60대 이상 | 총 30개소 이상의 1차 시료 | 1점 |

※ 15kg 미만의 소형 포장물에서는 최대 100kg이 넘지 않도록 재구성하여 이를 1대의 소집단으로(5kg×20개, 10kg×10개 등) 보고 위의 기준에 따라 시료를 추출한다.

- 100kg을 초과하는 포장물이나 포장과정(주입과정)에서의 시료채취

| 소집단의 크기 | 채취해야 할 1차 시료의 개수 | 합성 시료 |
|---|---|---|
| 500kg 까지 | 5개소 이상 | 1점 |
| 501~3,000kg | 매 300kg 당 1개소 이상, 합계 최소 5개소 이상 | 1점 |
| 3,001~20,000kg | 매 500kg 당 1개소 이상, 합계 최소 10개소 이상 | 1점 |
| 20,001kg 이상 | 매 700kg 당 1개소 이상, 합계 최소 40개소 이상 | 1점 |

나) 종서류

| 구분 | | 시료채취 | 시료 1점당 중량 |
|---|---|---|---|
| 포장물 또는 산물 | 10M/T 까지 | 5점 이상 | 20kg 이상 (포장물일 경우 포장단위로 채취하여 전량품위 계측) |
| | 20M/T 까지 | 8점 이상 | |
| | 40M/T 까지 | 12점 이상 | |

다) 과수(묘목)류

- 바이러스 검정항목

원원종·원종(포)의 소집단 조사시료 크기는 전수, 모수(포)는 10%, 보급종(증식포) 및 대목은 1%로 하며 소집단 크기에 따라 최소표본의 크기(표본추출 99% 신뢰수준, 5% 검출 수준) 이상으로 한다. 단, 모수의 경우 100주 이하는 전수조사 한다.

- 기타 검정항목

  원원종·원종(포)의 소집단 조사시료 크기는 전수, 모수(포)는 10%로 한다. 보급종 묘목의 시료추출량은 아래와 같다.

| 소집단의 크기 | 추출 주수 |
|---|---|
| 100주 이하 | 소집단 전체 |
| 101~1,000주 | 최소 100주 이상 또는 소집단 20% 중 많은 주수<br>(최소 10개소 이상에서 추출) |
| 1,001~3,000주 | 최소 200주 이상 또는 소집단 10% 중 많은 주수<br>(최소 20개소 이상에서 추출) |
| 3,001~10,000주 | 최소 300주 이상 또는 소집단 5% 중 많은 주수<br>(최소 30개소 이상에서 추출) |

### (3) 순도분석(Purity Analysis)

① 목 적

순도분석의 목적은 시료의 구성요소(정립, 이종종자, 이물)를 중량백분율로 산출하여 소집단 전체의 구성요소를 추정하고, 품종의 동일성과 종자에 섞여 있는 이물질을 확인하는데 있다.

② 정 의

㉠ 정립(Pure seed)

- 정립은 검사(검정)신청자가 신청서에 명시한 대상작물로, 해당종의 모든 식물학적 변종과 품종이 포함되며 다음의 것을 포함한다.

> - 미숙립, 발아립, 주름진립, 소립
> - 원래 크기의 1/2보다 큰 종자 쇄립
> - 병해립(맥각병해립, 균핵병해립, 깜부기병해립 및 선충에 의한 충영립은 제외)
> - 기타 세부사항은 별표 4의 2에 있는 각 속 또는 종의 정립종자 정의에 따른다.

㉡ 이종종자(Other seeds)

> - 이종종자는 대상작물 이외의 다른 작물의 종자를 말한다.
> - 정립종자 정의 별표 4의 1에서 기술된 특성들은 다음의 경우를 제외하고 이종종자와 이물의 분류에도 적용된다. 복수발아 종자는 분리하고 단수종자는 제3장 7. 나. 정립의 정의에 따라 구분한다.
> - 별표 4에 정립종자 정의가 없는 종과 속의 종자는 제3장 7. 나. 정립의 정의를 적용한다.
> - 별표 4에 정립종자 정의에 명시된 경우를 제외하고는 복합구조, 껍질, 꼬투리는 열어서 종자는 분리하고 종자가 아닌 것은 이물에 포함시킨다.

㉢ 이물(inert matter)

- 이물은 정립과 이종종자(잡초종자 포함)로 구분되지 않은 종자구조를 가졌거나 모든 다른 물질로서 다음의 것을 포함한다.

> - 진실종자가 아닌 종자
> - 볏과 종자에서 내영 길이의 1/3미만인 영과가 있는 소화(라이그라스, 페스큐, 개밀)
> - 임실소화에 붙은 불임소화는 아래 명시된 속을 제외하고는 떼어내어 이물로 처리한다- 귀리, 오차드그라스, 페스큐, 브로움그라스, 수수, 수단그라스, 라이그라스
> - 원래크기의 절반 미만인 쇄립 또는 피해립
> - 부속물은 정립종자 정의에서 정립종자로 구분되지 않은 것. 정립종자정의에서 언급되지 않은 부속물은 떼어내어 이물에 포함한다.
> - 종피가 완전히 벗겨진 콩과, 십자화과의 종자
> - 콩과에서 분리된 자엽
> - 회백색 또는 회갈색으로 변한 새삼과 종자
> - 배아가 없는 잡초종자
> - 떨어진 불임소화, 쭉정이, 줄기, 바깥껍질(外穎), 안 껍질(內穎), 포(苞), 줄기, 잎, 솔방울, 인편, 날개, 줄기껍질, 꽃, 선충충영과, 맥각, 공막, 깜부기 같은 균체, 흙, 모래, 돌 등 종자가 아닌 모든 물질

③ 일반원칙

- 검사시료는 정립, 이종종자, 이물의 세 부분으로 구분하고 각 부분의 비율은 무게로 정한다. 가능한 모든 종자의 종과 각 이물의 종류를 동정하여야 하며 필요하면 이들 각각에 대한 중량의 백분율을 산출하여야 한다.

④ 검사용 기기

- 조명기구, 체, 확대경, 현미경 등과 같은 기구를 사용하여 검사시료의 구성 부분을 구분할 수 있다.

⑤ 절 차

㉠ 검사시료

- 순도분석은 제출시료를 균분하여 채취한 1개의 검사시료 또는 2개의 반량시료(검사시료량의 반 이상인 분할시료)로 한다.
- 검사시료(또는 반량시료)는 그 구성요소의 백분율을 소수점 이하 한자리까지 계산하는데 필요한 자리 수까지 그램(g)으로 칭량하여야 하며 그 기준은 다음과 같다.

| 검사시료 또는 반량시료의 중량(g) | 총중량 및 구성요소 중량의 칭량시 소수점 이하 자릿수 | 표시방법(g) |
|---|---|---|
| 1 미만 | 4 | ~0.9999 |
| 1이상~10미만 | 3 | 1.000~9.999 |
| 10이상~100미만 | 2 | 10.00~99.99 |
| 100이상~1,000미만 | 1 | 100.0~999.9 |
| 1,000 이상 | 0 | 1000 ~ |

㉡ 분류

- 계량한 검사시료(또는 반량시료)는 순도분석 정의에 따라 항목별로 분류한다.
- 정립계측은 육안계측 또는 발아능력에 손상을 주지 않는 기계 또는 압력을 이용한 방법을 기본으로 해야 한다.
- 종간의 식별이 어렵거나 불가능할 때는 별표 4의5.라 에 정한 절차의 하나를 따른다.

⑥ 결과의 계산과 표현

㉠ 1개의 검사시료를 분석한 경우

- 분석기간 중의 시료중량의 증감조사

  각 항목의 무게를 합한 총중량을 원래의 중량과 비교하여 증감 여부를 확인하고 원래의 중량에서 5% 이상 차이가 있을 때는 재분석을 실시하고 그 결과를 분석치로 사용한다.
- 백분율

  각 항목의 중량 비율은 소수점 아래 1자리로 한다. 비율은 원래의 중량이 아닌 구성요소의 무게를 합한 총중량을 기준으로 해야 한다. 정립이 아닌 다른 특정 식물종이나 특정 이물의 백분율은 요청 받은 것이 아니면 계산할 필요가 없다.
- 사사오입

> - 모든 항목의 비율을 합하여 100.0% 이어야 하며, 만약 합이 100.0%가 안 되면(예 : 99.9, 100.1%) 큰쪽(보통 정립종자부분)에서 가감한다.
> - 흔적 또는 TR(trace)로 기록되는 항목은 이 계산에서 제외한다.
> - 0.1%를 넘게 차이가 날 때에는 계산착오에 대한 조사가 필요하다.

㉡ 2개의 반량시료를 분석한 경우(반량검사)

- 분석기간 중의 시료중량의 증감에 대한 확인은 1개의 검사시료를 분석한 경우와

같다.

- 백분율

각 항목의 중량 비율은 소수점 이하 2자리까지 산출하여 허용오차를 조사한다.

㉢ 2개의 반량시료간의 차이 검정

- 2개의 반량시료 각 항목의 차이는 허용오차를 초과해서는 안 된다. 모든 구성요소가 허용범위 내에 있으면 각 항목의 평균을 계산한다. 만약 한 항목이 오차를 넘으면 다음 절차를 밟는다.

> - 모든 항목의 차이가 허용범위 내에 들어오는 쌍이 얻어질 때까지 새로운 반량시료를 조제하여 추가 분석을 실시한다. (총 4쌍까지)
> - 반량시료간 각 항목의 차이가 허용 한계의 두 배가 넘는 시료는 버린다.
> - 최종적으로 보고되는 각 항목의 백분율은 허용 범위 내에 있는 시료의 중량 평균으로부터 산출된 것으로 한다.

㉣ 2개 이상의 검사시료를 분석한 경우

- 전량 검사시료를 가지고 다시 검사를 해야 할 필요가 있을 경우에 관한 것이다. 두 번째 검사가 실시될 때는 다음의 과정을 밟아야 한다.

> 가) 시료간 차이 검정
> - 반량검사 시료에 대한 분석에서와 같은 과정을 밟는다.
> - 만약 허용오차를 넘는 경우에는 최대 4개 검사시료 내에서 허용오차 범위 이내가 될 때까지 분석한다.
> - 오류에 의해 산출된 결과가 없고 무작위 추출에 의한 변이만 발생한 경우에, 최고치와 최저치의 차가 허용치의 2배를 넘지 않는 시료의 중량평균으로 기록한다.
>
> 나) 사사오입
>
> 항목별로 각 시료의 중량을 합하여 백분율을 산출하고 사사오입하여 정리한다.

⑦ 기타 검사항목

㉠ 이품종(Other varieties)

- 검사신청자가 신청서에 명시한 것과 동일한 작물로 정립에 포함되나 품종이 다른 종자를 말한다.
- 이품종은 육안으로 형태학적 특성을 비교하여 검사하되, 보조수단으로 유전자분석

을 활용할 수 있다.

㉡ 피해립(damaged grain)

• 발아립, 부패립, 충해립, 열손립, 박피립, 상해립 및 기타 기계적 손상립을 말한다.

$$피해립률(\%) = \frac{피해립중량(g)}{검사시료중량(g)} \times 100$$

• 벼에서 발아립을 검사하기 위하여 재현하는 경우에는 시료를 별도로 추출(70~77g) 하여 검사하되 제현은 벼 상태 검사시료에서 피해립을 제외한 시료로 하며 다음과 같이 계산한다.

$$피해립률(\%) = (\frac{피해립중량(g)}{벼상태검사시료중량(g)} + \frac{발아립중량(g)}{현미상태검사시료중량(g)}) \times 100$$

• 피해립 무게환산 : 검사시료량 × 피해립률

㉢ 병해립(diseased seed)

• 병해립은 병에 의하여 해를 입은 종자를 말하며 정립종자 400립 이상으로 판정하여 다음과 같이 계산한다.

$$병해립률(\%) = \frac{병에 의해 해를 입은 종자수}{검사된 총 종자수(400립)} \times 100$$

㉣ 잡초종자(weed seed)

• 종자관리요강에서 정의한 작물별 해초에 해당하는 잡초의 종자를 말한다.

⑧ 결과의 기록

순도분석의 결과는 소수점 이하 한자리로 하고 모든 항목의 합은 100.0 이어야 하며 구성이 0.05%미만일 때는 "흔적 또는 TR(trace)"로 기록한다. 어떤 항목이 전무일 때는 해당란에 "0.0"으로 기록한다. 단, 종자검사부에 기록할 경우에는 종자관리요강의 검사규격에 따라 종자검사부의 해당란에 기록하되 검사규격이 "무"일 경우에는 "무"로 기록한다.

⑨ 용어

- 종피·종의(種皮·種衣, aril arillus, pl. arilli) : 주병 또는 배주의 기부로 부터 자라나온 다육질이며 간혹 유색인 종자의 피막 또는 부속기관.
- 망(芒, awn, arista) : 가늘고 곧거나 굽은 강모, 벼과에서는 통상 외영 또는 호영(glumes)의 중앙맥의 연장임.
- 부리(beak, beaked) : 과실의 길고 뾰족한 연장부.
- 포엽(包葉, bract) : 꽃 또는 볏과식물의 소수(spikelet)를 감싸고 있는 퇴화한 잎 또는 인편상의 구조물.
- 강모(剛毛, bristle) : 빳빳한 털, 간혹 까락(毛) 이 굽어 있을 때 윗부분을 지칭하기도 함.
- 악판(꽃받침, calyx, pl. calyces) : 꽃받침조각으로 이루어진 꽃의 바깥쪽 덮개.
- 두상 화서(頭狀花序, capitulum) : 통상 무병화(sessile)가 밀집한 화서
- 씨혹(caruncle) : 주공(珠孔, micropylar)부분의 조그마한 돌기.
- 영과(穎果, caryopsis) : 외종피가 과피와 합쳐진 벼과 식물의 나출과.
- 화방(花房, cluster) : 빽빽히 군집한 화서 또는 근대 속에서는 화서의 일부.
- 석과(石果·核果實, drupe) : 단단한 내과피(endocarp)와 다육질의 외층을 가진 비열개성의 단립종자를 가진 과실.
- 배(胚, embryo) : 종자 안에 감싸인 어린 식물.
- 속생(束生, fascicle) : 대체로 같은 장소에서 발생한 가지의 뭉치.
- 임실의(fertile) : 기능적인 성기관을 가지고 있는(벼과식물에서 영과를 가지고 있는 소화)
- 소화(小花, floret) : 벼과의 자예와 웅예를 감싸고 있는 외영과 내영 또는 성숙한 영과. 본 규정의 목적상 여기서 소화란 부수적인 불임외영이 있거나 없는 임성 소화를 가리킴.
- 포영(苞穎, glume) : 볏과 소수의 기부에서 발생한 통상적으로 불임인 2개의 포엽 중에 하나.
- 모(毛, hair) : 단생 또는 복생하는 표피상의 돌기.
- 화탁(花托, hypanthium) : 자방을 둘러싸고 그 위에 꽃받침, 꽃잎 및 웅예를 발생하는 환상, 배상 또는 관상의 구조물.
- 미열개(indehiscent) : 열리지 않는, 성숙해도 열개하지 않는 과실.
- 주피(珠皮, integument) : 나중에 종피나 내종 피가 되는 배주를 감싸는 주머니(보통 2개의 주피가 있음)

- 2차 총포(2차 總苞, involucel) : 2차적인 총포, 종종 꽃송이 주변에 생긴다.
- 총포(總苞, involucre) : 화서의 기부를 감싸는 포엽 또는 강모의 환.
- 외영(外穎, lemma) : 벼과 소화의 바깥쪽(아래쪽) 포 때로는 꽃피는 호영 또는 하(外)내영으로도 불리움. 영과를 바깥쪽(등쪽)에서 싸고 있는 포(葉).
- 실(實·房, locule) : 종자를 포함한 자방의 소구획.
- 분과(分果, mericarp) : 분열과의 일부.
- 소견과(小堅果, nutlet) : 소형의 견과(nut).
- 내영(內穎, palea) : 목초류의 소화의 윗부분(안쪽)의 포엽, 때로는 inner 또는 upper palea라 부르기도 한다. 영과의 안쪽을 감싸고 있는 포(苞).
- 관모(冠毛, pappus) : 수과의 끝부분에 환상으로 붙어 있고, 가는 링으로 우모상의 털이 있는 조각.
- 화병(花柄, pedicel) : 화서에 있어서 각각의 단일 꽃의 병(stalk).
- 화피(花被, perianth) : 두 종류의 꽃잎(악편과 花변) 또는 그들 중의 하나.
- 과피(果皮, pericarp, fruit coat) : 성숙한 자방 혹은 과실의 벽.
- 협(莢, pod) : 열개한 건과. 특히 두과.
- 핵(核, pyrene) : 석과의 딱딱한 내과 피를 포함하는 종자(혹은 복수의 종자를 가진 과실에서 볼 수 있는 유사의 구조물).
- 지경(枝梗, rachila, rhachilla) : 2차의 화서 줄기. 특히 목초류에 있어서는 소화에 생긴 축을 말함.
- 종자단위(seed unit) : 보통 볼 수 있는 번식단위, 즉 수과 및 유사의 과실, 분리과, 소화 등.
- 화서경(花序莖, rachis, rhachis, rachides) : 화서의 주축.
- 무병의(無柄, sessile) : 화병(pedicel) 또는 줄기(stalk)가 없는 것.
- 분리과(分離果, schizocarp) : 성숙해서 2개 혹은 그 이상의 단위(分果mericarp)내에 분리되는 건과.
- 장각과(長角果, siliqua) : 열개성 건과, 2개의 심피로 유래된 2室의 과실. 예) Brassicaceae속 (Cruciferae과)
- 소수(小穗, spikelet) : 한개 또는 두 개의 불임호영으로 감싸인 한 개 또는 그 이상의 소화를 갖고있는 벼과 화서의 부분. 본 규정의 목적상 소수 라는 말은 임실 소화를 뜻하고, 1개 또는 그 이상의 부가적인 임실 또는 완전한 불임소화 혹은 포영을 포함한다.
- 경(莖, stalk) : 식물기관의 줄기(stem).

- 웅화(雄花, staminate) : 수꽃만을 가진 꽃.
- 불임의(不稔, sterile) : 기능을 가진 생식기관이 없는(목초류의 소화에는 영과가 없다).
- 작은 가종피(strophiole) : 사마귀 모양의 돌기
- 외종피(外種皮, testa) : 종피(seed coat).
- 익(翼, wing) : 과실 또는 종자에서 생긴 평평한 막상의 돌기.
- 수과(瘦果, achene, achenium) : 미나리아재비과(Ranunculaceae)와 같이 하나의 심피(carpel)에서 형성되어 과피와 종피가 구분된 비열개성 건과.
- 약(葯, anther) : 수술(stamens)에서 꽃가루(pollen)를 만들어내는 부분.

### (4) 발아검사

① 목 적

발아검정의 궁극적인 목적은 종자집단의 최대 발아능력을 판정함으로써 포장 출현율에 대한 정보를 얻고, 또한 다른 소집단간의 품질을 비교할 수 있게 하는 데 있다.

② 정 의

㉠ 발 아

- 실험실에서 발아란 알맞은 토양조건에서 장차 완전한 식물로 생장할 수 있는지의 여부를 보여주는 유묘 단계까지 필수구조들이 출현하고 발달된 것을 말한다.

㉡ 발아율

- 기간과 조건에서 정상묘로 분류되는 종자의 숫자 비율을 말하며 종자검사부에 기록한다.

㉢ 유묘의 필수구조

- 완전한 식물로 묘가 계속 성장할 수 있는 필수구조는 뿌리, 싹, 떡잎, 끝눈, 초엽(벼과)이다.

㉣ 정상묘

- 정상묘는 질 좋은 흙과, 적당한 수분, 온도, 광의 조건에서 식물로 계속 자랄 수 있는 능력을 보이는 것으로 다음과 같이 구분된다.

> - 완전묘 : 모든 필수 구조가 잘 발달하고 무병하며 균형이 완전한 묘
> - 경 결함묘 : 완전묘와 비교하여 균형 있게 발달하고 다른 조건도 만족할 만한 묘이지만 필수구조에 가벼운 결함이 있는 묘
> - 2차 감염묘 : 완전묘, 경결함 묘로서 종자 자체의 전염이 아닌 외부의 다른 원인으로 진균이나 세균의 감염을 받은 묘

㉤ 비 정상묘(Abnormal Seedlings)

- 적당한 수분, 온도, 광과 좋은 토양에서 정상 식물로 자랄 수 있는 가능성이 없는 묘로 다음의 것을 포함할 수 있다.

> - 피해묘 : 어떤 필수 구조가 없거나 균형 있는 성장을 기대할 수 없는 심한 장해를 받은 묘
> - 모양을 갖추지 못 했거나(기형) 또는 부정형묘 : 약하게 생장했거나 생리적인 손상 또는 필수구조가 형을 갖추지 못 했거나 균형을 잃은 묘
> - 부패묘 : 필수구조가 종자 자체로부터 감염되어 발병 또는 부패로 정상 발달이 어려운 묘

㉥ 복수 발아종자 단위(Multigerm seed units)

- 한 개의 종자 중에서 두 개 이상의 묘가 나오는 것을 말한다.
- 진실종자가 두 개이상 들어있는 단위
  [예. 복수발아종자인 오차드그래스, 페스큐, 귀리, 분리되지 않은 산형과의 분열과, 근대, 사탕무의 화방(cluster) 등]
- 두개 이상의 배가 들어있는 진실종자
  [어떤 종(복배) 또는 예외적인 다른 종(쌍둥이)에서 정상적으로 일어나고 쌍둥이는 보통 묘의 하나가 약하고 길쭉하나 간혹 둘 다 정상크기에 가까울 때도 있다.]
- 융합배(간혹 한 종자에서 함께 붙은 두 개의 묘가 나온다)

㉦ 불발아 종자

시험기간이 끝나도 발아하지 않는 종자로 다음과 같이 구분된다.

- 경실종자 : 물을 흡수하지 못하여 시험기간이 끝나도 단단하게 남은 종자
- 신선종자 : 경실이 아닌 종자로 주어진 조건에서 발아하지는 못하였으나 깨끗하고 건실하여 확실히 활력이 있는 종자
- 죽은종자 : 경실 종자도 신선종자도 아니면서 시험기간이 끝나도 묘의 어느 부분도 출현하지 않은 종자
- 기타범주 : 종자 속이 비었거나 발아하지 않은 종자로 자세한 범주는 별표 5의 분류에 따른다.

③ 일반원칙

㉠ 발아시험은 순도분석을 끝낸 정립종자로 실시한다.

㉡ 발아촉진처리 방법에 따라 전처리를 행하여야 한다. 만약 다른 전처리 후 추가시험을 했을 때에는 전처리 사항과 그 결과를 발아검정대장 및 종자검사부에 기록해야 한다.

㉢ 반복으로 배열된 종자는 배지, 온도, 발아조사 조건에 따라 적당한 수분 조건하에서 발아검정을 실시한다.

④ 재 료

㉠ 흙 또는 인공토양은 기본시험 배지로 추천되지 않았으나 특별한 경우에 허용된다.

㉡ 종이배지

- 구성 : 종이의 섬유는 화성목재, 면 또는 기타 정제한 채소섬유로 제조된 것이어야 하며, 진균, 세균, 독물질이 없어 묘의 발달과 평가를 방해하지 않아야 한다.
- 조직 : 종이는 다공성 재질이어야 하나 묘 뿌리가 종이 속으로 들어가지 않고 위에서 자라야 한다.
- 강도 : 시험 조작 중 찢어짐에 견디도록 충분한 강도를 가져야 한다.
- 보수력 : 종이는 전 기간을 통하여 종자에 계속적으로 수분을 공급할 수 있는 충분한 수분 보유력을 가져야 한다.
- pH : 범위는 6.0~7.5이어야 한다. 또는 이 범위 밖의 pH가 발아시험 결과에 어떠한 영향도 미치지 않았음을 증명할 수 있어야 한다.
- 저장 : 가능하면 관계 습도가 낮은 저온실에 보관하며, 저장 기간 중 피해와 더러워짐에 보호될 수 있는 알맞는 포장이어야 한다.
- 살균소독 : 저장 중 번식하는 균류를 제거하기 위해 종이의 소독이 필요할 수도 있다.

㉢ 모래

- 구성 : 모래의 크기는 적당한 크기로 일정해야 하며, 큰 알맹이와 매우 작은 것이 없어야 한다. 거의 모든 알맹이는 직경 0.8mm 그물눈체를 통과하고 0.05mm 체위에 남아야 한다. 모래에는 종자의 발아, 묘의 생장, 또는 평가를 방해하는 다른 종자, 곰팡이, 박테리아, 독물질이 없어야 한다.
- 보수력 : 알맞은 양의 물을 주었을 때 모래알은 종자와 묘에 물을 계속 공급할 수 있는 충분한 물을 가지는 능력이어야 하나, 가장 알맞는 발아와 뿌리 발육을 위한 공기 순환에 필요한 공극이 있어야 한다.

- pH : 범위는 6.0~7.5이어야 한다. 또는 이 범위 밖의 pH가 발아시험 결과에 어떠한 영향도 미치지 않았음을 증명할 수 있어야 한다.
- 살균소독 : 깨끗하게 하기 위하여 사용 전에 모래를 씻고 소독이 필요 하다. 소독은 종자 본래의 병해 조직을 죽이거나 억제하는 화학약품이 남아 있지 않은 방법으로 한다.
- 재사용 : 몇 번 더 재사용할 수 있으나 미리 씻어 말리고 다시 소독해야 한다. 화학 처리한 시료를 시험했을 때에는 재사용하지 않고 버린다. 그러나 재사용할 때는 모래에 약품이 축적되어 식물독 증상이 일어나지 않는지 확인해야 한다.

㉣ 흙

- 구성 : 흙은 질이 좋고 뭉치지 않고 굵은 알맹이가 없어야 한다. 종자의 발아묘 생장 또는 평가를 방해하는 다른 종자, 세균, 진균, 선충, 독물질이 없어야 한다.
- 보수력 : 알맞은 물을 함유토록 조정하여 발아와 뿌리생육에 적당한  공기순환을 도모해야 한다.
- pH : 범위는 6.0~7.5이어야 한다. 또는 이 범위 밖의 pH가 발아시험 결과에 어떠한 영향도 미치지 않았음을 증명할 수 있어야 한다.
- 살균소독 : 깨끗하게 하기 위하여 사용 전에 소독이 필요하다. 소독은 종자 본래의 병해 조직을 죽이거나 억제하는 화학약품이 남아 있지 않은 방법으로 한다.
- 재사용 : 한번만 사용하기를 권한다.

㉤ 혼합물

- 구성 : 질이 좋은 무토양 혼합물이어야 한다. 무토양 혼합물은 10%의 모래(예를 들어)를 더한 유기물질(예를 들면 토탄)이 포함되어야 한다. 다른 구성물(예를 들면 진주암, 질석)가 첨가될 수도 있다.
- 보수력 : 적정 수분함량으로 조절할 때, 보수력이 점검되어야 한다.
- pH : 범위는 6.0~7.5이어야 한다. 또는 이 범위 밖의 pH가 발아시험 결과에 어떠한 영향도 미치지 않았음을 증명할 수 있어야 한다.
- 살균소독 : 발아시험 결과에 부정적인 영향을 미치지 않는 방법으로 한다.
- 재사용해서는 안 된다.

㉥ 물

- 깨끗함 : 배지에 사용하는 물은 유기, 무기의 불순물이 없어야 한다.

- 품질 : 공급하는 보통의 물이 만족스럽지 못할 때는 증류수 또는 이온 정화수를 사용할 수 있다.
- pH : 범위는 6.0~7.5이어야 한다. 또는 이 범위 밖의 pH가 발아시험 결과에 어떠한 영향도 미치지 않았음을 증명할 수 있어야 한다.

⑤ 방 법

㉠ 정립종자 중에서 무작위로 100입씩 반복하여 400입을 추출하여 일정한 공간과 알맞은 간격을 유지하여 젖은 배지 위에 놓는다. 반복은 종자크기와 종자 사이의 간격 유지에 따라 50 또는 25입인 준 반복으로 나눌 수 있다. 복수발아종자는 분리하지 않으며 단일종자로 취급한다.

㉡ 시험조건

- 허용된 배지(발아상), 온도, 기간, 추가적인 조치, 휴면종자에 대한 특수처리는 배지, 온도, 시험기간 등 규정된 방법을 사용하여야 한다.

㉢ 발아촉진 처리

- 시험기간이 끝난 후 경실, 신선종자가 남아 있을 때는 특별처리와 발아촉진처리를 적용하여 재시험한다.

⑥ 시험기간

㉠ 시험기간 중이나 시험 전 휴면타파 처리기간은 시험기간에 포함하지 않는다.

㉡ 발아시험은 마감일 전이라도 검사규격 기준 이상 발아되었고 검사신청자의 요구가 있을 경우에는 발아시험을 종료하고 그 결과를 통보할 수 있다.

⑦ 재시험

㉠ 다음과 같은 상황으로 판단될 때는 통보를 보류하고 동일한 방법 또는 다른 지정된 방법으로 재시험을 해야 한다.

- 휴면으로 여겨질 때(신선종자)
- 시험결과가 독물질이나 진균, 세균의 번식으로 신빙성이 없을 때
- 상당수의 묘에 대해 정확한 평가를 하기 어려울 때
- 시험조건, 묘평가, 계산에 확실한 잘못이 있을 때
- 100입씩 반복간 차이가 최대허용오차를 넘을 때

㉡ 재시험 상세 절차 및 기록

- 100입으로 4반복의 발아시험에서의 반복간 최대허용범위 (2.5% 유의 수준에서의 이원 검정)
- 이 표는 확률 0.025 수준에서의 무작위 표본변이를 받아들이는 반복간 발아율의 최대허용범위(최고치 와 최저치간의 차이)를 나타낸다.
- 최대허용범위를 찾기 위해서는 4반복의 평균발아율을 정수까지로 반올림하여 구하되 필요하다면 발아상내에서 가장 인접한 50입 또는 25입으로 세분된 반복들을 모아 100입 1반복으로 재구성할 수 도 있다.
- 평균을 제1항 또는 2항에서 찾고 반대편 제3항의 최대 허용범위를 읽는다.

| 평균 발아율 | | 허용범위 | 평균 발아율 | | 허용범위 |
|---|---|---|---|---|---|
| 1 | 2 | 3 | 1 | 2 | 3 |
| 99 | 2 | 5 | 87 to 88 | 13 to 14 | 13 |
| 98 | 3 | 6 | 84 to 86 | 15 to 17 | 14 |
| 97 | 4 | 7 | 81 to 83 | 18 to 20 | 15 |
| 96 | 5 | 8 | 78 to 80 | 21 to 23 | 16 |
| 95 | 6 | 9 | 73 to 77 | 24 to 28 | 17 |
| 93 to 94 | 7 to 8 | 10 | 67 to 72 | 29 to 34 | 18 |
| 91 to 92 | 9 to 10 | 11 | 56 to 66 | 35 to 45 | 19 |
| 89 to 90 | 11 to 12 | 12 | 51 to 55 | 46 to 50 | 20 |

⑧ 결과의 계산과 표현

㉠ 결과는 개수 비율로 나타낸다.

㉡ 100입씩 4반복 시험은 최대 허용오차 이내이어야 하고, 평균 발아율을 종자검사부에 반올림한 정수로 기록한다.

⑨ 결과의 기록

㉠ 발아검정 결과는 서식으로 작성하여 보관하고, 아래 항목이 발아검정대장 해당란에 표시되어야 한다.

- 시험기간
- 정상묘, 비정상묘, 경실, 신선종자, 죽은 종자의 비율. 어느 항목이 전무일 때는 "0"으로 표시한다.
- 재시험을 한 경우 그 사유를 검사부 특기사항 란에 반드시 기재하여야 한다.

### (5) 활력의 생화학적 검사

① 목 적

㉠ 일반적으로 종자의 활력(특히 휴면성)을 신속하게 평가하고 발아시험 종료시 높은 휴면율을 보이는 특수시료의 경우 개개의 휴면종자나 검사시료의 활력을 판정하며, 신속한 발아능력의 판정이 필요한 경우 국내용 종자 수매 검사시 발아율 조사를 대신할 수 있다.

② 적용대상

별표 6에 방법이 설명된 종과 ISTA가 인정하는 종에 적용한다.

③ 시 약

㉠ 0.1~1.0%의 테트라졸리움(이하 "TZ"라 한다)용액을 사용한다.

㉡ 사용하는 증류수가 pH 6.5~7.5범위가 아닐 때는 아래와 같이 완충시켜야 한다.

- 용액1 : 물 1,000mL에 9.078g의 $KH_2PO_4$를 녹인다.
- 용액2 : 물 1,000mL에 9.472g의 $Na_2HPO_4$나 혹은 11.876g의 $Na_2HPO_4 \times 2H_2O$ 를 녹인다.
- 용액1과 용액2를 2 : 3 비율로 섞는데, pH가 6.5~7.5사이에 있는지를 점검 하여야 한다.

④ 방 법

㉠ 검사시료

- 검사는 100입씩 4반복으로 하는데 정립종자에서 무작위로 추출하거나 발아시험 종료시에 나온 하나의 휴면종자로 한다.

㉡ 종자의 조제와 처리

- 종자는 TZ용액의 침투를 촉진하기 위하여 전처리를 한다.
- 전처리 한 종자 또는 배 부위를 규정된 시간과 온도로 TZ용액에 완전히 담근다.
- 규정된 시간이 지나면 용액은 버리고 종자를 물에 행군 후 조사한다.
- 각 종자의 조사는 염색상태와 조직의 건전도에 따라 활력과 비활력으로 평가한다.
- 일반적으로 활력 종자의 조직은 호흡으로 생긴 탈수소효소가 산화상태의 테트라졸륨과 결합하면 붉은색 계통을 띄게 된다.

⑤ 결과의 계산과 표현

㉠ 시료의 검사에서 활력으로 간주하는 종자의 숫자는 각 반복구 별로 판정한다.

㉡ 반복간의 차에 대한 최대 허용오차 범위는 발아율 조사 때와 같다.

⑥ 결과의 기록

㉠ 검사부 발아조사 항목의 활력과 비활력 란에 구분 기록한다.

㉡ 기타 쭉정이, 충해, 부서진 종자 또는 부패종자는 검사자의 재량으로 기록할 수 있다.

⑦ 생화학적 검사 방법

㉠ 착색법

- 종자의 죽은 조직과 산 조직이 다르게 착색된다.

㉡ 효소활성 측정법

- 침윤시킨 종자의 효소활성을 측정하여 발아능을 추정하며 산화효소법, 과산화수소법, 탈수소효소법, 말라차이트법 등이 있다.

㉢ ferric chloride 법

- 기계적 상처를 입은 콩과작물의 종자를 20% $FeCl_3$ 용액에 15분간 처리하여 손상을 입은 종자는 검은색으로 나타난다.

㉣ indoxyl acetate 법

- 상처를 입은 종자의 종피는 녹자색으로 변하지만 정상의 종자는 자엽이 황백색으로 보인다. 저장 중인 종자의 활력평가에 효과적인 방법으로 색상의 변화가 뚜렷하여 판별이 용이하다.

### (6) 종자병 검정

① 종자전염성 병원

㉠ 진균

- 균체는 실모양의 균사체로 되어 있다.
- 균사체 가지의 일부분을 균사라 하고 진균을 사상균이나 곰팡이라 하며 종자에서 가장 많은 질병을 일으키는 병원균은 진균이다.

㉡ 세균

- 원핵생물로 세포벽을 가지고 있으며 이분법에 의해 증식한다.
- 세균에 의한 종자전염병으로 벼 세균성줄무늬병, 벼 세균성알마름병 등이 있다.
- 세균의 경우 종피에 많이 존재하나 배, 배유 등에도 침입한다.

㉢ 바이러스

- 식물바이러스는 핵산과 단백질로 구성된 핵단백질로 세포벽이 없다.

- 인공배양이 어렵고 살아있는 세포 내에서 증식이 가능하다.
- 바이러스의 경우 미숙한 종자에 많이 분포한다.

② 종자병 검정

㉠ 배양법

- 한천배지검정은 종자전염병균 검정에 있어 가장 간단하고 보편적인 방법으로 검정하려는 종자의 표면을 소독하고 종자 내부의 병원균을 배양하여 포자를 형성하여 상태를 조사한다.
- 흡수지 배양검정은 종자를 수분이 있는 흡수지나 여과지 위에 놓고 균류의 성장을 촉진시키는 배양 방법이다.

㉡ 박테리오파지 검정

- 박테리오파지 바이러스를 이용하여 특정 세균의 특이성에 의해 계통 세균의 존재 및 월동 장소를 파악할 수 있다.
- 세균과 바이러스의 영양관계로 배지상에 맑은 파지상이 나타난다.

㉢ 혈청학적 검정

- 병원체에 대한 혈청을 만들어 진단하는 방법이다. 주로 세균과 바이러스를 검정하는 데 이용된다.
- 혈청학적 검정에는 면역이중확산법, 방사형 확산검정법, 형광항체법, 효소결합항체법(ELISA) 등이 있다.
- 효소결합항체법(ELISA)는 항체에 효소를 결합시켜 바이러스를 반응시켰을 경우 노란색이 나타나는 정도를 통해 감염여부 및 정도를 알 수 있다.

### (7) 수분함량 검사

① 정의 및 원리

㉠ 수분함량은 이 규정에 따라 건조할 때 중량상의 감량을 말하며 원래 시료의 중량에 대한 백분율로 나타낸다.

㉡ 규정된 방법은 수분의 감소가 이루어지는 동안 산화, 분해, 기타 휘발성분의 손실을 최소화 하도록 마련된 것이다.

② 장비

㉠ 수분을 측정하는 데는 분쇄기, 항온기, 수분측정관 및 데시케이터 등 부속품, 분석용 저울, 체, 간이 수분측정기가 필요하다.

③ 방법

㉠ 주의사항

· 측정은 시료 접수 후 가능한 한 빨리 시작해야 한다.

· 측정하는 동안 시료의 노출을 가급적 피해야 하며 분쇄가 필수적이 아닌 종은 시료가 접수된 상태의 용기에서 꺼내어 건조용기에 집어넣을 때까지 2분 이상을 경과해서는 안 된다.

㉡ 계량

· 중량은 그램(g)으로 나타내며 소수점 아래 세 자리까지 단다.

㉢ 측정시료

가) 검정실에 접수된 시료에서 독립적으로 두 점을 채취하여 중복 실시한다. 시료의 양은 측정관의 직경에 따라 다음과 같다.

· 직경 8cm 미만 4~5g
· 직경 8cm 이상 10g

나) 측정용 시료를 추출하기 전에 다음 중 한 가지 방법으로 시료를 충분히 혼합한다.

· 스푼으로 용기 안의 시료를 휘젓는다.
· 시료가 담긴 용기의 열린 곳에 다른 용기를 열어 맞대고 두 용기사이에 종자 쏟기를 반복한다. 측정용 시료는 규정에 의한 방법으로 추출하고 시료를 외부에 30초 이상 노출시키지 않는다.

㉣ 분 쇄

· 분쇄가 필수적인 종에는 귀리, 콩, 땅콩, 메밀, 목화, 보리, 벼, 밀, 옥수수, 피마자, 호밀, 기장, 수수, 수단그라스, 벳지, 수박, 팥이 있다.

· 곱게 마쇄하여야 하는 종은 분쇄된 것이 0.50mm 그물체를 최소한 50%통과하고 남는 것이 1.00mm 그물체 위에 10% 이하이어야 한다. 거칠게 마쇄하여야 하는 종은 4.00mm 그물체를 최소한 50%는 통과하고 2.00mm체 위에 55% 이상 남아야 한다. 필요한 크기의 가루를 얻기 위해 분쇄기를 조정하고 견본의 적은 양을 분쇄하고 그것을 쏟아내야 한다. 분쇄 시간이 2분을 초과해서는 안 된다.

· 단, 유분함량이 높아 분쇄가 어려운 것 또는 산화로 중량이 늘어나기 쉬운 것(특히 요오드가 높은 유분을 가진 아마와 같은 종자)은 제외한다.

㉤ 예비 건조

- 분쇄가 필요한 종으로서 수분이 17% 이상(콩은 10%, 벼는 13%)인 것은 예비건조를 해야 한다.
- 예비건조용 시료량은 각각 25±1g으로 하며, 예비건조는 수분17% 이하(콩은 10%, 벼는 13%)가 되도록 한다.
- 예비건조 후 건조비율을 알기 위해 용기 안에 넣은 채 다시 칭량하여 예비 건조비율을 측정하고 즉시 예비건조된 두 개의 시료를 별도로 분쇄하여 수분측정 작업을 계속한다.

㉥ 측정방법

가) 저온항온 건조기법
- 측정용 시료는 수분측정관의 표면에 평평하게 편다.
- 시료를 채우기 전후에 수분측정관(덮개 포함)의 무게를 달아둔다.
- 수분측정관을 103±2℃로 유지되는 항온기에 신속하게 넣은 후 17±1 시간동안 측정관 덮개를 열고 건조시킨다. 건조의 시작은 필요한 온도에 도달하여서부터이다. 규정시간이 끝나면 수분측정관의 뚜껑을 닫고 데시케이터에 넣어 30~45분간 식힌다.
- 식힌 후 뚜껑을 닫은 채로 칭량한다.
- 측정 중 시험실 주변 공기의 관계 습도는 70% 이하이여야 한다.
- 이 방법은 마늘, 파, 부추, 콩, 땅콩, 배추씨, 유채, 고추, 목화, 피마자, 참깨, 아마, 겨자, 무에 적용한다.

나) 고온항온 건조기법
- 절차는 위와 같으나 단지 건조기의 온도를 130~133℃로 유지하고 건조시간을 옥수수 4시간, 다른 곡류는 2시간, 기타 종은 1시간으로 하고, 측정 중 시험실 주변 공기의 관계습도는 특별한 요구가 없다.
- 이 방법은 근대, 당근, 메론, 버뮤다그라스, 벌노랑이, 상추, 시금치, 아스파라거스, 알팔파, 오이, 오차드그라스, 이탈리안라이그라스, 페레니얼라이그라스, 조, 참외, 치커리, 켄터키블루그라스, 크로바, 크리핑레드페스큐, 톨페스큐, 토마토, 티머시, 호박, 수박, 강낭콩, 완두, 잠두, 녹두, 팥(1시간), 기장, 벼, 귀리, 메밀, 보리, 호밀, 수수, 수단그라스(2시간), 옥수수(4시간)에 적용한다.

ⓢ 보조 수분측정법

가) 수분은 저온 및 고온항온 건조기법에 의하여 측정함을 원칙으로 하되 이와 동등한 측정결과를 얻을 수 있는 전기저항식 수분계, 전열건조식수분계, 적외선 조사식 수분계 등 간이수분측정기에 의한 측정을 보조 방법으로 채택할 수 있다.
나) 보조 측정방법으로 사용되는 수분계는 반드시 원칙적 방법에 의한 기준값과 대비하여 점검하고 정확한 측정결과를 얻을 수 있도록 수시로 조정하되, 최소한 매년 1회 이상 이루어져야 한다.
- 간이수분측정기를 이용한 측정은 3회 이상 측정하여 근사치 범위 내에 있는 것의 평균값을 적용한다.
- 단립식 수분계 측정의 경우는 100립 이상 측정한다.
- 콩, 옥수수의 경우 저온항온건조법으로 측정하되, 간이 수분측정기를 사용할 경우 저온항온건조법으로 측정한 값으로 보정한 후 측정한다. 또한 수분계에 남아있는 유분을 수시로 제거하여야 한다.

ⓞ 결과의 계산

가) 항온 건조기법
수분함량은 다음 식으로 소수점 아래 1단위로 계산하며 중량비율로 한다.

$$\frac{M2 - M3}{M2 - M1} \times 100$$

M1 = 수분 측정관과 덮개의 무게(g)
M2 = 건조전 총 무게(g)
M3 = 건조후 총 무게(g)

나) 예비 건조한 것은 처음(예비건조)과 두번째 결과를 계산하여 수분함량으로 한다.
S1이 처음단계 수분 건조비율(%)이고 S2가 두 번째 수분건조비율(%)이라면 원시료의 수분함량(%)의 계산은

$$(S1 + S2) - \frac{S1 \times S2}{100}$$

다) 허용오차
두 측정 사이의 차가 0.2%를 넘지 않으면 반복측정의 산술평균 결과로 하고 넘으면 반복측정을 다시 한다.

(8) 천립중 검사

① 목적 및 원칙

㉠ 제시된 시료의 천립중을 결정하는 것이다.

㉡ 정립종자에서 종자 수를 세고 계량하여 천립중을 계산한다.

㉢ 적당한 계립기나 계립장비를 사용할 수 있다.

② 방법

㉠ 측정시료

· 순도분석시의 정립종자로 한다.

㉡ 측정시료 전량의 계수

· 기계에 검사시료 전량을 넣고 표시기의 종자숫자를 읽는다.

· 계량은 순도분석 수치처리 요령에 따라 실시한다.

㉢ 반복 구의 계수

· 검사시료로부터 무작위로 100입씩 추출한 여덟 개의 반복을 손 또는 계수기를 사용하여 계수하며 변이, 표준편차, 변이계수의 계산은 다음과 같다.

- 분산(변이) = $\dfrac{n(\sum X^2) - (\sum X)^2}{n(n-1)}$

x = 각 반복의 중량(g)
n = 반복수
Σ= 합계

- 표준편차 (S) = $\sqrt{\text{분산(변이)}}$

- 변이계수 = $\dfrac{S}{X} \times 100$

X = 100입의 평균 중량

· 거친 목초종자의 경우에는 변이 계수가 6.0을 기타종자의 경우에는 4.0을 넘지 않으면 그 측정결과로 계산한다. 변이계수가 한계를 넘으면 재차 8반복을 계수, 계량하고 16반복의 표준편차를 산출한다. 그렇게 산출된 표준편차보다 평균으로부터 두 배 이상 차이가 나는 반복의 측정치는 버린다.

㉤ 결과의 계산과 표현

· 기계로 세었다면 전체 검사시료의 총 중량으로부터 천립중을 산출한다.

· 반복으로 세었다면 100립씩 8반복 이상의 중량으로 1,000립의 평균중량을 계산한다.

· 결과는 소수점으로 표현한다.

### (9) 종자건전도 검사(Seed Health Testing)

① 목적

종자의 건전도 검정의 목적은 종자 시료의 병해 상태의 이상유무를 판정하고 종자의 가치를 비교하는데 쓰인다.

> · 종자전염은 포장에서 병의 전파를 가져오며 작물의 상업적 가치를 저하시킨다.
> · 수입된 종자는 새로운 지역에 새로운 병을 퍼트린다. 격리시험은 이 때문에 필요하다.
> · 종자의 건전도 검사는 묘의 평가와 낮은 발아율 또는 입모율의 원인을 밝혀 발아율 검사를 보충한다.

② 정의

㉠ 종자의 건전도(seed health)

· 종자의 건전도는 필수성분 결핍과 같은 생리적 조건이 포함된 피해와 진균, 세균, 바이러스, 선충, 해충과 같이 병을 일으키는 병원의 유무로 평가한다.

㉡ 전처리

· 시험을 촉진시키기 위해 배양 전에 실험실에서 행하는 모든 물리, 화학적 처리를 말한다.

㉢ 처 리

· 시험을 위해 실시하는 모든 물리화학적인 과정을 말한다.

③ 원칙

㉠ 종자건전도검정은 의도하고자 하는 목적에 적합한 방법과 기기를 이용하여 실시해야 한다.

㉡ 필요한 숙련도, 검사기기, 감수성 및 재현성이 다양하므로 여러 다른 검정방법이 이용될 수 있다.

㉢ 이용하고자 하는 방법은 조사할 병원균 또는 조건, 종자의 종류와 검정의 목적에

의해 결정되며, 종자 소집단에 가한 처리는 판정에 영향을 줄 수 있다.

④ 방법

- 시험방법에 따라 제출시료 전부나 일부를 검사시료로 사용한다.
- 예외적으로 많은 제출시료가 필요할 때에는 적당한 양의 시료를 1차 시료 추출시 더 추출한다.
- 보통 검사시료는 정립종자 400입 이상이거나 동등한 중량 또는 특정 종에 명시된 방법에 따른 개수 이상이어야 한다.
- 지정된 종자 숫자로의 반복은 충분히 섞은 후 분할시료에서 무작위로 추출한다.

## 3. 종자검사요령(별표 상세)

[별표 1]

### 포장검사 병주 판정기준

| 작물별 | 구 분 | 병 명 | 병 주 판 정 기 준 |
|---|---|---|---|
| 벼 | 특정병 | 키다리병 | 증상이 나타난 주 |
| | 〃 | 선충심고병 | 〃 |
| | 기타병 | 이삭도열병 | 이삭의 1/3이상이 불임 고사된 주 |
| | 〃 | 잎도열병 | 위로부터 3엽에 각 15개이상 병반이 있거나, 엽면적 30%이상 이병된 주 |
| | 〃 | 기타도열병 | 이삭이 불임 고사된 주 |
| | 〃 | 깨씨무늬병 | 위로부터 3엽의 중앙부 5cm 길이 내에 50개 이상 병반이 있는 주 |
| | 〃 | 이삭누룩병 | 이병된 영화수 비율이 50%이상인 주 |
| | 〃 | 잎집무늬마름병 | 이삭이 불임 고사된 주 |
| | 〃 | 흰잎마름병 | 지엽에서 제3엽까지 잎가장자리가 희게 변색된 주 |
| | 〃 | 오 갈 병 | 증상이 나타난 주 |
| | 〃 | 줄무늬잎마름병 | 〃 |
| | 〃 | 세균성벼알마름병 | 이삭입수의 5.0%이상 이병된 주 |
| 맥류 | 특정병 | 겉깜부기병 | 증상이 나타난 주 |
| | 〃 | 속깜부기병 | 〃 |
| | 〃 | 비린 깜부기병 | 〃 |
| | 〃 | 보리줄무늬병 | 〃 |
| | 기타병 | 흰가루병 | 위로부터 3엽에 엽면적 50%이상 이병된 주 |
| | 〃 | 줄기녹병 | 〃 30%이상 〃 |
| | 〃 | 좀 녹 병 | 〃 30%이상 〃 |
| | 〃 | 붉은곰팡이병 | 이삭입수의 5.0%이상 이병된 주 |
| | 〃 | 위 축 병 | 증상이 나타난 주 |
| | 〃 | 엽 고 병 | 백수가 된 주 |
| | 〃 | 바이러스병 | 증상이 나타난 주 |

| 작물별 | 구 분 | 병 명 | 병 주 판 정 기 준 |
|---|---|---|---|
| 콩 | 특정병 | 자 반 병 | 병반이 10개이상 있거나 엽면적의 30%이상 이병된 잎의 엽수비율이 10%이상인 주 |
| | 기타병 | 모자이크병 | 증상이 나타난 주 |
| | 〃 | 세균성점무늬병 | 병반이 50개이상 있거나 엽면적의 30%이상 이병된 잎의 엽수비율이 50%이상인 주 |
| | 〃 | 엽 소 병 | 〃 |
| | 〃 | 탄 저 병 | 〃 |
| | 〃 | 노 균 병 | 〃 |
| 옥수수 | 기타병 | 매 문 병 | 이삭 붙은 하위 1엽이상 엽에 50개이상 병반이 있거나 엽면적의 30%이상 이병된 주 |
| | 〃 | 깨씨무늬병 | 〃 |
| | 〃 | 붉은곰팡이병 | 〃 |
| | 〃 | 깜부기병 | 증상이 나타난 주 |
| 감 자 | 특정병 | 바이러스병 | 증상이 나타난 주 |
| | 〃 | 둘레썩음병 | 〃 |
| | 〃 | 갈쭉병 | 〃 |
| | 〃 | 풋마름병 | 〃 |
| | 기타병 | 흑 지 병 | 증상이 나타난 주 |
| | 〃 | 후사리움위조병 | 〃 |
| | 〃 | 역병, 하역병 | 각 엽에 병반이 5개 이상이거나 엽면적의 10%이상 이병된 잎의 엽수비율이 50%이상인 주 |
| | 〃 | 기 타 병 | 각엽에 병반이 20개이상 있거나 엽면적 50%이상 이병된 잎의 엽수비율이 50%이상인 주 |
| 고구마 | 특정병 | 흑 반 병 | 각엽에 병반이 5개이상 있거나 엽면적의 5%이상 이병된 잎의 엽수비율이 50%이상인 주 |
| | 〃 | 마이코프라스마병 | 증상이 나타난 주 |
| | 기타병 | 만 할 병 | 줄기에 증상이 나타난 주 |
| | 〃 | 선 충 병 | 선충에 의한 피해가 현저한 주 |

| 작물별 | 구 분 | 병 명 | 병 주 판 정 기 준 |
|---|---|---|---|
| 감 자 | 특정병 | 바이러스병 | 증상이 나타난 주 |
| | 〃 | 둘레썩음병 | 〃 |
| | 〃 | 걀쭉병 | 〃 |
| | 〃 | 풋마름병 | 〃 |
| | 기타병 | 흑 지 병 | 증상이 나타난 주 |
| | 〃 | 후사리움위조병 | 〃 |
| | 〃 | 역병, 하역병 | 각 엽에 병반이 5개 이상이거나 엽면적의 10%이상 이병된 잎의 엽수비율이 50%이상인 주 |
| | 〃 | 기 타 병 | 각엽에 병반이 20개이상 있거나 엽면적 50%이상 이병된 잎의 엽수비율이 50%이상인 주 |
| 고구마 | 특정병 | 흑 반 병 | 각엽에 병반이 5개이상 있거나 엽면적의 5%이상 이병된 잎의 엽수비율이 50%이상인 주 |
| | 〃 | 마이코프라스마병 | 증상이 나타난 주 |
| | 기타병 | 만 할 병 | 줄기에 증상이 나타난 주 |
| | 〃 | 선 충 병 | 선충에 의한 피해가 현저한 주 |
| 팥, 녹두 | 특정병 | 콩세균병 | 각엽에 병반이 30개이상 있거나 엽면적의 10%이상 이병된 잎의 엽수비율이 30%이상인 주 |
| | 〃 | 바이러스병(위축병, 황색모자이크병) | 병증이 나타난 주 |
| | 기타병 | 엽소병, 갈반병 및 탄저병 | 각엽에 병반이 50개이상 있거나 엽면적의 30%이상 이병된 잎의 엽수비율이 50%이상인 주 |
| | 〃 | 흰가루병 | 종자 품위에 영향이 있을 정도의 심한 주 |
| | 〃 | 녹두모틀바이러스병 | 병증이 나타난 주 |
| 참깨 | 특정병 | 역 병 | 종자 품위에 영향이 있을 정도로 심한 주 |
| | 〃 | 위조병 | 〃 |
| | 기타병 | 엽고병 | 종자 품위에 영향이 있을 정도로 심한 주 |
| 들깨 | 특정병 | 녹 병 | 종자 품위에 영향이 있을 정도로 심한 주 |
| | 기타병 | 줄기마름병 | 종자 성숙에 영향이 있을 정도로 심한 주 |
| 유채 | 특정병 | 균 핵 병 | 종자 품위에 영향이 있을 정도로 심한 주 |
| | 기타병 | 백수병,근부병 | 종자 성숙에 영향이 있을 정도로 심한 주 |
| | 〃 | 공동병 | 〃 |
| 땅콩 | 특정병 | 갈 반 병 | 종자 품위에 영향이 있을 정도로 심한 주 |
| | 기타병 | 검은무늬병,균핵병 | 〃 |
| | 〃 | 줄기썩음병 | 〃 |

| 작물별 | 구 분 | 병 명 | 병 주 판 정 기 준 |
|---|---|---|---|
| 사과주1 | 바이러스·바이로이드 | 사과황화잎반점바이러스병(ACLSV) | 어린잎에서 황화반점이 보이거나 잎이 뒤틀림 |
| | 〃 | 사과줄기그루빙바이러스병(ASGV) | 병징 없음(잠재)주2, 일부 품종에서 목질부 괴사 |
| | 〃 | 사과줄기홈바이러스병(ASPV) | 병징 없음(잠재)주2, 일부 품종에서 목질부에 홈 |
| | 〃 | 사과모자이크바이러스병(ApMV) | 잎에 밝은 크림 색의 원형 병반 및 엽맥을 따라 크림 색의 선이 생성됨 |
| | 〃 | 사과바이로이드병(ASSVd) | 과피에 황색 반점 형성, 착색 불균형, 과피에 주름 |
| | 기타병 | 근두암종병(뿌리혹병) | 근두나 지하경에 딱딱한 암갈색의 혹이 생긴 주 |
| 배주1 | 바이러스·바이로이드 | ACLSV | 둥근 모자이크 증상 |
| | 〃 | ASGV | 병징 없음(잠재)주2 |
| | 〃 | ASSVd | 과피에 녹이 슨 것 같은 증상, 기형과 형성 |
| | 기타병 | 근두암종병(뿌리혹병) | 근두나 지하경에 딱딱한 암갈색의 혹이 생긴 주 |
| 복숭아주1 | 바이러스·바이로이드 | ACLS | 싹의 괴사, 잎의 변형 및 황화 |
| | 〃 | 호프스턴트바이로이드병(HsVd) | 과피색이 얼룩덜룩하게 보임 |
| | 기타병 | 근두암종병(뿌리혹병) | 근두나 지하경에 딱딱한 암갈색의 혹이 생긴 주 |
| 포도주1 | 바이러스·바이로이드 | 포도잎말림바이러스병-1(GLRaV-1) | 초가을부터 잎이 아래쪽으로 말리며 황화 증상이 나타남 |
| | 〃 | 포도잎말림바이러스병-3(GLRaV-3) | 초가을부터 엽맥을 제외한 잎 전체가 붉어짐 |
| | 〃 | 포도얼룩반점바이러스병(GFkV) | 엽맥따라 황화 증상 |
| | 기타병 | 근두암종병(뿌리혹병) | 근두나 지하경에 딱딱한 암갈색의 혹이 생긴 주 |
| | “ | 뿌리혹선충(필록세라) | 증상이 나타난 주 |
| 감귤주1 | 바이러스·바이로이드 | 접목이상부바이러스병(CTLV) | 병징 없음(잠재)주2, 일부 품종에서 잎 황화 증상 |
| | 〃 | 갈색줄무늬오갈병(CTV) | 바이러스 타입별로 유묘의 황화 및 나무 고사 |
| | 기타병 | 궤양병 | 잎, 가지, 열매에 진한 갈색 반점이 나타난 주 |
| 감주1 | 바이러스·바이로이드 | 감잠재바이러스병(PeCV) | 엽맥과 잎 가장자리에 괴사 증상 |
| | 〃 | 감바이로이드병(PVd) | 잎에 검은 반점 및 과피의 괴사 반점 |
| | 〃 | 감귤바이로이드병(CVd) | 나무의 왜화 |
| | 기타병 | 근두암종병(뿌리혹병) | 근두나 지하경에 딱딱한 암갈색의 혹이 생긴 |

※ 상기에 명시되지 아니한 작물의 병주 판정기준은 포장에 나타난 병이 당대 종자품위 및 성숙에 미치는 영향과 차세대 종자에 미치는 영향 등을 고려하여 분류한다.

(주1) 과수바이러스병은 같은 바이러스에 의한 발병도 과종 및 품종에 따라 병징이 상이하게 나타날 수 있으며, 목측할 수 있는 병징은 대부분 이른 봄 어린 잎에서 가장 쉽게 관찰할 수 있다.

(주2) 병징이 없고, 잠재적인 바이러스병은 일부 감수성 품종에서는 병징이 나타나나 대부분 뚜렷한 병징을 보이지 않고, 다른 바이러스와 복합 감염 시 심한 증상을 야기하기도 한다. 과수에서 병징이 없더라도 지표식물(담배, 명아주 등)에서 병징을 유발하기도 한다.

[별표 2]

시료 추출 (Sampling)

1. 목 적

· 종자검사에서 균일하고 정확한 결과를 얻기 위해서는 1차, 합성, 제출시료의 추출 및 조제가 본 규정에 따라 수행되어야 한다.

· 시험실 작업이 정확했다 하더라도 그 결과는 시료의 품질만을 나타낸다.

· 따라서 시험실에 보내는 시료는 소집단 구성을 정확히 대표하는 것이 보장 되도록 모든 노력을 해야 한다.

· 또한 시험실내에서 시료를 축분할 때에도 제출된 시료를 대표하는 검사시료가 얻어질 수 있도록 노력해야 한다.

2. 소집단의 표시

· 모든 용기와 발행보증서에 표시되는 표시와 숫자는 해당 검사기관에 의해서 지정되거나 허가된 것이다.

· 시료추출자는 이 지시에 따른 표시나 숫자를 알아야 하고 소집단의 매 용기에 확실히 표시되어 있는지를 확인 할 책임이 있다.

3. 소형용기에서의 시료 추출의 정도

· 종자가 소매상에서 사용하는 알루미늄, 종이상자, 꾸러미와 같은 용기에 있을 때는 다음 절차가 권장된다.

· 종자중량 100kg이 기본단위이고, 적용용기는 5kg 용기 20개, 3kg 용기 33개, 1kg 용기 100개처럼 이 중량을 넘지 않는 범위를 시료추출 단위로 한다.

· 시료추출 목적을 위해 매 단위를 한 개의 용기로 간주하고 요령 Ⅲ. 6. 가에 정한 추출 정도를 적용한다.

4. 소집단 시료추출의 기구와 방법

가. 막대 또는 유도관 색대와 사용법

· 보편적으로 사용하는 기구의 하나는 안쪽은 알맞게 막히고 밖은 끝이 단단한 자루나 외관이 홈이 있는 놋쇠관으로 된 막대 또는 유도관형 색대이다.

· 열린 홈이 있는 유도관은 선을 맞춰 돌리면 종자는 오목한 곳으로 흐르고 관을 절반 돌리면 열린 곳이 막힌다.

· 관은 길이와 직경이 다양하여 여러 종류의 종자와 다양한 용기 크기에 따라 설계되어

있고 칸막이가 있거나 없기도 한다.

나. 노브 색대(Nobbe trier)와 사용법

- 이 색대는 여러 종류의 종자에 알맞게 다른 크기로 만들어져 있다.
- 끝 가까이에 타원형 구멍이 있고 자루의 중앙까지 도달하도록 충분한 길이로 되어 있다.
- 총길이는 손잡이 약 100㎜ 끝 60㎜ 자루에 들어가는 340㎜를 포함 총길이 대략 500㎜로 모든 형태의 자루 중앙에 충분히 도달할 수 있다.
- 곡류용의 관 내경은 약14㎜이나 클로버와 비슷한 종자는 10㎜로 충분하다.
- 노브색대는 자루의 시료 추출에 적당하나 벌크에서는 그렇지 않다.
- 색대는 자루 수평에서 약 30도 각도 위쪽으로 가만히 찌르게 되는데자루 중앙에 도달할 때까지 구멍 면을 아래로 향하게 한다.
- 색대를 180도 돌려 구멍 면이 위쪽이 되게 하고 천천히 빼내어 일정량의 종자가 중앙부위로부터 바깥쪽까지 순차적으로 채취될 수 있도록 한다.

다. 손으로 시료추출

- 어떤 종 특히 부석부석한 잘 떨어지지 않는 종은 손으로 시료를 추출하는 것이 때로는 가장 알맞은 방법이 된다.
- 이 방법으로는 약 400㎜이상 깊은 곳의 시료 추출은 어렵다.
- 이는 포대나 빈(산물)에서 하층의 시료를 추출하는 것이 불가능하다는 의미이다.
- 이 경우 추출자는 시료의 채취를 용이하게 하기 위하여 몇 개의 자루 또는 빈을 비우게 하거나 부분적으로 비웠다가 다시 채우게 하는 등의 특별한 사전 조치를 취하게 할 수 있다.

## 5. 시료의 표시·봉인 및 포장

- 제출시료는 봉인되고 소집단의 식별표시가 되어 있어야 한다.
- 소집단에 이미 준비된 레이블이라면 여분의 레이블을 부착하거나 시료에 넣는다.
- 보통 시료는 황마, 다른 천으로 된 재료, 또는 종이포대로 포장하게 된다.
- 추출자는 봉인, 표찰, 시료봉투에 직접 책임이 있으며 비 허가자의 접근방지로 안전유지가 그 의무이다.
- 1차 또는 합성시료 및 봉인되지 않은 제출시료를 비허가자의 수중에 절대로 두어서는 안 된다.

## 6. 검사 시료의 최소중량

- 표 2A에 있는 순결종자분석용 검사시료 중량은 최소한 종자 2,500입이 되도록 계산된 것이다.
- 이 중량은 순결종자검사에 보통 사용되도록 권장된 것이지만 요령 제3장. 8. 마. (1)를 참조토록 한다. 이종종자를 세기 위한 표 2A. 5란의 시료중량은 4란 시료중량의 10배로 최대한도 1,000g이다.

## 7. 검사실 내에서의 시료추출

분석자가 검사시료를 얻는 데는 필요 중량보다 조금 많은 량을 목표로 하고 다음 방법 중 하나를 사용해야만 한다.

가. 균분기 방법

- 이 방법은 매우 부석부석한 형태의 종자를 제외하고 모든 종자에 알맞다. 균분기에 시료를 통과시키면 거의 같은 두 부분이 된다.
- 제출시료는 균분기를 통과시켜 얻은 두 부분을 다시 합하여 통과시키므로 잘 혼합되며 필요하다면 같은 방법으로 3회 한다.
- 시료는 반복적으로 통과시켜 줄이고 매회 절반은 치운다.
- 이 계속적인 분할 절차는 검사시료보다 작지는 않고 같아질 때까지 계속하여 필요한 양을 얻는다.
- 균분기로서 다음과 같은 장비가 있다.

(a) 코니칼 균분기(Conical divider)

- 코니칼균분기(보너형)는 두 가지 크기로 나온다.
- 작은 종자용인 소형과 큰 종자(밀 이상 크기)용인 대형이다.
- 필수부분은 홉퍼(주입누두), 원추부, 조절판균, 두 출구로 종자를 내보내는 누두이다. 조절판은 같은 넓이의 공간과 홈이 교대인 형태이다.
- 코니칼 균분기를 구입할 때는 다음 구조 형태를 관찰해야 한다.
  (1) 발브나 문은 잘 움직여야 하나 닫혔을 때 가장자리에서 종자가 새지 않아야 한다.
  (2) 면이 거칠거나 작은 구멍이 없어 종자가 떨어질 때 갈라진 틈이나 끝에 머물러 다른 견본에 섞이지 않아야 한다.
- 이 균분기의 결점은 청결을 점검하기가 어려운 점이다.

(b) 토양 균분기(Soil divider)

- 코니칼균분기와 같은 원리로 만들어진 보다 간단한 것으로 소위 토양 균분기라

불린다.

- 홈은 코니칼 균분기의 원형 대신에 곧바른 열로 정렬되어 있다.
- 토양균분기는 관이나 홈이 붙은 홉퍼, 홉퍼를 지탱하는 틀, 두 개의 받는 접시와 한 개의 쏟는 접시로 되어 있다.
- 이 균분기는 큰 종자와 부석부석한 종자에 알맞지만 작은 종자용도 있다.

(c) 원심분리형 균분기(Centrifugal divider)

- 원심분리형 균분기(Gamet type)는 원심력을 이용하여 분리판 위에 섞여 뿌려지도록 되어 있다. 원심분리형 균분기는 조심하여 작동하지 않으면 다양한 결과가 나오는 경향이 있어 다음사항에 유의하여야 한다.

□ 장비의 사전 준비

① 균분기의 조절 가능한 다리로 수평을 맞춘다.

② 균분기와 용기 4개의 청결도를 점검한다.

□ 시료혼합

① 각 홈통 아래에 용기를 놓는다.

② 홉퍼에 시료 전부를 넣되 꼭 중앙에 쏟아야 한다.

③ 회전모를 작동시키고 용기 안으로 종자를 보낸다.

④ 채워진 용기는 빈 용기로 바꾼다. 두 개의 채워진 용기 내용물은 홉퍼에 함께 채우고 종자가 떨어지면서 섞이도록 한다. 회전 모를 작동시킨다.

⑤ ④의 절차를 1회 이상 반복한다.

□ 시료축분

① 채워진 용기는 빈 용기로 바꾼다. 채워진 한 용기의 내용물은 따로 두고 다른 쪽은 다시 홉퍼에 채운다. 회전 모를 작동시킨다.

② 이 같은 절차를 검사시료량이 될 때까지 반복한다.

(d) 회전식 균분기(Rotary divider)

- 진동형 사면, 홉퍼(hopper) 및 6~10개의 분할시료 용기를 부착한 회전관으로 구성되어있고, 공급량의 비율과 균분 작동시간은 호퍼의 깔때기와 사면과의 간격과 사면의 진동세기에 의해 조절한다. 본 균분기는 작은 종의 종자와 대부분의 부석부석한 종자인 목초, 화훼, 향신료에 대해 적당하다. 다만, 매우 부석부석한 종자(Trisetum flavescens 등)는 호퍼 안에 달라붙기 때문에 본 균분기로는 분리할 수 없다.

나. 무작위 컵 방법

- ISTA 부록 2를 참고한다.

다. 수정된 이등분법

- 사각쟁반과 여기에 꼭 들어맞는 격자형의 틀로 이틀은 정육면체의 칸으로 이루어져 있고 위쪽이 터져 있으며, 한 구멍 걸러서는 바닥도 열려 있는 것이다.
- 1차 혼합 후 무작위 컵 방법에서처럼 칸막이 위로 고르게 종자를 쏟는다.칸막이를 들어올릴 때 시료의 절반은 쟁반에 남는다.
- 송부시료는 검사시료가 될 때까지 이 방법으로 계속 나누어 필요한 양을 얻도록 한다.

라. 스푼방법

- 이 방법은 작은 종자에서 사용된다. 쟁반, 스파튜라, 숟가락은 끝이 반듯한 것이 요구된다. 미리 섞은 후 무작위 컵 방법과 같은 방법으로 쟁반 위에 고르게 종자를 쏟는다. 그 후 쟁반을 흔들지 않는다.
- 한 손에 숟가락을 다른 손에는 주걱을 들고 쟁반 위의 종자를 무작위로 5개 이상의 임의 장소에서 소량씩 채취한다.
- 충분한 대략의 소요량을 채취하되 요구되는 양보다 적지 않아야 한다.

## 8. 시료 보관

- 시료를 접수하여 가능한 한 즉시 검사해야 한다.
- 예를 들면 수분함량은 시험실 보관 중 실내온도와 습도에 따라 상당히 증감될 수 있다.
- 보관 중 조사와 통보에 중요한 휴면상태가 바뀌지거나 콩과 종에서 경실 숫자가 늘기도 한다.
- 그러므로 보관은 서늘하고 환기가 잘되는 곳에 해야 한다.
- 검사후의 오랜 기간 보관은 온도와 습도가 조절되는 특별한 방에서 해야할 것이다.
- 충해나 서해로부터의 보호가 필요하다.
- 종자원은 보관 중에 일어난 시료종자의 퇴화에는 어떠한 책임도 없다.

○ 표 2A. 소집단과 시료의 중량

- 이 표는 본 규정의 여러 장에 해당되는 것으로 소집단의 중량, 이종종자용 검사시료, 검사결과 통보 시 사용하는 학명 등을 나타낸 것이다.
- 매 시료크기는 해당 종의 보통 종자 천립중을 기본으로 구한 유용한 표준으로 주요 시료의 검사에 적당하다고 생각된다.

[표 2A. 소집단과 시료의 중량]

| 1. 작 물 (Species) | 2. 소집단의 최대중량 | 시료의 최소 중량 | | | |
|---|---|---|---|---|---|
| | | 3.제출시료 | 4.순도검사 | 5.이종 계수용 | 6.수분 검정용 |
| | 톤 | g | g | g | g |
| 고추(*Capsicum spp.*) | 10 | 150 | 15 | 150 | 50 |
| 귀리(*Avena sativa* L.) | 30 | 1,000 | 120 | 1,000 | 100 |
| 녹두(*Vigna radiatus* L.) | 30 | 1,000 | 120 | 1,000 | 50 |
| 당근(*Daucus carota* L.) | 10 | 30 | 3 | 30 | 50 |
| 이탈리언라이그라스 (*Lolium multiflorum* Lam) | 10 | 60 | 6 | 60 | 50 |
| 무(*Raphanus sativus* L.) | 10 | 300 | 30 | 300 | 50 |
| 밀(*Triticum aestivum* L.) | 30 | 1,000 | 120 | 1,000 | 100 |
| 배추(*Brassica rapa* L.) | 10 | 70 | 7 | 70 | 50 |
| 벼(*Oryza sativa* L.) | 30 | 700 | 70 | 700 | 100 |
| 보리(*Hordeum vulgare* L.) | 30 | 1,000 | 120 | 1,000 | 100 |
| 땅콩(*Arachis hypogaea* L.) | 30 | 1,000 | 1,000 | 1,000 | 100 |
| 레드톱(*Agrostis gigantea* Roth) | 10 | 25 | 0.25 | 2.5 | 50 |
| 리드커네리그라스 (*Phalaris arundinacea* L.) | 10 | 30 | 3 | 30 | 50 |
| 메밀(*Fagopyrum esculentum* L.) | 10 | 600 | 60 | 600 | 100 |
| 버어즈풋트레포일 (*Lotus corniculatus* L.) | 10 | 30 | 3 | 30 | 50 |
| 브로음그라스<br>(레스큐:*Bromus catharticus* vahl)<br>(스므스:*Bromus inermis* Leysser) | <br>10<br>10 | <br>200<br>90 | <br>20<br>9 | <br>200<br>90 | <br>50<br>50 |
| 수단그라스 (*Sorghum sudanense* P.) | 10 | 250 | 25 | 250 | 100 |
| 수 수(*Sorghum bicolor* L.) | 30 | 900 | 90 | 900 | 100 |
| 트리티케일 (*X Triticosecale Wittmack*) | 30 | 1,000 | 120 | 1,000 | 100 |
| 헤어리베치(*Vicia villosa*) | 10 | 30 | 3 | 30 | 50 |
| 상추(*Lactuca sativa* L.) | 10 | 30 | 3 | 30 | 50 |
| 수박(*Citrullus lanatus* S.) | 20 | 1,000 | 250 | 1,000 | 100 |

| 1. 작 물 (Species) | 2. 소집단의 최대중량 | 시료의 최소 중량 | | | |
|---|---|---|---|---|---|
| | | 3.제출시료 | 4.순도검사 | 5.이종계수용 | 6.수분검정용 |
| | 톤 | g | g | g | g |
| 시금치(*Spinacia oleracea* L.) | 10 | 250 | 25 | 250 | 50 |
| 양배추(*Brassica oleracea* L.) | 10 | 100 | 10 | 100 | 50 |
| 양파(*Allium cepa* L.) | 10 | 80 | 8 | 80 | 50 |
| 오이(*Cucumis sativus* L.) | 10 | 150 | 70 | - | 50 |
| 옥수수(*Zea mays* L.) | 40 | 1,000 | 900 | 1,000 | 100 |
| 참외(*Cucumis melo* L.) | 10 | 150 | 70 | - | 50 |
| 콩(*Glycine max* L.) | 30 | 1,000 | 500 | 1,000 | 100 |
| 레드클로버(*Trifolium pratense* L.) | 10 | 50 | 5 | 50 | 50 |
| 토마토(*Lycopersicon esculentum* M.) | 10 | 15 | 7 | - | 50 |
| 파(*Allium fistulosum* L.) | 10 | 50 | 5 | 50 | 50 |
| 톨페스큐(*Festuca arundinacea* S.) | 10 | 50 | 5 | 50 | 50 |
| 호박(*Cucurbita moschata*) | 10 | 350 | 180 | - | 50 |
| 앨펠퍼(*Medicago sativa* L.) | 10 | 50 | 5 | 50 | 50 |
| 오차그라스(*Dactylis glomerata* L.) | 10 | 30 | 3 | 30 | 50 |
| 유채(*Brassica napus* L.) | 10 | 100 | 10 | 100 | 50 |
| 참깨(*Sesamum indicum* L.) | 10 | 70 | 7 | 70 | 50 |
| 들깨(*Perilla frutescens* L.) | 5 | 10 | 3 | - | 50 |
| 켄터키블루그라스(*Poa pratensis* L.) | 10 | 25 | 1 | 5 | 50 |
| 티머시(*Phleum pratense* L.) | 10 | 25 | 1 | 10 | 50 |
| 팥(*Vigna angularis* W.) | 30 | 1,000 | 250 | 1,000 | 100 |
| 호밀(*Secale cereale* L.) | 30 | 1,000 | 120 | 1,000 | 100 |
| 감 자 (진정종자, *Solanum tuberosum* L.) | 10 | 25 | 10 | - | 50 |

(주) · 기타종자는 ISTA Rules에 따른다.

· ISTA Rules에 없는 종은 시료크기와 천립중 기준으로 분류한다.

표 2B. 과수 묘목 검사단위 크기에 따른 감염 수준별 최소 표본추출(임의표본추출)크기

| 검사단위의 크기(주) | 95% 신뢰수준에서 검출(감염)수준 별 최소 표본의 크기 | | | | | 99% 신뢰수준에서 검출(감염)수준 별 최소 표본의 크기 | | | | |
|---|---|---|---|---|---|---|---|---|---|---|
| | 5% | 2% | 1% | 0.5% | 0.1% | 5% | 2% | 1% | 0.5% | 0.1% |
| 25 | 24 | - | - | - | - | 25 | - | - | - | - |
| 50 | 39 | 48 | - | - | - | 45 | 50 | - | - | - |
| 100 | 45 | 78 | 95 | - | - | 59 | 90 | 99 | - | - |
| 200 | 51 | 105 | 155 | 190 | - | 73 | 136 | 180 | 198 | - |
| 300 | 54 | 117 | 189 | 285 | - | 78 | 160 | 235 | 297 | - |
| 400 | 55 | 124 | 211 | 311 | - | 81 | 174 | 273 | 360 | - |
| 500 | 56 | 129 | 225 | 388 | - | 83 | 183 | 300 | 450 | - |
| 600 | 56 | 132 | 235 | 379 | - | 84 | 190 | 321 | 470 | - |
| 700 | 57 | 134 | 243 | 442 | - | 85 | 195 | 336 | 549 | - |
| 800 | 57 | 136 | 249 | 421 | - | 85 | 199 | 349 | 546 | - |
| 900 | 57 | 137 | 254 | 474 | - | 86 | 202 | 359 | 615 | - |
| 1,000 | 57 | 138 | 258 | 450 | 950 | 86 | 204 | 368 | 601 | 990 |
| 2,000 | 58 | 143 | 277 | 517 | 1553 | 88 | 216 | 410 | 737 | 1800 |
| 3,000 | 58 | 145 | 284 | 542 | 1895 | 89 | 220 | 425 | 792 | 2353 |
| 4,000 | 58 | 146 | 288 | 556 | 2108 | 89 | 222 | 433 | 821 | 2735 |
| 5,000 | 59 | 147 | 290 | 564 | 2253 | 89 | 223 | 438 | 840 | 3009 |
| 6,000 | 59 | 147 | 291 | 569 | 2358 | 90 | 224 | 442 | 852 | 3214 |
| 7,000 | 59 | 147 | 292 | 573 | 2437 | 90 | 225 | 444 | 861 | 3373 |
| 8,000 | 59 | 147 | 293 | 576 | 2498 | 90 | 225 | 446 | 868 | 3500 |
| 9,000 | 59 | 148 | 294 | 579 | 2548 | 90 | 226 | 447 | 874 | 3604 |
| 10,000 | 59 | 148 | 294 | 581 | 2588 | 90 | 226 | 448 | 878 | 3689 |

[출처] 식물위생조치를 위한 국제기준(ISPM) 31(FAO/IPPC 사무국, 2016년)

[별표 3]

수분의 측정(Determination of moisture content )

1. 장 비

가. 분쇄기

분쇄용 기계는 다음 조건을 충족시켜야 한다.

1) 비흡수성 물질로 만들어져야 한다.

2) 분쇄기는 가루가 되는 종자가 분쇄되는 동안 주변공기로부터 보호되도록 만들어져야 한다.

3) 분쇄시 분쇄기에 열이 나지 않아야 하며 수분을 잃게 되는 공기의 흐름을 최소화시킬 수 있어야 한다.

4) "라" 항에 제시한 입도를 얻을 수 있도록 조절 할 수 있어야 한다.

나. 항온기와 부속물

· 항온기는 중력에 의한 대류식 또는 기계적인 대류식(흡입력으로)의 두 가지 형태가 있다.

· 온도 조절에 의한 전기가열로 단열이 잘되고 챔버 내의 구석구석까지 일정한 온도를 유지시킬 수 있으며 챔버위에 온도계를 설치한 것이어야 한다.

· 항온기는3 다공식 또는 철망 식의 분리 가능한 선반을 갖추고 0.5℃까지 정확히 표시되는 온도계가 있어야 한다.

· 가열능력은 필요온도로 사전에 가열한 뒤 문을 열고 수분측정관을 넣어서 15분 이내에 필요온도에 다시 도달시켜야 한다.

· 측정관은 비부식성인 금속이나 유리로 된 약 0.5mm 두께로, 습기의 흡수나 방출을 최소화 할 수 있도록 적합한 뚜껑과 바닥은 평평하고 가장 자리는 수평이 잡혀 있어야 한다.

· 측정관과 뚜껑은 같은 번호가 있어 식별되어야 한다.

· 사용 전 측정관은 건조절차와 같게 130℃로 1시간 건조시킨 후 데시케이터에서 식힌다.

· 유효 표면은 $0.3g/cm^2$이하로 검사시료가 펴질 수 있어야만 된다.

· 데시케이터는 측정관을 빨리 식힐 수 있게끔 두꺼운 금속판과 활성알루미늄, 또는 4A형 molecular sieves, 1.5mm의 펠릿와 phosporus pentoxide 같은 건조제가 들어 있어야 한다.

다. 분석용 저울

· 0.001g 단위까지 신속히 측정할 수 있어야 한다.

라. 체

- 0.50mm, 1.00mm, 4.00mm 목의 철제 그물체가 필요하다.

마. 절단 기구

- 수목종자나 경실 수목 종자와 같은 대립종자는 절단을 위하여 외과용 메스 또는 날의 길이가 최소 4cm 되는 전지가위 등을 사용해야 한다.

## 2. 분 쇄

- 곱게 마쇄하여야 하는 종은 분쇄된 것이 0.50mm 그물체를 최소한 50%통과하고 남는 것이 1.00mm 그물체 위에 10% 이하이어야 한다.
- 거칠게 마쇄하여야 하는 종은 4.00mm 그물체를 최소한 50%는 통과하고 2.00mm체 위에 55% 이상 남아야 한다. 필요한 크기의 가루를 얻기 위해 분쇄기를 조정하고 견본의 적은 양을 분쇄하고 그것을 쏟아내야 한다.
- 분쇄 시간이 2분을 초과해서는 안 된다.

## 3. 절 단

- 분할시료를 취하여 종자를 신속히 절단하여 용기 속에 조각을 담는다.
- 스푼으로 혼합하고 함수량 측정을 위하여 2개의 검사 시료를 작성하는데 완전한 종자 5개 무게 정도로 한다.
- 측정용 용기에 시료를 넣는다.
- 직경이 15mm 이상인 수목종자에 대해서는 적어도 4~5편으로 조각을 낸다. 공기 중에 노출은 60초를 초과해서는 안 된다.

## 4. 예비건조

- 옥수수 종자가 수분이 높을 때는(25%이상) 깊이 20㎜이내인 그릇에 넣고 70℃로 최초 수분함량에 따라 2~5시간 건조시킨다.
- 수분이 30%를 넘는 종자는 건조기의 같은 따뜻한 곳에 하룻밤 견본을 말린다. 기타는 견본을 항온건조기로 130℃에서 수분함량에 따라 5~10분 예비건조 한다. 부분적으로 마른 것은 두 시간동안 시험실에 노출시켜 둔다.

□표.3A 분쇄가 필수적인 종

귀리, 콩, 땅콩, 메밀, 목화, 보리, 벼, 밀, 옥수수, 피마자, 호밀, 기장, 수수, 수단그라스, 벳지, 수박, 팥.

□표.3B 저온항온건조기법을 사용하게 되는 종

마늘, 파, 부추, 콩, 땅콩, 배추씨, 유채, 고추, 목화, 피마자, 참깨, 아마, 겨자, 무.

□표.3C 고온 항온건조기법을 사용하게 되는 종

근대, 당근, 메론, 버뮤다그라스, 벌노랑이, 상추, 시금치, 아스파라거스, 알팔파, 오이, 오차드그라스, 이탈리안라이그라스, 페레니얼라이그라스, 조, 참외, 치커리, 켄터키블루그라스, 크로바, 크리핑레드페스큐, 톨페스큐, 토마토, 티머시, 호박, 수박, 강낭콩, 완두, 잠두, 녹두, 팥(1시간), 기장, 벼, 귀리, 메밀, 보리, 호밀, 수수, 수단그라스(2시간), 옥수수(4시간)

[별표 4]

순도분석 (purity analysis)

1. 정립종자의 정의

- 작물별로 아래 표에서와 같이 해당 정립종자의 정의번호가 있고 정립종자의 정의를 설명하고 있다. 2의 정의에서 설명된 내용들은 정립으로 분류된다. 정의에서 특별히 언급되지 않은 부속기관은 정립종자로 분류하지 않는다.
- 작물별 정립종자의 정의 및 정립종자의 정의번호는 국제종자검정협회(ISTA) 순도분석(chapter 3) 및 ISTA 핸드북 "Handbook of Pure Seed Definition"을 참조한다.

가. 정립종자 정의번호

| 정립종자 번호 | 해 당 작 물 명 |
|---|---|
| ① | 쑥갓 |
| ② | 시금치, 메밀 |
| ④ | 상추, 치커리, 엔다이브, 아티초크 |
| ⑩ | 참깨, 양파, 고추, 수박, 오이, 참외, 호박, 토마토 |
| ⑪ | 콩, 땅콩, 팥, 녹두, 배추, 양배추, 유채, 무,<br>버어즈풋트레포일, 클로버, 베치, 알팔파, 자운영 |
| ⑱ | 들깨 |
| ㉘ | 브롬그라스, 티머시 |
| ㉙ | 리드카나리그라스 |
| ㉝ | 귀리, 브롬그라스, 오차드그라스, 톨페스큐, 이탈리언라이그라스 |
| ㊱ | 조 |
| ㊳ | 벼 |
| ㊵ | 밀, 호밀, 옥수수 |
| ㊶ | 귀리, 켄터키블루그라스 |
| ㊷ | 수수, 수단그라스 |
| 62 | 보리 |

2. 번호별 정립종자의 정의

- 간략하게 하기 위해 정립종자의 정의가 비슷한 몇 개의 속(屬)을 같은 번호로 묶었으며 해당되지 않는 정립종자 번호는 생략하였다.
- 보다 자세한 정의는 "Handbook of Pure Seed Definition"을 참조하도록 한다.

가. 정립종자의 정의번호(PSD number) 해설

① • 수과. 단, 종자가 들어있지 않은 것이 확실한 것은 제외.

• 종자가 들어 있음이 확실한 수과편으로서 원형의 $\frac{1}{2}$보다 큰 종자.

- 과피나 외종피가 부분적으로 또는 완전히 벗겨진 종자.
- 원형의 $\frac{1}{2}$보다 큰 종자편으로 과피나 외종피가 일부 또는 전부 박피된 종자.

② • 확실히 종자가 들어있는 수과로 화피가 붙어 있거나 없는 것.

- 종자가 들어 있음이 확실하고 원형의 ½보다는 큰 수과편.
- 과피나 외종피의 일부 또는 전부가 벗겨진 종자.
- 과피나 외종피의 일부 또는 전부가 벗겨지고 원형의 $\frac{1}{2}$보다는 큰 종자편.
  - Gomphrena : 종자가 들어 있음이 확실하고 유모(有毛)의 화피가 있거나 없는 수과

④ • 부리(beak)가 있거나 없고, 관모가 있거나 없으며 종자가 들어 있음이 확실한 수과.

- 종자가 확실히 들어 있고 크기가 원형의 절반이 넘는 수과편.
- 과피나 외종피가 일부 혹은 전부 제거된 종자.
- 과피나 외종피가 일부 혹은 전부 제거되고 원형의 절반이 넘는 크기의 종자편.

⑩ • 외종피가 있거나 없는 종자.

- 외종피가 있거나 없고 원형의 ½보다 큰 종자편.
  - 콩과, 배추과, 소나무과, 주목과, 낙우송과 : 외종피가 없는 종자 또는 종자편은 협잡물로 간주한다.
  - 콩과 : 분리된 자엽은 유근-유아축 또는 반이상의 외종피가 붙어 있건 없건 상관없이 협잡물로 간주한다.

⑪ • 외종피의 일부가 붙어있는 종자

- 외종피의 일부가 붙어있는 원형의 1/2보다 큰 종자편
- 외종피가 완전히 제거된 종자와 종자편은 유근-유아축 또는 반 이상의 외종피가 붙어 있건 없건 관계없이 이물로 간주한다.

⑱ • 종자가 들어 있음이 확실한 소견과(nutlet)

- 종자가 들어 있음이 확실하고 원형의 ½보다 큰 소견과片.
- 과피 또는 외종피가 일부나 전부 벗겨진 종자.
- 과피 또는 외종피가 일부나 전부 벗겨지고 원형의 ½보다 큰 종자片.

㉘ • 까락(awn)이 있거나 없고, 외영과 내영이 영과를 감싸고 있는 소화

- 영과
- 원형의 $\frac{1}{2}$보다 큰 영과편.

- (*Elytrigia repens* : 까락이 있거나 없고, 소화축의 기부로부터 재어서 최소한 내영의 $\frac{1}{3}$ 정도의 길이만큼이 외영과 내영에 감싸여 있는 영과 한 개를 가지고 있는 소화)

㉙ • 까락이 있거나 없고, 외영과 내영에 감싸인 영과와 불임 외영이 붙어 있는 소화.
• 외영과 내영이 영과를 감싸고 있는 소화.
• 영과(穎果)
• 원형의 $\frac{1}{2}$보다 큰 영과편
- Phalaris : 약(葯)이 돌출하여 있으면 이를 포함시킴

㉝ • 까락이 있거나 없고 외영과 내영이 영과를 감싸고 있는 소화.
- *Festuca, Lolium, Festulolium* : 영과의 크기가 소화축의 기부로부터 재어서 최소한 내영의 길이의 $\frac{1}{3}$은 되는 것
• 영과
• 원형의 $\frac{1}{2}$보다 큰 영과편.

주1) 소화는 한 개의 임성 또는 불임소화를 부착하고 있거나 없을 수 있다. 단, 부착된 소화는 까락을 제외하고 임성소화의 끝까지 뻗어 있어서는 안된다.(그림 1, 1~4)
주2) 등속도풍선법(uniform blowing method)을 사용하였을 때는 별표 3의 5.마를 참조할 것.

• 종자단위는 소수들이나 두 개 이상의 소화를 가진 소수의 일부를 포함할 수 있다. 그러한 구조물로서 호영이 있거나 없는 것이 다음과 같은 구조물들로 구성되어 있는 것을 복합종자단위(multiple seed units, MSU) 라고 칭한다.
- 한 개의 임성소화에 또 한 개의 임성소화나 불임소화가 부착되어 있고 부착된 소화의 끝이 까락을 제외하고 임성소화의 끝과 높이가 같거나 위로 뻗어 있는 것(그림1. 8~12).
- 한 개의 임성소화에 두개 이상의 임성 또는 불임소화가 길이에 관계없이 부착되어 있는 것(5~7)
- 한 개의 임성소화의 부분에 불임소화나 호영이 길이에 관계없이 부착되어 있는 것(13~14)

주3) 복합종자 단위는 생긴 그대로 정립종자분석에 포함된다. (5. 바. 참조)

ㅁ단일 및 복합종자 단위의 분류

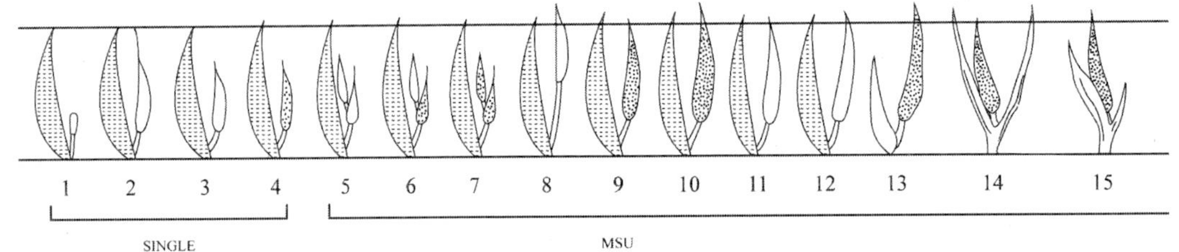


[그림 1] 단일 및 복합종자 단위의 분류
(점찍힌 부분은 임실 소화를, 점 안 찍힌 부분은 불임소화를 나타냄)

㊱ • 호영과 외영 및 내영이 영과를 감싸고 있고 불임외영이 부착된 소수
- • 외영과 내영이 영과를 감싸고 있는 소화.
- • 영과.
- • 원형의 $\frac{1}{2}$보다 큰 영과편.

  - *Axonopus* : 1개의 호영과 외영 및 내영이 영과를 감싸고 있고 불임 외영이 부착된 소수
  - *Echinochloa* 및 *Melinis* : 까락이 있거나 없는 부착된 불임 외영
  - *Panicum* 및 *Digitaria* : 영과의 존재 유무를 확인하지 않아도 됨.

㊳ • 소수, 호영이 있는 것, 영과를 갖춘 외영 및 내영, 까락(芒)의 크기와 관계없이 이를 포함하는 것
- • 소화, 불임외영의 유무와 관계없음, 영과를 갖추고 있는 외영 및 내영.
- • 영과, 까락의 크기와 관계없이 이를 포함하는 것.
- • 영과를 갖추고 있는 내영 및 외영이 있는 소화.
- • 원래크기의 $\frac{1}{2}$보다 큰 영과 편.

  ※ 주의 : 소화의 길이보다 긴 망을 갖춘 종자는 Ⅲ.7의 사에 따라 기록.

㊵ • 영과
- • 원형의 $\frac{1}{2}$보다 큰 영과 편.

㊶ • 까락이 있거나 없고 외영과 내영이 영과를 감싸고 있으며 불임소 화가 부착되어 있는 소수.
- • 까락이 있거나 없고 외영과 내영이 영과를 감싸고 있는 소화.

- 영과
- 원형의 $\frac{1}{2}$보다 큰 영과 편.

  주) 등속도풍선법이 사용되었을 경우(*Poa pratensis, Poa trivialis*)에는 별표 3의 5. 마를 참조할 것.

  (*Astrebla* : 영과가 있거나 없는 소수 또는 소화)

㊷ • 소수, 호영이 있는 것, 영과를 갖춘 외영 및 내영, 까락(芒)의 크기와 관계없이 이를 포함하는 것

- 소화, 불임외영의 유무와 관계없음, 영과를 갖추고 있는 외영 및 내영.
- 영과, 까락의 크기와 관계없이 이를 포함하는 것.
- 영과를 갖추고 있는 내영 및 외영이 있는 소화.
- 원래크기의 1/2보다 큰 영과 편.

㊷ • 영과를 갖춘 외영 및 내영이 있는 소화, 까락의 크기와 관계없이 이를 포함.

- 원래의 1/2보다 큰 영과를 포함하는 소화의 편.
- 영과.
- 원래크기의 1/2보다 큰 영과 편.

  ※ 주의 : 소화의 길이보다 긴 망을 갖춘 종자는 Ⅲ.7의 사에 따라 기록.

## 3. 장 치

- 확대경, 조명기구, 체, 풍선기 같은 것이 혼합시료의 시료분리에 보통 사용된다. 돋보기와 쌍안현미경은 작은 종자와 부스러기의 정확한 식별과 분리에 매우 필요한 것이다.
- 조명기구는 목초류의 임성소화와 불임소화를 분리하는데 매우 편리하고 균체나 선충충영을 찾는데도 사용된다.
- 체는 검사시료의 순결종자분석시 쓰레기, 흙, 기타 작은 물질의 분리에 사용 된다. 종자풍선기는 무거운 종자중 가벼운 물질. 즉 목초류의 이물, 쭉정이의 소화의 분리에 사용된다.
- 풍선기를 사용하면 보통시료(5g)까지 가장 정밀하게 분리할 수 있다.
- 좋은 풍선기는 공기를 일정하게 불어 주어 표준화할 수 있고, 분리된 모든 부분을 보존할 수 있다.
- 풍선기가 공기를 일정하게 부는 것을 계속하기 위해서 한개 이상의 공기 압축실이 있고 일정 속도의 모터로 날개를 돌리게 된다.
- 송풍관의 직경은 검사시료량에 맞추어 설정하고 시료가 완전히 분리 되도록 충분한 길이로 한다.

- 공기의 흐름을 정하는 밸브나 문은 정밀하게 조절할 수 있어야 하고, 읽기 쉽게 표시되고, 구조와 배치는 송풍관에서 흐름을 "강"과 "약"을 구분할 수 있어야 한다.
- 압력계는 풍선기의 표준화를 위해 바람직한 장치이다.
- 풍선법(uniform blowing method)을 하기 위한 풍선 능력은
  (a) 각 종에 알맞은 풍압으로 송풍한다.(기준눈금 시료의 사용으로 결정)
  (b) 필요한 풍압으로 송풍관에 공기를 일정하게 한다.
  (c) 필요한 풍압으로 신속히 조정한다.
  풍압 공급의 조정은 협회의 허가 하에 공급되는 기준눈금 시료로 송풍 하여 정기적으로 점검하게 된다.
  (d) 시간을 정확히 조정한다.

## 4. 선 별

### 가. 볏과 이외의 모든 과

- 수과, 분열과, 분과 및 기타 과실과 종자는 압력, 확대경, 투시경 기타 특별한 장비 없이 표면적으로만 검사한다.
- 그 같은 조사에서 구조 내에 씨가 없는 것이 확실하다고 판단되면 이물로 간주한다.

### 나. 볏과(Poaceae, Gramineae)

- 영과(caryopses) - 라이그라스, 페스큐, 개밀에서는 저자(底刺)기부로부터 재어 내영길이의 1/3이상인 영과를 가진 소화는 정립종자나 이종종자로 분류하고, 안 껍질 길이의 1/3미만인 영과가 있는 소화는 이물로 한다. 다른 속과 종은 영과 내에 배유가 있는 소화는 정립종자로 한다.
- 불임소화(sterile floret) - 다음 속은 임성소화에 붙은 불임소화를 떼지 않고 그대로 두고 정립종자에 포함시킨다 (귀리, 오차드그라스, 페스큐, 브로음그라스, 수수, 수단그라스). 라이그라스는 까락을 제외하고 임성소화의 끝까지 닿지 않은 정도로 부착된 불임소화도 정립종자에 포함한다.

### 다. 손상된 종자

- 요령 제18조제2항에 언급된 종자가 종피나 과피에 뚜렷한 장해를 보이지 않으면 정립종자 또는 이종종자로 분류하는데 종자가 쭉정이 이거나 충실할 때에는 상관없으나 종피나 과피가 열려 있을 때는 어려움이 있다.
- 가능하다면 검사자는 종자에 남아있는 부분이 원래 크기의 절반보다 큰지를 결정하고 이 요령을 적용하여야 한다.
- 그 같은 결정을 하기 어려우면 그 종자는 정립종자 또는 이종종자 쪽으로 분류한다.

매 종자마다 구멍의 유무나 다른 장해 부위 유무를 찾기 위해 뒤집을 필요는 없다.

· 부서진 소화나 영과는 원래 크기의 절반 이상이면 정립종자나 이종종자로 구분한다.

라. 식별할 수 없는 종

종간의 식별이 어려운 경우 다음의 한 절차를 따른다.

(a) 속명만 분석서에 기록하고 그 속의 모든 종자 (예 : 라이그라스의 경우 까락의 유무)를 정립종자로 분류하고 추가적인 사항을 “기타판정” 에 기록한다.

(b) 비슷한 종자들을 다른 구성 요소에서 분리 선별하여 무게를 단다.

· 이 혼합물로부터 최소한 400립, 가능하면 1,000입을 무작위로 취하고 최종분리 후 중량으로 각 종의 비율을 정한다.

· 전체 시료중의 종별 중량비를 계산한다.(6, 가 참조)

· 이 절차를 준수하였다면 종자 숫자를 포함한 상세한 내용을 보고한다.

· 제출자가 레드톱, 유채, 라이그라스, 레드페스큐 중의 하나라고 기술하였을 때나 분석자의 재량에 의한 기타의 경우에 적용할 수 있다.(아래 마. (4)항 참조)

마. 등속도 풍선법(uniform blowing method)

· 이 방법은 켄터키블루그라스와 오차드그라스에 필수적이다.

· 검사시료는 전자 1g, 후자 3g이다.

· 켄터키블루그라스와 오차드그라스의 풍압은 협회의 허가 하에 정한 기준 시료의 수치로 각 종별로 결정한다.

· 이 기준시료는 실험실 조건에 있어야 한다.

· 일반적으로 사용하는 송풍기가 없는 경우에는 ISTA의 사무국과 상의한다.

(1) 풍 선

· 기준시료에 의하여 구한 송풍 지점에 풍선기 눈금을 설치한다. 컵에 검사시료를 넣고 3분간 정확히 송풍한다.

(2) 무거운 것의 분리

가) 풍선후 컵에 남아있는 분석용 모든 종자는 다음 사항에 따라 정립종자로 분류한다.

① 완전한 단일소화, 오차드그라스(별표 3의 1항 참조)

② 켄터키블루그라스의 완전한 복합소화와 오차드그라스의 복수발아 종자 전부(별표 3의 1항 참조)

③ 맥각 같은 균체가 내영과 외영에 완전히 싸여있는 소화.

④ 병해충에 피해 입은 소화나 외영과 내영이 없는 영과 (스펀지, 코르크, 흰색, 무른 것 포함)

⑤ 원래 크기의 절반보다 큰 쇄립 소화와 쇄립 영과.

나) 이물로서 오차드 그라스나 켄터키 불루그라스의 소화와 영과는 다음과 같다.

① 소화의 끝에 맥각이 돌출한 경우.

② 원래 크기의 절반이하인 쇄립 소화와 쇄립 영과.

③ 타 poa속을 포함한 이종종자, 토막, 줄기, 모래 등은 제18조제2항에 따라 분류한다.

(3) 가벼운 것의 분리

- 가벼운 것은 기준시료에 의하여 구한 송풍지점에서 풍선기에 의해 날가려진 종자와 타 물질을 말한다.
  - ㉮ 가벼운 켄터키블루그라스와 오차드그라스 소화와 영과 전부를 이물로 취급한다.
  - ㉯ 켄터키블루그라스 안에 있는 타 poa 속을 포함하여 이종종자, 토막, 줄기, 모래 등은 요령 제18조제2항에 따라 분류한다.
- 타 poa 속의 임성소화가 켄터키블루그라스 와 오차드그라스의 시료에 있는지 확대경으로 가벼운 것을 조사할 필요가 있다.
- 만약, 이런 종자가 시료에 1-3%가 있다면 무거운 것과 가벼운 것으로부터 모든 소화를 제거하기 쉽고 전체무게에 대한 이종종자의 비율을 산출한다.
- 타 poa속 종자가 켄터키블루그라스의 시료에 3-5% 있을 때 분석가는 다음의 "(4)"항의 선택적 방법을 사용할 수 있다.

(4) 켄터키블루그라스에서 이종종자로 분류된 타 poa 속의 선택적 방법.

- 타 poa 속의 임성소화는 가벼운 것에서 골라내고 소화와 완전히 섞는다.
- 적어도 400소화, 가능하면 1,000 소화를 혼합해서 무작위로 취한다.
  (만약 타 poa속이 가벼운 것에 없다면 무거운 것에서 소화를 취함)
- 타 poa속은 확대경하에서 분리 할 수 있다.
- 각각의 비율은 무게로서 측정된다(아래 6항 참조)

(5) 순도분석시 풍선법을 사용해야 하는 품종의 종자에 대한 화학적 처리 과정.

- 화학적 처리가 풍선 법을 사용할 때 종자의 특성에 영향을 미칠 경우에는 견본의 순도분석은 hand method를 사용해야 하며 증명서 발급시 다음과 같은 내용을 기술해야 한다. 『Because of the chemical treatment the purity test has been carried out by the hand method』
- 화학적 처리를 하기 전에 순도분석을 했고 화학적 처리를 한 후 발아시험을 했을 경우의 증명서 발급 시에는 다음과 같은 내용을 기술해야 한다. 『because of the chemical treatment, the pure seed used for the germination was obtained by the hand method』

바. 복합종자단위(MSU)

신청자의 요청이 있으면, 다음 속의 식물들은 복합종자단위(정립종자 정의번호 33 참조)를 선별·계량하고 요령 제8조제3항에 따라 기록한다.(*Avena, Bromus, Dactylis, Festuca, xFestulolium, Koeleria, Lolium, Triticum spelta*)

사. 결과에 심한 영향을 미치는 불순물에 대한 처리절차

시료에 비해 중량이나 크기에서 상당한 편차를 가져오는 불순물 (예, 작은 종자군에 큰 종자, 돌 등) 이 시험결과에 심한 영향을 미치기도 한다. 비교적 제거가 쉬우면(예를 들어 체로) 송부시료(또는 순결종자분석용 중량의 최소한 10배)내의 이 불순물을 제거하고 사용중량의 검사시료에서 물질을 제거한 후 정상 분석을 한다. 이같은 불순물은 기록하여 아래 6의 나 항에 따라 계산한다.

아. 부속물

- 어떤 속에서의 (정립종자 정의번호 38, 62) 종자/과실에는 여러 종류의 부속물이 있다(까락, 줄기 등). 이런 부속물은 종자에 그대로 남겨둔다.
- 그러나 신청자의 요청이 있으면 종자의 최대의 크기보다 큰 부속물이 있는 종자의 중량은 요령 제18조제2항 및 제3항에 따라 종자검사부에 기록한다.

5. 결과의 계산

가. 분리가 어려운 종의 계산

- 분리가 어려운 둘 이상의 종이 시험용 시료일 때 위의 5. 라 및 마. (4)에 정한대로 400~1,000립으로 최종 구분한다.
- 혼합된 종 중의 한 가지 타종자의 중량 백분율은 다음과 같이 계산한다.
- 최초의 정립종자율을 $P_1$으로 하고, 400~1,000입의 총중량에 대한 A종의 종자 백분율을 계산한다.
- $A\% = \dfrac{A\text{종의 종자무게}}{400-1{,}000\text{입의 총무게}} \times P_1$
- 이 백분율은 이종종자의 백분율에 포함하고 정립종자 비율은 그만큼 줄어든다.

나. 결과에 심한 영향을 미치는 불순물들에 대한 계산

- 위의 5의 사. 항에 따라 시료 M(g)에서 들어 낸 것이 m(g)이고 그후 정립 종자분석에서 정립종자가 $P_1$(%), 협잡물이 $I_1$(%), 이종류 $OS_1$(%) 이라면 최종적인 정립종자의 결과는 다음과 같이 계산한다.
- 정립 $P_2 = P_1 \times \dfrac{M-m}{M}$

※ M = 결과에 큰 영향을 미치는 불순물이 있는 대로의 처음 종자중량.

· 이물 $I_2 = I_1 \times \frac{M-m}{M} + D_1$

※ $m_1$ = 큰 영향을 주는 이물을 제거한 중량

※ $m_2$ = 크게 영향을 주는 이종종자를 제거한 중량

· 이종자 $OS_2 = OS_1 \times \frac{M-m}{M} + D_2$

· 한편 $D_1 = \frac{m_1}{M} \times 100$

$D_2 = \frac{m_2}{M} \times 100$

($P_2 + I_2 + OS_2 = 100.0\%$ 임을 확인)

다. 거칠거칠한 종자 (껍질이 붙은 종자, chaffy seed)구조

거칠거칠한 단위란 : 다음의 구조와 조직을 가진 단위를 말한다.

① 서로 부착되어 있거나 다른 물체에 부착되기 쉬운 것.

② 타 종자를 붙이거나 타 종자에 붙기 쉬운 것.

③ 정선, 혼합 또는 시료채취 등이 용이하지 않은 것. 거칠거칠한 구조물. 만약, 시료가 chaffy구조를 한 것이 시료량의 1/3이상 일 때 chaffy로 본다.

[별표 5]

발아검정(The germination test)

1. 정 의

가. 묘의 필수구조

검정되는 종에 따라 묘는 장차 발육하는데 기본적인 다음의 몇몇 특수한 구조들로 구성되어 있다.

- 뿌리 (초생근 : 어떤 경우는 2차근)
- 싹 (하배축, 상배축 : 일부 벼과는 중경 : 끝눈)
- 자엽 (1개 ~ 여러 개)
- 초엽 (모든 벼과 식물)

더 상세한 것은 4의 바 항 참조

나. 정상묘(Normal Seedlings)

다음 세 가지 범주의 정상 묘가 있다.

(1) 완전묘(Intact seedlings)

완전묘는 몇 개의 필수구조로 구성되어 있다

- 다음 중 한 가지를 포함하는 잘 발달한 뿌리
  - 길고 날씬한 초생근, 보통 많은 뿌리털(근모)로 덮여 있고, 뿌리 끝이 깨끗하다.
  - 지정된 검사기간 내에 발생된 2차근
  - 어떤 속(보리, 귀리, 밀, 호밀 등)에서는 한 개의 초생근 대신 몇 개의 종자근이 있다.
- 다음 중 한 가지를 포함하는 잘 발달한 경축
  - 지상발아 하는 묘는 바르고 보통 날씬하며 길게 자란 하배축이 있다.
  - 지하발아 하는 묘는 잘 발달한 상배축이 있다.
  - 지상발아 하는 어떤 속의 묘는 긴 하배축과 상배축이 있다.
  - 벼과의 어떤 속은 긴 중경이 있다.
- 자엽의 수
  - 단자엽식물과 쌍자엽 식물의 일부는 자엽이 한 개다. (녹색으로 잎 같거나 변형되어 종자 안에 일부 또는 전부가 남아있다.)
  - 쌍자엽식물은 자엽이 두개이다. (지상발아 하는 종은 녹색으로 잎 같고 크기와 형태는 시험하는 종에 따라 다양하며, 지하발아 하는 종은 반구형 으로 신선하게 종피 안에 남아 있다.)

- 구과식물은 자엽이 여러 개이다.(2-18개. 보통 녹색으로 길고 좁다)
- ・녹색으로 된 초생엽 (제1본엽)으로
  - 한 장이며 어긋나는 잎과 함께 때때로 묘에서 간혹 몇 개의 비늘잎이 먼저 나오는 일이 있다.
  - 두 장이며 대생.
- ・끝눈과 싹끝은 종에 따라 다양하게 발육한다.
- ・볏과의 초엽은 잘 발달하고 반듯하며 나중에 초엽 내에서 길게 뻗은 녹색잎이 뚫고 나온다.

(2) 경 결함묘(Seedling with slight defects)

다음 묘는 경 결함묘이다.

- ・초생근에 약간의 손상 또는 가벼운 성장 지연
- ・초생근에 결함이 있으나 2차근이 충분히 잘 발달함. (특히 대형 콩과, 화본과(옥수수), 박과, 아욱과 등)
- ・단지 두 개의 종자근 : 귀리, 보리, 호밀, 밀 등
- ・하배축, 중경, 상배축에 약간의 장해
- ・자엽에 최소한의 장해(전 조직면적의 절반 이상이 기능을 가지고 있고 [50% 규칙적용조건] 싹끝과 주변 조직이 부패되지 않았거나 그 밖의 장해를 받지 않았을 때)
- ・쌍자엽 식물에서 한 개만 정상 자엽 (싹끝이나 주변조직의 심한 장해나 부패가 없을 때)
- ・둘 대신 세 개의 자엽.(단 이들이 50% 규칙에 적용될 때)
- ・최소한의 손상을 받은 초생엽(총 조직면적의 절반이상이 정상적인 기능일 때[50% 규칙적용 조건])
- ・단지 한 개의 초생엽 : 팥(끝눈에 명백한 손상이나 부패가 없어야 함)
- ・초생엽이 바른 형태이나 크기가 작을 때는 최소한 정상크기의 ¼이상. (팥, 강낭콩, 녹두)
- ・둘 대신 세개의 초생엽(팥, 강낭콩, 녹두, 50%규칙에 합당할 때)
- ・초엽에 약간의 장해
- ・초엽이 끝에서 길이의 $\frac{1}{3}$을 넘지 않게 찢어짐(옥수수는 여러 가지 경미한 초엽의 결함이 있어도 초생엽이 완전하고 경미하게 손상되었다면 정상묘임).
- ・느슨하게 꼬이거나 고리모양을 이룬 초엽(이것은 내·외영 또는 종피 밑에 걸리기 때문이다)

· 녹색 잎이 초엽 끝까지 닿지 않았으나 최소한 초엽 길이의 절반 이상에 도달함.

(3) 2차 감염묘(Seedling with secondary infection)

모든 필수구조가 있고 명백히 종자 자체가 감염원이 아닌 것으로 판정되면 곰팡이(진균)나 박테리아(細菌)에 의해서 심하게 부패되어 있다 하더라도 정상묘로 분류한다.

다. 비 정상묘(Abnormal Seedlings)

묘에 다음 결함이 하나 또는 복합되어 있을 때에는 비정상묘이다.

Ⅰ. 초생근(1차근, primary root)

1. 발육중지 (stunted)
2. 뭉툭함 (stubby)
3. 지연 (遲延, retarded)
4. 없음 (missing)
5. 부스러짐 (broken)
6. 끝부터 찢어짐 (split form the tip)
7. 잘록함 (constricted)
8. 길쭉함 (spindly)
9. 종피에 걸림 (trapped in the seed coat)
10. 배지성 (背地性, negative geotropism)
11. 유리 같음 (glassy)
12. 일차감염에 의한 부패 (decayed as a result of primary infection)

□ 종자근(seminal root, 맥류만 해당) <개 정>

13. 하나뿐 또는 없음(only one or none)

(주) 위의 결함이 하나 이상인 2차근이나 종자근은 비정상적이고 여러 개의 2차근이 있거나(예 : 오이) 적어도 한 개의 종자근(예 : 밀)이 묘 가치를 결정하는 경우에는 비정상 초생근으로 취급할 수 없다.

Ⅱ. 하배축(hypocotyl), 상배축(epicotyl), 배축(중경- mesocotyl)

1. 짧고 두꺼움(시클라멘속 제외)
2. 球를 만들지 않음(시클라멘)
3. 심하게 깨지거나 부서짐
4. 관통해서 바로 찢어짐
5. 없음

6. 잘록함.
7. 심한 뒤틀림
8. 꺾임(bent over)
9. 환상(環狀) 또는 나선형(螺旋形)
10. 길쭉함
11. 유리 같음
12. 일차감염에 의한 부패

Ⅲ. 자엽(cotyledons) : 50% 규칙 적용

1. 부풀음 또는 말림(swollen or curled)
2. 기형(不定形, deformed)
3. 부서지거나 다른 장해
4. 분리 또는 없음
5. 변색(discoloured)
6. 괴저(necrotic)
7. 유리 같음
8. 1차 감염에 의한 부패

(주) 묘축에 붙어 있는 지점의 떡잎이나 싹끝 인접부위에 장해나 부패가 나타나면 비정상이며 50% 규칙을 적용하지 않는다.

□ 특수한 자엽의 결함(파, 양파)

9. 짧고 두꺼움
10. 잘록함
11. 꺾임
12. 환상(環狀) 또는 나선형(螺旋形)
13. 확실한 "무릎형(knee)" 돌출이 없음
14. 길쭉함

Ⅳ. 초생엽(제1엽, primary leaves) : 50%규칙 적용

1. 기형
2. 장해
3. 없음

4. 변색
5. 괴저
6. 1차 감염엽에 의한 부패
7. 정상 형태이나 정상잎 크기의 ¼ 미달

Ⅴ. 끝눈(頂芽, terminal bud)과 주변조직

1. 기형
2. 장해
3. 없음
4. 1차 감염에 의한 부패

(주) 끝눈이 결함 또는 없을 때에는 한 두 개의 곁눈(예 : 강낭콩, 팥, 녹두) 이나, 가지가 나와 있어도(예 : 완두) 비정상임.

Ⅵ. 초엽(자엽초, coleoptile)과 제 1 본엽(first leaf) (벼과)

ㅁ 옥수수를 제외한 모든 종의 초엽

1. 기형
2. 장해
3. 없음
4. 끝이 장해 또는 없음
5. 심하게 꺾임
6. 환상 또는 나선형
7. 심한 꼬임
8. 끝으로부터 $\frac{1}{3}$넘게 찢어짐.
9. 기부가 찢어짐
10. 길쭉함
11. 일차감염에 의한 부패

ㅁ 옥수수를 제외한 모든 종의 초엽

12. 초생엽이 평가시기에 출현한 경우
  - 상부에서 아래로 1/3이상 찢어진 초엽
  - 심하게 구부러진 초엽
  - 끝부분이 손상되었거나 없는 초엽
  - 끝부분 아래 어느 위치든 찢어진 초엽

13. 초생엽이 평기시기에 출현하지 않은 경우
- 초엽의 끝부분 손상 또는 없음
- 상부에서 아래로 1/3이상 찢어진 초엽
14. 초엽의 끝부분 아래에서 출현한 잎

ㅁ 제1본엽
15. 초엽의 절반에 미치지 못함
16. 없음
17. 찢어짐 또는 기타 기형

Ⅶ. 묘 일반
1. 기형
2. 조각남
3. 뿌리보다 먼저 떡잎이 나옴
4. 둘이 합쳐짐(융합)
5. 배유목(endosperm collar)이 있음
6. 황색 또는 백색
7. 길쭉함
8. 유리 같음
9. 1차 감염에 의한 부패

라. 복수발아종자단위(Multigerm seed units, MSU)

몇몇 종자에서는 2개 이상의 묘가 나오는 경우가 있다.

- 진실종자가 두 개이상 들어있는 단위 [예. 복수발아종자인 오차드그래스, 페스큐, 귀리, 분리되지 않은 산형과의 분열과, 근대, 사탕무의 화방(cluster) 등]
- 두개 이상의 배가 들어있는 진실종자 [어떤 종(복배) 또는 예외적인 다른 종(쌍둥이)에서 정상적으로 일어나고 쌍둥이는 보통 묘의 하나가 약하고 길쭉하나 간혹 둘 다 정상크기에 가까울 때도 있다.]
- 융합배(간혹 한 종자에서 함께 붙은 두 개의 묘가 나온다)

마. 불발아 종자(Ungerminated seeds)

1. 경실 종자 : 경실의 성질은 휴면상태이다. 콩과의 다수 종에서 많이 볼 수 있으며, 다른 과에서도 있다. 이 종자는 표 4A의 조건하에서도 물을 흡수하지 못해 단단한

채로 남아있게 된다.

2. 신선한 종자 : 생리적인 휴면 결과이다. 이 종자는 표 4A의 조건에서 물을 흡수하더라도 발아의 과정이 차단된 것이다.
3. 죽은 종자 : 보통 물렁하고, 변색되어 있으며 흔히 곰팡이가 피어 있거나 전혀 발아의 징후가 보이지 않는 것을 말한다.
4. 기타 범주 : 불발아 종자를 더 세분하면
   - 쭉정이(종자 안이 완전히 비었거나 단지 일부 잔류조직만이 있음)
   - 무배종자(배우체 조직 또는 성숙하지 않은 배유로 된 종자로서 embryonic cavity가 없음)
   - 충해종자(유충이 있어 확실히 발아에 지장을 줄 정도로 감염된 종자)

   이러한 경우는 모든 종자에서 있을 수 있으며, 특히 수목종자에서 많이 나타난다.

바. 추가 정의

- 초엽(자엽초, coleoptile) : 단자엽식물(예 : 벼과)의 어린 묘와 배의 줄기 시원체를 둘러싸서 보호하고 있는 껍질이며 자엽의 한 부분으로 본다.(참조. 배반)
- 자엽(子葉, cotyledon) : 최초의 잎(본엽이 아닌) 또는 묘나 배에서 쌍을 이룬 잎(참조, 초생엽)
- 부패(腐敗, decay) : 유기체 조직의 괴사로서 통상 미생물의 존재와 관련 되어 있는 것
- 변색(變色, discolouration) : 색의 변화 또는 탈색
- 쌍자엽식물(雙子葉植物, dicotyledons) : 배가 보통 두개의 자엽을 가져서 분류된 식물 그룹.
- 발병(發病, diseased) : 미생물의 존재와 활동 또는 화학적인 결함 효과를 나타내는 것.
- 배(胚, embryo) : 종자 내에 있는 시원식물로서 통상 약간 분화된 축과 자엽이 부착되어 있는 것
- 배유(胚乳, endosperm) : 수정으로 생긴 영양조직으로 어떤 종자에서는 성숙시 영양공급원으로 남아 있는 것
- 상배축(上胚軸, epicotyl) : 자엽 바로 위부터 초생엽 아래까지의 배축부분
- 지상발아(地上發芽, epigeal germination) : 하배축 신장으로 자엽과 줄기가 땅 위로 출현하는 발아형태.
- 배우체 조직(配偶體組織, gametophytic tissue) : 침엽수의 종자 내에 있는 영양조직

○ 굴지성(屈地性, geotropism) : 중력에 반응하는 식물의 생장
  - 정(正)의 동력굴성 (positive geotropism) : 아래 방향으로의 성장(예 : 정상적인 1차근)

- 부(負)의 중력굴성(negative geotropism) : 위쪽 방향으로의 성장(예 : 정상적인 지상줄기)

○ 하배축(下胚軸, hypocotyl) : 초생근 바로 위부터 자엽 아래까지 묘축부분.

○ 지하발아(hypogeal germination) : 자엽 혹은 그와 비교가 되는 기관(예: 배반)이 종자와 함께 흙 속에 남는 발아형태로 줄기는 상배축(쌍자엽식물) 또는 중경(일부 단자엽식물)이 신장하여 토양선 위로 올라온다.(참조. 지상발아)

○ 감염(感染, infection) : 살아 있는 것(예 : 묘의 기관)에 병원체가 침입, 전파하는 것으로 대개 병징과 부패가 일어난다.

- 1차 감염(primary infection) : 종자 자체에 병원체가 있고 활성을 가지는 것.
- 2차 감염(secondary infection) : 병원체가 다른 종자나 묘에서 전파된 것.

○ 환상구조(環狀構造, looped-structure) : 둥그렇게 구부러진 형태의 묘 구조 (예 : 하배축, 초엽)

○ 중경(中胚軸, mesocotyl) : 고도로 분화된 단자엽식물(예 : 벼과)에서 생장점부터 배반이 붙은 지점까지 묘축 부분으로 하배축에 자엽부분이 밀착된 혼합구조의 형태.

○ 단자엽식물(單子葉植物, monocotyledon) : 배가 보통 한 개의 자엽을 가져서 분류된 식물 그룹 (참고. 쌍자엽 식물)

○ 식물독(植物毒, phytotoxic) : 식물에 해로운 독.

○ 초생엽(제1엽, primary leaf) : 자엽 다음에 나타나는 첫 번째의 잎 또는 한 쌍의 잎

○ 초생근(1차근, primary root) : 배의 유근으로부터 발육한 묘의 주 뿌리.

○ 지연근(遲延根, retarded root) : 보통 끝이 완전한 뿌리이나 묘의 다른 구조와 비교하여 너무 짧고 약한 것.

○ 근모(根毛, root hair) : 가느다란 돌기의 최외층 뿌리세포로 토양에서 염류와 물을 빨아들인다.

○ 배반(胚盤, scutellum) : 많은 단자엽식물(예 : 볏과)에서 매우 분화된 받침 모양의 자엽 부분이며 배유로부터 배로 양분을 흡수 공급한다.(참조. 초엽)

○ 2차근(secondary root) : 초생근 이외의 다른 뿌리를 의미하는 것으로 종자검정시 사용됨 (참조. 부정근 및 측근)

○ 묘(苗, seedling) : 종자내부의 배로부터 발육한 어린 식물

○ 종자근(種子根, seminal root) : 곡물류에 있어서 배의 축선상에 발생하여 근계를 이루게 되는 초생근 및 수 개의 이차근을 말함. (예 : 밀, 시클라멘)

○ 싹끝(莖頂, shoot apex) : 묘축의 주 생장점. 지상줄기의 선단 부.

○ 뭉툭한 뿌리(stubby root) : 식물독 증상인 묘의 특유한 뿌리로 종종 뿌리 끝은 완전하더라도 보통 짧고 곤봉 모양이다 (참조. 발육중지근)

○ 발육중지근(發育中止根, stunted root) : 길이에 관계없이 뿌리 끝이 없거나 결함이 있는 뿌리 (참조. 뭉툭한 뿌리)

○ 끝눈(頂芽, terminal bud) : 다소 분화된 몇 개의 잎으로 싸인 싹의 끝.

○ 꼬인 구조(twisted structure) : 묘의 구조(예 : 하배축, 초엽)가 한쪽 끝은 고정되어 있으나 그 고유의 축이 돌아간 것 (참조. 나선형구조)

- 느슨한 꼬임 (loose twisted) : 구조의 긴 부위가 돌아간 것.
- 심한 꼬임 (tightly twisted) : 구조의 짧은 부위가 돌아간 것.

## 2. 재료

### 가. 종이배지

종이배지는 여과지, 흡습지, 수건 형태를 취한다.

(1) 일반요건

- 구성 : 종이의 섬유는 화성목재, 면 또는 기타 정제한 채소섬유로 제조된 것이어야 하며, 진균, 세균, 독물질이 없어 묘의 발달과 평가를 방해하지 않아야 한다.
- 조직 : 종이는 다공성 재질이어야 하나 묘 뿌리가 종이 속으로 들어가지 않고 위에서 자라야 한다.
- 강도 : 시험 조작 중 찢어짐에 견디도록 충분한 강도를 가져야 한다.
- 보수력 : 종이는 전 기간을 통하여 종자에 계속적으로 수분을 공급할 수 있는 충분한 수분 보유력을 가져야 한다.
- pH : 범위는 6.0~7.5이어야 한다. 또는 이 범위 밖의 pH가 발아시험 결과에 어떠한 영향도 미치지 않았음을 증명할 수 있어야 한다.
- 저장 : 가능하면 관계 습도가 낮은 저온실에 보관하며, 저장 기간 중 피해와 더러워짐에 보호될 수 있는 알맞는 포장이어야 한다.
- 살균소독 : 저장 중 번식하는 균류를 제거하기 위해 종이의 소독이 필요할 수도 있다.

(2) 품질의 조정

- 품질을 알 수 없는 종이배지의 사용시 독성물질이 없는지 양호한 품질로 알려진 종이와 함께 유해물질에 대한 생물학적인 시험으로 비교해야 한다.
- 이 비교 시험에는 종이배지 독에 민감한 것으로 알려진 종의 종자를 사용한다.(예. 보리, 레드톱 등) 종이의 평가는 두 종류의 종이 위에서 자라는 묘의 뿌리 발달로서 판단해야 하는데 주된 독성증상은 짧은 뿌리, 변색된 뿌리끝, 반굴지성이다.

- 독성평가는 표 5A 에 정해진 종별 발아조사 시작일 또는 전에 해야 하는데 이는 배지 독에 대한 증상이 뿌리 생장의 초기 단계에 보다 잘 나타나기 때문이다.
- 이 같은 증상은 짧은 뿌리와 간혹 변색된 뿌리 끝, 종이로부터 뿌리가 일어섬·근모가 "다발"이 된다. 목초류의 초엽은 넘어지고 짧게 되기도 한다.

나. 모래

(1) 일반조건

- 구성 : 모래의 크기는 적당한 크기로 일정해야 하며, 큰 알맹이와 매우 작은 것이 없어야 한다. 거의 모든 알맹이는 직경 0.8㎜ 그물눈체를 통과하고 0.05㎜ 체위에 남아야 한다. 모래에는 종자의 발아, 묘의 생장, 또는 평가를 방해하는 다른 종자, 곰팡이, 박테리아, 독물질이 없어야 한다.
- 보수력 : 알맞은 양의 물을 주었을 때 모래알은 종자와 묘에 물을 계속 공급할 수 있는 충분한 물을 가지는 능력이어야 하나, 가장 알맞는 발아와 뿌리 발육을 위한 공기 순환에 필요한 공극이 있어야 한다.
- pH : 범위는 6.0~7.5이어야 한다. 또는 이 범위 밖의 pH가 발아시험 결과에 어떠한 영향도 미치지 않았음을 증명할 수 있어야 한다.
- 살균소독 : 깨끗하게 하기 위하여 사용 전에 모래를 씻고 소독이 필요 하다. 소독은 종자 본래의 병해 조직을 죽이거나 억제하는 화학약품이 남아 있지 않은 방법으로 한다.
- 재사용 : 몇 번 더 재사용할 수 있으나 미리 씻어 말리고 다시 소독해야 한다. 화학처리한 시료를 시험했을 때에는 재사용하지 않고 버린다. 그러나 재사용할 때는 모래에 약품이 축적되어 식물독 증상이 일어나지 않는지 확인해야 한다.

(2) 품질의 조정

새 모래는 독성물질이 없는지 종이의 경우처럼(2의 가) 생물학적인 시험을 하여 확인하여 둔다.

다. 흙

- 구성 : 흙은 질이 좋고 뭉치지 않고 굵은 알맹이가 없어야 한다. 종자의 발아묘 생장 또는 평가를 방해하는 다른 종자, 세균, 진균, 선충, 독물질이 없어야 한다.
- 보수력 : 알맞은 물을 함유토록 조정하여 발아와 뿌리생육에 적당한 공기순환을 도모해야 한다.
- pH : 범위는 6.0~7.5이어야 한다. 또는 이 범위 밖의 pH가 발아시험 결과에 어떠한 영향도 미치지 않았음을 증명할 수 있어야 한다.

· 살균소독 : 깨끗하게 하기 위하여 사용 전에 소독이 필요하다. 소독은 종자 본래의 병해 조직을 죽이거나 억제하는 화학약품이 남아 있지 않은 방법으로 한다.
· 재사용 : 한번만 사용하기를 권한다.

라. 혼합물

· 구성 : 질이 좋은 무토양 혼합물이어야 한다. 무토양 혼합물은 10%의 모래(예를 들어)를 더한 유기물질(예를 들면 토탄)이 포함되어야 한다. 다른 구성물(예를 들면 진주암, 질석)가 첨가될 수도 있다.
· 보수력 : 적정 수분함량으로 조절할 때, 보수력이 점검되어야 한다.
· pH : 범위는 6.0~7.5이어야 한다. 또는 이 범위 밖의 pH가 발아시험 결과에 어떠한 영향도 미치지 않았음을 증명할 수 있어야 한다.
· 살균소독 : 발아시험 결과에 부정적인 영향을 미치지 않는 방법으로 한다.
· 재사용해서는 안 된다.

마. 물

(1) 일반조건

· 깨끗함 : 배지에 사용하는 물은 유기, 무기의 불순물이 없어야 한다.
· 품질 : 공급하는 보통의 물이 만족스럽지 못할 때는 증류수 또는 이온 정화수를 사용할 수 있다.
· pH : 범위는 6.0~7.5이어야 한다. 또는 이 범위 밖의 pH가 발아시험 결과에 어떠한 영향도 미치지 않았음을 증명할 수 있어야 한다.

(2) 품질의 조정 : 만족할만한 물을 사용하는지 자주 분석하여 확인하여야 한다.

## 3. 장 치

가. 계수장치

계립판 또는 진공계립기를 사용한다.

나. 발아장치

(1) 벨자(bell jar)와 야콥센 기구(copenhagen tank)

· 이 장비는 보통 종자를 치상하는 여과지를 얹을 발아선반으로 되어 있다.
· 배는 아래의 물그릇으로부터 발아선반의 구멍이나 틈에 연결된 심지로 수분 유지가 계속된다.
· 배지의 건조를 막기 위해 과도한 증발이 안되는 환기 구멍이 있는 벨자를 덮는다.

온도조절은 물그릇의 물을 가열/냉각시키는 간접 조절이거나 발아판을 가온하는 직접 조절 방법이 있는데 보통 자동조절이 된다.

- 장비는 모든 규정의 변온과 항온에 사용할 수 있는데 온도범위에 도달하는 것이 가능하기는 하나 개개의 야콥센 장비의 디자인 때문에 한계가 있을 수 있다.

(2) 발아시험기(germination cabinet)

- 다른 형태의 장비로서는 광과 어둠에서 종자 발아를 위한 밀폐된 캐비닛이 있다. 현대화된 캐비닛은 격리가 잘되고 가온과 냉각 설비를 갖추고 있다. 알맞은 모델은 요구되는 모든 범위의 항온과 변온이 가능하다.
- 온도는 물이나 공기의 순환, 또는 양자가 순환되면서 유지된다.
- 장비가 항온만 가능하다면 다른 온도로 가동시킨 다른 시험기로 옮겨서 바라는 변온주기를 만들 수 있다. 습도까지 조절되는 발아시험기는 뚜껑을 열어 두어도 습도조절이 가능하다. (습식발아시험기)
- 그러나 소위 습식 시험기라도 모두 습도가 항상 충분히 유지되지 않으므로 습도 정도가 의심스러울 때는 수분을 보호하는 용기 안에다 넣어 두는 것이 좋다. 건식 시험기는 항상 밀폐되어야 한다.

(3) 발아시험실(room germinator)

- 발아시험실은 발아시험기의 변형이다. 같은 원리의 조작이나 내부에서 작업하도록 충분히 크고 중앙통로 양쪽을 따라 시험장소가 있다.
- 변온시험은 시험기간에 실내에서 바퀴로 움직이는 수레 위에서 할 수 있다.

## 4. 방 법

### 가. 검사시료

- 잘 혼합된 정립종자에서 무작위로 400입을 센다.
- 편향된 종자 선택이 되지 않도록 주의한다. 반복당 100입씩의 치상하는 것이 관행이며 묘의 발달에 인접 종자의 영향이 최소화 되도록 발아상에서 서로 충분히 떨어지게 한다.
- 특히 종자 전염병이 있어 필요하다면 50 또는 25입까지 나누어 알맞는 공간을 확실히 유지한다. 심하게 감염된 종자일 때는 역시 중간 조사 시 배지의 교환이 필요하다.

### 나. 시험조건

(1) 배 지(발아상)

□ 종이 사용법

종이 배지는 다음 방법으로 한다.

① TP(top of paper)

- 종이 1매 이상을 깔고 그 위에 종자를 놓고 발아시킨다.
- 야콥센(Jacobsen)기구에 치상
- 투명한 상자나 페트리접시안, 알맞은 양의 물을 주고 시험을 시작하며 증발을 최소화하기 위해 꼭 맞는 뚜껑을 하거나 플라스틱 봉지로 접시를 싼다.
- 발아시험기의 선반에 바로 놓는다.
- 시험기 내의 관계습도는 될 수 있으면 건조를 방지하기 위해서 포화상태 정도로 유지한다. 젖은 종이나 탈지면을 배지 밑에 쓸 수 있다.

② BP(between paper)

- 두층의 종이 사이에서 발아시킨다.
  - 여과지 위에 종자를 치상하고 그 위에 한층 더 종이를 덮어주는 방법
  - 종자를 봉투처럼 접은 종이 안에 넣고 이를 눕히거나 세운 상태에서 발아시키는 방법
  - 종이 수건으로 말아 놓는 방법 (만 것은 수직으로 세워 놓는다)
- 배지는 밀폐된 상자 내에 두고 비닐자루로 싸거나 시험기 내의 관계습도가 포화 상태에 가깝게 유지되는 시험기의 선반에 바로 놓는다.

③ PP(pleated paper)

- 아코디언처럼 50회 접고 접힌 곳에 2입씩 넣는다.
- 접힌 조각은 상자나 젖은 시험기내에 바로 넣는데 일정한 수분 조건이 유지되도록 종이 주위를 간혹 평평한 조각으로 싼다.
- 이 방법은 TP나 BP방법이 지정되어 있는 종에 대한 대안으로 사용될 수 있다.

□ 모래 사용법

① TS(top of sand)

모래 표면에 종자를 놓는다.

② S(in sand)

- 축축한 모래 위에 종자를 놓고, 종자 크기에 따라 덩어리지지 않은 모래로 10~20㎜ 덮는다. 공기 순환을 좋게 하기 위해 파종 전에 깔은 모래는 느슨하게 하는 것이 좋다.
- 이병된 시료가 종이배지를 오염시킴으로써 평가가 실질적으로 불가능한 것으로 판단되었을 때에는 표 5A에 규정하지 않았더라도 종이 대신 사용할 수 있다.

· 묘 판정이 의심스러울 때의 확인과 조사 목적으로 흙을 사용하는 것이 좋으나 모래도 종종 사용한다.

□ 흙·혼합물 사용법

흙과 혼합물은 일반적으로 기본 시험배지로 권장되지 않는다. 그러나 예를 들어 종이나 모래배지에서 묘가 식물독 증상을 보이거나 묘 평가가 의심 스러울 때 흙을 사용할 필요가 있다. 흙 또는 혼합물은 비교조사 또는 연구조사 목적으로 사용된다.

(2) 수분 및 통기

· 배지는 발아에 필요한 충분한 수분을 전 기간 함유해야 한다.
· 그러나 수분은 과도하거나 통기를 억제해서는 안 된다.
· 처음 물주는 양은 배지 넓이와 재료, 시험 종자의 크기에 따라 다르므로 적당한 양은 경험으로 결정한다. 추가로 물주기는 시험간과 반복간의 변이성이 늘어나는 경우가 있으므로 될 수 있으면 피해야 한다.
· 그러므로 시험기간 중 계속 충분한 수분이 공급되어 배지가 마르지 않도록 사전에 충분히 조치한다.
· 페트리 접시나 치상된 TP와 PP는 통기를 위한 특별한 조치가 보통 필요하다.
· 그러나 BP는 덮는데 주의하고 종자에 충분한 공기가 닿도록 느슨해야 한다. 같은 이유로 모래나 흙에서는 덮은 것이 눌리지 않게 한다.

(3) 온 도

· 온도는 표5A에 규정되어 있는데 종자가 노출된 부분 내지 배지 안의 온도를 뜻한다.
· 발아기구, 발아기, 발아실 모두 균일해야 하나 직사광이나 인공 광으로 시험온도가 규정선을 넘지 않도록 주의한다.
· 지정되어 있는 온도는 상한선으로 생각하여야 하며, 기기에 따르는 변이 폭은 ±2℃를 넘지 않게 주의한다.
· 변온은 보통 저온 16시간 고온 8시간을 나타낸다. 3시간 동안 천천히 변온 하는 것이 좋으나 급격히 한 시간 이내 또는 저온인 다른 발아기에 옮기는 것은 휴면 등이 있는 종자에 필요하기도 하다.

(4) 광

· 표 5A의 모든 종자는 광이나 어둠에서 발아한다.
· 묘 발달이 좋아 보다 쉽게 평가할 수 있도록 인공광 또는 태양광의 굴절의 조절로 배지의 조명이 권장된다.
· 완전한 어둠 속에서 묘가 자라면 퇴색하고 백색이 되어 미생물의 공격에 보다 민감해

지며, 엽록소 결핍증으로 발아율을 조사할 수 없게 되는 경우가 생길 수 있다.

- 어떤 경우(예 : 일부 열대 아열대 그라스類)광이 휴면종자의 발아를 촉진 하나 몇몇 종은 방해를 하므로 암소에서 발아시켜야 한다.
- 각 명암에 대한 특별지시는 표 5A의 휴면타파등 권고사항에 있다.

(5) 방법의 선택

- 방법을 변경할 때는 표 5A에 나타난 것 중 하나(배지와 온도의 조합)를 사용해야 한다. 방법의 선택은 장비, 검정실의 경험, 유래정도, 시료 상태에 따른다. 만약 선택한 방법에서 만족할 만한 결과가 나오지 않은 경우에는 다른 변경된 방법으로 재시험을 할 필요도 있다.

다. 발아촉진 처리

- 여러가지 원인(생리적 휴면, 경실, 배지의 방해 등)으로 시험기간이 끝나도 경실 또는 신선한 종자가 상당히 남기도 한다.
- 아래에 열거한 한 가지 또는 몇 개의 조합에 의해 보다 완전한 발아율을 얻을 수 있다.
- 휴면이라 여겨지면 이들 방법을 본 시험에 적용할 수 있다.
- 규정된 처리는 표 5A의 끝란에 나타냈다.
- 전 처리기간은 발아시험기간에 포함되지 않지만 분석보증서에는 처리방법과 기간을 기록해야 한다.

㉠ 생리적 휴면타파 방법

① 건조보관 : 휴면이 짧은 것은 짧은 기간 건조한 곳에 보관하는 것으로 충분하다.

② 예냉 : 표 5A. 3란에 나타낸 온도로 발아시키기 전에 먼저 젖은 배지 상태로 저온에 처리한다. 일반작물, 채소, 화훼종자는 5~10℃로 7일간 유지시킨다. 어떤 경우는 예냉처리 기간을 늘리거나 재 저온처리가 필요할 수 도 있다.

③ 예열 : 규정 발아시험 조건에 두기 전에 7일까지 환기가 잘되는 곳에 30~35℃가 넘지 않는 온도로 둔다. 어떤 경우에는 기간의 연장이 필요하다. 어떤 열대, 아열대산 종은 40~50℃로 하기로 한다. (예. 땅콩 40℃, 벼 50℃)

④ 광 : 매 24시간 주기에 적어도 8시간 동안 그리고 변온으로 발아하는 종자는 고온기간에 광을 준다. 광의 강도는 750~1,250 lux의 열이 없는 백색광을 사용한다. 광에 대한 지시는 표 5A의 마지막 항에 기재되어 있다.

⑤ 질산카리(potassium nitrate, $KNO_3$) : 1ℓ 의 물에 2g $KNO_3$을 녹인 0.2%의 용액으로 시험 시작할 때 배지를 포화시킨다. 그 후 수분 공급은 물로 한다.

⑥ 지베렐린산(gibberellic acid, $GA_3$) : 이 방법은 주로 귀리, 밀, 호밀, 보리, 트리티케일에 사용한다. 물 1L에 $GA_3$ 500mg을 녹인 0.05%(500ppm) 액으로 배지를 적신다. 휴면정도가 약하면 0.02%, 강하면 0.1%까지 사용한다.

농도가 0.08%이상이면 인산완충용액에 $GA_3$을 녹여 사용하는데 완충용액은 1.7799g의 $Na_2HPO_4 \cdot 2H_2O$와 1.3799g의 $NaH_2PO_4 \cdot H_2O$를 1ℓ 의 증류수에 녹인 것이다.

⑦ 폴리에틸렌(polyethylene)으로 싸서 봉하기 : 시험이 끝나도 발아하지 않은 신선한 종자가 많으면 (예, 클로버 등) 만족할 말한 시험을 얻기 위해 충분한 크기의 폴리에틸렌으로 싸서 봉해 재시험하면 이들 종자는 보통 발아를 할 것이다.

㉡ 경실 종자 처리방법

· 경실 종자가 나타나는 많은 종에 대하여는 이들을 발아시켜 보려는 시도는 이루어지지 않고 있으며 나타난 퍼센트를 보고할 뿐이다.

· 보다 완전한 평가가 요구되는 경우 약간의 특별한 처리가 필수적이다.

· 본 처리방법은 발아시험에 들어가기 전에 적용할 수도 있겠고 혹은 본 처리가 비처리 종자에 불리하게 영향할 지도 모르겠다는 의심이 될 때는 지정된 발아시험기간이 끝난 후에 남은 경실종자를 가지고 시행하여야 한다.

① 침지 : 단단한 종피를 가진 종자는 24~48시간 물에 침지하거나, 아카시아속 경우에는 끓을 정도의 물에 종자를 넣어 물이 식을 때까지 침지를 3번 반복하면 쉽게 발아될 것이다. 침지시간은 작물의 특성에 따라 연장할 수 있으며 발아시험은 침지 후 바로 실시한다.

② 기계적인 상처내기 : 휴면상태가 충분히 깨지도록 종피를 조심스럽게 구멍 뚫기, 깎기, 줄 또는 사포로 문지른다. 종피에 상처를 낼 때는 배, 즉 묘에 장해가 생기지 않도록 종피의 적합한 위치를 선택하도록 주의해야 한다. 기계적인 상처를 내는데 가장 좋은 위치는 자엽끝 바로 위이다.

③ 산으로 상처내기 : 어떤 종은 진한 황산($H_2SO_4$)에 침지하는 것이 효과가 있다. 종피가 얽은 자국이 나도록 담근다. 침지는 짧게 끝날 수 도 있고 한 시간 이상 요할 수도 있으나 몇 분마다 조사해 보아야 한다. 침지 후에는 흐르는 물에 잘 씻어야 한다. 벼의 경우는 1N의 질산($HNO_3$)에 24시간(50℃로 고온처리 후) 담금으로 상처를 낼 수 있다.

㉢ 발아 억제물질의 제거

① 사전에 씻기 : 종피나 과피에 있는 발아장해 물질은 발아시험 전에 25℃의 흐르는 물로 씻어낸다. 씻은 후 종자는 25℃이내의 온도로 말린다.(예 : 근대)

② 종자에 붙은 물질 제거 : 어떤 종의 발아는 硬毛의 總苞, 볏과의 외영과 내영 같은 바깥 구조를 떼어내면 촉진된다.

㉣ 종자소독

땅콩이나 근대를 살균제 처리를 하지 않았을 때 발아를 위해 종자를 심기 전에 살균제 처리를 하기도 한다. 살균제로 전 처리 했을 때는 처리약제의 명칭, 유효성분의 비율, 처리방법이 분석증서에 기록되어야 한다.

라. 시험기간

- 각 종별로 시험기간은 표 5A에 있다. 휴면타파나 처리기간은 발아시험 기간에 포함되지 않는다.
- 예를 들어 어떤 종자가 규정된 발아기간을 지난 다음에 발아를 시작하고 있다면 시험기간을 7일 또는 규정 기간의 절반을 연장할 수 있다.
- 한편 규정기간이 끝나기 전에 최대로 발아가 되었다면 시험은 끝낼 수 있다. 1차 조사 시기는 정확한 판정을 할 수 있도록 묘가 충분한 발달 단계에 도달해야 한다. 표 5A에 표시한 시기는 제일 높은 온도로 기준한 것이다.
- 낮은 온도를 택했을 때에는 1차 조사 시작 일을 늦추어야 한다.
- 모래 배지일 때 조사기간이 7~10일이면 첫 조사는 생략할 수 있다.
- 중간조사 시 충분히 잘 발달한 묘는 제거하는 것이 계산을 쉽게 하고 다른 묘의 발달을 방해하는 것을 막기 위해 권장된다.
- 중간조사의 날자와 횟수는 시험자의 재량이지만 충분히 발육하지 못한 묘에 장해의 위험을 줄이기 위해 최소한으로 해야 한다.

마. 평 가

(1) 묘

- 모든 필수구조를 정확히 평가할 수 있는 단계에 도달한 묘는 첫 조사 및 중간조사 시 들어낸다. 심한 부패 묘는 2차 감염 위협을 줄이기 위해 들어 내되, 다른 장해로 비정상 묘 일 때는 마지막까지 남겨둔다.
- 묘는 보통 기본배지 위에서 평가를 하나, 묘의 평가가 어렵거나 식물독 증상을 보일 때에는 표 5A에 지시된 온도로 모래나 흙에 재시험한다.
- 발아가 좋다고 여기는 같은 종의 다른 시료를 병행하여 심으면 재 시험의 평가기준으로 유용할 것이다.

(2) 복수발아 종자단위(Multigerm seed units)

- 한 개 이상의 정상묘가 자란 종자는 단지 한 개만 발아율 결정에 계산한다. 요구가 있을 때는 100개종자에서 정상묘가 나온 숫자를 구분 조사할 수도 있다.

(3) 불발아 종자

(가) 경실 종자(hard seed) : 발아시험이 끝나고 경실 종자를 조사하여 분석 보증서에 그대로 기록한다. 그러나 발아시험 전에 경실을 없애는 것이 필요할 때는 4의 다 항에 언급한 처리로 발아촉진을 한다.

(나) 신선종자(fresh seed) : 특히 많은 수가 신선 불발아 종자인 것으로 나타 나면 4의 다 항에 언급된 방법을 써서 발아율을 유도시켜야 한다. 보고 될 신선종자의 비율이 5% 이상이면 이들 종자가 정상묘를 생산할 능력을 가지고 있는지의 여부를 입증하여야 하며 이는 생화학적검정 이나 기타 방법에 의해 실시될 수도 있다. 종자가 죽은 것인지 신선한 것인지 의심이 가면 죽은 종자로 분류하여야 한다.

(다) 죽은 종자(dead seed) : 확실히 죽은 종자(물렁하고 곰팡이 핀 것)는 조사하여 분석보증서에 기록한다. 만약 평가시에 부패를 보일지라도 묘의 어느 부분이 나오면(예. 초생근의 끝)비정상묘로 하고 죽은 종자로 하지 않는다.

(라) 빈 또는 불발아 등 기타 범주의 종자 : 검사 신청자의 요구에 따라 빈 종자, 무배유 종자 또는 충해 종자를 결정하고 분석보증서에 "기타판정"난에 기록한다. 이 같은 범주에 종자를 찾는 데는 다음 방법이 사용된다.

① 발아시험 전

- X선 조사를 발아시험용 시료에 실시한다.
- 절단조사 : 실온에서 24시간 담근 400입을 100입씩 4반복으로 나누어 실행한다. 매 종자는 배측의 긴 방향으로 잘라 내용물을 조사하고 위와 같이 구분한다.

② 발아시험 후 : TZ 방법에 의한다. TZ방법으로 검사한 경우에는 준비 및 평가과정 중에 빈 종자와 충해종자의 비율이 산출될 수 있다.

5. 재시험

다음의 경우에는 발아시험을 다시 해야 한다.

가. 휴면중일 가능성이 있을 때는 표 5A의 제5항 또는 위의 4. 다. 항의 휴면 타파 방법을 써서 한 번 이상 추가시험을 할 수 있다. 검사부나 분석증명서에는 얻어진 가장 좋은 방법을 기재하고 또한 사용한 방법도 표시한다.

나. 발아시험 결과가 식물 독이나 곰팡이, 박테리아의 번식으로 신빙성이 없을 때에는 표 5A의 한 가지 또는 그 이상의 다른 방법이나 모래 또는 흙을 사용하여 재시험한다. 종자 간격을 넓힐 필요가 있으면 넓힌다. 가장 좋은 결과가 나오면 분석서에 기록하고 또한 사용방법도 표시한다.

다. 판정이 어려운 묘가 많으면 표 5A의 한 가지 또는 그 이상의 다른 방법이나 모래 또는 흙을 사용하여 재시험한다. 가장 좋은 결과가 나오면 분석서에 기록하고 또한 사용방법도 표시한다.

라. 시험조건, 묘평가, 계산에 확실한 잘못이 있을 때는 같은 방법으로 재시험하고 재시험 결과를 분석서에 기록한다.

마. 100입씩의 반복간에 별표 8의 표 5. 1의 최대 허용범위를 넘으면 같은  방법으로 재시험한다. 2차 결과가 처음과 모순이 없으면 (차이가 별표 8의 표5. 2의 허용오차를 넘지 않으면) 두 시험의 평균을 분석보증서에 기록한다. 만약 2차 결과가 1차 결과와 차이가 있고 표 5. 2의 허용오차를 넘으면 세번째 시험을 같은 방법으로 하고, 모순 없는 결과의 평균을 기록한다.

## 6. 결과의 계산과 표현

발아시험 결과는 100입씩의 4반복 (50또는 25입씩의 준 반복은 100입 반복으로 합친다)의 평균으로 계산한다.

정상묘 숫자를 비율로 표시하며, 비율은 정수로 한다(4사5입 정수 자리로 한다)

비정상묘, 경실, 신선, 죽은 종자의 비율도 같은 방법으로 한다.

비정상, 정상, 불발아 종자의 합은 100이 되어야 한다.

정상묘의 비율은 xx.00과 xx.25는 xx로 절사, xx.50과 xx.75는 xx+1로 절상하여 반올림한다. 남은 비율의 정수 부분을 계산하여 합한다. 그 합이 100이면 계산을 끝내고, 그렇지 않으면 다음 단계를 반복한다.

비정상묘, 경실종자, 신선종자, 죽은 종자의 비율에 대해서 :

① 남은 비율 중에서 소수점 이하 값이 가장 큰 것을 찾아 반올림한 값과 남은 비율의 정수 부분을 합한다.

② 합이 100이면 계산을 끝내고, 그렇지 않으면 ①의 과정을 반복한다.

- 소수점 이하 값이 같은 경우에, 우선순위는 비정상묘, 경실종자, 신선종자, 죽은 종자 순이다.
- 복수발아 종자에서는 단위당 한 개의 정상묘만 시험결과 계산에 넣는다.
- 요청이 있으면 종자에서 발아한 하나, 둘 또는 그 이상의 정상묘를 낸 종자수도 별도로

기록할 수 있다.

□ 허용오차

- 발아시험 결과는 반복간 최고치와 최저치 사이의 차가 허용오차 이내일 때는 믿을 수 있다. 시험결과의 신뢰성을 확인하고 반복간의 평균 비율을 계산하여 별표 8의 표 5. 1과 비교한다. 반복간 최고와 최저치의 차가 지시된 허용오차를 넘지 않을 때는 그 결과는 신뢰할 만한 것으로 간주한다. 같은 시료를 가지고 실시한 두 개의 검사결과가 부합되는 것인지의 여부를 판정하기 위해서는 별표 8의 표 5. 2를 사용한다. 두 시험 발아율 간의 차가 해당 허용오차를 넘지 않으면 신뢰할 수 있는 결과로 간주한다.

□ 표 5A. 발아시험의 방법

- 이 표는 허용할 수 있는 배지(발아상), 온도, 시험기간과 휴면종자에 권장되는 부가적인 처리를 나타낸다.
- 발아상 : 선택의 순서는 모두 같으며 어떤 우선권을 나타내는 것이 아니다.

  TP : BP : S

  BP나 TP는 PP(pleated paper)로 바꿀 수 있다.
- 온도 : 온도 선택의 순서는 모두 같으며 어떤 우선권을 나타낸 것이 아니다. 변온은 높은 것이 먼저, 항온도 높은 것이 우선 이다.
- 첫 조사(first count) : 1차 조사일은 개략적인 것이며 종이배지에서 높은 온도를 선택했을 경우의 일자임. 낮은 온도를 선택했을 때나 모래에서는 처음 조사 일을 연기할 수 있다. 모래배지 검사로서 최종 조사일이 7~10(14)일 후인 것은 처음조사를 생략할 수 있다.
- 광 : 시험에서 조명은 보다 좋은 묘 발달을 위해 보통 권장된다. 어떤 경우 휴면 종자의 발아촉진에 광이 필요하기도 하고 한편 광이 발아에 방해가 되면 배지는 암소에 두어야 하는데 이것은 표의 5항에 표시되어 있다.
- 약자의 의미는 다음과 같다.

| | |
|---|---|
| TP : 종이 위 치상<br>BP : 종이 사이 치상<br>PP : 주름진 종이에 치상<br>S : 모래 속에 치상<br>TS : 모래위 치상 | 더 상세한 것은 4의 나 참조 |
| $KNO_3$ : 물 대신 0.2%질산카리용액 사용<br>$GA_3$ : 물 대신 지베렐린산용액 사용<br>$H_2SO_4$ : 발아시험 전에 농황산에 종자를 침지<br>$HNO_3$ : 발아시험 전에 1N질산 액에 종자를 침지<br>TPS : 모래를 덮은 종이 위 치상 | 더 상세한 것은 4의 다 참조 |

[표 5A]

| 1. 작 물 | 2. 배 지 | 3. 온 도(℃) | | 4. 발아조사(일) | | 5. 휴면타파 등 권고사항 |
|---|---|---|---|---|---|---|
| | | 변 온 | 항 온 | 시 작 | 마 감 | |
| 고 추 | TP, BP, S | 20-30 | - | 7 | 14 | $KNO_3$ |
| 당 근 | TP, BP | 20-30 | 20 | 7 | 14 | - |
| 라이그라스 | TP | 20-30<br>15-25 | 20 | 5 | 14 | 예냉, $KNO_3$ |
| 무 | TP, BP, S | 20-30 | 20 | 4 | 10 | 예냉 |
| 밀 | TP, BP, S | - | 20 | 4 | 8 | 예냉, $GA_3$,<br>예열(30-35°C) |
| 배 추 | BP, TP | 20-30 | 20 | 5 | 7 | 예냉, $KNO_3$ |
| 벼 | TP, BP, S | 20-30 | 25 | 5 | 14 | 예열 50°C, 물 또는<br>$KNO_3$에 24시간 침지 |
| 보 리 | BP, S | - | 20 | 4 | 7 | 예냉, $GA_3$, $KNO_3$<br>예열(30-35°C) |
| 상 추 | TP, BP | - | 20 | 4 | 7 | 예냉, 광 |
| 수 박 | BP, S | 20-30 | 25 | 5 | 14 | PP사용 |
| 시 금 치 | TP, BP | - | 15, 10 | 7 | 21 | 예냉 |
| 양 배 추 | BP, TP | 20-30 | 20 | 5 | 10 | 예냉, $KNO_3$ |
| 양 파 | TP, BP, S | - | 20, 15 | 6 | 12 | 예냉 |
| 오 이 | TP, BP, S | 20-30 | 25 | 4 | 8 | PP사용 |
| 옥 수 수 | BP, S | 20-30 | 25, 20 | 5 | 8 | - |
| 참 외 | BP, TPS, S | 20-30 | 25 | 4 | 8 | PP사용 |
| 콩 | BP, TPS,, S | 20-30 | 25 | 5 | 8 | - |
| 토 마 토 | TP, BP, S | 20-30 | - | 5 | 14 | $KNO_3$ |
| 파 | TP, BP, S | - | 20, 15 | 6 | 12 | 예냉 |
| 호 박 | BP ,S | 20-30 | 25 | 4 | 8 | PP사용 |

| 1. 작 물 | 2. 배 지 | 3. 온 도(℃) | | 4. 발아조사(일) | | 5. 휴면타파 등 권고사항 |
|---|---|---|---|---|---|---|
| | | 변 온 | 항 온 | 시 작 | 마 감 | |
| 귀 리 | BP, S | - | 20 | 5 | 10 | 예열(30-35℃)<br>예냉, $GA_3$, |
| 녹 두 | BP, S | 20-30 | 25 | 5 | 7 | - |
| 땅 콩 | BP, S | 20-30 | 25 | 5 | 10 | 탈협, 예열(40℃) |
| 들 깨 | TP, BP | 20-30 | 20 | 5-7 | 21 | 예냉, $GA_3$, |
| 레 드 톱 | TP | 20-30<br>15-25 | - | 5 | 10 | 예냉, $KNO_3$ |
| 리드커네리그라스 | TP | 20-30 | - | 7 | 21 | 예냉, $KNO_3$ |
| 메 밀 | TP, BP | 20-30 | 20 | 4 | 7 | - |
| 버어즈풋트레포일 | TP, BP | 20-30 | 20 | 4 | 12 | 예냉 |
| 뱃 지 | BP, S | - | 20 | 5 | 14 | 예냉 |
| 브로음그라스<br>(레 스 큐) | TP | 20-30 | - | 7 | 28 | 예냉, $KNO_3$ |
| (스 무 스) | TP | 20-30<br>15-25 | - | 7 | 14 | 예냉, $KNO_3$ |
| 수단그라스 | TP, BP | 20-30 | - | 4 | 10 | 예냉 |
| 수 수 | TP, BP | 20-30 | 25 | 4 | 10 | 예냉 |
| 앨 팰 퍼 | TP, BP | - | 20 | 4 | 10 | 예냉 |
| 오처드그라스 | TP | 20-30<br>15-25 | - | 7 | 21 | 예냉, $KNO_3$ |
| 자 운 영 | TP, BP | 15-25 | 20 | 10 | 21 | -<br>- |
| 조 | TP, BP | 20-30 | - | 4 | 10 | - |
| 참 깨 | TP | 20-30 | - | 3 | 6 | - |
| 켄터키블루그라스 | TP | 20-30<br>15-25<br>10-30 | - | 10 | 28 | 예냉, $KNO_3$ |
| 클로우버 | TP, BP | - | 20 | 4 | 10 | 예냉 |
| 티 머 시 | TP | 20-30<br>15-25 | - | 7 | 10 | 예냉, $KNO_3$ |
| 페 스 큐 | TP | 20-30<br>15-25 | - | 7 | 14 | 예냉, $KNO_3$ |
| 팥 | BP, S | 20-30 | - | 4 | 10 | - |
| 호 밀 | TP, BP, S | - | 20 | 4 | 7 | 예냉, $GA_3$, |
| 유 채 | BP, TP | 20-30 | 20 | 5 | 7 | 예냉, $KNO_3$ |
| 감자(진정종자) | TP | 20-30 | - | 3 | 14 | $GA_3$ 1500ppm에 24시간 침지 |

[별표 6]

## 활력의 생화학적 검정

### 1. 적용분야

- TZ 검정은 종자의 활력을 신속하게 평가할 수 있는 생화학적 검정방법으로, 수확 후 얼마 지나지 않은 종자를 심은 경우, 해당 종자가 심한 휴면상태에 있는 경우, 발아가 느리게 출현하는 경우에 종자의 발아 잠재력을 신속하게 평가할 필요가 있는 경우에 사용 가능하다.
- 또한, 이 방법은 발아율 검정이 끝날 무렵의 휴면이 의심되는(별표 5의 4.다)각각의 종자의 활력을 측정할 수 있으며, 싹의 존재나 수확과정 내지 유통과정에서 손상(고온피해, 기계적인 피해, 곤충피해)을 감지할 수 있으며, 비 정상묘의 원인이 확실치 않거나 살충제처리가 의심되는 등 발아율 검정을 다시 해야 되는 문제를 해결할 수 있다.
- 활력종자는 정상묘로 자랄 수 있는 모든 조직에 염색이 된다. 품종에 따라서는 조직에서 염색이 되지 않는 부분이 있을 수 있다.
- 이 검정의 목적은 활력종자를 생화학적인 검정으로 정상 묘로 자랄 수 있는 잠재력을 측정하는 것이다.
- 비활력 종자는 정상묘로 자랄 수 있는 능력이 부족하므로 염색이 안되거나 비정상적인 모양을 나타낸다.
- TZ 검정은 국제 분석보증서 발급에서 참고가 되는 검사이다.
- 이 방법에 대한 상세한 설명은 “Tetrazolium Testing Handbook”에 기록되어 있다.

### 2. 시 약

- pH 6.5~7.5의 2,3,5-triphenyl tetrazolium chloride 또는 bromide 수용액을 사용한다. 일반적으로 사용되는 농도는 1.0%이다.
- 어떤 경우에는 낮거나 높은 농도가 적정할 수도 있다.
- pH 범위를 교정하기 위한 완충용액이 필요하기도 한데, 완충용액은 다음처럼 만든다.

□ 두 용액을 만든다.

- 용액 1. 물 1,000㎖에 9.078g의 KH2PO4를 녹인다.
- 용액 2. 물 1,000㎖에 9.472g의 Na2HPO4나 혹은 11.876g의 $Na_2HPO_4 \times 2H_2O$를 녹인다.
- 용액1과 용액2를 2 : 3 비율로 섞는데, pH가 6.5~7.5사이에 있는지를 점검 하여야 한다.
- 맞는 농도를 얻기 위해 이 완충용액에 TZ염(CI염이나 Br염)을 녹인다.

(예 : 100㎖의 완충용액에 1g의 염을 녹이면 1% 용액이 된다)

3. 방 법

가. 검사시료

정립종자를 완전히 섞고 100입 종자를 4반복으로 무작위 채취한다.

나. 종자의 염색전 처리

(1) 종자의 사전 흡습

- 사전흡습은 종의 염색전 필요한 과정이다.
- 흡습된 종자는 건조종자보다 부서짐이 적고 자르거나 구멍을 내는데 보다 쉽다. 또한 염색이 잘되고 평가를 쉽게 한다.
- 20℃에서의 최소 사전 흡습기간은 표 6A에 있다.
- 만약 종피가 흡습을 방해하면 종피에 구멍을 뚫어야 한다.
- Fabaceae(Leguminosae)] . 사전흡습 기간동안에 20℃보다 온도가 높거나 낮을 경우에는 ISTA 종자분석 증명서에 사용된 시간과 온도를 명시해야 하다.

(a) 천천히 흡습

- 종자는 발아검사 방법(표 5A)에 따라 BP나 TP에서 흡습하도록 한다.
- 이 방법은 물에 직접 담그면 부서지기 쉬운 종에 사용하게 된다.
- 많은 종에 있어 오래되었거나 건조된 종자는 서서히 흡습하는 것이 유리하다. 어떤 종은 서서히 흡습되어 충분한 흡수가 되지 않아 물에 담그는 시간이 더 필요할 수도 있다.

(b) 물에 담금

- 종자를 물에 완전히 담가 충분히 흡수하도록 둔다.
- 담그는 시간이 24시간 이상 되면 물을 갈아준다.
- 콩과 종자의 경실률을 국제보증서에 기록할 경우에는 종자를 20℃의 물에 22시간 담가야 한다.
- 다른 방법을 쓰면 결과가 지나치게 들쭉날쭉하게 나올 수도 있다.

(2) 염색전 조직의 노출

- 다수의 종(표 6A)에 TZ액의 침투가 보다 쉽고, 평가하기 쉽도록 염색 전에 조직을 노출시킬 필요가 있다.
- 종자의 활력을 결정하기 위해 필수 조직의 관찰에 주력하여야 한다.
- 내부조직을 노출하는 조작은 준비(전처리)로 표준화되어 있어서 조제기술에 따라

야기되는 불가피한 손상이 쉽게 식별될 수 있게 되었다. 종피는 아래에 정한 것과 같은 다양한 기술을 사용하여 절개하거나 제거할 수 있다. 조제가 완료되면 TZ용액에 침지하는데 그때까지 종자는 습한 상태를 유지하여야 한다.

- 사전 흡습하는 동안 어떤 종자는 점액을 내어 다음 준비를 방해한다.
- 점액은 종자의 표면을 건조시키거나, 종이나 헝겊 내에서 비벼주거나 1~2%의 황산가리알미늄[$AlK(SO_4)_2 \cdot 12H_2O$)]용액에 5분간 담가두면 시험에 편리하다.

□ 종자에 구멍 뚫기

흡습된 종자 또는 경피종자를 바늘이나 예리한 메스로 종자의 비필 수 부위에 구멍을 뚫는다.

□ 세로(길게) 자르기

① 이등분

(a) 페스큐 이상의 크기인 모든 곡류와 목초류 종자는 배축의 중앙과 배유의 약 $\frac{3}{4}$ 길이로 자른다.

(b) 배유가 없고 배가 반듯한 쌍자엽 식물의 종자는 자엽끝쪽(頂部) 절반을 중앙에서 세로로 자르며, 배축은 자르지 않고 그대로 둔다.

② 살아있는 조직으로 배가 둘러싸여 있는 종자는 배결을 따라 조심하여 세로로 자른다.

□ 가로 자르기

가로 절단은 해부칼, 면도날, 개발톱깍기, 기타 편리한 분할기로 비필수 조직을 가로로 자르는 것이다.

① 목초류 종자 : 배 바로 위를 가로로 자르고 배의 첨단이 TZ용액에 잠기게 한다.

② 배유가 없고 곧은 배를 가지고 있는 쌍자엽 식물 종자 : 자엽 끝쪽을 1/3~2/5 부위에서 잘라 그 조직은 버린다.

□ 가로로 째기(가로절개)

가로로 째기는 가로 자르기 대신 쓸 수 있는데 레드톱, 티머시, 켄터기 블루그래스 같은 작은 종자의 전처리 방법이다.

□ 배 절제

- 보리, 밀, 귀리에서 행한다.
- 해부용 핀셋으로 배반 바로 위 중앙을 조금 벗어나게 찌르고 배유가 세로로 찢어지게 가볍게 비틀어 배를 도려낸다.
- 배(배반포함)는 배유에서 느슨해져 적출해 낼 수 있게 되며 이를 꺼내어 TZ용액에

담근다.

□ 종피제거

- 절단방법이 부적당할 때는 모든 종피(기타 덮인 조직포함)를 벗겨야 한다. 종자 겉을 싸고 있는 것이 견과나 핵과처럼 단단하면 배에 장해가 가지 않도록 조심하여 종자가 건조한 때 또는 흡습 후에 찢거나 깨트린다.
- 가죽 같은 종피는 흡습 후에 예리한 해부용 칼이나 해부용 바늘로 조심하여 찢고 벗긴다.

(3) 염색

- 종자는 TZ용액에 완전히 잠기고 TZ염이 환원을 일으키는 직사광선에 용액이 노출되지 않도록 주의한다.
- 각각의 종자에 대한 염색시간이 표 6A에 명시되어있으나 종자의 조건에 따라 시간이 변경되기 때문에 표 6A의 염색시간이 절대적인 것은 아니다.
- 반복실험을 통하여 염색의 초기 또는 후기 단계에서 평가할 수도 있다.
- TZ염색처리 결과 종자가 불완전하게 염색되었다면 염색 부족이 종자내의 결점보다 TZ염의 흡수가 느렸기 때문인지를 알기 위해 염색시간을 연장한다. 그러나 과도한 염색은 동해, 약한 종자 등의 표시가 다른 염색모습으로 되어 감춰지므로 피해야 한다.
- 어떤 종(표 6A)은 극소량의 살균제나 항생물질(예. 0.01% preventol 115)을 검게 침전하는 거품용액이 생기지 않도록 각 반복 구에 넣는다.
- 취급이 어려운 작은 종자는 흡습처리하고 싸거나 말은 종이에 치상하여 TZ 용액에 담근다.

다. 평 가

- TZ 검사의 주된 목적은 활력과 비 활력종자를 구분하는 것이다.
- 종자를 활력 내지 비 활력으로 평가하기 위해서는 정상묘의 출현과 발육에 관련된 다른 종자 조직의 품종 특유의 특징으로 구별한다.
- 완전히 염색된 종자 또는 필수구조의 일부만 염색된 종자라도 표 6A. 6항의 미착색 최대허용범위 이내인 것은 활력을 의미한다.
- 비 활력 종자는 비정상적인 착색과 무기력한 필수기관을 나타내는 종자를 포함한다.
- 배나 다른 필수구조가 확실히 비정상적인 발달을 나타내는 종자는 염색이 되든 안되든 비 활력으로 간주한다.

- 구과(毬果)의 미발달된 배는 비 활력이다.
- 적절한 종자평가를 위해 배나 다른 필수조직의 노출이 필요하다.
- 적당한 조명과 확대경은 정확한 평가를 위해 꼭 있어야 한다.
- 대부분의 종자는 필수구조와 비 필수구조를 가지고 있다.
- 필수구조는 분열조직과 정상 묘로 발달하는데 필요하다고 인정된 모든 구조이다.
- 잘 발달하고 분화된 종자/배는 적은 괴저를 커버할 능력이 있다.
- 이러한 경우 표면의 괴저가 일부분일 경우 허용될 수 있다.

라. 허용오차

- 활력검정 결과는 반복간 최고치와 최저치 사이의 차가 허용오차 이내 일때는 믿을 수 있다. 시험결과의 신뢰성을 확인하고 반복간의 평균비율을 계산하여 별표 8의 표 5. 1과 비교한다. 반복간 최고와 최저치의 차가 지시된 허용오차를 넘지 않을 때는 그 결과는 신뢰할 만한 것으로 간주한다. 두 시험이 동일한 실험실에서 독립적으로 실시한 경우에는 별표 8의 표 6. 1을 사용하고, 다른 실험실에서 실시한 경우에는 별표 8의 표 6. 2를 사용한다. 두 시험발아율간의 차가 해당 허용오차를 넘지 않으면 신뢰 할 수 있는 결과로 간주한다.

[표 6A]

테트라졸리움 검사방법

- 다음 표는 사전흡수(방법과 시간), 염색전의 처리, 염색(용액 농도와 시간), 평가 준비, 염색 형태에 따른 평가에 대한 것이다.
- 보통 배가 완전히 염색되는 모든 종자와 6란 정도의 미염색 및 괴저부분인 것은 활력이 있는 것으로 본다.
- 어떤 종은 배부(진실배유, 외배유, 배우체조직)역시 완전히 염색된다.
- 검사방법을 완전히 이해하도록 요령과 별표 6의 내용을 주의하여 읽어야 한다.
- 평가의 기록은 의심 가는 모든 구조를 고려해야 하는데 염색전 준비중에 떼어낼 부분은 떼어냈는지, 완전히 염색되었는지, 미염색된 최대면적 부분은 어떤지를 고려하여 평가한다.

  BP : 물을 흡수한 종이 사이,

  W : 물속에 침지

  BP+W : 천천히 흡습시킨 후 최소한 2~3시간 물에 담가 모든 종자를 완전히 흡수시킴.

| 종 | 사전흡수 (20) | | 염색전의 처리 | 30℃에서 염 색 | | 평가를 위 한 준 비 | 평 가 | 비 고 |
|---|---|---|---|---|---|---|---|---|
| | 방법 | 시간 | | 용액농도 (%) | 기간 (시간) | | 미착색, 연화, 괴사조직의 최대 허용범위 | |
| 1 | 2 | | 3 | 4 | | 5 | 6 | 7 |
| 벼 | W | 18 | 1. 배는 완전히 배유를 ¾을 세로로 자른다. | 1.0 | 2 | 절단면을 관찰 | 유근의 ⅔ | 필요한 경우 외영 제거 |
| 콩 | BP+W | 18 | 1. 종자그대로 | 1.0 | 6 | 1.배가 드러나게 종피 제거 | 유근(어린뿌리)끝에서부터 측정되는 2/3의 유근, 자엽말단 1/2 | 단단한 씨의 생존능력이 결정될 때, 자엽 말단의 종피를 절개하고, 4시간동안 물에 침지할 수 있음 |
| 보리 | W | 4 | 1. 배반을 포함한 배 절제 | 1.0 | 3 | 1. 관찰<br>- 배반뒷면<br>- 배표면 바깥쪽 | 1개의 뿌리시원체를 제외하고 뿌리 부위와 배반 말단부의 ⅓ | 배반 중앙부 조직이 미착색된 것은 열에 의해 손상된 것임. |
| | W | 18 | 2. 배는 완전히 배유는 ¾을 세로로 자른다. | 1.0 | 3 | 2. 관찰<br>- 잘린 표면<br>- 배반뒷면<br>- 배표면 바깥쪽 | - | - |
| 밀 | W<br>W | 18<br>4 | 1. 보리와 같음<br>2. 〃 | 1.0<br>1.0 | 3<br>3 | 1. 보리와 같음<br>2. 〃 | 1개의 뿌리시원체를 제외한 뿌리 부위와 배반 말단부의 ⅓ | 배반 중앙부 조직이 미착색된 것은 열에 의해 손상된 것임. |
| 옥수수 | W | 18 | 1. 벼와 같음 | 1.0 | 2 | 1. 보리와 같음 | 1차근과 배반의 말단 ⅓ | 배반 중앙부 조직이 미착색된 것으로 열에 의해 손상됨. |

| 종 | 사전흡수 (20) | | 염색전의처리 | 30℃에서 염색 | | 평가를 위한 준비 | 평가 | 비고 |
|---|---|---|---|---|---|---|---|---|
| | 방법 | 시간 | | 용액농도 (%) | 기간 (시간) | | 미착색,연화, 괴사조직의최대 허용범위 | |
| 호밀 | W<br>W | 18<br>4 | 1.보리와같음<br>2. 〃 | 1.0<br>1.0 | 3<br>3 | 1.보리와같음<br>2. 〃 | 1개의뿌리시원체를 제외한뿌리부위와 배반말단부의⅓ | 배반중앙부조직이미착색된것은열에의해손상된것임. |
| 귀리 | 흡수전 호영 제거, BP.W | 18 | 1.보리와같음<br>2.배근처를가로절단 | 1.0<br>1.0 | 2.0<br>1.8 | 1.보리와같음<br>2. 〃 | 1개의뿌리시원체를 뺀뿌리 | 배반중앙부조직이미착색된것은열에의해손상된것임. |
| 수수 | W<br>7℃ | 18 | 배와배유의1/4를세로로절단 | 1.0 | 3 | 절단면관찰 | 유근의정단부에서1/3 | 7℃는발아를피하기위해필요 |
| 조 | W<br>7℃<br>흡수전 내영.외영제거 | 5 | 배가까이가로로절단 | 1.0 | 16 | 배바깥쪽관찰, 배를세로로절단한후 절단면관찰 | 유근의정단부에서 1/3,배반말단부의1/4 | 7℃는발아를피하기위해필요 |
| 레드 클로버 | W | 18 | 종자그대로 | 1.0 | 18 | 배노출이되도록종피제거 | 유근의⅓, 자엽선단부⅓,표면의½ | 경실종자의활력을보려면자엽선단부의종피를절단하여 4시간흡수 |
| 레드톱 | BP<br>W | 16<br>2 | 배근처를뚫는다 | 1.0 | 18 | 배가노출되도록외영제거 | 유근의⅓ | - |
| 브롬 그라스 | BP<br>W | 16<br>3 | 1.호영을제거하고 배곁을가로로 자른다.<br>2.배는완전히, 배유부는¾을 가로로자른다 | 1.0<br>1.0 | 18<br>2 | 1.배표면바깥쪽을관찰<br>2.절단면을 관찰 | 유근의⅓ | - |
| 라이 그라스 | BP.<br>W | 16<br>3 | 1.브롬그라스와같음<br>2. 〃 | 1.0<br>1.0 | 18<br>2 | 1.브롬그라스와같음<br>2. 〃 | 유근의⅓ | - |
| 리드 커너리그라스 | BP<br>W | 18<br>6 | 1.브롬그라스와 같음<br>2. 〃 | 1.0<br>1.0 | 18<br>18 | 절단에의해배노출 | 유근의⅓, 배반의¼ | - |
| 버어즈풋 트레포일 | W | 18 | 종자그대로 | 1.0 | 18 | 배노출을위해종피제거 | 유근의⅓, 자엽선단부⅓, 표면의½ | 경실종자의활력을 보려면자엽선단부 의종피를절단하여 4시간흡수 |
| 앨팰퍼 | W | 18 | 종자그대로 | 1.0 | 18 | 배노출을위해종피제거 | 〃 | 버어즈풋트레포일과같음 |
| 오차드그라스 | BP<br>W | 18<br>2 | 호영을제거하고배곁을가로로절단 | 1.0 | 18 | 배표면바깥쪽을 관찰 | 유근의⅓ | - |
| 티머시, 켄터키블루 그라스 | BP<br>W | 16<br>2 | 배근처를뚫는다 | 1.0 | 18 | 배가노출되도록외영제거 | 유근의⅓ | - |

ㅁ 준비(전처리) 방법

그림은 염색전 행하는 절단위치를 보여준다.

1. 곡류와 목초류 종자에서 배는 완전히, 배유는 약 $\frac{3}{4}$를 길게 2등분 함.
2. 횡절(橫切) : 귀리와 목초류 종자에서 배 가까이 가로로 자름.
3. 목초류 종자에서 횡절(점선과 같이)과 배유 끝쪽(頂部)을 완전히 길게 자름.
4. 목초류 종자의 배유에 구멍을 뚫음.
5. 상추와 기타 국화과 종자에서 자엽의 끝쪽 절반을 길게 자름.
6. 세로 절개 5처럼 자르려 할 때 외과용 칼의 위치를 보임.
7. 배 곁을 길게 자름.
8. 침엽수 종자의 배 곁을 길게 자름.
9. 오목한 배를 드러내기 위해 양끝을 가로로 자르고 배유(배우체조직)부분을 제거.

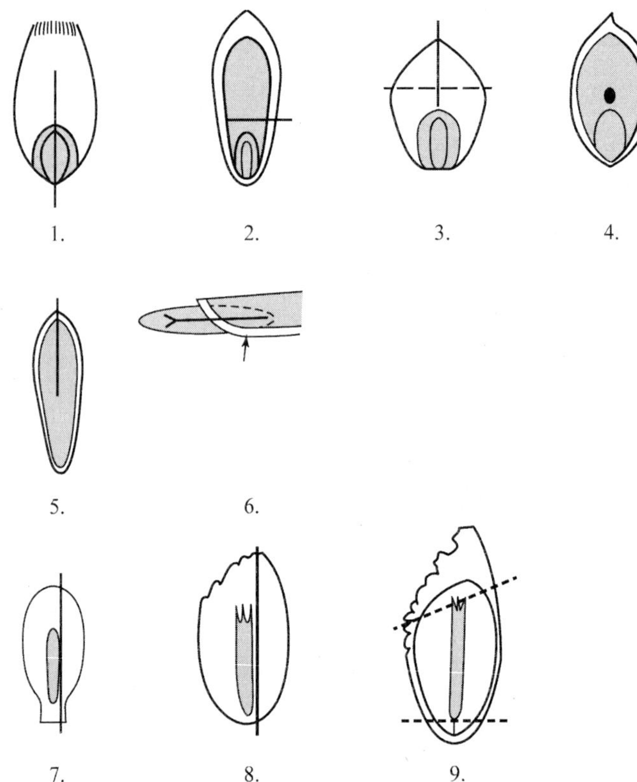

□ 곡류의 평가지침

- 그림 Ⅰ난은 완전히 염색되었고 활력이 있다.
- 나머지 그림은 활력종자에서 최대로 허용되고 있는 미염색부분으로 유약하거나 괴저조직을 나타내고 있다.
- 단, 맨 윗줄의 그림 Ⅲs는 고온장해를 나타내는 배반 중앙부위의 미염색 조직 때문에 비활력종자로서 예외이다.
- 첫째 줄 : 그림은 밀, 호밀, 보리, 귀리에서 2등분하는 준비나 평가를 위한 2등분의 표본이다.
- 둘째 줄 : 가로로 잘라 준비한 귀리.
- 셋째 줄 : 배 추출법으로 준비한 보리.
- 넷째 줄 : 배 추출법으로 준비한 호밀.
- 다섯째 줄 : 배 추출법으로 준비한 밀.

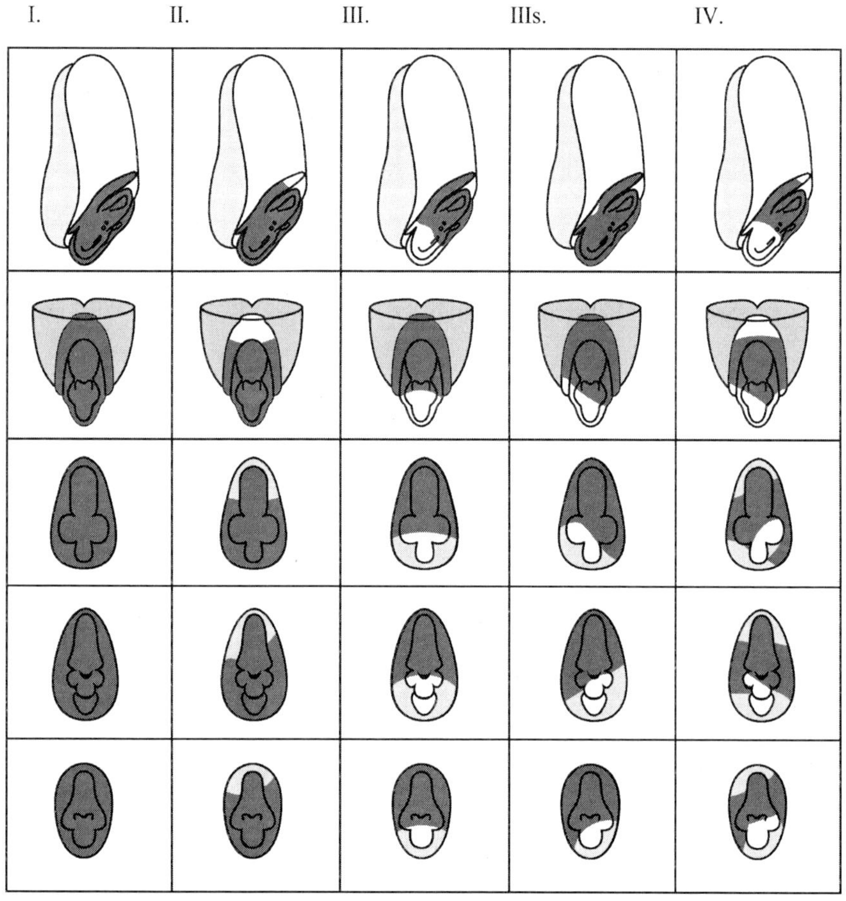

[별표 7]

종자 건전도 검정(Seed health testing)

1. 일반지침

- 종자전염성병해에 대한 중요한 정보원으로는 ISTA 규정 별첨 7장에 있다.
- 종자건전도 검사의 방법을 사용함에 있어서 경험 있는 병리학자의 도움을 받으면서 일하는 것이 결과의 균일성을 얻는데 가장 좋은 방법이다.
- 그리고 조사방법을 세세히 숙지하고 장비를 잘 갖추는 것보다도 이에 대한 훈련을 받는 것이 보다 중요할 것이다.
- 종자의 소집단 단위 혹은 시료 내에서의 종자의 미생물은 종자의 활력이 만족스럽게 유지되는 저장조건하에서도 상당히 변화할 수 있다.
- 검정에서의 부생곰팡이의 풍부한 발달과 저장진균류(storage fungi)는 그 종자가 부적절한 수확, 정선, 포장 혹은 저장조건이나 노화 등으로 인하여 좋은 품질이 아니라는 징표일 수 있다.
- 어떤 곰팡이류(Rhizopus spp. 같은 것)는 흡습지 위의 검사에서 아주 빠르게 퍼져서 원래 건강했던 아생(芽生)도 부패시킬 수 있다.
- 이런 경우는 종자 전처리가 바람직하다.
- 포자의 형성을 촉진시키기 위해서는 12시간 교호의 암기와 근적외선(NUV)의 처리가 권장된다.
- 광원으로는 흑광(Black light) 형광등(360㎚에서 최대)이 바람직하나 일반 형광등만으로도 충분하다.

2. 특별지침

- 다음의 방법은 깜부기병균 검정을 제외하고는 종자소독을 하지 않은 시료를 대상으로 개발되어 온 것이기 때문에 약제 처리된 종자에 대해서는 부적합하다. 별도로 언급되지 않는 한 차아염소산소다(sodium hypochlorite)로 전 처리했다는 것은 종자를 중량비 1%의 허용성 염소를 포함한 차아염소산소다 용액에 10분간 담갔다가 남은 용액을 따라 버린 것을 의미한다.
- 흡습지나 한천배지를 이용한 검사에서는 증류수(distilled water)나 이온 정화수를 사용하여야 한다.
- 치상밀도를 샤레당 종자의 수로 표시하였을 때는 사례의 직경은 90㎜인 것으로 본다.
- 배양된 종자가 두 번이상 조사되었을 때는 총감염율만 보고되어야 한다.

가. 산형과

(1) 당근 검은 잎마름병(黑葉枯病)

- 시험시료 : 400입
- 방 법 : 플라스틱 샤레에 흡습지 3장을 깔고 샤레당 10입씩 치상, 흡지는 살균된 증류수를 흡수시키고 남는 물은 따라 버림.
- 배 양 : 암흑상태에서 20°C로 3일간 두었다가 -20°C로 하룻밤 보내고 최종적으로는 암기 12시간, 명기 12시간씩 20°C에서 7일간 배양
- 조 사 : 종자 하나하나에 대해 30~80배의 배율로 분생포자 형성여부 조사, 보통 단생하고 길이 450μ정도까지 자라는 방망이 모양으로 처음에는 연한 녹갈색 이었다가 나이를 먹으면서 갈색으로 변하고 체장의 3배에 달하는 길고 연한 부리(beak)를 가지고 있다. 분생자병은 종자의 표면으로부터 단생 하거나 소규모로 군생한다. 균사체의 생장과 더불어 분생자병도 공중으로 뻗어 나오거나 포복성 균사 또는 균사다발로부터 발생하게 된다.

(2) 당근 검은무늬병(黑斑病)

- 시험시료 : 400입
- 방 법 : 플라스틱 샤레에 흡습지 3장을 깔고 샤레당 10입씩 치상, 흡지는 무균의 증류수로 흡습시키고 여분의 물은 버린다.
- 배 양 : 암흑상태 20°C에서 3일 경과시키고 -20°C에서 하룻밤 재운 다음 최종적으로 암기 12시간, 명기 12시간씩 20°C에서 7일간 배양
- 조 사 : 종자 하나 하나를 30~80배의 배율로 분생포자를 관찰한다.
  단생 또는 2~3개가 연결되어 나오고 타원형 또는 술통형이며 부리(beck)확실치 않고 75μ까지 자란다.
  색깔은 브라운올리브에서 암녹갈색으로 특징적으로 광택이 있다. 분생포자들은 보통 종자 표면에서 단생하나 기생 또는 포복성  균사나 균사 가닥에서도 자주 나온다.

나. 배추과

(1) 뿌리썩음병(根腐病)

- 시험시료 : 1,000입
- 방 법 : 샤레에 여과지(Whatman No.1) 3장씩을 깔고 5mL의 2,4-D의sodium염 0.2% 용액을 떨어트려 종자발아를 억제시킨다.
  여분의 2,4-D액을 따라 버리고 종자를 무균수로 씻은 다음 샤레에 50입씩 치상한다.
- 배 양 : 명기 12시간, 암기 12시간씩 20°C에서 11일간 배양
- 조 사 : 6일 후에 25배의 배율 하에서 종자 및 배지표면에서 엉성하게 자라는 은백색

의 균사와 Phoma lingam의 분포자기(pycnidia)의 원기가 있는가 살핀다.
11일 후에는 2차 검사를 하여 감염된 종자상의 분포자기와 감염종자 부근의 여과지를 관찰한다.

- Phoma lingam의 분포자기가 발달하고 있는 종자를 감염된 것으로 기록한다.

다. 두 과

(1) 완두 갈색무늬병(褐斑病)

- 검사시료 : 400입
- 전 처 리 : 차아염소산소다
- 방 법 : malt 또는 potato dextrose agar 배지.
  한천배지표면에 샤레당 10입씩 치상.
- 배 양 : 암상태에서 20℃로 7일간
- 조 사 : 7일 후 종자 하나 하나를 육안으로 감별한다.
  주안점은 풍부한 백색의 균사이며 감염된 종자를 뒤덮고 있는 일이 많다. 의심스러운 colony를 25배로 확대해 보면 그 가장자리를 밀랍질의 균사가 보이는 것이 그것이다.

(2) 강낭콩 탄저병(炭疽病)

- 검사시료 : 400입
- 전처리 : 차아염소산소다.
- 방 법 : 흡습시킨 350×450mm 종이 타월을 겹으로 그 위에 50입 일  반복으로 종자를 편다. 종자 위에 흡습시킨 종이타월을 한 장 덮어 준다. 종이를 두 번 길게 접고 그 위에 폴리에틸렌을 한 장 덮어서 배양 온도를 유지해 준다.
- 배 양 : 암상태 20℃에서 7일간
- 조 사 : 7일 후 종피를 제거하고 자엽상에 테두리가 뚜렷한 검은 점이 있는가 관찰한다. 25배 입체현미경을 사용하고 검고 격막을 가진 강모가 있는 분생포자층(acervuli)을 가진 종자의 수를 기록한다.

라. 벼 과

(1) 벼의 깨씨무늬병균

- 시험시료 : 400입
- 방 법 : 샤레당 25입씩 흡습시킨 흡습지 위에 치상
- 배 양 : 암기 12시간, 명기 12시간씩 22℃에서 7일간 배양
- 조 사 : 종자 하나 하나를 12~50배의 배율로 깨씨무늬병균 분생자 유무를 검경.
  이 곰팡이의 분생자병은 종피상에 발생하며 또 종자의 전부 혹은 일부를 감싸는 연회색의 기생균사체로 생성되기도 한다.

이 곰팡이는 흡습지 위까지도 퍼질 때가 있다.
판정이 어려울 때는 분생자를 200배로 확대해 보아서 확인한다.
분생자는 초승달처럼 생겼고 크기는 35~170μ × 7~11μ이며, 연한갈색에서 갈색으로 나타나며 가운데 또는 가운데의 아래쪽이 가장 넓고 둥그스름한 끝쪽으로 향하면서 가늘어진다.

(2) 벼 도열병(稻熱病)

- 검사시료 : 400입
- 방 법 : 샤레당 25입씩 흡습시킨 흡수지 위에 치상.
- 배 양 : 암기 12시간, 명기 12시간씩 22°C에서 7일간
- 조 사 : 종자 하나 하나에 대해 12~50배의 배율로 도열병의 분생자, 존재 유무를 검경한다. 이 곰팡이는 작고 눈에 띄지 않는 회색에서 녹색의 균군을 호영위에 형성하는데 끝에 분생자총을 달고 있는 짧고 섬세한 분생자병을 가지고 있다. 균군이 발달하여 종자 전체를 덮는 일은 드물다.
  판별이 어려운 경우에는 분생자를 200배로 확대하여 검경하여 확인 할 수 있다. 분생자는 전형적인 도이형(倒梨型)의 투명하고 기부가 짧은 이빨같이 끝이 잘린 격막으로 二分되어 있으며 끝이 날카롭고 크기는 20~25μ×9~12μ정도이다.

(3) 보리의 깜부기병, Ustilago nuda(Jens.) Rostr

- 검사시료 : 천립중에 따라 2,000~4,000입을 포함하는 100~120g 시료 2반복.
- 방 법 : 검사시료를 갓 준비한 5% 가성소다(sodium hydroxide, NaOH) 수용액 1ℓ에 넣고 20°C로 24시간 경과시킨다.
  24시간 경과 후 시료를 적당한 용기로 옮기고 종자를 따뜻한 물로 씻어서 연화된 과피내에 나타나 있는 종자를 분리해 준다.
  시료를 1mm mesh의 체로 걸러 배를 긁어모은다.
  배유의 파편과 왕겨를 모으기 위해 눈금이 더 큰 체를 추가적으로 사용할 수 있다.
  배를 락토페놀(글리세롤, 페놀 및 낙산 1:1:1로 섞은 것)과 물을 등량 혼합한 액으로 옮겨서 배와 껍데기가 더 분리되도록 한다.
  배를 신선한 무수 락토페놀 75mm가 담긴 비커에 옮기고 증기 찬장에 넣고 대략 30초간 비등점으로 유지함으로써 이들을 정제한다. 배를 신선하고 따스한 glycerol로 옮겨서 조사에 사용한다.
- 조 사 : 반복당 1000개의 배를 16~25배의 배율로 깜부기병균의 특징인 황갈색 균사체를 잘 구분할 수 있도록 충분한 보조광을 사용하여 검경한다.

(4) 벼 키다리병

· 배지검정

- 검사시료 : 104립(13립×8반복)

- 방 법

① 2ℓ플라스크에 4~8g의 KCl, 15~20g의 Agar를 넣은 뒤 1L가 될 때까지 증류수를 넣는다.

② 삼각플라스크를 호일로 덮고 멸균테이프를 붙여서 121°C, 15lb에서 15분간 고압증기 살균한다.

③ 오토클레이브의 부저가 울린 후 기압이 0, 온도가 100°C 이하일 때 살균한 배지를 꺼내서 실온에서 식힌다.

④ 배지를 식히는 동안 클린벤치 안에 샬레를 준비해 둔다.

⑤ 살균한 배지가 적당히 식으면 샬레에 분주한다.

⑥ 배지 위에 볍씨를 13립씩 치상한다. (※ ISTA 규정: 1품종당 400립 조사)

- 배 양 : 밀폐용기에 치상이 끝난 샬레를 넣고 26°C에서 7일간 배양

- 조 사 : 치상한 볍씨 주변으로 균사가 직경 0.5~1㎝ 정도 자랐을 때 현미경 관찰을 시작한다. 치상한 볍씨에 최대한 근접한 부분에서 볍씨 1개당 agar 블록을 1개씩 메스로 자른다. 슬라이드 글라스 1장에 agar 블록 13개를 모두 올린다. 저배율에서 상을 잡은 후 미동나사로 초점을 맞추면서 분생포자 형성유무를 확인한다.

· 유묘검정

- 방법

① 볍씨를 물에 침종한다. 침종일수는 수온에 따라 결정하며 깨끗한 물로 매일 갈아준다(적정 파종량 : 육묘상자당 130g).

| 주간수온(℃) | 10 | 15 | 22 | 25 | 30 |
|---|---|---|---|---|---|
| 침종일수 | 20 | 6 | 3 | 2 | 1 |

② 볍씨눈이 통통하게 나와 침종이 충분히 이루어지면 볍씨를 건져 망에 넣고 30~32°C 정도에서 1~2일간 암상태에 두어 최아시킨다.

③ 모판은 어린모용으로 제조하며 종자시료 1점당 3~4판을 준비하여 최아된 볍씨를 모판에 골고루 파종한 뒤 복토한다.

④ 키다리병 발병을 위해 주간온도가 30°C 이상인 곳에서 육묘한다.

⑤ 3반복 중 평균적이라고 생각되는 모판 1반복을 선정하여 이병주율을 조사한다.

[별표 8]

허용범위 (許容範圍 Tolerance)

1. 서 언

- 본 항에서는 앞의 장에서의 규정들에 관한 모든 허용범위를 수록하였다.
- 본 규정에서 서술하고 있지 않는 기타의 상황을 위한 허용한계와 이에 부수되는 사항들에 관해서는 S.R. Miles저 「종자검사의 허용범위 및 정밀측정에 관한 핸드북」 (Handbook of Tolerances and of Measures of Precision for Seed Testing Proc. int. Seed Test. Ass. 28(3), 1963)에 있다.

2. 허용범위표의 이용법

- 허용범위표의 이용법은 각 표의 제목 아래에 기록되어 있다.
- 어떤 허용범위표에서는 별표 4의 6. 다. 에 정의한 거친(chaffy) 종자와 그렇지 않은(non-chaffy) 종자에 관한 참고사항을 제시하였다.
- 각 표에는 일정 확률수준 또는 유의성 수준이 나와 있다.
- 이것은 실제로는 아무런 차이가 없을 때 허용한계를 넘어서는 확률을 말하는 것이다.
- 一元檢定(one-way test)은 어떤 평가(estimate)가 기준(specification) 보다 유의하게 떨어지는지의 여부를 판정하기 위하여 실시 되나 또한 두 번째의 평가가 첫 번째의 평가보다 유의하게 떨어지는지의 여부를 판정하기 위해서도 사용된다.
- 二元檢定(two-way test)은 하나의 값이 다른 것에 비하여 유의하게 월등 하거나 열등한지, 또는 반대로 두 값이 양립할 수 있는지의 여부를 결정하기 위해서도 사용된다.

3. 적용표 찾기

(1) 정립 검정용 허용범위

- 두 개의 반량검사시료(Half working sample) 3.1
- 동일한 제출시료로부터의 전량 검사시료(Whole working sample) 3.1
- 두 개의 다른 제출시료로부터의 두 개의 전량 검사시료(일원검정) 3.2
- 두 개의 다른 제출시료로부터의 두 개의 전량 검사시료(이원검정) 3.3

(2) 이종종자에 관한 허용범위

- 동일 또는 하나의 다른 제출 시료로부터의 두 개의 전량 검사시료 4.1
- 두 개의 다른 제출시료부터의 두 개의 전량 검사시료(일원검정) 4.2
- 두 개의 다른 제출시료부터의 두 개의 전량 검사시료(이원검정) 4.1

(3) 발아시험에 관한 허용범위

- 100입 4반복간의 최대범위 5.1
- 동일한 제출시료로부터의 두개의 400입 전량 검정시료 5.2
- 두 개의 다른 제출시료로부터의 두개의 400입 전량 검정시료(일원검정) 5.3
- 두 개의 다른 제출시료로부터의 두개의 400입 전량 검정시료(이원검정) 5.2

(4) 활력검정에 관한 허용범위

- 동일한 실험실에서 동일하거나 다른 제출시료로부터의 두 개의 400립 검사시료(이원검정) 6.1
- 다른 실험실에서 두 개의 다른 제출시료로부터의 두 개의 400립 검사시료(일원검정) 6.2

(5) 전기전도도 검정에 관한 허용범위

- 4반복간의 최대허용범위 7.1
- 동일한 제출시료로부터의 두 개 전량 검사시료 7.2
- 두 개의 다른 제출시료로부터의 두 개 전량검사시료 7.3

(6) 퇴화촉진검정에 관한 허용범위

- 2반복간의 최대허용범위 7.4
- 동일한 제출시료로부터의 두 개 전량검사시료 7.5
- 두 개의 다른 제출시료로부터의 두 개 전량검사시료 7.6

표 3.1 동일실험실에서 동일제출시료로 한 정립에 대한 허용범위(5%유의성 수준에서의 이원검정)

- 이 표는 같은 실험실내에서 분석된 동일 제출시료로부터의 부시료(duplicate sample)에 대한 순도검사 결과를 비교하기 위한 허용범위를 제시하고 있으며 순도검사의 모든 구성요소에 사용할 수 있다.
- 두 개의 검사결과의 평균을 표에서 찾고(제1항 또는 2항)이에 대한 적당한 허용범위는 3~6항에서 찾되 종자가 거칠거칠한지(chaffy) 아닌지(non-chaffy) 또는 반검사(50립) 시료를 분석했는지 검사시료를 분석했는지에 따라 검정한다.

| 두 검사결과의 평균 | | 허 용 범 위 | | | |
|---|---|---|---|---|---|
| | | 반검사 시료 | | 온 검사 시료 | |
| | | non-chaffy 종 자 | chaffy 종자 | non-chaffy 종 자 | chaffy 종 자 |
| 1 | 2 | 3 | 4 | 5 | 6 |
| 99.95~100.00 | 0.00~0.04 | 0.20 | 0.23 | 0.1 | 0.2 |
| 99.90~99.94 | 0.05~0.09 | 0.33 | 0.34 | 0.2 | 0.2 |
| 99.85~99.89 | 0.10~0.14 | 0.40 | 0.42 | 0.3 | 0.3 |
| 99.80~99.84 | 0.15~0.19 | 0.47 | 0.49 | 0.3 | 0.4 |
| 99.75~99.79 | 0.20~0.24 | 0.51 | 0.55 | 0.4 | 0.4 |
| 99.70~99.74 | 0.25~0.29 | 0.55 | 0.59 | 0.4 | 0.4 |
| 99.65~99.69 | 0.30~0.34 | 0.61 | 0.65 | 0.4 | 0.5 |
| 99.60~99.64 | 0.35~0.39 | 0.65 | 0.69 | 0.5 | 0.5 |
| 99.55~99.59 | 0.40~0.44 | 0.68 | 0.74 | 0.5 | 0.5 |
| 99.50~99.54 | 0.45~0.49 | 0.72 | 0.76 | 0.5 | 0.5 |
| 99.40~99.49 | 0.50~0.59 | 0.76 | 0.82 | 0.5 | 0.6 |
| 99.30~99.39 | 0.60~0.69 | 0.83 | 0.89 | 0.6 | 0.6 |
| 99.20~99.29 | 0.70~0.79 | 0.89 | 0.95 | 0.6 | 0.7 |
| 99.10~99.19 | 0.80~0.89 | 0.95 | 1.00 | 0.7 | 0.7 |
| 99.00~99.09 | 0.90~0.99 | 1.00 | 1.06 | 0.7 | 0.8 |
| 98.75~98.99 | 1.00~1.24 | 1.07 | 1.15 | 0.8 | 0.8 |

| 두 검사결과의 평균 | | 허 용 범 위 | | | |
|---|---|---|---|---|---|
| | | 반검사 시료 | | 온 검사 시료 | |
| | | non-chaffy 종자 | chaffy 종자 | non-chaffy 종자 | chaffy 종자 |
| 1 | 2 | 3 | 4 | 5 | 6 |
| 98.50~98.74 | 1.25～1.49 | 1.19 | 1.26 | 0.8 | 0.9 |
| 98.25~98.49 | 1.50～1.74 | 1.29 | 1.37 | 0.9 | 1.0 |
| 98.00~98.24 | 1.75～1.99 | 1.37 | 1.47 | 1.0 | 1.0 |
| 97.75~97.99 | 2.00～2.24 | 1.44 | 15.4 | 1.0 | 1.1 |
| 97.50~97.74 | 2.25～2.49 | 1.53 | 1.63 | 1.1 | 1.2 |
| 97.25~97.49 | 2.50～2.74 | 1.60 | 1.70 | 1.1 | 1.2 |
| 97.00~97.24 | 2.75～2.99 | 1.67 | 1.78 | 1.2 | 1.3 |
| 96.50~96.99 | 3.00～3.49 | 1.77 | 1.88 | 1.3 | 1.3 |
| 96.00~96.49 | 3.50～3.99 | 1.88 | 1.99 | 1.3 | 1.4 |
| 95.50~95.99 | 4.00～4.49 | 1.99 | 2.12 | 1.4. | 1.5 |
| 95.00~95.49 | 4.50～4.99 | 2.09 | 2.22 | 1.5 | 1.6 |
| 94.00~94.99 | 5.00～5.99 | 2.25 | 2.38 | 1.6 | 1.7 |
| 93.00～93.99 | 6.00～6.99 | 2.43 | 2.56 | 1.7 | 1.8 |
| 92.00～92.99 | 7.00～7.99 | 2.59 | 2.73 | 1.8 | 1.9 |
| 91.00～91.99 | 8.00～8.99 | 2.74 | 2.90 | 1.9 | 2.1 |
| 90.00～90.99 | 9.00~9.99 | 2.88 | 3.04 | 2.0 | 2.2 |
| 88.00～89.99 | 10.00~11.99 | 3.08 | 3.25 | 2.2 | 2.3 |
| 86.00～87.99 | 12.00~13.99 | 3.31 | 3.49 | 2.3 | 2.5 |
| 84.00～85.99 | 14.00~15.99 | 3.52 | 3.71 | 2.5 | 2.6 |
| 82.00～83.99 | 16.00~17.99 | 3.69 | 3.90 | 2.6 | 2.8 |
| 80.00~81.99 | 18.00~19.99 | 3.86 | 4.07 | 2.7 | 2.9 |
| 78.00~79.99 | 20.00~21.99 | 4.00 | 4.23 | 2.8 | 3.0 |
| 76.00~77.99 | 22.00~23.99 | 4.14 | 4.37 | 2.9 | 3.1 |
| 74.00~75.99 | 24.00~25.99 | 4.26 | 4.50 | 3.0 | 3.2 |
| 72.00~73.99 | 26.00~27.99 | 4.37 | 4.61 | 3.1 | 3.3 |
| 70.00~71.99 | 28.00~29.99 | 4.47 | 4.71 | 3.2 | 3.3 |
| 65.00~69.99 | 30.00~34.99 | 4.61 | 4.86 | 3.3 | 3.4 |
| 60.00~64.99 | 35.00~39.99 | 4.77 | 5.02 | 3.4 | 3.6 |
| 50.00~59.99 | 40.00~49.99 | 4.89 | 5.16 | 3.5 | 3.7 |

표 3.2 이차검사가 동일한 또는 다른 실험실에서 이루어졌을 때 동일한 소집단으로부터의 두 개의 다른 제출시료에 대한 순도검사 결과를 위한 허용범위 (1%수준 일원검정)

- 이 표는 같은 소집단으로부터 채취되고 동일한 또는 다른 실험에서 분석된 두개의 다른 제출시료의 정립검사 결과를 위한 허용범위를 나타내고 있다.
- 두 번째의 검사결과가 첫 번째보다 못하면 순도분석의 모든 구성요소에 대하여 사용할 수 있다. 두 검사결과의 평균을 제1항이나 2항에 찾고 허용범위를 3항이나 4항에서 허용범위를 찾는다.

| 두 검사결과의 평균 | | 허 용 범 위 | |
|---|---|---|---|
| 1. 50~100% | 2. 50% 미만 | 3. non-chaffy 종자 | 4. chaffy 종자 |
| 99.95~100.00 | 0.00~0.04 | 0.2 | 0.2 |
| 99.90~99.94 | 0.05~0.09 | 0.3 | 0.3 |
| 99.85~99.89 | 0.10~0.14 | 0.3 | 0.4 |
| 99.80~99.84 | 0.15~0.19 | 0.4 | 0.5 |
| 99.75~99.79 | 0.20~0.24 | 0.4 | 0.5 |
| 99.70~99.74 | 0.20~0.29 | 0.5 | 0.6 |
| 99.65~99.69 | 0.30~0.34 | 0.5 | 0.6 |
| 99.60~99.64 | 0.35~0.39 | 0.6 | 0.7 |
| 99.55~99.59 | 0.40~0.44 | 0.6 | 0.7 |
| 99.50~99.54 | 0.45~0.49 | 0.6 | 0.7 |
| 99.40~99.49 | 0.50~0.59 | 0.7 | 0.8 |
| 99.30~99.39 | 0.60~0.69 | 0.7 | 0.9 |
| 99.20~99.29 | 0.70~0.79 | 0.8 | 0.9 |
| 99.10~99.19 | 0.80~0.89 | 0.8 | 1.0 |
| 99.00~99.09 | 0.90~0.99 | 0.9 | 1.0 |
| 98.75~98.99 | 1.00~1.24 | 0.9 | 1.1 |
| 98.50~98.74 | 1.25~1.49 | 1.0 | 1.2 |

| 두 검사결과의 평균 | | 허 용 범 위 | |
|---|---|---|---|
| 1. 50~100% | 2. 50% 미만 | 3. non-chaffy 종자 | 4. chaffy 종자 |
| 98.25~98.49 | 1.50~1.74 | 1.1 | 1.3 |
| 98.00~98.24 | 1.75~1.99 | 1.2 | 1.4 |
| 97.75~97.99 | 2.00~2.24 | 1.3 | 1.5 |
| 97.50~97.74 | 2.25~2.49 | 1.3 | 1.6 |
| 97.25~97.49 | 2.50~2.74 | 1.4 | 1.6 |
| 97.00~97.24 | 2.75~2.99 | 1.5 | 1.7 |
| 96.50~96.99 | 3.00~3.49 | 1.5 | 1.8 |
| 96.00~96.49 | 3.50~3.99 | 1.6 | 1.9 |
| 95.50~95.99 | 4.00~4.49 | 1.7 | 2.0 |
| 95.00~95.49 | 4.50~4.99 | 1.8 | 2.2 |
| 94.00~99.49 | 5.00~5.99 | 2.0 | 2.3 |
| 93.00~93.99 | 6.00~6.99 | 2.1 | 2.5 |
| 92.00~92.99 | 7.00~7.99 | 2.2 | 2.6 |
| 91.00~91.99 | 8.00~8.99 | 2.4 | 2.8 |
| 90.00~90.99 | 9.00~9.99 | 2.5 | 2.9 |
| 88.00~89.99 | 10.00~11.99 | 2.7 | 3.1 |
| 86.00~87.99 | 12.00~13.99 | 2.9 | 3.4 |
| 84.00~85.99 | 14.00~15.99 | 3.0 | 3.6 |
| 82.00~83.99 | 16.00~17.99 | 3.2 | 3.7 |
| 80.00~81.99 | 18.00~19.99 | 3.3 | 3.9 |
| 78.00~79.99 | 20.00~21.99 | 3.5 | 4.1 |
| 76.00~77.99 | 22.00~23.99 | 3.6 | 4.2 |
| 74.00~75.99 | 24.00~25.99 | 3.7 | 4.3 |
| 72.00~73.99 | 26.00~27.99 | 3.8 | 4.4 |
| 70.00~71.99 | 28.00~29.99 | 3.8 | 4.5 |
| 65.00~69.99 | 30.00~34.99 | 4.0 | 4.7 |
| 60.00~64.99 | 35.00~39.00 | 4.1 | 4.8 |
| 50.00~59.99 | 40.00~49.99 | 4.2 | 5.0 |

표 3.3 이차검사가 동일한 또는 다른 실험실에서 이루어졌을 때 동일한 소집단 으로부터의 두 개의 다른 제출시료에 대한 순도검사 결과를 위한 허용범위(1% 수준 이원검정)

- 이 표는 소집단으로부터 채취되고 같은 또는 다른 실험실에서 분석된 두 개의 다른 제출시료의 순도검사 결과에 대한 허용범위를 제시하고 있다.
- 이것은 순도 검사의 모든 구성요소에 대하여 두 개의 평가가 접근한 것인지 (compatible)의 여부를 알기 위해 사용한다.

| 두 검사결과의 평균 | | 허 용 범 위 | |
|---|---|---|---|
| 1. 50~100% | 2. 50% 미만 | 3. non-chaffy 종자 | 4. chaffy 종자 |
| 95.00~95.49 | 4.50~4.99 | 2.0 | 2.4 |
| 94.00~94.99 | 5.00~5.99 | 2.1 | 2.5 |
| 93.00~93.99 | 6.00~6.99 | 2.3 | 2.7 |
| 92.00~92.99 | 7.00~7.99 | 2.5 | 2.9 |
| 91.00~91.99 | 8.00~8.99 | 2.6 | 3.1 |
| 90.00~90.99 | 9.00~9.99 | 2.8 | 3.2 |
| 88.00~89.99 | 10.00~11.99 | 2.9 | 3.5 |
| 86.00~87.99 | 12.00~13.99 | 3.2 | 3.7 |
| 84.00~85.99 | 14.00~15.99 | 3.4 | 3.9 |
| 82.00~83.99 | 16.00~17.99 | 3.5 | 4.1 |
| 80.00~81.99 | 18.00~19.99 | 3.7 | 4.3 |
| 78.00~79.99 | 20.00~21.99 | 3.8 | 4.5 |
| 76.00~77.99 | 22.00~23.99 | 3.9 | 4.6 |
| 74.00~75.99 | 24.00~25.99 | 4.1 | 4.8 |
| 72.00~73.99 | 26.00~27.99 | 4.2 | 4.9 |
| 70.00~71.99 | 28.00~29.99 | 4.3 | 5.0 |
| 65.00~69.99 | 30.00~34.99 | 4.4 | 5.2 |
| 60.00~64.99 | 35.00~39.99 | 4.5 | 5.3 |
| 50.00~59.99 | 40.00~49.99 | 4.7 | 5.5 |

| 두 검사결과의 평균 | | 허 용 범 위 | |
|---|---|---|---|
| 1. 50~100% | 2. 50% 미만 | 3. non-chaffy 종자 | 4. chaffy 종자 |
| 99.95~100.00 | 0.00~0.04 | 0.2 | 0.2 |
| 99.90~99.94 | 0.05~0.09 | 0.3 | 0.4 |
| 99.85~99.89 | 0.10~0.14 | 0.4 | 0.5 |
| 99.80~99.84 | 0.15~0.19 | 0.4 | 0.5 |
| 99.75~99.79 | 0.20~0.24 | 0.5 | 0.6 |
| 99.70~99.74 | 0.25~0.29 | 0.5 | 0.6 |
| 99.65~99.69 | 0.30~0.34 | 0.6 | 0.7 |
| 99.60~99.64. | 0.35~0.39 | 0.6 | 0.7 |
| 99.55~99.59 | 0.40~0.44 | 0.6 | 0.8 |
| 99.50~99.54 | 0.45~0.49 | 0.7 | 0.8 |
| 99.40~99.49 | 0.50~0.59 | 0.7 | 0.9 |
| 99.30~99.39 | 0.60~0.69 | 0.8 | 1.0 |
| 99.20~99.29 | 0.70~0.79 | 0.8 | 1.0 |
| 99.10~99.19 | 0.80~0.89 | 0.9 | 1.1 |
| 99.00~99.09 | 0.90~0.99 | 0.9 | 1.1 |
| 98.75~98.99 | 1.00~1.24 | 1.0 | 1.2 |
| 98.50~98.74 | 1.25~1.49 | 1.1 | 1.3 |
| 98.25~98.49 | 1.50~1.74 | 1.2 | 1.5 |
| 98.00~98.24 | 1.75~1.99 | 1.3 | 1.6 |
| 97.75~97.99 | 2.00~2.24 | 1.4 | 1.7 |
| 97.50~97.74 | 2.25~2.49 | 1.5 | 1.7 |
| 97.25~97.49 | 2.50~2.74 | 1.5 | 1.8 |
| 97.00~97.24 | 2.75~2.99 | 1.6 | 1.9 |
| 96.50~96.99 | 3.00~3.49 | 1.7 | 2.0 |
| 96.00~96.49 | 3.50~3.99 | 1.8 | 2.1 |
| 95.50~95.99 | 4.00~4.49 | 1.9 | 2.3 |

표 4.1 같거나 다른 실험실에서 같거나 다른 제출시료에 대해 이종종자 검사가 이루어졌을 때의 검사결과에 대한 허용범위(5% 수준에서의 이원검정)

- 이 표는 두 개의 검사결과가 양립할 수 있는 것인 지의 여부를 알기 위해서 사용되는 이종종자 계수간 최대허용차를 제시하고 있다.
- 검사는 같거나 다른 실험실에서 같거나 다른 제출시료를 가지고 이루어진 것이다. 두 개의 시료는 대략 같은 중량이어야 한다.
- 제1항에서 두 검사 결과의 평균을 찾으면 제2항의 최대허용 차이를 알 수 있다

| 두검사결과의 평균 | 허용범위 | 두검사결과의 평균 | 허용범위 | 두검사결과의 평균 | 허용범위 |
|---|---|---|---|---|---|
| 1 | 2 | 1 | 2 | 1 | 2 |
| 3 | 5 | 76~81 | 25 | 253~264 | 45 |
| 4 | 6 | 82~88 | 26 | 265~276 | 46 |
| 5~6 | 7 | 89~95 | 27 | 277~288 | 47 |
| 7~8 | 8 | 96~102 | 28 | 289~300 | 48 |
| 9~10 | 9 | 103~110 | 29 | 301~313 | 49 |
| 11~13 | 10 | 111~117 | 30 | 314~326 | 50 |
| 14~15 | 11 | 118~125 | 31 | 327~339 | 51 |
| 16~18 | 12 | 126~133 | 32 | 340~353 | 52 |
| 19~22 | 13 | 134~142 | 33 | 354~366 | 53 |
| 23~25 | 14 | 143~151 | 34 | 367~380 | 54 |
| 26~29 | 15 | 152~160 | 35 | 381~394 | 55 |
| 30~33 | 16 | 161~169 | 36 | 395~409 | 56 |
| 34~37 | 17 | 170~178 | 37 | 410~424 | 57 |
| 38~42 | 18 | 179~188 | 38 | 425~439 | 58 |
| 43~47 | 19 | 188~198 | 39 | 440~454 | 59 |
| 48~52 | 20 | 199~209 | 40 | 455~469 | 60 |
| 53~57 | 21 | 210~219 | 41 | 470~485 | 61 |
| 58~63 | 22 | 220~230 | 42 | 486~5.01 | 62 |
| 64~69 | 23 | 231~241 | 43 | 502~518 | 63 |
| 70~75 | 24 | 242~252 | 44 | 519~534 | 64 |

표 4.2 검사가 다른 제출시료에 대하여 이루어졌고 이차검사가 동일한 또는 다른 실험실에서 이루어졌을 때 이종자계수 결과에 대한 허용범위(5% 수준에서의 일원검정)

- 이 표는 같은 소집단에서 채취된 두 개의 제출시료가 같거나 다른 실험실에서 분석되었을 때의 이종종자계수결과에 대한 허용범위를 제시하고 있다.
- 두 시료의 대략의 양이 같아야 한다.
- 이 표는 이차검정결과가 일차보다 못한 때 사용할 수 있다.
- 두 검사결과의 평균을 제1항에 대입하여 제2항에서 최대허용 차이를 찾는다.

| 두검사결과의 평균 | 허용범위 | 두검사결과의 평균 | 허용범위 | 두검사결과의 평균 | 허용범위 |
|---|---|---|---|---|---|
| 1 | 2 | 1 | 2 | 1 | 2 |
| 3~4 | 5 | 80~87 | 22 | 263~276 | 39 |
| 5~6 | 6 | 88~95 | 23 | 277~290 | 40 |
| 7~8 | 7 | 96~104 | 24 | 291~305 | 41 |
| 9~11 | 8 | 105~113 | 25 | 306~320 | 42 |
| 12~14 | 9 | 114~122 | 26 | 321~336 | 43 |
| 15~17 | 10 | 123~131 | 27 | 337~351 | 44 |
| 16~21 | 11 | 132~141 | 28 | 352~367 | 45 |
| 22~25 | 12 | 142~152 | 29 | 368~386 | 46 |
| 26~30 | 13 | 153~162 | 30 | 387~403 | 47 |
| 31~34 | 14 | 163~173 | 31 | 404~420 | 48 |
| 35~40 | 15 | 174~186 | 32 | 421~438 | 49 |
| 41~45 | 16 | 187~198 | 33 | 439~456 | 50 |
| 46~52 | 17 | 199~210 | 34 | 457~474 | 51 |
| 53~58 | 18 | 211~223 | 35 | 475~493 | 52 |
| 59~65 | 19 | 224~235 | 36 | 494~513 | 53 |
| 66~72 | 20 | 236~249 | 37 | 514~532 | 54 |
| 73~79 | 21 | 250~262 | 38 | 533~552 | 55 |

표 5.1 100입으로 4반복의 발아시험에서의 반복간 최대허용범위(2.5%유의 수준에서의 이원 검정)

- 이 표는 확률 0.025수준에서의 무작위 표본변이를 받아들이는 반복간 발아율의 최대허용범위 (최고치 와 최저치간의 차이)를 나타낸다.
- 최대허용범위를 찾기 위해서는 4반복의 평균발아율을 정수까지로 반올림하여 구하되 필요하다면 발아상내에서 가장 인접한 50입 또는 25입으로 세분된 반복들을 모아 100입 1반복으로 재구성할 수 도 있다.
- 평균을 제1항 또는 2항에서 찾고 반대편 제3항의 최대 허용범위를 읽는다.

| 평균 발아율 | | 허용범위 | 평균 발아율 | | 허용범위 |
|---|---|---|---|---|---|
| 1 | 2 | 3 | 1 | 2 | 3 |
| 99 | 2 | 5 | 87 to 88 | 13 to 14 | 13 |
| 98 | 3 | 6 | 84 to 86 | 15 to 17 | 14 |
| 97 | 4 | 7 | 81 to 83 | 18 to 20 | 15 |
| 96 | 5 | 8 | 78 to 80 | 21 to 23 | 16 |
| 95 | 6 | 9 | 73 to 77 | 24 to 28 | 17 |
| 93 to 94 | 7 to 8 | 10 | 67 to 72 | 29 to 34 | 18 |
| 91 to 92 | 9 to 10 | 11 | 56 to 66 | 35 to 45 | 19 |
| 89 to 90 | 11 to 12 | 12 | 51 to 55 | 46 to 50 | 20 |

표 5.2 400입에 대하여 동일하거나 상이한 실험실에서 검사가 이루어졌을 때 동일하거나 상이한 제출시료에 대한 발아검사 허용범위(2.5%유의 수준에서의 이원검정)

- 이 표는 동일하거나 상이한 실험실에서 동일하거나 상이한 제출시료를 가지고 검사가 이루어졌을 때 정상묘, 비정상묘, 죽은 종자, 경실 종자 및 이들의 여하한 조항의 백분율에 대한 허용범위를 나타낸다.
- 두 개의 검사가 양립할 수 있는 것인 지의 여부를 알기 위하 여는 두 검사의 평균을 정수로 반올림하여 산출하고 제1항 또는 제2항에 대입한다.
- 두 검사결과 간의 차이가 3항의 허용범위를 넘지 않으면 이들 결과는 양립할 수 있는 것으로 한다.

| 평균 발아율 | | 허용범위 | 평균 발아율 | | 허용범위 |
|---|---|---|---|---|---|
| 1 | 2 | 3 | 1 | 2 | 3 |
| 98 to 99 | 2 to 3 | 2 | 77 to 84 | 17 to 24 | 6 |
| 95 to 97 | 4 to 6 | 3 | 60 to 76 | 25 to 41 | 7 |
| 91 to 94 | 7 to 10 | 4 | 51 to 59 | 42 to 50 | 8 |
| 85 to 90 | 11 to 16 | 5 | | | |

표 5.3 400입으로 동일한 또는 다른 실험실에서 두 개의 다른 제출시료에 대해 실시한 발아검사 결과를 위한 허용범위(5% 수준에서 일원검정)

- 이 표는 발아검사가 동일한 또는 다른 실험실에서 동일한 소집단으로부터 채취한 시료에 대하여 이루어졌을 때 정상묘, 비정상묘, 죽은 종자, 경실 종자 또는 이들의 여하한 조합의 백분율을 위한 허용범위를 제시하고 있다.
- 이 표는 이차검사의 결과가 일차검사보다 못할 때 사용할 수 있다.
- 두 검사의 결과의 평균(정수로 반올림)을 제1항과 2항에서 찾고 3항의 해당되는 최대 허용치를 읽는다.

| 평균 발아율 | | 허용범위 | 평균 발아율 | | 허용범위 |
|---|---|---|---|---|---|
| 51% 이상 | 50% 이하 | | 51% 이상 | 50% 이하 | |
| 1 | 2 | 3 | 1 | 2 | 3 |
| 99 | 2 | 2 | 82 to 86 | 15 to 19 | 7 |
| 97 to 98 | 3 to 4 | 3 | 76 to 81 | 20 to 25 | 8 |
| 94 to 96 | 5 to 7 | 4 | 70 to 75 | 26 to 31 | 9 |
| 91 to 93 | 8 to 10 | 5 | 60 to 69 | 32 to 41 | 10 |
| 87 to 90 | 11 to 14 | 6 | 51 to 59 | 42 to 50 | 11 |

표 6.1 400입에 대하여 동일한 실험실에서 검사가 이루어졌을 때 동일하거나 상이한 제출시료에 대한 TZ활력 검사결과에 대한 허용범위 (2.5%유의 수준에서의 이원검정)

· 본 허용범위는 TEZ 기술위원회 보고서 1998-2001에 명시된 실험실 내의 실험오차를 고려하여 인용한 것이며, Miles(1963)에서 발췌한 것이 아님.

| 평균 활력비율 | | 허용범위 | 평균 활력비율 | | 허용범위 |
|---|---|---|---|---|---|
| 1 | 2 | 3 | 1 | 2 | 3 |
| 98 to 99 | 2 to 3 | 2 | 83 to 88 | 13 to 18 | 6 |
| 96 to 97 | 4 to 5 | 3 | 75 to 82 | 19 to 26 | 7 |
| 93 to 95 | 6 to 8 | 4 | 58 to 74 | 27 to 43 | 8 |
| 89 to 92 | 9 to 12 | 5 | 51 to 57 | 44 to 50 | 9 |

표 6.2 400입에 대하여 다른 실험실에서 검사가 이루어졌고 두 개의 상이한 제출시료에 대한 TZ활력 검사결과에 대한 허용범위 (5%유의 수준에서의 일원검정)

· 본 허용범위는 TEZ 기술위원회 보고서 1998-2001에 명시된 실험실간의 실험 오차를 고려하여 인용한 것이며, Miles(1963)에서 발췌한 것이 아님.

| 평균 활력비율 | | 허용범위 | 평균 활력비율 | | 허용범위 |
|---|---|---|---|---|---|
| 1 | 2 | 3 | 1 | 2 | 3 |
| 99 | 2 | 4 | 86 to 88 | 13 to 15 | 11 |
| 98 | 3 | 5 | 82 to 85 | 16 to 19 | 12 |
| 97 | 4 | 6 | 78 to 81 | 20 to 23 | 13 |
| 95 to 96 | 5 to 6 | 7 | 73 to 77 | 24 to 28 | 14 |
| 93 to 94 | 7 to 8 | 8 | 65 to 72 | 29 to 36 | 15 |
| 91 to 92 | 9 to 10 | 9 | 51 to 64 | 37 to 50 | 16 |
| 89 to 90 | 11 to 12 | 10 | | | |

표 7.1 전기전도도 검사에 있어서 4반복간의 최대 허용범위(5% 유의수준)

- 본 표는 전기전도도 수치의 최대 허용범위(최대치와 최소치의 변이)를 나타내며, 이는 반복간의 허용범위를 의미한다. 최대 허용범위를 알기 위해서는 4반복간의 전기전도 도 평균값을 먼저 구한다. 표 1항과 2항에 있는 해당 평균값을 찾고 3항에 있는 최대 허용범위를 읽는다.
- 본 허용범위는 활력 기술위원회 1998-2001에 수행된 비교검정에 참가한 실험실간의 실험오차를 고려하여 인용한 것이다.

| 평균 전기전도도 ($\mu scm^{-1}g^{-1}$) 부터 | 까지 | 허용범위 ($\mu scm^{-1}g^{-1}$) | 평균 전기전도도 ($\mu scm^{-1}g^{-1}$) 부터 | 까지 | 허용범위 ($\mu scm^{-1}g^{-1}$) | 평균 전기전도도 ($\mu scm^{-1}g^{-1}$) 부터 | 까지 | 허용범위 ($\mu scm^{-1}g^{-1}$) |
|---|---|---|---|---|---|---|---|---|
| 1 | 2 | 3 | 1 | 2 | 3 | 1 | 2 | 3 |
| 10 | 10.9 | 3.1 | 25 | 25.9 | 6.8 | 39 | 39.9 | 10.3 |
| 11 | 11.9 | 3.3 | 26 | 26.9 | 7.0 | 40 | 40.9 | 10.5 |
| 12 | 12.9 | 3.6 | 27 | 27.9 | 7.3 | 41 | 41.9 | 10.8 |
| 13 | 13.9 | 3.8 | 28 | 28.9 | 7.5 | 42 | 42.9 | 11.0 |
| 14 | 14.9 | 4.1 | 29 | 29.9 | 7.8 | 43 | 43.9 | 11.3 |
| 15 | 15.9 | 4.3 | 30 | 30.9 | 8.0 | 44 | 44.9 | 11.5 |
| 16 | 16.9 | 4.6 | 31 | 31.9 | 8.3 | 45 | 45.9 | 11.8 |
| 17 | 17.9 | 4.8 | 32 | 32.9 | 8.5 | 46 | 46.9 | 12.0 |
| 18 | 18.9 | 5.1 | 33 | 33.9 | 8.8 | 47 | 47.9 | 12.3 |
| 19 | 19.9 | 5.3 | 34 | 34.9 | 9.0 | 48 | 48.9 | 12.5 |
| 20 | 20.9 | 5.5 | 35 | 35.9 | 9.3 | 49 | 49.9 | 12.8 |
| 21 | 21.9 | 5.8 | 36 | 36.9 | 9.5 | 50 | 50.9 | 13.0 |
| 22 | 22.9 | 6.0 | 37 | 37.9 | 9.8 | 51 | 51.9 | 13.3 |
| 23 | 23.9 | 6.3 | 38 | 38.9 | 10.0 | 52 | 52.9 | 13.5 |
| 24 | 24.9 | 6.5 | 39 | 39.9 | 10.3 | 53 | 53.9 | 13.8 |

표 7.2 동일한 실험실에서 검사가 이루어지고 동일한 제출시료에 대하여 2반복의 전기전도도 검사에 대한 허용범위(5% 유의수준에서의 이원검정)

- 본 표는 전기전도도 수치의 최대 허용범위를 나타내며, 동일한 실험실에서 동일한 시료에 대하여 행해진 실험간의 허용범위를 의미한다. 2개의 검사가 신뢰할 수 있는지를 판정하기 위해서, 두 검사의 결과의 평균을 구한 뒤 표 1항 또는 2항에 있는 해당 값을 찾는다. 두 검사의 전기전도도 수치간의 변이가 3항에 제시된 허용범위를 초과하지 않을 경우에는 두 검사는 신뢰성이 있다고 판정할 수 있다.
- 본 허용범위는 활력 기술위원회 1998-2001에 수행된 비교검정에 참가한 실험실간의 실험오차를 고려하여 인용한 것이다.

| 평균 전기전도도 ($\mu scm^{-1}g^{-1}$) 부터 | 까지 | 허용범위 ($\mu scm^{-1}g^{-1}$) | 평균 전기전도도 ($\mu scm^{-1}g^{-1}$) 부터 | 까지 | 허용범위 ($\mu scm^{-1}g^{-1}$) | 평균 전기전도도 ($\mu scm^{-1}g^{-1}$) 부터 | 까지 | 허용범위 ($\mu scm^{-1}g^{-1}$) |
|---|---|---|---|---|---|---|---|---|
| 1 | 2 | 3 | 1 | 2 | 3 | 1 | 2 | 3 |
| 10 | 10.9 | 2.0 | 25 | 25.9 | 4.1 | 40 | 40.9 | 6.2 |
| 11 | 11.9 | 2.1 | 26 | 26.9 | 4.2 | 41 | 41.9 | 6.4 |
| 12 | 12.9 | 2.3 | 27 | 27.9 | 4.4 | 42 | 42.9 | 6.5 |
| 13 | 13.9 | 2.4 | 28 | 28.9 | 4.5 | 43 | 43.9 | 6.6 |
| 14 | 14.9 | 2.5 | 29 | 29.9 | 4.7 | 44 | 44.9 | 6.8 |
| 15 | 15.9 | 2.7 | 30 | 30.9 | 4.8 | 45 | 45.9 | 6.9 |
| 16 | 16.9 | 2.8 | 31 | 31.9 | 4.9 | 46 | 46.9 | 7.1 |
| 17 | 17.9 | 3.0 | 32 | 32.9 | 5.1 | 47 | 47.9 | 7.2 |
| 18 | 18.9 | 3.1 | 33 | 33.9 | 5.2 | 48 | 48.9 | 7.3 |
| 19 | 19.9 | 3.2 | 34 | 34.9 | 5.4 | 49 | 49.9 | 7.5 |
| 20 | 20.9 | 3.4 | 35 | 35.9 | 5.5 | 50 | 50.9 | 7.6 |
| 21 | 21.9 | 3.5 | 36 | 36.9 | 5.6 | 51 | 51.9 | 7.8 |
| 22 | 22.9 | 3.7 | 37 | 37.9 | 5.8 | 52 | 52.9 | 7.9 |
| 23 | 23.9 | 3.8 | 38 | 38.9 | 5.9 | 53 | 53.9 | 8.0 |
| 24 | 24.9 | 4.0 | 39 | 39.9 | 6.1 | | | |

표 7.3 상이한 실험실에서 검사가 이루어지고 상이한 제출시료에 대하여 2반복의 전기전도도 검사에 대한 허용범위(5% 유의수준에서의 이원검정)

- 본 표는 전기전도도 수치의 최대 허용범위를 나타내며, 상이한 실험실에서 상이한 시료에 대하여 행해진 실험간의 허용범위를 의미한다. 2개의 검사가 신뢰할 수 있는지를 판정하기 위해서, 두 검사의 결과의 평균을 구한 뒤 표 1항 또는 2항에 있는 해당 값을 찾는다. 두 검사의 전기전도도 수치간의 변이가 3항에 제시된  허용범위를 초과하지 않을 경우에는 두 검사는 신뢰성이 있다고 판정할 수 있다.
- 본 허용범위는 활력 기술위원회 1998~2001에서 수행된 비교검정에 참가한 실험실간의 실험오차를 고려하여 인용한 것이다.

| 평균 전기전도도 ($\mu$scm$^{-1}$g$^{-1}$) 부터 | 까지 | 허용범위 ($\mu$scm$^{-1}$g$^{-1}$) | 평균 전기전도도 ($\mu$scm$^{-1}$g$^{-1}$) 부터 | 까지 | 허용범위 ($\mu$scm$^{-1}$g$^{-1}$) | 평균 전기전도도 ($\mu$scm$^{-1}$g$^{-1}$) 부터 | 까지 | 허용범위 ($\mu$scm$^{-1}$g$^{-1}$) |
|---|---|---|---|---|---|---|---|---|
| 1 | 2 | 3 | 1 | 2 | 3 | 1 | 2 | 3 |
| 10 | 10.9 | 3.6 | 25 | 25.9 | 6.6 | 40 | 40.9 | 9.7 |
| 11 | 11.9 | 3.8 | 26 | 26.9 | 6.8 | 41 | 41.9 | 9.9 |
| 12 | 12.9 | 4.0 | 27 | 27.9 | 7.0 | 42 | 42.9 | 10.1 |
| 13 | 13.9 | 4.2 | 28 | 28.9 | 7.2 | 43 | 43.9 | 10.3 |
| 14 | 14.9 | 4.4 | 29 | 29.9 | 7.4 | 44 | 44.9 | 10.5 |
| 15 | 15.9 | 4.6 | 30 | 30.9 | 7.7 | 45 | 45.9 | 10.7 |
| 16 | 16.9 | 4.8 | 31 | 31.9 | 7.9 | 46 | 46.9 | 10.9 |
| 17 | 17.9 | 5.0 | 32 | 32.9 | 8.1 | 47 | 47.9 | 11.1 |
| 18 | 18.9 | 5.2 | 33 | 33.9 | 8.3 | 48 | 48.9 | 11.3 |
| 19 | 19.9 | 5.4 | 34 | 34.9 | 8.5 | 49 | 49.9 | 11.5 |
| 20 | 20.9 | 5.6 | 35 | 35.9 | 8.7 | 50 | 50.9 | 11.8 |
| 21 | 21.9 | 5.8 | 36 | 36.9 | 8.9 | 51 | 51.9 | 12.0 |
| 22 | 22.9 | 6.0 | 37 | 37.9 | 9.1 | 52 | 52.9 | 12.2 |
| 23 | 23.9 | 6.2 | 38 | 38.9 | 9.3 | 53 | 53.9 | 12.4 |
| 24 | 24.9 | 6.4 | 39 | 39.9 | 9.5 | | | |

표 7.4 퇴화촉진 발아율검정에 있어서 100립 종자의 2반복간의 최대 허용범위(2.5% 유의수준에서의 이원검정).

· 본 표는 퇴화촉진 발아율검정에 있어서 반복간의 발아율 허용범위의 최대 허용 범위를 나타낸 것이다(최고치와 최저치의 변이). 해당 구간의 최대 허용범위를 알기 위해서는 두 반복간의 평균비율을 구한 뒤 반올림 처리하여 정수를 구한다(50립씩 2반복을 합친 100립 반복간). 표 1항과 2항에 있는 해당 평균값을 찾고 3항에 있는 최대 허용범위를 읽는다.

| 평균 발아율 | | 허용범위 | 평균 발아율 | | 허용범위 |
|---|---|---|---|---|---|
| 1 | 2 | 3 | 1 | 2 | 3 |
| 99 | 2 | -* | 84 to 87 | 14 to 17 | 11 |
| 98 | 3 | -* | 80 to 83 | 18 to 21 | 12 |
| 96 to 97 | 4 to 5 | 6 | 76 to 79 | 22 to 25 | 13 |
| 95 | 6 | 7 | 69 to 75 | 26 to 32 | 14 |
| 93 to 94 | 7 to 8 | 8 | 55 to 68 | 33 to 46 | 15 |
| 90 to 92 | 9 to 11 | 9 | 51 to 54 | 47 to 50 | 16 |
| 88 to 89 | 12 to 13 | 10 | | | |

* 검정될 수 없음

표 7.5 동일한 실험실에서 200립 종자에 대한 검사가 이루어지고 제출시료도 동일한 경우의 퇴화촉진 검사에 대한 허용범위(5% 유의수준에서의 이원검정)

- 본 표는 검사가 동일한 실험실에서 수행된 경우의 퇴화촉진 발아율검사에 대한 허용범위를 나타낸 것이다. 두 검사의 신뢰성을 판정하기 위해서는, 두 검사결과의 평균발아율을 구한 뒤 반올림 처리하여 정수를 구하며 표 1항과 2항에 있는 해당 평균값을 읽는다. 두 검사의 발아율 변이가 3항에 제시된 허용범위를 초과하지 않을 경우에는 두 검사는 신뢰성이 있다고 판정할 수 있다.

| 평균 발아율 | | 허용범위 | 평균 발아율 | | 허용범위 |
|---|---|---|---|---|---|
| 1 | 2 | 3 | 1 | 2 | 3 |
| 99 | 2 | -* | 86 to 88 | 13 to 15 | 12 |
| 98 | 3 | -* | 83 to 85 | 16 to 18 | 13 |
| 97 | 4 | 6 | 79 to 82 | 19 to 22 | 14 |
| 96 | 5 | 7 | 74 to 78 | 23 to 27 | 15 |
| 95 | 6 | 8 | 68 to 73 | 28 to 33 | 16 |
| 93 to 94 | 7 to 8 | 9 | 55 to 67 | 34 to 46 | 17 |
| 91 to 92 | 9 to 10 | 10 | 51 to 54 | 47 to 50 | 18 |
| 89 to 90 | 11 to 12 | 11 | | | |

표 7.6 상이한 실험실에서 200립 종자에 대한 검사가 이루어지고 제출시료도 상이한 경우의 퇴화촉진 검사에 대한 허용범위(5% 유의수준에서의 이원검정)　허용범위는 Miles(1963)의 표 G1, L 항에서 발췌한 것이다.

· 본 표는 검사가 상이한 실험실에서 수행된 경우의 퇴화촉진 발아율검사에 대한 허용범위를 나타낸 것이다. 두 검사의 신뢰성을 판정하기 위해서는, 두 검사결과의 평균발아율을 구한 뒤 반올림 처리하여 정수를 구하며 표 1항과 2항에 있는 해당 평균값을 읽는다. 두 검사의 발아율 변이가 3항에 제시된 허용범위를 초과하지 않을 경우에는 두 검사는 신뢰성이 있다고 판정할 수 있다.

| 평균 발아율 | | 허용범위 | 평균 발아율 | | 허용범위 |
|---|---|---|---|---|---|
| 1 | 2 | 3 | 1 | 2 | 3 |
| 99 | 2 | -* | 85 to 87 | 14 to 16 | 13 |
| 98 | 3 | -* | 82 to 84 | 17 to 19 | 14 |
| 97 | 4 | -* | 79 to 81 | 10 to 22 | 15 |
| 95 to 96 | 5 to 6 | 8 | 74 to 78 | 23 to 27 | 16 |
| 94 | 7 | 9 | 68 to 73 | 28 to 33 | 17 |
| 92 to 93 | 8 to 9 | 10 | 57 to 67 | 34 to 44 | 18 |
| 90 to 91 | 10 to 11 | 11 | 51 to 56 | 45 to 50 | 19 |
| 88 to 89 | 12 to 13 | 12 | | | |

* 검정될 수 없음.

[별표 9]

보증표시의 분류번호

1. 작물번호

| 구분 | 작물번호 | 구분 | 작물번호 |
|---|---|---|---|
| 식량 | 11 | 화훼 구근류 | 16 |
| 특용·약용 | 12 | 버섯종균 | 17 |
| 채소 | 13 | 과수(묘목) | 18 |
| 목초 | 14 | 기타 | 19 |
| 사료·녹비 | 15 | | |

2. 종류번호

| 작물 | 종류번호 |
|---|---|
| 식량 | 벼: 01, 겉보리: 02, 쌀보리: 03, 맥주보리: 04, 밀: 05, 콩: 06, 옥수수: 07, 감자: 08, 고구마: 09, 팥: 10, 녹두: 11 |
| 특용.약용 | 땅콩: 01, 참깨: 02, 들깨: 03, 유채: 04, |
| 채소 | 무: 01, 배추: 02, 양배추: 03, 고추: 04, 토마토: 05, 오이: 06, 참외: 07, 수박: 08, 호박(박): 09, 파: 10, 양파: 11, 당근: 12, 상추: 13, 시금치: 14 |
| 목초 | 티머시: 01, 레드톱: 02, 톨훼스큐: 03, 메도우훼스큐: 04, 오차드그라스: 05, 페레니얼라이그라스: 06, 리드카나리그라스: 07, 브롬그라스: 08, 켄터키 블루그라스: 09, 알팔파: 10, 버어즈풋트레포일: 11, 화이트 클로바: 12, 레드클로바: 13, 앨사이크 클로바: 14 |
| 사료.녹비 | 옥수수: 01, 벼: 02, 보리: 03, 밀: 04, 수수: 05, 호밀: 06, 라이밀(트리티케일): 07, 귀리: 08, 수단그라스: 09, 이탈리안라이그라스: 10, 헤어리베치: 11 |
| 화훼 | 나리: 01, 글라디올러스: 02, 프리지아: 03, 구근아이리스: 04, 튤립: 05 |
| 과수(묘목) | 사과: 01, 배: 02, 복숭아: 03, 포도: 04, 감귤: 05, 감: 06, 자두: 07, 참다래: 08 |

[별표 10]

검사표시인 및 검사일부인

ㅁ 검사표시인(수매검사 시 활용가능)

| 도 안 | 종류 \ 구분 | 치 수 | |
|---|---|---|---|
| | | 1호 | 2호 |
| 씨 | 종 | 30㎜ | 15㎜ |
| | 횡 | 25 | 13 |
| | 획 폭 | 4 | 2 |

ㅁ 검사일부인

| 도 안 | 종류 \ 구분 | 치 수 | | 비고 |
|---|---|---|---|---|
| 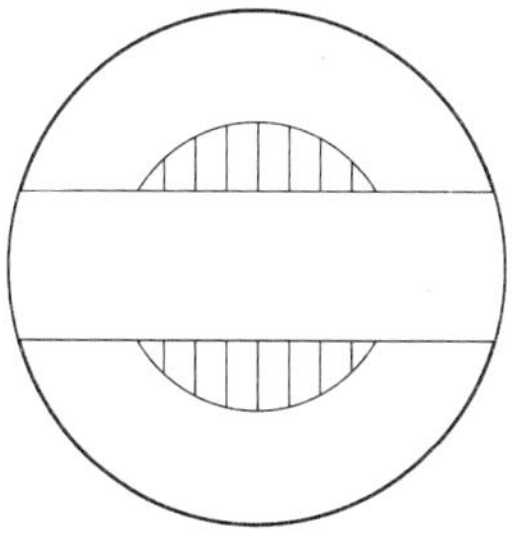 | 외원직경 | 1호 | 2호 | · 원내 상단에는 검사기관명을 삽입한다.<br>· 두줄 중앙에는 검사일자를 삽입한다.<br>· 원내 하단에는 검사원번호를 삽입한다. |
| | | 28mm | 14mm | |
| | 내원직경 | 16 | 8 | |
| | 일자인락폭 | 8 | 4 | |

※ 소포장에는 포장규격에 따라 알맞게 조정할 수 있다.

※ 종자관리사는 개인명의의 도장을 사용한다.

[별표 11]

## 과수 바이러스 · 바이로이드 검정방법

### 1. 시료 채취 시기 및 부위

과수 바이러스·바이로이드 검정을 위한 시료 채취 시기는 1년 중 2회 실시하며 아래 표에 따라 3개 시기중 적당한 시기를 선택하여 수행한다. 단, 바이로이드의 경우 과일 과피를 이용할 수 있다.

| 시료 채취시기 및 부위 | 채취량 | 마쇄 |
|---|---|---|
| · (4~6월) 발아신초, 경지수피, 꽃<br>· (7~9월) 신초선단부 유엽, 성엽, 엽병, 과일과피<br>· (10~2월) 줄기수피, 성엽, 과피 | 묘목당 5잎<br>(고르게) | 부위 전체<br>* 잎 부위는 잎자루를 포함하여 마쇄하여야 한다. |

### 2. 시료 채취 방법

가. 시료 채취는 1주 단위로 잎 등 필요한 검정부위를 나무 전체에서 고르게 5개를 깨끗한 시료용기(지퍼백 등 위생봉지)에 채취한다.

나. 생산단계별 조사시료는 크기별로 준비한다. 원원종·원종은 조사시료 전체, 모수는 10%, 보급종 및 대목은 1%로 [표 2B]로 최소표본의 크기(표본추출 99% 신뢰수준, 5% 검출수준) 이상으로 한다. 단, 모수 수량이 100주 미만인 경우에는 전수조사를 실시한다. 검정 대상 묘목은 소집단 내에서 무작위로 고르게 선정하여 시료의 대표성이 충분히 확보되도록 한다.

그림 1. 바이러스·바이로이드 검정을 위한 시료 채취 부위(예시)

## 3. 시료 전처리 및 보관

채취한 시료 전체(잎의 경우 잎자루 포함)를 액체질소에 급랭 후 막자사발을 이용하여 최대한 곱게 마쇄하거나 유사기구(조직 마쇄기 등)를 사용하여 마쇄한다. 마쇄된 시료 일부는 검정용으로 사용하고 나머지는 적당한 시료 튜브(보관용) 또는 식물체 자체로 일부분을 냉동(-80℃) 보관한다.

## 4. RNA 추출 및 정제

가. RNA 추출

RNA를 추출하는 방법은 시판 RNA 추출키트 또는 자동핵산추출기를 이용하여 추출한다.

나. RNA 순도 및 농도확인

추출한 RNA의 순도와 농도를 측정한다. RNA는 RT-PCR의 주형으로 사용하기에 적합한 적절한 순도와 농도여야 한다.

## 5. RT-PCR 검정

가. 검정 방법

검정 대상 바이러스·바이로이드는 1개씩 개별적으로 검정하거나 2개 이상 또는 전체를 동시에 검정(다중검정) 할 수 있다. 다중검정 결과가 명확하지 않는 경우에는 개별검정으로 재확인 한다.

나. 검정 시료

검정시료는 1점씩 개별검정 하거나 10점 이하의 검정시료를 혼합하여 검정(혼합검정)할 수 있다. 혼합검정 결과가 명확하지 않는 경우에는 개별검정으로 재확인 한다.

다. 검정 조건

작물별 바이러스·바이로이드 검정을 위한 RT-PCR 프라이머 조합은 다음을 기준으로 하되, 최적 검정을 전제로 변형된 조건으로 사용할 수 있다. 이 경우 연구센터의 장은 사전에 그 적합성을 판단하여야 한다. 반응 혼합물의 조제와 증폭반응의 조건은 사용제품에 따른다.

1) 사과·배 RT-PCR 프라이머 조합

| 과종 | 바이러스·바이로이드 | 염기서열(5`→3`) | 밴드 크기 |
|---|---|---|---|
| 사과, 배 | ACLSV (*Apple chlorotic leaf spot virus*) | F: GCAGACCCCTTCATGGAAAGA<br>R: CGCAAAGATCAGTCGTAACAGA | 509bp |
| 사과 | ASPV (*Apple stem pitting virus*) | F: AAGCATGTCTGGAACCTCATG<br>R: GATCAACTTTACTAAAAAGCATAAGT | 367bp |
| 사과, 배 | ASGV (*Apple stem grooving virus*) | F: AATGAGTTTGGAAGACGTGCTTC<br>R: TGAACCGGAGGGGTATCAAATCC | 264bp |
| 사과, 배 | ASSVd (*Apple scar skin viroid*) | F: ACGAAGGCCGGTGAGAAAG<br>R: CCGCTGCGTCAAAGAAAAAG | 202bp |
| 사과 | APMV (*Apple mosaic virus*) | F: CTCCAAACACAACTTTTGATGACTT<br>R: GTAACTCACTCGTTATCACGTACAA | 123bp |
| 사과, 배 | *nad5* (반응 대조구) | F: GATGCTTCTTGGGGCTTCTTGTT<br>R: GCATAAAAAAAGTAAGAATGGATAA | 163bp |

2) 포도 RT-PCR 프라이머 조합

| 과종 | 바이러스 및 대조구 | 염기서열(5`→3`) | 밴드 크기 |
|---|---|---|---|
| 포도 | GLRaV-3 (*Grapevine leafroll associatedvirus-3*) | F: GCCCGAAAAATACGTATTCGCCA<br>R: CTTCTTACACAGCTCCATCAATGC | 310bp |
| | GLRaV-1 (*Grapevine leafroll associated virus-1*) | F: TATGTGCTGAAGTGATGGGTAAT<br>R: GTGTCTGGTGACGTGCTAAACG | 100bp |
| | GFkV (*Grapevine fleck virus*) | F: ATGCCGCCTCTCCGTCTGCTGACCA<br>R:GTGATGTCATACCACAGGAACT | 166bp |
| | 18s rRNA (반응 대조구) | F: AGGAAGGCAGCAGGCGCGCAAATTAC<br>R: CTATGATGTTATCCCATGCTAATGTAT | 400bp |

3) 복숭아 RT-PCR 프라이머 조합

| 과종 | 바이러스·바이로이드 | 염기서열(5`→3`) | 밴드 크기 |
|---|---|---|---|
| 복숭아 | ACLSV (*Apple chlorotic leaf spot virus*) | F: GCAGACCCCTTCATGGAAAGA | 509bp |
| | | R: CGCAAAGATCAGTCGTAACAGA | |
| | HSVd (*Hop stunt viroid*) | F: CTGGGGAAT TCTCGAGTTGC | 296bp |
| | | R: AGGGGCTCAAGAGAGGATC | |
| | nad5 (반응 대조구) | F: GATGCTTCTTGGGGCTTCTTGTT | 163bp |
| | | R: GCATAAAAAAAGTAAGAATGGATAA | |

4) 감귤 RT-PCR 프라이머 조합

| 과종 | 바이러스 및 대조구 | 염기서열(5`→3`) | 밴드 크기 |
|---|---|---|---|
| 감귤 | CTLV (*Citrus tatter leaf virus*) | F: CGAAAACCCCTTTTTGTCCT | 607bp |
| | | R: ATAGACCCGGCAAAGGAACT | |
| | CTV (*Citrus tristeza virus*) | F: ACGGGTATAACGGACACT | 372bp |
| | | R: TCAACGTGTGTTGAATTTCCCAAG | |
| | SDV/CiMV (*Satusma dwarf virus /Citrus mosaic virus*) | F: GCACGGTCTACTCAGGGA | 1,139bp |
| | | R: TACCTGCAAATATATCGCAGGTTG | |
| | Actin(반응 대조구) | F: TCCACCATGTTCCCAGGTAT | 210bp |
| | | R: CATCTCTGTCTGCCACCTGA | |

## 5. 검정결과의 판정

RT-PCR 증폭산물을 아가로즈겔 전기이동을 실시하고 음성(미감염주) 및 양성(감염주 또는 핵산) 대조군과 비교하여 해당 바이러스에 대한 증폭산물이 고유 밴드로 명확하게 나타나는 것을 감염주로 판정한다.

## 6. 기타

검정방법을 변경할 경우에는 무병화 과정을 시작하는 원원종부터 적용하되 이미 무병화 과정이 시작된 원원종에 대해서는 적용하지 아니한다.

PART 1

# 종자생산학 OX 50제

**01** 식물의 기본 구성 단위는 세포이다.

답 (    )

**02** 화아분화는 영양생장에서 생식생장으로 전환하는 것을 말한다.

답 (    )

**03** 화아분화가 시작되면 잎줄기채소의 잎의 수는 급격하게 증가한다.

답 (    )

**04** 옥수수, 고구마, 감자는 단일식물에 해당한다.

답 (    )

**05** C/N 율이 낮을 경우 화성이 유도된다.

답 (    )

**06** 세포주기에서 $G_1$ 기는 유사분열이 끝나고 DNA 가 합성될 때까지 기간을 말한다.

답 (    )

**07** 감수분열은 암수의 생식기관에서 생식모세포의 염색체 수가 반감되는 세포분열을 말한다.

답 (    )

**08** 단자엽식물에는 녹두, 배추, 사과나무 등이 있다.

답 (    )

**09** 2배체 화분모세포가 제 1감수분열을 진행하여 반수체 2개의 화분을 만든다.

답 (    )

**10** 자가수분에는 벼, 보리, 콩 등이 있다.

답 (    )

**11** 동일개체 내의 암·수 생식세포 간에 수정이 이루어지지 않는 현상을 자웅이숙이라 한다.

답 (    )

**12** 중복수정은 배와 배유의 형성이 한 배낭 내에서 동시에 이루어지는 것을 말한다.

답 (    )

**13** 복상포자생식에서 난세포가 수정 없이 배 발생을 하고 극핵도 수정 없이 단독으로 배유 형성을 한다.

답 (    )

**14** 단성화를 가진 식물은 자가수정에 유리하고 양성화를 가진 식물은 타가수정이 유리하다.

답 (　　)

**15** 단정화서는 무한화서에 해당한다.

답 (　　)

**16** 복과는 많은 꽃의 자방들이 모여 하나의 덩어리를 이루는 것이다.

답 (　　)

**17** 포도, 수박 등 단위결과를 유도하여 씨 없는 과실을 생산할 수 있다.

답 (　　)

**18** 주피는 내종피로 발달한다.

답 (　　)

**19** 외떡잎식물의 배젖은 종자 발아 시 양분을 공급해 준다

답 (　　)

**20** 성숙한 배젖은 바깥쪽 호분층에 단백질을 저장한다.

답 (　　)

**21** 종피는 종자의 내부를 보호하는데 휴면이나 발아지연을 유발하기도 한다.

답 (　　)

**22** 배유에 양분이 저장되고 배는 잎, 생장점, 줄기 등의 어린 조직이 있는 것을 무배유 종자라 한다.

답 (　　)

**23** 종자의 배병이나 태좌에 붙어있던 흔적인 제(배꼽)은 식물의 종류에 차이가 없이 동일한 곳에 위치한다.

답 (　　)

**24** 목화는 자식과 타식을 겸하는 작물이다.

답 (　　)

**25** 잡종강세는 잡종 자손의 형질이 부모보다 우수하게 나타나는 현상이다.

답 (　　)

**26** 웅성불임성은 작용기작에 따라 세포질 유전자적 웅성불임, 세포질적 웅성불임, 유전자적 웅성불임 등으로 구분된다.

답 (　　)

**27** 자가불화합성을 이용하여 잡종강세를 나타내는 무는 1대 잡종 종자의 대량 생산이 어렵다.

답 (　　)

**28** 자연교잡에 의해 품종이 퇴화하는 경우도 있기에 격리재배를 통해 이를 방지하기도 한다.

답 (　　)

**29** 웅예선숙은 수술보다 암술이 먼저 성숙하는 것이다.

답 (　　)

**30** 개화기 조절 방법에는 일장처리, 환상박피, 접목, 춘화처리 등이 있다.

답 (　　)

**31** 타가수정을 원칙으로 하는 작물은 유전적 퇴화 방지를 위해 산간지를 채종지로 하는 것이 좋다.

답 (　　)

**32** 채종재배는 종자에 충실하기 위해 질소질 비료를 충분히 공급하고 인산을 적게 주어야 한다.

답 (　　)

**33** 이형주는 동일 품종 내에서 고유한 특성을 갖지 않은 개체를 말한다.

답 (　　)

**34** 채종재배를 위한 종자의 수확적기는 수분 함량이 높을 때이다.

답 (　　)

**35** 종자를 소독하는 물리적 방제에는 온도, 습도, 고주파처리 등의 방법이 있다.

답 (　　)

**36** 필름코팅은 농약, 색소를 혼합하여 접착제로 종자 표면에 코팅 처리를 한다.

답 (　　)

**37** 종자 저장시 수분 함량이 많을 경우 양분의 손실이 발생할수 있다.

답 (　　)

**38** 종자의 상온저장법은 종자를 건조시키고 탈기하여 진공상태로 밀봉저장하는 방법이다.

답 (　　)

**39** 종자는 수분이 흡수된 상태에서 내부세포의 원형질 농도가 높아지게 된다.

답 (　　)

**40** 배추는 산소가 없으면 발아하지 못하는 종자이다.

답 (　　)

**41** 적외선 파장 부근에서 발아가 촉진된다.

답 (　　)

**42** 시토키닌은 종자의 발아를 억제하는 물질이다.

답 (　　)

**43** 페놀산은 종자의 발아억제물질이다.

답 (　　)

**44** 종자의 발아 용액의 삼투압이 높으면 침윤이 어렵게 되어 발아가 억제된다.

답 (　　)

**45** 벼의 종자 휴면 기간은 1주일~6개월 정도이다.

답 (　　)

**46** 종피파상법은 종피에 상처를 내어 생장조절제를 투입하는 방법이다.

답 (　　)

**47** 층적처리는 후숙 방지 효과가 있다.

답 (　　)

**48** 고온, 고습 조건에서 저장기간 중의 종자의 수명이 짧아질수 있다.

답 (　　)

**49** 자연교잡에 의한 퇴화는 생리적 퇴화에 해당한다.

답 (　　)

**50** 포장검사의 주된 목적은 품종의 유전적 순도검사이며, 주로 작물의 개화기를 전후하여 실시한다.

답 (　　)

## ➲ [종자생산학 OX 50제 정답 및 해설]

**01** 식물의 기본 구성 단위는 세포이다.

답 ○

**02** 화아분화는 영양생장에서 생식생장으로 전환하는 것을 말한다.

답 ○

**03** 화아분화가 시작되면 잎줄기채소의 잎의 수는 급격하게 증가한다.

해설 화아분화가 시작되면 잎줄기채소는 잎의 수의 변화가 없고 생장속도가 둔해진다.

답 ×

**04** 옥수수, 고구마, 감자는 단일식물에 해당한다.

해설 감자는 장일식물에 해당한다.

답 ×

**05** C/N 율이 낮을 경우 화성이 유도된다.

해설 C/N 율이 높을 경우 화성이 유도되고 C/N 율이 낮을 경우 영양생장이 이루어진다.

답 ×

**06** 세포주기에서 $G_1$기는 유사분열이 끝나고 DNA 가 합성될 때까지 기간을 말한다.

답 ○

**07** 감수분열은 암수의 생식기관에서 생식모세포의 염색체 수가 반감되는 세포분열을 말한다.

답 ○

**08** 단자엽식물에는 녹두, 배추, 사과나무 등이 있다.

해설 녹두, 배추, 사과나무는 쌍자엽식물에 해당한다.

답 ×

**09** 2배체 화분모세포가 제 1감수분열을 진행하여 반수체 2개의 화분을 만든다.

답 ○

**10** 자가수분에는 벼, 보리, 콩 등이 있다.

답 ○

**11** 동일개체 내의 암·수 생식세포 간에 수정이 이루어지지 않는 현상을 자웅이숙이라 한다.

해설 동일개체 내의 암·수 생식세포 간에 수정이 이루어지지 않는 현상을 자가불화합성이라 한다.

답 ×

**12** 중복수정은 배와 배유의 형성이 한 배낭 내에서 동시에 이루어지는 것을 말한다.

답 ○

**13** 복상포자생식에서 난세포가 수정 없이 배 발생을 하고 극핵도 수정 없이 단독으로 배유 형성을 한다.

답 ○

**14** 단성화를 가진 식물은 자가수정에 유리하고 양성화를 가진 식물은 타가수정이 유리하다.

해설 양성화를 가진 식물은 자가수정에 유리하고 단성화를 가진 식물은 타가수정이 유리하다.

답 ×

**15** 단정화서는 무한화서에 해당한다.

해설 단정화서는 유한화서에 해당한다.

답 ×

**16** 복과는 많은 꽃의 자방들이 모여 하나의 덩어리를 이루는 것이다.

답 ○

**17** 포도, 수박 등 단위결과를 유도하여 씨 없는 과실을 생산할 수 있다.

답 ○

**18** 주피는 내종피로 발달한다.

해설 주피는 씨껍질(종피)로 발달하고 주심이 내종피로 발달한다.

답 ×

**19** 외떡잎식물의 배젖은 종자 발아 시 양분을 공급해 준다

답 ○

**20** 성숙한 배젖은 바깥쪽 호분층에 단백질을 저장한다.

답 ○

**21** 종피는 종자의 내부를 보호하는데 휴면이나 발아지연을 유발하기도 한다.

답 ○

**22** 배유에 양분이 저장되고 배는 잎, 생장점, 줄기 등의 어린 조직이 있는 것을 무배유 종자라 한다.

해설 배유에 양분이 저장되고 배는 잎, 생장점, 줄기 등의 어린 조직이 있는 것은 배유종자이다.

답 ×

**23** 종자의 배병이나 태좌에 붙어있던 흔적인 제(배꼽)은 식물의 종류에 차이가 없이 동일한 곳에 위치한다.

해설 종자의 배병이나 태좌에 붙어있던 흔적인 제(배꼽)은 식물의 종류에 따라 위치가 다르다. 배추, 시금치는 종자의 끝에 위치하고 상추, 쑥갓은 종자의 기부에 위치한다. 콩의 경우 종자의 뒷면에 위치한다.

답 ×

**24** 목화는 자식과 타식을 겸하는 작물이다.

답 ○

**25** 잡종강세는 잡종 자손의 형질이 부모보다 우수하게 나타나는 현상이다.

답 ○

**26** 웅성불임성은 작용기작에 따라 세포질 유전자적 웅성불임, 세포질적 웅성불임, 유전자적 웅성불임 등으로 구분된다.

답 ○

**27** 자가불화합성을 이용하여 잡종강세를 나타내는 무는 1대 잡종 종자의 대량 생산이 어렵다.

해설 자가불화합성을 이용하여 잡종강세를 나타내는 무, 배추 등의 1대 잡종 종자의 대량 생산이 가능하다.

답 ×

**28** 자연교잡에 의해 품종이 퇴화하는 경우도 있기에 격리재배를 통해 이를 방지하기도 한다.

답 ○

**29** 웅예선숙은 수술보다 암술이 먼저 성숙하는 것이다.

해설 웅예선숙은 암술보다 수술이 먼저 성숙하는 것으로 옥수수, 딸기, 양파, 수박, 당근 등이 있다.

답 ×

**30** 개화기 조절 방법에는 일장처리, 환상박피, 접목, 춘화처리 등이 있다.

답 ○

**31** 타가수정을 원칙으로 하는 작물은 유전적 퇴화 방지를 위해 산간지를 채종지로 하는 것이 좋다.

답 ○

**32** 채종재배는 종자에 충실하기 위해 질소질 비료를 충분히 공급하고 인산을 적게 주어야 한다.

해설 채종재배는 종자에 충실하기 위해 질소과용을 피하고 인산 및 칼륨을 충분히 공급한다.

답 ×

**33** 이형주는 동일 품종 내에서 고유한 특성을 갖지 않은 개체를 말한다.

답 ○

**34** 채종재배를 위한 종자의 수확적기는 수분함량이 높을 때이다.

해설 채종재배를 위한 종자의 수확적기는 안전한 저장이 가능한 수준으로 수분함량이 낮을 때이다.

답 ×

**35** 종자를 소독하는 물리적 방제에는 온도, 습도, 고주파처리 등의 방법이 있다.

답 ○

**36** 필름코팅은 농약, 색소를 혼합하여 접착제로 종자 표면에 코팅 처리를 한다.

답 ○

**37** 종자 저장시 수분 함량이 많을 경우 양분의 손실이 발생할수 있다.

답 ○

**38** 종자의 상온저장법은 종자를 건조시키고 탈기하여 진공상태로 밀봉저장하는 방법이다.

해설 상온저장법은 실온저장법이라 하며 종자를 건조시켜 용기에 담아 0~10℃ 정도의 실온에서 보관하는 방법이다.

답 ×

**39** 종자는 수분이 흡수된 상태에서 내부세포의 원형질 농도가 높아지게 된다.

해설 종자는 수분이 흡수된 상태에서 내부세포의 원형질 농도가 낮아지고 저장물질의 이동이 활발해진다.

답 ×

**40** 배추는 산소가 없으면 발아하지 못하는 종자이다.

답 ○

**41** 적외선 파장 부근에서 발아가 촉진된다.

해설 적외선 파장(730nm) 부근에서는 발아가 억제되는 현상을 보인다.

답 ×

**42** 시토키닌은 종자의 발아를 억제하는 물질이다.

해설 시토키닌은 세포분열을 촉진하고 종자의 발아를 촉진한다.

답 ×

**43** 페놀산은 종자의 발아억제물질이다.

답 ○

**44** 종자의 발아 용액의 삼투압이 높으면 침윤이 어렵게 되어 발아가 억제된다.

답 ○

**45** 벼의 종자 휴면 기간은 1주일~6개월 정도이다.

답 ○

**46** 종피파상법은 종피에 상처를 내어 생장조절제를 투입하는 방법이다.

해설 종피파상법은 휴면 타파를 통해 발아를 촉진시키기 위한 방법으로 종피에 상처를 내는 방법이다.

답 ×

**47** 층적처리는 후숙 방지 효과가 있다.

답 ○

**48** 고온, 고습 조건에서 저장기간 중의 종자의 수명이 짧아질수 있다.

답 ○

**49** 자연교잡에 의한 퇴화는 생리적 퇴화에 해당한다.

해설 자연교잡에 의한 퇴화는 유전적 퇴화에 해당한다.

답 ×

**50** 포장검사의 주된 목적은 품종의 유전적 순도검사이며, 주로 작물의 개화기를 전후하여 실시한다.

답 ○

PART 1

# 종자생산학 기본50제

**01** 다음 중 식물의 영양기관이 아닌 것은?

① 뿌리 ② 줄기
③ 종자 ④ 잎

해설 종자는 식물의 생식기관에 해당한다.

**02** 화아분화에 영향을 주는 요인에서 분류가 다른 것은?

① 일장 ② 영양상태
③ 온도 ④ 습도

해설 영양상태는 내적요인에 해당하고 일장, 온도, 습도는 외적요인에 해당한다.

**03** 다음 중 단일 식물에 해당하는 작물은?

① 보리 ② 시금치
③ 양파 ④ 콩

해설 콩, 옥수수, 담배, 고구마, 들깨 등은 단일식물에 해당한다.

**04** 다음 중 춘화처리에 대한 설명으로 틀린 것은?

① 인위적인 저온처리를 하는 것을 춘화처리라 한다.
② 춘화처리는 보통 0℃ 정도에서 가장 효과적이다.
③ 식물체가 온도에 자극을 받는 감응부위는 생장점이 있다.
④ 완두는 종자춘화형에 해당한다.

해설 춘화처리는 보통 5℃ 정도에서 가장 효과적이다.

**05** 다음 중 유사분열 과정에서 중기에 대한 내용으로 옳은 것은?

① 분열주기 중에서 가장 짧은 시기에 해당한다.
② 염색사의 나선화로 염색체가 굵고 짧아진다.
③ 분리된 동원체는 방추사에 의해 각각 다른 극으로 이동하게 된다.
④ 인이 다시 생성되며 방추사가 소실된다.

정답 01 ③ 02 ② 03 ④ 04 ② 05 ①

해설 세포의 양극에서 방추사가 형성되며 방추사가 동원체에 부착하여 각 염색체가 적도판에 배열된다. 중기는 분열주기 중에서 가장 짧은 시기에 해당한다.

**06** 감수분열에서 DNA 가 복제되어 유전물질의 양이 2배가 되는 시기는?

① 간기 ② 전기
③ 중기 ④ 후기

해설 간기에 DNA 가 복제되어 유전물질의 양이 2배가 된다.

**07** 다음 중 타가수분을 하는 작물은?

① 배추 ② 벼
③ 토마토 ④ 밀

해설 배추, 무, 시금치 등은 타가수분을 한다.

**08** 다음 설명에 부합하는 것은?

| 꽃밥이 암술대의 움푹한 곳에 위치하여 자가수정이 어려운 경우가 있다. |
|---|

① 자웅이숙 ② 자웅동주
③ 이형예 ④ 장벽수정

해설 꽃밥이 암술대의 움푹한 곳에 위치하여 자가수정이 어려운 경우를 장벽수정이라 한다.

**09** 무수정생식에 대한 내용으로 틀린 것은?

① 복상포자생식에 의해 형성된 난세포는 수정 없이 배발생을 해서 모체의 유전자형과 동일한 종자를 형성하게 된다.
② 모포자생식은 대포자가 아닌 체세포에서 생긴다고 하여 이름이 붙여졌다.
③ 부정배 형성은 감귤류에서 관찰된다.
④ 배낭을 둘러싸고 있는 많은 체세포들이 여러 개의 배가 발생하는 경우 다수정이라 한다.

해설 배낭을 둘러싸고 있는 많은 체세포들이 여러 개의 배가 발생하는 경우 부정배형성이라 한다.



정답 06 ① 07 ① 08 ④ 09 ④

**10** 다음 중 자웅이주에 해당하는 작물은?

① 오이　　② 시금치

③ 호박　　④ 수박

해설 시금치는 자웅이주에 해당하며 오이, 호박, 수박은 자웅동주에 해당한다.

**11** 다음 중 무한화서에 해당하는 것은?

① 총상화서　　② 단집산화서

③ 집단화서　　④ 복집산화서

해설 무한화서에는 총상화서, 원추화서, 수상화서, 유이화서, 육수화서, 산방화서, 산형화서, 두상화서 등이 있다.

**12** 다음 중 과실의 분류에서 진과에 해당하는 것은?

① 무화과　　② 사과

③ 배　　④ 포도

해설 감, 포도, 복숭아 등은 진과에 해당한다.

**13** 다음 중 단위결과에 해한 설명으로 옳지 않은 것은?

① 단위결과는 수정이 되고 종자가 생기지 않아도 과실이 형성되는 경우를 말한다.

② 단위결과에 해당하는 것으로 바나나, 오이 등이 있다.

③ 단위결과는 인위적으로 유발할 수 없다.

④ 단위결과는 염색체 조성이 복잡하여 정상적 배우자 형성이 어려울 경우 발생한다.

해설 단위결과는 화분의 자극이나 생장조절물질의 조절, 배수성 등을 이용하여 인위적으로 유발할 수 있다.

**14** 다음 중 배의 발생 법칙에 해당하지 않는 것은?

① 절약의 법칙　　② 기원의 법칙

③ 중량의 법칙　　④ 목적불변의 법칙

해설 배의 발생 법칙에는 절약의 법칙, 기원의 법칙, 수의 법칙, 목적불변의 법칙 등이 있다.

정답 10 ② 11 ① 12 ④ 13 ③ 14 ③

**15** 종자의 발달에 관한 내용으로 틀린 것은?

① 종자는 세포분열과 신장을 위한 양분과 수분 흡수로 중량이 무거워지는데 종자에서는 배젖이 무게의 대부분을 차지한다.

② 기부세포가 분열하여 생성된 배병세포는 발육 중인 배에게 양분과 지베렐린 등을 공급한다.

③ 배젖은 발달하여 주공이나 합점 끝에 형성된 기생근을 통해 주위의 양분을 흡수한다.

④ 단자엽식물의 경우 배에서 생성된 지베렐린은 배반을 통해 방출되어 배유로 이동한다.

해설 단자엽식물의 경우 배에서 생성된 지베렐린은 배반을 통해 방출되어 호분층으로 이동한다.

**16** 다음 중 배유종자에 해당하는 것은?

① 옥수수 ② 콩

③ 녹두 ④ 클로버

해설 벼, 보리, 밀, 옥수수, 양파, 당근, 토마토 등은 배유종자에 해당한다.

**17** 종자의 저장조직에 대한 설명으로 옳지 않은 것은?

① 종자의 저장조직은 배유, 외배유, 자엽으로 구성되어 있다.

② 종자의 저장물질은 전분(탄수화물), 단백질, 지방, 유기산 등이 있다.

③ 종자의 저장물질은 배유에만 저장된다.

④ 외배유는 주심조직의 일부가 수정 후 발달해 영양을 저장한다.

해설 종자의 저장물질은 배유, 자엽, 배축, 외배유 등에 주로 저장된다.

**18** 종자의 형상이 난형인 것은?

① 메밀 ② 고추

③ 목화 ④ 양파

해설 고추, 무, 레드클로버는 종자의 형상이 난형이다.

**19** 다음 중 종자 수정에 대한 내용으로 틀린 것은?

① 자가수정작물에는 벼, 보리가 있다.

② 자가수정작물은 자연교잡률이 4% 이하를 기준으로 한다.

③ 유성생식 작물은 자가수정작물과 타가수정작물로만 구분된다.

④ 유전적으로 순수하지 않은 타식성 작물은 자식을 계속하면 유전적으로 순수해진다.

해설 유성생식 작물은 자가수정작물과 타가수정작물 및 자가수정과 타가수정을 함께하는 작물로 구분된다.



정답 15 ④ 16 ① 17 ③ 18 ② 19 ③

**20** 잡종강세에 대한 설명으로 옳지 않은 것은?

① 1대 잡종은 값이 저렴하고 지속적으로 사용가능하다.

② 1대 잡종에서 수확한 종자를 다시 심으면 변이가 일어나 균일성이 떨어진다.

③ 1대 잡종 종자 생산을 위해서는 웅성불임성, 자가불화합성 등의 유전적 특성을 활용한다.

④ 1회의 교잡에 의해 많은 종자를 생산할 수 있어야 한다.

해설 1대 잡종은 값이 비싸고 매년 바꾸어야 하는 단점이 있다.

**21** 웅성불임성에 대한 내용으로 옳지 않은 것은?

① 웅성불임은 외관상으로 비정상적으로 보여 구별이 가능하다.

② 웅성불임은 꽃밥이나 꽃가루가 기형이나 미발육으로 인하여 수정기능이 결여되어 있다.

③ 유전적 원인에 의한 웅성불임성은 육종적으로 활용가능하다.

④ 옥수수, 양파 등의 종자생산에 웅성불임성을 이용할 수 있다.

해설 웅성불임은 꽃밥이나 꽃가루가 기형이나 미발육으로 인하여 수정기능이 결여되어 있는 상태이지만 외관상으로는 정상으로 보이기도 한다.

**22** 제웅법에서 꽃봉오리의 꽃잎을 꽃망울 때 핀셋으로 밀어 내고 꽃밥을 제거하는 방법은?

① 절영법 ② 개열법

③ 화판인발법 ④ 절단법

해설 제웅법에서 개열법은 꽃봉오리의 꽃잎을 꽃망울 때 핀셋으로 밀어 내고 꽃밥을 제거한다.

**23** 자연교잡에 대한 내용으로 틀린 것은?

① 자연교잡에 영향을 주는 요인에는 격리거리가 있다.

② 차단격리법으로 파종기 조절의 방법이 있다.

③ 시간격리법에는 춘화처리가 있다.

④ 화판제거법은 꽃잎을 제거하는 방법이다.

해설 파종기 조절은 시간격리법에 해당한다.

정답 20 ① 21 ① 22 ② 23 ②

**24** 자연교잡의 영향인자에 대한 내용으로 옳은 것은?

① 자연교잡율은 작물의 종류 및 품종에 영향을 받지 않는다.
② 채종포가 작으면 집단 내의 수정률이 높아진다.
③ 매개곤충의 활동범위는 교잡률에 영향을 주지 않는다.
④ 교잡식물과 개화기가 비슷할수록 교잡률이 높아진다.

해설 교잡식물과 개화기의 일치정도에 따라 교잡률이 달라지며 개화기가 비슷할수록 교잡률이 높아진다.

**25** 교배 전 제웅이 필요 없는 작물은?

① 벼　　② 토마토
③ 호박　　④ 귀리

해설 교배 전 제웅이 필요 없는 작물로 오이, 호박, 수박 등이 있다.

**26** 다음 중 채종지의 조건에 대한 내용으로 옳지 않은 것은?

① 강우량이 많으면 임실률이 떨어진다.
② 개화기에는 다소 습한 곳이 좋다.
③ 온도가 너무 높은 곳은 임실률이 떨어진다.
④ 등숙기에는 기온의 교차가 큰 곳이 좋다.

해설 개화기에는 다소 건조한 것이 좋다.

**27** 다음 (　　)의 내용으로 적절한 것은?

| 벼의 원종포는 이품종으로부터 (　　)m 이상 격리되어야 하고 채종포는 이품종으로부터 1m 이상 격리되어야 한다. |
|---|

① 1　　② 2
③ 3　　④ 4

해설 벼, 보리, 고구마, 녹두 등의 포장격리 기준은 원원종포·원종포는 이품종으로부터 3m이상 격리되어야 하고, 채종포는 이품종으로부터 1m이상 격리되어야 한다.



정답 24 ④ 25 ③ 26 ② 27 ③

**28** 곡물류의 성숙과정으로 옳은 것은?

① 유숙기 → 호숙기 → 황숙기 → 완숙기 → 고숙기
② 유숙기 → 완숙기 → 황숙기 → 호숙기 → 고숙기
③ 유숙기 → 호숙기 → 완숙기 → 황숙기 → 고숙기
④ 유숙기 → 고숙기 → 황숙기 → 완숙기 → 호숙기

해설 곡물류의 성숙과정은 <유숙기→호숙기→황숙기→완숙기→고숙기> 이며 채소류의 성숙과정은 <백숙기→녹숙기→갈숙기→고숙기> 이다

**29** 다음 중 종자프리이밍에 대한 설명으로 틀린 것은?

① 종자프리이밍은 발아 촉진과 발아 후 생육 촉진을 목적으로 한다.
② 종자 프라이밍 처리시 호랭성 종자는 10~20℃ 조건에서 수일간 침지한다.
③ 종자 프라이밍은 포장 출현율 증대 효과가 있다.
④ 종자프라이밍에 사용되는 용액에는 질산나트륨이 주로 사용된다.

해설 종자프라이밍에 사용되는 용액으로 PEG, $Ca(NO_3)_2$, $KNO_3$ 등을 활용한다.

**30** 종자 저장을 위한 건조제의 종류가 아닌 것은?

① 실리카겔 ② 염화칼슘
③ 메틸브로마이드 ④ 생석회

해설 종자의 저장을 위한 건조제에는 실리카겔, 염화칼슘(염화석회), 생석회, 나뭇재 등이 활용된다.

**31** 다음 중 종자의 발아력을 수십년까지 유지할 수 있는 저장법은?

① 층적법 ② 건조저장법
③ 상온저장법 ④ 밀봉저장법

해설 밀봉저장법은 종자를 건조시키고 탈기하여 진공상태로 밀봉시켜 냉장고와 같은 저장소에 보관하는 방법으로 수년~수십년까지 발아력을 유지할수 있다

**32** 다음 중 종자가 발아하기 위해 요구되는 수분이 가장 많은 작물은?

① 밀 ② 사탕무
③ 벼 ④ 콩

해설 콩이 발아하기 위한 요구 수분은 50% 로 보기 중에서 가장 높다.

정답 28 ① 29 ④ 30 ③ 31 ④ 32 ④

**33** 다음 중 고온 조건에서 발아하는 종자가 아닌 것은?

① 옥수수 ② 시금치
③ 가지 ④ 고추

해설 시금치 종자는 저온에서 발아하는 종자에 해당한다.

**34** 다음 중 호광성 종자에 해당하는 것은?

① 담배 ② 호박
③ 양파 ④ 오이

해설 담배, 상추, 우엉 등은 호광성종자에 해당한다.

**35** 종자의 발아에 대한 설명으로 옳지 않은 것은?

① 지하발아 식물에는 벼, 보리가 있다.
② 종자 발아의 내적 요인으로 유전성, 종자 성숙도가 있다.
③ 종자 발아에 외적 요인으로 수분, 온도가 있다.
④ 종자 발아시 유근과 유아가 출현하는데 보통 유아가 먼저 출현한다.

해설 유근과 유아의 출현은 보통 유근이 먼저 출현한다.

**36** 종자 발아에 관련된 내용으로 틀린 것은?

① 에틸렌은 과실의 성숙을 촉진한다.
② 지베렐린은 미숙종자에 다량 포함되어 있다.
③ 과산화수소는 종자의 살균 역할만 한다.
④ 시토키닌은 뿌리에서 합성된다.

해설 과산화수소($H_2O_2$)는 콩과식물, 토마토, 보리 등의 발아를 촉진시키고 종자의 살균 역할도 한다.

**37** 종자의 휴면에 관련된 내용으로 옳지 않은 것은?

① 재배종은 야생종에 비해 휴면성이 강하다.
② 휴면의 효과에는 맥류의 수발아 억제가 가능하다.
③ 타발적 휴면은 외적 조건에 의해 유발되는 휴면이다.
④ 종피의 불투기성은 휴면의 원이 중 하나이다.

해설 야생종은 재배종에 비해 휴면성이 강한 편이다



정답 33 ② 34 ① 35 ④ 36 ③ 37 ①

**38** 작물의 휴면타파에 대한 내용으로 옳지 않은 것은?

① 벼 종자는 과산화수소용액에 24시간 침지후 저온조건에서 처리한다.
② 화본과 목초는 파종 전에 질산칼륨이나 지벨렐린으로 처리한다.
③ 시금치는 60℃ 고온에서 3~5일 정도 처리한다.
④ 감자의 지베렐린처리는 2ppm 에 30~60분 정도 침지하고 그늘에 말리도록 한다.

해설 벼 종자는 40℃ 의 고온에서 3주 정도 처리한다.

**39** 다음 중 단명종자에 해당하는 것은?

① 벼 ② 오이
③ 배추 ④ 양파

해설 양파, 콩, 당근 등은 단명종자에 해당한다.

**40** 다음 작물 중에서 안전 저장을 위한 종자의 최대수분함량이 가장 높은 것은?

① 콩 ② 시금치
③ 벼 ④ 배추

해설 안전저장을 위한 종자 최대수분함량은 대략 벼 15%, 콩 11%, 시금치 9%, 배추 5%, 고추 4.5% 정도이다.

**41** 다음 중 종자의 퇴화시 나타나는 현상이 아닌 것은?

① 종자 내부 효소의 활성이 감소한다. ② 종자의 발아율이 저하된다.
③ 종자의 유리지방산이 감소한다. ④ 종자의 저항력이 감소한다.

해설 종자의 퇴화시 유리지방산은 증가한다.

**42** 다음 중 종자 퇴화를 방지하기 위한 방법으로 틀린 것은?

① 격리재배를 한다. ② 미완숙퇴비를 사용한다.
③ 재배시기를 조절한다. ④ 이병주를 제거하도록 한다.

해설 종자의 퇴화 방지를 위해 완숙퇴비를 사용하도록 한다.

정답 38 ① 39 ④ 40 ③ 41 ③ 42 ②

**43** 다음 중 정립에 해당하지 않는 것은?

① 미숙립 ② 소립

③ 병해립 ④ 이종종자

해설 이종종자, 잡초종자, 이물은 정립에 포함되지 않는다.

**44** 감자의 원종포에 대한 포장격리 기준으로 옳은 것은?

① 불합격포장, 비채종포장으로부터 20m 이상 격리되어야 한다.

② 불합격포장, 비채종포장으로부터 40m 이상 격리되어야 한다.

③ 불합격포장, 비채종포장으로부터 60m 이상 격리되어야 한다.

④ 불합격포장, 비채종포장으로부터 80m 이상 격리되어야 한다.

해설 감자의 원종포은 불합격포장, 비채종포장으로부터 20m 이상 격리되어야 한다.

**45** 벼의 포장검사 기준에서 특정병은?

① 키다리병 ② 도열병

③ 흰잎마름병 ④ 줄무늬잎마름병

해설 키다리병, 선충심고병은 벼의 특정병에 해당한다.

**46** 다음 시료추출에 대한 내용에서 (   ) 안에 적합한 기준은?

> 작물별, 생산자별, 품종별, 품위별로 편성하되 소집단(lot)의 크기는 제시된 소집단의 최대 중량을 기준하여 (   ) % 허용범위를 넘지 않아야 한다

① 2 ② 5

③ 7 ④ 10

해설 작물별, 생산자별, 품종별, 품위별로 편성하되 소집단(lot)의 크기는 제시된 소집단의 최대중량을 기준하여 5% 허용범위를 넘지 않아야 하며, 감자 등 서류작물은 최대 40톤 단위로 한다.



정답 43 ④ 44 ① 45 ① 46 ②

**47** 화방(花房, cluster)에 대한 설명으로 옳은 것은?

① 외종피가 과피와 합쳐진 벼과 식물의 나출과

② 종자 안에 감싸인 어린 식물

③ 빽빽히 군집한 화서 또는 근대 속에서는 화서의 일부

④ 단생 또는 복생하는 표피상의 돌기

해설 화방(花房, cluster) : 빽빽히 군집한 화서 또는 근대 속에서는 화서의 일부.

**48** 종자의 활력 검사시 활용되는 약품은?

① 옥시테트라사이클린　② 시마진

③ 테트라졸리움　④ 질산칼륨

해설 종자의 활력검사에서 0.1~1.0%의 테트라졸리움(이하 "TZ"라 한다)용액을 사용한다.

**49** 피자식물 종자의 핵형구성이 옳은 것은?

① 배유 = 2n, 배 = 2n, 종피 = 2n　② 배유 = 2n, 배 = 3n, 종피 = n

③ 배유 = 3n, 배 = 2n, 종피 = n　④ 배유 = 3n, 배 = 2n, 종피 = 2n

해설 피자식물(속씨식물)의 수정은 배낭 내로 들어간 2개의 정핵 중 하나는 난핵과 융합하여 2n 인 배를 형성하고 다른 하나는 2개의 극핵과 융합하여 3n 의 배유를 형성한다. 즉 피자식물(속씨식물)의 종자 핵형은 배유 3n, 배 2n, 종피 2n 으로 구성되게 된다.

**50** 채종재배 시 채종포로서 적당하지 못한 곳은?

① 등숙기에 강우량이 많고 습도가 높은 지역

② 토양이 비옥하고 배수가 양호하며 보수력이 좋은 토양

③ 겨울 기온이 온화하고 등숙기에 기온의 교차가 큰 곳

④ 교잡을 방지하기 위하여 다른 품종과 격리된 지역

해설 채종재배 시 채종포는 강우량 및 습도가 적당해야 한다.

정답 47 ③ 48 ③ 49 ④ 50 ①

종자기사 · 산업기사 필기
Engineer(Industrial) Seeds

# PART 2

# 식물육종학

ENGINEER SEEDS

PART 02 식물육종학

## 01 육종의 기초

### 1. 육종의 중요성과 성과

#### (1) 육종의 중요성 및 목표

① 육종의 정의

㉠ 유용한 생물의 유전적 형질을 사람이 희망하는 쪽으로 개량하는 것으로 육종에는 유전적 변이를 가진 집단을 모으거나 만들어내는 조작(변이 창출)과 원하는 형질을 희망하는 집단에 옮겨가게 하기 위한 조작(선발), 또한 이렇게 하여 얻어진 집단을 양호한 상태로 유지, 관리하기 위한 조작(원종의 관리)들이 포함된다.

㉡ 육종기술은 변이의 탐구와 창성, 변이의 선택과 고정, 신품종의 증식과 보급의 3단계로 구성된다.

② 작물육종의 목표

㉠ 작물육종은 수량을 증대, 품질을 향상, 내병충, 내재해성 향상을 통해 수확의 안정성을 높여 식량의 안정적 공급을 목표로 한다.

㉡ 작물육종의 목표는 다수확, 생산물의 품질 향상, 재배의 용이성, 소비자 기호 증진 등이다.

㉢ 육종의 목표를 설정할 때 현 재배 품종의 장점과 단점, 보급의 상향을 가장 우선으로 고려한다.

③ 작물육종의 성과

㉠ 신품종

- 국내의 채소, 화훼류를 제외한 모든 작물의 품종은 정부가 육종하여 농가에 분배 보급한다.

㉡ 경제적 효과

- 단위면적당 수량의 증대 및 저항성 품종의 보급을 통해 생산비를 절감하는 등의 경제적 효과가 있다.

㉢ 품질의 개선

- 과수류, 채소류 등과 같은 작물의 품질을 개선하였다.

㉣ 재배안정성

- 주변환경에 대한 적응성을 높이고 병해충 등에 대한 저항성을 향상시킨 품종의 보급으로 재배안정성을 증대시켰다.

㉤ 재배한계의 확대

- 육종에 의해 농작물 재배의 지리적, 계절적 한계를 극복하여 확대시켰다.

㉥ 경영의 합리화

- 기계화를 통해 생산비를 절감하는 등의 경영의 합리화를 도모하였다.

④ 작물별 육종 목표

㉠ 벼

- 양질 다수성, 안전성, 내도복성, 내염성, 내탈립성, 가공적성, 준단간 직립성, 병해충 및 기상재해 복합 저항성, 생산비 절감을 위한 직파재배 적응성

㉡ 채소

- 생산의 안정화 및 증대화, 작형의 다양화, 생산의 주년화, 작업의 편의화, 재배의 생력화

㉢ 과수

- 양질 다수성, 안전성, 저장성, 내한성, 친화적 왜성대목

㉣ 화훼

- 꽃의 크기 및 모양의 다양화, 꽃 색깔의 차별과, 개화기간의 증대, 향기의 품위 향상

### (2) 신품종의 출현

우리나라에서 채소, 화훼류를 제외한 모든 작물의 품종은 정부가 직접 육종하여 농가에 분배 보급하고 있다.

## 2. 재배식물의 기원과 도입

### (1) 식물의 기원과 분화

① 식물의 기원

㉠ 현재 재배되는 작물들은 야생식물에서 순화 및 발달되었다.

㉡ 어떤 작물의 야생하는 원형식물을 그 작물의 야생종 혹은 원종이라 한다.

㉢ 재배종이 야생원형식물로부터 변이, 발달해온 과정을 작물의 식물적 기원이라 한다.

② 작물의 분화

㉠ 분화는 작물이 여러 갈래로 갈라지는 현상을 의미한다.

㉡ 분화는 첫 과정은 유전적 변이의 발생이다.

㉢ 분화의 과정은 자연교잡, 돌연변이에서 도태와 적응, 순화, 적응형의 과정을 거친다.

㉣ 분화의 마지막 과정은 적응형들이 유전적으로 안정적인 상태를 유지하는 것이고 이를 위하여 적응형 상호간에 유전적 교섭이 발생하지 않게 격절(고립, isolation)을 하도록 한다.

㉤ 격절에는 지리적 격절, 생리적 격절, 인위적 격절 등이 있다.

| 지리적 격절 | 지리적으로 떨어져 있어 유전적 교섭이 일어나지 않는다. |
|---|---|
| 생리적 격절 | 개화기의 차이, 교잡불능 등으로 유전적 교섭이 방지된다. |
| 인위적 격절 | 인위적으로 다른 유전자와의 교섭을 방지한다. |

㉥ 야생형 식물의 경우 분화과정에서 종자의 탈립, 산포능력의 상실, 종실의 크기 대형화, 방어적 구조의 퇴화, 종자의 휴면성약화 등이 나타난다. 즉 야생식물의 경우 재배화되면서 여러 가지 순화된 특성이 나타나게 되는 것이다.

③ 작물의 유연관계

㉠ 작물의 분화는 유연관계가 있는 다양성을 나타내기에 식물적 기원을 파악하는데 도움이 된다.

㉡ 유연관계를 파악하는 방법에는 교잡에 의한 방법, 염색체에 의한 방법, 면역학적 방법 등이 있다.

㉢ 작물의 유연관계는 내부 유전적인 영향이 가장 크며 염색체의 수, 모양의 차이로 파악이 가능하다.

(2) 식물의 지리적 분류

① 작물의 최초 원산지에서 타지역으로 전파된 과정을 지리적 기원이라 한다.

② 작물의 원산지 연구는 De Candolle 의 야생종의 분포지방, 고고학 등에 표시되어 있는 사실과 전설 및 구기 등을 참고하여 작물의 발상지, 재배 연대, 내력 등을 최초로 밝혔다.

③ 바빌로프(Vavilov)는 작물의 원산지에 관련하여 유전자중심지설(gene center theory)을 제기하였다. 중심지에서 재배 식물의 변이가 가장 풍부하고 다른 지방에 없는 변이를 보이며 중심지에서 우성형질이 많고 중심지에서 멀어지면 열성 유전자가 많이 보인다.

④ 농경의 발상지는 학자에 따라 다르게 추정하였는데 큰강의 유역은 De Candolle, 산간부는 Vavilov, 해안지대는 P. Dettweiler 이다.

⑤ 유전자중심지설은 작물육종에 있어 새로운 유용 유전자를 탐색 및 수집에 많이 활용된다.

⑥ 바빌로프는 주요 작물의 재배기원 중심지를 8개 지역으로 나누었다.

| 중국지구 | 조, 피, 메밀, 무, 오이, 상추, 배, 복숭아 |
|---|---|
| 힌두스탄지구 | 벼, 목화, 삼, 귤 |
| 중앙아시아지구 | 밀, 완두, 강낭콩, 아마, 포도, 참깨 |
| 근동지구 | 늘보리, 6재배 귀리, 배, 사과, 알팔파 |
| 지중해연안지구 | 채소류, 2립계 밀, 클로버 |
| 아비시니아지구 | 보리, 아마, 해바라기 |
| 중앙아메리카지구 | 옥수수, 고구마 |
| 남아메리카지구 | 감자, 담배, 바나나, 토마토 |

# 02 변이

## 1. 변이

### (1) 변이의 정의

① 같은 종 내에서 개체들 간 유전자의 변화에 의해 나타나는 형질의 변화를 변이라 하며 변이를 나타내는 성질을 변이성이라 한다.

② 변이는 온도, 양분, 환경조건 등에 의해 발생하기도 하고 교배, 돌연변이 등의 유전적 변이에 의해 생성되기도 한다.

③ 유전적 변이는 돌연변이, 교배변이, 생물의 유성생식 과정 등에서 발생한다.

## 2. 변이의 종류와 감별

### (1) 변이의 분류

① 변이는 대상 형질에 따라 형태적 변이와 생리적 변이로 분류된다.

② 변이의 연속성에 따라 연속변이, 불연속변이로 분류된다. 불연속변이는 유전양식이 비교적 간단하고 선발이 쉬운 변이이다.

③ 변이는 유전성에 따라 유전적 변이, 비유전적 변이로 분류된다. 유전적 원인에 의한 변이에는 불연속변이, 대립변이, 연속변이 등이 있으며 환경변이나 장소변이 등은 비유전적 원인에 의한 변이에 해당한다.

④ 변이는 길이, 무게, 수량 등 측정형질을 숫자로 표현하는 양적변이와 색깔, 형태 등 측정형질을 숫자로 표현할 수 없는 질적변이로 분류된다.

### (2) 변이의 감별

① 변이의 감별은 후대검정 및 특성검정, 변이의 상관 비교 등이 이용된다.

② 후대검정은 변이를 나타낸 개체를 자식하여 선발된 우량형이 유전적인 변이인가를 관찰한다.

③ 특성검정은 병저항성, 내한성과 같은 생리적 형질의 대부분은 일정한 환경조건하에서만 발현되므로 목표로 하는 형질이 발현될 수 있는 이상환경을 만들어 변이를 감별한다.

④ 연속변이의 형질은 평균치, 중앙치, 표준오차 등의 통계적 방법을 적용한다.

### (3) 방황변이

① 변이의 계급이 여러 단계로 나누어 어떤 계급을 중심으로 하여 양방향으로 비슷하게

변이하는 것을 방황변이라 한다.

② 방황변이의 경우 후대로 유전하지는 않는다.

(4) 후대검정

① 후대검정은 차대검정이라 하며 자손의 형질을 조사해서 양친의 형질을 추정하는 것이다.

② 선발된 우량형이 유전적 변이인가를 검정한다.

③ 후대검정의 경우 연속변이를 하는 양적형질의 유전성 여부를 확인할 수 있다.

④ 표현형에 의해 감별된 우량형을 검정한다.

## 3. 유전자원의 수집, 평가 및 보존

(1) 유전자원의 수집

① 대상 지역의 식물에 대한 정보를 수집한다.

② 현지의 기후, 식생, 토성, 지형, 강우량, 온도, 일장 변화 등의 정보를 수집한다.

③ 수집 지역의 선정은 지역 내 유전변이의 크기, 지역 개발 정도, 재배식물 종류 및 재배방법, 육성품종 보급 정도를 고려한다.

④ 수집할 식물은 소실될 가능성이 높고 경제적 가치가 큰 것을 우선적으로 수집한다.

(2) 유전자원의 평가

① 수집한 유전자원의 내력과 형질의 특성을 조사 및 기록하는 것을 유전자원의 평가라 한다.

② 유전자원의 평가는 1차적 특성, 2차적 특성, 3차적 특성으로 나누어 평가한다.

| | |
|---|---|
| 1차적 특성 | · 개화기, 초장, 색깔 등 감별이 쉽거나 유전력이 높은 형질로 한다.<br>· 한 장소에서 1회 조사하여도 보편성이 높은 형질로 유전자원의 특징을 대략적으로 파악 가능하다. |
| 2차적 특성 | · 병해충 저항성, 환경 스트레스 내성 등 검정시설이 필요한 형질을 대상으로 한다.<br>· 2차적 특성 평가에는 시설, 시간, 비용 등이 요구되기에 단시간의 평가는 어렵다. |
| 3차적 특성 | · 수량과 같이 환경변이가 큰 형질과 특수한 평가방법이 필요한 형질을 대상으로 한다.<br>· 여러 환경조건에서 여러 해를 반복하여 종합적으로 판단한다. |

### (3) 유전자원의 보존

① 시간이 지날수록 지구상에서 멸종하는 생물종이 늘어나서 유전자 다양성이 급격하게 감소하고 있어 이를 보존하고자 노력하고 있다.

② 국내의 농촌진흥청 농업유전자원센터에서 안정적인 유전자원 보존을 위해 4℃에서 30년간 유전자원을 보관하는 중기저장고와 영하 18℃에서 100년간 보관하는 장기저장고가 있다.

| 중기저장고 | 25평, 영상 4°C, 상대습도 35% 내외 |
|---|---|
| 장기저장고 | 17평, 영하 18°C, 상대습도 40% 내외 |

③ 유전자원의 보존을 위한 방법으로 액티브 콜렉션과 베이스 콜렉션을 방법을 활용하기도 한다.

| 액티브 콜렉션<br>(active collection) | 종자수분을 5±1%로 한 다음 4°C에 저장하는 방법이다. |
|---|---|
| 베이스 콜렉션<br>(base collection) | 종자수분을 5~7%로 한 다음 -18°C에 저장하는 방법이다. |

④ 유전자원은 진화된 생명체의 역사적 산물이기에 한번 소실되면 두 번 다시 재생이 불가능하다.

⑤ 재래종과 같이 생산성은 낮지만 소규모로 다양하게 재배되어 오던 품종이 우수한 신품종의 출현과 새로운 재배법이 개발되면서 유전자원이 점차 사라지는 것을 유전적 침식이라 한다.

⑥ 유전적 침식이 진행되면 우수한 신품종의 육종재료가 되는 유전자원이 고갈되어 육종적 측면에서는 손실이 발생한다.

## 03 생식

### 1. 식물의 생식방법

#### (1) 유성생식

① 유성생식은 생식세포가 결합하여 새로운 개체를 형성한다.

② 대부분 고등식물의 생식방법으로 암, 수 양성의 배우자가 수정과정을 거쳐 새로운 개체를 형성하는 것으로 자가수정, 타가수정으로 구분한다.

③ 자가수분에 의한 수정을 자가수정, 타가수분에 의한 수정을 타가수정이라 한다.

④ 꽃이 피기 전의 봉오리 상태일 때 일어나는 자가수정을 폐화수정이라 한다.

⑤ 배와 배유의 형성이 한 배낭 내에서 동시에 이루어지는 수정을 중복수정이라 한다.

#### (2) 아포믹시스

① 아포믹시스(단위생식, apomixis)는 무수정생식이라 하며 정상적인 정핵과 난핵의 결합 없이 종자를 형성한다. 단위생식에 의해 발생한 식물이나 종자를 위잡종이라 한다.

② 단위생식의 종류에는 무배생식, 단성생식, 무핵란생식, 위수정, 무포자생식, 무정생식, 복상포자생식, 부정배형성 등이 있다.

| 무배생식 | 배우체의 난세포 이외의 세포가 단독으로 분열 및 발달하여 포자체를 만드는 현상을 말한다. |
|---|---|
| 단성생식 | 수정되지 않은 난세포가 단독으로 배를 형성한다. |
| 무핵란생식 | 핵을 잃은 난세포의 세포질 속으로 정핵이 들어가 단독으로 발육하면서 배를 형성한다. |
| 위수정 | 종간 혹은 속간교배 후 수정이 정상적으로 이루어지지 않았으나 난세포의 발육으로 배가 형성된다. |
| 무포자생식 | 포자체의 체세포의 발육에 의해 배우체가 생성된다. |
| 무정생식 | 배우자의 융합 없이 배나 종자가 형성된다. |
| 복상포자생식 | 배낭모세포의 수가 감수분열을 하지 못하고 체세포와 동일한 염색체 수를 가지게 된다. |
| 부정배형성 | 배낭을 둘러싸고 있는 많은 체세포들에 여러 개의 배가 발생한다. |

#### (3) 영양생식

① 식물체의 일부를 이용하여 번식하는 무성생식의 방법이다.

② 영양번식은 모체와 유전적으로 동일한 개체를 얻을 수 있다.

③ 초기생장이 좋으나 바이러스에 감염되면 치료가 어렵고 유성번식에 비해 증식률이 낮다.

④ 자연영양생식법은 고구마의 덩이뿌리와 같이 모체에서 자연적으로 분리 생성된 영양기관을 이용하여 번식한다.

⑤ 인공영양생식법은 인공적으로 영양체를 분리하여 번식시키는 방법으로 접목, 삽목, 분주, 취목 등의 방법이 있다.

### (4) 생식세포

① 체세포분열

㉠ 세포분열은 세포가 성장하여 일정 크기에 도달하면 그 수를 늘리게 되는 것을 말한다.

㉡ 세포분열은 체세포분열과 생식세포의 형성과정에서 나타나는 감수분열이 있다.

㉢ DNA 의 염기는 아데닌(Adenine), 구아닌(Guanine), 시토신(Cytosine), 티민(Thymine)으로 구성되어 있으며 아데닌은 티민과 결합하고 구아닌은 시토신과 결합한다.

② 유사분열(체세포분열)

㉠ 유사분열은 몸의 크기 증가를 위해 체세포분열 중 분열하는 과정에서 염색체와 방추사가 나타나는 분열을 말한다.

㉡ 유사분열은 전기, 중기, 후기, 종기로 구분한다.

| | |
|---|---|
| 전기 | 염색사의 나선화로 염색체가 굵고 짧아지며 각 염색체는 2개씩 염색분체를 구성하고 인과 핵막이 소실된다. |
| 중기 | 세포의 양극에 방추사가 형성되고 방추사가 동원체에 부착하여 염색체가 적도판에 배열되는데 분열 주기 중에서 가장 짧다. |
| 후기 | 각 염색체에 동원체가 종단되고 염색분체의 각각이 종단된 동원체를 따라 분리된다. 분리된 동원체가 방추사에 의해 다른 극으로 이동하게 된다. |
| 종기 | 염색분체들의 각 한 벌씩이 양극에 접합하고 나선화가 풀리면서 핵막이 형성된다. |

㉢ 세포 내 염색체는 유사분열에 의해 복제 후 배가되고 딸세포는 복제 배가되어 쌍을 이루게 되어 모든 염색체를 1개씩 물려 받는다.

㉣ 유사분열의 세포주기는 유사분열기간과 중간기를 포함하는 기간이다.

㉤ 중간기는 DNA 와 여러 물질이 합성되는 시기로 DNA 합성시기에 따라 $G_1$, S, $G_2$로 분류된다.

㉥ DNA 복제 시기는 S기 이고 유사분열기간은 M기라 하며 세포분열기는 M, $G_1$, S, $G_2$, M 순으로 반복하게 된다.

| M 기 | 유사분열이 진행되는 기간으로 전기가 가장 길고 중기가 가장 짧다. |
|---|---|
| $G_1$ | 유사분열이 끝나고 DNA 가 합성될 때까지의 기간이다. |
| S | DNA 복제기간이다. |
| $G_2$ | DNA 가 복제되어 유사분열이 시작되기까지의 기간이다. |

③ 감수분열(생식세포분열)

㉠ 감수분열은 배우자 형성을 위해 암수의 생식기관에서 생식모세포의 염색체 수가 반감되는 세포분열을 말한다.

㉡ 2회 연속 핵분열로 염색체 수가 체세포의 반으로 줄어들고 4개의 딸세포가 형성된다.

㉢ 제1감수분열은 이형분열이라 하며 염색체 수가 2n에서 n 으로 반으로 줄고 유전물질의 양은 간기에 2배로 늘어나지만 후기에 다시 반으로 줄어들어 원래의 수가 된다.

㉣ 제2감수분열은 동형분열이라 하며 염색체 수의 변화가 없고 유전물질의 양이 모세포의 반으로 줄어든다.

㉤ 감수분열의 과정은 간기, 전기, 중기, 후기, 말기로 분류된다.

| 간기 | DNA가 복제되어 유전물질이 2배가 된다. |
|---|---|
| 전기 | 염색사가 염색체로 변하고 상동염색체 한쌍이 대합하여 2가염색체가 된다. |
| 중기 | 2가염색체가 적도면에 배열되고 양극으로 방추사로 생겨 2가염색체에 붙는다. |
| 후기 | 2가염색체가 갈라져 양극으로 이동하고 염색체 수가 반으로 줄어든다. |
| 말기 | 핵막이 형성되고 세포질이 분열하여 2개의 딸세포로 분리된다. |

㉥ 제1감수분열 전기는 세사기, 대합기, 태사기, 이중기, 이동기의 과정을 거친다.

④ 유사분열과 감수분열의 비교

㉠ 유사분열은 딸세포의 염색체 수와 유전물질 함량이 모세포와 동일하지만 감수분열은 모세포의 반이다.

㉡ 유사분열은 접합이 일어나지 않으나 감수분열은 접합이 일어난다.

㉢ 유사분열은 접합자로부터 일생동안 분열이 지속되나 감수분열은 성숙한 후 1회 분열한다.

㉣ 유사분열은 모든 체세포에서 분열하지만 감수분열은 생식세포에서만 분열한다.

㉤ 유사분열은 유전질의 영속성이 있으나 감수분열은 다양성을 가진다.

## 2. 불임성

### (1) 불임성

① 작물이 여러 원인으로 인하여 수분을 해도 수정이나 종자를 형성하지 못하는 현상을 불임성이라 한다.

② 작물의 생식과정에서 불임이 발생하는 경우는 환경적, 유전적 원인이 있다.

### (2) 환경적 원인

① 불임성에 대한 환경적 요인에는 양분, 수분, 온도, 광선, 병해충이 있다.

② 환경적 원인에 의한 불임성은 다즙질 불임성, 순환적 불임성, 쇠약질 불임성 등이 있으며 환경 조건이 개선되면 극복이 가능한 부분이다.

### (3) 유전적 원인

① 불임의 원인이 유전자 작용, 교잡 등에 의해 나타날 경우 배우자 불임성과 접합체 불임성, 세포질 불임성 등이 있다.

② 생식기관의 성적 결함에 의한 불임은 자성기관의 이상(자상불임)과 웅성기관의 이상(웅성불임)으로 분류되며 자상불임보다 웅성불임이 더 큰 문제이다.

③ 생식기관의 형태적 결함에 의한 것으로 이형예 현상, 자웅이숙, 장벽수정 등이 있다

④ 불화합성에 의한 불임성은 타가불화합성, 자가불화합성이 있다.

⑤ 교잡에 의한 불임성은 종내 잡종불임성, 종외 잡종 불임성으로 분류된다.

## 3. 웅성불임성

### (1) 유전자웅성불임성

① 유전자적 웅성불임은 핵 내 유전자에 의해서만 발생하며 보리, 수수, 토마토 등에서 관찰된다.

② 불임요인이 핵 내에만 있기에 교배방법에 따라 전부 가임 혹은 전부 불임되거나 가임과 불임이 1:1 로 분리된다.

### (2) 세포질웅성불임성

① 세포질적 웅성불임은 세포질 요인에 의해서만 발생하며 옥수수에서 주로 관찰된다.

② 세포질 내에만 불임요인이 들어 있으므로 자방친이 불임하면 화분친의 유전구성에 상관없이 불임이 된다.

③ $F_1$ 개체는 화분이 생기지 않고 항상 불임의 $F_1$ 종자만 생산되어 종실이 수확대상이 되는 작물에서 이용할 수 없고 영양체를 이용하는 사료용 유채, 양파 등에서 실용화 될 수 있다.

### (3) 세포질유전자웅성불임성

① 세포질유전자적 웅성불임은 핵 유전자와 세포질 요인의 상호작용에 의해 발생하며 양파, 사탕무, 아마 등에서 관찰된다.

② 자방친이 세포질과 핵 내에 모두 불임 요인을 가지고 있어도 화분친의 유전구성에 따라 불임이나 가임이 된다.

③ 세포질 유전자적 웅성불임으로 잡종강세를 이용하기 위해서 웅성불임친과 그 웅성불임성을 유지해 주는 유지친, 웅성불임친의 임성을 회복시켜 주는 회복인자친이 있어야 한다.

### (4) 웅성불임성 이용

① 웅성불임성은 육종적으로 이용할수 있으며 웅성불임계 품종을 모계로 하여 조합능력이 있는 다른 품종을 부계로 교배하여 제웅작업 없이 잡종종자($F_1$)을 얻을 수 있다.

② 세포질 유전자적 웅성불임성은 잡종강세를 위한 잡종종자 생산에 이용되며 유전자적 웅성불임성은 집단개량에 이용된다.

## 4. 자가불화합성

### (1) 자가불화합성

① 자가불화합성은 유전적으로 유사한 배우자 간의 수정을 억제하고 유전적으로 서로 다른 배우자간의 수정을 유도하여 후손의 유전적 변이를 크게 한다.

② 자가불화합성은 자연에서 식물의 타가수정율을 높여주는 역할을 한다.

③ 자가불화합성은 작물 중에서 두 생식기관이 기능적, 형태적으로 완전한 양성화, 자웅동주의 단성화에서 같은 꽃, 같은 개체에 있는 꽃이나 같은 계통이라도 수분에 의해 수정결실을 하지 못하는 자가불화합성을 나타내는 개량 정도가 비교적 높은 십자화과 채소나 목초 등에서 많이 나타난다.

### (2) 자가불화합성 타파

① 교배양친을 순수하게 유지하기 위해 자식하려면 자가불화합성을 일시적으로 타파한다.

② 자가불화합성의 타파를 위해서 자가불화합성 물질이 생성되는 시기를 회피하거나 불화합

반응조직 제거, 불화합 유기물질 파괴, 불화합반응의 억제를 위한 뇌수분, 노화수분, 지연수분, 고온처리, 전기 자극, 이산화탄소 처리 등의 방법을 활용한다.

③ 자가불화합성의 정도는 온도와 습도 등의 환경 조건에 따라 변화된다.

④ 뇌수분은 억제물질이 생성되기 전인 개화 2~3일 전 꽃봉오리에 수분하는 것으로 자가수정률이 높아 자가불화합성 계통을 유지할수 있다. 십자화과식물의 채종이 많이 이용된다.

### (3) 자가불화합성 종류

① 배우체형 자가불화합성

㉠ 화분(n)과 체세포(2n)로 이루어진 암술의 암술머리나 암술대간에 상호작용에 의한 결과로 교배의 화합과 불화합이 화분 자체의 유전자형에 의해 결정된다.

㉡ 배우체형 자가불화합성은 자방친의 불화합유전자가 화분의 불화합유전자와 서로 같으면 불화합이 된다.

② 포자체형 자가불화합성

㉠ 포자체형 자가불화합성은 동형화주형 자가불화합성과 이형화주형 자가불화합성으로 분류된다.

| | |
|---|---|
| 동형화주형 | · 수술과 암술의 높이가 같다.<br>· 화분이 생산된 개체의 이배성인 체세포 유전자형에 의해 불화합성이 결정된다. |
| 이형화주형 | · 수술과 암술의 높이가 다르다.<br>· 이형화주형 자가불화합성은 이이형화주 현상과 삼이형화주 현상으로 분류된다. |

㉡ 포자체형 자가불화합성은 주두의 표면에서 발현이 된다.

③ 이이형화주 자가불화합성

㉠ 하나의 번식기관 내에 장주화와 단주화 등 2종류 꽃이 존재한다.

㉡ 대표적으로 개나리, 메밀, 프리뮬러 등이 해당된다.

㉢ 자가수분으로 종자가 형성되지 않고 장주화는 단주화의 화분에 의해 생성된다.

㉣ 단주화는 장주화의 화분에 의해서만 수정이 된다.

④ 삼이형화주 자가불화합성

㉠ 하나의 번식기관 내에 장주화, 중주화, 단주화 등 3 종류 꽃이 존재한다.

㉡ 각각의 꽃에서 자가불화합성이고 같은 높이의 수술과 암술 사이에서만 화합이 일어난다.

㉢ 삼이형화주 현상은 유전자형(S, s, M, m S>M)은 다음과 같다.

(4) 자가불화합성 이용

① 잡종강세를 나타내는 작물의 1대잡종($F_1$) 종자를 대량 생산할 수 있어 국내의 경우 무, 배추, 양배추 종자 생산에 이용된다.

② 자가불화합성인 계통은 계통 내의 결실이 불가능하여 자가불화합성인 2계통을 혼식하여 두 계통간의 1대잡종($F_1$)을 채종할 수 있다

③ 동일한 개체를 재배하면 종자가 형성되지 않는 품질 좋은 과실을 생산할 수 있어 파인애플 등 단위결과성이 높은 씨 없는 과실의 생산이 가능하다.

④ 동일 개체를 재배하면 수정이 이루어지지 않아 개화 기간을 연장할 수 있어 화훼류의 개화 연장에 이용한다.

# 04 유전

## 1. 유전자의 개념

### (1) 유전자의 개념

① 유전자는 유전형질을 가지고 있고 이러한 유전적 형질을 다음 세대로 물려주는 것을 유전이라 한다.

② 양친으로부터 자손에게 전달되는 유전형질은 유전자에 의해 결정된다.

③ 유전자는 자기복제를 통해 개개의 유전형질을 발현시키는 역할을 하는 요소이며 이를 유전물질이라 한다. 유전물질의 구비조건의 경우 다음과 같다.

> ㉠ 대부분 생물의 유전물질은 DNA 이다.
> ㉡ 세포의 구조, 기능, 생식에 관하여 정보가 변하지 않는다.
> ㉢ 정보는 세포의 구조와 기능, 생식을 위한 분자를 생성하며 세포 내 모든 물질은 분자로 구성되어 있다.
> ㉣ 동일한 유전 정보가 다음세대에 반복될 수 있다.
> ㉤ 변이가 가능하여야 한다.

### (2) 유전자의 일반적 특징

① 유전자는 핵산으로 구성되어 있고 핵산의 기본단위는 뉴클레오티드(nucleotide)다.

② DNA의 뉴클레오티드는 디옥시리보당, 인산, 염기(C, G, A, T)로 구성되어 있다.

③ RNA의 뉴클레오티드는 리보당, 인산, 염기(C, G, A, U)로 구성되어 있다.

④ 세포의 핵 안에 특정 형질에 대해 2개씩의 유전자는 상동염색체의 각 자리를 차지한다. 여기서 상동염색체는 크기와 모양이 같은 염색체가 쌍으로 이루는 것을 의미한다.

⑤ 유전자가 차지하는 염색체 특정 부위를 유전자좌라 하며 상동염색체상에서 같은 유전자좌를 차지하는 유전자를 대립유전자라 한다.

### (3) 유전자의 작용

① 유전자 상호작용

㉠ 유전자의 작용은 하나의 유전자가 하나의 형질에 관여하거나, 2쌍 이상의 유전자가 관여하는 경우가 있는데 이러한 경우 상호작용이라 한다.

㉡ 유전자의 상호작용은 대립유전자간 상호작용, 비대립유전자간 상호작용이 있다. 여기서 멘델의 유전법칙은 예외로 한다.

② 대립유전자 상호작용

㉠ 대립유전자 내에서 상호작용은 우성으로 표현하고 이에 관여하는 유전자를 우성유전자, 열성유전자로 표현한다. 대립유전자 상호작용에는 불완전우성, 공동우성, 복대립유전자 등이 해당된다.

㉡ 불완전우성은 양친을 교배한 잡종 $F_1$ 에서 양친의 중간형질을 나타내는 것으로 이는 두 쌍의 대립유전자가 충분한 활성을 하지 못하기 때문이다. $F_2$ 의 분리비는 1:2:1 이 되는데 이것은 불완전우성에 의한 것이다.

㉢ 공동우성은 두쌍의 대립유전자가 함께 작용한다.

㉣ 우열전환은 잡종 $F_1$ 이 조건에 따라 열성이나 우성을 나타낸다. 어떤 식물의 개화기에 관여하는 유전자는 $F_1$ 이 장일이나 단일 조건에 따라 열성과 우성이 나타난다.

㉤ 복대립유전자는 염색체상 같은 유전자좌에 동일형질에 관여하는 3개 이상의 유전자가 존재하는 경우이다. $F_2$ 의 분리비는 3:1 이다.

③ 비대립유전자 상호작용

㉠ 비대립유전자 내에서 상호작용은 상위성으로 표현하며 관여 유전자는 상위유전자, 하위유전자로 구분된다, 비대립유전자 상호작용은 멘델법칙에 특수한 경우로 본다. 비대립유전자 상호작용에는 보족유전자, 조건유전자, 피복유전자, 억제유전자, 동의유전자, 변경유전자 등이 해당된다.

㉡ 보족유전자는 두쌍의 비대립유전자가 공동으로 작용하여 한가지 표현형으로 나타나는 유전자로 $F_2$ 분리비 9 : 7 이다.

㉢ 조건유전자의 경우 예를 들어 A, B 두쌍의 비대립유전자가 공동작용으로 특정 형질이 발현되면 A 라는 유전자는 단독으로 형질이 발현되나 B 유전자는 A 유전자가 공존해야 형질발현을 이루는 경우 B 유전자를 조건유전자라 정의한다. 조건유전자는 유전자 상호작용이 열성상위이며 이때의 $F_2$ 분리비는 9:3:4 이다.

㉣ 피복유전자는 두쌍의 비대립유전자간 한 우성 유전자가 다른 우성유전자의 발현을 막고 자신의 고유 특성만 발현하는 유전자를 말한다. $F_2$ 분리비는 12:3:1 이다.

㉤ 동의유전자는 유전자의 형질발현에 있어 2쌍 혹은 더 많은 유전자가 동일 방향으로 작용하는 일군의 유전자를 의미한다. 동일 방향 작용 유전자가 누적효과가 나타나는 경우 복수유전자, 누적효과가 없는 경우 중복유전자라 한다. 복수 유전자의 $F_2$ 분리비는 9:6:1, 중복유전자의 $F_2$ 분리비는 15:1 이다.

㉥ 억제유전자는 두쌍의 비대립유전자간 자신은 어떤 형질도 발현하지 못하고 다른

우성유전자의 작용을 억제시키는 유전자이다. $F_2$ 분리비는 13:3 이다.

ⓢ 변경유전자는 어떤 형질을 발현하는데 있어 주작용을 하는 유전자를 주동유전자, 주동유전자의 형질발현을 조절하는 유전자를 변경유전자라 한다. 변경유전자는 주동유전자가 있어야 존재하며 없을 경우 존재하지 않는다.

ⓞ 열성상위는 물질을 생성하는 유전자 A와 그 물질에 작용하여 새로운 물질을 만드는 유전자 B가 있을 경우를 말한다.

### (4) 치사유전자

① 치사유전자는 정상적 수명 이전의 특정시기에 개체를 죽게 하는 유전자이다.

② 치사유전자는 유전물질에 결함이 생겨 돌연변이가 발생하여 나타난다.

③ 치사작용의 시기 및 양상에 따라 배우자치사유전자, 접합자치사유전자, 반성치사유전자, 평형치사유전자로 분류된다.

④ 접합자치사유전자는 열성치사유전자, 우성치사유전자, 아치사유전자, 완전치사유전자로 분류된다.

## 2. 세포질 유전

### (1) 세포질유전

① 세포질유전은 세포질 내의 유전요소에 의해 형질의 유전이 지배되는 경우를 말하며 정역교배에 의해 세포질유전 여부를 알 수 있다.

② 세포질유전에 관여하는 유전적 요소를 플라스마진(plasmagene)이라 한다.

③ 플라스마진은 세포질 속에 있는 핵 이외의 유전자 DNA 로 낭세포에서 균등분배성이 없다.

④ 수정난의 세포질은 모친의 것만을 가지게 되므로 모성유전이라 하며 모친의 유전자형에 의해 표현형의 특성이 지배된다. $F_1$ 은 항상 모친과 같은 표현형을 나타낸다.

⑤ 멘델의 유전은 따르지 않고 유전에서 $F_1$에서 우성형질, $F_2$ 에서 우성과 열성이 3:1 로 분리되나 모성유전은 $F_2$ 에서 우성형질을, $F_3$에서 우성과 열성이 3:1 로 분리되는 지체유전을 한다.

### (2) 성(性) 관련 유전

① 종성유전은 성염색체가 아닌 보통 염색체상에 있는 유전자이면서 성에 따라 표현이 다르게 나타나는 유전 형태를 말한다.

② 한성유전은 어떤 형질이 암수의 어느 한쪽 성에만 한정하여 나타나는 유전현상을 말한다.
③ 형질을 나타내는 유전자가 성염색체상에 있어 성에 따라 발현 비율이 달라지는 현상을 말한다.

## 3. 멘델의 유전법칙

### (1) 멘델의 유전법칙 일반

① 멘델(Mendel, 1822~1884)은 완두를 재료로 유전이 일정한 법칙에 의한다는 유전법칙을 발표하였다.
② 1900년대에는 네덜란드의 드브리스(De vries), 독일의 코렌스(correns), 오스트리아의 체르마크(tschermak)가 멘델의 유전법칙을 연구하였다.
③ 작물 유전의 돌연변이설을 주장한 드브리스(De vries)는 달맞이꽃을 재배하여 새로운 변종들이 무작위로 생기는 것을 통해 학설을 주장하였다.

### (2) 멘델의 유전법칙 내용

① 한 가지 유전형질은 하나의 유전적 단위에 의해 지배된다.
② 유전자는 배우자를 통해 양친에서 자손으로 전달된다.
③ 개체는 한 가지 유전형질에 대하여 한 쌍의 유전자를 가진다. 하나는 부계, 하나는 모계에서 온다.
④ 개체가 배우자를 만들 때 한 쌍의 유전자는 서로 독립적으로 분리된다.
⑤ 배우자는 서로 자유롭게 결합한다.
⑥ 유전자는 변화하지 않으며 다른 유전자에 영향을 받지 않는다.
⑦ 한쌍의 대립유전자에 형질발현에 있어 한쪽은 우성이고 한쪽은 열성이다.

### (3) 멘델의 유전법칙

① 지배의 법칙

㉠ 멘델의 제1유전법칙이며 잡종 1세대($F_1$)에서 우성형질만 나타나고 열성형질은 나타나지 않는다.
㉡ $F_1$은 유전자조성이 Aa 와 같이 언제나 이형접합이므로 지배의 법칙은 유전자형이 헤테로(hetero)에 적용된다.
㉢ 멘델은 양친을 바꾸어서 교배하는 정역교배를 통해 결과를 증명하였다.
㉣ 우성이 열성을 지배한다고 하여 우성의 법칙 혹은 우열의 법칙 이라고도 한다.

② 분리의 법칙

㉠ 멘델의 제2유전법칙으로 잡종 2세대($F_2$)에서 우성과 열성의 두 형질이 일정 비율로 분리된다.

㉡ 한 쌍의 대립유전자가 관여하는 경우 우성과 열성은 3:1의 비율로 분리된다.

㉢ 멘델은 검정교배를 실시하여 이를 입증하였다.

㉣ 검정교배는 $F_1$ 을 그 형질에 대하여 열성인 개체와 교배하는 것으로 어떤 개체의 유전자형과 배우자의 분리비를 알 수 있다.

③ 독립의 법칙

㉠ 멘델의 제3유전법칙으로 다른 염색체상에 있는 두 쌍이나 두 쌍 이상의 대립유전자가 간섭받지 않고 후대로 전해진다.

㉡ 서로 다른 염색체 상에 두 쌍의 대립유전자에 의해 지배되는 형질은 $F_2$ 분리비는 9:3:3:1 로 분리되며 $F_1$의 배우자 분리비는 1:1:1:1 이다.

### (4) 정역교배 및 검정교배

① 정역교배

㉠ 양친의 암수를 서로 바꾸어 교배하는 것을 말한다.

㉡ A 를 자방친, B를 화분친으로 교배하여 한편으로 B를 자방친으로 하고 A를 화분친으로 하여 교배한다.

㉢ 정역교배는 $F_1$이 자방친의 특성만을 닮는다면 세포질적 유전을 나타내는 것이다.

② 검정교배

㉠ 검정교배는 어떤 개체의 유전자형이나 배우자분리를 알고자 열성인 개체와 교배하는 것을 말한다.

㉡ 검정교배에서 $F_1$ 양친 중 열성과 교배한다.

㉢ 단성잡종의 검정교배에서는 형질의 분리비가 1:1 로 나타나고 양성잡종의 검정교배에서 형질의 분리비는 1:1:1:1 로 나타난다.

## 4. 염색체와 연관 및 교차 유전

### (1) 연관의 강도 및 교차가

① 연관

㉠ 한 염색체상에서 2개 이상의 유전자가 위치하고 있을 때 이들 유전자는 연관되어 있다고 말한다.

㉡ 동일염색체상에서 2개 이상의 유전자가 연관되어 있어야 하고 이 유전자들은 n 핵상의 염색체만큼 연관군을 이루고 있다. 이때 양친과 다른 유전자형이 전혀 생기지 않는 경우 완전연관이라 하고 양친과 다른 유전자형의 배우자가 조금이라도 생기는 경우 부분연관이라 한다.

㉢ 유전자의 연관 상태에 따라 상인과 상반으로 구분한다. 상인은 우성유전자와 우성유전자가 연관된 경우, 상반은 우성유전자와 열성유전자가 연관된 경우이다.

㉣ 2개 이상의 유전자가 다른 염색체상에 위치하면 멘델의 독립의 법칙이 적용되나 2개 이상의 유전자가 동일한 염색체상에 위치하며 집단적인 양상을 보인다.

㉤ 자가수정작물에 연관 유전을 할 경우 고정형 신조합 출현 빈도가 독립유전자의 경우보다 적으며 교차율이 낮을수록 더 저하된다.

② 교차가

㉠ 연관되어 있는 유전자들이 헤테로로 되어 있을 때 형성되는 전체 배우자 중에서 조환형 배우자의 비율을 조환가 또는 교차가라 한다.

㉡ 조환가가 적으면 조환형이 적게 나타나고 조환가가 크면 조환형이 많이 나타난다.

㉢ $\text{조환가}(\%) = \dfrac{\text{교차형}(\text{조환형})}{\text{교차형}(\text{조환형}) + \text{비교차형}(\text{부모형})} \times 100$

### (2) 교차 및 조환

① 상동염색체 위에 연관되어 있는 AB 와 ab 유전자가 교차에 의해 서로 짝을 바꾸면서 Ab 와 aB 로 나누어지는 경우를 조환이라 한다.

② 염색분체간 부분교환이 일어나 조환이 생기는 경우를 교차라 한다.

③ 교차가 일어나는 시기는 제1감수분열 전기에 상동염색체가 접합하여 2가염색체가 생성되는 시기이다.

④ 같은 염색체 위에 두 유전자가 연관되어 있을 때 교차가 일어나 양친과 다른 유전자 조합을 가지는 배우자를 조환형이라 한다.

⑤ 상인의 경우 AB/ab 이므로 조환형은 Ab 와 aB가 되며, 상반은 Ab/aB 이므로 조환형이 AB 와 ab가 된다.

### (3) 게놈

① 게놈(gnome)은 생물종이 생존하는데 필요한 최소수의 염색체 1군을 말한다.

② 한 게놈이 가지는 염색체 수는 2배체 생물 생식세포의 염색체 수에 해당한다.

③ 1게놈 속에서 상동염색체가 포함될 수 없으며 게놈속의 1개의 염색체나 그 일부만 상실되어 생활기능에 영향을 받는다.

④ 게놈 분석은 여러 근연식물이 가지는 게놈 간의 친화력을 조사하여 게놈의 이동을 알아내고 다른 게놈 간에 존재하는 친화력에 대해서도 그 관계를 밝히는 것을 게놈분석이라 한다.

### (4) 염색체 수

① 이수성

㉠ 염색체 조성이 2n 인 개체에서 감수분열 과정에서 한 두 개의 상동염색체가 완전히 분리되지 않아 n+1 혹은 n-1 인 배우자가 형성된다. 이들 배우자가 정상적인 n 상태의 배우자와 수정되어 수정된 개체가 2n+1 이나 2n-1 인 염색체가 되는 경우를 이수성이라 한다.

㉡ 2n-1 을 단염색체, 2n+1을 3염색체, 2n+2를 4염색체라 한다.

② 배수성

㉠ 생물종이 가지는 게놈의 증감 현상을 배수성이라 한다.

㉡ 동일 종류의 게놈이 증가되는 경우 동질배수체라 하며 이종 게놈이 첨가되어 배수성을 되는 경우를 이질배수체라 한다.

㉢ 이배체 : 2벌로 된 염색체로 양친의 염색체에서 한 쌍씩의 짝을 이루는 상동염색체이다.

㉣ 반수체 : 체세포 염색체수의 반을 가지고 성세포나 배우자로 완전 불임성이다.

㉤ 동질배수체 : 동종의 게놈이 배가된 것으로 형질의 확대현상이 나타난다.

㉥ 이질배수체 : 복이배체(복2배체)라 하며 서로 다른 종류의 게놈이 배가되어 배수체를 만든 것이다. 복이배체의 이용성이 높으며 육성초기 높은 불임성을 가진다.

㉦ 트리티케일(Triticate) : 밀과 호밀을 인공교배하여 만든 이질배수체로 속간잡종이다.

### (5) 염색체의 구조 변화

① 절단

염색체의 특정 부분이 잘라지는 현상으로 염색체가 증가한 것처럼 보인다.

② 결실

염색체가 절단되어 생겨난 염색체 단편이 소멸 되서 정상적인 염색체에 비해 절단된 부분만큼 염색체의 내용이 적어진다.

③ 중복

염색체 절단에 의해 발생한 염색체 단편이 그 상동염색체의 다른 부분에 붙어 달라붙은 만큼 과잉으로 더 가지게 되는 현상을 말한다.

④ 전좌

염색체가 절단되어 그 단편이 비상동염색체 일부로 이동하여 유합되는 현상을 말한다.

⑤ 역위

한 염색체의 2개 부분에서 절단이 일어나 중간부분이 180° 회전하여 다시 유합된 것을 말한다.

## 5. 양적 형질의 유전과 선발

### (1) 양적형질

① 양적형질(quantitative character)은 길이, 넓이, 무게 등 계측 할 수 있는 형질을 말한다.

② 양적형질의 특성은 $F_2$ 표현형이 여러 가지 정도로 표현되고 연속변이이다.

③ 양적형질은 복수유전자나 폴리진(polygene)계에 의해 지배된다. 형질변이를 분석하는데 있어 집단의 평균, 분산, 표준편차 등 통계학적 방법을 활용한다.

④ 양적형질은 질적형질보다 얻기 쉬운편이고 전달이 쉽다.

### (2) 질적형질

① 질적형질은 양적으로 표현할 수 없는 형질을 말한다.

② 환경의 영향을 적게 받으며 형질의 특성이 몇 가지 종류로 뚜렷하게 구분된다.

③ 질적형질의 특징은 $F_2$ 표현형이 몇 가지 종류로 구분되어 개수, 비율에 의해 표현형 구분이 가능하다.

④ 불연속변이하며 소수의 주동유전자에 의해 지배되어 단인자 효과의 측정이 가능하다.

⑤ 동일 형질이라도 측정기준에 따라 양적형질로 취급가능하다.

### (3) 폴리진

① 각각의 유전자 작용은 약하나 여러 개가 함께 작용하여 양적으로 나타나는 형질의 발현에 관계되는 유전자군을 폴리진(polygene)계라 하고 개개의 유전자를 폴리진(polygene)이라 한다.

② 연속변이의 원인이 되는 유전자로 각각의 폴리진은 그 작용이 환경변이보다 작고 동일 효과를 가지며 같은 방향으로 작용된다.

③ 형질의 유전에 관여하는 많은 수의 좌위에서 분리가 일어나며 폴리진에 의해 형질의 발현은 집단 구성원에 작용하는 환경 차이에 의해 변화되기도 한다.

### (4) 평균과 분산

① 양적형질 분석

㉠ 양적형질에 관여하는 유전자의 분석은 산술평균, 분산, 표준편차, 표준오차, 변이계수, 상관계수, 희귀계수 등 유전통계학적 방법에 따른다.

㉡ 산술평균은 연속변이 하는 형질의 중심치를 나타낸다.

㉢ 분산과 표준편차, 표준오차 등은 분리집단 내 개체들의 산포 정도를 나타낸다.

㉣ 상관계수와 희귀계수는 서로 다른 형질 간의 상호 관련성의 지표이다.

② 표현형 분산

㉠ 표현형 분산은 생물집단에 관한 어떤 양적형질의 변동을 조사할 때, 환경이나 유전적 원인을 고려하지 않고 개체의 표현형에 관한 분산만을 취급하는 것을 말한다.

㉡ 표현형분산은 유전적 차이에 의한 분산과 환경영향에 의한 분산, 유전자와 환경의 상호작용에 의한 분산으로 구성된다.

③ 유전분산

㉠ 유전분산은 하나의 집단에 있어서의 표현형 분산 중에서 개체의 유전적변이에 의하여 생긴 부분을 말한다.

㉡ 유전분산은 유전적 차이에 의한 분산으로 유전자의 상가적 작용에 의한 분산과 유전자 우성효과에 의한 우성분산, 비대립유전자 간의 상호작용에 의한 상위성분산으로 구성된다.

㉢ 유전적으로 고정될 수 있는 분산은 상가적 효과에 의한 분산이다.

㉣ 우성적 분산은 1대 잡종의 표현형 값이 양친의 어느 한쪽과 일치하면 완전우성, 양친과 양친평균 사이에 있으면 불완전우성, 양친 값을 벗어나면 초월우성이다. 이러한 우성

적 분산은 유전자형이 이형접합에서 나타나는 분산이다.

④ 표현형상관 및 유전상관

㉠ 2개의 형질을 동시에 육종목표로 하였을 때 양쪽 형질 간 높은 상관관계가 있으며 그 선발이 용이해진다.

㉡ 양자가 완전히 독립적인 경우 육종은 쉽지만 부(-)의 상관관계가 있으면 목적달성이 곤란하다.

㉢ 선발하기 쉬운 양적형질과 높은 상관관계가 있는 질적형질이 있으면 이것을 지표로 하여 조기에 양적형질을 선발할 수 있다.

㉣ 양적형질의 표현형에 나타나는 상관관계를 표현형 상관이라 한다. 여기에서 유전자 사이의 연관과 유전자의 다면발현에 의한 경우 유전상관, 환경의 영향에 의해 양형질이 동시에 (+) 혹은 (-) 방향으로 변동하는 환경상관이 있다.

㉤ 유전상관은 표현형상관의 값보다 높은 것이 일반적으로 환경상관의 값은 변동이 크다.

㉥ 유전상관은 유전자간의 연관 및 두 개 이상의 형질이 발현되는 다면 발현성에 기인한다.

(5) 유전력의 선발

① 유전력

㉠ 연속적으로 형질이 다른 개체가 태어나는 양적 형질이, 그 중 어느 정도가 다음 대에 유전되는지를 나타내는 양을 말한다.

㉡ 양적형질의 분리세대에서 표현형들이 나타내는 분산의 구성 성분 중 육종상 이용성이 높은 것은 유전분산이다.

㉢ 표현형의 전체분산에 대한 유전분산의 비를 광의의 유전력이라 한다. 이때 전체분산은 유전분산과 환경분산의 합으로 표현된다.

㉣ 표현형의 전체분산에 대한 상가적 분산의 비를 협의의 유전력이라 한다.

㉤ 유전력은 다음과 같이 구할 수 있다.

$$\text{유전력} = \frac{\text{유전분산}}{\text{표현형전체분산}} = \frac{\text{유전분산}}{\text{유전분산} + \text{환경분산}}$$

ⓑ 집단의 선발차 및 유전획득량을 통해 다음과 같이 유전력을 구할 수 있다.

$$유전력 = \frac{유전획득량}{집단선발차} \times 100 = \frac{후대집단평균치 - 원집단평균치}{잡종집단선발군의평균치 - 원집단평균치} \times 100$$

② 유전력과 선발

㉠ 유전력이 크면 초기세대에 대한 선발이 효과적이다.

㉡ 유전력은 유용형질의 선발효율을 예측하는 지표가 되기도 한다.

㉢ 유전력은 표현형의 전체분산 중에서 유전분산이 차지하는 비율이다.

㉣ 유전력은 환경분산이 커짐에 따라 감소한다.

㉤ 양적형질의 유전력은 낮고 질적형질의 유전력은 높다.

㉥ 유전력은 양질형질의 종류에 따라 그 값이 다르다.

㉦ 유전력은 0~1 값을 가지며 유전력이 0.5 이상이면 높고 0.2 이하이면 낮다.

㉧ 유전력이 높으면 선발효율이 높고, 유전력이 낮으면 환경요인에 의한 영향으로 선발효율이 낮다.

㉨ 개체의 유전력은 계통 평균치의 유전력보다 낮다.

㉩ 유전력이 높은 형질은 표현형에서 유전자형이 잘 추정되므로 개체선발이 유효하다.

③ 선발지수

㉠ 몇 가지 형질에 대해 동시에 유전적 개량을 실시할 경우 종합적으로 빠르고 정확한 효과를 올리는 방법이다.

㉡ 각 형질의 유전율, 각각의 경제적 중요성, 형질간의 유전 상관, 각 형질의 외모 상관, 각 형질의 표준편차의 조합으로 지수와 육종가와의 상관이 최대가 되도록 선발지수를 결정한다.

㉢ 선발지수는 목표로 하는 전체 형질에 대해 동시에 선발할 때 각 형질의 중요도에 따라 점수를 주어 총득점수가 많은 것부터 선발할 때 이용한다.

# 05 육종방법

## 1. 도입육종법

### (1) 도입육종법

① 육종방법은 육종의 소재가 되는 변이의 작성방법, 선발방법, 작물의 번식법 등에 따라 달라진다. 육종목표와 육종재료 및 목표형질의 유전양식에 따라 육종의 목표 및 규모가 결정된다.

② 도입육종은 외지에서 들여온 수종으로서 생산의 증진을 꾀하는 육종방법이다

③ 외국품종을 도입하기에 식물방역에 신경을 써야 한다.

④ 비용이 적게 들고 단시간에 신품종을 얻을 수 있다.

⑤ 도입육종의 과정은 크게 검역, 평가, 증식의 과정을 거친다.

## 2. 분리육종법

### (1) 분리육종법(선발육종법)

① 지방종, 재래종 혹은 재배품종을 대상으로 서로 다른 개체나 개체군을 분리하고 그로부터 우량 형질을 가진 것을 골라 새로운 품종으로 고정하는 육종방법이다.

② 재래종이나 지방종은 한 지역에서 예로부터 재배되어 온 것을 말하기도 하며 하나의 품종으로 보기도 한다. 대부분 재래종은 일종의 고정종에 속한다.

③ 분리육종법의 주대상은 지방종이나 재래종이다.

④ 분리육종법은 순계분리법, 계통분리법, 영양계분리법으로 나눌 수 있다.

⑤ 자가수정작물의 분리육종법은 순계분리법이고 타가수정작물의 분리육종법은 계통분리법이다. 영년생과 영양번식 작물의 분리육종법은 영양계분리법이다.

### (2) 순계분리법

① 순계는 동일한 유전자형으로 구성된 집단으로 순계 내에서의 선발은 효과가 없다는 것이 요한센(Johannsen)의 순계설이다.

② 완전히 자가수정하는 작물의 한 개체에서 나온 자손을 순계라 하며 순계는 유전적으로 동형접합체이다. 자식성 작물이 자가수정을 계속하면 동형접합성이 증가하게 된다.

③ 기본 집단에서 우수한 형질을 가진 개체를 계속 선발하여 우수한 순계를 선발하는 방법으로 자가수정작물에 이용된다.

④ 타가수정작물에서 근교약세를 나타내지 않는 작물은 순계분리법을 적용할 수 있는데

이때 순계를 얻기 위해 인공수분에 의한 교배가 필요하다.

⑤ 근교약세는 잡종 $F_1$ 에서 나타났던 잡종강세가 자식 혹은 근계교배를 계속함에 따라 현저하게 생활력이 감퇴되는 현상으로 자식약세라 하며 주로 타가수정작물에서 나타난다.

⑥ 순계 내에 변이는 환경에 의해 방황변이로 선발의 효과가 없다. 순계분리법에서 방황변이와 유전적 변이를 구별하기 위해 후대검정을 한 다음 생산력 검정을 한다.

### (3) 계통분리법

① 집단을 대상으로 선발을 계속하여 우수한 계통을 분리하는 방법이며 순계분리법과 같이 완전한 순계를 얻기는 어렵다.

② 자가수정작물의 채종에서 단기간에 순수한 집단을 얻을 수 있어 품종의 특성을 유지하는데 적합하다.

③ 계통분리법은 집단선발법, 계통집단선발법, 성군집단선발법, 1수1렬법, 모계선발법, 가계선발법이 있다.

㉠ 집단선발법

- 개체나 계통의 집단을 대상으로 선발하는 방법으로 타가수정작물에 많이 이용된다.
- 타가수정작물에는 기본집단에서 비슷한 우량개체들을 집단선발하여 집단재배하는 과정을 3년간 계속하고 다음 격리포장에서 증식하여 생산력 검정시험 등을 하여 새품종을 결정한다.
- 자가수정작물에 발수법이 이용되는데 원품종 중에서 이형을 없애는 정도로 국한되며 순계선발법 때와 같이 유전자형을 개량하는 효과는 거의 없다.

㉡ 계통집단선발법

- 계통의 집단을 대상으로 선발하는 방법으로 집단선발법과 방법은 유사하나 양적형질의 선발은 개체를 대상으로 할 수 없어 선발한 개체를 계통재배하고 그 계통을 비교하여 양적형질을 선발한다.
- 자가수정작물에서 원원종포에서 우량품종이나 육성된 신품종의 특성을 유지하기 위해 적용하는 방법이다.

㉢ 성군집단선발법

- 집단선발법을 특성의 차이가 있는 몇 가지 군으로 분류하여 실시한다.
- 단시간 내 비교적 특성이 균일한 계통을 얻을 수 있으며 집단선발법 보다 우수한 유전자형을 얻을 수 있다.

㉣ 1수1렬법

- 재료집단에서 선발한 우량개체를 격리포장에서 1수1렬로 재배하면서 우량 계통을 선발하는 육종법이다.

㉤ 직접법

- 각 지방에서 선발한 우량개체의 자수(암이삭)를 격리포장에서 1수1렬로 재배한다.

### (4) 영양계분리법

과수류, 화목류, 임목 등의 목본작물이나 고구마, 감자 등 영양체로 번식하는 작물의 우량 영양체를 분리하여 이용하는 방법이다.

## 3. 교잡육종법

### (1) 교잡육종법의 이론적 근거

① 교잡육종법은 육종의 소재가 되는 변이를 교잡을 통해 얻는 방법이다. 품종간, 종속간 교잡에 의해 유전적 변이를 작성하여 그 중에 우량 계통을 선발하여 신품종으로 육성하는 것이다.

② 양친의 우량형질을 신품종에 모아 신품종의 재배적 특성을 종합적으로 향상시키는 것을 조합육종이라 한다. 조합육종은 교배육종에서 두 개의 품종이 각각 별도로 가지고 있는 유용 형질을 한 개체 속에 새롭게 조합시킬 목적으로 교배하는 것을 말한다.

③ 양친이 가지고 있지 못하던 새로운 우량형질을 신품종에 발현시키는 것을 초월육종이라 한다. 초월육종은 교배육종에서 양친이 가지고 있는 유전자의 특수한 상호작용을 이용하여 양친의 어느 편에도 가지고 있지 않은 새로운 우량형질을 발현하는 것이다.

④ 교잡육종법은 멘델의 유전법칙에 근거로 성립하여 가장 널리 사용되는 방법이다.

⑤ 교잡육종법은 계통육종법, 집단육종법, 여교잡육종법, 파생계통육종법 등이 있다.

### (2) 계통육종법

① 계통육종법은 교배를 하여 잡종을 만들고 그 분리세대인 $F_2$ 이후부터 계속 개체선발을 하고 선발된 개체를 개체별 계통재배를 되풀이 하면 그들 계통을 서로 비교하여 우량한 계통을 선발, 고정하여 순계를 만들어 가는 방법으로 자가수정작물의 대표적인 육종방법이다.

② 계통육종법은 질적형질이나 유전력이 높은 양적형질의 개량에 효과적인 육종법이다.

③ 잡종에 있어서 형질분리, 유전자 조환이 멘델의 유전법칙에 따라 표현되는 것을 기대하여

체계화된 가장 기본적 육종법이다.

④ 교배육종의 성패를 좌우하는 교배모본의 선정에 있어 품종의 특성조사성적, 형질의 유전자분석결과, 육종실적을 검토하여 과거 주요품종을 양친 중 한 모본을 선택하여 교배를 통해 조합능력을 검정한다. 과거의 주요품종을 양친 중의 한 모본으로 선택하기에 양친의 유전적 조성 차이가 작아야 한다.

⑤ 계통의 재배 세대구가 증가할수록 양적형질에 대한 유전력이 증가하여 선발이 용이하다.

⑥ 계통육종법의 경우 인공교배, $F_1$ 양성, $F_2$전개와 개체 선발, 계통육성과 특성검정, 생산력 검정, 지역적응성 검정 및 농가실증시험, 종자증식, 농가보급의 순서로 진행된다.

### (3) 집단육종법

① 집단육종법은 교배를 하여 잡종을 만들고 잡종 초기세대에 선발을 하지 않고 집단채종이나 혼합재배를 하여 수세대를 거쳐 개체가 순종이 되었을 때 선발을 시작하는 육종법이다. 선발을 시작하면 이후 육종 과정은 계통육종법에 준한다.

② 수량과 같이 재배적으로 중요한 양적형질은 많은 유전자가 관여하고 초기 분리세대에서 잡종강세를 나타내는 개체가 많고 환경의 영향을 받기 쉽다.

③ 집단육종법은 수세대 후 개체를 선발하기에 잡종강세 개체를 선발할 가능성은 적으나 세대를 거듭할수록 많은 개체를 유지할 필요가 있다.

④ 집단육종법은 수량형질에 관여하는 미동유전자의 집적을 목적으로 할 경우 주로 사용되며 계통 육종법과 벼, 보리 등 자가수정작물의 육종방법으로 활용된다.

⑤ 대부분의 개체가 고정될 때까지 선발하지 않고 실용적으로 고정되었을 후기 세대에서 선발한다.

⑥ 생산력 검정에 이르기 위한 육성계통의 세대수를 보면 집단육종법은 대체적으로 육성계통의 세대수가 다른 육종법에 비해 많이 소요된다. 일반적으로 계통육종법은 $F_3$ 세대부터, 집단육종법은 $F_6$ ~ $F_7$ 세대이다.

⑦ 집단육종법은 선발을 위한 노력이 절감되며 유용유전자에 대한 상실의 가능성이 적다.

### (4) 여교잡육종법

① 여교잡육종법은 양친의 제1대 잡종에 양친 중 한쪽의 유전자형을 가진 개체를 교잡하고 이것을 수세대 반복하여 우량개체를 선발하는 방법이다. 여교잡육종법은 연속적으로 교배하면서 목표형질만을 선발하므로 육종효과가 있으나 목표형질 이외 다른 형질의 개량을 기대하기 어렵다.

② 여교잡육종법은 (A×B)×B, (A×B)×A, [(A×B)×B]×B 등의 형식이며 한번 교잡시킨 것을

1회친, 두 번 이상 교잡시킨 것을 반복친이라 한다.

③ 여교잡육종법의 경우 내병성 품종을 육성하거나 유전자의 연관관계를 규명하는데 흔히 사용되며 육종의 시간과 경비를 절약하는 장점이 있다.

④ 교배방향은 반복친을 자방친으로 사용하는 것이 교배의 성공 여부 확인이나 개화기 조절 및 교배종자 확보와 임성회복에 유리하다. 원연품종간 교배로 잡종의 불임성이 높은 경우 $F_1$ 자방친으로 사용하는 편이 효율적이다.

⑤ 여교배육종을 위해서는 만족할 만한 반복친이 있어야 하고 이전형질의 특성이 변하지 말아야 하며 반복친의 특성을 충분히 회복해야 한다.

⑥ 여교잡은 자식에 비해 분리되는 유전자형의 종류수가 적다.

⑦ 여교잡은 호모의 비율이 동일하고 희망유전자의 출현비율이 높다.

⑧ 여교잡은 불량유전자의 제거확률이 높다.

⑨ 자식과 여교잡의 세대 관계는 다음과 같다.

| 자식 | 여교잡 |
|---|---|
| $F_1$ | $F_1$ |
| $F_2$ | $BC_1F_1$ |
| $F_3$ | $BC_2F_1$ |
| $F_4$ | $BC_3F_1$ |

⑩ 여교잡 횟수에 따른 반복친의 유전구성은 다음과 같이 구하도록 한다.

$1-(1/2)^{n+1}$

n : 여교잡 횟수

### (5) 파생계통육종법

① 파생계통육종법은 $F_2$나 $F_3$에서 교배조합별로 계통선발을 하여 파생계통을 만들고 $F_5$정도까지 파생계통별로 집단선발을 하면서 불량계통을 도태하며 $F_6$에서 다시 계통선발을 하고 $F_7$에서 계통의 순도검정을 하며 이후 계통의 생산력 검정을 통해 신품종으로 육성한다.

② 파생계통육종법은 분리 초기인 $F_2$나 $F_3$ 집단에 내병성, 조만성 등 생리적 형질과 질적형질에 대해서 선발하고 계통별 집단재배를 몇 세대 거친후 개체 선발하는 육종방법이다.

③ 파생계통육종법은 계통육종법과 집단육종법의 장점을 절충한 방법이다.

### (6) 인공교배법

① 다른 품종이나 계통 사이 양친을 삼아 꽃가루를 인공으로 교배함으로 1대 잡종 종자를 생산하는 방법으로 수박, 오이, 호박, 참외 등과 같은 박과채소나 토마토, 가지 등의 일부 가지과 작물에 이용된다.

② 꽃가루를 인공배양하여 동형접합률이 높은 계통을 얻어 결실률과 품질이 높일 수 있다.

③ 벼의 조생종과 만생종을 교배시키는 경우 벼는 단일식물이므로 만생종을 단일처리하여 개화를 촉진한다.

④ 인공교배에는 개화기 조절, 제웅 및 제정, 꽃가루 검사, 배배양법 등의 기술적 처리가 요구된다.

㉠ 개화기조절

- 조생종은 파종기를 늦추고 만생종은 파종기를 앞당기는 등 파종기를 조절한다.
- 질소질비료를 많이 사용하면 개화시기가 늦어진다.
- 5℃ 이하 저온처리를 통해 개화시기를 늦춘다.
- 장일식물과 단일식물에 일정 처리를 통해 개화기를 조절한다.
- 과수류와 같이 접목을 통해 개화를 촉진한다.

㉡ 제웅법

- 절영법 : 벼, 보리 등 영의 선단부를 잘라 꽃밥을 제거한다.
- 개열법 : 콩, 고구마 등 꽃망울 때 꽃밥을 제거한다.
- 화판인발법 : 콩, 자운영 등 꽃망울 끝의 꽃잎을 꽃밥과 함께 뽑아낸다.

㉢ 제정법

- 암술의 기능을 유지하면서 수술의 기능을 상실시키는 방법이다.
- 온탕제정법, 저온처리법, 수세법, 알코올 침윤법 등의 방법이 있다.

㉣ 배배양법

- 종, 속간 잡종 등 원연간의 잡종에서는 수정 후 배의 인공배양이 필요하다.

## 4. 잡종강세육종법

### (1) 잡종강세의 표현

① 잡종강세 표현

㉠ 잡종강세는 잡종 자손의 형질이 부모보다 우수하게 나타나는 현상이다. 잡종강세가 왕성하게 나타나는 1대잡종 자체를 품종으로 이용하는 것을 잡종강세육종법이라 한다.

㉡ 잡종강세 표현은 작물 및 형질에 따라 일정하지 않으나 일반적으로 생장 발육의 증대, 내용 성분 함량의 변화, 개화 및 성숙의 촉진, 불량한 환경에 대한 저항성 증진 등으로 나타난다.

㉢ 잡종강세는 주로 1대잡종($F_1$)에서만 나타나고 자식을 하면 잡종강세의 정도가 갈수록 떨어지면서 근교약세가 나타난다.

㉣ 1대잡종($F_1$)의 경우 단위 면적당 재배에 소요되는 종자량이 적은 것이 유리하고 한 번의 교잡으로 많은 종자를 생산하는 것이 좋다.

㉤ 잡종강세의 경우 단위면적당 요구되는 종자량은 적어야 하며 교잡 조작이 쉬워야 한다.

② 타가수정작물의 잡종강세육종

㉠ 타가수정작물은 생식체계상 잡종을 만들기 쉽고 유전적으로 헤테로 상태이므로 잡종강세가 크게 나타난다.

㉡ 타가수정작물의 잡종강세육종법은 품종간 교잡에 의한 육종법, 자식계통간 교잡에 의한 육종법이 있다.

㉢ 품종간 교잡법은 잡종종자를 생산하기 쉬우나 잡종강세 발현과 균일성이 낮아진다.

㉣ 잡종강세 발현과 균일성을 높이려면 자식계통간 교잡법이나 근친계통간 교잡법을 이용한다.

㉤ 품종간교잡종은 근친계통간 교잡법에 비해 수량성은 떨어진다.

㉥ 자식계통간 교잡에 의한 육종법에서 자식계통을 육종하고 그 계통의 조합능력을 검정하여 조합능력이 높은 우량 교배조합을 선정하는 과정으로 진행된다.

③ 잡종종자 생산을 위한 우량 조합

㉠ 단교잡

- 두 개 품종 또는 두 개 계통간의 교배로 A×B 이다.
- 관여하는 계통이 2개뿐이라 우량 조합의 선정이 용이하고 잡종강세 현상이 뚜렷하다.
- 각 형질이 균일하고 불량형질이 나타나는 일이 적다.
- 종자의 생산량이 적고 종자의 발아력이 약한 편이다.

㉡ 복교잡

- 두 개의 단교배로 $F_1$ 끼리 교배하며 [(A×B)×(C×D)] 이다.
- 단교잡법보다 품질의 균일성이 떨어지나 채종량이 많고 종자가 크다.
- 사료용 옥수수 등의 대규모 재배에 유리하다.

㉢ 삼계교잡
- 단교배 $F_1$과 어떤 품종과 교배로 (A×B)×C 이다.
- 삼계교잡은 삼계교배, 3원 교잡이라고도 한다.
- 단교잡을 모본으로 자식계통을 부본으로 한다.
- 종자의 생산량이 많고 잡종강세 현상이 뚜렷하나 균일성은 낮다.

㉣ 다계교잡
- 많은 계통 간 잡종을 만드는 것으로 A×B×C×D×E×F 이다.
- 복교잡보다 생산력은 낮으나 종자를 생산하기 편리하다.

㉤ 합성품종
- 다계교잡의 후대를 그대로 품종으로 이용하는 것으로 A×B×C×…×N 이다.
- 조합능력이 우수한 많은 계통을 혼합하여 몇 해 동안 자유교잡시키거나 격리포장에서 자유교배 하 다계교잡을 한 다음 집단선발법에 의해 몇 해 동안 채종을 계속한다.
- 단교잡종이나 복교잡종 보다 수량이 떨어지고 세대를 거듭할수록 생산력이 저하된다.
- 합성품종은 매년 잡종종자를 생산할 필요가 없고 채종방법이 간단하며 환경 적응성이 커서 환경변화에 대한 안전성이 높다.
- 주로 목초류에서 사용된다.

### (2) 조합능력

① 잡종 $F_1$이 나타내는 잡종강세 정도를 조합능력이라 하고 일반조합능력과 특정조합능력이 있다.

| | |
|---|---|
| 일반조합능력 | 어떤 계통과 조합되어도 높은 잡종강세가 표현되며 우성유전자의 집정 정도를 검정한다. |
| 특정조합능력 | 특정 계통과 조합될 때만 높은 잡종강세가 표현되며 특정 계통 간의 유전자 상호작용 정도를 검정한다. |

② 조합능력을 검정할 때 조합능력을 알고자 하는 대상 계통과 교배하는 기준 계통을 검정친이라 한다.

③ 단교잡의 검정친은 자식계통이 되고 톱교잡의 검정친은 자유수분을 하는 품종으로 한다.

④ 조합능력을 검정하는 방법은 단교배검정, 톱교배검정, 다교배검정, 이면교배검정 등이 있다.

㉠ 단교배검정은 일정 자식계를 다른 여러 자식계와 교잡하여 여러 자식계들의 특정 조합능력을 검정한다.

㉡ 톱교배검정은 자유수분하는 품종을 검정친으로 하여 여러 자식계들의 일반조합능력

을 검정한다.

㉢ 이면교배는 여러 자식계를 둘씩 조합하거나 교배하여 특정조합능력과 일반조합능력을 검정한다.

㉣ 다교배검정은 다년생 영양번식작물에 사용하는 방법으로 검정하려는 영양계를 자식하지 않고 그대로 일정 검정친에 수분시켜 능력을 검정한다.

㉤ 이면교배검정은 조합능력 검정에서 환경에 의한 오차를 적게하여 양친의 유전자형과 조합능력을 추정하는 방법으로 일반조합능력, 특정조합능력을 생물 통계학적으로 추정한다.

⑤ 조합능력의 검정은 톱교배에 의해 일반조합능력에 대한 선택을 하고 다음 단교배에 의해 특정조합능력에 대한 선택을 하는 것이 우량 자식계통을 육성하는데 유리하다.

⑥ 계통의 조합능력을 개량하는 방법에는 선발육종법, 여교잡법, 계통간교잡법, 집중개량법 등이 있다.

⑦ 선발육종법은 누적선발법, 순환선발법, 상호순환선발법 등이 있다.

㉠ 누적선발법

- 자식 초기 계통선발과 $S_3 \sim S_4$ 이후 톱교배 및 계통간 교잡에 의한 검정을 거친 후 근계교배에 의해 우량계통을 육성한다.

㉡ 순환선발법

- 한 자식 계통 집단 내에서 개체의 조합능력검정을 하고 선발, 육성된 계통의 자유교배를 되풀이하여 자식계통의 능력을 개량한다. 순환 선발법은 3년을 1기로 하여 같은 조작을 되풀이 한다.

㉢ 상호순환선발법

- 2개의 잡종 품종을 재료로 하여 상호 순환적으로 계통의 능력을 개량해 간다. 한 집단에서 부본을 취하면 다른 집단에서 모본을 취하여 상호교배하고 우수한 부본을 선발하여 그들간의 자유교배로 계통능력을 개량한다.

## 5. 배수성육종법

### (1) 배수성육종법

① 배수성육종법은 염색체 수를 늘리거나 줄여 생겨나는 변이를 육종에 이용하는 방법이다.

② 이수성은 한 게놈을 구성하는 염색체에서 1개 혹은 여러 개의 염색체가 증감하는 현상을 말한다.

③ 배수성은 같은 게놈이나 다른 게놈을 중복적으로 가지는 현상을 말하며 반수체는 n,

2배체는 2n, 3배체는 3n 이라 한다.

### (2) 동질배수체

① 동질배수체는 종내에서 게놈의 직접증가로 생긴 배수성이다.

② 기본 게놈의 배수정도에 따라 동질 3배체, 동질 4배체 등의 이름으로 불리운다.

③ 동질배수체는 핵과 세포가 커지고, 영양기관의 발육이 왕성하여 거대화하고, 화서 및 종자가 대형화한다.

④ 동질배수체는 임성이 저하되고 착과성이 감퇴하며 발육이 지연 된다.

### (3) 동질배수체의 이용

① 인위적으로 염색체를 배가시켜 동질배수체를 작성하려면 콜히친(colchicine)처리법을 이용해야 한다.

② 동질배수체 육종에 있어 배수체가 되면 임성이 저하되는 단점이 있다.

③ 콜히친 처리방법은 침지법, 적하법, 분무법, 라노린법, 우무법이 있다.

④ 콜히친을 종자나 세포분열이 왕성한 식물체의 생장점 부위에 처리하면 분열상태의 세포의 방추사, 세포막의 형성을 저해하고 복제된 염색체가 양극으로 분리되는 것을 방해하는 작용을 한다.

⑤ 아세나프텐은 배수체 작성에 사용되는 콜히친의 분자구조를 기초로 발견되었으며 아세나프텐을 처리하여 배수체를 양성한다.

### (4) 이질배수체의 이용

① 다른 종속의 게놈을 동일 종속의 개체에 도입 및 보유시켜 실용적 가치를 높인 신형작물을 만들 때 이질배수체를 이용한다.

② 이질배수체 중 복이배체가 가장 이용성이 높으나 복이배체의 육성 초기에 높은 불임성이 나타난다.

③ 이질배수체를 이용하면 이종 게놈이 가지고 있는 유용인자를 도입할 수 있는 장점이 있으나 이종 간 복잡한 유전자 관계로 형질분리가 정상적으로 이루어지지 않는 단점이 있다.

## 6. 돌연변이육종법

### (1) 돌연변이

① 유전적 변이가 교잡에 의해 나타나는 경우 교잡변이라 하며 교잡이 아닌 다른 원인에 의한 경우 돌연변이라 한다.

② 돌연변이는 변이의 대상이 되는 유전질에 따라 유전자돌연변이, 염색체돌연변이, 아조변이, 키메라 등으로 구분된다.

③ 아조변이는 체세포돌연변이의 일종인데 식물의 줄기와 가지의 생장점 세포가 돌연변이를 일으킨 것으로 과수류의 신품종 육성에 이용된다.

④ 돌연변이는 식물에 없던 형질이 유전자나 염색체 수의 변화에 의해 생겨난 것으로 자연적 돌연변이와 인위적 돌연변이가 있다.

⑤ 자연상태에서 자연적 돌연변이 발생은 작물의 종류에 따라 다르나 유전자당 $10^{-6}$ ~ $10^{-5}$ 정도의 빈도로 나타난다.

⑥ 인위적 돌연변이는 방사선조사, 방사성 동위원소 처리, 화학약품 처리 등으로 유발이 가능하다.

⑦ 방사선을 이용한 돌연변이육종법에서는 $\gamma$선(감마선)이 가장 많이 이용된다.

⑧ 방사선을 처리한 종자에서 돌연변이를 일으켜 발아한 식물체를 $M_1$ 세대라 한다.

⑨ 자식성 식물의 돌연변이육종은 $M_1$ 세대에서 양성하고 $M_2$세대에서 선발하여 계통재배한 다음 $M_3$세대에서 돌연변이 고정도를 조사하고 $M_4$세대에서 생산력을 검정한다.

### (2) 돌연변이육종법 특징

① 새로운 유전자를 창성할 수 있다.

② 단일유전자를 치환할 수 있다.

③ 헤테로(hetero)로 되어 있는 영양번식작물에서 유전적 변이를 작성할 수 있다.

④ 임성을 향상시킬 수 있다.

⑤ 교잡육종의 새로운 재료를 만들 수 있다.

⑥ 염색체를 절단하여 연관군 내 잘 분리되지 않는 유전자를 분리할 수 있다.

⑦ 방사선이나 화학약품의 처리에 의해 자가불화합성을 화합성으로 하고 임성을 향상시켜 자식계나 근교계를 육성하여 잡종강세육종법에 적용할 수 있다.

### (3) 약배양육종법

① 양친을 교배한 $F_1$ 식물체에 형성되는 화분이나 자방의 유전자형은 반수체이다. 이 반수체를 염색체 배가시키면 순계가 유전적으로 고정되어 품종으로 분리할 수 있다.

② 식물체의 화분이나 약을 채취 및 배양하여 반수체, 반수체성 배를 생산하는 방법을 약배양육종법이라 한다.

### (4) 돌연변이 종류

① 점돌연변이

㉠ 점돌연변이는 유전자 서열 중 한 개의 염기가 바뀌어 생기는 돌연변이이다.

㉡ 하나의 뉴클레오타이드가 변환되어 나타나는 돌연변이로 DNA 전사 단계에서 특정 단백질의 생성을 막거나 변형시킨다.

㉢ 유전자 수준에서 가장 작은 변화로 DNA 염기서열에서 한쌍만 변화한다.

② 복귀돌연변이

㉠ 복귀 돌연변이는 돌연 변이를 일으킨 유전자가 다시 변이를 일으켜 원상으로 되돌아가는 돌연변이이다.

㉡ 변이를 일으킨 유전자 이외의 유전자에 일어난 새로운 변이에 의해서 외견상 표현형이 회복하는 경우는 포함하지 않는다.

## 7. 저항성 육종

### (1) 저항성

① 내병성 품종의 저항성 메커니즘은 식물체가 형태적으로 병원균이 침투하지 못하도록 되어 있거나 병원균이 침입하더라도 식물체가 병원균의 생육에 필요한 영양분을 가지고 있지 않거나 병원균이 침입하였을 때 식물체가 억제물질을 생산한다.

② 내충성 품종의 저항성 메커니즘은 식물체가 가진 비선호성 때문에 해충의 먹이로 적합하지 못하거나 식물체에 항충성이 있어 해충의 생장을 저해하고 번식률을 감소시키거나 식물체가 내성을 가져서 해충이 가해할 때 견디는 힘이 강하다.

③ 내충성 품종의 경우 육성 시간이 길고 새로운계통의 해충의 발생으로 품종개발의 효과가 없을수도 있다.

### (2) 저항성 육종 문제점

① 저항성 육종에 문제점은 숙주인 식물체와 기생체인 병해충은 별개의 생명체로 서로 대응하여 유전변이를 일으킨다.

② 재배식물의 저항성 유전자가 달라지면 거기에 대응하여 병해충의 유전변이가 생겨난다.

③ 저항성 육종에서 저항성과 생산성이 일치하지 않는다.

### (3) 환경 스트레스 저항성

① 식물체에 불량환경 요인을 환경스트레스라 하고 식물체가 환경 스트레스에 견디는 힘을 스트레스 내성 또는 스트레스 저항성이라 한다.

② 식물체가 받는 환경 스트레스는 온도, 수분, 화학물질, 대기오염, 방사선 등 다양하며 식물은 각 스트레스에 대응하는 스트레스 저항성이 있다.

③ 저온 스트레스에 대한 식물체의 저항성은 내동성 등이 있고 고온 스트레스에는 내서성이 있다.

### (4) 내성과 회피성

① 식물의 환경 스트레스 저항성 메커니즘에 내성과 회피성이 있다.

② 내성은 식물체 환경 스트레스가 가해진 후 저항성을 나타나는 것이고 회피성은 스트레스 영향이 식물체 내에까지 미치기 전에 식물의 기능이 강화됨으로써 저항성을 나타내는 것이다. 즉 회피성은 스트레스 전 저항성, 내성은 스트레스 후 저항성이라 할 수 있다.

③ 좁은 의미의 스트레스 저항성은 내성을 의미한다.

④ 내성을 가진 내동성 식물은 저온조건에 세포 내의 수분을 세포벽으로 삼투시켜 원형질의 동결을 막고 세포소기관의 파괴를 방지한다.

⑤ 추위에 대한 예로 내동성은 내성, 내한성은 회피성이라 할 수 있다.

⑥ 재배식물의 환경 스트레스 저항성은 관련형질이 많고 유전양식도 복잡하여 저항성 육종에 어려움이 많다.

⑦ 자연상태의 환경 스트레스는 변화가 심하여 인위적으로 환경을 조절하여 스트레스 저항성을 검정해야 한다.

## 06 특성 및 성능의 검정방법

### 1. 형질의 특성검정

#### (1) 특성검정

① 특성검정은 육종과정에 육종목표에 부합되는 형질의 특성을 가려내기 위해 행하는 검정을 말한다.

② 검정하는 특성은 종자, 화분, 초형, 체형 등 작물의 형태적 특성과 단백질함량, 지방함량, 제분율 등 작물의 품질에 관한 특성과 내병충성, 내비성 등 작물의 생리적 특성을 검정한다.

#### (2) 생리적, 생태적 특성 검정

① 생리적, 생태적 특성

㉠ 생리 및 생태적 특성은 생육성 형질, 환경저항성 형질, 물질생산성 형질, 물질수용성 형질이 있다.

㉡ 생육성 형질은 발아력, 휴면성, 수발아성, 개화성 등이 있다.

㉢ 환경저항성 형질은 내랭성, 내한성, 내건성, 내습성, 내염성 등이 있다.

㉣ 물질생산성 형질에는 엽면적지수, 엽록소 및 엽질소 함량 등이 있다.

㉤ 물질수용성 형질은 동화물질의 전류특성, 단위면적당 이삭수, 이삭당 종실 수 등이 있다.

② 생리적, 생태적 특성은 일반적 환경에서는 특성이 나타나지 않아 이상 환경에서 특정검정을 실시한다.

㉠ 내한성 : 맥류의 내한성 검정은 실내 및 포장검정과 $KClO_3$ 처리 등이 있다

㉡ 내설성 : 적설기간이 긴 장소에서 검정한다.

㉢ 내랭성 : 벼는 조생종의 유수형성기에서 만생종의 출수기까지 냉수관개를 실시하여 검정한다.

㉣ 내건성 : 식물을 인공적으로 건조하여 나타나는 위조현상과 고사현상으로 검정한다.

#### (3) 내병성 검정

① 내병성 검정은 작물의 계통이나 품종간 배경 차이로 인한 발병 정도를 조사하는 것이다.

② 해당 병이 잘 발생하는 환경을 조성하고 병원균을 인공접종하여 발병을 유도한다.

③ 포장시험에서 감수성 품종이 발병하지 않는 경우 이를 회피현상이라 한다.

④ 내병성 검정은 작물의 종류, 병원균의 특성, 계통별 저항성, 병원균의 인공접종법 등을 고려한다.

### (4) 내충성 검정

① 내충성은 작물의 연령, 크기, 해충밀도 등 환경의 영향을 많이 받는다.

② 대상 해충이 많이 발생하는 장소, 시기에 검정 대상 품종을 감수성 품종과 함께 밀식 재배하여 해충 발생을 유도하여 검정한다.

③ 포장조건에서 살아남은 것을 선발하고 실내에서 부화한 유충을 접종하여 검정한다.

## 2. 조기 검정법

### (1) 조기검정

① 조기검정은 목표로 하는 우량형질을 생육초기에 판정하여 선발하기 위한 검정을 말한다.

② 조기검정으로 인한 해당 식물을 수확기까지 재배하지 않고 선발할 수 있으며 잡종 후기세대까지 세대를 진전시키기 않아도 되어 육종의 효율을 높일 수 있다.

### (2) 조기검정의 종류

① 유식물검정법

유식물 때의 표현형질이 목표형질과 상관관계에 있을 경우 묘상에서 선발하여 육종의 효율을 높인다.

② 화분립, 종자 검정법

화분, 종자의 특성이 목표형질의 특성에 잘 나타내는 경우 이들을 검정하여 선발한다.

③ 초형, 체형에 의한 검정

초형, 체형과 같이 외관적으로 검정하기 쉬운 형질을 검정하는 방법으로 복잡한 조작을 요구하는 형질을 선발한다.

④ 세대촉진과 단축 검정법

자연상태에서 1년에 1세대를 경과하는 작물이라도 시설을 갖춘 온실 등을 이용하면 1년에 2세대 이상을 경과시킬 수 있어 육종연한을 단축시켜 효율을 높인다.

## 3. 품질검정

### (1) 품질검정

① 품질 관련 형질에 대한 검정은 조직의 구조, 색택, 경도와 같은 물리적 특성과 탄수화물, 지방, 단백질 등의 화학적 특성을 측정한다.

② 종자 품질 조건에서 내적 조건은 유전성, 발아력, 병해충이 있으며 외적조건에는 순도, 크기, 무게, 색택, 냄새, 수분함량 등이 있다.

③ 품질검정에는 많은 시료가 요구되나 육종 초기에 유전자형이 같은 다량의 시료를 얻기 어려워 비교적 소량의 재료를 이용하여 화학분석을 대신한다.

④ 쌀의 호화온도는 쌀알의 붕괴 정도로 알 수 있다.

⑤ 밀의 제분율은 밀알의 절단면을 검정하여 판단한다.

⑥ 콩의 지방함유율은 대립종보다 소립종에서 낮다.

### (2) 화학적 특성 측정

| 단백질 성분 검정 | 전기영동법, 아미노산분석기 |
|---|---|
| 지방 성분 검정 | 페이퍼크로마토그래프, 가스크로마토그래프 |
| 당류 및 소량의 유기성분 검정 | 고속액체 크로마토그래프(HPLC) |

## 4. 생산력 및 지역적응성 검정

### (1) 지역적응성 검정

① 생산력 검정 본시험에 선발된 우량계통에 대해 여러 환경 조건에서 적응성과 변이 정도를 검토할 목적으로 환경이 다른 시험지에 실시하는 수량검정시험이다.

② 적응성이 높은 품종을 선발하기 위해 많은 지역에 장기간 생산력검정을 통해 결과를 얻어야 하고 이러한 자료를 통해 통계학적으로 분석한다.

### (2) 생산력 검정

① 생산력 검정은 품종의 특성 유지 및 개량을 위해 생산력을 검정하는 것이다.

② 포장시험에 의해 직접 수량을 측정하여 가장 가까운 포장조건 및 기상조건으로 재배한다.

③ 생산력 시험에서 현재 장려품종과 비교할 수 있게 대조구를 설치하고 생산력검정 예비시험을 거쳐 생산력검정 본시험, 지방적응 연결시험, 농가실증시험 등을 실시한다.

④ 생산력 검정에서 검정포장의 토양의 균일성을 유지해야 하고 시험구의 반복횟수가 증가하면 오차를 줄일 수 있다.

⑤ 검정시 계측 및 계량에 오차가 있을 경우 포장시험의 오차가 커진다.

⑥ 시험구의 크기가 클수록 시험구당 수량 변동이 작아진다.

### (3) 포장시험법

① 생산력검정은 토양이나 재배조건을 농가의 포장과 유사한 조건에서 실시한다. 포장시험의 경우 일반시험 오차와 포장시험 특유의 오차가 발생한다.

② 일반실험의 오차 발생 원인에는 실험설계의 불완전, 시험결과 해석의 오류, 시험조작 및 측정과 포장관리의 불균일성 등이 있다.

③ 포장시험 특유의 오차 발생 원인으로 시험재료의 개체변이, 기상변이, 토양의 불균일성 등이 있다.

### (4) 시험구 배치법

① 시험구

㉠ 시험구 크기는 작물의 종류, 품종수, 종자량에 따라 다르나 작물의 체적이 크거나 품종수나 계통수가 많을 경우 1구의 크기를 크게 하는 것이 좋다. 전체 면적이 일정할 경우 1구 면적을 작게 하도록 한다.

㉡ 포장시험에 단위시험구가 클수록 시험오차가 줄어든다. 그러나 전체 포장 면적의 확대에 따른 토양의 불균일성이 증가하기에 시험구가 일정 면적 이상 커지면 더 이상 오차는 감소하지 않는다.

㉢ 시험구 형상은 장방형이 적합하며 시험구의 반복수는 7회까지는 오차 감소가 뚜렷하게 나타나지만 그 이상에서는 감소가 미미하여 일반적으로 7회 반복이 적당하다.

㉣ 포장시험의 신뢰도를 높이기 위해 오차 발생 요인을 기술적으로 줄이려면 시험구 1구의 면적을 작게 하고 반복수를 늘려야 한다.

② 시험구 배치

㉠ 완전임의배열법

- 한 요인으로의 처리가 모든 실험 단위에 제한 없이 임의로 배치되는 설계법이다.
- 실험단위가 동질적인 경우 효과적이며 환경조건을 쉽게 조절할 수 있는 실내실험이나 온실실험, 동물실험 등에 널리 이용되는 방법이다.

㉡ 난괴법

- 이미 알고 있는 변이의 원인이 제거될 수 있도록 실험단위나 시험재료를 균일한 것끼리 모아 집구화하고 이를 반복하여 차이가 처리효과에 의해 나타나도록 한

시험방법이다.

㉢ 라틴방격법

- 포장을 종횡 모두 품종수와 같은 수의 시험구로 분할하여 종횡의 모든 줄이 각 품종을 모두 포함하도록 배열하는 방법으로 품종수와 반복수가 동수가 된다.

㉣ 요인시험

- 2개 혹은 그 이상의 요인으로 이루어지는 모든 가능한 조합을 처리로 하는 시험이다.
- 시험구 배치는 완전임의배열법, 난괴법, 라틴방격법 등에 적용된다.
- 요인시험은 모든 분야의 연구에 이용되며 탐구적 연구에 가장 중요한 시험방법이다.

㉤ 분할구배치법

- 2개 이상의 요인에 관한 시험이나 요인시험과 달리 1개 또는 그 이상의 요인의 수준들이 적용되는 주구와 하나 또는 그 이상의 다른 요인의 수준들이 적용되는 세구로 분할되어 두 단계로 나누어 시험처리가 배치되는 방법이다.

## 07 품종의 유지 증식, 보급

### 1. 품종의 특성 유지

#### (1) 품종의 특성

① 품종의 특성은 품종에 속하는 개체들의 형태적, 생리적, 생태적인 형질을 말한다.

② 과실의 크기가 크거나 작은 것은 품종의 특성이며 과실의 높이 및 폭 등이 과실의 크기 형질이 된다.

#### (2) 품종특성 종류

① 일반작물의 재배적 특성에는 키, 초형, 까락, 조만성, 저온발아성, 탈립성, 내병성, 내도복성, 내한성, 저장성 등 다양하게 존재한다.

② 키가 큰 장간종과 단간종으로 구분한다.

③ 초형은 분얼의 다소에 의해 벼의 형상을 말하며 수중형, 중간형, 수수형으로 분류된다.

④ 까락은 화본과 식물 꽃의 아랫 조각 끝에 난 돌기부분으로 탈곡 및 동화작용과 관련된다.

⑤ 조만성은 생육일수 및 출수기의 장단에 따라 극조생, 조생, 중생, 만생, 극만생으로 구분한다.

⑥ 저온발아성은 품종에 따라 차이가 있다.

⑦ 탈립성은 낟알이 떨어지는 탈립의 정도가 품종에 따라 차이가 있다.

⑧ 내비성은 시비한 비료성분을 흡수 및 이용하는 정도를 말한다.

⑨ 내도복성은 작물이 비와 바람 등 외부적 작용에 넘어지지 않고 견디는 성질을 말한다.

#### (3) 품종의 특성 유지

① 품종의 고유한 특성을 잃어버리지 않도록 하는 것을 품종의 특성 유지라 하며 종자의 퇴화를 방지하고 품종의 특성을 유지하기 위해 육성된 신품종, 기존우량품종의 종자를 증식하기 위한 기본식물종자로 사용한다.

② 품종의 특성을 유지하기 위한 방법에는 개체집단선발법, 계통집단선발법, 주보존재배, 격리재배, 종자갱신 등의 방법이 있다.

③ 개체집단선발법은 특성유지를 원하는 품종을 재배하여 그 품종의 특성을 가진 개체만을 선발한다.

④ 계통집단선발법은 개체집단선발법으로 선발한 개체를 계통재배하여 그 계통을 서로 비교하여 순계만 선발한다.

⑤ 주보존재배는 영양번식 방법에 의하여 유전자형을 보존한다.
⑥ 격리재배는 품종의 순도를 높이기 위해 채종포는 일반 포장과 격리재배한다.
⑦ 종자갱신은 어떤 품종의 재배용 종자를 유전적으로 순수하게 생리적으로 충실한 종자로 교환한다.

## 2. 종자의 증식 및 보급

### (1) 종자 증식체계

① 우량종자를 대량 채종하여 종자갱신에 충족시키기 위해 품종특성이 유지되도록 관리하고 종자생산에 필요한 기본식물을 생산하여 종자의 퇴화가 방지되도록 증식체계를 수립한다.
② 농작물은 재배연수가 경과함에 따라 종자가 퇴화하고 품종의 고유특성을 유지하기 어렵다.
③ 일정 주기 내에 종자를 갱신하여야 순도 높은 품종을 농가에 공급하여 생산성 향상 및 농가 소득 증대를 기대할 수 있다.
④ 벼, 보리, 콩 등의 갱신주기는 4년으로 보며 감자, 옥수수 등은 매년 갱신한다.
⑤ 주요 식량 작물은 농가에 공급할 많은 양의 종자를 일시에 생산할 수 없어 4단계의 채종단계를 거쳐 농가에 공급한다.
  ㉠ 1단계 : 품종육성 및 기본식물생산
  ㉡ 2단계 원원종 : 기본 식물로 육성한 신품종이 고유의 특성을 유지하면서 증식이 되는 근원의 종자
  ㉢ 3단계 원종 : 원원종포장에서 생산된 종자를 재식하여 불순한 개체를 제거한 후 순수한 종자를 생산하여 보급종 생산용으로 공급
  ㉣ 4단계 보급종 : 원종포장에서 생산된 종자를 확대 증식하기 위하여 채종적지의 농가와 계약 생산하여 농가에 보급
⑥ 기본식물의 종자는 우량품종의 순도 유지를 위해 육종가 혹은 육종기관에서 관리를 한다.
⑦ 원원종은 품종 고유의 특성을 보유하고 종자의 증식에 기본이 되는 종자로 각 도 농업기술원 및 강원도 감자종자진흥원에서 생산한다.

### (2) 품종의 보급

① 채종포에서 채종 및 증식된 종자를 보급종이라 한다.
② 보급종은 발아율 향상과 순도유지를 위하여 4단계의 엄격한 선별작업을 거친 후 종자전염병 방제를 위하여 소독을 실시한 후 농가에 공급한다.

③ 보급종의 정선과정은 투입, 대략정선(지경, 까락 등 제거), 건조, 정밀정선(피해립, 미숙립 등 정밀제거), 비중정선(종자의 무게에 의한 선별), 색체정선(종자의 색택에 의한 선별), 소독, 포장의 과정을 거친다.

## 08 생명공학 기술이용

### 1. 조직배양

#### (1) 조직배양

① 식물의 일부 조직을 무균적으로 배양하여 조직 자체를 증식생장하며 각종 조직 및 기관의 분화 발들을 통해 개체를 육성하는 방법이다.

② 조직배양의 재료는 단세포, 영양기관, 생식기관, 생장점, 전체 식물 등이 있다.

③ 증식을 목적으로 조직배양을 하는 작업순서는 작물선정을 시작으로 배양방법 및 배지 결정, 살균, 치상, 배양, 경화, 이식의 과정을 거치게 된다.

④ 배양된 식물체를 경화시켜 이식한 후에는 바이러스 감염 여부를 조사한다.

⑤ 조직배양을 통해 바이러스나 병균이 없는 식물 개체를 얻을 수 있으며 유전적으로 특이한 새로운 특성을 가진 식물체를 분리할 수 있다.

⑥ 어떤 식물체를 단시간 내 대량으로 번식할 수 있으며 좁은 면적에 많은 종류와 품종을 보유할 수 있어 유전자은행 역할을 한다.

⑦ 식물은 하나의 기관이나 조직, 세포하나라도 적정 조건이 되면 모체와 동일한 유전형질을 갖는 완전한 식물체로 발달하는 전체형성능(전능성, totipotency)이라는 재생능력을 갖는다.

#### (2) 무병주 생산

① 무병주

㉠ 무병주는 생장점 배양으로 얻을 수 있는 영양 번식체로서, 조직 특히 도관 내에 있던 바이러스 따위의 병원체가 제거된 것이다.

㉡ 무병주 생산은 바이러스가 없는 상태의 작물을 생산하는 것이다.

② 생장점 배양

㉠ 생장점 배양은 바이러스 무병주 생산에 효과적으로 이용되는 방법이다. 바이러스병은 직접 방제가 어려워 무병주 생산을 통해 극복이 가능하다.

㉡ 생장점 배양을 무병주를 얻는 것은 생장점에 바이러스가 없거나 극히 적기 때문이다.

㉢ 생장점 배양은 딸기, 감자, 마늘, 아스파라거스, 난 등에 이용된다.

③ 배주배양 및 자방배양

㉠ 수분 후 수정은 되지만 성숙한 종자가 얻어지지 않는 경우 퇴화하기 전에 배, 배주, 자방 등을 배양하여 잡종식물을 얻을 수 있다.

㉡ 수정 후 융합된 배가 정상적으로 자라지 못하고 퇴화되는 원인은 보통 배유가 먼저 퇴화되어 배에 영양공급이 불충분해지기 때문이다.

㉢ 자방배양의 경우 화기의 일부분이 발달하지 않은 상태의 자방을 채취하여 인공적으로 배양한다.

㉣ 종, 속간 교배는 서로 다른 게놈끼리 교배하는 것으로 교잡종자를 얻기 어렵다.

④ 약배양 및 화분배양

㉠ 약배양은 화분이 들어 있는 약을 식물체에 분리하여 배양하고 화분배양은 약에서 체세포 조직을 제거하여 소포자만을 분리 배양한다.

㉡ 약배양 및 화분배양은 반수체를 육성하여 육종 연한을 단축시킬 수 있으며 담배, 벼 등의 작물에 적용 가능하다.

⑤ 원형질체 융합

㉠ 원형질체 융합은 교잡에 의해 수정이 되지 않아 종자를 얻을 수 없는 식물을 대상으로 하여 원형질체를 융합하여 체세포 잡종을 얻는 방법이다.

㉡ 교배가 불가능한 두 식물의 원형질체를 나출시켜 한 곳에 모아 자극을 통해 두 종류의 원형질체가 융합하게 하고 융합된 원형질체를 배양하여 캘러스를 형성하여 식물체를 유도한다.

## 2. 분자표지

### (1) 분자표지

① 염기 서열이 알려진 DNA 단편으로 염기 서열이 알려져 있지 않은 DNA 특정 유전자가 존재하는지 여부를 확인하는 데 이용한다.

② 분자표지는 DNA marker 라고 하며 DNA 부위에 대해 표시를 한다는 개념으로 다른 DNA 를 구별할 수 있다. DNA marker 부위를 통해 염기서열의 차이를 분석하여 우수한 유전자를 가진 개체를 찾을 수 있다.

③ 분자표지를 이용하여 유전형을 분석하면 환경에 영향을 받지 않기에 보다 정확한 선발이 가능하다.

④ 유전현상의 본질인 DNA 염기서열 차이를 대상으로 개체간 다형성을 나타내며 근연할수록 분자표지의 다형성이 낮다.

⑤ 분자표지는 유전자원 및 품종의 분류, 종자순도의 검정, 분자표지를 이용한 선발, 양적형질 유전자좌의 선발에 유용하게 활용된다.

### (2) 분자표지 종류

① 교배분석

RFLP(restriction fragment length polymorphism, 제한효소단편장다형) 은 핵 DNA 를 제한효소로 처리하여 탐침을 통해 DNA 단편의 다형성을 확인한다. 재현성이 높지만 많은 양의 DNA 와 시간, 장비, 기술 등이 소요된다.

② PCR 분석

㉠ PCR(polymerase chain reaction)은 중합효소연쇄반응으로 변성, 결합, 신장의 단계를 거치는데 변성 단계에서 DNA 를 분리하고 결합 단계에서 프라이머가 이 DNA 와 결합한다. 신장 단계에서는 중합효소(polymerase)가 DNA 를 합성한다.

㉡ RAPD(Random Amplified Polymorphic DNA) 는 임의의 프라이머를 이용하여 단편의 크기 차이나 밴드의 유무를 확인한다. 과정이 단순하고 빠르며 비용이 적게 다는 장점이 있으나 재현성이 낮고 증폭되는 밴드 수에 비해 다형성이 낮다.

㉢ SSR(simple sequence repeat) 는 벼에 2~4개의 동일 염기서열이 수십 회 이상 반복되어 이들로부터 특정 마커의 개발이 가능하다.

㉣ AFLP(amplified fragment length polymorphism) 는 제한 효소를 절단된 DNA 의 단편들에 ADAPTOR 를 붙인 다음 특정 제한효소 단편을 증폭시켜 밴드 차이의 유무를 비교한다.

㉤ SNP(single nucleotide polymorphism) 는 개체간의 DNA 에 존재하는 한 염기쌍의 차이로 다형성을 나타낸다.

## 3. 형질전환기술

### (1) 유전자 클로닝

① 유전자 클로닝은 생물체 게놈에 한 특정 유전자나 특정 DNA 절편을 분리하여 세균이나 박테리오파지의 복제기구를 이용하여 대량 복제하는 기술이다.

② 특정 유전자만 골라내어 클로닝하기 어렵지만 생물체의 DNA 를 추출하여 그 DNA

상의 특정 유전자 부위를 증폭시키는 PCR 방법이 개발되어 사용중이다.

③ 클로닝될 유전자를 가진 DNA 단편을 벡터라 불리는 원형의 DNA 내부에 삽입한다.

④ 숙주세포가 분열할 때 재조합 DNA 분자의 복사본들은 자손세대로 이동하여 다시 벡터가 복제된다.

⑤ 세포분열 후 동일 숙주세포의 군락이나 클론이 생성된다.

(2) 형질전환방법

① 형질전환은 특정 생물의 DNA 가 다른 생물에 들어가 그 생물의 DNA 에 조합되어 유전형질 변화를 일으키는 현상을 말하며 형질 전환을 위한 유전자 도입 방법은 벡터법과 물리적 방법으로 구분된다.

② 벡터법

㉠ 아그로박테리움 이용

- 아그로박테리움은 식물체에 자신의 DNA 를 도입시킬 수 있는 특징을 가지고 있다. 식물체에 감염하여 근두암종을 유발하는데 근두암종이 생기는 것은 아그로박테리움이 지닌 티아이 플라스미드의 한 조각이 식물세포로 이동하여 식물 게놈에 삽입되었기 때문이다.

㉡ 바이러스 이용

- CaMV, TMV 등 기주에 침입하여 증식한 식물바이러스는 2차적으로 침입하는 바이러스의 증식과 발병을 억제한다.
- 먼저 침입한 바이러스에서 생성된 외피 단백질에 의해 다른 바이러스가 간섭받기 때문이다.

㉢ 티아이플라스미드(Ti-plasmid)

- 식물세포에 감염되면 자신의 DNA 일부인 T-DNA(transferred DNA)가 숙주세포의 DNA 로 통합되어 숙주세포를 종양세포로 전환시키는 플라스미드이다.
- 근두암종은 형질전환된 세포로 이루어진 것으로 세포는 세균 안에 존재하는 티아이 플라스미드에 의해 형성된 것이다.

③ 물리적 방법

㉠ 유전자총법은 미세한 텅스텐 가루나 금가루에 DNA 를 입혀 식물체의 조직에 발사하여 가루 외벽에 묻어 있는 DNA 를 식물체의 조직에 도입한다.

㉡ PEG 법은 매우 강한 흡수력을 가지고 있는 고농도 PEG 용액에 세포가 접촉하면 세포막이 변성하여 순간적으로 PEG 수용액에 첨가되어 있는 DNA 세포 내로 전달된다.

### (3) 형질전환을 이용한 식물 육종의 실제

① 보합 DNA(cDNA) 유전자은행은 조직이나 세포주에 발현되는 mRNA 에 보합적인 DNA 를 만들어 벡터속에 삽입시킨 후 형질전환으로 박테리아를 만든 것을 말한다.

② 보합 DNA 유전자은행의 동정은 mRNA 추출, 역전사효소에 의한 cDNA 합성, cDNA 운반체에 삽입, dDNA 클론의 순으로 이루어진다.

### (4) 파지의 돌연변이

① 파지의 유전연구에 사용되는 돌연변이는 기주범위 돌연변이, 용균반형 돌연변이, 조건치사 돌연변이가 있다.

② 기주범위 돌연변이는 돌연변이에 의해 원래보다 기주의 범위가 변한 변이이다.

③ 용균반형 돌연변이는 용균반의 크기와 주변모양의 차이를 보이는 변이이다.

④ 조건치사 돌연변이는 돌연변이체가 용균반 형성이 불가능하나 특정환경에 용균반 형성이 가능한 변이이다. 예를 들어 온도감수성 돌연변이 등이 있다.

PART 2

# 식물육종학 OX 50제

**01** 접목은 인공적으로 영양체를 분리하여 번식시키는 방법에 해당한다.

답 ( )

**02** DNA 염기는 아데닌(Adenine), 구아닌(Guanine) 으로 구성되어 있다.

답 ( )

**03** 작물육종은 수량을 증대, 품질을 향상, 내병충, 내재해성 향상을 통해 수확의 안정성을 높여 식량의 안정적 공급을 목표로 한다.

답 ( )

**04** DNA의 뉴클레오티드는 리보당, 인산, 염기(C, G, A, U)로 구성되어 있다.

답 ( )

**05** 수정 후 융합된 배가 정상적으로 자라지 못하고 퇴화되는 원인은 보통 배유가 먼저 퇴화되어 배에 영양공급이 불충분해지기 때문이다.

답 ( )

**06** 조직배양의 재료는 영양기관만 가능하다.

답 ( )

**07** 분화의 과정은 자연교잡, 돌연변이에서 도태와 적응, 순화, 적응형의 과정을 거친다.

답 ( )

**08** 계통집단선발법은 특성유지를 원하는 품종을 재배하여 그 품종의 특성을 가진 개체만을 선발한다.

답 ( )

**09** 무병주 생산에서 생장점 배양은 딸기나 감자에 이용된다.

답 ( )

**10** 포장시험에 단위시험구가 작을수록 시험오차가 줄어든다.

답 ( )

**11** 합성품종은 단교잡종보다 수량이 늘어나고 세대를 거듭할수록 생산력이 향상된다.

답 ( )

**12** 유사분열은 몸의 크기 증가를 위해 체세포분열 중 분열하는 과정에서 염색체와 방추사가 나타나는 분열을 말한다.

답 (　　)

**13** 감수분열에서 2회 연속 핵분열로 염색체 수가 체세포의 반으로 줄어들고 8개의 딸세포가 형성된다.

답 (　　)

**14** 생산력 검정에서 시험구의 크기가 클수록 시험구당 수량 변동이 작아진다.

답 (　　)

**15** 꽃이 피기 전의 봉오리 상태일 때 일어나는 자가수정을 중복수정이라 한다.

답 (　　)

**16** 이이형화주 자가불화합성에서 단주화는 장주화의 화분에 의해서만 수정이 된다.

답 (　　)

**17** 분자표지는 환경에 영향을 받지 않기에 정확한 선발이 가능하다.

답 (　　)

**18** 잡종강세를 나타내는 작물의 1대잡종($F_1$) 종자를 대량 생산할 수 없다.

답 (　　)

**19** 회피성은 스트레스 전 저항성, 내성은 스트레스 후 저항성이라 한다.

답 (　　)

**20** 피복유전자의 $F_2$ 분리비는 9:3:4 이다.

답 (　　)

**21** 바빌로프(Vavilov)는 작물의 원산지에 관련하여 유전자중심지설(gene center theory)을 제기하였다.

답 (　　)

**22** 복교잡은 단교잡법보다 품질의 균일성이 떨어지나 채종량이 많고 종자가 크다.

답 (　　)

**23** 보리에서는 유전자웅성불임성이 관찰된다.

답 (　　)

**24** 단교잡은 각 형질이 균일하고 불량형질이 나타나는 일이 적다.

답 (　　)

**25** 유전적 침식은 여러 요인에 의해 유전자원이 점차 사라지는 것을 말한다.

답 (　　)

**26** 타가수정작물은 생식체계상 잡종을 만들기 어렵다.

답 (　　)

**27** 제1감수분열 전기는 세사기, 이중기, 이동기, 대합기, 태사기의 과정을 거친다.

답 (　　)

**28** 벼, 보리 등 영의 선단부를 잘라 꽃밥을 제거하는 방법을 화판인발법이라 한다.

답 (　　)

**29** 장소변이는 유전적 원인에 해당한다.

답 (　　)

**30** 질소질비료를 많이 사용하면 개화시기가 늦어진다.

답 (　　)

**31** 배우체형 자가불화합성은 자방친의 불화합유전자가 화분의 불화합유전자와 다르면 불화합이 된다.

답 (　　)

**32** 돌연변이육종법은 단일유전자를 치환할 수 없다.

답 (　　)

**33** 무포자생식은 포자체의 체세포의 발육에 의해 배우체가 생성된다.

답 (　　)

**34** 비대립유전자 상호작용에는 보족유전자와 조건유전자만 있다.

답 (　　)

**35** 점돌연변이는 유전자 서열 중 한 개의 염기가 바뀌어 생기는 돌연변이이다.

답 (　　)

**36** 영양번식은 모체와 유전적으로 동일한 개체를 얻을 수 있다.

답 (　　)

**37** 아조변이는 식물의 줄기와 가지의 생장점 세포가 돌연변이를 일으킨 것이다.

답 (　　)

**38** 바빌로프는 주요 작물의 재배기원 중심지에서 기준 벼는 중앙아시아지구에 해당된다.

답 (　　)

**39** 인위적으로 염색체를 배가시켜 동질배수체를 작성하려면 콜히친(colchicine)처리법을 이용해야 한다.

답 (　　)

**40** 동질배수체는 임성이 향상되지만 발육은 지연된다.

답 (　　)

**41** 후대검정의 단점은 연속변이를 하는 양적 형질의 유전성 여부 확인이 어려운 것이다.

답 (　　)

**42** 조합능력을 검정할 때 조합능력을 알고자 하는 대상 계통과 교배하는 기준 계통을 검정친이라 한다.

답 (　　)

**43** 자가 불화합성 타파를 위해 고온처리, 전기자극, 이산화탄소 처리 등의 방법이 있다.

답 (　　)

**44** 여교잡육종법에서 한번 교잡시킨 것을 1회친, 3번 교잡시킨 것을 3회친이라 한다.

답 (　　)

**45** 자가불화합성은 자연에서 식물의 자가수정율을 높여주는 역할을 한다.

답 (　　)

**46** 파생계통육종법은 계통육종법과 집단육종법의 장점을 절충한 방법이다.

답 (　　)

**47** 유전자의 작용은 하나의 유전자가 하나의 형질에 관여하거나, 2쌍 이상의 유전자가 관여하는 경우가 있는데 이러한 경우 상호작용이라 한다.

답 (　　)

**48** 방사선을 이용한 돌연변이육종법에서는 γ선(감마선)이 가장 많이 이용된다.

답 (　　)

**49** 자방친이 세포질과 핵 내에 모두 불임 요인을 가지고 있어도 화분친의 유전구성에 따라 불임이나 가임이 된다.

답 (　　)

**50** 방황변이는 후대에 유전된다.

답 (　　)

## [식물육종학 OX 50제 정답 및 해설]

**01** 접목은 인공적으로 영양체를 분리하여 번식시키는 방법에 해당한다.

답 ○

**02** DNA 염기는 아데닌(Adenine), 구아닌(Guanine) 으로 구성되어 있다.

해설 DNA 의 염기는 아데닌(Adenine), 구아닌(Guanine), 시토신(Cytosine), 티민(Thymine) 으로 구성되어 있다.

답 ×

**03** 작물육종은 수량을 증대, 품질을 향상, 내병충, 내재해성 향상을 통해 수확의 안정성을 높여 식량의 안정적 공급을 목표로 한다.

답 ○

**04** DNA의 뉴클레오티드는 리보당, 인산, 염기(C, G, A, U)로 구성되어 있다.

해설 DNA의 뉴클레오티드는 디옥시리보당, 인산, 염기(C, G, A, T)로 구성되어 있다.

답 ×

**05** 수정 후 융합된 배가 정상적으로 자라지 못하고 퇴화되는 원인은 보통 배유가 먼저 퇴화되어 배에 영양공급이 불충분해지기 때문이다.

답 ○

**06** 조직배양의 재료는 영양기관만 가능하다.

해설 조직배양의 재료는 단세포, 영양기관, 생식기관, 생장점, 전체 식물 등이 있다.

답 ×

**07** 분화의 과정은 자연교잡, 돌연변이에서 도태와 적응, 순화, 적응형의 과정을 거친다.

답 ○

**08** 계통집단선발법은 특성유지를 원하는 품종을 재배하여 그 품종의 특성을 가진 개체만을 선발한다.

해설 계통집단선발법은 개체집단선발법으로 선발한 개체를 계통재배하여 그 계통을 서로 비교하여 순계만 선발한다.

답 ×

**09** 무병주 생산에서 생장점 배양은 딸기나 감자에 이용된다.

답 ○

**10** 포장시험에 단위시험구가 작을수록 시험오차가 줄어든다.

해설 포장시험에 단위시험구가 클수록 시험오차가 줄어든다.

답 ×

**11** 합성품종은 단교잡종보다 수량이 늘어나고 세대를 거듭할수록 생산력이 향상된다.

해설 합성품종은 다계교잡의 후대를 그대로 품종으로 이용하는 것으로 단교잡종이나 복교잡종 보다 수량이 떨어지고 세대를 거듭할수록 생산력이 저하된다.

답 ×

**12** 유사분열은 몸의 크기 증가를 위해 체세포분열 중 분열하는 과정에서 염색체와 방추사가 나타나는 분열을 말한다.

답 ○

**13** 감수분열에서 2회 연속 핵분열로 염색체 수가 체세포의 반으로 줄어들고 8개의 딸세포가 형성된다.

해설 감수분열에서 2회 연속 핵분열로 염색체 수가 체세포의 반으로 줄어들고 4개의 딸세포가 형성된다.

답 ×

**14** 생산력 검정에서 시험구의 크기가 클수록 시험구당 수량 변동이 작아진다.

답 ○

**15** 꽃이 피기 전의 봉오리 상태일 때 일어나는 자가수정을 중복수정이라 한다.

해설 꽃이 피기 전의 봉오리 상태일 때 일어나는 자가수정을 폐화수정이라 한다

답 ×

**16** 이이형화주 자가불화합성에서 단주화는 장주화의 화분에 의해서만 수정이 된다.

답 ○

**17** 분자표지는 환경에 영향을 받지 않기에 정확한 선발이 가능하다.

답 ○

**18** 잡종강세를 나타내는 작물의 1대잡종($F_1$) 종자를 대량 생산할 수 없다.

해설 잡종강세를 나타내는 작물의 1대잡종($F_1$) 종자를 대량 생산할 수 있어 국내의 경우 무, 배추, 양배추 종자 생산에 이용된다.

답 ×

**19** 회피성은 스트레스 전 저항성, 내성은 스트레스 후 저항성이라 한다.

답 ○

**20** 피복유전자의 $F_2$ 분리비는 9:3:4 이다.

해설 피복유전자의 $F_2$ 분리비는 12:3:1 이다.

답 ×

**21** 바빌로프(Vavilov)는 작물의 원산지에 관련하여 유전자중심지설(gene center theory)을 제기하였다.

답 ○

**22** 복교잡은 단교잡법보다 품질의 균일성이 떨어지나 채종량이 많고 종자가 크다.

답 ○

**23** 보리에서는 유전자웅성불임성이 관찰된다.

답 ○

**24** 단교잡은 각 형질이 균일하고 불량형질이 나타나는 일이 적다.

답 ○

**25** 유전적 침식은 여러 요인에 의해 유전자원이 점차 사라지는 것을 말한다.

답 ○

**26** 타가수정작물은 생식체계상 잡종을 만들기 어렵다.

해설 타가수정작물은 생식체계상 잡종을 만들기 쉽고 유전적으로 헤테로 상태이므로 잡종강세가 크게 나타난다.

답 ×

**27** 제1감수분열 전기는 세사기, 이중기, 이동기, 대합기, 태사기의 과정을 거친다.

해설 제1감수분열 전기는 세사기, 대합기, 태사기, 이중기, 이동기의 과정을 거친다.

답 ×

**28** 벼, 보리 등 영의 선단부를 잘라 꽃밥을 제거하는 방법을 화판인발법이라 한다.

해설 절영법은 벼, 보리 등 영의 선단부를 잘라 꽃밥을 제거한다.

답 ×

**29** 장소변이는 유전적 원인에 해당한다.

해설 장소변이는 비유전적 원인에 의한 변이에 해당한다.

답 ×

**30** 질소질비료를 많이 사용하면 개화시기가 늦어진다.

답 ○

**31** 배우체형 자가불화합성은 자방친의 불화합유전자가 화분의 불화합유전자와 다르면 불화합이 된다.

해설 배우체형 자가불화합성은 자방친의 불화합유전자가 화분의 불화합유전자와 서로 같으면 불화합이 된다.

답 ×

**32** 돌연변이육종법은 단일유전자를 치환할 수 없다.

해설 돌연변이육종법은 단일유전자를 치환할 수 있다.

답 ×

**33** 무포자생식은 포자체의 체세포의 발육에 의해 배우체가 생성된다.

답 ○

**34** 비대립유전자 상호작용에는 보족유전자와 조건유전자만 있다.

해설 비대립유전자 상호작용에는 보족유전자, 조건유전자, 피복유전자, 억제유전자, 동의유전자, 변경유전자 등이 해당된다.

답 ×

**35** 점돌연변이는 유전자 서열 중 한 개의 염기가 바뀌어 생기는 돌연변이이다.

답 ○

**36** 영양번식은 모체와 유전적으로 동일한 개체를 얻을수 있다.

답 ○

**37** 아조변이는 식물의 줄기와 가지의 생장점 세포가 돌연변이를 일으킨 것이다.

답 ○

**38** 바빌로프는 주요 작물의 재배기원 중심지에서 기준 벼는 중앙아시아지구에 해당된다.

해설 바빌로프의 재배기원 중심지 지역 기준 벼는 힌두스탄지구에 해당한다.

답 ×

**39** 인위적으로 염색체를 배가시켜 동질배수체를 작성하려면 콜히친(colchicine)처리법을 이용해야 한다.

답 ○

**40** 동질배수체는 임성이 향상되지만 발육은 지연된다.

해설 동질배수체는 임성이 저하되고 착과성이 감퇴하며 발육이 지연 된다.

답 ×

**41** 후대검정의 단점은 연속변이를 하는 양적형질의 유전성 여부 확인이 어려운 것이다.

해설 후대검정의 경우 연속변이를 하는 양적형질의 유전성 여부를 확인할수 있다.

답 ×

**42** 조합능력을 검정할 때 조합능력을 알고자 하는 대상 계통과 교배하는 기준 계통을 검정친이라 한다.

답 ○

**43** 자가 불화합성 타파를 위해 고온처리, 전기자극, 이산화탄소 처리 등의 방법이 있다.

답 ○

**44** 여교잡육종법에서 한번 교잡시킨 것을 1회친, 3번 교잡시킨 것을 3회친이라 한다.

해설 여교잡육종법에서 한번 교잡시킨 것을 1회친, 두 번 이상 교잡시킨 것을 반복친이라 한다.

답 ×

**45** 자가불화합성은 자연에서 식물의 자가수정율을 높여주는 역할을 한다.

해설 자가불화합성은 자연에서 식물의 타가수정율을 높여주는 역할을 한다.

답 ×

**46** 파생계통육종법은 계통육종법과 집단육종법의 장점을 절충한 방법이다.

답 ○

**47** 유전자의 작용은 하나의 유전자가 하나의 형질에 관여하거나, 2쌍 이상의 유전자가 관여하는 경우가 있는데 이러한 경우 상호작용이라 한다.

답 ○

**48** 방사선을 이용한 돌연변이육종법에서는 γ선(감마선)이 가장 많이 이용된다.

답 ○

**49** 자방친이 세포질과 핵 내에 모두 불임 요인을 가지고 있어도 화분친의 유전구성에 따라 불임이나 가임이 된다.

답 ○

**50** 방황변이는 후대에 유전된다.

해설 방황변이의 경우 후대로 유전하지는 않는다.

답 ×

# PART 2 식물육종학 기본50제

**01** 육종 기술에 있어서 가장 적합하지 않은 것은?

① 방황변이의 수집 육성　② 유전적 변이의 탐구와 창성
③ 변이의 선택과 고정　④ 신종의 증식과 보급

해설 육종기술은 변이의 탐구와 창성, 변이의 선택과 고정, 신품종의 증식과 보급의 3단계로 구성된다.

**02** 다음 중 작물의 기원지가 중국지역에 해당하는 것으로만 나열된 것은?

① 감자, 땅콩, 담배　② 조, 피, 메밀
③ 토마토, 고추, 수수　④ 수박, 참외, 호밀

해설 바빌로프의 작물의 기원지가 중국지역인 것으로 피, 메밀, 무, 오이, 상추, 배, 복숭아 등이 있다.

**03** 멘델의 유전법칙이 아닌 것은?

① 지배의 법칙　② 대립의 법칙
③ 독립의 법칙　④ 분리의 법칙

해설 멘델의 유전법칙에는 지배의 법칙, 분리의 법칙, 독립의 법칙이 있다.

**04** 다음 중 인위적으로 유전변이를 작성하는 내용과 가장 관계가 없는 것은?

① 종이 다른 야생종 벼와 재배종 벼 간 교배를 한다.
② 감자와 토마토의 체세포 원형질을 융합시킨다.
③ 생장점배양에 의한 딸기의 무병주 증식을 한다.
④ 박테리아에서 분리한 특정 유전자를 배추에 형질전환 한다.

해설 생장점배양은 바이러스가 없는 식물체를 얻는데 이용하는 방법으로 유전적 변이와는 관련이 없다.

**05** 검정교배조합을 바르게 나타낸 것은?

① Aa×Aa　② Aa×aa
③ AA×Aa　④ A×B

해설 검정교배는 $F_1$ 을 그 형질에 대하여 열성인 개체와 교배하는 것으로 어떤 개체의 유전자형과 배우자의 분리비를 알 수 있다.



정답 01 ① 02 ② 03 ② 04 ③ 05 ②

**06** 유전자 지도 작성의 기초가 되는 유전현상은?

① 염색체 배가　　② 연관과 교차

③ 유전자 분리　　④ 비대립 유전자의 상위성

해설 연관과 교차는 조환가를 기준으로 염색체 위에 유전자들의 상대적 위치를 정하여 표시한 것으로 연관지도라고 한다.

**07** 유전적 침식의 원인과 거리가 먼 것은?

① 작물재배의 기계화와 육성품종의 상업화가 되어 작물재배가 가속화 된다.

② 산림개발에 의해 식생이 파괴되고 품종이 획일화된다.

③ 지구 온난화에 따른 사막화 등의 환경변화로 생태계가 파괴된다.

④ 다양한 재래종의 재배에 의해 수량이 감소된다.

해설 재래종과 같이 생산성은 낮지만 소규모로 다양하게 재배되어 오던 품종이 우수한 신품종의 출현과 새로운 재배법이 개발되면서 유전자원이 점차 사라지는 것을 유전적 침식이라 한다.

**08** 이수성에 관한 설명으로 가장 적합한 것은?

① 게놈이 서로 다른 것

② 정상의 염색체세트에 1개 또는 그 이상의 염색체 추가 또는 손실이 있는 것

③ ♀,♂의 염색체 수가 서로 다른 것

④ 교배조합이 서로 다른 것

해설 배우자가 정상적인 n 상태의 배우자와 수정되어 수정된 개체가 2n+1 이나 2n-1 인 염색체가 되는 경우로 염색체가 추가 혹은 손실이 되는 것을 이수성이라 한다.

**09** 동질배수체의 일반적인 특징이 아닌 것은?

① 핵과 세포가 커진다.　　② 함유성분의 변화가 생긴다.

③ 발육이 지연된다.　　④ 채종량이 증가한다.

해설 동질배수체는 핵과 세포가 커지고, 영양기관의 발육이 왕성하여 거대화하고, 화서 및 종자가 대형화한다. 그리고 임성이 저하되고 착과성이 감퇴하며 발육이 지연 된다.

**10** 형태적 형질 중 제1차적 특성에서 질적형질에 관여하는 요인으로 옳은 것은?

① 식미　　② 저장성

③ 다수성　　④ 종피색

해설 질적형질은 종피색 같이 형질의 특성이 몇 가지 종류로 구분되는 형질이다.

정답 06 ② 07 ④ 08 ② 09 ④ 10 ④

**11** 다음 중 유전상관에 관한 설명으로 옳은 것은?

① 유전상관의 값은 두 형질의 유전공분산과 환경분산을 이용해 구한다.
② 유전상관은 유전자간의 연관과 다면발현성에 기인한다.
③ 유전상관의 값은 변동이 심하여 육종상 이용이 불가능하다.
④ 일반적으로 유전상관의 값은 표현형 상관보다 낮으며 세대에 따라 달라진다.

해설 유전상관은 유전자간의 연관 및 두 개 이상의 형질이 발현되는 다면 발현성에 기인한다.

**12** 감자 등과 같은 영양번식성 작물이 바이러스병에 의해 퇴화되는 것을 방지하는 방법은?

① 추파성 소거　　② 고랭지 채종
③ 조기재배　　④ 기계적 혼입 방지

해설 종자의 퇴화 방지를 위해 씨감자는 고랭지에서, 옥수수 및 십자화과작물 등과 같은 타가수정을 원칙으로 하는 작물은 유전적 퇴화 방지를 위해 섬이나 산간지에서 인위적 격절이 필요하다.

**13** 육종목표를 효율적으로 달성하기 위한 육종방법을 결정할 때 고려해야 할 사항은?

① 미래의 수요예측　　② 농가의 경영규모
③ 목표형질의 유전양식　　④ 품종보호신청 여부

해설 육종방법은 육종의 소재가 되는 변이의 작성방법, 선발방법, 작물의 번식법 등에 따라 달라진다. 육종목표와 육종재료 및 목표형질의 유전양식에 따라 육종의 목표 및 규모가 결정된다.

**14** 다음 중 유전적 변이를 만들 수 있는 생식과정에 해당하는 것은?

① 영양번식　　② 감수분열
③ 무성생식　　④ 아포믹시스

해설 감수분열은 배우자 형성을 위해 암수의 생식기관에서 생식모세포의 염색체 수가 반감되는 세포분열을 말한다. 이러한 과정을 통해 감수분열은 다양성을 지니면서 유전적 변이를 만들 수 있다.

**15** 넓은 의미의 유전력을 바르게 나타낸 것은?(VG:유전분산, VE:환경분산, VP:표현형분산)

① $\frac{V_P}{V_G}$　　② $\frac{V_P}{V_G + V_E}$
③ $\frac{V_G}{V_E}$　　④ $\frac{V_G}{V_G + V_E}$

해설 표현형의 전체분산에 대한 유전분산의 비를 광의의 유전력이라 한다. 이때 전체분산은 유전분산과 환경분산의 합으로 표현된다.



정답 11 ② 12 ② 13 ③ 14 ② 15 ④

**16** 임성회복유전자가 존재하는 웅성불임성은?

① 유전자웅성불임성 ② 세포질웅성불임성
③ 임성회복웅성불임성 ④ 세포질유전자웅성불임성

해설 세포질 유전자적 웅성불임으로 잡종강세를 이용하기 위해서 웅성불임친과 그 웅성불임성을 유지해 주는 유지친, 웅성불임친의 임성을 회복시켜 주는 회복인자친이 있어야 한다.

**17** 목표로 하는 전체 형질에 대하여 동시에 선발할 때 각 형질에 대한 중요도에 따라 점수를 주어 총 득점수가 많은 것부터 선발할 때 이용되는 것은?

① 선발지수 ② 유전력
③ 회귀계수 ④ 상관계수

해설 선발지수는 몇 가지 형질에 대해 동시에 유전적 개량을 실시할 경우 종합적으로 빠르고 정확한 효과를 올리는 방법이다. 선발지수는 목표로 하는 전체 형질에 대해 동시에 선발할 때 각 형질의 중요도에 따라 점수를 주어 총득점수가 많은 것부터 선발할 때 이용한다.

**18** 식물육종의 성과로서 부정적인 것은?

① 생산성 증가 ② 품질 향상
③ 환경적응성 증대 ④ 재래종 감소

해설 작물육종의 성과에는 신품종 출현, 품질의 개선, 재배안정성증대, 재배한계의 확대, 경영의 합리화 등이 있다.

**19** 협의의 유전력이란?

① 표현형분산에 대한 상가적분산의 비율
② 표현형분산에 대한 우성효과분산의 비율
③ 유전분산에 대한 상가적분산의 비율
④ 유전분산에 대한 우성효과분산의 비율

해설 표현형의 전체분산에 대한 상가적 분산의 비를 협의의 유전력이라 한다.

**20** 돌연변이체의 선발시기는?

① $M_1$ 세대 이후 ② $M_2$ 세대 이후
③ $M_4$ 세대 이후 ④ $M_6$ 세대 이후

해설 돌연변이육종은 $M_1$ 세대에서 양성하고 $M_2$세대에서 선발하여 계통재배한 다음 $M_3$세대에서 돌연변이 고정도를 조사하고 $M_4$ 세대에서 생산력을 검정한다.

정답 16 ④ 17 ① 18 ④ 19 ① 20 ②

**21** 배우체형 자가불화합성과 포자체형 자가불화합성의 차이를 옳게 설명한 것은?

① 불화합성이 배우체형은 화주 내에서, 그리고 포자체형은 주두의 표면에서 발현된다.

② 불화합성 관련 대립유전자 간에 배우체형은 우열관계, 포자체형은 공우성 관계가 성립된다.

③ 주두 표면의 특성 비교 시 배우체형 식물의 주두는 건성이고, 포자체형 식물의 주두는 습성(점성)이다.

④ 불화합성에 관련된 유전자가 배우체형은 한 쌍이고, 포자체형은 여러 쌍이다.

해설 배우체형 자가불화합성은 화분과 체세포로 이루어진 암술의 암술머리나 암술대간의 상호작용에 의해서 나타나며 주로 화주 내에서 이루어진다. 포자체형 자가불화합성은 주두의 표면에서 발현이 된다.

**22** 다음 중 분리육종방법에서 순계분리에 대한 설명으로 가장 옳은 것은?

① 품종화하기 이전에 지역적응시험이 필요치 않다.

② 다수의 선발개체로부터 채취한 종자를 혼합하여 세대를 진전한다.

③ 순계분리는 자식성 식물에 주로 적용되지만 타식성 식물의 자식계통 육성에도 이용된다.

④ 재래종을 공시화하여 선발계통의 우수성을 입증한다.

해설 기본 집단에서 우수한 형질을 가진 개체를 계속 선발하여 우수한 순계를 선발하는 방법으로 자가수정 작물에 이용된다. 타가수정작물에서 근교약세를 나타내지 않는 작물은 순계분리법을 적용할 수 있는데 이때 순계를 얻기 위해 인공수분에 의한 교배가 필요하다.

**23** 반수체식물이 얻어지는 조직배양 기법은?

① 배유배양 ② 약배양

③ 생장점배양 ④ 세포융합

해설 식물체의 화분이나 약을 채취 및 배양하여 반수체, 반수체성 배를 생산하는 방법을 약배양육종법이라 한다.

**24** 다음 중 유전적 변이를 감별하는 방법으로 가장 알맞은 것은?

① 유의성 검정 ② 후대검정

③ 전체형성능(totipotency) 검정 ④ 질소 이용률 검정

해설 후대검정은 변이를 나타낸 개체를 자식하여 선발된 우량형이 유전적인 변이인가를 관찰한다.



정답 21 ① 22 ③ 23 ② 24 ②

**25** 체세포분열의 4단계 중 그 기간이 가장 짧은 것은?

① 전기 ② 후기
③ 종기 ④ 중기

해설 중기는 세포의 양극에 방추사가 형성되고 방추사가 동원체에 부착하여 염색체가 적도판에 배열되는데 분열 주기 중에서 가장 짧다.

**26** 회피성과 내성에 관한 설명이 옳은 것은?

① 회피성은 스트레스 후 저항성, 내성은 스트레스 전 저항성이다.
② 내동성(耐凍性)은 회피성, 내한성(耐旱性)은 내성이다.
③ 내성과 회피성은 포장에서 뚜렷하게 구분된다.
④ 좁은 의미의 스트레스 저항성은 내성이다.

해설 식물체에 나쁜 영향을 주는 요인을 스트레스라 하고 식물체가 스트레스에 견디는 힘을 내성 혹은 스트레스 저항성이라 한다.

**27** 분자표지를 이용한 선발에 대하여 잘못 설명한 것은?

① 꽃, 종자, 과실 등 생육 후기에 발현되는 형질도 생육 초기에 선발할 수 있다.
② 목적 형질에 관여하는 유전자가 열성인 경우에는 분자 표지를 이용해도 후대검정이 필요하다.
③ 분자표지를 이용하면 선발의 효율성을 높이고 육종연한을 단축할 수 있다.
④ 병이나 해충 저항성 연관표지는 접종과 같은 어려운 검정 작업이 없이도 목적 개체를 선발할 수 있다.

해설 분자표지는 특정 유전자 확인이 가능하며 유전자원 및 품종의 분류, 종자순도의 검정, 분자표지를 이용한 선발, 양적 형질 유전자좌의 선발에 유용하게 활용되며 이러한 과정 때문에 후대검정은 필요하지 않다.

**28** 분리육종법과 교잡육종법의 근본적 차이는?

① 분리육종법은 환경변이를 이용하고, 교잡육종법은 유전변이를 이용한다.
② 분리육종법은 유전변이를 작성하여 이용하고, 교배육종법은 이미 존재하는 변이를 이용한다.
③ 분리육종법은 유전변이를 이용하고, 교잡육종법은 환경변이를 이용한다.
④ 분리육종법은 이미 존재하는 변이를 이용하고, 교잡육종법은 유전변이를 작성하여 이용한다.

해설 분리육종법은 지방종, 재래종 혹은 재배품종을 이용하고, 교잡육종법은 육종의 소재가 되는 변이를 교잡을 통해 얻는 방법이다.

정답 25 ④ 26 ④ 27 ② 28 ④

**29** 다음 중 계통분리법에 해당하지 않는 육종법은?

① 집단육종법 ② 성군집단선발법
③ 모계선발법 ④ 가계선발법

해설 집단육종법은 교잡육종법에 해당된다. 계통분리법은 집단선발법, 계통집단선발법, 성군집단선발법, 1수1렬법, 모계선발법, 가계선발법이 있다.

**30** 쌍자엽식물의 형질전환에 가장 널리 이용되고 있는 유전자 운반체는?

① E. coli ② 바이러스의 외투단백질
③ Ti – plasmid ④ 제한효소

해설 Ti - plasmid 는 쌍자엽식물의 형질 전환에 사용되는 유전자 운반체이다.

**31** 육성계통의 생산력 검정을 위한 포장시험에서 주의해야 할 사항으로 가장 거리가 먼 것은?

① 토양의 균일성 유지 ② 품종 및 계통의 임의 배치
③ 반복실험 ④ 일장처리

해설 생산력 검정에서 검정포장의 토양의 균일성을 유지해야 하고 시험구의 반복횟수가 증가하면 오차를 줄일 수 있다.

**32** 다음 중 유전자원을 수집·보전해야 할 이유로 가장 옳은 것은?

① 멘델 유전법칙을 확인하기 위함 ② 다양한 육종소재로 활용하기 위함
③ 야생종을 도태시키기 위함 ④ 개량종의 보급을 확대시키기 위함

해설 유전자원의 수집 및 보존은 다양한 육종소재로의 활용과 한번 손실되면 두 번 다시 재생이 어려워 보존에 노력을 기울어야 한다.

**33** 유전력과 선발에 대한 설명으로 가장 옳은 것은?

① 유전력이 크면 초기세대의 선발이 효과적이다.
② 유전력과 선발효과와는 무관하다.
③ 유전력은 유전분산 중 표현형분산이 차지하는 비율이다.
④ 유전력은 환경분산이 커짐에 따라 증가한다.

해설 ① 유전력은 선발효율의 지표가 되기에 관련이 있다.
② 유전력은 표현형의 전체분산 중에서 유전분산이 차지하는 비율이다.
③ 유전력은 환경분산이 커짐에 따라 감소한다.



정답 29 ① 30 ③ 31 ④ 32 ② 33 ①

**34** 다음 중 우성상위 $F_2$의 분리비로 가장 옳은 것은?

① 12:3:1 ② 9:6:1

③ 15:1 ④ 9:3:4

해설 피복유전자는 두쌍의 비대립유전자간 한 우성 유전자가 다른 우성유전자의 발현을 막고 자신의 고유 특성만 발현하는 유전자를 말한다. $F_2$ 분리비는 12:3:1 이다.

**35** 다음 중 멘델의 유전법칙에 대한 설명으로 틀린 것은?

① 우성과 열성의 대립유전자가 함께 있을 때 우성형질이 나타난다.

② F2에서 우성과 열성형질이 일정한 비율로 나타난다.

③ 유전자들이 섞여 있어도 순수성이 유지된다.

④ 두 쌍의 대립형질이 서로 연관되어 유전분리한다.

해설 멘델의 유전법칙의 독립에 법칙에 의거하여 다른 염색체상에 있는 두쌍이나 두쌍 이상의 대립유전자가 간섭받지 않고 후대로 전해진다.

**36** 한 쌍의 대립유전자가 이형접합상태인 식물을 N회 자식 시켰을 때 집단 내 이형접합자의 비율은?

① $[1-(1/2)^n]$ ② $[1-(1/2^n)]$

③ $(1/2)^n$ ④ $[(1/2)^n-1]$

해설 1회 자식할 경우 이형접합자의 비율은 1/2 이며 2회 자식할 경우 이형접합자의 비율은 1/4 이므로 비율은 $(1/2)^n$ 이다.

**37** 세포질에 들어 있는 유전 물질을 자칭하는 것은?

① 키아스마 ② 플라스마진

③ 상위유전자 ④ 삼염색체(Trisomic)

해설 세포질유전에 관여하는 유전적 요소를 플라스마진(plasmagene)이라 한다.

**38** 동질배수체의 작성에 관련된 내용 중 옳지 않은 것은?

① 일반적으로 콜히친을 이용하여 배수체를 작성한다.

② 식물체에 콜히친을 처리하면 키메라 현상이 나타난다.

③ 인위배수체는 임성이 높아서 종자도 크다.

④ 콜히친은 분열하지 않는 세포에서는 염색체 수를 배가 시키지 못한다.

해설 인위배수체는 임성이 저하된다.

정답 34 ① 35 ④ 36 ③ 37 ② 38 ③

**39** 유전자원의 액티브 콜렉션(Active collection) 저장조건으로 옳은 것은?

① 종자수분을 15%로 한 다음 –18℃에 저장
② 종자수분을 5±1%로 한 다음 4℃에 저장
③ 종자수분을 15%로 한 다음 4℃에 저장
④ 종자수분을 5±1%로 한 다음 –18℃에 저장

해설 액티브 콜렉션은 종자수분을 5±1%로 한 다음 4℃에 저장하는 방법이다.

**40** DNA를 구성하고 있는 염기로만 나열된 것은?

① 시토신, 티민, 우라실, 옥신
② 시토신, 우라실, 리보솜, 구아닌
③ 시토신, 메티오닌, 아데닌, 우라실
④ 시토신, 티민, 아데닌, 구아닌

해설 DNA 의 염기는 아데닌(Adenine), 구아닌(Guanine), 시토신(Cytosine), 티민(Thymine) 으로 구성되어 있으며 아데닌은 티민과 결합하고 구아닌은 시토신과 결합한다.

**41** $F_2$에서 개체의 수량성에 대한 선발효과가 없는 이유는?

① 수량성에는 주동유전자가 관여하며 환경영향이 거의 없기 때문이다.
② 수량성에는 주동유전자가 관여하며 환경영향이 크기 때문이다.
③ 수량성에는 폴리진이 관여하며 환경영향이 거의 없기 때문이다.
④ 수량성에는 폴리진이 관여하며 환경영향이 크기 때문이다.

해설 양적형질은 폴리진에 의해 지배받으며 환경의 영향을 받는다.

**42** 다음 중 유전자간 상호작용의 성질이 다른 것은?

① 억제유전자
② 보족유전자
③ 복대립유전자
④ 중복유전자

해설 대립유전자 내에서 상호작용은 우성으로 표현하고 이에 관여하는 유전자를 우성유전자, 열성유전자로 표현한다. 대립유전자 상호작용에는 불완전우성, 공동우성, 복대립유전자 등이 해당된다.

**43** 대부분의 형질이 우량한 장려품종에 내병성을 도입하고자 할 때 가장 효과적인 육종법은?

① 분리육종법
② 계통육종법
③ 집단육종법
④ 여교잡육종법

해설 여교잡육종법의 경우 내병성 품종을 육성하거나 유전자의 연관관계를 규명하는데 흔히 사용되며 육종의 시간과 경비를 절약하는 장점이 있다.



정답 39 ② 40 ④ 41 ④ 42 ③ 43 ④

**44** 다음 중 두 개의 다른 품종을 인공교배하기 위해 가장 우선적으로 고려해야 할 사항은?

① 개화시기 ② 수량성
③ 종자탈립성 ④ 도복저항성

해설 두 개의 다른 품종을 인공교배하기 위해서는 먼저 개화기가 다른 두 품종에 대한 개화기 조절이 필요하다.

**45** 콩과 식물의 제웅에 가장 적당한 방법은?

① 화판인발법(花瓣引拔法) ② 집단제정법(集團際精法)
③ 절영법(切穎法) ④ 수세법(水洗法)

해설 화판인발법은 제웅법 중 하나로 콩, 자운영 등 꽃망울 끝의 꽃잎을 꽃밥과 함께 뽑아낸다.

**46** 다음 중 열성상위의 $F_2$의 분리비는?

① 9:7 ② 15:1
③ 9:3:4 ④ 9:6:1

해설 조건유전자는 유전자 상호작용이 열성상위이며 이때의 $F_2$ 분리비는 9:3:4 이다.

**47** 잡종강세육종에서 일반조합능력과 특정조합 능력을 함께 검정할 수 있는 것은?

① 단교배 ② 톱교배
③ 이면교배 ④ 3원교배

해설 이면교배는 여러 자식계를 둘씩 조합하거나 교배하여 특정조합능력과 일반조합능력을 검정한다.

**48** 조합능력을 올바르게 설명한 것은?

① 교배조합에 따른 유전자와 환경의 상호작용
② 교배조합에 따른 $F_1$의 잡종강세를 일으킬 수 있는 정도
③ 교배조합에 따른 잡종세대의 유전력의 크기
④ 교배조합에 따른 유전분리비

해설 잡종 $F_1$이 나타내는 잡종강세 정도를 조합능력이라 하고 일반조합능력과 특정조합능력이 있다.

정답 44 ① 45 ① 46 ③ 47 ③ 48 ②

**49** 계통육종에서의 선발에 대한 설명으로 틀린 것은?

① $F_2$세대에서는 유전력이 낮은 형질들을 대상으로 강선발을 실시하는 것이 효과적이다.

② $F_3$세대에서는 계통선발을 한 후 선발계통 내의 개체들을 선발한다.

③ 계통재배 세대수가 증가할수록 양적형질의 유전력이 증가하므로 선발이 용이하다.

④ $F_4$세대부터는 계통군 선발→계통 선발→개체 선발 순으로 선발을 진행한다.

해설 계통육종법은 교배를 하여 잡종을 만들고 그 분리세대인 $F_2$ 이후부터 계속 개체선발을 하고 선발된 개체를 개체별 계통재배를 되풀이 하면 그들 계통을 서로 비교하여 우량한 계통을 선발, 고정하여 순계를 만들어 가는 방법으로 자가수정작물의 대표적인 육종방법이다.

**50** 단위생식(Apomixis)을 가장 옳게 표현한 것은?

① 씨 없는 수박은 이 원리를 이용한 것이다.

② 수분이 되지 않았는데 과실이 비대하는 현상이다.

③ 근친교배에서 많이 일어나는 일종의 퇴화현상이다.

④ 수정이 되지 않고도 종자가 생기는 현상이다.

해설 아포믹시스(단위생식, apomixis)는 무수정생식이라 하며 정상적인 정핵과 난핵의 결합 없이 종자를 형성한다.



정답 49 ① 50 ④

# PART 3

# 재배원론

ENGINEER SEEDS

PART 03 재배원론

## 01 재배의 기원과 현황

### 1. 작물의 재배

#### (1) 재배

① 재배는 인간이 경지를 이용하여 작물을 기르고 수확하는 경제적 행위를 말한다.

② 재배는 되도록 많은 수량을 내어 소득을 올리는 것이 좋고 일정 토지면적에서 작물의 수량을 극대화하기 위해 우수한 품종을 선택하고 최적의 환경을 조성해지면서 적합한 재배기술을 적용한다.

③ 작물의 수량은 유전성, 환경조건, 재배기술을 3변으로 표현하는 작물수량 삼각형으로 표현한다.

④ 작물수량 삼각형은 유전성은 우수하고 최적의 환경조건을 가지며 적합한 재배기술을 적용해야 한다.

⑤ 재배종 특성

㉠ 발아억제 물질이 감소하거나 소실되는 방향으로 발달하였다.

㉡ 생장에너지가 다량 함유된 대립종자에서 발전하였다.

㉢ 종자의 단백질 함량이 낮아지고 탄수화물 함량이 증가하는 방향으로 발전하였다.

㉣ 모든 종자가 일시에 성숙되고 개화기에 일시에 집중하는 방향으로 발전하였다.

㉤ 탈립성이 작은 방향으로 수량은 많은 방향으로 발달하였다.

#### (2) 작물의 특징

① 작물은 일반식물에 비하여 이용성과 경제성이 높아야 한다.

② 작물의 경제성을 높이기 위해 특정 수확부위의 수량을 높여야 한다. 특정 부위만 매우 발달한 일종의 기형식물을 이루는 경우가 있다.

③ 기형으로 발달된 작물은 야생식물보다 생존 경쟁력이 약하다.

## 2. 작물의 분류

### (1) 작물의 종류

① 식용작물

| | |
|---|---|
| 미곡 | 벼 |
| 맥류 | 보리, 호밀, 밀, 귀리 |
| 잡곡 | 수수, 옥수수, 메밀, 기장 |
| 두류 | 콩, 녹두 강낭콩, 완두, 팥, 땅콩 |
| 서류 | 고구마, 감자 |

② 공예작물

| | |
|---|---|
| 섬유작물 | 목화, 삼, 모시풀, 수세미, 닥나무 |
| 전분작물 | 옥수수, 감자, 고구마 |
| 유료작물 | 참깨, 들깨, 유채, 땅콩, 해바라기, 아주까리, 오일팜 |
| 기호료작물 | 차, 담배, 커피 |
| 약료작물 | 제충국, 인삼, 도라지, 박하, 당귀 |
| 당료작물 | 사탕무, 사탕수수 |

③ 사료 작물

| | |
|---|---|
| 화본과 | 옥수수, 티머시, 오처드 그래스 |
| 콩과 | 알팔파, 레드클러버, 스위트 클로버, 화이트 클로버 |

④ 녹비 작물

| | |
|---|---|
| 화본과 | 귀리, 호밀, 라이그래스 |
| 콩과 | 자운영, 콩 |

⑤ 원예작물

㉠ 과수

| | |
|---|---|
| 핵과류 | 자두, 살구, 복숭아, 앵두 |
| 인과류 | 배, 사과, 비파 |
| 준인과류 | 감, 귤 |
| 장과류 | 포도, 무화과, 딸기 |
| 각과류 | 밤, 호두 |

㉡ 채소

| 과채류 | | 오이, 호박, 참외, 멜론, 수박, 딸기 |
|---|---|---|
| 협채류 | | 완두, 동부, 강낭콩 |
| 근채류 | 괴근류 | 고구마, 감자, 마, 연근, 생강 |
| | 직근류 | 무, 당근, 우엉 |
| 경엽채류 | 엽채류 | 배추, 양배추, 갓 |
| | 생채류 | 샐러드, 상치, 파슬리, 땅두릅 |
| | 유채류 | 미나리, 아스파라가스, 죽순, 시금치 |
| | 총류 | 파, 양파, 쪽파, 마늘 |

⑥ 생태적 분류

| 생존연한 | · 1년생 작물 : 벼, 콩, 옥수수, 배추<br>· 2년생 작물(월년생작물) : 대파, 무, 사탕무<br>· 다년생 작물 : 감자, 고구마, 아스파라거스 |
|---|---|
| 생육계절 | · 하작물 : 콩, 수수혼작<br>· 동작물 : 밀, 보리 |
| 생육형 | · 주형작물(식물체가 포기를 형성) : 벼, 맥류, 오챠드그라스<br>· 포복형작물(땅을 기어 지표를 덮음) : 고구마 |
| 생육온도 | · 저온작물 : 맥류, 감자<br>· 고온작물 : 벼, 콩, 담배 |
| 저항성 | · 내산성 작물 : 감자, 벼<br>· 내건성 작물 : 수수<br>· 내습성 작물 : 밭벼<br>· 내염성 작물 : 사탕무, 목화, 양배추, 유채<br>· 내풍성 작물 : 고구마 |

⑦ 재배 · 이용에 따른 분류

| 작부방식 | · 동반작물 : 다년생초지에 초기 산초량을 높이기 위해 섞는 작물<br>· 보호작물 : 주요작물의 보호를 위해 심는 작물<br>· 대용작물 : 주작물 수확이 어려울 경우 대체작물, 메밀·채소·조<br>· 구황작물 : 불리한 환경(흉년)에 수확량이 상당한 작물, 메밀·고구마 |
|---|---|
| 토양보호 | · 토양보호 작물 : 일종의 토양 피복 작물<br>· 토양조성 작물 : 지력증진에 도움이 되는 작물, 콩과식물<br>· 토양수탈 작물 : 토양 양분만 가져가 비료분을 공급해야 하는 작물, 화곡류 |
| 경제·경영 | · 자급 작물 : 농가에서 자급용 작물<br>· 환금 작물 : 판매용 작물, 담배·인삼<br>· 경제 작물 : 환금작물 중 수익성이 높은 작물, 담배·양파·마늘 |
| 사료용도 | · 청예작물 : 곡식의 줄기나 잎을 사료로 사용할 목적, 순무<br>· 건초작물 : 건초용으로 사용되는 작물, 티머시·알팔파<br>· 종실사료작물 : 종자를 사료로 이용하는 작물, 맥류·옥수수 |

(2) 작물의 종수 및 재배현황

① 전세계적으로 식물의 종수는 약 28만여종 정도로 추정하고 있으며 그중 국내에는 약 5400종 정도가 서식을 하고 있다.

② 그중 작물의 종수는 약 3천여종 정도로 식물종수의 약 1% 수준 정도이다. 식용작물종수는 900 여정 정도이다.

③ 인류가 주로 소비하고 있는 3대 식량작물로는 옥수수, 밀, 벼가 있고 인류가 소비하는 양의 약 70% 이상을 차지하고 있다.

④ 국내의 경우 작물별 경지이용 면적은 식량작물이 약 63% 정도로 대부분이며 채소류 13%, 특용 및 약용작물 4%, 과수 및 기타 19.5% 정도를 차지하고 있다.

⑤ 식용작물의 재배면적은 미곡, 두류, 서류, 맥류, 잡곡 순이며 생산량은 미곡, 서류, 두류, 잡곡, 맥류 순이다.

⑥ 우리나라가 원산지인 작물에는 콩, 팥, 녹두, 들깨, 감, 인삼, 머루 등이 있다.

# 02 재배환경

## 1. 토양

### (1) 지력

① 지력은 식물을 길러내는 땅의 힘을 의미한다. 농작물의 경우 같은 자리에 지속적으로 작물을 길러낼 경우 흙속의 양분이 고갈되어 이후의 작물들은 제대로 자라지 못한다.

② 지력이 떨어질 경우에는 비료를 이용하거나 농사를 쉬어주는 휴경, 다른 곳의 흙을 가져오는 객토 등의 작업을 통해 지력을 보충한다.

### (2) 토성

① 토양은 고상, 기상, 액상으로 구성되어 있으며 고상의 대부분은 무기물과 약간의 유기물이, 기상은 토양공기, 액상은 토양수분을 의미하며 고상:액상:기상=50:25:25 비율로 구성되어 있는 것이 작물이 크기에 가장 이상적인 구조이다.

② 토성은 모래(미사, 조사), 점토 함량을 기준으로 분류하는데 주로 점토를 기준으로 분류하며 사토, 식토, 양토, 사양토, 식양토 등으로 분류된다.

| 토양 | 진흙정도(%) |
|---|---|
| 사토 | 12.5 ↓ |
| 사양토 | 12.5 ~ 25.0 |
| 양토 | 25.0 ~ 37.5 |
| 식양토 | 37.5 ~ 50.0 |
| 식토 | 50.0 ↑ |

③ 자갈이나 모래가 많은 토양의 경우 빈공극이 많아 통기성이 좋으나 보수력이나 보비력이 낮아 작물의 생육에는 오히려 불리하다. 점토함량이 많은 토양의 경우 보수력과 보비력은 좋으나 공극이 작아 통기성이 불량하여 이 역시도 작물의 생육에는 불리하다.

### (3) 토양구조 및 토층

① 토양 구조는 토양입자의 배열상태를 말하며 토양입자가 개별적으로 있는 경우 단립구조, 서로 결합되어 무리를 이루는 경우를 입단구조라 정의한다.

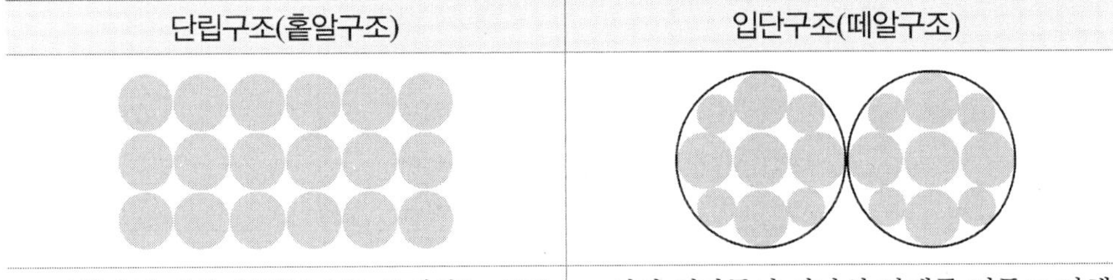

| 단립구조(홑알구조) | 입단구조(떼알구조) |
|---|---|
| · 토양에서 각각 독립적으로 존재하는 구조로서 큰공극이 많아 수분 및 비료의 함량이 적은 편이다.<br>· 대표적으로 모래와 미사가 단립구조를 가진다. | · 여러 입자들이 하나의 단체를 만들고 단체끼리 모여 입단을 만드는 구조로 통기성이 좋고 적정량의 수분을 보유한다.<br>· 식물이 생육하기에 수분 및 공기의 유동에 적합한 구조이다. |

② 입단을 조성하기 위해서는 입단구조가 만들어지기 위한 요소인 점토, 유기물 등을 첨가하거나 콩과식물의 재배, 토양의 피복 등의 통한 구조를 개선해야 한다.

③ 입단의 분해 혹은 파괴가 일어나는 경우는 과도한 경운작업과 같은 물리적 충격을 주거나 환경 및 기상에 의한 입단의 수축, 팽윤의 반복 혹은 입단구조에 반발력을 이온(나트륨이온 등)이 과다할 때 발생한다.

### (4) 토양 중의 무기성분

① 무기염류는 작물의 생육에 필요한 필수원소 16가지가 있으며 이러한 원소들이 많이 필요한 것들을 다량원소, 소량 필요할 경우를 미량원소라 한다.

| 구분 | | 흡수 형태 | 상대량(%) |
|---|---|---|---|
| 다량원소 | 탄소(C) | $CO_2$ | 45 |
| | 산소(O) | $O_2$, $H_2O$ | 45 |
| | 수소(H) | $H_2O$ | 6 |
| | 질소(N) | $NO_3^-$, $NH_4^+$ | 1.5 |
| | 칼륨(K) | $K^+$ | 1.0 |
| | 칼슘(Ca) | $Ca^{2+}$ | 0.5 |
| | 마그네슘(Mg) | $Mg^{2+}$ | 0.2 |
| | 인(P) | $H_2PO_4^-$, $HPO_4^{2-}$ | 0.2 |
| | 황(S) | $SO_4^{2-}$ | 0.1 |

| 구분 | | 흡수 형태 | 상대량(%) |
|---|---|---|---|
| 미량원소 | 염소(Cl) | $Cl^-$ | 0.01 |
| | 철(Fe) | $Fe^{3+}$, $Fe^{2+}$ | 0.01 |
| | 망간(Mn) | $Mn^{2+}$ | 0.005 |
| | 붕소(B) | $H_3BO_3$ | 0.002 |
| | 아연(Zn) | $Zn^{2+}$ | 0.002 |
| | 구리(Cu) | $Cu^+$, $Cu^{2+}$ | 0.0006 |
| | 몰리브덴(Mo) | $MoO_4^{3-}$ | 0.00001 |

② 작물의 생육시 초기에는 성장을 위해 질소의 흡수량이 가장 많으나 이후에는 칼륨의 흡수량이 더 많아지게 된다.

③ 무기성분의 특징

㉠ 질소

| | |
|---|---|
| 특징 | · 대기 중의 78% 정도를 차지하는 원소로 수목의 단백질, 아미노산 등의 유기화합물을 구성하는 필수 원소이다.<br>· 식물 내의 질소의 함량이 가장 많은 부위는 잎이다.<br>· 주로 식물에 흡수시 질산태($NO_3^-$), 암모니아태($NH_4^+$)로 흡수된다. |
| 결핍증상 | · 잎의 생장이 불량하고 잎이 짧아지거나 전반적으로 소형화된다.<br>· 잎 전체의 황백화 현상이 나타나며 심할 경우 괴사한다. |
| 과잉증상 | · 잎이 짙은 녹색이 되면서 도장현상이 나타난다.<br>· 가뭄, 병충해 등의 저항성이 약해진다.<br>· 결실률이 떨어지고 과실의 경우 소과가 되기도 한다. |

㉡ 인산

| | |
|---|---|
| 특징 | · 강산성 토양에서 인산은 철, 알루미늄, 망간과 결합하여 식물이 이용할수 없게 된다.<br>· 중성 토양의 경우 인산의 유효도가 증가하며 pH 6~7 정도가 적당하다<br>· 뿌리의 신장을 촉진하고 내한 및 내건성을 증가시킨다.<br>· 주로 이온 형태($H_2PO_4^-$, $HPO_4^{2-}$)로 흡수한다. |
| 결핍증상 | · 뿌리 발달이 늦어 식물의 발육도 늦어진다.<br>· 갈색반점이 생기거나 노엽은 암록색을 띠고 개화결실이 불량해진다.<br>· 과실 및 종자의 형성이 불충실해진다. |
| 과잉증상 | · 아연, 철, 고토의 결핍을 유발하고 황화현상을 일으킨다.<br>· 영양생장이 멈추고 성숙이 빨라져 수확량이 감소한다. |

㉢ 칼륨

| | |
|---|---|
| 특징 | · 탄수화물대사, 단백질대사, 효소 활성화 등의 촉매역할을 한다.<br>· 뿌리의 발육과 개화결실에 도움을 준다.<br>· 뿌리, 줄기를 강하게 하고 병해충에 대한 저항력을 증가시킨다.<br>· 양이온($K^+$)으로 흡수 및 이용하며 세포의 팽압을 유지한다.<br>· 잎, 뿌리 등의 선단에 많이 있으며 종실에는 거의 없다. |
| 결핍증상 | · 늙은잎의 선단에서 황화하고 결국 갈색변하다 고사한다.<br>· 어린잎은 암록색이 되고 신장이 나쁘게 된다.<br>· 뿌리의 생장이 제한되고 뿌리썩음병이 일어나기 쉽다.<br>· 과실의 경우 모양과 품질이 저하된다. |
| 과잉증상 | · 칼슘과 마그네슘의 흡수를 억제하여 결핍시킨다. |

㉣ 칼슘

| | |
|---|---|
| 특징 | · 건조지역이 습한지역보다 더 많은 양을 함유하고 있다.<br>· 정단 분열조직 발달, 단백질의 합성, 뿌리 및 지상부의 신장에 관여한다.<br>· 식물체 내에서는 세포막의 구성성분으로 주로 잎에 함유량이 많다.<br>· 질소의 흡수를 도와주고 알루미늄의 흡수를 조절해준다. |
| 결핍증상 | · 분열조직의 생장이 감퇴한다.<br>· 칼슘은 식물체내에서도 이동성이 낮아 신엽, 경엽등에서 결핍증상이 나타난다.<br>· 토마토 배꼽썩음병이 발생하기도 한다. |
| 과잉증상 | · 철, 마그네슘, 아연등의 흡수를 방해하는 일종의 길항작용을 한다. |

㉤ 마그네슘

| | |
|---|---|
| 특징 | · 마그네슘은 식물의 광합성에 필수적인 엽록소의 구성성분이다.<br>· 칼륨, 망간에 길항작용을 한다.<br>· 황산고토, 백운성으로 결핍을 방지할 수 있다. |
| 결핍증상 | · 늙은 잎에서 먼저 황화되며 심할 경우 백화현상이 일어난다.<br>· 뿌리, 줄기의 생장이 저해된다. |

ⓑ 황

| | |
|---|---|
| 특징 | · 토양내 유기태, 무기태 형태로 있으며 대부분 유기태로 존재한다.<br>· 토양의 유기태 황은 미생물에 의해 무기화되어 식물에 이용된다.<br>· 단백질, 아미노산, 비타민의 구성성분으로 식물의 생리작용에 관여한다.<br>· 대부분의 산림토양에서 황의 결핍은 거의 없으나 유기물함량이 낮은 사질 토양에서 종종 발생한다.<br>· 식물체내 이동성이 낮은 편이라 어린잎에서 먼저 결핍증상이 나타난다. |
| 결핍증상 | · 생장이 저조해지며 뿌리혹박테리아에 의한 질소고정능력이 저하된다.<br>· 엽록소의 형성이 억제된다. |
| 과잉증상 | · 토양의 산성화를 촉진한다. |

ⓢ 철

| | |
|---|---|
| 특징 | · 엽록소의 생성 및 호흡효소 활동에 관여한다. |
| 결핍증상 | · 엽록소 생성이 방해되며 새잎에서 황백화가 발생한다. |
| 과잉증상 | · 망간, 인산의 결핍을 조장한다. |

ⓞ 망간

| | |
|---|---|
| 특징 | · 산화효소를 도와 산화, 환원반응에 관여한다.<br>· 엽록소의 생성에 관여한다. |
| 결핍증상 | · 잎의 소형화, 잎의 황화현상이 일어나기도 한다.<br>· 쌍자엽 식물에 경우 잎에 작은 황색반점이 생기기도 한다.<br>· 알칼리성 토양에서 결핍증상이 자주 발생된다.<br>· 벼, 보리에서 세로의 줄무늬가 발생한다. |
| 과잉증상 | · 철의 결핍을 조장한다.<br>· 뿌리가 갈변하거나 사과의 경우 적진병이 발생하기도 한다. |

ⓩ 붕소

| | |
|---|---|
| 특징 | · 세포의 분열과 화분의 수정에 관여한다.<br>· 세포막 펙틴의 형성에 관여한다.<br>· 식물체내 이동성이 낮아 어린잎에서 결핍증상이 나타난다. |
| 결핍증상 | · 생장점의 발육이 중지되고 심할 경우 뿌리 생장점도 더뎌진다.<br>· 꽃가루 생성이 불량하고 불임이 발생한다.<br>· 조직이 전반적으로 거칠고 단단해 지며 괴사가 일어난다.<br>· 사과의 축과병 같은 병해가 나타난다. |
| 과잉증상 | · 잎의 황화 현상이 발생되며 심할 경우 고사한다. |

㉧ 몰리브덴

| | |
|---|---|
| 특징 | · 질산 환원 효소의 구성성분으로 콩과작물의 질소고정에 도움을 준다.<br>· 질소를 고정하는 근류균의 생육에 도움을 준다.<br>· 단백질의 합성에 관여한다. |
| 결핍증상 | · 광엽이 엽면의 안쪽으로 감아 휘게 된다.<br>· 늙은잎에서부터 황화현상이 발생된다. |

## (5) 토양유기물

① 토양유기물의 기능

㉠ 유기물의 분해를 통해 작물의 양분을 공급하는 등의 순환과정에 관여한다.

㉡ 유기물 분해 시 다양한 생장촉진물질이 만들어진다.

㉢ 토양의 입단구조 형성을 통해 토양의 성질을 개선해 준다.

㉣ 부식콜로이드생성으로 양분의 흡착력이 강해져 입단구조 형성에 도움을 준다.

㉤ 산성토양을 개선할 수 있고 지온상승등으로 유용미생물의 생육환경을 만들어준다.

㉥ 토양을 보호해주고 침식을 막아준다.

② 토양부식

㉠ 토양 중에 유기물이 미생물에 의한 분해작용으로 암갈색의 물질로 변하게 되는 과정을 부식이라 한다.

㉡ 유기물이 산소가 있는 조건에서 호기성 세균에 의해 분해되는 작용으로 밭에서 관찰되며 부식이 적고 중성부식이 발생한다.

㉢ 유기물이 산소가 없는 조건에서 혐기성 세균에 의해 분해되는 작용은 논상태에서 관찰이 되며 부식량이 많고 산성부식이 생긴다.

㉣ 잘 부식된 경우의 탄소와 질소의 탄질비는 10 정도이다.

③ 토양부식층

㉠ 토양 표면의 유기물층은 유기물의 분해 정도에 따라 3가지 층으로 구분되며 낙엽층, 분해층, 부식층이라 한다.

㉡ 낙엽층

· 낙엽층은 L(Litter)층으로 낙엽이나 낙지가 원래의 형태를 유지하고 있는 상태이다.

· 산림토양의 가장 위 부분에 있는 유기물 가운데서 형태나 색깔 등이 식물체에서 떨어질 때와 비교하여 크게 변하지 않은 상태의 층이다.

㉢ 분해층

- 유기물의 분해가 일어나고 있는 층으로 F(fermentation layer, 발효층)층이라 한다.
- 유기물이 물리적으로 잘게 부셔지며 분해가 일어나고 있지만, 아직까지 대부분 유기물의 원래 형상을 구분할 수 있는 상태로 L층에 비하면 색깔이 더욱 검고 습윤하다.

㉣ 부식층

- 토양의 층위에서 H(humus layer)층이라 한다.
- 유기물이 완전히 분해되어 원래의 형상을 구분하기 어려운 상태로 되어 있는 검고, 습윤하며, 긴밀한 층을 말한다.

### (6) 토양 수분

① 수분 포텐셜

㉠ 토양수분장력은 Potential Force 의 약자를 따서 pF 로 표기한다. 토양에 수분이 어느정도의 힘으로 있는가를 수주 높이로 표시한 것이다.

㉡ pF = log H (H : 수조 높이, 단위 : cm) 이며 토양의 수주높이가 1000cm 의 경우 pF = 3 으로 1기압(1atm) 이다.

㉢ 토양의 수분함량에 따라 아래와 같이 정의한다.

| 용어 | pF | 특징 |
|---|---|---|
| 최대용수량 | 0 | 토양내에 모든 공극에 물이 찬 상태의 수분함량 |
| 포장용수량 | 1.7~2.7 | 최대용수량에 중력수가 제거 되고 모세관의 수분 함량 기준 |
| 위조점 | 4.2 | 식물이 수분을 흡수하지 못하고 영구히 시들어버리는 시점, 이때의 수분함량은 위조계수라 한다. |
| 흡습계수 | 4.5 | 마른 토양의 수분함량 |
| 수분당량 | 2.7~3.0 | 물을 포화시킨 토양에 원심력 적용후 토양에 남아 있는 수분으로 토양 중력의 1000배 원심력을 작용시킬 경우 잔류하는 수분을 말한다. |

㉣ 유효수분은 포장용수량~영구위조점까지 pF 2.7~4.2 정도이다. 여기서 일반작물의 유효수분은 pF 1.8 ~ 4.0 정도이며 정상생육이 가능한 범위는 1.8~3.0 이다.

㉤ 포장용수량은 강우나 관개 후 2~3일 경과되어 완전 배수가 된 포장에서 중력에 저항하여 토양에 보류하는 수분을 의미한다.

㉥ 수목의 생육에 적합한 최적함수량은 최대용수량의 60~80% 정도이다.

㉦ 토양 수분의 종류는 아래와 같이 분류된다. 결합수와 흡습수는 식물이 사용할 수 없는 수분이고 주로 모관수가 작물에 이용된다.

| 용어 | pF | 특징 |
|---|---|---|
| 결합수 | 7.0↑ | 토양이나 생체 속 등에서 강하게 결합되어서 쉽게 제거할 수 없는 물 |
| 흡습수 | 4.5~7 | 토양입자 표면에 피막 상을 흡착된 수분 |
| 모관수 | 2.7~4.5 | 모관 인력에 의하여 토양 내의 작은 공극을 상승하는 수분 |
| 중력수 | 2.5↓ | 중력의 영향으로 토양에서 배수되는 물 |

② 수분 스트레스

㉠ 수목의 함수량이 저하되면 시들기 시작하는데 이를 위조현상이라 한다.

㉡ 이러한 시드는 과정은 정도에 따라 초기위조, 일시적위조, 영구위조로 구분된다.

| | |
|---|---|
| 초기위조 | · 수목의 지상부가 시들기 시작하는 상태이다.<br>· 식물 생육억제의 초기 단계, pF 3.9 정도이다. |
| 일시적 위조 | · 초기 위조 이후 진행된 상태, 그러나 관수에 의하지 않아도 회복이 가능한 단계이다.<br>· 보통 작물의 증산이 흡수보다 클 때 일어난다. |
| 영구위조 | · 수목의 뿌리 흡수조차 불가능한 상태로 회복할 수 없는 시점이다.<br>· pF 는 통상 4.2 정도이다. |

③ 증산 작용

㉠ 잎의 기공에서 수목의 수분이 대기로 배출되는 것을 증산작용이라 한다.

㉡ 증산작용의 조건은 광도가 강할 때, 습도가 낮을 때, 온도가 높을 때, 기공이 크고 밀도가 높을 때, 기공 개폐가 빈번할 때 많이 일어난다.

㉢ 잎의 증산작용은 수목의 온도 조절과 무기염 흡수를 촉진시키는 역할을 한다.

### (7) 토양공기

① 토양공기 일반

㉠ 토양에 빈 공간에 공기로 차 있는 공극부분을 용기량이라 하며 일반적으로 모관공극에는 수분이 차지하고 있으며 비모관 공극에 공기가 분포되어 있다.

㉡ 토양공기의 분포는 산소는 10~21%, 이산화탄소는 0.1~10%, 질소는 75~80% 정도이다.

㉢ 토양에 공기는 미생물의 호흡 및 환경에 의해 주로 산소는 적은편이고 이산화탄소의 경우 일반 대기의 이산화탄소 농도보다 높은 편이다.

㉣ 토양도 깊이에 따라 공기의 차이가 있는데 아래로 내려갈수록 산소의 농도는 낮아지고 이산화탄소의 농도는 높아진다.

㉤ 토양 중에 산소가 부족하면 뿌리의 호흡과 생리작용이 저해되어 환원성 유해물질인

황화수소 등이 생성되어 뿌리에 악영향을 준다.

② 토양의 용기량

㉠ 토양 중에 공기로 차 있는 공극량을 토양의 용기량이라 한다.

㉡ 용기량은 비모관공극량과 비슷하며 토양의 전공극량이 증대하더라도 비모관공극량이 증대하지 않으면 용기량은 증대하지 않는다.

㉢ 토양의 용기량이 증대하면 작물생육에 도움이 되나 어느 한계점을 넘으면 생육이 저해되기도 한다. 작물이 생육하기 위한 가장 적합한 최적용기량은 10~25% 정도이며 작물에 따라 최적용기량은 달라진다.

㉣ 토성이 사질토양과 같이 비모관공극이 많아지면 토양의 용기량이 증대된다.

㉤ 토양의 함수량이 증대되면 용기량이 적어지고 산소의 농도가 낮아지며 이산화탄소의 농도가 높아진다.

③ 토양의 통기성

㉠ 식물이 살아가는데 토양의 통기성을 양호하게 하는 방법으로 유기물, 토양개량제 등을 이용한 입단조성, 배수 시설의 조성, 객토 등을 통한 물리적 방법등이 있다.

㉡ 유기물 및 석회, 토양개량제 등을 사용하여 토양의 입단조성이 되도록 한다.

㉢ 습기가 많은 토양은 명거배수, 암거배수를 통해 수분 및 공기의 순환에 도움을 주도록 한다.

㉣ 객토를 실시하여 식질토성을 개량하고 습지의 지반을 높이며 심경하도록 한다.

㉤ 답전윤환재배를 통해 논토양의 용기량을 증대시킨다.

㉥ 밭작물의 휴파나 수도의 휴립재배 및 중경은 토양의 통기성을 양호하게 한다.

㉦ 답리작을 실시하고 파종 당시 미숙퇴비를 종자 위에 두껍지 않게 덮도록 한다.

### (8) 토양오염

① 토양오염 및 대책

㉠ 오염물질은 수질 및 대기를 통해 토양에 유입되며 작물 및 토양생물에 영향을 준다.

㉡ 토양의 오염물질의 잔류로 인하여 오랜시간 피해를 주기도 한다.

㉢ 이러한 토양의 오염을 방지하기 위한 대책은 다음과 같다.

- 산성비료를 줄이고 중성비료를 사용한다.
- 화학비료보다는 퇴비 및 유기질비료 등의 사용을 권장한다.
- 농약의 과다한 사용을 피하도록 한다.

· 가정 및 산업에 의해 발생된 폐수의 관리가 요구된다.
· 중금속오염을 방지하기 위해 객토나 환토, 석회성분의 공급, 인산성분의 공급, 토양 산도의 조정 등의 작업을 실시한다.

② 무기물에 의한 오염
㉠ 환경오염에 원인 물질이 되는 무기원소에는 As(비소), Cd(카드뮴), 구리(Cu), Hg(수은), Mo(몰리브덴), Pb(납), Mn(망간) 등이 있다.
㉡ 유해성분이 과도하게 집적되면 물질별로 피해증상이 다르게 나타나며 대체로 뿌리의 신장이 저해되고 심할 경우 고사한다.
㉢ 비소, 구리, 망간 등 유해 중금속은 영양소의 결핍을 유도하고 아연이나 몰리브덴, 납 등은 식물의 세포에 영향을 준다.

③ 농약에 의한 오염
㉠ 토양 중 농약의 반감기간이 180일 이상인 농약을 토양잔류성 농약이라 한다.
㉡ 동일 농약을 지속적으로 살포하면 특정 농약의 미생물들이 분해작용이 활성화되어 농약의 잔류 정도가 줄어들게 되나 혼합처리 혹은 서로 다른 약품들을 교대로 살포처리할 경우 분해가 느려져 잔류가 지속되기도 한다.
㉢ 토양의 잔류 정도는 농약 자체의 특성에 따라 상이한데 유기염소계 농약의 경우 환경에 안정적이라 토양에 오래 잔류하는 편이며 아닐린유도체와 같이 토양입자에 강하게 흡착되는 경우도 오래 잔류한다.

④ 방사성 물질에 의한 오염
㉠ 핵발전소, 연구소, 병원 등에서 방사선 폐기물이 누출되어 토양오염이 발생하기도 한다.
㉡ 방사성 물질은 모든 생물에 영향을 주며 유전자 변이를 일으키기도 한다.

### (9) 토양반응과 산성토양

① 토양반응
㉠ 토양의 산성, 중성, 알칼리성의 성질을 토양반응이라 하며 pH 로 표기한다.
㉡ pH 는 1~14 로 표기되며 pH 7 을 중성이라 하고 중성을 기준으로 숫자가 작을수록 산성에 가깝고 숫자가 클수록 알칼리성에 가깝다.
㉢ 국내의 토양의 pH 의 평균은 논토양이 5.5(5.5 ~ 6.5) 정도이며 밭토양은 5.7 정도이다.

② 산성토양

㉠ 토양이 산성화가 되면 작물의 뿌리에 피해를 주게 되는데 주로 이온성 물질에 의한 피해나 미생물 등에 영향을 준다.

㉡ 토양이 산성화가 되면 질소고정균이나 근류균 등의 이로운 미생물들이 생활하기 어려운 환경 조건이 되어 활동에 지장을 받거나 줄어들게 된다.

㉢ 또한 산성화로 인하여 작물에 이로운 이온들이 용출되면서 결핍증상이 발생하는데 주로 인, 칼슘, 마그네슘 등의 필수미량원소들이 산성조건에서 용해도가 줄어 결핍되게 된다.

㉣ 또한 미생물 활동 및 이온성분들의 결핍으로 입단조성에 지장을 받게 되면서 통기성이 불량해지는 문제가 발생된다.

㉤ 산성토양은 석회물질이나 유기물을 공급하여 개선할 수 있다.

㉥ 산성토양에 저항성이 강한 작물로는 벼, 귀리, 조, 옥수수, 감자, 수박 등이 있으며 약한 작물로는 보리, 콩, 양파, 파, 고추, 가지 등이 있다. 산성토양에 대한 작물의 적응성은 다음과 같이 분류된다.

| 저항성 정도 | 작물 종류 |
|---|---|
| 가장 강한 | 벼, 귀리, 루핀, 토란, 아마, 기장, 땅콩, 감자, 호밀, 수박 |
| 약간 강한 | 메밀, 당근, 옥수수, 목화, 오이, 포도, 수수, 호박, 딸기, 토마토, 밀, 조, 고구마, 담배 |
| 중간 | 유채, 피, 무 |
| 약한 것 | 보리, 클로버, 양배추, 근대, 가지, 삼, 고추, 완두, 상추 |
| 가장 약한 | 자운영, 콩, 팥, 시금치, 사탕무, 셀러리, 부추, 양파 |

### (10) 논토양과 밭토양

① 논토양

㉠ 논토양은 물에 잠겨 있는 담수상태이기에 밭토양과 현저한 차이를 보인다.

㉡ 논토양은 화합물의 용해도가 크게 변한다.

㉢ 토양의 환원은 부패, 발효와 같은 유기물 분해로 뿌리부의 환경을 불량하게 한다.

㉣ 논토양은 담수상태일 때 토양의 pH 는 평균 6.5~7.5 정도이다. 담수를 통해 토양의 염류를 제거하는데 도움이 된다.

㉤ 토양의 환원정도는 0 이상의 정수이며 산화상태이고 이보다 작으면 (-) 값을 띠게 되면서 환원상태가 된다.

㉥ 담수상태에서 토양에 산소가 호기성미생물에 의해 소모되고 대부분 소모되고 나면 호기성미생물의 활동이 정지하고 혐기성미생물의 활동이 활발해진다.

ⓢ 논토양은 적갈색의 산화층과 청회색의 환원층이 있다.
ⓞ 논토양은 환원물($N_2$, $H_2S$)이 존재하며 탈질 작용이 일어난다.
ⓩ 논토양의 지력증진을 위해 지온을 상승시키기나 수산화칼슘처리, 토양을 건조 시킨 후 가수를 하는 방법 등이 있다. 이러한 방법은 유기태질소의 무기화를 촉진시켜 암모니아가 생성된다.
ⓒ 논의 담수를 통해 온도 조절, 비료분 분해조절, 양분의 천연공급, 토양의 침식 방지, 수분의 공급, 유해물질의 제거, 잡초발생의 억제 등의 효과가 있다.

② 논토양의 유형
㉠ 보통논 : 일반적 재배법으로 일정 수준 이상의 수량을 말한다.
㉡ 사질논 : 모래가 많은 논을 말한다.
㉢ 미숙논 : 새로 만들어 이용기간이 짧은 논을 말한다.
㉣ 습논 : 지하수위가 높아 항상 담수상태에 있는 논을 말한다.
㉤ 염해논 : 바닷물의 영향을 받아 염분이 있는 논을 말한다.
㉥ 특이산성논 : 토양에 황(S) 성분이 많아 담수상태에서 항상 산성인 논을 말한다.

③ 밭토양
㉠ 경사지에 조성되어 침식의 우려가 있다.
㉡ 유효토심이 얕으며 양분의 천연공급량이 낮다.
㉢ 강우에 의한 염기의 용탈이 심한편이다.
㉣ 유해 생물과 토양의 산성화, 입단구조의 파괴 등 연작 장해가 많다.

④ 논토양과 밭토양의 차이
㉠ 논토양은 관개수에 의한 양분의 공급으로 지력을 유지하지만 밭토양은 빗물에 의해 양분의 유실 및 유기물의 분해로 지력이 상대적으로 떨어진다.
㉡ 논토양은 담수상태라 산소의 공급이 원활하지 않고 미생물의 호흡으로 산소가 부족하여 환원상태가 된다. 밭은 산화조건에 있어 양분이 소모적으로 분해되어 비료에 대한 작물의 반응이 높은 편이다.
㉢ 논이 환원상태가 되면 밭토양보다 인산의 유효도가 증가하여 작물이 이용하기 용이하다.
㉣ 논토양은 환원상태에서 원소의 형태가 다음과 같다.

| 탄소 | 질소 | 망간 | 철 | 황 |
|---|---|---|---|---|
| $CH_4$, CO | $N_2$, $NH_4^+$ | $Mn^{2+}$ | $Fe^{2+}$ | $H_2S$, $S^{2-}$ |

㉤ 밭토양은 산화상태에서 원소의 형태가 다음과 같다.

| 탄소 | 질소 | 망간 | 철 | 황 |
|---|---|---|---|---|
| $CO_2$ | $NO_3$ | $Mn^{4+}$, $Mn^{3+}$ | $Fe^{3+}$ | $SO_4^{2-}$ |

⑤ 노후답

㉠ 노후답은 노후화 현상이 발생한 논토양으로 철분, 망간, 칼슘, 마그네슘 등의 주요 양분이 용탈하여 영양장애 등을 유발하는 것을 말한다.

㉡ 여름철에는 환원층에서 황화수소가 발생하는데 철분이 부족할 경우 황화수소가 철과 반응하여 황화철로 침전되지 못해 벼의 뿌리를 상하게 한다.

㉢ 노후답에서는 깨씨무늬병 등의 식물병이 발생하여 수확량이 감소하기도 한다.

㉣ 노후답의 재배 대책으로 저항성 품종을 심거나, 조기재배를 통해 수확이 빠르도록 하여 추락을 완화한다. 무황산근 비료를 시비하여 황화수소의 발생을 줄이도록 한다.

## (11) 토양미생물

① 토양미생물 종류

㉠ 세균류

- 세균은 세포분열에 의해 증식하고 토양미생물 중 가장 많이 분포한다.
- 자급영양세균은 암모니아, 철 등의 무기물을 산화하여 에너지를 얻는다.
- 타급영양세균은 토양유기물을 산화하여 에너지를 얻는다.
- 토양세균은 온도 25~30℃, pH 6~8 정도에서 생육이 양호하다.

㉡ 균류

- 균사로 번식하며 대부분 유기물을 분해하여 에너지를 얻는다.
- 보통 호기성이며 토양의 통기성이 불량하면 활동이 저조해진다.
- 광범위한 pH 조건에서도 잘 생육하며 산성토양에도 적응력이 좋다.
- 균근의 경우 인산의 함량이 높을수록 균근의 형성률이 낮아진다.
- 식물 뿌리와 상리공생 하면서 기주 식물의 수분이나 질소와 황과 같은 무기염 등의 양분의 흡수에 도움을 주기도 하며 수목의 생장에 도움을 주기도 한다.

㉢ 방사상균

- 실모양의 사상이며 토양에 있는 유기물을 분해하며 세균과 곰팡이의 중간적 성질을 가진 미생물로 취급한다.
- 방사상균은 호기성이며 토양의 통기성이 좋아야 잘 생육하며 산성토양에서는 생육이 억제된다.

㉣ 조류

- 조류는 엽록소를 가지고 광합성을 하는 남조류, 녹조류 등이 있으며 엽록소가 없고 토양의 유기물을 이용하는 종류도 있다.
- 유기물의 생성, 공중질소의 고정, 산소의 공급등 토양의 많은 요소에 관여를 한다.

② 토양미생물 생육

| | |
|---|---|
| 수분 | 최대용수량 60~80% |
| 온도 | 최적온도 27~28℃ , 생육온도 0~80℃ |
| pH | 중성이 비교적 적당 |
| 토양 깊이 | 깊이 2~3cm 정도 최대 번식 |

③ 토양미생물 작용

| 유익작용 | 유해작용 |
|---|---|
| • 탄소의 순환<br>• 토양구조 입단화<br>• 암모니아화성작용<br>• 질산화성작용<br>• 공중질소고정작용<br>• 인산 가급태화<br>• 토양미생물간 길항작용 | • 병해의 유발<br>• 질산환원작용<br>• 탈질 작용<br>• 환원성 유해물질 생성 집적<br>• 무기성분의 변화<br>• 황산염의 환원작용 |

## 2. 수분

### (1) 작물의 흡수관련 사항

① 수분의 흡수를 담당하는 뿌리는 뿌리골무, 생장점, 신장부, 근모부로 분류되며 근모부에서 수분의 흡수가 가장 활발하게 이루어진다.

② 나무에서 수분의 이동통로는 목부부분이 담당하며 양분의 이동통로는 사부에서 이루어진다. 수종에 따라 침엽수의 경우 가도관이 대부분이며 도관이 없고 활엽수는 목부에 도관이 발달한 것이 특징이다.

③ 작물에서의 수분 흡수는 뿌리와 뿌리의 선단부의 뿌리털에 의해 토양의 수분을 흡수하며 뿌리가 자라나 토양, 수분과의 접촉면적을 확대하려는 것이 특징이다.

④ 수분 흡수 과정에서 세포에 작용되는 삼투압은 세포 내로 수분이 들어가는 압력을 의미하고 막압은 세포 외로 수분이 배출되는 압력을 의미한다.

⑤ 뿌리의 수분 흡수는 세포의 삼투압이 토양의 삼투압보다 높아 물이 흡수되는 것이다. 이러한 뿌리의 흡수력에 의한 것을 능동적 흡수라고 한다.

⑥ 작물의 흡수압은 평균적으로 약 5~14기압, pF 3.5 ~ 4.1 정도이다.

## (2) 작물의 요수량

① 요수량의 정의는 건물 1g 을 생산하는데 소요되는 수분량으로 요수량은 가뭄에 대한 저항성의 척도가 되기도 한다. 보통 요수량이 작은 식물은 건조에 대한 저항성이 강한 편이다.

② 요수량이 큰 식물로 알팔파, 클로버, 완두 등이 있으며 그중에서도 명아주는 요수량이 매우 크다. 요수량이 적은 식물로 수수, 기장, 옥수수 등이 있다.

③ 요수량은 환경에 영향을 받으며 햇빛이 부족할 경우, 바람이 강할 경우, 습도가 낮을 경우, 토양이 척박할 경우 요수량이 커진다.

## (3) 한해(旱害)

① 수분부족으로 인해 작물의 생육에 문제가 발생하는 경우를 한해(旱害)라 한다.

② 한해에 영향을 받을 경우 광합성, 효소의 작용이 제대로 이루어지지 않으며 동화물질의 전류 작용에도 영향을 받게 된다.

③ 한해의 방지를 위해 질소질 과용을 피하고 인산, 칼륨을 사용해 주고 재식밀도를 낮추어 준다. 또한 뿌림골을 낮추어 주며 논에서는 직파재배를 한다.

④ 벼의 생육단계에서 한해에 가장 약한 시기는 감수분열기이고 가장 강한시기는 분얼기이다.

## (4) 관수

① 관수

㉠ 작물을 재배하는 생육기간에 걸쳐 필요한 양의 물을 계획적으로 대주는 작업을 관개 또는 관수라고 한다.

㉡ 관수의 시기, 횟수, 수량은 토양의 보수력, 근군의 분포, 증발산량 등에 의해 결정된다.

㉢ 관수는 보통 유효수분의 50~85%가 소모되거나 pF 2.0 ~ 2.5 일 때 실시한다.

㉣ 관수를 통해 논에서는 생리적으로 필요한 수분을 공급해주고 질소, 칼륨 등의 양분을 공급하며 온도의 조절 작용 등의 역할을 해준다. 밭에서는 수분공급 및 품질과 수량을 높이며 지온을 조절하고 양분의 이용률을 높이는데 도움을 준다.

② 관수 방법

㉠ 지표관수 : 지표면에 물을 흘려 공급한다.

㉡ 지하관수 : 땅속에 구멍이 있는 송수관을 묻어 공급한다.

㉢ 살수관수 : 노즐을 설치하여 물을 뿌리는 방법이다.

㉣ 저면관수 : 배수구멍을 물에 잠기게 하고 물이 스며들어 위로 올라가는 방법이다.

㉤ 점적관수 : 물을 천천히 흘러나오게 하여 필요한 부위에 집중 관수하는 방법이다.

(5) 습해

① 토양의 과습상태에 의한 작물의 피해 현상이다. 토양수분이 작물의 생육에 필요한 수분량보다 과다하게 많을 경우 발생하는 피해현상으로 작물의 토양 최적함수량은 최대용수량의 80% 정도이며 이를 넘어서면 습해현상이 발생한다.

② 발생시 토양의 산소가 부족으로 환원성물질이 발생하고 이로 인해 증산 및 광합성 작용의 저해를 야기한다. 토양산소가 결핍되면 뿌리의 호흡이 불량해지고 수분과 무기양분의 흡수에도 방해를 받게 된다.

③ 습해를 막기 위해 내습성 작물을 심거나 이랑을 높게 하여 재배하도록 한다. 토양의 입단 조성을 돕기 위해 토양개량제 등을 뿌려준다.

④ 습해 현상이 지속될 경우 식물의 황변현상이 발생되고 잎의 위조가 나타난다.

⑤ 습해의 피해를 줄이기 위해 배수 철저, 토양의 개량, 병충해 방제, 내습성 작물의 선택 등이 있다.

⑥ 작물의 내습성은 미나리, 벼, 옥수수 등이 높은 편이며 파, 양파, 고추 등은 낮은 편이다.

⑦ 뿌리 외피 세포막의 목화 정도가 심하거나 근계가 얇게 발달하거나 부정근의 발근력이 큰 작물은 내습성이 강하다.

(6) 배수

① 원활한 배수를 통해 습해 및 수해를 막을 수 있다.

② 다모작을 가능하게 하여 경지의 이용도를 높인다.

③ 배수법으로 객토법, 명거배수, 암거배수가 있다.

| | |
|---|---|
| 객토법 | 토성을 개량하거나 지반을 높여 배수를 꾀하는 방법으로 경비가 많이 들어 대규모는 어렵다. |
| 명거배수 | 배수로 표토면 바로 아래쪽에서 물을 빼는 방법이다. |
| 암거배수 | 배수로가 지하로 매설되어 물을 빼는 방법이다. |

④ 습답 등 암거배수시설을 설치한 해에는 질소비료 시용량을 줄이고 석회를 충분히 주도록 한다.

## 3. 공기

(1) 대기의 조성과 작물생육

① 대기조성

㉠ 대기의 조성은 질소 78%, 산소 21%, 이산화탄소 0.03% 및 기타로 구성되어 있다.

ⓛ 식물의 경우 이러한 질소를 질소동화작용에 의해 암모늄염이온($NH_4^+$), 질산이온($NO_3^-$) 형태로 흡수하여 이용한다.

ⓒ 살아있는 생물이 죽을 경우 미생물이나 세균에 의해 분해되어 암모늄이온, 질산이온으로 변화하여 흡수되며 토양미생물인 탈질균은 이러한 질산염을 가스의 형태로 대기로 돌아간다.

② 질소

㉠ 질소는 대기중에 약 78% 정도 구성하고 있으며 식물의 경우 질소동화작용에 의해 암모늄염이온($NH_4^+$), 질산이온($NO_3^-$) 형태로 흡수하여 이용한다. 질소($N_2$)는 불활성이라 생물체가 영양소로 사용할 수 없다.

㉡ 질소고정은 미생물에 의하여 암모늄($NH_3$)형태로 환원되는 생물적 질소고정, 번개에 의하여 대기권에서 NOx 형태로 산화되는 광화학적 질소고정, 비료공장에서 합성되는 산업적 질소고정의 3가지가 있다

③ 이산화탄소

㉠ 탄소의 순환은 광합성, 호흡, 화석연료의 생성, 연소로 인한 이산화탄소의 방출, 이산화탄소의 물에 녹는 등의 다양한 현상에 의해 순환한다. 식물이 이용하는 공기 중의 이산화탄소의 경우 대략 0.03% 정도 차지하고 있다.

㉡ 생물에 의한 이산화탄소의 동화량과 동식물의 호흡에 의한 이산화탄소, 연료의 연소 등으로 발생되는 이산화탄소의 합의 값은 거의 같으며 이를 탄소평형이라 말한다.

㉢ 이산화탄소 농도는 여름철에는 낮고 상대적으로 가을철에는 높다.

㉣ 이산화탄소는 식물체가 무성한 곳에 지면에 가까운 공기층의 농도가 높으나 지표에서 떨어진 공기층의 이산화탄소 농도는 낮다.

㉤ 미숙퇴비, 낙엽 등을 시용하면 이산화탄소 발생이 많아진다.

### (2) 바람

① 바람 및 작물생육

㉠ 바람은 보퍼트 풍력계급표에 의거하여 식물에 영향을 많이 주는 바람을 연풍이라 하며 연풍은 계급표에서 2~6급 정도의 약한 바람을 말한다. 연풍은 바람의 세기는 풍속 4~6km/h 정도로 작물에 이로운 영향을 준다.

㉡ 가벼운 바람으로 인해 대기오염물질이 확산되어 피해를 줄여주며 바람에 의해 잎이 움직여 그늘에 가려지는 잎들까지 채광이 충분히 공급되어 광합성량을 높여준다.

㉢ 바람이 너무 강할 경우 기공이 닫히지만 연풍조건의 경우 기공이 열려 증산이 활발하게 이루어지며 이산화탄소 흡수량 역시 증가한다.

② 연풍 효과

㉠ 공기 순환으로 공기의 성분비를 일정하게 유지하여 광합성을 조장한다.

㉡ 밀집된 공기 중의 오염물질을 확산시켜 희석시켜준다.

㉢ 바람이 잎을 계속 움직여 그늘진 곳에 잎이 받는 일사량을 증가시킨다.

㉣ 증산을 활발하게 하여 기공을 열게하여 이산화탄소 흡수량을 증가시키고 뿌리의 양분 흡수를 촉진한다.

㉤ 풍매화의 경우 바람에 의해 수정이 이루어지기에 연풍으로 수정이 잘 이루어진다.

㉥ 고온기에 기온과 지온을 낮게 해주고 봄, 가을에는 서리의 해를 막아준다.

### (3) 대기오염

① 대기오염

㉠ 대기의 오염으로 인하여 식물의 생육을 방해하거나 심할 경우 고사를 유발하기도 한다. 이러한 피해현상을 이용하여 특정한 식물은 대기오염의 지표로 사용하기도 한다.

㉡ 지표식물은 특정 병에 대한 감수성을 의미하며 병이 잘 발생한다는 것은 감수성이 높다는 것을 의미한다.

㉢ 대기오염 물질에 따른 지표식물

| 아황산가스 | 알팔파, 보리, 튤립 |
|---|---|
| 이산화질소 | 토마토, 상추 |
| PAN | 시금치, 상추, 셀러리 |
| 오존 | 무, 토마토, 담배, 콩 |
| 염소 | 알팔파, 무 |

㉣ 작물에 질소질 비료를 과다하게 공급하면 대기오염에 취약하게 되고 칼륨, 칼슘을 사용할 경우 오염물질에 대한 피해가 줄어든다.

㉤ 작물의 수분이 많을 경우 기공이 열리는 횟수 및 크기가 커지기 때문에 작물이 입는 피해가 커진다.

㉥ 대거오염 피해는 봄, 여름에 많이 발생하고 온도가 떨어지는 가을, 겨울에는 경감된다.

㉦ 식물의 광합성 및 동화작용이 활발한 낮에는 기공의 개폐가 활발하여 대기오염의 피해가 크게 나타나며 특히 낮 11시 ~ 2시 사이에 가장 크다.

② 대기오염 물질

㉠ 아황산가스($SO_2$)

- 공장 등 인위적인 요소에 의해 발생되는 아황산가스는 독성이 매우 강한 편이다.
- 아황산가스의 피해는 대기 중 농도에 고농도의 경우 급성피해와, 저농도의 경우 만성피해로 분류 할 수 있다.

| 급성피해 | 엽록소 파괴의 가속, 세포의 붕괴 및 괴사 발생 |
|---|---|
| 만성피해 | 엽록소가 서서히 붕괴, 황화현상의 발생 |

- 아황산가스의 저항성 영향인자

| 온도 | 0℃ 에 가까운 저온의 경우 저항성 증가(감수성 감소) |
|---|---|
| 습도 | 습도가 높을 경우 저항성 감소(감수성 증가) |
| 광도 | 광도가 낮을수록 저항성 증가(감수성 감소) |
| 계절 | 봄에는 저항성 감소(감수성 증가) |

㉡ 이산화질소($NO_2$)

- 차량 엔진 연소 및 공장 등의 인위적 요인에 의해 발생된다.
- 산성비의 원인 물질이 되기도 하며 식물세포 파괴 및 갈변현상을 일으킨다.
- 이산화질소는 대기 중 일산화질소의 산화에 의해 발생하고 휘발성 유기화합물과 반응하여 오존을 생성하는 전구물질이다.

㉢ 질산과산화 아세틸(PAN)

- PAN 은 햇빛이 있는 조건에서 피해가 나타난다.
- 질소산화물과 탄화수소가 광화학반응에 의해 생성되는 2차 오염물질이다.
- 식물의 세포막이나 소기관을 파괴하여 기능을 상실시키며 광합성을 저하시킨다.

㉣ 오존

- 오존층은 대기권 중 성층권에 분포하는 오존의 밀도가 높은 층으로 태양에서 오는 자외선을 막아 지구 생태계를 보호해주는 역할을 하고 있다.
- 오존층을 파괴하는 대표 물질로 프레온가스가 있다.
- 오존에 의해 식물 엽록소의 감소 및 광합성의 저하된다.
- 오존에 의해 식물의 생장 감소한다.
- 오존에 의해 고사 식물의 증가한다.
- 오존에 의해 산림 파괴에 의한 온난화현상의 가속한다.
- 오존에 의해 잎이 황백화되고 암갈색의 반점이 발생하면서 심할 경우 식물이 괴사한다.

ⓜ 불화수소(HF)

- 독성이 매우 강한편이며 미량으로도 식물에 피해를 주며 피해 현상은 아래와 같다.

> - 엽록소 및 세포의 파괴
> - 광합성의 억제
> - 엽소현상의 발생
> - 잎의 가장자리가 백변

- 불화수소의 경우 외부적 요인에도 영향을 받으며 습도가 높을 경우 그리고 기공이 열려 있는 밤에 피해가 심하다.

ⓗ 기타 오염 물질

| 에틸렌 | 낙엽속도가 빠름, 새나무 가지 성장 저해 및 생장 억제 발생 |
|---|---|
| 암모니아 | 잎 전체에 영향을 주고 수시간후 잎 전체가 갈변 혹은 검게 변함 |
| 유리염소가스 | 아황산가스의 3배 독성을 가지며 피해 증상은 아황산가스와 유사 |
| 염화수소 | 물에 쉽게 용해, 토양을 강산성으로 변화, 피해증상은 불화수소와 유사 |
| 염소계가스 | 미세한 회백색 반점이 잎에 나타나며 피해 대책으로 석회물질을 이용 |

## 4. 온도

### (1) 유효온도

① 작물의 생육 가능한 온도의 범위를 유효온도라 하며 그중에서 작물의 생육이 가장 왕성한 온도를 최적온도라 한다. 작물 중에서 최적온도가 가장 높은 종류는 멜론, 오이, 옥수수, 벼 등이 대표적이다. 보리의 최적온도는 20℃, 밀은 25℃ 정도로 낮은 편에 속한다

② 적산온도는 작물이 생존하는 기간동안 소요되는 총온량으로 작물의 발아로부터 성숙하는데 까지의 0℃ 이상의 일평균기온을 합산한 것을 말한다. 작물별로 적산온도의 경우 메밀은 1000~1200℃, 감자는 1300~3000℃, 추파맥류는 1700~2300℃, 완두는 2100~2800℃, 콩은 2500~3000℃, 담배는 3200~3600℃ 벼는 3500~4500℃ 정도이다

③ 온도계수는 온도가 10℃ 상승할 경우 작물의 생리작용, 이화학적 반응 등이 높아지는 정도를 나타내는 것으로 $Q_{10}$ 이라고 표시하기도 한다. 작물의 경우 일반적으로 2~4 정도의 온도계수를 가진다.

④ 적산온도를 산출하기 위한 공식은 아래와 같다.

> 유효적산온도 = (일평균온도 - 생육최저온도) × 경과일수

⑤ 작물이 생육가능한 최저온도는 호밀 1~2℃, 귀리 4~5℃, 옥수수 8~10℃, 담배 13~14℃ 정도이다.

⑥ 온도의 변화에 의해 작물의 생육에도 아래와 같은 영향을 미치게 된다.

㉠ 동화물질의 축적이 증가한다.

㉡ 발아 및 결실이 조장된다.

㉢ 덩이뿌리, 줄기가 발달한다.

㉣ 출수 및 개화가 촉진된다.

⑥ 변온이 효과적인 작물로 호박, 참외, 토마토, 가지 등이 있다

### (2) 온도의 변화

① 계절 변화

㉠ 최저기온은 작물의 월동에 영향을 주고 최고기온은 작물의 월하에 영향을 준다.

㉡ 무상기간은 월하하는 여름작물의 생육가능기간을 나타낸다.

㉢ 무상기간이 짧은 고지대나 북부지방은 벼의 조생종이 재배되며 무상기간이 긴 남부지방은 만생종이 재배된다.

② 일변화

㉠ 하루 중 기온이 최저는 오전 4시, 최고는 오후 2시이며 오전 10시쯤이 기온이 일평균기온에 근접한다.

㉡ 밤의 기온이 과도하게 내려가지 않으면서 변온이 어느 정도 큰 것이 동화물질 축적을 조장한다.

㉢ 변온이 작은 것이 작물의 생장을 빠르게 한다.

㉣ 변온은 개화를 촉진한다. 단, 맥류와 같이 변온이 작은 것이 출수 및 개화가 촉진하는 경우도 있다.

㉤ 변온이 작물의 결실을 촉진한다. 가을에 결실하는 작물은 변온에 의해 결실이 조장된다.

③ 수심이 깊을수록 수온의 변화가 적고 최고온도는 기온보다 낮지만 최저온도는 기온보다 높은 편이다.

④ 지온의 최저온도는 대체로 기온보다 약간 높다.

⑤ 바람이 없고 공기가 습하며 작물이 밀생했을 경우 작물체온의 상승이 매우 크다.

### (3) 열해

① 주위의 온도가 작물이 생육할 수 있는 온도 범위를 넘어 고온의 피해가 발생되는 경우 열해라고 한다.

② 고온에서는 유기물의 소모가 늘어난다.

③ 고온에서 단백질 합성이 저해되고 암모니아 축적이 많아진다.

④ 고온에서 철분의 침전에 의한 엽록소 형성장해가 발생하여 황화현상이 나타난다.

⑤ 식물의 증산량이 증가하고 뿌리의 수분흡수력이 감소하여 증산과다를 유발하여 식물의 위조현상이 나타난다.

⑥ 열해에 대한 저항성을 내열성이라 하고 내열성 작물의 특징은 다음과 같다.

㉠ 당분, 단백질, 염류 등이 증가할수록 내열성이 증대한다.

㉡ 늙은 잎이 어린 잎보다 내열성이 크다.

㉢ 원형질의 점성이 높고 원형질막의 수분투과성이 크면 내열성이 크다.

㉣ 세포 내 결합수가 많고 유리수가 적을수록 내열성이 커진다.

⑦ 식물체 부위에 따른 내열성은 다음과 같다.

㉠ 지상부가 지하부보다 내열성이 강하고 지상부 중에서는 수분이 적고 당함량이 많은 기관이 강하다.

㉡ 눈과 어린잎은 비교적 내열성이 강하다.

㉢ 미성엽과 중심주는 내열성이 가장 약하다.

㉣ 주피와 늙은 잎은 내열성이 강하다.

⑧ 하고현상

㉠ 하고현상은 내한성이 강하여 월동을 하는 북방형 목초가 여름철과 같은 고온으로 인하여 생육장해를 일으키는 현상을 말한다.

㉡ 하고현상의 원인에는 고온, 건조, 병해충, 장일, 잡초 등으로 나타나기도 한다.

㉢ 하고현상이 심한 목초의 종류에는 티머시, 블루그라스, 레드클로버 등이 있고 상대적으로 하고현상이 적은 종류에는 라이그라스, 화이트클로버, 오처드그라스 등이 있다.

### (4) 냉해

① 여름작물이 생육상 고온이 필요한 여름철 냉온에 의해 발생되는 피해현상을 냉해라 하고 식물체 조직 내에 결빙이 생기지 않을 정도의 저온의 피해를 저온해라 한다.

② 대표적으로 벼는 냉온에 약한 작물로 10℃ 이하의 냉온이 지속되면 냉해의 피해가 발생된다. 벼는 감수분열기에 이상발육이 초래되어 불임현상이 나타나기도 한다.

③ 냉해의 원인은 저온, 일조 부족, 다우 등이 있다.

④ 냉해 발생시 수분과 양분의 흡수 기능이 감퇴되어 식물의 동화작용과 생육에 저해된다.

⑤ 냉해의 종류에는 지연형 냉해, 장해형 냉해, 병해형 냉해가 있으며 이러한 냉해는 복합적으로 나타날 경우 혼합형 냉해라고 한다. 복합적으로 나타날 경우 피해정도가 더욱 커진다.

| | |
|---|---|
| 지연형 냉해 | 생육 초기에서 출수기까지 여러 시기에 냉온을 만나 등숙이 지연되어 후기의 냉온에 의해 등숙불량이 나타나는 현상이 발생한다. |
| 장해형 냉해 | 유수형성기에서 개화기까지 화분이나 배낭의 생식기관이 정상적으로 형성되지 못하거나 수정장해가 유발되는 등의 현상이 발생한다. |
| 병해형 냉해 | 냉온 조건에서 증산작용이 감퇴되어 규산과 같은 양분 흡수가 저해되어 표면의 규질화 불량등으로 병해충의 침입이 쉬워진다. 그리고 단백질 합성이 저해되면서 체내에 가용성 질소화합물의 축적이 증대되게 된다. |

⑥ 냉해의 대책

㉠ 냉해저항성 품종의 선택한다.

㉡ 방풍림조성 및 암거배수로 습답 개량, 객토의 누수답 개량, 지력배양 등의 입지조건을 개선한다.

㉢ 적절한 시비량을 적용한다.

㉣ 파종, 이식 등의 방법을 개선하는 재배적 방법의 개선을 강구한다.

## (5) 동상해

① 동상해(동해 및 상해)

㉠ 동해는 저온에 의해 작물 조직 내에 결빙이 발생하는 피해를 말하며 상해는 서리에 의한 피해를 의미한다. 동해와 상해를 합쳐서 동상해라 부른다.

㉡ 서릿발에 의한 피해를 상주해라 하며 서릿발은 토양수분이 많고 추위가 심하지 않을 경우 발생하는데 상주해를 방지하기 위해 퇴비를 이용하고 배수를 개선해야 한다.

㉢ 추위에 대한 작물의 내동성이 중요한데 품종에 따라 차이가 있으나 작물내부에 수분함량이 적거나 유지함량이 높을수록 내동성이 강한편이다.

㉣ 작물의 가용성 당분함량이 높을수록 전분함량이 낮을수록 내동성이 증가한다.

㉤ 원형단백질이 많을수록 내동성은 증가하며 단백질 중에 -SS 기 보다 -SH 기가 많은 것이 내동성 증가에 유리하다.

㉥ 원형질의 친수성콜로이드가 많고 수분투과성이 크면 내동성이 증가한다.

② 동상해의 대책

㉠ 일반 대책

- 이러한 추위로 인하여 발생되는 대책으로 방풍림 조성을 통해 찬바람을 막아준다.
- 저습지대의 경우 배수구를 설치하여 토양에 다량의 수분이 체류하는 것을 막아준다.

· 내동성에 강한 품종을 선택하고 파종량을 늘려 결주를 보완한다.
· 유기질비료, 인산, 칼륨 비료를 뿌려주면 내동성을 증대시킬 수 있다.
· 이랑을 세워 뿌림골을 깊게 한다.

ⓒ 응급 대책

· 관개법 : 서리가 예상되는 지역은 저녁에 충분히 관개하는 방법
· 송풍법 : 지상 10m 높이에 송풍기를 설치하여 따뜻한 공기를 지면으로 송풍하는 방법
· 발연법 : 연기를 발산하여 지온의 방열을 막는 방법
· 피복법 : 비닐 등을 덮어 보온을 유지하는 방법
· 연소법 : 발열재료를 연소시켜 열을 공급하는 방법
· 살수빙결법 : 스프링클러로 물을 뿌려 식물의 표면을 동결시켜 잠열을 이용해 식물체온을 유지하는 방법

## 5. 광

### (1) 광과 작물의 생리작용

① 햇빛에 의해 발생되는 광의 경우 파장에 의해 적외선, 가시광선, 자외선으로 분류하며 작물에는 가시광선이 가장 큰 영향을 주며 파장의 범위는 아래와 같다.

| 자외선 | 400nm 이하 |
|---|---|
| 가시광선 | 400~700 nm |
| 적외선 | 700nm 이상 |

② 식물이 빛에너지를 이용하여 엽록체에서 $CO_2$와 물로부터 유기물을 합성하는 동화작용으로 반응식은 아래와 같다.

$$6CO_2 + 12H_2O \rightarrow C_6H_{12}O_6(\text{포도당}) + 6H_2O + 6O_2$$

③ 식물은 광합성을 하는 동안 유기물의 합성과 호흡이 동시에 일어난다.

④ 엽록소의 형성에 가장 효과적인 광파장은 청색파장(450nm), 적색파장(650nm) 이며 광을 잘 받게 되면 작물의 착색이 좋아지게 된다. 반대로 광을 잘 못받게 될 경우 엽록소 형성이 잘 되지 않아 담황색 색소가 형성되어 황백화 현상이 발생한다.

⑤ 일반적으로 광의 강도가 약하면 작물의 생장이 느려지고 수확량도 감소한다.

⑥ 식물이 광을 향하는 굴광현상이 나타나며 주로 청색파장에 유효하다.

⑦ 광합성효율이 높은 식물을 $C_4$ 식물이며 작물 중에서는 옥수수, 수수, 사탕수수 등의

열대 화본식물이 해당된다. 광합성효율이 $C_4$ 보다 낮은 $C_3$ 작물에는 벼, 밀, 보리, 사탕무 등이 있다.

### (2) 광합성의 영향 인자

① 온도

식물의 광합성은 10~35℃가 최적이고 그 이상 높아지면 감소되는 경향을 보인다.

② 광도

보상점보다 빛을 더 강하게 주면 광합성은 이에 따라 증가하나 어느 시점에 도달하면 그 이상의 광도를 주어도 광합성의 양은 증가되지 않는다.

③ 이산화탄소

㉠ 통상 이산화탄소에 따라 광합성속도는 어느 정도 증가하다가 일정 농도가 되면 일정하다.

㉡ 일조량이 많을 경우 이산화탄소 농도가 식물의 광합성에 제한 요소가 되기도 한다.

㉢ 광합성의 증대를 위해 인공적으로 대기 중의 이산화탄소 농도를 높여주는 것을 탄산시비라 한다.

㉣ 탄산시비를 통해 수량 증대, 품질의 향상, 착과율의 증가 등의 효과가 있다.

㉤ 이산화탄소 보상점은 빛이 충분한 조건에서 광합성량이 0 이 되는 이산화탄소 농도를 말한다.

㉥ 옥수수와 같은 $C_4$ 식물은 콩이나 벼와 같은 식물들에 비하여 이산화탄소 보상점이 낮다.

④ 수분과 양분

㉠ 양분이 부족하면 광합성의 양은 감소하나 양분의 종류에 따라 차이는 있다.

㉡ 식물체에서 수분의 양이 부족하면 시들게 되면서 광합성이 현저하게 줄어든다.

㉢ 양분 중 탄수화물은 잎 속에 축적되어 광합성을 저하시킨다.

### (3) 보상점과 광포화점

① 보상점은 광도 곡선 상에서 광합성 속도가 호흡 속도와 같아지는 지점에서의 빛의 세기를 말한다.

② 광포화점은 광도가 높아짐에 따라 광합성이 증가하다가 어느 한계점에 이후 더 이상 광합성이 증대되지 않는 점을 말한다. 결국 광포화점에서는 광합성량이 최대가 되는 시점을 말한다.

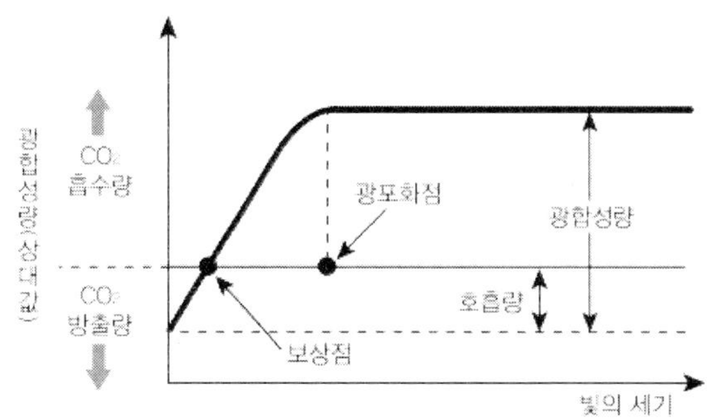


③ 강한 광선을 요구하는 수박, 토마토 등의 작물은 광포화점이 높으며 작물별 광포화점 및 광보상점은 다음과 같다.

| 작물 | 광포화점(Klux) | 광보상점(Klux) |
|---|---|---|
| 수박 | 80 | 4.0 |
| 토마토 | 70 | 0.5 ~ 1.5 |
| 오이 | 55 | 0.5 ~ 1.5 |
| 배추 | 40 | 1.5 ~ 2.0 |
| 고추 | 30 | 1.5 |
| 상추 | 25 | 1.5 ~ 2.0 |

④ 양지식물은 광보상점과 광포화점이 높으며 음지식물은 광보상점과 광포화점이 낮다.

### (4) 군락과 수광

① 포장동화능력 및 최적엽면적

㉠ 포장동화능력은 포장군락의 단위면적당 광합성의 능력을 말하며 아래와 같이 산출한다.

> 포장동화능력 = 총엽면적×수광능률×평균동화능력

㉡ 최적엽면적은 건물생산이 최대로 되는 단위 면적당의 군락엽면적이며 군락의 엽면적을 토지면적에 대한 배수치로 표현한 것을 엽면적지수라 한다. 최적엽면적지수는 작물의 종류에 따라 상이하고 일사량이 클수록, 균형시비 할수록 증가한다.

㉢ 이러한 군락의 수광을 이용하기 위한 작물의 위치, 방향 등의 자세가 중요하며 이것을 수광태세라 한다. 수광태세를 좋게 하기 위해서는 각 작물에 따른 이상적인 태세가 있는데 벼의 경우 규산과 칼륨을 충분히 공급해주고 모효분얼기에는 질소를 적게 시비한다. 벼나 콩의 경우 밀식을 할 때는 심는 줄간격을 넓히고 포기 사이는 좁혀주는 방법을 이용하면 개선이 가능하다.

㉣ 개체군생장속도는 일정 기간 단위포장면적당 군락의 생산능력으로 <엽면적지수×순동화율>로 나타낸다.

② 수광태세

㉠ 군락의 최적엽면적지수, 수광능률 등은 수광태세가 좋을 때 증가한다.

㉡ 수광에 있어 벼의 이상적인 초형은 잎이 두껍지 않고 약간 가늘며 상위엽이 직립인 것이 좋다. 옥수수는 상위엽이 직립이며 아래로 갈수록 약간씩 경사지며 하위엽이 수평인 것이 좋다.

㉢ 수광태세에 이상적인 콩의 초형은 키가 크고 도복이 안되며 가지를 적게 치고 마디가 짧고, 잎이 작고 가늘며 꼬투리가 원줄기에 많이 달리고 밑에까지 착생한 것이 좋다.

③ 재배법에 의한 수광태세 개선

㉠ 벼에서 규산과 칼륨을 충분히 공급하면 잎이 직립한다.

㉡ 무효분얼기에 질소를 적게 주면 상위엽이 직립한다.

㉢ 모든 작물에서 재식밀도와 비배관리를 적절히 한다.

㉣ 벼와 콩에서 밀식을 할 때는 줄사이를 넓히고 포기사이는 좁힌다.

## (5) 광도별 생장 반응

① 광도가 낮을 경우 광합성 역시 낮아져 호흡으로 인해 잃게 되는 것이 더 많아 진다

② 일장의 변화는 위도와 계절에 영향을 받으며 이러한 일장의 변화는 식물 분포에 영향을 미치게 된다. 예를 들어 열대지방의 경우 장일식물이 분포하고 북부지방의 경우 단일식물이 분포하게 된다. 이러한 단일, 장일은 개화조건에 의하며 아래와 같이 분류한다.

| | |
|---|---|
| 장일식물 | 낮이 길게 되어 화아가 유발되는 식물로 14시간 이상의 일장 조건 |
| 단일식물 | 낮이 밤 길이보다 짧은 조건에서 화아가 유발되는 식물로 12시간 이하의 일장 조건 |
| 중성식물 | 일장에 관계 없이 화아하는 식물(=중일식물) |
| 정일식물 | 단일, 장일에서 개화하지 않고 특정한 일장에서만 개화하는 식물(=중간식물) |

③ 식물은 광의 성질인 파장에도 영향을 받으며 파장은 적외선, 가시광선, 자외선으로 분류하는데 이 중 가시광선에 가장 큰 영향을 받는다. 파장의 범위는 아래와 같다.

| | |
|---|---|
| 자외선 | 400nm 이하 |
| 가시광선 | 400~700 nm |
| 적외선 | 700nm 이상 |

④ 광합성은 650~700nm 적색부분과 400~500nm 의 청색 부분에서 가장 효과적이며 자외선의 경우 파장이 짧아 식물의 성장을 억제시키기는 성질이 있다. 예를 들어 장일성 식물은 낮이 길게 되어 화아가 유발되는 식물이지만 한밤중에라도 적색광(650~700㎚) 파장으로 비추어주면 꽃눈 유도 및 발아가 촉진된다.

⑤ 식물의 잎은 가시광선에서 적색광과 청색광의 파장흡수율이 좋고 녹색광의 흡수율은 낮아 시각적으로 식물의 잎이 녹색으로 보인다.

⑥ 청색광의 기능에는 굴광성, 엽록소 및 카로티노이드 합성 촉진, 기공의 운동, 호흡 증진, 유전자 발현 활성화 등이 있다.

### (6) 광피해

① 작물은 빛이 부족하면 광합성이 부족하여 생장이 느리고 식물병에 걸리기 쉽다.

② 벼는 유숙기에 차광이 수량을 가장 감소시키며 다음으로 피해가 큰 경우가 생식세포 감수분열기이다.

③ 일조의 건물생산효과에 대한 온도의 호흡촉진효과의 비를 소모도장효과라 한다. 소모도장효과가 크면 건물의 생산에 비해 소모경향이 커지고 도장이 발생한다.

④ 여름철 장마기에 기온이 높은데 강수량이 많아 일조가 부족하면서 소모도장효과가 크게 나타난다.

## 6. 상적 발육과 환경

### (1) 상적발육의 개념

① 상적발육은 식물이 발아하여 성숙하는데까지의 단계적 과정을 상적 발육이라 한다.

② 생장은 시간이 지남에 따라 식물의 크기가 증가하는 것으로 영양생장이라고도 한다.

③ 발육은 식물이 시간에 따라 점점 성숙되는 것을 말하며 생식생장이라고도 한다.

④ 종자의 발아에서 줄기가 커지고 잎이 증가하는 과정을 거쳐 꽃눈이 형성될 때까지를 생장 혹은 영양생장이라 하며 꽃눈이 형성되는 시점에서 개화, 결실의 단계를 발육 혹은 생식생장이라 한다.

⑤ 식물의 다양한 유전자 발현, 생리작용에 영향을 주는 색소로 피토크롬(파이토크롬)이 있다.

### (2) 버널리제이션

① 춘화처리라고도 하는 버널리제이션은 식물에 인위적인 저온 처리를 통해 화성을 유도하

는 것을 의미한다. 일정 저온조건에서 식물의 감온상을 경과하도록 하는 것이라 할 수 있다.

② 버널리제이션의 영향 인자

| 온도 | 겨울작물은 저온조건, 여름작물은 고온 조건이 효과적이다. |
|---|---|
| 산소 | 처리도중 산소가 부족할 경우 효과가 감소한다. |
| 종자 | 처리도중 종자가 건조할 경우 효과가 줄어든다. |

③ 버널리제이션은 맥류의 추파성을 소거하는 방법으로도 적합하다. 저온처리를 하면 추파성을 춘파성으로 변화시킬 수 있다.

④ 춘화처리시 저온의 조건은 0~10℃, 고온 처리조건은 10~30℃ 정도를 기준으로 한다.

⑤ 춘화처리 효과로 화성 유도 외에도 채종상 이용, 육종상 이용, 재배법의 개선 등이 있다.

⑥ 맥류, 채소류, 튤립, 히아신스 등의 작물을 인공교배하기 위해 개화기를 조절하는데 저온의 춘화처리를 이용한다.

⑦ 춘화처리에 감응하는 식물의 부위는 생장점이다.

### (3) 일장효과

① 식물이 일장에 의해 생육, 개화 등에 영향을 받는 현상을 일장효과, 광주반응(광주율)이라고 한다.

| 장일식물 | · 낮이 길게 되어 화아가 유발되는 식물로 14시간 이상의 일장 조건<br>· 보리, 시금치, 양파, 당근, 양배추, 아마, 감자 등 |
|---|---|
| 단일식물 | · 낮이 밤 길이보다 짧은 조건에서 화아가 유발되어 식물로 12시간 이하의 일장 조건<br>· 콩, 옥수수, 벼, 딸기, 국화, 코스모스, 들깨, 샐비어, 담배 등 |
| 중성식물 | · 일장에 관계 없이 화아하는 식물(=중일식물)<br>· 토마토, 고추, 오이, 호박, 당근 등 |
| 정일식물 | · 단일, 장일에서 개화하지 않고 특정한 일장에서만 개화하는 식물(=중간식물)<br>· 사탕수수 |

② 일장효과를 이용하여 특정 작물의 개화를 촉진하거나 억제할수 있다. 이를 이용하면 작물의 개화시기를 조절하여 원하는 시기에 재배가 가능하다.

③ 식물의 일장형은 화아분화 전, 후가 다를 수 있어 다음과 같이 구분되며 장일성은 L, 단일성은 S, 중일성은 I 로 표기된다.

| 명칭 | 분화전 | 분화후 | 작물 |
|---|---|---|---|
| LL식물 | 장일성 | 장일성 | 시금치 |
| LI식물 | 장일성 | 중일성 | 사탕무 |
| LS식물 | 장일성 | 단일성 | 볼토니아 |
| IL식물 | 중일성 | 장일성 | 밀(적피적) |
| II식물 | 중일성 | 중일성 | 고추, 벼(조생종), 메밀, 토마토 |
| IS식물 | 중일성 | 단일성 | 소빈국 |
| SL식물 | 단일성 | 장일성 | 딸기, 시네라리아 |
| SI식물 | 단일성 | 중일성 | 벼(만생종), 도꼬마리 |
| SS식물 | 단일성 | 단일성 | 코스모스, 나팔꽃 |

### (4) 품종의 기상생태형

① 기상생태형은 생육온도 및 일장에 대한 출수, 개화반응을 기초로 작물의 품종군을 구분한 것을 말한다. 기상생태형은 감온형(blT형), 감광형(bLt형), 기본영양생장형(Blt형), blt형으로 구분된다.

| | |
|---|---|
| 감온형 | · 기본영양생장성과 감광성이 작고 감온성이 커서 생육기간이 주로 감온성에 지배된다.<br>· 생육적온에 도달하기 전까지는 생육온도가 높을수록 출수개화가 촉진되는 성질을 감온성이라 한다.<br>· 감온형 작물로 조생종, 올콩, 봄조, 여름메밀 등이 있다. |
| 감광형 | · 기본영양생장성과 감온성이 작고 감광성이 커서 생육기간이 주로 감광성에 지배된다.<br>· 일장에서 단일에 의해 출수개화가 촉진되는 성질을 감광성이라 한다.<br>· 감광형 작물로 만생종, 그루콩, 그루조, 가을메밀 등이 있다. |
| 기본영양생장형 | · 감온성과 감광성이 모두 작고 기본영양생장이 커서 생육기간이 주로 기본영양생장성에 지배된다.<br>· 출수 개화에 알맞은 조건이라도 일정 기간 기본영양생장 후 출수, 개화를 하는 성질을 기본영양생장성이라 한다. |
| blt 형 | · 기상생태형을 구성하는 세 가지 성질이 모두 작고 어느 환경에서나 생육기간이 짧다 |

② 기상생태형의 지리적 분류

㉠ 고위도 지방은 blt 형이나 감온형 주로 분포한다.

㉡ 중위도 지방은 기본영양생장형이나 감광형이 주로 분포한다.

㉢ 저위도 지방은 기본영양생장형이 분포한다.

③ 국내 작물의 기상생태형과 재배형

㉠ 봄, 초여름의 고온에 일찍 감응하여 출수개화가 빨라지는 감온형과 여름초, 가을의 단일에 늦게 감응하여 출수개화가 늦어지는 감광형이 국내 여러 작물의 기본적 기상생태형이다.

㉡ 북부지방으로 갈수록 감온형, 남부지방으로 갈수록 감광형이 기본품종이 되며 중간지대인 중북부지방에는 중간적 성질을 띠는 중간형이 있다.

㉢ 감온형은 조기파종하여 조기수확하며 감광형은 수확기가 늦고 늦게 파종해도 되므로 윤작 등 작부체계상 파종기가 늦은 것이 보통이다.

# 03 작물의 내적균형과 식물호르몬 및 방사선 이용

## 1. C/N율, T/R율, G-D 균형

### (1) C/N율

① 식물의 탄수화물과 질소의 비율을 C/N 율 이라 하는데 C 는 탄수화물, N 은 질소를 의미하며 C/N 율이 높으면 화성을 유도하고 낮으면 영양생장이 지속된다.

② 환상박피, 단근, 접목 등이 있으며 탄수화물의 함량을 많게 하여 C/N 율을 높일 수 있다.

③ 환상박피는 식물이 가지고 있는 양분, 수분 등의 이동 경로를 차단하여 잎에서 생성되는 동화물질을 환상박피한 식물의 잎이나 가지 등에 축적시켜 식물의 화아분화를 유도하고 과실의 경우 품질 및 크기가 좋아져 생산성을 향상시킬 수 있다.

④ C/N 율도 중요하지만 탄수화물과 질소의 절대량이 어느정도 있어야 식물의 생육이 가능하다.

### (2) T/R율

① T/R 율은 식물의 지상부의 TOP 과 식물의 지하부 뿌리인 Root 의 비율을 나타낸 것이다. T/R 율은 생육상태에 대한 지표가 될 수 있으며 생장량은 생체나 건물의 중량으로 표시한다.

② 토양내 수분이 많거나 일조의 부족, 석회사용의 부족 등이 지하부의 생육을 불량하게 하여 T/R 율이 커진다.

③ 토양에 비료 중 질소를 다량 시비할 경우 식물체의 단백질 합성이 늘어나고 탄수화물이 적어지면서 뿌리 생장이 억제되어 T/R 율이 커진다.

### (3) G-D 균형

G-D(Growth Differentiation Balance)는 식물의 생육이나 성숙을 생장과 분화 두 측면에서 보는 관점으로 식물의 생장과 분화의 균형을 의미한다.

## 2. 식물생장조절제

### (1) 식물생장조절제 정의

① 식물생장조절제는 식물체 내에서 생합성되어 체내에 미량으로 생리적 변화를 주는 화학물질로 식물호르몬이라고도 한다.

② 식물생장조절제는 옥신류, 지베렐린, 시토키닌, 에틸렌 등이 대표적이다.

### (2) 옥신류

① 식물호르몬 중에서 가장 먼저 알려진 것은 옥신인데 1926년 네덜란드 생물학자 프리츠벤트(Frits W. Went)가 귀리의 자엽초 주광성 현상을 연구하다 발견하였다.

② 옥신은 식물의 신장에 관여하는 호르몬으로 줄기나 뿌리의 선단부에서 만들어져 세포의 신장촉진에 도움을 주며 측아의 발달을 억제하는 기능을 하는 정아우세 현상이 나타난다.

③ 옥신의 종류는 생합성 옥신(천연호르몬) IAA, PAA, IAN 와 합성호르몬 NAA, IBA, PCPA, 2·4-D, BNOA, 2,4,5-T 등이 있다.

④ 옥신은 굴광현상에 영향을 주는 식물호르몬으로 옥신에 의해 식물이 빛을 따라 기울어지는 현상이 나타난다.

⑤ 옥신은 발근 및 개화를 촉진하며 낙과를 방지, 과실의 비대 및 성숙 촉진, 이층 형성의 억제 효과도 있다.

### (3) 지베렐린

① 지베렐린은 종자의 휴면타파의 효과가 있는 식물생장조절제로 옥신과 함께 사용시 효과가 극대화되는데 벼의 키다리병에서 유래한 물질이다.

② 지베렐린은 극성이 없으며 미숙종자에 다량 포함되어 있다.

③ 지베렐린을 작물에 적용시 발아촉진, 화성유도, 생장 촉진, 수량의 증대 효과를 기대할 수 있다.

④ 지베렐린은 화성유도 시 저온 장일이 필요한 식물의 대신하는 효과가 있다.

### (4) 시토키닌

① 시토키닌(사이토키닌)은 주로 뿌리에서 합성되며 옥신과 함께 작용하여 세포분열을 촉진한다.

② 작물에 적용시 발아촉진, 생장촉진, 기공의 개폐 촉진 등의 효과를 보인다.

③ 어린종자나 과일에도 시토키닌이 많으나 열매가 성숙할수록 시토키닌의 함량은 감소한다.

### (5) ABA

① Abscisic acid 라 하며 대표적인 생장억제물질이다.

② 작물의 무기물부족이나 스트레스성 작용을 받게 될 경우 발생량이 증가하기도 한다.

③ 지베렐린과 같은 생장촉진 호르몬과는 길항작용을 한다.

④ ABA 를 작물에 적용시 낙엽을 촉진, 휴면의 유도, 발아 억제, 내건성 증대 등의 효과가 나타난다.

(6) 에틸렌

① 과실의 성숙을 촉진하는 물질로 주로 기체상태로 존재한다. 에틸렌의 전구물질인 메티오닌(methionine)은 식물에서 에틸렌의 생합성재료로 이용된다.

② 에틸렌은 0.1 ppm 정도의 낮은 농도로서 식물의 생장에 영향을 미친다.

③ 과실이나 채소의 경우 물리적 충격에 의한 상처가 발생하면 호흡량이 증가하면서 표면온도가 높아지며 에틸렌이 발산된다. 과실이 썩을 경우 에틸렌의 방출량이 많아져 주면의 과실도 과숙현상이 진행된다.

④ 에세폰(에스렐)은 합성 식물생장 조절제인 액상의 물질로 식물에 살포하면 분해되면서 에틸렌을 발생시켜 과실의 성숙을 촉진한다.

⑤ 에틸렌은 과실의 성숙, 착색의 촉진, 정아우세 현상 타파, 발아촉진, 낙엽 촉진 등의 효과가 나타난다.

(7) 생장억제물질

① 생장억제물질은 식물의 생장을 억제하는 물질이다.

② 생장억제물질의 종류로는 다미노자이드(daminozide, B-9), 클로르메콰클로라이드(chlormequat chloride, CCC), 말릭하이드라자이드(Malelc hydrazide, MH)가 있다.

## 3. 방사선 이용

(1) 방사선의 이용 및 조사

① 작물의 영양생리에 대한 연구를 위해 $^{32}P$, $^{42}K$, $^{45}Ca$의 방사성동위원소로 표지화합물을 이용하여 필수 원소인 인산(P), 칼륨(K), 칼슘(Ca) 의 영양성분이 작물 내에서의 이동 및 이용에 대한 조사가 가능하며 비료가 토양에서의 이동과 작물의 흡수기구에 대한 원리조사에 도움이 된다.

② 식물의 광합성 연구에서는 주로 $^{11}C$, $^{14}C$ 를 이용하여 이산화탄소($CO_2$)가 대기중에서 잎을 통해 공급되는 경로, 시간에 따른 탄수화물의 합성 과정 조사에 도움이 된다.

③ 감마선($\gamma$선)은 방사성 동위원소가 방출하는 방사선 중에서 생물학적 효과가 가장 크게 나타난다.

④ 방사선 동위원소로 표지화합물을 만들어 병충해방제에 대한 연구로도 활용한다.

⑤ 농업토목 분야에서 지하수, 유속 등의 조사에도 이용된다.
⑥ 식물 영양기관의 장기저장에도 활용된다.
⑦ 영양기관에 감마선($\gamma$ 선)을 조사하면 휴면이 연장되고 맹아 억제 효과가 나타난다.
⑧ 방사선량의 단위는 cpm(counts per minute)이다.

### (2) 육종적 이용

① 방사선의 경우 식물의 육종에 이용되며 주로 X선을 활용한다.
② 방사선의 선량과 조사를 통해 식물의 생육 단계별 처리가 가능하고 돌연변이를 일으켜 유용한 형질을 만들기도 한다.
③ 살균 및 살충 효과를 이용하여 식품을 저장에도 활용된다.

## 04 재배 기술

### 1. 작부체계

#### (1) 작부체계의 뜻과 중요성

① 작부체계는 일정 포장에 있어 순차적인 작물종류의 변천이나 일정 포장에 있어 동시적인 작물 종류의 조합을 말한다. 이는 포장의 효율적 이용을 도모하고 노동력 배분 및 합리적인 경영을 위해 작물 재배의 종류, 순서, 조합, 배열의 방식을 의미한다.

② 작부체계의 방식에는 동일 포장에 같은 종류의 작물을 반복적으로 재배하는 연작이 있으며 작물의 종류를 변화시켜 재배하는 윤작, 2개 이상의 작물을 함께 심는 혼작이 있다.

#### (2) 작부체계의 변천 및 발달

① 주곡식 대전법은 인구증가로 인해 경지의 제한을 받게 되면서 점차 정착농경으로 전환되어 경지를 영속적으로 재배하게 되었고 특히 경지의 대부분을 곡식작물로 재배하게 되었다.

② 휴한 농법은 곡식작물을 연작으로 하면 지력이 감퇴되어 지력 회복을 위한 쉬었다가 작물을 재배하는 방법이다.

③ 순 3포식 농법은 경지의 2/3 에 춘파 및 추파곡물을 재배하고 나머지 1/3에는 휴한하는 것을 순서대로 돌려 가면서 재배하는 방법이다.

④ 개량 3포식 농법은 1/3 의 휴한 지역을 토지 이용상 불리하다고 판단될 경우 휴한 대신 클로버나 콩과 작물을 재배하여 질소고정을 통해 지력의 증진을 유도하는 방식이다.

⑤ 작부체계의 변천을 보면 크게 이동경작에서 3포식농법, 개량3포식농법에서 자유경작으로 발달하였다.

#### (3) 연작과 기지

① 연작은 동일 포장에 동일 작물을 매년 지속적으로 재배하는 방식을 말한다. 연작을 할 경우 작물이 선호하는 양분의 선택적 이용으로 토양에 특정 양분이 부족하게 되어 작물이 제대로 못자라게 되는데 이때 발생되는 피해를 기지라고 한다.

| 연작 피해가 적은 작물 | 벼, 맥류, 조, 수수, 옥수수, 담배, 무, 당근, 양파, 호박, 순무, 아스파라거스, 딸기, 미나리, 양배추 |
|---|---|
| 1년 휴작이 요구되는 작물 | 쪽파, 콩, 파, 생강, 시금치 |
| 2년 휴작이 요구되는 작물 | 마, 오이, 땅콩, 잠두, 감자 |
| 3년 휴작이 요구되는 작물 | 토란, 참외, 강낭콩 |
| 5~7년 휴작이 요구되는 작물 | 수박, 토마토, 사탕무, 완두, 가지, 우엉, 고추 |
| 10년 이상 휴작이 요구되는 작물 | 아마, 인삼 |

② 연작에 의한 기지 발생시 작물이 선호하는 특정 양분의 소모로 다음 작물이 요구하는 양분을 충분히 공급할 수가 없다. 또한 토양 전염병, 토양 선충, 유독물질의 축적, 토양의 입단구조의 파괴 등 다양한 피해가 발생한다.

③ 기지 피해를 줄이기 위해 윤작이 가장 효과적이며 토양을 소독하거나 유해물질을 제거, 시비 작업, 토양 소독 등의 작업이 필요하다.

④ 대표적으로 벼의 연작은 지속적인 관개수 유지에 의한 양분의 공급과 생장저해물질의 축적이 없기에 연작이 가능하다.

### (4) 윤작

① 윤작은 한 농경지에 동일 작물을 재배하는 연작과는 반대로 다른 종류의 작물을 순차적으로 재배하는 방식이다. 윤작은 토양의 양분 유지와 병해충의 전염 방지에도 도움이 된다. 이러한 윤작에는 삼포식, 개량삼포식, 노포크식이 있다.

② 삼포식은 포장을 3등분하여 하나는 여름작물, 다른 하나는 겨울작물, 마지막 하나는 휴한을 하여 매년 돌려짓기를 실시하며 결국 3년에 한번의 휴한을 하게 된다.

③ 개량삼포식은 지력유지에 매우 효과적인 방법으로 휴한하는 대신 지력증진작물(콩과목초)을 함께 재배하는 방법으로 삼포식보다 더 개량된 방법이다.

④ 노포크식은 화본과의 식용작물과 두과인 클로버, 근채류인 순무를 순차적으로 윤작하는 방법으로 <순무-보리-클로버-밀> , <밀-콩-보리-순무> 로 4년주기의 윤작방식이다.

⑤ 윤작의 효과로 지력 유지, 토양보호, 병충해 경감, 노동의 합리적 분배, 경영의 안정화 등이 있고 경지이용률을 높일수가 있다.

### (5) 답전윤환

① 답전윤환은 논상태와 밭상태로 몇 해씩 돌려가면서 벼와 작물을 재배하는 방식을 말한다. 답전윤환은 최소 2~3년 정도의 기간을 많이 채택하고 있다.

② 답전윤환 효과로 지력 유지 및 증진, 기지의 회피, 잡초 발생의 억제, 재배량 증가, 노력절감이 있다.

③ 논에서의 답전윤환을 하게 될 경우 토양의 통기성과 투수성이 개선되고 양분의 유실이 적게 발생한다. 결국 화학적 성질이 개선되고 선충 및 잡초 감소의 효과도 함께 나타나게 된다.

(6) 혼파

① 혼파는 두가지 이상의 작물을 혼합하여 파종하는 방법이다.

② 혼파를 할 경우 토양이나 기상에 대한 적응력이 높아지고 병해충에 대한 위험성이 낮아지게 된다. 또한 공간의 이용이 효율적이며 잡초 경감, 재배에 대한 안정성이 증가하게 된다.

③ 혼파에도 단점이 있는데 파종작업이 힘들고 작물의 생장속도 차이로 인해 관리에도 어려움이 있다.

(7) 그 밖의 작부체계

① 교호작

㉠ 교호작은 생육기간이 비슷한 2 가지 이상의 작물을 일정 이랑씩 번갈아 가면서 재배하는 방법이다. 대표적인 교호작으로 옥수수와 콩이 있으며 재배기간이 비슷하여 수확에도 용이하다.

㉡ 번갈아 가면서 재배하다보니 작물을 2줄 혹은 3줄로 번갈아 가면서 재배하기도 한다.

② 주위작

㉠ 포장의 주위에 포장내의 작물과는 다른 작물을 재배하는 방식으로 주위에 빈공간을 이용하는 것이다.

㉡ 옥수수나 수수의 경우 주위에 재배시 방풍의 효과가 있다.

③ 간작

㉠ 한가지 작물이 생육하고 있는 조간에 다른 작물을 재배하는 방법이다.

㉡ 간작은 생육 기간이 다른 작물을 주로 재배한다.

㉢ 먼저 재배하고 있던 작물을 상작, 이후에 재배되는 작물을 하작이라 한다.

㉣ 간작은 먼저 재배하고 있는 작물에 피해가 없는 다른 작물을 이후 재배하여 토지의 이용율을 높이고자 함에 있다.

④ 혼작

㉠ 혼작은 생육기간이 거의 같거나 유사한 작물을 섞어 재배하는 방법이다.

㉡ 혼작은 주로 상호보완이 가능한 작물끼리 재배하는 것이 유리하다.

## 2. 영양번식

### (1) 영양번식의 뜻과 이점

① 영양번식은 채종이 곤란한 작물에 적용하면 유리하다.

② 우량한 상태의 유전형질을 유지할 수 있다.

③ 종자번식보다 생육이 왕성하고 짧은 기간 내에 수확이 가능하고 수량도 증가한다.

④ 접목의 경우 환경에 대한 적응성, 병해충에 대한 저항력이 증가한다.

⑤ 영양번식에 유리한 작물로 감자, 고구마 등이 있다.

### (2) 영양번식의 종류

① 작물에 적용하는 영양번식 방법에는 분주, 삽목, 취목, 접목 등이 있다.

② 분주 : 뿌리가 달린채로 분리하여 번식시키는 방법으로 분주 시기에 따라 화아분화, 개화시기가 결정되기도 한다.

③ 삽목 : 모체에서 분리한 영양체의 일부를 삽상에 심어 뿌리를 내리게 하여 독립개체로 번식시키는 방법이다. 삽목의 부위에 따라 엽삽, 근삽, 지삽으로 분류한다.

④ 취목 : 식물의 가지나 줄기를 모체에서 분리하지 않고 흙에 묻거나 암흑상태에 습기와 공기 조건을 맞추어 주면 발근이 되어 이 발근된 부위를 독립적으로 번식시키는 방법이다.

④ 접목 : 접목은 두가지 식물의 형성층 부위를 밀착시켜 접합하도록 하는 방법으로 정부가 되는 부분을 접수, 기부가 되는 부분을 대목이라 한다.

### (3) 취목

① 나무의 가지 일부분의 껍질을 벗겨 땅속에 묻어 뿌리를 내리는 방법으로 삽목이 어려운 경우 대체하는 방법이다

② 취목은 방법에 따라 다음과 같이 분류된다.

| 종류 | 특징 |
|---|---|
| 단순취목<br>(선취법) | 가지를 굽혀서 땅속에 묻고 자기의 선단을 지상으로 나오게 하는 방법이다. |
| 공중취목<br>(고취법) | 가지나 줄기의 일부에 상처를 주고 그 자리에 수태 혹은 황토로 싸서 건조하지 않도록 해주며 물을 주어 적당한 습도 조건에 유지하여 발근하는 방법으로 관상수목에 적용시 높은 곳에서 발근시킨다. |
| 단부취목 | 가지를 굽혀 땅속에 묻어 지상으로 굴곡한 후 성장시켜 분주하는 방법이다. |
| 매간취목 | 나무의 전체를 평면으로 묻어 새가지를 나오게 하고 이후 가지 밑에서 뿌리가 나오면 절단하여 새 개체를 만드는 방법이다. |
| 파상취목 | 가지를 여러번 파상적으로 굽혀 굴곡시켜 번식하는 방법이다. |
| 맹아지 취목 | 나무의 줄기를 지면 부근에서 절단하고 성토하여 그곳에서 새로운 가지의 밑부분에서 뿌리가 나오게 하는 방법이다. |

### (4) 접목육묘

① 접목육묘는 오이, 수박, 멜론, 가지, 토마토 등의 작물에 토양병해충의 피해를 예방하고 양분의 흡수를 증대시키기 위해 이용된다.

② 접목육묘에 있어 대목은 내병성, 내습성에 대한 친화력이 강해야 한다.

③ 접목육묘에서 초세조절을 잘못하면 기형과의 발생이 증가하고 당도가 낮아진다.

④ 접목 방법에는 주로 할접(쪼개접), 호접(맞접), 삽접(꽂이접)이 이용된다.

⑤ 작물의 종류에 따라 적합한 접목방법을 선택하며 오이는 맞접, 수박은 꽂이접을 적용한다.

### (5) 영양기관

① 종묘로 이용되는 영양기관에는 눈, 잎, 줄기 등이 활용된다.

② 눈의 경우 마, 포도나무 등에 적합하며 잎은 베고니아 등이 대표적이다.

③ 줄기의 경우 다음과 같이 분류된다.

㉠ 덩이줄기(괴경) : 감자, 토란, 돼지감자 등

㉡ 알줄기(구경) : 글라디올러스, 프라이자 등

㉢ 비늘줄기(인경) : 마늘, 양파 등

㉣ 땅속줄기(지하경) : 생강, 연, 박하, 호프 등

## 3. 육묘

### (1) 육묘의 필요성

① 육묘

㉠ 육묘는 종자를 재배지에 뿌리지 않고 모를 일정기간 시설에서 생육시키는 것을 육묘라 하며 종자의 소비량을 줄일 수 있다.

㉡ 육묘를 통해 수확량을 늘리거나 품질 향상을 기대할 수 있으며 관리 및 보호도 용이하다.

㉢ 수확 및 출하시기 조절이 가능하며 토지의 이용률을 높일 수 있다.

㉣ 종자를 이용한 직파가 불리한 작물(딸기, 고구마 등)에 많이 이용된다.

② 육묘방식

| | |
|---|---|
| 온상육묘 | 저온기에 인공 가온과 태양열을 이용하는 묘상이다 |
| 보온육묘<br>(냉상육묘) | 인공 가온 없이 태양열만을 이용하는 묘상이다 |
| 공정육묘 | • 육묘의 생력화, 효율화를 목적으로 상토의 조제, 종자파종, 물주기에 관련된 작업을 자동화하여 균일한 묘상을 얻을 수 있다.<br>• 공정육묘를 통해 묘의 대량생산이 가능하고 기계화에 의해 생산비가 절감된다. |

### (2) 묘상의 구조

① 묘상의 크기는 관리적 측면에 있어 중요하다. 묘상 크기가 너무 작으면 온도가 급격히 변화하며 너무 크면 묘상의 중앙부 관리에 노력이 많이 든다.

② 묘상의 너비는 120~ 130cm 정도가 적당하며 깊이, 길이는 묘상의 종류에 따라 결정한다.

③ 묘상 밑바닥은 온도를 균일하게 유지하기 위해 양열온상의 경우 중앙부를 높게하고 남쪽과 북쪽은 중앙부보다 깊게 한다.

### (3) 상토

① 상토

㉠ 상토는 모종을 가꾸는 온상에 쓰는 토양으로 부드럽고 물 빠짐과 물 지님이 좋으며 여러 가지 양분을 고루 갖춘 흙이다.

㉡ 상토는 작물이 필요한 물을 보유하고 있으며 뿌리와 배지 상부 공기와 가스교환이 이루어지도록 도와준다.

㉢ 토양의 EC 는 전기도로 전기가 잘 통하는 정도를 나타내는 수치이며 단위는 mS/cm 이다. 토양속에는 다양한 영양분이 있어 화학비료를 시비하고 나면 토양의 EC 가 상승한다.

② 상토의 원료

㉠ 상토를 구성하는 주재료는 자연광물질, 일반자원, 부산물 등이 있다.

㉡ 자연광물질에는 제오라이트, 규조토, 적토, 미사토 등이 있다.

㉢ 자원으로 피트모스, 질석, 펄라이트 등이 있으며 부산물로 코코피트가 가장 많이 이용된다.

㉣ 코코피트의 경우 100% 천연야자 유기섬유질로 토양 속에서 장기간 부패하지 않아 물리성이 개선된다.

㉤ 펄라이트는 중성에서 약알칼리성으로 pH 에 대한 영향이 적으며 양이온교환능력이 작다.

㉥ 코코피트는 코코넛 야자열매의 껍질섬유를 이용하여 제조한다.

㉦ 피트모스는 pH 가 낮아 산성화시킨다.

③ 상토의 용도

㉠ 상토는 수도용, 원예용, 기타용도 등으로 구분된다.

㉡ 수도용은 중량, 경량, 매트(mat) 로 구분되며 원예용은 채소용, 화훼용으로 구분된다.

④ 상토의 구비조건

㉠ 통기성, 보수성, 흡수력, 투수성 등의 물리적 성질이 좋아야 한다.

㉡ 값이 저렴하고 취급이 용이하며 활착성이 우수해야 한다.

㉢ 입자가 고르고 출아상태가 안정적이어야 한다.

## 4. 정지

### (1) 경운

① 경운은 토양을 갈아 흙덩이를 부스러뜨리는 작업이다.

② 경운은 정지작업에서 가장 먼저 하는 작업으로 파종이나 이식을 하기 전에 실시한다.

③ 경운을 통해 토양의 투수성, 통기성이 좋아져 이후 종자의 발달, 뿌리의 발달에 도움이 된다. 또한 통기성이 좋아져 토양에 살고 있는 미생물의 활동이 활발해져 유기물 분해 촉진 및 순환에 도움을 준다.

④ 흙을 반전시켜 잡초의 발생이 줄어들고 해충이 박멸하는데 도움이 된다.

### (2) 쇄토

① 쇄토는 경운 다음으로 실시하는 작업으로 갈아 일으킨 흙덩이를 좀 더 곱게 부수고 지면을 평평하게 고르는 작업이다.

② 논은 경운한 다음 물을 대고 써레로 흙덩이를 곱게 부수는데 써레를 이용한다 하여 써레질이라 한다.

### (3) 작휴

① 작휴법은 작물이 심긴부분과 심기지 않은 부분이 규칙적으로 반복되는 것을 이랑이라한다. 이랑은 평평하지 않고 기복이 있을 경우 융기부를 이랑, 함몰부를 고랑이나 골이라 한다.

② 이랑을 만들게 되면 파종, 제초, 솎음의 관리가 용이하고 배수 및 통기에 좋게 하고 작토층을 두껍게 한다.

③ 작휴법에는 평휴법, 휴립법, 성휴법이 있다.

| 평휴법 | | · 이랑을 평평하게 하여 이랑과 고랑 높이를 같게 하는 방법<br>· 주로 채소, 밭벼에 실시한다. |
|---|---|---|
| 휴립법 | 휴립법 | · 이랑을 세워 고랑이 낮게 하는 방법 |
| | 휴립구파법 | · 이랑을 세우고 낮은 골에 파종하는 방법<br>· 맥류의 한해와 동해를 동시에 방지할 수 있다.<br>· 감자의 발아촉진이나 이랑 사이 토양을 작물의 포기 밑에 모아주는 배토 작업을 위해 실시한다. |
| | 휴립휴파법 | · 이랑을 세우고 이랑에 파종하는 방법<br>· 고구마는 이랑을 높게 세우고 조, 콩은 이랑을 낮게 세운다. |
| 성휴법 | | · 이랑을 보통보다 넓고 크게 하는 방법<br>· 맥후작 콩의 재배에 실시한다. |

### (4) 진압

① 진압은 정지 작업에서 경운, 쇄토 이후에 실시하는 작업이다. 파종하고 복토 전후 종자를 눌러 주는 작업이다.

② 진압을 하게 되면 토양사이 공극이 변화하고 모세관현상에 의한 수분공급으로 종자나 식물의 뿌리에 수분흡수를 쉽게 하게 된다.

## 5. 파종

### (1) 파종시기

① 파종시기는 파종된 종자가 발아가기 위해 종자의 종류, 온도, 환경 등의 발아조건을 고려하여 결정하게 된다.

② 작물의 종류에 따라 추파, 춘파를 결정하고 지역에 따라 달라지는데 고랭지의 경우 늦봄에 실시한다.

③ 작부방법이나 특정 재해 시기, 토양의 상태, 출하기도 파종시기에 영향을 준다.

④ 감온형 벼 품종은 조파조식하는 것이 좋고 추파맥류는 추파성이 높은 품종은 조파한다.

⑤ 월동작물은 추파하고 여름작물은 춘파한다.

### (2) 파종양식

| 산파(흩어뿌림) | 포장 전면에 종자를 흩어 뿌리는 방법 |
|---|---|
| 조파(줄뿌림) | 종자를 줄지어 뿌리는 방법 |
| 점파(점뿌림) | 일정 간격으로 종자를 수 개씩 파종하는 방법 |
| 적파 | 점파와 유사하나 한곳에 여러 개의 종자를 파종하는 방법 |

### (3) 파종량

① 파종량은 작물의 종류 및 품종, 종자 크기, 재배지, 토양의 조건, 시비, 종자 상태를 고려하여 결정한다.

② 온도가 낮은 지역의 경우 파종량을 늘리도록 한다.

③ 토양 조건이 좋지 않거나 시비량이 적은 경우 파종량을 늘린다.

④ 발아력이 낮거나 파종기가 늦을 경우 파종량을 늘린다.

### (4) 복토

① 복토는 흙덮기로서 작물의 종자를 파종한 후 흙을 덮어 주는 작업이다.

② 작물별로 복토의 깊이에 차이가 있으며 기준은 다음과 같다.

| 깊이 기준(cm) | 작물 종류 |
|---|---|
| 종자가 보이지 않을 정도 | 소립목초종자, 파, 양파, 당근, 상추, 담배, 유채 |
| 0.5~1 | 순무, 배추, 양배추, 가지, 고추, 토마토, 오이 |
| 1.5~2 | 조, 기장, 수수, 무, 시금치, 수박, 호박 |
| 2.5~3 | 밀, 호밀, 귀리 |
| 3.5~4 | 콩, 팥, 완두, 잠두, 옥수수, 강낭콩 |
| 5~9 | 감자, 생강, 토란, 글라디올러스 |
| 10 이상 | 나리, 튤립, 수선, 히아신스 |

## 6. 이식

### (1) 이식의 종류

① 조식은 골에 줄지어 이식하는 방법이다.

② 점식은 포기를 일정한 간격을 두고 띄어서 점점이 이식하는 방법이다.

③ 혈식은 포기를 많이 띄어서 구덩이를 파고 이식하는 방법이다.

④ 난식은 일정한 질서 없이 점점이 이식하는 방법이다.

### (2) 이식시기

① 과수와 다년생 목본식물은 싹이 움트기 전에 춘식하거나 낙엽이 진 뒤 추식한다.

② 일반작물은 파종기에 영향을 주는 요인에 의해 이식기가 결정된다.

### (3) 이식방법

① 작물에 따라 이식방법은 다양하다. 벼의 경우 기온이 15℃ 전후 이식해야 하며 일찍

하는 것이 좋다. 논의 써레질이 종료되면 바로 하게 되며 줄모로 심어야 고르게 자랄 수 있다.

② 채소, 화초는 식상을 피하고 잘 자라게 하고자 쇄토작업을 통해 흙을 부드럽게 갈아두어야 한다. 이식후에는 뿌리를 내리는데 시간이 걸려 물을 주고 덮개를 해주어 증발을 막아준다.

### (4) 이식효과

| 장점 | 단점 |
|---|---|
| ① 이식을 실시하면 줄기나 잎의 웃자람을 억제할 수 있다.<br>② 이식 작업시 뿌리가 잘려 새로운 뿌리가 발생되 생육이 좋아진다.<br>③ 생육이 어느 정도 진행되어 병해충에 피해가 감소된다.<br>④ 수목의 경우 개화를 촉진시킬 수 있다. | ① 무, 당근 등 직근류는 뿌리가 손상될 경우 상품성이 저하되기도 한다.<br>② 수박, 참외는 뿌리가 손상시 발육이 저하된다.<br>③ 작물에 따라 이식이 해가 되는 경우가 있다. |

## 7. 생력재배

### (1) 생력재배의 정의

① 생력재배는 노력을 줄여 농사를 짓는 것으로 본디 목적은 노동력이 부족한 농가의 상황을 개선하기 위한 방법이다.

② 부족한 노동력 때문에 농업의 기계화를 장려하고 잡초를 방제하기보다 제초제를 도입하는 방법 등이 생력재배라 한다.

### (2) 생력재배의 효과

① 생력재배를 통해 농업에 필요한 노동력 절감 및 경영에 효율이 개선된다.

② 농업 연구를 통한 새로운 품종의 개발과 경운파종과 같은 저비용 생산을 목적으로 생력기계화 재배기술 등의 도입으로 저투입 지속농업(LISA)이 가능하다.

③ 실제 생력재배의 사례로 파식파종기를 이용한 생력파종, 기계화를 통한 잡초 방제, 배토기를 이용한 중경배토 작업, 기계 수확, 탈곡 및 선별, 건조 등 전과정에 걸쳐 효과가 나타난다.

### (3) 생력기계화재배의 전제조건

① 농지가 생력화를 가능하게 할 수 있게 정리되어야 한다.

② 넓은 면적은 공동관리하여 집단 재배해야 한다.
③ 기계화에 따른 잉여 노동력을 수익화 해야 한다.
④ 품종의 선택, 재배법 등 기계화를 통한 재배체계를 확립해야 한다.
⑤ 국가 차원의 제도화, 보조, 개발 등의 도움이 필요하다.

### (4) 기계화 적응 재배

① 기계화 재배
㉠ 농업기계화로 노동의 능률 및 생산력이 향상되었다. 노동을 절약하고 중노동에서 벗어나는 계기가 되었다.
㉡ 단위노동시간당 작업량을 늘려 능률적 작업을 통해 생산량을 높일 수 있다.
㉢ 적합한 농업기계의 선택을 통해 토지이용률을 높여 생산량을 늘릴 수 있다.
㉣ 농업기계의 크기는 경영면적, 포장면적, 경지조건, 기계의 구동능력을 고려하여 결정한다.
㉤ 농업기계의 이용시간은 최대한 확대하여 활용한다.

② 정밀농업
㉠ 정밀농업은 농작물 재배에 영향을 미치는 요인에 관한 정보를 수집하고, 이를 분석하여 불필요한 농자재 및 작업을 최소화함으로써 농산물 생산 관리의 효율을 최적화하는 시스템인 것이다.
㉡ 정밀농업기술은 식량생산 한계나 환경보존의 문제를 동시에 해결할 수 있는 대안으로 부상하고 있다.
㉢ 정밀농업은 선진국을 중심으로 1990년대부터 집중적으로 연구되기 시작한 해결방법으로 기술, 경영, 과학이 결합된 것이 특징이다.

## 8. 재배관리

### (1) 시비

① 시비
㉠ 시비는 거름주기로 주요 비료의 종류는 질소, 인산, 칼륨이 있다. 질소의 경우 과다하게 공급되면 도장의 우려가 있어 공급량을 조절해 주어야 한다.
㉡ 작물에 따른 적정 시비(질소 : 인산 : 칼륨)

| 벼 | 5 : 2 : 4 |
|---|---|
| 맥류 | 5 : 2 : 3 |
| 옥수수 | 4 : 2 : 3 |
| 감자 | 3 : 1 : 4 |
| 고구마 | 4 : 1.5 : 5 |
| 콩 | 5 : 1 : 1.5 |

ⓒ 규소는 화곡류의 저항성을 높이는데 도움을 주는데 벼에 있어 도열병에 대한 저항성을 키워주고 잎을 곧게 지지하도록 도와준다. 잎을 곧게 지지하여 수광율을 높이는데도 도움을 주며 한해에 대한 경감 효과도 있다.

ⓓ 고구마와 같은 작물은 칼륨의 흡수비율이 높은 편인데 칼륨이 양분을 지하부로 이동하는 것을 촉진하여 덩이뿌리가 굵어지도록 도와주는 역할을 한다.

② 엽면시비

㉠ 작물은 뿌리에서 뿐 아니라 기공을 통한 흡수가 이루어지며 이를 엽면시비라 한다.

㉡ 엽면시비는 잎의 호흡작용이 왕성할수록 더 잘 흡수된다.

㉢ 엽면시비된 살포액이 약산성의 경우 흡수가 잘 이루어진다.

㉣ 잎의 뒷면은 살포액의 부착이 좋고 기공수가 많아 표면보다 흡수가 잘 이루어진다.

㉤ 엽면시비는 주로 철, 아연, 망간, 칼슘 등의 미량원소, 요소를 뿌려 준다.

㉥ 엽면시비는 뿌리의 흡수력이 낮을 경우 영양회복을 위해 작업을 한다.

㉦ 요소의 엽면시비 농도는 노지작물 0.5~2%, 과수 0.5~1%, 오이 및 수박 1% 이하, 무 및 양배추 2% 이하 정도로 한다.

③ 비료의 분류

㉠ 성분에 따른 비료

| 질소비료 | 요소, 질산암모니아, 황산암모니아 |
|---|---|
| 인산질비료 | 과인산석회, 용성인비, 용과린, 중과인산석회 |
| 칼륨질비료 | 염화칼륨, 황산칼륨 |

㉡ 화학적 반응에 따른 비료

| 산성비료 | 과인산석회, 염화암모늄 |
|---|---|
| 중성비료 | 황산칼륨, 염화칼륨, 요소, 질산나트륨 |
| 염기성비료 | 생석회, 소석회, 탄산칼륨, 용성인비 |

㉢ 생리적 반응에 따른 비료

| | |
|---|---|
| 생리적 산성비료 | 황산암모늄, 염화암모늄, 황산칼륨, 염화칼륨 |
| 생리적 중성비료 | 질산암모늄, 질산칼륨, 요소 |
| 생리적 염기성비료 | 질산나트륨, 질산칼슘, 용성인비, 초목회 |

㉣ 반응 효과에 따른 비료

| | |
|---|---|
| 속효성비료 | 황산암모늄, 염화칼륨 |
| 완효성비료 | 석회질소 |

㉤ 주요 비료의 성분비

| 종류 | 질소 | 인산 | 칼륨 |
|---|---|---|---|
| 요소 | 46 | | |
| 질산암모늄 | 35 | | |
| 황산암모늄 | 21 | | |
| 석회질소 | 20~22 | | |
| 중과인산석회 | | 44 | |
| 용성인비 | | 18~19 | |
| 과인산석회 | | 16 | |
| 염화칼륨 | | | 60 |
| 황산칼륨 | | | 48~50 |

④ 이용률

㉠ 비료의 이용률은 비료 성분량 중에서 작물이 흡수하여 이용한 양을 나타낸 것으로 질소는 30~50%, 칼륨 40~60%, 인산 10~20% 정도의 이용률을 보인다.

㉡ 비료의 이용률에 영향인자로 비료성분, 화학적 형태, 작물의 종류, 토양의 화학적 조건, 시비시기 등이 있다.

## (2) 보식

① 보식은 발아가 불량한 곳이나 고사한 곳에 보충하여 이식하는 것이다.

② 솎기는 밀생한 곳에 일부를 제거하여 작물끼리 경쟁을 줄이고 공간을 넓혀 주는 작업이다.

③ 솎기는 생육 공간 확보를 통해 균일한 생육을 도와주고 불량한 개체를 제거해 우량한 개체만 남길 수 있다.

## (3) 중경

① 파종이나 이식 이후에 작물 생육 기간에 작물사이 토양의 표토를 긁어 부드럽게 하는 토양관리를 중경이라 한다.

② 중경작업은 잡초의 방제, 토양의 이화학적 성질 개선을 통해 작물의 생육을 돕는다.

③ 중경의 효과

| 발아조장 | 파종이후 토양에 피막이 생겼을 때 중경작업을 실시하여 피막을 제거하면 발아가 조장된다. |
|---|---|
| 통기성증진 | 박물이 생육하는 포장을 중경하여 토양의 가스교환과 미생물의 활동을 높이고 유기물 분해가 촉진되어 작물에 활력을 주게 된다. |
| 수분증발억제 | 중경작업 시 토양을 얕게 작업하면 모세관이 절단되고 표면 공극이 좁아져 토양의 유효수분 증발이 줄어드는 효과가 있다. |
| 비효증진 | 논토양의 경우 항상 물에 잠긴 상태이기에 표층은 산화층, 아래는 환원층이 형성된다. 이때 추비를 하고 중경작업을 실시하면 산화층과 환원층이 섞이면서 탈질작용이 억제되고 질소질 비료의 효과가 증진된다. |

④ 중경의 단점

| 단근피해 발생 | 어린 작물의 경우 중경작업 과정에서 뿌리에 피해를 주게 되면 뿌리 흡수에 피해를 준다. |
|---|---|
| 토양침식 발생 | 바람이 심하거나 건조가 심한 지역은 중경을 하면 토양의 건조 및 침식이 발생된다. |
| 동상해 발생 | 환경에 따라 중경작업을 하면 지열의 유지가 되지 않아 저온의 피해가 발생할 수 있다. |

(4) 멀칭

① 피복재료인 비닐, 플라스틱 필름, 건초를 이용하여 포장 토양의 표면을 덮는 작업을 멀칭이라 한다. 그리고 멀칭작업에 사용되는 피복재료를 멀치라 한다.

② 멀칭의 효과로는 생육 촉진과 토양의 침식을 방지하고 수분조절, 온도조절, 잡초 방지, 유익 박테리아의 증식 등의 효과가 있다.

③ 작물의 비닐은 주위 조건에 따라 적합한 색을 선별한다. 검은색 비늘은 뿌리의 지온 유지 및 잡초 발생을 억제해주며 투명비늘은 추운 계절 지온 상승과 습도의 유지에 도움을 준다. 최근에는 적색비닐을 통해 작물의 광합성량을 늘리는 등 색상에 따른 효과를 파악하고 선택한다.

④ 투명플라스틱 필름의 경우 지온의 상승, 토양의 건조 방지, 비료의 유실 방지 등의 효과가 있다. 불투명플라스틱의 경우 적색광을 차단하여 잡초의 발생을 억제해준다.

# 05 각종 재해

## 1. 수해 및 가뭄해

### (1) 수해

① 수해는 집중호우나 장마기간에 발생하는데 하천이나 강이 범람하면서 발생한다.

② 작물이 완전히 물에 침수되는 것을 관수해라 하는데 침수로 인하여 습해, 물리적 충격에 의한 작물의 손상, 도복의 피해가 발생한다.

③ 관수해의 피해가 더욱 커지는 원인으로 흙탕물이나 고인 정체수, 고수온 등이 있다.

④ 이러한 수해가 유발되기 시작하면 산소의 부족으로 인하여 무기호흡량이 많아져 작물 내에 에탄올성분이 축적된다.

⑤ 수해는 수온이 높을수록 질소질비료를 과용할수록 피해가 심해지며 피해를 줄이기 위해 침수에 강한 작물을 심기도 한다. 피, 수수, 옥수수 등은 침수에 강한 편이다.

⑥ 벼는 분얼 초기 침수에 강해 피해가 적게 나타나지만 수잉기에서 출수개화기에는 침수에 약해지면서 침수피해가 크게 나타난다.

⑦ 수발아

㉠ 화곡류의 이삭이 도복이나 강우에 의해 젖은 상태가 지속되면 이삭에 싹이 트는 현상을 수발아라 한다.

㉡ 수발아의 경우 종자의 품질이 나쁘고 수량이 극히 저하된다.

㉢ 수발아의 대책은 다음과 같다.

- 수발아에 위험이 적은 작물을 선택한다.
- 만숙종보다는 조숙종으로 선택한다.
- 조기수확을 한다.
- 출수 후 발아억제제를 살포하여 수발아를 억제한다.
- 도복을 방지한다.

### (2) 가뭄해

① 가뭄해는 토양수분의 부족으로 작물의 생육이 저해되어 위조현상이 발생하거나 심할 경우 고사한다.

② 작물이 수분이 부족하게 되면 증산 및 광합성이 줄어들고 동화물질이 감소되면서 위조상태에 이르게 되면서 생장이 억제되게 된다. 또한 병해충에 대한 저항성이 약해지고 효소작용이 원활하게 되지 않아 심할 경우 고사하게 된다.

③ 가뭄해를 방지하기 위해 관개시설을 만들고 가뭄해에 강한 작물을 선택한다. 토양수분의 유지하기 위해 증발을 토양의 입단화를 조성하고 증발을 억제하도록 피복 작업을 해준다.

④ 가뭄해에 강한 내건성 작물의 특징은 아래와 같다.

- 잎이 왜소하고 작을수록 내건성이 강하다.
- 지상부에 비해 뿌리의 발달이 좋아야 한다.
- 엽맥과 울타리조직(책상조직) 및 기동세포가 발달해야 한다.
- 표피와 각피가 발달하여야 하고 기공이 작고 수가 적어야 한다.
- 표면적(지상부)/체적(전체부피)의 비율이 작아야 한다.
- 세포액의 삼투압이 높고 세포가 작을수록 내건성이 강하다.
- 세포가 작을수록 세포의 수분보유력이 강할수록 내건성이 강하다.

## 2. 도복과 풍해

### (1) 도복

① 도복은 외부의 물리적 힘에 의해 작물이 쓰러지는 것으로 주로 화곡류와 두류에서 발생한다.

② 화곡류에서 이삭이 무거워지고 줄기가 취약해지는 등숙후기에 도복의 가능성이 높다.

③ 작물이 도복하게 되면 줄기에 달린 경엽들이 엉켜 햇빛을 제대로 받지 못해 광합성이 저하되어 결과적으로 생장이 저하된다.

④ 도복이 심하면 줄기나 뿌리에 상처가 발생되어 병해충에 감염위험성이 높아진다.

⑤ 영양생장이 부족하면 종실에도 영향을 주어 결국 품질 저하로 이어지게 된다.

⑥ 도복의 발생 조건

㉠ 바람 등의 기상적 요인

㉡ 질소 성분의 과잉 흡수

㉢ 과도한 밀식에 의한 근계발달의 불량

㉣ 유전적으로 도복에 취약한 품종의 선택

⑦ 도복의 대책

㉠ 품종의 선택시 키가 크기보다 대가 튼튼한 것을 선택한다.

㉡ 질소질 비료의 과용을 삼가한다.

㉢ 병해충을 방제한다.

㉣ 밀도 조절을 통해 통풍과 수광태세를 개선한다.

㉤ 배토, 답압, 토입 등을 해준다.

(2) 풍해

① 풍해는 바람에 의해 발생되는 피해현상으로 바람이 강할수록 피해가 커진다.

② 바람에 의해 도복이 발생하고 과수류의 경우 낙과를 초래한다.

③ 화곡류가 도복하여 수분 및 수정이 저해되고 불임립, 쭉정이 등이 발생한다.

④ 바람이 강할 경우 물리적 손상에 의한 상처가 발생하여 병해충에 취약해지고 작물의 호흡이 증가되어 양분의 소모가 증가된다.

⑤ 풍해를 방지하기 위해 비배관리, 풍향의 직각방향 이랑 만들기 등의 방법이 있다.

## 06 수확, 건조 및 저장과 도정

### 1. 수확

(1) 수확시기 결정

① 벼의 수확시기는 출수 후 40~50일 정도이며 벼알이 황색이나 수축의 색깔이 대체로 황변한 때, 수축이 끝에서 2/3 정도 황색으로 마른 때이다.

㉠ 유숙기는 개화 수정 후 10~14일 경이다.

㉡ 호숙기는 개화 수정 후 15~25일 경이다.

㉢ 황숙기는 개화 수정 후 30~40일 경이다.

㉣ 완숙기는 개화 수정 후 40~50일 경이다.

㉤ 고숙기는 벼알에 녹색이 없는 완숙된 시기이다.

② 적산온도

㉠ 일평균기온을 누적시켜 보통 벼는 출수 후 950℃ 정도가 되면 수확 적기가 된다.

㉡ 일평균기온 14℃ 이하는 동화능력이 떨어져 계산하지 않는다.

③ 출수기 기준

㉠ 조생종은 출수 후 40~45 일이다.

㉡ 중생종은 출수 후 45~50 일이다.

㉢ 만생종은 출수 후 50~55 일이다.

④ 벼알색 기준

㉠ 벼알이 90% 정도 황변한 시기가 적기가 된다.

㉡ 벼는 수확 시기가 너무 빠르면 청미와 사미가 많아지고 수량이 감소된다.

㉢ 수확이 늦어지면 과숙미가 되어 동할미가 많아지며 색깔이 불량해진다.

⑤ 기타 작물의 수확시기

㉠ 감자의 경우 잎과 줄기가 누렇게 변했을 때부터 완전히 마르기 직전까지가 수확적기이다.

㉡ 고구마는 줄기가 마르기 시작하는 10월쯤이 수확적기이다.

㉢ 단옥수수는 수염이 나온 후 23~25일경이 수확적기이다.

⑥ 원예작물 수확적기

㉠ 수확된 원예작물의 성숙도는 저장수명과 품질에 중요한 변수로 작용하여 취급 및 판매에 영향을 준다.

㉡ 호흡상승(climacteric rise)은 과일의 성숙기간 중 호흡작용이 증가하는 상태로 이때가 수확적기이다.

㉢ 과실의 개화 후 성숙할 때까지의 일수는 품종에 따라 대게 일정하나 수세, 입지, 기상 등에 따라 다소 차이가 있다.

㉣ 노지재배의 경우 애호박은 7~10일, 가지는 20~30일, 토마토는 40~50일 정도의 기간을 가진다.

㉤ 과실은 성숙기가 되면 전분이 당으로 변화하기에 요오드 검색법을 통해 수확적기를 예측할 수 있다. 전분과 요오드가 결합하면 청색으로 변하기에 과실이 성숙할수록 전분량이 적어지면서 요오드와 결합하는 청색의 분포도가 줄어들게 된다.

㉥ 사과와 토마토와 같은 과실은 과피의 착생정도를 통해 판정하기도 한다.

㉦ 열매꼭지의 탈락 정도를 통해 수확적기를 판정한다.

(2) 성숙

① 종자나 과실의 내용물이 충실하고 발아력이 완전하며 수확의 최적상태가 되었을 경우를 성숙이라 한다.

② 성숙도를 판단하는 기준에는 색깔, 경도, 크기와 모양, 호흡정도, 전기저항 등이 있다.

③ 식물의 성숙은 식물자체에 기준을 두는 생리적 성숙과 이용의 기준을 둔 상업적 성숙으로 분류되며 상업적 성숙은 작물이 수확적기가 되었음을 의미한다.

④ 오이, 가지 등은 생리적으로는 성숙하지 않았지만 상업적 성숙이 되어 이용한다.

⑤ 상업적성숙과 생리적 성숙이 일치하는 작물은 사과, 토마토, 양파, 감자 등이 있다.

## 2. 수확 후 처리

(1) 벼의 수확 후 처리

① 건조

㉠ 벼를 베었을 경우 벼알의 수분 함량은 대략 20% 이상이다.

㉡ 수확한 벼는 15.5% 정도로 건조시키고 탈곡하면 탈곡능률이 좋아지고 도정률이 높아지고 변질되지 않는다.

② 탈곡

㉠ 수분 함량이 15.5% 이하인 벼가 능률적이나 기상조건이 불량할 경우 탈곡 후 건조해야 한다.

㉡ 보리의 경우 기계적 손상을 최소화 하기 위해 17~23% 정도로 건조하여 탈곡하도록 한다.

③ 도정

㉠ 수확한 조곡을 가공하여 식용 가능한 정곡으로 가공하는 것을 도정이라 한다.

㉡ 조곡인 정조의 껍질을 벗겨서 현미로 만드는 것을 제현이라 한다.

㉢ 도정은 과정은 벼를 정선, 제현, 현미분리, 현백, 쇄미분리 등의 과정을 거친다.

㉣ 제현율은 품종, 숙도, 건조 등에 따라 다르며 중량은 약 75%, 용량 55% 정도이다.

### (2) 원예작물의 수확 후 처리

① 후숙

㉠ 미숙한 과실을 수확하고 일정 기간 보관하여 성숙시키는 것을 후숙이라 한다.

㉡ 바나나, 키위, 감귤 등에 주로 적용한다.

② 예랭(예냉)

㉠ 고온상태에 수확된 청과물을 수확 직후 적당한 품온까지 냉각하여 과실자체의 호흡량, 성분이나 물성의 변화를 억제하여 품질을 유지할수 있는 냉각작업을 예랭(예냉)이라 한다.

㉡ 예랭은 수확 직후 청과물의 품질 유지에 좋은 방법으로 호흡량을 줄이고 저장양분의 소모를 감소시킨다.

③ 큐어링

㉠ 큐어링은 고구마, 감자, 양파 등에 상처가 발생한 경우 상처를 아물게 하거나 코르크층을 형성시켜 수분의 증발을 줄이고 미생물의 침입을 예방하는 방법이다.

㉡ 고구마는 수확 후 1주일 이내 온도 30~33℃, 습도 85·90% 조건에서 4~5일 정도 큐어링 한 후 열을 방출시키고 저장하면 상처가 아물게 된다. 온도와 습도를 낮게 하면 치유시간이 오래 걸리고 중량이 감소하게 된다.

㉢ 감자는 수확 후 온도 15~20℃, 습도 85~90% 조건에서 2주일 정도 큐어링 하도록 한다.

㉣ 양파는 건조가 어느정도 된 경우 온도 30~35℃, 습도 70~80% 조건에서 5일 정도 처리한다.

④ 예건

㉠ 식물의 외층을 건조시켜 내부조직의 수분증산을 억제시키는 방법이다. 수확 직후 수분을 일정량 증산시켜 과습으로 인한 부패를 방지할 수 있다.

㉡ 수분함량이 많고 증산속도가 빠른 양배추 등의 엽채류는 외엽 1층이 거의 마를 때까지 예건시키는 것이 저장에 유리하다.

## 3. 저장

### (1) 상온저장

① 상온저장은 보통저장이라 하며 외기의 온도 변화에 따라 강제송풍처리, 보온단열, 밀폐처리 등으로 가온이나 저온처리장치 없이 저장하며 다음과 같은 방법들이 있다.

㉠ 지하매몰저장은 배추, 양배추, 파 등을 지하에 묻어서 저장하는 방법이다.

㉡ 움저장은 감자, 무 등을 지하에 알맞은 길이의 움을 파고 저장한다.

㉢ 굴저장은 깊은 굴을 파고 깊숙한 곳에 고구마 등을 저장한다.

② 환기저장은 지상부 혹은 반 지하부에 외부의 공기를 유입하여 저장고내의 온도를 유지하는 방법이다. 설치비용이 저렴하고 작동이 쉬워 고구마, 감자의 저장에 많이 이용된다.

③ 환기저장시 감자의 저장온도는 1~4℃, 저장습도는 80~95% 이다. 고구마의 경우 저장온도 12~15℃, 저장습도 80~95% 이다.

④ 굴저장을 하는 고구마는 통기가 잘 되도록 환기시설을 갖추는 것이 좋다.

### (2) 저온저장(냉장)

① 냉각에 의해 일정 온도까지 품온을 내린 후 저장하는 것을 저온저장이라 한다.

② 저온 저장을 통해 나타나는 효과는 다음과 같다.

㉠ 미생물의 증식 지연

㉡ 수확 후 작물의 대사작용 지연

㉢ 효소에 의한 지질의 산화와 갈변 지연

㉣ 영양성분의 손실 및 수분 손실 지연

③ 저온저장의 효과가 큰 과실은 사과, 배, 복숭아, 자두, 포도 등이 있으며 호흡 및 대사작용이 억제되어 환원당 함량이 증가되어 단맛이 높아지게 된다.

④ 원예생산물의 저장에서도 저장온도가 중요하며 저온저장을 통해 작물의 변질속도를 느리게 하여 저장에 유리하다.

⑤ 일반적 저온저장을 위한 상대습도는 85~95% 정도를 유지해야 한다.

⑥ 곡류는 저장습도가 낮을수록 좋지만 과실이나 영양체는 저장 습도가 상대적으로 높은 것이 좋다.

⑦ 작물별 적정 저장온도는 다음과 같다.

| 저장온도(℃) | 종류 | 저장온도(℃) | 종류 |
|---|---|---|---|
| 0 혹은 그 이하 | 콩, 당근, 마늘, 상추, 버섯, 양파, 시금치 | 7~12 | 애호박 |
| 0~2 | 아스파라거스 | 7~13 | 오이, 가지, 수박, 토마토(완숙과) |
| 1~4 | 감자 | 13 혹은 그 이상 | 생강, 고구마, 토마토(미숙과) |
| 2~7 | 서양호박 | 15 이하 | 미곡 |

⑧ 과수별 적정 저장온도는 다음과 같다.

| 저장온도(℃) | 종류 |
|---|---|
| 0~2 | 사과, 배, 복숭아, 포도, 자두 |
| 4~5 | 감귤 |
| 7~13 | 바나나 |

(3) CA 저장

① CA 저장은 대기조성과 다르게 이산화탄소($CO_2$)의 농도를 증가시키고 산소($O_2$) 의 농도를 낮추어 저장물의 호흡을 억제하고 저온 저장하는 방법이다.

② CA 저장법은 꾸준한 기술개발을 통해 여과시스템을 이용한 압축공기로부터 질소를 공급하는 시스템, 낮은 산소 농도 저장, 저에틸렌 CA 저장, 급속 CA 저장 등 다양한 기술이 개발되었다.

③ 미곡의 경우 수분함량이 15% 이하로 유지하고 저장고 내 온도는 15℃ 이하, 상대습도 70% 이하로 유지하며 공기조성은 산소 5~7%, 이산화탄소 3~5% 로 유지시키는 것이 안전하다.

## 4. 포장

### (1) 포장재의 종류와 방법

① 포장의 재료

㉠ 포장의 재료는 기능에 따라 주재료와 부재료로 분류된다.

㉡ 주재료는 종이, 플라스틱필름, 포대, 목재 용기 등 수확물을 담는 재료를 말한다.

㉢ 부재료는 접착제, 테이프, 끈, 못 등 포장을 하는 보조재료를 말한다.

② 포장의 구비조건

㉠ 수송과정에 내용물을 보호할 수 있도록 충분한 강도를 가지고 있어야 한다.

㉡ 수분에 젖거나 높은 상대습도에 영향을 받지 않아야 한다.

㉢ 독성이 있는 화학물질을 함유하고 있지 않아야 한다.

㉣ 내용물이 빠른 예랭이 가능해야 하고 외부열을 차단해야 한다.

㉤ 혐기상태를 피하기 위해 호흡가스를 충분히 투과할 수 있는 소재여야 한다.

㉥ 무게, 크기, 모양 등이 취급 및 판매에 적합해야 한다.

㉦ 작물의 필요에 따라 빛을 차단하거나 투명해야 한다.

㉧ 처분 및 재활용이 용이해야 한다.

③ 포장 재료의 종류

㉠ 종이

- 식물성 섬유로 판지, 양지, 화지 등으로 구분된다.
- 골판지는 강도가 강하고 완충성이 뛰어나며 봉합과 개봉이 편리하다.
- 양지는 크라프트지, 롤지, 모조지 등이 포함되어 질기고 유연성이 좋다.
- 글라신지는 광택이 있고 반투명성이며 내유성이 좋아 채소용 포장에 사용된다.

㉡ 플라스틱필름

- 플라스틱은 열경화성 플라스틱, 열가소성 플라스틱 등이 있다.
- 열경화성 플라스틱에는 페놀수지, 요소수지, 멜라민수지 등이 있다.
- 열가소성 플라스틱에는 PE, PP, PVC 등이 있다.
- PE(polyethylene)은 온상재배에 이용되며 가스의 투과도가 높아 채소류, 과일 등의 포장재료에 적합하다.
- PP(polypropylene) 은 방습성, 내열성, 내한성 등이 좋고 광택 및 투명성이 높아 투명포장과 채소류의 수축포장에 적합하다.

㉢ 알루미늄박

- 신전성이 높고 내충성이 있어 기체 차단성이 요구되는 식품분야에 활용된다.

㉣ 포대

- 지대는 종이로 만든 소형의 봉지, 봉투, 쇼핑백 등이 있다.
- 포백제 포대는 일반적인 자루를 의미하며 마대는 곡물용 포대로 사용된다.
- 플라스틱 네트는 압출성형법으로 만들어져 과일, 채소류 포장에 이용된다.

㉤ 기능성 포장재

- 밀봉포장하여 간이 가스 조절이 가능하며 저장에 유해한 에틸렌 가스를 흡착 제거하는 효과를 가지고 있는 기능성 물질을 포장재에 첨가한 재료이다.
- 항균필름은 포장재 내 발생하는 곰팡이 및 유해 미생물에 대한 항균력을 가진 물질을 코팅, 압축성형한 필름이다.
- 고차단성 필름은 질소, 산소 및 산물의 고유한 유기화학물 등을 차단한다.

### (2) MA 포장

① MA 포장 효과는 호흡 급등형 과일류에서 숙성 및 노화 지연, 증산이 빠른 엽채류, 과채류에서 나타나는 수분손실 억제 효과, 에틸렌 민감도 감축, 저온장해 등 수확 후 생리적 장해의 억제 등이 있다.

② MA 포장은 고분자 필름으로 호흡하는 산물을 밀봉하여 포장 내 산소와 이산화탄소 농도를 바꾸는 기술로 주로 소포장 단위를 말한다.

③ 실제 포장 내 산소 농도가 조절되면서 자동적으로 이산화탄소 농도가 변하게 된다.

④ MA 포장은 산소 농도가 지나치게 낮고 이산화탄소 농도가 지나치게 높을 경우 이미, 이취 등이 발생하는 고이산화탄소 장해로 작물의 상품성이 떨어진다.

⑤ MA 포장에 사용되는 이상적인 필름은 산소의 유입보다 이산화탄소의 방출이 더 주요하며 이산화탄소 투과도는 산소 투과도의 약 3~4배 정도 되어야 한다.

⑥ MA 포장의 필름 조건은 이산화탄소 투과도가 높아야 하고, 투습도가 있어야 하며, 인장강도 및 내열강도가 높아야 한다.

## 5. 수량구성요소

### (1) 수량구성요소

① 작물의 단위면적당 수확량을 수량이라 하며, 수량에 영향을 미치는 여러 요인을 수량구성요소 한다.

② 벼의 수량은 조곡, 현미, 백미의 무게를 나타내며 단위면적당 이삭수, 이삭당 영화수, 등숙비율, 천립중 등 4가지 수량구성요소에 의해 결정된다.

> 벼의 수량 = 단위면적당 이삭수×이삭당 영화수×등숙률×천립중(g)
> = 단위면적당 영화수×등숙률×천립중

③ 직파재배의 경우 단위면적당 이삭수는 이앙재배의 2배 정도지만 수당영화수는 적어 단위면적당 영화수는 큰 차이가 없다.

④ 이앙재배의 단위면적당 이삭수는 분얼능력에 의해 결정되며 최고분얼기 후 10일에 결정되나 직파재배는 재식밀도와 출아율에 결정된다.

⑤ 벼의 수량은 수분함량 14% 정곡으로 나타내며 현미에서 정곡으로 환산할 경우 1.25의 환산계수를 사용한다.

⑥ 수확지수는 생물적 수량의 경제적 이용 가능한 부분의 지표로 [건조종실량 ÷ 전건물중]으로 나타낸다.

PART 3

# 재배원론 OX 50제

**01** 재배종은 발아억제 물질이 감소하거나 소실되는 방향으로 발달하였다.

답 (　　)

**02** 벼의 생육단계에서 한해에 가장 약한 시기는 분얼기이다.

답 (　　)

**03** 양파와 고추는 내습성 작물이다.

답 (　　)

**04** 식물이 광을 향하는 굴광현상이 나타나며 주로 청색파장에 유효하다.

답 (　　)

**05** 논토양에서는 탈질작용이 일어난다.

답 (　　)

**06** 노후답의 재배 대책에는 조기재배가 있다.

답 (　　)

**07** 양분 중 탄수화물은 잎 속에 축적되어 광합성을 증가시킨다.

답 (　　)

**08** 식물의 탄수화물과 질소의 비율을 C/N 율이라 한다.

답 (　　)

**09** 양내 수분이 많거나 일조의 부족, 석회사용의 부족 등이 지하부의 생육을 불량하게 하여 T/R 율이 커진다.

답 (　　)

**10** 연풍은 작물에 악영향을 주는 바람이다.

답 (　　)

**11** 식물의 경우 이러한 질소를 질소동화작용에 의해 암모늄염이온($NH_4^+$), 질산이온($NO_3^-$) 형태로 흡수하여 이용한다.

답 (　　)

**12** 유료작물에는 참깨, 들깨가 있다.

답 (　　)

**13** NAA 는 천연호르몬이다.

답 (　　)

**14** 벼, 조, 옥수수는 산성토양에 약하다.

답 (　　)

**15** 지연형 냉해는 생육 초기에서 출수기까지 여러 시기에 냉온을 만나 등숙이 지연되어 후기의 냉온에 의해 등숙불량이 나타나는 현상이 발생한다.

답 (　　)

**16** 지베렐린을 작물에 적용시 휴면유도 효과가 있다.

답 (　　)

**17** ABA 는 작물이 스트레스성 작용을 받을 경우 발생량이 증가한다.

답 (　　)

**18** 옥수수는 요수량이 큰 식물이다.

답 (　　)

**19** 화이트클러버는 하고 현상이 심하게 나타난다.

답 (　　)

**20** 에틸렌은 과실의 성숙에 관여한다.

답 (　　)

**21** 영양기관에 감마선($\gamma$선)을 조사하면 휴면이 연장된다.

답 (　　)

**22** 사과는 핵과류에 속한다.

답 (　　)

**23** 세포 내 결합수가 많고 유리수가 적을수록 내열성이 커진다.

답 (　　)

**24** 400~700 nm 는 가시광선 파장 영역이다.

답 (　　)

**25** 작물의 가용성 당분함량이 높을수록 전분함량이 낮을수록 내동성이 증가한다.

답 (　　)

**26** 아황산가스의 지표식물에는 튤립이 있다.

답 (　　)

**27** 양파는 연작 피해가 적은 작물이다.

답 (　　)

**28** 토양의 구조가 입단구조의 경우 통기성이 좋다.

답 (　　)

**29** 벼는 저온작물에 해당한다.

답 (　　)

**30** 윤작은 한 농경지에 동일 작물을 재배하는 연작과는 반대로 다른 종류의 작물을 순차적으로 재배하는 방식이다.

답 (　　)

**31** 고구마와 같은 작물은 칼륨의 흡수비율이 높은 편이다.

답 (　　)

**32** 엽면시비는 뿌리의 흡수력이 낮을 경우 영양회복을 위해 작업을 한다.

답 (　　)

**33** 토양개량제를 공급하면 토양의 구조가 입단조성이 되도록 한다.

답 (　　)

**34** 중성을 기준으로 숫자가 작을수록 염기성에 가깝다.

답 (　　)

**35** 감자의 적정 복토 깊이는 1cm 이다.

답 (　　)

**36** 온도가 낮은 지역의 경우 파종량을 늘리도록 한다.

답 (　　)

**37** 몰리브덴은 질산 환원 효소의 구성성분으로 콩과작물의 질소고정에 도움을 준다.

답 (　　)

**38** 인공 가온 없이 태양열만을 이용하는 묘상을 온상육묘라 한다.

답 (　　)

**39** 덩이줄기에는 생강이 있다.

답 (　　)

**40** 포장용수량은 토양내에 모든 공극에 물이 찬 상태의 수분함량이다.

답 (　　)

**41** 접목육묘에 있어 대목은 내병성, 내습성에 대한 친화력이 강해야 한다.

답 (　　)

**42** 영양번식은 채종이 곤란한 작물에 적용하면 유리하다.

답 (　　)

**43** 고온에서는 유기물의 소모가 감소한다.

답 (　　)

**44** 양지식물은 광보상점과 광포화점이 높다.

답 (　　)

**45** 수광에 있어 벼의 이상적인 초형은 잎이 두껍지 않고 약간 가늘며 상위엽이 직립인 것이 좋다.

답 (　　)

**46** 발육은 식물이 시간에 따라 점점 성숙되는 것을 말하며 영양생장이라고도 한다.

답 (　　)

**47** 춘화처리에 감응하는 식물의 부위는 생장점이다.

답 (　　)

**48** 답전윤환은 벼와 보리를 번갈아 가면서 재배하는 것이다.

답 (　　)

**49** 결합수는 식물이 이용할 수 있는 수분이다.

답 (　　)

**50** 대기오염 피해는 봄, 여름에 많이 발생하고 온도가 떨어지는 가을, 겨울에는 경감된다.

답 (　　)

➲ [재배원론 OX 50제 정답 및 해설]

**01** 재배종은 발아억제 물질이 감소하거나 소실되는 방향으로 발달하였다.

답 ○

**02** 벼의 생육단계에서 한해에 가장 약한 시기는 분얼기이다.

해설 벼의 생육단계에서 한해에 가장 약한 시기는 감수분열기이고 가장 강한시기는 분얼기이다.

답 ×

**03** 양파와 고추는 내습성 작물이다.

해설 작물의 내습성은 미나리, 벼, 옥수수 등이 높은 편이며 파, 양파, 고추 등은 낮은 편이다.

답 ×

**04** 식물이 광을 향하는 굴광현상이 나타나며 주로 청색파장에 유효하다.

답 ○

**05** 논토양에서는 탈질작용이 일어난다.

답 ○

**06** 노후답의 재배 대책에는 조기재배가 있다.

답 ○

**07** 양분 중 탄수화물은 잎 속에 축적되어 광합성을 증가시킨다.

해설 양분 중 탄수화물은 잎 속에 축적되어 광합성을 저하시킨다.

답 ×

**08** 식물의 탄수화물과 질소의 비율을 C/N 율이라 한다.

답 ○

**09** 양내 수분이 많거나 일조의 부족, 석회사용의 부족 등이 지하부의 생육을 불량하게 하여 T/R 율이 커진다.

답 ○

**10** 연풍은 작물에 악영향을 주는 바람이다.

해설 연풍은 바람의 세기는 풍속 4~6km/h 정도로 작물에 이로운 영향을 준다.

답 ×

**11** 식물의 경우 이러한 질소를 질소동화작용에 의해 암모늄염이온($NH_4^+$), 질산이온($NO_3^-$) 형태로 흡수하여 이용한다.

답 ○

**12** 유료작물에는 참깨, 들깨가 있다.

답 ○

**13** NAA 는 천연호르몬이다.

해설 NAA 는 합성호르몬이다.

답 ×

**14** 벼, 조, 옥수수는 산성토양에 약하다.

해설 벼, 조, 옥수수는 산성토양에 강하다.

답 ×

**15** 지연형 냉해는 생육 초기에서 출수기까지 여러 시기에 냉온을 만나 등숙이 지연되어 후기의 냉온에 의해 등숙불량이 나타나는 현상이 발생한다.

답 ○

**16** 지베렐린을 작물에 적용시 휴면유도 효과가 있다.

해설 지베렐린을 작물에 적용시 발아촉진, 화성유도, 생장 촉진, 수량의 증대 효과를 기대할수 있다.

답 ×

**17** ABA 는 작물이 스트레스성 작용을 받을 경우 발생량이 증가한다.

답 ○

**18** 옥수수는 요수량이 큰 식물이다.

해설 옥수수, 기장, 수수 등은 요수량이 적은 식물이다.

답 ×

**19** 화이트클러버는 하고 현상이 심하게 나타난다.

해설 화이트클러버는 하고현상이 적은 종류에 속한다.

답 ×

**20** 에틸렌은 과실의 성숙에 관여한다.

답 ○

**21** 영양기관에 감마선($\gamma$선)을 조사하면 휴면이 연장된다.

답 ○

**22** 사과는 핵과류에 속한다.

해설 사과는 인과류에 속한다.

답 ×

**23** 세포 내 결합수가 많고 유리수가 적을수록 내열성이 커진다.

답 ○

**24** 400~700 nm 는 가시광선 파장 영역이다.

답 ○

**25** 작물의 가용성 당분함량이 높을수록 전분함량이 낮을수록 내동성이 증가한다.

답 ○

26 아황산가스의 지표식물에는 튤립이 있다.

답 ○

27 양파는 연작 피해가 적은 작물이다.

답 ○

28 토양의 구조가 입단구조의 경우 통기성이 좋다.

답 ○

29 벼는 저온작물에 해당한다.

해설 벼는 고온작물이다.

답 ×

30 윤작은 한 농경지에 동일 작물을 재배하는 연작과는 반대로 다른 종류의 작물을 순차적으로 재배하는 방식이다.

답 ○

31 고구마와 같은 작물은 칼륨의 흡수비율이 높은 편이다.

답 ○

32 엽면시비는 뿌리의 흡수력이 낮을 경우 영양회복을 위해 작업을 한다.

답 ○

33 토양개량제를 공급하면 토양의 구조가 입단조성이 되도록 한다.

답 ○

34 중성을 기준으로 숫자가 작을수록 염기성에 가깝다.

해설 중성을 기준으로 숫자가 작을수록 산성에 가깝다.

답 ×

35 감자의 적정 복토 깊이는 1cm 이다.

해설 감자의 적정 복토 깊이는 5~9cm 이다.

답 ×

36 온도가 낮은 지역의 경우 파종량을 늘리도록 한다.

답 ○

37 몰리브덴은 질산 환원 효소의 구성성분으로 콩과작물의 질소고정에 도움을 준다.

답 ○

38 인공 가온 없이 태양열만을 이용하는 묘상을 온상육묘라 한다.

해설 보온육묘는 인공 가온 없이 태양열만을 이용하는 묘상이다.

답 ×

39 덩이줄기에는 생강이 있다.

해설 생강은 땅속줄기(지하경)이다.

답 ×

**40** 포장용수량은 토양내에 모든 공극에 물이 찬 상태의 수분함량이다.

해설 포장용수량은 최대용수량에 중력수가 제거 되고 모세관의 수분 함량 기준으로 한다.

답 ×

**41** 접목육묘에 있어 대목은 내병성, 내습성에 대한 친화력이 강해야 한다.

답 ○

**42** 영양번식은 채종이 곤란한 작물에 적용하면 유리하다.

답 ○

**43** 고온에서는 유기물의 소모가 감소한다.

해설 고온에서는 유기물의 소모가 늘어난다.

답 ×

**44** 양지식물은 광보상점과 광포화점이 높다.

답 ○

**45** 수광에 있어 벼의 이상적인 초형은 잎이 두껍지 않고 약간 가늘며 상위엽이 직립인 것이 좋다.

답 ○

**46** 발육은 식물이 시간에 따라 점점 성숙되는 것을 말하며 영양생장이라고도 한다.

해설 발육은 식물이 시간에 따라 점점 성숙되는 것을 말하며 생식생장이라고도 한다.

답 ×

**47** 춘화처리에 감응하는 식물의 부위는 생장점이다.

답 ○

**48** 답전윤환은 벼와 보리를 번갈아 가면서 재배하는 것이다.

해설 답전윤환은 논상태와 밭상태로 몇 해씩 돌려가면서 벼와 작물을 재배하는 방식을 말한다.

답 ×

**49** 결합수는 식물이 이용할수 있는 수분이다.

해설 결합수는 식물이 이용할수 없는 수분이다.

답 ×

**50** 대기오염 피해는 봄, 여름에 많이 발생하고 온도가 떨어지는 가을, 겨울에는 경감된다.

답 ○

PART 3

# 재배원론 기본50제

**01** 모관수의 토양 수분 함량은?

① pF 0~2.7 ② pF 2.7~4.5
③ pF 4.5~7 ④ pF 7이상

해설 모관수는 모관 인력에 의하여 토양 내의 작은 공극을 상승하는 수분으로 식물이 사용가능한 유효수분이다. 모관수의 pF(Potential Force)는 2.7~4.5 이다.

**02** 공예작물 중 유료작물로만 나열된 것은?

① 목화, 삼 ② 모시풀, 아마
③ 참깨, 유채 ④ 어저귀, 왕골

해설 공예작물 중 유료작물에는 참깨, 들깨, 유채, 땅콩, 해바라기, 아주까리, 오일팜 등이 있다.

**03** 토양 공극과 용기량과의 관계를 가장 올바르게 설명한 것은?

① 모관 공극이 많으면 용기량은 증대된다.
② 공극과 용기량은 관계가 없다.
③ 비모관 공극이 많으면 용기량은 증대된다.
④ 비모관 공극이 적으면 용기량은 증대된다.

해설 토성이 사질토양과 같이 비모관공극이 많아지면 토양의 용기량이 증대된다.

**04** 다음 중 산성토양에 가장 강한 작물은?

① 상추 ② 완두
③ 고추 ④ 수박

해설 산성토양에 저항성이 강한 작물로는 벼, 귀리, 조, 옥수수, 감자, 수박 등이 있다.

**05** 공기 속에 산소는 약 몇 %정도 존재하는가?

① 약 35% ② 약 32%
③ 약 28% ④ 약 21%

해설 대기의 조성은 질소 78%, 산소 21%, 이산화탄소 0.03% 및 기타로 구성되어 있다.

정답 01 ② 02 ③ 03 ③ 04 ④ 05 ④

**06** 연풍(軟風)의 이점이 아닌 것은?

① 수발아(穗發芽)의 조장 ② 광합성(光合成)의 조장
③ 수정, 결실의 조장 ④ 병해의 경감

해설 수발아 조장은 강풍에 의해 발생된다.

**07** 대기 오염물질 중에 오존을 생성하는 것은?

① 아황산가스($SO_2$) ② 이산화질소($NO_2$)
③ 일산화탄소(CO) ④ 불화수소(HF)

해설 이산화질소는 대기 중 일산화질소의 산화에 의해 발생하고 휘발성 유기화합물과 반응하여 오존을 생성하는 전구물질이다.

**08** 군락의 수광태세가 좋아지고 밀식 적응성이 큰 콩의 초형이 아닌 것은?

① 꼬투리가 원줄기에 적게 달린 것
② 키가 크고 도복이 안 되는 것
③ 가지를 적게 치고 마디가 짧은 것
④ 잎이 작고 가는 것

해설 수광태세에 이상적인 콩의 초형은 키가 크고 도복이 안되며 가지를 적게 치고 마디가 짧고, 잎이 작고 가늘며 꼬투리가 원줄기에 많이 달리고 밑에까지 착생한 것이 좋다.

**09** 버널리제이션의 농업이용에 가장 이용하지 않는 것은?

① 억제재배 ② 수량 증대
③ 육종에 이용 ④ 대파(代播)

해설 춘화처리라고도 하는 버널리제이션은 식물에 인위적인 저온 처리를 통해 화성을 유도하기에 억제재배와는 관련이 없다.

**10** 재배조건과 T/R율과의 관계가 틀린 것은?

① 일사량이 부족하면 T/R율이 증대함
② 질소 다비재배는 T/R율이 증대함
③ 토양수분이 부족하면 T/R율이 증대함
④ 토양 통기가 나쁘면 T/R율이 증대함

해설 토양 내 수분이 많을 경우 T/R 율이 증대한다.



정답 06 ① 07 ② 08 ① 09 ① 10 ③

**11** 옥신에 대한 설명으로 틀린 것은?

① 옥신을 줄기의 선단이나 어린잎에서 생합성된다.
② 옥신은 세포의 신장을 촉진하는 역할을 한다.
③ 옥신은 곁눈의 생장을 촉진한다.
④ 옥신은 농도가 줄기의 생장을 촉진시킬 수 있는 농도보다 높아지면 뿌리의 신장은 억제된다.

해설 옥신은 정아에서 생성되어 신장촉진과 함께 측아의 발달을 억제하는 기능을 한다.

**12** 작물에 요소를 엽면시비할 때 알맞은 농도는?

① 1% 정도 ② 3% 정도
③ 5% 정도 ④ 7% 정도

해설 요소의 엽면시비 농도는 노지작물 0.5~2%, 과수 0.5~1%, 오이 및 수박 1% 이하, 무 및 양배추 2% 이하 정도로 한다.

**13** 다음 중 투명 플라스틱 필름의 멀칭 효과로 가장 거리가 먼 것은?

① 지온상승 ② 잡초 발생 억제
③ 토양 건조 방지 ④ 비료의 유실 방지

해설 잡초 발생을 억제해주는 효과는 불투명플라스틱의 특징이다.

**14** 수발아를 방지하기 위한 대책으로 옳은 것은?

① 수확을 지연시킨다. ② 지베렐린을 살포한다.
③ 만숙종보다 조숙종을 선택한다. ④ 휴면기간이 짧은 품종을 선택한다.

해설 수발아는 벼, 맥류 등이 수확기가 되었을 때 장마철 도복이나 장기간 비로 인하여 젖은 땅에 오래 접촉할 경우 이삭에서 싹이 트는 현상이다. 이러한 수발아의 방지 대책으로 조기 수확, 도복 방지, 조숙종의 선택 등이 있다.

**15** 상처가 아물도록 처리하여 저장할 경우 방제효과가 가장 큰 병은?

① 사과 탄저병 ② 고추 탄저병
③ 사과 겹무늬썩음병 ④ 고구마 검은무늬병

해설 큐어링은 고구마, 감자, 양파 등에 상처가 발생한 경우 상처를 아물게 하거나 코르크층을 형성시켜 수분의 증발을 줄이고 미생물의 침입을 예방하는 방법이다. 고구마 검은무늬병은 상처를 통해 침입하기에 큐어링 처리를 통해 방제효과를 얻을수 있다.

정답 11 ③ 12 ① 13 ② 14 ③ 15 ④

**16** 지베렐린에 대한 설명으로 틀린 것은?

① 쑥갓, 미나리의 신장 촉진　　② 토마토의 위조 저항성 증가
③ 감자의 휴면타파　　④ 포도의 단위결과 유도

해설 토마토의 위조저항성을 증가시키는 식물호르몬은 아브시스산(ABA)이다.

**17** 용도에 따른 작물의 분류에서 포도와 무화과는 어느 것에 속하는가?

① 장과류　　② 인과류
③ 핵과류　　④ 곡과류

해설 포도, 무화과, 딸기 등은 장과류에 해당한다

**18** 가장 높은 적산온도를 필요로 하는 작물은?

① 밀　　② 옥수수
③ 벼　　④ 메밀

해설 작물별로 적산온도의 경우 메밀은 1000~1200℃, 감자는 1300~3000℃, 추파맥류는 1700~2300℃, 완두는 2100~2800℃, 콩은 2500~3000℃, 담배는 3200~3600℃ 벼는 3500~4500℃ 정도이다.

**19** 세포분열을 촉진하는 활성물질로 잎의 노화를 방지하며 저장 중의 신선도를 유지해주는 것으로 가장 옳은 것은?

① 옥신　　② 시토키닌
③ 지베렐린　　④ ABA

해설 시토키닌(사이토키닌)은 주로 뿌리에서 합성되며 옥신과 함께 작용하여 세포분열을 촉진한다. 작물에 적용시 발아촉진, 생장촉진, 기공의 개폐 촉진 등의 효과를 보인다.

**20** 논토양의 특징으로 틀린 것은?

① 탈질 작용이 일어난다.　　② 산화환원전위가 낮다.
③ 환원물($N_2$,$H_2S$)이 존재한다.　　④ 토양색은 황갈색이나 적갈색을 띤다.

해설 논토양은 적갈색의 산화층과 청회색의 환원층이 있다.



정답 16 ② 17 ① 18 ③ 19 ② 20 ④

**21** 토양수분이 부족할 때 한발저항성을 유도하는 식물호르몬으로 가장 옳은 것은?

① 시토키닌　② 에틸렌
③ 옥신　④ 아브시스산

해설 아브시스산(ABA)은 작물의 무기물부족이나 스트레스성 작용을 받게 될 경우 발생량이 증가하기도 한다.

**22** 수해(水害)에 관한 설명이 바른 것은?

① 수수와 옥수수는 침수에 강한 작물이다.
② 동진벼와 추정벼는 침수에 강한 품종이다.
③ 벼의 수잉기~출수개화기에는 침수에 강하다.
④ 벼가 관수될 때 수온이 낮으면 높은 경우보다 피해가 더 크다.

해설 피, 수수, 옥수수 등은 침수에 강한 편이다.

**23** 식물이 한 여름철을 지낼 때 생장이 현저히 쇠퇴·정지하고, 심한 경우 고사하는 현상은?

① 하고현상　② 좌지현상
③ 저온장해　④ 추고현상

해설 하고현상은 내한성이 강하여 월동을 하는 북방형 목초가 여름철과 같은 고온으로 인하여 생육장해를 일으키는 현상을 말한다. 하고현상의 원인에는 고온, 건조, 병해충, 장일, 잡초 등으로 나타나기도 한다.

**24** 묘상을 갖추되 가온하지 않고 태양열만을 유효하게 이용하여 육묘하는 방법은?

① 온상(溫床)　② 노지상(露地床)
③ 냉상(冷床)　④ 묘상(苗床)

해설 인공 가온 없이 태양열만을 이용하는 방법을 보온육묘(냉상육묘)라 한다.

**25** 파종 양식 중 뿌림골을 만들고 그곳에 줄지어 종자를 뿌리는 방법은?

① 산파　② 점파
③ 조파　④ 적파

해설 조파는 줄뿌림이라 하며 종자의 소요량이 적고 고르게 파종할수 있어 이형주를 제거하거나 관찰할 경우 통로로도 이용할수 있다.

정답 21 ④ 22 ① 23 ① 24 ③ 25 ③

**26** 다음 중 작물의 복토 깊이가 가장 깊은 것은?

① 당근 ② 생강
③ 오이 ④ 파

해설 생강이 5~9cm 정도의 복토 깊이 기준으로 보기 중에서 가장 깊은 편에 속한다.

**27** 다음 중 봄철 늦추위가 올 때 동상해의 방지책으로 옳지 않은 것은?

① 발연법 ② 송풍법
③ 연소법 ④ 냉수온탕법

해설 동상해의 방지책에는 관개법, 송풍법, 발연법, 피복법, 연소법, 살수빙결법이 있다.

**28** 토성을 분류하는데 기준이 될 수 없는 것은?

① 자갈 ② 모래
③ 미사 ④ 점토

해설 토성을 분류하는 기준에는 모래(미사, 조사), 점토의 함량을 기준으로 구분한다.

**29** 고무나무와 같은 관상수목을 높은 곳에서 발근시켜 취목하는 영양번식 방법은?

① 분주 ② 고취법
③ 삽목 ④ 성토법

해설 고취법은 공중취목이라 하며 가지나 줄기의 일부에 상처를 주고 그 자리에 수태 혹은 황토로 싸서 건조하지 않도록 해주며 물을 주어 적당한 습도 조건에 유지하여 발근하는 방법으로 관상수목에 적용시 높은 곳에서 발근시킨다.

**30** 작물의 영양기관에 대한 분류가 잘못된 것은?

① 인경-마늘 ② 괴근-고구마
③ 구경-감자 ④ 지하경-생강

해설 감자의 영양기관은 덩이줄기(괴경)이다.

**31** 다음 중 요수량이 가장 큰 것은?

① 보리 ② 옥수수
③ 완두 ④ 기장

해설 요수량이 큰 식물로 알팔파, 클로버, 완두 등이 있으며 요수량이 적은 식물로 수수, 기장, 옥수수가 대표적이다. 그중에서도 명아주는 요수량이 매우 크다.



정답 26 ② 27 ④ 28 ① 29 ② 30 ③ 31 ③

**32** 다음에서 설명하는 것은?

> 모수로부터 영양체를 분리하여 번식시키는 것이 아니고, 모수의 가지 일부를 유인하여 흙으로 묻어 발근시킨 후 분리하는 방법으로 영양번식 중에서 가장 안전한 방법이다.

① 접목 ② 꺾꽂이
③ 분주 ④ 취목

해설 취목은 나무의 가지 일부분의 껍질을 벗겨 땅속에 묻어 뿌리를 내리는 방법으로 삽목이 어려운 경우 대체하는 방법이다.

**33** 답전윤환의 효과로 가장 거리가 먼 것은?

① 지력증강 ② 공간의 효율적 이용
③ 잡초의 감소 ④ 기지의 회피

해설 답전윤환은 논상태와 밭상태로 몇 해씩 돌려가면서 벼와 작물을 재배하는 방식을 말한다. 답전윤환 효과로 지력 유지 및 증진, 기지의 회피, 잡초 발생의 억제, 재배량 증가, 노력절감이 있다.

**34** 다음 중 노후답의 재배대책으로 가장 거리가 먼 것은?

① 조식재배를 한다. ② 저항성 품종을 선택한다.
③ 무황산근 비료를 시용한다. ④ 덧거름 중점의 시비를 한다.

해설 노후답의 재배 대책으로 저항성 품종을 심거나, 조기재배를 통해 수확이 빠르도록 하여 추락을 완화한다. 무황산근 비료를 시비하여 황화수소의 발생을 줄이도록 한다.

**35** 저위도 지방에서 가장 다수성을 가져올 수 있는 기상생태형은?

① 감온형 ② 감광형
③ 기본영양생장형 ④ 세 기상상태 모두 안된다.

해설 감온성과 감광성이 모두 작고 기본영양생장이 커서 생육기간이 주로 기본영양생장성에 지배되며 저위도 지방은 기본영양생장형이 분포한다.

**36** 밀의 일장 감응형은?

① LL식물 ② II식물
③ IL식물 ④ SI식물

해설 밀은 분화전 중일성, 분화후 장일성으로 IL 식물로 분류된다.

정답 32 ④ 33 ② 34 ① 35 ③ 36 ③

**37** 다음 벼의 생육단계 중 한해(旱害)에 가장 강한 시기는?

① 분얼기
② 수잉기
③ 출수기
④ 유숙기

해설 벼의 생육단계에서 한해에 가장 약한 시기는 감수분열기이고 가장 강한시기는 분얼기이다.

**38** 다음 중 작물 생육에 가장 적합한 토양 구조는?

① 이상구조
② 단립(單粒)구조
③ 입단구조
④ 혼합구조

해설 입단구조는 떼알구조라 하며 식물이 생육하기에 토양의 구조가 적합하다.

**39** 건물생산이 최대로 되는 단위면적당 군락엽면적을 뜻하는 용어는?

① 최적엽면적
② 비엽면적
③ 엽면적지수
④ 총엽면적

해설 최적엽면적은 건물생산이 최대로 되는 단위 면적당의 군락엽면적이며 군락의 엽면적을 토지면적에 대한 배수치로 표현한 것을 엽면적지수라 한다.

**40** 작물의 습해(濕害)에 대한 설명으로 틀린 것은?

① 근계가 얕게 발달하거나, 부정근의 발생이 큰 것이 내습성을 강하게 한다.
② 뿌리의 피층세포가 직렬로 되어 있는 것은 사열로 되어 있는 것보다 내습성이 강하다.
③ 채소류에서 꽃양배추, 토마토, 피망 등은 양상추, 가지에 비하여 내습성이 강한 것으로 알려져 있다.
④ 춘·하계 습해는 토양 산소 부족뿐만 아니라 환원성 유해물질 생성에 의해 피해가 더욱 크다.

해설 꽃양배추, 토마토, 피망 등은 양상추, 가지에 비하여 내습성이 약하다.

**41** 다음 중 굴광현상이 가장 유효한 것은?

① 440 ~ 480nm
② 490 ~ 520nm
③ 560 ~ 630nm
④ 650 ~ 690nm

해설 식물이 광을 향하는 굴광현상이 나타나며 주로 청색파장(440~480mm)에 유효하다.



정답 37 ① 38 ③ 39 ① 40 ③ 41 ①

**42** 음지 식물의 특성으로 옳은 것은?

① 광보상점이 높다. ② 광을 강하게 받을수록 생장이 좋다.
③ 수목 밑에서는 생장이 좋지 않다. ④ 광포화점이 낮다.

해설 양지식물은 광보상점과 광포화점이 높으며 음지식물은 광보상점과 광포화점이 낮다.

**43** C/N율과 작물의 생육, 화성, 결실과의 관계를 잘못 설명한 것은?

① 작물의 양분이 풍부해도 탄수화물의 공급이 불충분할 경우 생장이 미약하고 화성 및 결실도 불량하다.
② 탄수화물의 공급이 풍부하고, 무기양분 중 특히 질소의 공급이 풍부하면 생육이 왕성할 뿐만 아니라 화성 및 결실도 양호하고 빨라진다.
③ 탄수화물의 공급이 질소공급보다 풍부하면 생육은 다소 감퇴하나 화성 및 결실은 양호하다.
④ 탄수화물의 증대를 저해하지는 않으나, 질소의 공급이 더욱 감소될 경우 생육 감퇴 및 화아 형성도 불량해진다.

해설 탄수화물의 공급이 풍부하고, 무기양분 중 특히 질소의 공급이 풍부하면 생육이 왕성하지만 화성 및 결실이 불량해진다.

**44** 내건성이 강한 작물이 갖고 있는 형태적 특성은?

① 잎의 해면조직 발달 ② 잎의 기동세포 발달
③ 잎의 기공이 크고 수가 적음 ④ 표면적/체적의 비율이 큼

해설 가뭄해에 강한 내건성 작물은 엽맥과 울타리조직(책상조직) 및 기동세포가 발달해야 한다.

**45** 작물의 도복에 대한 설명으로 가장 거리가 먼 것은?

① 맥류의 경우 절간신장이 시작된 이후의 토입은 도복을 크게 경감시킨다.
② 밀식하면 통풍 및 통광이 저해되어 경엽이 연약해지고 부리의 발달도 불량해지므로 도복이 심해진다.
③ 질소 시비량을 증가시키면 도복이 억제된다.
④ 맥류의 경우 이식재배를 한 것은 직파재배한 것보다 도복을 경감시킨다.

해설 질소 시비량이 증가되면 과용으로 인해 도복이 증가된다.

정답 42 ④ 43 ② 44 ② 45 ③

**46** 다음 중 작물의 기지 정도에서 휴작을 가장 적게 하는 것은?

① 당근 ② 토란

③ 참외 ④ 쑥갓

해설 벼, 맥류, 조, 수수, 옥수수, 담배, 무, 당근, 양파, 호박, 순무, 아스파라거스, 딸기, 미나리, 양배추 등은 연작의 피해가 적은 작물로 휴작을 적게 할 수 있다.

**47** 방사성 동위원소가 방출하는 방사선 중에서 가장 현저한 생물적 효과를 가지는 것은?

① 알파선 ② 베타선

③ 감마선 ④ 엑스선

해설 감마선(γ선)은 방사성 동위원소가 방출하는 방사선 중에서 생물학적 효과가 가장 크게 나타난다.

**48** 다음 중 과실 성숙과 가장 관련이 있는 것은?

① Ethylene ② ABA

③ BA ④ IAA

해설 에틸렌은 과실의 성숙, 착색의 촉진, 정아우세 현상 타파, 발아촉진, 낙엽 촉진 등의 효과가 나타난다.

**49** 춘화처리를 실시하는 이유로 가장 옳은 것은?

① 휴면타파 ② 발아촉진

③ 생장억제 ④ 화성유도

해설 작물의 화성유도를 위해 저온이 필요한 현상을 춘화라하고 이러한 과정을 춘화처리라 한다.

**50** 질산 환원 효소의 구성 성분으로 콩과작물의 질소고정에 필요한 무기성분은?

① 몰리브덴 ② 철

③ 마그네슘 ④ 규소

해설 몰리브덴은 작물의 미량원소로 질산 환원 효소의 구성성분으로 콩과작물의 질소고정에 도움을 준다.



정답 46 ① 47 ③ 48 ① 49 ④ 50 ①

# PART 4

# 식물보호학

ENGINEER SEEDS

PART 04 식물보호학

# 01 작물보호의 개념

## 1. 피해의 원인

### (1) 작물보호

① 작물보호는 작물을 병해충, 가축 및 인위적인 피해에서 방지하고 피해를 제거하는 일이다

② 식물병리학의 역사

| | | |
|---|---|---|
| TILLET | 1755 | 밀 깜부기병의 병원성 증명 |
| DE BARY | 1853 | 깜부기병이 식물에 기생함을 증명 |
| | 1861 | 감자 역병의 병원이 곰팡이임을 증명 |
| | | 맥류 줄기녹병균의 기주교대 증명 |
| KUHN | 1861 | '작물의 병과 그 원인 및 방제법' 저술 |
| MILLARDET | 1885 | 포도나무 노균병 방제용 보르도액 제조 |
| BURRILL | 1878~1884 | 사과 화상병이 세균병임을 증명 |
| SMITH | 1885 | 식물세균병학의 기초를 확립 |
| MAYER | 1886 | 담배모자이크병의 즙액전염을 증명 |
| IWANOVSKI | 1892 | 담배 모자이크병의 즙액이 여과성임을 증명 |

### (2) 작물의 피해 및 역사

① 식물병 피해 역사

㉠ 감자역병

1845년 ~ 1860년 사이 아일랜드 100만명의 인구가 사망, 150만명이 신대륙으로 이주

㉡ 커피 녹병

커피의 재배지가 스리랑카에서 남아메리카로 이동

㉢ 벼 깨씨무늬병

1940년 인도에서 벼의 흉년으로 200만명 사망

## 02 식물의 병해

### 1. 병의 성립

#### (1) 병원

① 식물에 병의 원인을 병원이라 하고 병원에 있어 생물 및 바이러스 등에 의한 때를 병원체, 세균 및 진균등에 의한 경우 병원균이라 한다.

② 식물병에 직접적인 요인을 주인, 주인을 도와 발병을 촉진 및 확산시키는 요인들을 유인이라 하며 유인은 주로 환경적 요인이 대표적인 예이다.

③ 병원균의 한종이나 한 분화형 혹은 변종 중에서 기주의 품종에 대한 기생성이 다른 개체군을 레이스 또는 계통이라 한다. 레이스는 기주식물을 침해할 뿐 다른 품종은 침해하지 못한다.

④ 분화형은 분류학상으로 같은 종에 속하는 병원균이 종이 다른 식물에 침입하는 것을 의미한다.

⑤ 병원체도 변이를 일으키기도 하는데 기작으로 돌연변이, 교잡, 이핵, 준유성교환이 있다.

| | |
|---|---|
| 돌연변이 | · 돌연변이에 의해 새로운 레이스가 발생<br>· 감자역병균, 토마토 잎곰팡이병균, 옥수수 깨씨무늬병균 |
| 교잡 | · 교잡으로 인한 새로운 레이스 발생<br>· 녹병균, 깜부기병균, 사과나무 검은별무늬병균 |
| 이핵 | · 균사 혹은 포자의 한 세포 내에 유전적으로 다른 핵을 갖는 현상 |
| 준유성교환 | · 불완전균류의 영양균사가 마치 유성생식과 같은 유전적인 재조합을 하는 현상<br>· 완두 시들음병균, 보리 점무늬병균, 알팔파 줄기마름병균 |

#### (2) 기주 및 감수성

① 기주

㉠ 기주는 기생을 당하는 것으로 병원체가 식물을 침해한 상태를 말한다.

㉡ 소인은 식물체가 처음부터 가지고 있는 병에 걸리기 쉬운 성질을 말한다.

㉢ 소인은 종족소인과 개체소인으로 분류되며 종족소인은 어느 종 또는 품종이 병에 걸리기 쉬운 유전적 성질을 말하며 개체소인은 같은 종이나 품종 중에서 개체간 발병의 정도가 다른 성질을 말한다.

② 감수성

감수성은 식물병에 대해 민감한 정도를 의미하며 감수성이 높으면 병에 대한 저항성이 낮음을 의미한다.

| 관련 용어 | 정의 |
|---|---|
| 감수성 | 식물이 병에 대해 민감한 정도 |
| 이병성 | 식물이 병에 걸리기 쉬운 성질 |
| 저항성 | 식물이 병에 감염을 억제하는 것 |
| 면역성 | 식물이 병에 걸리지 않도록 하는 것 |
| 회피성 | 식물이 병원체의 활동시기를 피해 병에 걸리지 않도록 하는 것 |

### (3) 발병요인의 상호관계

① 기생성병은 환경조건과 관련이 있으며 병원체, 기주, 병원체와 기주의 상호작용에 영향을 준다.

② 온도

병원체에 따라 발병하기 좋은 적정온도가 있다. 온도에 따른 발생하는 병은 아래와 같다.

| 발생조건 | 종류 |
|---|---|
| 저온 | 복숭아나무 잎오갈병, 보리 줄무늬병, 보리·밀 줄녹병 등 |
| 고온 | 사과나무 탄저병, 가지과 풋마름병 등 |

③ 습도 및 바람

㉠ 일반적으로 병원균의 경우 습도가 높을 때 발병확률이 높아진다. 병원균의 포자가 발아하여 침입하기 위해서는 90% 이상의 높은 상대습도를 요구하기도 한다.

㉡ 바람의 경우 포자 분산에 관련이 깊으며 바람이 강할 경우 발생 및 전파 정도가 증가한다.

㉢ 토양병원균은 습도가 높지 않고 통기가 잘 되는 곳에서 많이 발생한다.

④ 토양

㉠ 토양의 pH 가 식물체가 생육하기 적정 pH 를 벗어날 경우 식물체의 양분흡수가 약해져 병원체에 대한 저항성이 약해진다.

| 토양조건 | 발생 병 |
|---|---|
| 산성토양 | 목화 시들음병, 토마토 시들음병 |
| 알칼리성토양 | 목화 뿌리썩음병, 침엽수 모잘록병, 감자더뎅이병 |
| 중성토양 | 감자 더뎅이병 |

㉡ 산성토양의 경우 일반적으로 식물체가 생육하기 부적합하며 이는 토양에서의 양분의

이온화 등으로 인한 필수원소가 결핍이나 생육에 방해가 되는 수소이온, 알루미늄이온 등이 다량 발생하기 때문이다.

⑤ 비료

㉠ 비료의 경우 균형잡힌 시비는 식물체의 생육에 도움을 주어 병의 발생을 줄여주거나 방제할수 있으나 특정 비료를 과잉 공급할 경우 생육에 문제가 발생하여 식물병이 발생하기도 한다.

㉡ 질소질 비료를 과잉 공급할 경우 도장으로 인해 연약하게 자라 저항성이 낮아지게 되어 식물병이 발생하기도 한다.

⑥ 일광

㉠ 일광이 부족하면 광합성이 줄어 식물체가 연약해지면서 병이 잘 발생할수 있다.

㉡ 벼에 일조량이 부족하게 되면 규산의 집적량이 감소하고 벼 도열병이 심하게 나타난다.

㉢ 식물체 내에 아미노산이나 아마이드 등을 증가시키게 된다.

⑦ 시설환경

㉠ 시설환경 조건에 의해 병원균의 발생하기도 하며 밀폐된 시설에는 전염속도가 매우 빠르다.

㉡ 시설내에서 저온다습한 환경의 경우 노균병, 균핵병, 잿빛곰팡이병 등이 잘 발생되며 반대로 고온다습한 경우 무름병, 탄저병, 풋마름병 등이 발생된다.

㉢ 시설 내에 약효가 오래 지속되나 식물이 연약하고 도장하기도 하기에 노지에 비해 발생이 많다.

### (4) 병의 발생과정(병환)

① 병환

㉠ 병원균의 발아, 기주체 침입, 증식, 병징발현, 병원균의 생산으로 되풀이 되는 생활사나 과정을 병환(disease cycle)이라 한다.

㉡ 병환의 과정은 전염원을 시작으로 전반, 침입, 감염, 잠복기, 병징 및 표징, 병사의 과정을 거친다.

② 전염원

㉠ 월동은 겨울과 같이 저온에 나타나는 휴면현상으로 병원균이 환경에 적응하지 못할 경우 월동을 하게 된다.

㉡ 주로 봄과 같이 기온이 올라가는 따뜻한 계절에 다시 활동을 시작하여 식물에 전염되고 이때를 1차전염원이라 한다. 다음으로 1차 전염원에서 발생한 병원균이 다음 식물체에 감염을 일으킬 경우 2차 감염원이라 한다.

㉢ 2차전염원은 주로 외부적 요인에 의해 전반되는데 바람, 매개충, 물 등에 의해 이루어진다.

㉣ 전염원의 종류는 아래와 같이 다양하다.

| 전염 경로 | 대표 식물병 |
|---|---|
| 병든 조직 전염 | 벼 도열병, 배나무 검은별무늬병, 복숭아 탄저병균 등 |
| 종자 전염 | 채소 균핵병균, 벼 도열병균, 벼 키다리병균, 감자 역병균 등 |
| 토양 전염 | 배추 균핵병균, 모잘록병균, 맥류 오갈병균 등 |
| 공기 전염 | 흰가루병균, 탄저병균 등 |
| 묘목 전염 | 과수 자줏빛날개무늬병균, 과수 근두암종병균 등 |

㉤ 바이러스 전염

| 전염 경로 | 대표 식물병 |
|---|---|
| 접목 | 사과 고접병 |
| 종자 | 담배 둥근무늬모자이크병, 콩 줄무늬 모자이크병, 오이 녹반모자이크병 |
| 영양번식기관 | 감자, 마늘 바이러스병 |
| 토양 | 담배 둥근무늬모자이크병, 담배 왜화바이러스 |
| 즙액 | 담배 모자이크병 |
| 충매 | 비영속성바이러스 : 오이, 배추, 순무 모자이크병<br>영속성바이러스 : 벼 오갈병, 감자 잎말림병 |

③ 전반

㉠ 병원체가 병을 발생시키고 이를 기주식물에 이동하는 현상을 전반이라 한다. 병원체들은 대부분 스스로 이동이 어렵기 때문에 비, 바람, 매개충 등을 이용하여 이동한다.

㉡ 병원균의 전반 방법 및 종류는 아래와 같다

| 전반 방법 | 식물병 종류 |
|---|---|
| 바람 | 배나무 붉은별무늬병균, 도열병균, 잣나무 털녹병균, 감자 역병균 |
| 물 | 모잘록병균, 벼 흰잎마름병균, 감자역병균, 근두암종병균, 향나무 적성병균 |
| 토양 | 근두암종병균, 묘목 잘록병균, 모잘록병, 배추 균핵병 |
| 묘목 | 잣나무 털녹병균, 포플러 모자이크병균, 밤나무 근두암종병균 |
| 매개충 | • 참나무 시들음병균 : 광릉긴나무좀<br>• 벼 오갈병균 : 끝동매미충, 번개매미충<br>• 벼 검은줄오갈병균 : 애멸구<br>• 오동나무빗자루병균 : 담배장님노린재<br>• 대추나무 빗자루병 : 마름무늬매미충 |

### (5) 병원균의 침입

① 각피의 침입

㉠ 식물의 잎이나 줄기의 표면에 각피를 직접 뚫고 침입하는데 초기에 표면에 침입하여 수분을 먹고 발아관을 형성, 이 발아관이 각피를 직접 뚫고 침입한다.

㉡ 각피로 침입하는 대표 병균으로 벼도열병균, 흰가루병균, 깜부기병균, 녹병균, 벼 잎집얼룩병 등이 있다.

② 자연개구부 침입

식물에 있어 대표적인 자연개구부는 기공이다. 그 외에도 수공, 피목, 밀선 등을 통해 침입하기도 하며 병원균의 종류에 따라 침입하는 곳이 상이하다.

| 침입경로 | 종류 |
|---|---|
| 기공 | 노균병균, 사탕무 갈색무늬병균, 삼나무 붉은마름병균, 소나무 잎떨림병균 등 |
| 피목 | 감자역병균, 포플러 줄기마름병균, 뽕나무 줄기마름병균 등 |
| 수공 | 양배추 검은썩음병균, 벼 흰잎마름병균, 배나무 화상병균 등 |

③ 상처를 통한 침입

㉠ 식물에 상처가 나게 되면 병원체가 침입하기 쉬워지며 대표적인 상처침입 종류는 아래와 같다.

㉡ 고구마 무름병균, 채소 세균성무름병균, 과수근두암종병균, 밤나무 줄기마름병균, 낙엽송 끝마름병균 등

### (6) 감염 및 잠복

① 감염은 병원체가 식물에 침입해 식물로부터 영양을 섭취하는 경우를 말한다. 이때 침입후 초기병징이 나타나는 사이의 기간을 잠복기간이라 한다.

② 잠복기간은 감염이후 그리고 초기병징이 나타나기 이전의 단계를 의미한다.

③ 서로 다른 종류의 기수식물을 옮겨다니며 생활하는 병원균을 이종기생균이라 하는데 이종기생균이 기주를 변경하는 것을 기주교대라고 한다.

| 이종기생균 | 다른 기주식물을 옮겨다니는 병원균 |
|---|---|
| 기주교대 | 이종기생균이 다른 기주식물을 옮겨 다니는 것 |
| 중간기주 | 다른 기주식물 중 경제적 가치가 적은 식물 |

④ 엽록소가 없어 양분 합성을 하지 못하는 경우 다른 식물에 기생하여 양분을 섭취하는 진균, 세균, 바이러스 등을 기생체, 죽은 조직이나 유기물에서 양분을 섭취하는 것을

부생체라 하며 영양섭취법에 따라 아래와 같이 분류 된다

| | |
|---|---|
| 절대기생체 | • 순활물기생체라 하며 살아있는 조직에만 생활한다.<br>• 흰가루병균, 붉은별무늬병균, 녹병균, 벼도열병균 등 |
| 임의부생체 | • 기생을 원칙으로 하나 죽은 유기물에서도 영양섭취가 가능하다.<br>• 감자역병균, 배나무 검은별무늬병균, 깜부기병균 등 |
| 임의기생체 | • 부생을 원칙으로 하고 살아있는 조직에도 침입한다.<br>• 고구마 무름병균, 모잘록병균, 잿빛곰팡이병균 등 |
| 절대부생체 | • 죽은 유기물에서만 영양을 섭취하는 순사물기생체이다.<br>• 목재 심부썩음병균 |

⑤ 뚜렷한 병징은 보이지 않으나 기주식물이 병원체를 가진 경우 보균식물이라 하고 바이러스를 가진 경우 보독식물이라 한다.

## 2. 병원학과 종류

### (1) 균류

① 균류는 진균, 세균, 점균을 포함하며 엽록소가 없어 무기물 합성이 불가능하다

② 진균은 실모양의 균사체로 개체를 유지하는 영양체와 종족을 보존해주는 번식체로 분류한다. 영양체는 기주에 침입하여 흡기를 이용해 양분을 섭취하고 번식체는 일정 성장시 담자체가 형성되고 포자가 만들어진다

③ 진균의 일부분인 균사는 격막의 유무로 분류되며 외부에 세포벽이 있고 그 성분은 키틴으로 이루어져 있다

④ 진균은 잎, 줄기, 뿌리 등이 분화되지 않으며 개체를 유지하는 영양체와 종족을 보존하는 번식체로 구분된다.

| | |
|---|---|
| 영양체 | 절대기생균은 기주에 침입할 때 부착기를 형성하며 균사의 끝이 특수한 모양의 흡기를 세포 안에 박고 영양을 섭취한다. |
| 번식체 | 영양체가 어느정도 발육하면 담자체가 생기고 여기에 포자가 형성된다. |

⑤ 진균은 크게 자낭균류, 담자균류, 불완전균류, 조균류 등으로 분류된다

| | |
|---|---|
| 자낭균류 | • 균사에서 격막이 있고 균핵 및 자좌가 형성된다.<br>• 자낭균은 분생포자에 의한 무성생식과 자낭포자에 의한 유성생식을 한다. |
| 담자균류 | • 균사에 격막이 있고 유성포자는 담자기 위에 생기는 담자포자이다. |
| 불완전균류 | • 균사에 격막이 있고 무성 분생포자세대만으로 분류된다. |
| 조균류 | • 균사가 없거나 혹은 균사가 있어도 격막이 없다. |

⑥ 유사균으로 점균류와 난균류가 있다

| | |
|---|---|
| 점균류 | • 끈적균이라 하며 동물, 식물의 특징을 가지고 있다.<br>• 영양체는 세포벽이 없는 원형질이고 엽록소가 없다.<br>• 점균은 포자에 의해 증식하고 세포벽이 있으며 발아하면서 유주자가 형성된다. |
| 난균류 | • 균사는 잘 발달하여 분지가 많다.<br>• 격막이 없어 1개의 긴 세포 형태이며 다수의 핵을 포함한다.<br>• 세포벽은 셀룰로오스, 글루칸으로 이루어지며 유주자에 의해 무성생식한다. |

### (2) 세균

① 세균은 세포벽을 가지고 있으나 핵막이 없고 이분법에 의해 증식하는데 주로 전자광학현미경으로 관찰이 가능하다. 관찰시 간균(막대모양), 구균(공모양), 나선균(나사모양), 사상균(실뭉치모양) 등이 있는데 대부분 간균형태로 관찰된다.

② 세균은 인공배지에서 배양 및 증식이 가능하며 운동기관인 편모를 가지고 있다. 편모는 주로 간균이나 나선균에만 있고 구균에는 거의 없다

③ 세균 검사시 그람염색법을 이용하며 보라색으로 변하게 되는 그람양성균(양성반응)과 분홍색으로 변하는 그람음성균(음성반응)이 있다.

### (3) 파이토플라스마

① 세포막이 없고 일종의 원형질막이 존재하며 대표적으로 대추나무 빗자루병, 오동나무 빗자루병, 뽕나무 오갈병의 병원체이다.

② 파이토플라스마는 인공배양이 어렵고 방제시 테트라사이클린계 항생물질을 이용한다.

③ 파이토플라스마는 바이러스와 세균의 중간 정도에 위치하며 크기는 70㎛~900㎛ 이다.

④ 세포벽이 없어 원형이나 타원형의 일정하지 않은 형태를 띠고 있는 원핵생물이다.

⑤ 파이토플라스마는 감염식물의 체관부에만 존재하며 매미충류와 식물의 체관부를 흡즙하는 곤충류에 의해 매개된다.

### (4) 바이러스

① 바이러스는 핵산과 단백질로 구성된 핵단백질로 세포벽이 없는 것이 특징이다. 관찰시 매우 작아 전자현미경으로 관찰이 가능하다.

② 광학현미경으로 관찰이 불가능하며 입자는 공모양, 막대기모양, 실모양 등으로 구분된다.

③ 식물 모자이크 증상을 일으키는 대표적인 병원체이다.

④ 핵산은 대부분 RNA 이며 몇몇은 DNA 가 존재한다.

⑤ 인공배양이 어렵고 산 세포에서 증식한다. 즉 숙주에 침입하여 살아 있는 세포가 단백질을 만들어내는 방식으로 증식한다.

### (5) 바이로이드

① 기주식물의 세포에 감염하여 증식하며 외부단백질 없이 한 가닥의 핵산만으로 구성된 병원체이다.

② 바이러스와 유사한 전염 특성을 가진다.

③ 병원체의 크기는 곰팡이에 가장 크며 세균, 파이토플라스마, 바이러스, 바이로이드 순서로 바이로이드가 가장 작다.

### (6) 기타 병원

① 선충

㉠ 선충은 식물에 기생하여 식물병을 일으키는 동물성 병원체이다.

㉡ 식물기생선충은 머리에 구침으로 식물 조직을 뚫고 들어가 즙액을 빨아 먹고 상처가 난 조직은 병원성 곰팡이, 세균에 의해 2차 감염이 발생한다.

㉢ 선충은 벼 이삭선충병, 뿌리혹선충병, 뿌리썩이선충병, 소나무 재선충병 등이 있다.

㉣ 선충의 경우 식물의 특정 부위를 가해하기에 전신감염이 아닌 부분 감염을 일으킨다.

㉤ 선충은 이동능력이 있으나 1년에 약 30cm 이동하기에 대부분 물, 농기구, 묘목 뿌리 등에 의해 이동된다.

② 기생성 종자식물

㉠ 기생성 종자식물은 다른 식물에 기생하여 생활하는 식물로 쌍떡잎식물이다.

㉡ 주로 줄기에 기생하는 것에는 겨우살이과, 메꽃과가 있으며 뿌리에 기생하는 것으로 열당과가 있다.

㉢ 겨우살이과에는 겨우살이, 참나무겨우살이, 소나무겨우살이 등이 있으며 메꽃과에는 새삼, 열당과에는 오리나무더부살이가 있다.

## 3. 식물병의 진단

### (1) 병징

① 병징은 식물의 외형 혹은 조직의 변화, 빛깔 등에 이상이 나타나는 현상을 의미한다.

② 병의 진행 정도나 현상의 변화에 따라 1차, 2차 병징으로 분류하기도 한다.

③ 특정 부위에만 나타나는 경우 국부병징, 수목의 전체에 나타나는 경우를 전신병징이라 한다.

| 국부병징 | 점무늬병, 혹병 등 |
|---|---|
| 전신병징 | 오갈병, 바이러스병, 시들음병 등 |

④ 세균병에 의한 병징으로 무름병, 잎마름병, 점무늬병, 시들음병 등이 있다

⑤ 바이러스에 의한 병징은 대부분 전신병징은 경우가 많으며 국부병징도 간혹 나타난다.

| 외부병징 | 위축, 색소체 이상, 괴저, 기형, 잎말림, 돌기 등 |
|---|---|
| 내부병징 | 세포 내 엽록체 수 감소, 엽록체 크기 감소, 내부조직 괴사 등 |

(2) 표징

① 병이 발생시 병원체 자체가 나타나 식별되는 현상을 의미한다.

② 표징은 어느 정도 진행 후 발견이 되기에 조기 진단이 어렵다.

③ 진균의 경우 표징이 나타나지만 바이러스, 마이코플라스마에 의한 경우 병징만 관찰되고 표징은 나타나지 않는다.

④ 표징의 종류

| 영양기관 | 균사체, 선상균사, 균핵, 자좌, 근상균사속 등 |
|---|---|
| 번식기관 | 포자, 포자낭, 자낭각, 자낭구, 세균점괴, 포자각, 버섯 등 |

(3) 진단법

① 진단법

㉠ 식물병의 진단은 발병조건, 식물의 품종, 환경 등을 조사하고 식물을 정밀 검사하는 것을 말한다.

㉡ 식물병 진단시 동정은 전염성이 있는 병을 분리, 배양하여 정확한 병명을 파악하는 것이다.

㉢ 진단에는 육안적 진단방법이 있으며 병징과 표징을 통해 확인 가능하다.

| 병징 | 변색, 시들음, 비대, 위축, 괴사, 줄기마름, 부패 등 |
|---|---|
| 표징 | 균사, 균사속, 균사막, 균핵, 자좌, 포자, 자실체 등 |

㉣ 병원체의 동정은 독일의 세균학자 코흐의 4원칙에 따르며 내용은 아래와 같다.

- 병원체는 병든 기주에 존재한다.
- 병원체는 병든 기주에서 분리시 배지에서 자라야 한다.
- 배양한 병원체는 접종시 같은 병을 나타내야 한다.
- 실험적으로 접종하여 감염된 기주에서 같은 병원체를 획득할수 있다.

② 진단법 종류

㉠ 육안적 진단

- 병징과 표징을 육안으로 진단하는 방법으로 가장 보편적인 방법이다.
- 병징에 의한 진단에는 모잘록병, 오동나무 빗자루병, 배추 무사마귀병, 잎오갈병 등이 있다.
- 표징에 의한 진단으로 사과 자줏빛날개무늬병, 보리 흰가루병, 포도 노균병 등이 가능하다.
- 습실처리에 의한 진단은 병환부가 마르거나 오래 되어 상태가 좋지 않을 때 물에 적신 신문지나 휴지를 넣어 포화습도의 상태를 유지하는 것으로 처리 후 병원균의 활동이 활발해져 병원균이 식물체의 표면에 노출하는 경우 진단을 한다.

㉡ 해부학적 진단

- 현미경을 이용 : 현미경을 통한 병원체의 유무를 판단하고 병원균의 종류, 형태, 균사모양 및 편모 수와 위치 등을 조사하여 진단하는 방법이다.
- 그람염색법 : 그람양성을 통한 병원균 판별하는 방법이다.
- 침지법(DN법) : 바이러스에 감염된 잎을 염색하여 관찰하는 방법으로 바이러스종의 동정은 어렵지만 바이러스 감염여부는 판정 가능하다.
- 초박절편법 : 이병 조직을 얇게 잘라 전자현미경으로 관찰하는 방법으로 바이러스 동정은 가능하지만 전체 식물체 이병유무는 판단하기 어렵다.
- 면역전자현미경법 : 혈청반응을 전자현미경으로 관찰하는 방법으로 반응 민감도가 높으며 병원체의 형태와 혈청반응을 동시에 관찰할 수 있다.

㉢ 물리, 화학적 진단

- 병든 식물을 물리, 화학적 방법으로 진단하는 방법이다.
- 감자 바이러스 병의 경우 황산구리를 첨가하여 착색도, 투명도를 통해 검사한다.

㉣ 병원적 진단

- 코흐(Koch)의 원칙에 의해 미생물의 분리, 배양, 인공접종, 재분리의 과정을 거친다.

㉤ 생물학적 진단

- 지표식물법 : 식물의 감수성을 이용하여 진단한다. 특정병에 민감하게 반응하는

식물을 이용하는 방법으로 예를 들어 과수근두암종병은 밤나무, 감나무, 사과나무 등이 지표식물이 된다.

- 최아법 : 싹을 틔워 병징을 발현, 발생유무를 관찰하는 방법으로 괴경지표법이라고도 한다.
- 즙액접종법 : 즙액접종 가능한 바이러스를 지표식물을 이용하여 확인하는 방법으로 검정기간이 길고 넓은 공간이 필요하다.
- 박테리오파지법 : 특이성이 있는 박테리오파지를 이용하여 그 계통 세균의 존재 및 월동 장소 등을 파악하는 방법방법이다.

ⓑ 혈청학적 진단

- 병원체의 혈청을 만들어 진단하는 방법이다.
- 한천겔 면역확산법(AGID) : 바이러스 이병식물의 즙액에 대한 한천겔 내의 침강반응을 이용하여 검출 및 진단하는 방법
- 형광항체법 : 항체와 형광색소를 결합하여 특이적 형광으로 항원이 있는 곳을 알아내는 방법이다.
- 효소결합항체법(ELISA) : 항체에 효소를 결합시켜 바이러스와 반응했을 때 노란색으로 나타나는 정도로 확인하는 방법이다.
- 직접조직프린트면역분석법(DTBIA) : 병원균에 감염된 식물조직의 단면을 염색액과 항혈청에 반응시켜 발색 결과를 통해 판정한다. 신속하고 정확하며 대량 처리가 가능하다.

## 4. 병원성과 저항성

### (1) 병원성의 구성인자

① 병원균 레이스

㉠ 레이스는 한 종가운데 유전적으로 또는 지리적으로 다른 분화형으로 병원균 집단이 같은 기주가운데는 품종에 따라 병원성이 다른 것을 말한다.

㉡ 기준의 범위가 다른 한 병원균의 분화형 혹은 변종 중에서 기주의 품종에 기생성이 다른 것을 레이스(race)라 하고 변이체가 무성적으로 동일 형태의 개체를 생산하고 유전성이 균일한 단위를 생물형(biotype) 라 한다.

㉢ 레이스를 구별하는 기준품종을 판별품종이라 한다.

㉣ 레이스가 틀리면 형태는 같으나 기생성이 다르다.

② 레이스 종류

㉠ 벼도열병균의 레이스 구분시 12개 판별품종에 접종해 병반형에 따라 T품종(인도), C품종(중국), N품종(일본) 등으로 분류한다.

㉡ 감자 역병균은 야생종 저항성 유전자 $R_1$, $R_2$, $R_3$, $R_4$ 4가지 유전자의 조합으로 16개의 유전자형을 가정하여 16개 레이스로 분류한다.

### (2) 병원성과 효소

① 병원균은 기주 침입시 효소를 분비 및 이용하여 세포벽을 통과한다. 이러한 세포벽은 층별로 구성요소에 차이가 있다.

| | |
|---|---|
| 각피층 | 큐틴, 왁스 |
| 중엽, 1차벽 | 펙틴질, 리그닌, 셀룰로오스, 헤미셀룰로오스 |
| 2차벽, 3차벽 | 셀룰로오스 |

② 효소의 종류에 따라 각각 분해가능한 세포벽층이 다르며 큐틴, 펙틴, 셀룰로오스, 리그닌 등의 세포벽 구성성분을 분해하여 침입하게 된다.

| 세포벽 구성 성분 | 분해 효소 |
|---|---|
| 셀룰로오스 | Cellulase(무름병균, 썩음병균) |
| 헤미셀룰로오스 | Hemicellulase(과수 잿빛무늬병균) |
| 큐틴 | 잿빛곰팡이병균, 모잘록병균, 보리 줄무늬 병균 등 |
| 펙틴 | 자줏빛날개무늬병균, 벼노균병, 채소 세균성무름병균, 모잘록병균 등 |
| 리그닌 | ligninase(목재 흰썩음병균) |

### (3) 병원성과 독소

① 기주특이적 독소

㉠ 기주식물에만 독성을 일으켜 병원성이 있는 균주만이 분비하는 독소를 기주특이적 독소라 한다.

㉡ 독소의 종류

- 귀리 마름병균의 독소 Victorin
- 배나무 검은무늬병균의 AK 독소 중 Alterine
- 옥수수 깨씨무늬병균의 HMT 독소
- 옥수수 그을음무늬병균의 HC 독소

- 수수 Milo 병균의 PC 독소
- 사과나무 점무늬낙엽병균의 AM 독소
- 토마토 줄기마름병균의 AL 독소

② 비기주특이적 독소

㉠ 기주 이외 다른 식물에 독성을 일으키는 독소를 비기주특이적 독소라 한다.

㉡ 독소의 종류

- Tabtoxin : 담배들불병이 분비하는 독소로 기주인 담배뿐 아니라 콩, 옥수수, 귀리 등에도 영향을 준다.
- Phaseolotoxin : 무리마름병 세균에 의해 생성되며 황화현상이 일으킨다.
- Tentoxin : 엽록소의 정상적인 합성과 발달을 방해하여 황화현상을 일으킨다

### (4) 저항성에 관한 정의

① 병원체의 작용을 억제하는 기주의 능력을 말한다. 병원균이 침입하거나 침입 후 병원균에 대해 기주식물이 저항하는 성질을 의미한다.

② 단범성 병원체인 벼 도열병균은 벼에 병원성이 있으나 감자에는 병을 일으키지 않는 경우를 비기주저항성이라 한다.

③ 저항성은 기존의 감수성이 극단적인 내성으로 새롭게 생긴 현상을 의미한다. 내성은 작물에 존재하는 유전적 변이현상인데 해충 후대에 유전되지는 않는다.

### (5) 저항성의 유전

① 수직저항성

㉠ 병원균은 특정 레이스에만 효과를 발휘하는데 이러한 것을 특이적 저항성이라 한다.

㉡ 수직저항성은 외부환경에 대해 안정적이나 새로운 레이스가 생길 경우 저항성이 약해지는 단점이 있다.

㉢ 레이스는 기주의 범위가 다른 한 병원균의 분화형 혹은 변종 중에서 기주의 품종에 대한 기생성이 다른 것을 의미한다.

② 수평저항성

㉠ 병원균이 모든 레이스에 균일하게 적용하는 것으로 비특이적 저항성, 포장저항성, 다인자저항성, 양적저항성 이라고도 한다.

㉡ 수직저항성보다 효과는 낮으나 발병 가능성이 있는 환경에서 저항성이 약해진다.

### (6) 저항성 분류

① 저항성에 관여하는 유전적 차이

㉠ 진정저항성 : 식물이 가지고 있는 병 저항 유전자에 의해 나타나는 저항성

㉡ 포장저항성 : 단순저항성, 환경변화에 따른 감수성 식물의 일시적인 저항성

② 기주식물에 대한 병원체의 감염경로

㉠ 침입저항성 : 기주의 유전자에 의해 병원균의 침입이 억제되는 저항성

㉡ 확대저항성 : 병원균이 침입한 다음 병원균에 저항하는 기주 식물의 저항성

③ 병 저항성의 기작

㉠ 감염전 저항성 : 정적저항성, 수동적 저항성

㉡ 감염후 저항성 : 동적저항성, 능동적 저항성

### (7) 저항성 기작

① 감염전 저항성

| | |
|---|---|
| 각피 및 표피 두께 | 각피의 두께가 두꺼운 경우 침입하지 못하는 병원균이 있으며 대표적으로 토마토 잿빛곰팡이병균, 밀 줄기녹병균 등이 있다 |
| 기공의 수 및 개폐 정도 | 기공이 열릴 경우 침입하는 병원균이 있으며 사탕무 갈색무늬병균 등이 있다. 예외적으로 밀 붉은녹병균처럼 기공이 닫혀 있어도 침입하는 경우도 있다 |
| 감염전 저항 물질 | 병원균 침입전 저항물질이 만들어지는데 토마토, 사탕무에 있는 고농도 분비물로 Botrytis, Cercospora 의 포자 발아를 억제한다 |

② 감염후 저항성

㉠ 조직변화

| | |
|---|---|
| 코르크 형성 | • 병원균이 침입한 부위에 코르크화를 통해 병의 진행을 억제<br>• 양배추 위황병 |
| 이층의 형성 | • 병반부와 건전부 사이에 이층이 형성되어 발병이 억제<br>• 소나무 잎떨림병 |
| 전충제 현성 | • 목부의 도관부의 입구를 tylose 인 전충제가 막아 발병을 억제 |
| 검 형성 | • 병원균의 침입 부위에 gum 물질이 형성되어 발병을 억제 |
| 칼로스 돌기 | • 페놀화합물이 축적되어 병원균의 침입을 억제 |

㉡ 파이토알렉신

- 병원체가 기주식물에 침입하고 난 이후 기주에서 병원체의 발육을 억제하기 위해 발생되는 향균물질을 파이토알렉신이라 한다
- 파이토알렉신의 종류로 Pisatin, Ipomeamarone, Rishitin 등이 있다

㉢ 과민성

- 병원체가 침입시 기주세포가 급격하게 반응하고 죽어 양분의 결핍으로 인해 침입한 병원균의 생육을 저해시키는 것
- 특정 레이스에 대한 고도의 저항성을 가지며 과민성반응 혹은 괴사적 방어라 한다.

㉣ 동적저항성

- 각피를 통해 침입하는 병원균이 기주에 접촉하여 침입행동을 개시하면 기주의 침입 세포벽이 안쪽에 돌기가 나타나는 이러한 돌기물을 파필라(papilla)라고 한다.
- 병원균의 침입에 대한 식물 세포 내에서의 형태적 저항성 반응은 파필라와 과민감 반응이 있다.
- 세포벽과 세포막 사이에 다당류, 무기성분 등이 축적하여 생기는데 이 돌기물들은 세포벽의 두께를 증가시키고 견고하게 하여 병원균의 침입에 저항한다

## 5. 식물병해의 방제법

### (1) 법적 방제

① 식물검역

㉠ 법적 방제법은 법령에 의해 실시되는 방제법으로 식물방역법에 의해 국제 혹은 국내간의 검역을 통해 발생을 줄이는 제도적 방법이다.

㉡ 식물검역은 식물에 피해를 주는 병해충이 국내에 전파되는 것을 방지하기 위해 수입되는 식물 및 식물성 산물에 병해충을 검사한다.

㉢ 식물방역법, 시행령, 시행규칙 등은 수출입 식물 및 국내 식물에 대한 방역이나 식물에게 해를 끼치는 동식물을 없애는 일 따위에 관한 법률을 말한다.

② 병해충관리제도

㉠ 규제병해충

국내 유입시 잠재적으로 큰 피해를 줄 우려가 있는 등 중요성이 있고 국내에 존재하지 않거나 국내의 일부 포함되어 있지만 발생예찰 사업, 기타 방제 등으로 조치를 취하고 있는 병해충으로 금지병해충, 관리병해충으로 구분하고 있다.

| | |
|---|---|
| 금지병해충 | 국내 유입될 경우 폐기 또는 반송조치하지 아니하면 식물에 해를 끼치는 정도가 크다고 인정하여 농림축산식품부령에 정하는 병해충과 병해충위험분석결과 금지병해충에 준하는 위험이 있다고 인정하여 농림축산식품부장관이 고시하는 병해충을 말한다. |
| 관리병해충 | 국내에 유입될 경우 소독처리를 하지 아니하면 식물에 해를 끼치는 정도가 크다고 인정하여 농림축산검역본부장이 고사하는 병해충을 말한다. |

㉡ 잠정규제병해충

수입식물검역에서 처음 발견되었거나 병해충위험분석을 실시중인 병해충으로 규제병해충에 준하여 잠정적으로 소독, 폐기 등의 조치를 취하는 병해충을 말한다

㉢ 비검역병해충

규제병해충 및 잠정규제병해충을 제외한 병해충으로 국내에 널리 분포하여 수입농산물에 부착되어 있을 경우 소독 등 검역적 조치를 취하지 않은 병해충을 말한다

### (2) 생물적 방제

① 생물적 방제

㉠ 생물적 방제는 식물의 저항성을 유도하거나 미생물을 이용하는 방법으로 환경의 보존과 생태계 균형을 유지할 수 있다.

㉡ 생물적 방제에는 교차보호, 길항미생물, 근권미생물 등을 이용하는 방법이 있다.

② 교차보호

㉠ 교차보호는 어떤 바이러스에 감염된 식물이 통상 동종의 바이러스에 다시 감염되지 않는 현상을 말한다. 병원성이 약화된 식물바이러스가 침입한 기주에 병원성이 강한 식물바이러스에 의한 병의 확산이 억제되는 현상으로 바이러스의 간섭작용을 이용한다.

㉡ 식물 약독바이러스 선발에는 자연계 분리 및 선발, 고온 및 저온처리, 화학약품 처리, 바이러스 핵산의 유전자 조적 등의 방법을 활용한다.

㉢ 대표적으로 토마토 담배모자이크바이러스, 박과작물의 오이녹반모자이크바이러스 등이 있다.

③ 길항미생물

㉠ 병원균의 생육을 억제하는 길항미생물을 이용하는 생물학적 방제는 용균작용, 항생작용, 기생작용, 경쟁작용, 유도저항성 작용 등의 방법을 적용한다.

㉡ 길항미생물 종류

| | |
|---|---|
| 세균 | *Agrobacterium, Bacillus, Pseudomonas, Streptomyces* |
| 진균 | *Ampelomyces, Candida, Coniothyrium, Glicoladum, Trichoderma* |

㉢ 식물병 방제

| 식물병 | 길항미생물 |
|---|---|
| 흰가루병균 | *Paenibacillus polymixa, Ampelomyces quisqualis* |
| 잿빛곰팡이병 | *Cladosporium herbarum* |
| 균핵병균 | *Bacillus subtilis* |

④ 근권미생물

식물근권에 살아가는 미생물은 불용성 인산의 가용화, 질소 고정 등을 통해 식물의 생육을 촉진하고 항생물질, LPS, HCN, siderophore 등을 분비하여 병원균을 억제한다

### (3) 경종적 방제

① 윤작

㉠ 윤작은 동일 임지에서 작물을 연이어 재배하지 않고 다른 종류의 작물을 순차적으로 재배하는 것을 의미한다.

㉡ 땅속에서 오랜시간 생존이 가능하고 기주 범위가 넓은 병균들의 경우 이러한 윤작을 적용하는 것이 비실용적이다. 감자 더뎅이병균, 무·배추 무사마귀병균은 기주식물의 범위가 좁아 윤작을 위한 작물의 선택 범위가 넓다.

② 파종시기 조절

㉠ 파종시기에 파종을 하게 될 경우 병해에 걸리기 쉬운 경우가 있는데 이러할 때에는 시기를 늦추거나 당겨서 병해를 피하기도 한다.

㉡ 벼 파종이 늦어질 경우 도열병의 발생이 증가하게 되기에 이앙시기가 빨라지면 잎집무늬마름병이 증가하게 된다.

③ 포장위생

㉠ 병든 식물의 병든 부위를 제거하는 것으로 병원체의 생활사를 파악하여 제 1차 전염원을 제거 하는 방법이 있다.

㉡ 병원체를 전염시키는 중간기주를 제거하여 예방하는 방법이 있다.

| 병명 | 중간기주 |
|---|---|
| 잣나무 털녹병 | 송이풀, 까치밥나무 |
| 소나무류 잎녹병균 | 황벽나무, 참취, 잔대 |
| 소나무 혹병균 | 참나무 |
| 배나무 붉은별무늬병균 | 향나무 |

④ 토양조건

㉠ 유주자균류인 모잘록병균, 균핵병균 등은 토양의 수분이 많을 경우 잘 발생된다.

㉡ 감자더뎅이병은 알칼리성 토양, 무·배추 무사마귀병은 산성토양에서 잘 발생하는데 이러한 토양의 조건을 개선하기 위해 유기물 및 석회를 사용한다.

⑤ 영양조건

㉠ 식물의 영양조건에 의해서 병원체의 침입에 영향을 주게 된다. 식물의 영양상태가 양호할 경우 저항력이 좋으나 영양상태가 좋지 않을 경우 저항력이 약화되기 쉽다

㉡ 영양성분 중에서 질소질 비료를 과용할 경우 도장의 우려가 있고 저항력이 약해지기 쉽다. 질소질 비료 과용의 경우 벼 도열병, 벼 잎집무늬마름병, 흰가루병 등이 발생하기도 한다.

(4) 저항성 품종 이용

① 저항성 품종은 특별한 경비를 소모하지 않고 환경적 문제를 일으키지 않는 이상적인 방제법이다.

② 육성된 품종의 저항성은 생리적 분화, 환경 및 기주와의 상호반응 등에 따라 저항성이 약해지고 감수성으로 변하기에 지속적인 연구가 요구된다.

(5) 화학적 방제

① 화학적 방제법은 살충제와 같은 화학물질을 함유한 약제를 이용하는 방법으로 효과가 빠르고 간편한 장점을 가진다.

② 다만 화학적 방제법은 화학물질로 인해 발생되는 부작용으로 인하여 생태계의 교란, 유용생물에 피해를 주기에 사용시 주의를 요구한다.

(6) 물리적 방제

① 종자 선택

㉠ 종자, 묘목, 괴경이나 알뿌리 등 잠복 가능성이 있기에 종자 및 모의를 선택할 때 주의를 요한다.

㉡ 종자는 비중선에 의해 병든 종자를 제거하고 종자에 섞여 있는 균핵도 제가할 수 있다.

② 종자 소독

㉠ 종자에 의해 전반 및 발생하는 식물병은 종자소독에 의해 방제가 가능하며 대표적으로 도열병, 모썩음병, 키다리병 등이 방제 가능하다.

㉡ 볍씨를 소독하는 방법은 병균에 따라 다른 경우도 있으나 한가지 방법으로 두가지 이상의 병균을 동시에 소독되는 경우도 있으며 미생물의 길항작용을 이용하여 논흙으로 종자소독이 가능하다.

③ 냉수온탕침법

㉠ 종자를 20℃ 이하의 냉수에 6~24시간 침지하고 50~55℃ 물에 이동시켜 담근다음 건져내는 방법으로 온도 및 시간을 주의해야 한다.

㉡ 냉수온탕침법으로 키다리병, 잎마름선충병 등의 방제가 가능하다.

④ 토양소독

㉠ 흙을 가열하는 방법으로 고온, 고압의 증기를 흙에 통과시켜 소독하는 방법이다.

㉡ 토양의 증기소독 및 열에 의한 가열소독 효과로 공해 및 약해가 없는 것이 장점이다.

## 6. 벼 병해

| 병명 | 병원균 | 전반 | 월동 |
|---|---|---|---|
| 벼 도열병 | 진균<br>(불완전균류) | 바람(종자) | 균사나 분생포자가 볏짚 혹은 병든 종자에서 월동 |
| 벼 잎집무늬마름병 | 진균(담자균류) | 물 | 균핵 상태로 땅위에서 월동 |
| 벼 깨씨무늬병 | 진균(자낭균류) | 바람(종자) | 포자나 균사의 형태로 병든 볏짚이나 볍씨에 월동 |
| 벼 키다리병 | 진균(자낭균류) | 바람(종자) | 분생포자가 종자표면에 월동 |
| 벼 이삭누룩병 | 진균(자낭균류) | 바람 | 균핵이나 후악포자로 토양에서 월동 |
| 벼 모썩음병 | 진균(조균류) | 물 | 난포자로 토양에서월동 |
| 벼 흰잎마름병 | 세균 | 물 | 잡초나 벼의 그루터기에서 월동 |
| 벼 세균성알마름병 | 세균 | 물(종자) | 종자에서 월동 |
| 벼 줄무늬잎마름병 | 바이러스 | 매개충(애멸구) | 매개충은 잡초, 밀밭 등에 유충형태로 월동 |
| 벼 오갈병 | 바이러스 | 매개충(끝동매미충, 번개매미충) | 매개충은 잡초, 밀밭 등에 유충형태로 월동 |
| 벼검은줄무늬오갈병 | 바이러스 | 매개충(애멸구) | 매개충은 잡초, 밀밭 등에 유충형태로 월동 |

### (1) 벼 도열병

① 병원은 진균으로 *Pyricularia oryzae* 이다.

② 분생포자는 2개의 격막이 있고 격막부는 약간 잘록하고 무색을 띠는 것이 특징이다

③ 갈색의 방추형 병반이 나타난다.

④ 벼 도열병은 비가 자주 내리거나 온도가 낮고 습도가 높을 경우, 바람이 강하게 불 경우, 토양온도가 낮을 경우, 토양수분이 적을 경우, 질소질 비료가 과할 경우, 모내기가 늦을 경우에 발병한다.

⑤ 벼도열병균의 레이스 구분시 12개 판별품종에 접종해 병반형에 따라 T품종(인도), C품종(중국), N품종(일본) 등으로 분류한다.

⑥ 방제법

· 종자를 소독하고 저항성 품종을 재배한다.

· 질소질 비료의 과용을 피한다. 규소질 비료의 경우 도열병균에 저항성이 강하므로 필요시 사용하도록 한다.

### (2) 벼 잎집무늬마름병(잎집얼룩병)

① 병원은 진균으로 *Pellicularia sasaki* 이다.

② 병원균은 균핵 상태로 땅위에서 월동하고 봄에 물위로 올라와 전염을 시작하며 식물체의 각피를 뚫고 침입한다.

③ 분얼기 이후에 고온 다습한 8~9월쯤 주로 발생한다.

④ 식물이 병에 걸릴 경우 잎집의 표면에 암회색의 부정형 점무늬가 발생하여 잎에 퍼지기 시작한다.

⑤ 방제법

· 모내기 전 써레질 후 균핵을 제거한다.

· 밀식을 피하도록 한다.

· 질소질 비료의 과용을 피하고 칼륨질 비료를 사용한다.

· 추비로 볏짚을 사용할 경우 완전히 썩혀 사용하는 것이 좋다.

### (3) 벼 깨씨무늬병

① 병원은 진균으로 *Cochliobolus miyabeanus* 이다.

② 포자나 균사의 형태로 병든 볏짚이나 볍씨에 월동하여 다음해 전염된다.

③ 7~8월 장마기에 고온 다습한 환경에서 많이 발생, 양분이 부족하거나 산성토양에서도 심하게 발생한다.

④ 잎에 암갈색 타원형의 작은 병반이 발생한다.

⑤ 방제법

· 종자를 소독하거나 저항성 품종을 재배한다.

· 토양의 상태를 개선하기 위해 질소질 비료를 알거름으로 준다.

### (4) 벼 키다리병

① 병원은 진균으로 *Gibberella fujikuroi* 이다.

② 벼 키다리병의 완전세대를 *Gibberella fujikuroi*, 불완전세대를 *Fusarium moniliforme* 이다.

③ 초승달 모양의 분생포자와 자낭각을 만들며 월동은 분생포자 형태로 종자표면에서 이루어져 다음해 1차전염원이 된다.

④ 주로 고온에서 잘 발생해 종자를 통해 감염되며 감염된 종자는 병원균에서 나오는 지베렐린에 의해 도장되거나 심할 경우 발아 시 고사한다.

⑤ 방제법

- 감염 초기에 발견한 경우 소각하도록 한다.
- 저항성 품종 및 건전한 종자를 선택한다.
- 종자를 소독하고 기계 탈곡한 종자는 사용이 어렵다.

### (5) 벼 이삭누룩병

① 진균인 *Ustilaginoidea virens* 에 의해 발생한다.

② 이삭누룩병은 일명 풍년병으로 하여 벼의 작황이 좋은 경우 주로 발생한다.

③ 벼 알의 표면에 황록색의 누룩이 형성되는 경우를 말하며 육안으로 관찰이 가능하다.

④ 저온다습, 일조의 부족, 강우일수 등의 환경조건에 의해 발생량에 많은 영향을 준다.

⑤ 방제법

- 발생된 이삭은 제거하도록 한다.
- 질소질 비료의 과용을 삼가고 특히 만기 추비는 발병을 조장하기에 주의한다.
- 발병된 포장의 볍씨는 종자로 사용하지 않는다.

### (6) 벼 모썩음병

① 벼 모썩음병은 *Pythium spp*, *Achlya spp* 인 진균에 의해 발생한다.

② 병원균은 상처를 볍씨의 상처를 통해 침입하고 난포자 형태로 토양에서 월동한다.

③ 방제법

- 약제로 종자를 소독한다.
- 건전한 종자를 사용한다.
- 지나친 조파를 삼간다.
- 못자리에서 볍씨가 발아시 기온이 낮을 때 잘 발생하기에 햇빛이 잘 들고 수온이 높은 곳으로 선택한다.

### (7) 벼 흰잎마름병

① 세균인 *Xanthomonas oryzae* 에 의해 발생한다.

② 세균이 수공이나 상처를 통해 침입하며 도관에서 증식하는 것이 특징이다.

③ 그람음성 간균으로 배지에서 노란색의 둥글고 매끄러운 콜로이드를 형성한다.

④ 배수가 나쁘고 습한 곳에서 주로 발생하며 강우가 많은 여름철 주로 발생한다.

⑤ 방제법

- 논둑이나 수로의 잡초를 제거하고 배수로를 정비한다.
- 상습 발생지의 경우 저항성 품종(겨풀, 줄풀 등)을 심도록 한다.
- 질소질 비료의 과용을 피하고 칼륨, 규산질 비료를 적정량 사용한다.

### (8) 벼 세균성알마름병

① 세균인 *Burkholderia glumae* 에 의해 발생한다.

② 벼알의 기공으로 침입하여 유조직인 세포간극에서 증식하며 종자에서 월동한다.

③ 이삭이 마르거나 썩으며 벼알의 경우 담황갈색이나 청백색으로 변한다.

④ 여름에 비와 폭우 등의 환경에서 많이 발생한다.

⑤ 방제법

- 7월부터 집중 호우 등으로 발병환경이 조성되면 1주 간격으로 3회 정도로 방제약제를 뿌려준다.
- 고온다습한 환경을 피하고 질소질 비료의 과용을 삼가한다.

### (9) 벼 줄무늬잎마름병

① 병원은 바이러스로 *Rice stripe virus* 이다.

② 매개충은 애멸구에 의해 전염되는데 애멸구는 1년에 4~5회 정도 발생한다.

③ 발병시 병징은 어린 벼가 새 잎이 나올 때 속잎이 노랗게 되어 전개되지 못한다. 전개되더라도 황록색의 세로줄이 나타나며 이삭이 출수되지 않는다.

④ 방제법

- 발생시 치료하기가 어려워 논두렁의 잡초를 태워 매개충인 애멸구를 제거해야 한다.
- 저항성 품종을 재배하고 질소질 비료의 과용을 금한다.

### (10) 벼 오갈병

① 바이러스인 *rice dwaf virus* 에 의해서 발생한다.

② 매개충인 매미충(끝동매미충, 번개매미충)에 의해 전염된다.

③ 바이러스는 매개충 체내에서 월동하며 보독충은 잡초, 밀밭 등 유충 혹은 성충의 형태로 월동한다.

④ 잎은 진녹색으로 변하고 백색의 반점이 나타난다.

⑤ 방제법

- 논둑의 잡초를 제거하고 못자리 말기에는 살충제를 뿌려 매개충을 구제한다.

· 질소질 비료의 과용을 피한다.
· 저항성 품종을 재배하고 병든 식물체는 제거한다.

(11) 벼검은줄무늬오갈병
① 바이러스인 *Rice black streaked dwarf virus* 에 의해 발생한다.
② 애멸구에 의해 매개되는데 애멸구는 유충 형태로 월동한다. 보독충은 잡초, 밀밭 등에서 약충의 형태로 월동한다.
③ 방제법
· 봄에 논에 근접된 잡초를 태워 매개충을 구제한다.
· 적기보다 늦게 모내기를 하거나 질소질 비료의 과용을 피하도록 한다.
· 병든 식물체의 경우 제거하도록 한다.

## 7. 맥류 및 기타 작물의 병해

| 병명 | 병원균 | 전반 | 월동 |
|---|---|---|---|
| 보리·밀 겉깜부기병 | 진균(담자균류) | 바람 | 균사 상태로 종자에 월동 |
| 보리속깜부기병 | 진균(담자균류) | 바람 | 균사 상태로 종자에 월동 |
| 맥류 줄기녹병 | 진균(담자균류) | 바람 | 겨울포자로 마른 밀짚에서 월동 |
| 맥류 흰가루병 | 진균(자낭균류) | 바람 | 균사나 자낭각이 병든 잎에서 월동 |
| 맥류 붉은곰팡이병 | 진균(자낭균류) | 비, 바람 | 분생포자, 균사, 자낭포자로 병든 종자나 밀짚에서 월동 |
| 호밀 맥각병 | 진균(자낭균류) | 바람 | 균핵으로 땅위에서 월동 |
| 콩 탄저병 | 진균(자낭균류) | 물 | 균사가 종자에 월동 |
| 콩 자줏비무늬병 | 진균(불완전균류) | 비, 바람 | 균사가 병든 종자, 식물에 월동 |
| 담배역병 | 진균(조균류) | 물, 바람 | 땅속에 난포자로 월동 |
| 콩 세균성점무늬병 | 세균 | 비 | 병든 종자 표면에 월동 |
| 담배 불마름병 | 세균 | 접촉 | 병든 식물 잎, 토양, 종자 등 월동 |
| 담배 모자이크병 | 바이러스 | 접촉 | 토양 내 병든 잔재, 종자표면에 월동 |

(1) 보리 · 밀 겉깜부기병
① 병원으로 보리는 *Ustilago nuda*, 밀은 *Ustilago tritici*, 진균인 담자균류이다.
② 공중습도가 높고 기온이 서늘한 환경에서 감염이 잘 된다.
③ 보리의 씨알이 발생하고 초기 엷은 막으로 덮어져 있다가 파열하여 바람으로 암갈색의 가루인 후막포자가 비산한다.

④ 방제법

· 병든 이삭의 경우 깜부기가 전염되기 전에 소각한다.

· 약제를 통해 종자를 소독 처리한다.

### (2) 보리속깜부기병

① 병원은 진균(담자균류) *Ustilago hordei* 에 의해 발생한다.

② 병원균의 발육과정은 겉깜부기병균과 유사하다

③ 병징으로 병에 걸린 씨알은 백색 피막에 쌓여 있고 수확할 때 흑색분말이 비산하지 않지만 탈곡할 경우 후막포자가 흩어진다.

④ 방제법

· 병든 이삭은 깜부기가 퍼지기전 제거하여 소각한다.

· 탈곡시 병든 이삭은 분류하도록 한다.

· 저항성 품종을 재배한다.

### (3) 맥류 줄기녹병

① 병원은 진균(담자균류)로 *Puccinia graminis* 에 의해 발생한다.

② 맥류 줄기녹병의 중간기주는 매자나무이다.

③ 병원균은 이종기생성으로 매자나무에서 녹병포자와 녹포자를 만들고 맥류에서 여름포자와 겨울포자퇴를 만든다. 여기에서 1차 전염원이 되는 포자는 여름포자가 된다.

### (4) 맥류 흰가루병

① 진균(자낭균류) *Erysiphe graminis* 에 의해 발생한다.

② 병든 잎에서 균사나 자낭각으로 월동하고 차후 1차 전염원이 된다. 2차 전염원은 바람에 의해 분생포자가 각피로 전반되어 침입한다.

③ 통풍이 불량하고 습도가 높은 환경에 많이 발생하고 특히 여름에 서늘하고 흐릴 경우 발생한다.

④ 방제법

· 통풍을 좋게 하고 습한 포장은 피하도록 한다.

· 배수가 원활하게 하고 발병초기 약제를 살포한다.

· 질소질 비료의 과용을 피한다.

(5) 맥류 붉은곰팡이병

① 진균(자낭균류)인 *Gibberella zeae* 에 의해 발생한다.

② 병든 종자나 밀짚에서 분생포자, 균사, 자낭포자로 월동한다.

③ 따뜻하고 습기가 많은 지대에서 주로 많이 발생한다. 비가 올 때는 분생포자가 빗물에 의해 튀어 확산하다가 바람에 의해 전반된다.

④ 감염된 보리, 밀 등을 섭취한 사람, 동물 등은 심한 중독 증상을 일으키기도 한다.

(6) 호밀 맥각병

① 병원은 진균(자낭균류)인 *Claviceps purpurea* 이다.

② 균핵은 땅에서 월동하고 다음해 자실체를 형성한다. 또한 병원균이 균핵 형태로 종자와 섞여 있다 전염되기도 한다.

③ 자낭포자가 바람에 의해 기주식물의 자방을 침해하고 분생포자가 곤충에 의해 다른 꽃으로 전염된다.

(7) 콩 탄저병

① 병원은 진균(자낭균류)의 *Colletotrichum truncatum* 이다.

② 병원균은 균사 형태로 종자에서 월동한다.

③ 습한 조건이 오래되면 많이 발생량이 많아진다.

(8) 콩 자줏비무늬병

① 병원은 진균(불완전균류)인 *Cercospora kikuchii* 이다.

② 병원균은 균사가 병든 종자, 식물 등에서 월동한다.

③ 감염시 만들어진 포자는 바람이나 빗방울에 의해 전염된다.

(9) 담배역병

① 병원은 진균(조균류)인 *Phytophthora parasitica* 이다.

② 병원균은 땅속에서 난포자로 월동하고 차후 분생포자를 형성한다.

③ 포자는 바람에 의해 전염되어 기주에 침입한다.

(10) 콩 세균성점무늬병

① 병원은 세균으로 *Pseudomanans glycinea* 이다.

② 병원균은 식물의 기공을 통해 침입하고 종자전염을 한다.

③ 비가 많은 저온 다습한 환경에서 잘 발생한다.

(11) 담배 불마름병

① 병원은 세균인 *Pseudomonas tobaci* 이다.
② 그람음성 간균으로 배지에서 노란색의 둥글고 매끄러운 콜로이드를 형성한다.
③ 생육말기에 주로 발생하고 장마 등의 환경조건에서 많은 전염이 이루어진다.
④ 종자 및 토양을 소독하고 윤작하여 방제한다.

(12) 담배 모자이크병

① 병원은 바이러스인 *Tobacco mosaic virus* 이다.
② 토양의 병든 잔재 혹은 종자의 표면에 월동한다.
③ 감염시 식물의 잎은 진하고 엷은 녹색의 모자이크를 이루며 오그라 들게 된다.
④ 고추, 오이, 담배 등을 포함한 꽃 잡초에서도 모자이크 병이 발생한다.
⑤ 주로 농기구 및 기계적 접촉에 의해 전염된다.

## 8. 서류 병해

| 병명 | 병원균 | 전반 | 월동 |
|---|---|---|---|
| 감자 역병 | 진균(조균류) | 바람, 관개수, 씨감자 | 균사가 흙속의 병든 감자, 씨감자에서 월동 |
| 고구마 무름병 | 진균(조균류) | 공기, 토양, 씨고구마 | 공기, 토양 등 존재 |
| 고구마 검은무늬병 | 진균(자낭균류) | 씨고구마, 농기구 | 균사형태로 병든 괴근, 땅속에서 월동 |
| 감자더뎅이병 | 세균 | 바람, 물, 오염된 흙 | 병든 씨감자, 흙속에서 월동 |
| 감자둘레썩음병 | 세균 | 씨감자, 농기구, 곤충 | 병든 씨감에서 월동 |
| 감자 잎말림병 | 바이러스 | 복숭아혹진딧물<br>감자수염진딧물 | 괴경에서 월동 |

(1) 감자 역병

① 병원은 진균(조균류)으로 *Phytophthora infestans* 이다.
② 병원균은 균사로 흙속이나 병든 감자, 씨감자에서 월동한다.
③ 병원균은 온도가 낮을 경우 유주자가 형성되고 높을 경우 직접 발아하여 기공이나 각피를 통해 침입한다.
④ 바람, 관개수, 씨감자에 의해 전염된다.

⑤ 20℃ 내외의 습기가 많은 냉한 시기에 많이 발생한다.

⑥ 방제를 위해 발병지는 다른 작물과 윤작을 하고 수확때는 괴경에 상처가 발생되지 않도록 한다.

⑦ 1845년에 아일랜드에 감자역병이 발생하여 100만명이 사망하는 역사적 사건이 있다.

### (2) 고구마 무름병

① 병원은 진균으로 *Rhizopus stolonifer* 이다.

② 주로 저장 혹은 수송 중 상처가 발생하고 온도가 낮을 경우 발생한다. 반대로 온도가 높을 경우 고구마의 상처 치유가 빨리 되기에 무름병의 발생이 적어진다.

③ 상처주위로 백색의 균사가 발생하고 그 위에 흑색 포자낭이 생긴다.

④ 방제를 위해 수확시 상처가 발생하지 않도록 하며 수확을 하고 나서 큐어링 처리후 저장한다. 큐어링 조건은 온도 30~33℃, 습도 90% 조건으로 5일간 실시한다.

### (3) 고구마 검은무늬병

① 병원은 진균으로 *Ceratostomella fimbriata* 이다.

② 병원균은 균사로 땅속에서 주로 월동한다.

③ 상처를 통해 침입하며 저장고나 기구 등을 통해 전염된다.

④ 저장 중인 씨고구마에서 가장 큰 피해가 나타나며 10℃ 이하, 30℃ 이상에서는 감염되지 않는다.

⑤ 방제 방법으로 윤작을 하고 매개충을 구제하도록 한다.

### (4) 감자더뎅이병

① 병원은 세균인 Streptomyces scabies 이다.

② 병든 씨감자와 흙속에서 월동하고 바람이나 물, 오염된 흙에 의해 전염된다.

③ 전염시 피목, 기공, 상처 등 각피를 뚫고 침입한다.

④ 25℃ 정도의 토양이 건조하고 알칼리성 토양에서 많이 발생한다.

### (5) 감자둘레썩음병

① 병원은 세균인 *Clavibacter michiganense* 이다.

② 그람양성 간균으로 편모가 없어 운동성이 없다.

③ 감염된 씨감자에서 월동하며 씨감자 혹은 농기구를 통해 전염된다.

④ 전신병으로 지상부나 괴경에서 병징이 나타난다.

### (6) 감자 잎말림병

① 감자 잎말림바이러스병의 병원은 바이러스인 *Potato Leaf Roll Virus*(PLRV)이다.

② 매개충인 복숭아혹진딧물, 감자수염진딧물에 의해 전염된다.

③ 감자 바이러스병 종류

| 병명 | 전염 |
|---|---|
| PVY(Potato virus Y) | 충매전염(복숭아혹진딧물), 즙액전염, 접촉전염 |
| PVX(Potato virus X) | 즙액전염, 접촉전염 |
| PVM(Potato virus M-mosaic)<br>PVS(Potato virus S-mosaic) | carlavirus 군에 속하는 바이러스병으로 최근 감자 채종지대에서 산발적으로 발생 |
| PMTV(Potato mop-top virus)<br>TRV(Tobacco rattle virus) | 곰팡이와 토양선충에 의해 매개되는 두 입자로 구성된 바이러스 |

## 9. 채소 병해

| 병명 | 병원균 | 기주 | 월동 |
|---|---|---|---|
| 가지 풋마름병 | 세균 | 감자, 가지, 토마토, 고추 | 병든 식물 잔재에 월동 |
| 오이 풋마름병 | 세균 | 오이, 멜론, 호박 | 매개충 채내에 월동 |
| 채소 세균성무름병 | 세균 | 고추, 무, 배추, 마늘 | 이병식물의 잔재나 토양 등 월동 |
| 고추, 사과 탄저병 | 진균(자낭균류) | 고추, 사과, 포도 | 균사, 분생포자, 자낭각으로 병든 열매나 나뭇가지에 월동 |
| 균핵병 | 진균(자낭균류) | 오이, 감자, 배추, 토마토, 콩 | 균핵으로 병든 식물, 토양에서 월동 |
| 오이류 흰가루병 | 진균(자낭균류) | 오이, 호박, 참외, 팥 | 자낭구가 병든 조직에 월동 |
| 수박탄저병 | 진균(불완전균류) | 수박, 참외, 오이, 멜론 | 균사나 분생포자가 병든부분, 종자에 월동 |
| 오이류 덩굴쪼김병 | 진균(불완전균류) | 수박, 오이, 참외, 수세미 | 균사, 후막포자가 땅속에서 월동 |
| 토마토 시들음병 | 진균(불완전균류) | 토마토 | 균사, 후막포자가 땅속에 월동 |
| 잿빛 곰팡이병 | 진균(불완전균류) | 딸기, 오이, 고추, 사과, 포도 | 균핵, 분생포자가 병든 식물, 흙에서 월동 |
| 토마토 잎곰팡이병 | 진균(불완전균류) | 토마토 | 균사덩이가 종자 표면에 월동 |
| 고추 역병 | 진균(조균류) | 고추, 토마토, 가지, 호박 | 난포자로 토양에 월동 |
| 오이 노균병 | 진균(조균류) | 오이, 참외, 호박, 수박 | 분생포자로 토양에서 월동 |
| 무·배추 노균병 | 진균(조균류) | 무, 배추 | 균사, 난포자가 병든 잎에 월동 |
| 무·배추 무사마귀병 | 진균(끈적균) | 무, 배추, 양배추 | 휴면포자가 토양에서 월동 |

(1) 가지 풋마름병

① 병원은 세균으로 *Ralstonia solanacerum* 이다.

② 병원균은 병든 식물의 잔재에 월동한다.

③ 식물의 상처 부위를 통해 침입하며 병원균은 농기구, 곤충 등에 의해 전반된다.

④ 고온 다습한 여름철에 주로 발생하며 특히 여름철 산성토양인 경우 더욱 심하다.

⑤ 뿌리에 주로 발생해 전신으로 퍼지는 전신병이다.

⑥ 방제법으로 토양을 소독하고 배수가 원활하도록 해준다.

(2) 오이 풋마름병

① 병원은 세균으로 *Erwinia tracheiphila* 이다.

② 오이 풋마름병은 대표 기주로 오이, 멜론, 호박이 있다.

③ 오이 잎벌레가 성충으로 월동하고 이후 식물을 가해하여 상처를 통해 침입한다.

④ 매개충은 딱정벌레류인 오이잎벌레이다.

(3) 채소 세균성무름병

① 병원은 세균으로 *Erwinia carotavora* 이다.

② 채소 세균성무름병의 대표 기주로 고추, 배추, 토마토, 참외 등이 있다.

③ 습도가 높고 온도가 높은 여름철에 자주 발생한다.

④ 배추에 발생시 흰썩음병이라 하며 발생시 식물의 표면에 반점이 생기면서 병든 부위로 변형이 생기고 악취가 난다.

⑤ 병원균이 토양에서 월동하며 이를 방제하기 위해 토양을 소독한다.

(4) 고추, 사과 탄저병

① 병원은 진균으로 *Glomerella cingulata* 이다

② 병원균은 균사, 분생포자, 자낭각이 열매나 가지에 월동한다

③ 전반은 빗물, 바람, 매개충에 의해 전염된다

④ 주로 고온다습한 환경에 많이 발생한다

(5) 균핵병

① 병원은 진균으로 *Sclerotinia sclerotiorum* 이다.

② 대표기주로 오이, 감자, 배추, 토마토, 콩 등이 있다.

③ 균핵이 식물이나 토양에 월동하고 다음해 자낭반이나 자낭포자를 형성한다. 병원균의

경우 주로 줄기나 가지의 분지점에 침입한다.

④ 감염된 식물은 소각하고 재배시설의 온도를 20℃ 이상으로 유지한다.

### (6) 오이류 흰가루병

① 병원은 진균으로 *Sphaerotheca fuliginea* 이다.

② 대표기주로 오이, 참외, 호박 등이 있다.

③ 병원균은 자낭구가 감염조직에 월동후 자낭포자로 방출한다. 이후 감염된 잎에서 분생포자가 바람에 의해 전반된다.

④ 흰가루병은 생육말기에 자주 발생하며 통풍이 불량하고 다습한 환경에서 발생이 증가한다.

### (7) 수박탄저병

① 병원은 진균으로 *Colletotrichum lagenarium* 이다.

② 대표기주는 수박, 오이, 멜론 등이다.

③ 병원균은 균사, 분생포자가 감염부위나 종자에 월동한다. 바람, 곤충, 빗물에 의해 전반되며 2차 전염을 야기한다.

④ 방제법으로 종자를 소독하거나 감염된 식물을 제거하고 윤작한다.

### (8) 오이류 덩굴쪼김병

① 병원은 진균으로 *Fusarium oxysporum* 이다.

② 대표기주는 수박, 오이, 참외 등이다.

③ 병원균은 균사, 후막포자가 땅속에서 월동하며 이후 뿌리의 각피를 뚫고 침입한다.

④ 방제를 위해 종자 및 토양을 소독한다. 감염된 식물은 소각하고 과습을 방지하도록 한다.

### (9) 토마토 시들음병

① 병원은 진균으로 *Fusarium oxysporum* 이다.

② 기주는 토마토이다.

③ 재배지에서 주로 발생한다.

④ 방제를 위해 종자 및 토양을 소독한다. 감염된 식물은 소각하고 과습을 방지하도록 한다.

(10) 잿빛 곰팡이병

① 병원은 진균으로 *Botrytis cinerea* 이다.

② 대표기주는 딸기, 토마토, 사과, 포도, 오이 등이다.

③ 병원균은 균핵, 분생포자가 감염식물, 토양에서 월동한다.

④ 15~20℃ 정도에 다습한 조건에 자주 발생한다.

⑤ 방제를 위해 재배지의 경우 습도관리에 유의하고 밀식하거나 과다 시비하지 않는다.

⑥ 작물의 잎이 지나치게 무성하지 않도록 하며 초기 발생 전에 약제를 살포한다.

(11) 토마토 잎곰팡이병

① 병원은 진균으로 *Fulvia fulva* 이다.

② 대표기주는 토마토이다.

③ 균사덩이가 종자의 표면에 월동하며 온실내에서 기공을 통해 침입한다.

④ 재배지에서 습도 80% 이상의 다습하고 통풍이 불량할 경우 다량 발생한다.

⑤ 방제를 위해 종자를 소독하고 윤작을 한다. 환기 및 배수를 통해 습도를 유지하고 감염된 식물은 제거하도록 한다.

(12) 고추 역병

① 병원은 진균으로 *Phytophthora capsici* 이다.

② 대표기주로 토마토, 가지, 고추, 수박 등이 있다.

③ 병원균은 난포자가 토양에서 월동하고 토양 및 물을 통해 전염된다.

④ 장마기간에 기온이 낮고 습도가 높은 조건에서 많이 발생한다.

(13) 오이 노균병

① 병원은 진균으로 Pseudoperonospora cubensis 이다.

② 대표기주로 오이, 수박, 참외 등이 있다.

③ 분생포자가 토양에서 월동하고 이후 발아하면 유주자가 형성되어 물에 의해 전반되어 기공으로 침입하며 병반은 수침상을 띤다.

④ 박과작물 재배시 가장 많이 발생되는 병으로 질소질 성분이 부족하고 장마철에 가장 심하게 나타난다.

⑤ 진균에 의해 담황색의 작은 반점이 발생하고 점점 확장되어 담갈색의 병반이 형성된다. 병반 뒷면은 회색 곰팡이인 분생포자가 생성된다.

### (14) 무 · 배추 노균병

① 병원은 진균으로 *Peronospora brassicae* 이다.

② 대표기주는 무, 배추 등이다.

③ 병원균이 분생포자를 만들어 잎에 균사나 난포자로 월동한다.

④ 기온이 낮고 비가 많은 저온다습한 지역에서 많이 발생한다.

### (15) 무 · 배추 무사마귀병

① 병원은 점균으로 *Plasmodiophora brassicae* 이다.

② 대표기주로 양배추, 무, 배추 등이 있다.

③ 병원균은 휴면포자로 토양에서 월동한다. 휴면포자가 발아하여 유주자를 형성하고 뿌리에 침입하며 침해받은 부위가 비정상적으로 비대해진다.

④ 산성토양이며 다습한 경우 많이 발생하나 보수력이 낮거나 알칼리성 토양에서는 거의 발육하지 않는다. 방제를 위해 알칼리성 토양으로 조절하기도 한다.

## 10. 과수 병해

| 병명 | 병원균 | 기주 | 월동 |
|---|---|---|---|
| 사과나무 갈색무늬병 | 진균(자낭균류) | 사과나무 | 균사, 자낭포자가 병든잎에서 월동 |
| 사과나무 부란병 | 진균(자낭균류) | 사과나무 | 병포자, 자낭포자가 병든 가지에서 월동 |
| 사과나무 검은별무늬병 | 진균(자낭균류) | 사과나무, 배나무 | 균사나 분생포자가 병든 잎이나 가지에서 월동 |
| 복숭아나무잎오갈병 | 진균(자낭균류) | 복숭아나무 | 분생포자가 나무줄기나 눈위에서 월동 |
| 포도나무 새눈무늬병 | 진균(자낭균류) | 포도나무 | 균사가 병든 덩굴, 열매에서 월동 |
| 배나무 붉은별무늬병 | 진균(담자균류) | 사과나무, 배나무 | 겨울포자퇴로 향나무에서 월동 |
| 배나무 검은무늬병 | 진균(불완전균류) | 배나무 | 균사가 병든 잎이나 가지에 월동 |
| 배나무 화상병 | 세균 | 배나무, 사과나무 | 병든 나뭇가지, 줄기에 월동 |
| 복숭아나무 세균성구멍병 | 세균 | 복숭아 | 나뭇가지의 병환부에 월동 |

### (1) 사과나무 갈색무늬병

① 병원은 진균으로 *Diplocarpon mali* 이다.

② 대표기주는 사과나무이다.

③ 균사나 자낭포자가 병든 잎에서 월동하고 바람에 의해 전반되어 각피를 뚫고 침입한다.

④ 주로 여름철에 많이 발생하며 감염시 사과나무의 낙엽이 심하게 나타난다.

### (2) 사과나무 부란병

① 병원은 진균이고 *Valsa ceratosperma* 이다.

② 대표기주는 사과나무이다.

③ 병포자, 자낭포자가 병든가지에 월동하고 포자의 경우 빗물, 곤충 등에 의해 전반되어 식물의 상처로 침입한다. 감염 부위는 주로 줄기이며 수침상 병무늬가 생기고 알코올냄새가 나는 것으로 판별이 가능하다.

④ 방제를 위해 상처난 부위는 도포제를 발라 예방하도록 한다.

### (3) 사과나무 검은별무늬병

① 병원은 진균으로 사과의 경우 *Venturia inaequalis*, 배의 경우 *Venturia nashicola* 이다.

② 균사나 분생포자가 병든잎이나 가지에 월동한다.

③ 자낭포자는 빗물과 바람에 의해 전파된다.

④ 포자는 발아시 각피를 통해 침입한다.

⑤ 분생포자는 고온에서는 발아하지 않아 비가 오는 시원한 환경에서 주로 발생되며 5월~6월경이 가장 심하다.

### (4) 복숭아나무잎오갈병

① 병원은 진균으로 *Taphrina deformans* 이다.

② 대표기주는 복숭아나무이다.

③ 나무줄기나 눈위에서 월동하고 빗물에 의해 전반된다. 전반시 어린 잎의 각피를 뚫고 침입한다.

④ 발생시 잎이 붉은색을 띠면서 부풀어 오르고 이때 병반이 발생한다. 발생한 병반은 주름지고 오르라다는 현상이 나타나고 병든 잎 앞면에는 회백색의 가루인 자낭이 생기고 병든 잎은 흑갈색으로 변한다.

⑤ 방제를 위해 감염된 잎은 소각하고 동해를 피한다.

### (5) 포도나무 새눈무늬병

① 병원은 진균(자낭균류)로 *Elsinoe ampelina* 이다.

② 병원균은 균사의 형태로 덩굴 혹은 열매에 월동한다.

③ 분생포자는 비바람에 의해 전반되고 신초, 꽃밥 등의 각피를 뚫고 침입한다.

④ 6월쯤 기온이 낮고 비가 많이 올 경우 다량 발생한다.

### (6) 배나무 붉은별무늬병

① 병원은 진균으로 *Gymnosporangium haraeanum* 이다.

② 대표기주는 사과나무, 배나무이며 중간기주는 향나무이다.

③ 중간기주인 향나무와 기주교대를 하는 순활물기생균이다.

④ 배나무붉은별무늬병은 2차 전염원을 형성하지 않고 배나무 잎에 녹병포자와 녹포를 형성한다.

⑤ 겨울포자, 소생자, 녹병포자, 녹포자를 형성하나 여름포자는 형성하지 않는다.

⑥ 강우나 바람에 의해 주로 전반된다.

### (7) 배나무 검은무늬병

① 병원은 진균으로 *Alternaria kikuchiana* 이다.

② 대표기주는 배나무이다.

③ 균사가 병든 잎이나 가지에 월동하고 봄에 분생포자가 형성된다.

④ 분생포자는 바람, 비에 의해 이동하며 식물의 각피, 피목, 기공을 통해 침입한다.

### (8) 배나무 화상병

① 병원은 세균으로 Erwinia amylovora 이다.

② 1878년 최초로 발견된 세균성 식물병이다.

③ 습도가 높을 경우 많이 발생하며 바람, 곤충 등에 의해 전반되어 식물의 기공, 상처, 피목을 통해 침입한다.

④ 감염된 가지는 잘라 소각하고 옥시테트라사이클린계 항생제를 이용한다.

### (9) 복숭아나무 세균성구멍병

① 병원은 세균으로 Xanthomonas campestris 이다.

② 대표기주로 복숭아, 자두, 살구 등이 있다.

③ 가지의 병환부에서 월동하고 비바람에 의해 전반되어 상처나 기공으로 침입한다.

④ 비바람이 심한 여름철에 주로 발생한다.

## 11. 수목병

| 분류 | 병명 | 병원균 | 기주 | 월동 |
|---|---|---|---|---|
| 묘포병해 | 모잘록병 | 진균 | 소나무, 낙엽송, 참나무 | 난포자가 병든조직, 토양에 월동 |
| | 뿌리썩이선충병 | 선충 | 소나무, 낙엽송, 가문비나무 등 | 이동성 내부기생선충이 뿌리 조직에 월동 |
| | 뿌리혹병 | 세균 | 밤나무, 포도나무, 사과나무 등 | 병환부에 월동하고 땅속에서 생존 |
| 침엽수 병해 | 소나무재선충병 | 선충 | 소나무, 잣나무, 해송 | 매개충이 소나무에서 유충으로 월동 |
| | 소나무잎떨림병 | 진균(자낭균류) | 소나무류 | 자낭포자가 땅 위의 병든 잎에서 월동 |
| | 낙엽송 가지끝마름병 | 진균(자낭균류) | 낙엽송류 | 미숙한 자낭각이 병든 가지에 월동 |
| | 소나무잎녹병 | 진균(담자균류) | 소나무류 | 담자포자가 소나무의 침엽에서 월동 |
| | 잣나무털녹병 | 진균(담자균류) | 잣나무 | 균사가 잣나무의 수피조직내에서 월동 |
| | 소나무 잎마름병 | 진균(불완전균류) | 소나무, 해송 | 균사가 낙엽에 월동 |
| | 푸사리움 가지마름병 | 진균(불완전균류) | 리기다소나무, 해송 | 균사가 가지에 월동 |
| 활엽수 병해 | 밤나무 줄기마름병 | 진균(자낭균류) | 밤나무, 참나무, 단풍나무 | 균사, 포자가 병환부에 월동 |
| | 벚나무 빗자루병 | 진균(자낭균류) | 벚나무 | 균사가 가지에 월동 |
| | 호두나무 탄저병 | 진균(자낭균류) | 호두나무 | 자낭각이 가지나 낙엽에 월동 |
| | 포플러 잎녹병 | 진균(담자균류) | 포플러류 | 겨울포자가 낙엽에 월동 |
| | 참나무시들음병 | 진균 | 참나무류 | 광릉긴나무좀이 5령의 노숙유충으로 월동 |
| | 대추나무 빗자루병 | 파이토플라스마 | 대추나무, 오동나무 | 대추나무 빗자루병의 매개충인 마름무늬 매미충은 초본류에서 월동 |
| 공통병해 | 흰가루병 | 진균(자낭균류) | 참나무류, 밤나무, 단풍나무 등 | 자낭각, 균사가 낙엽 및 가지 월동 |
| | 그을음병 | 진균(자낭균류) | 낙엽송, 소나무류, 주목, 버드나무 등 | 자낭각, 균사가 월동 |
| | 아밀라리아뿌리썩음병 | 진균(담자균류) | 침엽수, 활엽수 | 낙엽 혹은 다른 감염식물의 부생생활 |

### (1) 묘포병해

① 모잘록병

㉠ 병원으로 진균과 조균류의 *Pythium debaryanum, Phytophthora cactorum* 과 불완전균류인 *Rhizoctonia solani, Fusarium oxysporum* 등이 있다.

㉡ 대표기주로는 소나무류, 낙엽송이 있으며 활엽수에서는 참나무, 자작나무, 가시나무 등이 있다.

㉢ 병원균은 난포자가 감염조직이나 토양에서 월동한다.

㉣ 모잘록병의 병원에서 *Rhizoctonia, Pythium* 균은 토양의 습도가 높은 경우 피해속도가 빠르며 *Fusarium* 은 건조한 토양에서 자주 발생한다.

㉤ 방제법

- 묘상의 과도한 과습 및 건조를 피하고 통기성을 좋게 한다.
- 토양, 종자를 소독한다.
- 질소질 비료의 과용을 피한다.
- 병든 묘목은 즉시 소독한다.

② 뿌리석이선충병

㉠ 병원은 선충으로 *Pratylenchus penetrans* 이다.

㉡ 대표기주는 소나무류, 낙엽송, 가문비나무 등이 있다.

㉢ 이동성 내부기생선충이 뿌리 조직 내에서 월동하고 이후 묘목으로 이동하여 전반한다.

㉣ 선충이 유근을 통해 침입하여 조직을 파괴한다.

㉤ 방제법

- 한 임지에 동일 수종을 연작하지 않는다.
- 토양을 소독한다.

③ 뿌리혹병

㉠ 병원은 세균인 Agrobacterium tumefaciens 이다

㉡ 대표기주는 포플러류, 밤나무, 감나무, 포도나무 등이다

㉢ 접목부위, 뿌리 절단면 등 상처를 통해 침입하며 토양에 서식하는 병원균이다

㉣ 고온 다습한 알칼리성 토양에서 주로 발생한다

㉤ 방제법

- 감염식물은 소각한다
- 비기주식물인 화본과작물을 3년이상 윤작한다
- 밤나무, 감나무 등 지표식물을 먼저 식재하고 뿌리혹병이 없다고 판단되는 곳에 식재한다

(2) 침엽수 병해

① 소나무재선충병

㉠ 병원은 선충으로 *Bursaphelenchus xylophilus* 이다.

㉡ 대표기주로 소나무, 잣나무, 해송, 낙엽송 등이 있다.

㉢ 소나무재선충은 이동능력이 없어 매개충에 의해 전반되는데 주로 솔수염하늘소에 의해 전파된다. 잣나무림의 경우 북방수염하늘소에 의해 전파된다.

㉣ 솔수염하늘소는 1988년 부산 금정산에서 처음 발견되었으며 유충으로 월동하고 성충으로 우화한다.

㉤ 소나무재선충은 소나무의 AIDS 이라 불리우며 급격히 시들다가 말라 죽는다.

㉥ 방제법

- 고사목은 벌채하여 소각한다.
- 무육관리를 통해 매개충의 전파를 예방한다.
- 솔수염하늘소를 막기 위해 먹이나무로 유인하고 소각하도록 한다.
- 피해 확산을 막기 위해 6월 전후 메프유제 50%, 치아클로프리드액상수화제 10%를 항공살포한다.
- 재선충에 의해 고사된 나무는 메탐소디움액제를 뿌리고 훈증하도록 한다.

② 소나무잎떨림병

㉠ 병원은 진균(자낭균류)으로 *Lophodermium pinastri* 이다.

㉡ 대표기주는 소나무이다.

㉢ 잎의 기공으로 침입하고 잎이 갈색으로 변해 떨어지게 된다.

㉣ 방제법

- 병든 낙엽은 소각하거나 매장한다.
- 피해가 심한 경우 보르도액과 캡탄제를 살포한다.
- 조림지의 경우 활엽수를 하목으로 심을 경우 피해가 경감된다.

③ 낙엽송 가지끝마름병

㉠ 병원은 진균(자낭균류)로 Guignardia laricina 이다

㉡ 대표기주는 낙엽송이다

㉢ 10년생 정도의 유령림에서 주로 발생하며 새순 혹은 잎을 침해하여 피해를 준다. 죽은가지의 경우 발생하지 않는다

㉣ 침입한 가지는 휘거나 꼿꼿하게 서는 두가지 현상을 나타낸다

㉤ 방제법

- 병든 묘목은 소각한다

· 활엽수 방풍림을 조성한다.

· 맞바람이 부는 곳은 조림을 하지 않는다.

· 면적이 큰 지역은 베노밀수화제를 이용하여 항공방제한다.

④ 소나무잎녹병

㉠ 병원은 진균(담자균류)으로 Coleosporium phellodendri 이다.

㉡ 대표기주는 소나무이고 중간기주로 황벽나무, 참취, 잔대가 있다.

㉢ 소나무 기생시 녹병포자와 녹포자를 형성해 중간기주에 기생시 여름포자와 겨울포자를 형성한다. 형성된 여름포자는 다른 중간기주에 전염되어 다시 여름포자를 만드는 과정을 반복한다. 8월쯤에는 중간기주 잎에서 겨울포자퇴를 형성, 겨울포자가 발아해 만든 담자포자가 소나무에 침입하여 월동한다.

㉣ 방제법

· 중간기주 제거한다.

· 만코지수화제 약제를 9월에 살포한다.

⑤ 잣나무털녹병

㉠ 병원은 진균(담자균류)으로 *Cronarium ribicola* 이다.

㉡ 대표기주는 잣나무, 스트로브잣나무이며 중간기주는 송이풀, 까치밥나무이다.

㉢ 병든 가지나 줄기가 황색으로 변하고 부풀어 오르다가 터진 후 황색의 가루가 비산한다.

㉣ 감염 순서는 아래와 같이 진행 된다.

· 녹포자 형성

· 녹포자가 중간기주에서 여름포자 형성

· 겨울포자 형성 후 발아하여 소생자(담자포자) 발생

· 바람에 의해 소생자(담자포자)가 잎의 기공으로 침입

㉤ 방제법

· 감염된 나무, 중간기주는 제거 한다.

· 조기에 가지치기를 실시 한다.

· 묘목은 다른 지역으로 반출하지 않는다.

· 8월에 보르도액을 살포하여 소생자의 침입을 막는다.

⑥ 소나무 잎마름병

㉠ 병원은 진균(불완전균류)로 *Pseudocercospora pini-densiflorae* 이다.

㉡ 대표기주로 소나무, 해송 등이 있다.

㉢ 균사가 낙엽에 월동하고 다음해 봄에 분생포자를 형성하여 전염된다.

㉣ 여름철 고온 다습한 환경에서 주로 발생한다.

㉤ 띠모양의 황색반점이 교대로 형성되어 갈변하다가 반점들이 합쳐지게 된다. 병든 낙엽에서 월동하고 건전부와 이병부의 경계가 뚜렷하지 않다.

㉥ 방제법

- 감염된 묘목은 소각한다.
- 묘목을 이식할 때는 약제를 살포한다.

⑦ 푸사리움 가지마름병

㉠ 병원은 진균(불완전균류)로 *Fusarium circinatum* 이다.

㉡ 대표기주는 리기다소나무, 테다소나무, 해송 등이다.

㉢ 균사가 가지에 월동한다. 나무의 상처를 통해 침입한다.

㉣ 병원균 포자가 바람, 매개충을 통해 전파된다.

㉤ 방제법

- 종자를 소독하고 질소질 비료의 과용을 피한다.
- 매개충인 나무좀류, 바구미류 등을 구제한다.
- 피해가 심한 임지는 조기벌채 한다.

### (3) 활엽수 병해

① 밤나무 줄기마름병

㉠ 병원은 진균(자낭균류)으로 *Cryphonectria parasitica* 이다.

㉡ 대표기주는 밤나무, 참나무, 단풍나무이다.

㉢ 감염 초기에 수피가 적갈색으로 변색되며 비가 내리면 황갈색의 포자각이 분출된다.

㉣ 병원균은 균사 혹은 포자형으로 월동한다.

㉤ 1900년경 동양에서 미국 동부, 유럽으로 전파되어 밤나무림을 황폐화시킨 전례가 있다.

㉥ 방제법

- 상처부위로 감염되기에 상처에 주의하고 병든 부위는 도려내 도포제로 처리한다.
- 상처가 발생되지 않게 백색페인트로 처리한다.
- 바람이나 매개충에 의해 전반되므로 매개충은 사전에 예방한다.

② 벚나무 빗자루병

㉠ 병원은 진균(자낭균류)로 *Taphrina wiesneri* 이다.

㉡ 대표기주는 벚나무류이다.

㉢ 균사가 가지에 월동하고 다음해 봄에 포자를 형성하여 전반된다.

㉣ 초기 가지에 혹모양이 발생하다가 이후 잔가지가 빗자루 모양으로 총생한다.

㉤ 방제법

- 감염된 가지를 잘라 소각하고 절단면에 도포제를 바른다.
- 이른 봄에 보르도액 혹은 만코제브 수화제를 살포한다.

③ 호두나무 탄저병

㉠ 병원은 진균(자낭균류)로 Glomerella cingulata 이다

㉡ 대표기주는 호두나무이다

㉢ 자낭각이 가지나 낙엽에 월동하고 호두나무의 잎과 과실에 많이 발생한다

㉣ 토양이 과습하거나 배수가 불량한 점질토양의 경우 자주 발생한다

㉤ 방제법

- 병든 열매나 잎은 잘라 소각한다.
- 곤충이 식해한 상처부위에 발병하기 쉬우므로 해충을 구제하도록 한다.
- 베노밀수화제 2000배액, 지오판수화제 1000배액을 10일간격으로 4~5회 살포한다.

④ 포플러 잎녹병

㉠ 병원은 진균(담자균류)으로 *Melampsora larici-populina* 이다.

㉡ 대표기주는 포플러이고 중간기주는 낙엽송, 현호색, 줄꽃주머니 이다.

㉢ 병징으로 잎 뒷부분에 황색의 돌기가 발생하고 확산되면 잎 전면에 덮히게 된다. 중간기주인 낙엽송 잎에는 5월쯤 노란점이 발생된다.

㉣ 방제법

- 떨어진 감염된 낙엽을 소각한다.
- 저항성 수종을 식재한다.
- 보르도액이나 만코지수화제를 여름철에 2주간격으로 살포한다.

⑤ 참나무시들음병

㉠ 병원은 진균으로 *Raffaelea quercus mangolicae* 이다.

㉡ 대표기주는 참나무류, 서어나무 등이 있다.

㉢ 병원균은 레펠리아속의 신종 곰팡이로 매개충은 광릉긴나무좀이다. 매개충은 5령의 노숙유충으로 월동한다.

㉣ 감염시 변재부에 곰팡이를 감염시키고 곰팡이가 도관을 막아 수분과 양분의 이동을 방해하여 결국 시들어 죽게 된다.

㉤ 방제법

- 매개충은 줄기와 가지에 피해를 주기에 피해부위의 경우 소각하고 매개충을 구제한다.
- 침입한 경우 구멍에 페니트로티온 유제 50~100배액을 주입한다.

· 피해목을 벌목하여 메탐소듐 액제로 훈증한다.

· 딱따구리 및 해충을 잡아먹는 조류를 보호한다.

⑥ 대추나무 빗자루병

㉠ 병원은 파이토마플라스마이다.

㉡ 대표기주는 대추나무, 오동나무, 뽕나무 등이 있다.

㉢ 대추나무 빗자루병, 뽕나무 오갈병, 붉나무 빗자루병은 마름무늬 매미충, 오동나무 빗자루병은 담배장님노린재에 의해 매개된다.

㉣ 감염시 총생, 위축, 엽화 등의 현상이 나타나고 1~2년이내 전체로 퍼져 수년이내에 말라죽게 된다.

㉤ 방제법

· 매개충 발생시기 6~9월에 아세타미프리드 수화제를 2000배액, 2주간격으로 살포한다.

· 피해가 많이 진행된 경우 제거하도록 한다.

· 발병 초기의 경우 옥시테트라싸이클린 수화제를 200배액으로 하여 수간주사한다.

(4) 공통병해

① 흰가루병

㉠ 병원은 진균(자낭균류)으로 *Phyllactinaia corylea* 이다.

㉡ 대표기주는 참나무류, 단풍나무류, 밤나무, 오리나무 등이 있다.

㉢ 병원균은 자낭각이나 균사가 낙엽이나 가지에 월동하고 이후 분생포자를 형성해 가을에 전염된다.

㉣ 여름에 장마철 이후 잎표면, 뒷면에 백색의 반점이 발생하고 가을철 잎을 덮는다. 가을에 잎 표면에 흑색의 알갱이는 자낭구이다.

㉤ 방제법

· 감염된 낙엽은 소각하고 가지의 경우도 제거한다.

· 장마철 이후 약제를 살포하여 예방한다.

② 그을음병

㉠ 병원은 진균(자낭균류)로 *Meliolaceae, Asterinaceae, Parodiellinaceae* 등이 있다.

㉡ 대표기주로 낙엽송, 소나무류, 주목, 버드나무 등이 있다.

㉢ 깍지벌레, 진딧물 등의 해충에 의해 발생하며 잎에 그을음과 같은 균총이 발생한다.

㉣ 통풍이 불량하고 습하고 그늘진 곳에서 자주 발생한다.

㉤ 방제법

- 감염시 만코지수화제, 지오판수화제 등의 약제를 살포한다.
- 질소질 비료의 과용을 피하고 통풍 및 습도의 환경을 개선해준다.

③ 아말라리아뿌리썩음병

㉠ 병원은 진균(담자균류)으로 *Armillaria mellea* 이다.

㉡ 대표 기주로 소나무류, 잣나무류, 낙엽송, 참나무류, 오동나무, 오리나무 등 침엽수 및 활엽수이다.

㉢ 낙엽 혹은 감염식물에 부생생활을 하며 이후 균사가 상처로 침입한다.

㉣ 산성토양에서 잘 발생하나 알칼리 토양에서는 잘 발생하지 않는다.

㉤ 방제법

- 병든 뿌리는 뽑아 소각한다.
- 병든 식물의 주위에 도랑을 파서 균사의 전파를 방지한다.
- 석회를 이용하여 토양을 알칼리성으로 개량한다.

## 03 식물 해충

### 1. 곤충일반

① 곤충학은 곤충을 연구하는 학문으로 지구상에 약 100만여종의 곤충이 살고 전체 동물문에 약 70% 이상을 차지하고 있다.

② 곤충은 동물계의 절지동물문 곤충강에 속한다.

③ 곤충학은 일반곤충학과 응용곤충학으로 분류되며 일반곤충학은 분류학, 형태학, 생리학, 생태학, 지리학 등이 있고 응용곤충학은 산림곤충학, 위생곤충학, 산업곤충학 등이 있다.

### 2. 곤충의 특성

#### (1) 곤충의 진화

① 곤충의 진화는 데본기부터 진행되었고 다체절의 절지동물에서 진화하였다.

② 곤충강에 속하는 절지동물은 약 4억 8천년전 쯤부터 등장하였는 것으로 추정한다.

③ 약 400백만년전 데본기에 처음으로 날개를 발달하였다.

④ 석탄기에는 신시하강의 곤충이 등장하였고 등뒤로 날개를 접을 수 있게 진화되었다.

⑤ 페름기에는 메뚜기군의 외시류곤충이 번성하였다.

⑥ 이처럼 곤충은 역사적으로 오랜시간 진화를 거듭해왔으며 그 종류만 100만 여 종이 넘으며 아직까지 인류가 발견하지 못한 곤충도 많을 것으로 예상하고 있다.

#### (2) 곤충의 번성

① 곤충의 강점은 바로 체구가 작다는 것이다. 적은 양의 먹이로도 생존이 가능하고 포식자 및 극한환경에 생존이 유리하다.

② 날개의 발달로 비행능력이 생기면서 새로운 서식지를 찾아다니기 용이해졌다.

③ 다양의 분화와 환경의 적응을 통해 경쟁을 최소화하여 다양한 방식의 생존 전략을 가지게 되었다.

④ 곤충의 키틴질이라는 방수층이 있어 수분의 증발을 최소화하여 극한의 환경에서도 생존이 가능하다.

⑤ 곤충은 변온성을 지니고 있어 체온을 유지하기 위한 에너지 소비가 거의 없다.

⑥ 키틴질로 된 강한 외골격으로 몸을 보호하기 용이해졌다.

⑦ 강한 번식력을 통해 종족을 보존하기 용이해졌다.

### (3) 곤충의 특징

① 곤충은 몸 구조는 크게 머리, 가슴, 배 3부분으로 분류된다.

② 머리는 구기인 입틀, 한쌍의 겹눈과 2~3개의 홑눈, 한쌍의 더듬이를 가지고 있다.

③ 가슴은 앞가슴, 가운데가슴, 뒷가슴으로 분류된다. 각 부분에 한쌍의 다리가 있고 가운데 가슴과 뒷가슴에는 한쌍의 날개가 있다.

④ 곤충에는 소화계, 순환계, 호흡계, 신경계 등의 기관을 갖추고 있다.

## 3. 곤충의 분류 및 형태 특성

### (1) 곤충의 분류

① 곤충의 분류는 분류학상 기본단위인 종이며 분류순서는 문, 강, 아강, 목, 아목, 과, 아과, 속, 아속, 종, 아종, 변종 순이다. 속은 계통적으로 형태가 비슷한 것을 기초로 하며, 과는 같은 속의 집단이다, 목은 보통 입과 날개의 진화정도, 날개의 모양, 변태의 방식, 진화 정도에 따라 분류된다.

② 곤충은 날개가 없는 원시적인 무시아강과 유시아강으로 분류되고 무시아강은 4목으로 구분된다.

③ 유시아강은 불완전변태를 하는 외시류와 완전변태를 하는 내시류로 구분한다. 무시아강은 변태를 하지 않는 무변태이다.

<table>
<tr><td colspan="3">무시아강</td><td>톡토기목, 낫발이목, 좀붙이목, 좀목</td></tr>
<tr><td rowspan="3">유시아강</td><td colspan="2">고시류</td><td>하루살이목, 잠자리목</td></tr>
<tr><td rowspan="2">신시류</td><td>외시류</td><td>바퀴목, 사마귀목, 흰개미목, 귀뚜라미붙이목, 메뚜기목, 집게벌레목, 대벌레목, 강도래목, 다듬이벌레목, 이목, 매미목, 노린재목, 총채벌레목</td></tr>
<tr><td>내시류</td><td>뱀잠자리목, 약대벌레목, 풀잠자리목, 딱정벌레목, 부채벌레목, 밑들이목, 벼룩목, 날도래목, 나비목, 벌목, 파리목</td></tr>
</table>

④ 유시아강에는 날개를 가지고 있으나 퇴화되어 없거나 날개를 접을수 없는 고시류, 날개를 접을 수 있는 신시류로 분류된다.

### (2) 무시아강

① 톡토기목

㉠ 톡토기목은 대부분의 종은 몸길이 6mm 이하로 작은편이다 .

㉡ 머리, 가슴, 배로 이루어지며 다리는 3쌍, 더듬이는 1쌍을 가지고 있다.

㉢ 날개는 없고 배는 6마디, 제 1 마디에는 복관이 있으며 제 4마디에는 한쌍의 도약기가

있다.

㉣ 유충은 성충은 모습이 비슷하나 생식기가 없다.

㉤ 겹눈은 홑눈모양으로 배열되어 있고 저작형 입틀이 머리통 안에 들어 있다.

② 낫발이목

㉠ 원미류라고도 하며 날개가 없고 변태가 거의 이루어지지 않는다.

㉡ 주로 습한 흙이나 낙엽 더미 속에 서식한다.

㉢ 길이가 2mm 내외로 작고 피부가 엷고 반투명하다.

㉣ 눈이 없고 구기는 뺨 속에 숨어 있는 자흡구형 입틀을 가진다. 큰턱은 길쭉하고 두 개와는 한 곳에서 연결된다.

㉤ 더듬이가 없고 앞다리에는 여러개의 감각모가 있다.

③ 좀붙이목

㉠ 대개 몸길이는 7mm 이하이나 간혹 30~50mm 가 있다.

㉡ 몸은 가늘며 날개가 없다.

㉢ 배 끝에 마디가 많고 1쌍의 꼬리뿔이 감각기관을 대신한다.

㉣ 겹눈이 없고 더듬이는 가늘고 머리보다 긴편이다.

㉤ 빛을 싫어하는 습성으로 습한 흙 속이나 돌, 나무 밑에서 생활한다.

㉥ 육식성으로 흙 속의 톡토기류, 진드기류, 균사체 등을 먹고 산다.

④ 좀목

㉠ 몸은 방추형으로 날개가 없다.

㉡ 나무껍질, 땅속, 낙엽 아래에서 생활한다.

㉢ 저작구형 입틀로 겹눈은 있기도 하고 없기도 하다.

㉣ 변태의 경우 하기도 하고 하지 않기도 한다.

### (3) 유시아강 – 고시류

① 하루살이목

㉠ 유충은 주로 유속이 느리거나 얕은 호숫가에서 서식한다.

㉡ 유충은 물속에서 다른 포식자의 먹이가 된다.

㉢ 입틀이 퇴화되어 없고 더듬이는 2마디를 가지고 있다.

㉣ 날개는 삼각형에 가까우며 날개맥이 많고 뒷날개가 앞날개보다 작은 편이다.

㉤ 알에서 깨어난 하루살이는 불완전변태를 하며 성충이 된다.

② 잠자리목

㉠ 잠자리는 알, 유충, 성충의 불완전변태를 하며 유충때는 수중생활을 한다. 수중생활을 하는 유충때는 기관아가미로 호흡한다.

㉡ 2쌍의 날개가 있고 날개맥은 그물모양이다.

㉢ 아랫입술이 발달하고 성충이나 약충 모두 포식성이다.

㉣ 겹눈이 발달하고 더듬이는 작은 편이다.

㉤ 잠자리목의 경우 수질오염을 나타내는 지표가 되기도 한다.

### (4) 유시아강 – 신시류 – 외시류

① 바퀴목

㉠ 몸은 납작한 타원형 모양이며 날개가 있다.

㉡ 알집에서 유충으로 대량 부화하여 불완전변태를 한다.

㉢ 겹눈이 발달하고 입틀은 저작형이며 더듬이는 실모양으로 긴편이다.

㉣ 사람이 사는 주변, 하수구 등 오염 구역에서 서식한다.

㉤ 번식력이 뛰어나고 박멸이 어려우며 여러 병원의 매개충으로 위생해충에 속한다.

② 사마귀목

㉠ 사마귀는 번데기 과정을 거치지 않는 불완전변태를 한다.

㉡ 유충과 성충은 모두 육식성이다.

㉢ 암컷은 수컷보다 큰편이며 배의 너비가 넓다.

㉣ 앞날개가 꼬리부 뒤쪽까지 이어지며 갈색의 날개맥이 여러 줄 있다.

③ 흰개미목

㉠ 주로 불완전변태를 하며 유충이 성충과 유사한 형태를 가진다.

㉡ 가슴과 배가 구분되지 않으며 저작형 입틀로 큰 턱을 가진다.

㉢ 겹눈은 퇴화한 경우가 대부분이다.

㉣ 어린 목재를 섭취하며 소화관에 셀룰로오스 분해 미생물이 있어 양분을 얻는다.

④ 귀뚜라미붙이목

㉠ 전체적으로 몸이 가늘고 15~30mm 정도로 긴편이며 날개가 없다.

㉡ 홑눈이 없고 겹눈만 있거나 퇴화한 것이 대부분이다.

㉢ 배 부분에 한쌍의 긴 꼬리털이 있다.

㉣ 동굴이나 썩은 나무 아래에서 생활한다.

㉤ 입틀은 압쪽을 향하며 저작형으로 큰 턱이 발달하였다.

㉥ 배는 10마디로 제 1배등판에 1개의 돌기 모양의 복포가 존재한다.

⑤ 메뚜기목

㉠ 번데기 과정이 없는 불완전변태를 한다.

㉡ 수컷의 경우 날개를 비비거나 날개에 뒷다리의 마찰을 이용해 소리를 낸다.

㉢ 크게 머리, 가슴, 배로 분류되며 가슴은 다시 앞가슴. 가운데가슴, 뒷가슴으로 분류한다.

㉣ 날개는 앞날개, 뒷날개가 각 한 쌍씩 존재하며 앞날개는 가운데 가슴, 뒷날개는 뒷가슴에 달려 있다.

㉤ 기문의 경우 머리를 제외한 나머지 체절에 한쌍씩 있다. 겹눈이 발달하고 3개의 홑눈을 가진다.

⑥ 집게벌레목

㉠ 날개는 두쌍이며 없는 것도 존재한다. 앞날개는 짧고 날개맥이 없다. 뒷날개의 경우 발달 모양으로 날개맥이 방사형이다.

㉡ 식육성이고 저작형 입틀이다.

㉢ 땅속이나 나무껍질 아래 살며 각종 해충을 잡아먹는다.

⑦ 대벌레목

㉠ 몸은 가늘고 길이는 7~10cm 정도이며 머리는 앞가슴보다 길다.

㉡ 암컷은 머리에 1쌍의 가시가 있고 더듬이는 실 모양으로 짧은 편이다.

㉢ 날개는 퇴화하여 날지 못한다.

㉣ 가운데다리와 뒷다리의 종아리마디 밑의 끝에는 돌기가 3~4개 정도 있다.

㉤ 연 1회 발생하고 불완전변태를 한다.

⑧ 강도래목

㉠ 몸이 연약하고 머리의 폭은 넓으며 더듬이가 길다.

㉡ 불완전변태를 하며 성충은 막질의 날개를 2쌍 가지고 있으며 앞날개보다 뒷날개가 크다.

㉢ 유충은 대부분 물살이 세고 수온이 낮은 계곡에 서식하며 수서곤충, 식물성 물질을 먹고 기관아가미로 호흡한다.

㉣ 저작형 입틀이나 성충 때는 퇴화하는 편이다.

⑨ 다듬이벌레목

㉠ 몸은 원통 모양이며 길이는 7mm 정도이다.

㉡ 두 쌍의 날개가 있으며 날개는 막질이고 날개가 짧은 것 없는 것이 있다.

㉢ 입틀은 씹는 형이며 잡식성이다.

㉣ 발마디는 약충은 2마디, 성충은 3마디 이며 꼬리는 없다.

㉤ 국내에는 검정수염다듬이, 다듬이, 검정다듬이, 톱니다듬이, 두점다듬이, 얼룩무늬다

듬이 등이 분포하고 있다.

⑩ 매미목

㉠ 크기는 1~80mm 정도로 다양하고 달갈 모양 혹은 긴 타원형이다.

㉡ 전구동물로 머리는 자유롭고 더듬이는 실이나 털 모양으로 4~10마디로 이루어져 있다.

㉢ 겹눈은 발달하고 홑눈은 보통 3개 정도이나 뿔매미처럼 2개 혹은 퇴화한 것도 있다

㉣ 날개는 2쌍으로 날개맥은 단순하거나 퇴화했다.

㉤ 초식성이며 불완전 변태를 하며 번식력이 매우 좋은 편이다.

⑪ 노린재목

㉠ 반시류라고도 하며 지상, 수서 생활을 하는 것들이 있다.

㉡ 몸의 크기는 1~65mm 정도로 다양하며 모양도 평판한 것, 막대형, 날개의 변형 및 확대 등 다양한 편이다.

㉢ 머리는 넓고 삼각형이 많으며 구기는 찔러서 빨아들이는 모양이다. 초식성 혹은 포식성이 있다.

㉣ 겹눈은 발달되어 있고 홑눈은 2개이거나 없다.

㉤ 더듬이는 4~5마디로 땅에 사는 것들은 긴편이며 물속에 사는 것은 짧은 편이다.

⑫ 총채벌레목

㉠ 몸크기는 0.5~10mm 정도이며 총시류라고 한다.

㉡ 꽃이나 잎과 같은 식물을 먹고 살며 간혹 포식성인 것도 있다.

㉢ 날개맥은 퇴화하였으며 총채모양의 날개를 가진다.

㉣ 불완전변태를 하며 날개 둘레에는 길고 가는 털이 있다.

㉤ 입틀의 좌우가 비대칭이고 즙액을 빨아먹는 흡수형이다.

### (5) 유시아강 – 신시류 – 내시류

① 뱀잠자리목

㉠ 유충은 저작형 입틀로 더듬이가 있고 다리가 발다한 편이다.

㉡ 뱀잠자리는 맑은 담수에서만 서식하기에 환경 지표종으로 이용된다.

㉢ 유충은 수서생활을 하고 아가미로 호흡한다.

㉣ 대략 300 여종 정도가 알려져 있으며 한국에서는 풀잠자리목으로 취급한다.

② 약대벌레목

㉠ 두쌍의 날개가 있으며 투명하고 날개맥이 많다.

㉡ 뱀잠자리목과 형태적으로 유사하나 목이 긴 것이 특징이다.

㉢ 더듬이는 길고 저작형 입틀이며 유충은 육지생활을 한다.

㉣ 국내에는 약대벌레목에 1과 1종이 알려져 있으며 산지 중심으로 관찰이 된다.

③ 풀잠자리목

㉠ 2쌍의 날개를 가지며 앞날개와 뒷날개의 모양과 크기가 비슷하다.

㉡ 완전변태를 하며 입은 저작구이고 앞날개, 뒷날개의 크기가 같으며 시맥은 망상이다.

㉢ 긴 더듬이를 가지며 여러 개의 마디로 되어 있다.

㉣ 유충은 3쌍의 다리를 가지고 배에는 다리가 없으며 주로 육지에서 서식한다.

④ 딱정벌레목

㉠ 곤충의 종 가운데 40% 정도인 35만여종을 차지하는 목이며 아직 미발견 종만 500만여종이 넘는 것으로 알려져있다.

㉡ 먹이는 식물, 작은물고기, 동물의 시체 등 매우 다양하다.

㉢ 저작형 입틀로 성충은 외골격이 발달해 있다.

㉣ 날개는 있는 것과 없는 것이 있으며 있는 경우는 2쌍이다.

⑤ 부채벌레목

㉠ 10개 과에 대략 600 종 정도로 이루어져 있다.

㉡ 초기 유충과 수컷 성충은 짧은 수명을 가지며 대부분은 생을 다른 곤충의 몸에 기생한다.

㉢ 수컷만 날개가 있으며 뒷날개가 큰 부채 모양이다.

㉣ 입틀은 퇴화되었고 암컷은 날개와 다리가 없는 유충형태이다.

⑥ 밑들이목

㉠ 머리는 아래쪽으로 길게 뻗어 있고 주둥이 끝은 저작형 입틀이다. 더듬이는 여러 마디로 긴 채찍 모양이다.

㉡ 먹이는 작은 벌레를 잡아먹는 육식이며 유충은 나비류의 유충모양을 하고 있다.

㉢ 완전변태를 하고 성숙유충이 번데기로 월동한다.

⑦ 벼룩목

㉠ 평균 2~4mm 정도로 매우 작은편이며 완전변태를 한다.

㉡ 머리, 가슴, 배의 구별이 뚜렷하고 다리가 발달하여 도약이 용이하다.

㉢ 성충은 동물에 기생하여 피를 빨아먹고 흑사병 혹은 발진열의 질병을 전파한다.

㉣ 유충은 긴 원통형으로 눈과 다리가 없으며 기생생활을 하지 않는다.

⑧ 날도래목

㉠ 날도래목은 수중생활을 하거나 수체에 인접한 습지대에서 서식한다.

㉡ 나뭇잎, 조류, 동식물의 미세분해물질, 플랑크톤 등을 먹이로 한다.

ⓒ 유충은 아가미를 이용해 호흡하거나 몸의 표면을 통해 피부호흡을 한다.

ⓓ 완전변태를 하며 1년에 1세대로 번데기가 되기에 4~5회 정도의 탈피를 한다.

⑨ 나비목

㉠ 날개와 몸 전체가 비늘가루로 덮여 있다.

㉡ 크게 나비와 나방으로 이루어지며 완전변태군에 속한다.

㉢ 성충은 인편으로 덮힌 막질의 날개 2쌍과 빨아먹는 긴 주둥이를 가지고 있다.

㉣ 유충은 씹는 입틀이 발달하고 원통형이다.

⑩ 벌목

㉠ 벌과 개미 등을 포함하며 환경에 잘 적응하며 기생 및 사회생활을 하며 완전변태를 한다.

㉡ 종류는 10만종류 이상으로 다양하다

㉢ 2쌍의 막질의 날개가 있다. 입틀은 무는 저작형이 많으나 핥는형이나 빨대형도 있다

⑪ 파리목

㉠ 1쌍의 날개를 가지며 서식환경은 매우 다양하다.

㉡ 먹이는 과즙, 곤충, 혈액, 식물등 광범위하다.

㉢ 성충은 막질로 이루어진 1쌍의 날개를 가지며 뒷날개는 작은 곤봉 모양으로 퇴화되었다.

㉣ 뒷날개는 평균곤으로 변형되어 몸의 균형 유지와 감각기근을 담당한다.

## 4. 해충의 생리

### (1) 곤충의 발생

① 곤충이 알에서 유충, 번데기, 성충의 과정을 거쳐 다음세대를 낳게 될 경우까지를 세대 혹은 생활사라고 한다.

② 곤충이 1년에 1세대를 경과하는 것을 1화성, 1년에 많은 세대를 경과하는 것을 다화성이라 한다.

③ 암컷이 알을 낳게 되는 것을 산란라고 하며 알을 낳게 될 때까지의 기간을 산란전기라 한다.

④ 알이 부화할 때까지의 기간을 난기간이라 하고 곤충에 따라 그 기간이 상이하다.

⑤ 알에서 부화한 유충이 번데기가 될 때까지의 기간을 말하며 환경에 따라 기간이 다르다.

⑥ 번데기가 되어 부화할 때까지의 기간을 용기라 한다.

(2) 곤충의 변태

① 알에서 부화한 유충이 여러번 탈피를 거쳐 성충으로 변화하는 과정을 변태라 한다.

② 유충이 번데기를 거쳐 성충이 되는 것을 완전변태, 알에서 부화하여 바로 성충이 되는 것은 불완전변태로 분류한다.

③ 유충은 완전변태를 한 어린 벌레이며 약충은 불완전변태를 한 경우를 말한다.

④ 변태의 분류

| 종류 | 과정 | 벌레 |
|---|---|---|
| 완전변태 | 알→유충→번데기→성충 | 나비목, 파리목, 벌목, 딱정벌레목 등 |
| 불완전변태 | 알→유충→성충 | 진딧물류, 잠자리목, 메뚜기목 등 |
| 과변태 | 알→유충→의용→용→성충 | 딱정벌레목 가뢰과 |

⑤ 불완전변태는 다음과 같이 분류된다.

| 종류 | 과정 | 벌레 |
|---|---|---|
| 반변태 | • 알→유충→성충<br>• 유충과 성충의 모양이 다르다. | 잠자리목, 하루살이목 |
| 점변태 | • 알→유충(약충)→성충<br>• 유충과 성충의 모양이 비슷하다. | 메뚜기목, 총채벌레목, 노린재목 |
| 증절변태 | • 알→약충→성충<br>• 탈피를 거듭할수록 복부의 배마디가 증가한다. | 낫발이목 |
| 무변태 | • 부화 당시 성충과 같은 모양 | 톡토기목 |

(3) 발육과정

① 완전히 발육후 알껍질을 깨고 나오는 것을 부화라 한다.

② 알에서 부화한 유충이 성장을 하면서 탈피를 하게 되며 이때 탈피횟수에 따라 령충이 결정된다. 1회 탈피할 때까지 1령충, 1회 탈피를 할 경우 2령충, 2회 탈피를 할 경우 3령충이다.

③ 이때 진행되는 탈피는 유충의 표면에 묵은 표피를 벗는 현상을 말한다.

④ 그래서 부화유충이 탈피 할때까지의 기간을 '영'이라 한다.

⑤ 용화는 일종의 번데기가 되는 현상으로 이때 번데기의 형태에 의해 나용, 피용, 위용, 전용 등으로 분류한다.

| | |
|---|---|
| 나용 | • 곤충의 번데기형으로 부속지가 몸에서 떨어져 있으며 촉각, 날개, 다리는 경화하지 않으며 피부전체의 경화의 정도가 낮은편이다.<br>• 벼룩목, 부채벌레목, 대부분의 딱정벌레목과 벌목, 파리목의 일부에서 그 예를 볼 수 있다. |
| 피용 | • 곤충번데기의 한 형태로 전체의 체표가 심하게 경화하고 촉각, 다리, 날개가 체부에 밀착되어 있는 것을 말한다.<br>• 대부분의 나비목, 파리목의 사각류(모기, 각다귀) 및 단각류의 번데기는 이 형에 속한다. |
| 위용 | • 유충이 번데기가 된 이후 피부가 경화되어 그 속에서 나용이 만들어진 형태<br>• 파리목의 일부 |
| 전용 | • 유충의 탈피각 내부에 있는 번데기를 말한다. |

⑥ 번데기가 탈피하여 성충이 되는 것을 우화라 한다.

⑦ 암컷의 생식기 속에 수컷의 정액을 주입하는 것을 교미라 한다.

⑧ 암수의 교미에 의해 수정작용 이후 곤충이 알을 낳는 현상을 산란이라 한다.

⑨ 곤충은 종류에 따라 생식 방법이 다양하며 양성생식, 단위생식, 다배생식, 유생생식, 자웅동체 등이 있다.

| | |
|---|---|
| 양성생식 | 단성생식의 반대로 수정에 의한 생식을 말하는데 대부분의 곤충이 해당된다. |
| 단위생식 | • 수정 없이 또는 영양번식에 의해 유전적으로 동일한 후손이 생산되는 생식으로 암컷만으로 생식을 하기에 처녀생식이라고도 한다.<br>• 넓은 의미에서는 무배생식이나 무포자생식을 포함한다. |
| 다배생식 | • 수정된 난핵이 분열하여 각각 개체로 발육하는 것으로 1개의 알에서 2개 이상의 곤충이 생기는 것을 말한다.<br>• 벼룩좀벌과나 고치벌과 등이 있다. |
| 유생생식 | 유생의 시기에 생식세포가 성숙하여 단위생식이 일어나 체내에 새 개체가 생긴다. |

## 5. 해충의 생태

### (1) 식성

① 식물 식성

| | |
|---|---|
| 식식성 | • 식물을 섭취한다.<br>• 대부분의 곤충<br>• 단식종 : 계통이 가까운 식물을 먹는 종<br>ex) 누에→뽕나무, 솔나방→소나무, 낙엽송, 배추좀나방→십자화과 작물<br>• 다식종 : 유연관계가 먼 식물을 먹는 종<br>ex) 쐐기나방, 집시나방, 미국흰불나방 |
| 균식성 | • 균류를 섭취한다.<br>• 버섯벌레과, 버섯파리과 등 |
| 미식성 | • 미생물을 섭취한다.<br>• 파리의 구더기 |

② 동물 식성

| | |
|---|---|
| 포식성 | 살아 있는 곤충을 섭취한다. |
| 기생성 | 다른 곤충에 기생한다. |
| 육식성 | 다른 동물을 섭취한다. |
| 시식성 | 다른 동물의 시체를 섭취한다. |

### (2) 주성

| | |
|---|---|
| 주광성 | • 빛에 영향을 받아 유인되는 현상<br>• 나비, 나방 등은 양성 주광성이다<br>• 구더기, 바퀴 등은 음성주광성이다 |
| 주화성 | • 화학물질에 유인되는 현상<br>• 특정 식물이 방출하는 화학물질에 유인되어 섭취하거나 산란하는 것 |
| 주수성 | • 물에 유인되는 현상<br>• 수서곤충인 딱정벌레가 물가에 모이는 것 |
| 주촉성 | • 다른 물체에 접촉하려는 현상 |
| 주류성 | • 물이 흘러오는 방향으로 운동하는 현상<br>• 소금쟁이의 물에 흐름에 의한 운동성 |
| 주풍성 | • 바람에 영향을 받는 현상<br>• 바람을 타고 날아가는 것을 음성 주풍성이라 하며 주로 메뚜기가 있다.<br>• 바람을 향해 날아가는 것을 양성 주풍성이라 하며 잠자리 등이 있다. |
| 주지성 | • 지면을 기준으로 머리가 땅을 향하면 양성 주시성, 머리가 지면 반대면 음성 주지성이라 한다. |
| 주열성 | • 열이 있는 곳으로 모이는 현상<br>• 늦가을에 인가의 따뜻한 열의 주위로 모이는 것으로 땅강아지, 귀뚜리미 등이 있다. |

(3) 휴면

① 정상적인 조건아래에서 곤충의 발육은 지속되나 환경조건이 불리해지면 발육이 정지된다. 이때 불리한 환경조건을 제거하면 생육이 곧 회복된다. 그러나 많은 곤충들의 경우 환경조건이 회복되어도 발육이 곧 회복되지 않고 정지된 상태가 상당한 기간 지속된다. 이러한 상태를 휴면이라고 한다.

| | |
|---|---|
| 절대휴면 | 특정 발육단계에서 필수적으로 필요한 휴면으로 필수휴면이라고도 한다. |
| 일시휴면 | 불리한 환경조건에 처한 경우의 휴면으로 조건휴면이라고도 한다. |

② 이러한 휴면의 요인으로는 일장, 온도, 먹이 등 다양한 환경조건이 있다

## 6. 해충의 형태

(1) 내부구조

① 소화계

㉠ 소화관은 전장, 중장, 후장으로 분류되고 앞쪽은 잎을 통해 섭취, 뒤쪽은 항문을 통해 배설한다.

| | |
|---|---|
| 전장 | • 섭취한 내용물을 임시 저장하고 기계적 소화작용이 일어난다.<br>• 식도, 소낭, 전위 로 구성되며 입과 식도 사이를 인두라 한다.<br>• 전위는 전장과 중장 사이를 말하며 중장에서의 내용물 역류를 막아준다. |
| 중장 | • 효소를 분비해 실질적인 소화 및 흡수작용을 한다.<br>• 중장은 점액성 단백질로 구성되며 위의 기능을 하기에 내배엽에서 생긴다. |
| 후장 | • 전소장, 직장, 항문으로 구성된다.<br>• 직장에서 수분을 흡수한다. |

㉡ 타액선은 타액을 분비하는 기능을 하며 곤충에 따라 용도가 상이한데 나비, 벌 등의 유충은 견사를 분비하여 유충집을 만들고 파리목에서 흡혈성 곤충은 흡혈시 혈액의 응고를 막는 액을 분비한다.

㉢ 말피기씨관은 곤충의 중장, 후장 사이에 있으며 배설작용을 돕는다.

㉣ 톡토기와 같이 말피기씨관이 없는 곤충에서 배설태인 요산을 합성하는 지방체가 발달된다.

② 순환계

㉠ 순환계는 개방형 순환계와 폐쇄형 순환계로 분류되며 곤충은 개방형 순환계를 가진다. 폐쇄형 순환계는 혈액이 혈관내에서만 순환하는 것이고 개방형 순환계는 혈액이 혈관내에서만 순환하지 않는 체계이다.

㉡ 혈액의 경우 곤충에 따라 다르지만 곤충의 혈액에는 혈림프가 존재하고 헤모시아닌

단백질이 포함되어 있다. 어떤 곤충에는 헤모글로빈, 헤모시아닌 두가지가 포함된 경우도 있다.

㉢ 곤충은 혈관을 통해 산소를 공급하는 것이 아닌 기문을 통해 산소를 공급하기에 곤충의 혈액에는 헤모글로빈이 없는 경우가 많다.

㉣ 곤충의 혈액은 혈장과 혈구로 구성되며 혈구는 식균작용, 열전달, 해독작용 등의 다양한 기능을 한다.

③ 호흡계

㉠ 곤충의 호흡계는 기문과 기관이 있으며 기문을 통해 들어온 공기를 기관을 통해 내부로 확산시켜 준다.

㉡ 기문은 가슴 2쌍, 배 8쌍이 존재하며 총 10쌍이 원칙이나 곤충에 따라 차이는 있다.

㉢ 기문의 기능에 따라 개구식, 폐쇄식 기관계로 분류한다. 개구식은 기문이 열려 있고 폐쇄식은 기문이 없거나 기능이 없는 것이다.

④ 신경계

㉠ 중추신경계 곤충의 중추신경계는 시각, 촉각, 소화기관의 감각 등에 관여한다.

㉡ 전장신경계는 전장 배벽 부근의 작은 신경구와 미주신경 등으로 구성되며 곤충의 전장, 타액선, 대동맥, 입근육 등을 지배한다.

㉢ 말초신경계는 근육 및 분비샘 등의 반응기관의 자극을 전달하는 운동신경과 중추신경절로 들어가는 감각신경이 있다.

⑤ 생식계

㉠ 곤충의 생식계는 배속에 있으며 배끝의 마디에 개구하는 것이 특징이다.

㉡ 대부분 자웅이체이나 이세리아깍지벌레와 같은 자웅동체인 것도 있다.

㉢ 암컷의 생식기관은 난소(알집), 수란관, 부속샘, 교미낭, 산란관 등이 있다.

㉣ 수컷의 생식기관은 고환(정집), 수정관과 저장관, 사정관, 부속샘, 교미기 등이 있다.

⑥ 근육계

㉠ 곤충의 근육 섬유의 경우 수축 및 이완에는 칼슘이온($Ca^{2+}$)이 관여하며 수축할 때는 농도가 높아지고 이완할 때는 농도가 낮아진다.

㉡ 곤충의 근육계는 기능에 따라 분류되며 종주근, 배복근, 측근, 익근 등이 있다

| 종주근 | 배면이나 복면이 있고 그부분으로 구부러지거나 몸 전체가 수축하도록 한다. |
|---|---|
| 배복근 | 몸마디의 압축에 작용하고 이를 통해 호흡작용에 도움을 준다. |
| 측근 | 배판과 측판, 측판과 복판, 측판과 기문을 연결하는 균육이다. |
| 익근 | 배관의 수축, 팽윤을 하는 근육이다. |

⑦ 감각기관

㉠ 곤충의 감각기관은 촉각, 미각, 후각, 청각, 시각이 있다.

㉡ 촉각은 감각모와 감각돌기를 통해 작용된다 .

㉢ 후각은 촉각이나 입틀에 있는 감각기에 의해 작용한다.

㉣ 미각은 입틀의 감각모 혹은 다리의 감각기관을 통해 작용한다.

㉤ 청각은 고막기관, 존스톤씨기관, 감각모 등에 의해 작용한다. 곤충에 따라 감각기관이 상이한데 대표적으로 메뚜기의 경우 고막기관을 모기의 경우 존스톤씨기관을 가진다.

㉥ 기각의 경우 겹눈과 홑눈이 있다.

㉦ 파리의 경우 미각에 관련된 감각기관이 다리에 위치해 있다.

⑧ 분비계

㉠ 곤충의 분비선은 외분비선, 내분비선이 있다.

㉡ 외분비선에는 침샘, 표피샘, 이마샘, 페로몬 등이 있으며 각각의 역할을 가진다.

㉢ 페로몬의 경우 곤충이 방출하는 일종의 화학물질로서 종 특이적으로 작용한다.

㉣ 같은 종의 이성을 유인하는 성페로몬, 서식지에서 동족을 부르는 집합페로몬, 위험을 전파하는 경보페로몬, 길을 안내하기 위한 길잡이 페로몬, 동족의 과밀현상을 피하기 위한 분산페로몬 등 목적에 따라 다양한 페로몬이 있다.

㉤ 내분비선은 혈액으로 방출하며 해당 기관 조직에서 작용되며 수분생리, 심장박동, 휴면 등의 다양한 대사 조절의 기능을 가진다. 대표적으로 카디아카체는 심장박동 조절, 알라타체는 성충으로 발육을 억제하는 유충호르몬 등이 있다.

㉥ 엑다이손은 탈피호르몬으로 곤충의 앞가슴선에서 분비된다.

㉥ 기타 화합물질로 정보 전달을 목적으로 분비하는 물질을 페로몬이라 하며 다른 종 개체간의 정보전달을 목적으로 분비되는 물질은 타감물질이라 한다. 대표적으로 알로몬, 시노몬, 카이로몬 등이 있다.

| 알로몬 | 생산자에 유리, 수용자에게 불리하게 작용되는 방어물질이다. |
|---|---|
| 시노몬 | 생산자에 불리, 수용자 유리하게 작용 한다. |
| 카이로몬 | 생산자, 수용자 모두 유리하게 작용 한다. |

(2) 외부구조

① 피부

㉠ 곤충의 피부는 주로 키틴질로 이루어져 있으며 곤충내부의 수분조절, 환경에 대한 보호 역할을 한다.

㉡ 곤충의 피부는 크게 표피, 진피, 기저막등으로 구성되어 있다.

㉢ 표피층

- 외표피는 단백질과 지질로 구성된 얇은 층으로 수분의 증발을 억제한다.
- 외표피는 시멘트층, 왁스층, 단백성 외표피층이 있다.

㉣ 원표피

- 성충 표피의 대부분을 차지하며 단백질과 키틴으로 구성되어 있다

| 외원표피층 | 곤충의 체색을 나타내는 색소를 함유 |
|---|---|
| 중원표피층 | 외원표피와 내원표피 사이의 중간 층 |
| 내원표피층 | 미세섬유의 배열에 의한 박막층 구조 형성 |

㉤ 진피층

- 단층의 세포조직에 상피세포의 형태로 표면에 미세한 융모가 있으며 단백질, 키틴, 지질 등으로 구성되어 있다.

| 상피세포 | • 체벽 구성물질 및 곤충의 탈피용액을 분비한다.<br>• 탈피시 오래된 큐티클층을 분해하는 키틴분해효소, 단백질분해효소를 분비한다.<br>• 표피 조직 파괴시 재생기능을 가진다. |
|---|---|
| 피부선 | 외표피의 시멘트층을 형성한다. |
| 특수세포 | 표피 외각의 부속기관, 체표돌기의 기능에 관여하는 생성물을 분비한다. |

㉥ 기저막

- 진피층 아래 구조가 없는 얇은 막으로 곤충의 근육이 부착되는 곳과 연결되며 혈구에는 분비한 점액성 다당류를 함유한다.

② 머리

㉠ 곤충의 머리는 입틀, 겹눈, 홑눈, 촉각 등이 있다.

㉡ 곤충의 입틀은 먹이를 섭취하는 곳으로 큰턱, 작은턱, 윗입술, 아랫입술, 혀로 구성되어 있다.

| 저작구형 | 씹어먹는 형 |
|---|---|
| 여과구형 | 물속 미생물을 여과시키는 형 |
| 절단흡취구형 | 잘라서 빨아먹는 형 |
| 흡취구 | 핥아먹는 형 |
| 저작핥는형 | 씹고 핥는 형 |
| 자흡구형 | 찔러서 빨아먹는 형 |
| 흡관구형 | 빨아먹는 형 |

③ 눈

눈은 보통 1쌍의 겹눈, 2~3개의 홑눈이 있으며 예외적으로 홑눈이 없는 곤충도 있다.

④ 더듬이

㉠ 곤충의 더듬이는 촉각, 후각, 청각, 미각 등 다양한 감각기관 역할을 한다.

㉡ 더듬이는 자루마디, 흔들마디(팔굽마디), 채찍마디 등 3 부분으로 구성되며 특히 채찍마디 부분을 통해 곤충을 구별하는 기준이 되기도 한다. 흔들마디의 경우 존스턴씨기관이 있어 공기의 진동을 통해 소리를 인지하거나 바람의 방향을 느낀다. 채찍마디는 후각 감각기가 밀집되어 있다.

㉢ 촉각은 곤충에 따라 여러 형태를 가지고 있다.

| | |
|---|---|
| 실모양 | • 채찍마디가 고르고 굵으며 끝이 가늘다.<br>• 노린재, 메뚜기 등 |
| 채찍모양 | • 털모양으로 끝으로 갈수록 가늘어진다.<br>• 잠자리, 여치, 멸구, 뽕나무하늘소 등 |
| 염주모양 | • 마디 크기 전체가 유사하나 구형이다.<br>• 등줄벌레, 흰개미 등 |
| 톱니모양 | • 각 마디가 삼각형으로 돌출되어 있다.<br>• 방아벌레 |
| 곤봉모양 | • 끝쪽으로 가면서 점점 굵어진다.<br>• 잎벌레, 송장벌레 |
| 구간상모양 | • 가느다란 마디로 가다가 끝부분에서 굵어진다.<br>• 나비 |
| 엽상아가미모양 | • 각 마디에 폭 넓은 돌출부가 있다.<br>• 풍뎅이 |
| 빗살모양 | • 각마디에 하나 혹은 두 개의 돌기가 있다.<br>• 홍날개 |

⑤ 가슴

㉠ 곤충의 가슴은 3부분으로 분류되며 앞가슴, 가운데가슴, 뒷가슴이 있으며 주로 키틴질로 구성되어 있다.

㉡ 가슴에는 날개, 다리, 기문 등의 부속기가 포함되어 있다.

⑥ 날개

㉠ 대부분의 곤충은 날개는 2쌍으로 앞날개는 가운데가슴, 뒷날개는 뒷가슴에 달려 있다.

㉡ 날개는 곤충류를 분류하는 주요 특징 중 하나이다.

㉢ 곤충의 날개는 각각의 곤충의 생존전략에 따라 변형되어 왔다.

| 귀뚜라미, 방울벌레 등 | 일부가 발음기화 됨 |
|---|---|
| 풍뎅이, 장수풍뎅이 등 | 혁질화되어 보호용으로 변형 |
| 파리 | 몸의 균형 유지 |
| 이, 벼룩 등 | 날개의 퇴화 |

⑦ 다리

㉠ 곤충 다리는 앞가슴, 가운데가슴, 뒷가슴에 각 1쌍씩 붙어 있으며 앞가슴의 다리는 앞다리, 가운데가슴의 다리는 가운데다리, 뒷가슴의 다리는 뒷다리라 부른다.

㉡ 다리 구조는 흉부 부착점에서 밑마디(기절), 도래마디(전절), 넓적다리마디(퇴절), 종아리마디(경절), 발목마디(부절)로 5마디로 분류한다.

⑧ 배

㉠ 배는 가슴 다음에 붙어 있으며 주로 10개 내외의 마디로 되어 있다

㉡ 배는 기문, 항문, 생식기, 미각, 미모, 도약기 등의 부속물이 있다

㉢ 배의 표피는 연약한 편이지만 단단한 시초나 다수의 털로 보호된다

㉣ 기문은 배의 마디마다 1쌍씩 있는 호흡기관이다

## 7. 해충의 방제

### (1) 해충의 방제

① 해충의 방제는 인류의 경제적 문제에 직접적인 피해를 주는 곤충을 억제하는 것으로 이를 위해 해충의 밀도, 면적, 방법, 횟수 등을 고려해야 한다. 또한 피해의 관점에 따라 방제의 목적이 달라지기도 한다.

② 경제적 피해수준은 경제적 피해가 나타나는 최소밀도로 해충에 의한 피해비용과 방제비용이 같은 수준의 밀도를 말한다.

③ 경제적 피해 허용수준은 경제적 피해수준에 도달하는 것을 억제하고자 직접 방제수단을 써야 하는 밀도 수준으로 경제적 가해수준보다 낮아야 한다.

④ 방제를 위해 환경조건을 해충의 서식과 번식에 불리하도록 살충제나 천적을 이용하여 일반평형밀도를 낮추는 방법이 있다.

⑤ 해충의 밀도는 그대로 두고 내충성의 해충에 대한 수목의 감수성을 낮추어 경제적 피해 허용 수준을 높이는 방법이 있다.

### (2) 해충의 분류

| | |
|---|---|
| 주요해충 | 매년 지속적인 피해를 주는 경우 |
| 돌발해충 | 평소 문제가 되지 않다고 환경의 변화나 먹이사슬의 변화등으로 인해 갑작스럽게 다량 발생하는 경우 |
| 2차해충 | 특정 해충 방제로 먹이사슬이 파괴되어 새로운 해충이 피해를 주는 해충이 되는 경우 |
| 비경제해충 | 피해가 경미하거나 주지 않는 경우 |

### (3) 해충조사

① 해충조사를 통해 해충의 밀도를 조사하고 방제를 위한 기초자료로 활용한다.

② 해충의 조사방법에 따라 크게 정성적 조사와 정량적 조사가 있다.

| | |
|---|---|
| 정성적 조사 | 해충의 조유에 대한 조사로 전체 해충, 잠재해충, 주요해충, 천적 등 특정 범주에 속하는 해충에 대한 조사를 말한다. |
| 정량적 조사 | • 절대밀도 : 가지나 잎과 같이 일정 단위를 정하고 그에 대한 해충의 수나 면적당 해충의 수로 조사하는데 솔잎혹파리의 월동 유충, 굼벵이, 거세미는 면적으로 깍지벌레는 먹이의 양으로 솔나방은 인위적 단위로 구한다.<br>• 상대밀도 : 포살장치를 이용하여 단위시간당 수를 조사하는데 이는 경제적 변동이나 지역적 차이를 알기 위한 방법으로 해충 실제 밀도보다 변동 상황을 비교한다. |

③ 해충조사를 위한 방법으로는 포충망을 이용하거나, 유아등을 통한 채집, 접착트랩, 털어잡기 등 해충의 종류에 따라 적합한 방법을 선택한다.

### (4) 해충 발생 예찰

① 해충의 효과적인 방제를 위해서는 매년 변화하는 발생량을 예측하여 효율적인 방제방법을 세워야한다. 이를 위해 특정 지역에 어느정도 발생하였는지를 조사하는 행위를 발생예찰이라 한다.

② 예찰의 경우 발생시기를 통해 방제시기를 결정하고, 발생량은 방제 여부와 약제의 살포량, 횟수 등에 참고를 하게 된다.

③ 예찰 방법으로 야외조사, 통계적 방법, 다른 생물현상과의 관계 파악, 실험적 방법, 개체군의 동태학적 방법 등이 있다.

④ 해충의 발생 예찰조사의 방법에는 이항축차조사법, 이항조사법, 축차조사법 등이 있다.

## 8. 해충의 방제법

### (1) 법적 방제법

법적 방제법은 법령에 의해 실시되는 방제법으로 식물방역법에 의해 국제 혹은 국내간의 검역을 통해 발생을 줄이는 제도적 방법이다.

### (2) 생태학적(경종적, 재배적) 방제법

① 윤작

㉠ 윤작은 한 경작지에 여러 작물을 돌려가면서 짓는 방법으로 이 방법을 사용하면 같은 작물을 연작하여 발생하는 해충을 어느정도 완화할수 있다.

㉡ 윤작의 경우 이전 작물에 대한 해충이 다음 작물에 영향을 주는지에 대한 관계에 대해서도 충분히 파악하고 다음 작물을 선택해야 한다.

㉢ 다른 작물을 재배하면서 지력유지 및 토양의 양분 균형을 유지하는데 도움이 되며 해충의 방제와 작물에서 배출되는 일종의 독소물질의 축적도 막을수 있다.

㉣ 다른 작물로 인해 뿌리의 분포나 잔사의 조직 등이 달라 토양의 투수성, 통기성 등이 달라 토양의 물리성이 개선되기도 한다.

② 경운

㉠ 경운은 토양을 부드럽게 할 목적으로 흙을 파 뒤집는 작업이다.

㉡ 이러한 토양 뒤집기 작업을 통해 해충의 증식을 막을 수 있고 토양 속의 작물의 잔해물을 제거하여 해충의 양분을 줄일 수 있다. 또한 잡초도 함께 제거되기에 관련 해충들도 방제가 가능하다.

③ 혼작

㉠ 혼작은 서로 다른 작물 혹은 식물을 심는 방법이다. 식물들은 저마다 자신을 지키기 위한 저항성 물질을 가지고 있기에 혼작을 통해 서로간에 피해를 주는 해충을 방제할 수 있다.

㉡ 한 예로 결명자의 뿌리에는 탄닌 성분이 다량 배출되어 선충의 접근을 막아주기도 한다.

㉢ 그러나 상호간에 나쁜 작용을 하는 식물들도 있기에 이에 대한 충분한 준비와 지식이 필요하다.

④ 저항성, 내충성 품종

㉠ 저항성, 내충성 품종의 경우 해충의 방제하는 방법 중 하나로서 저항성을 가지게 되면 장기간에 걸쳐 방제가 가능한 장점을 가진다.

㉡ 생태계에 대한 피해가 없으나 이러한 저항성을 가지기 위한 시간과 노력이 많이 필요하며 해충의 돌연변이 등에 대한 변수가 있어 해충의 변화를 따라가지 못하는 경우도 있다.

⑤ 재배관리

㉠ 자체적으로 토양을 개선할 수 있는 시비, 객토 등의 작업을 한다.

㉡ 해충이 다량 발생하는 시기를 피해여 재배하기도 한다.

㉢ 재식 거리를 조절하여 해충의 피해를 완화할 수 있다.

### (3) 기계적 방제법

① 포살법

알이나 유충 등을 손이나 기구를 이용하여 직접 죽이는 방법으로 포살 역시 곤충의 특징에 따라 처리 방법이 다르다.

| | |
|---|---|
| 직접 잡는 방법 | 손, 기구 등을 이용해 직접 잡는 것으로 주로 어스렝이나방, 짚시나방, 미국흰불나방 등에 적용된다. |
| 찌르는 방법 | 하늘소, 굴레나방등 목질부 내부를 가해하는 해충을 철사를 이용해 찔러 제거하는 방법이다. |
| 터는 방법 | 잎벌레, 바구미류 등 강한 진동으로 나무에서 떨어뜨리는 방법이다. |

② 유살법

곤충을 유인하여 죽이는 방법으로 곤충의 특징에 따라 유인 방법을 선택한다.

| | |
|---|---|
| 식이유살 | 먹이를 이용하는 방법 |
| 번식처 유살 | 통나무와 같이 번식처를 이용하는 방법 |
| 잠복처 유살 | 월동장소 등의 잠복처를 이용하는 방법 |
| 등화 유살 | 빛을 이용하는 방법 |

③ 차단

㉠ 주로 이동을 하는 곤충의 습성을 이용하는 방법이다.

㉡ 대표적인 예로 솔잎혹파리의 경우 임지에 비닐을 덮어 땅에서 우화하여 나무로 이동하는것을 막아 피해를 막을 수 있다.

㉢ 다른 방법의 예로 수간에 접착성이 강한 끈끈이를 발라 이동하는 해충이 붙을 경우 제거하는 방법으로 솔나방, 집시나방 등에 적용한다.

(4) 물리적 방제법

① 해충이 살기 어려운 조건을 만들어주는 것으로 방사선, 고주파를 이용하는 방법과 환경조건을 달리하도록 온도 및 습도를 조절하는 방법이 있다.

② 온도에 영향을 받는 해충을 가루나무좀, 나무좀, 하늘소, 바구미류 등이 있다.

③ 습도의 경우 목재를 수중에 넣어 오랜시간 방치하는 방법으로 나무좀, 하늘소, 바구미류 등에 적합한 방법이다.

④ 방사선법은 해충을 불임화 시켜 산란을 방해하는 방법이다.

(5) 화학적 방제법

① 화학적 방제법은 화학물질이 함유된 약품을 이용하며 효과가 빠르고 사용이 용이하지만 해충뿐 아니라 다른 생물에도 피해를 주어 생태계에 영향을 준다. 또한 원하던 해충을 처리하여도 저항성 해충이나 2차 해충등이 출현하는 부작용이 있기도 하다.

② 화학적 방제법 약제로 주로 농약이 사용되며 살균제, 살충제, 제초제 등이 있다.

(6) 생물학적 방제법

① 해충에 천적이 되는 생물을 이용하는 방법으로 생태계에도 영향이 적은 장점을 가지지만 대량으로 생산이 어려운 단점을 가지며 해충밀도에 의해 효율에 영향을 받는다.

| 장점 | 단점 |
|---|---|
| • 생태계의 균형 유지<br>• 방제 효과의 반영구적 혹은 영구적<br>• 다른 식물 혹은 생태계에 대한 피해가 없음 | • 대량 사육이 어려움<br>• 해충밀도가 높을 경우 효과가 낮음<br>• 시간 및 경비가 많이 요구됨 |

② 솔잎혹파리의 방제를 위해 사용되는 천적으로 솔잎혹파리먹좀벌, 혹파리살이먹좀벌, 혹파리등뿔먹좀벌, 혹파리반뿔먹좀벌 이 있다.

③ 생물적 방제법을 사용하기 위해서는 아래와 같은 조건을 갖추는 것이 유리하다.

> ㉠ 성의비가 커야 한다.
> ㉡ 증식력이 좋아야 한다.
> ㉢ 다루기 용이하고 대량 생산이 가능해야 한다.
> ㉣ 준비하는 천적에 피해를 주는 생물이 없어야 한다.

④ 포식성 천적

㉠ 풀잠자리류 : 진딧물류, 깍지벌레류, 응애류 등을 잡아 먹는다.

㉡ 딱정벌레류 : 무당벌레과는 진딧물류, 깍지벌레류 등을 잡아 먹는다.

㉢ 노린재류 : 일부 침노린재과, 장님노린재과가 포식성이다.

### (7) 임업적 방제법

① 임업적 방제는 임지의 조건을 해충에게 불리한 조건으로 만드는 방법이다.

② 내충성 품종의 이용하여 해충의 침입을 예방한다.

③ 간벌을 통해 임목밀도를 조절하여 피해를 줄인다.

④ 인산질비료와 같이 비배를 통해 전염의 피해를 줄인다. 반대로 질소질비료의 경우 많이 사용하면 오히려 병이 확산되기도 하기에 주의하도록 한다.

⑤ 조림용 종자의 경우 가능하면 유사 환경에 작업을 하도록 한다.

### (8) 종합적 관리

① 병해충종합관리는 Intergrated Pest Management(IPM) 이라 하며 환경 친화적이고 지속가능한 방법으로 병해충을 관리하여 농약으로 인한 사회, 보건학적 위험을 줄이는 것을 목적으로 하는 방법으로 여러 방제법을 조합하여 가장 효율적인 방제법을 적용한다.

② 병해충 종합관리는 생태학적인 시각에서 관리를 요구하며 병해충의 박멸이 아닌 농작물에 피해를 입히지 않는 수준의 유지를 목적으로 한다.

## 9. 식물작물 해충

| 해충 | 가해 부위 | 발생횟수 |
|---|---|---|
| 이화명나방 | 줄기 | 1년 2회 |
| 멸강나방 | 잎 | 1년 수회 |
| 혹명나방 | 잎 | 1년 수회 |
| 벼잎벌레 | 잎 | 1년 1회 |
| 벼물바구미 | 잎(성충)<br>뿌리(유충) | 1년 1회 |
| 벼멸구 | 줄기 | 1년 수회 |
| 흰등멸구 | 줄기 | 1년 수회 |
| 애멸구 | 줄기 | 1년 5회 |
| 끝동매미충 | 줄기 | 1년 4~5회 |
| 벼줄기굴파리 | 잎 | 1년 3회 |
| 벼애잎굴파리 | 잎 | 1년 7~8회 |
| 먹노린재 | 줄기 | 1년 1회 |

### (1) 이화명나방

① 나비목의 명나방과로 기주는 벼, 기장, 사탕수수 등 이다.

② 1년에 2회 발생하고 노숙유충으로 월동하며 5월에 우화하여 무리를 지어 살다가 바람

등의 외부 조건에 의해 분산된다. 2회 성충은 노숙유충이 줄기 하단부로 내려와 번데기가 되며 8월쯤 우화가 시작된다. 단 추운지방의 함경도의 경우 1년에 1회 발생하기도 한다.

③ 월동은 볏짚 줄기 속에 대부분 월동하고 벼 그루터기에도 일부 월동한다.

④ 1세대는 잎 뒷면에서 부화한 유충이 잎집으로 이동해 볏대 속에 구멍을 뚫고 피해를 주는데 한 마리의 유충이 여러 잎을 가해하여 피해가 큰편이다. 2세대는 유충이 줄기 속을 가해하여 이삭줄기 전체가 하얗게 말라 죽는 백수 현상이 일어난다.

⑤ 성충은 길이가 약 12mm 이며 황회백색의 나방으로 외연에 7개의 흑색 점이 있으며 뒷날개는 백색인 것이 특징이다.

⑥ 방제를 위해서는 유아 등에 잡히는 예찰 정보를 참고하며 1화기, 2화기에 약제를 살포한다.

### (2) 멸강나방

① 나비목의 밤나방과로 기주는 벼, 보리, 밀, 조 등의 화본과 식물이다.

② 유충이 식물의 잎과 줄기를 가해하는데 6월쯤 부화하여 낮에는 토양이나 대취층에 숨고 야간에 식해한다. 또한 유충이 벼의 잎을 엽초만 남기고 폭식하는 다식성 해충이다.

③ 성충은 15~20mm 정도이고 앞날개는 회갈색, 중앙에 1개의 흰 얼룩무늬 사선이 있으며 뒷날개는 회색빛에 광택이 있다.

④ 방제를 위해 주로 약제를 살포하며 오후 늦게나 저녁에 살포하는 것이 효과적이다.

### (3) 혹명나방

① 나비목의 명나방과로 기주는 벼, 밀, 보리 등이 있다.

② 1년에 3회 발생하며 유충이나 번데기로 벼잎, 벼줄기, 잡초 사이에 고치속에서 월동한다.

③ 유충이 한 개의 잎을 세로로 말아 몇 군데를 철하고 그 속에서 식해를 하여 출수가 고르지 못하고 등숙도 늦어지는 피해가 발생한다.

④ 어린유충을 대상으로 즉시 전용약제를 살포하는 것이 효과적이며 매년 비래시기나 횟수에 따라 달라 예찰정보에 따라 방제가 이루어진다. 예를 들어 발생이 적고 비래시기가 늦은 경우 1회 방제로 충분하나 비래시기가 빠르고 비래량이 많은 경우 7~10일 간격으로 2~3회 방제를 한다.

### (4) 벼잎벌레

① 딱정벌레목의 잎벌레과로 대표기주는 벼이며 줄풀도 기주가 된다.

② 1년에 1회 발생하고 논부근이나 숲의 잡초사이에서 성충으로 월동을 한다.

③ 어른벌레, 애벌레가 잎을 식해하고 애벌레의 피해가 더 심한 편이며 피해를 받게 되면

초기생육이 불량해진다.

④ 성충의 크기는 암컷이 4.8mm, 수컷이 4.2mm 정도이며 청담색의 잎벌레로 앞가슴의 황갈색을 띤다. 노숙유충은 등에 배설물을 얹고 있어 작은 흙덩이처럼 보인다.

⑤ 전문약제를 사용하며 부화최성기나 산란초성기에 살포하는 것이 효과적이다.

### (5) 벼물바구미

① 딱정벌레목의 바구미과로 대표기주는 벼, 돌피 등이 있다.

② 1년에 1회 발생하는 것으로 추정되며 성충으로 논뚝 잡초나 산기슭 나뭇잎 아래에서 월동한다 .

③ 월동이 끝난 성충이 5월쯤 물속잎집에 1개씩 알을 산란하고 알에서 깨어난 유충은 3번의 허물을 벗고 7월쯤 흙집을 만들어 뿌리에 붙어 번데기가 된다.

④ 성충이 잎에 피해를 주면 흰색으로 나타나고 유충은 흙속으로 파고들어가 기생을 한다. 유충이 성충보다 섭식량이 많아 더 큰 피해를 주게 된다.

⑤ 모내는 시기와 비슷하게 성충이 피해를 주고 산란을 하기에 육묘상자에 약제를 처리하는 것이 효과적이다. 육묘상 처리는 이앙 당일이나 하루전에 처리하도록 한다.

### (6) 벼멸구

① 노린재목의 멸구과로 대표기주는 벼, 옥수수, 바랭이 등이 있다.

② 동남아 지역의 경우 년 10회 발생하나 국내의 경우 월동이 안되고 6~7월 저기압 통과시 비래하여 3~4세대를 경과하는데 성충의 수명이 22~30일, 난기간은 6~10일, 약충기간은 18~23일이 소요되며 한 마리가 약 200~300개 정도의 알을 산란한다. 국내에서는 장마가 빨리 시작되면 비래되는 시기도 빨라진다.

③ 벼를 직접 가해 흡즙하며 벼의 광합성량이 저하되어 피해를 주게 된다.

④ 벼멸구는 해외에서 비래하는 해충으로 매년 발생량 및 피해의 정도가 상이하다. 그래서 매년 비래시기, 발생량 등을 파악하여 전문약제의 살포량과 시기를 결정하는데 주로 1차 방제는 7~8월, 2차 방제는 8월 하순에 실시한다.

### (7) 흰등멸구

① 매미목의 멸구과로 대표기주로 벼, 밀, 보리, 옥수수, 사탕수수, 조와 벼과 잡초 등이 있다. 대체적으로 벼멸구와 같은 지역에 분포한다.

② 국내에서는 월동하지 못하며 벼멸구와 같이 장마에 외국에서 비래하여 발생한다.

③ 비래시기에 따라 발생횟수가 상이하여 대체로 수회 발생한다.

④ 성충 및 약충이 볏대를 흡즙하면 누렇게 변색되어 생육에 지장을 받아 심하면 고사하기도 한다.

⑤ 벼멸구와 마찬가지로 7~8월 예찰정보를 통해 약제시기와 살포량을 결정하며 대체적으로 8월에 약제를 살포하며 해안지역이나 남부지방의 경우 멸구의 증식이 빠른 지역은 8~9월에 한번더 약제처리를 하기도 한다.

(8) 애멸구

① 매미목의 멸구과로 대표기주는 벼, 밀, 보리, 조, 옥수수 이외에도 바랭이, 새풀, 줄풀 등의 벼과잡초로 기주 범위가 매우 넓은 편이다.

② 담황색의 검은반점이 있으며 수컷의 배면은 흑색이다. 머리의 돌출부는 장방형이고 날개는 연한 황갈색을 띠고 있다.

③ 1년에 5회 정도 발생하며 4월, 6월, 7월, 8월, 9월에 각각한번씩 발생하고 4령 약충이 논둑의 잡초 사이에 월동한다.

④ 벼를 직접 흡즙가해하나 큰 피해를 주지 않는다. 그러나 출수기에 이삭을 흡즙하여 임실율이 떨어지고 그을음병을 유발한다. 이러한 피해 이외에도 줄무늬잎마름병, 검은줄오갈병 등의 바이러스병을 매개한다.

⑤ 방제를 위해 자주 발생하는 곳은 내병, 내충성품종을 재배하고 약제는 2회 성충 및 약충때 처리하는 것이 효율적이다.

(9) 끝동매미충

① 매미목 매미충과로 대표기주는 벼, 독새풀, 보리, 밀, 조와 기타 벼과 잡초 등이 있다.

② 1년에 4회 발생하고 4령 약충이 남향의 휴반 잡초나 산기슭 등지에 월동한다. 주로 4월, 5~6월, 7월, 8월에 각각 한번씩 발생한다. 난기간은 16~20일 정도고 성충 산란기간은 평균 30일 정도이다.

③ 국내 남부지방에서는 오갈병을 매개하는 매개충이며 출수기에 직접 이삭을 가해하여 임실율이 저하되고 그을음병을 유발한다.

④ 방제를 위해 2세대 약충때는 바이러스를 전반시키기에 약제처리를 하며, 3세대 에는 이삭을 가해하기에 약제처리를 실시한다.

(10) 벼줄기굴파리

① 파리목 노랑굴파리과로서 대표기주로 벼, 보리 등이 있다.

② 1년에 3회 발생하며 1회 발생최성기는 5월, 2회 성충은 7월, 3회 성충은 9월쯤이다.

③ 성충의 수명은 1회때 15일, 2회때 8일, 3회때 22일 정도 생존하며 온도가 높을수록 수명이 짧아진다.

④ 부화된 유충이 생장점 부근이로 이동하여 어린잎을 식해하고 피해를 받을 경우 황색으로 변색되어 말라죽거나 위축된다.

⑤ 주로 벼의 조기재배로 인하여 발생하게 된다.

⑥ 방제를 위해 전문약제를 이용하여 1화기인 5월이나 2화기인 7월쯤에 처리하도록 한다.

(11) 벼애잎굴파리

① 파리목의 애잎굴파리과로 대표기주는 벼, 둑새풀 등이 있다.

② 1년에 7~8회 정도 발생하며 벼과잡초의 잎 속에 번데기 형태로 월동한다.

③ 주로 물위에 늘어진 잎에 알을 산란하며 유충은 5~6월쯤 1회 발생하고 유충이 늘어진 잎을 굴을 파는듯한 형태의 피해를 준다.

④ 방제를 위해서는 이앙 후 늘어진 잎에 산란하는 습성을 이용하여 발병 초기 전문약제를 살포하도록 한다.

(12) 먹노린재

① 노린재목 노린재과로 대표기주는 벼, 맥류, 옥수수 등이 있다.

② 1년에 1회 발생하고 성충이 양지바른 산지의 돌아래, 낙엽아래 등에서 월동한다.

③ 노린재는 성충과 약충은 주둥이를 벼줄기에 꽂고 흡즙하기에 벼의 하엽부터 적색으로 변색되면서 고사한다.

④ 유령충에 내성이 약한편이라 이시기에 약제를 살포하여 방제한다.

## 10. 맥류 및 기타 작물 해충

| 해충 | 가해 부위 | 발생횟수 |
|---|---|---|
| 보리굴파리 | 잎 | 1년 2~3회 |
| 보리수염진딧물 | 잎 | 1년 수회 |
| 조명나방 | 줄기 | 1년 2~3회 |
| 콩잎말이명나방 | 잎 | 1년 2~3회 |
| 콩나방 | 꼬투리, 종실 | 1년 1회 |
| 감자나방 | 잎, 괴경 | 1년 6~8회 |
| 콩시스트선충 | 뿌리 | 콩과 생육기간 3~4세대 경과 |
| 왕됫박벌레붙이 | 잎 | 1년 3회 |
| 방아벌레 | 괴경 | 1세대 경과하는데 3년 |

(1) 보리굴파리

① 파리목의 잎굴파리과로 대표기주는 보리, 밀, 조 벼과 잡초 등이 있다.

② 1년에 2~3회 정도 발생하며 땅 속에서 번데기로 월동해 5월경 우화한다. 우화 성충은 잎 조직표면에 상처를 내어 알을 산란한다.

③ 부화 유충은 잎 끝에서 아래쪽으로 식해하며 표피만 남기며 피해부는 백색에서 갈색으로 변색된다.

④ 방제를 위해 성충이 발생 최성기때 약제를 살포한다.

(2) 보리수염진딧물

① 노린재목 진딧물과로서 대표기주는 보리, 벼, 호밀, 밀, 바랭이, 으름덩굴 등이 있다.

② 알 형태로 월동하며 성충과 유충이 잎의 뒷면에서 즙액을 빨아먹고 이삭이 나오면 밀도가 높아져 종자가 잘 여물지 못하고 고사하기도 한다.

③ 1년에 수회 발생하고 보리의 밑부분에서 알로 월동한다.

(3) 조명나방

① 나비목의 명나방과로 대표 기주는 옥수수, 조, 수수 등 기주 범위가 넓은편이다.

② 1년에 2~3회 발생하며 기주식물의 줄기 속에 유충으로 월동한다. 6월쯤 1회 성충이 발생하고 7~8월에 2회~3회 성충이 발생한다.

③ 6월쯤 성충이 알을 산란하고 부화한 유충은 잎을 가해한다. 잡식성 해충이나 주로 옥수수를 가해하는 편이다.

④ 방제를 위해 성충이 최대로 발생하는 시점 일주일 후 약제를 살포하고 성충의 밀도가 높다고 판단될 경우 3일후, 10일후 2번 살포한다.

(4) 콩잎말이명나방

① 나비목 명나방과로 대표기주는 콩, 강낭콩, 까치콩 등이 있다.

② 1년에 2~3회 정도 발생하며 1회 발생은 6월, 7~8월에 2회, 9월에 3회째 발생한다.

③ 유충은 권엽속에서 잎을 식해하며 그 속에서 번데기가 된다.

④ 유충 형태로 야산이나 수확후 남은 콩잎 속에서 월동을 한다.

⑤ 알이 부화하는 시기에 약제를 살포하는 것이 효과적이기에 부화 최성기인 7~8월쯤 한다.

### (5) 콩나방

① 나비목의 잎말이나방과로 기주로는 콩, 칡 등이 있다.

② 1년에 1회 발생하고 땅속의 고치안에서 성장한 유충으로 월동하여 8월경 우화한다.

③ 유충은 콩의 어린 꼬투리를 가해하여 종실까지 피해를 주는데 가해초기에는 발견이 어렵다.

④ 방제를 위해 8월쯤 약제를 사용하거나 3년이상 이어짓기를 피하고 돌려짓기의 방법을 적용한다.

### (6) 감자나방

① 나비목의 뿔나방과로 감자, 담배, 가지, 토마토 등의 가지과 식물에 피해를 준다.

② 1년에 6~8회 정도 발생하며 유충형태로 월동하고 때로는 번데기로도 월동을 한다.

③ 유충이 잎과 줄기를 가해하고 덩이줄기를 가해할 경우 배설물을 외부로 내보내기에 발견이 쉬운 편이다.

④ 수확전에 약제를 뿌려 산란을 막고 피해잎은 섞이지 않도록 주의한다.

### (7) 콩시스트선충

① 선충류의 혹선충과로 기주는 콩, 팥 등이다.

② 알이나 유충형태로 월동한다.

③ 부화한 2기 유충은 어린뿌리를 가해하고 뿌리 내에서 3회 탈피한 후 성충이 된다.

④ 암컷 성충은 뿌리 조직내에서 양분을 섭취하며 수컷 성충은 처음에 뿌리에서 탈출하나 이후 암컷이 분비하는 성페로몬에 유인되게 된다.

⑤ 콩시스트선충에의해 뿌리에 피해를 받아 잎이 황변하고 잔뿌리의 발육이 불량해진다.

⑥ 콩과 이외의 작물을 3-4년 단위로 윤작하거나 저항성 품종을 이용한다. 약제의 경우 토양훈증제를 이용하나 처리 비용이 많이 드는 단점이 있다.

### (8) 왕됫박벌레붙이

① 딱정벌레목의 무당벌레과로 감자, 가지, 고추 등을 기주로 삼는다.

② 성충과 유충이 감자나 가지과 식물의 잎을 가해하며 차후 잎맥만 그물형태로 남게 된다.

③ 1년에 3회 발생하고 성충으로 월동한다. 월동중에는 이른봄 낮에 감자의 잎에 피해를 주고 밤에는 다시 월동장소로 숨는다.

(9) 방아벌레

① 딱정벌레목의 방아벌레과로 주로 감자와 고구마 등에 피해를 준다.

② 유충이 땅속에서 식물의 줄기나 뿌리에 피해를 준다. 유충은 감자를 가해하여 구멍을 만들며 파종한 씨감자는 생육이 불량해진다.

③ 성충은 5월경 교미를 통해 산란을 하고 유충은 땅속에서 2~3년 정도의 활동 기간을 가진다. 이후 식물을 가해하고 유충은 번데기가 되어 가을에 성충이 된 후 월동하고 다음해 탈출하여 활동을 한다.

## 11. 원예작물 해충 - 잎을 가해

| 해충 | 가해 부위 | 발생횟수 | 월동 형태 |
|---|---|---|---|
| 배추흰나비 | 잎 | 1년 4~5회 | 번데기 |
| 도둑나방 | | 1년 2회 | 번데기 |
| 배추좀나방 | | 1년 수회 | 성충, 유충, 번데기 |
| 배추순나방 | | 1년 2~3회 | 번데기 |
| 무잎벌레 | | 1년 2~3회 | 성충 |
| 담배거세미나방 | | 1년 4~5회 | 유충, 번데기 |
| 아메리카잎굴파리 | | 1년 15회이상<br>(시설 내 기준) | 번데기 |
| 배추벼룩잎벌레 | 잎, 뿌리 | 1년 4~5회 | 성충 |
| 오이잎벌레 | | 1년 1회 | 성충 |

(1) 배추흰나비

① 나비목의 흰나비과로 대표기주는 무, 배추, 양배추 등이 있다.

② 1년에 4~5회 정도 발생하며 채소의 잎을 가해하며 피해를 받을 경우 잎이 둥글게 말리는 결구를 하지 못하게 된다.

③ 기주에서 번데기로 월동하고 이른봄 기주의 잎 뒷면에서 산란하여 부화유충으로 잎을 가해하게 된다.

④ 주로 봄, 가을 시기에 피해가 심하게 나타나며 여름에는 장마 등으로 발생량이 적어진다.

⑤ 배추흰나비는 주광성은 없으며 주로 주화성의 성질을 가진다.

(2) 도둑나방

① 나비목의 밤나방과로 대표기주는 오이, 당근, 양파 등으로 기주범위가 넓은 편이다.

② 1년에 2회 발생하고 번데기가 땅속에서 월동하고 차후 성충은 잎 뒷면에 알을 산란한다.

③ 유충이 기주의 잎을 엽맥만 남기고 식해하며 잡식성이라 기주범위가 넓다.

### (3) 배추좀나방

① 나비목의 좀나방과로 대표기주는 무, 배추, 양배추 등이 있다.
② 1년에 수회 발생하고 성충, 유충, 번데기로 월동한다.
③ 유충이 채소의 잎을 가해하고 부화유충은 엽육만 식해하는데 특히 여름과 가을에 피해가 심하게 나타난다.

### (4) 배추순나방

① 나비목의 명나방과로 대표기주는 무, 배추, 담배 등이 있다.
② 1년에 2~3회 정도 발생하고 번데기로 월동한다. 성충이 기주의 어린줄기에 주로 산란한다.
③ 부화유충이 잎의 표면을 가해하고 생장점까지 피해가 확산된다.

### (5) 무잎벌레

① 딱정벌레목의 잎벌레과로 대표기주는 무, 배추 등이 있다.
② 1년에 2~3회 정도 발생하고 성충이 잡초에서 월동한다.
③ 성충은 날개가 있으나 날지 못하는 특징이 있으며 성충과 유충은 기주식물의 잎을 가해한다. 심할 경우 생육에 지장을 받게 된다.

### (6) 담배거세미나방

① 나비목의 밤나방과로 대표기주는 무, 배추, 고추, 토마토, 양파 등으로 기주범위가 넓다.
② 1년에 4~5회 정도 발생하고 유충이나 번데기로 월동한다. 발생시 특히 8월에 4화기의 경우 성충의 수가 가장 많다.
③ 유충은 기주식물의 줄기, 잎을 가해하고 반점이 발생한다.

### (7) 아메리카잎굴파리

① 파리목의 굴파리과로 대표기주는 수박, 참외, 오이, 토마토 등이 있다.
② 시설내에서는 1년에 15회 이상 자주 발생하고 번데기로 월동한다. 성충은 300개정도의 알을 잎 뒷면에 산란한다.
③ 유충은 잎을 식해하는데 피해부위에 흰색의 줄 모양이 생기고 피해가 심할 경우 고사한다. 성충은 산란관으로 잎에 상처를 내어 즙액을 빨아먹으며 흰색의 작은반점이 발생한다.

(8) 배추벼룩잎벌레

① 딱정벌레목의 잎벌레과로 대표기주는 무, 배추, 오이 등이 있다.

② 1년에 4~5회 정도 발생하고 성충이 잡초나 땅속에서 월동한다.

③ 주로 땅속에 산란하고 부화유충도 땅속으로 들어가 뿌리를 가해하고 성충은 잎을 가해한다.

(9) 오이잎벌레

① 딱정벌레목 잎벌레과로 대표기주는 오이, 참외, 호박, 수박 등이 있다.

② 1년에 1회 발생하고 성충으로 뿌리, 흙속 및 따듯한 곳에서 월동한다. 성충은 5월쯤 땅속에 산란한다.

③ 부화한 유충은 잔뿌리를 가해하다가 점차 굵은 뿌리를 가해하여 성충은 잎을 가해하여 생육에 지장을 주게 된다.

## 12. 원예작물 해충 – 흡즙 및 바이러스 매개충

(1) 복숭아혹진딧물

① 매미목의 진딧물과로 여름 대표기주는 무, 배추, 오이, 수박 등이며 겨울 대표기주는 복숭아나무, 자두나무, 벚나무 등이 있다.

② 무시충은 암컷이 난형이고 담록색, 담홍색의 형이 있으며 기온이 낮을 경우 담홍색의 개체가 다량 발생한다.

③ 유시충은 암컷의 머리와 가슴이 흑색이고 배의 등쪽에 흑색 반점이 있다.

④ 1년에 수회(9~23회) 발생하고 복숭아나무 겨울눈 기부에서 알로 월동한다.

⑤ 부화한 약충은 겨울기주 어린 잎의 즙액을 흡즙하고 신초에 피해를 준다. 5월쯤부터는 유시충이 나와 여름기주에 피해를 준다.

⑥ 감자 잎말이병 및 각종 바이러스의 매개충이기도 하다.

(2) 목화진딧물

① 매미목의 진딧물과로 여름기주는 고추, 오이, 수박, 토마토 등, 겨울기주는 무궁화나무, 석류 나무 등이 있다.

② 성충과 약충이 이른봄에 잎과 어린 가지에 기생해 수액을 빨아 먹어 수세가 약화된다.

③ 1년에 수회(7회~30회) 발생하고 알로 월동하고 늦봄에 유시충으로 나와 여름기주로 이동한다.

④ 무시충은 머리와 눈이 검고 몸의 색은 계절에 따라 변한다. 유시충은 머리와 눈이 흑색으로 가슴이 흑록색이다.

### (3) 온실가루이

① 매미목 가루이과로 기주는 오이, 토마토, 딸기 등이 있다.

② 1년에 10회 이상 발생하며 보통은 월동이 어려우나 시설 내에서는 간간히 월동을 한다.

③ 성충이 어린잎에 알을 낳으며 150~300 개 정도 산란한다.

④ 약충과 성충이 기주식물의 잎에서 즙액을 빨아 먹어 생장을 방해해 심하면 고사한다.

### (4) 담배가루이

① 매미목 가루이과로 기주는 토마토, 파프리카, 가지 등이 있다.

② 1년에 3~4회 정도 발생하는데 시설 내에서는 10회 이상도 발생한다.

③ 약충과 성충이 식물의 잎의 즙액을 빨아 먹고 배설물에 의해 그을음병이 발생하기도 하며 토마토황화잎말림바이러스와 같은 바이러스의 매개충이 된다.

## 13. 원예작물 해충 – 토양 해충

| 해충 | 가해 부위 | 발생횟수 |
|---|---|---|
| 숯검은밤나방 | 지제부 | 1년 1회 |
| 거세미나방 | 지제부 | 1년 2회 |
| 땅강아지 | 뿌리 | 1년 1회 |
| 고자리파리 | 뿌리, 줄기 | 1년 3회 |
| 작은뿌리파리 | 뿌리, 지제부 | 1년 수회<br>(시설내 기준) |
| 뿌리응애 | 뿌리 | 1년 10회 |
| 뿌리혹선충류 | 뿌리 | 환경영향에따름 |

### (1) 숯검은밤나방

① 나비목의 밤나방과로 기주는 고추, 토마토, 가지, 담배 등이 있다.

② 1년에 1회 발생하고 최성기는 9월이며 유충으로 월동한다.

③ 땅속에 유충이 식물의 지제부를 가해하여 피해를 입힌다. 부화유충은 지상부를 식해하나 3령 이후에는 땅속에 숨어 있다가 밤에만 가해를 한다.

(2) 거세미나방

① 나비목 밤나방과로 기주는 무, 배추, 당근, 담배 등 기주범위가 넓은 편이다.

② 1년에 2회 발생하고 유충으로 땅속에 월동한다.

③ 3~4령기 월동유충은 지표에 가까운 줄기와 잎을 식해하는데 4령기 이후 밤에 주로 가해하며 주광성이나 주화성이 강한 편이다.

(3) 땅강아지

① 메뚜기목 땅강아지과로 기주는 채소류, 맥류, 파류 등이 있다.

② 1년에 1회 발생하고 성충으로 땅 속에서 월동한다.

③ 유충은 4번의 탈피를 통해 성충이 되고 그사이에 식물의 뿌리부를 가해한다.

(4) 고자리파리

① 파리목의 꽃파리과로 기주는 양파, 파, 마늘 부추 등이 있다.

② 1년에 3회 가을에 발생한 번데기로 월동하고 4월쯤 우화한다.

③ 유충이 뿌리 부분을 가해하고 이후 줄기까지 가해하여 식물을 고사시킨다. 유충이 가해한 뿌리부분은 부패하는 피해가 발생하기도 한다.

(5) 작은뿌리파리

① 파리목 검정날개버섯파리과로 기주는 오이, 고추, 파프리카 등이 있다.

② 시설내에서 수회 발생하며 1달에 2회 정도 가능하며 유충은 4령까지 있다.

③ 유충이 식물의 지제부와 뿌리를 가해하여 시들음 증상이 나타난다.

(6) 뿌리응애

① 응매목 가루응애과로 기주는 마늘, 양파, 백합 등이 있다.

② 1년에 수회(10회 정도) 발생하며 성충이나 약충으로 땅속에 주로 월동한다.

③ 고온다습한 환경에 다량 번식하고 성충이나 약충이 식물의 뿌리 혹은 지하부를 가해한다. 또한 가해 부위로 토양병원균이 침입하기도 한다.

(7) 뿌리혹선충류

① 뿌리혹선충과로 기주는 배추, 상추, 오이, 고추, 딸기 등이 있다.

② 알에서 깨어난 2령 유충이 기주에 침입하고 3번의 탈피를 거친후 성충이 된다.

③ 뿌리속의 양분을 흡즙하여 그 주위 세포가 비대해져 혹을 형성하게 된다.

④ 국내에 많이 분포하는 당근뿌리혹선충은 작고 둥근혹을 생성하며 그 혹에서 잔뿌리가 발생한다. 고구마뿌리혹선충은 길고 큰 염주모양의 혹을 만든다.

## 14. 원예작물 해충 – 과실 해충

### (1) 담배나방

① 나비목 밤나방과로 기주는 고추, 담배, 토마토 등이 있다.

② 1년에 3회 발생하고 시설내에서는 연중 발생하며 번데기로 땅속에 월동한다.

③ 알기간은 3~5일, 유충기간은 20~30일 정도이며 피해는 8~9월에 가장 많이 발생한다.

④ 고추에 가장 큰 피해를 주는 해충이며 부화유충이 어린 과실이나 새 잎을 가해한다. 유충이 성장하여 과실을 파고 들어 피해를 준다.

### (2) 피밤나방

① 나비목의 밤나방과로 기주는 파, 양파, 참외, 수박, 토마토, 고추 등이 있다.

② 1년에 4~5회 발생하고 시설내에서는 연중 발생한다.

③ 부화유충이 표피를 가해하고 과실을 구멍을 뚫는다.

## 15. 과수 해충

### (1) 잎 가해 해충

① 사과잎말이나방

㉠ 나비목 잎말이나방과로 사과나무, 배나무, 자두나무 등이 기주이다.

㉡ 1년에 3회 발생하고 어린 유충이 잎이나 나무껍질 속에서 월동한다.

㉢ 1화기 유충이 식물의 잎을 말아 엽육을 가해하고 2화기 유충은 잎과 과실의 표면도 가해한다.

② 사과순나방

㉠ 나비목 잎말이나방과 기주는 사과나무, 배나무 등이다.

㉡ 성충이 1년 2회 발생하고 유충으로 월동한다.

㉢ 유충은 주로 기주의 잎을 가해한다.

③ 사과굴나방

㉠ 나비목 가는나방과로 기주는 사과나무, 자두나무, 벚나무, 배나무, 복숭아나무 등이 있다.

㉡ 유충이 잎의 엽육 안으로 식해를 하는 잠엽성 해충에 속하고 식해가 심할 경우 잎의

뒷면으로 말려 낙엽된다.

ⓒ 1년에 5~6회 발생하고 번데기로 잎에 월동한다.

④ 복숭아굴나방

㉠ 나비목의 굴나방과로 기주는 복숭아나무, 벚나무 등이 있다.

㉡ 1년에 7회 발생하고 성충이 지피물의 아래 월동한다.

ⓒ 유충이 잎의 잎살을 가해하고 잠입한 흔적이 마치 소용돌이와 같이 남는다.

## (2) 흡즙성 해충

① 사과혹진딧물

㉠ 매미목의 진딧물과로 기주는 사과나무가 있다.

㉡ 어린잎 가해서 잎이 앞뒤로 말리나 전개된 잎을 가해할 때는 뒤쪽을 향해 세로로 말려 그 속에서 무리를 만들어 가해한다.

ⓒ 1년에 10회 정도 발생하고 겨울눈 기부나 가지에서 알로 월동한다.

② 사과응애

㉠ 응애목 응애과로 기주는 사과나무, 배나무 등이다.

㉡ 1년에 7~8회 발생하고 알로 겨울눈, 수간에서 월동한다.

ⓒ 잎을 흡즙 가해하고 가해시 회색반점이 나타나며 조기낙엽되기도 한다. 이동시에는 실을 만들어 바람을 이용하여 이동한다.

③ 점박이응애

㉠ 응애목에 응애과로 기주는 사과나무, 복숭아나무, 토마토 등 범위가 넓은 편이다.

㉡ 1년에 10회 발생하고 성충이 낙엽, 잡초 아래에서 월동을 한다.

ⓒ 성충이나 약충이 잎에 기생하여 즙액을 빨아 먹으며 흡즙한 곳은 바늘 자국과 같은 흰 점이 발생한다.

④ 꼬마배나무이

㉠ 매미목의 나무이과로 기주는 배나무 사과남

㉡ 1년에 1회 발생하고 주로 과수원 부근의 잡초에서 성충으로 월동한다.

ⓒ 약충과 성충이 모두 신초, 과실, 어린 잎 등을 흡즙하여 성장에 방해를 주거나 심할 경우 잎이 마르며 배설물로 인하여 그을음병이 발생하기도 한다.

## (3) 줄기, 가지 가해 해충

① 사과하늘소

㉠ 딱정벌레목의 하늘소과로 기주는 사과나무, 복숭아나무, 배나무 등이 있다.

ⓒ 2년에 1회 발생하고 유충으로 산란한 부위 근처에서 월동한다.

ⓒ 유충은 목질부를 가해하여 갱도를 만들고 그곳에 배설물을 배출한다.

② 포도호랑하늘소

㉠ 딱정벌레목의 하늘소과로 기주는 포도나무이다.

㉡ 1년에 1회 발생하고 포도나무 가지 아래의 얕은 곳에 유충으로 월동한다.

㉢ 유충이 목질부를 가해하고 배설물을 외부로 배출하지 않아 외관상 발견이 어렵다.

## (4) 과실 가해 해충

① 복숭아심식나방

㉠ 나비목의 심식나방과로 기주는 사과나무, 복숭아나무, 자두나무, 살구나무 등이다.

㉡ 성충은 암갈색이나 황갈색을 띠며 앞날개에 검은 점무늬가 있다.

㉢ 1년에 2회 발생하고 일부는 3회 발생하기도 한다. 노숙유충이 겨울고치를 짓고 그 속에서 월동을 한다.

㉣ 과실을 직접 가해하여 피해를 주며 내부를 무분별하게 가해하기에 과실이 다소 기형의 형태를 띠기도 한다.

② 복숭아순나방

㉠ 나비목의 잎말이나방과로 기주는 사과나무, 복숭아나무, 배나무, 살구나무 등이다.

㉡ 1년에 4~5회 정도 발생하고 노숙유충이 조피의 틈이나 남아있는 봉지 등에 고치를 만들어 월동한다.

㉢ 유충은 신초의 선단부를 가해하고 과실까지 피해를 주며 배설물을 남기기에 유관상 식별이 가능하다.

③ 복숭아명나방

㉠ 나비목의 명나방과로 기주로는 사과나무, 복숭아나무, 자두나무, 살구나무 등이 있다.

㉡ 1년에 2회 발생하고 성숙한 유충은 고치속에서 월동한다.

㉢ 유충이 과실을 가해하여 큰 구멍을 만들고 적갈색의 굵은 똥과 즙액을 배출하여 유관상 식별이 가능하다.

④ 콩가루벌레

㉠ 매미목 뿌리혹벌레과로 기주는 배나무이다.

㉡ 1년에 6~10회 발생하고 알로 껍질 아래에서 월동한다.

㉢ 약충과 성충이 봉지를 씌운 과실을 가해하고 가해한 과실을 면이 콩가루를 뿌려 놓은 듯한 형상을 하고 있다. 가해한 부위로 검은무늬병이 침입하여 과실을 썩게 한다.

⑤ 가루깍지벌레

㉠ 매미목의 가루깍지벌레과로 기주는 사과나무, 배나무, 감나무, 복숭아나무 등이다.

㉡ 1년에 3회 발생하고 알로 나무껍질 아래 등에서 월동한다.

㉢ 부화약충이 과실의 즙액을 흡즙하고 가해한 부위는 골과 같이 파고 들어가 기형의 과실형태를 가지게 된다. 배설물로 인하여 그을음병이 유발되기도 한다.

⑥ 꽃노랑총채벌레

㉠ 총채벌레목의 총채벌레과로 기주는 복숭아나무, 감귤나무, 딸기 등이다.

㉡ 1년에 5~6회 발생하고 성충이 지표면이나 나무껍질의 속에서 월동한다.

㉢ 기주의 잎과 꽃을 가해하며 피해를 입은 잎은 은백색 반점이 다량 발생하게 된다. 꽃에는 얼룩 반점이 생긴다.

## 16. 산림 해충

### (1) 솔잎혹파리

① 주로 소나무, 해송에 피해를 주며 유충이 벌레혹을 만들고 즙액을 빨아 먹는다.

② 1년에 1회 발생하고 유충형태로 지피물 아래 혹은 땅속에서 월동한다.

③ 5월~7월 우화하여 성충이 되며 6월상순에 우화최성기이다. 성충의 경우 우화 당일 산란하고 수명이 1~2일로 짧은 편이다.

④ 방제를 위해 임지를 건조, 성충 우화기에 약제 살포, 생물적 방제법으로 기생벌 등을 이용한다. 기생벌의 종류로 솔잎혹파리먹좀벌, 혹파리살이먹좀벌, 혹파리등뿔먹좀벌 등이 있다.

### (2) 솔나방

① 소나무, 해송 등에 피해를 주며 유충이 잎을 갉아 먹고 심할 경우 고사한다.

② 1년에 1회 발생하고 5령충이 지피물 혹은 나무껍질 사이에 월동하며 8령충이 번데기가 되어 이후 나방이 된다.

③ 방제를 위해 약제를 살포하며 미생물 농약 BT 제를 사용하기도 하거나 주광성이 있어 등불을 이용하여 유살한다.

④ 솔나방은 전년도 여름(8월)에 호우가 내리면 다음해는 피해가 적어진다.

⑤ 솔나방 알의 천적인 송충알좀벌이 혹은 유충의 천적인 고치벌, 맵시벌을 이용한다.

### (3) 소나무좀

① 소나무, 해송, 잣나무 등에 피해를 주며 유충이 수피 아래에 구멍을 뚫고 들어가 식해한다.

② 6월에 우화하여 성충의 형태로 신초를 가해하며 성충이 형성층 목질부에 구멍을 뚫고 들어가 아래에서 위로 갱도를 만들어 알을 산란한다.

③ 1년에 1회 발생하고 성충은 뿌리 부근의 수피 틈에서 월동 한다.

④ 방제를 위해 쇠약목, 고사목 등은 벌채하고 4월쯤에는 수피를 제거하여 번식처를 없애거나 2~3월에는 먹이나무를 설치, 유인하여 먹이나무를 소각하도록 한다.

### (4) 밤나무혹벌

① 주로 밤나무에 피해를 주며 잎눈에 기생하여 작은 벌레혹을 만들어 잎에 새가지가 자라지 못하게 한다.

② 1년에 1회 발생하고 유충으로 월동한다.

③ 암컷만으로 단성생식을 한다.

④ 방제를 위해 내충성 품종으로 조성하거나 중국긴꼬리좀벌 등 천적을 이용한다.

⑤ 피해가 심하면 내충성 품종으로 교체하는 방법이 효과적이다.

### (5) 솔알락명나방

① 잣나무, 소나무 등의 구과에 피해를 준다.

② 1년에 1회 발생하고 땅속이나 구과에서 유충형태로 월동한다.

③ 방제를 위해 우화기 혹은 산란기에 약제를 수관에 살포한다.

### (6) 미국흰불나방

① 주로 포플러, 벚나무 등에 피해를 주는데 활엽수 200 여종 정도로 피해 범위가 넓다.

② 1년에 2회 발생하며 나무 껍질 혹은 지피물 밑에서 번데기 형태로 월동한다.

③ 부화한 유충은 4령기까지 실을 만들어 잎을 둘러싸고 그 속에서 집단생활을 하며 엽맥만 남기고 잎을 식엽한다.

④ 방제를 위해 피해를 받은 낙엽은 소각하고 나방살이납작맵시벌, 송충알벌 등의 천적을 이용한다. 방제 약제로는 주로 트리클로르폰수화제 혹은 BT 수화제를 살포한다.

### (7) 오리나무잎벌레

① 오리나무, 박달나무, 밤나무 등에 피해를 주는데 성충과 유충이 동시에 잎을 식해한다.

② 1년에 1회 발생하며 성충형태로 지피물 혹은 흙속에 월동한다.

③ 방제법으로 성충일 경우 포살하고 유충일 경우 디프수화제를 이용한다. 생물학적 방제법으로 무당벌레 등의 천적을 이용한다.

### (8) 복숭아명나방

① 밤나무, 복숭아나무, 감나무 등의 종실에 피해를 준다.

② 1년에 2회 발생하고 수피에서 유충형태로 월동한다.

③ 방제를 위해 복숭아의 경우 5월경 봉지를 씌워 피해를 막거나 7월경 디프유제 등 약제를 살포한다.

### (9) 박쥐나방

① 버드나무, 단풍나무, 밤나무 등에 피해를 준다.

② 유충은 초본의 줄기에 구멍을 뚫고 피해를 주다가 나무로 이동하여 환상으로 가지에 피해를 준다.

③ 1년에 1회 발생하고 알형태로 월동한다.

④ 방제법으로 천공이 발생한 곳에 약제를 주입하거나 유충이 발생되는 초본류를 제거한다.

### (10) 집시나방

① 주로 낙엽송, 참나무, 밤나무 등을 가해하며 기주범위가 넓은 편이다.

② 1년에 1회 발생하고 알로 나무줄기에 월동한다.

③ 잡식성 해충으로 유충은 침엽수와 활엽수의 잎을 식해하며 식해 범위가 넓어 피해가 큰 편이다.

### (11) 텐트나방

① 참나무류, 살구나무, 포플러류 등의 다수의 활엽수를 가해한다.

② 1년에 1회 발생하고 알로 월동하며 4월쯤 부화한다.

③ 부화유충은 실을 만들어 천막모양의 집을 짓는 것이 특징이고 4령까지 집단생활을 하다고 5령부터 흩어져 생활한다.

### (12) 버즘나무방패벌레

① 버즘나무류, 물푸레나무류 등을 가해한다.

② 1년에 2~3회 발생하며 9월쯤 성충이 수피 틈에서 월동한다.

③ 외래해충이며 약충이 기주 잎에 모여 흡즙 및 가해한다.

④ 주로 장마철에 피해가 심하며 조기낙엽이 발생하기도 한다.

### (13) 도토리거위벌레

① 참나무류의 구과를 가해한다.

② 1년에 1~2회 발생하고 노숙유충으로 땅속에서 월동한다.

③ 주로 도토리에 구멍을 뚫어 산란하고 열매를 연결부를 잘라 땅으로 떨어뜨린다. 이후 부화한 유충이 과육을 식해한다.

### (14) 밤바구미

① 밤나무, 참나물의 종실을 가해한다.

② 1년 1회 발생하고 노숙유충이 땅속 깊은 곳에서 월동한다.

③ 유충이 배설물을 외부로 배출하지 않아 피해 식별이 어렵다.

## 04 잡초

### 1. 잡초일반

#### (1) 잡초의 정의

① 농업에서 경작지에서 작물이외에 자라는 식물로 작물의 수량이나 품질을 저하시키는 식물을 말한다. 여기에는 목본식물도 포함되기도 한다.

② 잡초의 경우 번식력이 강하고 종자의 수명이 길며 작물이 차지하는 공간에서 양분과 수분을 빼앗는다.

#### (2) 잡초의 특성

① 잡초의 경우 생장이 빠르고 환경에 대한 적응력이 큰 편이다.

② $C_4$ 식물이 많아 광합성에 대한 능력이 뛰어나다.

③ 영양번식을 하여 물리적 방제를 극복하고 제초제에 대한 저항성이 강한편이다.

④ 쌍자엽잡초와 단자엽잡초의 특징

| 쌍자엽 잡초 | 단자엽 잡초 |
|---|---|
| ㉠ 쌍떡잎(2개의 자엽)으로 잎맥은 그물맥이다.<br>㉡ 뿌리는 곧은뿌리(원뿌리)이다.<br>㉢ 관다발은 원형으로 배치되어 있다.<br>㉣ 형성층이 존재한다.<br>㉤ 생장점은 식물체 위쪽에 위치한다. | ㉠ 배가 하나의 떡잎(자엽)을 갖추고 있다.<br>㉡ 잎은 나란히맥(평행맥)이다.<br>㉢ 뿌리는 수염뿌리이다.<br>㉣ 줄기의 관다발은 불규칙하게 흩어져 있고 부름켜가 없다.<br>㉤ 섬유근계는 관근이다.<br>㉥ 생장점은 식물체 하단에 위치한다. |

#### (3) 잡초의 피해

① 농경지 피해

㉠ 잡초는 작물과 경쟁을 일으켜 작물의 생육환경을 불량하게 하여 수량을 감소한다.

㉡ 경쟁(경합)은 주로 토양의 수분, 양분, 공간 등 생육에 필요한 요소들이며 작물의 개화 및 과실에 영향을 미치게 된다.

㉢ 잡초의 양분 및 수분의 흡수력이 좋고 생존력이 좋아 작물의 생육에 많은 영향을 미치게 된다.

② 상호대립억제작용은 잡초에서 작물의 생육을 억제하는 유해물질을 분비하여 생장 및 발아를 억제하는 작용을 한다.

③ 잡초 중에서는 뿌리가 없는 기생식물이 있으며 대표적으로 새삼, 겨우살이가 있다. 기생식물은 다른 식물의 양분을 흡수하여 살아가기에 작물에 기생할 경우 작물의 양분을 빼앗아가 생육에 영향을 미친다.

④ 기타 병해충의 서식처 역할을 하거나 작업 환경을 악화 시켜 경지의 이용효율을 감소시킨다. 또한 사료포장의 오염으로 품질저하 및 관리에 문제가 발생한다.

### (4) 잡초의 유용성

① 토양에 유기물을 공급하여 토질을 개선시킨다.

② 잡초를 먹이로 하는 야생동물에게 먹이와 서식처를 제공한다.

③ 토양의 유실을 방지한다.

④ 자연경관을 아름답게 하는 조경의 기능이 있다.

⑤ 오염된 수질 및 토양의 정화를 돕는다.

⑥ 병해충의 저항성 작물등에 활용되는 유전자원이기도 하다.

⑦ 약료, 향료, 사료 등 다방면으로 활용된다.

## 2. 잡초의 생리생태

### (1) 잡초의 생리

① 식물분류학적 분류

㉠ 식물분류는 이명법(린네)을 주로 기준으로 한다.

계 → 문 → 강 → 목 → 과 → 속 → 종 → 변종

㉡ 식물의 분류시 기본단위는 종은 같은 유전형질을 나타낸다.

㉢ 종을 학명으로 표시할 경우 린네가 만든 이명법을 사용한다.

㉣ 린네의 이명법은 첫 번째 단어를 종이 속한 속명, 두 번째 단어는 종명을 나타내며 이러한 종의 두 단어를 합친것을 이명법이라 하며 라틴어로 표기한다.

② 생활형에 따른 분류

㉠ 1년생 잡초

- 1년을 기준으로 생활하는 잡초로 한해살이 잡초라고도 한다.
- 1년생 잡초에는 화본과잡초, 방동사니과 잡초, 광엽잡초 마다 다양하게 존재한다.

| 화본과 잡초 | 둑새풀, 돌피, 강피 |
|---|---|
| 방동사니과 잡초 | 알방동사니, 바람하늘지기, 바늘골 |
| 광엽잡초 | 물달개비, 물옥잠, 사마귀풀, 여뀌, 마디꽃, 자귀풀 |

㉡ 월년생 잡초

- 1년 이상 2년 미만으로 생활하는 잡초이다.
- 종자가 발아하고 1년까지는 영양생장을 하나 다음 해부터는 개화하여 종자를 생산하는데 이러한 특징으로 2년생잡초라고도 한다.
- 월년생 잡초에는 달맞이꽃, 나도냉이, 엉겅퀴, 냉이, 별꽃, 속속이풀 등이 있다

㉢ 다년생 잡초

- 2년 이상 생활하는 잡초를 다년생 잡초라 한다.
- 방동사니과에는 올방개, 파대가리, 너도방동사니가 있으며 광엽잡초에는 가래, 개구리밥, 올미, 미나리 등이 있다.

| 화본과 잡초 | 나도겨풀 |
|---|---|
| 방동사니과 잡초 | 너도방동사니, 쇠털골, 올방개, 올챙이고랭이, 매자기 |
| 광엽잡초 | 가래, 개구리밥, 미나리, 올미, 좀개구리밥, 쇠뜨기 |

- 다년생 잡초는 특징 및 번식 방법 등에 따라 단순다년생, 구근형다년생, 포복형다년생이 있다.
- 단순다년생은 주로 종자로 번식하며 구근형다년생은 구근이나 종자로 번식한다.

| 단순다년생 | 민들레, 질경이 |
|---|---|
| 구근형다년생 | 산달래, 야생마늘 |

- 포복형다년생은 덩이줄기(괴경), 땅속줄기(근경), 알줄기(구경), 가는줄기(포복경), 가는뿌리(포복근)이나 종자로 번식한다.

| 번식 방법 | 종류 |
|---|---|
| 덩이줄기(괴경), 땅속줄기(근경) | 너도방동사니, 매자기, 올방개 |
| 알줄기(구경) | 반하, 올챙이고랭이 |
| 가는줄기(포복경) | 미나리, 병풀 |
| 가는뿌리(포복근) | 쇠뜨기, 엉겅퀴, 겨풀 |

③ 형태적 분류

㉠ 잡초는 형태적 분류에 따라 광엽잡초, 화본과잡초, 방동사니과잡초로 분류된다.

㉡ 광엽잡초

- 쌍자엽식물로 망상맥을 가지며 잎이 넓은 것이 특징이다.
- 대표적으로 닭의장풀, 명아주, 가래, 물달개비, 쇠비름, 비름, 질경이, 여뀌, 깨풀 등이 있다.

㉢ 화본과 잡초

- 잎이 길며 잎맥은 평형맥이다. 줄기는 원통형이며 마디 사이가 비어 있다.
- 바랭이, 피, 강아지풀, 둑새풀 등이 있다.

㉣ 방동사니과잡초

- 화본과 잡초와 유사한 형태를 지니고 있으나 줄기가 삼각형 형태를 띠고 있으며 속이 차 있고 잎이 좁다. 물속이나 습지에서 주로 자란다.
- 너도방동사니, 올방개, 쇠털골, 향부자, 매자기, 올챙이 고랭이, 바람하늘지기 등이 있다.

④ 기타 분류

㉠ 토양수분 적응성에 의한 분류

| | |
|---|---|
| 건생잡초 | • 포장용수량(수분40~60%) 상태에서 발생하는 잡초이다.<br>• 바랭이, 명아주, 쇠비름, 강아지풀 등이 있다. |
| 습생잡초 | • 포화수분(수분 80~90%) 상태에서 발생하는 잡초이다.<br>• 황새냉이, 별꽃, 둑새풀 등이 있다. |
| 수생잡초 | • 담수 상태(얕은 수심)에서 발생하는 잡초로 부유잡초도 여기에 속한다.<br>• 가래, 마디꽃, 물옥잠, 물달개비 등이 있고 부유잡초로는 부레옥잠, 개구리밥, 좀개구리밥, 생이가래 등이 있다. |

㉡ 발생시기에 의한 분류

| | |
|---|---|
| 여름 잡초 | • 봄에 발생하여 여름에 피해를 주고 가을에 결실을 하는 잡초이다.<br>• 명아주, 돌피, 강아지풀, 알방동사니, 물별, 바랭이, 마디꽃 등이 있다. |
| 겨울 잡초 | • 가을에 발생하여 노지에서 월동하고 봄쯤 피해를 주고 늦봄이나 초여름에 결실을 하는 잡초이다.<br>• 둑새풀, 냉이, 개미자리, 벼룩나물, 점나도나물, 벼룩이자리, 별꽃, 속속이풀, 갈퀴덩굴 등이 있다. |

㉢ 발생빈도에 따른 분류

| | |
|---|---|
| 우생잡초 | 일정 포장에서 매우 많이 발생하는 잡초 |
| 광생잡초 | 일정 포장에서 적지만 널리 발생하는 잡초 |
| 산생잡초 | 일정 포장에서 드물게 발생하는 잡초 |
| 희생잡초 | 일정 포장에서 매우 드물게 발생하는 잡초 |

㉣ 생장형에 따른 분류

| | |
|---|---|
| 직립형 | • 지상부가 크고 곧게 자라는 잡초를 말한다.<br>• 명아주, 가막살이, 쑥부쟁이 |
| 포복형 | • 줄기가 땅 위를 기어가는 형태로 자라는 잡초를 말한다.<br>• 메꽃, 쇠비름, 선피막이, 긴병풀꽃 |
| 총생형 | • 분얼하여 포기를 이루는 잡초를 말한다.<br>• 억새, 둑새풀 |
| 분지형 | • 지상부에서 가지가 갈라지고 키가 작은 잡초를 말한다.<br>• 광대나물, 애기땅빈대, 석류풀, 사마귀풀 |
| 만경형 | • 덩굴줄기가 다른 물체를 감고 올라가 자라는 잡초를 말한다.<br>• 거지덩굴, 환삼덩굴, 메꽃 |
| 로제트형 | • 잎이 근생엽(뿌리에서 직접 생긴 잎)으로 이루어진 잡초를 말한다.<br>• 민들레, 질경이 |

⑤ 논잡초와 밭잡초

㉠ 논잡초

- 1년생 논잡초로 피, 마디꽃, 물달개비 등이 있다.
- 논에서 발생하는 다년생 잡초로는 너도방동사니, 올미, 가래, 나도겨풀, 매자기, 올챙이고랭이, 개구리밥, 미나리, 벗풀, 쇠털골, 알방동사니 등이 있다.
- 논에서 점유율이 높은 우점잡초로는 피, 올방개, 물달개비, 올미, 너도방동사니, 올챙이고랭이 등이 있다.
- 다년생 우점잡초의 경우 직파를 하거나 이앙기를 빠르게 하면 발생량이 더 늘어나게 되기에 이러한 특성 및 시기를 파악하여 직파 혹은 이앙기를 결정해야 한다.

㉡ 밭잡초

- 1년생 밭잡초로 바랭이, 쇠비름, 명아주, 닭의 장풀 등이 있고 다년생 잡초에는 엉겅퀴, 메꽃, 소리쟁이 등이 있다.
- 기타 뚝새풀, 냉이, 할미꽃, 쑥, 토끼풀, 쇠뜨기, 미국자리공 등이 있다.
- 발생밀도가 많은 잡초를 우점잡초라 하며 밭에서 주로 나타나는 우점잡초의 종류로는 둑새풀, 명아주, 바랭이, 쇠비름, 깨풀 등이 있다.

## (2) 잡초종자의 발아

① 잡초종자의 발아

㉠ 종자의 발아는 물을 흡수하면서 시작한다.

㉡ 종자의 발아는 king(1966)의 종자 발아 5단계로 설명한다.

| | |
|---|---|
| 1단계 | 물의 흡수 및 전분 가수분해 |
| 2단계 | 세포 분열 및 신장 대사 |
| 3단계 | 종근 및 유아 신장 |
| 4단계 | 유아 출현 |
| 5단계 | 발생 후 이유기 단계 |

② 잡초 출현의 영향인자

㉠ 잡초가 지표면 위로 발아하는데 영향을 미치며 내용은 아래와 같다.

| | |
|---|---|
| 깊이(심도) | 종자의 무게가 무거울수록 유묘발생 심도가 깊어진다. |
| 온도 | 발아적온은 잡초의 종류에 따라 다르며 대게 15~30°C 정도의 범위가 적합하다. |
| 수분 | 토양 수분은 55% 이하 조건에서는 출현이 어렵고 70~80% 정도가 적합하다. |
| 산소 | 논잡초는 산소농도나 상대적으로 낮은편이 유리하고 밭잡초의 경우 높은 농도에서 발생이 유리하다. |
| 비옥도 | 잡초의 종류에 따라 비옥한토양 혹은 척박한 토양에서 잘 발생한다. |
| 산도 | 논잡초는 산성토양, 밭잡초는 약알칼리토양에 잘 발생한다. |
| 염도 | 특정 잡초의 경우 염류가 있는 조건에서 발생한다. |

㉡ 잡초종자가 수분을 흡수하여 껍질을 연하게 하고 배유의 팽창으로 외부껍질이 갈라지면서 가스 교환이 시작된다.

㉢ 가스교환으로 효소작용이 활성화되고 발아가 시작되기에 수분흡수 과정은 매우 중요한 단계 중 하나이다.

㉣ 광의 경우 광발아 종자는 장일조건, 암발아 종자는 단일조건에서 발아가 촉진된다. 광발아 종자의 종류로는 바랭이, 쇠비름, 향부자, 강피, 소리쟁이 등이 있으며 암발아 종자는 별꽃, 냉이, 광대나물, 독말풀 등이 있다.

㉤ 종자 껍질에 있는 색소단백질인 피토크롬은 적색광(Pfr형, 660nm)에서는 발아가 촉진되고 적외선(Pr형, 730nm)에서는 발아가 억제된다.

㉥ 잡초의 종류별 발아적온은 가막사리 35~40℃, 올챙이 고랭이 30~35℃, 향부자 20~30℃, 뚝새풀 15~20℃, 메귀리 20℃, 여뀌 18~20℃ 이다.

③ 종자의 발아 습성

| | |
|---|---|
| 발아 주기성 | 주기적으로 일정 간격을 두고 최고의 발아율을 나타내는 것 |
| 발아 준동시성 | 일정 기간 내의 대부분의 종자가 발아에 집중하는 것 |
| 발아 연속성 | 오랜 기간 지속적으로 발아하는 것 |
| 발아 계절성 | 발아 계절의 일장에 반응하여 휴면을 타파하고 발아하는 것 |
| 발아 기회성 | 온도에 감응하여 발아하는 것 |

### (3) 잡초의 생육특성

① 종자의 휴면

㉠ 종자의 휴면은 특정 조건에 의해 종자 발아가 멈춘 상태로 생육이 정지되어 있는 상태이다.

㉡ 종자의 휴면은 작물의 종류에 따라 휴면기간이 다르며 외부 조건에 의해서도 영향을 받는다.

㉢ 종자의 휴면은 종자 발아에 있어 불량한 환경을 극복하고 적당한 조건에서 발아하기 위한 수단이다 .

㉣ 휴면의 종류에는 자발휴면과 타발휴면이 있으며 이들은 1차 휴면이라 한다. 또한 성숙한 종자가 불량한 환경조건이 오래 지속되어 새로이 발생되는 휴면은 2차 휴면이라 한다.

| | |
|---|---|
| 자발휴면<br>(생득휴면) | 외적요인이 생육에 적합하여도 내적요인에 의하여 휴면을 하는 경우 |
| 타발휴면<br>(강제휴면) | 외적요인이 종자가 발아하기 부적합한 경우 |

㉤ 종자의 휴면 원인은 종자 자체 혹은 외부 환경 조건등 다양한 요인에 의하여 복합적으로 발생하게 된다.

| | |
|---|---|
| 경실 | 종피가 두껍거나 투기성이 낮아 수분의 흡수가 용이하지 못해 장기간 발아하지 않는 종자를 경실이라 한다. 대표적으로 명아주과, 메꽃, 자운영 등이 있다 |
| 물리•기계적 요인 | 종자의 종피의 저항으로 배의 성장이 억제되어 종자가 수분을 함유한 상태로 휴면하는 경우가 있다 |
| 산소 부족 | 종피의 불투기성으로 산소 공급이 원활하지 못하여 휴면한다 |
| 미발달배 | 배의 발달이 불완전하거나 미숙한 경우를 휴면한다. |
| 발아억제물질 | 발아억제물질로 인하여 휴면한다 |

㉥ 종자의 휴면 타파

- 종피파상법 : 물리적 상처를 통해 종자의 휴면을 타파하는 방법으로 주로 명아주와 같은 경실의 경우 효과적이다.
- 황산처리법 : 물리적, 기계적으로 강한 종자의 경우 일정 시간을 황산에 처리하면 종피의 침식으로 다소 종피가 약해져 발아가 촉진된다.
- 층적법 : 습한 모래 혹은 이끼를 종자와 층층이 쌓아 두는 방법으로 주로 배 휴면 종자에 적용한다.
- 약품처리법(발아촉진물질) : 각종 호르몬제와 화학약품을 통해 발아촉진을 하는

방법으로 지베렐린, 시토키닌, 에틸렌, 질산칼륨 등을 이용한다.

- 광 처리법 : 광에 의한 처리를 통해 휴면타파가 가능하며 가시광선 중에서도 오렌지색 영역에서 적색광 영역이 가능하며 자외선 파장 영역에서는 휴면타파가 어렵다

② 종자의 수명

㉠ 보통 토양에서 발아하기 쉬운 종자는 수명이 짧은 편이며 발아 조건이 많은 종자는 수명이 긴 편이다.

㉡ 종자의 수명에 영향인자로 미생물에 대한 저항성, 종자의 휴면성, 수분, 온도, 산소 등의 환경조건 등이 있다.

㉢ 종자의 보관조건에 의해서도 종자의 수명에 영향을 받으며 종자의 수분 함량이 낮고 저온이며 산소분압이 낮을 경우 종자의 수명이 길어진다.

### (4) 잡초의 번식 및 전파

① 종자 및 지하경 번식법

㉠ 유성 번식

- 유성번식은 무성번식과는 다르게 종자를 이용하여 번식하는 방법이다.
- 잡초별로 유성번식의 주기가 상이한데 1년생 잡초의 경우 1년 이내에 개화 및 결실을 하여 종자를 번식하며 2년생 잡초는 첫해에 영양생장을 하고 다음해 종자로 번식을 한다.
- 다년생잡초의 경우 대부분 영양번식을 하지만 일부 유성번식을 하기도 한다.
- 유성번식의 종자 생산에 영향을 미치는 요소로 일장, 영양, 온도, 토양 조건 등이 있다.
- 주로 종자로만 번식하는 1년생 잡초로 피, 뚝새풀, 마디꽃, 바보여뀌, 물달개비, 명아주, 바랭이 등이 있다.

㉡ 무성 번식(영양 번식)

- 영양 번식은 영양기관을 이용하여 번식을 하는 방법으로 다년생 잡초의 포복경, 인경, 구경, 괴경, 근경 등에서 이루어진다.

| 포복경 | 버뮤다그래스, 미나리, 병풀, 아욱메풀, 선피막이 |
|---|---|
| 인경 | 야생마늘, 자주괭이밥, 무릇 |
| 구경 | 반하, 올챙이고랭이 |
| 괴경 | 올방개, 매자기, 벗풀, 향부자, 너도방동사니, 올미 |
| 근경(지하경) | 쇠털골, 가래, 나도겨풀, 수염가래꽃, 택사, 띠 |

- 영양번식에 영향 인자로 토성, 일장, 광도, 양분 등이 있다.

| 토성 | 중점토보다 사질토에서 지하영양기관이 잘 생성된다. |
|---|---|
| 일장 | 단일은 괴경형성을 촉진하고 장일은 괴경형성을 억제한다. |
| 광도 | 광도가 높으면 경엽은 작아지는 편이며 괴경 수가 증가한다. |
| 양분 | 양분이 많으면 번식 속도가 증가한다. |

② 잡초의 전파

· 잡초는 물리적인 요인에 의해 주로 전파되는데 바람, 공기, 동물 등 이동방법이 다양하다.

| 바람 | • 종자의 크기가 작고 가볍거나 포자형인 종자가 전파된다.<br>• 민들레, 박주가리, 엉겅퀴속, 망초 |
|---|---|
| 물 | • 무게가 가볍고 물에 뜨는 논잡초가 주로 전파된다.<br>• 피, 소리쟁이, 벗풀 |
| 동물 | • 동물의 털에 붙기 쉬운 구조의 잡초나 동물의 먹이가 되어 소화기관을 통해 전파된다.<br>• 비름, 명아주 |
| 사람 | • 농경작업에서 농기구나 사람의 옷 등에 붙어 전파된다.<br>• 도꼬마리, 도깨비바늘 |

· 종자의 전파는 주로 유성번식을 하는 잡초에서 주로 나타난다.

### (5) 잡초의 군락과 천이특성

① 식물 군락

㉠ 식물 군락은 식물에 의해 만들어진 식물공동체를 말한다

㉡ 식물의 군락의 명칭은 대표 식물로 하며 우점식물, 주요 기능을 담당하는 종으로 선택한다 .

② 잡초의 천이

㉠ 오랜시간 어떤 지역에서 식물, 잡초 등이 자연적 변화를 통해 종이나 식생의 모습이 변화하면서 안정적인 모습을 찾아가는 과정이나 현상을 천이라고 한다.

㉡ 최종적으로 안정된 식생이 오랜시간 지속될 경우 이를 극상이라 표현하며 천이의 마지막 단계이다.

㉢ 천이의 종류에는 크게 1차 천이와 2차 천이로 분류한다.

| 1차천이 | 이전부터 식물 혹은 군집이 존재하지 않는 곳에서 시작하여 식물이나 잡초가 생겨 차후 안정된 모습으로 변화하는 과정을 1차 천이라 한다. |
|---|---|
| 2차천이 | 기존의 식생이나 군집이 인위적, 자연적 현상에 의해 파괴되고 새로이 형성되는 식생이나 군집이 정착되거나 회복되는 과정을 2차 천이라 한다. 1차 천이와 유사한듯 하지만 천이가 좀더 빠르게 나타나는 것이 특징이다. |

㉣ 잡초군락의 천이의 경우 주로 재배작물이나 작부체계가 변화하거나 경종조건이 변화할 경우 영향을 받는다.

| 재배작물 변화 | 재배작물이 변화할 경우 작물자체의 특성이나 토질등에 의해 영향을 받는다. |
|---|---|
| 작부체계 변화 | 재배방식이나 순서에 따라 영향을 받는다. |
| 경종조건 변화 | 경운, 시비, 물관리 등에 의해 잡초종자의 오염에 영향을 받는다. |
| 제초방법 변화 | 선택성 제초제의 사용 증가 및 제초 방법의 변화에 영향을 받는다. |

## 3. 잡초의 경합

### (1) 잡초경합

① 경합

㉠ 경합은 생물간에 있어 양분, 산소, 수분, 광선, 공간 등의 경쟁을 말한다. 공간에 대한 식물의 수요가 공급보다 많을 경우 발생되는 현상이다.

㉡ 식물의 경합에는 이종 식물간의 종간경합과 동일 초종내의 개체간의 종내경합이 있다.

㉢ 식물의 상호작용 측면에서 생리적으로 서로 공유를 하는 경우는 기생이나 공생의 개념으로 정의하나 생리적으로 공유를 하지 않는 경우에 경합, 편리, 편해, 원협 작용이 있다.

② 종간경합

㉠ 종간경합은 서로 다른 이종간의 경합을 말한다.

㉡ 잔디와 새포아풀, 혹은 새포아풀과 바랭이 등의 경합이 있다.

③ 종내경합

㉠ 같은 종 개체간 경합을 말한다.

㉡ 작물에서 주로 나타나는 현상이나 잔디와 잔디사이에서도 일어난다.

㉢ 작물의 경우 경합을 피하기 위해 재식밀도를 조절하는 것이 효과적이다.

### (2) 작물 경합 특성

① 작물의 경합은 작물간의 밀도에 영향도 있으나 주위에 발생되는 잡초의 발생밀도에도 영향을 받는다. 예를 들면 잡초인 피는 $C_4$ 잡초 식물(피, 바랭이, 향부자 등)로 광합성량이 많고 생장속도가 빨라 벼와의 경합에서 유리하며 벼의 분열을 감소시킨다.

② 작물 품종에 따라 경합력이 차이가 나며 환경조건에 적응력이 강한 품종을 선택하는 것이 유리하다.

③ 유전적으로 성숙이 빠른 조숙종을 선택하면 초관 형성이 빨라 잡초의 생육을 억제할 수 있다.

④ 직파보다는 이앙이 잡초의 피해를 덜 받는다.

⑤ 작물 중에서 옥수수, 수수, 사탕수수 등 열대 화본식물은 대부분 $C_4$ 식물이고 벼, 보리, 사탕무, 감자 등은 $C_3$ 식물이다.

### (3) 경합의 주요 요인

경합의 인자로 양분, 수분, 광, 밀도 등이 있으며 그중에서 양분, 수분, 광이 주요 인자이다

| | |
|---|---|
| 양분 | ㉠ 양분의 경우 다량원소인 질소, 인산, 칼륨이 있으며 미량원소에는 철, 아연 등이 경합에 영향을 준다.<br>㉡ 양분 중에서도 다량원소인 질소가 작물 생장에 있어 중요 양분으로 경합에 영향력이 가장 크다. |
| 수분 | ㉠ 일반적으로 토양에 수분이 부족할수록 경합이 심하게 일어난다.<br>㉡ 식물의 종류에 따라서도 차이가 나며 $C_4$ 식물이 $C_3$ 식물보다 수분 이용효율이 좋아 경합에는 유리하다. |
| 광 | ㉠ 빛에 대한 경합은 군락에 있어 가장 빈번하게 일어나는 경합이다.<br>㉡ 작물에 있어 광에 대한 경합은 생육 전기간에 걸쳐 일어난다.<br>㉢ $C_4$ 식물과 $C_3$ 식물 비교시 $C_4$ 식물의 최대광합성속도가 더 높다.<br>㉣ $C_4$ 식물이 고광도 조건에서 $C_3$ 식물보다 유리하다. |

### (4) 경합의 한계기간 및 밀도

① 잡초 경합 한계기간은 잡초와 경합을 하여 작물에 치명적인 손실을 가장 많이 입는 기간이다.

② 잡초경합한계기간은 작물 전생육기간의 첫 1/3~1/2 기간이나 1/4~1/3 기간에 해당된다

③ 잡초경합한계기간의 예로 녹두는 21~35일, 벼는 30~40일, 콩은 42일, 옥수수는 49일, 양파는 56일 정도이다.

④ 잡초허용한계밀도는 잡초의 밀도가 증가하면 양분의 손실 등으로 작물의 수량이 감소하는 밀도이다. 허용한계밀도 이하로 잡초가 존재할 경우에는 작물의 수량에 영향을 미치지 않게 된다.

⑤ 잡초경합허용기간은 잡초의 경합으로 작물의 손실량이 비교적 적은 파종 후 초관형성기 혹은 생식생장기 이후 수확기까지를 말한다.

⑥ 경제적 허용한계밀도는 잡초의 허용한계밀도에서 경제성을 고려한 것으로 방제노력이나 제초 비용과 이득이 상충되는 수준의 밀도를 의미한다.

## 4. 잡초의 방제

### (1) 예방적 방제법

① 예방적 방제법은 외부에서 농경지로 잡초가 유입되는 것을 예방하는 방제법이다.

② 예방적 방제법에는 잡초위생이라 하여 잡초가 발생되지 않도록 관리하는 것을 말한다. 잡초위생에는 재배관리 합리화, 작물종자 정선, 비산형 잡초종자 관리, 농기구 관리, 가축의 관리, 경작지 주변관리, 토양의 소독 및 관리, 완숙퇴비 사용 등이 있다.

| | |
|---|---|
| 재배관리 합리화 | • 적정 시비를 통해 작물의 경합력을 증대시킨다.<br>• 경운을 통한 잡초 발생을 예방한다. |
| 작물종자 정선 | • 잡초 종자의 정선 및 혼입을 막는다. |
| 농기계 관리 | • 농기구의 청결을 유지한다. |
| 가축 및 주변 관리 | • 가축의 털을 이용한 종자의 유입을 막는다.<br>• 관배수로를 관리하여 수생잡초의 유입을 막는다. |
| 상토 및 운반토양 소독 | • 토양의 소독 및 종자의 혼입을 막는다. |

### (2) 생태학적(경종적) 방제법

① 잡초의 생육환경이 불리하도록 조성하여 작물이 경합에서 유리하도록 하여 잡초를 방제하는 방법이다.

② 경종적 방제법에는 경합특성을 이용하는 방법과 환경을 이용하는 환경제어법이 있다.

㉠ 경합특성 이용

- 작물의 경합력 증진을 위한 방법 선택
- 작부체계의 개선(윤작 등)
- 재식밀도를 높여 초관형성을 촉진한다.
- 경합력이 큰 작물을 선택한다.
- 유묘의 생장력이 강하고 발아율이 좋은 작물을 선택한다.
- 피복작물을 이용하여 토양침식 및 잡초 발생을 억제한다.
- 병해충 등의 적기 방제를 통해 피해지의 잡초 발생을 예방한다.
- 이식 및 이앙을 통해 작물 공간을 선점하여 잡초의 발생 공간을 최소화한다.

㉡ 환경제어법

- 잡초의 경합력 약화를 위한 방법
- 작물에 대한 선택적 시비를 실시한다.
- 답전윤환재배를 통해 잡초의 발생을 억제한다.
- 작물에 적합한 토양으로 조절한다.

### (3) 생물적 방제법

① 곤충이나 미생물, 병원성을 이용하여 잡초의 세력을 경감시키는 방법이다.

② 생물적 방제법

㉠ 곰팡이, 박테리아, 바이러스 등의 병원미생물을 이용한 선택적 방제방법이 있다.

㉡ 오리나 닭 등의 가축을 이용한 방제법이 있다.

㉢ 우렁이, 달팽이 및 잉어, 붕어 등의 어패류를 이용한 방제법이 있다. 단, 붕어의 경우 발아한 연약한 식물을 먹이로 하기에 직파벼는 사용이 어렵고 이앙된 벼에는 피해를 주지 않는다. 이러한 특징 역시 고려하여 적절한 종류를 선택해야 한다.

㉣ 타감작용(allelopathy, 상호대립억제작용)이라 하여 근처 식물의 생육에 영향을 주는 방법을 이용한 방제법이다. 주로 인접 식물의 생육에 부정적인 영향을 끼쳐 생장을 저해시키거나 혹은 과도하게 촉진시키게 된다. 보리, 밀 등은 잡초의 생육을 억제시키는 작용을 한다.

㉤ 잡초식해곤충을 이용한 방법으로 특정 잡초를 가해하는 곤충을 이용한다. 돌소리쟁이 잡초에는 좀남색잎벌레, 선인장에는 좀벌레, 고추나물속에는 무구풍뎅이가 적합하다.

③ 생물적 방제를 위한 조건으로 잡초의 분포 및 종류에 대한 파악이 필요하면 가장 적합한 천적에 대한 선발 및 증식방법이 효율적이어야 한다.

④ 생물적 방제는 효과의 영구성이 있고 방제 비용이 적게 들며 친환경적이다. 그러나 적절한 천적을 찾기가 어려우며 잡초 발생지의 경우 여러 잡초가 동시다발적으로 발생하기에 모든 잡초방제를 하기에는 어려움이 있다.

⑤ 미생물를 통해 방제를 하기 위해서는 대상 잡초에만 피해를 주어야 하며 잡초의 적응지역 환경에 잘 적응하는 것이 좋다. 또한 인공적 배양이나 증식이 용이하고 생식력이 강해야 하며 비산 및 분산 능력이 뛰어나야 효과적이다.

### (4) 기계적&물리적 방제법

① 기계의 힘을 이용하거나 사람이나 가축을 이용하며 기계적, 물리적인 힘을 가하여 잡초를 제거하는 방법으로 시간과 노력이 많이 들어가는 단점이 있지만 가장 확실하게 제거할수 있다.

② 기계적, 물리적 방제법으로 인위적인 제초, 경운, 예취, 피복, 침수처리, 열처리 등의 방법이 있다.

| 인위적 제초 | • 잡초 발생시 농기구를 이용하여 제초한다. |
|---|---|
| 경운 | • 토양을 갈아 엎어 잡초 종자 및 뿌리를 제거한다. |
| 피복 | • 토양위에 볏짚, 비닐 등의 재료로 덮어 잡초의 발생을 방제한다. |
| 침수처리 | • 논에 일정 수심을 유지하여 잡초 발생을 막는다. |
| 예취 | • 잡초를 베어 개화 및 결실을 방지한다. |

(5) 화학적 방제법

① 농약 제초제를 살포하여 잡초를 방제하는 방법으로 최근 가장 널리 사용되는 방법이며 살초 효과가 매우 빠르게 나타난다.

② 잡초에만 약효가 나타나고 작물에는 피해가 없는 선택적 제초제를 사용해야 한다.

③ 제초제의 경우 잡초에 대한 적용범위가 넓어야 하고 제초 효과가 길수록 효과적이며 인축에 대한 독성이 없고 값이 저렴한 것이 좋다.

(6) 잡초종합관리(IWM)

① 잡초종합관리(IWM, Integrated Weed Management)는 여러 잡초 방제법 중에서 두 개 이상의 방법을 선택하여 사용하는 방법이다. 이 방법은 환경 및 인축에 영향을 주지 않고 지속적으로 사용 및 관리가 가능한 방법을 선택해야 한다.

② 두가지 이상의 방제법을 혼용하여 사용하는데 있어 가능하면 환경에 피해를 주지 않으면서 방제효과를 높일수 있는 방법을 찾는데 의의가 있다.

③ 잡초종합관리를 통해 잡초군락의 크기가 감소되고 작물의 생산력이 증대되며 재배환경이 개선되어 작물의 수량이 향상된다.

# 05 농약(작물보호제)

## 1. 농약의 정의와 중요성

### (1) 농약의 정의

① 농약은 농약관리법에 의거 농작물을 해치는 균, 곤충, 응애, 선충, 바이러스, 잡초, 그 밖에 농림축산식품부령으로 정하는 동식물을 방제하는 데에 사용하는 살균제, 살충제, 제초제 등을 말한다.

② 기타 기피제, 유인제, 전착제 및 농작물의 생리기능에 영향을 주는 약제를 농약이라 한다.

### (2) 농약의 구비조건

① 농약은 살균, 살충력이 강해야 하며 적은양으로 효과가 있어야 한다.

② 작물 및 사람, 가축에 해가 없어야 하고 오랜 시간 잔류하거나 생물에 축적되지 않아야 한다.

③ 사용법이 간단해야 한다.

④ 품질이 균일하고 지속적이어야 하며 외부환경 변화에도 변질되지 않아야 한다.

⑤ 가격이 저렴하고 구입이 용이해야 한다.

⑥ 다른 약제와의 혼용이 가능해야 한다.

⑦ 농촌진흥청에 등록되어야 한다.

## 2. 농약의 분류

### (1) 사용목적에 의한 분류

① 살균제

㉠ 미생물을 사멸시키는 효과를 갖는 약물을 살균제라 한다.

㉡ 살균제에는 보호살균제, 직접살균제, 기타(종자소독제, 토양소독제, 과실방부제 등) 용도에 따라 다양한 살균제가 있다.

| | |
|---|---|
| 보호살균제 | • 병원균이 식물체 내로 침입하는 것을 방지한다.<br>• 약효 지속기간이 길어야 하며 물리적으로 부착성 및 고착성이 좋아야 한다.<br>• 석회보르도액, 구리 분제, 유기유황제, 석회유황합제 등이 있다. |
| 직접살균제 | • 침입한 병원균에 직접 강력한 살균 작용을 한다.<br>• 발병 후에도 방제가 가능하다.<br>• 시스테인 등이 있다. |
| 종자소독제 | • 종자나 종묘에 감염된 병원균을 방지한다.<br>• 지오람, 베노람 등이 있다. |

| | |
|---|---|
| 토양소독제 | • 토양중의 병원균을 살균시키기 위해 사용한다.<br>• 클로로피크린, 이황화탄소, 포르말린 등이 있다. |
| 과실방부제 | • 저장한 과실이나 채소의 부패방지를 위해 사용한다.<br>• 티오요소, 디페닐 등이 있다. |

㉢ 살균제의 주성분에 의한 분류에는 유기수은제, 유기주석제, 무기황제 등이 있다

② 살충제

㉠ 살충제는 작물을 가해하는 곤충, 응애류, 선충 등의 침입을 방지하거나 제거하는 약제이다.

㉡ 대표적으로 농작물을 가해하는 해충의 방제를 위해 소화중독제, 침투성살충제, 접촉제, 훈증제 등이 있다.

| | |
|---|---|
| 소화중독제 | 해충이 약제를 먹어 소화관에서 흡수되어 처리하며 주로 저작구형을 가진 해충에 적용하면 유리하다. |
| 침투성살충제 | 식물에 약제를 투입시키며 흡즙성 해충 처리에 유리하며 다른 곤충이나 천적등에 피해가 적다. |
| 접촉제 | 해충에 직접 약제를 접촉시켜 처리한다. |
| 불임제 | 해충의 생식능력에 방해를 주어 번식을 막는다. |
| 훈증제 | 약제를 가스화하여 해충을 죽이는 약제이다. |
| 훈연제 | 약제를 연기화 하여 해충을 죽이는 약제이다. |
| 기피제 | 직접적인 살상작용은 하지 않으나 해충의 접근을 막는 약제이다. |
| 유인제 | 해충을 유인하는 약제로 주로 불임제 등과 함께 사용하여 효과를 극대화 한다. |
| 점착제 | 나무의 줄기나 가지와 같은 해충의 이동경로에 발라 월동 이후 해충의 이동을 차단하는 약제이다. |
| 생물농약 | 해충의 천적을 이용하여 해충을 방제하는 약제이다. |

③ 제초제

작물의 생장에 방해되는 잡초 등을 제거하기 위해 사용하는 약제로 선택성 제초제와 비선택성 제초제로 구분한다.

| | |
|---|---|
| 선택성 제초제 | • 작물에는 영향을 주지 않고 잡초만을 선택적으로 제거하는 약제<br>• 디캄바액제, 시마진, 헥사지논 |
| 비선택성 제초제 | • 잡초와 작물 등 식물 전체를 제거하는 약제<br>• 글라신액제, 염소산염제 |

④ 기타

㉠ 살비제 : 곤충에는 살충력이 거의 없고 응애류 방제에 효과가 있는 약제이다.

㉡ 살선충제 : 선충의 방제에 효과가 있는 약제이다.

㉢ 식물생잘조정제 : 식물의 생장을 촉진, 억제하고 개화 촉진 등 식물의 생육을 조정하는 약제로 옥신 지베렐린등이 있다.

㉣ 보조제에는 살균제, 제초제 등과 같은 농약의 효과 증진을 도와주는 약제로 전착제, 증량제, 용제, 유화제, 협력제가 있다.

㉤ 유화제는 유제의 유화성을 높이는 일종의 계면활성제이며 협력제는 유효성분의 효력을 증진 한다.

## (2) 사용형태에 의한 분류

① 농약의 제제

㉠ 농약의 직접적인 사용이 어려워 보조제를 첨가하여 사용하기 용이한 형태로 만드는 과정을 제제라 하고 완성된 제품을 제형이라 한다.

㉡ 농약의 제제는 사용의 편리뿐 아니라 유효성분의 효과 증가, 약해의 억제, 환경 및 사용자의 안전성 향상, 작업성 개선 등을 목적으로 한다.

㉢ 제형에 따른 분류시 액체시용제(유제, 액제, 수용제, 수화제, 입상), 고체시용제(분제, 입제, 미립제, 캡슐제, 저비산분제), 종자처리제(종자처리수화제, 종자처리액상수화제), 특수목적제(훈연제, 훈증제, 도포제, 판상줄제)로 분류된다.

② 액체시용제의 종류 및 특성

㉠ 액체시용제는 제제를 물에 희석하여 사용하는 것이다.

㉡ 액체시용제의 종류에는 유제, 액제, 수용제, 수화제, 액상, 유탁제, 분산성액제 등 종류가 다양하게 존재한다.

| 구분 | 내용 |
|---|---|
| 유제 | • 유제(EC, emulsifiable concentrate)는 주제의 성질이 지용성으로 물에 녹지 않아 유기용매에 녹여 유화제를 첨가한 용액이다.<br>• 유기용매는 주로 Xylene, Alcohol 류 등이 사용된다.<br>• 주로 많은 양의 물에 희석하여 분무기를 이용하여 살포한다.<br>• 유제는 수화제보다는 살포액의 조제가 편리하고 약효가 높으나 제조비가 높은 편이다.<br>• 주요 관리 항목으로 유효성분과 유화성이다. |
| 액제 | • 주제가 수용성이며 액상으로 살포한다.<br>• 동결의 위험이 있어 계면활성제 등과 같은 동결방지제를 첨가해준다. |
| 수용제 | • 수용성의 유효성분을 증량제로 희석하고 분상이나 입상의 고체로 제제한다.<br>• 액제보다 취급 및 보관은 용이하다. |
| 수화제 | • 물에 녹지 않는 주제를 벤토나이트 등의 점토광물과 계면활성제 등을 배합하여 혼합 분쇄하여 제제한다.<br>• 수화제는 골고루 퍼지는 현수성이 중요하며 수화성, 고착성, 습진성 등이 좋아야 한다. |
| 입상수화제 | • 물에 희석하여 사용하는 농약으로 유효성분과 수화성이 중요하다.<br>• 가루 상태 농약과 보조제를 미세하게 분쇄하여 입자끼리 엉기지 않도록 한 제형으로 수화제를 개선한 것이다. |

| 유탁제 | • 용매에 잘 녹지 않는 물질을 용매에 잘 분산시키기 위해 첨가하는 물질 |
|---|---|
| 미탁제 | • 농약원제를 물에 희석하는 액상제형으로 입자의 크기가 매우 작아 유제나 유탁제보다 효과가 좋다. |

③ 고체시용제(고형시용제)의 종류 및 특성

㉠ 고체시용제는 유효성분을 탈크(talc), 클레이(clay), 벤토나이트(bentonite) 등의 증량제로 희석하여 만든 제제이다.

㉡ 고형시용제는 분제, 미분제, 입제, 미립제, 캡슐제 등이 있다

| 분제 | • 유효성분을 점토광물과 보조제를 혼합하여 만든 미분말이다.<br>• 보조제는 유효성분의 물리성과 안정성을 높여준다.<br>• 분제의 경우 물에 섞지 않고 제품 그대로 살포한다.<br>• 분제는 작물의 잔효성이 수화제나 유제에 비하여 낮은편이다.<br>• 저비산분제(DL분제)는 살포 후 대기 중 약제의 알갱이가 응집되도록 하여 약제의 비산을 방지한다. |
|---|---|
| 미분제 | • 병해충의 효과를 증폭시키기 위해 입자를 작게 하여 비산성을 높인 약제이다.<br>• FD제(플로우더스트제, Flow Dust)는 하우스 내의 병해충 방제를 위해 개발되어 미립자가 장시간 부유하여 균일하게 확산되도록 평균입경을 2um 정도로 작게 제형하여 살포한다. |
| 입제 | • 유효성분을 고형증량제, 안정제, 계면활성제 등을 넣어 입상으로 성형한 제제이다.<br>• 입자가 무거운 편이라 비산의 위험성은 적다.<br>• 단위면적당 사용량이 많아 가격이 비싼 편이다.<br>• 입제의 경우 제조방법에는 흡착법, 피복법, 압출식조립법, 조립흡착법 등이 있다. |
| 미립제 | • 제제의 방법은 입제와 같으나 입제보다 입자의 크기가 작으며 입도의 범위가 62~219um 정도이다. |

④ 액상시용제의 물리적 성질

| 유화성 | • 제제를 물에 가한 경우 유립자가 균일하게 분산하여 유탁액이 되는 성질을 말한다. |
|---|---|
| 습전성 | • 살포한 약액이 작물이나 해충의 표면에 퍼지는 성질을 말한다. |
| 수화성 | • 수화제와 물과의 친화도를 말한다. |
| 현수성 | • 수화제에 물을 넣어 조제한 현탁액의 고체입자가 균일하게 분산 부유하는 성질과 안정성을 말한다. |
| 침투성 | • 살포된 약제가 식물체에 침투하는 성질을 말한다. |
| 표면장력 | • 공기와 접하는 계면에 있어서 계면장력을 말한다. |
| 부착성 | • 살포한 약액이 식물체에 붙는 성질을 말한다. |

| 접촉각 | • 정지된 액체의 표면이 고체와 접하는 점에 있어 액면과 고체면이 이루는 각도를 말한다. |
|---|---|
| 고착성 | • 부착한 약제가 빗물에 씻겨 내리지 않고 식물 표면에 붙어 있는 성질을 말한다. |

⑤ 고상시용제의 물리적 성질

| 분말도 | • 고체상태 제형의 입자 크기를 나타내는 것이다. |
|---|---|
| 입도 | • 제제의 입경을 나타내는 것이다. |
| 용적비중 | • 제형의 단위용적당 무게를 나타낸 것이다. |
| 응집력 | • 분제의 입자나 물에 희석한 약품들의 입자가 뭉치는 성질을 말한다. |
| 분산성 | • 분제가 균일하게 분산하는 성질을 말한다. |
| 비산성 | • 분제가 바람에 의해 이동하는 성질을 말한다. |
| 토분성 | • 분제의 입자가 살분기의 분출구로 잘 미끄러지는 성질을 말한다. |
| 부착성,고착성 | • 살포된 분제가 작물이나 해충에 붙어 있는 성질을 말한다. |
| 안정성 | • 분제가 분해되고나 변하지 않는 성질을 말한다. |
| 경도 | • 입자의 단단한 정도를 말한다. |
| 수중붕괴성 | • 농약이 토양이나 수면에 처리시 유효성분이 방출되는 성질을 말한다. |

(3) 화학적 조성에 의한 분류

① 유효성분 조성에 따라 무기농약과 유기농약으로 분류된다.

② 유기농약은 유기화합물을 주성분으로 하는 농약으로 유기인계, 카바메이트계, 유기염소계, 유기황계, 유기불소계 등이 있다.

③ 무기농약은 무기화합물을 주성분으로 생석회, 소석회, 황산구리, 유황 등이 있다.

## 3. 농약의 형태 및 이화학적 특성

### (1) 살균제

① 살균제의 정의 및 종류

㉠ 구리제

- 작물의 병해방지용으로 19세기 말부터 현재까지 이용되고 있다. 석회보르도액을 포함한 구리제는 보호살균제로 적용범위가 넓고 저항성에 관련된 문제가 거의 없는 약제로 가장 널리 사용되고 있다.
- 구리제는 무기동제와 유기동제로 분류하며 무기동제에는 보르도혼합액, 동수화제가 있으며 유기동제에는 옥시코퍼, 코퍼하이드록사이드가 있다.
- 구리제는 알칼리성으로 유기인제와는 혼용이 불가하며 어류에 독성이 있어 주의를

요구한다.

㉡ 보르도혼합액

- 보르도액 제조에는 순도 98.5% 황산구리와 순도 90% 이상의 생석회가 사용된다.
- 보르도액은 곰팡이 세균 모두 방제가 가능하며 방제기간이 길고 강알칼리 조건에서 효과가 뚜렷하게 나타난다.
- 사용시 강산성 농약과의 혼용을 피하도록 한다.

㉢ 수은제

- 염화 제 2수은($HgCl_2$)을 주성분으로 하는 약제이다. 현재는 동식물에 대한 독성으로 사요이 중지된 상태이다.
- 유기수은제는 병원균에 효소단백질의 -SH 기에 결합하여 기능을 저하시키는 작용을 하며 미나마타병의 원인이 되기도 한다.

㉣ 무기황제

- 무기황제에는 황분말, 수화황제, 석회황합제, 바륨황합제 등이 있다. 무기황제는 작물의 흰가루병, 녹병 등에 살균작용과 과수에 응애류, 깍지벌레류 등의 살충작용을 한다.
- 황분말은 석회항합제나 수황합제의 살포보다는 약효가 다소 떨어지는 편이다.

㉤ 유기황제

- 유기황제는 디티오카바메이트계로 주로 보호살균제로서 적용범위가 넓은 편이다.
- 살균제로서 약효의 범위가 넓고 구리, 황제제와 비교하여 식물에 친화성과 약효가 좋으나 분해가 쉬운편이고 가격은 고가이다.
- 유기황제의 종류로 만코제브, 메티람, 프로피네브 등이 있다.

㉥ 결정석회황 합제(석회유황합제)

- 다황화칼슘($CaS_5$)을 주성분으로 하는 살균제로 강알칼리성을 띤다.
- 값이 저렴하고 살균력이 좋으며 응애류 및 깍지벌레류에 살충력을 가진다. 또한 과수의 병해 방제약제로도 이용되고 되며 주로 겨울철에 사용된다.
- 온도 및 습도가 높을 경우 분해가 빨라 약효가 저하된다.
- 주성분이 공기 중에 산소 및 이산화탄소와 반응하여 활성화되면 유황분자에 의해 살균이 이루어진다.

㉦ 유기주석제

- 주석(Sn)을 가진 약제로 살균력이 강하나 인축에 대한 약해가 심한편이다.
- 종류로는 수산화물(TPTH), 염화물(TPTC), 초산염(TPTA) 등이 있다.

㉧ 유기비소제

· 비소(As)를 함유하는 유기화합물로 $R \cdot As \cdot X_2$ 로 표기한다. R 이 방향족에 염소기가 있을 경우 살균력이 매우 강하다. R 이 지방족의 경우 $-CH_3 > -C_2H_5 > -C_3H_7$ 순으로 살균력을 나타낸다.

· 사과나무 부란병 치료약인 네오아소진은 비소로 인한 중금속 잔류 문제가 발생하였고 이 문제를 해결하기 위해 철(Fe)을 결합하여 해결하였다.

ⓙ 유기염소제

· 염소를 포함한 유기합성 살충제를 의미하며 살충력이 우수하고 광범위한 해충방제 및 생산비가 저렴한 이점이 있으나 약해가 발견되어 사용이 중단되었다.

· 유기염소계 종류로 원예용 클로로타로닐, 벼 도열병 방제용 프탈라이드, 벼 흰잎마름병 방제용 테클로프탈람 등이 있다.

ⓚ 유기인계 살균제

· 유기인계 살균제는 원래 살충제로 개발되었으나 벼 도열병 방제약제로의 사용이 계기가 되어 살균제로도 사용된다.

· 종류로는 벼 도열병 방제용 이프로벤포스(IBP), 에디펜포스 등이 있다.

ⓛ 침투성 살균제

· 침투성 살균제는 약제를 살포시 식물의 잎, 줄기, 뿌리 등의 일부로 침투하여 식물 전체에 퍼져 살균효과를 나타내는 약제이다.

· 식물 자체의 저항성을 높여주기에 병원균이 저항성을 가질수도 있다.

· 종류로는 메탈락실, 베노밀, 카벤다짐, 티아벤다졸, 카복신, 메프로닐, 페나리몰 등이 있다.

ⓜ 농용항생제

· 농용항생제는 이름 그대로 농업용으로 개발된 항생물질을 이용하여 농작물의 병해충을 예방하는 농약의 일종이다. 항생물질은 대상에 따라 항세균성, 항곰팡이성, 항바이러스성으로 분류된다.

· 농용항생제의 종류로는 가스가마이신, 발리다마이신에이, 스트렙토마이신, 블라스티시딘에스, 폴리옥신비, 폴리옥신디 등이 있다.

· 항세균성 종류로는 스트렙토마이신, 클로람페니콜제가 있다.

· 폴리옥신비는 사과나무 점무늬낙엽병, 배나무 검은무늬병에 효과적이다.

· 폴리옥신디는 벼잎집얼룩병. 사과 부란병에 효과적이다.

② 작용기작

㉠ 호흡의 저해

· 호흡은 유기물을 분해하여 만드는 에너지를 ATP 로 저장하는 과정이다

- 호흡 저해는 SH 저해제에 의한 탈수소과정 저해, 전자전달 저해, ATP 생산 저해 등에 의해 발생하게 된다.
- SH 저해제의 경우 생체 내에서 산화, 환원에 관여하는 효소 중 SH기를 가진 효소의 활성을 저해하는 것을 말한다.

| SH 저해제 | 구리제, 유기수은제, 유기유황제, 클로로타로닐, 캡탄, 폴펫 등 |
|---|---|
| 전자전달 저해 | 카복신, 메프로닐, 에트리디아졸 등 |
| ATP 생산 저해 | 유기주석제, 펜타클로로페놀 등 |

㉡ 단백질 생합성 저해

- 단백질은 주로 생체방어기작을 위한 합성에 도움을 주는데 이러한 단백질 생합성을 저해하여 살균작용을 하게 된다.
- 단백질 생합성 단계별로 적용가능한 저해제가 있다.

| 합성 개시기 저해 | 스트렙토마이신, 가스가마이신 |
|---|---|
| 펩타이드 신장기 저해 | 블라스티시딘-에스 |
| 합성 종료기 저해 | 테누아조닉산 |
| 합성 전과정 저해 | 사이클로헥시마이드 |

㉢ 세포막 형성 저해

- 병원균의 세포막은 인지질과 에르고스테롤(ergosterol)로 이루어진 이중막으로 세포막 형성저해제의 경우 에르고스테롤의 생합성을 저해시킨다.
- 에르고스테롤의 생합성에 방해를 받게 되면 세포막의 견고성이 떨어져 결국 병원균의 생육에 영향을 받게 된다.
- 세포막 형성 저해제로 디페노코나졸, 디니코나졸, 헥사코나졸, 마이크로뷰타닐, 뉴아리몰, 트리아디메폰 등이 있다.

㉣ 세포벽 형성 저해

- 병원균이 가진 세포벽의 형성을 방해하면 저항력이 약해지고 물리적으로 세포의 유지가 어려워 결국 사멸하게 된다.
- 식물의 세포벽은 셀룰로오스로 이루어져 있으나 병원균의 대부분인 사상균은 세포벽이 키틴으로 이루어져 있어 세포벽의 형성 저해제는 주로 키틴의 생합성 저해제를 이용한다.
- 세포벽 형성 저해제로 폴리옥신, 에디펜포스, 이프로벤포스 등이 있다.

(2) 살충제

① 살충제의 종류

㉠ 유기인계

- 유기인계 살충제는 살충력이 강하고 적용 가능한 해충의 종류가 많으며 대량생산이 가능하다.
- 동식물의 체내 섭취시 분해가 빠르다.
- 야외 살포의 경우 광선 및 외부 환경조건에 의해 분해가 빨라 손실되기 쉽다.
- 유기인계 살충제는 에스테르 결합을 하고 있어 알칼리에 의해 쉽게 가수분해 된다.
- 유기인계 살충제는 아세틸콜린에스테라제(AChE)의 활성 저해제이며 식물의 경엽으로 침투가 쉽게 이루어진다.
- 인축에 대한 독성이 강한편이다.
- 유기인계 살충제 종류로 파라티온에틸, 이피엔(EPN), 말라티온, 다이아지논, 페니트로티온(MEP), 펜토에이트(PAP), 트리클로르폰(DEP), 디클로르보스(DDVP) 등이 있다.

㉡ 카바메이트계

- 카바메이트계 살충제는 살충력이 선택적이고 적용해충의 범위가 넓은 편이다.
- 인축에 대한 독성이 낮은 편이고 체내에 축적되는 일이 없고 체내에서도 분해가 잘되는 편이다.
- 광선 및 온도에 비교적 안정적인 화합물이며 유기인계 살충제와 비교해서 낮은 온도에서도 살충력이 있다.
- 카바메이트계 살충제는 카바민산과 아민의 반응에 의하여 얻어지는 화합물로 살충제로 이용된다.
- 카바메이트계 살충제로 카바릴(NAC), 페노뷰카브(BPMC), 카보퓨란, 티오디카브(UCC) 등이 있다.

㉢ 유기염소계

- 유기염소계 살충제는 염소를 함유하고 있어 살충력이 우수하고 넓은 범위의 해충방제가 가능하다.
- 취급이 간편하고 인축에 대한 독성이 낮으나 생태계 내에서 잔류성이 높은 편이다.
- 유기염소계 살충제 중에서 잔류성이 높은 DDT, BHC 등은 국내에서 사용이 금지되어 있다.
- 유기염소계 살충제 종류에는 DDT, BHC, 디엘드린(HEOD), 알드린(HHDN), drin제, 지오릭스(엔도설판) 등이 있다.

㉣ 천연살충제

- 천연살충제는 식물이나 광물에 함유된 살충성분을 추출하여 약제로 만든 살충제이다.
- 천연살충제는 속효성이며 인축에 대한 독성이 없고 유효성분의 분해가 빠르다.

| | |
|---|---|
| 피레트린 | · 제충국의 꽃 씨방에서 살충성분을 추출하여 제조한 황색의 유상 물질이다.<br>· 곤충에 대해 살충효과가 강하고 유제외에 모기향으로 이용하기도 하며 파리, 모기 등의 해충 박멸에 많이 이용된다. 사람이나 온혈동물의 경우 신속하게 분해되어 배출되기에 독성이 없다. |
| 로테논제 | 데라스의 뿌리에는 살충성분인 로테논이 함유되어 있고 이를 이용하여 만든 살충제를 로테논제라 한다. |
| 니코틴제 | 담배에 함유되어 있는 알칼로이드 성분으로 곤충의 신경계에 침입한다. 주로 진딧물을 없애는데 이용한다. |

- 천연살충제 종류로 제충국에서 추출한 피레트린제, 데리스의 뿌리에서 추출한 로테논제, 담배에서 추출한 니코틴제 등이 대표적이다.
- 기계유 유제는 석유류로 유효성분인 기계오일이 95% 이상 차지하고 나머지는 유화제로 구성되어 있다. 기름을 이용하여 해충을 피복하여 질식시키며 곤충의 기문이나 피부로 침투하여 살충작용을 하게 된다. 주로 깍지벌레나 응애류에 효과적이다.

㉤ 훈증제

- 가스를 이용하여 해충을 죽이는 살충제로 밀폐된 공간에 저장곡물이나 토양소독에 이용한다.
- 훈증제는 농약원제의 증기압이 높아 유효성분이 휘발하도록 만든 제형이다.
- 훈증제는 휘발성이 강해야 하고 비인화성이어야 하며 침투성이 커야 한다.
- 훈증제의 종류로 메틸브로마이드, 클로로피크린, 알루미늄포스파이드, 시안화수소 등이 있다.

② 작용기작

㉠ 신경기능의 저해

- 신경계의 기본단위인 뉴론은 다른 뉴론의 수상돌기와 연결되어 있고 그 사이를 시냅스라 하는데 시냅스에 전기 자극에 의해 아세틸콜린이 분비되어 자극을 전달하게 된다.

| | |
|---|---|
| 신경축색의 전달 저해 | 유기염소계 살충제(DDT), 페레트로이드(Pyrethroid)계 살충제는 외부자극에 의해 발생되는 $K^+$, $Na^+$ 이온의 불활성을 억제하여 지속적으로 축색 말달의 자극이 전달되어 곤충을 죽게 한다. |
| 시냅스 전막 저해 | 벤젠헥사클로라이드(BHC), 사이클로디엔(Cyclodien) 은 중추신경에 자극을 보내 시냅스에 아세틸콜린의 양을 증대하여 신경전달에 이상을 발생시켜 곤충을 죽게 한다. |
| 아세틸콜린에스테라제 (AChE, acetyl cholinesterase) 활성 저해 | AChE 는 신경전달계 관여 효소로 유기인계와 카바메이트계 살충제가 AChE 의 분해를 저해하여 신경전달물질의 축적으로 정상적인 신경전달이 방해되어 곤충이 죽게 된다. |
| 아세틸콜린수용체의 저해 | 니코틴, 네레이스톡신, 카탑은 아세틸콜린과 구조가 유사하여 아세틸콜린과 경쟁적으로 시냅스 후막에 결합하는데 분해가 되지 않아 지속적인 자극으로 곤충이 죽게 된다. |

- 살충제는 이러한 전달과정을 저해시켜 곤충을 죽게 하는데 살충제의 종류에 따라 특정 신경계의 기능을 저해시키게 된다.

㉡ 에너지 대사의 저해

- 곤충이나 해충은 ATP 의 인산을 이용한 에너지 생성을 통해 활동을 하며 살충제는 이러한 ATP 를 통한 에너지 생성을 저해시켜 결국 곤충 및 해충을 죽게 한다.
- ATP 생성과정은 크게 해당작용, TCA 회로, 호흡 등 3가지로 이루어지며 호흡이 저해되면 ATP 생성에도 방해를 받게 된다.
- 메틸브로마이드, 클로로피크린 등은 TCA 회로에 관여하는 SH기를 가진 효소를 저해하여 ATP 생성을 방해하고 곤충 등을 죽게 한다.

㉢ 키틴 생합성 저해

- 키틴은 곤충의 외골격을 주요 구성성분으로 키틴의 생합성을 저해하면 곤충의 외골격이 연약하게 되어 외부환경에 대한 저항력이 약해져 죽게 된다.
- 곤충의 탈피과정에서 키틴이 부족할 경우 외표피의 생성이 거의 이루어지지 않게 되어 내표피만으로 탈피를 하게 되어 마찬가지로 외부환경에 저항력이 약해지게 된다.
- 키틴 생합성 저해 물질로 뷰프로페진, 디플루벤주론, 크롤르플루아주론, 테플루벤주론 등이 있다.

㉣ 호르몬 균형 교란

- 호르몬 균형 교란을 통해 곤충의 정상적인 생활을 방해하여 방제하는 방법으로 주로 탈피와 변태를 조절하는 호르몬을 교란시킨다.
- 메소프렌(Methoprene)은 탈피를 지연시켜 성충 단계로 가지 못하게 하는 탈피억제호

르몬이며 프리코센(precocene)은 성충으로 빠르게 탈피하여 유충 피해를 최소화하는 유충억제호르몬이다.

ⓜ 미생물 살충제

· 미생물농약의 일종으로 곤충의 바이러스, 세균, 사상균 등의 병원미생물을 이용하여 제조하며 일명 BT(Bacillus thuringiensis)제 라고 한다.

· 미생물 살충제에서 합성하는 단백질이 곤충의 체내로 침입할 경우 중장에 있는 특정 수용체와 결합하여 독성을 만들어내고 이때 만들어진 독소는 중장세포의 ATP 합성을 저해하여 곤충을 죽게 한다.

· BT제의 경우 곤충이 섭취시 알칼리 조건인 소화기관 안에서 분해효소에 의해 독성이 발현되는데 독성의 발현 시간이 짧은 편이며 나비목, 파리목, 딱정벌레목 등 숙주 범위가 상당히 넓다.

### (3) 제초제

① 제초제의 분류

㉠ 생리작용에 따른 분류

| | |
|---|---|
| 선택성 | • 보호할 작물에 약해 없이 선택적으로 잡초를 방제하는 약품이다.<br>• 2,4-D, MCP, MCPB, DCPA |
| 비선택성 | • 식물의 종류에 상관 없이 모든 식물을 제거하는 약품이다.<br>• CAT, CMV, PCP, DNBP |

㉡ 처리방법에 따른 분류

| | |
|---|---|
| 토양처리 | 잡초가 발생하기 전 살포하는 것으로 어린싹이나 뿌리를 통해 흡수된다. |
| 경엽처리 | 잡초가 발생한 후 살포하는 것이다. |
| 토양, 경업 처리 | 잡초 발생의 진행을 억제하고 이미 발생한 잡초를 고사시킨다. |

㉢ 화학구조에 따른 분류

| | |
|---|---|
| 유기제초제 | • 분자 내 하나 이상의 탄소를 함유한 제초제를 말한다.<br>• 2,4-D, MCP, PCP, TCA, DNOC 등 |
| 무기제초제 | • 분자 내 탄소를 포함하지 않은 제초제를 말한다.<br>• 염소산소다, 시안산소다, HCl, $H_2SO_4$ 등 |

㉣ 작용특성에 따른 분류

| | |
|---|---|
| 접촉형 | • 식물에 직접 살포하여 접촉시 효과를 발휘하는 제초제를 말한다.<br>• PCP, DNOC, DCPA, Difenoconazole 등 |
| 이행성 | • 경엽, 뿌리 등 접촉부위에서 식물체 내의 작용점으로 이행되어 효과를 발휘하는 제초제를 말한다.<br>• 2,4-D, 시마진, MCPA, bentazon, glyphosate 등 |

② 제초제의 종류

㉠ 제초제의 종류는 다음과 같다.

| | |
|---|---|
| 경엽처리용 제초제 | 페녹시계 제초제, 벤조산 제초제, 유기인계 제초제, 비피리딜리움계 제초제, 벤조티아디아졸계 제초제 |
| 경엽 및 토양처리 제초제 | 트리아진계 제초제, 요소계 제초제, 설포닐우레아계 제초제, 디페닐에테르계 제초제, 카바메이트계 제초제 |
| 토양처리 제초제 | 아마이드계 제초제, 디니트로아닐린계 제초제, 티오카바메이트계 제초제 |

㉡ 페녹시계 제초제

- 1년생, 다년생 광엽잡초의 경엽에 처리하는 선택성 제초제이다.
- 식물의 생장점의 분열조직에 작용하여 옥신의 발생을 방해하여 이상 분열, 엽록소 형성 저해 등의 작용을 한다.
- 페녹시계 제초제의 종류로 2,4-D , MCPP(Mecoprop, 메코프로프) 등이 있다.
- 2,4-D 의 경우 국내에서 가장 먼저 사용된 제초제로 그 종류가 다양하며 2,4-D 아민염은 물에 잘 녹고, 2,4-D 에스테르는 휘발성인 것이 특징이다.

㉢ 벤조산 제초제

- 콩과식물, 잔디, 화본과 목초의 광엽잡초 등의 방제에 이용한다.
- 광엽식물의 뿌리나 경엽을 통해 흡수되며 페녹시계와 같이 옥신에 영향을 주는 측면에서 유사한 작용을 한다.
- 약품의 안정성은 페녹시계 제초제 보다 좋은 것이 특징이다.
- 벤조산 제초제의 종류로 디캄바, 2,3,6-TBA 등이 있다.

㉣ 유기인계 제초제

- 경엽에 처리하는 비선택성 제초제로 잎을 통해 흡수되어 세포의 분열조직에 작용한다.
- 유기인계 제초제로 글리포세이트, 글리포세이트암모늄, 피페로포스, 비알라포스 등이 있다.

㉤ 비피리딜리움계 제초제

- 토양에 강하게 흡착되며 물에 반응시 잘 용해되어 양이온 형태로 식물에 흡수되는 비선택성 접촉형 제초제이다
- 침투성이 강하며 수 시간 내에 경엽이 위조되고 고사한다
- 종류로는 파라쿼트 디클로라이드(Paraquat dichloride)가 대표적이다
- 파라쿼트 디클로라이드(Paraquat dichloride)는 주로 파종 전 처리로 사용된다

㉥ 벤조티아디아졸계 제초제

- 광엽잡초 및 방동사니과 잡초의 경엽 처리하는 선택성 이행형 제초제이다
- 대표적인 종류로 벤타존이 있다

㉦ 트리아진계 제초제

- 잡초가 발생하기 전이나 작물을 심기 전 토양에 미리 처리하는 제초제로 화본과, 광엽잡초 방제에 이용되며 주로 뿌리를 통해 흡수된다.
- 트리아진계는 광에 의해 활성화되어 엽록체에 영향을 주어 황화현상 및 고사하여 식물 자체의 광합성 능력을 저해시킨다.
- 질소원자 3개를 함유하는 구조이며 탄소원자와 결합하는 치환기 -Cl, $-OCH_3$, $-SCH_3$가 있다.
- 대표적으로 씨마진(simazine), 메트리부진(metribuzin), 헥사지논(hexazinone) 등이 있다.

㉧ 요소계 제초제

- 잡초가 발생하기 전 처리하는 제초제이며 화본과 및 광엽잡초에 효과적이며 주로 뿌리로 흡수 된다. 흡수된 약제는 물관을 통해 이행되어 광에 의해 활성화되어 약효가 발휘하면 세포막을 파괴하여 광합성을 저해시킨다.
- 환경 및 인축에 대한 영향이 적어 세계적으로 많이 이용되고 있다.
- 대표적인 종류로 리누론(linuron), 메타벤지아주론(methabenzthiazuron), 다이므론(dymron) 등이 있다.

㉨ 설포닐우레아계 제초제

- 설포닐우레아계 제초제는 적은 약량으로 적용 가능한 초종이 넓고 야생동물에 대한 안정성이 높은 편이다.
- 화본과 및 광엽잡초에 대해 효과적으로 생육을 억제하여 방제할 수 있다. 1988년 국내 처음 등록되어 사용후 많이 사용되고 있다.
- 대표적으로 벤셀퓨론(bensulfuron), 아짐설퓨론(azimsulfuron), 시노설퓨론(cinosulfuron) 등이 있다.

ⓩ 디페닐에테르계 제초제

- 잡초가 발생하기 전에 사용하는 접촉형 제초제이다.
- 토양 표면에 막을 형성하요 유묘가 발생시 접촉하여 고사시킨다.
- 1년생 광엽잡초와 화본과 잡초에 효과를 발휘한다.
- 대표적으로 바이페녹스(bifexox), 옥시플루오펜(oxyfluorfen) 등이 있다.

ⓚ 카바메이트계 제초제

- 잡초가 발생하기 전에 처리하며 화본과, 방동사니과 등에 선택적으로 작용하며 적용범위도 넓은 편이다.
- 카밤산(카바민산, $NH_2COOH$)을 기본구조로 하며 잡초의 뿌리, 경엽 등으로 쉽게 흡수되며 잔효기간은 짧은 편이다.
- 대표적으로 세포분열저해를 유발하는 클로르프로팜(chlorpropham), 아슐람(asulam) 등이 있다.

ⓣ 아마이드계 제초제

- 토양에 처리하는 제초제로 화본과, 광엽잡초의 방제에 이용한다.
- 대표적인 제초제는 알라클로르(alachlor), 뷰타클로르(butachlor), 나프로파마이드(napropamide), 프로파닐(propanil) 등이 있다.

ⓟ 디니트로아닐린계 제초제

- 화본과, 광엽잡초에 효과가 있으며 뿌리 및 어린 눈을 흡수되기에 잡초종자가 발아할 때 살초 효과가 나타내며 유근, 유아의 세포분열을 저해한다.
- 대표적으로 트리플루랄린(trifluraline), 에탈플루랄린(ethalfluralin), 펜티메탈린(pendimethaline)

ⓗ 티오카바메이트계 제초제

- 발아 직후 잡초의 생장을 억제하거나 지하 저장기관의 눈형성을 방해한다.
- 대표적으로 티오벤카브(thiobencarb) 등이 있다.

③ 제초제의 작용기작

| 작용기작의 종류 | 제초제의 종류 |
|---|---|
| 광합성의 저해 | • 벤조티아디아졸계 : bentazone<br>• 트리아진계 : simazine, atrazine<br>• 요소계 : linuron, methabenzthiazuron<br>• 아마이드계 : proranil |
| 호흡작용, 산화적 인산화 저해 | • 카바메이트계 : chlorpropham<br>• 유기염소계 : dalapon |
| 호르몬 작용의 교란 | • 페녹시계 : 2,4-D, MCPP<br>• 벤조산계 : dicamba |
| 단백질 합성의 저해 | • 아마이드계 : alachlor, butachlor<br>• 유기인계 : glyphosate |
| 아미노산 생합성의 저해 | • 설포닐우레아계<br>• 이미다졸리논계<br>• 유기인계 : glyphosate |
| 세포분열의 저해 | • 디니트로아닐린계 : trifluralin<br>• 카바메이트계 : chlorpropham |

㉠ 광합성의 저해

- 광합성 과정은 빛을 이용하여 화학에너지를 만드는 명반응과 명반응에서 화학에너지를 이용하여 이산화탄소를 고정하여 탄수화물을 만드는 암반응으로 구분된다. 여기서 주로 광합성 저해제는 명반응을 저해하는 제초제이다.
- 관련 제초제의 종류로 벤조티아디아졸계(bentazone), 트리아진계(simazine, atrazine), 요소계(linuron, methabenzthiazuron), 아마이드계(proranil) 등이 있다.

㉡ 호흡작용, 산화적 인산화 저해

- 호흡과정에서 발생되는 ATP 생성 과정을 저해하여 최종적으로 에너지 대사 저하로 식물체를 고사시킨다.
- 관련 제초제 종류로 카바메이트계(chlorpropham) , 유기염소계(dalapon) 등이 있다.

㉢ 호르몬 작용의 교란

- 대표적인 식물호르몬인 옥신의 생성을 교란시켜 생육을 저해시키게 된다.
- 관련 제초제 종류로 페녹시계(2,4-D, MCPA), 벤조산계(dicamba) 등이 있다.

㉣ 단백질, 아미노산 합성의 저해

- 단백질은 식물체 내에서 아미노산이 펩티드 결합을 통해 구성되어 있다. 이러한 단백질의 합성을 저해시키면 각 단백질의 기능적 특성이 저해되는데 효소, 호르몬, 생리기능 등의 저해작용이 발생하게 된다.
- 아미노산 합성이 저해되면 광합성, 호흡 등에도 영향을 주게 되며 된다.

- 단백질 합성 저해 관련 제초제로 아마이드계(alachlor, butachlor), 유기인계(glyphosate) 등이 있으며 아미노산 합성 저해 관련 제초제로 설포닐우레아계, 이미다졸리논계, 유기인계(glyphosate) 등이 있다.

ⓜ 세포분열의 저해

- 세포분열 저해제는 식물체의 세포분열을 방해하여 생장에 장해를 주게 된다.
- 분열조직에서 엽산 합성효소를 저해하여 핵산합성과 세포분열을 방해하고 미세소관 집합을 저해하여 방추사의 기능을 방해한다.
- 관련 제초제로 디니트로아닐린계(trifluralin), 카바메이트계(chlorpropham) 등이 있다.

### (4) 보조제

① 계면활성제

㉠ 계면활성제는 물에 녹기 쉬운 친수성부분과 기름에 녹기 쉬운 소수성 부분을 가지고 있는 화합물로 비누나 세제등에 많이 이용된다.

㉡ 계면활성제는 이온화에 의해 음이온계면활성제, 양이온계면활성제, 비이온계면활성제, 양쪽성계면활성제 등으로 분류할 수 있다.

㉢ 계면활성제는 친수성부분의 원자단 종류로 -OH, -COOH, -CN, -COONA, $-CONH_2$ 등이 있으며 친유성부분은 포화지방족탄화수소 부분에서 수소원자 하나가 없는 알킬기(-R)인 $-C_nH_{2n+1}$ 이 가장 강하다.

㉣ 계면활성제가 물과 기름에 친화성의 정도를 나타내는 것을 HLB(Hydrophile-lipophile Balance)이라 하며 숫자가 작을수록 친유성을 나타내며 숫자가 클수록 친수성을 나타낸다.

㉤ 계면활성제는 물과 기름의 계면에서 표면장력을 감소시켜 약품의 습윤성, 부착성 및 고착성, 확전성을 높여주는 역할을 한다.

② 용제

㉠ 용제는 약제의 유효성분을 녹이데 물에 잘 녹지 않는 농약을 유기용매에 녹여 유제의 형태로 사용한다.

㉡ 용제는 농약에 대한 용해도가 커야하고 농약의 약효나 안정성이 저하되서는 안된다.

㉢ 용제를 사용시 독성이 증대되거나 인체에 유해하지 않아야 한다.

㉣ 용제의 종류로 물, 에탄올, 메탄올 등이 있다.

③ 증량제

㉠ 농약의 농도를 묽게 하거나 약효를 늘리는 약품이다.

㉡ 증량제는 분말도, 분산성, 고착성, 부착성, 안정성이 좋아야 한다. 이때 증량제의 입자 크기가 이러한 특성들에 영향을 미친다.

㉢ 증량제는 수분 함량이 낮아야 하고 pH 는 가급적 중성인 것이 좋다. 저장 중에는 농약의 유효성분이 분해되지 않고 안정성이 유지되어야 한다.

㉣ 흡유가가 높은 미세분말이나 유기물 분말에 액상의 농약원제를 흡수시켜 고농도의 농약원제를 다량의 광물성 미세분말에 희석한다.

㉤ 증량제는 규조토, 탈크, 고령토, 벤토나이트 등이 있다.

④ 전착제

㉠ 살균제나 살충제와 같은 약제가 식물체에 잘 전착되도록 도와주는 약제이다.

㉡ 전착제는 분산력과 습윤성이 커야 하고 약제 및 다른 보조제와의 친화성이 있어야 한다.

㉢ 폴리옥시에틸렌, 폴리아미드수지, 폴리옥시프로필렌 등이 있다.

## 4. 농약의 사용법

### (1) 농약의 살포량 및 살포회수

① 조제 유의사항

㉠ 조제시 약액이 인체에 묻지 않게 주의 한다.

㉡ 오염된 물이나 알칼리성이 강한 물은 조제시 사용하지 않도록 한다.

㉢ 유제는 소량의 물에 희석하고 이후 소요량의 물을 부어 골고루 혼합한다.

㉣ 원액의 침전물이 있을 경우 따뜻한 물을 넣어 침전물을 녹인 다음 조제 한다.

㉤ 수화제는 소량의 물에 죽과 같은 상태로 농약을 풀어 소요량의 물을 넣어 녹여준다.

㉥ 전착제는 소량의 물에 섞어 죽과 같이 만들어 살포액에 넣고 사용한다.

㉦ 살포액은 바람을 등지고 조제한다.

② 약제의 희석 및 조제

㉠ 농약의 조제에는 배액조제법, 농도조제법이 있다.

| 구분 | 내용 |
|---|---|
| 배액 조제법 | • 액체 제형의 농약을 부피/부피를 기준으로 희석한다.<br>• 고체 제형의 농약은 무게/부피를 기준으로 희석한다.<br>• 배액조제법은 가장 일반적으로 많이 사용되며 유효성분의 함량을 고려하지 않는다. |
| 농도 조제법 | • 액체 또는 고체 상태의 제형을 구분하지 않고 무게/무게를 기준으로 희석한다.<br>• 농도는 %, ppm 으로 표시한다.<br>• 농도 조제법은 유효성분의 함량을 정확하게 계산하여 조제한다. |

㉡ 농도의 단위는 주로 % 로 표기하며 중량 100 에 대한 용질의 양을 의미한다.

㉢ 액제의 희석

$$원액의 용량 \times (\frac{원액의 농도}{목표 희석 농도} - 1) \times 원액 비중$$

③ 살포제의 희석

㉠ $소요약량(배액) = \frac{단위면적당사용량}{소요희석배수}$

㉡ $소요약량(ppm 살포) = \frac{추천농도(ppm) \times 살포대상량(kg) \times 100}{1,000,000 \times 비중 \times 원액농도}$

㉢ $희석할 물의 양 = 원액 용량 \times (\frac{원액농도}{희석할농도} - 1) \times 원액 비중$

㉣ $희석할 증량제 양 = 원분제 중량 \times (\frac{원분제농도}{목표농도} - 1)$

## (2) 농약의 살포방법

① 주요 살포법

㉠ 분무법

- 약제를 안개와 같이 미세하게 뿌려 작물에 부착하게 하는 것으로 고착성이 좋아 비산에 의한 손실이 적은 편이다.
- 입자의 크기는 100~200um 정도의 크기로 분무기 분사 노즐의 크기도 주로 작은 것을 이용한다.
- 분무기는 살포 면적에 따라 배부식 수동분무기, 동력분무기, 헬기를 이용한 공중 살포 등 다양한 방법이 있다.

㉡ 미스트법

- 미스트기로 만든 미립자를 살포하는 방법으로 분무법과 비교하여 살포량은 적지만 농도가 높고 입자가 작으며 농도는 약 2배 정도로 높다.
- 살포 입자는 30~60um 정도로 분무법에 비해 매우 작은 입자이다.

㉢ 스프링클러법

- 살포기의 압력, 노즐형태, 노즐크기, 분사량 등에 의해 영향을 받으며 보통 잎의 뒷면에 약액의 살포가 저조하여 침투성 약제를 사용하는 것이 유리하다.

㉣ 살분법

- 분제 농약을 살포하는 방법으로 다공 호스를 이용한 파이프더스터(Pipe duster)법이 주로 이용된다.

- 분무법과 비교하여 작업이 간단하나 약제가 많이 들고 효과가 낮은 것이 단점이다.

② 기타 살포법

| | |
|---|---|
| 연무법 | 약제의 주성분을 연기(10～20㎛)의 형태로 해서 사용하는 방법이다. |
| 훈연법 | 약제를 연기화하여 작물에 살포하는 방법이다. |
| 훈증법 | 밀폐된 곳에 넣고 약제를 가스화시켜 방제하는 방법이다. |
| 관주법 | 토양내에 있는 병해충을 방제하기 위하여 땅 속에 약액을 주입하는 방법이다. |
| 침지법 | 종자, 종묘를 소독하기 위하여 사용하는 방법으로 희석액에 종자를 담가 감염된 병해충을 방제하는 방법이다. |
| 분의법 | 종자를 소독하기 위하여 분제로 된 약제를 종자에 피복시켜 병해충을 사멸시키는 방법이다. |
| 도포법 | 나무 줄기에 환상으로 약액을 처리하여 이동하는 해충을 잡는 방법과 상처부위를 병균이 침입하지 못하도록 약제를 처리하는 방법이다. |
| 도말법 | 종자 소독을 위해 분제농약을 건조한 종자에 입혀 살균, 살충하는 방법이다. |

③ 농약의 혼용가부

㉠ 농약의 혼용

- 농약 사용시 살충제와 살균제와 같이 목적을 달리 하는 두가지나 그 이상 혼합하여 사용할 경우 인력과 노력을 절감할 수 있다. 대부분의 농약은 혼용시 약해가 일어나거나 분해가 진행되어 효력이 상실되는 경우가 많다.
- 유기 합성 농약은 알칼리에 의해 분해되어 변질되는 경우가 많으며 유기인계 살충제와 카바메이트계 살충제는 알칼리에 불안정하고 분해되기 쉽다.
- 적절한 혼용을 할 경우 살균, 살충효과가 상승하는 약품들도 있다.

㉡ 농약 혼용 주의 사항

- 농약의 주의사항 및 사용설명서를 확인한다.
- 약품의 혼용가부표를 반드시 확인하고 표준희석배수를 준수하고 표준량 이상을 살포하지 않는다.
- 오염된 물을 사용시 약효가 떨어지기에 중성의 용수를 희석용수로 사용한다.
- 혼합시 균일하게 섞이도록 충분히 혼합한다.

### (3) 농약 사용상의 주의점

① 약해

㉠ 약해는 약제에 의해 작물에 이상이 생기 정상적인 생육이 저해되는 것을 말한다.

㉡ 약해의 경우 발생에 따라 급성약해, 만성약해, 2차 약해 등이 있다.

| 급성약해 | • 약제 살포 후 1주일 이내 증상이 나타남<br>• 괴사, 개화 지연, 발아불량, 잎의 위축, 낙엽 및 낙화 등의 증상이 나타남 |
|---|---|
| 만성약해 | • 약제 살포 후 1주일 이후 증상이 나타남<br>• 식물의 생장불량, 비대 지연, 품질 저하, 수량 감소 등의 현상이 나타남 |
| 2차약해 | • 토양 및 용수 등에 잔류되어 후작물에 피해를 주는 경우 |

② 약해 원인

㉠ 농약 자체의 원인 및 오용

- 농약 자체의 물리성이 약해에 영향을 미친다.
- 농약에 불순물이 혼입되거나 오염된 희석용수 사용시 약해를 일으킬 수 있다.
- 농약의 용제의 성분에 의해 영향을 받는데 주로 지방족탄화수소, 방향족탄화수소, 에스테르 등은 약해를 유발하기 쉬운편이다.
- 농약의 저장 중 약해 물질이 생성되기도 한다.
- 농약의 표준보다 과량살포하는 경우 약해가 발생할 수 있다.
- 혼용가부표 이외에 불안정한 혼용에 의해 약해가 발생할 수 있다.

㉡ 환경에 의한 약해

- 기온에 의해 약해를 받기도 하는데 주로 고온 다습한 조건에서 약해가 발생하기 쉽다.
- 햇빛이 강한 조건에서 약해가 발생하는 약품이 있기에 약품의 특성을 확인하고 적용해야 한다.
- 토양의 조건에 의해 약해가 발생하기도 하는데 토심이 얕은 토양의 경우 약해 발생 가능성이 상대적으로 높다.

㉢ 작물 자체에 의한 약해

- 작물의 종류에 따라 약해의 발생 정도가 차이가 나며 특정 약품에 약한 작물이 존재한다.
- 식물의 줄기, 잎, 열매 등의 형태 및 표면의 상태에 따라 약품의 부착정도가 차이가 나면서 약해의 영향을 받기도 한다. 실제로 크기가 작은 과실이 큰 과실보다 부착량이 많으며 털이 있는 작물이 없는 작물보다 부착량이 많은 편이다.
- 생장단계 중 감수성은 유묘기에 가장 높은 편이다.

③ 약해 예방

㉠ 약해가 발생하는 것을 줄이거나 예방하기 위해서는 먼저 작물과 환경조건에 맞는 적합한 약제의 선택이 중요하다.

㉡ 적합한 방제시기의 선택과 적절한 방제량을 살포하도록 한다.

㉢ 동일 약품 사용시 병해충들의 내성이 발달하므로 동일 약품을 계속 사용하는 것은 비효율적이다.

## 5. 농약의 독성 및 잔류와 안전사용

### (1) 농약의 독성

① 농약의 독성은 농약이 인축이나 환경생물에 해를 입히는 성질을 의미한다.

② 농약독성은 발현대상, 투여방법, 독성강도, 발현속도에 의해 구분된다.

| 구분 | | 정의 |
|---|---|---|
| 발현 대상 | 포유동물 | 사람, 포유동물에 대한 독성 |
| | 환경생물 | 유용생물(물고기, 새, 지렁이, 꿀벌, 누에 등)에 대한 독성 |
| 투여 방법 | 흡입독성 | 호흡을 통해 체내 침투되어 발생하는 독성 |
| | 경피독성 | 피부를 통해 체내 침투되어 발생하는 독성 |
| | 경구독성 | 입을 통해 체내 침투되어 발생하는 독성 |
| 독성 강도 | 맹독성 | 세계보건기구 기준 Class Ia |
| | 고독성 | 세계보건기구 기준 Class Ib |
| | 보통독성 | 세계보건기구 기준 Class II |
| | 저독성 | 세계보건기구 기준 Class III |
| 발현속도 | 급성독성 | 일시에 다량의 농약에 노출되었을 경우 나타나는 독성 |
| | 만성독성 | 소량의 농약에 장기간 노출 시 나타나는 독성 |

### (2) 급성독성

① 급성 독성은 일시에 다량의 농약에 노출되었을 경우 나타나는 독성으로 급성독 정도에 따른 농약의 구분으로 Ⅰ급(맹독성), Ⅱ급(고독성), Ⅲ급(보통독성), Ⅳ급(저독성) 으로 구분한다.

| 구분 | 시험동물의 반수를 죽일수 있는 양(mg/kg 체중) | | | |
|---|---|---|---|---|
| | 급성경구 | | 급성경피 | |
| | 고체 | 액체 | 고체 | 액체 |
| I급(맹독성) | 5 미만 | 20 미만 | 10 미만 | 40 미만 |
| II급(고독성) | 5 이상 50 미만 | 20 이상 200 미만 | 10 이상 100 미만 | 40 이상 400 미만 |
| III급(보통독성) | 50 이상 500 미만 | 200 이상 2000 미만 | 100 이상 1000 미만 | 400 이상 4000 미만 |
| IV급(저독성) | 500 이상 | 2000 이상 | 1000 이상 | 4000 이상 |

② 세계보건기구에서 쥐를 대상으로 한 급성 경구 및 피부 독성실험에 의거하여 $LD_{50}$(반수치사량, 중위치사량)을 산출하고 값에 따라 농약의 독성을 분류한다.

③ 반수치사량은 농약을 위의 표와 같이 경구와 경피를 통해 침입된 독성이 동물의 반수인 50%정도가 치사하는 약품의 양을 의미하며 이 숫자가 작을수록 독성이 강함을 의미한다.

## (3) 만성독성

① 소량의 농약에 장기간 노출 시 나타나는 독성으로 검증을 위해 시험동물에 반복투여를 장기간에 걸쳐 실시하여 잔류농약의 위험성을 알아본다.

② 만성독성 수준을 평가하는데 최대무작용량(NOEL)을 산출하는데 최대무작용량은 장기독성시험동물이 아무런 영향을 받지 않는 최대 용량으로 mg/kg/day 로 표기하며 여기서 kg 은 체중 단위를 의미한다.

## (4) 어독성

① 농약등의 어류에 대한 독성을 어독성이라 하며 어류의 반수를 죽일수 있는 농도를 기준으로 Ⅰ급, Ⅱ급, Ⅲ급으로 구분한다.

| 구분 | 반수를 죽일 수 있는 농도(mg/l, 48시간) |
|---|---|
| I급 | 0.5 미만 |
| II급 | 0.5 이상 2 미만 |
| III급 | 2 이상 |

② 벼재배용 농약 등의 경우 어류에 대한 어독성이 Ⅱ급 또는 Ⅲ급에 속하는 농약으로서 미꾸라지에 대한 어독성이 Ⅰ급에 속하는 농약 등은 Ⅰ급 다음의 Ⅱs급으로 구분한다.

③ 어독성은 반수치사농도로 표시하며 이는 48시간 후에도 50%가 살아 남는 농도로 ppm 으로 표기한다.

④ 어독성 시험은 주로 잉어가 이용되며 어류가 알 시기에는 감수성이 가장 낮다.

## (5) 농약의 잔류

① 잔류농약

㉠ 잔류성 농약의 주성분이 작물, 토양, 수질 등에 잔류하여 오염시키는 것을 의미한다.

㉡ 농약의 잔류량 및 잔류기간에 따라 약해의 영향 정도가 결정된다.

㉢ 잔류량 및 기간은 농약의 물리성, 화학성과 농약의 제형방법 및 살포방법 외부의 기상조건 등에 의해 영향을 받는다.

② 잔류성 농약의 종류

㉠ 토양잔류성 농약

- 토양 중 농약의 반감기간이 180일 이상인 농약을 토양잔류성 농약이라 한다.

- 주로 병해충방제용으로 약품을 살포하였다가 약품 성분이 잔류되어 동식물에 영향을 주게 된다.
- 동일 농약을 지속적으로 살포하면 특정 농약의 미생물들이 분해작용이 활성화되어 농약의 잔류 정도가 줄어들게 되나 혼합처리 혹은 서로 다른 약품들을 교대로 살포처리할 경우 분해가 느려져 잔류가 지속되기도 한다.
- 토양의 유기물 함량이 높고 알칼리성 토양의 경우 농약의 분해가 빠른편이다.
- 토양의 잔류 정도는 농약 자체의 특성에 따라 상이한데 유기염소계 농약의 경우 환경에 안정적이라 토양에 오래 잔류하는 편이며 아닐린유도체와 같이 토양입자에 강하게 흡착되는 경우도 오래 잔류한다.

㉡ 작물잔류성 농약

- 농약은 작물의 표피의 유지층에 잔류하며 일부가 조직의 내부까지 침투하여 잔류하게 된다. 또한 작물의 표면에 털이 많거나 피복량이 적으면 잔류량이 많아질 확률이 높다.
- 농약 조제시 전착제를 많이 첨가할 경우 그만큼 작물의 표면에 다량 잔류하게 된다.

㉢ 수질오염성 농약

- 살포한 농약 중 수질을 오염시켜 수중생물 및 물을 이용하는 동식물의 피해가 우려되는 농약을 말한다.
- 수질오염성 농약은 물을 이용하는 동식물에 직접적인 피해 뿐 아니라 내부 잔류 농약으로 인하여 2차적 피해가 발생할 가능성도 있다.

③ 농약의 잔류허용기준

㉠ 농약의 잔류허용기준은 농약의 최대잔류허용량을 의미하며 주로 화란방식에 의해 검증한다.

$$\text{최대잔류허용량}(ppm) = \frac{\text{1일 섭취허용량}(mg/kg) \times \text{국민평균체중}(kg)}{\text{농약이 사용되는 식품 1일 섭취량}(kg)}$$

㉡ 농약 잔류허용기준은 만성독성을 기준으로 하며 신체에 급진적인 영향을 주는 급성독성과는 관련이 없는 기준이다.

㉢ 농약의 1일 허용량은 농약을 매일 섭취해도 영향이 없는 농약의 양으로 최대무작용약량(NOEL, No Observed Effect Level)에서 안전계수를 곱한 값으로 정의한다.

㉣ 농약 1일 섭취량은 mg/kg 단위로 표현한다.

## (6) 농약의 안전사용

① 농약의 안전사용

㉠ 농약의 등록시험

- 농약을 국내에서 제조 판매하고자 할 때 등록시험을 실시한다.
- 인축독성시험에는 급성경구독성시험, 급성경피독성시험, 급성흡입독성시험, 피부자극성시험, 피부감작성시험, 기형독성시험, 만성독성시험, 발암성시험, 생체 기능의 영향 관련 시험 등이 있다.
- 환경생물독성시험의 종류에는 담수어류에 대한 급성독성시험, 물벼룩류에 대한 급성유영 저해시험, 꿀벌에 대한 급성독성시험, 지렁이 번식독성시험 등이 있다.

㉡ 농약의 안전사용기준

- 적용대상 농작물에만 사용할 것
- 적용대상 병해충에만 사용할 것
- 적용대상 농작물과 병해충별로 정해진 사용방법 및 사용량을 지킬 것
- 적용대상 농작물에 대해 사용시기 및 사용횟수가 정해진 농약은 그 기준을 지켜 사용할 것

② 응급조치

㉠ 경구중독은 약물이 입을 통해 중독된 경우 따뜻한 소금물을 마시고 위 내의 약물을 토하게 하여 약물의 흡수를 방지하도록 한다. 단, 중독자가 의식이 혼미하고 경련을 일으킬 경우 토하지 않도록 한다.

㉡ 경피중독은 약물이 피부를 통해 중독된 경우 약제가 묻어 있는 피복을 벗기고 피부를 비눗물로 깨끗하게 씻은 후 안정시킨다.

㉢ 흡입중독은 약물이 기도를 통해 중독된 경우 환자가 바람이 잘 통하는 깨끗한 장소에 눕히고 의복을 느슨하게 하여 신선한 공기를 호흡할 수 있도록 하며 심할 경우 인공호흡을 실시한다.

㉣ 약물이 입을 통해 중독되어 일정 시간이 경과한 경우 섭취된 농약이 장에 흡수되는 것을 방지하기 위해 황산고토, 황산소다 등에 활성탄을 함께 먹여 설사시키도록 한다.

PART 4

# 식물보호학 OX 50제

**01** 대추나무 빗자루병의 매개충은 담배장님노린재이다.

답 (　　)

**02** 식물병에 직접적인 요인을 주인이라 한다.

답 (　　)

**03** 침지법은 생물학적 진단법에 속한다.

답 (　　)

**04** 빛에 영향을 받아 유인되는 현상을 주광성이라 한다.

답 (　　)

**05** 전장은 효소를 분비해 실질적인 소화 및 흡수작용을 한다.

답 (　　)

**06** 미국흰불나방의 피해범위는 상대적으로 다른 해충에 비해 좁은 편이다.

답 (　　)

**07** 상호대립억제작용은 잡초에서 작물의 생육을 억제하는 유해물질을 분비하여 생장 및 발아를 억제하는 작용을 한다.

답 (　　)

**08** 균사체는 표징의 번식기관에 속한다.

답 (　　)

**09** 각피로 침입하는 식물병에는 벼도열병균이 있다.

답 (　　)

**10** 식물이 병에 대해 민감한 정도를 감수성이라 한다.

답 (　　)

**11** 다른 기주식물을 옮겨다니는 병원균을 중간기주라 한다.

답 (　　)

**12** 번데기 형태에서 나비목은 나용으로 분류된다.

답 (　　)

**13** 잡초는 토질을 개선시켜 준다.

답 ( )

**14** 레이스를 구별하는 기준품종을 판별품종이라 한다.

답 ( )

**15** 귀리 마름병균의 독소는 Alterine 이다.

답 ( )

**16** 식물병해의 방제법에서 교차보하는 생물적 방제에 해당한다.

답 ( )

**17** 톡토기는 말피기씨관을 통해 배설한다.

답 ( )

**18** 수직저항성은 특이적 저항성이라고도 한다.

답 ( )

**19** 기주 이외 다른 식물에 독성을 일으키는 독소를 비기주특이적 독소라 한다.

답 ( )

**20** 산성토양에서 발생하는 식물병에는 토마토 시들음병이 있다.

답 ( )

**21** 죽은 조직이나 유기물에서 양분을 섭취하는 것을 기생체라 한다.

답 ( )

**22** 바이러스에는 셀룰로오스로 구성된 세포벽이 있다.

답 ( )

**23** 곤충의 순환계는 패쇄형이다.

답 ( )

**24** 곤충의 피부는 주로 키틴질로 이루어져 있다.

답 ( )

**25** 강피는 1년생 화본과 잡초이다.

답 ( )

**26** 유기인계 살충제는 인축에 대한 독성이 약하다.

답 ( )

**27** 2,4-D 약제는 비선택성 제초제에 해당한다.

답 ( )

**28** 흰가루병균은 임의부생체에 해당한다.

답 ( )

**29** 무변태를 하는 것으로 톡토기목이 있다.

답 (　　)

**30** 일광이 부족하면 광합성이 줄어 식물체가 연약해지면서 병이 잘 발생할수 있다.

답 (　　)

**31** 벼 파종이 늦어지면 도열병 발생이 줄어든다.

답 (　　)

**32** 경제적 피해수준은 경제적 피해가 나타나는 최소밀도로 해충에 의한 피해비용과 방제비용이 같은 수준의 밀도를 말한다.

답 (　　)

**33** 병해충 종합적 관리는 병해충 박멸을 목적으로 한다.

답 (　　)

**34** 나도겨풀은 다년생 잡초에 해당한다.

답 (　　)

**35** 바랭이는 광발아 종자에 해당된다.

답 (　　)

**36** 영양번식을 하는 잡초 중에서 괴경에는 올미가 있다.

답 (　　)

**37** 조숙종을 선택하면 잡초의 생육을 억제할 수 있다.

답 (　　)

**38** 석회보르도액은 살충제에 해당한다.

답 (　　)

**39** 살비제는 다양한 곤충에 살충력이 있다.

답 (　　)

**40** 병원균의 발아, 기주체 침입, 증식, 병징발현, 병원균의 생산으로 되풀이 되는 생활사나 과정을 병환(disease cycle)이라 한다.

답 (　　)

**41** 대추나무 빗자루병의 병원균은 파이토플라스마이다.

답 (　　)

**42** 소나무 잎녹병균의 중간기주에는 송이풀이 있다.

답 (　　)

**43** 번데기가 되어 부화할 때까지의 기간을 용기라 한다.

답 (　　)

**44** 잠자리목은 완전변태를 한다.

답 (　　)

**45** 이화명나방은 일반적으로 1년에 1회 발생한다.

답 (　　)

**46** 물달개비는 광엽잡초에 속한다.

답 (　　)

**47** 발생시기에 따라 잡초는 봄잡초, 여름잡초, 가을잡초, 겨울잡초로 분류한다.

답 (　　)

**48** 쇠비름은 논잡초와 밭잡초의 분류에서 논잡초에 해당한다.

답 (　　)

**49** 뚜렷한 병징은 보이지 않으나 기주식물이 병원체를 가진 경우 보균식물이라 한다.

답 (　　)

**50** 벼 도열병은 주로 공기에 의해 전염된다.

답 (　　)

### ➲ [식물보호학 OX 50제 정답 및 해설]

**01** 대추나무 빗자루병의 매개충은 담배장님노린재이다.

해설 대추나무 빗자루병의 매개충은 마름무늬매미충이다.

답 ×

**02** 식물병에 직접적인 요인을 주인이라 한다.

답 ○

**03** 침지법은 생물학적 진단법에 속한다.

해설 침지법은 해부학적 진단법에 속한다.

답 ×

**04** 빛에 영향을 받아 유인되는 현상을 주광성이라 한다.

답 ○

**05** 전장은 효소를 분비해 실질적인 소화 및 흡수작용을 한다.

해설 중장이 효소를 분비해 실질적인 소화 및 흡수작용을 한다

답 ×

**06** 미국흰불나방의 피해범위는 상대적으로 다른 해충에 비해 좁은 편이다.

해설 미국흰불나방은 활엽수 200 여종 정도로 피해 범위가 넓은 편에 속한다.

답 ×

**07** 상호대립억제작용은 잡초에서 작물의 생육을 억제하는 유해물질을 분비하여 생장 및 발아를 억제하는 작용을 한다.

답 ○

**08** 균사체는 표징의 번식기관에 속한다.

해설 균사체는 표징의 영양기관에 속한다.

답 ×

**09** 각피로 침입하는 식물병에는 벼도열병균이 있다.

답 ○

**10** 식물이 병에 대해 민감한 정도를 감수성이라 한다.

답 ○

**11** 다른 기주식물을 옮겨다니는 병원균을 중간기주라 한다.

해설 다른 기주식물을 옮겨다니는 병원균을 이종기생균이라 한다.

답 ×

**12** 번데기 형태에서 나비목은 나용으로 분류된다.

해설 나비목은 피용에 해당한다.

답 ×

**13** 잡초는 토질을 개선시켜 준다.

답 ○

**14** 레이스를 구별하는 기준품종을 판별품종이라 한다.

답 ○

**15** 귀리 마름병균의 독소는 Alterine 이다.

해설 귀리 마름병균의 독소는 Victorin 이다.

답 ×

**16** 식물병해의 방제법에서 교차보하는 생물적 방제에 해당한다.

답 ○

**17** 톡토기는 말피기씨관을 통해 배설한다.

해설 톡토기는 말피기씨관이 없는 해충이다.

답 ×

**18** 수직저항성은 특이적 저항성이라고도 한다.

답 ○

**19** 기주 이외 다른 식물에 독성을 일으키는 독소를 비기주특이적 독소라 한다.

답 ○

**20** 산성토양에서 발생하는 식물병에는 토마토 시들음병이 있다.

답 ○

**21** 죽은 조직이나 유기물에서 양분을 섭취하는 것을 기생체라 한다.

해설 죽은 조직이나 유기물에서 양분을 섭취하는 것을 부생체라 한다.

답 ×

**22** 바이러스에는 셀룰로오스로 구성된 세포벽이 있다.

해설 바이러스는 핵산과 단백질로 구성된 핵단백질로 세포벽이 없는 것이 특징이다.

답 ×

**23** 곤충의 순환계는 패쇄형이다.

해설 곤충의 순환계는 개방형이다.

답 ×

**24** 곤충의 피부는 주로 키틴질로 이루어져 있다.

답 ○

**25** 강피는 1년생 화본과 잡초이다.

답 ○

**26** 유기인계 살충제는 인축에 대한 독성이 약하다.

해설 유기인계 살충제는 인축에 대한 독성이 강한편이다.

답 ×

**27** 2,4-D 약제는 비선택성 제초제에 해당한다.

해설 2,4-D 약제는 선택성 제초제에 해당한다.

답 ×

**28** 흰가루병균은 임의부생체에 해당한다.

해설 흰가루병균은 절대기생체에 해당한다.

답 ×

**29** 무변태를 하는 것으로 톡토기목이 있다.

답 ○

**30** 일광이 부족하면 광합성이 줄어 식물체가 연약해지면서 병이 잘 발생할수 있다.

답 ○

**31** 벼 파종이 늦어지면 도열병 발생이 줄어든다.

해설 벼 파종이 늦어지면 도열병 발생이 증가한다.

답 ×

**32** 경제적 피해수준은 경제적 피해가 나타나는 최소밀도로 해충에 의한 피해비용과 방제비용이 같은 수준의 밀도를 말한다.

답 ○

**33** 병해충 종합적 관리는 병해충 박멸을 목적으로 한다.

해설 병해충 종합관리는 생태학적인 시각에서 관리를 요구하며 병해충의 박멸이 아닌 농작물에 피해를 입히지 않는 수준의 유지를 목적으로 한다.

답 ×

**34** 나도겨풀은 다년생 잡초에 해당한다.

답 ○

**35** 바랭이는 광발아 종자에 해당된다.

답 ○

**36** 영양번식을 하는 잡초 중에서 괴경에는 올미가 있다.

답 ○

**37** 조숙종을 선택하면 잡초의 생육을 억제할 수 있다.

답 ○

**38** 석회보르도액은 살충제에 해당한다.

해설 석회보르도액은 보호살균제에 해당한다.

답 ×

**39** 살비제는 다양한 곤충에 살충력이 있다.

해설 살비제는 곤충에는 살충력이 거의 없고 응애류 방제에 효과가 있는 약제이다.

답 ×

**40** 병원균의 발아, 기주체 침입, 증식, 병징발현, 병원균의 생산으로 되풀이 되는 생활사나 과정을 병환(disease cycle)이라 한다.

답 ○

**41** 대추나무 빗자루병의 병원균은 파이토플라스마이다.

답 ○

**42** 소나무 잎녹병균의 중간기주에는 송이풀이 있다.

해설 소나무 잎녹병균의 중간기주에는 황벽나무, 참취, 잔대 등이 있으며 송이풀은 잣나무 털녹병의 중간기주이다.

답 ×

**43** 번데기가 되어 부화할 때까지의 기간을 용기라 한다.

답 ○

**44** 잠자리목은 완전변태를 한다.

해설 잠자리목은 불완전변태를 한다.

답 ×

**45** 이화명나방은 일반적으로 1년에 1회 발생한다.

해설 이화명나방은 일반적으로 1년에 2회 발생한다.

답 ×

**46** 물달개비는 광엽잡초에 속한다.

답 ○

**47** 발생시기에 따라 잡초는 봄잡초, 여름잡초, 가을잡초, 겨울잡초로 분류한다.

해설 발생시기에 따라 잡초는 여름잡초, 겨울잡초로 분류한다.

답 ×

**48** 쇠비름은 논잡초와 밭잡초의 분류에서 논잡초에 해당한다.

해설 쇠비름은 밭잡초에 해당한다.

답 ×

**49** 뚜렷한 병징은 보이지 않으나 기주식물이 병원체를 가진 경우 보균식물이라 한다.

답 ○

**50** 벼 도열병은 주로 공기에 의해 전염된다.

해설 벼 도열병은 주로 병든조직이나 종자에 의해 전염된다.

답 ×

PART 4

# 식물보호학 기본50제

**01** 식물병이 크게 발생한 역사에 대한 설명으로 옳지 않은 것은?

① 19세기 말 스리랑카에서 커피 녹병 발생
② 1845년경 아일랜드에서 양배추 역병 발생
③ 1970년경 미국에서 옥수수 깨씨무늬병 발생
④ 일제강점기 우리나라에서 사탕무 갈색무늬병 발생

해설 1845년에 아일랜드에 감자역병이 발생하여 100만명이 사망하는 역사적 사건이 있다.

**02** 노균병, 역병을 일으키는 난균류(Oomycetes)의 특징으로 옳은 것은?

① 격벽이 있는 긴 균사체이다.
② 일반적으로 분생포자와 후막포자를 형성한다.
③ 장정기와 장란기의 결합으로 유주포자를 생성한다.
④ 균사체는 주로 글루칸과 셀룰로스로 이루어져 있다.

해설 난균류는 균사는 잘 발달하여 분지가 많다. 세포벽은 셀룰로오스, 글루칸로 이루어지며 유주자에 의해 무성생식한다.

**03** 식물병을 일으키는 비기생성의 원인으로 가장 거리가 먼 것은?

① 양분 부족
② 유해 물질
③ 바이로이드
④ 산업폐기물

해설 바이로이드는 생물성 병원으로 기생성에 해당된다.

**04** 1월 평균기온이 12℃ 이상인 경우에만 월동이 가능하여 우리나라에서 월동하기 어려운 비래해충은?

① 애멸구
② 벼멸구
③ 끝동매미충
④ 이화명나방

해설 벼멸구는 동남아 지역에 1년에 10회 정도 발생하는데 국내에는 6월쯤 저기압이 통과하면서 비래하여 오는 비래해충으로 분류된다. 국내에서는 월동이 어려우며 벼를 흡즙가해하여 피해를 준다.



정답 01 ② 02 ④ 03 ③ 04 ②

**05** 벼 줄무늬잎마름병과 벼 검은줄오갈병을 예방하기 위해 방제해야 하는 해충은?

① 독나방 ② 애멸구
③ 혹명나방 ④ 벼모기붙이

해설 애멸구는 줄무늬잎마름병, 검은줄오갈병 등의 바이러스병을 매개한다.

**06** 유충이 고추나 가지를 비롯한 기주식물에 지표 가까운 줄기를 끊어 피해를 주는 해충은?

① 총채벌레 ② 담배나방
③ 거세미나방 ④ 배추흰나비

해설 거세미나방은 유충은 지표에 가까운 줄기와 잎을 식해하여 피해를 준다. 1년에 2회 발생하고 유충으로 땅속에 월동한다.

**07** 주로 과실을 가해하는 해충이 아닌 것은?

① 복숭아순나방 ② 복숭아명나방
③ 복숭아심식나방 ④ 복숭아유리나방

해설 복숭아유리나방은 천공성해충에 해당한다.

**08** 월년생 잡초에 해당하는 것은?

① 명아주 ② 속속이풀
③ 밭뚝외풀 ④ 바람하늘지기

해설 월년생 잡초에는 달맞이꽃, 나도냉이, 엉겅퀴, 냉이, 별꽃, 속속이풀 등이 있다.

**09** 다년생 잡초에 해당하는 것은?

① 쇠뜨기 ② 환삼덩굴
③ 중대가리풀 ④ 가을강아지풀

해설 쇠뜨기는 다년생 광엽잡초이다.

**10** 파이토플라스마에 의한 병으로만 짝지어진 것은?

① 벼 오갈병, 대추나무 빗자루병 ② 뽕나무 오갈병, 오동나무 빗자루병
③ 붉나무 빗자루병, 벚나무 빗자루병 ④ 벚나무 빗자루병, 대추나무 빗자루병

해설 파이토플라스마는 세포막이 없고 일종의 원형질막이 존재하며 대표적으로 대추나무 빗자루병, 오동나무 빗자루병, 뽕나무 오갈병의 병원체이다.

정답 05 ② 06 ③ 07 ④ 08 ② 09 ① 10 ②

**11** 파종기의 변경, 재배방법의 개선 등 식물병원체의 활동시기를 피하여 식물이 병에 걸리지 않는 성질은?

① 회피성 ② 면역성
③ 감수성 ④ 내병성

해설 회피성은 식물이 병원체의 활동시기를 피해 병에 걸리지 않도록 하는 것을 말한다.

**12** 자낭균이 형성하는 자낭각이 공과 같이 막혀 있어 부서지면서 자낭포자를 방출하는 형태의 것은?

① 자낭반 ② 자낭구
③ 자낭각 ④ 자낭자좌

해설 자낭구는 흰가루병에서 관찰되며 공과 같은 형태로 있다가 감염조직에서 월동후 자낭포자를 방출한다.

**13** 식물병 표징의 특징이 다른 하나는?

① 흰가루병 ② 녹병
③ 균핵병 ④ 흰녹가루병

해설 흰가루병, 녹병, 흰녹가루병 등은 가루를 뿌린듯한 표징이 나타나지만 균핵병은 표면에 검은 쥐똥 같은 덩어리가 생긴다.

**14** 감자 바이러스병 진단에 사용되는 방법으로서 미리 싹을 틔어 병징을 발현시켜 발병 유무를 진단하는 법은?

① 병징음폐제거 ② 혐촉반응
③ 괴경지표법 ④ 지표식물

해설 싹을 틔워 병징을 발현, 발생유무를 관찰하는 방법으로 괴경지표법(최아법)이라고도 한다.

**15** 배나무 붉은별무늬병균의 중간 기주는?

① 향나무 ② 느티나무
③ 참나무 ④ 강아지풀

해설 배나무 붉은별무늬병은 중간기주인 향나무와 기주교대를 하는 순활물기생균이다.



정답 11 ① 12 ② 13 ③ 14 ③ 15 ①

**16** 벼 도열병의 발병원인으로 가장 적절한 것은?

① 고온 건조 조건일 때
② 저온 다습 조건일 때
③ 잡초 방제할 때
④ 질소 균형 시비할 때

해설 벼 도열병은 온도가 낮고 습도가 높을 경우, 바람이 강하게 불 경우, 토양온도가 낮을 경우 자주 발생한다.

**17** 완전변태를 하는 곤충 목은?

① 노린재목
② 메뚜기목
③ 잠자리목
④ 딱정벌레목

해설 나비목, 파리목, 벌목, 딱정벌레목 등은 완전변태를 한다.

**18** 곤충체벽의 구성부위가 아닌 것은?

① 표피층
② 진피층
③ 하피층
④ 기저막

해설 곤충체벽의 구성부위는 표피층, 원표피, 진피층, 기저막 등이 있다.

**19** 곤충의 형태를 설명한 것으로 옳지 않은 것은?

① 머리는 겹눈, 홑눈, 더듬이, 입틀로 이루어진다.
② 유시충은 앞가슴과 뒷가슴에 각각 한 쌍의 날개를 갖는다.
③ 배는 대개는 10~11마디이고, 마지막 몇 마디에 생식기가 있다.
④ 표피의 주성분은 키틴(chitin)질이다.

해설 유시충은 날개를 가지고 있으나 퇴화되어 없거나 날개를 접을 수 없는 고시류와 날개를 접을수 있는 신시류가 있다.

**20** 화학적 잡초방제법에 속하는 것은?

① 비산 종자의 관리
② 약제 방제
③ 피복처리
④ 식물 병원균의 이용

해설 화학적 잡초방제법은 화학약제를 이용하는 방법이다.

정답 16 ② 17 ④ 18 ③ 19 ② 20 ②

**21** 해충의 종합적방제를 위한 방안으로 해충의 발생밀도조사 방법 중 주광성을 이용한 해충의 발생시기, 발생량, 발생장소 등을 조사하기 위한 방법은?

① 페로몬 조사법 ② 수반조사법
③ 예찰등 조사법 ④ 포충망 조사법

해설 예찰등은 해충의 활동을 조사하기 위해 설치한 불빛등으로서 주광성을 가진 해충의 발생시기, 발생량, 발생장소 등을 조사하는데 활용한다.

**22** 이화명나방에 대한 설명으로 옳은 것은?

① 연 1회 발생한다.
② 수십 개의 알을 따로따로 하나씩 낳는다.
③ 주로 볏짚 속에서 성충 형태로 월동한다.
④ 잎집을 가해한 후 줄기 속으로 먹어 들어간다.

해설 이화명나방 1세대는 잎 뒷면에서 부화한 유충이 잎집으로 이동해 볏대 속에 구멍을 뚫고 피해를 주는데 한 마리의 유충이 여러 잎을 가해하여 피해가 큰편이다. 2세대는 유충이 줄기 속을 가해하여 이삭줄기 전체가 하얗게 말라 죽는 백수 현상이 일어난다.

**23** 다음 중 곤충 분비계의 일반적인 설명으로 옳은 것은?

① 유약호르몬(Juvenile Hormone)-생장촉진
② 성 페로몬-처녀생식
③ 카디아카체 호르몬-여왕물질 분비
④ 엑다이손(Ecdyson)-탈피촉진

해설 엑다이손은 탈피호르몬으로 곤충의 앞가슴선에서 분비된다.

**24** 생태적 잡초 방제 방법에 해당하는 것은?

① 피복작물을 이용하는 방법
② 열을 이용해 소각, 소토하는 방법
③ 새로운 잡초종의 침입과 오염을 막는 방법
④ 곤충, 가축, 미생물 등의 생물을 이용하는 방법

해설 생태적(경종적) 방제법에는 피복작물을 이용하여 토양침식 및 잡초 발생을 억제한다.



정답 21 ③ 22 ④ 23 ④ 24 ①

**25** 다음 설명에 해당하는 것은?

> 약독계통의 바이러스를 기주에 미리 접종하여 같은 종류의 강독계통 바이러스의 감염을 예방하거나 피해를 줄인다.

① 파지 ② 교차보호
③ 기주교대 ④ 효소결합

해설 교차보호는 어떤 바이러스에 감염된 식물이 통상 동종의 바이러스에 다시 감염되지 않는 현상을 말한다. 병원성이 약화된 식물바이러스가 침입한 기주에 병원성이 강한 식물바이러스에 의한 병의 확산이 억제되는 현상으로 바이러스의 간섭작용을 이용한다.

**26** 특정 품종의 기주식물을 침해할 뿐, 다른 품종은 침해하지 못하는 집단은?

① 클론 ② 품종
③ 레이스 ④ 스트레인

해설 병원균의 한종이나 한 분화형 혹은 변종 중에서 기주의 품종에 대한 기생성이 다른 개체군을 레이스 또는 계통이라 한다. 레이스는 기주식물을 침해할 뿐 다른 품종은 침해하지 못한다.

**27** 도열병에 저항성이었던 품종이 몇 년이 지나 감수성이 되는 주된 원인으로 가장 옳은 것은?

① 칼륨비료의 과용 ② 기상 및 토양조건의 변화
③ 새로운 병원균 레이스의 출현 ④ 기주 교대

해설 벼도열병균의 구분시 레이스가 12개의 판별품종을 가지고 있으며 이와 같이 도열병에 저항성이 있었지만 새로운 레이스의 출현으로 감수성이 된다.

**28** 다음 해충 중에서 식물병을 전파하는 매개충이 아닌 것은?

① 애멸구 ② 복숭아혹진딧물
③ 끝동매미충 ④ 벼총채벌레

해설 애멸구는 벼 줄무늬마름병, 복숭아혹진딧물은 감자잎말이병 및 각종 바이러스, 끝동매미충은 벼 오갈병의 매개충이다.

**29** 벼 흰잎마름병과 관련이 없는 것은?

① 풍매 전반한다. ② 주로 잎 가장자리나 수공을 통해 침입한다.
③ 병원균은 잡초에서 월동한다. ④ 병원균은 세균이다.

해설 벼 흰잎마름병은 물에 의해 전반되며 수공이나 상처를 통해 침입한다.

정답 25 ② 26 ③ 27 ③ 28 ④ 29 ①

**30** 식물체의 표피세포에서만 생장하는 외부기생균에 해당하는 것은?

① 벼 도열병균 ② 사과 탄저병균
③ 보리 흰가루병균 ④ 보리 겉깜부기병균

해설 보리 흰가루병균은 절대기생체라 하여 살아있는 조직에만 생활한다.

**31** 진균에 대한 설명으로 옳은 것은?

① 발달된 균사를 가지고 있다.
② 그람양성균과 그람음성균이 있다.
③ 운동기관으로 편모를 가지고 있다.
④ 효소계가 없으며 생명체 안에서만 증식이 가능하다.

해설 진균은 실모양의 균사체로 발달된 균사를 가지고 있다. 진균의 일부분인 균사는 격막의 유무로 분류되며 외부에 세포벽이 있고 그 성분은 키틴으로 이루어져 있다.

**32** 다음 중 기주특이적 독소와 이를 분비하는 병원균의 연결이 옳지 않은 것은?

① victorin : 벼 키다리병균 ② T-독소 : 옥수수 깨씨무늬병균
③ AK-독소 : 배나무 검은무늬병균 ④ AM-독소 : 사과나무 점무늬낙엽병균

해설 victorin 은 귀리 마름병균의 독소이다.

**33** 벼의 병해 중에서 병원균이 세균인 것은?

① 오갈병 ② 흰잎마름병
③ 깨씨무늬병 ④ 잎집무늬마름병

해설 세균병에 의한 식물병에는 벼 흰잎마름병, 벼 세균성알마름병, 담배 불마름병, 감자더뎅이병 등이 있다.

**34** 곤충의 순환계에 대한 설명으로 옳지 않은 것은?

① 온몸에 혈관이 있다.
② 혈액이 세포와 직접 닿는 것은 아니다.
③ 사람처럼 혈관을 따라 혈액이 흐르지 않는다.
④ 체강 내 체액과 함께 섞여 순환하는 개방 순환계이다.

해설 순환계는 개방형 순환계와 폐쇄형 순환계로 분류되며 곤충은 개방형 순환계를 가진다. 폐쇄형 순환계는 혈액이 혈관내에서만 순환하는 것이고 개방형 순환계는 혈액이 혈관내에서만 순환하지 않는 체계이기에 온몸에 혈관이 있는 것은 아니다.



정답 30 ③ 31 ① 32 ① 33 ② 34 ①

**35** 잡초로 인해 예상되는 피해 또는 손실이 아닌 것은?

① 작물의 품질 저하　　② 작물의 수확량 감소
③ 해충의 서식처 제공　　④ 토양의 물리성 악화

해설 잡초로 토양의 침식 및 유실을 방지하기에 토양의 물리성에 도움을 준다.

**36** 잡초의 발생시기에 따른 분류로 옳은 것은?

① 봄형 잡초　　② 2년형 잡초
③ 여름형 잡초　　④ 가을형 잡초

해설 잡초의 발생시기에 따른 분류로 여름잡초, 겨울잡초가 있다.

**37** 복숭아혹진딧물에 대한 설명으로 옳지 않은 것은?

① 알로 월동한다.
② 바이러스를 매개한다.
③ 봄에는 완전변태를 한다.
④ 가을철에는 양성생식으로 수정란을 낳고, 여름과 봄에는 단위생식을 한다.

해설 복숭아혹진딧물은 매미목으로 불완전변태를 한다.

**38** 곤충의 소화기관으로 음식물을 분해한 후 흡수하는 부분은?

① 전장　　② 중장
③ 후장　　④ 말피기관

해설 곤충의 중장은 효소를 분비해 실질적인 소화 및 흡수작용을 한다.

**39** 불완전 변태를 하는 목은?

① 나비목　　② 파리목
③ 벌목　　④ 바퀴목

해설 유시아강은 불완전변태를 하는 외시류와 완전변태를 하는 내시류로 구분한다. 바퀴목은 여기서 외시류에 해당된다.

정답 35 ④ 36 ③ 37 ③ 38 ② 39 ④

**40** 병원체의 침입방법 중 자연 개구부를 통한 침입에 해당하지 않는 것은?

① 밀선 ② 기공
③ 표피 ④ 피목

해설 병원체가 침입하는 식물의 자연개구부에는 기공, 수공, 피목, 밀선 등이 있다.

**41** 세균에 의한 식물병의 주요 병징으로 올바르게 나열한 것은?

① 무름, 궤양 ② 황화, 위축
③ 흰가루, 빗자루 ④ 줄무늬, 모자이크

해설 세균병의 병징에는 무름, 잎마름, 점무늬, 시들음, 궤양 등이 있다.

**42** 생물적 방제가 아닌 것은?

① BT균을 이용하여 솔나방을 방제한다.
② 트랩을 설치하여 바퀴를 방제한다.
③ 거미를 이용하여 벼멸구를 방제한다.
④ 먹좀벌을 이용하여 솔잎혹파리를 방제한다.

해설 트랩을 설치하는 것은 기계적 방제법에 해당한다.

**43** 주로 종자에 의해 전반되는 병은?

① 밀 줄기녹병 ② 토마토 시들음병
③ 보리 깜부기병 ④ 사과나무 탄저병

해설 보리 깜부기병은 균사 상태로 종자에 월동하여 종자로 전반되기에 이를 방제하기 위해 종자를 소독한다.

**44** 병원균에 침해받은 부위가 비정상적으로 커지는 병은?

① 고구마 무름병 ② 배추 무사마귀병
③ 오이 덩굴쪼김병 ④ 사과나무 점무늬병

해설 배추 무사마귀병의 병원균은 휴면포자로 토양에서 월동한다. 휴면포자가 발아하여 유주자를 형성하고 뿌리에 침입하며 침해받은 부위가 비정상적으로 비대해진다.



정답 40 ③ 41 ① 42 ② 43 ③ 44 ②

**45** 다음 중 무시류에 속하는 곤충목은?

① 파리목 ② 돌좀목
③ 사마귀목 ④ 집게벌레목

해설 무시아강(무시류)에는 톡토기목, 낫발이목, 좀붙이목, 좀목(좀, 돌좀) 등이 있다.

**46** 유충이 잎을 가해하며, 1년에 2~3회 발생하고, 성충은 주광성이 강한 대표적인 임업해충은?

① 솔잎혹파리 ② 미국흰불나방
③ 박쥐나방 ④ 도둑나방

해설 미국흰불나방은 1년에 2~3회 발생하며 나무 껍질 혹은 지피물 밑에서 번데기 형태로 월동한다. 성충은 주광성이 강해 빛에 민감하게 반응을 한다.

**47** 잡초에 대한 설명으로 옳지 않은 것은?

① 번식력이 강하며 종자 생산량이 많다.
② 생태학적 천이과정이 극상에 이른 지역에서 많이 발생한다.
③ 생태계의 구성원으로서 각자 고유한 생태적 지위를 가지고 있다.
④ 한 지역에 발생하는 종의 수가 많아 다양한 유전적 특성을 지니고 있다.

해설 최종적으로 안정된 식생이 오랜시간 지속될 경우 이를 극상이라 표현하며 천이의 마지막 단계이다. 즉 많이 발생하는 지역이 아닌 안정된 식생을 유지하는 경우를 의미한다.

**48** 생물적 잡초 방제 방법으로 옳지 않은 것은?

① 상호대립억제작용은 잡초 방제에 방해가 된다.
② 식물 병원균은 수생 잡초의 방제에 효과적이다.
③ 잡초 방제에 이용되는 천적은 식해성 곤충일수록 좋다.
④ 어패류를 이용할 경우 초종 선택성이 없어 방류제한성이 문제가 된다.

해설 상호대립억제작용은 타감작용이라 하며 근처 식물의 생육에 영향을 주는 것으로 잡초의 방제에 활용되는 생물적 방제법에 해당된다.

**49** 나용을 만들지 않는 것은?

① 딱정벌레목 ② 나비목
③ 벼룩목 ④ 벌목

해설 나용은 벼룩목, 부채벌레목, 대부분의 딱정벌레목과 벌목, 파리목의 일부에서 그 예를 볼 수 있다. 나비목의 경우 피용이 관찰된다.

정답 45 ② 46 ② 47 ② 48 ① 49 ②

**50** 알 → 약충 → 성충으로 변화하는 곤충 중에 약충과 성충의 모양이 완전히 다르고, 주로 잠자리목과 하루살이목에서 볼 수 있는 변태의 형태는?

① 반변태　　② 과변태

③ 무변태　　④ 완전변태

해설 알, 약충, 성충의 과정을 반변태(불완전변태)라 한다.



정답 50 ①

# PART 5

# 종자관련법규

ENGINEER SEEDS

PART 05 종자관련법규

## 01 종자산업법

### 제1장 총칙

제1조(목적)

이 법은 종자와 묘의 생산・보증 및 유통, 종자산업의 육성 및 지원 등에 관한 사항을 규정함으로써 종자산업의 발전을 도모하고 농업 및 임업 생산의 안정에 이바지함을 목적으로 한다.

제2조(정의)

이 법에서 사용하는 용어의 뜻은 다음과 같다.

1. "종자"란 증식용 또는 재배용으로 쓰이는 씨앗, 버섯 종균(種菌), 묘목(苗木), 포자(胞子) 또는 영양체(營養體)인 잎・줄기・뿌리 등을 말한다.

1의2. "묘"(苗)란 재배용으로 쓰이는 씨앗을 뿌려 발아시킨 어린식물체와 그 어린식물체를 서로 접목(接木)시킨 어린식물체를 말한다.

2. "종자산업"이란 종자와 묘를 연구개발・육성・증식・생산・가공・유통・수출・수입 또는 전시 등을 하거나 이와 관련된 산업을 말한다.
3. "작물"이란 농산물 또는 임산물의 생산을 위하여 재배되는 모든 식물을 말한다.
4. "품종"이란 「식물신품종 보호법」 제2조제2호의 품종을 말한다.
5. "품종성능"이란 품종이 이 법에서 정하는 일정 수준 이상의 재배 및 이용상의 가치를 생산하는 능력을 말한다.
6. "보증종자"란 이 법에 따라 해당 품종의 진위성(眞僞性)과 해당 품종 종자의 품질이 보증된 채종(採種) 단계별 종자를 말한다.
7. "종자관리사"란 이 법에 따른 자격을 갖춘 사람으로서 종자업자가 생산하여 판매・수출하거나 수입하려는 종자를 보증하는 사람을 말한다.
8. "종자업"이란 종자를 생산・가공 또는 다시 포장(包裝)하여 판매하는 행위를 업(業)으로 하는 것을 말한다.

8의2. "육묘업"이란 묘를 생산하여 판매하는 행위를 업으로 하는 것을 말한다.

9. "종자업자"란 이 법에 따라 종자업을 경영하는 자를 말한다.

10. "육묘업자"란 이 법에 따라 육묘업을 경영하는 자를 말한다.

제3조(종합계획 등)

① 농림축산식품부장관은 종자산업의 육성 및 지원을 위하여 5년마다 농림종자산업의 육성 및 지원에 관한 종합계획(이하 "종합계획"이라 한다)을 수립・시행하여야 한다.

② 종합계획에는 다음 각 호의 사항이 포함되어야 한다.

1. 종자산업의 현황과 전망
2. 종자산업의 지원 방향 및 목표
3. 종자산업의 육성 및 지원을 위한 중기・장기 투자계획
4. 종자산업 관련 기술의 교육 및 전문인력의 육성방안
5. 종자 및 묘 관련 농가(農家)의 안정적인 소득증대를 위한 연구개발 사업
6. 민간의 육종연구(育種硏究)를 지원하기 위한 기반구축 사업
7. 수출 확대 등 대외시장 진출 촉진방안
8. 종자 및 묘에 대한 교육 및 이해 증진방안
9. 지방자치단체의 종자 및 묘 관련 산업 지원방안
10. 그 밖에 종자산업의 육성 및 지원을 위하여 대통령령으로 정하는 사항

③ 농림축산식품부장관은 종합계획을 수립하거나 변경하려는 경우에는 관계 중앙행정기관의 장과 미리 협의하여야 한다. 다만, 대통령령으로 정하는 경미한 사항을 변경하려는 경우에는 그러하지 아니하다.

④ 농림축산식품부장관은 확정된 종합계획을 관계 중앙행정기관의 장에게 통보하여야 한다.

⑤ 농림축산식품부장관은 종합계획의 추진을 위하여 대통령령으로 정하는 바에 따라 관계 중앙행정기관의 장의 의견을 들어 해마다 시행계획(이하 "시행계획"이라 한다)을 수립・시행하여야 한다.

⑥ 농림축산식품부장관은 종합계획 및 시행계획을 수립하기 위하여 필요한 경우에는 관계 중앙행정기관의 장, 지방자치단체의 장, 관련 기관 및 단체의 장에게 자료 제출을 요청할 수 있다. 이 경우 자료의 제출을 요청받은 자는 특별한 사정이 없으면 요청에 따라야 한다.

제4조(통계 작성 및 실태조사)

① 농림축산식품부장관은 종합계획 및 시행계획을 효율적으로 수립・추진하는 등 종자산업 육성 정책에 필요한 기초자료를 확보하기 위하여 종자산업에 관한 통계를 작성하거나 실태조사를 실시할 수 있다. 이 경우 종자산업에 관한 통계를 작성할 때에는 「통계법」을 준용한다.

② 농림축산식품부장관은 통계 작성을 위하여 관계 중앙행정기관의 장, 지방자치단체의 장,

「공공기관의 운영에 관한 법률」에 따른 공공기관의 장, 종자업자 및 육묘업자, 관련 기관 및 단체 등에 자료 제출을 요청할 수 있다. 이 경우 자료 제출을 요청받은 자는 특별한 사유가 없으면 요청에 따라야 한다.

제5조(다른 법률과의 관계)
종자 또는 묘와 종자산업에 관하여는 다른 법률에 특별한 규정이 있는 경우를 제외하고는 이 법에서 정하는 바에 따른다.

## 제2장 종자산업의 기반 조성

제6조(전문인력의 양성)
① 국가와 지방자치단체는 종자산업의 육성 및 지원에 필요한 전문인력을 양성하여야 한다.
② 국가와 지방자치단체는 제1항에 따라 전문인력을 양성하기 위하여 「고등교육법」 제2조제1호부터 제6호까지에 따른 대학, 종자산업에 관한 연구·활동 등을 목적으로 설립된 연구소·단체 또는 종자산업을 하는 업체 등 적절한 시설과 인력을 갖춘 기관을 전문인력 양성기관으로 지정하여 필요한 교육·훈련을 실시하게 할 수 있다.
③ 국가와 지방자치단체는 제2항에 따라 지정된 전문인력 양성기관에 대하여 대통령령으로 정하는 바에 따라 교육·훈련 등 운영에 필요한 비용의 전부 또는 일부를 지원할 수 있다.
④ 국가와 지방자치단체는 제2항에 따라 지정된 전문인력 양성기관이 다음 각 호의 어느 하나에 해당하는 경우에는 대통령령으로 정하는 바에 따라 그 지정을 취소하거나 3개월 이내의 기간을 정하여 업무의 전부 또는 일부 정지를 명할 수 있다. 다만, 제1호에 해당하는 경우에는 그 지정을 취소하여야 한다.
1. 거짓이나 그 밖의 부정한 방법으로 지정받은 경우
2. 전문인력 양성기관의 지정기준에 적합하지 아니하게 된 경우
3. 정당한 사유 없이 전문인력 양성을 거부하거나 지연한 경우
4. 정당한 사유 없이 1년 이상 계속하여 전문인력 양성업무를 하지 아니한 경우
⑤ 제2항에 따른 전문인력 양성기관의 지정 기준 및 방법 등에 관하여 필요한 사항은 대통령령으로 정한다.

제7조(종자산업 관련 기술 개발의 촉진)
① 국가와 지방자치단체는 종자산업 관련 기술의 개발을 촉진하기 위하여 다음 각 호의 사항을 추진하여야 한다.

1. 종자산업 관련 기술의 동향 및 수요 조사
2. 종자산업 관련 기술에 관한 연구개발
3. 개발된 종자산업 관련 기술의 실용화
4. 종자산업 관련 기술의 교류
5. 그 밖에 종자산업 관련 기술 개발을 촉진하는 데 필요한 사항

② 농림축산식품부장관은 제1항에 따른 종자산업 관련 기술의 개발을 촉진하기 위하여 종자산업 관련 기술을 연구개발하거나 이를 산업화하는 자에게 필요한 경비를 지원할 수 있다.

제8조(국제협력 및 대외시장 진출의 촉진)

① 국가와 지방자치단체는 종자산업의 국제적인 동향을 파악하고 국제협력을 촉진하여야 한다.

② 국가와 지방자치단체는 종자산업의 국제협력 및 대외시장의 진출을 촉진하기 위하여 종자산업 관련 기술과 인력의 국제교류 및 국제공동연구 등의 사업을 실시할 수 있다.

③ 국가 또는 지방자치단체는 종자산업과 관련하여 국제협력을 추진하거나 대외시장에 진출하는 자에 대하여 대통령령으로 정하는 바에 따라 필요한 지원을 할 수 있다.

제9조(지방자치단체의 종자산업 사업수행)

① 농림축산식품부장관은 종자산업의 안정적인 정착에 필요한 기술보급을 위하여 지방자치단체의 장에게 다음 각 호의 사업을 수행하게 할 수 있다.

1. 종자 및 묘 생산과 관련된 기술의 보급에 필요한 정보 수집 및 교육
2. 지역특화 농산물 품목 육성을 위한 품종개발
3. 지역특화 육종연구단지의 조성 및 지원
4. 종자생산 농가에 대한 채종 관련 기반시설의 지원
5. 그 밖에 농림축산식품부장관이 필요하다고 인정하는 사업

② 농림축산식품부장관은 제1항 각 호의 사업을 효율적으로 수행하기 위하여 예산의 범위에서 필요한 비용을 지원할 수 있다.

제10조(재정 및 금융 지원 등)

① 농림축산식품부장관은 종자산업의 기반 조성과 기술혁신을 위하여 다음 각 호의 사업에 대하여 재정 및 금융 지원을 할 수 있다.

1. 종자 또는 묘 생산 농가, 종자산업을 하는 업체, 종자업자 또는 육묘업자의 종자 또는 묘 개발·생산·보급·가공·유통과 채종에 필요한 기자재 및 시설의 설치
2. 종자 및 묘와 관련된 공익적 사업의 수행

3. 우수한 종자와 묘의 개발 및 보급에 공로가 뚜렷한 개인, 단체 및 기업 등에 대한 시상 및 포상

② 제1항에 따른 지원을 받으려는 종자 또는 묘 생산 농가는 「농업·농촌 및 식품산업 기본법」 제40조에 따른 농업 경영 관련 정보를 등록하여야 한다.

제11조(중소 종자업자 및 중소 육묘업자에 대한 지원)
농림축산식품부장관은 종자산업의 육성 및 지원에 필요한 시책을 마련할 때에는 중소 종자업자 및 중소 육묘업자에 대한 행정적·재정적 지원책을 마련하여야 한다.

제12조(종자산업진흥센터의 지정 등)
① 농림축산식품부장관은 종자산업의 효율적인 육성 및 지원을 위하여 종자산업 관련 기관·단체 또는 법인 등 적절한 인력과 시설을 갖춘 기관을 종자산업진흥센터(이하 "진흥센터"라 한다)로 지정할 수 있다.

② 진흥센터는 다음 각 호의 업무를 수행한다.
1. 종자산업의 활성화를 위한 지원시설의 설치 등 기반조성에 관한 사업
2. 종자산업과 관련된 전문인력의 지원에 관한 사업
3. 종자산업의 창업 및 경영 지원, 정보의 수집·공유·활용에 관한 사업
4. 종자산업 발전을 위한 유통활성화와 국제협력 및 대외시장의 진출 지원
5. 종자산업 발전을 위한 종자업자에 대한 지원
6. 그 밖에 종자산업의 발전에 필요한 사업

③ 농림축산식품부장관은 진흥센터로 지정한 기관에 대하여 제2항의 업무를 수행하는 데 필요한 경비를 예산의 범위에서 지원할 수 있다.

④ 농림축산식품부장관은 진흥센터가 다음 각 호의 어느 하나에 해당하는 경우에는 대통령령으로 정하는 바에 따라 그 지정을 취소하거나 3개월 이내의 기간을 정하여 업무의 정지를 명할 수 있다. 다만, 제1호에 해당하는 경우에는 그 지정을 취소하여야 한다.
1. 거짓이나 그 밖의 부정한 방법으로 지정받은 경우
2. 진흥센터 지정기준에 적합하지 아니하게 된 경우
3. 정당한 사유 없이 제2항에 따른 업무를 거부하거나 지연한 경우
4. 정당한 사유 없이 1년 이상 계속하여 제2항에 따른 업무를 하지 아니한 경우

⑤ 제1항에 따른 진흥센터의 지정 기준 및 방법 등에 필요한 사항은 대통령령으로 정한다.

제13조(종자기술연구단지의 조성 등)

① 농림축산식품부장관은 종자관련 산업계 및 연구계가 일정한 지역에서 유기적으로 연계함으로써 종자산업 관련 기술 연구개발의 효율을 높이고, 종자산업의 발전을 도모할 수 있도록 종자기술연구단지를 조성하거나 그 조성을 지원할 수 있다.

② 제1항에 따른 종자기술연구단지의 조성과 지원에 필요한 사항은 대통령령으로 정한다.

제14조(단체의 설립)

① 종자산업을 하는 자는 종자산업의 건전한 발전과 종자 및 묘 관련 산업계의 공동이익 등을 도모하기 위하여 농림축산식품부장관의 인가를 받아 단체를 설립할 수 있다.

② 제1항에 따른 단체는 법인으로 한다.

③ 제1항에 따라 설립된 단체는 종자 및 묘의 생산 및 유통질서가 건전하게 유지될 수 있도록 노력하여야 한다.

④ 농림축산식품부장관은 제1항에 따라 설립된 단체의 종자산업 관련 업무수행에 필요한 경비를 예산의 범위에서 지원할 수 있다.

⑤ 제1항에 따른 단체에 관하여 이 법에서 정한 사항을 제외하고는 「민법」 중 사단법인에 관한 규정을 준용한다.

## 제3장 국가품종목록의 등재 등

제15조(국가품종목록의 등재 대상)

① 농림축산식품부장관은 농업 및 임업 생산의 안정상 중요한 작물의 종자에 대한 품종성능을 관리하기 위하여 해당 작물의 품종을 농림축산식품부령으로 정하는 국가품종목록(이하 "품종목록"이라 한다)에 등재할 수 있다.

② 제1항에 따라 품종목록에 등재할 수 있는 대상작물은 벼, 보리, 콩, 옥수수, 감자와 그 밖에 대통령령으로 정하는 작물로 한다. 다만, 사료용은 제외한다.

제16조(품종목록의 등재신청)

① 제15조제2항에 따른 품종목록에 등재할 수 있는 대상작물(이하 "품종목록 등재대상작물"이라 한다)의 품종을 품종목록에 등재하여 줄 것을 신청하는 자(이하 "품종목록 등재신청인"이라 한다)는 농림축산식품부령으로 정하는 품종목록 등재신청서에 해당 품종의 종자시료(種子試料)를 첨부하여 농림축산식품부장관에게 신청하여야 한다. 이 경우 종자시료가 영양체인 경우에 그 제출 시기·방법 등은 농림축산식품부령으로 정한다.

② 제1항에 따라 품종목록에 등재신청하는 품종은 1개의 고유한 품종명칭을 가져야 한다.
③ 제2항에 따른 품종명칭의 출원, 등록, 이의신청, 명칭 사용 및 취소 등에 관하여는 「식물신품종 보호법」 제106조부터 제117조까지의 규정을 준용한다.

제17조(품종목록 등재신청 품종의 심사 등)
① 농림축산식품부장관은 제16조제1항에 따라 품종목록 등재신청을 한 품종에 대하여는 농림축산식품부령으로 정하는 품종성능의 심사기준에 따라 심사하여야 한다.
② 농림축산식품부장관은 품종목록 등재신청을 한 품종이 제1항에 따른 품종성능의 심사기준에 미치지 못할 경우에는 그 품종목록 등재신청을 거절하여야 한다.
③ 농림축산식품부장관은 제2항에 따라 품종목록 등재신청을 거절하려는 경우에는 품종목록 등재신청인에게 그 이유를 알리고 기간을 정하여 의견서를 제출할 기회를 주어야 한다.
④ 농림축산식품부장관은 제1항에 따른 심사 결과 품종목록 등재신청을 한 품종이 품종성능의 심사기준에 맞는 경우에는 지체 없이 그 사실을 해당 품종목록 등재신청인에게 알리고 해당 품종목록 등재신청 품종을 품종목록에 등재하여야 한다.

제18조(품종목록 등재품종의 공고)
농림축산식품부장관은 제17조제4항에 따라 품종목록에 등재한 경우에는 해당 품종이 속하는 작물의 종류, 품종명칭, 제19조에 따른 품종목록 등재의 유효기간 등을 농림축산식품부령으로 정하는 바에 따라 공고하여야 한다. 제19조제2항에 따라 등재의 유효기간이 연장된 경우에도 또한 같다.

제19조(품종목록 등재의 유효기간)
① 제17조제4항에 따른 품종목록 등재의 유효기간은 등재한 날이 속한 해의 다음 해부터 10년까지로 한다.
② 제1항에 따른 품종목록 등재의 유효기간은 유효기간 연장신청에 의하여 계속 연장될 수 있다.
③ 제2항에 따른 품종목록 등재의 유효기간 연장신청은 그 품종목록 등재의 유효기간이 끝나기 전 1년 이내에 신청하여야 한다.
④ 농림축산식품부장관은 제2항에 따른 품종목록 등재의 유효기간 연장신청을 받은 경우 그 유효기간 연장신청을 한 품종이 품종목록 등재 당시의 품종성능을 유지하고 있을 때에는 그 연장신청을 거부할 수 없다.
⑤ 농림축산식품부장관은 품종목록 등재의 유효기간이 끝나는 날의 1년 전까지 품종목록 등재

신청인에게 연장 절차와 제3항에 따른 기간 내에 연장신청을 하지 아니하면 연장을 받을 수 없다는 사실을 미리 통지하여야 한다.

⑥ 제5항에 따른 통지는 휴대전화에 의한 문자전송, 전자메일, 팩스, 전화, 문서 등으로 할 수 있다.

제20조(품종목록 등재의 취소)

① 농림축산식품부장관은 다음 각 호의 어느 하나에 해당하는 경우에는 해당 품종의 품종목록 등재를 취소할 수 있다. 다만, 제4호와 제5호의 경우에는 그 품종목록 등재를 취소하여야 한다.

1. 품종성능이 제17조제1항에 따른 품종성능의 심사기준에 미치지 못하게 될 경우
2. 해당 품종의 재배로 인하여 환경에 위해(危害)가 발생하였거나 발생할 염려가 있을 경우
3. 「식물신품종 보호법」 제117조제1항 각 호의 어느 하나에 해당하여 등록된 품종명칭이 취소된 경우
4. 거짓이나 그 밖의 부정한 방법으로 품종목록 등재를 받은 경우
5. 같은 품종이 둘 이상의 품종명칭으로 중복하여 등재된 경우(가장 먼저 등재된 품종은 제외한다)

② 농림축산식품부장관은 제1항에 따라 취소결정을 하려는 경우에는 미리 그 품종목록 등재신청인에게 그 이유를 알리고 기간을 정하여 의견서를 제출할 기회를 주어야 한다.

③ 농림축산식품부장관은 제1항에 따른 취소결정을 하면 그 취소결정의 등본을 품종목록 등재신청인에게 송달하고 그 취소결정에 관하여 농림축산식품부령으로 정하는 바에 따라 공고하여야 한다.

제21조(품종목록 등재서류의 보존)

농림축산식품부장관은 품종목록에 등재한 각 품종과 관련된 서류를 제19조에 따른 해당 품종의 품종목록 등재 유효기간 동안 보존하여야 한다.

제22조(품종목록 등재품종 등의 종자생산)

농림축산식품부장관이 제17조제4항에 따라 품종목록에 등재한 품종의 종자 또는 농산물의 안정적인 생산에 필요하여 고시한 품종의 종자를 생산할 경우에는 다음 각 호의 어느 하나에 해당하는 자에게 그 생산을 대행하게 할 수 있다. 이 경우 농림축산식품부장관은 종자생산을 대행하는 자에 대하여 종자의 생산·보급에 필요한 경비의 전부 또는 일부를 보조할 수 있다.

1. 농촌진흥청장 또는 산림청장

2. 특별시장 · 광역시장 · 특별자치시장 · 도지사 또는 특별자치도지사(이하 "시 · 도지사"이라 한다)
3. 특별자치시장 · 특별자치도지사 · 시장 · 군수 또는 자치구의 구청장(이하 "시장 · 군수 · 구청장"이라 한다)
4. 대통령령으로 정하는 농업단체 또는 임업단체(이하 "농업단체등"이라 한다)
5. 농림축산식품부령으로 정하는 종자업자 또는 「농어업경영체 육성 및 지원에 관한 법률」 제2조제3호에 따른 농업경영체

제23조(종자결함으로 인한 피해 보상)

① 농림축산식품부장관은 제22조에 따라 생산 · 보급한 종자의 결함으로 인하여 피해를 입은 농업인에게 예산의 범위에서 피해액의 전부 또는 일부를 보상할 수 있다.

② 농림축산식품부장관은 제1항에 따른 피해의 현황을 현지에서 조사하고, 피해의 확산을 방지하기 위하여 종자피해조사반을 구성하여 운영할 수 있다.

③ 농림축산식품부장관은 제2항에 따른 조사를 원활히 수행하기 위하여 필요하면 관계 행정기관의 장이나 관련 단체의 장에게 협조를 요청할 수 있다. 이 경우 협조를 요청받은 자는 특별한 사정이 없으면 이에 협조하여야 한다.

④ 제1항 및 제2항에 따른 피해 보상의 범위와 기준 및 절차, 종자피해조사반의 구성과 운영에 필요한 사항은 대통령령으로 정한다.

## 제4장 종자의 보증

제24조(종자의 보증)

① 고품질 종자 유통 · 보급을 통한 농림업의 생산성 향상 등을 위하여 농림축산식품부장관과 종자관리사는 종자의 보증을 할 수 있다.

② 제1항에 따른 종자의 보증은 농림축산식품부장관이 하는 보증(이하 "국가보증"이라 한다)과 종자관리사가 하는 보증(이하 "자체보증"이라 한다)으로 구분한다.

제25조(국가보증의 대상)

① 다음 각 호의 어느 하나에 해당하는 경우에는 국가보증의 대상으로 한다.
   1. 농림축산식품부장관이 종자를 생산하거나 제22조에 따라 그 업무를 대행하게 한 경우
   2. 시 · 도지사, 시장 · 군수 · 구청장, 농업단체등 또는 종자업자가 품종목록 등재대상작물의 종자를 생산하거나 수출하기 위하여 국가보증을 받으려는 경우

② 농림축산식품부장관은 대통령령으로 정하는 국제종자검정기관이 보증한 종자에 대하여는 국가보증을 받은 것으로 인정할 수 있다.

제26조(자체보증의 대상)

다음 각 호의 어느 하나에 해당하는 경우에는 자체보증의 대상으로 한다.

1. 시·도지사, 시장·군수·구청장, 농업단체등 또는 종자업자가 품종목록 등재대상작물의 종자를 생산하는 경우
2. 시·도지사, 시장·군수·구청장, 농업단체등 또는 종자업자가 품종목록 등재대상작물 외의 작물의 종자를 생산·판매하기 위하여 자체보증을 받으려는 경우

제27조(종자관리사의 자격기준 등)

① 종자관리사의 자격기준은 대통령령으로 정한다.
② 종자관리사가 되려는 사람은 제1항에 따른 자격기준을 갖춘 사람으로서 농림축산식품부령으로 정하는 바에 따라 농림축산식품부장관에게 등록하여야 한다.
③ 농림축산식품부장관은 종자관리사가 이 법에서 정하는 직무를 게을리하거나 중대한 과오(過誤)를 저질렀을 때에는 그 등록을 취소하거나 1년 이내의 기간을 정하여 그 업무를 정지시킬 수 있다.
④ 제3항에 따라 등록이 취소된 사람은 등록이 취소된 날부터 2년이 지나지 아니하면 종자관리사로 다시 등록할 수 없다.
⑤ 제3항에 따른 행정처분의 세부적인 기준은 그 위반행위의 유형과 위반 정도 등을 고려하여 농림축산식품부령으로 정한다.

제28조(포장검사)

① 국가보증이나 자체보증을 받은 종자를 생산하려는 자는 농림축산식품부장관 또는 종자관리사로부터 채종 단계별로 1회 이상 포장(圃場)검사를 받아야 한다.
② 제1항에 따른 채종 단계별 포장검사의 기준, 방법, 절차 등에 관한 사항은 농림축산식품부령으로 정한다.

제29조(종자생산의 포장 조건)

국가보증이나 자체보증 종자를 생산하려는 자는 다른 품종 또는 다른 계통의 작물과 교잡(交雜)되는 것을 방지하기 위하여 교잡 위험이 있는 품종이나 작물의 재배지역으로부터 일정한 거리를 두거나 격리시설을 갖추는 등 농림축산식품부령으로 정하는 포장 조건을 준수하여야 한다.

제30조(종자검사 등)

① 국가보증이나 자체보증 종자를 생산하려는 자는 제28조제2항에 따른 포장검사의 기준에 합격한 포장에서 생산된 종자에 대하여는 농림축산식품부장관 또는 종자관리사로부터 채종 단계별 종자검사를 받아야 한다.

② 제1항에 따른 종자검사의 결과에 대하여 이의가 있는 자는 그 종자검사를 한 농림축산식품부장관 또는 종자관리사에게 재검사를 신청할 수 있다.

③ 제1항 또는 제2항에 따른 채종 단계별 종자검사 또는 재검사의 기준, 방법, 절차 등에 관한 사항은 농림축산식품부령으로 정한다.

제31조(보증표시 등)

① 제28조에 따른 포장검사에 합격하여 제30조에 따른 종자검사를 받은 보증종자를 판매하거나 보급하려는 자는 해당 보증종자에 대하여 보증표시를 하여야 한다.

② 제1항에 따라 보증종자를 판매하거나 보급하려는 자는 종자의 보증과 관련된 검사서류를 작성일부터 3년(묘목에 관련된 검사서류는 5년) 동안 보관하여야 한다.

③ 제1항에 따른 보증표시 및 작물별 보증의 유효기간 등에 관한 사항은 농림축산식품부령으로 정한다.

제32조(보증서의 발급)

농림축산식품부장관 또는 종자관리사는 제31조제1항에 따라 보증표시를 한 보증종자에 대하여 검사를 받은 자가 보증서 발급을 요구하면 농림축산식품부령으로 정하는 보증서를 발급하여야 한다.

제33조(사후관리시험)

① 농림축산식품부장관은 품종목록 등재대상작물의 보증종자에 대하여 사후관리시험을 하여야 한다.

② 제1항에 따른 사후관리시험의 기준 및 방법은 농림축산식품부령으로 정한다.

제34조(보증의 실효)

보증종자가 다음 각 호의 어느 하나에 해당할 때에는 종자의 보증 효력을 잃은 것으로 본다.

1. 제31조제1항에 따른 보증표시를 하지 아니하거나 보증표시를 위조 또는 변조하였을 때
2. 제31조제3항에 따른 보증의 유효기간이 지났을 때
3. 포장한 보증종자의 포장을 뜯거나 열었을 때. 다만, 해당 종자를 보증한 보증기관이나 종자관

리사의 감독에 따라 분포장(分包裝)하는 경우는 제외한다.
4. 거짓이나 그 밖의 부정한 방법으로 보증을 받았을 때

제35조(분포장 종자의 보증표시)

제34조제3호 단서에 따라 분포장한 종자의 보증표시는 분포장하기 전에 표시되었던 해당 품종의 보증표시와 같은 내용으로 하여야 한다.

제36조(보증종자의 판매 등)

① 품종목록 등재대상작물의 종자 또는 제22조 각 호 외의 부분 전단에 따라 농림축산식품부장관이 고시한 품종의 종자를 판매하거나 보급하려는 자는 제24조에 따라 종자의 보증을 받아야 한다. 다만, 종자가 다음 각 호의 어느 하나에 해당하는 경우에는 그러하지 아니하다.
  1. 1대 잡종의 친(親) 또는 합성품종의 친으로만 쓰이는 경우
  2. 증식 목적으로 판매하여 생산된 종자를 판매자가 다시 전량 매입하는 경우
  3. 시험이나 연구 목적으로 쓰이는 경우
  4. 생산된 종자를 전량 수출하는 경우
  5. 직무상 육성한 품종의 종자를 증식용으로 사용하도록 하기 위하여 육성자가 직접 분양하거나 양도하는 경우
  6. 그 밖에 종자용 외의 목적으로 사용하는 경우

② 제1항에도 불구하고 농림축산식품부장관은 유통상 필요하다고 인정할 때에는 제20조제1항에 따라 품종목록 등재가 취소된 품종이라 하더라도 취소일 전에 생산되었거나 생산 중인 해당 품종의 종자는 취소일이 속한 해의 다음 해 말까지 판매하거나 보급하게 할 수 있다. 이 경우 판매 또는 보급 대상지역 및 기간을 공고하여야 한다.

## 제5장 종자 및 묘의 유통 관리

제37조(종자업의 등록 등)

① 종자업을 하려는 자는 대통령령으로 정하는 시설을 갖추어 시장·군수·구청장에게 등록하여야 한다.

② 종자업을 하려는 자는 종자관리사를 1명 이상 두어야 한다. 다만, 대통령령으로 정하는 작물의 종자를 생산·판매하려는 자의 경우에는 그러하지 아니하다.

③ 농림축산식품부장관, 농촌진흥청장, 산림청장, 시·도지사, 시장·군수·구청장 또는 농업단체등이 종자의 증식·생산·판매·보급·수출 또는 수입을 하는 경우에는 제1항과 제2항

을 적용하지 아니한다.

④ 제1항에 따른 종자업의 등록 및 등록 사항의 변경 절차 등에 필요한 사항은 대통령령으로 정한다.

제37조의2(육묘업의 등록 등)

① 육묘업을 하려는 자는 대통령령으로 정하는 시설을 갖추어 시장・군수・구청장에게 등록하여야 한다.

② 육묘업을 하려는 자는 대통령령으로 정하는 전문인력 양성기관에서 대통령령으로 정하는 바에 따라 관련 교육을 이수하여야 한다.

③ 농림축산식품부장관, 농촌진흥청장, 산림청장, 시・도지사, 시장・군수・구청장 또는 농업단체등이 묘의 생산・판매・보급・수출 또는 수입을 하는 경우에는 제1항과 제2항을 적용하지 아니한다.

④ 제1항에 따른 육묘업의 등록 및 등록 사항의 변경 절차 등에 필요한 사항은 대통령령으로 정한다.

제38조(품종의 생산・수입 판매 신고)

① 다음 각 호의 어느 하나에 해당하는 품종 외의 품종의 종자를 생산하거나 수입하여 판매하려는 자는 농림축산식품부장관에게 해당 종자를 정당하게 취득하였음을 입증하는 자료(농림축산식품부령으로 정하는 작물에 한정한다)와 종자시료를 첨부하여 신고하여야 한다. 이 경우 자료의 범위와 종자시료가 묘목 또는 영양체인 경우 종자시료의 제출 시기・방법 등은 농림축산식품부령으로 정한다.

1. 「식물신품종 보호법」 제37조제1항에 따라 출원공개된 품종
2. 제17조제4항에 따라 품종목록에 등재된 품종

② 제1항에 따라 신고한 사항 중 농림축산식품부령으로 정하는 주요 사항이 변경된 경우에는 이를 지체 없이 농림축산식품부장관에게 신고하여야 한다.

③ 제1항에 따라 종자를 생산하거나 수입하여 판매하기 위하여 신고하는 품종은 1개의 고유한 품종명칭을 가져야 한다.

④ 제3항에 따른 품종명칭의 출원, 등록 등에 관하여는 「식물신품종 보호법」 제106조부터 제117조까지의 규정을 준용한다.

⑤ 제1항과 제2항에 따른 신고 방법 및 절차 등은 농림축산식품부령으로 정한다.

제39조(종자업 등록의 취소 등)

① 시장·군수·구청장은 종자업자가 다음 각 호의 어느 하나에 해당하는 경우에는 종자업 등록을 취소하거나 6개월 이내의 기간을 정하여 영업의 전부 또는 일부의 정지를 명할 수 있다. 다만, 제1호에 해당하는 경우에는 그 등록을 취소하여야 한다.

1. 거짓이나 그 밖의 부정한 방법으로 종자업 등록을 한 경우
2. 종자업 등록을 한 날부터 1년 이내에 사업을 시작하지 아니하거나 정당한 사유 없이 1년 이상 계속하여 휴업한 경우
3. 「식물신품종 보호법」 제81조에 따른 보호품종의 실시 여부 등에 관한 보고 명령에 따르지 아니한 경우
4. 제36조제1항을 위반하여 종자의 보증을 받지 아니한 품종목록 등재대상작물의 종자를 판매하거나 보급한 경우
5. 종자업자가 종자업 등록을 한 후 제37조제1항에 따른 시설기준에 미치지 못하게 된 경우
6. 종자업자가 제37조제2항 본문을 위반하여 종자관리사를 두지 아니한 경우
7. 제38조를 위반하여 신고하지 아니한 종자를 생산하거나 수입하여 판매한 경우
8. 제40조에 따라 수출·수입이 제한된 종자를 수출·수입하거나, 수입되어 국내 유통이 제한된 종자를 국내에 유통한 경우
9. 제41조제1항을 위반하여 수입적응성시험을 받지 아니한 외국산 종자를 판매하거나 보급한 경우
10. 제43조제1항을 위반하여 품질표시를 하지 아니한 종자를 판매하거나 보급한 경우
11. 제45조제1항에 따른 종자 등의 조사나 종자의 수거를 거부·방해 또는 기피한 경우
12. 제45조제2항에 따른 생산이나 판매를 중지하게 한 종자를 생산하거나 판매한 경우

② 시장·군수·구청장은 종자업자가 제1항에 따른 영업정지명령을 위반하여 정지기간 중 계속 영업을 할 때에는 그 영업의 등록을 취소할 수 있다.

③ 제1항이나 제2항에 따라 종자업 등록이 취소된 자는 취소된 날부터 2년이 지나지 아니하면 종자업을 다시 등록할 수 없다.

④ 제1항에 따른 행정처분의 세부적인 기준은 그 위반행위의 유형과 위반 정도 등을 고려하여 농림축산식품부령으로 정한다.

제39조의2(육묘업 등록의 취소 등)

① 시장·군수·구청장은 육묘업자가 다음 각 호의 어느 하나에 해당하는 경우에는 육묘업 등록을 취소하거나 6개월 이내의 기간을 정하여 영업의 전부 또는 일부의 정지를 명할

수 있다. 다만, 제1호에 해당하는 경우에는 그 등록을 취소하여야 한다.

1. 거짓이나 그 밖의 부정한 방법으로 육묘업 등록을 한 경우
2. 육묘업 등록을 한 날부터 1년 이내에 사업을 시작하지 아니하거나 정당한 사유 없이 1년 이상 계속하여 휴업한 경우
3. 육묘업자가 육묘업 등록을 한 후 제37조의2제1항에 따른 시설기준에 미치지 못하게 된 경우
4. 제43조제2항을 위반하여 품질표시를 하지 아니한 묘를 판매하거나 보급한 경우
5. 제45조제1항에 따른 묘 등의 조사나 묘의 수거를 거부・방해 또는 기피한 경우
6. 제45조제2항에 따라 생산이나 판매가 중지된 묘를 생산하거나 판매한 경우

② 시장・군수・구청장은 육묘업자가 제1항에 따른 영업정지명령을 위반하여 정지기간 중 계속 영업을 할 때에는 그 영업의 등록을 취소할 수 있다.

③ 제1항이나 제2항에 따라 육묘업 등록이 취소된 자는 취소된 날부터 2년이 지나지 아니하면 육묘업을 다시 등록할 수 없다.

④ 제1항에 따른 행정처분의 세부적인 기준은 그 위반행위의 유형과 위반 정도 등을 고려하여 농림축산식품부령으로 정한다.

제40조(종자의 수출・수입 및 유통 제한)

농림축산식품부장관은 국내 생태계 보호 및 자원 보존에 심각한 지장을 줄 우려가 있다고 인정하는 경우에는 대통령령으로 정하는 바에 따라 종자의 수출・수입을 제한하거나 수입된 종자의 국내 유통을 제한할 수 있다.

제41조(수입적응성시험)

① 농림축산식품부장관이 정하여 고시하는 작물의 종자로서 국내에 처음으로 수입되는 품종의 종자를 판매하거나 보급하기 위하여 수입하려는 자는 그 품종의 종자에 대하여 농림축산식품부장관이 실시하는 수입적응성시험을 받아야 한다.

② 농림축산식품부장관은 제1항에 따라 실시한 수입적응성시험 결과가 농림축산식품부령으로 정하는 심사기준에 미치지 못할 때에는 해당 품종 종자의 국내 유통을 제한할 수 있다.③ 제2항에 따른 심사의 방법 및 절차 등은 농림축산식품부령으로 정한다.

제42조(종자의 수입 추천)

① 「세계무역기구 설립을 위한 마라케쉬 협정」에 따른 대한민국 양허표상의 시장접근물량에 적용되는 양허세율로 종자를 수입하려는 자는 농림축산식품부장관으로부터 종자의 수입

추천을 받아야 한다.

② 농림축산식품부장관은 제1항에 따른 종자의 수입 추천업무를 농림축산식품부장관이 지정하여 고시하는 관련 기관 또는 단체로 하여금 대행하게 할 수 있다. 이 경우 품목별 추천 물량 및 추천 기준과 그 밖에 필요한 사항은 농림축산식품부령으로 정한다.

제42조의2(종자의 검정)

① 농림축산식품부장관은 종자의 거래 및 수출·수입을 원활히 하기 위하여 종자의 검정을 실시할 수 있다.

② 제1항에 따른 검정을 받으려는 자는 농림축산식품부령으로 정하는 바에 따라 농림축산식품부장관에게 검정을 신청하여야 한다.

③ 제1항에 따른 검정의 항목·방법, 그 밖에 검정의 실시에 필요한 사항은 농림축산식품부령으로 정한다.

제42조의3(부정행위의 금지)

누구든지 제42조의2에 따른 검정과 관련하여 다음 각 호의 행위를 하여서는 아니 된다.

1. 거짓이나 그 밖에 부정한 방법으로 검정을 받는 행위
2. 검정결과에 대하여 거짓광고나 과대광고를 하는 행위

제43조(유통 종자 및 묘의 품질표시)

① 국가보증 대상이 아닌 종자나 자체보증을 받지 아니한 종자를 판매하거나 보급하려는 자는 종자의 용기나 포장에 다음 각 호의 사항이 모두 포함된 품질표시를 하여야 한다.

  1. 종자의 생산 연도 또는 포장 연월
  2. 종자의 발아(發芽) 보증시한(발아율을 표시할 수 없는 종자는 제외한다)
  3. 제37조제1항 및 제38조에 따른 등록 및 신고에 관한 사항 등 그 밖에 농림축산식품부령으로 정하는 사항

② 묘를 판매하거나 보급하려는 자는 묘의 용기나 포장에 다음 각 호의 사항이 모두 포함된 품질표시를 하여야 한다.

  1. 묘의 품종명, 파종일
  2. 제37조의2제1항에 따른 등록에 관한 사항 등 농림축산식품부령으로 정하는 사항

제44조(유통 종자 및 묘의 진열·보관의 금지)

누구든지 다음 각 호에 해당하는 종자 또는 묘를 판매하거나 판매를 목적으로 진열·보관하여서는 아니 된다. 다만, 제24조에 따른 보증을 받은 종자는 제외한다.

1. 제43조제1항 또는 제2항에 따른 품질표시를 하지 아니한 종자 또는 묘
2. 제43조제1항에 따른 발아 보증시한이 지난 종자
3. 그 밖에 이 법을 위반하여 그 유통을 금지할 필요가 있다고 인정되는 종자 또는 묘

제45조(종자 및 묘의 유통 조사 등)

① 농림축산식품부장관 또는 시·도지사는 우량 종자 및 묘의 생산과 원활한 유통을 위하여 필요하다고 인정하면 관계 공무원으로 하여금 종자업자 또는 육묘업자나 종자 또는 묘를 매매하는 자의 영업장소·사무소 등에 출입하여 그 시설, 관계 서류나 장부, 종자 또는 묘 등을 조사하거나 품질검사를 하게 할 수 있으며 조사·검사에 필요한 최소량의 종자 또는 묘를 수거하게 할 수 있다.

② 농림축산식품부장관 또는 시·도지사는 이 법을 위반하여 생산되거나 판매되고 있는 종자 또는 묘의 생산 또는 판매 중지를 명하거나 관계 공무원으로 하여금 수거하게 할 수 있다. 이 경우 종자 또는 묘를 수거한 관계 공무원은 수거한 종자 또는 묘의 목록을 작성하여 수거 당시 그 종자 또는 묘를 소유하거나 지니고 있던 자에게 작성한 목록을 내주어야 한다.

③ 농림축산식품부장관 또는 시·도지사는 관계 공무원으로 하여금 제2항에 따라 수거한 종자를 1년간 보관하게 하여야 한다. 다만, 보관하기 곤란한 종자로서 농림축산식품부장관이 정하여 고시하는 종자는 조사를 마친 후 제4항을 준용하여 반환하거나 폐기할 수 있다.

④ 농림축산식품부장관 또는 시·도지사는 관계 공무원으로 하여금 제3항 본문에 따른 보관기간이 지난 종자를 종자로서 사용할 수 없도록 하여 수거 당시 그 종자를 소유하거나 지니고 있던 자에게 반환하게 하여야 한다. 다만, 수거 당시 그 종자를 소유하거나 지니고 있던 자의 주소가 분명하지 아니하거나 그가 인수를 거절하는 등의 이유로 반환할 수 없을 때에는 폐기할 수 있다.

⑤ 제1항 또는 제2항에 따라 관계 공무원이 그 직무를 수행할 때에는 그 권한을 나타내는 증표를 지니고 이를 관계인에게 보여주어야 하며, 조사 목적·시간 및 조사자 신분 등의 사항을 서면에 적어 내주어야 한다.

⑥ 종자 또는 묘의 유통 조사를 위하여 시장·군수·구청장은 종자업 또는 육묘업을 등록하거나 변경 또는 취소한 경우에는 농림축산식품부령으로 정하는 바에 따라 농림축산식품부장관에게 보고하여야 한다.

⑦ 제1항에 따른 품질검사의 기준, 방법, 절차 등에 관한 사항은 농림축산식품부령으로 정한다.
⑧ 제3항에 따른 종자 보관에 필요한 사항은 농림축산식품부령으로 정한다.

제46조(종자시료의 보관)

① 농림축산식품부장관은 다음 각 호의 어느 하나에 해당하는 종자는 일정량의 시료를 보관・관리하여야 한다. 이 경우 종자시료가 영양체인 경우에는 그 제출 시기・방법 등은 농림축산식품부령으로 정한다.

1. 제17조제4항에 따라 품종목록에 등재된 품종의 종자
2. 제38조에 따라 신고한 품종의 종자

② 제1항에 따른 종자시료의 보관에 필요한 사항은 농림축산식품부령으로 정한다.

제47조(분쟁대상 종자 및 묘의 시험・분석 등)

① 종자 또는 묘에 관하여 분쟁이 발생한 경우에는 그 분쟁당사자는 농림축산식품부장관에게 해당 분쟁대상 종자 또는 묘에 대하여 필요한 시험・분석을 신청할 수 있다.
② 분쟁당사자가 제1항에 따라 시험・분석을 신청할 때에는 분쟁당사자가 공동으로 분쟁대상 종자의 시료 또는 묘의 시료를 채취하여 확인한 후 그 종자의 시료 또는 묘의 시료를 밀봉하여 농림축산식품부장관에게 제출하여야 한다.
③ 분쟁당사자는 제2항에 따른 공동 시료채취가 분쟁당사자 어느 한쪽의 비협조 등 대통령령으로 정하는 사유로 이루어지지 아니할 경우에는 농림축산식품부장관에게 그 시료의 채취를 신청할 수 있다. 이 경우 제1항에 따른 시험・분석의 신청이 있는 것으로 본다.
④ 농림축산식품부장관은 제3항에 따른 시료채취의 신청을 받은 경우 7일 이내에 관계 공무원으로 하여금 그 시료를 채취하게 하여야 한다. 이 경우 분쟁당사자는 시료채취에 협조하여야 한다.
⑤ 농림축산식품부장관은 제1항 또는 제3항 후단에 따른 시험・분석의 신청을 받은 경우에는 시험・분석을 한 후 지체 없이 그 결과를 분쟁당사자에게 알려야 한다.
⑥ 농림축산식품부장관은 제1항에 따른 분쟁당사자에게 제5항에 따른 시험・분석에 필요한 자료를 제출하게 할 수 있다.
⑦ 분쟁대상 종자 또는 묘와 관련한 피해가 종자 또는 묘의 결함으로 인하여 발생한 경우에는 피해자는 종자업자 또는 육묘업자에게 농림축산식품부령으로 정하는 바에 따라 그 보상을 청구할 수 있다.
⑧ 육묘업자는 분쟁이 발생한 경우 그 원인 규명이 가능하도록 구입한 종자에 대한 정보와 투입된 자재의 사용 명세, 자재구입 증명자료 등을 보관하여야 한다.

⑨ 제8항에 따른 보관 대상 항목과 보관 기간, 절차 및 방법 등에 필요한 사항은 농림축산식품부령으로 정한다.

제48조(분쟁의 조정)

① 제47조제7항에 따른 보상에 관하여 분쟁당사자는 농림축산식품부장관에게 분쟁조정을 신청할 수 있다.

② 제1항에 따른 분쟁조정에 관한 사항을 심의하기 위하여 농림축산식품부령으로 정하는 기관에 분쟁조정협의회를 둔다.

③ 그 밖에 제1항에 따른 분쟁조정 신청 및 조정절차, 제2항에 따른 분쟁조정협의회의 구성 및 운영 등에 필요한 사항은 농림축산식품부령으로 정한다.

## 제6장 보칙

제49조(사용문자)

이 법에 따른 모든 서류는 한글로 작성하여야 하며, 한자 및 외국문자로 적어야 할 경우에는 괄호 안에 표기하여야 한다. 다만, 농림축산식품부령으로 정하는 경우에는 그러하지 아니하다.

제50조(청문)

① 국가와 지방자치단체는 제6조제4항에 따라 전문인력 양성기관의 지정을 취소하려면 청문을 하여야 한다.

② 농림축산식품부장관 또는 시장・군수・구청장은 다음 각 호의 어느 하나에 해당하는 처분을 하려면 청문을 하여야 한다.

1. 제12조제4항에 따른 진흥센터의 지정 취소
2. 제27조제3항에 따른 종자관리사의 등록 취소
3. 제39조제1항 또는 제2항, 제39조의2제1항 또는 제2항에 따른 종자업 또는 육묘업 등록의 취소

제51조(수수료)

① 다음 각 호의 어느 하나에 해당하는 자는 수수료를 내야 한다.

1. 제16조제1항에 따라 품종목록의 등재신청을 하려는 자
2. 제19조제2항에 따라 품종목록 등재의 유효기간 연장을 신청하려는 자
3. 제25조제1항제2호에 따라 국가보증을 받으려는 자

4. 제32조에 따른 보증서를 발급받으려는 자
5. 제38조제1항에 따라 생산하거나 수입하여 판매하려는 종자를 신고하려는 자
6. 제41조제1항에 따라 수입적응성시험을 받으려는 자
6의2. 제42조의2제2항에 따라 종자의 검정을 신청하는 자
7. 제47조제1항에 따라 시험·분석을 신청하는 자
8. 제48조제1항에 따라 분쟁조정을 신청하는 자
9. 이 법에 따른 각종 서류의 등본, 초본, 사본 또는 증명을 신청하려는 자

② 제1항에 따른 수수료의 금액, 납부방법 및 납부기간 등은 농림축산식품부령으로 정한다.

제52조(수수료의 면제 및 반환)

① 국가, 지방자치단체, 「국민기초생활 보장법」 제12조의3에 따른 의료급여 수급권자 및 농림축산식품부령으로 정하는 자에 대하여는 제51조에도 불구하고 수수료를 면제한다.

② 제1항에 따라 수수료를 면제받으려는 자는 농림축산식품부령으로 정하는 서류를 농림축산식품부장관에게 제출하여야 한다.

③ 납부된 수수료는 반환하지 아니한다. 다만, 잘못 납부된 수수료는 납부한 자의 청구에 의하여 이를 반환한다.

④ 농림축산식품부장관은 잘못 납부된 수수료가 있는 경우에는 그 사실을 안 즉시 이를 납부한 자에게 통지하여야 한다.

⑤ 제3항 단서에 따른 수수료의 반환청구는 납부한 날부터 3년 이내에 하여야 한다.

제53조(권한의 위임·위탁)

① 이 법에 따른 농림축산식품부장관의 권한은 대통령령으로 정하는 바에 따라 그 일부를 농촌진흥청장, 산림청장, 시·도지사, 시장·군수·구청장 또는 소속 기관의 장에게 위임할 수 있다.

② 이 법에 따른 농림축산식품부장관의 권한은 대통령령으로 정하는 바에 따라 그 일부를 농림축산식품부령으로 정하는 농림업 관련 법인 또는 단체에 위탁할 수 있다.

## 제7장 벌칙

### 제54조(벌칙)

다음 각 호의 어느 하나에 해당하는 자는 1년 이하의 징역 또는 1천만원 이하의 벌금에 처한다.

1. 「식물신품종 보호법」에 따른 보호품종 외의 품종에 대하여 제16조제2항에 따라 등재되거나 제38조제3항에 따라 신고된 품종명칭을 도용하여 종자를 판매·보급·수출하거나 수입한 자
2. 제27조제2항에 따른 등록을 하지 아니하고 종자관리사 업무를 수행한 자
3. 제32조에 따른 보증서를 거짓으로 발급한 종자관리사
4. 제36조제1항을 위반하여 보증을 받지 아니하고 종자를 판매하거나 보급한 자
5. 제37조제1항 또는 제37조의2제1항을 위반하여 등록하지 아니하고 종자업 또는 육묘업을 한 자
6. 제38조제1항을 위반하여 신고하지 아니하고 품종의 종자를 생산하거나 수입하여 판매한 자 또는 거짓으로 신고한 자
7. 제39조제1항 또는 제39조의2제1항을 위반하여 등록이 취소된 종자업 또는 육묘업을 계속하거나 영업정지를 받고도 종자업 또는 육묘업을 계속 한 자
8. 제40조를 위반하여 종자를 수출 또는 수입하거나 수입된 종자를 유통시킨 자
9. 제41조제1항을 위반하여 수입적응성시험을 받지 아니하고 종자를 수입한 자

9의2. 제42조의3제1호를 위반하여 거짓이나 그 밖에 부정한 방법으로 제42조의2에 따른 검정을 받은 자

9의3. 제42조의3제2호를 위반하여 검정결과에 대하여 거짓광고나 과대광고를 한 자

10. 제45조제2항을 위반하여 생산 또는 판매 중지를 명한 종자 또는 묘를 생산하거나 판매한 자
11. 제47조제4항 후단을 위반하여 시료채취를 거부·방해 또는 기피한 자

### 제55조(양벌규정)

법인의 대표자나 법인 또는 개인의 대리인, 사용인, 그 밖의 종업원이 그 법인 또는 개인의 업무에 관하여 제54조의 위반행위를 하면 그 행위자를 벌하는 외에 그 법인 또는 개인에게도 해당 조문의 벌금형을 과(科)한다. 다만, 법인 또는 개인이 그 위반행위를 방지하기 위하여 해당 업무에 관하여 상당한 주의와 감독을 게을리하지 아니한 경우에는 그러하지 아니하다.

### 제56조(과태료)

① 다음 각 호의 어느 하나에 해당하는 자에게는 1천만원 이하의 과태료를 부과한다.

1. 제16조제2항 또는 제38조제3항을 위반하여 등재되거나 신고되지 아니한 품종명칭을 사용하여 종자를 판매하거나 보급한 자
2. 제31조제2항을 위반하여 종자의 보증과 관련된 검사서류를 보관하지 아니한 자
3. 제43조를 위반하여 유통 종자 또는 묘의 품질표시를 하지 아니하거나 거짓으로 표시하여 종자 또는 묘를 판매하거나 보급한 자
4. 제45조제1항에 따른 출입, 조사·검사 또는 수거를 거부·방해 또는 기피한 자
5. 제47조제8항을 위반하여 구입한 종자에 대한 정보와 투입된 자재의 사용 명세, 자재구입 증명자료 등을 보관하지 아니한 자

② 제44조를 위반하여 같은 조 각 호의 종자 또는 묘를 진열·보관한 자에게는 200만원 이하의 과태료를 부과한다.

③ 제1항과 제2항에 따른 과태료는 대통령령으로 정하는 바에 따라 농림축산식품부장관 또는 시·도지사가 부과·징수한다.

## 02 종자산업법 시행령

제1조(목적)

이 영은 「종자산업법」에서 위임된 사항과 그 시행에 필요한 사항을 규정함을 목적으로 한다.

제2조(종합계획)

① 「종자산업법」(이하 "법"이라 한다) 제3조제2항제10호에서 "대통령령으로 정하는 사항"이란 다음 각 호의 사항을 말한다.

1. 종자 및 묘 품질관리 방안
2. 종자 및 묘 관련 국제협력 촉진 방안

② 법 제3조제3항 단서에서 "대통령령으로 정하는 경미한 사항"이란 다음 각 호의 사항을 말한다.

1. 법 제3조제2항제1호에 따른 종자산업의 현황과 전망에 관한 사항
2. 법 제3조제2항제8호에 따른 종자 및 묘에 대한 교육 및 이해 증진방안에 관한 사항
3. 제1항제1호에 따른 종자 및 묘 품질관리 방안

③ 농림축산식품부장관은 법 제3조제5항에 따라 매년 12월 31일까지 다음 해의 연도별 시행계획을 수립하여야 한다.

제3조(전문인력 양성기관의 지정 등)

① 법 제6조제2항에 따른 전문인력 양성기관(이하 "전문인력 양성기관"이라 한다)의 지정기준은 다음 각 호와 같다.

1. 교육시설 및 교육장비를 적절하게 보유하고 있을 것
2. 전문 교수요원을 적절하게 보유하고 있을 것
3. 교육과정 및 교육내용에 관한 계획이 적절하게 수립되었을 것
4. 운영경비 조달계획이 타당할 것

② 제1항에 따른 지정기준에 관한 구체적인 사항은 농림축산식품부령으로 정한다.

③ 법 제6조제2항에 따라 전문인력 양성기관으로 지정받으려는 자는 농림축산식품부령으로 정하는 전문인력 양성기관 지정신청서에 다음 각 호에 관한 서류를 첨부하여 농림축산식품부장관 또는 특별시장·광역시장·특별자치시장·도지사 또는 특별자치도지사(이하 "시·도지사"이라 한다)에게 제출하여야 한다.

1. 교육시설 및 교육장비 보유 현황

2. 전문 교수요원 확보 현황
3. 교육과정 및 교육내용이 포함된 교육계획서
4. 운영경비의 조달계획서

④ 농림축산식품부장관 또는 시・도지사는 전문인력 양성기관을 지정하는 경우 농림축산식품부령으로 정하는 지정서를 발급하여야 하며, 농림축산식품부령으로 정하는 발급대장에 이를 기록하고 관리하여야 한다.

⑤ 법 제6조제3항에 따라 전문인력 양성기관에 대하여 비용을 지원할 수 있는 항목은 다음 각 호와 같다.
1. 강사료 및 수당
2. 교육자료 개발 및 보급에 필요한 비용
3. 교육교재 제작비 및 실습기자재 구입비
4. 그 밖에 전문인력 양성에 필요하다고 농림축산식품부장관이 인정하는 항목

⑥ 법 제6조제4항에 따른 전문인력 양성기관의 지정취소 및 업무정지의 기준은 별표 1과 같다.

제4조(국제협력 및 대외진출 지원)

법 제8조제3항에 따라 농림축산식품부장관 또는 시・도지사는 종자산업과 관련하여 국제협력을 추진하거나 대외시장에 진출하는 자에 대하여 다음 각 호의 사업을 지원할 수 있다.
1. 종자 및 묘 관련 기술개발 및 품종보호의 국제협력
2. 종자 및 묘의 대외시장 마케팅 및 홍보 활동
3. 종자 및 묘의 대외시장 개척 및 국제박람회 개최
4. 종자 및 묘 수출 관련 협력체계 구축
5. 그 밖에 국제협력 및 대외시장 진출을 위하여 농림축산식품부장관이 필요하다고 인정하는 사업

제5조(종자산업진흥센터의 지정 등)

① 법 제12조제1항 및 제5항에 따른 종자산업진흥센터(이하 "진흥센터"라 한다)의 지정기준은 별표 2와 같다.

② 법 제12조제1항에 따라 진흥센터로 지정받으려는 자는 농림축산식품부령으로 정하는 종자산업진흥센터 지정신청서에 다음 각 호의 서류를 첨부하여 농림축산식품부장관에게 제출하여야 한다.
1. 정관 또는 이에 준하는 사업운영규정
2. 사업계획서

3. 전문인력 보유 현황
4. 시설 명세서

③ 농림축산식품부장관은 법 제12조제1항 또는 제4항에 따라 진흥센터를 지정하거나 지정취소 또는 업무정지를 명한 경우에는 그 사실을 농림축산식품부의 인터넷 홈페이지에 게시하고 해당 진흥센터의 인터넷 홈페이지에 게시하게 하여야 한다.

④ 법 제12조제4항에 따른 진흥센터의 지정취소 및 업무정지의 기준은 별표 3과 같다.

⑤ 제1항부터 제4항까지에서 규정한 사항 외에 진흥센터의 지정 및 운영에 필요한 구체적인 사항은 농림축산식품부장관이 정하여 고시한다.

제6조(종자기술연구단지의 조성 등)

① 법 제13조제1항에 따라 종자기술연구단지를 조성하거나 그 조성을 지원하려는 경우에는 다음 각 호의 사항을 고려하여야 한다.

1. 면적: 10헥타르 이상으로 단지조성이 가능한 지역
2. 작물 재배환경: 기상(평균기온, 안개일수, 일조시간, 강수량, 적설량 등), 토양, 자연재해, 수질, 농업용수 확보의 용이성 등
3. 개발 여건: 부지 정리, 도로 건설 및 용수로·배수로 설치 등의 용이성

② 농림축산식품부장관은 종자기술연구단지에 다음 각 호의 사항을 지원할 수 있다.

1. 종자기술 연구포장(圃場) 조성
2. 종자기술 연구개발
3. 종자기술 전문인력의 양성
4. 종자기술 관련 연구개발 시설·장비 등의 확충
5. 그 밖에 농림축산식품부장관이 필요하다고 인정하는 사항

제7조(종자생산 대행 농업단체등의 범위)

법 제22조제4호에서 "대통령령으로 정하는 농업단체 또는 임업단체"란 다음 각 호의 단체를 말한다.

1. 「농업협동조합법」에 따른 조합, 중앙회 및 농협경제지주회사
2. 삭제
3. 「산림조합법」에 따른 조합 및 중앙회

제8조(피해 보상의 범위 및 기준)

법 제23조제1항 및 제2항에 따른 피해 보상의 범위 및 기준은 별표 4와 같다.

제9조(피해 보상의 절차 등)

① 법 제23조제1항에 따라 피해 보상을 받으려는 농업인은 피해 사실을 안 날부터 10일 이내에 농림축산식품부령으로 정하는 피해보상신청서를 작성하여 농림축산식품부장관에게 제출하여야 한다.

② 제1항에 따라 피해보상신청서를 받은 농림축산식품부장관은 농림축산식품부령으로 정하는 절차에 따라 피해 사실 여부를 확인한 후 농림축산식품부령으로 정하는 피해사실확인서를 작성하여야 한다.

③ 농림축산식품부장관은 제2항에 따른 피해 사실 확인 결과와 제10조에 따른 종자피해조사반의 피해 원인 조사 등을 검토하여 종자의 결함으로 인한 피해가 발생한 경우에는 별표 4에 따른 피해 보상의 범위 및 기준에 따라 피해를 보상하여야 한다.

제10조(종자피해조사반 구성 · 운영)

① 농림축산식품부장관은 법 제23조제1항에 따라 종자의 결함으로 인하여 농업인이 입은 피해(이하 "종자피해"라 한다)의 신속한 원인 규명 및 확산 방지 등이 필요하다고 인정될 경우에는 법 제23조제2항에 따라 종자피해조사반을 구성 · 운영할 수 있다.

② 종자피해조사반은 조사반장 1명을 포함한 10명 이내의 조사반원으로 구성한다.

③ 농림축산식품부장관은 다음 각 호의 어느 하나에 해당하는 사람 중에서 조사반원을 임명하거나 위촉하며, 조사반장은 조사반원 중에서 임명한다.

1. 농림축산식품부 소속 공무원으로서 종자 관련 업무를 담당하는 사람
2. 농촌진흥청 소속 공무원으로서 종자 관련 업무를 담당하는 사람
3. 지방자치단체 소속 공무원으로서 종자 관련 업무를 담당하는 사람
4. 「고등교육법」 제2조에 따른 대학에서 부교수 이상으로 재직하고 있거나 재직하였던 사람으로서 종자 관련 분야를 전공한 사람
5. 종자에 관한 학식과 경험이 풍부한 사람 또는 종자산업을 영위하는 사람으로서 해당 분야에 5년 이상 종사한 사람

④ 제1항에 따른 종자피해조사반의 임무는 다음 각 호와 같다.

1. 종자피해 현장조사 및 시료 채취
2. 종자피해 확산 방지를 위한 현장지도
3. 종자피해 원인 분석에 필요한 시험 및 자료조사

4. 종자피해 원인 분석 및 종자결함 여부 판단
5. 그 밖에 종자피해 원인 조사에 관한 사항

⑤ 농림축산식품부장관은 조사반원으로 임명되거나 위촉된 사람(제3항제1호에 해당하는 사람은 제외한다)에게 조사에 필요한 경비를 지급할 수 있다.

### 제11조(국제종자검정기관)

법 제25조제2항에서 "대통령령으로 정하는 국제종자검정기관"이란 다음 각 호의 기관을 말한다.

1. 국제종자검정협회(ISTA)의 회원기관
2. 국제종자검정가협회(AOSA)의 회원기관
3. 그 밖에 농림축산식품부장관이 정하여 고시하는 외국의 종자검정기관

### 제12조(종자관리사의 자격기준)

종자관리사는 법 제27조제1항에 따라 다음 각 호의 어느 하나에 해당하는 사람으로 한다.

1. 「국가기술자격법」에 따른 종자기술사 자격을 취득한 사람
2. 「국가기술자격법」에 따른 종자기사 자격을 취득한 사람으로서 자격 취득 전후의 기간을 포함하여 종자업무 또는 이와 유사한 업무에 1년 이상 종사한 사람
3. 「국가기술자격법」에 따른 종자산업기사 자격을 취득한 사람으로서 자격 취득 전후의 기간을 포함하여 종자업무 또는 이와 유사한 업무에 2년 이상 종사한 사람
4. 「국가기술자격법」에 따른 종자기능사 자격을 취득한 사람으로서 자격 취득 전후의 기간을 포함하여 종자업무 또는 이와 유사한 업무에 3년 이상 종사한 사람
5. 「국가기술자격법」에 따른 버섯종균기능사 자격을 취득한 사람으로서 자격 취득 전후의 기간을 포함하여 버섯 종균업무 또는 이와 유사한 업무에 3년 이상 종사한 사람(버섯 종균을 보증하는 경우만 해당한다)

### 제13조(종자업의 시설기준)

법 제37조제1항에 따른 시설의 기준은 별표 5와 같다.

### 제14조(종자업의 등록 등)

① 법 제37조제1항에 따라 종자업의 등록을 하려는 자는 종자업의 시설과 인력에 관한 서류를 첨부하여 농림축산식품부령으로 정하는 바에 따라 등록신청서를 종자업의 주된 생산시설의 소재지를 관할하는 특별자치시장·특별자치도지사·시장·군수 또는 구청장(구청장은 자치구의 구청장을 말하며, 이하 "시장·군수·구청장"이라 한다)에게 제출(전자적 방법을

통한 제출을 포함한다)하여야 한다.

② 제1항에 따른 종자업 등록을 신청받은 시장・군수・구청장은 신청된 사항을 확인하고, 등록요건에 적합하다고 인정될 때에는 종자업등록증을 신청인에게 발급하여야 한다.

③ 종자업자는 제1항에 따라 등록한 사항이 변경된 경우에는 그 사유가 발생한 날부터 30일 이내에 시장・군수・구청장에게 그 변경사항을 통지하여야 한다.

제15조(종자관리사 보유의 예외)

법 제37조제2항 단서에서 "대통령령으로 정하는 작물"이란 다음 각 호의 작물을 말한다.

1. 화훼
2. 사료작물(사료용 벼・보리・콩・옥수수 및 감자를 포함한다)
3. 목초작물
4. 특용작물
5. 뽕
6. 임목(林木)
7. 삭제
8. 식량작물(벼・보리・콩・옥수수 및 감자는 제외한다)
9. 과수(사과・배・복숭아・포도・단감・자두・매실・참다래 및 감귤은 제외한다)
10. 채소류(무・배추・양배추・고추・토마토・오이・참외・수박・호박・파・양파・당근・상추 및 시금치는 제외한다)
11. 버섯류(양송이・느타리버섯・뽕나무버섯・영지버섯・만가닥버섯・잎새버섯・목이버섯・팽이버섯・복령・버들송이 및 표고버섯은 제외한다)

제15조의2(육묘업의 시설기준)

법 제37조의2제1항에 따른 시설의 기준은 별표 5의2와 같다.

제15조의3(육묘업의 등록 등)

① 법 제37조의2제1항에 따라 육묘업의 등록을 하려는 자는 농림축산식품부령으로 정하는 등록신청서에 다음 각 호의 서류를 첨부하여 육묘업의 주된 시설의 소재지를 관할하는 시장・군수・구청장에게 제출(전자적 방법을 통한 제출을 포함한다)하여야 한다.
   1. 제15조의2에 따른 육묘업의 시설기준을 갖추었음을 증명하는 서류
   2. 제15조의4제2항에 따른 교육을 이수하였음을 증명하는 서류

② 제1항에 따라 등록신청서를 제출받은 시장・군수・구청장은 신청된 사항을 확인하고, 등록

요건에 적합하다고 인정하는 경우에는 농림축산식품부령으로 정하는 육묘업 등록증을 신청인에게 발급하여야 한다.

③ 육묘업자는 제1항에 따라 등록한 사항이 변경된 경우에는 그 사유가 발생한 날부터 30일 이내에 시장 · 군수 · 구청장에게 그 변경사항을 통지하여야 한다.

제15조의4(전문인력 양성기관 및 교육)

① 법 제37조의2제2항에서 "대통령령으로 정하는 전문인력 양성기관"이란 다음 각 호의 기관을 말한다.

1. 농촌진흥청
2. 국립종자원
3. 법 제6조제2항에 따른 전문인력 양성기관

② 육묘업을 하려는 자는 법 제37조의2제2항에 따라 제1항에 따른 전문인력 양성기관에서 16시간 이상의 교육을 이수하여야 한다.

③ 법 제37조의2제2항에 따른 교육의 내용은 묘 생산기술, 경영관리, 실습 및 현장학습 등으로 한다.

④ 제2항 및 제3항에서 규정한 사항 외에 교육에 관한 세부사항은 농림축산식품부장관이 정하여 고시한다.

제16조(수출입 종자의 국내유통 제한)

① 법 제40조에 따라 종자의 수출 · 수입을 제한하거나 수입된 종자의 국내 유통을 제한할 수 있는 경우는 다음 각 호와 같다.

1. 수입된 종자에 유해한 잡초종자가 농림축산식품부장관이 정하여 고시하는 기준 이상으로 포함되어 있는 경우
2. 수입된 종자의 증식이나 교잡에 의한 유전자 변형 등으로 인하여 농작물 생태계 등 기존의 국내 생태계를 심각하게 파괴할 우려가 있는 경우
3. 수입된 종자의 재배로 인하여 특정 병해충이 확산될 우려가 있는 경우
4. 수입된 종자로부터 생산된 농산물의 특수성분으로 인하여 국민건강에 나쁜 영향을 미칠 우려가 있는 경우
5. 재래종 종자 또는 국내의 희소한 기본종자의 무분별한 수출 등으로 인하여 국내 유전자원(遺傳資源) 보존에 심각한 지장을 초래할 우려가 있는 경우

② 제1항제1호에 따른 유해한 잡초종자와 같은 항 제3호에 따른 특정 병해충의 종류는 농림축산식품부장관이 정하여 고시한다.

제17조(유통 종자 및 묘의 분쟁)

법 제47조제3항 전단에서 "공동 시료채취가가 분쟁당사자 어느 한쪽의 비협조 등 대통령령으로 정하는 사유로 이루어지지 아니할 경우"란 다음 각 호의 어느 하나에 해당하는 사유로 이루어지지 아니하는 경우를 말한다.

1. 분쟁당사자 어느 한쪽이 공동 시료채취에 합의하지 아니하는 경우
2. 제1호에 따른 합의를 하였음에도 불구하고 분쟁당사자 어느 한쪽이 시료채취 현장에 동행하지 아니하는 등 사실상 공동 시료채취를 거부하는 경우

제18조(권한의 위임·위탁)

① 농림축산식품부장관은 법 제53조제1항에 따라 다음 각 호의 권한 중에서 「산림자원의 조성 및 관리에 관한 법률」 제2조제8호에 따른 산림용 종자(산림용 묘목을 포함하며, 이하 "산림용종자"라 한다)에 관한 권한을 산림청장에게 위임한다.

1. 법 제4조제1항에 따른 종자산업에 관한 통계 작성 및 실태조사
2. 법 제4조제2항에 따른 자료 제출 요청
3. 법 제15조제1항에 따른 국가품종목록(이하 "품종목록"이라 한다)에의 등재
4. 법 제16조제1항에 따른 품종목록의 등재신청 접수
5. 법 제17조에 따른 품종목록 등재신청 품종의 심사, 품종목록 등재신청의 거절 및 품종목록 등재 등
6. 법 제18조에 따른 품종목록 등재품종 등의 공고
7. 법 제19조제3항에 따른 품종목록 등재의 유효기간 연장신청의 접수
8. 법 제19조제5항에 따른 품종목록 등재의 유효기간 연장 절차 등의 통지
9. 법 제20조제1항에 따른 품종목록 등재의 취소처분
10. 법 제20조제2항에 따른 취소결정 이유 고지 및 의견서 제출 기회 부여
11. 법 제20조제3항에 따른 취소결정 등본의 송달 및 취소결정의 공고
12. 법 제21조에 따른 품종목록 등재서류의 보존
13. 법 제24조제1항에 따른 종자의 보증
14. 법 제27조제2항에 따른 종자관리사의 등록
15. 법 제27조제3항에 따른 종자관리사에 대한 등록취소 처분 및 업무정지 명령
16. 법 제28조제1항에 따른 포장검사
17. 법 제30조에 따른 채종 단계별 종자검사 및 재검사
18. 법 제32조에 따른 보증서의 발급
19. 법 제33조제1항에 따른 사후관리시험의 실시

20. 법 제36조제2항에 따른 품종목록 등재가 취소된 품종에 대한 판매 또는 보급의 허용 및 대상지역 등의 공고
21. 법 제38조제1항에 따른 품종의 종자 생산·수입 판매 신고의 수리
22. 법 제38조제2항에 따른 주요 사항 변경 신고의 수리
23. 법 제40조에 따른 종자의 수출·수입 제한 또는 수입된 종자의 국내 유통 제한
24. 법 제41조제1항에 따른 수입적응성시험의 실시
24의2. 법 제42조의2에 따른 종자의 검정
25. 법 제45조제1항에 따른 종자 등의 조사 또는 품질검사 및 종자 수거
26. 법 제45조제2항에 따른 종자의 생산 또는 판매 중지 명령 및 종자 수거 명령
27. 법 제45조제3항에 따른 수거한 종자의 보관, 반환 또는 폐기
28. 법 제45조제4항에 따른 보관기간이 지난 종자의 반환 또는 폐기
29. 법 제46조에 따른 종자시료의 보관·관리
30. 법 제47조제1항에 따른 분쟁대상 종자의 시험·분석 신청 접수
31. 법 제47조제3항에 따른 분쟁대상 종자의 시료 채취 신청 접수
32. 법 제47조제4항에 따른 관계 공무원에 대한 시료 채취 명령
33. 법 제47조제5항에 따른 시험·분석 결과의 통지
34. 법 제47조제6항에 따른 시험·분석에 필요한 자료의 제출 명령
35. 법 제48조제1항에 따른 분쟁조정 신청의 접수
36. 법 제50조제2항제2호에 따른 청문
37. 법 제51조제1항에 따른 수수료 징수
38. 법 제56조제1항 또는 제2항에 따른 과태료의 부과·징수

② 농림축산식품부장관은 법 제53조제1항에 따라 다음 각 호의 권한(산림용종자에 관한 권한은 제외한다)을 국립종자원장에게 위임한다

1. 법 제4조제1항에 따른 종자산업에 관한 통계 작성 및 실태조사
2. 법 제4조제2항에 따른 자료 제출 요청
3. 법 제15조제1항에 따른 품종목록에의 등재
4. 법 제16조제1항에 따른 품종목록의 등재신청 접수
5. 법 제17조에 따른 품종목록 등재신청 품종의 심사, 품종목록 등재신청의 거절 및 품종목록 등재 등
6. 법 제18조에 따른 품종목록 등재품종 등의 공고
7. 법 제19조제3항에 따른 품종목록 등재의 유효기간 연장신청의 접수
8. 법 제19조제5항에 따른 품종목록 등재의 유효기간 연장 절차 등의 통지

9. 법 제20조제1항에 따른 품종목록 등재의 취소처분
10. 법 제20조제2항에 따른 취소결정 이유 고지 및 의견서 제출 기회 부여
11. 법 제20조제3항에 따른 취소결정의 등본 송달 및 취소결정 공고
12. 법 제21조에 따른 품종목록 등재서류의 보존
13. 법 제23조제1항에 따른 종자결함 피해의 보상
14. 법 제23조제2항에 따른 종자피해조사반의 구성 및 운영
15. 법 제23조제3항에 따른 협조 요청
16. 법 제24조제1항에 따른 종자의 보증
17. 법 제27조제2항에 따른 종자관리사의 등록
18. 법 제27조제3항에 따른 종자관리사에 대한 등록취소 처분 및 업무정지 명령
19. 법 제28조제1항에 따른 포장검사
20. 법 제30조에 따른 채종 단계별 종자검사 및 재검사
21. 법 제32조에 따른 보증서의 발급
22. 법 제33조제1항에 따른 사후관리시험의 실시
23. 법 제36조제2항에 따른 품종목록 등재가 취소된 품종에 대한 판매 또는 보급의 허용 및 대상지역 등의 공고
24. 법 제38조제1항에 따른 품종의 종자 생산·수입 판매 신고의 수리
25. 법 제38조제2항에 따른 주요 사항 변경 신고의 수리
26. 법 제40조에 따른 종자의 수출·수입 제한 또는 수입된 종자의 국내 유통 제한
26의2. 법 제42조의2에 따른 종자의 검정
27. 법 제45조제1항에 따른 종자 또는 묘 등의 조사 또는 품질검사 및 종자 또는 묘 수거
28. 법 제45조제2항에 따른 종자 또는 묘의 생산 또는 판매 중지 명령 및 종자 또는 묘 수거 명령
29. 법 제45조제3항에 따른 수거한 종자의 보관, 반환 또는 폐기
30. 법 제45조제4항에 따른 보관기간이 지난 종자의 반환 또는 폐기
30의2. 법 제45조제6항에 따른 종자업 또는 육묘업의 등록·변경·취소에 관한 보고의 접수
31. 법 제46조에 따른 종자시료의 보관·관리
32. 법 제47조제1항에 따른 분쟁대상 종자 또는 묘의 시험·분석 신청 접수
33. 법 제47조제3항에 따른 분쟁대상 종자 또는 묘의 시료 채취 신청 접수
34. 법 제47조제4항에 따른 관계 공무원에 대한 시료 채취 명령
35. 법 제47조제5항에 따른 시험·분석 결과의 통지
36. 법 제47조제6항에 따른 시험·분석에 필요한 자료의 제출 명령

37. 법 제48조제1항에 따른 분쟁조정 신청의 접수
38. 법 제50조제2항제2호에 따른 청문
39. 법 제51조제1항(제6호는 제외한다)에 따른 수수료 징수
40. 법 제56조제1항 또는 제2항에 따른 과태료의 부과·징수
41. 별표 4 제4호에 따른 종자피해의 판정기준 등에 관하여 필요한 사항의 결정 및 고시

③ 농림축산식품부장관은 법 제53조제1항에 따라 다음 각 호의 권한(산림용종자에 관한 권한은 제외한다)을 시장·군수·구청장에게 위임한다.

1. 제9조제1항에 따른 피해보상신청서의 접수
2. 제9조제2항에 따른 피해사실확인서의 작성

④ 산림청장 및 국립종자원장은 농림축산식품부장관의 승인을 받아 제1항 및 제2항에 따라 위임받은 권한의 일부를 소속 기관의 장에게 재위임할 수 있다.

⑤ 농림축산식품부장관은 법 제53조제2항에 따라 다음 각 호의 권한을 농림축산식품부령으로 정하는 단체 중 농업 관련 법인 또는 단체에 위탁한다.

1. 법 제41조에 따른 수입적응성시험의 실시(산림용종자에 관한 권한은 제외한다)
2. 법 제51조제1항제6호에 따른 수수료(제1호에 따라 위탁받은 사항과 관련된 것으로 한정한다) 징수

## 제19조(고유식별정보의 처리)

농림축산식품부장관(제18조에 따라 농림축산식품부장관의 권한을 위임·위탁받은 자를 포함한다)은 다음 각 호의 사무를 수행하기 위하여 불가피한 경우 「개인정보 보호법 시행령」 제19조제1호에 따른 주민등록번호가 포함된 자료를 처리할 수 있다.

1. 법 제16조에 따른 품종목록의 등재신청에 관한 사무
2. 법 제27조에 따른 종자관리사의 등록, 등록 취소 및 업무 정지에 관한 사무
3. 법 제38조제1항에 따른 종자의 생산·수입 판매 신고에 관한 사무
4. 법 제42조에 따른 종자의 수입 추천 사무
5. 법 제47조에 따른 분쟁대상 종자 또는 묘의 시험·분석에 관한 사무

## 제19조의2(규제의 재검토)

농림축산식품부장관은 제13조 및 별표 5에 따른 종자업의 시설기준에 대하여 2017년 1월 1일을 기준으로 3년마다(매 3년이 되는 해의 1월 1일 전까지를 말한다) 그 타당성을 검토하여 개선 등의 조치를 해야 한다.

제20조(과태료의 부과기준)

법 제56조에 따른 과태료의 부과기준은 별표 6과 같다.

# 03 종자산업법 시행규칙

## 제1장 총칙

제1조(목적)

이 규칙은 「종자산업법」 및 같은 법 시행령에서 위임된 사항과 그 시행에 필요한 사항을 규정함을 목적으로 한다.

제2조(정의)

이 규칙에서 "유전자변형종자"란 인공적으로 유전자를 분리하거나 재조합하여 의도한 특성을 갖도록 한 종자를 말한다.

## 제2장 종자산업의 기반 조성

제3조(전문인력 양성기관의 지정기준 등)

① 「종자산업법 시행령」(이하 "영"이라 한다) 제3조제2항에 따른 전문인력 양성기관의 지정기준은 별표 1과 같다.

② 영 제3조제3항 각 호 외의 부분에 따른 전문인력 양성기관 지정신청서는 별지 제1호서식에 따른다.

③ 영 제3조제4항에 따른 지정서는 별지 제2호서식에 따르고, 발급대장은 별지 제3호서식에 따른다.

제4조(종자산업진흥센터 지정신청서)

영 제5조제2항 각 호 외의 부분에 따른 종자산업진흥센터 지정신청서는 별지 제4호서식에 따른다.

## 제3장 품종성능의 관리

제5조(국가품종목록의 등재 대상 및 신청)

「종자산업법」(이하 "법"이라 한다) 제16조제1항에 따라 국가품종목록(이하 "품종목록"이라 한다)에 등재 신청을 하려는 자(이하 "품종목록 등재신청인"이라 한다)는 별지 제5호서식의 품종목록 등재신청서에 다음 각 호의 서류 및 물건을 첨부하여 산림청장 또는 국립종자원장에게 제출(전자문서에 의한 제출을 포함한다)하여야 한다.

1. 품종의 사진 및 종자시료. 다만, 종자시료가 영양체인 경우에는 재배시험 적기(適期) 등을

고려하여 산림청장 또는 국립종자원장이 따로 제출을 요청한 시기에 제출을 요청한 장소로 제출하여야 한다.

2. 품종목록 등재신청 수수료 납부증명서 1부
3. 대리권을 증명하는 서류 1부(대리인을 통하여 제출하는 경우만 해당한다)
4. 「유전자변형생물체의 국가간 이동 등에 관한 법률」 제8조제3항에 따른 위해성심사서 1부(유전자변형품종인 경우만 해당한다)

제6조(품종성능의 심사기준)

법 제17조제1항에 따른 품종성능의 심사는 다음 각 호의 사항별로 산림청장 또는 국립종자원장이 정하는 기준에 따라 실시한다.

1. 심사의 종류
2. 재배시험기간
3. 재배시험지역
4. 표준품종
5. 평가형질
6. 평가기준

제7조(의견서)

법 제17조제3항 또는 제20조제2항에 따라 거절이유 또는 취소이유에 대한 의견서를 제출하려는 자는 별지 제6호서식의 의견서에 다음 각 호의 서류 및 물건을 첨부하여 산림청장 또는 국립종자원장에게 제출하여야 한다.

1. 의견내용을 증명하는 서류나 그 밖의 물건 각 1부
2. 대리권을 증명하는 서류 1부(대리인을 통하여 제출하는 경우만 해당한다)

제8조(품종목록의 등재 서식)

법 제17조제4항에 따른 품종목록의 등재는 별지 제7호서식에 따른다.

제9조(품종목록 등재품종의 공고)

① 법 제18조 전단에 따라 공고하는 경우에는 다음 각 호의 사항을 공보에 게재하여야 한다.

  1. 품종목록 등재신청인의 성명 및 주소(법인의 경우에는 그 명칭, 대표자의 성명 및 영업소의 소재지를 말한다)
  2. 품종목록 등재신청인의 대리인 성명 및 주소 또는 영업소의 소재지(대리인을 통하여

제출하는 경우만 해당한다)
3. 품종 육성자의 성명 및 주소(육성자와 품종목록 등재신청인이 다른 경우만 해당한다)
4. 품종이 속하는 작물의 학명 및 일반명
5. 품종의 명칭
6. 품종육성 과정의 설명
7. 품종의 성능 및 시험성적
8. 재배적응지역
9. 품종목록 등재번호 및 품종목록 등재 연월일
10. 법 제19조제1항에 따른 품종목록 등재의 유효기간

② 법 제18조 후단에 따라 공고하는 경우에는 제1항제1호・제4호・제5호・제9호의 사항과 법 제19조제2항에 따른 품종목록 등재의 유효기간을 공보에 게재하여야 한다.

### 제10조(품종목록 등재의 유효기간 연장신청)

법 제19조제2항에 따른 품종목록 등재의 유효기간 연장을 신청하려는 자는 별지 제8호서식의 연장신청서에 대리권을 증명하는 서류(대리인을 통하여 제출하는 경우만 해당한다)를 첨부하여 산림청장 또는 국립종자원장에게 제출하여야 한다.

### 제11조(품종목록 등재 취소의 공고)

법 제20조제3항에 따라 품종목록 등재의 취소에 관하여 공고하는 경우에는 다음 각 호의 사항을 공보에 게재하여야 한다.

1. 제9조제1항제1호, 제3호부터 제5호까지 및 제9호의 사항
2. 품종목록 등재 취소결정의 주문 및 그 이유
3. 품종목록 등재 취소 연월일

### 제12조(종자생산의 대행자격)

법 제22조제5호에서 "농림축산식품부령으로 정하는 종자업자 또는 「농어업경영체 육성 및 지원에 관한 법률」 제2조제3호에 따른 농업경영체"란 다음 각 호의 어느 하나에 해당하는 자를 말한다.

1. 법 제37조제1항에 따라 등록된 종자업자
2. 해당 작물 재배에 3년 이상의 경험이 있는 농업인 또는 농업법인으로서 농림축산식품부장관이 정하여 고시하는 확인 절차에 따라 특별자치시장・특별자치도지사・시장・군수 또는 자치구의 구청장(이하 "시장・군수・구청장"이라 한다)이나 관할 국립종자원 지원장의 확

인을 받은 자

제13조(피해 보상의 절차)

① 영 제9조제1항에 따라 피해 보상[「산림자원의 조성 및 관리에 관한 법률」 제2조제8호에 따른 산림용 종자(산림용 묘목을 포함하며, 이하 "산림용종자"라 한다)에 관한 피해 보상은 제외한다]을 받으려는 농업인은 별지 제9호서식의 정부 보급종자 피해보상신청서에 다음 각 호의 서류를 첨부하여 종자의 결함으로 인한 피해(이하 "종자피해"라 한다)가 발생한 토지 소재지를 관할하는 이장·통장을 거쳐 시장·군수·구청장에게 제출하여야 한다.

1. 종자 구입을 증명할 수 있는 서류
2. 종자피해를 증명할 수 있는 사진자료 등

② 시장·군수·구청장은 제1항에 따른 피해보상신청서를 접수하였을 때에는 다음 각 호의 사항을 확인한 후 별지 제10호서식의 농가별 종자피해사실확인서를 작성하여 국립종자원장에게 제출하여야 한다.

1. 종자피해의 원인이 종자의 결함에 의한 것인지 여부
2. 종자피해의 발생 단계별 피해 규모 및 피해 정도
3. 그 밖에 피해 보상에 필요한 사항

③ 제2항에 따라 농가별 종자피해사실확인서를 제출받은 국립종자원장은 농가별 종자피해사실확인서의 내용을 국립종자원 지원장에게 확인하게 할 수 있다.

④ 산림용종자에 대하여 영 제9조제1항에 따라 피해 보상을 받으려는 농업인은 제1항에 따라 신청서와 첨부서류를 이장·통장을 거쳐 농림축산식품부장관에게 제출하여야 하고, 신청서와 첨부서류를 받은 농림축산식품부장관은 제2항에 따라 농가별 종자피해사실확인서를 작성하여야 한다.

## 제4장 종자의 보증

제14조(종자관리사의 등록신청 등)

① 법 제27조제2항에 따라 종자관리사로 등록하려는 자는 별지 제11호서식의 신청서에 다음 각 호의 서류(종자기술사 자격을 취득한 사람은 제1호 및 제3호의 서류)를 첨부하여 산림청장 또는 국립종자원장에게 제출하여야 한다.

1. 자격증 사본 1부
2. 종자 업무 또는 이와 유사한 업무에 종사한 경력증명서 1부
3. 사진(신청 전 6개월 이내에 모자를 쓰지 않고 찍은 상반신 반명함판이어야 한다) 2장

② 제1항에 따라 종자관리사 등록신청을 받은 산림청장 또는 국립종자원장은 신청인이 영 제12조에 따른 자격을 갖춘 경우에는 별지 제12호서식의 종자관리사 등록부에 등록하고 별지 제13호서식의 종자관리사 등록증을 신청인에게 발급하여야 한다.

제15조(종자관리사에 대한 행정처분의 세부적인 기준)

법 제27조제5항에 따른 종자관리사에 대한 행정처분의 세부적인 기준은 별표 2와 같다.

제16조(종자관리사 등록증의 변경발급신청 등)

① 종자관리사 등록증을 변경발급받으려는 자는 별지 제11호서식의 신청서에 종자관리사 등록증 및 사진(신청 전 6개월 이내에 모자를 쓰지 않고 찍은 상반신 반명함판이어야 한다) 1장을 첨부하여 산림청장 또는 국립종자원장에게 제출하여야 한다.

② 분실 또는 훼손으로 인하여 종자관리사 등록증을 재발급받으려는 자는 별지 제11호서식의 신청서에 사진(신청 전 6개월 이내에 모자를 쓰지 않고 찍은 상반신 반명함판이어야 한다) 1장을 첨부하여 산림청장 또는 국립종자원장에게 제출하여야 한다.

제17조(검사 기준 및 방법 등)

① 법 제28조제1항에 따른 포장(圃場)검사(이하 "포장검사"라 한다), 법 제30조제1항에 따른 종자검사(이하 "종자검사"라 한다) 및 같은 조 제2항에 따른 재검사(이하 "재검사"라 한다)는 다음 각 호의 사항별로 농림축산식품부장관 또는 산림청장이 정하여 고시하는 기준과 산림청장 또는 국립종자원장이 정하여 고시하는 방법에 따라 실시한다.

1. 용어의 정의
2. 작물별 포장검사규격(다른 품종 또는 계통의 작물과 교잡될 위험을 제거하기 위한 격리거리 및 격리시설과 그 밖에 보증된 품종성능을 갖춘 종자의 생산을 위한 포장조건을 포함한다)
3. 작물별 종자검사규격
4. 작물별 재검사규격

② 제1항에 따른 검사는 전수(全數) 또는 표본추출 검사방법에 따른다.

③ 농림축산식품부장관 또는 산림청장은 천재지변, 그 밖에 종자의 수요·공급상 특히 필요하다고 인정할 때에는 제1항 및 제2항에도 불구하고 1년의 범위에서 기간을 정하여 그 검사기준 및 방법을 다르게 정할 수 있다.

④ 법 제24조제2항에 따른 국가보증에 필요한 포장검사, 종자검사 또는 재검사를 담당하는 산림청 또는 국립종자원 소속 공무원의 자격 및 관리 등에 관한 사항은 산림청장 또는 국립종자원장이 정한다.

제18조(검사신청 등)

① 포장검사 또는 종자검사를 받으려는 자는 별지 제14호서식의 검사신청서를 산림청장 · 국립종자원장(이하 이 장에서 "검사기관의 장"이라 한다) 또는 종자관리사에게 제출하여야 한다.

② 검사기관의 장 또는 종자관리사는 제1항에 따른 검사를 한 후 지체 없이 그 결과를 해당 신청인에게 알려주어야 한다.

제19조(재검사신청 등)

① 재검사를 받으려는 자는 종자검사 결과를 통지받은 날부터 15일 이내에 별지 제15호서식의 재검사신청서에 종자검사 결과통지서를 첨부하여 검사기관의 장 또는 종자관리사에게 제출하여야 한다.

② 제1항에 따라 재검사신청을 받은 검사기관의 장 또는 종자관리사는 그 신청서를 받은 날부터 20일 이내에 재검사를 하여야 한다.

③ 검사기관의 장 또는 종자관리사는 제2항에 따른 재검사의 결과가 재검사 전의 종자검사 결과와 달라 합격 또는 불합격이 변경되는 경우에는 지체 없이 그 재검사 결과를 재검사를 신청한 자에게 알려주어야 한다.

제20조(보증표시)

법 제31조제3항에 따른 보증표시는 별표 3과 같다.

제21조(보증의 유효기간)

법 제31조제3항에 따른 작물별 보증의 유효기간은 다음 각 호와 같고, 그 기산일(起算日)은 각 보증종자를 포장(包裝)한 날로 한다. 다만, 농림축산식품부장관이 따로 정하여 고시하거나 종자관리사가 따로 정하는 경우에는 그에 따른다.

1. 채소: 2년
2. 버섯: 1개월
3. 감자 · 고구마: 2개월
4. 맥류 · 콩: 6개월
5. 그 밖의 작물: 1년

제22조(보증서의 발급)

① 법 제32조에 따라 보증서를 발급받으려는 자는 별지 제16호서식의 보증서 발급신청서를 검사기관의 장 또는 종자관리사에게 제출하여야 한다.

② 검사기관의 장 또는 종자관리사는 제1항에 따라 보증서 발급신청을 받았을 때에는 별지 제17호서식의 보증서를 해당 신청인에게 발급하여야 한다.

제23조(사후관리시험)

법 제33조제1항에 따른 사후관리시험은 다음 각 호의 사항별로 검사기관의 장이 정하는 기준과 방법에 따라 실시한다.

1. 검사항목
2. 검사시기
3. 검사횟수
4. 검사방법

## 제5장 종자 및 묘의 유통

제24조(종자업 등록신청서 등)

① 법 제37조제1항에 따라 종자업의 등록을 하려는 자는 별지 제18호서식의 종자업 등록신청서에 다음 각 호의 자료를 첨부하여 시장·군수·구청장에게 제출하여야 한다.
  1. 영 제13조에 따른 시설기준을 충족하였음을 증명하는 자료
  2. 종자관리사를 1명 이상 보유하고 있음을 증명하는 자료(영 제15조 각 호의 작물만을 생산·판매하는 경우는 제외한다)

② 영 제14조제2항에 따른 종자업등록증은 별지 제19호서식에 따른다.

제24조의2(육묘업 등록신청서 등)

① 영 제15조의3제1항에 따른 육묘업 등록신청서는 별지 제19호의2서식에 따른다.

② 영 제15조의3제2항에 따른 육묘업등록증은 별지 제19호의3서식에 따른다.

제25조(종자업 또는 육묘업 등록사항의 변경통지)

① 영 제14조제3항 및 또는 제15조의3제3항에 따라 등록사항의 변경을 통지하려는 자는 별지 제20호서식의 등록사항 변경통지서에 다음 각 호의 서류를 첨부하여 시장·군수·구청장에게 제출하여야 한다.
  1. 종자업등록증 또는 육묘업등록증
  2. 변경사항을 증명하는 서류 1부

② 제1항에 따른 변경통지를 받은 시장·군수·구청장은 그 사실 여부를 확인한 후 종자업등록

증 또는 육묘업등록증을 변경하여 발급해 주어야 한다.

제26조(종자업등록증 또는 육묘업등록증의 재발급신청)

종자업등록증 또는 육묘업등록증을 잃어버리거나 헐어 못 쓰게 되어 재발급을 받으려는 자는 별지 제21호서식의 종자업등록증 또는 육묘업등록증 재발급신청서를 시장・군수・구청장에게 제출하여야 한다.

제27조(품종의 생산・수입 판매 신고)

① 법 제38조제1항에 따라 품종의 생산・수입 판매를 신고하려는 자는 별지 제22호서식의 품종 생산・수입 판매 신고서에 다음 각 호의 서류 및 물건을 첨부하여 산림청장 또는 국립종자원장에게 제출(전자적 방법을 통한 제출을 포함한다)해야 한다. 다만, 농림축산검역본부장이 운영・관리하는 식물검역통합정보시스템을 통해 산림청장 또는 국립종자원장이 해당 서류를 확인할 수 있고, 신고인이 확인에 동의하는 경우에는 이를 제출하지 않을 수 있다.

1. 신고품종의 사진이나 신고품종의 사진이 수록된 카탈로그 및 종자시료. 다만, 종자시료가 묘목 또는 영양체인 경우에는 산림청장 또는 국립종자원장이 따로 제출을 요청한 시기에 제출을 요청한 장소로 제출하여야 한다.
2. 수입적응성시험 확인서 1부(수입적응성시험 대상작물의 경우만 해당한다)
3. 대리권을 증명하는 서류 1부(대리인을 통하여 제출하는 경우만 해당한다)
4. 유전자변형품종인 경우에는 다음 각 목의 구분에 따른 서류
   가. 수입 판매를 신고하려는 경우: 「유전자변형생물체의 국가간 이동 등에 관한 법률 시행규칙」 제2조에 따른 유전자변형생물체 수입승인서 1부
   나. 생산 판매를 신고하려는 경우: 「유전자변형생물체의 국가간 이동 등에 관한 법률 시행규칙」 제8조에 따른 유전자변형생물체 생산승인서 1부
5. 검역합격을 증명할 수 있는 다음 각 목의 어느 하나에 해당하는 서류(수입 판매를 신고하려는 경우로 한정한다)
   가. 「식물방역법」 제13조에 따른 격리재배 검역 결과 합격을 증명하는 서류 1부
   나. 「식물방역법」 제17조에 따른 검역합격증명서 1부
6. 종자업등록증 사본 1부(최초의 생산 판매 신고의 경우만 해당한다)
7. 과수, 고구마 및 그 밖에 농림축산식품부장관이 정하여 고시하는 작물의 경우 그 품종의 종자(외국에서 육성된 품종의 종자로 한정한다)를 정당하게 취득하였음을 입증하는 서류로서 거래당사자의 성명, 서명, 품종명, 거래일시 등 농림축산식품부장관이 정하여 고시하

는 사항이 기재된 거래명세서 1부. 이 경우 해당 품종이 「신품종보호를 위한 국제협약」에 따라 설립된 식물신품종보호를위한연합의 회원국에 육성자권리를 위한 출원절차가 진행 중이거나 보호품종으로 등록된 품종으로서 「식물신품종 보호법」 제17조에 따른 신규성을 갖춘 것으로 보는 경우에 해당하면 회원국의 법령으로 정하는 바에 따라 육성자권리의 출원인 또는 그 밖에 육성자권리를 가진 자로부터 같은 법 제2조제7호에 따른 실시를 할 수 있는 권리를 양도받았음을 증명하는 서류를 함께 첨부해야 한다.

② 산림청장 또는 국립종자원장은 제1항에 따라 품종의 생산·수입 판매 신고를 받았을 때에는 별지 제23호서식의 신고증명서를 해당 신고인에게 발급하고 그 사실을 공보에 게재하여야 한다.

③ 법 제38조제2항에 따른 주요 사항은 다음 각 호와 같다.

1. 대표자명
2. 법인 명칭
3. 주소

④ 법 제38조제2항에 따라 변경된 주요 사항을 신고하려는 자는 별지 제24호서식의 품종 생산·수입 판매 변경신고서에 다음 각 호의 서류를 첨부하여 산림청장 또는 국립종자원장에게 제출(전자적 방법을 통한 제출을 포함한다)하여야 하며, 신고를 받은 산림청장 또는 국립종자원장은 별지 제23호서식의 신고증명서를 해당 신고인에게 발급하여야 한다.

1. 품종 생산·수입 판매 신고증명서
2. 변경사항을 증명하는 서류
3. 대리권을 증명하는 서류(대리인을 통하여 제출하는 경우만 해당한다)

⑤ 제2항 또는 제4항에 따라 신고증명서를 발급받은 자가 그 신고증명서를 잃어버리거나 헐어 못 쓰게 되어 재발급을 받으려는 경우에는 별지 제25호서식의 품종 생산·수입 판매 신고증명서 재발급신청서를 산림청장 또는 국립종자원장에게 제출(전자적 방법을 통한 제출을 포함한다)하여야 한다.

제28조(종자업자 및 육묘업자에 대한 행정처분의 세부 기준 등)

① 법 제39조제1항 및 법 제39조의2제1항에 따른 종자업자 및 육묘업자에 대한 행정처분의 세부 기준은 별표 4와 같다.

② 시장·군수·구청장은 행정처분을 하였을 때에는 관계 공무원으로 하여금 영업소의 명칭, 처분내용, 처분기간 등이 적힌 게시문을 해당 영업소의 출입구나 그 밖에 잘 보이는 곳에 게시하도록 하여야 한다.

③ 제2항에 따라 그 직무를 수행하는 공무원은 그 권한을 표시하는 별지 제26호서식의 증표를

관계인에게 보여 주어야 한다.

제29조(수입적응성시험의 신청)
법 제41조제1항에 따라 농림축산식품부장관이 정하여 고시하는 작물의 종자로서 국내에 처음으로 수입되는 품종의 종자를 판매하거나 보급하기 위하여 수입하려는 자는 별지 제27호서식의 신청서에 수입적응성시험계획서를 첨부하여 산림청장이나 제46조에 따른 법인 또는 단체 중 농업 관련 법인 또는 단체의 장에게 제출하여야 한다.

제30조(심사기준)
법 제41조제2항에 따른 수입적응성시험의 심사는 제6조제2호부터 제6호까지의 규정에 따른 사항별로 농림축산식품부장관이 정하여 고시하는 기준에 따라 실시한다.

제31조(양허관세적용 수입 추천 신청 등)
① 법 제42조제1항에 따라 시장접근물량에 적용되는 양허세율로 종자를 수입하려는 자는 별지 제28호서식의 신청서에 다음 각 호의 서류를 첨부하여 농림축산식품부장관이 지정하여 고시하는 관련 기관 또는 단체의 장(이하 "대행기관의 장"이라 한다)에게 제출하여야 한다.
1. 영 제11조에 따른 국제종자검정기관에서 발행한 종자보증서(품종목록 등재대상작물의 경우만 해당한다)
2. 수입적응성시험 확인서(수입적응성시험 대상작물의 경우만 해당한다)

② 대행기관의 장은 제1항에 따라 수입 추천 신청을 받았을 때에는 별지 제29호서식의 수입추천서를 해당 신청인에게 발급하여야 한다.

제32조(양허관세적용 수입 추천 물량 등)
법 제42조제2항에 따른 양허관세적용 수입 추천의 물량은 양허관세 추천계획의 범위 내로 하며, 양허관세적용 수입 추천 신청자에게 선착순으로 배정한다. 다만, 신청량이 계획물량을 초과할 때에는 수입 추천 대상자별로 계획물량을 배분할 수 있다.

제33조(사후보고)
양허관세적용 수입 추천을 받은 자는 양허관세적용 수입 추천 건별로 도착 및 통관 내역을 매 다음 달 5일까지 대행기관의 장에게 제출하여야 한다.

제33조의2(종자의 검정 신청 등)

① 법 제42조의2제2항에 따라 종자의 검정을 신청하려는 자는 별지 제29호의2서식의 종자검정 신청서에 검정을 받으려는 종자의 시료를 첨부하여 산림청장 또는 국립종자원장에게 검정을 신청하여야 한다.

② 산림청장 또는 국립종자원장은 검정 신청을 접수한 날부터 7일 이내에 검정결과를 신청인에게 통보하여야 한다. 다만, 7일 이내에 통보할 수 없다고 판단되는 경우에는 신청인과 협의하여 검정기간을 따로 정할 수 있다.

③ 산림청장 또는 국립종자원장은 원활한 검정업무의 수행을 위하여 필요하다고 판단되는 경우에는 신청인에게 최소한의 범위에서 시설, 장비 및 인력 등의 제공을 요청할 수 있다.

제33조의3(검정 항목 및 방법 등)

① 법 제42조의2제1항에 따른 종자의 검정 항목은 다음 각 호와 같다.

1. 정립(正粒)
2. 피해립(被害粒)
3. 이종종자
4. 이물(異物)
5. 발아율
6. 수분
7. 과수묘목 바이러스
8. 과수묘목 바이로이드
9. 그 밖에 산림청장 또는 국립종자원장이 정하여 고시하는 항목

② 법 제42조의2제1항에 따른 검정 항목에 대한 종자의 검정 절차 및 세부방법은 산림청장 또는 국립종자원장이 정하여 고시한다.

제33조의4(검정증명서의 발급)

산림청장 또는 국립종자원장은 법 제42조의2제1항에 따라 종자를 검정한 경우에는 신청인에게 별지 제29호의3서식의 종자검정증명서를 발급하여야 한다.

제34조(유통 종자 및 묘의 품질표시)

① 법 제43조제1항제3호에서 "농림축산식품부령으로 정하는 사항"이란 다음 각 호의 구분에 따른 사항을 말한다.

1. 유통 종자(묘목은 제외한다)

가. 품종의 명칭
나. 종자의 발아율[버섯종균의 경우에는 종균 접종일(接種日)]
다. 종자의 포장당 무게 또는 낱알 개수
라. 수입 연월 및 수입자명[수입종자의 경우로 한정하며, 국내에서 육성된 품종의 종자를 해외에서 채종(採種)하여 수입하는 경우는 제외한다]
마. 재배 시 특히 주의할 사항
바. 종자업 등록번호(종자업자의 경우로 한정한다)
사. 품종보호 출원공개번호(「식물신품종 보호법」 제37조에 따라 출원공개된 품종의 경우로 한정한다) 또는 품종보호 등록번호(「식물신품종 보호법」 제2조제6호에 따른 보호품종으로서 품종보호권의 존속기간이 남아 있는 경우로 한정한다)
아. 품종 생산·수입 판매 신고번호(법 제38조제1항에 따른 생산·수입 판매 신고 품종의 경우로 한정한다)
자. 유전자변형종자 표시(유전자변형종자의 경우로 한정하며, 표시방법은 「유전자변형생물체의 국가간 이동 등에 관한 법률 시행령」 제24조에 따른다)

2. 묘목
가. 제1호가목 및 마목부터 자목까지
나. 규격묘 표시(규격기준이 있는 묘목의 경우로 한정한다). 이 경우 규격묘의 규격기준 및 표시방법은 농림축산식품부장관이 정하여 고시한다.

② 법 제43조제2항제2호에서 "농림축산식품부령으로 정하는 사항"이란 다음 각 호의 사항을 말한다.
1. 작물명
2. 생산자명
3. 육묘업 등록번호

제35조(품질검사의 기준 등)

① 법 제45조제1항에 따른 품질검사의 기준 및 방법은 별표 5와 같다.
② 산림청장 또는 국립종자원장은 제1항에 따라 품질검사를 한 경우에는 그 결과를 지체 없이 해당 종자업자, 육묘업자 또는 종자나 묘를 매매하는 자에게 알려 주어야 한다.
③ 제1항 및 제2항에 관한 세부적인 사항은 산림청장 또는 국립종자원장이 정하여 고시한다.

제36조(수거한 종자의 보관)

① 산림청장 또는 국립종자원장은 법 제45조제3항에 따라 수거한 종자를 보관하는 경우에는 소속 공무원 중에서 종자의 보관책임자를 지정하여야 한다.

② 제1항에 따른 보관책임자는 다음 각 호의 사항을 준수하여야 한다

1. 보관 대상 종자를 담은 봉투 또는 용기에 관리번호를 부여할 것
2. 보관 대상 종자가 변질되거나 품질이 손상되지 않도록 보관할 것
3. 산림청장 또는 국립종자원장이 정하는 바에 따라 저장고의 온도 및 상대습도 등을 적정하게 유지·관리할 것

제37조(관계 공무원의 증표)

법 제45조제5항에 따른 관계 공무원의 증표는 별지 제26호서식에 따른다.

제37조의2(종자업 또는 육묘업의 등록·변경 등의 보고)

시장·군수·구청장은 법 제45조제6항에 따라 다음 각 호의 사항을 별지 제29호의4서식에 따라 매년 1월 20일까지 국립종자원장에게 보고하여야 한다.

1. 전년도의 영 제14조제2항에 따른 종자업등록증 및 영 제15조의3제2항에 따른 육묘업등록증 교부 실적
2. 전년도의 영 제14조제3항에 따른 종자업 등록사항의 변경 실적 및 영 제15조의3제3항에 따른 육묘업 등록사항의 변경 실적

제38조(종자시료의 보관)

① 산림청장 또는 국립종자원장은 법 제46조제1항에 따른 종자시료의 보관·관리를 위하여 종자시료의 보관·관리책임자를 지정하여야 한다.

② 제1항에 따른 종자시료의 보관·관리책임자는 산림청장 또는 국립종자원장이 정하는 종자시료의 보관 및 관리 방법 등에 따라 종자시료를 보관·관리하여야 한다.

③ 종자시료가 법 제46조제1항 각 호 외의 부분 후단에 따른 영양체인 경우에는 산림청장 또는 국립종자원장이 따로 제출을 요청한 시기 및 방법에 따라 제출을 요청한 장소에 종자시료를 제출하여야 한다.

제39조(분쟁대상 종자 및 묘에 대한 시험·분석 신청)

① 법 제47조제1항에 따라 분쟁대상 종자 또는 묘에 대한 시험·분석을 신청하려는 자는 별지 제30호서식의 시험·분석신청서에 종자시료 또는 묘시료를 첨부하여 산림청장 또는 국립종

자원장에게 제출하여야 한다.

② 법 제47조제3항 전단에 따라 분쟁대상 종자 또는 묘에 대한 시료의 채취를 신청하려는 자는 별지 제30호서식의 시료채취신청서를 산림청장 또는 국립종자원장에게 제출하여야 한다.

### 제40조(보상 청구 등)

① 법 제47조제7항에 따라 종자 또는 묘의 결함으로 인한 피해에 대한 보상을 청구하려는 자는 별지 제31호서식의 청구서에 다음 각 호의 서류를 첨부하여 종자업자 또는 육묘업자에게 제출하여야 한다.

1. 「소비자기본법 시행령」 제8조제3항에 따라 고시된 품목별 소비자분쟁해결기준에 따른 보상금 산출 내역서 1부
2. 법 제47조제5항에 따른 시험·분석 결과통보서 부본 1부

② 제1항에 따른 보상 청구를 받은 종자업자 또는 육묘업자는 보상 청구를 받은 날부터 15일 이내에 그 보상 청구에 대한 보상 여부를 결정하여야 한다.

③ 종자업자 또는 육묘업자는 제1항에 따른 보상 청구에 따른 보상을 하려는 경우에는 합의서를 작성하여 양쪽 당사자가 기명날인하고 그 부본을 산림청장 또는 국립종자원장에게 제출하여야 한다.

### 제40조의2(보관 대상 항목 등)

① 법 제47조제8항에 따른 보관 대상 항목은 다음 각 호와 같다.

1. 종자 및 상토(床土)의 구매날짜와 명칭을 기록한 자재 구매이력대장
2. 파종일, 접목일 및 농약사용이력(유효성분, 사용횟수)을 기록한 자재 사용이력대장
3. 출하일, 거래량 및 거래자를 기록한 묘 거래대장

② 육묘업자는 제1항 각 호에 따른 대장을 작성일부터 3년 동안 보관하여야 한다.

### 제41조(분쟁조정의 절차 등)

① 법 제48조제1항에 따른 분쟁조정 신청은 이 규칙 제40조제1항에 따라 종자업자 또는 육묘업자에게 피해 보상을 청구하였으나 보상금에 대한 합의가 이루어지지 않은 경우에 할 수 있다.

② 제1항에 따라 분쟁조정 신청을 하려는 자는 별지 제32호서식의 분쟁조정 신청서에 다음 각 호의 서류를 첨부하여 산림청장 또는 국립종자원장에게 제출하여야 한다.

1. 분쟁당사자 간의 교섭경위서(분쟁이 발생한 때부터 분쟁조정 신청을 할 때까지의 일정별

교섭내용과 그 내용을 증명할 수 있는 자료를 말한다)
2. 분쟁조정 신청건의 심사·조정에 참고가 될 수 있는 객관적인 자료

③ 산림청장 또는 국립종자원장은 제2항에 따라 분쟁조정 신청서를 제출받아 분쟁조정을 할 때에는 제5항에 따른 분쟁조정협의회의 심의를 거쳐야 한다.

④ 제3항에 따른 분쟁조정 결과 분쟁당사자 사이에 합의된 사항은 조서에 기재한다.

⑤ 분쟁조정에 관한 사항을 심의하기 위하여 산림청 및 국립종자원에 분쟁조정협의회를 두며, 분쟁조정협의회는 다음 각 호의 어느 하나에 해당하는 사람 3명 이상으로 구성한다.
1. 대학이나 공인된 연구기관에서 종자 또는 묘와 관련된 분야의 조교수 이상 또는 이에 상당하는 직(職)에 있거나 있었던 사람
2. 종자 또는 묘와 관련된 업무에 종사하거나 종사하였던 4급 이상 공무원(고위공무원단에 속하는 일반직공무원을 포함한다) 또는 이에 상당하는 공공기관의 직에 있거나 있었던 사람
3. 변호사 자격이 있는 사람
4. 「비영리민간단체지원법」 제2조에 따른 비영리민간단체에서 추천한 분쟁조정에 관한 전문가
5. 그 밖에 종자산업에 관한 학식과 경험이 풍부한 사람

⑥ 제5항에 따른 분쟁조정협의회의 운영 등 분쟁조정과 관련한 구체적인 사항은 산림청장 또는 국립종자원장이 정하여 고시한다.

## 제6장 보칙

### 제42조(사용문자)

법 제49조 단서에 따라 다음 각 호의 사항은 영어로 쓸 수 있다. 다만, 제2호 및 제4호의 사항을 영어로 쓸 경우에는 한글을 소리 나는 대로 함께 적어야 한다.
1. 학명
2. 품종명칭
3. 전문용어(한글로 표기할 적절한 용어가 없는 경우로 한정한다)
4. 외국인의 성명 및 법인의 명칭
5. 외국에 있는 주소 및 영업소의 소재지

### 제43조(수수료의 금액 및 납부방법 등)

① 법 제51조에 따른 수수료의 금액 및 납부기간은 별표 6과 같다.

② 제1항에 따른 수수료는 별지 제33호서식에 따라 현금으로 납부하거나 정보통신망을 이용하여 전자화폐·전자결제 등의 방법으로 납부할 수 있다.

제44조(수수료의 면제 및 반환)

① 법 제52조제1항에서 "농림축산식품부령으로 정하는 자"란 다음 각 호의 어느 하나에 해당하는 사람을 말한다.

1. 「국가유공자 등 예우 및 지원에 관한 법률」 제4조에 따른 국가유공자 및 같은 법 제5조에 따른 국가유공자의 유족 또는 가족
2. 「5·18민주유공자예우에 관한 법률」 제4조에 따른 5·18민주유공자 및 같은 법 제5조에 따른 5·18민주유공자의 유족 또는 가족
3. 「고엽제후유의증 등 환자지원 및 단체설립에 관한 법률」 제4조에 따라 등록된 고엽제후유증환자·고엽제후유의증환자 및 고엽제후유증 2세환자
4. 「특수임무유공자 예우 및 단체설립에 관한 법률」 제3조에 따른 특수임무유공자 및 같은 법 제4조에 따른 특수임무유공자의 유족 또는 가족
5. 「독립유공자예우에 관한 법률」 제4조에 따른 독립유공자 및 같은 법 제5조에 따른 독립유공자의 유족 또는 가족
6. 「참전유공자예우 및 단체설립에 관한 법률」 제5조에 따라 등록된 참전유공자
7. 「장애인복지법」 제32조제1항에 따라 등록된 장애인

② 법 제52조제1항에 따라 수수료를 면제받으려는 자는 별지 제34호서식의 수수료 면제신청서에 다음 각 호의 서류를 첨부하여 산림청장 또는 국립종자원장에게 제출하여야 한다.

1. 제1항제2호부터 제6호까지의 어느 하나에 해당함을 증명하는 서류
2. 대리권을 증명하는 서류(대리인을 통하여 제출하는 경우만 해당한다)

③ 산림청장 또는 국립종자원장은 다음 각 호의 서류를 「전자정부법」 제36조제1항에 따른 행정정보의 공동이용을 통하여 확인하여야 한다. 다만, 신청인이 확인에 동의하지 아니하는 경우에는 해당 서류를 첨부하도록 하여야 한다.

1. 「국민기초생활 보장법 시행규칙」 제40조에 따른 수급자 증명서
2. 「국가유공자 등 예우 및 지원에 관한 법률 시행규칙」 제17조에 따른 국가유공자증 또는 국가유공자유족증이나 국가유공자(유족)확인원
3. 「장애인복지법 시행규칙」 제9조에 따른 장애인 증명서

④ 수수료 면제대상자가 제2항에 따라 면제 사유와 그 대상 등을 적지 아니하거나 이를 증명하는 서류를 첨부하지 아니하거나 하는 등의 이유로 제1항에 따른 면제를 받지 못하고 수수료를 납부한 후 그 면제분을 반환받으려는 경우에는 수수료 납부 대상 행위를 할 당시에 수수료

면제 대상이었음을 증명하는 서류를 첨부하여 별지 제34호서식의 수수료 면제신청서를 그 반환의 대상이 되는 수수료를 납부한 날부터 3년 이내에 산림청장 또는 국립종자원장에게 제출하여야 한다.

제45조(반환할 수수료의 대체)

① 법 제52조제3항 단서에 따른 반환금은 납부한 자의 신청에 따라 납부기한이 지나지 아니한 다른 수수료로 대체할 수 있다. 이 경우 다른 수수료는 대체신청이 수리된 날에 납부된 것으로 본다.

② 제1항에 따른 반환금의 대체 절차는 농림축산식품부장관이 정하여 고시한다.

제46조(권한의 위탁을 받을 수 있는 법인 또는 단체)

법 제53조제2항에서 "농림축산식품부령으로 정하는 농림업 관련 법인 또는 단체"란 다음 각 호의 법인 또는 단체를 말한다.

1. 「농업협동조합법」에 따른 조합 및 그 중앙회(농협경제지주회사를 포함한다)
2. 삭제
3. 「산림조합법」에 따른 조합 및 그 중앙회
4. 「엽연초생산협동조합법」에 따른 엽연초생산협동조합 및 그 중앙회
5. 「민법」 제32조에 따라 농림축산식품부장관의 허가를 받아 설립된 종자산업 관련 협회

제47조(규제의 재검토)

① 농림축산식품부장관은 다음 각 호의 사항에 대하여 다음 각 호의 기준일을 기준으로 3년마다(매 3년이 되는 해의 기준일과 같은 날 전까지를 말한다) 그 타당성을 검토하여 개선 등의 조치를 하여야 한다.

1. 삭제
2. 제15조 및 별표 2에 따른 종자관리사에 대한 행정처분의 세부적인 기준: 2017년 1월 1일
3. 제27조에 따른 품종의 생산・수입 판매 신고 및 변경신고 절차: 2017년 1월 1일
4. 제29조에 따른 수입적응성시험의 신청 절차: 2017년 1월 1일
5. 제33조에 따른 사후보고 시기: 2017년 1월 1일
6. 제34조에 따른 유통종자의 품질표시 사항: 2017년 1월 1일
7. 제35조제1항 및 별표 5에 따른 품질검사의 기준 및 방법: 2017년 1월 1일

## ※ 종자산업법 시행규칙 주요 별표

■ 종자산업법 시행규칙 [별표 1]

전문인력 양성기관의 지정기준

1. 교육시설 및 교육장비

가. 강의실: 내벽(內壁) 간 면적(바닥면적)을 실측하여 계산한 면적이 30제곱미터 이상이고, 필요시 칸막이(불연재) 사용이 가능할 것

※ 바닥면적 산정: 복도ㆍ계단 및 화장실의 바닥면적은 제외하며, 계산 결과 소수점 미만의 수가 있을 때에는 소수점 이하 첫째 자리에서 반올림한 것을 기준으로 한다.

나. 분자표지 실습실

1) 면적: 내벽 간 면적(바닥면적)을 실측하여 계산한 면적이 60제곱미터 이상이고, 필요시 칸막이(불연재) 사용이 가능할 것

2) 교육장비로서 분자생물학 관련 장비 및 기기: 원심분리기, 중합효소연쇄반응기(Polymerase Chain Reaction), 전기영동 장치, 마이크로 피펫(micro pipette, 일정한 부피의 액체를 정확히 옮기는 데 사용하는 관), 이미지 분석장비 및 고성능액체크로마토그래피기(High Performance Liquid Chromatograph)를 갖출 것

다. 병리검정 실습실

1) 면적: 내벽 간 면적(바닥면적)을 실측하여 계산한 면적이 60제곱미터 이상이고, 필요시 칸막이(불연재) 사용이 가능할 것

2) 교육장비로서 병리검정 관련 장비 및 기기: 현미경, 원심분리기, 배양기 등을 갖출 것

라. 현장학습장 : 학습자를 수용하여 현장실습을 할 수 있는 공간(농지, 온실 등)을 갖출 것

마. 화장실: 남녀 구분이 있고, 교육과정 규모에 적절할 것

바. 급수시설: 상수도를 사용하는 경우를 제외하고는 수질이 「먹는물관리법」 제5조제3항에 따른 기준에 적합할 것

사. 방음시설, 채광시설, 환기시설, 냉난방시설: 학습에 방해되지 않고 보건위생적으로 적절할 것

아. 조명시설: 야간 강의 시 책상면 및 칠판면의 조도가 150럭스 이상일 것

자. 소방시설: 「소방법」에 따른 소방기구, 경보설비, 피난설비 등 방화 및 소방에 필요한 시설을 갖출 것

## 2. 전문 교수요원

| 교육과목 | 전문 교수요원 자격기준 |
|---|---|
| 가. 종자 및 묘의 이해<br>나. 품종개발, 등록 및 관리<br>다. 프로그램 개발<br>라. 종자생산, 품질관리 및 현장학습<br>마. 그 밖의 관련 교육과목 | 다음 중 하나 이상의 요건을 충족할 것<br>1) 종자학 또는 재배학과 관련된 학문을 전공하고 대학 등에서 강의한 경험이 있는 사람<br>2) 종자학 또는 재배학과 관련된 학문을 전공하고 대학, 연구소 및 종자회사 등에서 근무한 경력이 있는 사람<br>3) 종자산업과 관련된 업무를 담당하거나 담당했던 공무원<br>4) 준정부기관 등 공공기관에서 종자산업과 관련된 업무를 담당하거나 담당했던 임직원<br>5) 종자 및 묘와 관련된 자격증을 갖춘 사람 |

## 3. 교육프로그램의 구성

○ 교육프로그램은 아래 표와 같은 형식으로 구성할 것

| 구성의 순서 | 구성의 세부 항목 |
|---|---|
| 가. 제목 | ○ 교육프로그램의 내용을 포괄하는 대표성 있는 제목을 선정 |
| 나. 소개 | ○ 교육프로그램을 개발하려는 배경, 기본목표 및 기대효과 |
| 다. 요약 | ○ 교육프로그램의 활동과 관련된 라목의 진행과정과 마목의 평가를 간략히 기술하고 핵심단어를 제시 |
| 라. 진행과정 | 1) 교육프로그램 활동의 진행과정에 대한 순서(시간) 및 진행 시 유의사항<br>2) 교육프로그램의 활동과 관련한 교육대상, 교육장소, 교육 가능 인원, 교육 소요시간, 준비물 및 주요 개념<br>3) 교육프로그램 활동의 목표<br>4) 교육프로그램 활동에 관한 배경 및 지식에 대한 정보<br>5) 교육프로그램 활동의 기대효과<br>6) 교육프로그램 활동지 및 활동자료(CD 등으로 제작 가능)<br>※ 여러 개의 활동으로 교육프로그램이 구성되는 경우에는 각각의 활동에 대하여 위의 내용을 모두 제시하여야 한다. |
| 마. 평가 | 1) 교육프로그램의 평가방법에 대한 서술<br>2) 교육진행자 및 참가자의 평가지(평가지가 있는 경우만 해당한다)<br>3) 평가 결과에 대한 분석방법 및 보고 양식 제시 |
| 바. 참고자료 | 1) 주요 소재에 대하여 구체적이고 전문적인 내용을 자세히 서술<br>2) 그 밖에 교육프로그램 또는 활동 진행 시에 참고할 만한 서적 또는 웹 사이트 주소 등을 제시 |
| 사. 단어설명 | ○ 교육프로그램에서 주요하게 다루었던 단어에 대한 사전적 의미 설명 |

4. 교육과정

가. 단계별 교육과정은 다목에 따르고, 종자분야 교육시간은 총 100시간 이상(실습 및 현장학습 포함), 육묘분야 교육시간은 총 35시간 이상(실습 및 현장학습 포함)이 되도록 구성할 것

나. 교육과정은 분야별로 구분하여 단계별 교육시간을 준수하되, 단계별 교육시간의 20퍼센트 범위에서 자율적으로 조정할 수 있으며, 실습 및 현장학습 시간이 전체 교육시간의 40퍼센트 이상 50퍼센트 이하가 되도록 구성할 것

다. 분야별 교육과정

1) 육종과정

| 단계별 | 교육과목 | 교육내용 | 교육시간 |
|---|---|---|---|
| 1단계 (품종 개발) | 가) 육종의 기초 | (1) 식물 육종의 역사 및 개요<br>(2) 식물 유전자원과 활용<br>(3) 유전자의 연관과 육종<br>(4) 변이와 선발<br>(5) 분자표지의 활용 | 50시간 (이론 80퍼센트, 실습 20퍼센트) |
| | 나) 품종의 개발 | (1) 식물 육종의 목표 및 과정<br>(2) 다양한 육종의 원리와 과정<br>(3) 생산성 및 지역적응성 검정 | |
| 2단계 (품종 보급) | 가) 품종의 등록 및 관리 | (1) 「종자산업법」의 개요 및 주요 제도<br>(2) 「식물신품종 보호법」 및 국제식물신품종 보호 동향<br>(3) 「특허법」에 따른 식물특허의 보호 | 30시간 (이론 60퍼센트, 실습 40퍼센트) |
| | 나) 신품종의 유지, 증식 및 보급 | (1) 신품종의 증식 및 채종<br>(2) 신품종의 특성 유지<br>(3) 종자의 갱신 | |
| 3단계 | 실습 및 현장학습 | (1) 분자표지 분석 및 활용법 실습<br>(2) 병리검정 및 기능성 물질 분석 실습<br>(3) 종자 관련 기관 및 종자회사 현장 견학 | 20시간 (이론 10퍼센트, 실습 90퍼센트) |

2) 종자의 생산 및 품질관리 과정

| 단계별 | 교육과목 | 교육내용 | 교육시간 |
|---|---|---|---|
| 1단계 (품종 개발과 종자) | 가) 품종 개발 | (1) 식물 육종의 역사 및 개요<br>(2) 유전자의 연관과 육종<br>(3) 변이와 선발<br>(4) 식물 육종의 목표 및 과정<br>(5) 다양한 육종의 원리와 과정 | 45시간 (이론 80 퍼센트, 실습 20퍼센트) |
| | 나) 종자의 생리 및 생산 | (1) 종자의 종류<br>(2) 종자의 형성과 구조<br>(3) 종자의 구성 성분<br>(4) 종자의 휴면<br>(5) 종자의 발아<br>(6) 종자의 발아력과 발아세<br>(7) 종자의 수명과 퇴화<br>(8) 종자의 증식 및 채종<br>(9) 종자의 수확, 건조 및 저장 | |
| 2단계 (품종 보급) | 가) 종자 유통 | (1)「종자산업법」 및「식물신품종 보호법」의 개요<br>(2)「특허법」과 식물특허의 보호<br>(3) 종자의 유통과 마케팅(이론 교육) | 35시간 (이론 60퍼센트, 실습 40퍼센트) |
| | 나) 종자가공 및 품질 검사 | (1) 종자 가공 및 정선 기술의 이해<br>(2) 종자의 발아력 증진기술<br>(3) 종자의 코팅기술<br>(4) 종자의 병해충과 그 방제<br>(5) 종자 품질검사와 보증 | |
| 3단계 | 실습 및 현장학습 | (1) 종자회사 종자처리 시설 및 종자 관련 기관 견학<br>(2) 종자 검사 실습<br>○ 순도검정 및 활력검정 실습<br>○ 종자감염병 진단 실습 | 20시간(이론 10 퍼센트, 실습 90퍼센트) |

3) 육묘과정

| 단계별 | 교육과목 | 교육내용 | 교육시간 |
|---|---|---|---|
| 1단계<br>(일반) | 육묘업 등록 및 관리 | (1) 「종자산업법」의 개요 및 주요제도<br>(2) 육묘업 육성계획 및 정책방향 | 4시간<br>(이론 100 퍼센트) |
| 2단계<br>(생산 및 경영관리) | 묘 생산기술 및 경영관리 | (1) 육묘의 이해<br>(2) 육묘용 자재의 이해와 활용 기술<br>(3) 묘 생육조절 기술<br>(4) 육묘 시 생리장애 경감 기술<br>(5) 육묘장 병해충 관리 기술<br>(6) 접목묘 생산 기술<br>(7) 모종 정식 후 초기 재배 관리 이해<br>(8) 육묘장 시설환경 관리 및 제어 이해<br>(9) 육묘장 시설구조 및 에너지 절감 기술<br>(10) 육묘 생산 자동화 시스템<br>(11) 육묘업 경영관리의 이해 | 24시간<br>(이론 80 퍼센트, 실습 20퍼센트) |
| 3단계 | 실습 및 현장학습 | 육묘관련 기관 및 선도 육묘장 견학 | 7시간<br>(실습 100 퍼센트) |

■ 종자산업법 시행규칙 [별표 2]

종자관리사에 대한 행정처분의 세부 기준(제15조 관련)

1. 일반기준

가. 위반행위가 둘 이상인 경우로서 그에 해당하는 각각의 처분기준이 다른 경우에는 그 중 무거운 처분기준을 적용한다.

나. 위반행위의 동기, 위반의 정도, 그 밖에 정상을 참작할 만한 사유가 있는 경우에는 제2호에 따른 업무정지 기간의 2분의 1 범위에서 감경하여 처분할 수 있다.

2. 개별기준

| 근거 법조문 | 위반행위 | 행정처분의 기준 |
|---|---|---|
| 법 제27조제3항 | 가. 종자보증과 관련하여 형을 선고받은 경우<br>나. 종자관리사 자격과 관련하여 최근 2년간 이중취업을 2회 이상 한 경우<br>다. 업무정지처분기간 종료 후 3년 이내에 업무정지처분에 해당하는 행위를 한 경우<br>라. 업무정지처분을 받은 후 그 업무정지처분기간에 등록증을 사용한 경우 | 등록취소 |
| | 바. 종자관리사 자격과 관련하여 이중취업을 1회 한 경우 | 업무정지 1년 |
| | 사. 종자보증과 관련하여 고의 또는 중대한 과실로 타인에게 손해를 입힌 경우 | 업무정지 6개월 |

■ 종자산업법 시행규칙 [별표 2]

종자관리사에 대한 행정처분의 세부 기준

1. 일반기준

가. 위반행위가 둘 이상인 경우로서 그에 해당하는 각각의 처분기준이 다른 경우에는 그 중 무거운 처분기준을 적용한다.

나. 위반행위의 동기, 위반의 정도, 그 밖에 정상을 참작할 만한 사유가 있는 경우에는 제2호에 따른 업무정지 기간의 2분의 1 범위에서 감경하여 처분할 수 있다.

2. 개별기준

| 근거 법조문 | 위반행위 | 행정처분의 기준 |
|---|---|---|
| 법 제27조제3항 | 가. 종자보증과 관련하여 형을 선고받은 경우<br>나. 종자관리사 자격과 관련하여 최근 2년간 이중취업을 2회 이상 한 경우<br>다. 업무정지처분기간 종료 후 3년 이내에 업무정지처분에 해당하는 행위를 한 경우<br>라. 업무정지처분을 받은 후 그 업무정지처분기간에 등록증을 사용한 경우 | 등록취소 |
| | 마. 삭제 <2017. 1. 11.><br>바. 종자관리사 자격과 관련하여 이중취업을 1회 한 경우 | 업무정지 1년 |
| | 사. 종자보증과 관련하여 고의 또는 중대한 과실로 타인에게 손해를 입힌 경우 | 업무정지 6개월 |

■ 종자산업법 시행규칙 [별표 5]

품질검사의 기준 및 방법

1. 품질검사의 기준

| 대 상 | 검 사 기 준 |
|---|---|
| 법 제31조에 따른 보증표시를 한 보증종자 | 발아율, 이품종률, 무게 또는 낱알 개수가 보증표시된 것과 같은지 여부 |
| 법 제43조에 따른 품질표시를 한 유통종자 | 발아율, 무게 또는 낱알 개수가 품질표시된 것과 같은지 여부 |

2. 품질검사의 방법

가. 발아율

1) 수거한 정립종자 중에서 무작위로 400립을 추출하여 100립 4반복 조사한다. 검사방법은 종이배지(영양소가 함유되지 않은 종이로 수분만을 별도로 공급하여 종자가 발아하는지를 검사하는 데 사용하는 것을 말한다)를 활용하고, 종이배지에서 평가할 수 없는 묘(苗)가 나오면 모래 또는 적당한 흙으로 온도, 수분 및 광(光) 조건을 같게 하여 재시험을 한다.

2) 결과 판정은 정상으로 분류되는 종자의 숫자 비율로 나타내고 평균 발아율은 반올림한 정수로 기록한다.

나. 이품종률

1) 종자 검사는 무작위로 400립을 추출하여 100립 4반복 조사하며, 확대장비, 시약처리 등을 이용한 방법으로 형태적·화학적 특성, 색깔을 검사한다. 결과는 이품종 종자의 중량 비율로 판정한다.

2) 어린 묘 검사는 무작위로 400묘를 추출하여 100묘 4반복 조사하며, 검사방법은 식별 가능한 형태적 특성을 관찰하는 것으로 한다. 결과는 이품종 종묘의 숫자 비율로 판정한다.

3) 온실·생육상 검사는 무작위로 100주(株) 이상을 추출하여 조사하며, 검사방법은 식별 가능한 형태적 특성을 관찰하는 것으로 한다. 결과는 이품종 종묘의 숫자 비율로 판정한다.

4) 포장(圃場)에서 하는 식물체 검사는 제출시료의 전부 또는 일부를 2반복하여 시험구에 파종해서 하며, 검사방법은 식별 가능한 형태적 특성을 관찰하는 것으로 한다. 결과는 이품종 식물체의 숫자비율로 판정한다.

다. 무게 또는 낱알 개수

종자시료를 4번 반복하여 계량하여 평균 중량 및 평균 낱알 개수로 계산한다.

■ 종자산업법 시행규칙 [별표 6]

수수료의 금액 및 납부기간(제43조제1항 관련)

1. 수수료의 금액

가. 품종목록의 등재신청에 관한 수수료

1) 품종목록 등재신청: 품종당 3만8천원

2) 등재심사

| 항목 | 수수료 |
|---|---|
| 서류심사 | 품종당 5만원 |
| 재배심사 | 품종당 연간 50만원. 다만, 「식물신품종 보호법」에 따른 품종보호 출원과 품종목록의 등재신청을 같이 하는 경우는 품종당 10만원으로 한다. |

나. 품종목록 등재의 유효기간 연장신청 수수료: 품종당 2만원

다. 국가보증에 관한 수수료

1) 국가보증 신청: 품종당 1천5백원

2) 국가보증검사 결과에 대한 재검사 신청: 품종당 1천5백원

3) 국가보증검사

| 항목 | 수수료 |
|---|---|
| 포장(圃場)검사 | 10아르(a)당 2만원 |
| 종자검사 | 품종당 5만원 |
| 종자 재검사 | 품종당 5만원 |

라. 보증서 발급에 관한 수수료

1) 국문: 무료

2) 영문: 품종당 5천원

마. 생산하거나 수입하여 판매하려는 종자의 신고에 관한 수수료: 품종당(씨앗으로 증식하는 1년생 화훼류의 경우 25품종 단위당) 3만원. 다만, 온라인으로 신고하는 경우에는 2만원으로 한다.

바. 수입적응성시험 신청 수수료

산림용종자 : 품종당 5만원

사. 종자검정 신청 수수료

| 항 목 | 수 수 료 |
|---|---|
| 정립, 피해립, 이종종자, 이물 | 항목별 건당 8,600원 |
| 발아율 | 건당 30,800원 |
| 수분 | 건당 12,000원 |
| 과수묘목 바이러스 | 건당 20,000원 |
| 과수묘목 바이로이드 | 건당 10,000원 |

아. 시험·분석 신청에 관한 수수료

1) 시험·분석 신청: 품종당 1천5백원

2) 시험·분석

| 항목 | 수수료 |
|---|---|
| 재배시험 | 품종당 50만원 |
| 유전자분석 | 품종당 30만원 |
| 종자품질분석 | 품종당 5만원 |

자. 분쟁조정 신청에 관한 수수료

1) 분쟁조정 신청: 품종당 1천5백원

2) 분쟁조정 관련 시험·분석

| 항목 | 수수료 |
|---|---|
| 재배시험 | 품종당 50만원 |
| 유전자분석 | 품종당 30만원 |
| 종자품질분석 | 품종당 5만원 |

차. 그 밖의 수수료

1) 각종 서류의 등본·초본 또는 증명의 신청: 1건당 5백원. 다만, 복사가 필요한 첨부물이 있는 경우에는 1면당 1백원씩을 더한다.

2) 각종 서류의 사본 신청: 1면당 2백원

2. 수수료의 납부기간

수수료는 다음 각 목의 납부기간 이내에 납부하여야 한다.

가. 제1호가목2)의 등재심사 수수료: 수수료 납부통지를 받은 날이 속하는 달의 다음 달 말일

나. 제1호다목3)의 종자검사 수수료: 포장검사 합격통지를 받은 날부터 15일 이내

다. 제1호사목2)의 시험·분석 수수료 및 같은 호 아목2)의 시험·분석 수수료: 납부통지를 받은 날부터 30일 이내

라. 그 밖의 수수료 : 신청 시

# 04 식물신품종 보호법 (약칭 : 식물신품종법)

## 제1장 총칙

제1조(목적)

이 법은 식물의 신품종에 대한 육성자의 권리 보호에 관한 사항을 규정함으로써 농림수산업의 발전에 이바지함을 목적으로 한다.

제2조(정의)

이 법에서 사용하는 용어의 뜻은 다음과 같다.

1. "종자"란 「종자산업법」 제2조제1호에 따른 종자 및 「수산종자산업육성법」 제2조제3호에 따른 수산식물종자를 말한다.
2. "품종"이란 식물학에서 통용되는 최저분류 단위의 식물군으로서 제16조에 따른 품종보호 요건을 갖추었는지와 관계없이 유전적으로 나타나는 특성 중 한 가지 이상의 특성이 다른 식물군과 구별되고 변함없이 증식될 수 있는 것을 말한다.
3. "육성자"란 품종을 육성한 자나 이를 발견하여 개발한 자를 말한다.
4. "품종보호권"이란 이 법에 따라 품종보호를 받을 수 있는 권리를 가진 자에게 주는 권리를 말한다.
5. "품종보호권자"란 품종보호권을 가진 자를 말한다.
6. "보호품종"이란 이 법에 따른 품종보호 요건을 갖추어 품종보호권이 주어진 품종을 말한다.
7. "실시"란 보호품종의 종자를 증식・생산・조제(調製)・양도・대여・수출 또는 수입하거나 양도 또는 대여의 청약(양도 또는 대여를 위한 전시를 포함한다. 이하 같다)을 하는 행위를 말한다.

제3조(품종보호 대상)

이 법에 따라 품종보호를 받을 수 있는 대상은 모든 식물로 한다.

## 제2장 육성자의 권리 보호

제1절 통칙

제4조(재외자의 품종보호관리인)

① 국내에 주소나 영업소를 가지지 아니한 자[이하 "재외자"(在外者)라 한다]는 제3항의 등록을 신청하는 경우와 그 밖에 대통령령으로 정하는 경우를 제외하고는 그 재외자의 품종보호에

관한 대리인으로서 국내에 주소나 영업소를 가진 자(이하 "품종보호관리인"이라 한다)에 의하지 아니하면 품종보호에 관한 농림축산식품부, 해양수산부 또는 제90조제1항에 따른 품종보호심판위원회에서의 절차(이하 "품종보호에 관한 절차"라 한다)를 밟을 수 없고 이 법 또는 이 법에 따른 명령에 따라 행정청이 한 처분에 대하여 소(訴)를 제기할 수 없다.

② 품종보호관리인은 특별히 주어진 권한과 그 밖에 모든 품종보호에 관한 절차 및 이 법 또는 이 법에 따른 명령에 따라 행정청이 한 처분에 관한 소송에서 본인을 대리한다.

③ 품종보호권이나 품종보호에 관하여 등록한 권리를 가진 재외자는 품종보호관리인의 선임(選任)·변경 또는 그 대리권의 수여·취소에 관하여 농림축산식품부와 해양수산부의 공동부령(이하 "공동부령"이라 한다)으로 정하는 바에 따라 등록하지 아니하면 제3자에게 대항할 수 없다.

④ 재외자는 품종보호권의 설정등록을 할 때 또는 해당 품종보호권의 존속기간 중에는 품종보호관리인을 선임 등록 또는 변경 등록 하여야 한다.

제5조(대리권의 범위)

국내에 주소나 영업소를 가진 자로부터 품종보호에 관한 절차를 밟을 것을 위임받은 대리인은 특별한 권한을 받지 아니하면 다음 각 호의 어느 하나에 해당하는 행위를 할 수 없다.

1. 품종보호 출원의 변경·포기 또는 취하
2. 청구 또는 신청의 취하
3. 제31조제1항에 따른 우선권의 주장 또는 그 취하
4. 제91조에 따른 심판청구
5. 복대리인(複代理人)의 선임

제6조(대리권의 증명)

품종보호에 관한 절차를 밟는 자의 대리인(품종보호관리인을 포함한다. 이하 같다)의 대리권은 서면으로 증명하여야 한다.

제7조(복수당사자의 대표)

① 2인 이상이 품종보호에 관한 절차를 밟을 때에는 제5조제1호부터 제4호까지의 행위를 제외하고는 각자가 모두를 대표한다. 다만, 대표자를 선정하여 농림축산식품부장관 또는 해양수산부장관[제5조제4호의 경우에는 제90조제2항에 따른 품종보호심판위원회 위원장(이하 "심판위원회 위원장"이라 한다)을 말한다]에게 신고하였을 때에는 그러하지 아니하다.

② 제1항 단서에 따라 신고할 때에는 대표자는 대표자로 선임된 사실을 서면으로 증명하여야

한다.

제8조(기간의 연장 등)

① 농림축산식품부장관, 해양수산부장관 또는 심판위원회 위원장은 교통이 불편한 지역에 있는 자를 위하여 청구에 의하여 또는 직권으로 제91조에 따른 심판의 청구기간 또는 제111조에 따른 품종명칭등록 이의신청 이유 등의 보정기간(補正期間)을 연장할 수 있다.

② 농림축산식품부장관, 해양수산부장관, 심판위원회 위원장, 제95조제2항에 따른 심판장(이하 "심판장"이라 한다) 또는 제36조에 따른 심사관(이하 "심사관"이라 한다)은 이 법에 따라 품종보호에 관한 절차를 밟을 기간을 정하였을 때에는 청구에 의하여 또는 직권으로 그 기간을 연장할 수 있다.

③ 심판장이나 심사관은 이 법에 따라 품종보호에 관한 절차를 밟을 기일을 정하였을 때에는 청구에 의하여 또는 직권으로 그 기일을 변경할 수 있다.

제9조(절차의 보정)

농림축산식품부장관, 해양수산부장관 또는 심판위원회 위원장은 품종보호에 관한 절차가 다음 각 호의 어느 하나에 해당하는 경우에는 기간을 정하여 보정을 명할 수 있다.

1. 제5조를 위반하거나 제15조에 따라 준용되는 「특허법」 제3조제1항을 위반한 경우
2. 이 법 또는 이 법에 따른 명령에서 정하는 방식을 위반한 경우
3. 제125조에 따라 납부해야 할 수수료를 납부하지 아니한 경우

제10조(절차의 무효)

① 농림축산식품부장관, 해양수산부장관 또는 심판위원회 위원장은 제9조에 따라 보정명령을 받은 자가 지정된 기간까지 보정을 하지 아니한 경우에는 그 품종보호에 관한 절차를 무효로 할 수 있다.

② 농림축산식품부장관, 해양수산부장관 또는 심판위원회 위원장은 제1항에 따라 그 절차가 무효로 된 경우로서 지정된 기간을 지키지 못한 것이 보정명령을 받은 자가 천재지변이나 그 밖의 불가피한 사유에 의한 것으로 인정될 때에는 그 사유가 소멸한 날부터 14일 이내에 또는 그 기간이 끝난 후 1년 이내에 보정명령을 받은 자의 청구에 따라 그 무효처분을 취소할 수 있다

③ 농림축산식품부장관, 해양수산부장관 또는 심판위원회 위원장은 제1항에 따른 무효처분 또는 제2항에 따른 무효처분의 취소처분을 할 때에는 지체 없이 그 보정명령을 받은 자에게 처분통지서를 송달하여야 한다.

제11조(서류 제출의 효력발생 시기)

① 이 법 또는 이 법에 따른 명령에 따라 농림축산식품부장관, 해양수산부장관 또는 심판위원회 위원장에게 제출하는 출원서, 청구서, 그 밖의 서류(물건을 포함한다. 이하 이 조에서 같다)는 농림축산식품부장관, 해양수산부장관 또는 심판위원회 위원장에게 도달한 날부터 그 효력이 발생한다.

② 제1항에 따른 출원서, 청구서와 그 밖의 서류를 우편으로 농림축산식품부장관, 해양수산부장관 또는 심판위원회 위원장에게 제출한 경우에는 우편법령에 따른 통신날짜도장에 표시된 날이 분명하면 그 표시된 날에, 그 표시된 날이 분명하지 아니하면 우체국에 제출한 날(우편물 수령증에 의하여 증명된 날을 말한다)에 농림축산식품부장관, 해양수산부장관 또는 심판위원회 위원장에게 도달한 것으로 본다.

③ 제1항과 제2항에서 규정한 사항 외에 우편물의 배달 지연, 분실 및 우편업무 중단으로 인하여 문제가 발생한 서류의 제출에 관한 사항은 공동부령으로 정한다.

제12조(전자문서에 의한 품종보호에 관한 절차의 수행)

① 품종보호에 관한 절차를 밟는 자는 이 법에 따라 농림축산식품부장관, 해양수산부장관 또는 심판위원회 위원장에게 제출하는 품종보호 출원서나 그 밖의 서류를 전자문서화하여 정보통신망을 이용하여 제출하거나 이동식 저장매체 등 전자적 기록매체에 수록하여 제출할 수 있다.

② 제1항에 따라 제출된 전자문서는 이 법에 따라 제출된 서류와 같은 효력을 가진다.

③ 제1항에 따라 정보통신망을 이용하여 제출된 전자문서는 농림축산식품부, 해양수산부 또는 심판위원회에서 사용하는 접수용 전산정보처리조직에 전자적으로 기록된 때에 접수된 것으로 본다.

④ 제1항에 따라 전자문서로 제출할 수 있는 서류의 종류, 제출방법과 그 밖에 전자문서 제출에 필요한 사항은 공동부령으로 정한다.

제13조(전자문서 이용신고 및 전자서명)

① 제12조제1항에 따라 전자문서로 품종보호에 관한 절차를 밟으려는 자는 미리 농림축산식품부장관, 해양수산부장관 또는 심판위원회 위원장에게 전자문서 이용신고를 하여야 하며, 제출하는 전자문서에는 제출인을 알아볼 수 있도록 전자서명을 하여야 한다.

② 제1항에 따른 전자문서 이용신고 절차와 전자서명 방법 등은 공동부령으로 한다.

제14조(정보통신망을 이용한 통지 등의 수행)

① 농림축산식품부장관, 해양수산부장관, 심판위원회 위원장, 심판장 및 심사관은 제13조제1항에 따라 전자문서 이용신고를 한 자에게 서류의 통지 및 송달(이하 "서류의 통지등"이라 한다)을 하는 경우 정보통신망을 이용하여 할 수 있다.

② 제1항에 따른 정보통신망을 이용한 서류의 통지등은 서면으로 한 것과 같은 효력을 가진다.

③ 서류의 통지등은 이를 받는 자가 사용하는 전산정보처리조직에 전자적으로 기록된 때에 도달한 것으로 본다.

④ 제1항에 따른 정보통신망을 이용한 서류의 통지등의 종류 및 방법 등에 관한 사항은 공동부령으로 정한다.

제15조(「특허법」 등의 준용)

품종보호에 관한 절차에 관하여는 「특허법」 제3조, 제4조, 제8조, 제9조, 제10조제1항・제2항・제4항, 제13조, 제14조, 제17조부터 제24조까지 및 「민사소송법」 제58조제2항, 제59조, 제63조, 제87조, 제88조, 제92조, 제94조, 제96조를 준용한다. 이 경우 「특허법」 제13조 중 "특허청소재지"는 "농림축산식품부 또는 해양수산부 소재지"로, 같은 법 제17조제1호 중 "제132조의17"은 "제91조"로 본다.

제2절 품종보호 요건 및 품종보호 출원

제16조(품종보호 요건)

다음 각 호의 요건을 갖춘 품종은 이 법에 따른 품종보호를 받을 수 있다.

1. 신규성
2. 구별성
3. 균일성
4. 안정성
5. 제106조제1항에 따른 품종명칭

제17조(신규성)

① 제32조제2항에 따른 품종보호 출원일 이전(제31조제1항에 따라 우선권을 주장하는 경우에는 최초의 품종보호 출원일 이전)에 대한민국에서는 1년 이상, 그 밖의 국가에서는 4년[과수(果樹) 및 임목(林木)인 경우에는 6년] 이상 해당 종자나 그 수확물이 이용을 목적으로 양도되지 아니한 경우에는 그 품종은 제16조제1호의 신규성을 갖춘 것으로 본다.

② 다음 각 호의 어느 하나에 해당하는 양도의 경우에는 제1항에도 불구하고 제16조제1호의

신규성을 갖춘 것으로 본다.

1. 도용(盜用)한 품종의 종자나 그 수확물을 양도한 경우
2. 품종보호를 받을 수 있는 권리를 이전하기 위하여 해당 품종의 종자나 그 수확물을 양도한 경우
3. 종자를 증식하기 위하여 해당 품종의 종자나 그 수확물을 양도하여 그 종자를 증식하게 한 후 그 종자나 수확물을 육성자가 다시 양도받은 경우
4. 품종 평가를 위한 포장시험(圃場試驗), 품질검사 또는 소규모 가공시험을 하기 위하여 해당 품종의 종자나 그 수확물을 양도한 경우
5. 생물자원의 보존을 위한 조사 또는 「종자산업법」 제15조에 따른 국가품종목록(이하 "품종목록"이라 한다)에 등재하기 위하여 해당 품종의 종자나 그 수확물을 양도한 경우
6. 해당 품종의 품종명칭을 사용하지 아니하고 제3호부터 제5호까지의 어느 하나의 행위로 인하여 생산된 부산물이나 잉여물을 양도한 경우

제18조(구별성)

① 제32조제2항에 따른 품종보호 출원일 이전(제31조제1항에 따라 우선권을 주장하는 경우에는 최초의 품종보호 출원일 이전)까지 일반인에게 알려져 있는 품종과 명확하게 구별되는 품종은 제16조제2호의 구별성을 갖춘 것으로 본다.

② 제1항에서 일반인에게 알려져 있는 품종이란 다음 각 호의 어느 하나에 해당하는 품종을 말한다. 다만, 품종보호를 받을 수 있는 권리를 가진 자의 의사에 반하여 일반인에게 알려져 있는 품종은 제외한다.

1. 유통되고 있는 품종
2. 보호품종
3. 품종목록에 등재되어 있는 품종
4. 공동부령으로 정하는 종자산업과 관련된 협회에 등록되어 있는 품종

③ 제2항제2호 또는 제3호의 경우 품종보호를 받기 위하여 출원하거나 품종목록에 등재하기 위하여 신청한 품종은 그 출원일이나 신청일부터 일반인에게 알려져 있는 품종으로 본다. 다만, 이 법에 따라 품종보호를 받지 못하거나 품종목록에 등재되어 있지 아니한 품종은 제외한다.

제19조(균일성)

품종의 본질적 특성이 그 품종의 번식방법상 예상되는 변이(變異)를 고려한 상태에서 충분히 균일한 경우에는 그 품종은 제16조제3호의 균일성을 갖춘 것으로 본다.

제20조(안정성)

품종의 본질적 특성이 반복적으로 증식된 후(1대 잡종 등과 같이 특정한 증식주기를 가지고 있는 경우에는 매 증식주기 종료 후를 말한다)에도 그 품종의 본질적 특성이 변하지 아니하는 경우에는 그 품종은 제16조제4호의 안정성을 갖춘 것으로 본다.

제21조(품종보호를 받을 수 있는 권리를 가진 자)

① 육성자나 그 승계인은 이 법에서 정하는 바에 따라 품종보호를 받을 수 있는 권리를 가진다.

② 2인 이상의 육성자가 공동으로 품종을 육성하였을 때에는 품종보호를 받을 수 있는 권리는 공유(共有)로 한다.

제22조(외국인의 권리능력)

재외자 중 외국인은 다음 각 호의 어느 하나에 해당하는 경우에만 품종보호권이나 품종보호를 받을 수 있는 권리를 가질 수 있다.

1. 해당 외국인이 속하는 국가에서 대한민국 국민에 대하여 그 국민과 같은 조건으로 품종보호권 또는 품종보호를 받을 수 있는 권리를 인정하는 경우
2. 대한민국이 해당 외국인에게 품종보호권 또는 품종보호를 받을 수 있는 권리를 인정하는 경우에는 그 외국인이 속하는 국가에서 대한민국 국민에 대하여 그 국민과 같은 조건으로 품종보호권 또는 품종보호를 받을 수 있는 권리를 인정하는 경우
3. 조약 및 이에 준하는 것(이하 "조약등"이라 한다)에 따라 품종보호권이나 품종보호를 받을 수 있는 권리를 인정하는 경우

제23조(무권리자의 품종보호 출원과 정당한 권리자의 보호)

품종보호를 받을 수 있는 권리의 승계인이 아닌 자 또는 품종보호를 받을 수 있는 권리를 자기 것으로 속인 자(이하 "무권리자"라 한다)가 품종보호를 출원한 경우에는 그 무권리자의 품종보호 출원 후에 한 정당한 권리자의 품종보호 출원은 무권리자가 품종보호를 출원한 때에 품종보호 출원한 것으로 본다. 다만, 무권리자가 제42조제3항에 따라 거절결정 등본을 송달받은 날부터 30일이 지난 후에 품종보호를 출원한 경우에는 그러하지 아니하다.

제24조(무권리자의 품종보호와 정당한 권리자의 보호)

제92조제1항제2호에 따른 사유로 그 품종보호를 무효로 한다는 심결(審決)이 확정된 경우에는 그 품종보호 출원 후에 한 정당한 권리자의 품종보호 출원은 무효로 된 그 품종보호의 출원 시에 품종보호 출원한 것으로 본다. 다만, 그 품종보호에 대한 제54조제4항에 따른 공보 게재일

부터 2년이 지난 후에 품종보호 출원을 하거나 심결이 확정된 날부터 30일이 지난 후에 품종보호 출원을 한 경우에는 그러하지 아니하다.

제25조(선출원)

① 같은 품종에 대하여 다른 날에 둘 이상의 품종보호 출원이 있을 때에는 가장 먼저 품종보호를 출원한 자만이 그 품종에 대하여 품종보호를 받을 수 있다.

② 같은 품종에 대하여 같은 날에 둘 이상의 품종보호 출원이 있을 때에는 품종보호를 받으려는 자(이하 "품종보호 출원인"이라 한다) 간에 협의하여 정한 자만이 그 품종에 대하여 품종보호를 받을 수 있다. 이 경우 협의가 성립하지 아니하거나 협의를 할 수 없을 때에는 어느 품종보호 출원인도 그 품종에 대하여 품종보호를 받을 수 없다.

③ 품종보호 출원이 무효로 되거나 취하되면 그 품종보호 출원은 제1항 또는 제2항을 적용할 때에는 처음부터 없었던 것으로 본다.

④ 육성자가 아닌 자로서 품종보호를 받을 수 있는 권리의 승계인이 아닌 자가 한 품종보호 출원은 제1항 또는 제2항을 적용할 때에는 처음부터 없었던 것으로 본다.

⑤ 농림축산식품부장관 또는 해양수산부장관은 제2항의 경우에는 품종보호 출원인에게 기간을 정하여 협의 결과를 신고할 것을 명하고, 그 기간까지 신고가 없을 때에는 제2항에 따른 협의는 성립되지 아니한 것으로 본다.

제26조(품종보호를 받을 수 있는 권리의 이전 등)

① 품종보호를 받을 수 있는 권리는 이전할 수 있다.

② 품종보호를 받을 수 있는 권리는 질권의 목적으로 할 수 없다.

③ 품종보호를 받을 수 있는 권리가 공유인 경우에는 각 공유자는 다른 공유자의 동의를 받지 아니하면 그 지분을 양도할 수 없다.

제27조(품종보호를 받을 수 있는 권리의 승계)

① 품종보호 출원 전에 해당 품종에 대하여 품종보호를 받을 수 있는 권리를 승계한 자는 그 품종보호의 출원을 하지 아니하는 경우에는 제3자에게 대항할 수 없다.

② 동일인으로부터 승계한 동일한 품종보호를 받을 수 있는 권리에 대하여 같은 날에 둘 이상의 품종보호 출원이 있는 경우에는 품종보호 출원인 간에 협의하여 정한 자에게만 그 효력이 발생한다.

③ 품종보호 출원 후에 품종보호를 받을 수 있는 권리의 승계는 상속이나 그 밖의 일반승계의 경우를 제외하고는 품종보호 출원인이 명의변경신고를 하지 아니하면 그 효력이 발생하지

아니한다.

④ 품종보호를 받을 수 있는 권리의 상속이나 그 밖의 일반승계를 한 경우에는 승계인은 지체 없이 그 취지를 공동부령으로 정하는 바에 따라 농림축산식품부장관 또는 해양수산부장관에게 신고하여야 한다.

⑤ 동일인으로부터 승계한 동일한 품종보호를 받을 수 있는 권리의 승계에 관하여 같은 날에 둘 이상의 신고가 있을 때에는 신고한 자 간에 협의하여 정한 자에게만 그 효력이 발생한다.

⑥ 제2항과 제5항의 경우에는 제25조제5항을 준용한다.

제28조(공무원의 직무상 육성 등)

① 공무원이 육성한 품종이 성질상 국가나 지방자치단체의 업무범위에 속하고, 그 품종을 육성한 행위가 공무원의 현재 또는 과거의 직무에 속하는 육성(이하 "직무상 육성"이라 한다)일 경우에는 그 품종에 대한 품종보호를 받을 수 있는 해당 공무원의 권리는 국가나 지방자치단체가 승계한다. 다만, 「고등교육법」에 따른 국립학교 또는 공립학교 교직원의 직무상 육성에 해당하는 경우에는 「기술의 이전 및 사업화 촉진에 관한 법률」 제11조제1항에 따라 설치된 전담조직(이하 "전담조직"이라 한다)이 승계한다.

② 제1항에 따라 국가가 승계한 품종에 대한 품종보호를 받을 수 있는 권리의 처분과 관리의 경우에는 「국유재산법」 제8조에도 불구하고 농림축산식품부장관 또는 해양수산부장관이 관장한다.

③ 제2항에 따른 품종보호를 받을 수 있는 권리의 처분과 관리에 필요한 사항은 대통령령으로 정한다.

제29조(공무원의 직무상 육성에 대한 보상 등)

① 국가, 지방자치단체 또는 전담조직이 제28조제1항에 따라 공무원이 직무상 육성한 품종을 승계한 경우에는 정당한 보상금을 지급하여야 한다.

② 제1항에 따른 보상의 기준, 지급방법과 그 밖에 보상에 필요한 사항은 대통령령으로 정한다.

제30조(품종보호의 출원)

① 품종보호 출원인은 공동부령으로 정하는 품종보호 출원서에 다음 각 호의 사항을 적어 농림축산식품부장관 또는 해양수산부장관에게 제출하여야 한다.

1. 품종보호 출원인의 성명과 주소(법인인 경우에는 그 명칭, 대표자 성명 및 영업소의 소재지)
2. 품종보호 출원인의 대리인이 있는 경우에는 그 대리인의 성명·주소 또는 영업소 소재지

3. 육성자의 성명과 주소
4. 품종이 속하는 식물의 학명 및 일반명
5. 품종의 명칭
6. 제출 연월일
7. 제31조제3항의 사항(우선권을 주장할 경우에만 적는다)

② 제1항에 따른 품종보호 출원서에는 다음 각 호의 사항을 첨부하여야 한다.
1. 품종의 특성 및 품종육성 과정에 관한 설명서
2. 품종의 사진
3. 종자시료(種子試料). 이 경우 종자시료가 묘목, 영양체 또는 수산식물인 경우에는 그 제출 시기·방법 등은 공동부령으로 정한다.
4. 품종보호의 출원 수수료 납부증명서

③ 제21조제2항에 따라 품종보호를 받을 수 있는 권리가 공유인 경우에는 공유자 모두가 공동으로 품종보호 출원을 하여야 한다.

④ 제2항제1호에 따른 설명서를 적는 데 필요한 사항은 대통령령으로 정한다.

제31조(우선권의 주장)

① 대한민국 국민에게 품종보호 출원에 대한 우선권을 인정하는 국가의 국민이 그 국가에 품종보호 출원을 한 후 같은 품종을 대한민국에 품종보호 출원하여 우선권을 주장하는 경우에는 제25조를 적용할 때 그 국가에 품종보호 출원한 날을 대한민국에 품종보호 출원한 날로 본다. 대한민국 국민이 대한민국 국민에게 품종보호 출원에 대한 우선권을 인정하는 국가에 품종보호 출원을 한 후 같은 품종을 대한민국에 품종보호 출원한 경우에도 또한 같다.

② 제1항에 따라 우선권을 주장하려는 자는 최초의 품종보호 출원일 다음 날부터 1년 이내에 품종보호 출원을 하지 아니하면 우선권을 주장할 수 없다.

③ 제1항에 따라 우선권을 주장하려는 자는 품종보호 출원서에 그 취지, 최초로 품종보호 출원한 국명(國名)과 최초로 품종보호 출원한 연월일을 적어야 한다.

④ 제3항에 따라 우선권을 주장한 자는 최초로 품종보호 출원한 국가의 정부가 인정하는 품종보호 출원서 등본을 제32조제2항에 따른 품종보호 출원일부터 90일 이내에 제출하여야 한다.

⑤ 제3항에 따라 우선권을 주장한 자는 최초의 품종보호 출원일부터 3년까지 해당 출원품종에 대한 심사의 연기를 농림축산식품부장관 또는 해양수산부장관에게 요청할 수 있으며 농림축산식품부장관 또는 해양수산부장관은 정당한 사유가 없으면 그 요청에 따라야 한다. 다만, 우선권을 주장한 자가 최초의 품종보호 출원을 포기하거나 품종보호를 출원한 국가의 거절결

정(拒絶決定)이 확정된 경우에는 그 우선권을 주장한 자의 요청에 의하여 연기된 출원품종 심사일 전이라도 그 품종을 심사할 수 있다.

### 제32조(출원서의 접수 등)

① 농림축산식품부장관 또는 해양수산부장관은 제30조제1항에 따라 품종보호 출원된 품종(이하 "출원품종"이라 한다)에 대하여 지체 없이 그 품종보호의 출원을 접수하여야 하며, 품종보호 출원서가 제30조의 사항을 모두 충족시키고 제9조제2호의 사유로 보정된 경우에는 공동부령으로 정하는 품종보호 출원등록부에 등록하여야 한다.

② 제1항에 따른 품종보호 출원의 접수일은 품종보호 출원일로 본다.

### 제33조(출원의 보정)

① 품종보호 출원인은 다음 각 호의 구분에 따른 기한까지 품종보호 출원서에 최초로 기재한 내용의 요지를 변경하지 아니하는 범위에서 그 품종보호 출원서를 보정할 수 있다.

1. 제42조에 따른 거절이유 통지가 있는 경우: 거절이유 통지에 대한 의견서 제출기간
2. 제43조에 따른 품종보호결정이 있는 경우: 품종보호결정 등본 송달 전
3. 제91조에 따른 거절결정에 대한 심판을 청구한 경우: 그 청구일부터 30일 이내

② 제1항에 따른 품종보호 출원서 보정의 방법 등은 공동부령으로 정한다.

### 제34조(출원의 요지 변경 제외)

제33조에 따른 보정이 다음 각 호의 어느 하나에 해당하는 경우에는 품종보호 출원의 요지를 변경하는 것으로 보지 아니한다.

1. 오기(誤記)를 정정하는 경우
2. 분명하지 아니하게 적힌 것을 석명(釋明)하는 경우
3. 그 밖에 대통령령령으로 정하는 경우

### 제35조(보정의 각하)

① 출원 후에 한 보정이 품종보호 출원서의 요지를 변경하는 것일 때에는 심사관은 결정으로 그 보정을 각하(却下)하고, 지체 없이 품종보호 출원인에게 알려야 한다.

② 제1항에 따른 각하결정은 서면으로 하여야 하며 그 이유를 밝혀야 한다.

③ 제1항에 따른 각하결정에 대하여는 불복할 수 없다. 다만, 제91조에 따른 거절결정에 대한 심판에서 다투는 경우에는 그러하지 아니하다.

### 제3절 심사

#### 제36조(심사관에 의한 심사)

① 농림축산식품부장관 또는 해양수산부장관은 심사관에게 제30조에 따른 품종보호 출원 및 제109조에 따른 품종명칭 등록출원을 심사하게 한다.

② 심사관의 자격에 관하여 필요한 사항은 대통령령으로 정한다.

#### 제37조(출원공개)

① 농림축산식품부장관 또는 해양수산부장관은 제32조제1항에 따라 품종보호 출원등록부에 등록된 품종보호 출원에 대하여 지체 없이 제53조에 따른 품종보호 공보(이하 "공보"라 한다)에 게재하여 출원공개를 하여야 한다.

② 제1항에 따른 출원공개가 있은 때에는 누구든지 제16조, 제21조 또는 제22조를 위반하여 해당 품종이 품종보호를 받을 수 없다는 취지의 정보를 증거와 함께 농림축산식품부장관 또는 해양수산부장관에게 제공할 수 있다.

③ 제1항에 따른 출원공개를 할 때 공보에 게재할 사항은 공동부령으로 정한다.

#### 제38조(임시보호의 권리)

① 품종보호 출원인은 출원공개일부터 업(業)으로서 그 출원품종을 실시할 권리를 독점한다.

② 출원공개 후 해당 품종보호 출원이 다음 각 호의 어느 하나에 해당하면 제1항에 따른 권리는 처음부터 발생하지 아니한 것으로 본다.

1. 품종보호 출원이 포기·취하되거나 무효로 된 경우
2. 품종보호 출원의 거절결정이 확정된 경우

③ 제1항에 따른 권리를 가진 자가 그 권리를 행사한 경우에 품종보호 출원이 제2항 각 호의 어느 하나에 해당하면 그 권리의 행사로 인하여 상대방에게 입힌 손해를 배상할 책임을 진다.

④ 제1항에 따른 권리에 관하여는 제83조부터 제89조까지의 규정을 준용한다.

#### 제39조(임시보호의 권리행사와 소송절차의 중지)

① 법원은 제38조제1항에 따른 권리의 침해에 관한 소의 제기 또는 가압류나 가처분의 신청이 있는 경우에 필요하다고 인정하면 신청에 의하여 또는 직권으로 품종보호 출원에 관한 결정이나 심결이 확정될 때까지 결정으로 그 소송절차를 중지할 수 있다.

② 제1항에 따른 신청에 관한 결정에 대하여는 불복할 수 없다.

③ 법원은 제1항에 따른 중지의 사유가 소멸하였거나 그 밖에 사정이 변경되었을 때에는 제1항

에 따른 결정을 취소할 수 있다.

제40조(출원품종의 심사)

① 심사관은 출원품종이 제17조부터 제20조까지의 요건을 갖추고 있는지를 심사하여야 한다.

② 농림축산식품부장관 또는 해양수산부장관은 제1항에 따른 심사를 위한 조사나 시험을 연구기관, 대학 또는 그 밖에 조사나 시험을 수행하기에 적합하다고 인정되는 기관 또는 단체에게 위탁할 수 있다.

③ 제1항에 따른 심사의 방법, 기준 및 절차에 관하여 필요한 사항은 공동부령으로 정한다.

제41조(자료의 제출 등)

① 농림축산식품부장관 또는 해양수산부장관은 제40조제1항에 따른 심사를 하기 위하여 필요하면 품종보호 출원인에게 종자시료 등 자료의 제출을 명할 수 있다.

② 제1항에 따른 자료의 제출명령을 받은 품종보호 출원인은 정당한 사유가 없으면 명령에 따라야 한다.

제42조(거절결정 및 거절이유의 통지)

① 심사관은 다음 각 호의 어느 하나(이하 "거절이유"라 한다)에 해당하는 경우에는 그 품종보호 출원에 대하여 거절결정을 하여야 한다.

1. 제4조, 제16조, 제21조, 제22조, 제25조제1항·제2항, 제27조제2항·제5항, 제28조제1항, 제30조제3항 또는 제41조제2항을 위반하여 품종보호를 받을 수 없는 경우
2. 무권리자가 출원한 경우
3. 조약등을 위반한 경우

② 심사관은 제1항에 따라 거절결정을 할 때에는 미리 그 품종보호 출원인에게 거절이유를 통보하고 기간을 정하여 의견서를 제출할 수 있는 기회를 주어야 한다.

③ 제1항에 따른 거절결정이 있으면 그 거절결정의 등본을 품종보호 출원인에게 송달하고 그 거절결정에 관하여 공보에 게재하여야 한다.

④ 제3항에 따른 거절결정에 관하여 공보에 게재할 사항 등은 공동부령으로 정한다.

제43조(품종보호결정)

① 심사관은 품종보호 출원에 대하여 거절이유를 발견할 수 없을 때에는 품종보호결정을 하여야 한다.

② 제1항에 따른 품종보호결정은 서면으로 하여야 하며 그 이유를 밝혀야 한다.

③ 농림축산식품부장관 또는 해양수산부장관은 제1항에 따라 품종보호결정이 있는 경우에는 그 품종보호결정의 등본을 품종보호 출원인에게 송달하고 그 품종보호결정에 관하여 공보에 게재하여야 한다.

④ 제3항에 따른 품종보호결정에 관하여 공보에 게재할 사항 등은 공동부령으로 정한다.

### 제44조(심사 또는 소송절차의 중지)

① 품종보호 출원의 심사에서 필요하면 심결이 확정되거나 소송절차가 완결될 때까지 그 품종보호 출원의 심사절차를 중지할 수 있다.

② 법원은 소송에서 필요하면 결정이 확정될 때까지 그 소송절차를 중지할 수 있다.

### 제45조(「특허법」의 준용)

품종보호 출원의 심사에 관하여는 「특허법」 제148조제1호부터 제5호까지 및 제7호를 준용한다.

## 제4절 품종보호료 및 품종보호 등록 등

### 제46조(품종보호료)

① 제54조제1항에 따라 품종보호권의 설정등록을 받으려는 자는 품종보호료를 납부하여야 한다.

② 품종보호권자는 그 품종보호권의 존속기간 중에는 농림축산식품부장관 또는 해양수산부장관에게 품종보호료를 매년 납부하여야 한다.

③ 품종보호권에 관한 이해관계인은 제1항 또는 제2항에 따라 품종보호료를 납부하여야 할 자의 의사와 관계없이 품종보호료를 납부할 수 있다.

④ 품종보호권에 관한 이해관계인은 제3항에 따라 품종보호료를 납부한 경우에는 납부하여야 할 자가 현재 이익을 받은 한도에서 그 비용의 상환을 청구할 수 있다.

⑤ 제1항 또는 제2항에 따른 품종보호료 금액과 납부방법, 납부기간 등에 관하여 필요한 사항은 공동부령으로 정한다.

### 제47조(납부기간이 지난 후의 품종보호료 납부)

① 품종보호권의 설정등록을 받으려는 자나 품종보호권자는 제46조제5항에 따른 품종보호료 납부기간이 지난 후에도 6개월 이내에는 품종보호료를 납부할 수 있다.

② 제1항에 따라 품종보호료를 납부할 때에는 제46조제5항에 따른 품종보호료의 2배 이내의 범위에서 공동부령으로 정한 금액을 납부하여야 한다.

③ 제1항에서 정한 기간까지 품종보호료를 납부하지 아니하면 품종보호권의 설정등록을 받으려는 자의 품종보호 출원은 포기한 것으로 보며, 품종보호권자의 품종보호권은 제46조제1항 또는 제2항에 따라 납부된 품종보호료의 해당 존속기간이 끝나는 날의 다음 날로 소급하여 소멸한 것으로 본다.

제48조(품종보호료의 보전)

① 농림축산식품부장관 또는 해양수산부장관은 품종보호권의 설정등록을 받으려는 자 또는 품종보호권자가 제46조제5항 또는 제47조제1항에 따른 기간 이내에 품종보호료의 일부를 납부하지 아니한 경우에는 품종보호료의 보전(補塡)을 명하여야 한다.

② 제1항에 따라 보전명령을 받은 자는 그 보전명령을 받은 날부터 1개월 이내에 품종보호료를 보전할 수 있다.

③ 제2항에 따라 품종보호료를 보전하는 자는 다음 각 호의 어느 하나에 해당하는 경우에 납부하지 아니한 금액의 2배 이내의 범위에서 공동부령으로 정한 금액을 납부하여야 한다.

1. 품종보호료를 제46조제5항에 따른 납부기간이 지나 보전하는 경우
2. 품종보호료를 제47조제1항에 따른 납부기간(이하 "추가납부기간"이라 한다)이 지나 보전하는 경우

제49조(품종보호료의 추가납부 또는 보전에 의한 품종보호 출원과 품종보호권의 회복 등)

① 품종보호권의 설정등록을 받으려는 자 또는 품종보호권자가 책임질 수 없는 사유로 추가납부기간 이내에 품종보호료를 납부하지 아니하였거나 제48조제2항에 따른 보전기간 이내에 보전하지 아니한 경우에는 그 사유가 종료한 날부터 14일 이내에 그 품종보호료를 납부하거나 보전할 수 있다. 다만, 추가납부기간의 만료일 또는 보전기간의 만료일 중 늦은 날부터 6개월이 지났을 때에는 그러하지 아니하다.

② 제1항에 따라 품종보호료를 납부하거나 보전한 자는 제47조제3항에도 불구하고 그 품종보호 출원을 포기하지 아니한 것으로 보며, 그 품종보호권은 품종보호료 납부기간이 지난 때에 소급하여 존속하고 있던 것으로 본다.

③ 추가납부기간 이내에 품종보호료를 납부하지 아니하였거나 제48조제2항에 따른 보전기간 이내에 보전하지 아니하여 실시 중인 보호품종의 품종보호권이 소멸한 경우 그 품종보호권자는 추가납부기간 또는 보전기간 만료일부터 3개월 이내에 제46조에 따른 품종보호료의 3배를 납부하고 그 소멸한 권리의 회복을 신청할 수 있다. 이 경우 그 품종보호권은 품종보호료 납부기간이 지난 때에 소급하여 존속하고 있었던 것으로 본다.

④ 제2항 또는 제3항에 따른 품종보호 출원 또는 품종보호권의 효력은 다음 각 호의 어느

하나에 해당하는 기간(이하 이 조에서 "효력제한기간"이라 한다) 중에 다른 자가 보호품종을 실시한 행위에 대하여는 그 효력이 미치지 아니한다.

1. 추가납부기간이 지난 날부터 납부한 날까지의 기간
2. 추가납부기간이 지난 날부터 보전한 날까지의 기간

⑤ 효력제한기간 중 국내에서 선의로 제2항 또는 제3항에 따른 품종보호 출원된 품종 또는 품종보호권에 대하여 그 품종의 실시사업을 하거나 그 사업을 준비하고 있는 자는 그 실시 또는 준비를 하고 있는 품종 또는 사업의 목적 범위에서 그 품종보호 출원된 품종보호권에 대하여 통상실시권을 가진다.

⑥ 제5항에 따라 통상실시권을 가진 자는 품종보호권자 또는 전용실시권자에게 상당한 대가를 지급하여야 한다.

### 제50조(품종보호료의 면제)

제46조에도 불구하고 다음 각 호의 어느 하나에 해당하는 경우에는 품종보호료를 면제한다.

1. 국가나 지방자치단체가 품종보호권의 설정등록을 받기 위하여 품종보호료를 납부하여야 하는 경우
2. 국가나 지방자치단체가 품종보호권의 존속기간 중에 품종보호료를 납부하여야 하는 경우
3. 「국민기초생활 보장법」 제5조에 따른 수급권자가 품종보호권의 설정등록을 받기 위하여 품종보호료를 납부하여야 하는 경우
4. 그 밖에 공동부령으로 정하는 경우

### 제51조(품종보호료의 반환)

납부된 품종보호료는 잘못 납부된 경우에만 반환한다.

### 제52조(품종보호 원부)

① 농림축산식품부장관 또는 해양수산부장관은 공동부령으로 정하는 품종보호 원부(原簿)를 갖추어 두고 다음 각 호의 사항을 등록한다.

1. 품종보호권의 설정, 이전, 소멸 또는 처분의 제한
2. 전용실시권 또는 통상실시권의 설정, 보존, 이전, 변경, 소멸 또는 처분의 제한
3. 품종보호권·전용실시권 또는 통상실시권을 목적으로 하는 질권의 설정, 이전, 변경, 소멸 또는 처분의 제한

② 제1항에서 규정한 사항 외에 등록사항, 등록절차, 그 밖에 등록에 필요한 사항은 공동부령으로 정한다.

③ 농림축산식품부장관 또는 해양수산부장관은 제1항 및 제2항에 따른 등록업무의 수행을 위하여 다음 각 호의 어느 하나에 해당하는 자료 또는 정보를 해당 각 호의 자에게 각각 요청할 수 있다. 이 경우 요청을 받은 자는 특별한 사정이 없으면 요청에 따라야 한다.

1. 주민등록표 등본・초본: 행정안전부장관
2. 「가족관계의 등록 등에 관한 법률」에 따른 가족관계 등록사항에 관한 전산정보자료: 법원행정처장

제53조(품종보호 공보)

농림축산식품부장관 또는 해양수산부장관은 매월 품종보호 공보를 발행하여야 한다.

제5절 품종보호권

제54조(품종보호권의 설정등록)

① 품종보호권은 제52조제1항제1호에 따른 설정등록을 함으로써 발생한다.

② 농림축산식품부장관 또는 해양수산부장관은 다음 각 호의 어느 하나에 해당하는 경우에는 품종보호권을 설정등록하여야 한다.

1. 제46조제1항에 따라 품종보호료를 납부한 때
2. 제47조제1항에 따라 납부기간이 지난 후에 품종보호료를 납부한 때
3. 제48조제2항에 따라 품종보호료를 보전한 때
4. 제49조제1항에 따라 품종보호료를 납부하거나 보전한 때
5. 제50조에 따라 품종보호료가 면제된 때

③ 농림축산식품부장관 또는 해양수산부장관은 제2항에 따라 품종보호권이 설정등록된 품종의 종자인 경우 농림축산식품부장관 또는 해양수산부장관이 정하여 고시하는 바에 따라 일정량의 시료를 보관・관리하여야 한다. 이 경우 종자시료가 묘목, 영양체 또는 수산식물인 경우에는 그 제출 시기・방법 등은 공동부령으로 정한다.

④ 농림축산식품부장관 또는 해양수산부장관은 제2항에 따라 품종보호권을 설정등록하였을 때에는 다음 각 호의 사항을 공보에 게재하여야 한다.

1. 품종보호권자의 성명과 주소(법인인 경우에는 그 명칭, 대표자 성명 및 영업소 소재지)
2. 품종보호 등록번호
3. 설정등록 연월일
4. 품종보호권의 존속기간

⑤ 농림축산식품부장관 또는 해양수산부장관은 제2항에 따라 품종보호권을 설정등록하였을 때에는 지체 없이 품종보호권자에게 공동부령으로 정하는 품종보호권 등록증을 발급하여야

한다.

제55조(품종보호권의 존속기간)

품종보호권의 존속기간은 품종보호권이 설정등록된 날부터 20년으로 한다. 다만, 과수와 임목의 경우에는 25년으로 한다.

제56조(품종보호권의 효력)

① 품종보호권자는 업으로서 그 보호품종을 실시할 권리를 독점한다. 다만, 그 품종보호권에 관하여 전용실시권을 설정하였을 때에는 제61조제2항에 따라 전용실시권자가 그 보호품종을 실시할 권리를 독점하는 범위에서는 그러하지 아니하다.

② 품종보호권자는 제1항에 따른 권리 외에 품종보호권자의 허락 없이 도용된 종자를 이용하여 업으로서 그 보호품종의 종자에서 수확한 수확물이나 그 수확물로부터 직접 제조된 산물에 대하여도 실시할 권리를 독점한다. 다만, 그 수확물에 관하여 정당한 권원(權原)이 없음을 알지 못하는 자가 직접 제조한 산물에 대하여는 그러하지 아니하다.

③ 제1항과 제2항에 따른 품종보호권의 효력은 다음 각 호의 어느 하나에 해당하는 품종에도 적용된다.

1. 보호품종(기본적으로 다른 품종에서 유래된 품종이 아닌 보호품종만 해당한다)으로부터 기본적으로 유래된 품종
2. 보호품종과 제18조에 따라 명확하게 구별되지 아니하는 품종
3. 보호품종을 반복하여 사용하여야 종자생산이 가능한 품종

④ 제3항제1호를 적용할 때 원품종(原品種) 또는 기존의 유래품종에서 유래되고, 원품종의 유전자형 또는 유전자 조합에 의하여 나타나는 주요 특성을 가진 품종으로서 원품종과 명확하게 구별은 되나 특정한 육종방법(育種方法)으로 인한 특성만의 차이를 제외하고는 주요 특성이 원품종과 같은 품종은 유래된 품종으로 본다.

제57조(품종보호권의 효력이 미치지 아니하는 범위)

① 다음 각 호의 어느 하나에 해당하는 경우에는 제56조에 따른 품종보호권의 효력이 미치지 아니한다.

1. 영리 외의 목적으로 자가소비(自家消費)를 하기 위한 보호품종의 실시
2. 실험이나 연구를 하기 위한 보호품종의 실시
3. 다른 품종을 육성하기 위한 보호품종의 실시

② 농어업인이 자가생산(自家生産)을 목적으로 자가채종(自家採種)을 할 경우 농림축산식품부장

관 또는 해양수산부장관은 해당 품종에 대한 품종보호권을 제한할 수 있다.
③ 제2항에 따른 제한의 범위, 절차, 방법 등에 관하여 필요한 사항은 대통령령으로 정한다.

제58조(품종보호권의 효력 제한)
품종보호권·전용실시권 또는 통상실시권을 가진 자에 의하여 국내에서 판매되거나 유통된 보호품종의 종자, 그 수확물 및 그 수확물로부터 직접 제조된 산물에 대하여는 다음 각 호의 어느 하나에 해당하는 행위를 제외하고는 제56조에 따른 품종보호권의 효력이 미치지 아니한다.
1. 판매되거나 유통된 보호품종의 종자, 그 수확물 및 그 수확물로부터 직접 제조된 산물을 이용하여 보호품종의 종자를 증식하는 행위
2. 증식을 목적으로 보호품종의 종자, 그 수확물 및 그 수확물로부터 직접 제조된 산물을 수출하는 행위

제59조(품종보호권의 제한 금지)
정부는 이 법에서 정한 사항 외에 품종보호권의 실시에 관하여는 어떠한 제한도 하여서는 아니 된다.

제60조(품종보호권의 이전 등)
① 품종보호권은 이전할 수 있다.
② 품종보호권이 공유인 경우 각 공유자는 다른 공유자의 동의를 받지 아니하면 다음 각 호의 행위를 할 수 없다.
  1. 공유지분을 양도하거나 공유지분을 목적으로 하는 질권의 설정
  2. 해당 품종보호권에 대한 전용실시권의 설정 또는 통상실시권의 허락
③ 품종보호권이 공유인 경우 각 공유자는 계약으로 특별히 정한 경우를 제외하고는 다른 공유자의 동의를 받지 아니하고 해당 보호품종을 자신이 실시할 수 있다.

제61조(전용실시권)
① 품종보호권자는 그 품종보호권에 대하여 타인에게 전용실시권을 설정할 수 있다.
② 제1항에 따라 전용실시권을 설정받은 전용실시권자는 그 설정행위로 정한 범위에서 업으로서 해당 보호품종을 실시할 권리를 독점한다.
③ 전용실시권자는 다음 각 호의 어느 하나에 해당하는 경우를 제외하고는 품종보호권자의 동의를 받지 아니하면 그 전용실시권을 이전할 수 없다.
  1. 실시사업과 같이 이전하는 경우

2. 상속
3. 그 밖의 일반승계

④ 전용실시권자는 품종보호권자의 동의를 받지 아니하면 그 전용실시권을 목적으로 하는 질권을 설정하거나 통상실시권을 허락할 수 없다.

⑤ 전용실시권에 관하여는 제60조제2항 및 제3항을 준용한다.

### 제62조(품종보호권과 전용실시권 등록의 효력)

① 다음 각 호의 사항은 제52조에 따른 품종보호 원부에 등록하지 아니하면 그 효력이 발생하지 아니한다.
1. 품종보호권의 이전(상속이나 그 밖의 일반승계에 의한 경우는 제외한다. 이하 이 조에서 같다) 또는 포기에 의한 소멸 또는 처분의 제한
2. 전용실시권의 설정, 이전, 변경, 소멸 또는 처분의 제한
3. 품종보호권 또는 전용실시권을 목적으로 하는 질권의 설정, 이전, 변경, 소멸 또는 처분의 제한

② 품종보호권・전용실시권 또는 질권을 상속하거나 그 밖의 일반승계를 한 자는 그 사유가 발생한 날부터 30일 이내에 공동부령으로 정하는 바에 따라 그 취지를 농림축산식품부장관 또는 해양수산부장관에게 신고하여야 한다.

### 제63조(통상실시권)

① 품종보호권자는 그 품종보호권에 대하여 타인에게 통상실시권을 허락할 수 있다.

② 제1항에 따라 통상실시권을 허락받은 통상실시권자는 이 법에서 정하는 바에 따라 또는 설정행위로 정한 범위에서 업으로서 해당 보호품종을 실시할 수 있는 권리를 가진다.

③ 제67조에 따른 통상실시권은 실시사업과 같이 이전하는 경우에만 이전할 수 있다.

④ 제67조에 따른 통상실시권 외의 통상실시권은 실시사업과 같이 이전하는 경우 또는 상속, 그 밖의 일반승계의 경우를 제외하고는 품종보호권자(전용실시권에 관한 통상실시권의 경우에는 품종보호권자와 전용실시권자를 말한다)의 동의를 받지 아니하면 이전할 수 없다.

⑤ 제67조에 따른 통상실시권 외의 통상실시권은 품종보호권자(전용실시권에 관한 통상실시권의 경우에는 품종보호권자와 전용실시권자를 말한다)의 동의를 받지 아니하면 그 통상실시권을 목적으로 하는 질권을 설정할 수 없다.

⑥ 통상실시권에 관하여는 제60조제2항 및 제3항을 준용한다.

제64조(선사용에 의한 통상실시권)

품종보호 출원 시에 그 품종보호 출원된 보호품종의 내용을 알지 못하고 그 보호품종을 육성하거나 육성한 자로부터 알게 되어 국내에서 그 보호품종의 실시사업을 하거나 그 사업을 준비하고 있는 자는 그 실시 또는 준비를 하고 있는 사업의 목적 범위에서 그 품종보호 출원된 품종보호권에 대하여 통상실시권을 가진다.

제65조(무효심판청구 등록 전의 실시에 의한 통상실시권)

① 품종보호권에 대한 무효심판청구의 등록 전에 다음 각 호의 어느 하나에 해당하는 자가 해당 품종보호권이 무효사유에 해당하는 것을 알지 못하고 국내에서 그 보호품종에 대한 실시사업을 하거나 그 사업의 준비를 하고 있는 경우에는 그 실시 또는 준비를 하고 있는 그 사업의 목적 범위에서 그 품종보호권이 무효로 된 당시에 존재하는 품종보호권이나 전용실시권에 대하여 통상실시권을 가진다.

1. 같은 품종에 대한 둘 이상의 품종보호 중 하나가 무효로 된 경우의 원품종보호권자
2. 품종보호를 무효로 하고 같은 품종에 관하여 정당한 권리자에게 품종보호를 한 경우의 원품종보호권자
3. 제1호나 제2호의 경우에 그 무효로 된 품종보호권에 대하여 무효심판청구의 등록 당시에 이미 전용실시권, 통상실시권 또는 그 전용실시권에 대한 통상실시권을 취득하고 등록을 받은 자. 다만, 제74조제2항에 해당하는 경우에는 등록이 필요하지 아니하다.

② 제1항에 따라 통상실시권을 취득한 자는 품종보호권자나 전용실시권자에게 상당한 대가를 지급하여야 한다.

제66조(질권 행사로 인한 품종보호권의 이전에 따른 통상실시권)

품종보호권자는 품종보호권을 목적으로 하는 질권 설정 이전에 해당 보호품종에 대한 실시사업을 하고 있는 경우에는 그 품종보호권이 경매 등에 의하여 이전되더라도 그 품종보호권에 대하여 통상실시권을 가진다. 이 경우 품종보호권자는 경매 등에 의하여 품종보호권을 이전받은 자에게 상당한 대가를 지급하여야 한다.

제67조(통상실시권 설정의 재정)

① 보호품종을 실시하려는 자는 보호품종이 다음 각 호의 어느 하나에 해당하는 경우에는 농림축산식품부장관 또는 해양수산부장관에게 통상실시권 설정에 관한 재정(裁定)(이하 "재정"이라 한다)을 청구할 수 있다. 다만, 제1호와 제2호에 따른 재정의 청구는 해당 보호품종의 품종보호권자 또는 전용실시권자와 통상실시권 허락에 관한 협의를 할 수 없거나

협의 결과 합의가 이루어지지 아니한 경우에만 할 수 있다.

1. 보호품종이 천재지변이나 그 밖의 불가항력 또는 대통령령으로 정하는 정당한 사유 없이 계속하여 3년 이상 국내에서 실시되고 있지 아니한 경우
2. 보호품종이 정당한 사유 없이 계속하여 3년 이상 국내에서 상당한 영업적 규모로 실시되지 아니하거나 적당한 정도와 조건으로 국내수요를 충족시키지 못한 경우
3. 전쟁, 천재지변 또는 재해로 인하여 긴급한 수급(需給) 조절이나 보급이 필요하여 비상업적으로 보호품종을 실시할 필요가 있는 경우
4. 사법적 절차 또는 행정적 절차에 의하여 불공정한 거래행위로 인정된 사항을 시정하기 위하여 보호품종을 실시할 필요성이 있는 경우

② 품종보호권 설정등록일부터 3년이 지나지 아니한 보호품종에 대하여는 제1항을 적용하지 아니한다.

③ 농림축산식품부장관 또는 해양수산부장관은 재정을 할 때에는 청구건별로 통상실시권 설정의 필요성을 검토하여야 한다.

④ 농림축산식품부장관 또는 해양수산부장관은 재정을 할 때에는 그 통상실시권이 국내 수요를 위한 공급을 주목적으로 실시되어야 한다는 조건을 붙여야 한다. 다만, 제1항제4호에 따른 청구에 대하여 재정을 하는 경우에는 그러하지 아니하다.

⑤ 농림축산식품부장관 또는 해양수산부장관은 제1항제4호에 따른 재정을 할 때에는 불공정한 거래행위를 시정하기 위한 재정이라는 취지를 그 대가를 결정할 때 고려할 수 있다.

⑥ 농림축산식품부장관 또는 해양수산부장관은 재정을 할 때에는 제118조에 따른 종자위원회의 심의를 거쳐야 한다.

제68조(재정청구서의 송달)

농림축산식품부장관 또는 해양수산부장관은 제67조제1항에 따른 재정의 청구를 받으면 그 청구서의 부본(副本)을 그 청구와 관련된 품종보호권자, 전용실시권자 또는 해당 품종보호권에 관하여 등록한 권리를 가진 자에게 송달하고 기간을 정하여 답변서 또는 의견서를 제출할 기회를 주어야 한다.

제69조(재정의 방식 등)

① 재정은 서면으로 하고 그 이유를 적어야 한다.

② 제1항의 재정에는 다음 각 호의 사항을 구체적으로 밝혀야 한다.

1. 통상실시권의 범위 및 기간
2. 대가와 그 지급방법 및 지급시기

③ 농림축산식품부장관 또는 해양수산부장관은 제2항제1호에 따른 통상실시권의 기간 연장에 관한 청구를 받은 경우에 종전의 통상실시권 설정 사유가 계속 있을 때에는 그 청구를 거절할 수 없다.

제70조(재정서 등본의 송달)

① 농림축산식품부장관 또는 해양수산부장관은 재정을 하였으면 당사자에게 재정서 등본을 송달하여야 한다.

② 제1항에 따라 당사자에게 재정서 등본이 송달되면 재정서에 밝힌 바에 따라 당사자 간에 합의가 이루어진 것으로 본다.

제71조(대가의 공탁)

제69조제2항제2호의 대가를 지급하여야 할 자는 다음 각 호의 어느 하나에 해당하는 경우에는 그 대가를 공탁(供託)하여야 한다.

1. 대가를 받을 자가 수령을 거부하거나 수령할 수 없는 경우
2. 대가에 대하여 제104조제1항에 따른 소송이 제기된 경우
3. 해당 품종보호권이나 전용실시권을 목적으로 하는 질권이 설정되어 있는 경우. 다만, 질권자의 동의를 받은 경우는 제외한다.

제72조(재정의 실효 등)

① 제69조제1항에 따라 재정을 받은 자가 같은 조 제2항제2호에 따른 지급시기까지 대가(대가를 정기적으로 또는 분할하여 지급하는 경우에는 최초의 지급분을 말한다)를 지급하지 아니하거나 공탁을 하지 아니하면 그 재정은 효력을 상실한다.

② 농림축산식품부장관 또는 해양수산부장관은 다음 각 호의 어느 하나에 해당하는 경우에는 이해관계인의 신청에 의하여 또는 직권으로 재정을 취소할 수 있다.

   1. 재정을 받은 자가 그 통상실시권을 실시하지 아니한 경우
   2. 통상실시권 설정을 재정한 사유가 없어지고 다시 발생할 우려가 없는 경우
   3. 재정을 받은 자가 그 대가를 정기적으로 또는 분할하여 지급할 때 최초 지급분 후의 지급분을 지급하지 아니하거나 공탁하지 아니한 경우

③ 제2항에 따른 취소에 관하여는 제67조제6항, 제68조, 제69조제1항 및 제70조제1항을 준용한다.

④ 제2항에 따라 재정이 취소되었을 때에는 통상실시권은 그 때부터 소멸한다.

### 第73조(재정에 대한 불복이유의 제한)

재정에 대하여 「행정심판법」 제3조제1항에 따라 행정심판을 청구하거나 「행정소송법」에 따라 취소소송을 제기하는 경우에는 그 재정으로 정한 대가를 불복이유로 할 수 없다.

### 第74조(통상실시권 등록의 효력)

① 통상실시권을 등록하였을 때에는 그 등록 후에 품종보호권이나 전용실시권을 취득한 자에 대하여도 그 효력이 발생한다.

② 제49조제5항, 제64조부터 제66조까지 및 제102조에 따른 통상실시권은 등록하지 아니하더라도 제1항에 따른 효력이 발생한다.

③ 통상실시권의 이전·변경·소멸 또는 처분의 제한, 통상실시권을 목적으로 하는 질권의 설정·이전·변경·소멸 또는 처분의 제한은 등록하지 아니하면 제3자에게 대항할 수 없다.

### 第75조(품종보호권 등의 포기 제한)

① 품종보호권자는 전용실시권자, 질권자 또는 제61조제4항 또는 제63조제1항에 따른 통상실시권자의 동의를 받지 아니하면 품종보호권을 포기할 수 없다.

② 전용실시권자는 질권자 또는 제61조제4항에 따른 통상실시권자의 동의를 받지 아니하면 전용실시권을 포기할 수 없다.

③ 통상실시권자는 질권자의 동의를 받지 아니하면 통상실시권을 포기할 수 없다.

### 第76조(포기의 효력)

품종보호권·전용실시권 또는 통상실시권을 포기하였을 때에는 품종보호권·전용실시권 또는 통상실시권은 그 때부터 소멸한다.

### 第77조(질권)

품종보호권·전용실시권 또는 통상실시권을 목적으로 하는 질권을 설정하였을 때에는 질권자는 계약으로 특별히 정한 경우를 제외하고는 해당 보호품종을 실시할 수 없다.

### 第78조(질권의 물상대위)

질권은 보호품종의 실시에 대하여 받을 대가나 물건에 대하여도 행사할 수 있다. 이 경우 그 지급 또는 인도 전에 압류를 하여야 한다.

제79조(품종보호권의 취소)

① 농림축산식품부장관 또는 해양수산부장관은 다음 각 호의 어느 하나에 해당하는 경우에는 품종보호권을 취소할 수 있다. 다만, 제2호의 경우에는 그 품종보호권을 취소하여야 한다.

1. 제19조 또는 제20조의 요건을 충족할 수 없는 경우
2. 제82조에 따른 보호품종의 유지 의무를 이행하지 아니하는 경우
3. 제117조제1항에 따라 등록된 품종명칭을 취소한 경우

② 제1항에 따라 품종보호권이 취소되었을 때에는 그 품종보호권은 그 때부터 소멸한다.

③ 제1항에 따른 취소에 관하여는 제42조제2항부터 제4항까지의 규정을 준용한다. 이 경우 "거절결정"은 "취소"로 본다.

제80조(상속인이 없는 경우 품종보호권의 소멸)

상속이 개시된 경우에 상속인이 없으면 품종보호권은 소멸한다.

제81조(품종보호권의 실시 보고)

농림축산식품부장관 또는 해양수산부장관은 품종보호권자・전용실시권자 또는 통상실시권자로 하여금 보호품종의 실시 여부, 그 규모 등에 관하여 보고하게 할 수 있다.

제82조(보호품종 유지 의무)

① 품종보호권자는 해당 품종보호권의 존속기간 동안 품종보호권 설정등록 당시의 그 보호품종의 본질적 특성이 유지될 수 있도록 하여야 한다.

② 농림축산식품부장관 또는 해양수산부장관은 품종보호권자에게 제1항에 따른 보호품종의 본질적인 특성이 유지되는지를 시험・확인하는 데 필요한 종자시료 등 자료의 제출을 명할 수 있다. 이 경우 제출명령을 받은 품종보호권자는 정당한 사유가 없으면 그 명령에 따라야 한다.

제6절 품종보호권자의 보호

제83조(권리 침해에 대한 금지청구권 등)

① 품종보호권자나 전용실시권자는 자기의 권리를 침해하였거나 침해할 우려가 있는 자에 대하여 그 침해의 금지 또는 예방을 청구할 수 있다.

② 품종보호권자나 전용실시권자가 제1항에 따른 청구를 할 때에는 침해행위를 조성한 물건의 폐기, 침해행위에 제공된 설비의 제거, 그 밖에 침해 예방에 필요한 행위를 청구할 수 있다.

### 제84조(침해로 보는 행위)

다음 각 호의 어느 하나에 해당하는 행위는 품종보호권이나 전용실시권을 침해한 것으로 본다.

1. 품종보호권자나 전용실시권자의 허락 없이 타인의 보호품종을 업으로서 실시하는 행위
2. 타인의 보호품종의 품종명칭과 같거나 유사한 품종명칭을 해당 보호품종이 속하는 식물의 속(屬) 또는 종의 품종에 사용하는 행위

### 제85조(손해배상청구권)

① 품종보호권자나 전용실시권자는 고의나 과실에 의하여 자기의 권리를 침해한 자에게 손해배상을 청구할 수 있다.

② 제1항에 따른 손해배상의 청구에 관하여는 「특허법」 제128조 및 제132조를 준용한다.

### 제86조(과실의 추정)

타인의 품종보호권이나 전용실시권을 침해한 자는 그 침해행위에 대하여 과실이 있는 것으로 추정한다.

### 제87조(품종보호권자 등의 신용회복)

법원은 고의나 과실에 의하여 타인의 품종보호권이나 전용실시권을 침해함으로써 품종보호권자나 전용실시권자의 업무상 신용을 떨어뜨린 자에게는 품종보호권자나 전용실시권자의 청구에 의하여 손해배상을 갈음하거나 손해배상과 함께 품종보호권자나 전용실시권자의 업무상 신용회복을 위하여 필요한 조치를 명할 수 있다.

### 제88조(보호품종의 표시)

품종보호권자 · 전용실시권자 또는 통상실시권자는 해당 품종이 보호품종임을 표시할 수 있다.

### 제89조(거짓표시의 금지)

누구든지 다음 각 호의 어느 하나에 해당하는 행위를 하여서는 아니 된다.

1. 품종보호를 받지 아니하거나 품종보호 출원 중이 아닌 품종의 종자의 용기나 포장에 품종보호를 받았다는 표시 또는 품종보호 출원 중이라는 표시를 하거나 이와 혼동되기 쉬운 표시를 하는 행위
2. 품종보호를 받지 아니하거나 품종보호 출원 중이 아닌 품종을 보호품종 또는 품종보호 출원 중인 품종인 것처럼 영업용 광고, 표지판, 거래서류 등에 표시하는 행위

## 제7절 심판

### 제90조(품종보호심판위원회)

① 품종보호에 관한 심판과 재심을 관장하기 위하여 농림축산식품부에 품종보호심판위원회(이하 "심판위원회"라 한다)를 둔다.

② 심판위원회는 위원장 1명을 포함한 8명 이내의 품종보호심판위원(이하 "심판위원"이라 한다)으로 구성하되, 위원장이 아닌 심판위원 중 1명은 상임(常任)으로 한다.

③ 제2항에서 규정한 사항 외에 심판위원회의 구성・운영 등에 필요한 사항은 대통령령으로 정한다.

### 제91조(거절결정 또는 취소결정에 대한 심판)

제42조제1항에 따른 거절결정 또는 제79조에 따른 취소결정을 받은 자가 이에 불복하는 경우에는 그 등본을 송달받은 날부터 30일 이내에 심판을 청구할 수 있다.

### 제92조(품종보호의 무효심판)

① 품종보호에 관한 이해관계인이나 심사관은 품종보호가 다음 각 호의 어느 하나에 해당하는 경우에는 무효심판을 청구할 수 있다.

1. 제16조, 제21조, 제22조, 제25조제1항 및 제2항, 제28조제1항 또는 제30조제3항을 위반한 경우. 다만, 제16조제3호 또는 제4호에 따른 균일성 또는 안정성을 위반하였다는 사유로 무효심판을 청구하려는 경우에는 출원인이 제출한 서류에 의하여 균일성 또는 안정성을 심사한 경우에만 청구할 수 있다.
2. 무권리자에 대하여 품종보호를 한 경우
3. 조약등을 위반한 경우
4. 품종보호된 후 그 품종보호권자가 제22조에 따라 품종보호권을 가질 수 없는 자가 되거나 그 품종보호가 조약등을 위반한 경우

② 제1항에 따른 심판은 청구의 이익이 있으면 언제든지 청구할 수 있다.

③ 품종보호권을 무효로 한다는 심결이 확정되면 그 품종보호권은 처음부터 없었던 것으로 본다. 다만, 제1항제4호의 사유로 품종보호를 무효로 한다는 심결이 확정되면 품종보호권은 그 품종보호가 같은 호에 해당하게 된 때부터 없었던 것으로 본다.

④ 심판장은 제1항의 심판청구를 받았을 때에는 그 취지를 해당 품종의 품종보호권자・전용실시권자, 그 밖에 품종보호에 관하여 등록한 권리를 가진 자에게 알려야 한다.

제93조(심판청구방식)

① 심판을 청구하려는 자는 공동부령으로 정하는 심판청구서에 다음 각 호의 사항을 적어 심판위원회 위원장에게 제출하여야 한다.

1. 당사자 및 대리인의 성명과 주소(법인인 경우에는 그 명칭, 대표자 성명 및 영업소 소재지)
2. 품종명칭
3. 품종보호 출원일 및 품종보호 출원번호
4. 심사관의 거절결정일, 품종보호결정일 또는 취소결정일
5. 청구의 취지 및 그 이유

② 제1항에 따라 제출된 심판청구서를 보정할 경우 그 요지는 변경할 수 없다. 다만, 제1항제5호의 청구의 이유에 대하여는 그러하지 아니하다.

제94조(심판위원)

① 심판위원회 위원장은 제93조제1항에 따른 심판청구를 받았을 때에는 심판위원에게 심판하게 한다.

② 심판위원은 직무상 독립하여 심판한다.

③ 심판위원의 자격은 대통령령으로 정한다.

제95조(심판위원의 지정 등)

① 심판위원회 위원장은 각 심판사건에 대하여 제96조에 따른 합의체를 구성할 심판위원을 지정하여야 한다.

② 심판위원회 위원장은 제1항에 따라 지정된 심판위원 중에서 1명을 심판장으로 지정하여야 하고, 심판장은 그 심판사건에 관한 사무를 총괄한다.

③ 심판위원은 다음 각 호의 어느 하나에 해당하는 경우에는 심판사건의 심의·의결에서 제척(除斥)된다.

1. 심판위원 또는 그 배우자나 배우자였던 사람이 심판사건의 당사자가 되거나 심판사건에 관하여 공동의 권리자 또는 의무자의 관계에 있는 경우
2. 심판위원이 심판사건의 당사자와 친족이거나 친족이었던 경우
3. 심판위원이 심판사건에 관하여 증언, 감정, 법률자문을 한 경우
4. 심판위원이 심판사건에 관하여 당사자의 대리인으로서 관여하거나 관여하였던 경우
5. 심판위원이 심판사건에 관하여 당사자의 법정대리인으로서 관여하거나 관여하였던 경우
6. 심판위원이 심판사건에 관하여 직접 이해관계를 가진 경우

④ 당사자는 심판위원에게 공정한 심의·의결을 기대하기 어려운 사정이 있으면 심판위원회에

기피신청을 할 수 있으며, 심판위원회는 기피신청이 타당하다고 인정할 때에는 기피의 결정을 한다.

⑤ 심판위원이 제3항 또는 제4항의 사유에 해당하는 경우에는 심판위원회 위원장의 허가를 받아 회피할 수 있다.

제96조(심판의 합의체)

① 심판은 3명의 심판위원으로 구성되는 합의체에서 한다.

② 제1항에 따른 합의체의 합의는 과반수에 의하여 결정한다.

③ 심판의 합의는 공개하지 아니한다.

제97조(거절결정에 대한 심판에서의 심사규정 준용)

제91조에 따른 거절결정에 대한 심판에 관하여는 제33조, 제35조, 제42조제2항 및 제43조를 준용한다.

제98조(「특허법」의 준용)

① 제91조와 제92조에 따른 심판에 관하여는 「특허법」 제139조, 제141조, 제142조, 제147조, 제149조, 제151조, 제152조제2항부터 제4항까지, 제153조, 제154조제1항, 제3항부터 제7항까지, 제155조부터 제160조까지, 제161조제1항·제3항, 제162조부터 제166조까지, 제171조, 제172조, 제176조 및 「민사소송법」 제143조, 제259조, 제299조 및 제367조를 준용한다.

② 제1항의 경우 「특허법」 제139조제1항 중 "제133조제1항, 제134조제1항·제2항 또는 제137조제1항의 무효심판이나 제135조제1항·제2항의 권리범위확인심판"은 "제92조제1항의 무효심판"으로 본다.

③ 제1항의 경우 「특허법」 제141조제1항제1호 중 "제140조제1항 및 제3항부터 제5항까지 또는 제140조의2제1항"은 "제93조제1항"으로, 같은 항 제2호나목의 "제82조"는 "제125조"로 본다.

④ 제1항의 경우 「특허법」 제165조제1항 중 "제133조제1항, 제134조제1항·제2항, 제135조 및 제137조제1항"은 "제92조제1항"으로, 같은 조 제3항 중 "제132조의17·제136조 또는 제138조"는 "제91조"로, 같은 조 제7항 중 "변리사"는 "자"로 본다.

⑤ 제1항의 경우 「특허법」 제171조 중 "특허거절결정 또는 특허권의 존속기간의 연장등록거절결정에 대한 심판"은 "제91조에 따른 거절결정에 대한 심판"으로 본다.

⑥ 제1항의 경우 「특허법」 제176조제1항 중 "제132조의17"은 "제91조"로 본다.

제8절 재심 및 소송

제99조(재심의 청구)

① 당사자는 확정된 심결에 대하여 재심을 청구할 수 있다.

② 제1항의 재심청구에 관하여는 「민사소송법」 제451조 및 제453조를 준용한다.

제100조(사해심결에 대한 불복청구)

① 심판의 당사자가 공모하여 속임수로써 제3자의 권리나 이익을 침해할 목적으로 심결을 하게 하였을 때에는 제3자는 그 확정된 심결[이하 "사해심결"(詐害審決)이라 한다]에 대하여 재심을 청구할 수 있다.

② 제1항에 따른 재심청구의 경우에는 심판의 당사자를 공동 피청구인으로 한다.

제101조(재심에 의하여 회복된 품종보호권의 효력 제한)

다음 각 호의 어느 하나에 해당하는 경우 품종보호권의 효력은 해당 심결이 확정된 후 재심청구의 등록 전에 선의로 실시한 행위에는 미치지 아니한다.

1. 품종보호권이 무효로 된 후 재심에 의하여 그 효력이 회복된 경우
2. 거절결정에 대한 심판청구를 받아들이지 아니한다는 심결이 있었던 품종보호 출원이 재심에 의하여 품종보호권의 설정등록이 된 경우

제102조(재심에 의하여 회복된 품종보호권에 대한 선사용자의 통상실시권)

제101조 각 호의 어느 하나에 해당하는 경우에 해당 심결이 확정된 후 재심청구의 등록 전에 선의로 국내에서 그 보호품종의 실시사업을 하고 있는 자 또는 그 사업을 준비하고 있는 자는 그 실시 또는 준비를 하고 있는 사업의 목적 범위에서 그 품종보호권에 대하여 통상실시권을 가진다.

제103조(심결 등에 대한 소)

① 심결에 대한 소와 심판청구서 또는 재심청구서의 보정각하결정에 대한 소는 특허법원의 전속관할로 한다.

② 제1항에 따른 소는 당사자, 참가인 또는 해당 심판이나 재심에 참가신청을 하였으나 신청이 거부된 자만 제기할 수 있다.

③ 제1항에 따른 소는 심결이나 결정의 등본을 송달받은 날부터 30일 이내에 제기하여야 한다.

④ 제3항의 기간은 불변기간으로 한다.

⑤ 심판을 청구할 수 있는 사항에 관한 소는 심결에 대한 것이 아니면 제기할 수 없다.

⑥ 제98조에 따라 준용되는 「특허법」 제165조에 따른 심판비용의 심결이나 결정에 대하여는 독립하여 제1항에 따른 소를 제기할 수 없다.
⑦ 특허법원의 판결에 대하여는 대법원에 상고할 수 있다.

제104조(대가에 대한 불복의 소)
① 제69조제2항제2호의 대가에 대하여 결정을 받은 자가 그 대가에 대하여 불복할 때에는 법원에 소를 제기할 수 있다.
② 제1항에 따른 소송은 재정서 등본을 송달받은 날부터 30일 이내에 제기하여야 한다.
③ 제1항에 따른 소송에서는 품종보호권자・전용실시권자 또는 통상실시권자를 피고로 하여야 한다.

제105조(「특허법」 등의 준용)
① 품종보호에 관한 재심의 절차 및 재심의 청구에 관하여는 「특허법」 제180조・제184조 및 「민사소송법」 제459조제1항을 준용한다.
② 품종보호에 관한 소송에 관하여는 「특허법」 제187조, 제188조 및 제189조를 준용한다.
③ 제2항의 경우 「특허법」 제187조 본문 중 "특허청장"은 "농림축산식품부장관 또는 해양수산부장관"으로, 같은 조 단서 중 "제133조제1항, 제134조제1항・제2항, 제135조제1항・제2항, 제137조제1항 또는 제138조제1항・제3항"은 "제92조제1항"으로, 같은 법 제189조제1항 중 "제186조제1항"은 "제103조제1항"으로 본다.

## 제3장 품종의 명칭

제106조(품종명칭)
① 제30조제1항에 따라 품종보호를 받기 위하여 출원하는 품종은 1개의 고유한 품종명칭을 가져야 한다.
② 대한민국이나 외국에 품종명칭이 등록되어 있거나 품종명칭 등록출원이 되어 있는 경우에는 그 품종명칭을 사용하여야 한다.

제107조(품종명칭 등록의 요건)
다음 각 호의 어느 하나에 해당하는 품종명칭은 제109조제8항에 따른 품종명칭의 등록을 받을 수 없다.
1. 숫자로만 표시하거나 기호를 포함하는 품종명칭

2. 해당 품종 또는 해당 품종 수확물의 품질 · 수확량 · 생산시기 · 생산방법 · 사용방법 또는 사용시기로만 표시한 품종명칭
3. 해당 품종이 속한 식물의 속 또는 종의 다른 품종의 품종명칭과 같거나 유사하여 오인하거나 혼동할 염려가 있는 품종명칭
4. 해당 품종이 사실과 달리 다른 품종에서 파생되었거나 다른 품종과 관련이 있는 것으로 오인하거나 혼동할 염려가 있는 품종명칭
5. 식물의 명칭, 속 또는 종의 명칭을 사용하였거나 식물의 명칭, 속 또는 종의 명칭으로 오인하거나 혼동할 염려가 있는 품종명칭
6. 국가, 인종, 민족, 성별, 장애인, 공공단체, 종교 또는 고인과의 관계를 거짓으로 표시하거나, 비방하거나 모욕할 염려가 있는 품종명칭
7. 저명한 타인의 성명, 명칭 또는 이들의 약칭을 포함하는 품종명칭. 다만, 그 타인의 승낙을 받은 경우는 제외한다.
8. 해당 품종의 원산지를 오인하거나 혼동할 염려가 있는 품종명칭 또는 지리적 표시를 포함하는 품종명칭
9. 품종명칭의 등록출원일보다 먼저 「상표법」에 따른 등록출원 중에 있거나 등록된 상표와 같거나 유사하여 오인하거나 혼동할 염려가 있는 품종명칭
10. 품종명칭 자체 또는 그 의미 등이 일반인의 통상적인 도덕관념이나 선량한 풍속 또는 공공의 질서를 해칠 우려가 있는 품종명칭

### 제108조(품종명칭의 선출원)

① 같은 품종명칭에 대하여 다른 날에 둘 이상의 품종명칭 등록출원이 있을 때에는 먼저 품종명칭 등록을 출원한 자만이 그 품종명칭에 대하여 품종명칭 등록을 받을 수 있다.

② 제1항에 따른 품종명칭 등록에 관하여는 제25조제2항 및 제5항을 준용한다. 이 경우 "품종"은 "품종명칭"으로, "품종보호"는 "품종명칭등록"으로 본다.

### 제109조(품종명칭의 등록절차 등)

① 품종명칭 등록을 받으려는 자(이하 "품종명칭 등록출원인"이라 한다)는 공동부령으로 정하는 서류 등을 갖추어 농림축산식품부장관 또는 해양수산부장관에게 품종명칭 등록출원을 하여야 한다.

② 제106조제1항의 경우에 해당 품종보호 출원서를 농림축산식품부장관 또는 해양수산부장관에게 제출하였을 때에는 품종명칭 등록출원을 한 것으로 본다.

③ 심사관은 제1항에 따라 출원된 품종명칭에 대하여 제107조에 따른 품종명칭 등록요건을

갖추었는지를 심사하여야 한다.

④ 심사관은 출원된 품종명칭이 다음 각 호의 어느 하나에 해당하는 경우에는 그 품종명칭 등록출원에 대하여 거절결정을 하여야 한다.

1. 제42조제1항에 따라 해당 품종보호 출원에 대한 거절결정이 있는 경우
2. 제106조를 위반한 경우
3. 제107조 각 호의 어느 하나에 해당하는 경우
4. 제108조에 따라 품종명칭의 등록을 받을 수 없는 경우

⑤ 심사관은 제4항제2호부터 제4호까지의 규정에 따라 품종명칭 등록출원을 거절하려 할 경우에는 해당 품종명칭 등록출원인에게 그 이유를 통보하여 그 품종명칭 등록출원인이 통보일부터 30일 이내에 새로운 품종명칭을 제출하게 하여야 한다.

⑥ 심사관은 제1항에 따른 품종명칭 등록출원에 대하여 제4항 각 호의 어느 하나에 해당하는 이유를 발견할 수 없을 때에는 그 품종명칭 등록출원을 공보에 게재하여 공고하여야 한다.

⑦ 제6항에 따른 품종명칭 등록출원 공고가 있으면 누구든지 공고일부터 30일 이내에 농림축산식품부장관 또는 해양수산부장관에게 품종명칭등록 이의신청(이하 "품종명칭등록 이의신청"이라 한다)을 할 수 있다.

⑧ 농림축산식품부장관 또는 해양수산부장관은 제6항에 따른 품종명칭 등록출원 공고 및 품종명칭등록 이의신청 절차가 끝난 후 품종명칭 등록출원에 대하여 제4항 각 호의 어느 하나에 해당하는 이유를 발견할 수 없을 때에는 해당 품종명칭을 지체 없이 품종명칭 등록원부에 등록하고 품종명칭 등록출원인에게 알려야 한다.

제110조(품종명칭등록 이의신청)

품종명칭등록 이의신청을 할 때에는 그 이유를 적은 품종명칭등록 이의신청서에 필요한 증거를 첨부하여 농림축산식품부장관 또는 해양수산부장관에게 제출하여야 한다.

제111조(품종명칭등록 이의신청 이유 등의 보정)

품종명칭등록 이의신청을 한 자(이하 "품종명칭등록 이의신청인"이라 한다)는 품종명칭등록 이의신청기간이 지난 후 30일 이내에 품종명칭등록 이의신청서에 적은 이유 또는 증거를 보정할 수 있다.

제112조(품종명칭등록 이의신청에 대한 결정)

① 심사관은 품종명칭등록 이의신청이 있을 때에는 품종명칭등록 이의신청서 부본을 품종명칭 등록출원인에게 송달하고 기간을 정하여 답변서를 제출할 수 있는 기회를 주어야 한다.

② 심사관은 제1항에 따른 기간이 지난 후에 품종명칭등록 이의신청에 대하여 결정하여야 한다.

③ 품종명칭등록 이의신청에 대한 결정은 서면으로 하여야 하며 그 이유를 밝혀야 한다.

④ 농림축산식품부장관 또는 해양수산부장관은 제2항에 따른 결정이 있는 때에는 그 결정의 등본을 품종명칭 등록출원인 및 품종명칭등록 이의신청인에게 송달하여야 한다.

⑤ 품종명칭등록 이의신청에 대한 결정이 있는 때에는 같은 이유로 다시 이의신청을 할 수 없다.

제113조(품종명칭 등록출원 공고 후의 직권에 의한 거절결정)

① 심사관은 품종명칭 등록출원 공고 후 제109조제4항 각 호의 어느 하나에 해당하는 이유를 발견한 경우에는 직권으로 거절결정을 할 수 있다.

② 제1항에 따라 거절결정을 하는 경우에는 품종명칭등록 이의신청이 있더라도 그 품종명칭등록 이의신청에 대하여는 결정하지 아니한다.

③ 농림축산식품부장관 또는 해양수산부장관은 제1항에 따라 거절결정을 한 경우로서 품종명칭 등록 이의신청이 있을 때에는 품종명칭등록 이의신청인에게 거절결정 등본을 송달하여야 한다.

④ 제1항에 따른 거절결정에 관하여는 제42조제2항부터 제4항까지의 규정을 준용한다. 이 경우 "품종보호"는 "품종명칭등록"으로 본다.

제114조(품종명칭등록 이의신청의 경합)

① 심사관은 둘 이상의 품종명칭등록 이의신청에 대하여 그 심사 또는 결정을 병합하거나 분리할 수 있다.

② 심사관은 둘 이상의 품종명칭등록 이의신청이 있는 경우에 그 중 어느 하나의 품종명칭등록 이의신청에 대하여 심사한 결과 그 품종명칭등록 이의신청이 이유가 있다고 인정하면 다른 품종명칭등록 이의신청에 대하여는 결정하지 아니할 수 있다.

③ 제2항에 따라 품종명칭등록 이의신청이 이유가 있다고 인정되어 거절결정이 있는 경우 농림축산식품부장관 또는 해양수산부장관은 결정을 하지 아니한 품종명칭등록 이의신청을 한 품종명칭등록 이의신청인에게도 그 거절결정 등본을 송달하여야 한다.

제115조(품종명칭등록 거절결정에 대한 이의신청)

품종명칭등록 거절결정에 대한 이의신청에 관하여는 제110조부터 제114조까지의 규정을 준용한다.

제116조(품종명칭의 사용 등)

① 누구든지 제109조제8항에 따라 등록된 타인의 품종(제54조제2항에 따라 설정등록된 보호품종은 제외한다)의 품종명칭을 도용하여 종자를 판매·보급·수출하거나 수입할 수 없다.

② 누구든지 제109조제8항에 따른 품종명칭 등록원부에 등록되지 아니한 품종명칭을 사용하여 종자를 판매하거나 보급할 수 없다.

③ 품종명칭 등록출원인 또는 그 품종의 승계인은 제109조제8항에 따라 등록된 품종명칭을 사용하는 경우에는 상표명칭을 함께 표시할 수 있다. 이 경우 그 품종명칭은 쉽게 알아볼 수 있도록 표시되어야 한다.

제117조(품종명칭의 취소)

① 농림축산식품부장관 또는 해양수산부장관은 다음 각 호의 어느 하나에 해당하는 경우에는 제109조제8항에 따라 등록된 품종명칭을 취소하여야 한다.

1. 제109조제4항제2호부터 제4호까지의 어느 하나에 해당하는 이유가 발견된 경우
2. 품종명칭의 사용을 금지하는 판결이 있는 경우
3. 그 밖에 대통령령령으로 정하는 경우

② 농림축산식품부장관 또는 해양수산부장관은 제1항에 따라 품종명칭을 취소하려는 경우에는 등록된 해당 품종명칭의 출원인에게 취소사유를 통보하고 그 통보일부터 30일 이내에 새로운 품종명칭을 제출하게 하여야 한다.

③ 제2항에 따라 제출된 새로운 품종명칭에 관하여는 제109조제3항부터 제8항까지 및 제110조부터 제114조까지의 규정을 준용한다.

## 제4장 보칙

제118조(종자위원회)

① 다음 각 호의 사항을 수행하기 위하여 농림축산식품부 또는 해양수산부에 농림종자위원회 또는 수산종자위원회(이하 "종자위원회"라 한다)를 둔다.

1. 품종보호권의 보호에 관한 농림축산식품부장관 또는 해양수산부장관의 자문에 대한 조언
2. 제67조에 따른 통상실시권 설정에 관한 재정의 심의
3. 품종보호권 침해분쟁의 조정

② 종자위원회는 위원장 1명과 제90조제2항에 따른 심판위원회 상임심판위원 1명을 포함한 10명 이상 15명 이하의 위원(이하 "종자위원"이라 한다)으로 구성한다.

③ 종자위원은 다음 각 호의 어느 하나에 해당하는 사람 중에서 농림축산식품부장관 또는

해양수산부장관이 임명하거나 위촉하며, 위원장은 농림축산식품부장관 또는 해양수산부장관이 종자위원 중에서 임명하거나 위촉한다.

1. 3급 이상 공무원(고위공무원단에 속하는 일반직공무원을 포함한다)의 직위에 있거나 있었던 사람으로서 종자 관련 업무에 경험이 있는 사람
2. 「고등교육법」에 따른 대학의 부교수 이상으로 재직하고 있거나 재직하였던 사람으로서 종자 관련 분야를 전공한 사람
3. 변호사 또는 변리사 자격이 있는 사람
4. 농업단체・임업단체 또는 수산업단체의 임원으로 재직하고 있거나 재직하였던 사람
5. 종자산업과 관련된 협회의 임원으로 재직하고 있거나 재직하였던 사람
6. 시민단체(「비영리민간단체지원법」 제2조에 따른 비영리민간단체를 말한다)에서 추천한 사람

④ 종자위원의 임기는 2년으로 하며, 두 차례만 연임할 수 있다.

⑤ 종자위원회의 구성・운영 등에 필요한 사항은 대통령령으로 정한다.

### 제119조(분쟁의 조정)

① 품종보호권 침해분쟁의 조정을 원하는 자는 종자위원회에 조정을 신청할 수 있다.

② 제1항에 따라 조정을 신청하려는 자는 공동부령으로 정하는 조정신청서를 종자위원회에 제출하여야 한다.

③ 제2항에 따른 조정신청서를 받은 종자위원회의 위원장은 필요하다고 인정하는 경우 제4항의 조정부에 회부하고, 그 조정신청서의 사본을 분쟁 상대방에게 송부하여야 한다.

④ 제1항에 따른 조정신청을 받은 종자위원회는 3명의 위원으로 조정부를 구성할 수 있으며 조정신청을 받은 날부터 1년 이내에 조정을 하여야 한다. 다만, 재배시험이 필요한 경우 등 정당한 사유가 있는 경우에는 공동부령으로 정하는 바에 따라 조정기간을 연장할 수 있다.

⑤ 조정부의 구성・운영 등에 필요한 사항은 대통령령으로 정한다.

⑥ 제1항에 따라 품종보호권 침해분쟁의 조정을 신청한 자에게는 조사에 필요한 비용을 부담하게 할 수 있다. 다만, 조정이 성립된 경우로서 특약이 없을 때에는 당사자에게 똑같이 부담하게 할 수 있다.

⑦ 제6항에 따른 부담비용의 산정 및 납부방법, 납부기간 등은 공동부령으로 정한다.

### 제120조(위원의 제척 등)

① 종자위원이 다음 각 호의 어느 하나에 해당하는 경우에는 해당 조정에서 제척된다.

1. 다음 각 목의 사람이 해당 분쟁의 당사자가 되거나 당사자와 공동 권리자 또는 의무자의 관계에 있는 경우
   가. 종자위원
   나. 종자위원의 배우자 또는 배우자였던 사람
2. 종자위원이 해당 분쟁의 당사자와 친족이거나 친족이었던 경우
3. 종자위원이 해당 분쟁에 관하여 증언이나 감정을 한 경우
4. 종자위원이 해당 분쟁에 관하여 당사자의 대리인으로서 관여하고 있거나 관여하였던 경우

② 종자위원에게 공정한 직무집행을 기대하기 어려운 사정이 있는 경우에 당사자는 종자위원회에 기피신청을 할 수 있으며, 종자위원회는 기피신청이 타당하다고 인정할 때에는 기피의 결정을 한다.

③ 종자위원은 제1항 또는 제2항의 사유에 해당할 때에는 종자위원회 위원장의 허가를 받아 회피할 수 있다.

제121조(자료 요청 등)

① 종자위원회는 분쟁의 조정을 위하여 필요하다고 인정하면 농림축산식품부장관, 해양수산부장관 또는 그 소속 기관의 장에게 자료나 의견의 제출, 재배시험, 유전자 검사 등 필요한 협조를 요청할 수 있다.

② 제1항에 따른 협조를 요청받은 기관의 장은 정당한 사유가 없으면 협조하여야 한다

제122조(출석의 요구)

① 종자위원회는 필요한 경우 당사자나 그 대리인 또는 이해관계인에게 출석을 요구하거나 관계 서류의 제출을 요구할 수 있다.

② 제1항에 따라 당사자나 그 대리인 또는 이해관계인의 출석을 요구하거나 필요한 관계 서류를 요구하는 경우에는 회의 개최일 7일 전까지 서면으로 하여야 한다.

③ 제2항의 서면에는 정당한 사유 없이 이에 따르지 아니하는 경우 의견진술을 포기한 것으로 본다는 뜻이 포함되어야 한다.

④ 당사자가 정당한 사유 없이 제1항에 따른 출석 요구 또는 관계 서류의 제출 요구를 따르지 아니하면 조정이 성립되지 아니한 것으로 본다.

제123조(직권조정결정)

① 종자위원회는 당사자 간에 합의가 이루어지지 아니한 경우 또는 신청인의 주장이 이유

있다고 판단되는 경우에는 당사자들의 이익과 그 밖의 모든 사정을 고려하여 신청 취지에 반하지 아니하는 한도에서 직권으로 조정을 갈음하는 결정(이하 "직권조정결정"이라 한다)을 할 수 있다.

② 직권조정결정에는 다음 각 호의 사항을 포함할 수 있다.
  1. 침해행위의 중지
  2. 손해배상이나 그 밖에 필요한 구제조치
  3. 같거나 유사한 침해행위의 재발을 방지하기 위하여 필요한 조치

③ 직권조정결정에는 주문(主文)과 이유를 적고 이에 관여한 조정위원 모두가 서명・날인하여야 하며, 그 정본(正本)을 지체 없이 당사자에게 송달하여야 한다.

④ 당사자가 제3항에 따라 결정서를 송달받은 날부터 14일 이내에 이의를 신청하지 아니하면 직권조정을 수락한 것으로 본다.

⑤ 제4항의 기간 내에 이의신청이 있을 때에는 종자위원회는 이의신청의 상대방에게 그 사실을 지체 없이 통지하여야 한다.

### 제124조(조정의 성립 등)

① 조정은 당사자 간에 합의된 사항을 조서에 적음으로써 성립한다.

② 제1항에 따라 조정이 성립되었을 때에는 당사자 간에 조서와 같은 내용의 합의가 성립된 것으로 본다. 다만, 당사자가 임의로 처분할 수 없는 사항에 관한 것은 그러하지 아니하다.

### 제125조(수수료)

① 다음 각 호의 어느 하나에 해당하는 자는 수수료를 납부해야 한다.
  1. 제4조제4항에 따라 품종보호관리인의 선임 등록 또는 변경 등록을 하려는 자
  2. 제30조제1항에 따라 품종보호 출원을 하려는 자
  3. 제31조제1항에 따라 우선권을 주장하려는 자
  4. 제52조에 따른 등록(제54조에 따른 품종보호권의 설정등록은 제외한다)을 하려는 자
  5. 제67조제1항에 따라 통상실시권 설정에 관한 재정을 청구하려는 자
  6. 제91조 또는 제92조에 따른 심판을 청구하려는 자
  7. 제99조에 따른 재심을 청구하려는 자
  8. 각종 서류의 등본, 초본, 사본 또는 증명을 신청하려는 자

② 제1항에 따른 수수료와 그 납부방법 및 납부기간 등은 공동부령으로 정한다.

제126조(수수료의 면제 및 반환)

① 국가, 지방자치단체, 「국민기초생활 보장법」 제5조에 따른 수급권자 및 공동부령으로 정하는 자에 대하여는 제125조에도 불구하고 수수료를 면제한다.

② 제1항에 따라 수수료를 면제받으려는 자는 공동부령으로 정하는 서류를 농림축산식품부장관 또는 해양수산부장관에게 제출하여야 한다.

③ 납부된 수수료는 반환하지 아니한다. 다만, 잘못 납부된 수수료는 납부한 자의 청구에 의하여 반환한다.

④ 농림축산식품부장관 또는 해양수산부장관은 잘못 납부된 수수료가 있는 경우에는 그 사실을 안 즉시 이를 납부한 자에게 통지하여야 한다.

⑤ 제3항 단서에 따른 수수료의 반환 청구는 수수료를 납부한 날부터 3년 이내에 하여야 한다.

제127조(사용문자)

이 법에 따른 모든 서류는 한글로 작성하여야 하며, 한자 및 외국문자로 적어야 할 경우에는 괄호 안에 표기하여야 한다. 다만, 공동부령으로 정하는 경우에는 그러하지 아니하다.

제128조(서류의 보관 등)

① 농림축산식품부장관 또는 해양수산부장관은 품종보호 출원의 포기, 무효, 취하 또는 거절결정이 있거나 품종보호권이 소멸한 날부터 5년간 해당 품종보호 출원 또는 품종보호권에 관한 서류를 보관하여야 한다.

② 품종보호에 관한 이해관계인은 품종보호 출원 관련 서류, 품종보호권 관련 서류, 제40조 또는 제82조제2항에 따라 한 시험에 관한 서류의 열람 및 복사를 농림축산식품부장관 또는 해양수산부장관에게 신청할 수 있다.

③ 농림축산식품부장관 또는 해양수산부장관은 제2항에 따른 신청을 받은 경우 다음 각 호의 어느 하나에 해당할 때에는 열람 및 복사를 허가하여서는 아니 된다

1. 제56조제3항제2호에 해당하는 품종으로서 해당 품종보호 출원인이 비공개를 요청한 경우
2. 출원공개되지 아니한 품종보호 출원에 관한 서류인 경우

제129조(권한 등의 위임·위탁)

① 이 법에 따른 농림축산식품부장관 또는 해양수산부장관의 권한은 그 일부를 대통령령으로 정하는 바에 따라 농촌진흥청장, 산림청장 또는 소속 기관의 장에게 위임할 수 있다.

② 농림축산식품부장관 또는 해양수산부장관은 이 법에 따른 업무의 일부를 대통령령으로 정하는 바에 따라 공동부령으로 정하는 농림수산업 관련 법인 또는 단체에 위탁할 수 있다.

### 제130조(「특허법」의 준용)

품종보호에 관한 절차에서 서류의 송달 등에 관하여는 「특허법」 제217조, 제218조부터 제220조까지 및 제222조를 준용한다.

### 제130조의2(벌칙 적용에서 공무원 의제)

심판위원 및 종자위원 중 공무원이 아닌 위원은 「형법」 제127조 및 제129조부터 제132조까지의 규정을 적용할 때에는 공무원으로 본다.

## 제5장 벌칙

### 제131조(침해죄 등)

① 다음 각 호의 어느 하나에 해당하는 자는 7년 이하의 징역 또는 1억원 이하의 벌금에 처한다.
  1. 품종보호권 또는 전용실시권을 침해한 자
  2. 제38조제1항에 따른 권리를 침해한 자. 다만, 해당 품종보호권의 설정등록이 되어 있는 경우만 해당한다.
  3. 거짓이나 그 밖의 부정한 방법으로 품종보호결정 또는 심결을 받은 자

② 제1항제1호 또는 제2호에 따른 죄는 고소가 있어야 공소를 제기할 수 있다.

### 제132조(위증죄)

① 제98조에 따라 준용되는 「특허법」 제154조 또는 제157조에 따라 선서한 증인, 감정인 또는 통역인이 심판위원회에 대하여 거짓으로 진술, 감정 또는 통역을 하였을 때에는 5년 이하의 징역 또는 5천만원 이하의 벌금에 처한다.

② 제1항에 따른 죄를 지은 사람이 그 사건의 결정 또는 심결 확정 전에 자수하였을 때에는 그 형을 감경하거나 면제할 수 있다.

### 제133조(거짓표시의 죄)

제89조를 위반한 자는 3년 이하의 징역 또는 3천만원 이하의 벌금에 처한다.

### 제134조(비밀누설죄 등)

농림축산식품부·해양수산부 직원(제129조에 따라 권한이 위임된 경우에는 그 위임받은 기관의 직원을 포함한다), 심판위원회 직원 또는 그 직위에 있었던 사람이 직무상 알게 된 품종보호 출원 중인 품종에 관하여 비밀을 누설하거나 도용하였을 때에는 5년 이하의 징역 또는 5천만원

이하의 벌금에 처한다.

제135조(양벌규정)

법인의 대표자나 법인 또는 개인의 대리인, 사용인, 그 밖의 종업원이 그 법인 또는 개인의 업무에 관하여 제131조제1항 또는 제133조의 위반행위를 하면 그 행위자를 벌하는 외에 그 법인 또는 개인에게도 해당 조문의 벌금형을 과(科)한다. 다만, 법인 또는 개인이 그 위반행위를 방지하기 위하여 해당 업무에 관하여 상당한 주의와 감독을 게을리하지 아니한 경우에는 그러하지 아니하다.

제136조(몰수 등)

① 법원은 제131조제1항제1호 또는 제2호에 해당하는 행위를 조성한 물건 또는 그 행위로부터 생긴 물건을 몰수하거나 피해자의 청구에 의하여 그 물건을 피해자에게 내줄 것을 선고하여야 한다.

② 피해자는 제1항에 따른 물건을 받은 경우에는 그 물건의 가액(價額)을 초과하는 손해에 대하여만 배상을 청구할 수 있다.

제137조(과태료)

① 다음 각 호의 어느 하나에 해당하는 자에게는 50만원 이하의 과태료를 부과한다.

1. 제62조제2항을 위반하여 품종보호권·전용실시권 또는 질권의 상속이나 그 밖의 일반승계의 취지를 신고하지 아니한 자
2. 제81조의 실시 보고 명령에 따르지 아니한 자
3. 제98조에 따라 준용되는 「민사소송법」 제143조, 제259조, 제299조 및 제367조에 따라 선서한 증인, 감정인 및 통역인이 아닌 사람으로서 심판위원회에 대하여 거짓 진술을 한 사람
4. 제98조에 따라 준용되는 「특허법」 제157조에 따라 심판위원회로부터 증거조사나 증거보전에 관하여 서류나 그 밖의 물건의 제출 또는 제시 명령을 받은 사람으로서 정당한 사유 없이 그 명령에 따르지 아니한 사람
5. 제98조에 따라 준용되는 「특허법」 제154조 또는 제157조에 따라 심판위원회로부터 증인, 감정인 또는 통역인으로 소환된 사람으로서 정당한 사유 없이 소환을 따르지 아니하거나 선서, 진술, 증언, 감정 또는 통역을 거부한 사람

② 제1항에 따른 과태료는 대통령령으로 정하는 바에 따라 농림축산식품부장관 또는 해양수산부장관이 부과·징수한다.

## 05 식물신품종 보호법에 따른 품종보호료 및 수수료 징수규칙

제1조(목적)

이 규칙은 「식물신품종 보호법」 제46조 및 제125조 등에서 위임한 품종보호료 및 수수료와 그 납부방법 및 납부기간 등에 관하여 필요한 사항을 규정함을 목적으로 한다.

제2조(품종보호료)

「식물신품종 보호법」(이하 "법"이라 한다) 제46조에 따른 품종보호료(이하 "품종보호료"라 한다)는 품종보호권 설정등록일부터의 연수(年數)별로 다음 각 호의 구분에 따른다.

1. 제1년부터 제5년까지: 매년 3만원
2. 제6년부터 제10년까지: 매년 7만5천원
3. 제11년부터 제15년까지: 매년 22만5천원
4. 제16년부터 제20년까지: 매년 50만원
5. 제21년부터 제25년까지: 매년 1백만원

제3조(품종보호료의 납부방법)

품종보호료는 별지 제1호서식의 납부서에 따라 현금으로 납부하거나 정보통신망을 이용하여 전자화폐・전자결제 등의 방법으로 납부할 수 있다.

제4조(품종보호료의 납부기간)

① 품종보호료는 품종보호결정의 등본 또는 품종보호 등록 심결의 등본을 받은 날부터 1개월 이내에 연간 품종보호료를 한꺼번에 납부하여야 한다.

② 품종보호권자는 2년차분부터의 품종보호료를 해당 권리의 설정등록일을 기준으로 하여 매년 1년분씩 그 전년도에 납부하여야 한다. 다만, 품종보호권자가 여러 연도분의 품종보호료를 한꺼번에 납부하기를 희망하는 경우에는 연간 단위로 품종보호권자가 희망하는 기간까지의 품종보호료를 한꺼번에 납부하게 할 수 있다.

③ 제2항 단서에 따라 품종보호권자가 품종보호료를 한꺼번에 납부한 경우 납부 후 품종보호료가 변경되었을 때에는 변경된 품종보호료에 적합하게 납부한 것으로 본다.

제5조(납부기간 경과 후의 품종보호료 납부 등)

① 법 제47조제2항에 따라 납부기간이 경과한 후 6개월 이내에 품종보호료를 납부하는 경우에는

다음 각 호의 구분에 따른 금액을 가산하여 납부한다.

1. 납부기간이 경과된 날부터 1개월 이내에 납부하는 경우: 품종보호료의 100분의 20에 해당하는 금액
2. 납부기간이 경과된 날부터 1개월 초과 3개월 이내에 납부하는 경우: 품종보호료의 100분의 30에 해당하는 금액
3. 납부기간이 경과된 날부터 3개월 초과 6개월 이내에 납부하는 경우: 품종보호료의 100분의 50에 해당하는 금액

② 법 제48조제3항에 따라 품종보호료를 보전하는 경우에는 납부하지 아니한 금액의 100분의 20에 해당하는 금액을 가산하여 납부한다.

제6조(품종보호료의 면제 및 반환)

① 법 제50조제4호에서 "그 밖에 공동부령으로 정하는 경우"란 다음 각 호의 어느 하나에 해당하는 경우(육성자와 면제 신청인이 같은 경우만 해당한다)를 말한다.

1. 「국민기초생활 보장법」 제12조의3에 따른 의료급여 수급권자가 품종보호권의 존속기간 중에 품종보호료를 납부하여야 하는 경우
2. 다음 각 목의 어느 하나에 해당하는 자가 품종보호권의 설정등록을 받기위하여 또는 품종보호권의 존속기간 중에 품종보호료를 납부하여야 하는 경우
   가. 「국가유공자 등 예우 및 지원에 관한 법률」 제4조 및 제5조에 따른 국가유공자와 그 유족 또는 가족
   나. 「5・18민주유공자예우에 관한 법률」 제4조 및 제5조에 따른 5・18민주유공자와 그 유족 또는 가족
   다. 「고엽제후유의증 등 환자지원 및 단체설립에 관한 법률」 제4조에 따라 등록된 고엽제후유증환자・고엽제후유의증환자 또는 고엽제후유증 2세 환자
   라. 「특수임무유공자 예우 및 단체설립에 관한 법률」 제3조 및 제4조에 따른 특수임무유공자와 그 유족 또는 가족
   마. 「독립유공자예우에 관한 법률」 제4조 및 제5조에 따른 독립유공자와 그 유족 또는가족
   바. 「참전유공자예우 및 단체설립에 관한 법률」 제5조에 따라 등록된 참전유공자
   사. 「장애인복지법」 제32조제1항에따라 등록된 장애인

② 품종보호료를 면제받으려는 자는 다음 각 호의서류를 첨부한 별지 제2호서식의 면제 신청서를 산림청장, 국립종자원장 또는 국립수산과학원장에게 제출하여야 한다.

1. 제1항제2호가목부터 바목까지의 어느 하나에 해당함을 증명하는 서류

2. 대리인이 신청서를 제출하는 경우에는 대리권을 증명하는 서류 1통

③ 산림청장, 국립종자원장또는 국립수산과학원장은 제2항에 따른신청서를 받으면 「전자정부법」 제36조제1항에 따른 행정정보의 공동이용을 통하여 다음 각 호의 서류를 확인하여야 한다. 다만, 신청인이 확인에 동의하지 아니하는 경우에는 이를 첨부하도록 하여야 한다.

1. 국민기초생활 수급자 증명서
2. 국가유공자(유족) 확인원
3. 장애인 증명서

④ 품종보호료 면제대상자가 제2항에 따른 면제 신청을 하지 아니한 이유 등으로 면제를 받지 못하고 품종보호료를 납부한 후에 면제분을 반환받으려는 경우에는 권리 설정등록 등을 할 당시에 면제 대상이었음을 증명하는 서류와 별지 제2호서식의 면제신청서를 그 반환의 대상이 되는 품종보호료를 납부한 날부터 5년 이내에 산림청장, 국립종자원장 또는 국립수산과학원장에게 제출하여야 한다.

### 제7조(반환할 품종보호료의 대체)

① 법 제51조에 따라 반환할 품종보호료는 납부한 자의 신청에 따라 납부기한이 지나지 아니한 다른 품종보호료나 수수료로 대체할 수 있다. 이 경우 다른 품종보호료나 수수료는 대체신청이 수리된 날에 납부된 것으로 본다.

② 제1항에 따른 반환할 품종보호료의 대체 절차는 농림축산식품부장관 또는 해양수산부장관이 정하여 고시한다.

### 제8조(품종보호 출원 등에 관한 수수료)

법 제30조에 따른 품종보호의 출원 등에 관하여 법 제125조제1항(제4호 및 제8호는 제외한다)에 따라 납부해야 하는 수수료는 다음 각 호와 같다.

1. 품종보호관리인의 선임등록 또는 변경등록 수수료: 품종당 5천5백원
2. 품종보호 출원수수료: 품종당 3만8천원
3. 품종보호 심사수수료
   가. 서류심사: 품종당 5만원
   나. 재배심사: 재배시험 때마다 품종당 50만원
4. 우선권주장 신청수수료: 품종당 1만8천원
5. 통상실시권 설정에 관한 재정신청수수료: 품종당 10만원
6. 심판청구수수료: 품종당 10만원
7. 재심청구수수료: 품종당 15만원

8. 보정료(補正料): 다음 각 목의구분에 따른 금액. 다만, 보정의 기준 및 보정료의 납부대상에 관한 구체적인 사항은 농림축산식품부장관 또는 해양수산부장관이 정하여 고시한다.
   가. 보정서를 전자문서로 제출하는 경우: 건당 3천원
   나. 보정서를 서면으로 제출하는 경우: 건당 1만3천원

제9조(품종보호권의 등록에 관한 수수료)
법 제52조제1항에 따른 품종보호권의 등록에 관하여 법 제125조제1항제4호에 따라 납부해야 하는 수수료는 다음 각 호와 같다.
1. 품종보호권의 이전등록수수료
   가. 상속에 의한 경우: 품종당 1만4천원
   나. 상속 외의 사유에 의한 경우: 품종당 5만3천원
2. 실시권의 설정등록수수료
   가. 전용실시권: 품종당 7만2천원
   나. 통상실시권: 품종당 4만3천원
3. 품종보호권·전용실시권 또는 통상실시권을 목적으로 하는 질권의 설정등록 또는 처분의 제한등록수수료: 품종당 7만원
4. 제2호 및 제3호에 따른 권리의 이전등록수수료
   가. 상속에 의한 경우: 품종당 1만1천원
   나. 상속 외의 사유에 의한 경우: 품종당 3만3천원
5. 품종보호권·실시권 또는 질권의 변경등록(행정구역 또는 지번의 변경으로 인한 경우는 제외한다)·말소등록 또는 회복등록수수료: 품종당 3천5백원
6. 품종보호권 및 실시권의 처분의 제한등록수수료: 품종당 5만5천원
7. 가등록수수료: 품종당 1만원
8. 신탁등록 또는 그 변경등록(행정구역 또는 지번의 변경으로 인한 경우는 제외한다)·말소등록 또는 회복등록수수료: 품종당 1만5천원

제10조(그 밖의 수수료)
법 제125조제1항제8호에 따라 납부해야 하는 각종 서류의 등본, 초본, 사본 또는 증명 신청에 따른 수수료는 다음 각 호와 같다.
1. 서류의 등본·초본 또는 증명의 신청수수료: 건당 5백원(복사를 필요로 하는 첨부물이 있는 경우에는 1쪽에 1백원씩을 가산한다)
2. 품종보호권 등록증의 재발급 신청수수료: 건당 6천5백원

3. 등록원부의 사본 또는 기록사항의 신청수수료: 건당 5백원
4. 출원 또는 등록 관련 서류의 사본 신청수수료: 건당 3천원
5. 그 밖의 서류의 사본 신청수수료: 1쪽에 2백원

제11조(수수료의 납부방법)

제8조부터 제10조까지의 규정에 따른 수수료(이하 "수수료"라 한다)는 별지 제1호서식의 납부서에 따라 현금으로 납부하거나 정보통신망을 이용하여 전자화폐·전자결제 등의 방법으로 납부할 수 있다.

제12조(수수료의 납부기간)

① 수수료(제8조제3호의 품종보호 심사수수료는 제외한다)는 신청 등을 할 때 납부하여야 한다.
② 제8조제3호의 품종보호 심사수수료는 심사료 납부 통지를 받은 날이 속하는 달의 다음 달 말일까지 납부하여야 한다.

제13조(수수료의 면제, 반환 및 대체)

① 법 제126조제1항에서 "공동부령으로 정하는 자"란 제6조제1항제2호 각 목의 어느 하나에 해당하는 사람을 말한다.
② 수수료의 면제신청 및 반환에 관하여는 제6조제2항부터 제4항까지를 준용한다. 이 경우 "품종보호료"는 "수수료"로, "5년 이내"는 "3년 이내"로 본다.
③ 반환할 수수료의 대체에 관하여는 제7조를 준용한다. 이 경우 "법 제51조"는 "법 제126조제3항 단서"로, "반환할 품종보호료"는 "반환할 수수료"로, "다른 품종보호료나 수수료"는 "다른 수수료나 품종보호료"로 본다.

## 06 종자관리요강

### 제1장 총 칙

제1조(목적)

이 요강은 「종자산업법」 및 「식물신품종 보호법」, 각각의 시행령 및 시행규칙에서 위임된 사항과 그 시행에 관하여 필요한 사항을 규정함을 목적으로 한다.

### 제2장 육성자의 권리보호

제2조(품종의 특성설명)

「식물신품종 보호법 시행령」 제33조제1항의 규정에 의한 품종의 특성설명은 별표 1과 같으며, 특성설명을 위한 작물별 조사형질 및 조사방법 등은 국립종자원장·국립수산과학원장 또는 산림청장이 정한다.

제3조(사진의 제출)

「식물신품종 보호법 시행규칙」 제40조제1호에 따른 사진의 제출은 별표 2와 같다.

제4조(종자시료의 제출)

「식물신품종 보호법 시행규칙」 제40조제2호에 따른 종자시료의 제출은 국립종자원장·국립수산과학원장 또는 산림청장(국립산림품종관리센터장)이 따로 정하여 시행한다.

제5조(재배심사의 판정기준 등)

① 「식물신품종 보호법 시행규칙」 제47조제2항에 따른 재배심사의 판정기준은 별표 4와 같다.

② 재배심사를 함에 있어서 심사관이 필요하다고 인정하는 경우에는 「식물신품종 보호법」 제2조제3호에 따른 육성자의 포장에서 현지심사를 실시할 수 있다.

제6조(예정가격의 결정기준)

① 「식물신품종 보호법 시행규칙」 제35조제2항에 따른 종자의 총판매수량 또는 총판매예정수량은 유상으로 처분하는 국유품종보호권의 실시기간 중 매 연도별 판매수량 또는 판매예정수량을 합계한 것으로 본다.

② 「식물신품종 보호법 시행규칙」 제35조제2항에 따른 종자의 판매예정단가는 유상으로

처분하고자 하는 국유보호품종과 유사한 품종의 최근 3년간 평균판매가격으로 한다.

③ 「식물신품종 보호법 시행규칙」 제35조제2항에 따른 기본율은 유상으로 처분하고자 하는 국유품종보호권을 이용하여 생산한 종자의 총판매가격 또는 총판매예정가격의 2퍼센트로 하되, 그 국유품종보호권의 보호품종의 우수성 및 실용가치를 참작하여 1퍼센트 이내에서 가감할 수 있다.

## 제3장 품종성능의 관리

### 제7조(사진의 제출)

「종자산업법 시행규칙」 제5조제1호에 따른 사진의 제출은 별표 2와 같다.

### 제8조(종자시료의 제출)

「종자산업법 시행규칙」 제5조제1호에 따른 종자시료의 제출은 국립종자원장 또는 산림청장(국립산림품종관리센터장)이 따로 정하여 시행한다.

### 제9조(품종성능의 심사기준)

### 제10조(종자생산대행의 확인)

① 「종자산업법」 제22조제5호 및 같은 법 시행규칙 제12조제2호에 따라 농림축산식품부장관을 대행하여 종자를 생산하고자 하는 농업인 또는 농업법인은 별지 제1호서식의 신청서를 관할 특별시장・광역시장・특별자치시장・도지사 또는 특별자치도지사(이하 '시・도지사'로 한다) 또는 관할 국립종자원 지원장에게 제출하여야 한다.

② 제1항에 따라 종자생산대행신청을 받은 시・도지사 또는 국립종자원 지원장은 그 포장이 다음 각 호의 요건에 적합한 때에는 종자생산포장으로 지정하고 별지 제2호서식의 종자생산대행확인서를 해당 신청인에게 교부하여야 한다.

1. 작물의 생육에 적합한 통풍과 채광이 양호하고 지력이 비옥・균일할 것
2. 병충해 발생 및 침수해의 상습지대가 아닐 것
3. 관수 및 배수가 용이할 것
4. 포장격리가 가능한 포장조건을 갖춘 지대일 것

## 제4장 종자의 보증

제11조(국가보증의 대상)

제12조(포장검사 등의 검사기준)

「종자산업법 시행규칙」 제17조에 따른 포장검사, 종자 검사 및 재검사의 작물별 검사기준은 별표 6과 같다.

제13조(포장의 종류 및 포장단위)

「종자산업법 시행규칙」 제17조에 따른 종자검사 및 재검사를 함에 있어서 포장의 종류 및 포장단위는 별표 7과 같다.

제14조(사후관리시험의 대상작물)

「종자산업법」 제33조제1항에 따라 사후관리 시험을 실시하여야 하는 작물은 「종자산업법」 제15조에 따른 국가품종목록의 등재대상작물로 한다.

제15조(사후관리시험의 기준)

「종자산업법 시행규칙」 제23조에 따른 사후관리시험의 검사기준은 별표 8과 같다.

## 제5장 종자의 유통

제1절 종자업등록

제16조(종자업등록번호 등)

① 「종자산업법 시행규칙」 별지 제19호서식 에 따른 종자업등록번호 또는 별지 제19호의2서식에 따른 육묘업등록번호의 작성방법은 별표 9와 같다.

② <삭제>

제17조(종자업등록사항의 변경통지)

제18조(종자업등록증의 재교부신청)

### 제2절 품종의 생산·수입 판매 신고

#### 제19조(사진의 제출)

「종자산업법 시행규칙」 제27조제1항제1호에 따른 사진의 제출은 별표 2와 같다.

#### 제20조(종자시료의 제출)

「종자산업법 시행규칙」 제27조제1항제1호에 따른 종자시료의 제출은 국립종자원장 또는 산림청장(국립산림품종관리센터장)이 따로 정하여 시행한다.

#### 제21조(품종의 생산·수입 판매 신고번호)

「종자산업법 시행규칙」 별지 제23호서식에 따른 품종의 생산·수입 판매 신고번호의 작성방법은 별표 9와 같다.

#### 제22조(종자를 정당하게 취득하였음을 입증하는 서류의 범위)

「종자산업법 시행규칙」 제27조제1항제7호에 따라 그 품종의 종자를 정당하게 취득하였음을 입증하는 서류로서 농림축산식품부장관이 정하여 고시하는 사항이 기재된 거래명세서는 다음 각 호의 어느 하나에 해당하는 서류와 같다.

1. 같은 법 시행규칙 제27조제1항제7호 전단에 따른 거래당사자의 성명, 서명, 품종명, 거래일시 등 농림축산식품부장관이 정하여 고시하는 사항이 기재된 거래명세서: 판매자(또는 양도자)가 발부한 작물명, 품종명, 수량, 판매업자명(또는 상호명), 거래일자 및 판매자의 서명 등 취득경로를 명확히 알 수 있는 사항을 포함. 이 경우 해당 품종이 같은 법 시행규칙 제27조제1항제7호 후단에 따른 품종으로서 「식물신품종 보호법」 제17조에 따른 신규성을 갖추지 못한 것으로 보는 경우에는 그 사실을 증명할 수 있는 사항을 포함하여야 한다.
2. 같은 법 시행규칙 제27조제1항제7호 후단에 따른 해당 품종의 실시를 할 수 있는 권리를 양도받았음을 증명하는 서류: 육성자권리의 출원인 또는 그 밖에 육성자권리를 가진 자로부터 사용 동의(성명 및 서명 포함), 권리범위(증식, 생산, 판매 등 행위), 사용범위(품종명, 기간, 수량, 사용 국가명), 계약일자, 구매자(도입자)의 성명(서명 포함) 등의 사항을 포함

#### 제23조(품종의 생산·수입 판매 신고 취소)

① 품종의 생산·수입 판매 신고를 허위로 하거나 부정한 방법으로 신고한 사실이 확인될 경우 국립종자원장 또는 산림청장(국립산림품종관리센터장)은 신고 수리를 취소하고 그 사실을 당사자에게 알려야 한다.

② 품종의 생산·수입 판매 신고자가 신고를 취소하고자 할 경우 별지 제14호서식에 따라

품종의 생산 · 수입 판매 신고 취소신청서를 국립종자원장 또는 산림청장(국립산림품종관리센터장)에게 신청하여야 한다.

③ 제2항의 규정에 의하여 품종의 생산 · 수입 판매 신고 취소신청을 받은 국립종자원장 또는 산림청장(국립산림품종관리센터장)은 특별한 사유가 없을 경우 취소하여야 한다.

제3절 수입적응성시험

제24조(수입적응성시험의 대상작물 및 신청 등)

① 「종자산업법 시행규칙」 제29조에 따른 수입적응성시험 대상작물과 실시기관은 별표 11과 같다.

② 「종자산업법」 제41조제1항에 따라 수입적응성시험을 받고자 하는 자는 제1항의 대상작물 실시기관의 장에게 「종자산업법 시행규칙」 별지 제27호서식 수입적응성시험 신청서를 제출하여야 한다.

제25조(수입적응성시험의 대상작물)

제26조(수입적응성시험의 심사기준)

「종자산업법 시행규칙」 제30조에 따른 수입적응성시험의 심사기준은 별표 12와 같다.

제27조(수입적응성시험계획서의 검토)

① 실시기관의 장은 「종자산업법 시행규칙」 제29조에 따라 제출한 수입적응성시험계획서(이하 "시험계획서"라 한다)의 적정여부를 검토하고 그 결과를 수입적응성시험신청인(이하 "시험자"라 한다)에게 통보하여야 한다.

② 실시기관의 장은 시험계획서가 부적절하다고 인정되는 때에는 그 기간을 정하여 보완을 명할 수 있다.

③ 실시기관의 장은 수입적응성 여부 등에 관한 사항을 검토 · 심의하기 위하여 수입적응성시험 심의위원회 등을 둘 수 있다.

제28조(수입적응성시험결과의 제출)

시험자는 시험계획서에 따라 실시한 시험결과에 대한 종합평가서를 작성하거나 대학 및 정부연구기관에서 실시한 시험성적이 있을 경우 그 결과를 첨부하여 실시기관의 장에게 제출하여야 한다.

### 제29조(수입적응성검토 · 심의)

① 실시기관의 장은 제28조에 따라 제출된 종합평가서 등을 취합하여 검토 또는 심의위원회에 상정하여 심의하여야 한다.

② 실시기관의 장은 제1항에 따라 검토하거나 심의결과 수입적응성이 인정된 품종은 별지 제7호서식의 수입적응성시험확인품종목록에 등재하고, 그 결과를 국립종자원장 및 시험자에게 통보하여야 한다.

### 제30조(수입적응성시험의 확인 등)

① 판매용으로 종자를 수입하고자 하는 자는 실시기관의 장에게 수입적응성시험확인 및 「관세법 제226조에 의한 세관장 확인물품 및 확인방법 지정 고시(관세청고시)」에 따른 수입요건 확인을 받아야 한다.

② 수입적응성시험확인 및 수입요건확인을 받고자 하는 자는 다음 각 호에 따라 신청서를 실시기관의 장에게 제출하여야 한다.

1. 수입적응성시험확인 : 별지 제8호서식 수입적응성시험확인신청서
2. 수입요건확인 : 별지 제9호의2 서식 수입요건확인(신청)서

③ 제2항에 따른 신청서를 받은 실시기관의 장은 제29조제2항에 따른 수입적응성시험확인품종목록 등재사항을 확인하여 별지 제9호서식의 수입적응성시험확인서 및 별지 제9호의2서식 수입요건확인서를 해당 신청인에게 교부하여야 한다.

④ 국립종자원장은 「종자산업법 시행규칙」 제27조에 따른 품종의 수입판매신고시 첨부하는 실시기관의 장이 발행한 수입적응성시험확인서가 제29조제2항에 따라 수입적응성이 인정된 품종으로 통보받은 품종인지 확인하여야 한다.

## 제4절 행정처분의 통보 등

### 제31조(행정처분의 통보)

시장 · 군수는 「종자산업법」 제39조에 따라 종자업자에게 행정처분을 한 때에는 종자업등록번호, 영업소의 명칭, 처분내용, 처분기간 등을 명시하여 행정처분사항을 국립종자원장 또는 산림청장(국립산림품종관리센터장) 및 다른 시 · 도지사에게 통보하여야 한다.

### 제32조(유해한 잡초종자의 종류)

「종자산업법 시행령」 제16조제2항에 따른 유해한 잡초종자의 종류는 식물방역법 제2조제2호 다목에 따른 잡초(그 씨앗을 포함한다)로서 농림축산식품부장관이 정하여 고시한 것을 잡초로 한다.

제33조(특정 병해충의 종류)

「종자산업법 시행령」 제16조제2항에 따른 특정 병해충의 종류는 다음 각 호와 같다.

1. 식물방역법시행규칙 별표 1에서 정하는 병해충
2. 그 밖에 농촌진흥청장 또는 산림청장이 정하는 병해충

제34조(규격묘의 규격기준)

「종자산업법 시행규칙」 제34조제1항제2호에 따른 규격묘의 규격기준은 별표 14와 같다.

제35조(규격묘의 표시)

① 「종자산업법 시행규칙」 제34조제1항제2호에 따라 묘목을 판매하거나 보급하려는 자는 최대 10주 단위로 규격묘 품질표지를 부착하여야 한다. 단, 종자업자와 최종 소비자간 직거래로 단일품종을 판매할 경우에 한하여 주수와 상관없이 하나의 규격묘 품질표지를 부착할 수 있다.

② 한번 사용한 규격묘 품질표지는 다시 사용해서는 아니된다.

③ 제1항에 따른 규격묘의 표시는 별표 15와 같다.

제36조(조사용 종자의 수거)

「종자산업법」 제45조제1항에 따른 조사에 필요한 종자의 수거는 다음 각 호에 의한다.

1. 수거대상
   농림축산식품부장관 또는 시・도지사가 정한다.
2. 종자의 수거량은 제20조의 제출량 기준에 따른다.
3. 종자의 수거방법
   가. 관계공무원은 수거대상 종자시료를 시료제공자의 입회 하에 시료제공자 보관용 5분의1, 검사용 5분의4 비율의 2봉투로 분할하여 각각 봉인한다.
   나. 관계공무원은 별지 제10호서식의 종자시료수거확인서를 3부 작성하여 그 중 1부는 검사용 종자시료와 함께 검사기관인 국립종자원장 또는 산림청장(국립산림품종관리센터장)에게 송부하고, 그 중 1부는 보관용 종자 시료와 함께 시료제공자에게 발급하되 발급일로부터 1년간 보관하게 하여야 하며, 나머지 1부는 해당 종자시료를 생산한 종자업자에게 통보하여 종자시료로 제공된 실량을 시료제공자에게 무상공급하게 하여야 한다.
   다. 수거대상종자는 「식물신품종 보호법」 제54조제2항에 따라 품종보호권이 설정등록된 보호품종의 종자, 「종자산업법」 제17조제4항에 따라 국가품종목록에 등재된 품종의

종자 또는 「종자산업법」 제38조제1항에 따라 생산·판매신고된 품종의 종자로서 「종자산업법」 제43조에 따른 품질 표시가 되어 있고 개포장이 되어 있지 않는 종자이어야 한다.

4. 제3호 가목에 따른 검사용 종자시료봉투의 전면 기재사항은 별지 제11호서식과 같다.
5. 국립종자원장 또는 산림청장(국립산림품종관리센터장)은 실검사용 종자시료를 종자업체별 품종별로 무작위 추출하여 그 중 2분의1은 공시하고 나머지 2분의1은 봉인하여 1년간 보관을 하여야 하며, 실검사에 사용되지 않은 남은 종자는 즉시 해당 종자업자에게 반송하여야 한다.

제37조(종자수거 등)

① 관계공무원이 「종자산업법」 제45조제2항에 따라 이 법에 위반하여 생산 또는 판매되고 있는 종자를 수거하고자 할 때에는 별지 제12호서식에 의한 수거목록서 2부를 작성하여 그 중 1부는 수거 당시 해당 종자를 소유 또는 소지하고 있던 자에게 교부하고, 나머지 1부는 수거된 종자의 보관기간이 경과될 때까지 비치하여야 한다.

② 시·도지사는 불법 또는 불량종자의 유통방지를 위하여 관계공무원으로 하여금 지역별 책임제에 의한 단속 또는 시·군·구간 교체단속을 실시할 수 있으며, 그 단속실적을 별지 제13호서식에 따라 다음 연도 1월20일까지 농림축산식품부장관에게 보고하여야 한다.

③ <삭제>

제38조(보관하기 곤란한 종자)

「종자산업법」 제45조제3항의 단서조항에 따라 보관하기 곤란한 종자로서 농림축산식품부장관이 정하는 작물의 종자는 별표 16과 같다.

## 제6장 종자산업의 기반 조성

제39조(종자산업진흥센터 시설기준)

① 종자산업법 시행령 별표2에 따른 종자산업진흥센터(이하 "진흥센터"라 한다)의 시설기준은 별표17과 같다.

## 제7장 기타

제40조(재검토기한)

농림축산식품부장관은 이 고시에 대하여 「훈령·예규 등의 발령 및 관리에 관한 규정」에 따라2020년 7월 1일을 기준으로 매3년이 되는 시점(매 3년째의 6월 30일까지를 말한다)마다 그 타당성을 검토하여 개선 등의 조치를 하여야 한다.

※ 종자관리요강 주요 별표

[별표 4]

재배심사의 판정기준

1. 구별성의 판정 기준

가. 구별성의 심사는 「식물신품종 보호법」 제18조의 규정에 의한 요건을 갖추었는지를 심사한다.

나. 구별성이 있는 경우라는 것은 신품종심사를 위한 작물별 세부특성조사 요령에 있는 조사특성 중에서 한 가지 이상의 특성이 대조품종과 명확하게 구별되는 경우를 말한다.

다. 잎의 모양 및 색 등과 같은 질적특성의 경우에는 관찰에 의하여 특성 조사를 실시하고 그 결과를 계급으로 표현하여 출원품종과 대조품종의 계급이 한 등급 이상 차이가 나면 출원품종은 구별성이 있는 것으로 판정한다.

라. 잎의 길이와 같은 양적특성의 경우에는 특성별로 계급을 설정하고 품종 간에 두 계급 이상의 차이가 나면 구별성이 있다고 판정한다. 다만, 한 계급 차이가 나더라도 심사관이 명확하게 구별할 수 있다고 인정 하는 경우에는 구별성이 있는 것으로 판정할 수 있다. 계급을 설정할 수 없는 경우에는 실측에 의한 통계처리 방법을 이용하되, 두 품종간에 유의성이 있는 경우에 구별성이 있는 것으로 판정할 수 있다.

2. 균일성의 판정 기준

가. 균일성의 심사는 동일한 번식의 단계에 속하는 식물체가 「식물신품종 보호법」 제19조의 규정에 의한 요건을 갖추었는지를 심사한다.

나. 신품종심사기준에서 정하고 있는 품종의 조사특성들이 당대에 충분히 균일하게 발현하는 경우에 균일성이 있다고 판정한다. 즉, 출원품종 중에서 이형주의 수가 작물별 균일성 판정기준의 수치를 초과하지 아니 하는 경우에 출원품종은 균일성이 있다고 판정한다.

3. 안정성의 판정 기준

가. 안정성의 심사는 반복적인 증식의 단계에 속하는 식물체가 「식물신품종 보호법」 제20조의 규정에 의한 요건을 갖추었는지를 심사한다.

나. 안정성은 출원품종이 통상의 번식방법에 의하여 증식을 계속 하였을 경우에 있어서도 모든 번식단계의 개체가 위의 구별성의 판정에 관련된 특성을 발현하고 동시에 그의 균일성을 유지하고 있는지를 판정한다.

다. 안정성은 1년차 시험의 균일성 판정결과와 2년차 이상의 시험의 균일성 판정결과가 다르지 않으면 안정성이 있다고 판정한다.

[별표 7]

포장의 종류 및 포장단위

1. 포장의 종류

가. 포장재

마대·지대·망대·합성수지대·비닐대상자(프라스틱·골판지 또는 목재) 또는 캔(Can) 등으로서 탈루의 우려가 없는 새 것으로 한다. 다만, 농산물 수송용기(콘테이너 등)는 완전히 세척하여 재사용할수 있으며, 대형백(bag)은 외부에 해당 품종명을 명기하고 해당 품종에만 재사용할 수 있고 재가공 판매를 위한 매입용기는 해당 품종에만 재사용할 수 있다

나. 방법

1) 마대·지대·망대 및 합성수지대는 강인한 망사, 면사 또는 화학사로 꿰메고 기타는 탈루의 우려가 없도록 봉한다. 다만, 지퍼식 합성수지대는 아구리의 지퍼를 닫고 열리지 않도록 손잡이를 고정시킨다.

2) 필요한 경우에는 (1)의 자재중에서 동종 또는 이종을 겹으로 사용할 수 있다.

3) 상자의 결박

| 종 류 | 구분 | 자 재 | 품 질 | 자 리 |
|---|---|---|---|---|
| 프라스틱상자<br>골판지 상자 | 봉합 | 종이감테프 | 너비 38㎜ 이상 | 상.하 날개가<br>맞닿은 곳 |
| | | 접착테프 | 너비 38㎜ 이상 | |
| | 결속 | 종이끈밴드 | KSA 1524 규격에 따름 | 세로 2개소 |
| | | PP 밴드 | KSA 1507 규격에 따름 | 세로 2개소 |
| | | 스테플러 | 너비: 35㎜ 이상<br>침길이 : 15㎜ 이상 | 상.하 날개를<br>10㎝간격으로 박음 |
| 목재상자 | 결속 | 종이끈밴드 | KSA 1524 규격에 따름 | 세로 2개소 |
| | | PP 밴드 | KSA 1507 규격에 따름 | 세로 2개소 |
| | | 철선 | 14 - 16 번선 | 세로 2개소 |

2. 포장단위 : 1㎏미만, 1㎏, 2㎏, 3㎏, 4㎏, 5㎏, 10㎏, 15㎏, 20㎏, 25㎏, 30㎏, 35㎏, 40㎏, 45㎏, 50㎏, 60㎏, 100㎏, 또는 거래 계약상의 포장중량

[별표 8]

사후관리시험의 기준 및 방법

1. 검사항목 : 품종의 순도, 품종의 진위성, 종자전염병
2. 검사시기 : 성숙기
3. 검사횟수 : 1회 이상
4. 검사방법
   가. 품종의 순도
      1) 포장검사 : 작물별 사후관리시험 방법에 따라 품종의 특성조사를 바탕으로이형주수를 조사하여 품종의 순도기준에 적합한지를 검사
      2) 실내검사 : 포장검사로 명확하게 판단할 수 없는 경우 유묘검사 및 전기영동을 통한 정밀검사로 품종의 순도를 검사
   나. 품종의 진위성 : 품종의 특성조사의 결과에 따라 품종고유의 특성이 발현되고 있는지를 확인
   다. 종자전염병 : 포장상태에서 식물체의 병해를 조사하여 종자에 의한 전염병 감염여부를 조사

[별표 11]

수입적응성시험의 대상작물 및 실시기관

| 구분 | 대상작물 | 실시기관 |
|---|---|---|
| 1.식량작물(13) | 벼, 보리, 콩, 옥수수, 감자, 밀, 호밀, 조, 수수, 메밀, 팥, 녹두, 고구마 | 농업기술실용화재단 |
| 2.채소(18) | 무, 배추, 양배추, 고추, 토마토, 오이, 참외, 수박, 호박, 파, 양파, 당근, 상추, 시금치, 딸기, 마늘, 생강, 브로콜리 | 한국종자협회 |
| 5.버섯(11) | 양송이, 느타리, 영지, 팽이, 잎새, 버들송이, 만가닥버섯, 상황버섯 | 한국종균생산협회 |
| | 표고, 목이, 복령 | 국립산림품종관리센터 |
| 6.약용작물(22) | 곽향, 당귀, 맥문동, 반하, 방풍, 산약, 작약, 지황, 택사, 향부자, 황금, 황기, 전칠, 파극, 우슬 | 한국생약협회 |
| | 백출, 사삼, 시호, 오가피, 창출, 천궁, 하수오 | 국립산림품종관리센터 |
| 7.목초.사료 및 녹비작물(29) | 오차드그라스, 톨페스큐, 티모시, 페러니얼라이그라스, 켄터키블루그라스, 레드톱, 리드카나리그라스, 알팔파, 화이트크로바, 레드크로바, 버즈풋트레포일, 메도우페스큐, 브롬그라스, 사료용 벼, 사료용 보리, 사료용 콩, 사료용 감자, 사료용 옥수수, 수수수단그라스 교잡종(Sorghum×Sudangrass Hybrid), 수수 교잡종(Sorghum×Sorghum Hybrid), 호밀, 귀리, 사료용 유채, 이탈리안라이그라스, 헤어리베치, 콤먼벳치, 자운영, 크림손클로버, 수단그라스 교잡종(Sudangrass×Sudangrass Hybrid), | 농업협동조합중앙회 |
| 8.인삼(1) | 인삼 | 한국생약협회 |

[별표 12]

수입적응성시험의 심사기준

1. 재배시험기간

   재배시험기간은 2작기 이상으로 하되 실시기관의 장이 필요하다고 인정하는 경우에는 재배시험기간을 단축 또는 연장할 수 있다.

2. 재배시험지역

   재배시험지역은 최소한 2개 지역 이상(시설 내 재배시험인 경우에는 1개 지역 이상)으로 하되, 품종의 주 재배지역은 반드시 포함되어야 하며 작물의 생태형 또는 용도에 따라 지역 및 지대를 결정한다. 다만, 실시기관의 장이 필요하다고 인정하는 경우에는 작물 및 품종의 특성에 따라 지역수를 가감할 수 있다.

3. 표준품종

   표준품종은 국내외 품종 중 널리 재배되고 있는 품종 1개 이상으로 한다.

4. 평가형질

   평가대상 형질은 작물별로 품종의 목표형질을 필수형질과 추가형질을 정하여 평가하며, 신청서에 기재된 추가 사항이 있는 경우에는 이를 포함한다.

5. 평가기준

   가. 목적형질의 발현, 기후적응성, 내병충성에 대해 평가하여 국내적응성 여부를 판단한다.

   나. 국내 생태계보호 및 자원보존에 심각한 지장을 초래할 우려가 없다고 판단되어야 한다.

[별표 14]

규격묘의 규격기준

1. 과수묘목

| 작 물 | 묘목의 길이(cm) | 묘목의 직경(mm) | 주요 병해충 최고한도 |
|---|---|---|---|
| ◦ 사과 | | | 근두암종병(뿌리혹병): 무 |
| - 이중접목묘 | 120 이상 | 12 이상 | |
| - 왜성대목자근접목묘 | 140 이상 | 12 이상 | |
| ◦ 배 | 120 이상 | 12 이상 | 근두암종병(뿌리혹병): 무 |
| ◦ 복숭아 | 100 이상 | 10 이상 | 근두암종병(뿌리혹병): 무 |
| ◦ 포도 | | | 근두암종병(뿌리혹병): 무 |
| - 접목묘 | 50 이상 | 6 이상 | |
| - 삽목묘 | 25 이상 | 6 이상 | |
| ◦ 감 | 100 이상 | 12 이상 | 근두암종병(뿌리혹병): 무 |
| ◦ 감귤류 | 80 이상 | 7 이상 | 궤양병: 무 |
| ◦ 자두 | 80 이상 | 7 이상 | |
| ◦ 매실 | 80 이상 | 7 이상 | |
| ◦ 참다래 | 80 이상 | 7 이상 | 역병: 무 |

주)1) 묘목의 길이 : 지제부에서 묘목선단까지의 길이

2) 묘목의 직경 : 접목부위 상위 10cm 부위 접수의 줄기 직경. 단, 포도 접목묘는 접목부위 상하위 10cm 부위 접수 및 대목 각각의 줄기 직경, 포도 삽목묘 및 참다래는 신초분기점 상위 10cm 부위의 줄기직경

3) 대목의 길이 : 사과 자근대목 40cm 이상, 포도 대목 25cm 이상, 기타 과종 30㎝이상

4) 사과 왜성대목자근접목대묘측지수 : 지제부 60cm 이상에서 발생한 15cm 길이의 곁가지 5개 이상

5) 배 잎눈 개수 : 접목부위에서 상단 30cm 사이에 잎눈 5개 이상

6) 주요 병해충 판정기준 : 증상이 육안으로 나타난 주

2. 뽕나무 묘목

| 묘목의 종류 | 묘목의 길이(cm) | 묘목의 직경(mm) |
|---|---|---|
| 접목묘 | 50 이상 | 7 |
| 삽목묘 | 50 이상 | 7 |
| 휘문이묘 | 50 이상 | 7 |

주)1) 묘목의 길이 : 지제부에서 묘목 선단까지의 길이

2) 묘목의 직경 : 접목부위 상위 3cm 부위 접수의 줄기 직경. 단, 삽목묘 및 휘문이묘는 지제부에서 3cm 위의 직경

3. 기타 : 관련 종자협회장이 정한다.

[별표 16]

보관하기 곤란한 종자

| 분 류 | 작 물 |
|---|---|
| ◦ 식량작물 | 고구마, 감자 |
| ◦ 특용작물 | 상업적으로 영양번식하여 유통되는 작물 |
| ◦ 채소작물 | 마늘, 딸기, 생강, 토란, 쪽파, 기타 상업적으로 영양번식하여 유통되는 작물 |
| ◦ 화훼 및 과수작물 | 상업적으로 영양번식하여 유통되는 작물 |

[별표 17]

종자산업진흥센터 시설기준

| 시설구분 | | 규모($m^2$) | 장비 구비 조건 |
|---|---|---|---|
| 분자표지 분석실 | 필수 | 60 이상 | · 시료분쇄장비<br>· DNA추출장비<br>· 유전자증폭장비<br>· 유전자판독장비 |
| 성분분석실 | 선택 | 60 이상 | · 시료분쇄장비<br>· 성분추출장비<br>· 성분분석장비<br>· 질량분석장비 |
| 병리검정실 | 선택 | 60 이상 | · 균주배양장비<br>· 병원균 접종장비<br>· 병원균 감염확인장비<br>· 병리검정온실(33$m^2$이상, 도설치 가능) |

※ 선택 시설(성분분석실, 병리검정실) 중 1개 이상의 시설을 갖출 것

PART 5

# 종자관련법규 OX 50제

**01** 농림축산식품부장관은 종자산업의 육성 및 지원을 위하여 3년마다 농림종자산업의 육성 및 지원에 관한 종합계획을 수립 · 시행하여야 한다.

답 (　　)

**02** 보증표시 항목에는 발아율이 있다.

답 (　　)

**03** 품종성능 심사기준에는 재배시험기간이 있다.

답 (　　)

**04** 종자업을 하려는 자는 대통령령으로 정하는 시설을 갖추어 농림수산식품부장관에게 등록하여야 한다.

답 (　　)

**05** 종자업자는 종자산업법에 따라 종자업을 경영하는 자를 말한다.

답 (　　)

**06** 분할시료는 합성시료 또는 제출시료로부터 규정에 따라 축분하여 얻어진 시료이다.

답 (　　)

**07** 국가품종목록의 등재 유효기간 연장신청 수수료는 품종당 5만원이다.

답 (　　)

**08** 종자의 발아 보증시한이 경과된 종자를 판매 또는 보급한자는 1,000만원 이하의 과태료를 부과한다.

답 (　　)

**09** 종자산업법상의 심판은 7명의 심판위원으로 구성되는 합의체에서 한다.

답 (　　)

**10** 화훼는 종자관리사 보유에 해당되지 않는 예외 작물이다.

답 (　　)

**11** 종자업 등록이 취소된 자는 취소된 날부터 1년이 지나지 아니하면 종자업을 등록할수 없다.

답 (　　)

**12** 사후관리시험의 검사항목에는 토양전염병이 있다.

답 (　　)

**13** 선서한 증인, 감정인 또는 통역인이 심판위원회에 대하여 거짓으로 진술, 감정 또는 통역을 하였을 때에는 5년 이하의 징역 또는 5천만원 이하의 벌금에 처한다.

답 (　　)

**14** 품종등록 등재의 유효기간은 등재한 날의 다음 해부터 20년 까지로 한다.

답 (　　)

**15** 품종보호출원 중인 품종을 품종보호 출원 중이라도 영업용 광고는 표시할 수 없다.

답 (　　)

**16** 감자의 보증 유효기간은 2개월이다.

답 (　　)

**17** 장미에 대한 보증종자의 유효기간은 6개월이다.

답 (　　)

**18** 합성시료는 소집단에서 추출한 모든 1차 시료를 혼합하여 만든 시료를 말한다.

답 (　　)

**19** 종자업을 영위하고자 하는 경우에 종자관리사를 1인 이상 보유해야 한다.

답 (　　)

**20** 품종보호권의 존속기간은 품종보호권이 설정등록된 날부터 20년으로 한다. 다만, 과수와 임목의 경우에는 30년으로 한다.

답 (　　)

**21** 종자검사수수료는 포장검사 합격통지를 받은 날부터 30일 이내 납부해야 한다.

답 (　　)

**22** 보증서를 거짓으로 발급한 종자관리사는 1년 이하의 징역 또는 1천만원 이하의 벌금에 처한다.

답 (　　)

**23** 종자보증과 관련하여 고의 또는 중대한 과실로 타인에게 손해를 입힌 경우 업무정지 6개월의 행정처분을 받는다.

답 (　　)

**24** "종자업"이란 종자를 생산 · 가공 또는 다시 포장하여 판매하는 행위를 업으로 하는 것을 말한다.

답 (　　)

**25** 포장검사 병주 판정기준에서 고구마의 특정병 흑반병, 마이코프라스마병이 있다.

답 (　　)

26 임시보호에 따른 권리를 침해한 자는 7년 이하의 징역 또는 1억원 이하의 벌금에 처한다.

답 (　　)

27 종자관리사의 자격기준으로 종자기술사 자격을 취득한 사람이 해당된다.

답 (　　)

28 품종보호료의 면제 대상에는 국가나 지방자치단체가 품종보호권의 존속기간 중에 품종보호료를 납부하여야 하는 경우가 해당된다.

답 (　　)

29 발아보증시한이 경과된 종자를 진열 · 보관한 자는 1회 위반시 30만원이다.

답 (　　)

30 품종보호를 받을 수 있는 권리는 공유자의 동의 없이 양도 할 수 있다.

답 (　　)

31 해당 작물 재배에 5년 이상의 경험이 있는 농업인 또는 농업법인으로 관련기관의 확인을 받은 자는 종자의 생산을 대행할 수 있다.

답 (　　)

32 국유품종보호권은 국가 명의로 등록된 품종보호권을 의미한다.

답 (　　)

33 포장검사 또는 종자검사를 받으려는 자는 별지 서식의 검사신청서를 농촌진흥청장에게 제출하여야 한다.

답 (　　)

34 국내에서 육성된 품종의 종자가 수출되어 복제될 우려가 크다고 판단될 경우 대통령령으로 정하는 바에 따라 종자의 수출 · 수입을 제한하거나 수입된 종자의 국내 유통을 제한할 수 있다.

답 (　　)

35 원래크기의 1/2이상인 종자쇄립는 정립이다.

답 (　　)

36 수입적응성시험을 받지 아니하고 종자를 수입한 자는 1천만원 이하의 과태료를 부과한다.

답 (　　)

37 버섯의 보증의 유효기간은 1개월이다.

답 (　　)

**38** 품종보호 출원 전에 해당 품종에 대하여 품종보호를 받을 수 있는 권리를 승계한 자는 그 품종보호의 출원을 하지 아니하는 경우에도 제3자에게 대항할 수 있다.

답 (    )

**39** 식물신품종보호관련법상 품종보호권 또는 전용실시권을 침해한 자는 7년 이하의 징역 또는 1억원 이하의 벌금에 처한다.

답 (    )

**40** 피해립은 이물에 속한다.

답 (    )

**41** 본래 저명한 타인의 성명, 명칭 또는 이들의 약칭을 포함하는 품종명칭은 품종명칭의 등록을 받을 수 없으나 그 타인의 승낙을 받은 경우는 제외한다.

답 (    )

**42** 종자관련법상 유통 종자의 품질표시 사항에는 품종의 순도가 있다.

답 (    )

**43** 품종성능의 심사는 농촌진흥청장이 정하는 기준에 따라 실시한다.

답 (    )

**44** 보호품종이 정당한 사유 없이 계속하여 3년 이상 국내에서 상당한 영업적 규모로 실시되지 아니하거나 적당한 정도와 조건으로 국내수요를 충족시키지 못한 경우 통상실시권 설정에 관한 재정을 청구할 수 있다.

답 (    )

**45** 식물신품종보호관련법상 품종보호를 위해 품종의 사진을 첨부해야 한다.

답 (    )

**46** 채종 단계별 구분이 필요하지 않은 종자, 묘목, 해외수출용 종자는 바탕색은 붉은색으로, 글씨는 검은색으로 표시한다.

답 (    )

**47** 품질검사의 기준 및 방법에서 발아율의 검사에서 수거한 정립종자 중에서 무작위로 400립을 추출하여 100립 4반복 조사한다.

답 (    )

**48** 품종보호권 · 전용실시권 또는 질권의 상속이나 그 밖의 일반승계의 취지를 신고하지 아니한 자는 30만원 이하의 과태료를 부과한다.

답 (    )

**49** 전문인력 양성기관의 지정기준에 적합하지 아니한 경우 2회 위반은 업무정지 3개월이다.

답 (　　)

**50** 안정성은 1년차 시험의 균일성 판정결과와 2년차 이상의 시험의 균일성 판정결과가 다르지 않으면 안정성이 있다고 판정한다.

답 (　　)

## ➲ [종자관련법규 OX 50제 정답 및 해설]

**01** 농림축산식품부장관은 종자산업의 육성 및 지원을 위하여 3년마다 농림종자산업의 육성 및 지원에 관한 종합계획을 수립 · 시행하여야 한다.

해설 농림축산식품부장관은 종자산업의 육성 및 지원을 위하여 5년마다 농림종자산업의 육성 및 지원에 관한 종합계획을 수립 · 시행하여야 한다.

답 ×

**02** 보증표시 항목에는 발아율이 있다.

답 ○

**03** 품종성능 심사기준에는 재배시험기간이 있다.

답 ○

**04** 종자업을 하려는 자는 대통령령으로 정하는 시설을 갖추어 농림수산식품부장관에게 등록하여야 한다.

해설 종자업을 하려는 자는 대통령령으로 정하는 시설을 갖추어 시장 · 군수 · 구청장에게 등록하여야 한다.

답 ×

**05** 종자업자는 종자산업법에 따라 종자업을 경영하는 자를 말한다.

답 ○

**06** 분할시료는 합성시료 또는 제출시료로부터 규정에 따라 축분하여 얻어진 시료이다.

답 ○

**07** 국가품종목록의 등재 유효기간 연장신청 수수료는 품종당 5만원이다.

해설 국가품종목록의 등재 유효기간 연장신청 수수료는 품종당 2만원이다.

답 ×

**08** 종자의 발아 보증시한이 경과된 종자를 판매 또는 보급한자는 1,000만원 이하의 과태료를 부과한다.

해설 종자의 발아 보증시한이 경과된 종자를 판매 또는 보급한자는 200만원 이하의 과태료를 부과한다.

답 ×

**09** 종자산업법상의 심판은 7명의 심판위원으로 구성되는 합의체에서 한다.

해설 종자산업법상의 심판은 3명의 심판위원으로 구성되는 합의체에서 한다.

답 ×

**10** 화훼는 종자관리사 보유에 해당되지 않는 예외 작물이다.

답 ○

**11** 종자업 등록이 취소된 자는 취소된 날부터 1년이 지나지 아니하면 종자업을 등록할수 없다.

해설 종자업 등록이 취소된 자는 취소된 날부터 2년이 지나지 아니하면 종자업을 등록할수 없다.

답 ×

**12** 사후관리시험의 검사항목에는 토양전염병이 있다.

해설 사후관리시험의 검사항목은 품종의 순도, 품종의 진위성, 종자전염성이 있다.

답 ×

**13** 선서한 증인, 감정인 또는 통역인이 심판위원회에 대하여 거짓으로 진술, 감정 또는 통역을 하였을 때에는 5년 이하의 징역 또는 5천만원 이하의 벌금에 처한다.

답 ○

**14** 품종등록 등재의 유효기간은 등재한 날의 다음 해부터 20년 까지로 한다.

해설 품종등록 등재의 유효기간은 등재한 날의 다음 해부터 10년 까지로 한다.

답 ×

**15** 품종보호출원 중인 품종을 품종보호 출원중이라도 영업용 광고는 표시할 수 없다.

해설 품종보호출원 중인 품종을 품종보호 출원중이라고 영업용 광고, 표찰, 거래서류 등에 표시할 수 있다.

답 ×

**16** 감자의 보증 유효기간은 2개월이다.

답 ○

**17** 장미에 대한 보증종자의 유효기간은 6개월이다.

해설 장미에 대한 보증종자의 유효기간은 1년이다.

답 ×

**18** 합성시료는 소집단에서 추출한 모든 1차 시료를 혼합하여 만든 시료를 말한다.

답 ○

**19** 종자업을 영위하고자 하는 경우에 종자관리사를 1인 이상 보유해야 한다.

답 ○

**20** 품종보호권의 존속기간은 품종보호권이 설정등록된 날부터 20년으로 한다. 다만, 과수와 임목의 경우에는 30년으로 한다.

해설 품종보호권의 존속기간은 품종보호권이 설정등록된 날부터 20년으로 한다. 다만, 과수와 임목의 경우에는 25년으로 한다.

답 ×

**21** 종자검사수수료는 포장검사 합격통지를 받은 날부터 30일 이내 납부해야 한다.

해설 종자검사수수료는 포장검사 합격통지를 받은 날부터 15일 이내 납부해야 한다.

답 ×

**22** 보증서를 거짓으로 발급한 종자관리사는 1년 이하의 징역 또는 1천만원 이하의 벌금에 처한다.

답 ○

**23** 종자보증과 관련하여 고의 또는 중대한 과실로 타인에게 손해를 입힌 경우 업무정지 6개월의 행정처분을 받는다.

답 ○

**24** "종자업"이란 종자를 생산 · 가공 또는 다시 포장하여 판매하는 행위를 업으로 하는 것을 말한다.

답 ○

**25** 포장검사 병주 판정기준에서 고구마의 특정병 흑반병, 마이코프라스마병이 있다.

답 ○

**26** 임시보호에 따른 권리를 침해한 자는 7년 이하의 징역 또는 1억원 이하의 벌금에 처한다.

답 ○

**27** 종자관리사의 자격기준으로 종자기술사 자격을 취득한 사람이 해당된다.

답 ○

**28** 품종보호료의 면제 대상에는 국가나 지방자치단체가 품종보호권의 존속기간 중에 품종보호료를 납부하여야 하는 경우가 해당된다.

답 ○

**29** 발아보증시한이 경과된 종자를 진열 · 보관한 자는 1회 위반시 30만원이다.

해설 발아보증시한이 경과된 종자를 진열 · 보관한 자는 1회 위반시 10만원이다.

답 ×

**30** 품종보호를 받을 수 있는 권리는 공유자의 동의 없이 양도 할 수 있다.

해설 품종보호를 받을 수 있는 권리는 공유자의 동의 없이 양도 할 수 없다.

답 ×

**31** 해당 작물 재배에 5년 이상의 경험이 있는 농업인 또는 농업법인으로 관련기관의 확인을 받은 자는 종자의 생산을 대행할 수 있다.

해설 해당 작물 재배에 3년 이상의 경험이 있는 농업인 또는 농업법인으로 관련기관의 확인을 받은 자는 종자의 생산을 대행할 수 있다.

답 ×

**32** 국유품종보호권은 국가 명의로 등록된 품종보호권을 의미한다.

답 ○

**33** 포장검사 또는 종자검사를 받으려는 자는 별지 서식의 검사신청서를 농촌진흥청장에게 제출하여야 한다.

해설 포장검사 또는 종자검사를 받으려는 자는 별지 서식의 검사신청서를 산림청장, 국립종자원장, 종자관리사 에게 제출하여야 한다.

답 ×

**34** 국내에서 육성된 품종의 종자가 수출되어 복제될 우려가 크다고 판단될 경우 대통령령으로 정하는 바에 따라 종자의 수출 · 수입을 제한하거나 수입된 종자의 국내 유통을 제한할 수 있다.

해설 농림축산식품부장관은 국내 생태계 보호 및 자원 보존에 심각한 지장을 줄 우려가 있다고 인정하는 경우에는 대통령령으로 정하는 바에 따라 종자의 수출·수입을 제한하거나 수입된 종자의 국내 유통을 제한할 수 있다.

답 ×

**35** 원래크기의 1/2이상인 종자쇄립는 정립이다.

답 ○

**36** 수입적응성시험을 받지 아니하고 종자를 수입한 자는 1천만원 이하의 과태료를 부과한다.

해설 유통 종자 또는 묘의 품질표시를 하지 아니하거나 거짓으로 표시하여 종자 또는 묘를 판매하거나 보급한 자는 1천만원 이하의 과태료를 부과한다.

답 ×

**37** 버섯의 보증의 유효기간은 1개월이다.

답 ○

**38** 품종보호 출원 전에 해당 품종에 대하여 품종보호를 받을 수 있는 권리를 승계한 자는 그 품종보호의 출원을 하지 아니하는 경우에도 제3자에게 대항할 수 있다.

해설 품종보호 출원 전에 해당 품종에 대하여 품종보호를 받을 수 있는 권리를 승계한 자는 그 품종보호의 출원을 하지 아니하는 경우에는 제3자에게 대항할 수 없다.

답 ×

**39** 식물신품종보호관련법상 품종보호권 또는 전용실시권을 침해한 자는 7년 이하의 징역 또는 1억원 이하의 벌금에 처한다.

답 ○

**40** 피해립은 이물에 속한다.

답 ○

**41** 본래 저명한 타인의 성명, 명칭 또는 이들의 약칭을 포함하는 품종명칭은 품종명칭의 등록을 받을 수 없으나 그 타인의 승낙을 받은 경우는 제외한다.

답 ○

**42** 종자관련법상 유통 종자의 품질표시 사항에는 품종의 순도가 있다.

해설 유통 종자 및 묘의 품질표시 사항에서 유통 종자는 품종의 명칭, 종자의 발아율, 종자의 포장당 무게 또는 낱알 개수, 재배 시 특히 주의할 사항, 종자업 등록번호(종자업자의 경우로 한정한다) 등이 있다

답 ×

**43** 품종성능의 심사는 농촌진흥청장이 정하는 기준에 따라 실시한다.

해설 품종성능의 심사는 산림청장 또는 국립종자원장이 정하는 기준에 따라 실시한다.

답 ×

**44** 보호품종이 정당한 사유 없이 계속하여 3년 이상 국내에서 상당한 영업적 규모로 실시되지 아니하거나 적당한 정도와 조건으로 국내수요를 충족시키지 못한 경우 통상실시권 설정에 관한 재정을 청구할 수 있다.

답 ○

**45** 식물신품종보호관련법상 품종보호를 위해 품종의 사진을 첨부해야 한다.

답 ○

**46** 채종 단계별 구분이 필요하지 않은 종자, 묘목, 해외수출용 종자는 바탕색은 붉은색으로, 글씨는 검은색으로 표시한다.

해설 채종 단계별 구분이 필요하지 않은 종자, 묘목, 해외수출용 종자는 바탕색은 파란색으로, 글씨는 검은색으로 표시한다.

답 ×

**47** 품질검사의 기준 및 방법에서 발아율의 검사에서 수거한 정립종자 중에서 무작위로 400립을 추출하여 100립 4반복 조사한다.

답 ○

**48** 품종보호권 · 전용실시권 또는 질권의 상속이나 그 밖의 일반승계의 취지를 신고하지 아니한 자는 30만원 이하의 과태료를 부과한다.

해설 품종보호권 · 전용실시권 또는 질권의 상속이나 그 밖의 일반승계의 취지를 신고하지 아니한 자는 50만원 이하의 과태료를 부과한다.

답 ×

**49** 전문인력 양성기관의 지정기준에 적합하지 아니한 경우 2회 위반은 업무정지 3개월이다.

답 ○

**50** 안정성은 1년차 시험의 균일성 판정결과와 2년차 이상의 시험의 균일성 판정결과가 다르지 않으면 안정성이 있다고 판정한다.

답 ○

PART 5

# 종자관련법규 기본50제

**01** 식물신품종보호관련법상 품종보호를 받을 수 있는 요건은?

① 지속성　　② 특이성

③ 균일성　　④ 계절성

해설 식물신품종 보호법 제16조 의거 품종보호 요건에는 신규성, 구별성, 균일성, 안전성 등이 있다.

**02** 종자관련법상에서 유통종자의 품질표시 사항으로 틀린 것은?

① 품종의 명칭

② 종자의 포장당 무게 또는 낱알 개수

③ 수입 연월 및 수입자명(수입종자의 경우에 해당하며, 국내에서 육성된 품종의 종자를 해외에서 채종하여 수입하는 경우도 포함한다.)

④ 종자의 발아율(버섯종균의 경우에는 종균 접종일)

해설 수입 연월 및 수입자명[수입종자의 경우로 한정하며, 국내에서 육성된 품종의 종자를 해외에서 채종(採種)하여 수입하는 경우는 제외한다]

**03** 종자산업법상에서 위반한 행위 중 벌칙이 1년 이하의 징역 또는 1천만원 이하의 벌금에 해당하지 않는 것은?

① 보증서를 거짓으로 발급한 종자관리사

② 등록이 취소된 종자업을 계속하거나 영업정지를 받고도 종자업을 계속한 자

③ 수입적응성시험을 받지 아니하고 종자를 수입한 자

④ 유통종자에 대한 품질표시를 하지 않고 종자를 판매한 자

해설 유통 종자 또는 묘의 품질표시를 하지 아니하거나 거짓으로 표시하여 종자 또는 묘를 판매하거나 보급한 자는 1천만원 이하의 과태료를 부과한다.

**04** 종자관련법상 국가품종목록의 등재대상 작물이 아닌 것은?

① 벼　　② 사료용 옥수수

③ 보리　　④ 감자

해설 품종목록에 등재할 수 있는 대상작물은 벼, 보리, 콩, 옥수수, 감자와 그 밖에 대통령령으로 정하는 작물로 한다. 다만, 사료용은 제외한다.

정답 01 ③ 02 ③ 03 ④ 04 ②

**05** 종자관련법상 품종목록 등재의 유효기간 내용으로 옳은 것은?

① 품종목록 등재의 유효기간은 유효기간 연장신청에 의하여 계속 연장될 수 없다.
② 품종목록 등재의 유효기간은 등재한 날부터 5년까지로 한다.
③ 품종목록 등재의 유효기간은 등재한 날이 속한 해의 다음 해부터 10년까지로 한다.
④ 품종목록 등재의 유효기간은 등재한 날부터 15년까지로 한다.

해설 품종목록 등재의 유효기간은 등재한 날이 속한 해의 다음 해부터 10년까지로 한다.

**06** 종자관련법상 작물별 보증의 유효기간으로 옳지 않은 것은?

① 채소 : 2년
② 버섯 : 2개월
③ 감자 : 2개월
④ 고구마 : 2개월

해설 버섯 작물의 보증 유효기간은 1개월이다.

**07** 종자관련법상 "꽃 또는 볏과식물의 소수(spikelet)를 엽맥에 끼우는 퇴화한 잎 또는 인편상의 구조물"을 설명하는 용어는?

① 악판
② 강모
③ 부리
④ 포엽

해설 포엽은 꽃이나 꽃받침을 둘러싸고 있는 작은 잎을 말한다.

**08** 종자관련법상 종자업의 등록 내용으로 옳지 않은 것은?

① 종자업을 하려는 자는 종자관리사를 1명 이상 두어야 한다. 다만, 대통령령으로 정하는 작물의 종자를 생산·판매하려는 자의 경우에는 그러하지 아니하다.
② 종자업을 하려는 자는 종자관리사를 2명 이상 두어야 한다. 다만, 대통령령으로 정하는 작물의 종자를 생산·판매하려는 자의 경우에는 그러하지 아니하다.
③ 종자업을 하려는 자는 대통령령으로 정하는 시설을 갖추어 시장에게 등록하여야 한다.
④ 종자업을 하려는 자는 대통령령으로 정하는 시설을 갖추어 군수에게 등록하여야 한다.

해설 종자업을 하려는 자는 종자관리사를 1명 이상 두어야 한다. 다만, 대통령령으로 정하는 작물의 종자를 생산・판매하려는 자의 경우에는 그러하지 아니하다.



정답 05 ③ 06 ② 07 ④ 08 ②

**09** 식물신품종보호관련법상 품종보호를 위해 출원시 첨부하지 않아도 되는 것은?

① 품종보호 출원 수수료 납부증명서 ② 종자시료
③ 품종 육성지역의 토양 상태 ④ 품종의 사진

해설 품종보호를 위해 출원시 첨부해야하는 것으로 품종의 특성 및 품종육성 과정에 관한 설명서, 품종의 사진, 종자시료, 품종보호의 출원 수수료 납부증명서 등을 첨부해야 한다.

**10** 종자관리요강상 벼의 포장검사 및 종자검사에 있어 특정병에 해당하는 것은?

① 도열병 ② 선충심고병
③ 깨씨무늬병 ④ 흰잎마름병

해설 벼의 포장검사 및 종자검사에 있어 특정병은 키다리병, 선충심고병을 말한다.

**11** 종자검사요령상 수분의 측정에서 저온항온 건조기법을 사용하게 되는 종은?

① 당근 ② 상추
③ 오이 ④ 땅콩

해설 저온항온 건조기법은 마늘, 파, 부추, 콩, 땅콩, 배추씨, 유채, 고추, 목화, 피마자, 참깨, 아마, 겨자, 무에 적용한다.

**12** 정립에 해당하지 않는 것은?

① 미숙립 ② 원형의 반 미만의 작물종자 쇄립
③ 발아립 ④ 주름진립

해설 정립에서 미숙립, 발아립, 주름진립, 소립 등은 제외된다.

**13** 종자관련법상 묘목의 보증표시 방법으로 옳은 것은?

① 바탕색은 흰색으로, 대각선은 보라색으로, 글씨는 검은색으로 표시한다.
② 바탕색은 파란색으로, 글씨는 검은색으로 표시한다.
③ 바탕색은 붉은 색으로, 글씨는 검은색으로 표시한다.
④ 바탕색은 보라색으로, 글씨는 검은색으로 표시한다.

해설 채종 단계별 구분이 필요하지 않은 종자, 묘목, 해외수출용 종자는 바탕색은 파란색으로, 글씨는 검은색으로 표시한다.

정답 09 ③ 10 ② 11 ④ 12 ③ 13 ②

**14** 품종보호권, 전용실시권 또는 질권의 상속이나 그 밖의 일반승계의 취지를 신고하지 아니한 자에게 부과되는 과태료는 얼마인가?

① 10만원 이하 ② 30만원 이하
③ 50만원 이하 ④ 100만원 이하

해설 품종보호권·전용실시권 또는 질권의 상속이나 그 밖의 일반승계의 취지를 신고하지 아니한 자는 50만원 이하의 과태료를 부과한다.

**15** 종자업 등록을 한 날부터 1년 이내에 사업을 시작하지 아니하거나 정당한 사유없이 1년 이상 계속하여 휴업한 경우에 받는 행정 처분은?

① 종자업 등록 취소 또는 6개월 이내의 영업의 전부 또는 일부의 정지
② 종자업 등록 취소 또는 9개월 이내의 영업의 전부 또는 일부의 정지
③ 종자업 등록 취소 또는 12개월 이내의 영업의 전부 또는 일부의 정지
④ 종자업 등록 취소 또는 3년 이내의 영업의 전부 또는 일부의 정지

해설 종자업 등록을 한 날부터 1년 이내에 사업을 시작하지 아니하거나 정당한 사유없이 1년 이상 계속하여 휴업한 경우 종자업 등록 취소 또는 6개월 이내의 영업의 전부 또는 일부의 정지이다.

**16** 종자업자에 대한 행정처분의 세부 기준에서 거짓이나 그 밖의 부정한 방법으로 종자업 등록을 한 경우, 1회 위반 시 행정처분은?

① 영업정지 7일 ② 영업정지 15일
③ 영업정지 30일 ④ 등록취소

해설 거짓 및 부정한 방법으로 종자업을 등록한 경우 등록을 취소한다.

**17** 과수와 임목의 경우 품종보호권의 존속기간은 품종보호권이 설정등록된 날부터 몇 년으로 하는가?

① 15년 ② 20년
③ 25년 ④ 30년

해설 품종보호권의 존속기간은 품종보호권이 설정등록된 날부터 20년으로 한다. 다만, 과수와 임목의 경우에는 25년으로 한다.



정답 14 ③ 15 ① 16 ④ 17 ③

**18** 종자검사요령상 추출된 시료를 보관할 경우 검사 후에는 재시험에 대비하여 제출시료는 품질변화가 최소화되는 조건에서 보증일자로부터 원원종은 몇 년간 보관되어야 하는가?

① 1년 ② 2년
③ 3년 ④ 4년

해설 원원종 3년, 원종 2년, 보급종은 1년간 보관되어야 한다.

**19** 종자관련법상 농림축산식품부장관은 종자산업의 육성 및 지원을 위하여 몇 년마다 농림종자산업의 육성 및 지원에 관한 종합계획을 수립·시행하여야 하는가?

① 5년 ② 3년
③ 2년 ④ 1년

해설 농림축산식품부장관은 종자산업의 육성 및 지원을 위하여 5년마다 농림종자산업의 육성 및 지원에 관한 종합계획(이하 "종합계획"이라 한다)을 수립 · 시행하여야 한다.

**20** 종자관리요강상 밀 포장검사 시 검사시기 및 회수는 유숙기로부터 황숙기 사이에 몇 회 실시하여야 하는가?

① 4회 ② 3회
③ 2회 ④ 1회

해설 벼의 포장검사 기준에서 검사시기 및 회수는 유숙기로부터 호숙기 사이에 1회 검사한다. 다만, 특정병에 한하여 검사횟수 및 시기를 조정하여 실시할 수 있다.

**21** 식물신품종 보호법상 침해죄 등에서 전용실시권을 침해한 자의 벌칙은?

① 3년 이하의 징역 또는 5백만원 이하의 벌금에 처한다.
② 5년 이하의 징역 또는 1천만원 이하의 벌금에 처한다.
③ 5년 이하의 징역 또는 1억원 이하의 벌금에 처한다.
④ 7년 이하의 징역 또는 1억원 이하의 벌금에 처한다.

해설 품종보호권 또는 전용실시권을 침해한 자는 7년 이하의 징역 또는 1억원 이하의 벌금에 처한다.

정답 18 ③ 19 ① 20 ④ 21 ④

**22** 수입적응성시험의 대상작물 및 실시기관에 대한 내용이다. 국립산림품종관리센터에서 실시하는 대상작물에 해당하는 것은?

① 당귀 ② 표고
③ 작약 ④ 황기

해설 국립산림품종관리센터의 수입적응성시험의 대상작물은 버섯은 표고, 목이, 복령이 있으며 약용작물에는 백출, 사삼, 시호, 오가피, 창출, 천궁, 하수오가 있다.

**23** 규격묘의 규격기준에서 배의 묘목직경(mm)은?

① 6 이상 ② 8 이상
③ 10 이상 ④ 12 이상

해설 배의 묘목직경은 12mm 이상을 기준으로 한다.

**24** 종자관리사 자격과 관련하여 최근 2년간 이중취업을 2회 이상 한 경우 행정처분 기준은?

① 등록취소 ② 업무정지 1년
③ 업무정지 6개월 ④ 업무정지 3개월

해설 종자관리사 자격과 관련하여 최근 2년간 이중취업을 2회 이상 한 경우 등록이 취소된다.

**25** 종자관리요강상 유체의 포장검사 시 특정병에 해당하는 것은?

① 백수병 ② 균핵병
③ 근부병 ④ 공동병

해설 유채의 포장검사에서 특정병에는 균핵병이 있다.

**26** 종자관리요령상 고추 제출시료의 "시료의 최소중량"은?

① 50g ② 100g
③ 150g ④ 200g

해설 제출시료의 시료 최소중량은 고추 150g 이다.



정답 22 ② 23 ④ 24 ① 25 ② 26 ③

**27** 보증종자를 판매하거나 보급하려는 자는 종자의 보증과 관련된 검사서류를 작성일부터 몇 년 동안 보관하여야 하는가? (단, 묘목에 관련된 서류는 제외한다.)

① 1년 ② 2년
③ 3년 ④ 4년

해설 보증종자를 판매하거나 보급하려는 자는 종자의 보증과 관련된 검사서류를 작성일로부터 3년 동안 보관하어야 한다.

**28** 종자관련법상 품종목록 등재의 유효기간에서 품종목록 등재의 유효기간 연장신청은 그 품종목록 등재의 유효기간이 끝나기 전 몇 년 이내에 신청하여야 하는가?

① 1년 ② 2년
③ 3년 ④ 4년

해설 종자관련법상 품종목록 등재의 유효기간에서 품종목록 등재의 유효기간 연장신청은 그 품종목록 등재의 유효기간이 끝나기 전 1년 이내 신청해야 한다.

**29** 종자관련법상 "종자의 보증 효력을 잃은 것"에 해당하지 않은 것은?

① 보증표시를 하지 아니하거나 보증표시를 위조 또는 변조하였을 때
② 보증의 유효기간이 지났을 때
③ 거짓이나 그 밖의 부정한 방법으로 보증을 받았을 때
④ 해당 종자를 종자관리사의 감독에 따라 분포장(分包裝)했을 때

해설 포장한 보증종자의 포장을 뜯거나 열었을 때, 종자의 보증 효력을 잃은 것으로 본다. 다만, 해당 종자를 보증한 보증기관이나 종자관리사의 감독에 따라 분포장(分包裝)하는 경우는 제외한다는 단서에 따라 분포장한 종자의 보증표시는 분포장 하기 전에 표시되었던 해당 품종의 보증표시와 같은 내용으로 하여야 한다.

**30** 콩 포장검사 시 특정병에 해당하는 것은?

① 모자이크병 ② 세균성점무늬병
③ 불마름병(엽소병) ④ 자주무늬병(자반병)

해설 콩 포장검사시 특정병은 자주무늬병(자반병)이다.

정답 27 ② 28 ① 29 ④ 30 ④

**31** 식물신품종관련법상 품종보호를 받을 수 있는 권리의 승계에 대한 내용으로 틀린 것은?

① 동일인으로부터 승계한 동일한 품종보호를 받을 수 있는 권리에 대하여 같은 날에 둘 이상의 품종보호 출원이 있는 경우에는 품종보호 출원인 간에 협의하여 정한 자에게만 그 효력이 발생한다.

② 품종보호 출원 후에 품종보호를 받을 수 있는 권리의 승계는 상속이나 그 밖의 일반승계의 경우를 제외하고는 품종보호 출원인이 명의변경신고를 하지 아니하면 그 효력이 발생하지 아니한다.

③ 품종보호 출원 전에 해당 품종에 대하여 품종보호를 받을 수 있는 권리를 승계한 자는 그 품종보호의 출원을 하지 아니하는 경우에도 제3자에게 대항할 수 있다.

④ 동일인으로부터 승계한 동일한 품종보호를 받을 수 있는 권리의 승계에 관하여 같은 날에 둘 이상의 신고가 있을 때에는 신고한 자 간에 협의하여 정한 자에게만 그 효력이 발생한다.

해설 품종보호 출원 전에 해당 품종에 대하여 품종보호를 받을 수 있는 권리를 승계한 자는 그 품종보호의 출원을 하지 아니하는 경우에는 제3자에게 대항할 수 없다.

**32** 종자관리요강상 수입적응성시험의 대상작물 및 실시기관에서 "인삼"의 실시기관은?

① 농업기술실용화재단 ② 한국종자협회

③ 한국생약협회 ④ 농업협동조합중앙회

해설 수입적응성시험의 대상작물 중 인삼은 한국생약협회에서 실시한다.

**33** 순도분석 시 사용하는 용어에 대한 설명으로 "사마귀 모양의 돌기"에 해당하는 용어는?

① 작은 가종피 ② 불임의

③ 웅화 ④ 경

해설
- 작은 가종피(strophiole) : 사마귀 모양의 돌기
- 불임의(不稔, sterile) : 기능을 가진 생식기관이 없는(목초류의 소화에는 영과가 없다)
- 웅화(雄花, staminate) : 수꽃만을 가진 꽃
- 경(莖, stalk) : 식물기관의 줄기(stem)



정답 31 ③ 32 ③ 33 ①

**34** 품종보호료 및 품종보호 등록 등에서 납부기간 경과 후의 품종보호료 납부에 대한 내용으로 품종보호권의 설정등록을 받으려는 자나 품종보호권자는 품종보호료 납부기간이 경과한 후에도 몇 개월 이내에는 품종보호료를 납부할 수 있는가?

① 6개월 ② 8개월
③ 9개월 ④ 12개월

해설 품종보호권의 설정등록을 받으려는 자나 품종보호권자는 품종보호료 납부기간이 지난 후에도 6개월 이내에는 품종보호료를 납부할 수 있다.

**35** 시료 추출 시 소집단과 시료의 중량 중 "무"의 제출시료의 최소 중량은?

① 300g ② 450g
③ 700g ④ 1000g

해설 무의 시료의 최소중량은 제출시료용 300g, 순도검사용 30g 이다.

**36** 포장검사 병주 판정기준에서 사과의 기타병에 해당하는 것은?

① 근두암종병(뿌리혹병) ② PeCV
③ PVd ④ 호프스턴트바이로이드병

해설 사과의 기타병으로 사과 근두암종병(뿌리혹병), 포도 뿌리혹선충, 감귤 궤양병 등이 있다.

**37** 종자산업법상 "보증종자"에 대한 설명으로 옳은 것은?

① 일정수준 이상의 재배 및 이용상의 가치를 생산하는 능력을 말한다.
② 해당 품종의 진위성(眞僞性)과 해당품종 종자의 품질이 보증된 채종(採種)단계별 종자를 말한다.
③ 자격을 갖춘 사람으로서 종자업자가 생산하여 판매·수출하거나 수입하려는 종자를 보증하는 사람을 말한다.
④ 농산물 또는 임산물의 생산을 위하여 재배되는 모든 식물을 말한다.

해설 "보증종자"란 이 법에 따라 해당 품종의 진위성(眞僞性)과 해당 품종 종자의 품질이 보증된 채종(採種) 단계별 종자를 말한다.

정답 34 ① 35 ① 36 ① 37 ②

**38** 식물신품종 보호법상 보칙에서 "종자위원회는 필요한 경우 당사자나 그 대리인 또는 이해관계인에게 출석을 요구하거나 관계서류의 제출을 요구할 수 있다."에 따라 당사자나 그 대리인 또는 이해관계인의 출석을 요구하거나 필요한 관계 서류를 요구하는 경우에는 회의 개최일 며칠 전까지 서면으로 하여야 하는가?

① 3일 ② 5일
③ 7일 ④ 14일

해설 당사자나 그 대리인 또는 이해관계인의 출석을 요구하거나 필요한 관계 서류를 요구하는 경우에는 회의 개최일 7일 전까지 서면으로 하여야 한다.

**39** 식물신품종 보호법상 품종의 명칭에서 품종명칭등록 이의신청을 한 자는 품종명칭등록이의신청기간이 경과한 후 며칠 이내에 품종명칭등록 이의신청서에 적은 이유 또는 증거를 보정할 수 있는가?

① 7일 ② 14일
③ 21일 ④ 30일

해설 품종명칭등록 이의신청을 한 자는 품종명칭등록 이의신청기간이 지난 후 30일 이내에 품종명칭등록 이의신청서에 적은 이유 또는 증거를 보정할 수 있다.

**40** 종자관리요강상 규격묘의 규격기준에서 과수묘목 중 배 묘목의 길이(cm)로 가장 옳은 것은? (단, 묘목의 길이는 지제부에서 묘목선단까지의 길이이다.)

① 50cm 이상 ② 70cm 이상
③ 100cm 이상 ④ 120cm 이상

해설 종자관리요강상 규격묘의 규격기준에서 배의 묘목의 길이는 120cm 이상 묘목의 직경은 12mm 이상을 기준으로 한다.

**41** 종자검사요령상 수분의 측정에서 분석용 저울은 몇 단위까지 측정할 수 있어야 하는가?

① 0.001g ② 0.1g
③ 1g ④ 단위의 기준은 자유이다.

해설 종자검사요령상 수분의 측정에서 분석용 저울은 0.001g 단위까지 측정할수 있어야 한다.



정답 38 ③ 39 ④ 40 ④ 41 ①

**42** 식물신품종 보호법상 품종명칭에서 품종보호를 받기 위하여 출원하는 품종은 몇 개의 고유한 품종명칭을 가져야 하는가?

① 1개 ② 2개
③ 3개 ④ 5개

해설 품종보호를 받기 위하여 출원하는 품종은 1개의 고유한 품종명칭을 가져야 한다.

**43** 식물신품종 보호법상 육성자의 정의로 옳은 것은?

① 품종을 육성한 자나 이를 발견하여 개발한 자를 말한다.
② 품종을 발견하여 정부기관에 신고한 자를 말한다.
③ 품종을 대여 또는 수출한 자를 말한다.
④ 품종보호를 받을 수 있는 권리를 가진 자를 말한다.

해설 "육성자"란 품종을 육성한 자나 이를 발견하여 개발한 자를 말한다.

**44** 품종목록 등재대상작물의 보증종자에 대하여 사후관리시험을 하여야 한다. 검사항목으로 틀린 것은?

① 품종의 순도 ② 품종의 진위성
③ 종자전염병 ④ 포장의 조건

해설 사후관리시험의 기준 및 방법에서 검사항목에는 품종의 순도, 품종의 진위성, 종자전염병이 있다.

**45** 종자관리요강상 규격묘의 규격기준에서 배 잎눈 개수는?

① 접목부위에서 상단 30cm 사이에 잎눈 3개 이상
② 접목부위에서 상단 30cm 사이에 잎눈 5개 이상
③ 접목부위에서 상단 10cm 사이에 잎눈 3개 이상
④ 접목부위에서 상단 10cm 사이에 잎눈 10개 이상

해설 배 잎눈 개수 : 접목부위에서 상단 30cm 사이에 잎눈 5개 이상

**46** 종자관리요강상 포장검사 및 종자검사의 검사기준에서 과수의 포장격리는 무병 묘목인지 확인되지 않은 과수와 최소 몇 m 이상 격리되어 근계의 접촉이 없어야 하는가?

① 5m ② 10m
③ 20m ④ 25m

해설 무병 묘목인지 확인되지 않은 과수와 최소 5m 이상 격리되어 근계의 접촉이 없어야 한다.

정답 42 ① 43 ① 44 ④ 45 ② 46 ①

**47** 종자산업법상 농림축산식품부장관은 진흥센터가 진흥센터 지정기준에 적합하지 아니하게 된 경우에는 대통령령으로 정하는 바에 따라 그 지정을 취소하거나 몇 개월 이내의 기간을 정하여 업무의 정지를 명할 수 있는가?

① 12개월 ② 7개월
③ 6개월 ④ 3개월

해설 농림축산식품부장관은 진흥센터가 진흥센터 지정기준에 적합하지 아니하게 된 경우 대통령령으로 정하는 바에 따라 그 지정을 취소하거나 3개월 이내의 기간을 정하여 업무의 정지를 명할 수 있다.

**48** 종자검사요령상 종자검사 순위도에서 종자검사 시 가장 우선 실시하는 것은?

① 발아세검사 ② 농약검사
③ 발아율검사 ④ 수분검사

해설 수분검사는 종자의 수분함량을 측정하는 것으로 종자의 저장과 관계가 있어 종자검사 시 가장 우선적으로 실시한다.

**49** 종자산업법상 육묘업 등록이 취소된 자는 취소된 날부터 몇 년이 지나지 아니하면 육묘업을 다시 등록할 수 없는가?

① 2년 ② 3년
③ 5년 ④ 7년

해설 육묘업 등록이 취소된 자는 취소된 날부터 2년이 지나지 아니하면 육묘업을 다시 등록할 수 없다.

**50** 품종보호를 받지 아니하거나 품종보호 출원 중이 아닌 품종의 종자의 용기나 포장에 품종보호를 받았다는 표시 또는 품종보호 출원 중이라는 표시를 하거나 이와 혼동되기 쉬운 표시를 하는 행위 자의 벌금은?

① 1천만원 이하의 벌금 ② 3천만원 이하의 벌금
③ 5천만원 이하의 벌금 ④ 1억원 이하의 벌금

해설 품종보호를 받지 아니하거나 품종보호 출원 중이 아닌 품종의 종자의 용기나 포장에 품종보호를 받았다는 표시 또는 품종보호 출원 중이라는 표시를 하거나 이와 혼동되기 쉬운 표시를 하는 행위의 경우 3년 이하의 징역 또는 3천만원 이하의 벌금에 처한다.



정답 47 ④ 48 ④ 49 ① 50 ②

# PART 6

# 기사 과년도문제

ENGINEER SEEDS

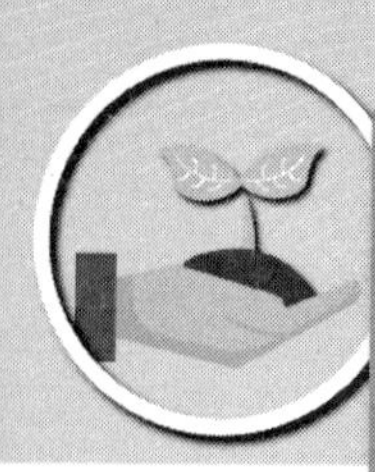

2019

# 제1회 종자기사

## 제1과목 종자생산학

**01 종피휴면을 하는 식물에서 억제물질의 존재부위가 배유에 해당하는 것은?**

① 상추　② 벼
③ 보리　④ 도꼬마리

해설
상추는 종피휴면을 하는데 발아억제물질은 배유에 존재한다. 벼는 영에, 보리는 영과 과피, 도꼬마리는 내종피에 발아억제물질이 존재한다.

**02 유한화서이면서, 작살나무처럼 2차지경 위에 꽃이 피는 것을 무엇이라 하는가?**

① 두상화서　② 유이화서
③ 원추화서　④ 복집산화서

해설
복집산화서는 2차지경 위에 꽃이 피는 것으로 작살나무 등이 있다.

**03 채소작물 종자검사 시 검사규격에 대한 내용이다. (　　)에 알맞은 내용은?**

| 작물명 | | 최고한도(%) | | |
|---|---|---|---|---|
| | | 수분 | 이종종자 | 잡초종자 |
| 무 | 원종 | 9.0 | 0.05 | (　) |

① 0.05　② 0.15
③ 0.2　④ 0.25

해설
채소작물 중에서 무의 포장검사 규격은 수분 9.0%, 이종종자 0.05%, 잡초종자 0.05%, 이물 1.0%, 손상립 7.0% 이다.

**04 종자의 수분상태에 따른 안전건조온도의 범위에 대한 내용이다. (　　)에 가장 알맞은 내용은?**

> 완두 최소수분함량이 24%이상일 때 적정온도는 (　　)이다.

① 약 10°C　② 약 18°C
③ 약 38°C　④ 약 60°C

해설
완두는 최초수분함량이 24% 이상일 때 적정온도는 약 38°C 이며 최초수분함량이 24% 미만일 때는 적정온도는 약 43°C 이다.

**05 다음에서 설명하는 것은?**

> 배낭을 만들지 않고 포자체의 조직세포가 직접 배를 형성한다.

① 무포자생식　② 부정배생식
③ 복상포자생식　④ 웅성단위생식

해설
배낭을 둘러싸고 있는 많은 체세포들이 여러 개의 배가 발생하는 경우 부정배형성이라 한다. 자자연상태에서 감귤류의 주심세포나 주피의 세포가 단위생식으로 부정배를 형성하기도 한다.

**06 종자의 형태에서 형상이 능각형에 해당하는 것으로만 나열된 것은?**

① 보리, 작약　② 메밀, 삼
③ 모시풀, 참나무　④ 배추, 양귀비

해설
종자의 형상은 타원형, 구형, 능각형 등 다양한 형태로 분류되며 능각형에는 메밀과 삼이 있다.



정답 01 ① 02 ④ 03 ① 04 ③ 05 ② 06 ②

**07** 다음 중 채소류 영양번식의 특징에 대한 설명으로 가장 적절하지 않은 것은?

① 번식의 용이성
② 종자와 같은 장기저장 곤란
③ 영양체를 통한 바이러스 감염 방지
④ 저장 및 운반의 비용의 과다

해설

영양번식은 모체와 유전적으로 동일한 개체로 모체가 바이러스에 감염되면 영양번식한 다음 세대의 경우도 바이러스 감염된다.

**08** 성숙한 자방이 꽃이 아닌 다른 식물부위나 변형된 포엽에 붙어있는 것을 무엇이라 하는가?

① 복과 ② 취과
③ 위과 ④ 장과

해설

성숙한 자방이 꽃이 아닌 다른 식물부위나 변형된 포엽에 붙어있는 것을 위과라 한다. 위과는 꽃받침이 발달해 과실이 되는 것으로 사과, 배, 무화과 등이 있다.

**09** 채소작물의 포장검사 시 시금치의 포장격리 거리는?

① 100m ② 300m
③ 700m ④ 1000m

해설

채소작물의 포장격리 기준에서 시금치는 1,000m 이다.

**10** 다음 중 ( 가 ), ( 나 )에 가장 알맞은 내용은?

> 오이에 GA를 살포하면 암꽃분화가 ( 가 )되고, 대부분 ( 나 )ppm이상의 처리로 감응한다.

① 가 : 증가, 나 : 10
② 가 : 증가. 나 : 30
③ 가 : 억제, 나 : 2
④ 가 : 억제, 나 : 50

해설

오이에 GA(지베렐린)을 살포하면 암꽃분화가 억제되고 대부분 50ppm 이상의 처리로 감응한다.

**11** 다음에서 설명하는 것은?

> 종자가 자방벽에 붙어 있는 경우로서 대게 종자는 심피가 서로 연결된 측면에 붙어있다.

① 측막태좌 ② 중축태좌
③ 중앙태좌 ④ 이형태좌

해설

암술을 이루는 심피의 수는 태좌로 알수 있으며 자방의 태자위치는 태자위라 하고 배주가 부착되었거나 배열된 상태에 따라 4가지 유형으로 나누어 진다. 이때 측막태좌는 측벽태좌라 하며 중앙에 생긴 축과 각 방 사이의 막이 없어져서 한방이 되는 동시에 씨방 벽의 안쪽에 직접 붙어 있는 태좌를 말한다.

**12** 다음 중 암발아성 종자에 해당하는 것으로만 나열된 것은?

① 양파, 오이 ② 베고니아, 갓
③ 명아주, 담배 ④ 차조기, 우엉

해설

암발아성 종자(혐광성종자)에는 호박, 토마토, 고추, 양파, 가지, 오이, 무, 부추 등이 있다.

정답 07 ③ 08 ③ 09 ④ 10 ④ 11 ① 12 ①

**13** **다음 중 안전저장을 위한 종자의 최대 수분 함량의 한계가 가장 높은 것은?**

① 고추　② 양배추
③ 시금치　④ 겨자

해설

안전하게 저장하기 위한 종자의 최대수분함량은 일반종자 5~7%, 유지종자 3~5% 정도이다. 시금치의 경우 최대수분함량이 약 9% 정도로 매우 높은 편에 속한다.

**14** **다음 (　　)에 공통으로 들어갈 내용은?**

- (　)은/는 포원세포로부터 자성배우체가 되는 기원이 된다.
- (　)은/는 원래 자방조직에서 유래하며 포원세포가 발달하는 곳이다.

① 주피　② 주심
③ 주공　④ 에피스테이스

해설

주심은 포원세포에서 자성배우체가 되는 기원으로 자방조직에서 유래하며 포원세포가 발달한다.

**15** **교배에 앞서 제웅이 필요 없는 작물로만 나열된 것은?**

① 벼,보리　② 토마토, 가지
③ 오이, 호박　④ 귀리, 멜론

해설

교배에 앞서 제웅이 필요 없는 작물에는 오이, 호박, 수박 등이 있다.

**16** **(　　　)에 알맞은 내용은?**

> 제 1상의 저온감응상의 요구가 없고 다만 제2상의 일장감응상에 의하므로 이러한 (　)식물은 교배에 있어서 일장처리에 의하여 개화기를 조절할 수 있다.

① 녹식물춘화형　② 무춘화형
③ 종자춘화형　④ 제춘화형

해설

무춘화형은 개화에 저온의 요구가 없고 일장반응에 따라 개화한다.

**17** **식물학상 과실을 이용하며, 과실이 영에 싸여 있는 것으로만 나열된 것은?**

① 겉보리, 귀리　② 밀, 시금치
③ 옥수수, 당근　④ 상추, 목화

해설

과실의 외측이 내영, 외영에 싸여 있는 것으로 벼, 귀리, 겉보리 등이 있다.

**18** **후숙에 의한 휴면타파 시 휴면상태가 종피휴면이고, 후숙처리방법이 고온에 해당하는 것은?**

① 야생귀리　② 상추
③ 자작나무　④ 벼

해설

벼의 경우 종피에 발아억제물질이 많이 함유하여 종피휴면이 발생하며 고온의 처리를 통해 휴면을 타파한다. 야생귀리는 배휴면으로 저온처리, 상추, 자작나무는 종피휴면이나 저온 및 광처리를 통해 휴면을 타파하는것이 효과적이다.



정답 13 ③ 14 ② 15 ③ 16 ② 17 ① 18 ④

**19** 다음에서 설명하는 것은?

> 콩에서 꽃봉오리 끝을 손으로 눌러 잡아당겨 꽃잎과 꽃밥을 제거한다.

① 클립핑법 ② 전영법
③ 절영법 ④ 화판인발법

해설
꽃봉우리 끝을 손으로 눌러 잡아당겨 꽃잎과 꽃밥을 함께 제거하며 콩, 자운영 등에 적용한다.

**20** 다음 중 장명종자에 해당하는 것으로만 나열된 것은?

① 스토크, 백일홍 ② 베고니아, 기장
③ 팬지, 스타티스 ④ 양파, 일일초

해설
화훼류의 장명종자 스토크, 백일홍, 안개초, 봉선화 등이 있다.

## 제2과목 식물육종학

**21** 재배식물에 발생하는 병에 대한 저항성으로 의미가 비슷한 것으로만 나열된 것은?

① 질적저항성, 포장저항성, 수직저항성
② 양적저항성, 비특이적저항성, 수평저항성
③ 질적저항성, 비특이적저항성, 수직저항성
④ 양적저항성, 진정저항성, 수평저항성

해설
수평저항성은 비특이성저항성, 포장저항성이라고도 하며 비슷한 의미의 저항성에는 다인자저항성, 양적저항성 등도 있다.

**22** 다음 중 계통분리법과 가장 관계가 없는 것은?

① 자식성작물의 집단선발에 가장 많이 사용되는 방법이다.
② 주로 타가수분 작물에 쓰여지는 방법이다.
③ 개체 또는 계통의 집단을 대상으로 선발을 거듭하는 방법이다.
④ 1수1렬법과 같이 옥수수의 계통분리에 사용된다.

해설
자식성작물의 집단선발에 가장 많이 사용되는 방법은 순계분리법이다.

**23** 다음 중 잡종(hetero)의 자가 수정작물을 계속해서 재배하면 어떻게 되는가?

① 동형접합성이 증가한다.
② 이형접합성이 증가한다.
③ 아무변화도 없다.
④ 환경에 따라 호모나 헤테로 어느 하나가 증가한다.

해설
완전히 자가수정하는 작물의 한 개체에서 나온 자손을 순계라 하며 순계는 유전적으로 동형접합체이다. 자식성 작물이 자가수정을 계속하면 동형접합성이 증가하게 된다.

**24** (　　　)에 가장 알맞은 내용은?

> 자식 또는 근친교배로 인한 근교약세가 더 이상 진행되지 않는 수준을 (　)(이)라 한다.

① 선발 ② 초우성
③ 잡종강세 ④ 자식극한

해설
자식극한은 자식 또는 근친교배로 인한 자식약세가 더 이상 진행되지 않는 수준을 말한다.

정답 19 ④ 20 ① 21 ② 22 ① 23 ① 24 ④

**25** **다음 중 두 개의 다른 품종을 인공교배하기 위해 가장 우선적으로 고려해야 할 사항은?**

① 개화시기 ② 수량성
③ 종자탈립성 ④ 도복저항성

해설
두 개의 다른 품종을 인공교배하기 위해서는 먼저 개화기가 다른 두 품종에 대한 개화기 조절이 필요하다.

**26** **다음 중 우성상위 $F_2$의 분리비로 가장 옳은 것은?**

① 12:3:1 ② 9:6:1
③ 15:1 ④ 9:3:4

해설
피복유전자는 두쌍의 비대립유전자간 한 우성 유전자가 다른 우성유전자의 발현을 막고 자신의 고유 특성만 발현하는 유전자를 말한다. $F_2$ 분리비는 12:3:1 이다

**27** **다음 중 인위적으로 유전변이를 작성하는 내용과 가장 관계가 없는 것은?**

① 종이 다른 야생종 벼와 재배종 벼 간 교배를 한다.
② 감자와 토마토의 체세포 원형질을 융합시킨다.
③ 생장점배양에 의한 딸기의 무병주 증식을 한다.
④ 박테리아에서 분리한 특정 유전자를 배추에 형질전환 한다.

해설
생장점배양은 바이러스가 없는 식물체를 얻는데 이용하는 방법으로 유전적 변이와는 관련이 없다.

**28** **고등식물 유전자의 구조 중에서 단백질을 합성하는 유전정보를 가지고 있는 부위는?**

① 프로모터 ② 리보솜
③ 인트론 ④ 엑손

해설
DNA 염기서열에서 단백질의 구성정보를 담고 있는 부분을 엑손(exon)이라 하고 엑손의 총합을 엑솜(exome)이라 한다.

**29** **여교배 세대에 따른 반복친과 1회친의 비율에서 $BC_1F_1$일 때 반복친의 비율은?**

① 50% ② 75%
③ 87.5% ④ 93.75%

해설
- $1-(1/2)^{n+1}$ , n : 여교잡 횟수
- $1-(1/2)^{n+1}=1-(1/2)^{1+1}=1-(1/2)^2=75(\%)$

**30** **무배유종자를 가진 것으로만 나열된 것은?**

① 벼, 밀 ② 벼, 콩
③ 보리, 팥 ④ 콩, 팥

해설
무배유종자에는 콩, 완두, 팥, 녹두, 클로버 등의 콩과 식물 및 수박, 오이, 호박, 상추, 배추 등이 있다.



정답 25 ① 26 ① 27 ③ 28 ④ 29 ② 30 ④

**31** **다음 중 분리육종방법에서 순계분리에 대한 설명으로 가장 옳은 것은?**

① 품종화하기 이전에 지역적응시험이 필요치 않다.
② 다수의 선발개체로부터 채취한 종자를 혼합하여 세대를 진전한다.
③ 순계분리는 자식성 식물에 주로 적용되지만 타식성 식물의 자식계통 육성에도 이용된다.
④ 재래종을 공시화하여 선발계통의 우수성을 입증한다.

해설

기본 집단에서 우수한 형질을 가진 개체를 계속 선발하여 우수한 순계를 선발하는 방법으로 자가수정작물에 이용된다. 타가수정작물에서 근교약세를 나타내지 않는 작물은 순계분리법을 적용할 수 있는데 이때 순계를 얻기 위해 인공수분에 의한 교배가 필요하다.

**32** **피자식물에서 볼 수 있는 중복수정의 기구는?**

① 난핵 × 정핵, 극핵 × 생식핵
② 난핵 × 생식핵, 극핵 × 영양핵
③ 난핵 × 정핵, 극핵 × 정핵
④ 난핵 × 정핵, 극핵 × 영양핵

해설

피자식물의 중복수정은 2개의 정핵 중 1개는 난핵과 결합하여 배가 되고 다른 1개는 2개의 극핵과 결합해서 배젖이 된다.

**33** **다음 중 폴리진에 대한 설명으로 가장 옳지 않은 것은?**

① 양적 형질 유전에 관여한다.
② 각각의 유전자가 주동적으로 작용한다.
③ 환경의 영향에 민감하게 반응한다.
④ 누적적 효과로 형질이 발현된다.

해설

각각의 유전자가 주동적으로 작용하기보다 각각의 폴리진이 같은 방향으로 작용한다.

**34** **다음 (    )에 공통으로 들어갈 내용은?**

- 같은 형질에 관여하는 여러 유전자들이 누적효과를 가질 때 (  )라 한다.
- (  )경우는 여러 경로에서 생성하는 물질량이 상가적으로 증가한다.

① 우성상위 ② 보족유전자
③ 복수유전자 ④ 열성상위

해설

동일 방향 작용 유전자가 누적효과가 나타나는 경우 복수유전자, 누적효과가 없는 경우 중복유전자라 한다.

**35** **1대 잡종을 품종으로 취급하는 이유로 옳지 않은 것은?**

① 모든 개체가 동일한 유전자형이다.
② 광지역적응이고 채종량이 많으며, 각기 다른 표현형을 나타낸다.
③ 인공교배로 똑같은 유전자형을 재생산할 수 있다.
④ 형질이 우수하고 균일하다.

해설

1대 잡종은 유전조성이 균일한 특성이 있어 품종으로 취급한다.

**36** **감귤, 바나나와 같이 종자가 생성되지 않고 과일이 생기는 현상을 무엇이라 하는가?**

① 중복수정 ② 아포믹시스
③ 단위결과 ④ 배낭형성

해설

수정이 되고 종자가 생기지 않아도 과실이 형성되는 경우가 있는데 이를 단위결과라 한다.

정답 31 ③ 32 ③ 33 ② 34 ③ 35 ② 36 ③

**37** **다음에서 설명하는 것은?**

> 자가불화합성의 유전양식 중 화분의 유전자가 화합·불화합을 결정한다.

① 계통형 자가불화합성
② 인공형 자가불화합성
③ 포자체형 자가불화합성
④ 배우체형 자가불화합성

해설
배우체형 자가불화합성은 화분(n)과 체세포(2n)로 이루어진 암술의 암술머리나 암술대간에 상호작용에 의한 결과로 교배의 화합과 불화합이 화분 자체의 유전자형에 의해 결정된다.

**38** **다음 중 멘델의 유전법칙에 대한 설명으로 틀린 것은?**

① 우성과 열성의 대립유전자가 함께 있을 때 우성형질이 나타난다.
② $F_2$에서 우성과 열성형질이 일정한 비율로 나타난다.
③ 유전자들이 섞여 있어도 순수성이 유지된다.
④ 두 쌍의 대립형질이 서로 연관되어 유전분리한다.

해설
멘델의 유전법칙의 독립에 법칙에 의거하여 다른 염색체상에 있는 두쌍이나 두쌍 이상의 대립유전자가 간섭받지 않고 후대로 전해진다.

**39** **자식성 작물에서 신품종의 증식과정은?**

① 원원종포 → 원종포 → 채종포
② 채종포 → 원원종포 → 원종포
③ 원종포 → 원원종포 → 채종포
④ 원원종포 → 채종포 → 원종포

해설
작물의 종자생산 관리체계는 기본식물, 원원종, 원종, 채종포(보급종), 농가의 순이다.

**40** **한 개의 유전자가 여러 가지 형질의 발현에 관여하는 현상을 무엇이라 하는가?**

① 반응규격 ② 다면발현
③ 호메오스타시스 ④ 가변성

해설
한 개의 유전자가 여러 형질을 발현하는 경우 다면발현이라 한다.

## 제3과목 재배원론

**41** **다음 중 장일식물로만 나열된 것은?**

① 도꼬마리, 코스모스
② 시금치, 아마
③ 목화, 벼
④ 나팔꽃, 들깨

해설
장일식물에는 보리, 시금치, 양파, 당근, 양배추, 아마 등이 있다.

**42** **다음 중 다년생 방동사니과에 해당하는 것으로만 나열된 것은?**

① 여뀌, 물달개비 ② 올방개, 매자기
③ 개비름, 맹아주 ④ 망초, 별꽃

해설
다년생 방동사니과에는 너도방동사니, 쇠털골, 올방개, 올챙이고랭이, 매자기 등이 있다.

**43** **다음에서 설명하는 것은?**

> • 이랑을 세우고 이랑에 파종하는 방식이다.
> • 배수와 토양통기가 좋게 된다.

① 평휴법 ② 휴립구파법
③ 성휴법 ④ 휴립휴파법

해설
휴립휴파법은 이랑을 세우고 이랑에 파종하는 방법으로 배수와 통기성을 양호하게 하여 고구마에 적합한 방법이다.



정답 37 ④ 38 ④ 39 ① 40 ② 41 ② 42 ② 43 ④

**44** 다음 중 $CO_2$ 보상점이 가장 낮은 식물은?

① 벼 ② 옥수수
③ 보리 ④ 담배

해설

옥수수와 같은 $C_4$ 식물은 콩이나 벼와 같은 식물들에 비하여 이산화탄소 보상점이 낮다.

**45** 공예작물 중 유료작물로만 나열된 것은?

① 목화, 삼 ② 모시풀, 아마
③ 참깨, 유채 ④ 어저귀, 왕골

해설

공예작물 중 유료작물에는 참깨, 들깨, 유채, 땅콩, 해바라기, 아주까리, 오일팜 등이 있다.

**46** 다음에서 설명하는 것은?

- 배출원은 질소질 비료의 과다사용이다.
- 잎 표면에 흑색 반점이 생긴다.
- 잎 전체에 백색 또는 황색으로 변한다.

① 아황산가스 ② 불화수소가스
③ 암모니아가스 ④ 염소계 가스

해설

암모니아가스는 질소질 비료가 과다시용되었을 경우 다량 발생하는데 잎 전체에 영향을 주고 수시간후 잎 전체가 갈변 혹은 검게 한다.

**47** 다음 중 작물의 기지 정도에서 휴작을 가장 적게 하는 것은?

① 당근 ② 토란
③ 참외 ④ 쑥갓

해설

벼, 맥류, 조, 수수, 옥수수, 담배, 무, 당근, 양파, 호박, 순무, 아스파라거스, 딸기, 미나리, 양배추 등은 연작의 피해가 적은 작물로 휴작을 적게 할수 있다.

**48** 고립상태일 때 광포화점(%)이 가장 낮은 것은?(단, 조사광량에 대한 비율임)

① 고구마 ② 콩
③ 사탕무 ④ 무

해설

광포화점(%) 의 경우 무, 사탕무, 고구마는 40~60%, 콩은 20~23% 로 콩이 낮다.

**49** 다음 중 자연교잡률(%)이 가장 높은 것은?

① 벼 ② 수수
③ 보리 ④ 밀

해설

벼, 보리, 밀 등은 자연교잡률이 4% 이하로 낮은 편이며 수수는 5% 정도로 보기 중에서 가장 높다.

**50** 다음 중 3년생 가지에 결실하는 것으로만 나열된 것은?

① 감, 밤 ② 포도, 감귤
③ 사과, 배 ④ 호두, 살구

해설

3년생 가지에 결실을 하는 것으로 배, 사과 등이 대표적이며 이러한 현상을 결과 습성이라한다. 1년생 결과지에는 포도, 감, 밤, 감귤 등이 있으며 2년생 결과지에는 복숭아, 살구 등의 핵과류가 있다.

**51** 엽채류의 안전저장 조건으로 가장 옳은 것은?

① 온도 : 0~4℃, 상대습도 : 90~95%
② 온도 : 5~7℃, 상대습도 : 80~90%
③ 온도 : 0~4℃, 상대습도 : 70~80%
④ 온도 : 5~7℃, 상대습도 : 70~80%

해설

배추와 같은 엽채류의 안전저장 온도는 0~4℃, 상대습도는 90~95% 이다.

정답 44 ② 45 ③ 46 ③ 47 ① 48 ② 49 ② 50 ③ 51 ①

**52** **다음 중 천연 옥신류에 해당하는 것은?**

① GA2 ② IAA
③ CCC ④ BA

해설
천연옥신류에는 IAA, PAA, IAN 가 있다.

**53** **다음 중 작물별로 구분할 때 K의 흡수비율이 가장 높은 것은?**

① 콩 ② 고구마
③ 옥수수 ④ 벼

해설
고구마와 같은 작물은 칼륨의 흡수비율이 높은 편인데 칼륨이 양분을 지하부로 이동하는 것을 촉진하여 덩이뿌리가 굵어지도록 도와주는 역할을 한다.

**54** **작물의 내열성에 대한 설명으로 틀린 것은?**

① 늙은 잎은 내열성이 가장 작다.
② 내건성이 큰 것은 내열성도 크다.
③ 세포 내의 결합수가 많고, 유리수가 적으면 내열성이 커진다.
④ 당분함량이 증가하면 대체로 내열성은 증대한다.

해설
늙은 잎의 내열성이 어린 잎보다 크다.

**55** **냉해대책으로 입지조건 개선에 대한 내용으로 틀린 것은?**

① 방풍림을 제거하여 공기를 순환시킨다.
② 객토 등으로 누수답을 개량한다.
③ 암거배수 등으로 습답을 개량한다.
④ 지력을 배양하여 건실한 생육을 꾀한다.

해설
냉해를 방지하기 위해 방풍림을 설치하여야 한다.

**56** **수광태세가 좋아지고 밀식적응성을 높이는 콩의 초형으로 틀린 것은?**

① 키가 크고, 도복이 안되며, 가지를 적게 친다.
② 꼬투리가 원줄기에 많이 달리고, 밑에까지 착생한다.
③ 잎이 크고 가늘다.
④ 잎자루가 짧고 일어선다.

해설
콩의 수광태세 조건에서 잎은 작고 가는 것이 좋다.

**57** **다음 중 감온형에 해당하는 것은?**

① 그루콩 ② 올콩
③ 그루조 ④ 가을메밀

해설
감온형 작물로 조생종, 올콩, 봄조, 여름메밀 등이 있다.

**58** **공기 속에 산소는 약 몇 %정도 존재하는가?**

① 약 35% ② 약 32%
③ 약 28% ④ 약 21%

해설
대기의 조성은 질소 78%, 산소 21%, 이산화탄소 0.03% 및 기타로 구성되어 있다.

**59** **다음 중 작물의 주요온도에서 '최고온도'가 가장 높은 것은?**

① 밀 ② 옥수수
③ 호밀 ④ 보리

해설
옥수수의 발아 최적온도는 32~34°C, 최고온도는 40°C 내외로 높은편에 속한다.



정답 52 ② 53 ② 54 ① 55 ① 56 ③ 57 ② 58 ④ 59 ②

## 60 작물의 기원지가 남아메리카 지역에 해당하는 것으로만 나열된 것은?

① 메밀, 파　　② 배추, 감
③ 조, 복숭아　　④ 감자, 담배

해설
작물의 기원지가 남아메리카 지역에 해당하는 작물은 감자, 담배, 바나나 등이 있다.

# 제4과목 식물보호학

## 61 배추 무사마귀병균에 대한 설명으로 옳은 것은?

① 산성 토양에서 많이 발생한다.
② 주로 건조한 토양에서 발생한다.
③ 전형적인 병징은 주로 꽃에서 발생한다.
④ 병원균을 인공배양하여 감염여부를 알 수 있다.

해설
배추 무사마귀병은 산성토양이며 다습한 경우 많이 발생한다.

## 62 다음 설명에 해당하는 것은?

> 약독계통의 바이러스를 기주에 미리 접종하여 같은 종류의 강독계통 바이러스의 감염을 예방하거나 피해를 줄인다.

① 파지　　② 교차보호
③ 기주교대　　④ 효소결합

해설
교차보호는 어떤 바이러스에 감염된 식물이 통상 동종의 바이러스에 다시 감염되지 않는 현상을 말한다. 병원성이 약화된 식물바이러스가 침입한 기주에 병원성이 강한 식물바이러스에 의한 병의 확산이 억제되는 현상으로 바이러스의 간섭작용을 이용한다.

## 63 다년생 논 잡초가 우점하는 군락형으로 천이가 일어나는 원인으로 가장 거리가 먼 것은?

① 손 제초 감소
② 잡초의 휴면성
③ 재배시기 변동
④ 잡초 방제 방법 변화

해설
잡초군락의 천이의 경우 주로 재배작물이나 작부체계가 변화하거나 경종조건이 변화할 경우 영향을 받는다.

## 64 잡초의 생육 특성에 대한 설명으로 옳지 않은 것은?

① 잡초는 생육의 유연성이 크다.
② 대부분의 문제 잡초들은 $C_4$ 식물이다.
③ 일반적으로 잡초는 종자 크기가 작아서 발아가 빠르다.
④ 일반적으로 잡초는 독립 생장은 늦지만 초기 생장은 빠른 편이다.

해설
잡초는 이유기가 빨라 독립생장을 통한 초기 생장이 빠르다.

## 65 완전변태를 하는 곤충으로만 올바르게 나열한 것은?

① 벌, 파리　　② 매미 , 잠자리
③ 메뚜기, 노린재　④ 진딧물, 총채벌레

해설
완전변태를 하는 곤충에는 나비목, 파리목, 벌목, 딱정벌레목 등이 있다.

정답 60 ④ 61 ① 62 ② 63 ② 64 ④ 65 ①

**66 생물적 잡초 방제 방법으로 옳지 않은 것은?**

① 상호대립억제작용은 잡초 방제에 방해가 된다.
② 식물 병원균은 수생 잡초의 방제에 효과적이다.
③ 잡초 방제에 이용되는 천적은 식해성 곤충일수록 좋다.
④ 어패류를 이용할 경우 초종 선택성이 없어 방류제한성이 문제가 된다.

해설

상호대립억제작용은 타감작용이라 하며 근처 식물의 생육에 영향을 주는 것으로 잡초의 방제에 활용되는 생물적 방제법에 해당된다.

**67 10a당 3kg을 사용하는 약제를 가지고 5000m$^2$ 에 사용하려면 필요 약량은?**

① 1.5kg ② 2kg
③ 15kg ④ 20kg

해설

- 10a = 1000m$^2$
- 1000m$^2$ : 3kg = 5000m$^2$ : 필요 약량
- 필요약량 = 15kg

**68 흰가루병균과 같이 살아있는 기주에 기생하여 기주의 대사산물을 섭취해서만 살아갈 수 있는 병원균은?**

① 순사물기생균 ② 반사물기생균
③ 반활물기생균 ④ 순활물기생균

해설

순활물기생균은 절대기생체라 하며 살아있는 조직에만 생활한다. 순활물기생균에는 흰가루병균, 붉은별무늬병균, 녹병균 등이 있다.

**69 밭에 발생하는 일년생 잡초는?**

① 쑥, 망초 ② 메꽃, 쇠비름
③ 쇠뜨기, 까마중 ④ 명아주, 바랭이

해설

1년생 밭잡초로 바랭이, 쇠비름, 명아주, 닭의 장풀 등이 있다.

**70 잡초에 대한 작물의 경합력을 높이는 방법으로 옳지 않은 것은?**

① 윤작 실시 ② 토양 pH 조절
③ 재배 방법 변화 ④ 작물 품종 선택

해설

작물의 경합력을 높이는 방법에는 밀도의 조절, 환경조건에 적응력이 강한 품종을 선택, 조숙종의 선택, 이앙 재배, 윤작 실시, 경운 실시 등의 방법 등이 있으나 토양의 pH 조절은 큰 효과가 없다.

**71 벼 도열병균의 주요 전염 방법으로 옳은 것은?**

① 토양 ② 잡초
③ 바람 ④ 관개수

해설

벼 도열병균은 균사나 분생포자가 볏짚 혹은 병든 종자에서 월동하고 바람에 의해 전반된다.

**72 파리목 성충의 형태적 특징으로 옳은 것은?**

① 날개가 1쌍이다.
② 몸이 좌우로 납작하다.
③ 씹는 입틀을 가지고 있다.
④ 날개가 비늘가루로 덮여있다.

해설

파리목은 1쌍의 날개를 가지며 뒷날개는 평균곤으로 변형되어 몸의 균형 유지와 감각기근을 담당한다.



정답 66 ① 67 ③ 68 ④ 69 ④ 70 ② 71 ③ 72 ①

**73** 1988년 부산 금정산에서 처음 발견되었고 소나무에 많은 피해를 주는 병의 매개충은?

① 솔나방 ② 솔잎혹파리
③ 솔수염하늘소 ④ 솔껍질깍지벌레

해설

소나무재선충은 이동능력이 없어 매개충에 의해 전반되는데 주로 솔수염하늘소에 의해 전파된다. 솔수염하늘소는 1988년 부산 금정산에서 처음 발견되었으며 유충으로 월동하고 성충으로 우화한다.

**74** 매개충과 관련된 식물병을 짝지은 것으로 옳지 않은 것은?

① 끝동매미충 - 벼 오갈병
② 애멸구 - 벼 줄무늬잎마름병
③ 말매미충 - 대추나무 빗자루병
④ 복숭아혹진딧물 - 감자 잎말림병

해설

대추나무 빗자루병의 매개충은 마름무늬매미충이다.

**75** 유기인계 농약이 아닌 것은?

① 포레이트 입제
② 페니트로티온 유제
③ 클로르피리포스메틸 유제
④ 감마사이할로트린 캡슐현탁제

해설

감마사이할로트린 캡슐현탁제는 피레트로이드계 살충제이다.

**76** 식물 병원체의 변이 기작이 아닌 것은?

① 이핵 현상 ② 일액 현상
③ 준유성생식 ④ 이수체 형성

해설

병원체도 변이를 일으키기도 하는데 기작으로 돌연변이, 교잡, 이핵, 준유성교환이 있다.

**77** 다음 설명에 해당하는 식물병은?

| 병든 것으로 의심되는 토마토의 줄기를 잘라 물 속에 넣었더니 우유빛 즙액이 선명하게 흘러 나왔다. |
|---|

① 돌림병 ② 오갈병
③ 시들음병 ④ 풋마름병

해설

풋마름병에 감염된 토마토의 줄기를 절단하면 우유빛의 점액성 물질이 흘러나온다.

**78** 농약이 인체 내로 들어와 흡입중독 시 응급처치 방법으로 옳지 않은 것은?

① 옷을 벗겨 체온을 낮춘다.
② 편안한 자세로 안정시킨다.
③ 공기가 신선한 곳으로 옮긴다.
④ 호흡이 약하면 인공호흡을 한다.

해설

흡입중독은 약물이 기도를 통해 중독된 경우 환자가 바람이 잘 통하는 깨끗한 장소에 눕히고 의복을 느슨하게 하여 신선한 공기를 호흡할 수 있도록 하며 심할 경우 인공호흡을 실시한다.

정답 73 ③ 74 ③ 75 ④ 76 ② 77 ④ 78 ①

**79** **다음 설명에 해당하는 해충은?**

> · 우리나라 제주도 귤나무에 피해가 많았으며, 두꺼운 밀랍으로 덮여있어 농약으로 인한 방제효과가 미비하다.
> · 연 1회 발생하며 가지와 잎에 기생하며 흡즙하여 가해한다.

① 귤응애　② 귤굴나방
③ 루비깍지벌레　④ 담배거세니마나방

해설

루비깍지벌레
- 1년에 1회 발생하며 주로 가지에 기생하면서 흡즙 가해한다.
- 6~8월 유충이 발생하고 9월에 성충이 된다.
- 동화작용을 저해시켜 생육이 불량해지고 그을음병을 발생시킨다.
- 암컷 성충은 두꺼운 암적색 밀랍 분비물로 이루어져 있다.

**80** **직접 살포하는 농약 제제인 것은?**

① 유제　② 입제
③ 수용제　④ 수화제

해설

입제는 유효성분을 고형증량제, 안정제, 계면활성제 등을 넣어 입상으로 성형한 제제로 직접 살포하는 고체시용제이다.

## 제5과목 종자관련법규

**81** **종자관련법상 품종목록 등재의 유효기간에서 품종목록 등재의 유효기간 연장신청은 그 품종목록 등재의 유효기간이 끝나기 전 몇 년 이내에 신청하여야 하는가?**

① 1년　② 2년
③ 3년　④ 4년

해설

종자관련법상 품종목록 등재의 유효기간에서 품종목록 등재의 유효기간 연장신청은 그 품종목록 등재의 유효기간이 끝나기 전 1년 이내 신청해야 한다.

**82** **종자관련법상 포장검사에서 국가보증이나 자체보증을 받은 종자를 생산하려는 자는 농림축산식품부장관 또는 종자관리사로부터 채종 단계별로 몇 회 이상 포장(圃場)검사를 받아야 하는가?**

① 1회　② 2회
③ 3회　④ 4회

해설

종자관련법상 포장검사에서 국가보증이나 자체보증을 받은 종자를 생산하려는 자는 농림축산식품부장관 또는 종자관리사로부터 채종 단계별로 1회 이상 포장검사를 받아야 한다.

**83** **보증서를 거짓으로 발급한 종자관리사는 얼마 이하의 벌금에 처하는가?**

① 300만원　② 600만원
③ 1천만원　④ 3천만원

해설

보증서를 거짓으로 발급한 종자관리사는 1년 이하의 징역 또는 1천만원 이하의 벌금에 처한다.

**84** **종자검사요령상 순도분석 용어에서 "화방"의 용어를 설명한 것은?**

① 주공(珠孔)부분의 조그마한 돌기
② 빽빽히 군집한 화서 또는 근대 속에서는 화서의 일부
③ 외종피가 과피와 합쳐진 벼과 식물의 나출과
④ 단단히 내과피(endocarp)와 다육질의 외층을 가진 비열개성의 단립종자를 가진 과실

해설

빽빽히 군집한 화서 또는 근대 속에서는 화서의 일부를 화방이라 한다.

정답 79 ③ 80 ② 81 ① 82 ① 83 ③ 84 ②

**85** 종자관련법상 "종자의 보증 효력을 잃은 것"에 해당하지 않은 것은?

① 보증표시를 하지 아니하거나 보증표시를 위조 또는 변조하였을 때
② 보증의 유효기간이 지났을 때
③ 거짓이나 그 밖의 부정한 방법으로 보증을 받았을 때
④ 해당 종자를 종자관리사의 감독에 따라 분포장(分包裝)했을 때

해설

포장한 보증종자의 포장을 뜯거나 열었을 때, 종자의 보증 효력을 잃은 것으로 본다. 다만, 해당 종자를 보증한 보증기관이나 종자관리사의 감독에 따라 분포장(分包裝)하는 경우는 제외한다는 단서에 따라 분포장한 종자의 보증표시는 분포장 하기 전에 표시되었던 해당 품종의 보증표시와 같은 내용으로 하여야 한다.

**86** 식물신품종관련법상 심판의 합의체에 대한 내용이다. ( )에 알맞은 내용은?

| 심판은 ( )의 심판위원으로 구성되는 합의체에서 한다. |
|---|

① 3명 ② 5명
③ 7명 ④ 9명

해설

심판은 3명의 심판위원으로 구성되는 합의체에서 한다.

**87** 식물신품종관련법상 품종보호권의 존속기간에서 품종보호권의 존속기간은 품종보호권이 설정등록된 날부터 몇 년으로 하는가? (단, 과수와 임목의 경우는 제외한다.)

① 15년 ② 20년
③ 25년 ④ 30년

해설

식물신품종관련법상 품종보호권의 존속기간에서 품종보호권의 존속기간은 품종보호권이 설정등록된 날부터 20년으로 한다. 다만 과수와 임목은 25년으로 한다.

**88** ( )에 알맞은 내용은?

| 종자관리사의 자격기준 등에서 등록이 취소된 사람은 등록이 취소된 날부터 ( )이 지나지 아니하면 종자관리사로 다시 등록할 수 없다. |
|---|

① 6개월 ② 1년
③ 2년 ④ 3년

해설

등록이 취소된 사람은 등록이 취소된 날부터 2년이 지나지 아니하면 종자관리사로 다시 등록 할 수 없다.

**89** 식물신품종관련법상 우선권의 주장에 대한 내용이다. ( )에 알맞은 내용은?

| 우선권을 주장하려는 자는 최초의 품종보호 출원일 다음 날부터 ( )이내에 품종보호 출원을 하지 아니하면 우선권을 주장할 수 없다. |
|---|

① 3개월 ② 6개월
③ 9개월 ④ 1년

해설

우선권을 주장하려는 자는 최초의 품종보호 출원일 다음 날부터 1년 이내에 품종보호 출원을 하지 아니하면 우선권을 주장할 수 없다.

정답 85 ④ 86 ① 87 ② 88 ③ 89 ④

**90** **종자관련법상 종자업을 하려는 자는 종자관리사를 몇 명 이상 두어야 하는가? (단, 대통령령으로 정하는 작물의 종자를 생산·판매하려는 자의 경우는 제외한다.)**

① 1명 ② 2명
③ 3명 ④ 4명

해설

종자업을 하려는 자는 종자관리사를 1명 이상 두어야 한다. 다만, 대통령령으로 정하는 작물의 종자를 생산·판매하려는 자의 경우에는 그러하지 아니하다.

**91** **콩 포장검사 시 특정병에 해당하는 것은?**

① 모자이크병
② 세균성점무늬병
③ 불마름병(엽소병)
④ 자주무늬병(자반병)

해설

콩 포장검사시 특정병은 자주무늬병(자반병)이다.

**92** **유통 종자 또는 묘의 품질표시를 하지 아니하거나 거짓으로 표시하여 종자 또는 묘를 판매하거나 보급한 자의 과태료는?**

① 300만원 이하 ② 600만원 이하
③ 1천만원 이하 ④ 2천만원 이하

해설

유통 종자 또는 묘의 품질표시를 하지 아니하거나 거짓으로 표시하여 종자 또는 묘를 판매하거나 보급한 자의 과태료는 1천만원 이하로 부과한다.

**93** **(　　)에 알맞은 내용은?**

> 종자관련법상 재검사신청 등에서 재검사를 받으려는 자는 종자검사 결과를 통지받은 날부터 (　　)이내에 재검사신청서에 종자검사 결과통지서를 첨부하여 검사기관의 장 또는 종자관리사에게 제출하여야 한다.

① 15일 ② 18일
③ 21일 ④ 30일

해설

재검사를 받으려는 자는 종자검사 결과를 통지받은 날부터 15일 이내 재검사신청서를 종자검사 결과통지서를 첨부하여 검사기관의 장 또는 종자관리사에게 제출하여야 한다.

**94** **종자검사요령에서 수분의 측정 시 저온항온건조기법을 사용하게 되는 종은?**

① 오이 ② 참외
③ 녹두 ④ 피마자

해설

저온항온 건조기법은 마늘, 파, 부추, 콩, 땅콩, 배추씨, 유채, 고추, 목화, 피마자, 참깨, 아마, 겨자, 무에 적용한다.

**95** **종자검사요령에서 시료추출 시 고추 제출시료의 최소중량은?**

① 30g ② 50g
③ 100g ④ 150g

해설

고추 제출시료 최소중량은 150g 이다.



정답 90 ① 91 ④ 92 ③ 93 ① 94 ④ 95 ④

**96** **식물신품종관련법상 품종보호를 받을 수 있는 권리의 승계에 대한 내용으로 틀린 것은?**

① 동일인으로부터 승계한 동일한 품종보호를 받을 수 있는 권리에 대하여 같은 날에 둘 이상의 품종보호 출원이 있는 경우에는 품종보호 출원인 간에 협의하여 정한 자에게만 그 효력이 발생한다.
② 품종보호 출원 후에 품종보호를 받을 수 있는 권리의 승계는 상속이나 그 밖의 일반승계의 경우를 제외하고는 품종보호 출원인이 명의변경신고를 하지 아니하면 그 효력이 발생하지 아니한다.
③ 품종보호 출원 전에 해당 품종에 대하여 품종보호를 받을 수 있는 권리를 승계한 자는 그 품종보호의 출원을 하지 아니하는 경우에도 제3자에게 대항할 수 있다.
④ 동일인으로부터 승계한 동일한 품종보호를 받을 수 있는 권리의 승계에 관하여 같은 날에 둘 이상의 신고가 있을 때에는 신고한 자 간에 협의하여 정한 자에게만 그 효력이 발생한다.

**해설**

품종보호 출원 전에 해당 품종에 대하여 품종보호를 받을 수 있는 권리를 승계한 자는 그 품종보호의 출원을 하지 아니하는 경우에는 제3자에게 대항할 수 없다.

**97** **(　　)에 알맞은 내용은?**

| 종자관련법상 품종성능의 심사기준에서 품종성능의 심사는 심사의 종류, 재배시험기간, 재배시험지역, 표준품종, 평가형질, 평가기준의 사항별로 (　)이 정하는 기준에 따라 실시한다. |
|---|

① 국립종자원장　② 농촌진흥청장
③ 농업기술센터장　④ 농업기술원장

**해설**

품종성능의 심사는 산림청장 또는 국립종자원장이 정하는 기준에 따라 실시한다.

**98** **(　　)에 알맞은 내용은?**

| -종자업 등록의 취소 등-<br>시장·군수·구청장은 종자업자가 종자업 등록을 한 날부터 (　)이내에 사업을 시작하지 아니하거나 정당한 사유 없이 1년 이상 계속하여 휴업한 경우에는 종자업 등록을 취소하거나 6개월 이내의 기간을 정하여 영업의 전부 또는 일부의 정지를 명할 수 있다. |
|---|

① 6개월　② 1년
③ 2년　④ 3년

**해설**

종자업 등록을 한 날부터 1년 이내에 사업을 시작하지 아니하거나 정당한 사유없이 1년 이상 계속하여 휴업한 경우에 받는 행정 처분은 종자업 등록 취소 또는 6개월 이내의 영업의 전부 또는 일부의 정지이다.

정답 96 ③ 97 ① 98 ②

**99** **종자관리요강상 포장검사 및 종자검사의 검사기준에 대한 내용이다. (        )에 알맞은 내용은?**

> 겉보리 포장검사에서 전작물 조건은 품종의 순도유지를 위하여 (  )이상 윤작을 하여야 한다. 다만, 경종적 방법에 의하여 혼종의 우려가 없도록 담수처리, 객토, 비닐멀칭을 하였거나, 타 작물을 앞그루로 재배한 경우 및 이전 재배 품종이 당해 포장검사를 받는 품종과 동일한 경우에는 그러하지 아니하다.

① 6개월　② 1년
③ 2년　④ 3년

**해설**

품종의 순도유지를 위하여 2년 이상 윤작을 하여야 한다.

**100** **종자관리요강상 수입적응성시험의 대상작물 및 실시기관에서 "인삼"의 실시기관은?**

① 농업기술실용화재단
② 한국종자협회
③ 한국생약협회
④ 농업협동조합중앙회

**해설**

수입적응성시험의 대상작물 중 인삼은 한국생약협회에서 실시한다.



정답 99 ④ 100 ③

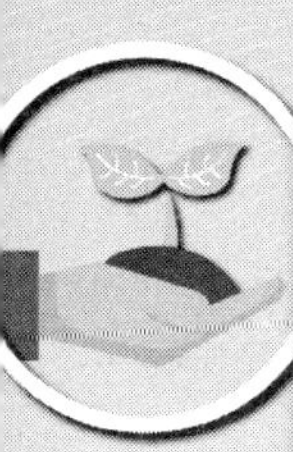

# 제2회 종자기사

## 제1과목 종자생산학

**01 채종포장 선정 시 격리 실시를 중요시하는 이유로 가장 옳은 것은?**

① 조수해(鳥獸害) 방지
② 병・해충 방지
③ 잡초유입 방지
④ 다른 화분의 혼입 방지

해설
채종포장 선정 시 격리를 통해 다른 화분의 혼입 및 종자전염병을 방지할 수 있다.

**02 다음에 해당하는 용어는?**

> 포원세포로부터 자성배우체가 되는 기원이 된다.

① 주심 ② 주공
③ 주피 ④ 에피스테이스

해설
주심은 포원세포에서 자성배우체가 되는 기원으로 자방조직에서 유래하며 포원세포가 발달한다.

**03 다음 중 봉지씌우기(피대)를 가장 필요로 하는 것은?**

① 시판을 위한 고정종 채종
② 인공수분에 의한 $F_1$채종
③ 자가불화합성을 이용한 $F_1$채종
④ 웅성불임성을 이용한 $F_1$채종

해설
봉지씌우기는 차단격리법(복대법)이라하여 봉지를 씌우는데 육종이나 원종, 원원종 채종에서 이용되는 방법이다.

**04 다음 중 피자식물의 중복수정에서 배의 염색체수로 가장 옳은 것은?**

① 2n ② 3n
③ 4n ④ 5n

해설
피자식물의 중복수정에서 정핵(n)과 난핵(n)이 합치면서 배는 2n 으로 나타난다.

**05 영양기관을 이용한 영양번식법을 실시하는 이유로 가장 옳은 것은?**

① 일시에 번식이 가능하기 때문에
② 파종 또는 이식작업이 편리하여 노동력이 절약되기 때문에
③ 우량한 유전질의 영속적인 유지를 위하여
④ 종자가 크게 절약되기 때문에

해설
영양번식의 경우 모체와 유전적으로 완전히 동일한 개체를 얻을 수 있으며 초기생장이 좋다는 장점이 있다. 모체와 유전적으로 완전히 동일하기에 우량한 유전질의 유지가 가능하다.

**06 다음 중 암꽃의 수정능력 보유기간이 가장 긴 작물은?**

① 호박 ② 수박
③ 양배추 ④ 가지

해설
암꽃의 수정능력은 온도 및 시기에 따라 차이가 있는데 일반적은 보유기간은 보기 중에서 양배추가 가장 길다.

정답 01 ④ 02 ① 03 ② 04 ① 05 ③ 06 ③

**07** **다음 중 유한화서이면서, 단정화서에 해당하는 것은?**

① 쥐똥나무 ② 목련
③ 붉은오리나무 ④ 사람주나무

해설

단정화서는 화서축의 선단에 1개의 꽃을 피우는 종류로 목련, 장미, 튤립 등이 있다.

**08** **다음 중 종자 춘화형 채소로만 나열된 것은?**

① 무, 배추 ② 양배추, 꽃양배추
③ 우엉, 당근 ④ 셀러리, 양파

해설

종자춘화형에는 완두, 잠두, 무, 배추 등이 있다.

**09** **배 휴면을 하는 종자의 경우 물리적 휴면타파법으로 가장 효과적인 것은?**

① 저온 습윤 처리 ② 고온 습윤 처리
③ 저온 건조 처리 ④ 고온 건조 처리

해설

배 휴면을 하는 종자는 0~6℃ 조건의 저온에서 수일~수개월 저장하면 휴면이 타파된다. 이때 층적법과 같이 습윤 조건에 함께 처리할 경우 가장 효과적이다.

**10** **다음 중 공중습도가 높을 때 수정이 가장 잘 안되는 작물에 해당하는 것은?**

① 고추 ② 벼
③ 당근 ④ 양파

해설

양파의 경우 공중습도가 높은 경우 수정이 잘 안되기에 강우가 적은 곳을 채종지로 선택하기도 한다.

**11** **다음 중 자연적으로 씨없는 과실이 형성되는 작물로 가장 거리가 먼 것은?**

① 감 ② 바나나
③ 수박 ④ 포도

해설

씨없는 과실이 형성되는 경우 단위결과라 하며 대표적으로 바나나, 포도, 오이, 감귤류 등이 해당된다.

**12** **다음 중 화아유도에 영향을 미치는 조건으로 거리가 먼 것은?**

① 옥신 ② 730nm이상의 광
③ 저온 ④ 탄소/질소의 비율

해설

식물의 색소단백질인 파이토크롬은 730nm 적외선 파장이상의 광에서는 발아가 억제되는 현상을 보인다.

**13** **다음 중 오이의 암꽃발달에 가장 유리한 조건은?**

① 13℃ 정도의 야간저온과 8시간 정도의 단일조건
② 18℃ 정도의 야간저온과 10시간 정도의 단일조건
③ 27℃ 정도의 주간온도와 14시간 정도의 장일조건
④ 32℃ 정도의 주간온도와 15시간 정도의 장일조건

해설

오이는 저온 단일 조건에서 암꽃의 발달에 유리하다. 보기 1번의 조건이 저온의 단일 조건에 가장 부합된다.



정답 07 ② 08 ① 09 ① 10 ④ 11 ③ 12 ② 13 ①

**14** **상추 종자에서 단백질을 다량 함유하고 발아기간 동안 배유를 분해하는 효소를 합성하는 곳으로 가장 옳은 것은?**

① 과피　② 중배축
③ 호분층　④ 종피

해설
성숙한 배젖은 바깥쪽 호분층에 단백질을 저장한다. 이 단백질은 주로 전분을 분해하는 가수분해효소들이다.

**15** **다음 중 종피의 특수기관인 제(臍, hilum)가 종자 뒷면에 있는 것으로 가장 옳은 것은?**

① 상추　② 배추
③ 콩　④ 쑥갓

해설
종자의 배병이나 태좌에 붙어있던 흔적인 제(배꼽)은 식물의 종류에 따라 위치가 다르다. 배추, 시금치는 종자의 끝에 위치하고 상추, 쑥갓은 종자의 기부에 위치한다. 콩의 경우 종자의 뒷면에 위치하는 것이 특징이다.

**16** **채종재배에서 화곡류의 일반적인 수확적기로 가장 옳은 것은?**

① 감수분열기　② 황숙기
③ 유숙기　④ 갈숙기

해설
곡물류의 채종적기는 황숙기이며 십자화과작물(채소류)는 갈숙기에 적기이다.

**17** **다음 중 종자발아에 필요한 수분흡수량이 가장 많은 것은?**

① 벼　② 옥수수
③ 콩　④ 밀

해설
발아에 필요한 종자의 수분 흡수량은 종자무게 대비 벼 23%, 밀 30%, 콩 100% 정도로 콩이 가장 많다.

**18** **다음 중 뇌수분을 원종채종의 수단으로 사용하는 작물로 가장 옳은 것은?**

① 벼　② 오이
③ 토마토　④ 배추

해설
배추 $F_1$ 의 원종 채종 시 뇌수분을 실시하는 이유는 개화 시에 자가불화합성이 나타나기 때문이다.

**19** **다음 중 과실이 영(穎)에 싸여 있는 것은?**

① 시금치　② 귀리
③ 밀　④ 옥수수

해설
과실의 외측이 내영, 외영에 싸여 있는 것으로 벼, 귀리, 겉보리 등이 있다.

**20** **다음 중 감자의 휴면타파법으로 가장 적절한 것은?**

① GA 처리　② MH 처리
③ α선 처리　④ 저온저장(0~6℃)

해설
감자의 휴면타파에는 최아법, 박피절단법, 지베렐린 처리(GA처리), 에틸렌-클로로하이드린 처리를 한다.

정답 14 ③ 15 ③ 16 ② 17 ③ 18 ④ 19 ② 20 ①

## 제2과목 식물육종학

**21 번식방법에 따른 육종방법 결정에 관여하는 요인이 아닌 것은?**

① 유전자수 ② 자가수정
③ 타가수정 ④ 영양번식

해설

자가수정, 타가수정, 영양번식 등의 방법을 통해 육종방법을 선택하는데 영향을 주게 된다.

**22 배추의 수분과정 시 가장 관계가 적은 것은?**

① 타가수분 ② 뇌수분
③ 말기수분 ④ 지연수분

해설

타가수정작물인 배추(십자화과)의 경우 뇌수분, 노화수분, 지연수분, 고온처리, 전기 자극, 이산화탄소 처리 등의 방법을 활용한다.

**23 다음 중 선발 총점에 대한 설명으로 가장 옳은 것은?**

① 한 형질의 선발에 대해서만 이용 가능하다.
② 질적 형질에 대해서만 유효하다.
③ 선발 지수를 이용하여 구한다.
④ 선발 총점이 낮아야 선발대상이 된다.

해설

선발지수는 목표로 하는 전체 형질에 대해 동시에 선발할 때 각 형질의 중요도에 따라 점수를 주어 총득점수가 많은 것부터 선발할 때 이용한다.

**24 목초류에서 가장 널리 이용되는 1대잡종계통육종법은?**

① 단교잡 ② 3원교잡
③ 합성품종 ④ 복교잡

해설

합성품종은 조합능력이 우수한 많은 계통을 혼합하여 몇 해 동안 자유교잡시키거나 격리포장에서 자유교배 하여 다계교잡을 한 다음 집단선발법에 의해 몇 해 동안 채종을 계속하는데 주로 목초류에 사용된다.

**25 다음 작물 중 크세니아 현상이 가장 잘 일어나는 작물은?**

① 옥수수 ② 메밀
③ 호밀 ④ 양파

해설

크세니아의 경우 예를 들어 찰벼와 메벼를 교잡하여 얻은 교잡종자의 경우 배유가 메벼의 성질이 나타나는 경우를 말한다. 주로 찰성벼, 보리, 밀, 옥수수 등에서 나타난다.

**26 다음 중 교잡육종법에 대한 설명으로 가장 옳은 것은?**

① 계통육종법은 질적형질의 선발에 효과적이다.
② 자식성 작물의 잡종은 자식을 거듭할수록 집단내의 호모접합성은 감소한다.
③ 집단육종법은 잡종 집단의 취급은 용이하지만, 자연선택은 이용할 수 없다.
④ 집단육종법이 계통육종법보다 육종연한을 단축 할 수 있다.

해설

계통육종법은 질적형질이나 유전력이 높은 양적형질의 개량에 효과적인 육종법이다.



정답 21 ① 22 ① 23 ③ 24 ③ 25 ① 26 ①

**27** **다음 변이의 종류 중 양적변이가 아닌 것은?**

① 종실 수량 ② 곡물의 찰성
③ 단백질 함량 ④ 건물중

해설

변이는 길이, 무게, 수량 등 측정형질을 숫자로 표현하는 양적변이와 색깔, 형태 등 측정형질을 숫자로 표현할 수 없는 질적변이로 분류된다. 곡물의 찰성은 숫자로 표현할 수 없는 질적변이에 해당한다.

**28** **농작물의 꽃가루 배양 의하여 얻어진 반수체 식물은 육종적으로 어떤 점이 가장 유리한가?**

① 붙임성이 높기 때문에 자연교잡율이 높다.
② 유전적으로 헤테로 상태이므로 잡종강세가 크게 나타난다.
③ 영양체가 거대해지기 때문에 영양체이용 작물에서는 유리하다.
④ 염색체 배가에 의하여 바로 호모가 되기 때문에 육종기간을 단축할 수 있다.

해설

약배양 및 화분배양은 반수체를 육성하여 육종 연한을 단축시킬수 있으며 담배, 벼 등의 작물에 적용 가능하다.

**29** **다음 중 유전적으로 고정될 수 있는 분산으로 가장 적절한 것은?**

① 상가적 효과에 의한 분산
② 환경의 작용에 의한 분산
③ 우성효과에 의한 분산
④ 비대립유전자 상호작용에 의한 분산

해설

유전분산은 하나의 집단에 있어서의 표현형 분산 중에서 개체의 유전적변이에 의하여 생긴 부분을 말하며 상가적 효과에 의한 분산, 유전자 우성효과에 의한 우성분산, 비대립유전자 간의 상호작용에 의한 상위성분산으로 구성된다. 이때 유전적으로 고정될 수 있는 분산은 상가적 효과에 의한 분산이다.

**30** **식물병에 대한 저항성에는 진정저항성과 포장저항성이 있다. 이 두 가지 저항성의 차이를 가장 옳게 설명한 것은?**

① 진정저항성이나 포장저항성은 병감염율이 상대적으로 낮으나 병균을 접종하면 모두 병이 많이 발생한다.
② 진정저항성은 수평저항성이라고도 하며, 포장저항성은 수직저항성이라고도 한다.
③ 진정저항성이나 포장저항성 모두 병 발생이 거의 없으나, 포장저항성은 포장에서 병 발생이 없다.
④ 진정저항성은 병이 거의 발생하지 않으나, 포장저항성은 여러 균계에 대하여 병 발생율이 상대적으로 낮다.

해설

진정저항성은 수직저항성이라 하며 포장저항성은 수평저항성이라 한다. 진정저항성은 특정 식물병에 저항성이 있어 병이 거의 발생하지 않으나, 포장저항성은 환경 변화에 따른 감수성 식물의 일시적인 저항성이기에 여러 균계에 대해 병의 발생율이 상대적으로 낮아지게 된다.

**31** **콜히친처리에 의한 염색체 배가의 원인은?**

① 염색체 길이의 증가
② 세포분열시 방추사 형성의 억제
③ 세포분열시 상동염색체 접합의 억제
④ 염색체 내의 핵의 크기 증가

해설

콜히친을 종자나 세포분열이 왕성한 식물체의 생장점 부위에 처리하면 분열상태의 세포의 방추사, 세포막의 형성을 저해하고 복제된 염색체가 양극으로 분리되는 것을 방해하는 작용을 한다.

정답 27 ② 28 ④ 29 ① 30 ④ 31 ②

**32** **감수분열에 대한 설명으로 가장 거리가 먼 것은?**

① 상동염색체끼리 대합한다.
② 접합기의 염색체수는 반수이다.
③ 화분모세포의 염색체수는 반수이다.
④ 4분자의 소포자의 염색체수는 반수이다.

해설
감수분열은 배우자 형성을 위해 암수의 생식기관에서 생식모세포의 염색체 수가 반감되는 세포분열이다. 화분모세포의 경우 염색체의 수가 2n 이다.

**33** **2개의 유전자가 독립유전하는 양성잡종의 $F_2$분리비는?**

① 3 : 1 : 1 ② 9 : 1 : 1
③ 9: 3 : 1 : 1 ④ 9 : 3 : 3 : 1

해설
독립유전에서 두 쌍의 대립유전자에 의해 지배되는 형질은 $F_2$ 에서 9:3:3:1 로 분리된다.

**34** **다음 중 자가수분이 가장 용이하게 되는 경우는?**

① 돌연변이 집단일 경우
② 이형예인 경우
③ 장벽수정인 경우
④ 폐화수정인 경우

해설
꽃이 피기 전의 봉오리 상태일 때 일어나는 자가수정을 폐화수정이라 하며 자가수분이 용이하게 이루어진다.

**35** **다음 중 양성화 웅예선숙에 해당하는 것으로 가장 적절한 것은?**

① 목련 ② 양파
③ 질경이 ④ 배추

해설
양파는 암술과 수술의 성숙시기가 다른데 수술이 먼저 성숙하는 웅예선숙에 해당한다.

**36** **6개의 품종으로 완전 2면 교배조합을 만들고자 할 때 $F_1$의 교배 조합수는?**

① 15 ② 26
③ 30 ④ 42

해설
6개의 품종으로 완전 2명 교배하기에 5×6(30개)의 교배조합이 가능하다.

**37** **품종의 유전적 취약성에 가장 큰 원인이 되는 것은?**

① 재배품종의 유전적 배경이 단순화되었기 때문
② 재배품종의 유전적 배경이 다양화되었기 때문
③ 농약사용이 많아지기 때문
④ 잡종강세를 이용한 $F_1$품종이 많아졌기 때문

해설
재배품종이 단일 유전자형으로 재배되면서 일시에 많은 피해를 받게 되는 경우를 유전적 취약성이라 한다.

**38** **재래종이 육종재료로 활용될 수 있는 가장 중요한 이유에 해당하는 것은?**

① 개량종에 비하여 품질이 우수하다.
② 유전적 기원이 뚜렷하다.
③ 내비성이 높다.
④ 유전적인 다양성이 잘 유지되어있다.

해설
재래종은 생산성은 낮지만 소규모로 다양하게 재배되어 유전적 다양성이 잘 유지되어 있다.



정답 32 ③ 33 ④ 34 ④ 35 ② 36 ③ 37 ① 38 ④

**39** 어느 $F_1$의 화분의 유전자 조성이 4AB:1Ab:1aB:4ab 라고 한다면, 이때의 조환가는? (단, 양친의 유전자형은 AABB, aabb임)

① 5%　　② 10%
③ 20%　　④ 30%

해설

· 조환가(%)

$$= \frac{\text{교차형(조환형)}}{\text{교차형(조환형)} + \text{비교차형(부모형)}} \times 100$$

· 교차형(조환형) = (1Ab : 1aB) = 2
· 비교차형(부모형) = (4AB+4ab) = 8
· $\frac{2}{2+8} \times 100 = 20(\%)$

**40** 다음 중 피자식물의 중복수정에서 배유세포의 염색체수로 가장 옳은 것은?

① 배유 : 2n　　② 배유 : 3n
③ 배유 : 4n　　④ 배유 : 6n

해설

피자식물 중복수정으로 정핵(n)과 2개의 극핵(2n)을 통해 배유(3n)이 나타난다.

## 제3과목 재배원론

**41** 작물의 특성을 유지하기 위한 방법이 아닌 것은?

① 영양번식에 의한 보존재배
② 격리재배
③ 원원종재배
④ 자연교잡

해설

자연교잡은 유전적 변이가 발생할수 있어 작물의 특성을 유지하기에는 적합한 방법이 아니다.

**42** 다음 중 휴작의 필요 기간이 가장 긴 작물은?

① 시금치　　② 고구마
③ 수수　　④ 토란

해설

토란은 3년 휴작이 요구되는 작물로 보기 중에서 가장 긴 작물이다.

**43** 수확물의 상처에 코르크층을 발달시켜 병균의 침입을 방지하는 조치를 나타내는 용어는?

① 큐어링　　② 예냉
③ CA 저장　　④ 후숙

해설

큐어링은 고구마, 감자, 양파 등에 상처가 발생한 경우 상처를 아물게 하거나 코르크층을 형성시켜 수분의 증발을 줄이고 미생물의 침입을 예방하는 방법이다.

**44** 밭에 중경은 때에 따라 작물에 피해를 준다. 다음 중 중경에 대한 설명으로 가장 거리가 먼 것은?

① 중경은 뿌리의 일부를 단근시킨다.
② 중경은 표토의 일부를 풍식시킨다.
③ 중경은 토양수분의 증발을 증가시킨다.
④ 토양온열을 지표까지 상승을 억제, 동해를 조장한다.

해설

중경작업 시 토양을 얕게 작업하면 모세관이 절단되고 표면 공극이 좁아져 토양의 유효수분 증발이 줄어드는 효과가 있다.

정답 39 ③ 40 ② 41 ④ 42 ④ 43 ① 44 ③

**45** **다음 중 단일성 작물로만 나열 된 것은?**

① 들깨, 담배, 코스모스
② 감자, 시금치, 양파
③ 고추, 당근, 토마토
④ 사탕수수, 딸기, 메밀

해설

단일성 식물에는 콩, 옥수수, 벼, 딸기, 국화, 코스모스, 들깨, 샐비어, 담배 등이 있다.

**46** **버널리제이션의 농업이용에 가장 이용하지 않는 것은?**

① 억제재배　② 수량 증대
③ 육종에 이용　④ 대파(代播)

해설

춘화처리라고도 하는 버널리제이션은 식물에 인위적인 저온 처리를 통해 화성을 유도하기에 억제재배와는 관련이 없다.

**47** **다음 중 생존연한에 따른 분류 상 2년생 작물에 해당하는 것은?**

① 보리　② 사탕무
③ 호프　④ 벼

해설

대파, 무, 사탕무 등은 2년생 작물에 해당된다.

**48** **광합성 양식에 있어서 $C_4$식물에 대한 설명으로 가장 거리가 먼 것은?**

① 광호흡을 하지 않거나 극히 작게 한다.
② 유관속초세포가 발달되어 있다.
③ $CO_2$보상점은 낮으나 포화점이 높다.
④ 벼, 콩, 보리가 $C_4$식물에 해당된다.

해설

벼, 콩, 보리가 $C_3$식물에 해당된다.

**49** **내건성이 큰 작물의 세포적 특성이 아닌 것은?**

① 세포가 작다.
② 세포의 삼투압이 높다.
③ 원형질막의 수분투과성이 크다.
④ 원형질의 점성이 낮다.

해설

내건성이 큰 작물은 원형질의 점성이 높다.

**50** **비늘줄기를 번식에 이용하는 작물은?**

① 생강　② 마늘
③ 토란　④ 연

해설

마늘, 양파 등은 영양기관 중에서 비늘줄기(인경)을 통해 번식한다.

**51** **논벼가 다른 작물에 비해서 계속 무비료 재배를 하여도 수량이 급격히 감소하지 않는 이유로 가장 적절한 것은?**

① 잎의 동화력이 크기 때문이다.
② 뿌리의 활력이 좋기 때문이다.
③ 비료의 천연공급량이 많기 때문이다.
④ 비료의 흡수력이 크기 때문이다.

해설

논은 관개수를 통해 양분의 천연공급량이 충분하여 지력이 유지된다.

**52** **박과채소류 접목육묘의 특징으로 가장 거리가 먼 것은?**

① 흡비력이 강해진다.
② 토양전염성병의 발생이 적어진다.
③ 질소흡수가 줄어들어 당도가 증가한다.
④ 불량 환경에 대한 내성이 증대된다.

해설

접목육묘를 통해 토양병해충의 피해를 예방하고 양분의 흡수를 증대시키기 위해 이용된다.



정답 45 ① 46 ① 47 ② 48 ④ 49 ④ 50 ② 51 ③ 52 ③

**53** 다음 중 내염성이 가장 강한 작물은?

① 가지 ② 양배추

③ 셀러리 ④ 완두

해설

사탕무, 목화, 양배추, 유채 등은 내염성이 강한 작물이다.

**54** 다음 중 작물 생육의 다량원소가 아닌 것은?

① K ② Cu

③ Mg ④ Ca

해설

구리(Cu)는 미량원소에 해당된다.

**55** 다음 중 산성토양에 강하면서 연작의 장해가 가장 적은 작물로만 나열된 것은?

① 자운영, 양파 ② 옥수수, 시금치

③ 콩, 담배 ④ 벼, 귀리

해설

벼, 귀리, 옥수수, 조 등은 산성토양에 강하고 연작에 피해가 적은 작물이다.

**56** 다음 중 고추의 일장 감응형은?

① LL형 ② II형

③ SS형 ④ LS형

해설

고추, 벼(조생종), 메밀, 토마토 등은 II형에 속한다.

**57** 작물에서 화성을 유도하는데 필요한 중요 요인으로 가장 거리가 먼 것은?

① 체내 동화생산물의 양적 균형

② 체내의 cytokine과 ABA의 균형

③ 온도조건

④ 일장조건

해설

시토키닌(cytokine)은 주로 세포분열을 촉진하나 ABA의 경우 생장억제물질로 낙엽 촉진, 휴면의 유도,발아억제 등의 작용에 관여한다.

**58** 감자의 2기작 방식으로 추계 재배시 휴면타파에 가장 효과적으로 이용하는 화학약제는?

① B-995 ② Gibberellin

③ Phosfon-D ④ CCC

해설

지베렐린(Gibberellin)을 작물에 적용시 발아촉진, 화성유도, 생장 촉진, 수량의 증대 효과 등이 있어 재배시 휴면타파에 효과적이다.

**59** 다음 중 적산온도를 가장 적게 요하는 작물은?

① 옥수수 ② 조

③ 기장 ④ 메밀

해설

작물별로 적산온도의 경우 메밀은 1000~1200℃, 감자는 1300~3000℃, 추파맥류는 1700~2300℃, 완두는 2100~2800℃, 콩은 2500~3000℃, 담배는 3200~3600℃ 벼는 3500~4500℃ 정도이다.

정답 53 ② 54 ② 55 ④ 56 ② 57 ② 58 ② 59 ④

**60** 다음 중 작물의 복토 깊이가 가장 깊은 것은?

① 당근 ② 생강
③ 오이 ④ 파

해설

생강이 5~9cm 정도의 복토 깊이 기준으로 보기 중에서 가장 깊은 편에 속한다.
① 당근 - 종자가 보이지 않을 정도 얕은 깊이(0.5cm 이하)
③ 오이 - 0.5 ~ 1cm
④ 파 - 종자가 보이지 않을 정도 얕은 깊이(0.5cm 이하)

## 제4과목 식물보호학

**61** 식물 병원으로 균류의 변이에 해당하지 않는 것은?

① 교잡 ② 약독변이
③ 자연돌연변이 ④ 이질다상현상

해설

병원체도 변이를 일으키기도 하는데 기작으로 돌연변이, 교잡, 이핵, 준유성교환이 있다.

**62** 살충제의 교차저항성에 대한 설명으로 옳은 것은?

① 한가지 약제를 사용 후 그 약제에만 저항성이 생기는 것
② 한가지 약제를 사용 후 모든 다른 약제에 저항성이 생기는 것
③ 한가지 약제를 사용 후 동일 계통의 다른 약제에는 저항성이 약해지는 것
④ 한가지 약제를 사용 후 약리작용이 비슷한 다른 약제에 저항성이 생기는 것

해설

교차저항성은 한가지 약제를 사용 후 2종류 약제에 대하여 동시에 저항성이 생기는 것을 말한다.

**63** 토양전염성 병원균으로 옳은 것은?

① 고추 역병균
② 벼 도열병균
③ 사과 탄저병균
④ 대추나무 빗자루병균

해설

고추역병균은 난포자가 토양에 월동하는 토양전염성 병원균이다. 장마기간에 기온이 낮고 습도가 높은 조건에서 많이 발생한다.

**64** 농약 성분에 따른 살균제 사용 목적 분류로 옳은 것은?

① 베노밀 - 보호살균제
② 만코제브 - 보호살균제
③ 프로피네브 - 직접살균제
④ 석회보르도액 - 직접살균제

해설

베노밀은 종자소독제, 프로피네브는 보호살균제, 석회보르도액은 보호살균제로 분류된다.

**65** 주로 채소 작물을 가해하는 해충으로 옳은 것은?

① 흑명나방 ② 박쥐나방
③ 점박이응애 ④ 가루깍지벌레

해설

점박이응애는 채소작물, 사과나무, 복숭아 나무 등 가해 범위가 넓으며 흡즙가해를 한다.



정답 60 ② 61 ② 62 ④ 63 ① 64 ② 65 ③

**66 잡초와 작물과의 경합에서 잡초가 유리한 위치를 차지할 수 있는 특성으로 옳지 않은 것은?**

① 잡초종자는 일반적으로 크기가 작고 발아가 빠르다.
② 잡초는 작물에 비해 이유기가 빨리 와서 초기 생장속도가 빠르다.
③ 대부분의 잡초는 $C_3$식물로서 대부분이 $C_4$식물인 작물에 비해 광합성 효율이 높다.
④ 대부분의 잡초는 생육 유연성을 갖고 있어 밀도변화가 있더라도 생체량을 유연하게 변화시킨다.

해설
대부분의 잡초는 $C_4$ 식물로 $C_3$ 작물에 비해 광합성 효율이 높다.

**67 1ppm 용액에 대한 설명으로 옳은 것은?**

① 용액 1L 중에 용질이 10g 녹아 있는 용액
② 용액 1L 중에 용질이 100g 녹아 있는 용액
③ 용액 1000mL 중에 용질이 1g 녹아 있는 용액
④ 용액 1000mL 중에 용질이 1mg 녹아 있는 용액

해설
ppm 은 백만분의 1 로서 1ppm 은 1mg/kg 이고 ml 단위로 환산하면 1mg/1000ml 이다.

**68 노린재목에 해당하는 해충이 아닌 것은?**

① 벼멸구　② 벼메뚜기
③ 끝동매미충　④ 복숭아혹진딧물

해설
노린재목에는 벼멸구, 끝동매미충, 복숭아혹진딧물이며 벼메뚜기는 메뚜기목이다.

**69 비선택적 제초제로 가장 적합한 것은?**

① 세톡시딤 유제
② 나프로파마이드 수화제
③ 글리포세이트암모늄 액제
④ 페녹사프로프-피-에틸 유제

해설
글리포세이트는 유기인계 제초제로 비선택성이다.

**70 유기인계 50% 유제를 1,000배로 희석해서 10a당 200L를 살포하여 해충을 방제하려고 할 때 소요되는 약량은?**

① 10mL　② 20mL
③ 100mL　④ 200mL

해설

$$\text{소요약량} = \frac{\text{단위면적당사용량}}{\text{소요희석배수}} = \frac{200}{1000} = 0.2L = 200ml$$

**71 벼물바구미에 대한 설명으로 옳은 것은?**

① 노린재목에 속한다.
② 번데기로 월동한다.
③ 유충은 뿌리를 갉아 먹는다.
④ 벼의 잎 뒷면에서 번데기가 된다.

해설
벼물바구미 성충은 잎에 피해를 주고 유충은 흙속으로 들어가 뿌리에 피해를 준다.

**72 잡초 종자의 발아에 영향을 주는 주요 요소가 아닌 것은?**

① 광　② 수분
③ 온도　④ 토양 양분

해설
잡초 종자의 발아에 영향을 주는 요인에는 온도, 수분, 산소, 광이 있다.

정답 66 ③ 67 ④ 68 ② 69 ③ 70 ④ 71 ③ 72 ④

**73** **다음 (　　)안에 들어갈 내용으로 순서대로 나열한 것은?**

> 병징은 나타나지 않지만 식물 조직 속에 병원균이 있는 것이 (　)이고, 바이러스에 의해 감염된 것은 (　)이다.

① 보균식물, 보독식물
② 기생식물, 감염식물
③ 은화식물, 보균식물
④ 감염식물, 잠재감염식물

해설
뚜렷한 병징은 보이지 않으나 기주식물이 병원체를 가진 경우 보균식물이라 하고 바이러스를 가진 경우 보독식물이라 한다.

**74** **나비목에서 주로 볼 수 있으며 더듬이, 다리, 날개 등이 몸에 꼭 붙어있는 번데기의 형태는?**

① 피용　② 나용
③ 위용　④ 전용

해설
피용은 곤충번데기의 한 형태로 전체의 체표가 심하게 경화하고 촉각, 다리, 날개가 체부에 밀착되어 있는 것을 말한다. 대부분의 나비목, 파리목의 사각류(모기, 각다귀) 및 단각류의 번데기는 이 형에 속한다.

**75** **세균에 의한 식물병의 주요 병징으로 올바르게 나열한 것은?**

① 무름, 궤양　② 황화, 위축
③ 흰가루, 빗자루　④ 줄무늬, 모자이크

해설
세균병의 병징에는 무름, 잎마름, 점무늬, 시들음, 궤양 등이 있다.

**76** **방동사니과 잡초로만 올바르게 나열한 것은?**

① 올방개, 자귀풀
② 매자기, 바늘골
③ 뚝새풀, 올챙이고랭이
④ 사마귀풀, 너도방동사니

해설
방동사니과 잡초에는 알방동사니, 바람하늘지기, 바늘골, 너도방동사니, 쇠털골, 올방개, 올챙이고랭이, 매자기 등이 있다.

**77** **다음 설명에 해당하는 식물병은?**

> 배추가 시들어 뽑아보니 뿌리에 크고 작은 혹들이 무수히 보였다.

① 노균병　② 균핵병
③ 무사마귀병　④ 뿌리썩음병

해설
배추 무사마귀병은 휴면포자가 발아하여 유주자를 형성하고 뿌리에 침입하며 침해받은 부위가 비정상적으로 비대해진다.

**78** **식물 병원균이 생성하는 기주 비특이적 독소는?**

① Victorin
② Tabtoxin
③ AK-toxin
④ Helminthosporoside

해설
비기주특이적 독소에는 Tabtoxin, Phaseolotoxin, Tentoxin 등이 있다.



정답 73 ① 74 ① 75 ① 76 ② 77 ③ 78 ②

**79** **잡초로 인한 피해를 경감하기 위한 예방적 방제 방법으로 옳은 것은?**

① 작물의 종자를 정선하여 관리한다.
② 가축의 분뇨가 발생하면 직접 경작지에 살포한다.
③ 작업이 완료된 농기구나 농기계는 별도 조치를 하지 않고 즉시 보관한다.
④ 관개수로의 잡초종자가 흐르게 하여 자연적으로 경작지 외부로 방출되도록 한다.

해설
잡초의 예방적 방제법으로 잡초 종자의 정선 및 혼입을 막는다.

**80** **이화명나방에 대한 설명으로 옳은 것은?**

① 연1회 발생한다.
② 수십 개의 알을 따로따로 하나씩 낳는다.
③ 주로 볏집 속에서 성충 형태로 월동한다.
④ 유충은 잎집을 가해한 후 줄기 속으로 먹어 들어간다.

해설
이화명나방 유충은 잎집으로 이동해 볏대 속에 구멍을 뚫고 피해를 주는데 한 마리의 유충이 여러 잎을 가해하여 피해가 큰편이다.

## 제5과목 종자관련법규

**81** **순도분석 시 사용하는 용어에 대한 설명으로 "사마귀 모양의 돌기"에 해당하는 용어는?**

① 작은 가종피　② 불임의
③ 웅화　④ 경

해설
- 작은 가종피(strophiole) : 사마귀 모양의 돌기
- 불임의(不稔, sterile) : 기능을 가진 생식기관이 없는(목초류의 소화에는 영과가 없다)
- 웅화(雄花, staminate) : 수꽃만을 가진 꽃
- 경(莖, stalk) : 식물기관의 줄기(stem)

**82** **육성자의 권리 보호에서 절차의 무효에 대한 내용이다. (　　)에 알맞은 내용은?**

> 농림축산식품부장관, 해양수산부장관 또는 심판위원회 위원장은 "보정명령을 받은 자가 지정된 기간까지 보정을 하지 아니한 경우에는 그 품종보호에 관한 절차를 무효로 할 수 있다."에 따라 그 절차가 무효로 된 경우로서 지정된 기간을 지키지 못한 것이 보정명령을 받은 자가 천재지변이나 그 밖의 불가피한 사유에 의한 것으로 인정될 때에는 그 사유가 소멸한 날부터 (　　)이내에 또는 그 기간이 끝난 후 1년 이내에 보정명령을 받은 자의 청구에 따라 그 무효처분을 취소할 수 있다.

① 7일　② 14일
③ 21일　④ 30일

해설
농림축산식품부장관, 해양수산부장관 또는 심판위원회 위원장은 그 절차가 무효로 된 경우로서 지정된 기간을 지키지 못한 것이 보정명령을 받은 자가 천재지변이나 그 밖의 불가피한 사유에 의한 것으로 인정될 때에는 그 사유가 소멸한 날부터 14일 이내에 또는 그 기간이 끝난 후 1년 이내에 보정명령을 받은 자의 청구에 따라 그 무효처분을 취소할 수 있다.

**83** **수분의 측정에서 저온항온건조기법을 사용하게 되는 종으로만 나열한 것은?**

① 벼, 귀리　② 유채, 고추
③ 호밀, 수수　④ 파, 오이

해설
저온항온 건조기법은 마늘, 파, 부추, 콩, 땅콩, 배추씨, 유채, 고추, 목화, 피마자, 참깨, 아마, 겨자, 무에 적용한다.

정답 79 ① 80 ④ 81 ① 82 ② 83 ②

**84** **발아검정에 대한 내용이다. ( )에 알맞은 내용은?**

| 작물 | 배지 | 온도(℃) | | 발아조사(일) | | 휴면타파 등 권고사항 |
|---|---|---|---|---|---|---|
| | | 변온 | 항온 | 시작 | 마감 | |
| 고추 | TP, BP, S | 20~30 | - | 7 | 14 | ( ) |

① 예냉 ② 예열(30-35℃)
③ $KNO_3$ ④ $GA_3$

해설
질산카리(potassium nitrate, $KNO_3$) : 1L의 물에 2g $KNO_3$을 녹인 0.2%의 용액으로 시험 시작할 때 배지를 포화시킨다. 그 후 수분 공급은 물로 한다.

**85** **품종보호료 및 품종보호 등록 등에서 납부기간 경과 후의 품종보호료 납부에 대한 내용으로 품종보호권의 설정등록을 받으려는 자나 품종보호권자는 품종보호료 납부기간이 경과한 후에도 몇 개월 이내에는 품종보호료를 납부할 수 있는가?**

① 6개월 ② 8개월
③ 9개월 ④ 12개월

해설
품종보호권의 설정등록을 받으려는 자나 품종보호권자는 품종보호료 납부기간이 지난 후에도 6개월 이내에는 품종보호료를 납부할 수 있다.

**86** **시료 추출 시 소집단과 시료의 중량 중 "무"의 제출시료의 최소 중량은?**

① 300g ② 450g
③ 700g ④ 1000g

해설
무의 시료의 최소중량은 제출시료용 300g, 순도검사용 30g 이다.

**87** **국가품종목록의 등재 등에서 품종목록 등재의 유효기간에 대한 내용이다. ( )에 알맞은 내용은?**

> 품종목록 등재의 유효기간은 등재한 날이 속한 해의 다음 해부터 ( ) 까지로 한다

① 10년 ② 7년
③ 5년 ④ 3년

해설
품종목록 등재의 유효기간은 등재한 날이 속한 해의 다음 해부터 10년 까지로 하며, 유효기간 연장신청에 의하여 계속 연장될 수 있다.

**88** **종자관리요강상 사진이 제출규격에서 사진의 크기에 대한 내용이다. ( )에 알맞은 내용은?**

> <사진의 크기>
> ( ) 의 크기이어야 하며, 실물을 식별할 수 있어야 한다.

① 6″ × 8″ ② 5″ × 8″
③ 3″ × 5″ ④ 4″ × 5″

해설
사진의 크기는 4″ × 5″ 의 크기이어야 하며 실물을 식별할 수 있어야 한다.



정답 84 ③ 85 ① 86 ① 87 ① 88 ④

**89** 식물신품종보호법상 "품종보호권"에 대한 내용으로 옳은 것은?

① 품종보호 요건을 갖추어 품종보호권이 주어진 품종을 말한다.
② 품종을 육성한 자나 이를 발견하여 개발한 자를 말한다.
③ 품종보호를 받을 수 있는 권리를 가진 자에게 주는 권리를 말한다.
④ 보호품종의 종자를 증식 · 생산 · 조제(調題) · 양도 · 대여 · 수출 · 수입하거나 양도 또는 대여의 청약을 하는 행위를 말한다.

해설

"품종보호권"이란 이 법에 따라 품종보호를 받을 수 있는 권리를 가진 자에게 주는 권리를 말한다.

**90** 포장검사 병주 판정기준에서 사과의 기타 병에 해당하는 것은?

① 근두암종병(뿌리혹병)
② PeCV
③ PVd
④ 호프스턴트바이로이드병

해설

사과의 기타병으로 사과 근두암종병(뿌리혹병), 포도 뿌리혹선충, 감귤 궤양병 등이 있다.

**91** 종자산업법상 "보증종자"에 대한 설명으로 옳은 것은?

① 일정수준 이상의 재배 및 이용상의 가치를 생산하는 능력을 말한다.
② 해당 품종의 진위성(眞僞性)과 해당품종 종자의 품질이 보증된 채종(採種)단계별 종자를 말한다.
③ 자격을 갖춘 사람으로서 종자업자가 생산하여 판매 · 수출하거나 수입하려는 종자를 보증하는 사람을 말한다.
④ 농산물 또는 임산물의 생산을 위하여 재배되는 모든 식물을 말한다.

해설

"보증종자"란 이 법에 따라 해당 품종의 진위성(眞僞性)과 해당 품종 종자의 품질이 보증된 채종(採種) 단계별 종자를 말한다.

**92** 수입적응성시험의 대상 작물 및 실시기관에서 한국생약협회의 대상 작물에 해당하는 것은?

① 옥수수 ② 인삼
③ 브로콜리 ④ 상추

해설

수입적응성시험의 대상작물 및 실시기관에서 한국생약협회의 대상작물은 인삼이 있다.

**93** 종자관리요강상 사후관리시험의 기준 및 방법에서 검사항목에 해당하지 않는 것은?

① 품종의 순도 ② 품종의 진위성
③ 종자전염병 ④ 종자의 구성력

해설

사후관리시험의 검사항목은 품종의 순도, 품종의 진위성, 종자전염성이 있다.

정답 89 ③ 90 ① 91 ② 92 ② 93 ④

**94** 농림축산식품부장관은 종자산업의 육성 및 지원을 위하여 몇 년마다 농립종자산업의 육성 및 지원에 관한 종합계획을 수립·시행하여야 하는가?

① 1년　　② 3년
③ 4년　　④ 5년

해설

농림축산식품부장관은 종자산업의 육성 및 지원을 위하여 5년마다 농립종자산업의 육성 및 지원에 관한 종합계획을 수립·시행한다.

**95** 품종보호권의 존속기간에서 품종보호권의 존속기간은 품종보호권이 설정등록된 날부터 몇 년으로 하는가? (단, 과수와 임목의 경우는 제외한다.)

① 5년　　② 10년
③ 15년　　④ 20년

해설

품종보호권의 존속기간은 품종보호권이 설정등록된 날부터 20년으로 한다. 다만, 과수와 임목의 경우에는 25년으로 한다.

**96** 포장검사 병주 판정기준에서 벼 특정병에 해당하는 것은?

① 흰가루병　　② 줄기녹병
③ 키다리병　　④ 위축병

해설

포장검사 병주 판정기준에서 벼 특정병은 키다리병, 선충심고병이다.

**97** 발아검정 시에 대한 내용이다. 다음에서 설명하는 것은?

> 모든 필수구조가 있고 명백히 종자 자체가 감염원이 아닌 것으로 판정되면 곰팡이(진균)나 박테리아에 의해서 심하게 부패되어 있다 하더라도 정상묘로 분류한다.

① 완전묘　　② 2차 감염묘
③ 경 결합묘　　④ 비정상묘

해설

2차 감염묘는 완전묘, 경결함 묘로서 종자 자체의 전염이 아닌 외부의 다른 원인으로 진균이나 세균의 감염을 받은 묘를 말한다.

**98** 순도분석 시 선별에서 식별할 수 없는 종에 대한 내용이다. (　　)에 알맞은 내용은?

> <식별할 수 없는 종>
> 종간의 식별이 어려운 경우 다음의 한 절차를 따른다.
> (a) 속명만 분석서에 기록하고 그 속의 모든 종자를 정립종자로 분류하고 추가적인 사항을 "기타판정"에 기록한다.
> (b) 비슷한 종자들을 다른 구성 요소에서 분리 선별하여 무게를 단다.
> 이 혼합물로부터 최소한 (　　), 가능하면 1,000입 무작위로 취하고 최종분리 후 중량으로 각종의 비율을 정한다. 전체 시료중의 종별 중량비를 계산한다. 이 절차를 준수하였다면 종자 숫자를 포함한 상세한 내용을 보고한다. 제출자가 레드톱, 유채, 라이그라스, 레드페스큐 중의 하나라고 기술하였을 때나 분석자의 재량에 의한 기타의 경우에 적용할 수 있다.

① 700립　　② 400립
③ 300립　　④ 100립



정답 94 ④ 95 ④ 96 ③ 97 ② 98 ②

해설

이 혼합물로부터 최소한 400립, 가능하면 1000입을 무작위로 취하고 최종분리 후 중량으로 각종의 비율을 정한다.

**99** **국가품종목록의 등재 대상 중 품종목록에 등재할 수 있는 대상작물에 해당하지 않는 것은?**

① 감자 ② 보리
③ 콩 ④ 사료용 벼

해설

품종목록에 등재할 수 있는 대상작물은 벼, 보리, 콩, 옥수수, 감자와 그 밖에 대통령령으로 정하는 작물로 한다. 다만, 사료용은 제외한다.

**100** **다음 (  )에 알맞은 내용은?**

> 구별성의 판정 기준에서 잎의 모양 및 색 등과 같은 질적특성의 경우에는 관찰에 의하여 특성조사를 실시하고 그 결과를 계급으로 표현하여 출원품종과 대조품종의 계급이 (  )이상 차이가 나면 출원품종은 구별성이 있는 것으로 판정한다.

① 한 등급 ② 두 등급
③ 세 등급 ④ 네 등급

해설

잎의 모양 및 색 등과 같은 질적특성의 경우에는 관찰에 의하여 특성 조사를 실시하고 그 결과를 계급으로 표현하여 출원품종과 대조품종의 계급이 한 등급 이상 차이가 나면 출원품종은 구별성이 있는 것으로 판정한다.

정답 99 ④ 100 ①

2019

# 제3회 종자기사

## 제1과목 종자생산학

**01** 화아유도에 필요한 조건으로 가장 적절하지 않은 것은?

① 저온　② MH
③ 밤 시간의 길이　④ 식물의 영양상태

해설
말락하이드라자이드(maleic hydrazide, MH)는 개화억제 물질이다.

**02** 단명종자에 해당하는 것으로만 나열된 것은?

① 사탕무, 베치　② 메밀, 고추
③ 가지, 수박　④ 토마토, 접시꽃

해설
양파, 파, 콩, 땅콩, 당근, 메밀, 고추, 상추, 우엉 등은 단명종자이다.

**03** 종자의 휴면타파에 사용하는 생장조절제로 가장 옳은 것은?

① 지베렐린　② ABA
③ 2,4-D　④ CCC

해설
지베렐린은 휴면타파 및 종자의 발아를 촉진하는 생장조절제로 활용된다.

**04** 벼 원원종 생산을 담당하는 기관으로 가장 적절한 곳은?

① 도 농업기술원　② 국립농업과학원
③ 농산물원종장　④ 종자공급소

해설
품종 육성 및 기본 식물의 생산은 농촌 진흥청, 원원종 생산을 담당하는 곳은 농업기술원, 보급종의 경우 국립종자원에서 담당하고 있다.

**05** 기본식물에서 유래된 종자를 무엇이라 하는가?

① 원종　② 원원종
③ 보급종　④ 장려품종

해설
원원종은 품종 고유의 특성을 보유하고 종자의 증식에 기본이 되는 종자를 말한다.

**06** 다음 중 양성화에서 가장 늦게 발달하는 기관은?

① 꽃잎　② 수술
③ 암술　④ 악편

해설
양성화는 자가수분을 피하기 위해 수술이 발달하고 이후 암술이 발달한다.



정답 01 ② 02 ② 03 ① 04 ① 05 ② 06 ③

**07** 다음 중 광발아성 종자는?

① 파　② 양파
③ 담배　④ 수박

해설

담배, 상추, 우엉, 뽕나무, 베고니아, 셀러리 등은 광발아성 종자에 해당된다.

**08** 다음 중 일반적으로 작물의 화아분화 촉진에 가장 영향이 큰 것으로 나열된 것은?

① 온도, 일장　② 수분, 질소
③ 온도, 토양수분　④ 습도, 인산

해설

화아분화의 영향을 주는 요인에는 일장, 온도, 습도 등의 외부환경요인이 있는데 이 중에서 화아분화 촉진에 저온처리인 춘화와 일장에 의한 영향도가 크다.

**09** 다음 중 종자발아에 필요한 수분흡수량이 가장 많은 것은?

① 호밀　② 콩
③ 수수　④ 벼

해설

종자는 수분을 흡수하여 발아를 하는데 보기 중에서 콩이 발아를 위해서는 약 50% 정도의 많은 수분함량이 요구된다.

**10** 다음 중 종자의 안전저장 요건으로 가장 적절한 것은?

① 고온 다습상태　② 고온 저습상태
③ 저온 저습상태　④ 저온 다습상태

해설

종자를 안전하게 저장하기 위해서는 저온, 저습의 조건에서 저장해야 한다.

**11** 다음 중 단위결과가 가장 잘 되는 것은?

① 오이　② 수박
③ 멜론　④ 참외

해설

단위결과는 수정이 되고 종자가 생기지 않아도 과실이 형성되는 경우로 바나나, 수박, 포도, 오이, 감귤류 등에서 나타난다.

**12** 식물의 암 배우자(가), 수 배우자(나)를 순서대로 옳게 나타낸 것은?

① (가) : 배낭, (나) : 화분립
② (가) : 소포자, (나) : 주심
③ (가) : 주피, (나) : 대포자
④ (가) : 꽃밥, (나) : 반족세포

해설

배낭은 식물의 자성배우자(암배우자)로 대포자라 하며 화분은 웅성배우자(수배우자)로 소포자라 한다.

**13** 종자의 테트라졸리움 검사의 목적은?

① 발아검사를 위하여
② 활력검사를 위하여
③ 병리검사를 위하여
④ 유전적 순도 검정을 위하여

해설

살아 있는 종자 조직의 착색 정도를 통해 종자의 활력을 검사한다.

정답 07 ③ 08 ① 09 ② 10 ③ 11 ① 12 ① 13 ②

**14** **다음 중 발아세의 정의로 가장 적절한 것은?**

① 파종된 총 종자개체수에 대한 발아종자 개체수의 비율
② 파종기부터 발아기까지의 일수
③ 종자의 대부분이 발아한 날
④ 치상 후 일정 기간까지의 발아율

해설

발아세는 치상 후 일정기간까지 발아율 또는 표준발아검사에서 중간발아조사일까지의 발아율을 의미한다.

**15** **다음 중 종자의 모양이 방패형인 것은?**

① 벼 ② 은행나무
③ 목화 ④ 양파

해설

양파, 파, 부추 등은 종자의 모양이 방패형이다.

**16** **채종재배에서 화곡류의 일반적인 수확적기로 가장 옳은 것은?**

① 황숙기 ② 유숙기
③ 갈숙기 ④ 고숙기

해설

곡물류의 채종적기는 황숙기이며 십자화과작물(채소류)는 갈숙기에 적기이다.

**17** **다음 중 종자의 구조에서 모체의 일부인 것으로 가장 옳은 것은?**

① 배 ② 종피
③ 배젖 ④ 책상조직

해설

종피는 모체의 일부이며 종자의 내부를 보호하는데 휴면이나 발아지연을 유발하기도 한다.

**18** **다음 중 수정과정에 대한 설명으로 가장 적절하지 않은 것은?**

① 속씨식물은 대개의 경우 배우자핵이 이중결합을 한다.
② 2개의 웅핵 중에서 하나는 2배체의 극핵과 결합하여 3배체의 배유핵이 된다.
③ 화분립이 주두에 닿기 전에 발아하고 화분관이 신장하여 암술대를 거쳐 배낭 속으로 들어간다.
④ 자성배우자와 웅성배우자가 완전히 성숙했을 때 가능하다.

해설

화분립이 주두에 닿은 후에 발아한다.

**19** **춘화처리를 실시하는 이유로 가장 옳은 것은?**

① 휴면타파 ② 발아촉진
③ 생장억제 ④ 화성유도

해설

작물의 화성유도를 위해 저온이 필요한 현상을 춘화라하고 이러한 과정을 춘화처리라 한다.

**20** **저장 중 종자가 발아력을 상실하는 원인으로 가장 거리가 먼 것은?**

① 효소의 활력 저하
② 원형질단백의 응고
③ 수분함량의 감소
④ 저장양분의 소모

해설

수분함량이 감소할 경우 종자의 발아력은 유지되고 저장 수명이 길어지게 된다.



정답 14 ④ 15 ④ 16 ① 17 ② 18 ③ 19 ④ 20 ③

## 제2과목 식물육종학

**21 배낭모세포가 감수분열하여 형성한 대포자 중 살아남은 배낭세포는 8개의 핵을 갖는다. 이들의 기능으로 가장 옳은 것은?**

① 난핵, 조세포핵, 그리고 반족세포핵은 수정과 동시에 퇴화한다.

② 조세포핵과 극핵은 수정과 함께 융합하여 배유를 형성한다.

③ 난핵은 정세포핵과 융합하여 배를 형성한다.

④ 난핵과 극핵이 융합하여 다음 세대의 뿌리조직을 형성한다.

해설

배낭모세포가 감수분열을 하여 4개의 반수체 대포자를 만든다. 4개의 대포자 중 3개는 퇴화하고 1개만 살아남아 3번의 유사분열을 거쳐 8개의 핵을 가진 배낭이 된다. 피자식물의 수정에서 배낭 내로 들어간 2개의 저액 중 하나는 난핵과 융합하여 2n 인 배를 형성하고 다른 하나는 2개의 극핵과 융합하여 3n인 배유를 형성한다.

**22 반복친과 여러번 교잡하면서 선발 고정하는 육종법은?**

① 계통육종법 ② 여교잡육종법

③ 혼합육종법 ④ 파생계통육종법

해설

여교잡육종법은 (A×B)×B, (A×B)×A, [(A×B)×B]×B 등의 형식이며 한번 교잡시킨 것을 1회친, 두 번 이상 교잡시킨 것을 반복친이라 한다.

**23 생식세포 돌연변이와 체세포 돌연변이의 예로 가장 옳은 것은?**

① 생식세포 돌연변이 : 염색체의 상호전좌, 체세포 돌연변이 : 아조변이

② 생식세포 돌연변이 : 아조변이, 체세포 돌연변이 : 열성돌연변이

③ 생식세포 돌연변이 : 열성돌연변이, 체세포 돌연변이 : 우성돌연변이

④ 생식세포 돌연변이 : 우성돌연변이, 체세포 돌연변이 : 염색체의 상호 전좌

해설

- 전좌는 염색체가 절단되어 그 단편이 비상동염색체 일부로 이동하여 유합되는 현상을 말하며 이는 염색체 구조 이상으로 발생하는 염색체 돌연변이 현상이다.
- 아조변이는 체세포돌연변이의 일종인데 식물의 줄기와 가지의 생장점 세포가 돌연변이를 일으킨 것으로 과수류의 신품종 육성에 이용된다.

**24 체세포 염색체수가 20인 2배체 식물군의 연관군 수는?**

① 20 ② 12

③ 10 ④ 2

해설

동일염색체상에서 2개 이상의 유전자가 연관되어 있어야 하고 이 유전자들은 n 핵상의 염색체만큼 연관군을 이루고 있다. 2n=20 의 경우 10개의 연관군을 가진다.

정답 21 ③ 22 ② 23 ① 24 ③

**25** **재래종 또는 지방종에 대한 설명으로 옳지 않은 것은?**

① 하나의 품종으로 보아도 좋다.
② 작물의 원산지에서 오랜 기간 자생 또는 재배되어 온 것이어야만 한다.
③ 대부분의 재래종은 일종의 고정종에 속하는 것이다.
④ 한 지역에서 예로부터 재배되어 내려 온 것을 흔히 일컫는다.

해설

재래종 혹은 지방종은 토산종이라 하며 육종의 과정을 지나지 않고 각지방에 보존 되어온 품종으로 원산지에서 오랜기간 재배한 것은 아니다.

**26** **배낭에서 난세포 이외의 조세포나 반족세포의 핵이 단독으로 발육하여 배를 형성하는생식은?**

① 처녀생식 ② 무핵란생식
③ 무배생식 ④ 주심배생식

해설

무배생식은 배우체의 난세포 이외의 세포가 단독으로 분열 및 발달하여 포자체를 만드는 현상을 말한다.

**27** **잡종강세 표현에 대한 설명으로 가장 적절하지 않은 것은?**

① 외계의 불량 환경에 대한 저항성이 강하다.
② 영양체의 생장이 왕성하다.
③ 개화 및 생장이 촉진된다.
④ 임성이 저하된다.

해설

잡종강세 표현은 작물 및 형질에 따라 일정하지 않으나 일반적으로 생장 발육의 증대, 내용 성분 함량의 변화, 개화 및 성숙의 촉진, 불량한 환경에 대한 저항성 증진 등으로 나타난다.

**28** **돌연변이육종에 고려해야 할 사항으로 가장 적절하지 않은 것은?**

① 현실적인 육종규모를 설정한다.
② 주로 양적 형질을 육종목표로 설정한다.
③ 효과적인 돌연변이 유발원을 선택한다.
④ $M_1$ 및 그 이후 세대의 효율적 육종방법을 설정한다.

해설

돌연변이육종은 인위적 돌연변이를 통해 만들어진 유용한 형질을 이용하는 육종법이다.

**29** **신품종의 특성을 유지하는데 문제가 되는 품종의 퇴화 원인으로 가장 적절하지 않은 것은?**

① 근교 약세에 의한 퇴화
② 기계적 혼입에 의한 퇴화
③ 주동 유전자의 분리에 의한 퇴화
④ 자연 교잡에 의한 퇴화

해설

종자퇴화의 원인에는 유전적퇴화, 생리적 퇴화, 병리적 퇴화가 있으며 주동유전자의 분리의 경우 여기에 속하지 않는다. 보기 ①, ②, ④ 의 내용들은 종자의 유전적퇴화에 해당한다.

**30** **인공교배를 할 때 고려해야 할 사항으로 가장 적절하지 않은 것은?**

① 교배친의 조만성이 다를 경우 만생종을 일찍 파종한다.
② 자가수정 작물은 모본(종자친)에 제웅을 한다.
③ 추파성인 밀과 보리는 저온처리로 추파성을 소거해야 한다.
④ 벼는 장일처리를 하여 개화를 촉진시킨다.

해설

벼는 단일식물로 장일처리를 통해 개화를 촉진시킨다.



정답 25 ② 26 ③ 27 ④ 28 ② 29 ③ 30 ④

**31** **작은 섬이나 산골짜기가 타식성 작물의 채종장소로 많이 이용되고 있는 이유로 가장 적절한 것은?**

① 여러 가지 품종과의 자연교잡을 막을 수 있기 때문이다.

② 여러 가지 품종과의 자연 교잡이 자유롭게 일어날 수 있기 때문이다.

③ 습고가 알맞기 때문이다.

④ 온도가 알맞기 때문이다.

해설

자연교잡에 의해 품종이 퇴화하는 경우도 있기에 격리재배를 통해 이를 방지하기도 한다.

**32** **교배모본 선정 시 고려할 사항으로 가장 적절하지 않은 것은?**

① 가능한 결점이 적은 품종을 선정한다.

② 과거에 이용실적이 적은 품종을 선정한다.

③ 대상지역의 주요품종을 교배친으로 선정한다.

④ 목표형질 이외의 양친의 유전조성이 유사한 품종을 선정한다.

해설

교배모본을 선정 시 과거의 주요품종을 양친 중의 한 모본으로 선택하기에 이용실적이 있는 품종으로 선택한다.

**33** **다음 중 일염색체식물인 것은?**

① 2n+2　　② 2n+1

③ 2n-1　　④ 2n

해설

일염색체는 단염색체로 염색체의 수가 정상적 배수보다 한 개 적은 2n-1 로 표현한다.

**34** **자가불화합성을 지닌 작물에 있어서 불화합성을 타파하여 자식종자를 생산할 수 있는 방법으로 가장 적절하지 않은 것은?**

① 뇌수분　　② 일장처리

③ 탄산가스처리　　④ 고온처리

해설

교배양친을 유지하기 위해 자식하려면 자가불화합성을 일시적으로 타파해야 하며 뇌수분, 노화수분, 지연수분, 고온처리, 전기 자극, 이산화탄소 처리 등의 방법을 활용한다.

**35** **자웅동주이면서 웅예선숙인 작물로만 나열된 것은?**

① 옥수수, 딸기

② 아스파라거스, 양파

③ 시금치, 벼

④ 시금치, 양파

해설

웅예선숙은 암술보다 수술이 먼저 성숙하는 것으로 옥수수, 딸기, 양파, 수박, 당근 등이 있다.

**36** **다음 중 유전자의 지배가가 누적적인 유전자에 해당하는 것은?**

① 중복유전자　　② 복수유전자

③ 보족유전자　　④ 억제유전자

해설

동일 방향 작용 유전자가 누적효과가 나타나는 경우 복수유전자, 누적효과가 없는 경우 중복유전자라 한다.

정답 31 ① 32 ② 33 ③ 34 ② 35 ① 36 ②

**37 영양계 분리법과 가장 관련이 없는 것은?**

① 과수류나 뽕나무 같은 영년생 식물에 이용한다.
② 양딸기의 자연집단에서 우량한 영양체를 분리하는데 이용한다.
③ 영양이 좋은 종자를 선발 분리하는 방법이다.
④ 재래 집단이나 자연집단에는 많은 변이체를 가지고 있다.

해설
영양계분리법은 과수류, 화목류, 임목 등의 목본작물이나 고구마, 감자 등 영양체로 번식하는 작물의 우량 영양체를 분리하여 이용하는 방법이다.

**38 다음 중 육종목표로 가장 적절하지 않은 것은?**

① 기존에 없던 새로운 식물을 창조하는 것
② 유용한 형질을 결합시켜 유용성을 높이는 것
③ 환경스트레스에 대한 저항성 증진
④ 시장 유통에 적합한 특성 증진

해설
식물육종은 수량을 증대, 품질을 향상, 내병충, 내재해성 향상을 통해 수확교배모본 이용실적의 안정성을 높여 식량의 안정적 공급을 목표로 한다.

**39 다음 중 복교잡을 나타낸 것으로 가장 옳은 것은?**

① A×B의 $F_1$에 B를 교잡
② (A×B)×(C×D)
③ (A×B)×C
④ A×B

해설
복교잡은 두 개의 단교배로 $F_1$끼리 교배하며 [(A×B)×(C×D)] 이다.

**40 다음 중 Brassica napus의 염색체의 수와 게놈으로 가장 적절한 것은?**

① 2n = 28, AABB
② 2n = 30, AABBCC
③ 2n = 32, AABBDD
④ 2n = 38, AACC

해설
유채(Brassica napus)의 염색체 수는 2n=38 이며 게놈은 AACC 이다.

## 제3과목 재배원론

**41 토마토, 당근에 해당하는 일장형은?**

① 단일식물 ② 장일식물
③ 중성식물 ④ 장단일식물

해설
토마토, 고추, 오이, 호박, 당근 등은 중성식물이다.

**42 화곡류의 생육 단계 중 한발해에 가장 약한 시기는?**

① 유숙기 ② 출수개화기
③ 감수분열기 ④ 유수형성기

해설
벼는 냉온에 약한 작물로 10℃ 이하의 냉온이 지속되면 냉해의 피해가 발생된다. 벼는 감수분열기에 이상발육이 초래되어 불임현상이 나타나기도 한다.

**43 $C_4$작물에 대한 설명으로 가장 거리가 먼 것은?**

① 광 포화점이 높다.
② 광 호흡률이 높다.
③ 광 보상점이 낮다.
④ 광합성효율이 높다.

해설
$C_4$ 작물은 광합성 효율이 좋으나 광호흡률은 매우 낮다.



정답 37 ③ 38 ① 39 ② 40 ④ 41 ③ 42 ③ 43 ②

**44** **녹체춘화형 식물인 것으로만 나열된 것은?**

① 잠두, 무
② 추파맥류, 코스모스
③ 완두, 벼
④ 양배추, 양파

**해설**

녹체춘화형 식물에는 양배추, 당근, 양파, 사리풀 등이 있다.

**45** **다음 중 윤작에 대한 설명으로 옳지 않은 것은?**

① 동양에서 발달한 작부방식이다.
② 지력유지를 위하여 콩과 작물을 반드시 포함한다.
③ 병충해 경감 효과가 있다.
④ 경지이용률을 높일 수 있다.

**해설**

윤작은 서유럽에서도 발달하였으며 중세시대 초기 1/2 씩 휴경하다가 9세기부터 삼포식을 실시하였다.

**46** **단풍나무의 휴면을 유도, 위조 저항성, 한해 저항성, 휴면아 형성 등과 관련 있는 호르몬으로 가장 옳은 것은?**

① 옥신　　② 지베렐린
③ 시토키닌　　④ ABA

**해설**

ABA(Abscisic acid)는 대표적인 생장억제물질로 낙엽을 촉진, 휴면의 유도, 발아 억제 등의 효과가 나타난다.

**47** **다음 중 인과류로만 나열되어 있는 것은?**

① 사과, 배　　② 무화과, 딸기
③ 복숭아, 앵두　　④ 감, 밤

**해설**

인과류에는 배, 사과, 비파 등이 있다.

**48** **논에 심층시비를 하는 효과에 대한 설명으로 가장 옳은 것은?**

① 질산태 질소비료를 논 토양의 환원층에 주어 탈질을 막는다.
② 질산태 질소비료를 논 토양의 산화층에 주어 용탈을 막는다.
③ 암모니아태 질소비료를 논 토양의 환원층에 주어 탈질을 막는다.
④ 암모니아태 질소비료를 논 토양의 산화층에 주어 용탈을 막는다.

**해설**

심층비시는 암모니아태 질소비료를 논 토양의 환원층에 주어 탈질을 막아준다.

**49** **벼의 관수해(冠水害)에 대한 설명으로 가장 옳은 것은?**

① 출수개화기에 약하다.
② 관수상태에서 벼의 잎은 도장이 억제될 수 있다.
③ 수온과 기온이 높으면 피해가 적다.
④ 청수보다 탁수에서 피해가 적다.

**해설**

벼는 분얼 초기 침수에 강해 피해가 적게 나타나지만 수잉기에서 출수개화기에는 침수에 약해지면서 침수피해가 크게 나타난다.

**50** **사료작물을 혼파 재배할 때 가장 불편한 것은?**

① 채종이 어려움
② 건초제조가 어려움
③ 잡초방제가 어려움
④ 병해충방제가 어려움

**해설**

혼파는 두가지 이상의 작물을 혼합하여 파종하는 방법으로 파종작업이 힘들고 작물의 생장속도 차이로 인해 관리에도 어려움이 있다.

**정답** 44 ④ 45 ① 46 ④ 47 ① 48 ③ 49 ① 50 ①

**51** **작부방식의 변천과정으로 가장 적절한 것은?**

① 이동경작 → 3포식농법 → 개량3포식농법 → 자유작
② 자유작 → 이동경작 → 휴한농법 → 개량3포식농법
③ 이동경작 → 개량3포식농법 → 자유작 → 3포식농법
④ 자유작 → 휴한농법 → 개량3포식농법 → 이동경작

해설

작부체계의 변천을 보면 크게 이동경작에서 3포식농법, 개량3포식농법에서 자유경작으로 발달하였다.

**52** **질소를 10a 당 9.2kg 시용하고자 할 때, 기비 40%의 요소 필요량은?**

① 약 4kg ② 약 8kg
③ 약 12kg ④ 약 16kg

해설

요소의 질소 성분비는 46% 이므로 다음과 같이 필요량을 구할수 있다.

$$\frac{9.2 \times 0.4}{0.46} = 8\,kg$$

**53** **작물의 도복에 대한 설명으로 가장 거리가 먼 것은?**

① 맥류의 경우 절간신장이 시작된 이후의 토입은 도복을 크게 경감시킨다.
② 밀식하면 통풍 및 통광이 저해되어 경엽이 연약해지고 부리의 발달도 불량해지므로 도복이 심해진다.
③ 질소 시비량을 증가시키면 도복이 억제된다.
④ 맥류의 경우 이식재배를 한 것은 직파재배한 것보다 도복을 경감시킨다.

해설

질소 시비량이 증가되면 과용으로 인해 도복이 증가된다.

**54** **다음 중 적산온도에 대한 설명으로 가장 적합한 것은?**

① 작물생육기간 중 0℃ 이상의 일평균기온을 합산한 온도
② 작물생육의 최적온도를 생육일수로 곱한 온도
③ 작물생육기간 중 일최고기온을 합산한 온도
④ 작물생육기간 중 일최저기온을 합산한 온도

해설

적산온도는 작물이 생존하는 기간동안 소요되는 총 온량으로 작물의 발아로부터 성숙하는데 까지의 0℃ 이상의 일평균기온을 합산한 것을 말한다.

**55** **우리나라 작물재배의 특색에 대한 설명으로 가장 적절하지 않은 것은?**

① 토양비옥도가 낮음
② 전체적인 식량자급률이 높음
③ 경영규모가 영세함
④ 농산물의 국제 경쟁력이 약함

해설

우리나라의 전체적인 식량자급률은 시간이 지날수록 감수하는 추세를 보이고 있으며 최근에는 50% 아래로 떨어졌다.

**56** **토양 공극과 용기량과의 관계를 가장 올바르게 설명한 것은?**

① 모관 공극이 많으면 용기량은 증대된다.
② 공극과 용기량은 관계가 없다.
③ 비모관 공극이 많으면 용기량은 증대된다.
④ 비모관 공극이 적으면 용기량은 증대된다.

해설

토성이 사질토양과 같이 비모관공극이 많아지면 토양의 용기량이 증대된다.



정답 51 ① 52 ② 53 ③ 54 ① 55 ② 56 ③

**57** 다음 중 요수량이 가장 큰 작물은?

① 옥수수　　② 기장
③ 수수　　④ 호박

해설
수수, 기장, 옥수수는 요수량이 적은 작물로서 상대적으로 보기 중에서 호박의 요수량이 크다.

**58** 세포분열을 촉진하는 활성물질로 잎의 노화를 방지하며 저장 중의 신선도를 유지해 주는 것으로 가장 옳은 것은?

① 옥신　　② 시토키닌
③ 지베렐린　　④ ABA

해설
시토키닌(사이토키닌)은 주로 뿌리에서 합성되며 옥신과 함께 작용하여 세포분열을 촉진한다. 작물에 적용시 발아촉진, 생장촉진, 기공의 개폐 촉진 등의 효과를 보인다.

**59** 포도 등의 착색에 관계하는 안토시안의 생성을 가장 조장하는 광파장은?

① 적외선　　② 녹색광
③ 자외선　　④ 적색광

해설
안토시안은 자외선 및 자색광의 파장으로 생성되며 포도의 착색에 영향을 준다.

**60** 세포벽의 가소성을 증대시켜 세포의 신장을 유발하는 것으로 가장 옳은 것은?

① Auxin　　② CCC
③ Cytokinin　　④ Ethylene

해설
옥신은 식물의 신장에 관여하는 호르몬으로 줄기나 뿌리의 선단부에서 만들어져 세포의 신장촉진에 도움을 준다.

## 제4과목 식물보호학

**61** 다음 설명에 해당하는 식물병원균은?

> • 균사에는 격벽이 있고, 격벽에는 유연공이 있으며, 세포벽은 글루칸과 키틴으로 되어있다.
> • 나무를 썩히는 목재썩음병 등 대부분의 목재부 후균에 해당한다.

① 난균　　② 담자균
③ 접합균　　④ 고생균류

해설
담자균은 균사에 격막이 있고 유성포자는 담자기 위에 생기는 담자포자이다.

**62** 미생물의 독소를 이용하여 해충을 방제하는 생물 농약은?

① 지베렐린
② 불임화제
③ 석회보르도액
④ Bt(Bacillus thuringiensis)제

해설
미생물농약의 일종으로 곤충의 바이러스, 세균, 사상균 등의 병원미생물을 이용하여 제조하며 일명 BT(Bacillus thuringiensis)제 라고 한다.

**63** 생태적 잡초 방제 방법에 해당하는 것은?

① 피복작물을 이용하는 방법
② 열을 이용해 소각, 소토하는 방법
③ 새로운 잡초종의 침입과 오염을 막는 방법
④ 곤충, 가축, 미생물 등의 생물을 이용하는 방법

해설
생태적(경종적) 방제법에는 피복작물을 이용하여 토양침식 및 잡초 발생을 억제한다.

정답 57 ④ 58 ② 59 ③ 60 ① 61 ② 62 ④ 63 ①

**64** **물리적 잡초 방제 방법에 속하지 않는 것은?**

① 경운 ② 비닐 피복
③ 작물 윤작 ④ 침수 처리

해설
윤작은 생태학적 방제법에 속하며 물리적 방제법에는 경운, 피복처리, 침수처리, 인위적 제초, 예취 등이 있다.

**65** **곤충의 피부를 구성하는 부분이 아닌 것은?**

① 융기 ② 큐티클
③ 기저막 ④ 표피세포

해설
곤충의 피부는 크게 표피, 진피, 기저막등으로 구성되어 있다.

**66** **유충(또는 약충)과 성충이 모두 식물의 즙액을 빨아 먹어 피해를 주는 해충은?**

① 멸구류 ② 나방류
③ 하늘소류 ④ 좀벌레류

해설
유충과 성충이 모두 흡즙가해하는 해충에는 멸구류, 진딧물 등이 있다.

**67** **다음 설명에 해당하는 식물병은?**

- 벼 수량에 간접적으로 영향을 준다.
- 병원균은 균핵의 형태로 월동한 후 초여름부터 발생한다.
- 발병 최성기는 고온다습한 8월 상순부터 9월 상순경이다.

① 벼 잎집얼룩병
② 벼 흰잎마름병
③ 벼 줄무늬잎마름병
④ 벼 검은줄무늬오갈병

해설
벼 잎집무늬마름병(잎집얼룩병)은 병원균은 균핵 상태로 땅위에서 월동하고 봄에 물위로 올라와 전염을 시작하며 식물체의 각피를 뚫고 침입하며 분얼기 이후에 고온 다습한 8~9월쯤 주로 발생한다.

**68** **해충의 농약 저항성에 대한 설명으로 옳지 않은 것은?**

① 동일 기작을 가진 계통의 약제를 연속하여 사용하지 않는다.
② 진딧물이나 응애류처럼 생활사가 짧을수록 저항성은 더 늦게 발달된다.
③ 방제 효과를 올리기 위해서 약제 사용량을 계속해서 늘리면서 발생하는 현상이다.
④ 약제에 대한 감수성종이 죽고 유전적으로 저항성을 가진 해충이 살아남아 저항성개체가 우점종이 되는 것을 의미한다.

해설
진딧물이나 응애류처럼 생활사가 짧을수록 저항성은 더 빨리 발달된다.



정답 64 ③ 65 ① 66 ① 67 ① 68 ②

**69** **배추 무사마귀병 방제 방법으로 옳지 않은 것은?**

① 토양 소독
② 토양 산도 교정
③ 양배추 윤작 재배
④ 저항성 품종 재배

해설

배추, 무사마귀병은 기주 범위가 넓고 토양에서 긴 시간 생존이 가능하기에 윤작을 통해 방제하기 어렵다. 주로 산성토양에서 다습한 경우 발생하기에 알칼리성 토양으로 조절해주는 것이 좋다.

**70** **해충의 방제 방법 분류 중 성격이 다른 것은?**

① 윤작　　② 혼작
③ 온도 처리　　④ 재배밀도 조절

해설

온도처리는 물리적 방제법에 해당되며 윤작, 혼작, 밀도조절 등은 생태학적(경종적) 방제법에 해당된다.

**71** **토양 훈증제를 이용한 토양 소독 방법에 대한 설명으로 옳지 않은 것은?**

① 효과가 크다.
② 비용이 많이 든다.
③ 화학적 방제의 일종이다.
④ 식물병에 선택적으로 작용한다.

해설

토양 훈증제는 특정 식물병에 선택적으로 작용하지 않는다.

**72** **식물병해충의 종합적 방제 방법에 대한 설명으로 옳은 것은?**

① 한 지역에서 동시에 방제하는 방법이다.
② 여러 가지 병해충을 동시에 방제하는 방법이다.
③ 여러 가지 농약을 동시에 사용하여 방제하는 방법이다.
④ 여러 가지 가능한 방제 수단을 사용하여 방제하는 방법이다.

해설

병해충종합관리(종합적 방제)는 Intergrated Pest Management(IPM) 이라 하며 환경 친화적이고 지속가능한 방법으로 병해충을 관리하여 농약으로 인한 사회, 보건학적 위험을 줄이는 것을 목적으로 하는 방법으로 여러 방제법을 조합하여 가장 효율적인 방제법을 적용한다.

**73** **유충기에 수확된 밤이나 밤송이 속으로 파먹어 들어가 많은 피해를 주는 해충은?**

① 복숭아명나방　　② 복숭아혹진딧물
③ 복숭아심식나방　　④ 복숭아유리나방

해설

복숭아명나방은 1년에 2회 발생하고 성숙한 유충은 고치속에서 월동한다. 유충이 과실을 가해하여 큰 구멍을 만들고 적갈색의 굵은 똥과 즙액을 배출하여 유관상 식별이 가능하다.

**74** **다년생 잡초로만 올바르게 나열한 것은?**

① 가래, 쇠비름　　② 벗풀, 뚝새풀
③ 올방개, 바랭이　　④ 질경이, 나도겨풀

해설

다년생 잡초에는 질경이, 너도방동사니, 쇠털골, 올방개, 올챙이고랭이, 매자기, 나도겨풀 등이 있다.

정답 69 ③ 70 ③ 71 ④ 72 ④ 73 ① 74 ④

**75** **광엽 잡초로만 올바르게 나열한 것은?**

① 강피, 바랭이
② 냉이, 개비름
③ 메꽃, 강아지풀
④ 뚝새풀, 나도방동사니

해설

광엽잡초에는 냉이, 망초, 쑥, 가래, 개비름, 쇠비름 등이 있다.

**76** **다음 설명에 해당하는 식물병원은?**

- 식물병이 전신 감염성이어서 영양체에 의해 연속적으로 전염된다.
- 주로 매미충류와 기타식물의 체관부에서 즙액을 빨아먹는 소수의 노린재, 나무이 등에 의해 매개 전염된다.
- 테트라사이클린에 감수성이다.

① 세균　② 진균
③ 바이러스　④ 파이토플라스마

해설

파이토플라스마는 세포막이 없고 일종의 원형질막이 존재하며 대표적으로 대추나무 빗자루병, 오동나무 빗자루병, 뽕나무 오갈병의 병원체이다. 인공배양이 어렵고 방제시 테트라사이클린계 항생물질을 이용한다.

**77** **살포액 20L에 농약 20g을 넣었을 때 희석배수는?**

① 100배　② 500배
③ 1000배　④ 2000배

해설

소요희석배수

$$= \frac{\text{단위면적당사용량}}{\text{소요약량}} = \frac{20L}{20g} = \frac{20000ml}{20g} = 1000$$

**78** **나비목 해충이 알에서 부화한 후 3번 탈피하였을 때 유충의 영기는?**

① 2령충　② 3령충
③ 4령충　④ 5령충

해설

알에서 부화한 유충이 성장을 하면서 탈피를 하게 되며 이때 탈피횟수에 따라 령충이 결정된다. 1회 탈피할 때까지 1령충, 1회 탈피를 할 경우 2령충, 2회 탈피를 할 경우 3령충이다. 3회 탈피 할 경우 4령충이라 한다.

**79** **보르도액은 어떤 종류의 약제인가?**

① 종자소독제　② 보호살균제
③ 농용항생제　④ 화학불임제

해설

보르도액, 석회화합제 등은 보호살균제로 분류된다.

**80** **주로 밭에서 발생하는 잡초는?**

① 가래, 마디꽃
② 반하, 쇠비름
③ 억새, 개구리밥
④ 올방개, 너도방동사니

해설

반하는 다년생 광엽 밭잡초이며 쇠비름은 1년생 광엽 밭잡초이다.

- 1년생 밭잡초 : 바랭이, 쇠비름, 명아주, 닭의 장풀
- 다년생 잡초 : 엉겅퀴, 메꽃, 소리쟁이



정답 75 ② 76 ④ 77 ③ 78 ③ 79 ② 80 ②

## 제5과목 종자관련법규

**81** (　　　)에 가장 적절한 내용은?

> 농림축산식품부장관은 종자산업의 효율적인 육성 및 지원을 위하여 종자산업 관련 기관·단체 또는 법인 등 적절한 인력과 시설을 갖춘 기관을 (　)로 지정할 수 있다.

① 농업재단산업센터
② 종자산업진흥센터
③ 기술보급종자센터
④ 스마트농업센터

해설
농림축산식품부장관은 종자산업의 효율적인 육성 및 지원을 위하여 종자산업 관련 기관·단체 또는 법인 등 적절한 인력과 시설을 갖춘 기관을 종자산업진흥센터(이하 "진흥센터"라 한다)로 지정할 수 있다.

**82** 식물신품종 보호법상 심판에 대한 내용이다. ( 가 )에 가장 적절한 내용은?

> 심판위원회는 위원장 1명을 포함한 ( 가 )이내의 품종보호심판위원으로 구성하되, 위원장이 아닌 심판위원 중 1명은 상임(常任)으로 한다.

① 5명　　② 8명
③ 9명　　④ 12명

해설
심판위원회는 위원장 1명을 포함한 8명 이내의 품종보호심판위원(이하 "심판위원"이라 한다)으로 구성하되, 위원장이 아닌 심판위원 중 1명은 상임(常任)으로 한다.

**83** 품종보호권에 대한 내용이다. (　　)에 가장 적절한 내용은? (단, "재정의 청구는 해당 보호품종의 품종보호권자 또는 전용실시권자와 통상실시권 허락에 관한 협의를 할 수 없거나 협의 결과 합의가 이루어지지 아니한 경우에만 할 수 있다."를 포함한다.)

> 보호품종을 실시하려는 자는 보호품종이 정당한 사유 없이 계속하여 (　)이상 국내에서 상당한 영업적 규모로 실시되지 아니하거나 적당한 정도와 조건으로 국내수요를 충족시키지 못한 경우 농림축산식품부장관 또는 해양수산부장관에게 통상실시권 설정에 관한 재정(裁定)을 청구할 수 있다.

① 6개월　　② 1년
③ 2년　　④ 3년

해설
보호품종이 정당한 사유 없이 계속하여 3년 이상 국내에서 상당한 영업적 규모로 실시되지 아니하거나 적당한 정도와 조건으로 국내수요를 충족시키지 못한 경우 농림축산식품부장관 또는 해양수산부장관에게 통상실시권 설정에 관한 재정(裁定)(이하 "재정"이라 한다)을 청구할 수 있다.

**84** 품종보호료 및 품종보호 등록 등에 대한 내용이다. (　　)에 가장 적절한 내용은?

> 품종보호권의 설정등록을 받으려는 자 또는 품종보호권자가 책임질 수 없는 사유로 추가납부기간 이내에 품종보호료를 납부하지 아니하였거나 보전기간 이내에 보전하지 아니한 경우에는 그 사유가 종료한 날부터 (　)이내에 그 품종보호료를 납부하거나 보전할 수 있다. 다만, 추가납부 기간의 만료일 또는 보전기간의 만료일 중 늦은 날부터 6개월이 경과하였을 때에는 그러하지 아니하다.

① 5일　　② 7일
③ 14일　　④ 21일

정답 81 ② 82 ② 83 ④ 84 ③

해설

품종보호권의 설정등록을 받으려는 자 또는 품종보호권자가 책임질 수 없는 사유로 추가납부기간 이내에 품종보호료를 납부하지 아니하였거나 보전기간 이내에 보전하지 아니한 경우에는 그 사유가 종료한 날부터 14일 이내에 그 품종보호료를 납부하거나 보전할 수 있다. 다만, 추가납부기간의 만료일 또는 보전기간의 만료일 중 늦은 날부터 6개월이 지났을 때에는 그러하지 아니하다.

**85 종자 및 묘의 유통 관리에서 시장·군수·구청장은 종자업자가 종자업 등록을 한 날부터 1년 이내에 사업을 시작하지 아니하거나 정당한 사유 없이 1년 이상 계속하여 휴업한 경우 종자업 등록을 취소하거나 몇 개월 이내의 기간을 정하여 영업의 전부 또는 일부의 정지를 명할 수 있는가?**

① 3개월 ② 6개월
③ 9개월 ④ 12개월

해설

시장·군수·구청장은 종자업자가 종자업 등록을 한 날부터 1년 이내에 사업을 시작하지 아니하거나 정당한 사유 없이 1년 이상 계속하여 휴업한 경우 종자업 등록을 취소하거나 6개월 이내의 기간을 정하여 영업의 전부 또는 일부의 정지를 명할 수 있다.

**86 ( )에 알맞은 내용은?**

> 품종보호 요건 및 품종보호 출원에서 우선권을 주장하려는 자는 최초의 품종보호 출원일 다음날부터 ( )이내에 품종보호출원을 하지 아니하면 우선권을 주장할 수 없다.

① 1년 ② 9개월
③ 6개월 ④ 3개월

해설

우선권을 주장하려는 자는 최초의 품종보호 출원일 다음 날부터 1년 이내에 품종보호 출원을 하지 아니하면 우선권을 주장할 수 없다.

**87 종자산업법상 종자 및 묘의 검정결과에 대하여 거짓광고나 과대광고를 한 자는 어떤 벌칙은 받는가?**

① 6개월 이하의 징역 또는 3백만원 이하의 벌금
② 6개월 이하의 징역 또는 5백만원 이하의 벌금
③ 1년 이하의 징역 또는 5백만원 이하의 벌금
④ 1년 이하의 징역 또는 1천만원 이하의 벌금

해설

검정결과에 대하여 거짓광고나 과대광고를 한 자는 1년 이하의 징역 또는 1천만원 이하의 벌금에 처한다.

**88 ( )에 가장 적절한 내용은?**

> 고품질 종자 유통·보급을 통한 농림업의 생산성 향상 등을 위하여 ( )은/는 종자의 보증을 할 수 있다.

① 종자관리사
② 농업대학 교수
③ 농업관련 연구원
④ 농업마이스터 교사

해설

고품질 종자 유통·보급을 통한 농림업의 생산성 향상 등을 위하여 농림축산식품부장관과 종자관리사는 종자의 보증을 할 수 있다.



정답 85 ② 86 ① 87 ④ 88 ①

**89** **식물신품종 보호법상 보칙에서 "종자위원회는 필요한 경우 당사자나 그 대리인 또는 이해관계인에게 출석을 요구하거나 관계 서류의 제출을 요구할 수 있다."에 따라 당사자나 그 대리인 또는 이해관계인의 출석을 요구하거나 필요한 관계 서류를 요구하는 경우에는 회의 개최일 며칠 전까지 서면으로 하여야 하는가?**

① 3일 ② 5일
③ 7일 ④ 14일

해설

당사자나 그 대리인 또는 이해관계인의 출석을 요구하거나 필요한 관계 서류를 요구하는 경우에는 회의 개최일 7일 전까지 서면으로 하여야 한다.

**90** **종자검사요령상 수분의 측정에서 저온항온건조기법을 사용하게 되는 종으로만 나열된 것은?**

① 상추, 시금치 ② 조, 참외
③ 보리, 호밀 ④ 유채, 고추

해설

저온항온 건조기법은 마늘, 파, 부추, 콩, 땅콩, 배추씨, 유채, 고추, 목화, 피마자, 참깨, 아마, 겨자, 무에 적용한다.

**91** **종자산업의 기반 조성에 대한 내용이다. (  )에 가장 적절한 내용은?**

> 농림축산식품부장관은 종자산업의 안정적인 정착에 필요한 기술보급을 위하여 (  )에게 종자 및 묘 생산과 관련된 기술의 보급에 필요한 정보 수집 및 교육사업을 수행하게 할 수 있다.

① 식품의약품안전처장
② 농촌진흥청장
③ 환경부장관
④ 지방자치단체의 장

해설

농림축산식품부장관은 종자산업의 안정적인 정착에 필요한 기술보급을 위하여 지방자치단체의 장에게 종자 및 묘 생산과 관련된 기술의 보급에 필요한 정보 수집 및 교육 사업을 수행하게 할 수 있다.

**92** **종자관리요강상 겉보기, 쌀보리 및 맥주보리의 포장검사에 대한 내용이다. ( 가 )에 가장 적절한 내용은?**

> 전작물 조건 : 품종의 순도유지를 위하여 ( 가 )이상 윤작을 하여야 한다. 다만, 경종적 방법에 의하여 혼종의 우려가 없도록 담수처리, 객토, 비닐멀칭을 하였거나, 타 작물을 앞그루로 재배한 경우 및 이전 재배 품종이 당해 포장검사를 받는 품종과 동일한 경우에는 그러하지 아니하다.

① 1년 ② 2년
③ 3년 ④ 5년

해설

겉보리, 쌀보리, 맥주보리 등의 포장검사에서 품종의 순도유지를 위하여 2년 이상 윤작을 하여야 한다.

정답 89 ③ 90 ④ 91 ④ 92 ②

**93** **식물신품종 보호법상 품종의 명칭에서 품종명칭등록 이의신청을 한 자는 품종명칭등록이의신청기간이 경과한 후 며칠 이내에 품종명칭등록 이의신청서에 적은 이유 또는 증거를 보정할 수 있는가?**

① 7일　② 14일
③ 21일　④ 30일

해설

품종명칭등록 이의신청을 한 자는 품종명칭등록 이의신청기간이 지난 후 30일 이내에 품종명칭등록 이의신청서에 적은 이유 또는 증거를 보정할 수 있다.

**94** **(　　　)에 알맞은 내용은?**

> 국가품종목록의 등재 등에서 품종목록 등재의 유효기간 연장신청은 그 품종목록 등재의 유효기간이 끝나기 전 ( ) 이내에 신청하여야 한다.

① 3개월　② 6개월
③ 1년　④ 2년

해설

국가품종목록 등재 유효기간 연장신청서에서 연장신청은 국가품종목록 등재의 유효기간이 끝나기 전 1년 이내에 신청하여야 한다.

**95** **종자관리요강상 수입적응성시험의 대상작물 및 실시기관에서 국립산림품종관리센터의 대상작물로만 나열된 것은?**

① 곽향, 당귀　② 백출, 사삼
③ 작약, 지황　④ 느타리, 영지

해설

국립산림품종관리센터의 수입적응성시험의 대상작물은 백출, 사삼, 시호, 오가피, 창출, 천궁, 하수오가 있다.

**96** **종자의 보증에서 국가보증이나 자체보증을 받은 종자를 생산하려는 자는 농림축산식품부장관으로부터 채종 단계별로 몇 회 이상 포장(圃場)검사를 받아야 하는가?**

① 1회　② 3회
③ 5회　④ 7회

해설

국가보증이나 자체보증을 받은 종자를 생산하려는 자는 농림축산식품부장관 또는 종자관리사로부터 채종 단계별로 1회 이상 포장(圃場)검사를 받아야 한다.

**97** **품종보호료 및 품종보호 등록 등에 대한 내용 중 (　　　)에 가장 적절한 내용은?**

> 농림축산식품부장관 또는 해양수산부장관은 (　　) 품종보호 공보를 발행하여야 한다.

① 3개월 마다　② 6개월 마다
③ 1년 마다　④ 매월

해설

농림축산식품부장관 또는 해양수산부장관은 매월 품종보호 공보를 발행하여야 한다.

**98** **종자검사요령상 포장검사 병주 판정기준에서 벼의 특정병에 해당하는 것은?**

① 이삭도열병　② 키다리병
③ 깨씨무늬병　④ 이삭누룩병

해설

벼의 포장검사 및 종자검사에 있어 특정병은 키다리병, 선충심고병을 말한다.



정답 93 ④ 94 ③ 95 ② 96 ① 97 ④ 98 ②

**99** **종자관리요강상 규격묘의 규격기준에서 과수묘목 중 배 묘목의 길이(cm)로 가장 옳은 것은? (단, 묘목의 길이는 지제부에서 묘목선단까지의 길이이다.)**

① 50cm 이상　② 70cm 이상
③ 100cm 이상　④ 120cm 이상

해설

종자관리요강상 규격묘의 규격기준에서 배의 묘목의 길이는 120cm 이상 묘목의 직경은 12mm 이상을 기준으로 한다.

**100** **종자산업법상 종합계획에 대한 내용이다. (　　　)에 알맞은 내용은?**

> 농림축산식품부장관은 종자산업의 육성 및 지원을 위하여 (　)마다 농림종자산업의 육성 및 지원에 관한 종합계획을 수립·시행하여야 한다.

① 6개월　② 1년
③ 3년　④ 5년

해설

농림축산식품부장관은 종자산업의 육성 및 지원을 위하여 5년마다 농림종자산업의 육성 및 지원에 관한 종합계획(이하 "종합계획"이라 한다)을 수립·시행하여야 한다.

정답 99 ④ 100 ④

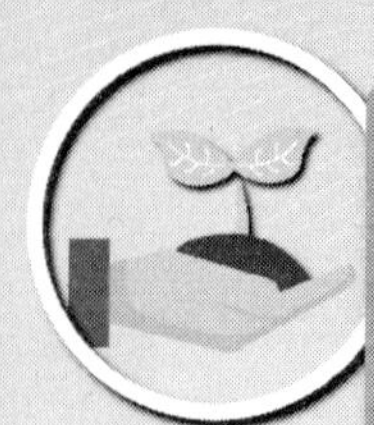

# 2020 제1·2회 종자기사

## 제1과목 종자생산학

**01 다음 중 식물체의 저온 춘하 처리 감응 부위는?**

① 잎　② 줄기
③ 뿌리　④ 생장점

해설
식물체가 온도에 자극을 받는 감응부위는 생장점이나 세포분열이 왕성한 부위이다.

**02 채종포에서 이형주를 제거해야 하는 주된 이유는?**

① 잡초 방제
② 품종의 생육속도 향상
③ 단위면적당 종자량의 확보
④ 품종의 유전적 순도 유지

해설
이형주는 동일 품종 내에 고유한 특성을 지니지 않은 개체로 빨리 제거해야 정상적인 식물체에 수분되는 것을 막을수가 있다. 즉 품종의 유전적 순도를 높이거나 유지하는데 도움이 되는 방법이다.

**03 단일성 식물의 개화기를 늦추기 위한 조건으로 가장 옳은 것은?**

① 단일조건　② 중일조건
③ 장일조건　④ 정일조건

해설
단일식물은 한계일장보다 짧은 일장 조건에서 개화하는 식물인데 장일조건을 조성하면 개화가 억제되어 개화기를 늦출수 있다.

**04 과실이 영(穎)에 싸여 있는 것은?**

① 시금치　② 밀
③ 옥수수　④ 귀리

해설
벼, 귀리 등은 과실의 외측이 내영, 외영에 싸여 있다

**05 종자의 발아를 억제시키는 물질로 가장 옳은 것은?**

① abscisic acid(ABA)
② gibberellin
③ cytokinin
④ auxin

해설
발아 억제 물질은 종자의 과피의 껍질에 존재하며 암모니아($NH_3$), 시안화수소(HCN), 쿠마린, 페놀산, 아브시스산(ABA) 등이 있다.

**06 피토크롬에 대한 설명으로 가장 적절한 것은?**

① 광합성에 관여하는 색소 중의 하나이다.
② 개화를 촉진하는 호르몬이다.
③ 광을 수용하는 색소 단백질이다.
④ 호흡조절에 관여하는 단백질이다.

해설
식물에 존재하는 색소단백질인 파이토크롬은 특정 파장을 흡수하여 광가역 반응을 일으킨다.



정답 01 ④ 02 ④ 03 ③ 04 ④ 05 ① 06 ③

**07** **배추 $F_1$의 원종 채종 시 뇌수분을 실시하는 주된 이유는?**

① 개화시에는 화분이 없기 때문에
② 개화시는 주두의 기능이 정지되기 때문에
③ 개화시기에는 웅성불임성이 나타나기 때문에
④ 개화시에 자가불화합성이 나타나기 때문에

해설
뇌수분의 경우 자가수정률이 높아 자가불화합성을 일시적으로 타파할수 있어 양배추, 배추, 무 등에 적용하기 적합하다.

**08** **발아검사를 할 때 종이배지의 조건으로 틀린 것은?**

① 시험 조작 중 찢어짐에 견디도록 충분한 강도를 가져야 한다.
② 종이는 전 기간을 통하여 종자에 계속적으로 수분을 공급할 수 있는 충분한 수분 보유력을 가져야 한다.
③ pH의 범위는 6.0~7.5이어야 한다.
④ 뿌리가 뚫고 들어가기 쉬워야 한다.

해설
종이배지는 다공성 재질이어야 하나 묘 뿌리가 종이 속으로 들어가지 않고 위에서 자라야 한다.

**09** **발아세의 정의로 옳은 것은?**

① 치상 후 일정한 시일 내의 발아율
② 종자의 대부분이 발아한 날
③ 파종기부터 발아기까지의 일수
④ 파종된 총 종자개체수에 대한 발아종자

해설
발아세는 치상 후 일정기간까지 발아율 또는 표준발아검사에서 중간발아조사일까지의 발아율을 의미한다.

**10** **꽃에서 발육하여 나중에 종자가 되는 부분은?**

① 자방 ② 수술
③ 꽃받침 ④ 배주

해설
과실은 성숙한 씨방으로 씨방은 배주를 가지고 있고 이 배주가 종자로 발달하게 된다.

**11** **다음 중 수확 적기 때 수분 함량이 가장 높은 작물은?**

① 밀 ② 옥수수
③ 콩 ④ 땅콩

해설
수확 적기에 옥수수의 수분 함량이 20~25% 정도로 높다.

**12** **춘화처리를 실시하는 이유로 가장 옳은 것은?**

① 휴면타파 ② 생장억제
③ 화성유도 ④ 발아촉진

해설
작물의 화아유도를 위해 저온이 필요한 현상을 춘화라고 하며 생육 초리 일정기간 저온처리를 하는 것을 춘화처리라고 한다.

**13** **배추와 채소 중 기본 염색체수가 다른 것은?**

① B.chinensis ② B.pekinensis
③ B.campestris ④ B. oleracea

해설
B.chinensis, B.pekinensis, B.campestris 의 배추류 염색체는 2n=20 인데 B. oleracea 의 양배추류는 2n=18 로 기본 염색체수가 다르다.

2020

정답 07 ④ 08 ④ 09 ① 10 ④ 11 ② 12 ③ 13 ④

**14** 종자의 발아에 관여하는 외전 조건은?

① 유전자형, 수분
② 수분, 온도
③ 온도, 종자 성숙도
④ 종자 성숙도, 염색체 수

해설

종자 발아에 관여하는 외적 조건에는 온도, 수분, 산소, 광 등이 있다.

**15** 장명종자로만 나열된 것은?

① 메밀, 목화 ② 고추, 옥수수
③ 팬지, 당근 ④ 가지, 수박

해설

장명종자에는 수박, 호박, 오이, 배추, 가지, 토마토 등이 있다.

**16** 다음 중 종자 프라이밍 처리 시 가장 적절한 온도는?

① 약 45°C ② 약 17°C
③ 약 5°C ④ 약 1°C

해설

종자 프라이밍 처리시 호랭성 종자는 10~20°C, 호온성 종자는 25~30°C 조건에서 수일간 침지한다.

**17** 보리의 수발아를 방지하기 위한 방법으로 가장 거리가 먼 것은?

① 품종의 선택 ② 조기수확
③ 기계수확 ④ 도복방지

해설

수발아는 벼, 맥류 등이 수확기가 되었을 때 장마철 도복이나 장기간 비로 인하여 젖은 땅에 오래 접촉할 경우 이삭에서 싹이 트는 현상이다. 수발아를 방지하기 위한 대책으로 작물 및 품종의 적절한 선택, 조기수확, 도복의 방지, 발아억제제의 살포 등이 있다.

**18** 다음 종자 중 물 속에서 발아가 가장 잘되는 것은?

① 가지 ② 상추
③ 멜론 ④ 담배

해설

물속에서도 발아가 잘되는 종자에는 벼, 상추, 당근, 셀러리 등이 있다.

**19** 식물의 암 배우자, 수 배우자를 순서대로 옳게 나열한 것은?

① 주피, 대포자 ② 배낭, 화분립
③ 소포자, 주심 ④ 반족세포, 꽃밥

해설

배낭은 식물의 자성배우자로 대포자라 하며 화분은 웅성배우자로 소포자라 한다.

**20** 광발아성 종자에 해당하는 것은?

① 상추 ② 토마토
③ 가지 ④ 오이

해설

광발아성 종자는 호광성종자로 상추, 담배, 우엉 등이 있다.

## 제2과목 식물육종학

**21** 양적형질이 아닌 것은?

① 토마토의 수확량
② 완두콩의 종피색
③ 딸기의 개화기
④ 벼의 초장

해설

양적형질(quantitative character)은 길이, 넓이, 무게 등 계측 할 수 있는 형질을 의미하며 종피색의 경우 질적형질에 해당된다.



정답 14 ② 15 ④ 16 ② 17 ③ 18 ② 19 ② 20 ① 21 ②

## 22 검정교배조합을 바르게 나타낸 것은?

① Aa×Aa ② Aa×aa
③ AA×Aa ④ A×B

해설

검정교배는 $F_1$을 그 형질에 대하여 열성인 개체와 교배하는 것으로 어떤 개체의 유전자형과 배우자의 분리비를 알 수 있다.

## 23 DNA를 구성하고 있는 염기로만 나열된 것은?

① 시토신, 티민, 우라실, 옥신
② 시토신, 우라실, 리보솜, 구아닌
③ 시토신, 메티오닌, 아데닌, 우라실
④ 시토신, 티민, 아데닌, 구아닌

해설

DNA 의 염기는 아데닌(Adenine), 구아닌(Guanine), 시토신(Cytosine), 티민(Thymine) 으로 구성되어 있으며 아데닌은 티민과 결합하고 구아닌은 시토신과 결합한다.

## 24 동질배수체의 일반적인 특성으로 가장 거리가 먼 것은?

① 임성과 착과성의 감퇴
② 핵, 세포, 영양기관의 거대성
③ 발육의 촉진과 조기개화
④ 저항성의 증대와 성분변화

해설

동질배수체는 핵과 세포가 커지고, 영양기관의 발육이 왕성하여 거대화하고, 화서 및 종자가 대형화한다. 그리고 임성이 저하되고 착과성이 감퇴하며 발육이 지연 된다.

## 25 세포질 유전에 대한 설명으로 틀린 것은?

① 멘델의 유전법칙을 따르지 않는다.
② 핵 내 염색체에 있는 유전자의 지배를 받는다.
③ 색소체에 존재하는 유전자(핵외 유전자)의 지배를 받는다.
④ 자방친의 특성을 그대로 닮는 모계유전을 한다.

해설

세포질유전은 세포질 내의 유전요소에 의해 형질의 유전이 지배되는 경우을 말한다.

## 26 양파의 웅성불임성으로 가장 옳은 것은?

① 세포질적 웅성불임성
② 세포질-유전자적 웅성불임성
③ 유전자적 웅성불임성
④ 이형예불화합성

해설

세포질유전자적 웅성불임은 핵 유전자와 세포질 요인의 상호작용에 의해 발생하며 양파, 사탕무, 아마 등에서 관찰된다.

## 27 집단육종법의 장점으로 가장 알맞은 것은?

① 제웅이 편리하다.
② 유용유전자를 상실한 우려가 적다.
③ 돌연변이가 쉽게 생긴다.
④ 목적하는 형질의 유전현상을 쉽게 밝힐 수 있다.

해설

집단육종법은 선발을 위한 노력이 절감되며 유용유전자에 대한 상실의 가능성이 적다.

정답 22 ② 23 ④ 24 ③ 25 ② 26 ② 27 ②

**28** **다음 중 유전자간 상호작용의 성질이 다른 것은?**

① 억제유전자 ② 보족유전자
③ 복대립유전자 ④ 중복유전자

해설
대립유전자 내에서 상호작용은 우성으로 표현하고 이에 관여하는 유전자를 우성유전자, 열성유전자로 표현한다. 대립유전자 상호작용에는 불완전우성, 공동우성, 복대립유전자 등이 해당된다.

**29** **다음 교배방법 중 가장 큰 잡종강세를 기대할 수 있는 것은?**

① 단교배 ② 복교배
③ 삼원교배 ④ 합성품종

해설
단교배는 관여하는 계통이 2개뿐이라 우량 조합의 선정이 용이하고 잡종강세 현상이 뚜렷하다.

**30** **상업품종의 급속한 보급에 의해 재래종 유전자원이 소실되는 현상을 무엇이라 하는가?**

① 유전적 침식 ② 유전자 결실
③ 유전적 부동 ④ 유전적 취약성

해설
재래종과 같이 생산성은 낮지만 소규모로 다양하게 재배되어 오던 품종이 우수한 신품종의 출현과 새로운 재배법이 개발되면서 유전자원이 점차 사라지는 것을 유전적 침식이라 한다.

**31** **미동유전자의 영향을 받는 비특이적 저항성은?**

① 질적저항성 ② 진정저항성
③ 포장저항성 ④ 수직저항성

해설
포장저항성은 병원균이 모든 레이스에 균일하게 적용하는 것으로 비특이적 저항성, 미동유전자 저항성이라고도 한다.

**32** **반복친과 여러번 교잡하면서 선발 · 고정하는 육종법은?**

① 파생계통육종법 ② 혼합육종법
③ 계통육종법 ④ 여교잡육종법

해설
여교잡육종법은 (A×B)×B, (A×B)×A, [(A×B)×B]×B 등의 형식이며 한번 교잡시킨 것을 1회친, 두 번 이상 교잡시킨 것을 반복친이라 한다.

**33** **반수체 식물의 생식능력을 임실률로 나타낸 것은?**

① 0% ② 25%
③ 50% ④ 100%

해설
반수체는 체세포 염색체수의 반을 가지고 성세포나 배우자로 완전 불임성으로 임실률이 0 이다.

**34** **동질 4배체의 유전자 조성이 AAAa일 때 생식세포의 유전자로 가장 옳은 것은?**

① AA와 Aa ② A와 Aa
③ a와 AA ④ Aa와 Aa

해설
동질배수체는 종내에서 게놈의 직접증가로 생긴 배수성으로 배수정도에 따라 3배수체, 4배수체라 부른다. 생식세포 유전자 AA 와 Aa에서 유전적 조성 AAAa 가 나타난다.



정답 28 ③ 29 ① 30 ① 31 ③ 32 ④ 33 ① 34 ①

35 다계품종에 대한 설명으로 가장 옳은 것은?

① 특정형질의 특성이 같은 몇 개의 동질 유전자계통을 특정비율로 혼합하여 육성한다.
② 특정형질의 특성이 다른 몇 개의 동질 유전자계통을 특정비율로 혼합하여 육성한다.
③ 저항성 다계품종은 저항성이 우수하나 숙기(출수기)가 고르지 못하다.
④ 저항성 다계품종은 병원균의 새로운 레이스 분화가 일어나지 않는다.

해설
두 개 이상의 순계 품종 또는 여러 개의 동질 유전자 계통을 혼합하여 만든 집단 품종을 말한다.

36 유전력에 대한 설명으로 옳지 않은 것은?

① 일반적으로 개체의 유전력은 계통의 평균치 유전력보다 그 값이 크다.
② 자식성작물의 잡종집단에서는 후기세대에서 동형개체가 증가할수록 유전력이 높아진다.
③ 유전력의 값이 100%에 가까울수록 환경에 따른 해당 형질의 변동이 적다는 것을 의미한다.
④ 유전력이 높은 형질은 표현형에서 유전자형이 잘 추정되므로 개체선발이 유효하다.

해설
개체의 유전력은 계통 평균치의 유전력보다 낮다.

37 여교배 방법에 의해 도입하기가 가장 어려운 것은?

① 병 저항성 ② 웅성불임성
③ 꽃 색 ④ 고 수량성

해설
여교잡육종법의 경우 내병성 품종을 육성하거나 유전자의 연관관계를 규명하는데 흔히 사용되며 육종의 시간과 경비를 절약하는 장점이 있다.



38 복교잡을 나타낸 것으로 옳은 것은?

① (A×B)의 $F_1$에 B를 교잡
② A×B
③ (A×B)×C
④ (A×B)×(C×D)

해설
복교잡은 두 개의 단교배로 $F_1$ 끼리 교배하며 [(A×B)×(C×D)] 이다.

39 다음 중 자가불화합성 식물을 자식시키기 위한 방법으로 가장 적절하지 않은 것은?

① 뇌수분 ② 이산화탄소 처리
③ 봉지씌우기 ④ 고온처리

해설
봉지씌우기는 자연교잡을 방지하기 위한 물리적인 방법이다.

40 다음 중 타가수정작물의 일반적인 개화 및 수정 특성으로 가장 거리가 먼 것은?

① 폐화수정 ② 자가불화합성
③ 자웅이주 ④ 웅예선숙

해설
타가수정 작물에 많은 생리현상에는 화기의 구조적 원인, 자웅이숙, 자가불화합성, 웅성불임성, 자웅이주 등이 있다.

정답 35 ② 36 ① 37 ④ 38 ④ 39 ③ 40 ①

## 제3과목 재배원론

**41** 다음 중 중일성 식물은?

① 코스모스 ② 토마토
③ 나팔꽃 ④ 시금치

해설
토마토, 고추, 오이, 호박, 당근 등은 중성식물(중일식물)이다.

**42** 감온형에 해당하는 작물은?

① 벼 만생종 ② 그루조
③ 올콩 ④ 가을메밀

해설
감온형 작물로 조생종, 올콩, 봄조, 여름메밀 등이 있다.

**43** 목초의 하고(夏枯) 유인과 가장 거리가 먼 것은?

① 고온 ② 건조
③ 잡초 ④ 단일

해설
하고현상의 원인에는 고온, 건조, 병해충, 장일, 잡초 등으로 나타나기도 한다.

**44** 다음 중 비료를 엽면시비할 때 흡수가 가장 잘되는 조건은?

① 미산성 용액 살포
② 밤에 살포
③ 잎의 표면에 살포
④ 하위 잎에 살포

해설
엽면시비에서 미산성(약산성)의 상태일 경우 비료의 흡수가 잘 이루어진다.

**45** 작물의 기원지가 중국지역인 것으로만 나열된 것은?

① 조, 피 ② 참깨, 벼
③ 완두, 삼 ④ 옥수수, 고구마

해설
작물의 기원지가 중국지역인 것으로 조, 피, 메밀, 무, 오이, 상추, 배, 복숭아 등이 있다.

**46** 다음 중 산성토양에 적응성이 가장 강한 것은?

① 부추 ② 시금치
③ 콩 ④ 감자

해설
산성토양에 저항성이 강한 작물로는 벼, 귀리, 조, 옥수수, 감자 등이 있다.

**47** 작물의 영양기관에 대한 분류가 잘못된 것은?

① 인경-마늘 ② 괴근-고구마
③ 구경-감자 ④ 지하경-생강

해설
감자의 영양기관은 덩이줄기(괴경)이다.

**48** 용도에 따른 분류에서 공예작물이며, 전분작물로만 나열된 것은?

① 고구마, 감자 ② 사탕무, 유채
③ 사탕수수, 왕골 ④ 삼, 닥나무

해설
공예작물이면서 전분작물인 것은 옥수수, 고구마, 감자가 있다.



정답 41 ② 42 ③ 43 ④ 44 ① 45 ① 46 ④ 47 ③ 48 ①

**49** **벼의 수량구성요소로 가장 옳은 것은?**

① 단위면적당 수수×1수영화수×등숙비율×1립중
② 식물체 수×입모율×등숙비율×1립중
③ 감수분열기 기간×1수영화수×식물체 수×1립중
④ 1수영화수×등숙비율×식물체 수

해설

벼의 수량은 조곡, 현미, 백미의 무게를 나타내며 단위면적당 이삭수, 이삭당 영화수, 등숙비율, 천립중 등 4가지 수량구성요소에 의해 결정된다.
벼의 수량
=단위면적당 이삭수×이삭당 영화수×등숙률×천립중(g)
=단위면적당영화수×등숙률×천립중

**50** **(가)에 알맞은 내용은?**

| 제현과 현백을 합하여 벼에서 백미를 만드는 전 과정을 ( 가 )(이)라고 한다. |
|---|

① 지대 ② 마대
③ 도정 ④ 수확

해설

수확한 조곡을 가공하여 식용 가능한 정곡으로 가공하는 것을 도정이라 하는데 정선, 제현, 현미분리, 현백, 쇄미분리 등의 과정을 거친다.

**51** **박과 채소류 접목의 특징으로 가장 거리가 먼 것은?**

① 당도가 증가한다.
② 기형과가 많이 발생한다.
③ 흰가루병에 약하다.
④ 흡비력이 강해진다.

해설

접목육묘에서 초세조절을 잘못하면 기형과의 발생이 증가하고 당도가 낮아진다.

**52** **다음 중 합성된 옥신은?**

① IAA ② NAA
③ IAN ④ PAA

해설

합성 옥신에는 NAA, IBA, PCPA, 2·4-D, BNOA, 2,4,5-T 등이 있다.

**53** **다음 중 작물의 요수량이 가장 작은 것은?**

① 호박 ② 옥수수
③ 클로버 ④ 완두

해설

요수량이 적은 식물로 수수, 기장, 옥수수가 있다.

**54** **작물의 특징에 대한 설명으로 가장 거리가 먼 것은?**

① 이용성과 경제성이 높아야 한다.
② 일반적인 작물의 이용 목적은 식물체의 특정부위가 아닌 식물체 전체이다.
③ 작물은 대부분 일종이 기형식물에 해당된다.
④ 야생식물들보다 일반적으로 생존력이 약하다.

해설

작물의 이용 목적은 식물체의 특정 부위이다.

**55** **작물 수량 삼각형에서 수량증대 극대화를 위한 요인으로 가장 거리가 먼 것은?**

① 유전성 ② 재배기술
③ 환경조건 ④ 원산지

해설

작물수량 삼각형은 유전성, 환경조건, 재배기술 3가지에 영향을 받는다.



정답 49 ① 50 ③ 51 ① 52 ② 53 ② 54 ② 55 ④

**56** **다음 중 내염성 정도가 가장 강한 것은?**

① 완두 ② 고구마
③ 유채 ④ 감자

해설
사탕무, 목화, 양배추, 유채 등은 내염성이 강한 작물에 해당된다.

**57** **다음 중 벼에서 장해형 냉해를 받기 쉬운 생육시기는?**

① 묘대기 ② 최고분얼기
③ 감수분열기 ④ 출수기

해설
벼는 냉온에 약한 작물로 10℃ 이하의 냉온이 지속되면 냉해의 피해가 발생된다. 벼는 감수분열기에 이상발육이 초래되어 불임현상이 나타나기도 한다.

**58** **다음 중 파종 시 작물의 복토깊이가 0.5~1.0cm에 해당하는 것은?**

① 고추 ② 감자
③ 토란 ④ 생강

해설
순무, 배추, 양배추, 가지, 고추, 토마토, 오이의 복토깊이는 0.5~1cm 이다.

**59** **고립상태일 때 광포화점이 가장 높은 것은?**

① 감자 ② 옥수수
③ 강낭콩 ④ 귀리

해설
옥수수, 수박, 토마토 등은 광포화점이 높은 작물에 해당한다.

**60** **콩의 초형에서 수광태세가 좋아지고 밀식적응성이 커지는 조건으로 가장 거리가 먼 것은?**

① 잎자루가 짧고 일어선다.
② 도복이 안 되며, 가지가 짧다.
③ 꼬투리가 원줄기에 적게 달린다.
④ 잎이 작고 가늘다.

해설
수광태세에 이상적인 콩의 초형에서 꼬투리는 원줄기에 많이 달리는 것이 좋다.

## 제4과목 식물보호학

**61** **병원체의 침입방법 중 자연 개구부를 통한 침입에 해당하지 않는 것은?**

① 밀선 ② 기공
③ 표피 ④ 피목

해설
병원체가 침입하는 식물의 자연개구부에는 기공, 수공, 피목, 밀선 등이 있다.

**62** **다음 중 암발아 잡초는?**

① 소리쟁이 ② 바랭이
③ 향부자 ④ 독말풀

해설
암발아 종자는 별꽃, 냉이, 광대나물 등이 있다.

**63** **다음 식물병 중 원인이 되는 병원체가 곤충에 의해 전반되는 것은?**

① 벼 줄무늬잎마름병
② 밀 줄기녹병
③ 보리 줄무늬모자이크바이러스병
④ 벼 입집무늬마름병

해설
벼 줄무늬잎마름병은 애멸구에 의해 전반된다.

정답 56 ③ 57 ③ 58 ① 59 ② 60 ③ 61 ③ 62 ④ 63 ①

**64** **다음 중 딱정벌레목에서 볼 수 있는 번데기의 형태로서, 부속지가 몸으로부터 떨어진 상태에서 움직일 수 있는 것은?**

① 나용 ② 유각
③ 위용 ④ 피용

해설

나용은 곤충의 번데기형으로 부속지가 몸에서 떨어져 있으며 촉각, 날개, 다리는 경화하지 않으며 피부 전체의 경화의 정도가 낮은편이다. 벼룩목, 부채벌레목, 대부분의 딱정벌레목과 벌목, 파리목의 일부에서 그 예를 볼 수 있다.

**65** **벼멸구의 분류학적 위치로 가장 옳은 것은?**

① 총채벌레목 ② 딱정벌레목
③ 노린재목 ④ 나비목

해설

벼멸구는 노린재목의 멸구과로 대표기주는 벼, 옥수수, 바랭이 등이 있다.

**66** **다음 중 경엽처리용 제초제가 아닌 것은?**

① 2,4-D ② MCPP
③ butachlor ④ Glyphosate

해설

뷰타클로르(butachlor)는 토양처리용 제초제이다.

**67** **다음은 곤충의 탈피와 큐티클 형성과정을 나타낸 것이다. (  )에 알맞은 용어를 순서대로 나열한 것은?**

> 표피세포의 변화 → (  ) → 표피층의 분비 → (  ) → 기존큐티클의 소화된 잔여물 흡수 → 새로운 원큐티클의 분비 개시 → 새로운 큐티클의 탈피 및 팽창 → (  ) → 왁스분비 개시

① 탈피액 분비, 경화 탈피액 활성화
② 탈피액 분비, 탈피액 활성화, 경화
③ 경화, 탈피액 활성화, 탈피액 분비
④ 탈피액 활성화, 탈피액 분비, 경화

해설

곤충의 진피층의 상피세포에서 체벽 구성물질 및 곤충의 탈피용액이 분비된다. 탈피시 오래된 큐티클층을 분해하는 키틴분해효소, 단백질분해효소를 분비한다. 기존 큐티클은 소화를 통해 재흡수되고 새로운 큐티클의 분시가 완료되면 새로운 큐티클의 경화이후 왁스분비를 통해 왁스층이 형성된다.

**68** **다음 중 국내에서 최초로 기록된 도입천적과 대상해충이 바르게 연결된 것은?**

① 루비붉은좀벌-루비깍지벌레
② 칠레이리응애-온실가루이
③ 베달리아무당벌레-이세리아깍지벌레
④ 애꽃노린재-오이총채벌레

해설

베달리아무당벌레는 이세리아깍지벌레의 약충을 주식으로 한다.

**69** **병원체의 주요 전염원의 잠복처로 가장 거리가 먼 것은?**

① 식물의 잔사물 ② 농기구
③ 곤충 ④ 종자

해설

병원체의 주요 잠복처에는 매개충, 종자, 묘목, 식물의 가지와 잎 등이 있다.

정답 64 ① 65 ③ 66 ③ 67 ② 68 ③ 69 ②

**70** 다음 설명에 해당되는 해충은?

> 성충은 보편적으로 암갈색 또는 황갈색이며, 앞날개는 회백색이고 검은 점무늬가 한 개 있다. 주로 사과, 배 등의 인과류와 핵과류의 과실 내부를 가해하며, 노숙유충이 뚫고 나온자리는 송곳으로 뚫은 듯이 보이고, 배설물을 배출하지 않는다.

① 사과무늬잎말이나방
② 미국흰불나방
③ 거세미나방
④ 복숭아심식나방

해설

복숭아심식나방은 나비목의 심식나방과로 기주는 사과나무, 복숭아나무, 자두나무, 살구나무 등이다. 과실을 직접 가해하여 피해를 주며 내부를 무분별하게 가해하기에 과실이 다소 기형의 형태를 띠기도 한다.

**71** 다음 중 다년생 잡초가 아닌 것은?

① 벗풀 ② 쇠뜨기
③ 냉이 ④ 달래

해설

냉이는 월년생 잡초에 해당한다.

**72** 다음 중 해충에 대한 생물적 방제의 장점이 아닌 것은?

① 방제 효과가 즉시 나타난다.
② 반영구적 또는 영구적이다.
③ 해충에 대한 저항성이 생기지 않는다.
④ 인축에 독성이 없다.

해설

해충에 천적이 되는 생물을 이용하는 방법으로 생태계에도 영향이 적은 장점을 가지지만 대량으로 생산이 어려운 단점을 가지며 해충밀도에 의해 효율에 영향을 받는다. 또한 시간과 경비가 많이 요구되는 단점이 있다.

**73** 농약보조제와 그에 대한 설명으로 옳지 않은 것은?

① 용제-유제나 액제와 같이 액상의 농약을 제조할 때 원제를 녹이기 위하여 사용하는 용매를 총칭한다.
② 계면활성제-서로 섞이지 않는 유기물질층과 물층으로 이루어진 두 층계에 확전, 유화, 분산 등의 작용을 하는 물질을 총칭한다.
③ 증량제-농약을 제제할 때 고농도의 농약 원제를 다량의 광물질 미세분말에 희석하는 경우에 사용되며, 흡유가가 일반적으로 낮다.
④ 전착제-농약 살포액 조제 시 첨가하여 살포약액의 습전성과 부착성을 향상시킬 목적으로 사용하는 보조제이다.

해설

증량제는 농약의 농도를 묽게 하거나 약효를 늘리는 약품이다. 흡유가가 높은 미세분말이나 유기물 분말에 액상의 농약원제를 흡수시켜 고농도의 농약원제를 다량의 광물성 미세분말에 희석한다.

**74** 다음 중 세포벽이 없으며, 항생제에 감수성인 병원체는?

① 파이토플라스마 ② 바이러스
③ 곰팡이 ④ 세균

해설

파이토플라스마는 세포벽이 없고 일종의 원형질막이 존재하며 대표적으로 대추나무 빗자루병, 오동나무 빗자루병, 뽕나무 오갈병의 병원체이다. 파이토플라스마는 인공배양이 어렵고 방제시 테트라사이클린계 항생물질을 이용한다.



정답 70 ④ 71 ③ 72 ① 73 ③ 74 ①

**75** 다음 중 곤충 분비계의 일반적인 설명으로 옳은 것은?

① 유약호르몬(Juvenile Hormone)-생장촉진
② 성 페로몬-처녀생식
③ 카디아카체 호르몬-여왕물질 분비
④ 엑다이손(Ecdyson)-탈피촉진

해설
엑다이손은 탈피호르몬으로 곤충의 앞가슴선에서 분비된다.

**76** 파이토플라스마에 의해 발생되는 대추나무빗자루병을 방제하는데 가장 효과적으로 사용되는 방법은?

① 중간기주 제거
② 항생물질 수간주입
③ 토양소독
④ 검역

해설
대추나무 빗자루병의 방제를 위해 옥시테트라싸이클린 수화제를 200배액으로 하여 수간주사한다.

**77** 다음 중 곤충의 알라타체에서 분비하는 물질을 이용하여 해충을 방제하는 방법은?

① 페로몬 이용법 ② 호르몬 이용법
③ 경종적 이용법 ④ 생태적 이용법

해설
알라타체는 성충으로 발육을 억제하는 유충호르몬으로 해충의 방제에 이용된다.

**78** 메뚜기목에서 볼 수 있는 불완전변태에 대한 내용이다. 다음에서 설명하는 것은?

> 알 → 약충 → 성충의 단계를 거치면서 약충과 성충의 모양이 비슷하다.

① 중절변태 ② 과변태
③ 점변태 ④ 무변태

해설
점변태는 불완전변태의 한 종류로 알→유충(약충)→성충 과정을 거치며 유충과 성충의 모양이 비슷하다.

**79** 다음 중 해충의 방제여부를 결정할 수 있는 방법이 아닌 것은?

① 이항축차조사법 ② 이항조사법
③ 축차조사법 ④ 산란모령조사법

해설
해충의 효과적인 방제를 위해서는 매년 변화하는 발생량을 예측하여 효율적인 방제 방법을 세워야한다. 이를 위해 특정 지역에 어느정도 발생하였는지를 조사하는 행위를 발생예찰이라 한다. 해충의 발생 예찰 조사의 방법에는 이항축차조사법, 이항조사법, 축차조사법 등이 있다.

**80** 다음 중 광합성 능력이 낮은 $C_3$ 식물로 가장 옳은 것은?

① 부레옥잠 ② 옥수수
③ 피 ④ 왕바랭이

해설
부레옥잠은 수생잡초로 광합성능력아 상대적으로 낮은 $C_3$ 식물에 해당된다.

정답 75 ④ 76 ② 77 ② 78 ③ 79 ④ 80 ①

## 제5과목 종자관련법규

**81 종자검사요령상 포장검사 병주 판정기준에서 벼의 특정병은?**

① 잎도열병 ② 깨씨무늬병
③ 이삭누룩병 ④ 키다리병

해설
벼의 포장검사 및 종자검사에 있어 특정병은 키다리병, 선충심고병을 말한다.

**82 종자산업법상 보증종자의 정의로 옳은 것은?**

① 해당 품종의 진위성과 해당 종자의 품질이 보증된 채종 단계별 종자를 말한다.
② 해당 품종의 우수성과 해당 종자의 품질이 보증된 채종 단계별 종자를 말한다.
③ 해당 품종의 신규성과 해당 종자의 품질이 보증된 채종 단계별 종자를 말한다.
④ 해당 품종의 돌연변이성과 해당 종자의 품질이 보증된 채종 단계별 종자를 말한다.

해설
보증종자란 이 법에 따라 해당 품종의 진위성(眞僞性)과 해당 품종 종자의 품질이 보증된 채종(採種) 단계별 종자를 말한다.

**83 국가보증이나 자체보증을 받은 종자를 생산하려는 자는 농림축산식품부장관 또는 종자관리사로부터 채종 단계별로 몇 회 이상 포장(圃場)검사를 받아야 하는가?**

① 4회 ② 3회
③ 2회 ④ 1회

해설
국가보증이나 자체보증을 받은 종자를 생산하려는 자는 농림축산식품부장관 또는 종자관리사로부터 채종 단계별로 1회 이상 포장검사를 받아야 한다.

**84 종자산업법상 육묘업 등록의 취소 등에 대한 내용이다. (    )에 알맞은 내용은?**

> 시장・군수・구청장은 육묘업자가 육묘업 등록을 한 날부터 (    )이내에 상업을 시작하지 아니하거나 정당한 사유 없이 1년 이상 계속하여 휴업한 경우에는 육묘업 등록을 취소하거나 6개월 이내의 기간을 정하여 영업의 전부 또는 일부의 정지를 명할 수 있다.

① 3개월 ② 6개월
③ 1년 ④ 2년

해설
종자업 등록을 한 날부터 1년 이내에 사업을 시작하지 아니하거나 정당한 사유없이 1년 이상 계속하여 휴업한 경우에 받는 행정 처분은 종자업 등록 취소 또는 6개월 이내의 영업의 전부 또는 일부의 정지이다.

**85 식물신품종 보호법에 대한 내용이다. (  )에 알맞은 내용은?**

> 품종명칭등록 이의신청을 한 자는 품종명칭등록 이의신청기간이 지난 후 (    )이내에 품종명칭 등록 이의신청서에 적은 이유 또는 증거를 보정할 수 있다.

① 15일 ② 30일
③ 60일 ④ 90일

해설
품종명칭등록 이의신청을 한 자는 품종명칭등록 이의신청기간이 지난 후 30일 이내에 품종명칭등록 이의신청서에 적은 이유 또는 증거를 보정할 수 있다.



정답 81 ④ 82 ① 83 ④ 84 ③ 85 ②

**86** 식물신품종 보호법상 품종보호권의 설정등록을 받으려는 자나 품종보호권자는 품종보호료 납부기간이 지난 후에도 몇 개월 이내에 품종보호료를 납부할 수 있는가?

① 3개월 ② 6개월
③ 12개월 ④ 24개월

해설

품종보호권의 설정등록을 받으려는 자나 품종보호권자는 품종보호료 납부기간이 지난 후에도 6개월 이내에는 품종보호료를 납부할 수 있다.

**87** 종자산업법상 종자의 보증과 관련된 검사서류를 보관하지 아니한 자의 과태료는?

① 3백만원 이하의 과태료
② 5백만원 이하의 과태료
③ 1천만원 이하의 과태료
④ 2천만원 이하의 과태료

해설

보증종자를 판매하거나 보급하려는 자가 종자의 보증과 관련된 검사서류를 보관하지 아니 하면 1천만원 이하의 과태료를 부과한다.

**88** 식물신품종 보호법상 품종보호권·전용실시권 또는 질권의 상속이나 그 밖의 일반승계의 취지를 신고하지 아니한 자의 과태료는?

① 30만원 이하의 과태료
② 50만원 이하의 과태료
③ 100만원 이하의 과태료
④ 300만원 이하의 과태료

해설

품종보호권·전용실시권 또는 질권의 상속이나 그 밖의 일반승계의 취지를 신고하지 아니한 자는 50만원 이하의 과태료를 부과한다.

**89** 종자관리요강상 수입적응성시험의 대상작물 및 실시기관에서 농업실용화재단에 해당하지 않는 대상작물은?

① 옥수수 ② 감자
③ 밀 ④ 배추

해설

'수입적응성시험의 대상작물 및 실시기관' 기준에서 배추는 한국종자협회에서 실시한다. 농업기술실용화재단의 경우 벼, 보리, 콩, 옥수수, 감자, 밀, 호밀, 조, 수수, 메밀, 팥, 녹두, 고구마가 해당된다.

**90** 종자검사요령상 수분의 측정에서 분석용 저울은 몇 단위까지 측정할 수 있어야 하는가?

① 0.001g
② 0.1g
③ 1g
④ 단위의 기준은 자유이다.

해설

종자검사요령상 수분의 측정에서 분석용 저울은 0.001g 단위까지 측정할수 있어야 한다.

**91** 농림축산식품부장관은 종자관리사가 종자산업법에서 정하는 직무를 게을리하거나 중대한 과오(過誤)를 저질렀을 때에는 그 등록을 취소하거나 몇 년 이내의 기간을 정하여 그 업무를 정지시킬 수 있는가?

① 1년 ② 2년
③ 3년 ④ 4년

해설

농림축산식품부장관은 종자관리사가 이 법에서 정하는 직무를 게을리하거나 중대한 과오(過誤)를 저질렀을 때에는 그 등록을 취소하거나 1년 이내의 기간을 정하여 그 업무를 정지시킬 수 있다.

2020

정답 86 ② 87 ③ 88 ② 89 ④ 90 ① 91 ①

**92** **포장검사 및 종자검사 규격에서 벼 포장격리에 대한 내용이다. (　　　)에 알맞은 내용은? (단, 각 포장과 이품종이 논둑 등으로 구획되어 있는 경우에는 제외한다.)**

> 원원종포 · 원종포는 이품종으로부터 (　　)이상 격리되어야 하고 채종포는 이품종으로부터 1m 이상 격리되어야 한다.

① 50cm　② 1m
③ 2m　④ 3m

해설

원원종포·원종포는 이품종으로부터 3m이상 격리되어야 하고, 채종포는 이품종으로부터 1m이상 격리되어야 한다. 다만, 각 포장과 이품종이 논둑등으로 구획되어 있는 경우에는 그러하지 아니하다.

**93** **식물신품종 보호법상 품종보호권의 존속기간은 품종보호권이 설정등록된 날부터 몇 년으로 하는가? (단, 과수와 임목의 경우는 제외한다.)**

① 5년　② 10년
③ 15년　④ 20년

해설

식물신품종관련법상 품종보호권의 존속기간에서 품종보호권의 존속기간은 품종보호권이 설정등록된 날부터 20년으로 한다. 다만 과수와 임목은 25년으로 한다.

**94** **종자검사요령상 시료 추출 시 고추 제출시료의 최소 중량은?**

① 50g　② 100g
③ 150g　④ 200g

해설

고추 제출시료 최소중량은 150g 이다.

**95** **식물신품종 보호법상 품종명칭에서 품종보호를 받기 위하여 출원하는 품종은 몇 개의 고유한 품종명칭을 가져야 하는가?**

① 1개　② 2개
③ 3개　④ 5개

해설

품종보호를 받기 위하여 출원하는 품종은 1개의 고유한 품종명칭을 가져야 한다.

**96** **보증서를 거짓으로 발급한 종자관리사의 벌칙은?**

① 2년 이하의 징역 또는 3백만원 이하의 벌금에 처한다.
② 1년 이하의 징역 또는 3천만원 이하의 벌금에 처한다.
③ 1년 이하의 징역 또는 1천만원 이하의 벌금에 처한다.
④ 2년 이하의 징역 또는 5백만원 이하의 벌금에 처한다.

해설

보증서를 거짓으로 발급한 종자관리사는 1년 이하의 징역 또는 1천만원 이하의 벌금에 처한다.

**97** **식물신품종 보호법상 품종보호심판위원회에 대한 내용이다. (　)에 알맞은 내용은?**

> 심판위원회는 위원장 1명을 포함한 (　)이내의 품종보호심판위원으로 구성하되, 위원장이 아닌 심판위원 중 1명은 상임으로 한다.

① 3명　② 5명
③ 8명　④ 15명

해설

심판위원회는 위원장 1명을 포함한 8명 이내의 품종보호심판위원(이하 "심판위원"이라 한다)으로 구성하되, 위원장이 아닌 심판위원 중 1명은 상임(常任)으로 한다.



정답 92 ④ 93 ④ 94 ③ 95 ① 96 ③ 97 ③

**98** **식물신품종 보호법상 육성자의 정의로 옳은 것은?**

① 품종을 육성한 자나 이를 발견하여 개발한 자를 말한다.
② 품종을 발견하여 정부기관에 신고한 자를 말한다.
③ 품종을 대여 또는 수출한 자를 말한다.
④ 품종보호를 받을 수 있는 권리를 가진 자를 말한다.

해설

"육성자"란 품종을 육성한 자나 이를 발견하여 개발한 자를 말한다.

**99** **종자관리요강상 재배심사의 판정기준에 대한 내용이다. (　　)에 알맞은 내용은?**

> 안정성은 1년차 시험의 균일성 판정결과와 (　)차 이상의 시험 균일성 판정결과가 다르지 않으면 안정성이 있다고 판정한다.

① 1년　　② 2년
③ 3년　　④ 4년

해설

안정성은 1년차 시험의 균일성 판정결과와 2년차 이상의 시험의 균일성 판정결과가 다르지 않으면 안정성이 있다고 판정한다.

**100** **(　　)에 알맞은 내용은?**

> 농림축산식품부장관은 종자산업의 육성 및 지원을 위하여 (　)마다 농림종자산업의 육성 및 지원에 관한 종합계획을 수립·시행하여야 한다.

① 1년　　② 2년
③ 5년　　④ 7년

해설

농림축산식품부장관은 종자산업의 육성 및 지원을 위하여 5년마다 농립종자산업의 육성 및 지원에 관한 종합계획을 수립·시행한다.

정답 98 ① 99 ② 100 ③

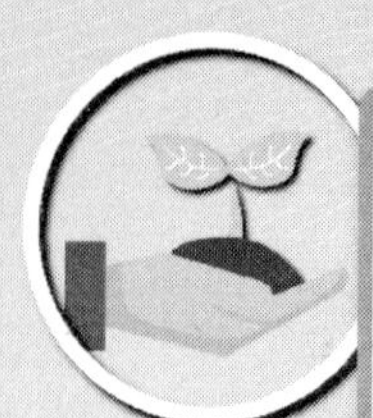

2020

# 제3회 종자기사

## 제1과목 종자생산학

**01** "포원세포로부터 자성배우체가 되는 기원이 된다"에 해당하는 것은?

① 에피스테이스 ② 꽃잎
③ 주피 ④ 주심

해설
주심은 포원세포에서 자성배우체가 되는 기원으로 자방조직에서 유래하며 포원세포가 발달한다.

**02** 다음 중 공중습도가 높을 때 수정이 가장 안되는 작물은?

① 당근 ② 양파
③ 배추 ④ 고추

해설
양파는 꽃가루가 습기에 약해서 공중습도가 높은 경우 수정이 잘 안된다. 특히 개화 및 성숙기인 6~7월에는 강우가 많은 경우 양파의 수정이 잘 되지 않는다.

**03** 2년생 식물에 대한 설명으로 가장 옳은 것은?

① 1년에 꽃이 두 번 피는 식물
② 숙근성으로 2년이 경과되면 말라죽는 식물
③ 발아하여 개화·결실되는데, 온도 등 환경과 관계없이 12개월 이상 소요되는 식물
④ 자연상태에서 일정한 저온을 경과해야 화아분화되어 개화·결실하는 식물

해설
2년생 식물은 종자가 1년 이상 경과한 다음 개화 성숙하는 식물로 한해는 일정 저온을 경과하고 화아분화되어 개화 및 결실하는 식물이라 할수 있다.

**04** 다음 중 자연적으로 씨없는 과실이 형성되는 작물로 가장 거리가 먼 것은?

① 포도 ② 감귤류
③ 바나나 ④ 수박

해설
단위결과는 염색체의 조성이 복잡하여 정상적인 배우자를 형성할 수 없는 경우 발생하는데 대표적으로 바나나, 포도, 오이, 감귤류 등이 해당된다.



정답 01 ④ 02 ② 03 ④ 04 ④

**05** **다음 중 품종의 순도를 유지하기 위한 격리 재배에서 차단격리법으로 가장 거리가 먼 것은?**

① 화기에 봉지 씌우기
② 망실재배
③ 망상이용
④ 꽃잎제거법

해설
차단격리법에는 봉지 씌우기, 망실, 망상 등이 있다. 꽃잎제거법은 화판제거법이라 하며 자연교잡을 막기 위해 벌을 유인하는 꽃잎을 제거하는 방법이다.

**06** **종자검사용 표본을 추출하는 원칙으로 가장 적절한 것은?**

① 전체를 대표할 수 있도록 하되 무작위로 추출한다.
② 비교적 불량한 부분이 많이 포함되도록 채취한다.
③ 비교적 양호한 부분이 많이 포함되도록 채취한다.
④ 표본추출 대상이 되는 부분을 사전에 지정한 후 채취한다.

해설
종자검사용 표본을 추출할 때는 최소한 무작위로 400립 추출하여 100립씩 4반복 치상하도록 한다.

**07** **다음 중 무성번식으로 가장 거리가 먼 것은?**

① 인공 씨감자에 의한 종자생산
② 마늘의 생장점 배양
③ 딸기의 런너에 의한 자묘생산
④ 난종자의 무균배양

해설
난종자의 무균배양은 완전한 개체로 육성하는 조직배양의 방법에 해당한다. 난은 무배유종자로서 자연상태에서 뿌리 주변에 공생하는 난균의 도움으로 발아되기 때문에 발아율이 낮다. 그래서 인공배지에 무균적으로 파종하여 발아에 도움을 준다.

**08** **다음 중 종자수명에 관여하는 요인으로 가장 거리가 먼 것은?**

① 저장고의 상대습도와 온도
② 종자의 성숙도
③ 저장고 내의 공기조성
④ 저장고 내의 광의 세기

해설
종자의 수명에 관여하는 요인으로 종자의 유전성 및 성숙도, 종자의 기계적 손상 정도, 종자 저장고의 공기조성 및 환경, 온도 및 상대습도, 종자의 수분함량 등이 있다.

**09** **다음 중 장명종자로만 나열된 것은?**

① 고추, 양파 ② 당근, 옥수수
③ 상추, 강낭콩 ④ 가지, 토마토

해설
장명종자에는 비트, 수박, 호박, 오이, 배추, 가지, 토마토, 알팔파 등이 있다.

**10** **다음 중 종자의 발아과정으로 가장 거리가 먼 것은?**

① 수분흡수
② 과피(종피)의 파열
③ 저장양분 분해효소의 불활성화
④ 배의 생장개시

해설
종자의 발아과정에서 저장양분 분해효소의 활성화를 통해 발아가 진행된다.

**11** **다음 중 수정 후 배 발달 과정에서 배유가 퇴화하여 무배유 종자가 되는 작물로만 나열된 것은?**

① 보리, 호박 ② 보리, 완두
③ 완두, 콩 ④ 토마토, 벼

해설
무배유종자에는 콩, 완두, 팥, 녹두, 클로버 등이 있다.

2020

정답 05 ④ 06 ① 07 ④ 08 ④ 09 ④ 10 ③ 11 ③

**12** 다음 중 유전적 원인에 의한 불임현상으로 가장 거리가 먼 것은?

① 자가불화합성 ② 장벽수정
③ 이형예현상 ④ 다즙질불임성

해설
다즙질불임성은 환경적 원인에 의한 불임성으로 유전적 원인에 의한 불임성과는 거리가 멀다.

**13** 찰벼와 메벼를 교잡하여 얻은 교잡종자의 배유가 투명한 메벼의 성질을 나타내는 현상으로 가장 옳은 것은?

① 크세니아 ② 메타크세니아
③ 위잡종 ④ 단위결과

해설
찰벼와 메벼의 교잡을 통해 다음 자손의 형질이 당대의 종자의 배젖에 표현되는 경우로 이를 크세니아라 한다.

**14** 세포질-유전자적 웅성불임을 이용한 채종재배에 필요한 계통으로 가장 거리가 먼 것은?

① 웅성불임 계통
② 웅성불임 유지 계통
③ 임성 회복친
④ 자가불화합 계통

해설
세포질-유전자적 웅성불임을 이용한 채종재배에 필요한 계통에는 웅성불임친과 웅성불임성을 유지해 주는 유지친, 웅성불임친의 임성을 회복시켜 주는 회복인자친이 있어야 한다.

**15** 다음 중 광발아성 종자로 가장 옳은 것은?

① 파 ② 상추
③ 오이 ④ 수박

해설
광을 주어야 발아하는 호광성 종자는 담배, 상추, 우엉, 뽕나무, 베고니아, 셀러리 등이 있다.

**16** 다음 중 우량품종의 유전적 퇴화를 방지하기 위하여 포장격리거리를 가장 멀리해야 하는 작물은?

① 옥수수 ② 감자
③ 들깨 ④ 유채

해설
채종재배를 할 경우 다른 품종과의 교잡으로 퇴화의 가능성이 있어 포장격리거리를 고려해야 한다. 유채의 경우 원종, 보급종은 이품종으로부터 1,000m 이상 격리하도록 한다.

**17** 다음 중 봉지씌우기를 가장 필요로 하는 것은?

① 웅성불임성을 이용한 $F_1$ 채종
② 영양배지를 통한 고정종 채종
③ 인공수분에 의한 $F_1$ 채종
④ 자가불화합성을 이용한 $F_1$ 채종

해설
봉지씌우기는 차단격리법으로 자연교잡을 통해 퇴화가 발생하는 것을 방지하고자 실시한다. 이러한 봉지씌우기 방법은 인공수분에 의한 $F_1$ 채종에 필요한 방법으로 평소에 봉지를 씌우고 꽃이 피는 날 봉지를 벗겨 수꽃의 꽃가루를 암꽃의 암술머리에 발라주도록 한다.



정답 12 ④ 13 ① 14 ④ 15 ② 16 ④ 17 ③

**18** 다음 중 종자휴면의 형태에 대한 설명으로 가장 거리가 먼 것은?

① 종피에 발아억제물질을 많이 함유하여 휴면하는 것은 자발휴면의 예이다.
② 배 휴면과 배의 미숙으로 인한 휴면은 모두 배 자체의 생리적 원인이 기인한다.
③ 주로 물, 공기 및 기계적 원인이 기인하여 발생한 휴면을 타발휴면이라 한다.
④ 상추종자에서처럼 발아최고온도 이상에서 휴면하는 것은 2차 휴면이라 한다.

해설
배 휴면과 배의 미숙으로 인한 휴면은 종자휴면의 형태에 대한 설명보다 종자휴면의 원인에 해당한다. 휴면의 형태에는 자발적휴면, 타발적휴면, 불리한 환경조건에서 새로이 휴면이 발생하는 경우인 2차 휴면이 있다.

**19** 다음 중 종자의 발아력을 오래도록 유지할 수 있는 조건으로 가장 옳은 것은?

① 종자수분을 낮추고 저장온도를 낮춘다.
② 종자수분을 낮추고 저장온도를 높인다.
③ 종자수분을 높이고 저장온도를 낮춘다.
④ 종자수분을 높이고 저장온도를 높인다.

해설
종자의 경우 50% 이하의 낮은 상대습도, 5℃ 이하의 온도 조건에서 저장하는 것이 발아력 유지에 도움이 되며 종자의 수분도 일반종자의 경우 5~7% 정도로 낮추는 것이 좋다.

**20** 다음 중 화곡류의 채종 적기로 가장 옳은 것은?

① 고숙기　② 완숙기
③ 황숙기　④ 유숙기

해설
화곡류(곡물류)의 채종 적기는 황숙기이다.

## 제2과목 식물육종학

**21** 배수체육종에 의해 기관이 거대화하는 주된 이유는 무엇인가?

① 유전물질의 증가에 따라 세포용적이 증대되기 때문이다.
② 환경에 영향을 받지 않기 때문이다.
③ 생리적으로 불안정한 상태이기 때문이다.
④ 염색체의 개수와 상관없이 세포질이 증대되기 때문이다.

해설
배수체육종에 의해 핵과 세포가 커지고, 영양기관의 발육이 왕성하여 거대화하고, 화서 및 종자가 대형화한다.

**22** 반수체육종에 대한 설명으로 옳지 않은 것은?

① 반수체는 많은 식물에서 나타난다.
② 반수체는 완전불임이면서 생육이 좋아 실용성이 높다.
③ 반수체의 염색체를 배가하면 바로 순계를 얻을 수 있다.
④ 반수체는 상동게놈이 한 개뿐이므로 열성형질 선발이 쉽다.

해설
체세포 염색체수의 반을 가지고 성세포나 배우자로 완전 불임성으로 실용성은 없다. 그러나 염색체를 배가시켜 동형접합체를 얻어 육종연한을 단축할수 있다.

**23** 내병성 등 소수 형질을 개량할 목적으로 실시하는 가장 효과적인 육종 방법은?

① 집단육종법　② 여교잡육종법
③ 계통간교잡법　④ 집단선발법

해설
여교잡육종법의 경우 내병성 품종을 육성하거나 유전자의 연관관계를 규명하는데 흔히 사용되며 육종의 시간과 경비를 절약하는 장점이 있다.

2020

정답 18 ② 19 ① 20 ③ 21 ① 22 ② 23 ②

**24** **수량성에 대한 선발을 계통후기에 하는 가장 큰 이유는?**

① 수량성은 질적형질이기 때문이다.
② 수량성에는 주동유전자가 관여하기 때문이다.
③ 수량성에는 폴리진이 관여하기 때문이다.
④ 수량성에는 환경영향이 작기 때문이다.

해설
수량성은 폴리진이 관여하는 양적 형질이다.

**25** **감수분열 제1전기의 진행 순서가 바르게 나열된 것은?**

① 세사기 → 태사기 → 대합기 → 이동기
② 세사기 → 이동기 → 태사기 → 대합기
③ 세사기 → 이동기 → 대합기 → 태사기
④ 세사기 → 대합기 → 태사기 → 이동기

해설
제1감수분열 전기는 세사기, 대합기, 태사기, 이중기, 이동기의 과정을 거친다.

**26** **배수체 작성에 가장 많이 이용하는 방법은?**

① 방사선 처리　② 교잡
③ 콜히친 처리　④ 에틸렌 처리

해설
염색체를 배가시켜 동질배수체를 작성하려면 콜히친(colchicine)처리법을 이용해야 한다.

**27** **다음 중 자가불화합성 식물을 자식시키기 위한 방법으로 가장 적절하지 않은 것은?**

① 봉지씌우기　② 고온처리
③ 이산화탄소 처리　④ 뇌수분

해설
봉지씌우기는 차단격리법(복대법)이라 하여 자연교잡을 막기 위한 방법이다.

**28** **DNA를 구성하고 있는 염기로만 나열된 것은?**

① 시토신, 플라타닌, 아데닌, 우라실
② 시토신, 티민, 아데닌, 구아닌
③ 시토신, 우라실, 아데닌, 알리신
④ 시토신, 티민, 우라실, 리놀레신

해설
DNA 의 염기는 아데닌(Adenine), 구아닌(Guanine), 시토신(Cytosine), 티민(Thymine) 으로 구성되어 있으며 아데닌은 티민과 결합하고 구아닌은 시토신과 결합한다.

**29** **피자식물에서 중복수정을 끝낸 후의 염색체 수로 옳은 것은?**

① 배 3n + 배유 3n
② 배 3n + 배유 2n
③ 배 2n + 배유 2n
④ 배 2n + 배유 3n

해설
중복수정은 배와 배유의 형성이 한 배낭 내에서 동시에 이루어지는 것으로 아래와 같은 결과가 나타난다.
· 정핵(n)+난핵(n) → 배(2n)
· 정핵(n)+2개 극핵(2n) → 배젖(3n)



정답 24 ③ 25 ④ 26 ③ 27 ① 28 ② 29 ④

## 30 다음 중 자웅이주 식물은?

① 벼　　② 보리
③ 콩　　④ 시금치

**해설**

암꽃과 수꽃이 서로 다른 개체에 있는 경우 자웅이주라하며 시금치, 아스파라거스, 주목, 은행나무 등이 있다.

## 31 혼형집단의 재래종을 수집하고, 이 집단에서 우수한 개체를 선발·고정시키는 육종법은?

① 세포융합육종　　② 돌연변이육종
③ 순계분리육종　　④ 배수체육종

**해설**

순계분리육종은 기본 집단에서 우수한 형질을 가진 개체를 계속 선발하여 우수한 순계를 선발하는 방법으로 자가수정작물에 이용된다.

## 32 이질배수체를 얻기 위한 종속간 잡종채종에 대한 설명으로 옳지 않은 것은?

① 잡종식물의 생육이나 임실이 불량하다.
② 새로운 유전자형을 얻을 수 없다.
③ 후대의 유전현상이 복잡하다.
④ 교잡종자를 얻기 어렵다.

**해설**

다른 종속의 게놈을 동일 종속의 개체에 도입 및 보유시켜 실용적 가치를 높인 신형작물을 만들 때 이질배수체를 이용하기에 새로운 유전자형을 얻을 수 있다.

## 33 합성품종에 대한 설명으로 가장 옳은 것은?

① 조합능력이 우수한 근교계들은 혼합재배하여 채종한 품종
② 몇 개의 단교잡 $F_1$을 세포융합한 품종
③ 재래종처럼 몇 개의 순계가 섞여있는 품종
④ 현재 많이 재배되고 있는 몇 개의 품종을 혼합시킨 품종

**해설**

합성품종은 조합능력이 우수한 많은 계통을 혼합하여 몇 해 동안 자유교잡시키거나 격리포장에서 자유교배 하여 다계교잡을 한 다음 집단선발법에 의해 몇 해 동안 채종을 계속한다.

## 34 AA/aa 조합에서 열성친(aa)으로 여교배한 $BC_1F_1$의 유전구성으로 가장 옳은 것은?

① 모두 열성유전자형이다.
② 모두 우성유전자형이다.
③ 동형접합체와 이형접합체가 1:1이다.
④ 유성유전자형과 열성유전자형이 3:1이다.

**해설**

AA/aa 의 여교잡의 경우 Aa, Aa. aa, aa 으로 동형접합체와 이형접합체가 1:1 이다.

## 35 다음 중 정역교배조합인 것은?

① A×(A×B)　　② A×B, B×A
③ B×(A×B)　　④ (A×B)×(C×D)

**해설**

정역교배는 양친의 암수를 서로 바꾸어 교배하는 것을 말한다. A 를 자방친, B를 화분친으로 교배하여 한편으로 B를 자방친으로 하고 A를 화분친으로 하여 교배한다.



**정답** 30 ④ 31 ③ 32 ② 33 ① 34 ③ 35 ②

## 36 벼의 인공교배를 위한 제웅과 수분에 가장 적합한 것은?

① 개화 다음날 오후 4시까지 제웅하고 일주일 후 오후 4시 이후에 수분시킨다.
② 개화전날 오전 10~12시 사이에 제웅하고 3일 후 오후 4시 이후에 수분시킨다.
③ 개화전날 오후 4시 이후에 제웅하고 다음날 오전 10~12시 사이에 수분시킨다.
④ 개화 다음날 오전 12시 까지 제웅하고 2주일 후 오전에 수분시킨다.

**해설**

벼의 개화는 오전 10시 쯤부터 시작되고 12시쯤 개화 최성기이므로 제웅 다음날 오전 10~12시 사이 수분시킨다.

## 37 돌연변이에 대한 설명으로 틀린 것은?

① 유전자의 일부 염기서열이 변화하여 생성되는 단백질에 영향을 받아 돌연변이 특성이 나타난다.
② 트랜스포존은 이동하는 특성을 가진 돌연변이 유발 유전자이다.
③ 염색체 구조적 돌연변이는 콜히친을 처리하여 대량 확보할 수 있다.
④ 아조변이는 이형접합성이 높은 영양번식 식물에서 주로 발생한다.

**해설**

돌연변이는 방사선조사, 방사성 동위원소 처리, 화학약품 처리 등으로 유발이 가능하다.

## 38 잡종강세가 가장 크게 나타나는 품종은?

① 복교배 품종　② 3원교배 품종
③ 단교배 품종　④ 합성품종

**해설**

단교배(단교잡)은 관여하는 계통이 2개뿐이라 우량조합의 선정이 용이하고 잡종강세 현상이 뚜렷하다.

## 39 방사선 감수성에 대한 일반적인 현상과 거리가 먼 것은?

① 큰 염색체를 가진 식물들은 작은 염색체를 가진 식물체 보다 방사선 감수성이 높다.
② 자식성식물과 영양번식식물은 타식성식물에 비해 방사선 처리효과가 높다.
③ 식물체의 내·외적조건은 그 식물체의 방사선 감수성 정도에 영향을 미친다.
④ 같은 종 내에서는 방사선 감수성 정도가 같다.

**해설**

방사선 감수성은 같은 종 내에서도 정도가 다르다.

## 40 자가불화합성의 생리적 원인에 대한 설명으로 옳지 않은 것은?

① 꽃가루관의 신장에 필요한 물질의 결여
② 꽃가루와 암술머리조직의 단백질 간 친화성이 높음
③ 꽃가루관의 호흡에 필요한 호흡기질의 결여
④ 꽃가루의 발아·신장을 억제하는 물질의 존재

**해설**

자가불화합성의 생리적 원인에는 화분발아 억제 물질, 화분관 호흡 기질의 결여, 꽃가루와 암술머리의 단백질 친화성의 결여, 꽃가루와 암술머리의 삼투압 차이 등이 있다.

# 제3과목 재배원론

## 41 다음 중 생장억제물질이 아닌 것은?

① AMO-1618　② CCC
③ $GA_2$　④ B-9

**해설**

지베렐린($GA_2$)는 생장촉진물질이다



정답 36 ③ 37 ③ 38 ③ 39 ④ 40 ② 41 ③

## 42 식물이 한 여름철을 지낼 때 생장이 현저히 쇠퇴 · 정지하고, 심한 경우 고사하는 현상은?

① 하고현상 ② 좌지현상
③ 저온장해 ④ 추고현상

해설

하고현상은 내한성이 강하여 월동을 하는 북방형 목초가 여름철과 같은 고온으로 인하여 생육장해를 일으키는 현상을 말한다. 하고현상의 원인에는 고온, 건조, 병해충, 장일, 잡초 등으로 나타나기도 한다.

## 43 작물의 재배조건에 따른 T/R율에 대한 설명으로 가장 옳은 것은?

① 고구마는 파종기나 이식기가 늦어지면 T/R율이 감소된다.
② 질소비료를 많이 주면 T/R율이 감소된다.
③ 토양공기가 불량하면 T/R율이 감소된다.
④ 토양수분이 감소되면 T/R율이 감소된다.

해설

토양내 수분이 많거나 일조의 부족, 석회사용의 부족 등이 지하부의 생육을 불량하게 하여 T/R 율이 커진다. 반대로 토양의 수분이 감소되면 T/R율이 감소된다.

## 44 다음 중 장일성 식물로만 나열된 것은?

① 딸기, 사탕수수, 코스모스
② 담배, 들깨, 코스모스
③ 시금치, 감자, 양파
④ 당근, 고추, 나팔꽃

해설

보리, 시금치, 양파, 당근, 양배추, 아마, 감자 등은 장일식물에 해당된다.

## 45 작물재배를 생력화하기 위한 방법으로 가장 옳지 않은 것은?

① 농작업의 기계화 ② 경지정리
③ 유기농법의 실시 ④ 재배의 규모화

해설

작물재배를 생력화하기 위한 방법으로 경지정리, 집단재배, 기계화, 재배의 규모화 및 체계 확립 등이 있다.



## 46 토양수분이 부족할 때 한발저항성을 유도하는 식물호르몬으로 가장 옳은 것은?

① 시토키닌 ② 에틸렌
③ 옥신 ④ 아브시스산

해설

아브시스산(ABA)은 작물의 무기물부족이나 스트레스성 작용을 받게 될 경우 발생량이 증가하기도 한다.

## 47 다음 중 과실에 봉지를 씌워서 병해충을 방제하는 것은?

① 경종적 방제 ② 물리적 방제
③ 생태적 방제 ④ 생물적 방제

해설

봉지씌우기는 차단격리법(복대법)이라하여 물리적 방제에 해당된다.

## 48 농업에서 토지생산성을 계속 증대시키지 못하는 주요 요인으로 가장 옳은 것은?

① 기술개발의 결여
② 노동 투하량의 한계
③ 생산재 투하량의 부족
④ 수확체감의 법칙이 작용

해설

수확체감의 법칙은 생산에 필요한 자본과 토지 등의 요소가 고정된 상태에서 노동력만 추가도 투입되었을 경우 생산성이 감소하는 법칙이다.

정답 42 ① 43 ④ 44 ③ 45 ③ 46 ④ 47 ② 48 ④

※ 수확체감의 법칙
- 일정한 농지에서 작업하는 노동자수가 증가할수록 1인당 수확량은 점차 적어진다는 경제법칙이다
- 어떤 생산물을 생산하는데 필요로 하는 자본, 노동, 토지 등의 생산요소 가운데 자본과 토지의 투입량을 일정하게 하고 노동의 투입량을 증가시키면, 생산물 전체로서는 증대되지만 추가투입량 1단위에 대한 생산물의 한계적 증가분은 차차 감소경향을 나타낸다는 원칙이다.

**49** 과수재배에서 환상박피를 이용한 개화의 촉진은 화성유인의 어떤 요인을 이용한 것인가?

① 일장 효과 ② 식물 호르몬
③ C/N율 ④ 버어널리제이션

해설
환상박피, 단근, 접목 등이 있으며 탄수화물의 함량을 많게 하여 C/N 율을 높일수 있어 화성을 유도한다.

**50** 파종 후 재배 과정에서 상대적으로 노력이 가장 많이 요구되는 파종 방법은?

① 산파 ② 조파
③ 점파 ④ 적파

해설
산파는 포장 전면에 종자를 흩어 뿌리는 방법으로 파종에 대한 노력은 상대적으로 적게 들지만 재배과정에서 제초 및 관리에 노력이 많이 요구된다.

**51** 다음 중 내염성이 가장 높은 작물은?

① 녹두 ② 유채
③ 고구마 ④ 가지

해설
사탕무, 목화, 양배추, 유채 등은 내염성이 강한 작물이다.

**52** 식물의 영양생리의 연구에 사용되는 방사성 동위원소로만 나열된 것은?

① $^{32}P$, $^{42}K$ ② $^{24}Na$, $^{80}Al$
③ $^{60}Co$, $^{72}Na$ ④ $^{137}Cs$, $^{58}Co$

해설
작물의 영양생리에 대한 연구를 위해 $^{32}$P, $^{42}$K, $^{45}$Ca의 방사성동위원소로 표지화합물을 이용하여 필수 원소인 인산(P), 칼륨(K), 칼슘(Ca) 의 영양성분이 작물 내에서의 이동 및 이용에 대한 조사가 가능하며 비료가 토양에서의 이동과 작물의 흡수기구에 대한 원리조사에 도움이 된다.

**53** 용도에 따른 작물의 분류에서 포도와 무화과는 어느 것에 속하는가?

① 장과류 ② 인과류
③ 핵과류 ④ 곡과류

해설
포도, 무화과, 딸기 등은 장과류에 해당한다.

**54** 포장용수량의 pF 값의 범위로 가장 적합한 것은?

① 0 ② 0~2.5
③ 2.5~2.7 ④ 4.5~6

해설
포장용수량은 최대용수량에 중력수가 제거 되고 모세관의 수분 함량 기준으로 하며 pF 1.7~2.7 이다.

**55** 중위도 지대에서의 조생종은 어떤 기상생태형 작물인가?

① 감온형 ② 감광형
③ 기본영양생장형 ④ 중간형

해설
감온형 작물로 조생종, 올콩, 봄조, 여름메밀 등이 있다.



정답 49 ③ 50 ① 51 ② 52 ① 53 ① 54 ③ 55 ①

**56** **다음 중 토양의 입단구조를 파괴하는 요인으로서 가장 옳지 않은 것은?**

① 경운
② 입단의 팽창과 수축의 반복
③ 나트륨 이온의 첨가
④ 토양의 피복

해설
토양의 피복은 토양의 입단조성에 도움을 준다.

**57** **벼의 침수피해에 대한 내용이다. (가), (나)에 알맞은 내용은?**

<벼의 침수피해>
- 분얼 초기에는 ( 가 ).
- 수잉기~출수개화기에는 ( 나 ).

① (가) : 크다, (나) : 크다
② (가) : 크다, (나) : 작다
③ (가) : 작다, (나) : 작다
④ (가) : 작다, (나) : 크다

해설
벼는 분얼 초기 침수에 강해 피해가 적게 나타나지만 수잉기에서 출수개화기에는 침수에 약해지면서 침수피해가 크게 나타난다.

**58** **지력유지를 위한 작부체계에서 '클로버'를 재배할 때 이 작물을 알맞게 분류한 것으로 가장 옳은 것은?**

① 포착작물 ② 휴한작물
③ 수탈작물 ④ 기생작물

해설
클로버와 같은 콩과작물은 땅의 지력을 회복시켜주기에 휴한작물이라 한다.

**59** **땅속줄기를 번식하는 것으로만 나열된 것은?**

① 감자, 토란
② 생강, 박하
③ 백합, 마늘
④ 다알리아, 글라디올러스

해설
땅속줄기는 지하경이라 하며 생강, 박하, 호프, 연 등이 있다.

**60** **작물에서 낙과를 방지하기 위한 조치로 가장 거리가 먼 것은?**

① 환상박피 ② 방한
③ 합리적은 시비 ④ 병해충 방제

해설
낙과의 방지를 위해서는 합리적 시비, 병해충의 방제, 수분의 매조, 건조 및 과습 방지, 수광태세의 향상 등이 있다.

## 제4과목 식물보호학

**61** **농약의 살포 방법에서 미스터법에 대한 설명으로 옳지 않은 것은?**

① 살포 시간 및 인력 비용 등을 절감한다.
② 살포액의 미립화로 목표물에 균일하게 부착시킨다.
③ 분무법에 비하여 살포액의 농도를 낮게 하고 많은 양을 살포한다.
④ 분사 형식은 노즐에 압축공기를 같이 주입하는 유기분사 방식이다.

해설
미스트법은 미스트기로 만든 미립자를 살포하는 방법으로 분무법과 비교하여 살포량은 적지만 농도가 높고 입자가 작으며 농도는 약 2배 정도로 높다.

정답 56 ④ 57 ④ 58 ② 59 ② 60 ① 61 ③

**62** **다음 중 기주특이적 독소와 이를 분비하는 병원균의 연결이 옳지 않은 것은?**

① victorin : 벼 키다리병균
② T-독소 : 옥수수 깨씨무늬병균
③ AK-독소 : 배나무 검은무늬병균
④ AM-독소 : 사과나무 점무늬낙엽병균

해설
victorin 은 귀리 마름병균의 독소이다.

**63** **잡초의 생육특성으로 가장 옳은 것은?**

① 밀도가 낮으면 결실률이 낮다.
② 대부분 $C_3$ 식물이다.
③ 발아가 느리다.
④ 초기생육이 빠르다.

해설
잡초는 광합성 효율이 좋은 $C_4$ 식물로 초기생육이 빠르다.

**64** **발아에 필요한 산소를 차단함으로써 잡초의 발아 또는 출아를 억제시키는 물리적 방제법으로 가장 적절한 것은?**

① 담수 ② 예취
③ 소각 ④ 중경

해설
물을 채우는 담수를 통해 산소의 공급을 차단하여 잡초의 발생을 억제한다.

**65** **병원체가 기주 식물체 내로 들어가는 침입장소 중 자연개구부가 아닌 것은?**

① 수공 ② 피목
③ 밀선 ④ 각피

해설
식물에 있어 대표적인 자연개구부는 기공이다. 그 외에도 수공, 피목, 밀선 등을 통해 침입하기도 하며 병원균의 종류에 따라 침입하는 곳이 상이하다.

**66** **농약의 과용으로 생기는 부작용과 가장 거리가 먼 것은?**

① 약제 저항성 해충의 출현
② 잔류독에 의한 환경오염
③ 자연계의 평형파괴
④ 생물상의 다양화

해설
농약의 과용으로 생태계가 파괴되면서 생물상이 단순해진다.

**67** **배나무 붉은별무늬병균의 중간 기주는?**

① 향나무 ② 느티나무
③ 참나무 ④ 강아지풀

해설
배나무 붉은별무늬병은 중간기주인 향나무와 기주교대를 하는 순활물기생균이다.

**68** **Phytoplasma에 대한 설명으로 옳은 것은?**

① 곰팡이와 세균의 중간적 성질을 갖는다.
② 세포벽을 가지고 있다.
③ 주로 곤충에 의하여 매개된다.
④ 바이러스보다 크기가 훨씬 작다.

해설
파이토플라스마는 세포막이 없고 일종의 원형질막이 존재하며 대표적으로 대추나무 빗자루병, 오동나무 빗자루병, 뽕나무 오갈병의 병원체로서 매개충에 의해 전반된다. 대추나무 빗자루병, 뽕나무 오갈병, 붉나무 빗자루병은 마름무늬 매미충, 오동나무 빗자루병은 담배장님노린재에 의해 매개된다.



정답 62 ① 63 ④ 64 ① 65 ④ 66 ④ 67 ① 68 ③

69 다년생이며, 종자 또는 지하경으로 번식하는 잡초는?

① 너도방동사니 ② 가막사리
③ 개비름 ④ 바랭이

해설
너도방동사니는 종자 및 덩이줄기(지하경)으로 번식하는 다년생으로 논에 발생하는 논잡초로 분류된다.

70 식물병을 일으키는 병 삼각형 중 일반적으로 주인인 것은?

① 식물체 ② 환경
③ 병원체 ④ 광선

해설
식물병에 직접적인 요인을 주인, 주인을 도와 발병을 촉진 및 확산시키는 요인들을 유인이라 하며 주인에는 병원체가 있다.

71 잡초의 철저한 방제가 요구되는 잡초경합한계기로 가장 옳은 것은?

① 작물의 초관형성 이후
② 작물 전생육기간 중 첫 1/3 ~ 1/2 기간인 생육초기
③ 작물 전생육기간 중 생육 중기 이후
④ 작물 전생육기간 중 생육 후기 이후

해설
잡초경합한계기간은 작물 전생육기간의 첫 1/3~1/2 기간이나 1/4~1/3 기간에 해당된다.

72 미생물의 독소를 이용하여 해충을 방제하는 생물 농약은?

① Bt(Bacillus thuringiensis)제
② 석회보르도액
③ 지베렐린
④ 에틸렌

해설
미생물농약의 일종으로 곤충의 바이러스, 세균, 사상균 등의 병원미생물을 이용하여 제조하며 일명 BT(Bacillus thuringiensis)제 라고 한다.

73 종자가 물에 떠서 운반되며 마디풀과에 해당하는 것은?

① 소리쟁이 ② 달개비
③ 털진득찰 ④ 도꼬마리

해설
소리쟁이는 무게가 가볍고 물에 뜨기에 주로 논잡초로 나타난다.

74 활엽과수에서 문제가 되는 사과응애에 대한 설명으로 틀린 것은?

① 흡즙성 해충이다.
② 약충으로 월동한다.
③ 1년에 7~8회 발생한다.
④ 실을 토하며 바람에 날려 이동한다.

해설
사과응애는 1년에 7~8회 발생하고 알로 겨울눈, 수간에서 월동한다.

75 다음 중 화본과 잡초는?

① 명아주 ② 향부자
③ 나도겨풀 ④ 벗풀

해설
돌피, 강피, 나도겨풀 등은 화본과 잡초에 속한다.

2020

정답 69 ① 70 ③ 71 ② 72 ① 73 ① 74 ② 75 ③

**76** **다음 중 과실을 가해하는 해충으로 가장 거리가 먼 것은?**

① 복숭아순나방 ② 복숭아유리나방
③ 복숭아심식나방 ④ 복숭아명나방

해설
복숭아유리나방은 천공성해충에 해당된다.

**77** **벼 도열병의 발병원인으로 가장 적절한 것은?**

① 고온 건조 조건일 때
② 저온 다습 조건일 때
③ 잡초 방제할 때
④ 질소 균형 시비할 때

해설
벼 도열병은 온도가 낮고 습도가 높을 경우, 바람이 강하게 불 경우, 토양온도가 낮을 경우 자주 발생한다.

**78** **다음 중 명아주에 해당하는 것으로만 나열된 것은?**

① 다년생, 화본과 잡초
② 2년생, 방동사니과 잡초
③ 1년생, 광엽잡초
④ 다년생, 방동사니과 잡초

해설
명아주는 1년생 광엽 밭잡초에 해당한다.

**79** **다음 중 완전변태를 하는 목(目)은?**

① 총채벌레목 ② 메뚜기목
③ 나비목 ④ 노린재목

해설
완전변태를 하는 곤충에는 나비목, 파리목, 벌목, 딱정벌레목 등이 있다.

**80** **파종기의 변경, 재배방법의 개선 등 식물병원체의 활동시기를 피하여 식물이 병에 걸리지 않는 성질은?**

① 회피성 ② 면역성
③ 감수성 ④ 내병성

해설
회피성은 식물이 병원체의 활동시기를 피해 병에 걸리지 않도록 하는 것을 말한다.

## 제5과목 종자관련법규

**81** **종자의 보증에서 재검사를 받으려는 자는 종자검사 결과를 통지받은 날부터 며칠 이내에 재검사신청서에 종자검사 결과 통지서를 첨부하여 검사기관의 장에게 제출하여야 하는가?**

① 15일 ② 20일
③ 30일 ④ 35일

해설
재검사신청 등에서 재검사를 받으려는 자는 종자검사 결과를 통지받은 날부터 15일 이내에 재검사신청서에 종자검사 결과 통지서를 첨부하여 검사기관의 장 또는 종자관리사에게 제출하여야 한다.

**82** **종자업을 하려는 자는 종자관리사를 최소 몇 명 이상 두어야 하는가?**

① 1명 ② 2명
③ 3명 ④ 5명

해설
종자업을 하려는 자는 종자관리사를 1명 이상 두어야 한다. 다만, 대통령령으로 정하는 작물의 종자를 생산·판매하려는 자의 경우에는 그러하지 아니하다.



정답 76 ② 77 ② 78 ③ 79 ③ 80 ① 81 ① 82 ①

**83** **종자관리요강 중 용어에 대한 설명으로 틀린 것은?**

① 포장격리 : 자연교잡이 충분히 일어나도록 준비된 포장을 말한다.

② 품종순도 : 재배작물 중 이형주(변형주), 이품중주, 이종종자주를 제외한 해당품종 고유의 품종을 나타내고 있는 개체의 비율을 말한다.

③ 이형주(off type) : 동일품종 내에서 유전적 형질이 그 품종 고유의 특성을 갖지 아니한 개체를 말한다.

④ 작황균일 : 시비, 제초, 약제살포 등 포장관리상태가 양호하여 작황이 고르게 좋은 것을 말한다.

해설

포장격리는 자연교잡이 일어나지 않도록 충분히 격리된 것을 말한다.

**84** **저온항온건조기법을 사용하게 되는 종으로만 나열된 것은?**

① 당근, 근대 ② 잠두, 녹두

③ 고추, 목화 ④ 기장, 벼

해설

저온항온 건조기법은 마늘, 파, 부추, 콩, 땅콩, 배추씨, 유채, 고추, 목화, 피마자, 참깨, 아마, 겨자, 무에 적용한다.

**85** **품종목록 등재의 유효기간 연장신청은 그 품종목록 등재의 유효기간이 끝나기 전 몇 년 이내에 신청하여야 하는가?**

① 4년 ② 3년

③ 2년 ④ 1년

해설

종자관련법상 품종목록 등재의 유효기간에서 품종목록 등재의 유효기간 연장신청은 그 품종목록 등재의 유효기간이 끝나기 전 1년 이내 신청해야 한다.

**86** **( )에 알맞은 내용은?**

> -심판-
> ① 품종보호에 관한 심판과 재심을 관장하기 위하여 농림축산식품부에 품종보호심판위원회를 둔다.
> ② 심판위원회는 위원장 1명을 포함한 ( )이내의 품종보호심판위원으로 구성하되, 위원장이 아닌 심판위원 중 1명은 상임(常任)으로 한다.

① 5명 ② 8명

③ 12명 ④ 15명

해설

심판위원회는 위원장 1명을 포함한 8명 이내의 품종보호심판위원(이하 "심판위원"이라 한다)으로 구성하되, 위원장이 아닌 심판위원 중 1명은 상임(常任)으로 한다.

**87** **수입적응성시험의 대상작물 및 실시기관 중 메밀의 실시기관은?**

① 국립산림품종관리센터

② 한국종자협회

③ 농업기술실용화재단

④ 농업협동조합중앙회

해설

농업기술실용화재단의 수입적응성시험의 대상작물은 벼, 보리, 콩, 옥수수, 감자, 밀, 호밀, 조, 수수, 메밀, 팥, 녹두, 고구마 이다.

정답 83 ① 84 ③ 85 ④ 86 ② 87 ③

**88** **(　　　)에 알맞은 내용은?**

> 농림축산식품부장관은 진흥센터가 진흥센터 지정기준에 적합하지 아니하게 된 경우 대통령령으로 정하는 바에 따라 그 지정을 취소하거나 (　)의 기간을 정하여 업무의 정지를 명할 수 있다.

① 1개월 이내　② 3개월 이내
③ 6개월 이내　④ 12개월 이내

해설

농림축산식품부장관은 진흥센터가 진흥센터 지정기준에 적합하지 아니하게 된 경우 대통령령으로 정하는 바에 따라 그 지정을 취소하거나 3개월 이내의 기간을 정하여 업무의 정지를 명할 수 있다.

**89** **품종보호권의 존속기관은 품종보호권이 설정등록된 날부터 몇 년으로 하는가? (단, 과수와 임목의 경우는 제외한다.)**

① 10년　② 15년
③ 20년　④ 30년

해설

식물신품종관련법상 품종보호권의 존속기간에서 품종보호권의 존속기간은 품종보호권이 설정등록된 날부터 20년으로 한다. 다만 과수와 임목은 25년으로 한다.

**90** **(　　　)에 알맞은 내용은?**

> 종자관리사는 종자기사 자격을 취득한 사람으로서 자격 취득 전후의 기간을 포함하여 종자업무 또는 이와 유사한 업무에 (　)이상 종사한 사람

① 4년　② 3년
③ 2년　④ 1년

해설

종자관리사는 종자기사 자격을 취득한 사람으로서 자격 취득 전후의 기간을 포함하여 종자업무 또는 이와 유사한 업무에 1년 이상 종사한 사람

- 종자산업기사 자격을 취득한 사람으로서 자격 취득 전후의 기간을 포함하여 종자업무 또는 이와 유사한 업무에 2년 이상 종사한 사람
- 종자기능사 자격을 취득한 사람으로서 자격 취득 전후의 기간을 포함하여 종자업무 또는 이와 유사한 업무에 3년 이상 종사한 사람

**91** **품종보호권 또는 전용실시권을 침해한 자는 얼마 이하의 벌금에 처하는가?**

① 1억원　② 1천만원
③ 5백만원　④ 1백만원

해설

식물신품종보호관련법상 품종보호권 또는 전용실시권을 침해한 자는 7년 이하의 징역 또는 1억원 이하의 벌금에 처한다.

**92** **거짓이나 그 밖의 부정한 방법으로 품종보호결정 또는 심결을 받은 자는 몇 년 이하의 징역에 처하는가?**

① 3년　② 5년
③ 7년　④ 10년

해설

거짓이나 그 밖의 부정한 방법으로 품종보호결정 또는 심결을 받은 자는 7년 이하의 징역 또는 1억원 이하의 벌금에 처한다.



정답 88 ② 89 ③ 90 ④ 91 ① 92 ③

**93** 종자관리요강상 사진의 제출규격에 관한 내용이다. (   )에 알맞은 내용은?

> 품종의 사진은 (   )의 크기이어야 하며, 실물을 식별할 수 있어야 한다.

① 4″ × 5″  ② 5″ × 9″
③ 6″ × 8″  ④ 7″ × 9″

해설

품종의 사진은 4″ × 5″ 의 크기이어야 하며 실물을 식별할 수 있어야 한다.

**94** 종자의 보증 중 자체보증의 대상에 대한 내용이다. (   )에 알맞은 내용이 아닌 것은?

> (   )가 품종목록 등재대상작물의 종자를 생산하는 경우 자체보증의 대상으로 한다.

① 도지사  ② 군수
③ 농업단체  ④ 대학교수

해설

시ㆍ도지사, 시장ㆍ군수ㆍ구청장, 농업단체등 또는 종자업자가 품종목록 등재대상작물의 종자를 생산하는 경우 자체보증의 대상으로 한다.

**95** (   )에 알맞은 내용은?

> 품종명칭등록 이의신청을 한 자는 품종명칭등록 이의신청기간이 경과한 후 (   )이내에 품종명칭등록 이의신청서에 적은 이유 또는 증거를 보정할 수 있다.

① 15일  ② 30일
③ 40일  ④ 50일

해설

품종명칭등록 이의신청을 한 자는 품종명칭등록 이의신청기간이 지난 후 30일 이내에 품종명칭등록 이의신청서에 적은 이유 또는 증거를 보정할 수 있다.

**96** 겉보리, 쌀보리 및 맥주보리의 포장검사에 대한 내용이다. (   )에 알맞은 내용은?

> 검사시기 및 회수 : (   )사이에 1회 실시한다.

① 고숙기로부터 수확기 전
② 호숙기로부터 완숙기
③ 완숙기로부터 고숙기
④ 유숙기로부터 황숙기

해설

겉보리, 쌀보리, 맥주보리, 밀의 검사시기 및 회수는 유숙기로부터 황숙기 사이에 1회 실시한다.

**97** 포장검사 병주 판정기준에서 감자의 특정병에 해당하는 것은?

① 둘레썩음병  ② 흑지병
③ 후사리움위조병  ④ 역병

해설

감자의 특정병에는 바이러스, 둘레썩음병, 풋마름병, 걀쭉병이 있다.

**98** 품종보호권ㆍ전용실시권 또는 질권의 상속이나 그 밖의 일반승계의 취지를 신고하지 아니한 자에게는 얼마 이하의 과태료가 부과되는가?

① 50만원  ② 100만원
③ 200만원  ④ 300만원

해설

품종보호권ㆍ전용실시권 또는 질권의 상속이나 그 밖의 일반승계의 취지를 신고하지 아니한 자는 50만원 이하의 과태료를 부과한다.

2020

정답 93 ① 94 ④ 95 ② 96 ④ 97 ① 98 ①

**99** **품종목록 등재대상작물의 보증종자에 대하여 사후관리시험을 하여야 한다. 검사항목으로 틀린 것은?**

① 품종의 순도　② 품종의 진위성
③ 종자전염병　④ 포장의 조건

해설

사후관리시험의 기준 및 방법에서 검사항목에는 품종의 순도, 품종의 진위성, 종자전염병이 있다

**100** **종자검사요령상 시료추출에서 소집단과 시료의 중량에 대한 내용이다. (　)에 알맞은 내용은?**

| 작물 | 시료의 최소 중량 |
|---|---|
| | 순도검사 |
| 당근 | (　)g |

① 7　② 4
③ 3　④ 2

해설

종자검사에서 당근의 시료 최소 중량은 순도검사 기준 3g 이며, 제출시료 기준 30g 이다.



정답 99 ④ 100 ③

2020

# 제4회 종자기사



## 제1과목 종자생산학

**01 다음 중 무배유형 종자를 형성하는 것으로만 나열된 것은?**

① 오이, 완두 ② 밀, 양파
③ 토마토, 벼 ④ 보리, 당근

해설

무배유종자에는 콩, 완두, 팥, 녹두, 클로버 등의 콩과 식물 및 수박, 오이, 호박, 배추 등이 있다.

**02 자가불화합성을 타파하는 방법이 아닌 것은?**

① 뇌수분 ② 개화수분
③ 인공수분 ④ $CO_2$처리

해설

자가불화합성을 타파하는 방법으로 뇌수분, 노화수분, 지연수분, 고온처리, 전기 자극, 이산화탄소 처리 등이 있다.

**03 다음 중 형태적 결함에 의한 불임성의 원인으로 가장 거리가 먼 것은?**

① 이형예현상 ② 뇌수분
③ 자웅이숙 ④ 장벽수정

해설

생식기관의 형태적 결함에 의한 불임성의 원인으로 이형예현상, 자웅이숙, 장벽수정이 있다.

**04 다음 중 무한화서가 아닌 것은?**

① 두상화서 ② 총상화서
③ 산형화서 ④ 단집산화서

해설

단집산화서는 유한화서에 해당한다.

**05 다음 중 단일식물로만 나열된 것은?**

① 시금치, 상추 ② 감자, 아마
③ 국화, 담배 ④ 양파, 양귀비

해설

국화, 담배, 고구마, 들깨 등은 단일식물에 해당한다.

**06 원종 채종 시 뇌수분을 이용하는 작물로만 나열된 것은?**

① 양배추, 무 ② 밀, 당근
③ 고구마, 벼 ④ 오이, 보리

해설

뇌수분은 자가수정률이 높아 양배추, 무 등의 식물에 적합하다.

정답 01 ① 02 ② 03 ② 04 ④ 05 ③ 06 ①

**07** **최아한 종자를 점성이 있는 액상의 젤과 혼합하여 기계로 파종하는 방법은?**

① 고체프라이밍파종
② 액체프라이밍파종
③ 액상파종
④ 드럼프라이밍파종

해설

최아는 발아 및 생육을 촉진할 목적으로 장자의 싹을 틔워 파종하는 방법으로 점성이 있는 액상의 젤과 혼합하여 파종하는 액상파종의 방법이 효율적이며 벼, 맥류 등에 이용한다.

**08** **다음 중 여교배 조합이 가장 바르게 표시된 것은?**

① (A×B)×(A×B) ② (A×B)×(A×C)
③ {A×(A×B)}×C ④ {A×(A×B)}×A

해설

여교배는 (A×B)×B, (A×B)×A 또는 [(A×B)×B]×B 등의 형식으로 조합한다.

**09** **다음 중 덩이줄기를 이용하여 번식하는 것은?**

① 감자 ② 거베라
③ 고구마 ④ 마

해설

감자는 모체에서 분리된 영양기관인 덩이줄기를 통해 번식한다.

**10** **꽃가루가 암술머리에 떨어지는 현상은?**

① 수정 ② 교배
③ 수분 ④ 교잡

해설

성숙된 화분이 수술의 꽃밥에서 터져 나와 암술머리로 옮겨지는 과정을 수분이라 한다.

**11** **침윤종자나 생장 중인 식물에 저온을 처리함으로써 개화를 유도하는 것은?**

① 춘화처리 ② 광처리
③ 휴면처리 ④ 환상박피

해설

춘화처리는 생육 초기에 일정기간 인위적으로 저온처리를 통해 화아분화를 촉진한다.

**12** **종자검사의 주요 내용이 아닌 것은?**

① 발아검사 ② 순도검사
③ 병해검사 ④ 단백질 함량검사

해설

종자검사의 주요 내용에는 순도검사, 발아검사, 활력검사, 병해검사, 수분검사, 천립중 검사, 건전도 검사 등이 있다.

**13** **종자의 발아과정을 바르게 나열한 것은?**

① 저장양분 분해 → 수분 흡수 → 과피의 파열 → 배의 생장 개시
② 수분 흡수 → 저장양분 분해 → 과피의 파열 → 배의 생장 개시
③ 수분 흡수 → 저장양분 분해 → 배의 생장 개시 → 과피의 파열
④ 저장양분 분해 → 과피의 파열 → 수분 흡수 → 배의 생장 개시

해설

종자의 발아는 수분 흡수를 시작으로 효소의 활성을 통한 저장양분의 분해, 배의 생장, 과피의 파열, 유묘의 형성의 과정을 거친다.



정답 07 ③ 08 ④ 09 ① 10 ③ 11 ① 12 ④ 13 ③

**14** 다음 중 영양번식과 가장 관련이 있는 것은?

① 유성생식 ② 무성생식
③ 감수분열 ④ 타가수정

해설

무성생식은 배우자가 수정을 하지 않고 개체를 증식시키는 방법으로 단위생식, 영양생식이 여기에 해당된다.

**15** 종자전염성병의 검정법 중 혈청학적 검정법에 속하는 것은?

① 면역이중확산법 ② 여과지배양검정법
③ 유묘병징조사법 ④ 한천배지검정법

해설

혈청학적 검정법에는 병원체에 대한 혈청을 만들어 진단하는 방법으로 면역이중확산법, 형광항체법, 효소결합항체법(ELISA), 방사형 확산검정법 등이 있다.

**16** 다음 중 자연적으로 씨없는 과실이 형성되는 작물로 가장 거리가 먼 것은?

① 바나나 ② 수박
③ 감귤류 ④ 포도

해설

단위결과는 염색체의 조성이 복잡하여 정상적인 배우자를 형성할 수 없는 경우 발생하는데 대표적으로 바나나, 포도, 오이, 감귤류 등이 해당된다.

**17** 다음 중 발아 시 광을 필요로 하는 종자로만 나열된 것은?

① 벼, 파 ② 셀러리, 상추
③ 호박, 오이 ④ 토마토, 양파

해설

광을 주어야 발아하는 호광성 종자는 담배, 상추, 우엉, 셀러리 등이 있다.

**18** 속씨식물의 중복수정에서 2개의 극핵과 1개의 웅핵이 수정되어 생성되는 것은?

① 배유 ② 종피
③ 배 ④ 자엽

해설

속씨식물의 수정에서 배낭 내로 들어간 2개의 정핵 중 하나는 난핵과 만나 2n 배를 형성하고 다른 하나는 2개의 극핵과 만나 3n 배유를 형성한다.

**19** 채소류 종자 중 5년 이상의 장명종자로만 나열된 것은?

① 땅콩, 사탕무 ② 비트, 토마토
③ 옥수수, 강낭콩 ④ 상추, 고추

해설

5년 이상의 장명종자에는 비트, 수박, 호박, 오이, 배추, 가지, 토마토, 알팔파 등이 있다.

**20** 배낭모세포가 감수분열을 못하거나 비정상적인 분열을 하여 배를 형성하는 것은?

① 복상포자생식 ② 무성생식
③ 영양번식 ④ 유사분열

해설

복상포자생식에서 난세포가 수정 없이 배발생을 하고 극핵도 수정 없이 단독으로 배유 형성을 한다.

## 제2과목 식물육종학

**21** 다음 중 유전적 변이를 감별하는 방법으로 가장 알맞은 것은?

① 유의성 검정
② 후대검정
③ 전체형성능(totipotency) 검정
④ 질소 이용률 검정

해설

후대검정은 변이를 나타낸 개체를 자식하여 선발된 우량형이 유전적인 변이인가를 관찰한다.

정답 14 ② 15 ① 16 ② 17 ② 18 ① 19 ② 20 ① 21 ②

**22** **다음 중 트리티케일(Triticale)의 기원은?**

① 밀 × 호밀　② 밀 × 보리
③ 호밀 × 보리　④ 보리 × 귀리

해설

트리티케일은 밀과 호밀을 인공교배하여 만든 이질배수체로 속간잡종이다.

**23** **다음 중 감수분열 제1전기의 진행 순서가 바르게 나열된 것은?**

① 세사기 → 이동기 → 대합기 → 태사기
② 이동기 → 세사기 → 태사기 → 대합기
③ 세사기 → 대합기 → 태사기 → 이동기
④ 세사기 → 이동기 → 태사기 → 대합기

해설

제1감수분열 전기는 세사기, 대합기, 태사기, 이중기, 이동기의 과정을 거친다.

**24** **품종의 생리적 퇴화의 원인이 되는 것은?**

① 돌연변이
② 자연교잡
③ 토양적인 퇴화
④ 이형 유전자형의 분리

해설

생리적 퇴화는 품종의 생산지의 환경의 불량이 원인이 되기에 토양적인 퇴화가 한가지 원인이 되겠다.

**25** **단위생식(Apomixis)을 가장 옳게 표현한 것은?**

① 씨 없는 수박은 이 원리를 이용한 것이다.
② 수분이 되지 않았는데 과실이 비대하는 현상이다.
③ 근친교배에서 많이 일어나는 일종의 퇴화현상이다.
④ 수정이 되지 않고도 종자가 생기는 현상이다.

해설

아포믹시스(단위생식, apomixis)는 무수정생식이라 하며 정상적인 정핵과 난핵의 결합 없이 종자를 형성한다.

**26** **이질 배수체를 작성하는 방법으로 가장 알맞은 것은?**

① 특정한 게놈을 가진 품종의 식물체에 콜히친을 처리한다.
② 서로 다른 게놈을 가진 식물체끼리 교잡을 시킨 후 그 잡종에 콜히친 처리를 한다.
③ 동일한 게놈을 가진 품종끼리 교잡을 시킨 후 그 잡종에 콜히친 처리를 한다.
④ 인위적으로는 만들 수 없고 자연계에서 만들어지기를 기다린다.

해설

염색체를 배가시켜 동질배수체를 작성하려면 콜히친(colchicine)처리법을 이용해야 한다.

**27** **다음 중 계통분리법에 해당하지 않는 육종법은?**

① 집단육종법　② 성군집단선발법
③ 모계선발법　④ 가계선발법

해설

집단육종법은 교잡육종법에 해당된다. 계통분리법은 집단선발법, 계통집단선발법, 성군집단선발법, 1수1렬법, 모계선발법, 가계선발법이 있다.



정답 22 ① 23 ③ 24 ③ 25 ④ 26 ② 27 ①

**28** **벼와 같은 자식성 식물에서 잡종강세에 대한 설명으로 옳은 것은?**

① 자식성 식물이므로 잡종 강세가 일어나지 않는다.
② 교배조합에 따라 잡종강세가 일어날 수 있다.
③ 모든 교배조합에서 잡종강세가 크게 나타난다.
④ 자식성 식물에서는 잡종강세를 조사하지 않는다.

해설

자식성식물에서 잡종강세가 나타나는 경우도 있지만 타식성 식물에서 현저하게 나타난다.

**29** **감자 등과 같은 영양번식성 작물이 바이러스병에 의해 퇴화되는 것을 방지하는 방법으로 가장 옳은 것은?**

① 추파성 소거 ② 고랭지 채종
③ 조기재배 ④ 기계적 혼입 방비

해설

종자의 퇴화 방지를 위해 씨감자는 고랭지에서, 옥수수 및 십자화과작물 등과 같은 타가수정을 원칙으로 하는 작물은 유전적 퇴화 방지를 위해 섬이나 산간지에서 인위적 격절이 필요하다.

**30** **타식성 식물에 대한 설명으로 옳은 것은?**

① 유전자형이 동형접합(homozygosity)이다.
② 단성화와 자가불임의 양성화뿐이다.
③ 자연계에서 서로 다른 개체 간 수정되는 비율이 높은 식물이다.
④ 자웅이숙 식물만이 순수한 타식성 식물이다.

해설

타식성 식물은 격리해서 채종하며 자가수정률은 5% 정도로 서로 다른 개체 간 수정 비율이 높은 식물이다.

**31** **완전히 자가수정하는 동형접합체의 1개체로부터 불어난 자손의 총칭은?**

① 유전자원 ② 유전변이체
③ 순계 ④ 동질배수체

해설

순계는 동일한 유전자형으로 구성된 집단으로 완전히 자가수정하는 작물의 1 개체에서 나온 자손을 말한다.

**32** **다음 중 반수체육종의 가장 큰 장점은?**

① 이형집단 발생이 쉬우며 다양한 형질을 가지고 있다.
② 돌연변이가 많이 나온다.
③ 유전자 재조합이 많이 일어난다.
④ 육종연한을 단축한다.

해설

반수체를 육성하여 육종 연한을 단축시킬수 있으며 담배, 벼 등의 작물에 적용 가능하다.

**33** **웅성불임성의 발현에 해당하는 것은?**

① 무배생식
② 위수정
③ 수술의 발생억제
④ 배낭모세포의 감수분열 이상

해설

웅성불임성은 웅성기관에 불임이 생긴 현상으로 환경적 혹은 유전적 원인으로 수술이 기능을 발휘하지 못하는 현상이다.

**34** **콩과 식물의 제웅에 가장 적당한 방법은?**

① 화판인발법(花瓣引拔法)
② 집단제정법(集團除精法)
③ 절영법(切潁法)
④ 수세법(水洗法)

해설

화판인발법은 제웅법 중 하나로 콩, 자운영 등 꽃망울 끝의 꽃잎을 꽃밥과 함께 뽑아낸다.

2020

정답 28 ② 29 ② 30 ③ 31 ③ 32 ④ 33 ③ 34 ①

**35** **상위성이 있는 경우 양성잡종 $F_2$ 분리비가 15:1인 것은?**

① 보족유전자　② 중복유전자
③ 억제유전자　④ 피복유전자

해설

중복유전자의 $F_2$ 분리비는 15:1 이다

**36** **교배모본 선정 시 고려해야 할 사항이 아닌 것은?**

① 유전자원의 평가 성적을 검토한다.
② 유전분석 결과를 활용한다.
③ 교배친으로 사용한 실적을 참고한다.
④ 목적형질 이외에 양친의 유전적 조성의 차이를 크게 한다.

해설

교배육종의 성패를 좌우하는 교배모본의 선정에 있어 품종의 특성조사성적, 형질의 유전자분석결과, 육종실적을 검토하여 과거 주요품종을 양친 중 한 모본을 선택하여 교배를 통해 조합능력을 검정한다. 과거의 주요품종을 양친 중의 한 모본으로 선택하기에 양친의 유전적 조성 차이가 작아야 한다.

**37** **육종과정에서 새로운 변이의 창성방법으로서 쓰일 수 없는 것은?**

① 인위 돌연변이　② 인공교배
③ 배수체　④ 단위결과

해설

단위결과는 염색체 조성이 복잡하여 정상적인 배우자 형성이 어렵기에 새로운 변이 창성방법으로는 적합하지 않다.

**38** **자연일장이 13시간 이하로 되는 늦여름 야간 자정부터 1시까지 1시간 동안 충분한 광선을 식물체에 일정 기간 동안 조명해 주었을 때 나타나는 현상은?**

① 코스모스 같은 단일성 식물의 개화가 현저히 촉진되었다.
② 가을 배추가 꽃을 피웠다.
③ 가을 국화의 꽃봉오리가 제대로 생기지 않았다.
④ 조생종 벼가 늦게 여물었다.

해설

가을 국화는 단일식물로 단일처리를 하면 개화가 촉진되나 반대로 장일처리하면 개화가 억제된다.

**39** **잡종강세를 이용하는 데 구비해야 할 조건으로 옳지 않은 것은?**

① 한 번의 교잡으로 많은 종자를 생산할 수 있어야 한다.
② 교잡조작이 쉬워야 한다.
③ 단위 면적당 재배에 요구되는 종자량이 많아야 한다.
④ $F_1$종자를 생산하는 데 필요한 노임을 보상하고도 남음이 있어야 한다.

해설

잡종강세의 경우 단위면적당 요구되는 종자량은 적어야 하며 교잡 조작이 쉬워야 한다.



정답 35 ② 36 ④ 37 ④ 38 ③ 39 ③

**40** **종자번식 농작물의 일생을 순서대로 나타낸 것은?**

① 배우자형성 → 결실 → 중복수정 → 영양생장 → 발아
② 영양생장 → 결실 → 발아 → 중복수정 → 배우자형성
③ 발아 → 중복수정 → 배우자형성 → 결실 → 영양생장
④ 발아 → 영양생장 → 배우자형성 → 중복수정 → 결실

해설

전반적인 종자번식에 순서는 종자의 발아를 시작으로 영양생장 후 배유를 형성하고 배와 배유의 형성이 한 배낭 내에서 동시에 이루어지는 중복수정을 거치고 결실을 하게 된다.

## 제3과목 재배원론

**41** **다음 중 3년생 가지에 결실하는 것은?**

① 포도 ② 밤
③ 감 ④ 사과

해설

3년생 가지에 결실을 하는 것으로 배, 사과 등이 대표적이며 이러한 현상을 결과 습성이라 한다. 1년생 결과지에는 포도, 감, 밤, 감귤 등이 있으며 2년생 결과지에는 복숭아, 살구 등의 핵과류가 있다.

**42** **세포의 팽압을 유지하며, 다량원소에 해당하는 것은?**

① Mo ② K
③ Cu ④ Zn

해설

칼륨은 양이온($K^+$)으로 흡수 및 이용하며 세포의 팽압을 유지한다.

**43** **다음 중 묘대일수 감응도가 낮으면서 만식 적응성이 큰 기상 생태형은?**

① Blt형 ② bLt형
③ bIT형 ④ blt형

해설

감광형(bLt형)은 기본영양생장성과 감온성이 작고 감광성이 커서 생육기간이 주로 감광성에 지배된다. 일장에서 단일에 의해 출수개화가 촉진되는 성질을 감광성이라 한다.

**44** **다음 중 내염성 정도가 가장 큰 작물은?**

① 고구마 ② 가지
③ 레몬 ④ 유채

해설

사탕무, 목화, 양배추, 유채 등은 내염성이 강한 작물이다.

**45** **다음 중 적산온도가 가장 낮은 것은?**

① 메밀 ② 벼
③ 담배 ④ 조

해설

작물별로 적산온도의 경우 메밀은 1000~1200℃, 감자는 1300~3000℃, 추파맥류는 1700~2300℃, 완두는 2100~2800℃, 콩은 2500~3000℃, 담배는 3200~3600℃ 벼는 3500~4500℃ 정도이다.

**46** **다음 중 작물별 안전저장 조건에서 온도가 가장 높은 것은?**

① 식용감자 ② 과실
③ 쌀 ④ 엽채류

해설

쌀의 안전저장온도는 15℃ 정도이며 감자 1~4℃, 과실 0~2℃, 엽채류 0~1℃ 이다.

정답 40 ④ 41 ④ 42 ② 43 ② 44 ④ 45 ① 46 ③

**47** 다음 중 산성토양에 가장 강한 작물은?

① 상추　② 완두
③ 고추　④ 수박

해설
산성토양에 저항성이 강한 작물로는 벼, 귀리, 조, 옥수수, 감자, 수박 등이 있다.

**48** 다음 중 장일식물은?

① 들깨　② 담배
③ 국화　④ 감자

해설
장일식물에는 보리, 시금치, 양파, 당근, 양배추, 아마, 감자 등이 있다.

**49** 포장을 수평으로 구획하고 관개하는 방법은?

① 다공관관개법
② 수반법
③ 스프링클러관개법
④ 물방울관개법

해설
수반법은 수반관개라하며 포장을 수평으로 구획하고 관개하는 방법으로 주로 과수원에서 이용하는 방법이다.

**50** 지력을 토대로 자연의 물질순환 원리에 따르는 농업은?

① 생태농업　② 정밀농업
③ 자연농업　④ 무농약농업

해설
자연농업은 환경과 조화를 기반으로 농업 생산을 지속하는 친환경 농업이다.

**51** 가지를 수평 또는 그보다 더 아래로 휘어 가지의 생장을 억제하고 정부우세성을 이동시켜 기부에서 가지가 발생하도록 하는 것은?

① 절상　② 적엽
③ 제얼　④ 휘기

해설
가지휘기(유인)는 가지를 수평이나 더 아래로 휘게 하여 생장을 억제하고 정부우세성을 이동시켜 기부에서 가지가 발생하도록 하는 방법이다.

**52** 다음에서 설명하는 것은?

> 경사지에서 수식성 작물을 재배할 때 등고선으로 일정한 간격을 두고 적당한 폭의 목초대를 두면 토양침식이 크게 경감된다.

① 등고선 경작 재배
② 초생재배
③ 단구식 재배
④ 대상재배

해설
대상재배는 경사지에서 작물을 재배할 때 파종기나 수확기가 다른 작물을 띠 모양으로 배치하여 재배하는 방법이다.

**53** 다음 중 작물에 따른 재배에 적합한 범위가 가장 큰 작물은?

① 콩　② 아마
③ 담배　④ 피

해설
콩은 일반적으로 사양토나 식양토에서 재배하지만 사토, 식토 등에서도 가능하다.



정답 47 ④ 48 ④ 49 ② 50 ③ 51 ④ 52 ④ 53 ①

**54** 굴광현상에 가장 유효한 광은?

① 자외선 ② 자색광
③ 청색광 ④ 녹색광

해설

식물이 광을 향하는 굴광현상이 나타나며 주로 청색 파장에 유효하다.

**55** 내건성 작물의 특성에 해당되는 것은?

① 잎이 크다.
② 건조 시에 당분의 소실이 빠르다.
③ 건조 시에 단백질의 소실이 빠르다.
④ 세포액의 삼투압이 높다.

해설

세포액의 삼투압이 높고 세포가 작을수록 내건성이 강하다.

**56** 다음 중 내습성이 가장 큰 것은?

① 파 ② 양파
③ 옥수수 ④ 당근

해설

작물의 내습성은 미나리, 벼, 옥수수 등이 높은 편이며 파, 양파, 고추, 당근 등은 낮은 편이다.

**57** 다음 중 장과류에 해당하는 것으로만 나열된 것은?

① 포도, 딸기 ② 감, 귤
③ 배, 사과 ④ 비파, 자두

해설

포도, 무화과, 딸기 등은 장과류에 해당한다.

**58** 삽수의 발근촉진에 주로 이용되는 생장조절제는?

① Ethylene ② ABA
③ IBA ④ BA

해설

옥신의 종류 중에서 합성호르몬인 IBA 는 삽수의 발근 촉진에 활용된다.



**59** 박과 채소류 접목의 특징으로 틀린 것은?

① 저온에 대한 내성이 증대된다.
② 과습에 잘 견딘다.
③ 기형과 발생을 억제한다.
④ 흡비력이 강해진다.

해설

접목육묘에서 초세조절을 잘못하면 기형과의 발생이 증가하고 당도가 낮아진다.

**60** 다음 중 과실 성숙과 가장 관련이 있는 것은?

① Ethylene ② ABA
③ BA ④ IAA

해설

에틸렌은 과실의 성숙, 착색의 촉진, 정아우세 현상 타파, 발아촉진, 낙엽 촉진 등의 효과가 나타난다.

## 제4과목 식물보호학

**61** 잡초로 인한 피해가 아닌 것은?

① 방제 비용 증대
② 작물의 수확량 감소
③ 경지의 이용 효율 감소
④ 철새 등 조류에 의한 피해 증가

해설

잡초가 발생하면 작물의 수량이 감소하고 경지의 이용효율이 감소하게 되며 이를 방제하기 위한 비용이 증가하게 된다. 또한 병해충의 매개 역할을 하고 종자 혼입 및 부착등의 피해도 있다.

정답 54 ③ 55 ④ 56 ③ 57 ① 58 ③ 59 ③ 60 ① 61 ④

**62** **다음 중 무시류에 속하는 곤충목은?**

① 파리목 ② 돌좀목
③ 사마귀목 ④ 집게벌레목

해설

무시아강(무시류)에는 톡토기목, 낫발이목, 좀붙이목, 좀목(좀, 돌좀) 등이 있다.

**63** **살비제의 구비 조건이 아닌 것은?**

① 잔효력이 있을 것
② 적용 범위가 넓을 것
③ 약제 저항성의 발달이 지연되거나 안 될 것
④ 성충과 유충(약충)에 대해서만 효과가 있을 것

해설

살비제는 곤충에는 살충력이 거의 없고 응애류 방제에 효과가 있는 약제로 알에서 성충까지 모든 형태에 효과가 있어야 한다.

**64** **식물바이러스병의 외부병징으로 가장 거리가 먼 것은?**

① 변색 ② 위축
③ 괴사 ④ 무름증상

해설

무름증상(무름병)은 세균병의 병징에 해당한다.

**65** **복숭아심식나방에 대한 설명으로 옳지 않은 것은?**

① 일반적으로 연 2회 발생한다.
② 유충으로 나무껍질 속에서 겨울을 보낸다.
③ 부화유충은 과실 내부에 침입하여 식해한다.
④ 방제를 위해 과실에 봉지를 씌우면 효과적이다.

해설

복숭아심식나방은 노숙유충이 겨울고치를 짓고 그 속에서 월동을 한다.

**66** **상처가 아물도록 처리하여 저장할 경우 방제 효과가 가장 큰 병은?**

① 사과 탄저병
② 고추 탄저병
③ 사과 겹무늬썩음병
④ 고구마 검은무늬병

해설

큐어링은 고구마, 감자, 양파 등에 상처가 발생한 경우 상처를 아물게 하거나 코르크층을 형성시켜 수분의 증발을 줄이고 미생물의 침입을 예방하는 방법이다. 고구마 검은무늬병은 상처를 통해 침입하기에 큐어링 처리를 통해 방제효과를 얻을수 있다.

**67** **다음 설명에 해당하는 해충은?**

- 성충은 잎의 엽육을 갉아먹어 벼 잎에 가는 흰색 선이 나타나며, 특히 어린 모에서 피해가 심하다.
- 유충은 뿌리를 갉아먹어 뿌리가 끊어지게 하고 피해를 받은 포기는 키가 크지 못하고 분열이 되지 않는다.

① 벼밤나방 ② 벼혹나방
③ 벼물바구미 ④ 끝동매미충

해설

벼물바구미는 성충이 잎에 피해를 주면 잎에 흰색 선이 나타나고 유충은 흙속으로 파고들어가 기생을 한다. 유충이 성충보다 섭식량이 많아 더 큰 피해를 주게 된다.

정답 62 ② 63 ④ 64 ④ 65 ② 66 ④ 67 ③

**68** 다음 중 토양 속에서 활동하며 주로 식물체의 뿌리는 침해하여 혹을 만들거나 토양전염성 병원체와 협력하여 식물병을 일으키는 것은?

① 지렁이 ② 멸구
③ 선충 ④ 거미

해설
선충은 식물에 기생하여 식물병을 일으킨다. 머리에 구침으로 식물 조직을 뚫고 들어가 즙액을 빨아 먹고 상처가 난 조직은 혹이 만들어지는 현상이 나타난다.

**69** 세균성 무름증상에 대한 설명으로 옳지 않은 것은?

① Pseudononas 속은 무름증상을 일으키지 않는다.
② Erwinia속은 무름병의 진전이 빠르고 악취가 난다.
③ 수분이 적은 조직에서는 부패현상이 나타나지 않는다.
④ 병원균은 펙틴분해효소를 생산하여 세포벽 내의 펙틴을 분해한다.

해설
rwinia 속, Pseudomonas속 은 세균성 무름병의 병원균이다.

**70** 각종 피해 원인에 대한 작물의 피해를 직접피해, 간접피해 및 후속피해로 분류할 때 간접적인 피해에 해당하는 것은?

① 수확물의 질적 저하
② 수확물의 양적 감소
③ 수확물 분류, 건조 및 가공비용 증가
④ 2차적 병원체에 대한 식물의 감수성 증가

해설
간접피해에는 수확의 어려움이 발생하는 것으로 수확물을 분류하거나 건조 및 가공에 비용이 증가하게 된다.

**71** 어떤 곤충이 종류가 다른 곤충을 잡아먹는 식성을 무엇이라고 하는가?

① 부식성 ② 포식성
③ 기생성 ④ 균식성

해설
살아 있는 곤충을 섭취하는 것을 포식성이라 한다.

**72** 제초제의 살초 기작과 관계가 없는 것은?

① 생장 억제 ② 광합성 억제
③ 신경작용 억제 ④ 대사작용 억제

해설
신경작용 억제는 살충제 작용기작에 해당한다.

**73** 해충종합관리(IPM)에 대한 설명으로 옳은 것은?

① 농약의 항공방제를 말한다.
② 여러 방제법을 조합하여 적용한다.
③ 한 가지 방법으로 집중적으로 방제한다.
④ 한 지역에서 동시에 방제하는 것을 뜻한다.

해설
병해충종합관리(종합적 방제)는 Integrated Pest Management(IPM) 이라 하며 환경 친화적이고 지속가능한 방법으로 병해충을 관리하여 농약으로 인한 사회, 보건학적 위험을 줄이는 것을 목적으로 하는 방법으로 여러 방제법을 조합하여 가장 효율적인 방제법을 적용한다.

**74** 밀 줄기녹병균의 제1차 전염원이 되는 포자는?

① 소생자 ② 겨울포자
③ 여름포자 ④ 녹병정자

해설
병원균은 이종기생성으로 매자나무에서 녹병포자와 녹포자를 만들고 맥류에서 여름포자와 겨울포자퇴를 만든다. 여기에서 1차 전염원이 되는 포자는 여름포자가 된다.

2020

정답 68 ③ 69 ① 70 ③ 71 ② 72 ③ 73 ② 74 ③

**75** **분제에 있어서 주성분의 농도를 낮추기 위하여 쓰이는 보조제는?**

① 전착제 ② 감소제
③ 협력제 ④ 증량제

해설

증량제는 주성분의 농도를 낮추는 약제로 분말도, 분산성, 비산성, 부착성 등이 높아야 한다.

**76** **잡초의 생태적 방제방법 중 경합특성 이용법에 해당되지 않은 것은?**

① 관배수 조절 ② 재식밀도 조절
③ 육묘이식 재배 ④ 품종 및 종자 선정

해설

관배수 조절은 잡초의 예방적 방제법에 해당한다.

**77** **주로 과실을 가해하는 해충이 아닌 것은?**

① 복숭아순나방 ② 복숭아명나방
③ 복숭아심식나방 ④ 복숭아유리나방

해설

복숭아유리나방은 천공성해충에 해당된다.

**78** **식물병 진단 방법에 대한 설명으로 옳지 않은 것은?**

① 충체 내 주사법은 주로 세균병 진단에 사용 된다.
② 지표식물을 이용하여 일부 TMV를 진단할 수 있다.
③ 파지(phage)에 의한 일부 세균병 진단이 가능하다.
④ 혈청학적인 방법은 바이러스병 진단에 효과적이다.

해설

충체 내 주사법은 매개전염 바이러스병 진단에 사용된다.

**79** **잡초의 밀도가 증가하면 작물의 수량이 감소되는데, 어느 밀도 이상으로 잡초가 존재하면 작물 수량이 현저하게 감소되는 수준까지의 밀도는?**

① 잡초밀도
② 잡초경제한계밀도
③ 잡초허용한계밀도
④ 작물수량감소밀도

해설

잡초허용한계밀도는 잡초의 밀도가 증가하면 양분의 손실 등으로 작물의 수량이 감소하는 밀도이다.

**80** **살충제 Bt제의 작용점은?**

① 소뇌 ② 중장세포
③ 호르몬샘 ④ 키틴합성회로

해설

미생물 살충제인 BT(Bacillus thuringiensis) 에서 합성하는 단백질이 곤충의 체내로 침입할 경우 중장에 있는 특정 수용체와 결합하여 독성을 만들어내고 이때 만들어진 독소는 중장세포의 ATP 합성을 저해하여 곤충을 죽게 한다.

## 제5과목 종자관련법규

**81** **종자의 수출·수입 및 유통 제한에 관한 사항을 위반하여 종자를 수출 또는 수입하거나 수입된 종자를 유통시킨 자의 벌칙은?**

① 5년 이하의 징역 또는 1억원 이하의 벌금
② 3년 이하의 징역 또는 3천만원 이하의 벌금
③ 2년 이하의 징역 또는 5백만원 이하의 벌금
④ 1년 이하의 징역 또는 1천만원 이하의 벌금

해설

종자의 수출·수입 및 유통 제한에 관한 사항을 위반하여 종자를 수출 또는 수입하거나 수입된 종자를 유통시킨 자는 1년 이하의 징역 또는 1천만원 이하의 벌금에 처한다.



정답 75 ④ 76 ① 77 ④ 78 ① 79 ③ 80 ② 81 ④

**82** **식물신품종 보호법상 재심 및 소송에서 "심결에 대한 소와 심판청구서 또는 재심청구서의 보정각하결정에 대한 소는 특허법원의 전속관할로 한다."에 따른 소는 심결이나 결정의 등본을 송달받은 날부터 며칠 이내에 제기하여야 하는가?**

① 14일 ② 21일
③ 30일 ④ 60일

해설

물신품종 보호법상 재심 및 소송에서 "심결에 대한 소와 심판청구서 또는 재심청구서의 보정각하결정에 대한 소는 특허법원의 전속관할로 한다."에 따른 소는 심결이나 결정의 등본을 송달받은 날부터 30일 이내에 제기하여야 한다.

**83** **종자산업법상 품종목록 등재의 유효기간은 등재한 날이 속한 해의 다음 해부터 몇 년까지로 하는가?**

① 3년 ② 5년
③ 10년 ④ 15년

해설

종자산업법상 품종목록 등재의 유효기간은 등재한 날이 속한 해의 다음 해부터 10년까지로 한다.

**84** **( )에 알맞은 내용은?**

> ( )은 품종목록에 등재된 품종의 종자는 일정량의 시료를 보관·관리하여야 한다. 이 경우 종자시료가 영양체인 경우에는 그 제출 시기·방법 등은 농림축산식품부령으로 정한다.

① 농림축산식품부장관
② 농촌진흥청장
③ 국립종자원장
④ 농업기술센터장

해설

농림축산식품부장관은 품종목록에 등재된 품종의 종자는 일정량의 시료를 보관·관리하여야 한다. 이 경우 종자시료가 영양체인 경우에는 그 제출 시기·방법 등은 농림축산식품부령으로 정한다.

**85** **종자관리요강상 규격묘의 규격기준에서 배 잎눈 개수는?**

① 접목부위에서 상단 30cm 사이에 잎눈 3개 이상
② 접목부위에서 상단 30cm 사이에 잎눈 5개 이상
③ 접목부위에서 상단 10cm 사이에 잎눈 3개 이상
④ 접목부위에서 상단 10cm 사이에 잎눈 10개 이상

해설

배 잎눈 개수 : 접목부위에서 상단 30cm 사이에 잎눈 5개 이상

**86** **종자검사요령상 포장검사 병주 판정기준에서 팥, 녹두의 특정병은?**

① 엽소병 ② 갈반병
③ 콩세균병 ④ 흰가루병

해설

종자검사요령상 포장검사 병주 판정기준에서 팥, 녹두의 특정병은 콩세균병, 바이러스병(위축병, 황색모자이크병)이다.

**87** **종자관리요강상 수입적응성시험의 대상작물 및 실시기관에서 톨페스큐의 실시기관은?**

① 한국생약협회
② 한국종자협회
③ 농업협동조합중앙회
④ 농업기술실용화재단

해설

수입적응성시험의 대상작물 및 실시기관에 의거 농업협동조합중앙회는 오차드그라스, 톨페스큐, 티모시 등이 있다.

2020

정답 82 ③ 83 ③ 84 ① 85 ② 86 ③ 87 ③

**88** **과수와 임목의 경우 품종보호권의 존속기간은 품종보호권이 설정등록된 날부터 몇 년으로 하는가?**

① 25년 ② 15년
③ 10년 ④ 5년

해설

품종보호권의 존속기간은 품종보호권이 설정등록된 날부터 20년으로 한다. 다만, 과수와 임목의 경우에는 25년으로 한다.

**89** **종자관리요강상 포장검사 및 종자검사의 검사기준에서 과수의 포장격리는 무병 묘목인지 확인되지 않은 과수와 최소 몇 m 이상 격리되어 근계의 접촉이 없어야 하는가?**

① 5m ② 10m
③ 20m ④ 25m

해설

무병 묘목인지 확인되지 않은 과수와 최소 5m 이상 격리되어 근계의 접촉이 없어야 한다.

**90** **종자검사요령상 종자 건전도 검정에서 벼 키다리병의 검사시료는?**

① 104립 ② 200립
③ 300립 ④ 700립

해설

벼키다리병의 검사시료는 104립(13립×8반복)이다.

**91** **식물신품종 보호법상 품종보호권의 설정등록을 받으려는 자나 품종보호권자는 품종보호료 납부기간이 지난 후에도 몇 개월 이내에는 품종보호료를 납부할 수 있는가?**

① 6개월 ② 7개월
③ 9개월 ④ 12개월

해설

품종보호권의 설정등록을 받으려는 자나 품종보호권자는 품종보호료 납부기간이 지난 후에도 6개월 이내에는 품종보호료를 납부할 수 있다.

**92** **(　　　　)에 옳지 않은 내용은?**

> 식물신품종 보호법상 (　　)은 품종보호에 관한 절차 중 납부해야 할 수수료를 납부하지 아니한 경우에는 기간을 정하여 보정을 명할 수 있다.

① 농림축산식품부장관
② 농촌진흥청장
③ 해양수산부장관
④ 심판위원회 위원장

해설

농림축산식품부장관, 해양수산부장관 또는 심판위원회 위원장은 품종보호에 관한 절차에서 납부해야 할 수수료를 납부하지 아니한 경우 기간을 정하여 보정을 명할 수 있다.

**93** **종자검사요령상 시료추출에서 호박의 순도검사를 위한 시료의 최소 중량은?**

① 180g ② 200g
③ 250g ④ 300g

해설

호박 시료의 순도검사 최소중량은 180g, 제출시료는 350g 이다



정답 88 ① 89 ① 90 ① 91 ① 92 ② 93 ①

**94** **식물신품종 보호법상 신규성에 대한 내용이다. ( 가 )에 알맞은 내용은?**

> 품종보호 출원일 이전에 대한민국에서는 ( 가 )이상, 그 밖의 국가에서는 4년[과수(果樹) 및 임목(林木)인 경우에는 6년] 이상 해당 종자나 그 수확물이 이용을 목적으로 양도되지 아니한 경우에는 그 품종은 신규성을 갖춘 것으로 본다.

① 1년 ② 2년
③ 3년 ④ 10년

해설

품종보호 출원일 이전에 대한민국에서는 1년 이상, 그 밖의 국가에서는 4년[과수(果樹) 및 임목(林木)인 경우에는 6년] 이상 해당 종자나 그 수확물이 이용을 목적으로 양도되지 아니한 경우에는 그 품종은 신규성을 갖춘 것으로 본다.

**95** **(　　　　)에 알맞은 내용은?**

> 고품질 종자 유통・보급을 통한 농림업의 생산성 향상 등을 위하여 (　)은/는 종자의 보증을 할 수 있다.

① 환경부장관
② 종자관리사
③ 농촌진흥청장
④ 농산물품질관리원장

해설

고품질 종자 유통・보급을 통한 농림업의 생산성 향상 등을 위하여 농림축산식품부장관과 종자관리사는 종자의 보증을 할 수 있다.

**96** **종자검사요령상 수분의 측정에 필요한 절단 기구에 대한 설명이다. (　　　　)에 알맞은 내용은?**

> 수목종자나 경실 수목 종자와 같은 대립종자는 절단을 위하여 외과용 메스 또는 날의 길이가 최소 (　)되는 전지가위 등을 사용해야 한다.

① 2cm ② 3cm
③ 4cm ④ 7cm

해설

수목종자나 경실 수목 종자와 같은 대립종자는 절단을 위하여 외과용 메스 또는 날의 길이가 최소 4cm 되는 전지가위 등을 사용해야 한다.

**97** **종자관리요강상 종자산업진흥센터 시설기준에 대한 내용이다. ( 가 )에 알맞은 내용은?**

| 시설구분 | | 규모($m^2$) | 장비구비조건 |
|---|---|---|---|
| 분자 표지 분석실 | 필수 | (가) | · 시료분쇄장비<br>· DNA추출장비<br>· 유전자증폭장비<br>· 유전자판독장비 |

① 60 이상 ② 50 이상
③ 30 이상 ④ 25 이상

해설

종자산업진흥센터 시설의 규모는 $60m^2$ 이상이다.

**98** **품종보호권의 설정등록을 받으려는 자 또는 품종보호권자가 책임질 수 없는 사유로 추가납부기간 이내에 품종보호료를 납부하지 아니하였거나 보전기간 이내에 보전하지 아니한 경우에는 그 사유가 종료한 날부터 며칠 이내에 그 품종보호료를 납부하거나 보전할 수 있는가? (단, 추가납부기간의 만료일 또는 보전기간의 만료일 중 늦은 날부터 6개월이 지났을 경우는 제외한다.)**

① 5일 ② 7일
③ 10일 ④ 14일

해설

품종보호권의 설정등록을 받으려는 자 또는 품종보호권자가 책임질 수 없는 사유로 추가납부기간 이내에 품종보호료를 납부하지 아니하였거나 보전기간 이내에 보전하지 아니한 경우에는 그 사유가 종료한 날부터 14일 이내에 그 품종보호료를 납부하거나 보전할 수 있다. 다만, 추가납부기간의 만료일 또는 보전기간의 만료일 중 늦은 날부터 6개월이 지났을 때에는 그러하지 아니하다.

**99** **다음에서 설명하는 것은?**

> 종자산업법상 해당 품종의 진위성(眞僞性)과 해당 품종 종자의 품질이 보증된 채종(採種)단계별 종자를 말한다.

① 포엽종자 ② 묘종자
③ 미수종자 ④ 보증종자

해설

보증종자란 이 법에 따라 해당 품종의 진위성(眞僞性)과 해당 품종 종자의 품질이 보증된 채종(採種) 단계별 종자를 말한다.

**100** **종자산업법상 농림축산식품부장관은 진흥센터가 진흥센터 지정기준에 적합하지 아니하게 된 경우에는 대통령령으로 정하는 바에 따라 그 지정을 취소하거나 몇 개월 이내의 기간을 정하여 업무의 정지를 명할 수 있는가?**

① 12개월 ② 7개월
③ 6개월 ④ 3개월

해설

농림축산식품부장관은 진흥센터가 진흥센터 지정기준에 적합하지 아니하게 된 경우 대통령령으로 정하는 바에 따라 그 지정을 취소하거나 3개월 이내의 기간을 정하여 업무의 정지를 명할 수 있다.



정답 98 ④ 99 ④ 100 ④

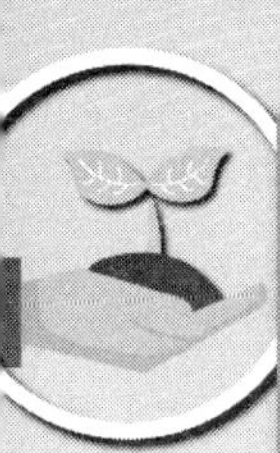

2021

# 제1회 종자기사

2021

## 제1과목 종자생산학

**01 종자에 의하여 전염되기 쉬운 병해는?**

① 흰가루병 ② 모잘록병
③ 배꼽썩음병 ④ 잿빛곰팡이병

해설
모잘록병균은 토양 및 종자에 의해 전염되기에 토양 및 종자를 소독하는 것이 방제에 효과적이다.

**02 두 작물 간 교잡이 가장 잘 되는 것은?**

① 참외 × 멜론 ② 오이 × 참외
③ 멜론 × 오이 ④ 양파 × 파

해설
참외와 멜론은 cucumis melo 에 속하며 서로 교잡이 잘 되는 동일 종이다. 참외와 멜론을 교배 육종한 신품종이 출시되고 있다.

**03 성숙기에 얇은 과피를 가지는 것을 건과라 하는데, 건과 중 성숙기에 열개하여 종자가 밖으로 나오는 것은?**

① 복숭아 ② 완두
③ 당근 ④ 밤

해설
건과는 성숙기에 벌어지는 열과와 벌어지지 않는 폐과로 구분된다. 열과에는 완두가 해당되며 벌어지면서 종자가 외부로 나오게 된다.

**04 배추과 작물의 채종에 대한 설명으로 옳지 않은 것은?**

① 배추과 채소는 주로 인공교배를 실시한다.
② 배추과 채소의 보급품종 대부분은 1대잡종이다.
③ 등숙기로부터 수확기까지는 비가 적게 내리는 지역이 좋다.
④ 자연교잡을 내리는 방지하기 위한 격리재배가 필요하다.

해설
배추과 채소는 주로 타가수정을 실시한다.

**05 저장 중 종자가 발아력을 상실하는 원인으로 거리가 먼 것은?**

① 수분함량의 감소
② 효소의 활력 저하
③ 원형질단백의 응고
④ 저장양분의 소모

해설
수분함량이 감소할 경우 종자의 발아력은 유지되고 저장 수명이 길어지게 된다.

**06 무한화서이고, 작은 화경이 없거나 있어도 매우 짧고 화경과 함께 모여 있으며, 총포라고 불리는 포엽으로 둘러싸여 있는 것은?**

① 두상화서 ② 단정화서
③ 단집산화서 ④ 안목상취산화서

해설
두상화서는 꽃차례축의 끝이 원형판으로 되어 그 위에 작은 꽃자루가 없는 꽃들이 밀집하여 모여 달리는 머리모양을 띠고 있다.

정답 01 ② 02 ① 03 ② 04 ① 05 ① 06 ①

**07** 다음 중 호광성 종자가 아닌 것은?

① 상추 ② 우엉
③ 오이 ④ 담배

해설

호광성종자로 상추, 담배, 우엉 등이 있다. 오이는 혐광성 종자에 해당된다.

**08** 다음 종자 기관 중 종피가 되는 부분은?

① 주심 ② 주피
③ 주병 ④ 배낭

해설

종자의 주피는 종피(씨껍질)이 된다.

**09** 시금치의 개화성과 채종에 대한 설명으로 옳은 것은?

① $F_1$채종의 원종은 뇌수분으로 채종한다.
② 자가불화합성을 이용하여 $F_1$ 채종을 한다.
③ 자웅이주(雌雄異株)로서 암꽃과 수꽃이 각각 따로 있다.
④ 장일성 식물로서 유묘기 때 저온처리를 하면 개화가 억제된다.

해설

시금치는 타식성작물이며 자웅이주로서 암꽃과 수꽃이 따로 있다.

**10** 벼 돌연변이 육종에서 종자에 돌연변이 물질을 처리하였을 때 이 처리 당대를 무엇이라 하는가?

① $P_0$ ② $M_1$
③ $Q_2$ ④ $G_3$

해설

방사선을 처리한 종자에서 돌연변이를 일으켜 발아한 식물체를 $M_1$ 세대라 한다.

**11** 유한화서이면서, 작살나무처럼 2차지경 위에 꽃이 피는 것을 무엇이라 하는가?

① 원추화서 ② 두상화서
③ 복집산화서 ④ 유이화서

해설

복집산화서는 2차지경 위에 꽃이 피는 것으로 작살나무 등이 있다.

**12** 다음 중 오이의 암꽃 발달에 가장 유리한 조건은?

① 13℃ 정도의 야간저온과 8시간 정도의 단일조건
② 18℃ 정도의 야간저온과 10시간 정도의 단일조건
③ 27℃ 정도의 주간온도와 14시간 정도의 장일조건
④ 32℃ 정도의 주간온도와 15시간 정도의 장일조건

해설

오이는 낮은 온도조건(10~15℃)에서 암꽃분화가 촉진된다. 낮에는 저온관리가 어렵기에 광합성 적은 조건에서 야간에 저온관리를 하는 것이 효과적이다.

**13** 자가수정만 하는 작물로만 나열된 것은? (단, 자가수정 시 낮은 교잡률과 자식열세를 보이는 작물은 제외)

① 옥수수, 호밀 ② 참외, 멜론
③ 당근, 수박 ④ 완두, 강낭콩

해설

자가수정작물(자식성작물)에는 벼, 보리, 밀, 귀리, 조, 콩, 담배, 토마토, 가지, 고추, 상추, 완두 등이 있다.



정답 07 ③ 08 ② 09 ③ 10 ② 11 ③ 12 ① 13 ④

**14** 직접 발아시험을 하지 않고 배의 환원력으로 종자 발아력을 검사하는 방법은?

① X선 검사법
② 전기전도도 검사법
③ 테트라졸리움 검사법
④ 수분함량 측정법

해설
테트라졸리움 검사법은 테트라졸리움 용액을 이용하여 살아 있는 종자 조직의 착색 정도를 통해 종자의 발아력을 검사한다.

**15** 다음 중 종자의 수명이 가장 긴 종자는?

① 토마토 ② 상추
③ 당근 ④ 고추

해설
상추, 당근, 고추는 단명종자이며 토마토는 장명종자로 보기 중에서 종자의 수명이 가장 길다.

**16** 다음 중 종자의 모양이 방패형인 것은?

① 은행나무 ② 벼
③ 목화 ④ 양파

해설
파, 양파, 부추 등은 종자의 모양이 방패형이다.

**17** 다음에서 설명하는 것은?

| 콩에서 꽃봉오리 끝을 손으로 눌러 잡아당겨 꽃잎과 꽃밥을 제거한다. |
|---|

① 전영법 ② 화판인발법
③ 클립핑법 ④ 절영법

해설
화판인발법은 꽃봉우리 끝을 손으로 눌러 잡아당겨 꽃잎과 꽃밥을 함께 제거하며 콩, 자운영 등에 적용한다.

**18** 다음 중 종자발아에 필요한 수분흡수량이 가장 많은 것은?

① 옥수수 ② 벼
③ 콩 ④ 밀

해설
발아에 필요한 종자의 수분 흡수량은 종자무게 대비 벼 23%, 밀 30%, 콩 100% 정도로 콩이 가장 많다.

**19** 다음 (  )에 공통으로 들어갈 내용은?

| • (  )은/는 포원세포로부터 자성배우체가 되는 기원이 된다.<br>• (  )은/는 원래 자방조직에서 유래하며 포원세포가 발달하는 곳이다. |
|---|

① 주공 ② 에피스테이스
③ 주피 ④ 주심

해설
주심은 포원세포에서 자성배우체가 되는 기원으로 자방조직에서 유래하며 포원세포가 발달한다.

**20** 다음 중 감자의 휴면타파법으로 가장 적절한 것은?

① α선 처리 ② MH 처리
③ GA 처리 ④ 저온저장(0~6°C)

해설
감자의 휴면타파에는 최아법, 박피절단법, 지베렐린처리(GA처리), 에틸렌-클로로하이드린 처리를 한다.

2021

정답 14 ③ 15 ① 16 ④ 17 ② 18 ③ 19 ④ 20 ③

## 제2과목 식물육종학

**21** **체세포 염색채수가 20인 2배체 식물의 연관군 수는?**

① 2 ② 12
③ 20 ④ 10

해설

동일염색체상에서 2개 이상의 유전자가 연관되어 있어야 하고 이 유전자들은 n 핵상의 염색체만큼 연관군을 이루고 있다. 2n=20 의 경우 10개의 연관군을 가진다.

**22** **다음에서 설명하는 것은?**

| · 배낭을 만들지 않고 포자체의 조직세포가 직접배를 형성한다.<br>· 밀감의 주심배가 대표적이다. |
|---|

① 무포자생식 ② 복상포자생식
③ 부정배형성 ④ 위수정생식

해설

부정배형성은 단위생식에 해당되며 배낭을 둘러싸고 있는 많은 체세포들에 여러 개의 배가 발생한다.

**23** **돌연변이육종과 관련이 가장 적은 것은?**

① 감마선 ② 열성변이
③ 성염색체 ④ 염색체 이상

해설

돌연변이 육종

- 돌연변이는 변이의 대상이 되는 유전질에 따라 유전자돌연변이, 염색체돌연변이, 아조변이, 키메라 등으로 구분된다.
- 돌연변이는 식물에 없던 형질이 유전자나 염색체 수의 변화에 의해 생겨난 것으로 자연적 돌연변이와 인위적 돌연변이가 있다.
- 방사선을 이용한 돌연변이육종법에서는 γ 선(감마선)이 가장 많이 이용된다.

**24** **다음 중 유전적으로 고정될 수 있는 분산으로 가장 적절한 것은?**

① 비대립유전자 상호작용에 의한 분산
② 우성효과에 의한 분산
③ 환경의 작용에 의한 분산
④ 상가적 효과에 의한 분산

해설

유전분산은 하나의 집단에 있어서의 표현형 분산 중에서 개체의 유전적변이에 의하여 생긴 부분을 말하며 상가적 효과에 의한 분산, 유전자 우성효과에 의한 우성분산, 비대립유전자 간의 상호작용에 의한 상위성분산으로 구성된다. 이때 유전적으로 고정될 수 있는 분산은 상가적 효과에 의한 분산이다.

**25** **배수체 작성에 쓰이는 약품 중 콜히친의 분자구조를 기초로 하여 발견된 것은?**

① 아세나프텐 ② 지베렐린
③ 멘톨 ④ 헤테로옥신

해설

아세나프텐은 배수체 작성에 사용되는 콜히친의 분자구조를 기초로 발견되었다.

**26** **다음 중 양성화 웅예선숙에 해당하는 것으로 가장 적절한 것은?**

① 목련 ② 양파
③ 질경이 ④ 배추

해설

양파는 암술과 수술의 성숙시기가 다른데 수술이 먼저 성숙하는 웅예선숙에 해당한다.



정답 21 ④ 22 ③ 23 ③ 24 ④ 25 ① 26 ②

**27** 배추의 일대교잡종 채종에 이용되는 유전적 성질은?

① 자가불화합성 ② 웅성불임성
③ 내혼약세 ④ 자화수분

해설
자가불화합성은 잡종강세를 나타내는 작물의 1대잡종($F_1$) 종자를 대량 생산할 수 있어 국내의 경우 무, 배추, 양배추 종자 생산에 이용된다.

**28** 다음 중 두개의 다른 품종을 인공교배하기 위해 가장 우선적으로 고려해야 할 사항은?

① 도복저항성 ② 수량성
③ 종자탈립성 ④ 개화시기

해설
두 개의 다른 품종을 인공교배하기 위해서는 먼저 개화기가 다른 두 품종에 대한 개화기 조절이 필요하다.

**29** 다음 중 선발의 효과가 가장 크게 기대되는 경우는?

① 유전변이가 작고, 환경변이가 클 때
② 유전변이가 크고, 환경변이도 작을 때
③ 유전변이가 크고, 환경변이도 클 때
④ 유전변이가 작고, 환경변이가 작을 때

해설
유전력이 높으면 선발효율이 높고, 유전력이 낮으면 환경요인에 의한 영향으로 선발효율이 낮다. 즉 유전변이가 크고 환경변이가 작을 때 선발의 효과가 커진다.

**30** 다음 중 조기검정법을 적용하여 목표 형질을 선발할 수 있는 경우는?

① 나팔꽃은 떡잎의 폭이 넓으면 꽃이 크다
② 배추는 결구가 되어야 수확한다.
③ 오이는 수꽃이 많아야 암꽃도 많다.
④ 고추는 서리가 올 때까지 수확하여야 수량성을 알게 된다.

해설
조기검정법에는 유식물검정법, 화분립, 종자 검정법, 초형, 체형에 의한 검정, 세대촉진과 단축 검정법 등이 있다. 보기① 은 초형, 체형에 의한 검정에 해당된다.

**31** 육종목표를 효율적으로 달성하기 위한 육종방법을 결정할 때 고려해야 할 사항은?

① 미래의 수요예측
② 농가의 경영규모
③ 목표형질의 유전양식
④ 품종보호신청 여부

해설
육종방법은 육종의 소재가 되는 변이의 작성방법, 선발방법, 작물의 번식법 등에 따라 달라진다. 육종목표와 육종재료 및 목표형질의 유전양식에 따라 육종의 목표 및 규모가 결정된다.

2021

정답 27 ① 28 ④ 29 ② 30 ① 31 ③

## 32 생식세포 돌연변이와 체세포 돌연변이의 예로 가장 옳은 것은?

① 생식세포 돌연변이 : 염색체의 상호전좌, 체세포 돌연변이 : 아조변이
② 생식세포 돌연변이 : 아조변이, 체세포 돌연변이 : 열성돌연변이
③ 생식세포 돌연변이: 열성돌연변이, 체세포 돌연변이: 우성돌연변이
④ 생식세포 돌연변이 : 우성돌연변이, 체세포 돌연변이 : 염색체의 상호전좌

**해설**

- 전좌는 염색체가 절단되어 그 단편이 비상동염색체 일부로 이동하여 유합되는 현상을 말하며 이는 염색체 구조 이상으로 발생하는 염색체 돌연변이 현상이다.
- 아조변이는 체세포돌연변이의 일종인데 식물의 줄기와 가지의 생장점 세포가 돌연변이를 일으킨 것으로 과수류의 신품종 육성에 이용된다.

## 33 세포질적 웅성불임성에 해당하는 것은?

① 보리 ② 옥수수
③ 토마토 ④ 사탕무

**해설**

세포질적 웅성불임은 세포질 요인에 의해서만 발생하며 옥수수에서 주로 관찰된다.

## 34 대부분의 형질이 우량한 장려품종에 내병성을 도입하고자 할 때 가장 효과적인 육종법은?

① 분리육종법 ② 계통육종법
③ 집단육종법 ④ 여교잡육종법

**해설**

여교잡육종법의 경우 내병성 품종을 육성하거나 유전자의 연관관계를 규명하는데 흔히 사용되며 육종의 시간과 경비를 절약하는 장점이 있다.

## 35 아포믹시스에 대한 설명으로 옳은 것은?

① 웅성불임에 의해 종자가 만들어진다.
② 수정과정을 거치지 않고 배가 만들어져 종자를 형성한다.
③ 자가불화합성에 의해 유전분리가 심하게 일어난다.
④ 세포질불임에 의해 종자가 만들어진다.

**해설**

아포믹시스(단위생식, apomixis)는 무수정생식이라 하며 정상적인 정핵과 난핵의 결합 없이 종자를 형성한다.

## 36 다음 중 피자식물의 성숙한 배낭에서 중복수정에 참여하여 배유를 생성하는 것은?

① 난세포 ② 조세포
③ 반족세포 ④ 극핵

**해설**

피자식물의 중복수정은 2개의 정핵 중 1개는 난핵과 결합하여 배가 되고 다른 1개는 2개의 극핵과 결합해서 배젖(배유)이 된다.

## 37 다음 중 타식성 작물의 특성으로만 나열된 것은?

① 완전화(完全花), 이형예현상
② 이형예현상, 자웅이주
③ 자웅이주, 폐화수분
④ 폐화수분, 완전화(完全花)

**해설**

타식성 작물의 특성에는 자웅이숙, 자웅동주, 자웅이주, 이형예현상, 장벽수정 등이 있다.



정답 32 ① 33 ② 34 ④ 35 ② 36 ④ 37 ②

**38** 2개의 유전자가 독립유전하는 양성잡종의 $F_2$ 분리비는?

① 9 : 3 : 1 : 1　② 9 : 3 : 3 : 1
③ 3 : 1 : 1　④ 9 : 1 : 1

해설
독립유전에서 두 쌍의 대립유전자에 의해 지배되는 형질은 $F_2$ 에서 9:3:3:1 로 분리된다.

**39** 한 개의 유전자가 여러 가지 형질의 발현에 관여하는 현상을 무엇이라고 하는가?

① 반응규격　② 호메오스타시스
③ 다면발현　④ 가변성

해설
한 개의 유전자가 여러 형질을 발현하는 경우 다면발현이라 한다.

**40** 육종 대상 집단에서 유전양식이 비교적 간단하고 선발이 쉬운 변이는?

① 불연속 변이　② 방황 변이
③ 연속 변이　④ 양적 변이

해설
변이의 연속성에 따라 연속변이, 불연속변이로 분류된다. 불연속변이는 유전양식이 비교적 간단하고 선발이 쉬운 변이이다.

## 제3과목 재배원론

**41** 답전윤환의 효과로 가장 거리가 먼 것은?

① 지력증강
② 공간의 효율적 이용
③ 잡초의 감소
④ 기지의 회피

해설
답전윤환은 논상태와 밭상태로 몇 해씩 돌려가면서 벼와 작물을 재배하는 방식을 말한다. 답전윤환 효과로 지력 유지 및 증진, 기지의 회피, 잡초 발생의 억제, 재배량 증가, 노력절감이 있다.

**42** 엽록소 형성에 가장 효과적인 광파장은?

① 황색광 영역
② 자외선과 자색광 영역
③ 녹색광 영역
④ 청색광과 적색광 영역

해설
엽록소의 형성에 가장 효과적인 광파장은 청색파장(450nm), 적색파장(650nm) 이며 광을 잘 받게 되면 작물의 착색이 좋아지게 된다.

**43** 광합성 연구에 활용되는 방사선 동위원소는?

① $^{14}C$　② $^{32}P$
③ $^{42}K$　④ $^{24}Na$

해설
식물의 광합성 연구에서는 주로 $^{11}C$, $^{14}C$ 를 이용하여 이산화탄소($CO_2$)가 대기중에서 잎을 통해 공급되는 경로, 시간에 따른 탄수화물의 합성 과정 조사에 도움이 된다.

2021

정답 38 ② 39 ③ 40 ① 41 ② 42 ④ 43 ①

**44** **다음 중 단일식물에 해당하는 것으로만 나열된 것은?**

① 샐비어, 콩 ② 양귀비, 시금치
③ 양파, 상추 ④ 아마, 감자

해설

단일식물에는 콩, 옥수수, 벼, 딸기, 국화, 코스모스, 들깨, 샐비어 등이 있다.

**45** **나팔꽃 대목에 고구마 순을 접목시켜 재배하는 가장 큰 목적은?**

① 개화촉진 ② 경엽의 수량 증대
③ 내건성 증대 ④ 왜화재배

해설

나팔꽃 대목에 고구마 순을 접목하면 지상부 탄수화물의 축적이 많아져 개화 및 결실이 조장된다.

**46** **작물의 냉해에 대한 설명으로 틀린 것은?**

① 병해형 냉해는 단백질의 합성이 증가되어 체내에 암모니아의 축적이 적어지는 형의 냉해이다.
② 혼합형 냉해는 지연형 냉해, 장해형 냉해, 병해형 냉해가 복합적으로 발생하여 수량이 급감하는 형의 냉해이다.
③ 장해형 냉해는 유수형성기부터 개화기까지, 특히 생식세포의 감수분열기에 냉온으로 불임현상이 나타나는 형의 냉해이다.
④ 지연형 냉해는 생육 초기부터 출수기에 걸쳐서 여러 시기에 냉온을 만나서 출수가 지연되고, 이에 따라 등숙이 지연되어 후기의 저온으로 인하여 등숙 불량을 초래하는 형의 냉해이다.

해설

병해형 냉해는 냉온 조건에서 증산작용이 감퇴되어 규산과 같은 양분 흡수가 저해되어 표면의 규질화 불량등으로 병해충의 침입이 쉬워진다.

**47** **다음 중 굴광현상이 가장 유효한 것은?**

① 440-480nm ② 490~520nm
③ 560-630nm ④ 650~690nm

해설

식물이 광을 향하는 굴광현상이 나타나며 주로 청색 파장(440~480mm)에 유효하다.

**48** **맥류의 수발아를 방지하기 위한 대책으로 옳은 것은?**

① 수확을 지연시킨다.
② 지베렐린을 살포한다.
③ 만숙종보다 조숙종을 선택한다.
④ 휴면기간이 짧은 품종을 선택한다.

해설

수발아의 대책은 다음과 같다

- 수발아에 위험이 적은 작물을 선택한다.
- 만숙종보다는 조숙종으로 선택한다.
- 조기수확을 한다.
- 출수 후 발아억제제를 살포하여 수발아를 억제한다.
- 도복을 방지한다.

**49** **다음 중 추파맥류의 춘화처리에 가장 적당한 온도와 기간은?**

① 0~3°C, 약 45일 ② 6~10°C, 약 60일
③ 0~3°C, 약 5일 ④ 6~10°C, 약 15일

해설

가을보리 및 가을밀과 같은 추파맥류의 춘화처리 조건은 저온(0~3°C)에 30~60일 정도로 한다.



정답 44 ① 45 ① 46 ① 47 ① 48 ③ 49 ①

**50** **작물의 내동성의 생리적 요인으로 틀린 것은?**

① 원형질 수분 투과성 크면 내동성이 증대된다.
② 원형질의 점도가 낮은 것이 내동성이 크다.
③ 당분 함량이 많으면 내동성이 증가한다.
④ 전분 함량이 많으면 내동성이 증가한다.

해설
전분함량이 적을수록 내동성이 증가한다.

**51** **다음 중 투명 플라스틱 필름의 멀칭 효과로 가장 거리가 먼 것은?**

① 지온상승 ② 잡초 발생 억제
③ 토양 건조 방지 ④ 비료의 유실 방지

해설
잡초 발생을 억제해주는 효과는 불투명플라스틱의 특징이다.

**52** **십자화과 작물의 성숙과정으로 옳은 것은?**

① 녹숙 → 백숙 → 갈숙 → 고숙
② 백숙 → 녹숙 → 갈숙 → 고숙
③ 녹숙 → 백숙 → 고숙 → 갈숙
④ 갈숙 → 백숙 → 녹숙 → 고숙

해설
십자화과 작물은 백숙기, 녹숙기, 갈숙기, 고숙기의 등숙과정을 거친다.

**53** **작물체 내에서의 생리적 또는 형태적인 균형이나 비율이 작물생육의 지표로 사용되는 것과 거리가 가장 먼 것은?**

① C/N 율 ② T/R 율
③ G-D 균형 ④ 광합성-호흡

해설
C/N율, T/R율, G-D 균형은 작물의 생리적, 형태적 균형 및 비율을 나타내는 지표로 활용된다.

**54** **벼에서 백화묘(白化苗)의 발생은 어떤 성분의 생성이 억제되기 때문인가?**

① BA ② 카로티노이드
③ ABA ④ NAA

해설
백화묘는 벼가 강한 햇볕과 낮은 온도 조건에서 엽록소가 형성되지 않아서 나타나는 현상으로 이때 카로티노이드가 엽록소 파괴를 방지해주는데 카로티노이드의 성분이 적거나 억제되면 백화 현상이 심해진다.

**55** **다음 벼의 생육단계 중 한해(旱害)에 가장 강한 시기는?**

① 분얼기 ② 수잉기
③ 출수기 ④ 유숙기

해설
벼의 생육단계에서 한해에 가장 약한 시기는 감수분열기이고 가장 강한시기는 분얼기이다.

**56** **토양 수분 항수로 볼 때 강우 또는 충분한 관개 후 2-3일 뒤의 수분 상태를 무엇이라 하는가?**

① 최대용수량 ② 초기위조점
③ 포장용수량 ④ 영구위조점

해설
포장용수량은 강우나 관개 후 2~3일 경과되어 완전배수가 된 포장에서 중력에 저항하여 토양에 보류하는 수분을 의미한다.

2021

정답 50 ④ 51 ② 52 ② 53 ④ 54 ② 55 ① 56 ③

**57** **엽면시비의 장점으로 가장 거리가 먼 것은?**

① 미량요소의 공급
② 점진적 영양회복
③ 비료분의 유실방지
④ 품질향상

해설

엽면시비를 통해 급속한 영양회복이 가능하다.

**58** **식물의 광합성 속도에는 이산화탄소의 농도뿐 아니라 광의 강도도 관여를 하는데, 다음 중 광이 약할 때에 일어나는 일반적인 현상으로 가장 옳은 것은?**

① 이산화탄소 보상점과 포화점이 다 같이 낮아진다.
② 이산화탄소 보상점과 포화점이 다 같이 높아진다.
③ 이산화탄소 보상점이 높아지고 이산화탄소 포화점은 낮아진다.
④ 이산화탄소 보상점은 낮아지고 이산화탄소 포화점은 높아진다.

해설

광이 약할 때 이산화탄소 보상점이 높아지고 이산화탄소 포화점은 낮아진다. 광이 강할 때는 이산화탄소 보상점은 낮아지고 이산화탄소 포화점은 높아지게 된다.

**59** **기온의 일변화(변온)에 따른 식물의 생리작용에 대한 설명으로 가장 옳은 것은?**

① 낮의 기온이 높으면 광합성과 합성물질의 전류가 늦어진다.
② 기온의 일변화가 어느 정도 커지면 동화물질의 축적이 많아진다.
③ 낮과 밤의 기온이 함께 상승할 때 동화물질의 축적이 최대가 된다.
④ 밤의 기온이 높아야 호흡소모가 적다.

해설

밤의 기온이 과도하게 내려가지 않으면서 변온이 어느 정도 큰 것이 동화물질 축적을 조장한다.

**60** **토양수분의 수주 높이가 1000 cm 일 때 pF값과 기압은 각각 얼마인가?**

① pF 0, 0.001기압
② pF 1, 0.01기압
③ pF 2, 0.1기압
④ pF 3, 1기압

해설

pF = log H (H : 수조 높이, 단위 : cm) 이므로 수주 높이가 1000cm 이면 $10^3$ 으로 pF = 3 이며 1기압(1 atm) 이라 한다.

## 제4과목 식물보호학

**61** **병이 반복하여 발생하는 과정 중 잠복기에 해당하는 기간은?**

① 침입한 병원균이 기주에 감염되는 기간
② 전염원에서 병원균이 기주에 침입하는 기간
③ 병징이 나타나고 병원균이 생활하다 죽는 기간
④ 기주에 감염된 병원균이 병징이 나타나게 할 때까지의 기간

해설

침입후 초기병징이 나타나는 사이의 기간을 잠복기간이라 한다.

**62** **기주를 교대하며 작물에 피해를 입히는 병원균은?**

① 향나무 녹병균
② 무 모잘록병균
③ 보리 깜부기병균
④ 사과나무 흰가루병균

해설

향나무녹병균은 이종기생균으로 기주교대를 하면서 작물에 피해를 입힌다.



정답 57 ② 58 ③ 59 ② 60 ④ 61 ④ 62 ①

**63 살충제의 교차저항성에 대한 설명으로 옳은 것은?**

① 한가지 약제를 사용 후 그 약제에만 저항성이 생기는 것
② 한가지 약제를 사용 후 약리작용이 비슷한 다른 약제에 저항성이 생기는 것
③ 한가지 약제를 사용 후 동일 계통의 다른 약제에는 저항성이 약해지는 것
④ 한가지 약제를 사용 후 모든 다른 약제에 저항성이 생기는 것

해설

교차저항성은 한가지 약제를 사용 후 2종류 약제에 대하여 동시에 저항성이 생기는 것을 말한다.

**64 토양 훈증제를 이용한 토양 소독 방법에 대한 설명으로 옳지 않은 것은?**

① 화학적 방제의 일종이다.
② 식물병에 선택적으로 작용한다.
③ 비용이 많이 든다.
④ 효과가 크다.

해설

토양 훈증제는 특정 식물병에 선택적으로 작용하지 않는다.

**65 비생물성 원인에 의한 병의 특징은?**

① 기생성　② 비전염성
③ 표징 형성　④ 병원체 증식

해설

생물성 병원은 기생성이고 비생물성 원인에는 비전염성, 비기생성이다.

**66 비기생성 선충과 비교할 때 기생성 선충만 가지고 있는 것은?**

① 근육　② 신경
③ 구침　④ 소화기관

해설

식물기생선충은 머리에 구침으로 식물 조직을 뚫고 들어가 즙액을 빨아 먹고 상처가 난 조직은 병원성 곰팡이, 세균에 의해 2차 감염이 발생한다.

**67 유기인계 농약이 아닌 것은?**

① 포레이트 입제
② 페니트로티온 유제
③ 감마사이할로트린 캡슐현탁제
④ 클로르피리포스메틸 유제

해설

감마사이할로트린 캡슐현탁제는 피레트로이드계 살충제이다.

**68 계면활성제에 대한 설명으로 옳지 않은 것은?**

① 약액의 표면장력을 높이는 작용을 한다.
② 대상 병해충 및 잡초에 대한 접촉효율을 높인다.
③ 소수성 원자단과 친수성 원자단을 동일 분자 내에 갖고 있다.
④ 물에 잘 녹지 않는 농약의 유효성분을 살포용수에 잘 분산시켜 균일한 살포 작업을 가능하게 한다.

해설

계면활성제는 물과 기름의 계면에서 표면장력을 감소시켜 약품의 습윤성, 부착성 및 고착성, 확전성을 높여주는 역할을 한다.

**69 광발아 잡초에 해당하는 것은?**

① 냉이　② 별꽃
③ 쇠비름　④ 광대나물

해설

광발아 종자의 종류로는 바랭이, 쇠비름, 향부자, 강피, 소리쟁이 등이 있다.

2021

정답 63 ② 64 ② 65 ② 66 ③ 67 ③ 68 ① 69 ③

**70 유충기에 수확된 밤이나 밤송이 속으로 파먹어 들어가 많은 피해를 주는 해충은?**

① 복숭아유리나방 ② 복숭아흑진딧물
③ 복숭아심식나방 ④ 복숭아명나방

해설

복숭아명나방은 1년에 2회 발생하고 성숙한 유충은 고치속에서 월동한다. 유충이 과실을 가해하여 큰 구멍을 만들고 적갈색의 굵은 똥과 즙액을 배출하여 유관상 식별이 가능하다.

**71 이화명나방에 대한 설명으로 옳은 것은?**

① 유충은 잎집을 가해한 후 줄기 속으로 먹어 들어간다.
② 주로 볏짚 속에서 성충 형태로 월동한다.
③ 수십 개의 알을 따로따로 하나씩 낳는다.
④ 연 1회 발생한다.

해설

이화명나방 1세대는 잎 뒷면에서 부화한 유충이 잎집으로 이동해 볏대 속에 구멍을 뚫고 피해를 주는데 한 마리의 유충이 여러 잎을 가해하여 피해가 큰편이다. 2세대는 유충이 줄기 속을 가해하여 이삭줄기 전체가 하얗게 말라 죽는 백수 현상이 일어난다.

**72 직접 살포하는 농약 제재인 것은?**

① 수용제 ② 유제
③ 입제 ④ 수화제

해설

입제는 유효성분을 고형증량제, 안정제, 계면활성제 등을 넣어 입상으로 성형한 제제로 직접 살포하는 고체시용제이다

**73 방동사니과 잡초로만 올바르게 나열한 것은?**

① 매자기, 바늘골
② 올방개, 자귀풀
③ 뚝새풀, 올챙이고랭이
④ 사마귀풀, 너도방동사니

해설

방동사니과 잡초에는 알방동사니, 바람하늘지기, 바늘골, 너도방동사니, 쇠털골, 올방개, 올챙이고랭이, 매자기 등이 있다.

**74 잡초의 발생시기에 따른 분류로 옳은 것은?**

① 봄형 잡초 ② 2년형 잡초
③ 여름형 잡초 ④ 가을형 잡초

해설

잡초의 발생시기에 따른 분류로 여름잡초, 겨울잡초가 있다.

**75 접촉형 제초제에 대한 설명으로 옳지 않은 것은?**

① 시마진, PCP 등이 있다.
② 효과가 곧바로 나타난다.
③ 주로 발아 후의 잡초를 제거하는 데 사용된다.
④ 약제가 부착된 세포가 파괴되는 살초효과를 보인다.

해설

접촉형 제초제의 종류에는 PCP, DNOC, DCPA, Difenoconazole 등이 있다. 시마진의 경우 이행성 제초제로 분류된다.



정답 70 ④ 71 ① 72 ③ 73 ① 74 ③ 75 ①

**76** 알 → 약충 → 성충으로 변화하는 곤충 중에 약충과 성충의 모양이 완전히 다르고, 주로 잠자리목과 하루살이목에서 볼 수 있는 변태의 형태는?

① 반변태 ② 과변태
③ 무변태 ④ 완전변태

해설
알, 약충, 성충의 과정을 반변태(불완전변태)라 한다.

**77** 곤충의 피부를 구성하는 부분이 아닌 것은?

① 큐티클 ② 기저막
③ 융기 ④ 표피세포

해설
곤충의 피부는 크게 표피, 진피, 기저막등으로 구성되어 있다.

**78** 곤충의 배설태인 요산을 합성하는 장소는?

① 지방체 ② 알라타체
③ 편도세포 ④ 앞가슴샘

해설
톡토기와 같이 말피기씨관이 없는 곤충에서 배설태인 요산을 합성하는 지방체가 발달된다.

**79** 고추, 담배, 땅콩 등의 작물을 재배할 때 많이 사용되는 방법으로 잡초의 방제 뿐만 아니라 수분을 유지시켜 주는 장점을 지닌 방법은?

① 추경 ② 중경
③ 담수 ④ 피복

해설
피복은 토양위에 볏짚, 비닐 등의 재료로 덮어 잡초의 발생을 방제하며 수분의 증발을 막아 토양의 수분을 유지하는데 도움이 된다.

**80** 다음 설명에 해당하는 것은?

> 약독계통의 바이러스를 기주에 미리 접종하여 같은 종류의 강독계통 바이러스의 감염을 예방하거나 피해를 줄인다.

① 파지 ② 교차보호
③ 기주교대 ④ 효소결합

해설
교차보호는 어떤 바이러스에 감염된 식물이 통상 동종의 바이러스에 다시 감염되지 않는 현상을 말한다. 병원성이 약화된 식물바이러스가 침입한 기주에 병원성이 강한 식물바이러스에 의한 병의 확산이 억제되는 현상으로 바이러스의 간섭작용을 이용한다.

2021

## 제5과목 종자관련법규

**81** 식물신품종 보호법상 품종보호권의 설정등록을 받으려는 자나 품종보호권자는 품종보호료 납부기간이 지난 후에도 얼마 이내에는 품종보호료를 납부할 수 있는가?

① 1개월 ② 2개월
③ 4개월 ④ 6개월

해설
품종보호권의 설정등록을 받으려는 자나 품종보호권자는 품종보호료 납부기간이 지난 후에도 6개월 이내에는 품종보호료를 납부할 수 있다.

**82** 식물신품종 보호법상 품종명칭등록 이의신청을 한 자는 품종명칭등록 이의신청기간이 지난 후 얼마 이내에 품종명칭등록 이의신청서에 적은 이유 또는 증거를 보정할 수 있는가?

① 10일 ② 20일
③ 30일 ④ 50일

해설
품종명칭등록 이의신청을 한 자(이하 "품종명칭등록 이의신청인"이라 한다)는 품종명칭등록 이의신청기간이 지난 후 30일 이내에 품종명칭등록 이의신청서에 적은 이유 또는 증거를 보정할 수 있다.

정답 76 ① 77 ③ 78 ① 79 ④ 80 ② 81 ④ 82 ③

**83** **종자산업법에 대한 내용이다. (　　　)에 알맞은 내용은?**

> (　)은 종자산업의 육성 및 지원에 필요한 시책을 마련할 때에는 중소 종자업자 및 중소 육묘업자에 대한 행정적·재정적 지원책을 마련하여야 한다.

① 농업실용화기술원장
② 농림축산식품부장관
③ 국립종자원장
④ 농촌진흥청장

**해설**

농림축산식품부장관은 종자산업의 육성 및 지원에 필요한 시책을 마련할 때에는 중소 종자업자 및 중소 육묘업자에 대한 행정적·재정적 지원책을 마련하여야 한다.

**84** **보증서를 거짓으로 발급한 종자관리사의 벌칙은?**

① 2년 이하의 징역 또는 1천만원 이하의 벌금
② 1년 이하의 징역 또는 1천만원 이하의 벌금
③ 1년 이하의 징역 또는 5백만원 이하의 벌금
④ 6개월 이하의 징역 또는 3백만원 이하의 벌금

**해설**

보증서를 거짓으로 발급한 종자관리사는 1년 이하의 징역 또는 1천만원 이하의 벌금에 처한다.

**85** **종자산업법상 작물의 정의로 옳은 것은?**

① 농산물 또는 임산물의 생산을 위하여 재배되는 모든 식물을 말한다.
② 농산물 중 생산을 위하여 재배되는 일부 식용 식물을 말한다.
③ 농산물 중 생산을 위하여 재배되는 기형 식물을 말한다.
④ 임산물의 생산을 위하여 재배되는 돌연변이 식물을 제외한 식용 식물을 말한다.

**해설**

"작물"이란 농산물 또는 임산물의 생산을 위하여 재배되는 모든 식물을 말한다.

**86** **(　　　)에 알맞은 내용은?**

> (육묘업 등록의 취소 등) 시장·군수·구청장은 육묘업자가 다음의 경우에 육묘업 등록을 취소하거나 6개월 이내의 기간을 정하여 영업의 전부 또는 일부의 정지를 명할 수 있다.
>
> -다음-
>
> 육묘업 등록을 한 날부터 (　)이내에 사업을 시작하지 아니하거나 정당한 사유 없이 (　)이상 계속하여 휴업한 경우

① 1년　　② 9개월
③ 6개월　　④ 3개월

**해설**

종자업 등록을 한 날부터 1년 이내에 사업을 시작하지 아니하거나 정당한 사유 없이 1년 이상 계속하여 휴업한 경우 종자업 등록을 취소하거나 6개월 이내의 기간을 정하여 영업의 전부 또는 일부의 정지를 명할 수 있다.



정답 83 ② 84 ② 85 ① 86 ①

**87** 식물신품종 보호법상 신규성에 대한 내용이다. (　　　)에 알맞은 내용은?

> 품종보호 출원일 이전에 대한민국에서는 1년 이상, 그 밖의 국가에서는 4년[과수(果樹) 및 임목(林木)인 경우에는 (　)]이상 해당 종자나 그 수확물이 이용을 목적으로 양도되지 아니한 경우에는 그 품종은 신규성을 갖춘 것으로 본다.

① 6년　② 3년
③ 2년　④ 1년

해설

품종보호 출원일 이전에 대한민국에서는 1년 이상, 그 밖의 국가에서는 4년[과수(果樹) 및 임목(林木)인 경우에는 6년] 이상 해당 종자나 그 수확물이 이용을 목적으로 양도되지 아니한 경우에는 그 품종은 신규성을 갖춘 것으로 본다.

**88** 품종보호를 받지 아니하거나 품종보호 출원 중이 아닌 품종의 종자의 용기나 포장에 품종보호를 받았다는 표시 또는 품종보호 출원 중이라는 표시를 하거나 이와 혼동되기 쉬운 표시를 하는 행위 자의 벌금은?

① 1천만원 이하의 벌금
② 3천만원 이하의 벌금
③ 5천만원 이하의 벌금
④ 1억원 이하의 벌금

해설

품종보호를 받지 아니하거나 품종보호 출원 중이 아닌 품종의 종자의 용기나 포장에 품종보호를 받았다는 표시 또는 품종보호 출원 중이라는 표시를 하거나 이와 혼동되기 쉬운 표시를 하는 행위의 경우 3년 이하의 징역 또는 3천만원 이하의 벌금에 처한다.

**89** 식물신품종 보호법상 해양수산부장관은 품종보호 출원의 포기, 무효, 취하 또는 거절결정이 있거나 품종보호권이 소멸한 날부터 얼마간 해당 품종보호 출원 또는 품종보호권에 관한 서류를 보관하여야 하는가?

① 3년　② 5년
③ 7년　④ 10년

해설

농림축산식품부장관 또는 해양수산부장관은 품종보호 출원의 포기, 무효, 취하 또는 거절결정이 있거나 품종보호권이 소멸한 날부터 5년간 해당 품종보호 출원 또는 품종보호권에 관한 서류를 보관하여야 한다.

2021

**90** 종자관리요강상 사후관리시험의 기준 및 방법에 대한 내용이다. (　　　)에 알맞은 내용은?

> 1. 검사항목 : 품종의 순도, 품종의 진위성, 종자 전염병
> 2. 검사시기 : (　　　)
> 3. 검사횟수 : 1회 이상

① 수잉기　② 유효분얼기
③ 감수분열기　④ 성숙기

해설

사후관리시험의 기준 및 방법에서 검사시기는 성숙기이다.

정답 87 ① 88 ② 89 ② 90 ④

**91** **종자관리요강상 포장검사 및 종자검사의 검사기준에서 밀 포장검사 시 전작물 조건으로 옳은 것은? (단, 경종적 방법에 의하여 혼종의 우려가 없도록 담수처리·객토·비닐멸칭을 하였거나, 이전 재배품종이 당해 포장검사를 받는 품종과 동일한 경우의 사항은 제외한다.)**

① 품종의 순도유지를 위해 6개월 이상 윤작을 하여야 한다.
② 품종의 순도유지를 위해 1년 이상 윤작을 하여야 한다.
③ 품종의 순도유지를 위해 2년 이상 윤작을 하여야 한다.
④ 품종의 순도유지를 위해 3년 이상 윤작을 하여야 한다.

해설

품종의 순도유지를 위하여 2년 이상 윤작을 하여야 한다. 다만, 경종적 방법에 의하여 혼종의 우려가 없도록 담수처리, 객토, 비닐멀칭을 하였거나, 타 작물을 앞그루로 재배한 경우 및 이전 재배 품종이 당해 포장검사를 받는 품종과 동일한 경우에는 그러하지 아니하다.

**92** **종자관리요강상 사진의 제출규격에서 사진의 크기는?**

① 6" × 12" 의 크기이어야 하며, 실물을 식별할 수 있어야 한다.
② 5" × 9" 의 크기이어야 하며, 실물을 식별할 수 있어야 한다.
③ 4" × 5" 의 크기이어야 하며, 실물을 식별할 수 있어야 한다.
④ 2" × 6" 의 크기이어야 하며, 실물을 식별할 수 있어야 한다.

해설

사진의 크기는 4″ × 5″ 의 크기이어야 하며 실물을 식별할 수 있어야 한다.

**93** **유통 종자 또는 묘의 품질표시를 하지 아니하거나 거짓으로 표시하여 종자 또는 묘를 판매하거나 보급한 자의 과태료는?**

① 1백만원 이하의 과태료
② 3백만원 이하의 과태료
③ 5백만원 이하의 과태료
④ 1천만원 이하의 과태료

해설

유통 종자 또는 묘의 품질표시를 하지 아니하거나 거짓으로 표시하여 종자 또는 묘를 판매하거나 보급한 자는 1천만원 이하의 과태료를 부과한다.

**94** **종자관리요강상 수입적응성시험의 대상작물 및 실시기관에 대한 내용이다. (  )에 알맞은 내용은?**

| 구분 | 대상작물 | 실시기관 |
|---|---|---|
| 식량작물 | 벼, 보리, 코 | (  ) |

① 한국종자협회
② 농업기술실용화재단
③ 한국종균생산협회
④ 국립산림품종관리센터

해설

농업기술실용화재단의 대상작물은 벼, 보리, 콩, 옥수수, 감자, 밀, 호밀, 조, 수수, 메밀, 팥, 녹두, 고구마가 있다.

**95** **종자검사요령 상 포장검사 병주 판정기준에서 벼의 특정병은?**

① 깨씨무늬병 ② 잎도열병
③ 키다리병 ④ 줄무늬잎마름병

해설

벼의 포장검사 및 종자검사에 있어 특정병은 키다리병, 선충심고병이다.



정답 91 ③ 92 ③ 93 ④ 94 ② 95 ③

**96** **종자검사요령상 시료추출에서 귀리 순도 검사 시 시료의 최소 중량은?**

① 80g　　② 120g
③ 200g　　④ 400g

해설
귀리의 순도검사 시 시료의 최소 중량 기준은 제출시료는 1000g, 순도검사 120g 이다.

**97** **종자검사요령상 수분의 측정의 분석용 저울에 대한 내용이다. (　　　)에 알맞은 내용은?**

| 분석용 저울은 (　　)단위까지 신속히 측정할 수 있어야 한다. |
|---|

① 1g　　② 0.1g
③ 0.01g　　④ 0.001g

해설
종자검사요령상 수분의 측정에서 분석용 저울은 0.001g 단위까지 측정할 수 있어야 한다.

**98** **종자산업법상 품종목록 등재의 유효기간 연장신청은 그 품종목록 등재의 유효기간이 끝나기 전 얼마 이내에 신청하여야 하는가?**

① 6개월　　② 1년
③ 2년　　④ 3년

해설
종자관련법상 품종목록 등재의 유효기간에서 품종목록 등재의 유효기간 연장신청은 그 품종목록 등재의 유효기간이 끝나기 전 1년 이내 신청해야 한다.

**99** **품종보호권 또는 전용실시권을 침해한 자의 벌칙은?**

① 1년 이하의 징역 또는 1천만원 이하의 벌금
② 3년 이하의 징역 또는 3천만원 이하의 벌금
③ 5년 이하의 징역 또는 5천만원 이하의 벌금
④ 7년 이하의 징역 또는 1억원 이하의 벌금

해설
품종보호권 또는 전용실시권을 침해한 자는 7년 이하의 징역 또는 1억원 이하의 벌금에 처한다.

**100** **종자검사요령상 과수 바이러스·바이로이드 검정방법에 대한 내용이다. (가), (나)에 알맞은 내용은?**

| -시료 채취 방법-<br>시료 채취는 ( 가 )단위로 잎 등 필요한 검정부위를 나무 전체에서 고르게 ( 나 )를 깨끗한 시료용기(지퍼백 등 위생봉지)에 채취한다. |
|---|

① (가) : 4주, (나) : 2개
② (가) : 3주, (나) : 8개
③ (가) : 2주, (나) : 3개
④ (가) : 1주, (나) : 5개

해설
시료 채취는 1주 단위로 잎 등 필요한 검정부위를 나무 전체에서 고르게 5개를 깨끗한 시료용기(지퍼백 등 위생봉지)에 채취한다.

정답 96 ② 97 ④ 98 ② 99 ④ 100 ④

# 2021 제2회 종자기사

## 제1과목 종자생산학

**01 일대잡종 종자생산을 위한 인공교배에서 제웅에 대한 설명으로 가장 옳은 것은?**

① 개화 전 양친의 암술을 제거하는 작업이다.
② 개화 전 자방친의 꽃밥을 제거하는 작업이다.
③ 개화 직후 화분친의 암술을 제거하는 작업이다.
④ 개화 직후 양친의 꽃밥을 제거하는 작업이다.

해설
제웅은 자가수정을 방지하기 위해 꽃망울 상태에서 모계의 수술을 제거해 주는 것으로 제웅 시 꽃가루가 일부 남아 있으면 자식(自殖)이 될 수 있어 꽃밥을 완전 제거하도록 한다.

**02 고추, 무, 레드클로버 종자의 형상은?**

① 난형 ② 도란형
③ 방추형 ④ 구형

해설
고추, 무, 레드클로버 종자의 외형은 난형이다.

**03 종자의 자엽 부위에 양분을 저장하는 무배유작물로만 나열된 것은?**

① 벼, 밀 ② 벼, 옥수수
③ 밀, 보리 ④ 콩, 팥

해설
무배유작물에는 콩, 완두, 팥, 녹두, 클로버 등이 있다.

**04 ( ) 에 알맞은 내용은?**

> 2개의 게놈을 갖고 있는 유채나 서양유채와 같은 것은 제1상의 저온감응상의 요구가 없고 다만 제2상의 일장감응상에 의하므로 이러한 ( )식물은 교배에 있어서 일장처리에 의하여 개화기를 조절할 수 있다.

① 뇌수분형 ② 종자춘화형
③ 적심형 ④ 무춘화형

해설
식물의 춘화형은 생육단계별 감온에 따라 종자춘화형, 녹식물춘화형, 무춘화형으로 구분된다. 개화에 저온을 요구하지 않고 일장반응에 따라 개화하는 것을 무춘화형이라 한다.

**05 무한화서이며 긴 화경에 여러 개의 작은 화경이 붙어 개화하는 것은?**

① 단집산화서 ② 복집산화서
③ 안목상취산화서 ④ 총상화서

해설
총상화서는 긴 화경에 여러 개의 작은 소화경이 붙어 꽃이 배열되어 개화하는 형태이다.

**06 제(臍)가 종자의 뒷면에 있는 것은?**

① 배추 ② 시금치
③ 콩 ④ 상추

해설
종자의 배병이나 태좌에 붙어있던 흔적인 제(배꼽)은 식물의 종류에 따라 위치가 다르다. 배추, 시금치는 종자의 끝에 위치하고 상추, 쑥갓은 종자의 기부에 위치한다. 콩의 경우 종자의 뒷면에 위치하는 것이 특징이다.

정답 01 ② 02 ① 03 ④ 04 ④ 05 ④ 06 ③

**07** **배휴면(裴休眠)을 하는 종자를 습한 모래 또는 이끼와 교대로 층상으로 쌓아 두고, 그것을 저온에 두어 휴면을 타파시키는 방법을 무엇이라 하는가?**

① 밀폐처리 ② 습윤처리
③ 층적처리 ④ 예냉

**해설**

층적처리는 휴면의 타파 뿐만 아니라 발아력 저하방지, 발아억제물질 제거, 후숙 방지 등의 효과가 있다. 층적처리는 나무상자나 나무통에 습기가 있는 모래 혹은 톱밥과 종자를 층을 만들면서 넣어 저온저장고에 보관한다.

**08** **고구마의 개화 유도 및 촉진 방법이 아닌 것은?**

① 14시간 이상의 장일처리를 한다.
② 나팔꽃의 대목에 고구마 순을 접목한다.
③ 고구마덩굴의 기부에 절상을 낸다.
④ 고구마덩굴의 기부에 환상박피를 한다.

**해설**

고구마는 장일처리가 아닌 단일처리를 통해 개화촉진을 한다.

**09** **채종재배 시 채종포로서 적당하지 못한 것은?**

① 등숙기에 강우량이 많고 습도가 높은 지역
② 토양이 비옥하고 배수가 양호하며 보수력이 좋은 토양
③ 겨울 기온이 온화하고 등숙기에 기온의 교차가 큰 곳
④ 교잡을 방지하기 위하여 다른 품종과 격리된 지역

**해설**

채종포는 꽃 피는 시기와 종자의 등숙기에 비가 적고 건조한 곳이어야 한다.

**10** **광과 종자 발아에 대한 설명으로 옳지 않은 것은?**

① 광은 종자 발아와 아무런 관계가 없는 경우도 있다.
② 종자 발아가 억제되는 광 파장은 700~750nm 정도이다.
③ 종자 발아의 광가역성에 관여하는 물질은 cytochrome이다.
④ 광이 없어야 발아가 촉진되는 종자도 있다.

**해설**

종자 발아의 광가역성에 관여하는 물질은 파이토크롬(phytochrome)이다.

**11** **다음 채소 중 자가수정율이 가장 높은 것은?**

① 토마토 ② 오이
③ 호박 ④ 배추

**해설**

토마토는 자가수정율이 90% 이상으로 매우 높은편에 속한다. 오이, 호박, 배추는 자가수정률이 5% 수준의 타가수정작물로 낮은편에 속한다.

**12** **다음 중 일반적으로 종자의 발아촉진 물질과 가장 거리가 먼 것은?**

① Gibberellin ② ABA
③ Cytokinin ④ Auxin

**해설**

ABA(Abscisic acid)은 대표적인 생장억제물질이다. ABA 를 작물에 적용시 낙엽을 촉진, 휴면의 유도, 발아 억제, 화성 촉진, 내건성 증대 등의 효과가 나타난다.

2021

**정답** 07 ③ 08 ① 09 ① 10 ③ 11 ① 12 ②

**13** 다음 중 봉지 씌우기를 가장 필요로 하지 않는 경우는?

① 교배 육종
② 원원종 채종
③ 여고배 육종
④ 자가불화합성을 이용한 $F_1$채종

해설
봉지씌우기는 차단격리법(복대법)이라하여 봉지를 씌우는데 육종이나 원종, 원원종 채종에서 이용되는 방법이다.

**14** 물의 투과성 저해로 인하여 종자가 휴면하는 것은?

① 나팔꽃
② 미나리아재비과 식물
③ 보리
④ 사과나무

해설
물의 투과성 저해로 인한 경실 종자에는 자운영, 고구마, 나팔꽃 등이 있다.

**15** 중복수정에서 배유(胚乳)가 형성되는 것은?

① 정핵과 극핵 ② 정핵과 난핵
③ 화분관핵과 정핵 ④ 극핵과 화분관핵

해설
피자식물 중복수정으로 정핵(n)과 2개의 극핵(2n)을 통해 배유(3n)이 나타난다.

**16** 종자소독 약제의 처리방법으로 적절하지 않은 것은?

① 약액침지 ② 종피분의
③ 종피도말 ④ 종피 내 주입

해설
종자소독 약제는 주로 종피에 처리하고 종피 내에는 주입하지 않는다.

**17** 제웅하지 않고 풍매 또는 충매에 의한 자연교잡을 이용하는 작물로만 나열된 것은?

① 벼, 보리 ② 수수, 토마토
③ 가지, 멜론 ④ 양파, 고추

해설
제웅 없이 풍매나 충매에 의한 자연교잡을 이용하는 작물에는 양파, 고추와 같은 웅성불임 작물에 적합하다.

**18** 옥수수의 화기구조 및 수분양식과 관련하여 옳은 것은?

① 충매수분 ② 양성화
③ 자웅이주 ④ 자웅동주이화

해설
옥수수는 타가수정작물에서 자웅동주이화이다.

**19** 작물이 영양생장에서 생식생장으로 전환되는 시점은?

① 종자발아기 ② 화아분화기
③ 유모기 ④ 결실기

해설
화아분화(꽃눈의 분화)는 식물의 생장점이나 엽맥에 꽃으로 발달할 원기가 생기는 것으로 영양생장에서 생식생장으로 전환하는 것을 말한다.

**20** 다음 중 교잡 시 개화기 조절을 위하여 적심을 작물로 가장 옳은 것은?

① 양파 ② 상추
③ 참외 ④ 토마토

해설
적심은 성장과 결실을 조절하기 위하여 식물의 눈이나 생장점을 따 내는 작업으로 순따기 혹은 순지르기라고 한다. 과채류, 두류 등에 실시하기 좋으며 담배, 상추 등의 작물에 적용할 수 있다.



정답 13 ④ 14 ① 15 ① 16 ④ 17 ④ 18 ④ 19 ② 20 ②

## 제2과목 식물육종학

**21 인위적으로 반수체 식물을 만들기 위해 주로 사용하는 조직배양 방법은?**

① 배배양 ② 약배양
③ 생장점배양 ④ 원형질체배양

해설
식물체의 화분이나 약을 채취 및 배양하여 반수체, 반수체성 배를 생산하는 방법을 약배양육종법이라 한다.

**22 형질의 유전력은 선발효과와 깊은 관계가 있다. 선발효과가 가장 확실한 경우는? (단, h28는 넓은 의미의 유전력임)**

① $h^2B = 0.34$ ② $h^2B = 0.13$
③ $h^2B = 0.92$ ④ $h^2B = 0.50$

해설
유전력은 0~1 값을 가지며 유전력이 0.5 이상이면 높고 0.2 이하이면 낮다. 유전력이 높을수록 선발효과가 높다.

**23 잡종강세를 이용한 $F_1$ 품종들의 장점으로 가장 거리가 먼 것은?**

① 증수효과가 크다.
② 품질이 균일하다.
③ 내병충성이 양친보다 강하다.
④ 종자의 대량 생산이 용이하다.

해설
잡종강세를 나타내는 작물의 1대잡종($F_1$) 종자를 대량 생산할 수 있다.

**24 다음 중 유전자원을 수집·보전해야 할 이유로 가장 옳은 것은?**

① 멘델 유전법칙을 확인하기 위함
② 다양한 육종소재로 활용하기 위함
③ 야생종을 도태시키기 위함
④ 개량종의 보급을 확대시키기 위함

해설
유전자원의 수집 및 보존은 다양한 육종소재로의 활용과 한번 시실되면 두 번 다시 재생이 어려워 보존에 노력을 기울어야 한다.

**25 유전자형이 Aa인 이형접합체를 지속적으로 자가수정 하였을 때 후대집단의 유전자형 변화는?**

① Aa 유전자형 빈도가 늘어난다.
② 동형접합체와 이형접합체 빈도의 비율이 1:1 이 된다.
③ Aa 유전자형 빈도가 변하지 않는다.
④ 동형접합체 빈도가 계속 증가한다.

해설
연속적으로 자가수정한 자식성 집단은 세대가 진전함에 따라 동형접합체가 증가한다.

**26 동질배수체의 일반적인 특징이 아닌 것은?**

① 핵과 세포가 커진다.
② 함유성분의 변화가 생긴다.
③ 발육이 지연된다.
④ 채종량이 증가한다.

해설
동질배수체는 핵과 세포가 커지고, 영양기관의 발육이 왕성하여 거대화하고, 화서 및 종자가 대형화한다. 그리고 임성이 저하되고 착과성이 감퇴하며 발육이 지연 된다.

2021

정답 21 ② 22 ③ 23 ④ 24 ② 25 ④ 26 ④

**27** A/B//C **교배의 순서는?**

① A와 B와 C를 함께 방임수분 함
② A와 B를 교배하여 나온 F1과 C를 교배 함
③ A와 B를 모본으로 하고, C를 부본으로 하여 함께 교배 함
④ B와 C를 모본으로 하고, A를 부본으로 하여 함께 교배 함

해설
A/B 는 <A×B> 이며 여기서 교배하고 나온 $F_1$ 을 <(A×B)×C> 로 교배한 것이다.

**28 다음 중 폴리진에 대한 설명으로 가장 옳지 않은 것은?**

① 양적 형질 유전에 관여한다.
② 각각의 유전자가 주동적으로 작용한다.
③ 환경의 영향에 민감하게 반응한다.
④ 누적적 효과로 형질이 발현된다.

해설
각각의 유전자가 주동적으로 작용하기보다 각각의 폴리진이 같은 방향으로 작용한다.

**29 품종퇴화를 방지하고 품종의 특성을 유지하는 방법으로 가장 거리가 먼 것은?**

① 개체집단선발법 ② 계통집단선발법
③ 방임수분 ④ 격리재배

해설
품종의 특성을 유지하기 위한 방법에는 개체집단선발법, 계통집단선발법, 주보존재배, 격리재배, 종자갱신 등의 방법이 있다.

**30 변이 중 유전하지 않는 변이는?**

① 장소변이 ② 아조변이
③ 교배변이 ④ 돌연변이

해설
환경변이 및 장소변이 등은 비유전적 원인에 의한 변이에 해당되며 유전을 하지 않는 변이이다.

**31 체세포로부터 식물체가 재생되는 현상을 적절하게 설명한 것은?**

① 식물의 세포분화능을 이용하는 것이다.
② 세포의 탈분화능을 이용하는 것이다.
③ 식물의 생물농축형성능을 이용하는 것이다.
④ 세포의 전체형성능을 이용하는 것이다.

해설
식물은 하나의 기관이나 조직, 세포하나라도 적정 조건이 되면 모체와 동일한 유전형질을 갖는 완전한 식물체로 발달하는 전체형성능이라는 재생능력을 갖는다.

**32 자가수정을 계속함으로써 일어나는 자식약세 현상은?**

① 타가수정 작물에서 더 많이 일어난다.
② 자가수정 작물에서 더 많이 일어난다.
③ 어느 것이나 구별 없이 심하게 일어난다.
④ 원칙적으로 자가수정 작물에만 국한되어 있는 현상이다.

해설
잡종 $F_1$ 에서 나타났던 잡종강세가 자식 혹은 근계교배를 계속함에 따라 현저하게 생활력이 감퇴되는 현상으로 자식약세라 하며 주로 타가수정작물에서 나타난다.



정답 27 ② 28 ② 29 ③ 30 ① 31 ④ 32 ①

**33** **식물의 화분모세포는 성숙분열 후 몇 개의 딸세포가 되는가?**

① 1개　　② 2개
③ 3개　　④ 4개

**해설**

화분모세포는 2회 연속 핵분열로 염색체 수가 체세포의 반으로 줄어들어 4개의 딸세포가 형성된다.

**34** **생산력 검정에 관한 설명 중 틀린 것은?**

① 검정포장은 토양의 균일성을 유지하도록 노력한다.
② 계측, 계량을 잘못하면 포장시험에 따르는 오차가 커진다.
③ 시험구의 크기가 클수록 시험구당 수량 변동이 커진다.
④ 시험구의 반복횟수의 증가로 오차를 줄일 수 있다.

**해설**

시험구의 크기가 클수록 시험구당 수량 변동이 작아진다.

**35** **임성회복유전자가 존재하는 웅성불임성은?**

① 집단웅성불임성
② 개체웅성불임성
③ 이수체웅성불임성
④ 세포질유전자웅성불임성

**해설**

세포질 유전자적 웅성불임으로 잡종강세를 이용하기 위해서 웅성불임친과 그 웅성불임성을 유지해 주는 유지친, 웅성불임친의 임성을 회복시켜 주는 회복인자친이 있어야 한다.

**36** **감수분열 과정 중 재조합이 일어나 후대의 변이가 확대되는 단계는?**

① 제1감수분열 후기, 제2감수분열 후기
② 제1감수분열 후기, 제2감수분열 전기
③ 제1감수분열 전기, 제1감수분열 중기
④ 제2감수분열 전기, 제2감수분열 후기

**해설**

제1감수분열은 이형분열이라 하며 염색체 수가 2n에서 n 으로 반으로 줄고 유전물질의 양은 간기에 2배로 늘어나지만 후기에 다시 반으로 줄어들어 원래의 수가 된다.

2021

**37** **쌍자엽식물의 형질전환에 가장 널리 이용하고 있는 유전자 운반체는?**

① Ti – plasmid
② E. coli
③ 바이러스의 외투단백질
④ 제한효소

**해설**

Ti - plasmid 는 쌍자엽식물의 형질 전환에 사용되는 유전자 운반체이다.

**38** **피자식물에서 볼 수 있는 중복수정의 기구는?**

① 난핵 × 정핵, 극핵 × 생식핵
② 난핵 × 생식핵, 극핵 × 영양핵
③ 난핵 × 정핵, 극핵 × 정핵
④ 난핵 × 정핵, 극핵 × 영양핵

**해설**

피자식물의 중복수정은 2개의 정핵 중 1개는 난핵과 결합하여 배가 되고 다른 1개는 2개의 극핵과 결합해서 배젖이 된다.

정답 33 ④ 34 ③ 35 ④ 36 ③ 37 ① 38 ③

**39** **체세포의 염색체 구성이 2n+1 일 때 이를 무엇이라 하는가?**

① 일염색체(monosomic)
② 삼염색체(trisomic)
③ 이질배수체
④ 동질배수체

해설
2n+1 의 경우 3염색체라 한다.

**40** **다음 중 일대잡종을 가장 많이 이용하는 작물은?**

① 벼 ② 옥수수
③ 밀 ④ 콩

해설
일대잡종은 가격이 비싸고 매년 바꾸어야 하는 단점이 있지만 품질, 균일성, 내병성 등이 좋다. 옥수수, 해바라기, 가지, 고추, 오이, 호박, 배추 등이 있다.

## 제3과목 재배원론

**41** **이랑을 세우고 낮은 골에 파종하는 방식은?**

① 휴립휴파법 ② 이랑재배
③ 평휴법 ④ 휴립구파법

해설
이랑을 세우고 낮은 골에 파종하는 방법을 휴립구파법이라 한다. 맥류의 한해와 동해를 동시에 방지할수 있다.

**42** **작물의 수량을 최대화하기 위한 재배이론의 3요인으로 가장 옳은 것은?**

① 비옥한 토양, 우량종자, 충분한 일사량
② 비료 및 농약의 확보, 종자의 우수성, 양호한 환경
③ 자본의 확보, 생력화 기술, 비옥한 토양
④ 종자의 우수한 유전성, 양호한 환경, 재배기술의 종합적 확립

해설
일정 면적에 작물의 수량을 최대화하기 위해 좋은 환경조건에 유전성이 우수한 작물을 선정하고 적합한 재배기술을 적용해야 한다.

**43** **작물의 내열성에 대한 설명으로 틀린 것은?**

① 늙은 잎은 내열성이 가장 작다.
② 내건성이 큰 것은 내열성도 크다.
③ 세포 내의 결합수가 많고, 유리수가 적으면 내열성이 커진다.
④ 당분함량이 증가하면 대체로 내열성은 증대한다.

해설
늙은 잎의 내열성이 어린 잎보다 크다.

**44** **나팔꽃 대목에 고구마 순을 접목하여 개화를 유도하는 이론적 근거로 가장 적합한 것은?**

① C/N율 ② G-D균형
③ L/W율 ④ T/R율

해설
나팔꽃 대목에 고구마 순을 접목하면 지상부 탄수화물의 축적이 많아져 개화 및 결실이 조장된다. 식물의 탄수화물과 질소의 비율을 C/N 율 이라 하는데 C 는 탄수화물, N 은 질소를 의미하며 C/N 율이 높으면 화성을 유도하고 낮으면 영양생장이 지속된다.



정답 39 ② 40 ② 41 ④ 42 ④ 43 ① 44 ①

**45** **다음 중 벼의 적산온도로 가장 옳은 것은?**

① 500~1000℃ ② 1200~1500℃
③ 2000~2500℃ ④ 3500~4500℃

해설

작물별로 적산온도의 경우 메밀은 1000~1200℃, 감자는 1300~3000℃, 추파맥류는 1700~2300℃, 완두는 2100~2800℃, 콩은 2500~3000℃, 담배는 3200~3600℃ 벼는 3500~4500℃ 정도이다.

**46** **다음 중 $CO_2$ 보상점이 가장 낮은 식물은?**

① 벼 ② 옥수수
③ 보리 ④ 담배

해설

옥수수와 같은 $C_4$ 식물은 콩이나 벼와 같은 식물들에 비하여 이산화탄소 보상점이 낮다.

**47** **도복의 대책에 대한 설명으로 가장 거리가 먼 것은?**

① 칼리, 인, 규소의 시용을 충분히 한다.
② 키가 작은 품종을 선택한다.
③ 맥류는 복토를 깊게 한다.
④ 벼의 유효분얼종지기에 지베렐린을 처리한다.

해설

지베렐린은 생장을 촉진시켜 도복이 증가한다.

**48** **대기 오염물질 중에 오존을 생성하는 것은?**

① 아황산가스($SO_2$)
② 이산화질소($NO_2$)
③ 일산화탄소(CO)
④ 불화수소(HF)

해설

이산화질소는 대기 중 일산화질소의 산화에 의해 발생하고 휘발성 유기화합물과 반응하여 오존을 생성하는 전구물질이다.

**49** **내건성이 강한 작물의 특성으로 옳은 것은?**

① 세포액의 삼투압이 낮다.
② 작물의 표면적/체적 비가 크다.
③ 원형질막의 수분투과성이 크다.
④ 잎 조직이 치밀하지 못하고 울타리 조직의 발달이 미약하다.

해설

내건성 작물은 원형질의 점성이 높고 원형질막의 수분투과성이 크다.

**50** **다음 중 T/R율에 관한 설명으로 옳은 것은?**

① 감자나 고구마의 경우 파종기나 이식기가 늦어질수록 T/R율이 작아진다.
② 일사가 적어지면 T/R율이 작아진다.
③ 질소를 다량시용하면 T/R율이 작아진다.
④ 토양함수량이 감소하면 T/R율이 작아진다.

해설

토양 수분이 많아지면 지상부에 비해 지하하부의 생육이 나빠져 T/R 율이 커진다. 반대로 토양수분이 적어지면 T/R 율은 작아진다.

**51** **벼의 생육 중 냉해에 의한 출수가 가장 지연되는 생육단계는?**

① 유효분얼기 ② 유수형성기
③ 유숙기 ④ 황숙기

해설

벼는 유수형성기에 냉해를 만나면 출수가 가장 지연된다.

2021

정답 45 ④ 46 ② 47 ④ 48 ② 49 ③ 50 ④ 51 ②

**52** **벼의 침수피해에 대한 내용이다. (　　) 에 알맞은 내용은?**

> ·분얼 초기에는 침수피해가 ( 가 )
> ·수잉기~출수개화기때 침수피해는 ( 나 )

① 가 : 작다, 나 : 작아진다.
② 가 : 작다, 나 : 커진다.
③ 가 : 크다, 나 : 커진다.
④ 가 : 크다, 나 : 작아진다.

해설

벼는 분얼 초기 침수에 강해 피해가 적게 나타나지만 수잉기에서 출수개화기에는 침수에 약해지면서 침수피해가 크게 나타난다.

**53** **작물의 영양번식에 대한 설명으로 옳은 것은?**

① 종자 채종을 하여 번식시킨다.
② 우량한 유전특성을 영속적으로 유지할 수 있다.
③ 잡종 1세대 이후 분리집단이 형성된다.
④ 1대 잡종벼는 주로 영양번식으로 채종한다.

해설

작물의 영양번식을 통해 우량한 상태의 유전형질을 유지할수 있다.

**54** **비료의 3요소 중 칼륨의 흡수비율이 가장 높은 작물은?**

① 고구마　② 콩
③ 옥수수　④ 보리

해설

고구마와 같은 작물은 칼륨의 흡수비율이 높은 편인데 칼륨이 양분을 지하부로 이동하는 것을 촉진하여 덩이뿌리가 굵어지도록 도와주는 역할을 한다.

**55** **녹체춘화형 식물로만 나열된 것은?**

① 완두, 잠두　② 봄무, 잠두
③ 양배추, 사리풀　④ 추파맥류, 완두

해설

녹체춘화형 식물에는 양배추, 당근, 양파, 사리풀 등이 있다.

**56** **다음 중 요수량이 가장 큰 것은?**

① 보리　② 옥수수
③ 완두　④ 기장

해설

요수량이 큰 식물로 알팔파, 클로버, 완두 등이 있으며 요수량이 적은 식물로 수수, 기장, 옥수수 가 대표적이다. 그중에서도 명아주는 요수량이 매우 크다.

**57** **토양이 pH 5 이하로 변할 경우 가급도가 감소되는 원소로만 나열된 것은?**

① P, Mg　② Zn, Al
③ Cu, Mn　④ H, Mn

해설

pH 5 이하의 산성토양에서는 인(P), 칼슘(Ca), 마그네슘(Mg) 등의 유효도가 낮아 가급도가 감소하게 된다.

**58** **다음 (　　)에 알맞은 내용은?**

> 감자 영양체를 20,000rad정도의 ( )에 의한 $\gamma$선을 조사하면 맹아억제 효과가 크므로 저장기간이 길어진다.

① $^{15}C$　② $^{60}Co$
③ $^{17}C$　④ $^{40}K$

해설

감자 영양체를 20000 rad 정도의 $^{60}Co$ 에 의한 감마선을 조사하면 맹아억제 효과가 크므로 저장기간이 길어진다.



정답 52 ② 53 ② 54 ① 55 ③ 56 ③ 57 ① 58 ②

**59** **개량삼포식농법에 해당하는 작부방식은?**

① 자유경작법
② 콩과작물의 순환농법
③ 이동경작법
④ 휴한농법

해설

개량삼포식은 지력유지에 매우 효과적인 방법으로 휴한하는 대신 지력증진작물(콩과목초)을 함께 재배하는 방법으로 삼포식보다 더 개량된 방법이다.

**60** **비료의 엽면흡수에 대한 설명으로 옳은 것은?**

① 잎의 이면보다 표피에서 더 잘 흡수된다.
② 잎의 호흡작용이 왕성할 때에 잘 흡수된다.
③ 살포액의 pH는 알칼리인 것이 흡수가 잘 된다.
④ 엽면시비는 낮보다는 밤에 실시하는 것이 좋다.

해설

엽면시비는 기공을 통한 흡수가 이루어지기에 잎의 호흡작용이 왕성할 때 잘 흡수된다.

## 제4과목 식물보호학

**61** **다음 중 농약과 농약병 뚜껑 색깔이 바르게 연결되지 않는 것은?**

① 제초제 – 노란색(황색)
② 살충제 - 녹색
③ 살균제 – 분홍색
④ 생장조정제 – 적색

해설

생장조정제의 뚜껑 색은 청색이다.

**62** **다음 중 암발아 잡초로만 나열된 것은?**

① 메귀리, 바랭이
② 독말풀, 별꽃
③ 쇠비름, 강피
④ 참방동사니, 향부자

해설

암발아 종자는 별꽃, 냉이, 광대나물, 독말풀 등이 있다.

**63** **다음 중 종합적 방제의 의미로 볼 수 없는 것은?**

① 모든 방제수단을 조화롭게 사용한다.
② 효과가 빨리 나오는 방제법을 우선적으로 적용한다.
③ 생태학적 이론에 바탕을 두고 있다.
④ 경제적 피해수준 이하로 억제·유지한다.

해설

병해충종합관리(종합적 방제)는 Intergrated Pest Management(IPM) 이라 하며 환경 친화적이고 지속가능한 방법으로 병해충을 관리하여 농약으로 인한 사회, 보건학적 위험을 줄이는 것을 목적으로 하는 방법으로 여러 방제법을 조합하여 가장 효율적인 방제법을 적용한다.

**64** **벼 흰잎마름병과 관련이 없는 것은?**

① 풍매 전반한다.
② 주로 잎 가장자리나 수공을 통해 침입한다.
③ 병원균은 잡초에서 월동한다.
④ 병원균은 세균이다.

해설

벼 흰잎마름병은 물에 의해 전반되며 수공이나 상처를 통해 침입한다.

2021

정답 59 ② 60 ② 61 ④ 62 ② 63 ② 64 ①

**65** **다음 중 애멸구가 매개하는 병으로 가장 옳은 것은?**

① 콩 위축병
② 노균병
③ 벼 줄무늬잎마름병
④ 벼 오갈병

해설

벼 줄무늬잎마름병의 매개충은 애멸구이며 애멸구는 1년에 4~5회 정도 발생한다.

**66** **일반적으로 벼 키다리병 방제를 위한 온탕침법의 가장 적당한 온도와 시간은?**

① 70~75℃, 25분 ② 60~65℃, 15분
③ 50~55℃, 5분 ④ 40~45℃, 15분

해설

벼 키다리병의 방제를 위한 온탕침법의 기준은 물온도 60℃ 정도에서 15분정도 침지시킨다.

**67** **다음 중 해충의 천적으로서 기생성이 아닌 것은?**

① 진디혹파리 ② 온실가루이좀벌
③ 굴파리좀벌 ④ 콜레마니진디벌

해설

진디혹파리는 진딧물류, 온실가루이, 응애류 등의 포식자로 온실 내 진딧물의 생물적 방제에 활용하기도 한다.

**68** **다음에서 설명하는 해충은?**

> 이 해충은 암컷이 수컷에 비해 크며, 몸은 연한 황갈색 또는 연두색이고 광택을 띤다. 비행성과 이동성이 낮고, 기주도 콩과 작물로 제한되어 있으며, 작물의 개화기부터 수확기까지 지속적으로 꽃, 꼬투리, 열매 등을 흡즙한다.

① 가로줄노린재 ② 좁은가슴잎벌레
③ 콩나방 ④ 조명나방

해설

가로줄노린재
- 1년에 2번 발생하며 감나무, 고욤나무 등 감나무류 식물과 콩과 식물을 기주로 하는 노린재과의 곤충이다.
- 둥근 연두색의 몸과 앞가슴등판의 가로줄 등이 특징이다.
- 주로 6-11월 사이에 발생한다.

**69** **다음 중 액상수화제에 대한 설명으로 옳은 것은?**

① 농약 원제를 물 또는 메탄올에 녹이고 계면활성제나 동결방지제를 첨가하여 제제한 제형
② 수용성 고체 원제나 유안이나 망초, 설탕과 같이 수용성인 증량제를 혼합, 분쇄하여 만든 분말제제
③ 물과 유기용매에 난용성인 농약 원제를 액상의 형태로 조제한 것으로 수화제에서 분말의 비산 등의 단점을 보완한 제형
④ 농약 원제를 용제에 녹이고 계면활성제를 유화제로 첨가하여 제제한 제형

해설

액상수화제는 물과 용제에 잘 녹지 않는 농약원제를 액상의 형태로 조제한 것으로 수화제에서의 분말 비산 등의 단점을 보완하기 위해 개발된 제형이다.



정답 65 ③ 66 ② 67 ① 68 ① 69 ③

**70** 다음 중 곤충이 페로몬에 끌리는 현상은?

① 주광성　② 주열성
③ 주지성　④ 주화성

해설

곤충의 페로몬 및 화학물질에 유인되는 현상을 주화성이라 한다.

**71** 농약의 유효성분 조성에 따른 분류로 살균제에 해당되지 않는 것은?

① Triazole계　② Benzimidazole계
③ Triazine계　④ Anilide계

해설

트리아진계(Triazine)는 제초제에 해당된다. 살균제에는 벤조이미다졸계(Benzimidazole), 트리아졸계(Triazole), 아닐리드계(Anilide), 모르폴린계(Morpholine) 등이 있다.

**72** 다음 중 곤충의 소화기관으로 가장 거리가 먼 것은?

① 침샘　② 전장
③ 기문　④ 후장

해설

기문은 곤충의 호흡계에 해당된다.

**73** 현재 논에서 발생하는 잡초는 일년생보다 다년생 잡초가 증가하였는데, 논 잡초의 초종변화에 가장 직접적인 요인은?

① 시비량의 감소
② 재배법의 변화
③ 물관리 변동
④ 동일 제초제의 연용

해설

동일 제초제의 연용으로 잡초의 저항성이 발생하면서 다년생 잡초가 증가하게 되고 논잡초의 초종변화가 나타난다.

**74** Poston 등은 해충의 밀도와 작물수량 간의 관계를 세 가지 유형으로 구분하였다. 다음 중 그 유형이 아닌 것은?

① 감수성 반응　② 저항성 반응
③ 보상적 반응　④ 내성적 반응

해설

Poston(1983)은 해충밀도와 수량간의 관계를 3가지 유형으로 구분하였다. 감수성반응은 밀도 증가에 따라 수량이 서서히 감소하는 형태, 내성적 반응은 처음에는 수량감소가 없다가 밀도가 어느 정도 도달함에 따라 수량감소가 일어나는 경우, 보상적 반응은 낮은 밀도에서 오히려 수량이 증가하다가 어느 정도 이상이 되면 비로소 수량감소가 일어나는 경우를 말한다.

2021

**75** 다음에 대한 설명으로 옳은 것은?

> 제초제 저항성 생태형이 2개 이상의 분명한 저항성 메커니즘을 가진 현상을 의미한다.

① 부정적교차저항성
② 내성
③ 다중저항성
④ 교차저항성

해설

제초제에 대한 저항성이 2개 이상의 여러 종류에 대하여 저항성을 나타내는 현상을 다중저항성이라 한다.

**76** 도열병에 저항성이었던 품종이 몇 년이 지나 감수성이 되는 주된 원인으로 가장 옳은 것은?

① 칼륨비료의 과용
② 기상 및 토양조건의 변화
③ 새로운 병원균 레이스의 출현
④ 기주 교대

해설

벼도열병균의 구분시 레이스가 12개의 판별품종을 가지고 있으며 이와 같이 도열병에 저항성이 있었지만 새로운 레이스의 출현으로 감수성이 된다.

정답 70 ④ 71 ③ 72 ③ 73 ④ 74 ② 75 ③ 76 ③

**77 식물병원균 중 진균에 의한 병해의 가장 일반적인 방제방법으로 옳지 않은 것은?**

① 물리적 방제로 열 또는 광을 이용한다.
② 화학적 방제로 살균제를 사용한다.
③ 생물적 방제로 미생물농약을 사용한다.
④ 병원균의 매개체인 해충 방제를 위해 살충제를 사용한다.

해설

진균의 경우 실모양의 균사체로 매개충에 의한 전반보다는 주로 종자, 물, 바람 등에 의해 전반되기에 해충 방제는 효과가 적다.

**78 다음 중 일반적으로 곤충의 암컷 생식기관이 아닌 것은?**

① 수정관　② 저정낭
③ 여포　④ 수란관

해설

수정관은 수컷의 생식기관이다.

**79 다음 중 종자병의 진단법으로 가장 거리가 먼 것은?**

① 습실처리법　② Plantibody법
③ ELISA법　④ PCR법

해설

습실처리법은 육안적 진단법, ELISA법은 혈청학적 진단법, PCR 은 분자생물학적 진단법에 해당된다.

**80 다음 중 미국선녀벌레에 대한 설명으로 옳지 않은 것은?**

① 2년에 1회 발생한다.
② 약충은 매미충의 형태로 백색에 가깝다.
③ 포도나무에 피해가 크다.
④ 왁스물질과 감로를 분비하며, 그을음병을 유발한다.

해설

미국선녀벌레

- 1년에 1회 발생하고 나뭇가지 틈에서 알로 월동한다.
- 7월에 성충으로 우화하고 8월에 산란을 한다.
- 포도나무, 감귤나무, 살구나무 등의 과일나무 및 단풍나무, 버드나무 등의 활엽수에 피해를 준다.

## 제5과목 종자관련법규

**81 종자관리요강상 규격묘의 규격기준에 대한 내용에서 감 묘목의 길이(cm)는? (단, 묘목의 길이 : 지제부에서 묘목선단까지의 길이로 한다.)**

① 100 이상　② 80 이상
③ 60 이상　④ 40 이상

해설

감 묘목의 접목묘의 길이는 100cm 이상이다.

**82 종자산업법상 육묘업 등록의 취소 등에 대한 내용이다. (　　)에 알맞은 내용은?**

> "거짓이나 그 밖의 부정한 방법으로 육묘업 등록을 한 경우"에 따라 육묘업 등록이 취소된 자는 취소된 날부터 (　)이 지나지 아니하면 육묘업을 다시 등록할 수 없다.

① 2년　② 3년
③ 4년　④ 5년

해설

육묘업 등록이 취소된 자는 취소된 날부터 2년이 지나지 아니하면 육묘업을 다시 등록할 수 없다.



정답 77 ④ 78 ① 79 ② 80 ① 81 ① 82 ①

**83** **종자관리요강상 사후관리시험의 기준 및 방법에서 검사항목에 해당하지 않는 것은?**

① 품종의 순도 ② 품종의 진위성
③ 종자전염병 ④ 토양 입경 분석

해설
사후관리시험의 검사항목은 품종의 순도, 품종의 진위성, 종자전염성이 있다.

**84** **종자관리요강상 수입적응성시험의 대상작물 및 실시기관에서 인삼의 실시기관은?**

① 농업기술실용화재단
② 한국생약협회
③ 한국종균생산협회
④ 국립산림품종관리센터

해설
종자관리요강상 수입적응성시험의 대상작물 및 실시기관 기준 인삼은 한국생약협회에서 실시한다.

**85** **종자검사를 받은 보증종자를 판매하거나 보급하려는 자는 해당 보증종자에 대하여 보증표시를 하여야 한다. 이에 따라 보증종자를 판매하거나 보급하려는 자는 종자의 보증과 관련된 검사서류를 작성일로부터 얼마 동안 보관하여야 하는가? (단, 묘목에 관련된 검사서류는 제외한다.)**

① 6개월 ② 1년
③ 2년 ④ 3년

해설
종자검사를 받은 보증종자를 판매하거나 보급하려는 자는 해당 보증종자에 대하여 보증표시를 하여야 한다. 이에 따라 보증종자를 판매하거나 보급하려는 자는 종자의 보증과 관련된 검사서류를 작성일부터 3년(묘목에 관련된 검사서류는 5년) 동안 보관하여야 한다.

**86** **종자검사요령상 시료 추출에 대한 내용이다. (  )에 알맞은 내용은?**

| 작물 | 시료의 최소 중량 | | |
|---|---|---|---|
| | 제출시료(g) | 순도검사(g) | 이종계수용(g) |
| 벼 | (  ) | 70 | 700 |

① 300 ② 500
③ 700 ④ 100

해설
벼의 제출시료의 기준은 700 g 이다.

**87** **보증서를 거짓으로 발급한 종자관리사의 벌칙은?**

① 6개월 이하의 징역 또는 3백만원 이하의 벌금
② 1년 이하의 징역 또는 5백만원 이하의 벌금
③ 1년 이하의 징역 또는 1천만원 이하의 벌금
④ 2년 이하의 징역 또는 2천만원 이하의 벌금

해설
보증서를 거짓으로 발급한 종자관리사는 1년 이하의 징역 또는 1천만원 이하의 벌금에 처한다.

**88** **포장검사 및 종자검사의 검사기준에서 밀 포장검사의 검사시기 및 횟수는?**

① 각 지역 농업단체에서 정한 날짜에 1회 실시
② 감수분열기부터 유숙기 사이에 1회 실시
③ 완숙기로부터 고숙기 사이에 1회 실시
④ 유숙기로부터 황숙기 사이에 1회 실시

해설
겉보리, 쌀보리, 맥주보리, 밀의 검사시기 및 회수는 유숙기로부터 황숙기 사이에 1회 실시한다.

2021

정답 83 ④ 84 ② 85 ④ 86 ③ 87 ③ 88 ④

## 89 종자관리요강상 종자산업진흥센터 시설기준에서 성분분석실의 장비 구비조건으로 옳은 것은?

① 시료분쇄장비 ② 균주배양장비
③ 병원균 접종장비 ④ 유전자판독장비

해설

종자산업진흥센터 시설기준에서 성분분석실의 장비 구비조건에는 시료분쇄장비, 성분추출장비, 성분분석장비, 질량분석장비가 있다.

## 90 포장검사 병주 판정기준에서 고구마의 특정병은?

① 풋마름병 ② 흑반병
③ 역병 ④ 후사리움위조병

해설

포장검사 병주 판정기준에서 고구마의 특정병 흑반병, 마이코프라스마병이 있다.

## 91 식물신품종 보호법상 거짓표시의 죄에 대한 내용이다. ( )에 알맞은 내용은?

> "품종보호를 받지 아니하거나 품종보호 출원 중이 아닌 품종의 종자의 용기나 포장에 품종보호를 받았다는 표시 또는 품종보호 출원 중이라는 표시를 하거나 이와 혼동되기 쉬운 표시를 하는 행위를 하여서는 아니 된다."를 위반한 자는 ( )처한다.

① 6개월 이하의 징역 또는 1백만원 이하의 벌금
② 1년 이하의 징역 또는 6백만원 이하의 벌금
③ 2년 이하의 징역 또는 1천만원 이하의 벌금
④ 3년 이하의 징역 또는 3천만원 이하의 벌금

해설

품종보호를 받지 아니하거나 품종보호 출원 중이 아닌 품종의 종자의 용기나 포장에 품종보호를 받았다는 표시 또는 품종보호 출원 중이라는 표시를 하거나 이와 혼동되기 쉬운 표시를 하는 행위의 경우 3년 이하의 징역 또는 3천만원 이하의 벌금에 처한다.

## 92 품종보호권 또는 전용실시권을 침해한 자의 벌칙은?

① 7년 이하의 징역 또는 1억원 이하의 벌금
② 5년 이하의 징역 또는 1천만원 이하의 벌금
③ 3년 이하의 징역 또는 5백만원 이하의 벌금
④ 1년 이하의 징역 또는 3백만원 이하의 벌금

해설

품종보호권 또는 전용실시권을 침해한 자는 7년 이하의 징역 또는 1억원 이하의 벌금에 처한다.

## 93 종자관리요강상 사진의 제출규격에 대한 내용이다. ( )에 알맞은 내용은?

> 제출방법 : 사진은 ( )용지에 붙이고 하단에 각각의 사진에 대해 품종명칭, 촬영부위, 축척과 촬영일시를 기록한다.

① A1 ② A2
③ A4 ④ A6

해설

사진은 A4 용지에 붙이고 하단에 각각의 사진에 대해 품종명칭, 촬영부위, 축척과 촬영일시를 기록한다.

정답 89 ① 90 ② 91 ④ 92 ① 93 ③

**94** 종자관리사의 자격기준 등에 대한 내용이다. (　　)에 알맞은 내용은?

> 농림축산식품부장관은 종자관리사가 종자산업법에서 정하는 직무를 게을리하거나 중대한 과오(過誤)를 저질렀을 때에는 그 등록을 취소하거나 (　)이내의 기간을 정하여 그 업무를 정지시킬 수 있다.

① 3개월　　② 6개월
③ 1년　　④ 2년

**해설**

농림축산식품부장관은 종자관리사가 이 법에서 정하는 직무를 게을리하거나 중대한 과오(過誤)를 저질렀을 때에는 그 등록을 취소하거나 1년 이내의 기간을 정하여 그 업무를 정지시킬 수 있다.

**95** 식물신품종 보호법상 절차의 무효에 대한 내용이다. (　　)에 알맞은 내용은?

> 심판위원회 위원장은 "보정명령을 받은 자가 지정된 기간까지 보정을 하지 아니한 경우에는 그 품종보호에 관한 절차를 무효로 할 수 있다."에 따라 그 절차가 무효로 된 경우로서 지정된 기간을 지키지 못한 것이 보정명령을 받은 자가 천재지변이나 그 밖의 불가피한 사유에 의한 것으로 인정될 때에는 그 사유가 소멸한 날부터 (　)이내에 또는 그 기간이 끝난 후 1년 이내에 보정명령을 받은 자의 청구에 따라 그 무효처분을 취소할 수 있다.

① 3일　　② 7일
③ 10일　　④ 14일

**해설**

농림축산식품부장관, 해양수산부장관 또는 심판위원회 위원장은 그 절차가 무효로 된 경우로서 지정된 기간을 지키지 못한 것이 보정명령을 받은 자가 천재지변이나 그 밖의 불가피한 사유에 의한 것으로 인정될 때에는 그 사유가 소멸한 날부터 14일 이내에 또는 그 기간이 끝난 후 1년 이내에 보정명령을 받은 자의 청구에 따라 그 무효처분을 취소할 수 있다.

**96** 식물신품종 보호법상 거절결정 또는 취소결정의 심판에 대한 내용이다. (　　)에 알맞은 내용은?

> 심사관은 무권리자가 출원한 경우에는 그 품종보호 출원에 대하여 거절결정을 하여야 한다. 이에 따른 거절결정을 받은 자가 이에 불복하는 경우에는 그 등본을 송달받은 날부터 (　)이내에 심판을 청구할 수 있다.

① 10일　　② 30일
③ 50일　　④ 90일

**해설**

거절결정 또는 취소결정을 받은 자가 이에 불복하는 경우에는 그 등본을 송달받은 날부터 30일 이내에 심판을 청구할 수 있다.

**97** 종자검사요령상 수분의 측정에서 저온항온건조기법을 사용하게 되는 종에 해당하는 것은?

① 시금치　　② 상추
③ 부추　　④ 오이

**해설**

저온항온 건조기법은 마늘, 파, 부추, 콩, 땅콩, 배추씨, 유채, 고추, 목화, 피마자, 참깨, 아마, 겨자, 무에 적용한다.

**98** 종자산업법상 종자업의 등록 등에 대한 내용이다. (　　)에 해당하지 않는 내용은?

> 종자업을 하려는 자는 대통령령으로 정하는 시설을 갖추어 (　)에게 등록하여야 한다.

① 국립생태원장　　② 시장
③ 군수　　④ 구청장

**해설**

종자업을 하려는 자는 대통령령으로 정하는 시설을 갖추어 시장·군수·구청장에게 등록하여야 한다.

**정답** 94 ③ 95 ④ 96 ② 97 ③ 98 ①

**99** **식물신품종 보호법상 품종보호료에 대한 내용이다. (　　)에 알맞은 내용은?**

> 품종보호권자는 그 품종보호권의 존속기간 중에는 (　　)에게 품종보호료를 매년 납부하여야 한다.

① 농업기술실용화재단장
② 농촌진흥청장
③ 농림축산식품부장관
④ 국립농산물품질관리원장

해설

품종보호권자는 그 품종보호권의 존속기간 중에는 농림축산식품부장관 또는 해양수산부장관에게 품종보호료를 매년 납부하여야 한다.

**100** **과수와 임목의 경우 품종보호권의 존속기간은 품종보호권이 설정등록된 날부터 몇 년으로 하는가?**

① 5년　　② 10년
③ 25년　　④ 30년

해설

품종보호권의 존속기간은 품종보호권이 설정등록된 날부터 20년으로 한다. 다만, 과수와 임목의 경우에는 25년으로 한다.



정답 99 ③ 100 ③

2021

# 제3회 종자기사



## 제1과목 종자생산학

**01 층적저장과 가장 가까운 의미를 갖는 것은?**

① 발아억제를 위한 건조처리
② 휴면타파를 위한 저온처리
③ 발아율 향상을 위한 후숙처리
④ 발아촉진을 위한 생장조절제 처리

해설
층적처리는 나무상자나 나무통에 습기가 있는 모래 혹은 톱밥과 종자를 층을 만들어 종자를 넣어 저온저장고에 보관한다.

**02 식물의 종자를 구성하고 있는 기관은?**

① 전분, 단백질, 배유
② 배, 전분, 초엽
③ 종피, 배유, 배
④ 단백질, 종피, 초엽

해설
종자는 종피와 배, 저장양분을 함유한 배유 등으로 구성되어 있다.

**03 자식성 작물의 종자생산 관리체계에서 증식체계로 옳은 것은?**

① 기본식물 → 원원종 → 원종 → 보급종
② 보급종 → 기본식물 → 원원종 → 원종
③ 보급종 → 원원종 → 원종 → 기본식물
④ 원종 → 보급종 → 원원종 → 기본식물

해설
작물의 종자생산 관리 및 증식체계는 기본식물, 원원종, 원종, 채종포(보급종), 농가의 순이다.

**04 무의 채종재배를 위한 포장의 격리거리는 얼마인가?**

① 100m 이상　② 250m 이상
③ 500m 이상　④ 1000m 이상

해설
무의 채종재배를 위한 포장 격리거리 기준은 1,000m 이다.

**05 다음에서 설명하는 것은?**

| 종자가 자방벽에 붙어 있는 경우로서 대개 종자는 심피가 서로 연결된 측면에 붙어있다. |
|---|

① 측막태좌　② 중축태좌
③ 중앙태좌　④ 이형태좌

해설
암술을 이루는 심피의 수는 태좌로 알수 있으며 자방의 태자위치는 태자위라 하고 배주가 부착되었거나 배열된 상태에 따라 4가지 유형으로 나누어 진다. 이때 측막태좌는 측벽태좌라 하며 중앙에 생긴 축과 각 방 사이의 막이 없어져서 한방이 되는 동시에 씨방 벽의 안쪽에 직접 붙어 있는 태좌를 말한다.

**06 저장종자가 발아력을 잃게 되는 원인으로 옳지 않은 것은?**

① 종자 단백질의 변성
② 효소의 활성 증진
③ 호흡에 의한 종자 저장물질 소모
④ 저장 기간 중 저장고 온도와 습도의 상승

해설
저장 종자의 효소의 활성이 증진되면 종자의 발아력이 활성화된다.

정답 01 ② 02 ③ 03 ① 04 ④ 05 ① 06 ②

**07** **작물생식에 있어서 아포믹시스를 옳게 설명한 것은?**

① 수정에 의한 배 발달
② 수정없이 배 발달
③ 세포 융합에 의한 배 발달
④ 배유 배양에 의한 배 발달

해설

아포믹시스는 무수정생식이라 하며 난핵과 정핵의 결합이 없는 무성생식이다.

**08** **식물의 화아가 유도되는 생리적 변화에 영향을 미치는 요인으로 가장 거리가 먼 것은?**

① 춘화처리 ② 일장효과
③ 토양수분 ④ C/N율

해설

화아분화에 영향을 주는 요인으로 일장, 온도(춘화처리 등), 습도 등의 외부환경요인이 있으며 내적요인으로는 식물의 성숙도, 영양상태(C/N율 등), 식물호르몬 등이 있다.

**09** **종자 프라이밍의 주 목적으로 옳은 것은?**

① 종피에 함유된 발아억제물질의 제거
② 종자전염 병원균 및 바이러스 방제
③ 유묘의 양분흡수 촉진
④ 종자발아에 필요한 생리적인 준비를 통한 발아 속도와 균일성 촉진

해설

종자 프라이밍은 발아 촉진과 발아 후 생육 촉진, 발아 균일성 향상을 목적으로 한다.

**10** **수확적기로 벼의 수확 및 탈곡 시에 기계적 손상을 최소화 할 수 있는 종자 수분함량은?**

① 14% 이하 ② 17~23%
③ 30~35% ④ 50% 이상

해설

벼, 보리의 수확적기 종자 수분함량은 17~23% 이며 이때 탈곡 시 기계적 손상을 최소화 할수 있다.

**11** **다음 중 뇌수분을 이용하여 채종하는 작물은?**

① 벼 ② 배추
③ 당근 ④ 아스파라거스

해설

뇌수분의 경우 자가수정률이 높은 편이며 양배추, 무 등의 식물에 적합하다.

**12** **다음 설명에 해당하는 것은?**

> 많은 꽃의 자방들이 모여서 하나의 덩어리를 이루고 있는 것으로 파인애플, 라즈베리가 해당한다.

① 복과 ② 위과
③ 취과 ④ 단과

해설

복과는 많은 꽃의 자방들이 모여 하나의 덩어리를 이루는 것으로 라즈베리, 파인애플 등이 있다.

**13** **옥수수 종자는 수정 후 며칠쯤이 되면 발아율이 최대에 달하는가?**

① 약 13일 ② 약 21일
③ 약 31일 ④ 약 43일

해설

옥수수 종자는 수정 후 약 31일이 되면 발아율이 최대에 달한다.



정답 07 ② 08 ③ 09 ④ 10 ② 11 ② 12 ① 13 ③

## 14 다음 중 무배유 종자에 해당하는 것은?

① 보리 ② 상추
③ 밀 ④ 옥수수

해설

무배유종자에는 콩, 완두, 팥, 녹두, 클로버 등의 콩과 식물 및 수박, 오이, 호박, 상추, 배추 등이 있다.

## 15 유한화서이면서 작살나무처럼 2차지경 위에 꽃이 피는 것을 무엇이라 하는가?

① 두상화서 ② 유이화서
③ 원추화서 ④ 복집산화서

해설

복집산화서는 2차지경 위에 꽃이 피는 것으로 작살나무 등이 있다.

## 16 다음 중 발아촉진에 효과가 가장 큰 물질은?

① gibberellin ② abscisic acid
③ parasorbic acid ④ momilactone

해설

지베렐린(Gibberellin)을 작물에 적용시 발아촉진, 화성유도, 생장 촉진, 수량의 증대 효과 등이 있으며 발아촉진에 큰 효과를 보인다.

## 17 종자의 생성 없이 과실이 자라는 현상은?

① 단위결과 ② 단위생식
③ 무배생식 ④ 영양결과

해설

단위결과는 수정이 되고 종자가 생기지 않아도 과실이 형성되는 경우로 바나나, 수박, 포도, 오이, 감귤류 등에서 나타난다.

## 18 다음 중 호광성 종자인 것은?

① 토마토 ② 가지
③ 상추 ④ 호박

해설

광발아성 종자는 호광성종자로 상추, 담배, 우엉 등이 있다.

## 19 광합성 산물이 종자로 전류되는 이동형태는?

① amylose ② stachyose
③ sucrose ④ raffinose

해설

광합성산물의 종자로 전류는 수크로스(sucrose) 로 이루어진다.

## 20 한천배지검정에서 Sodium Hypochlorite (NaOCl)를 이용한 종자의 표면 소독 시 적정농도와 침지시간으로 가장 적당한 것은?

① 1%, 1분 ② 10%, 10분
③ 20%, 30분 ④ 40%, 50분

해설

NaOCl 1% 용액에 1분 동안 침지하여 표면을 소독한다.

# 제2과목 식물육종학

## 21 유전자형이 이형접합 상태에서만 나타나는 분산은?

① 상가적 분산 ② 우성적 분산
③ 상위적 분산 ④ 환경 분산

해설

우성적 분산은 1대 잡종의 표현형 값이 양친의 어느 한쪽과 일치하면 완전우성, 양친과 양친평균 사이에 있으면 불완전우성, 양친 값을 벗어나면 초월우성이다. 이러한 우성적 분산은 유전자형이 이형접합에서 나타나는 분산이다.

정답 14 ② 15 ④ 16 ① 17 ① 18 ③ 19 ③ 20 ① 21 ②

**22** **순계 두 품종 사이의 교배에 의하여 생겨난 $F_1$ 식물체(AaBbCcDdEe)가 생산하는 화분의 종류는? (단, 5개의 유전자는 서로 독립 유전을 한다고 가정함)**

① 5개 ② 25개
③ 32개 ④ 64개

해설

n 쌍의 대립유전자는 $2^n$ 만큼의 표현형을 가지기에 5개의 대립유전자가 있으므로 $2^5=32$ 개이다.

**23** **다음 중 자식성 작물에서 유전력이 높은 형질의 개량에 가장 많이 쓰이는 육종방법은?**

① 계통육종법 ② 집단육종법
③ 잡종강세육종법 ④ 배수성육종법

해설

계통육종법은 교배를 하여 잡종을 만들고 그 분리세대인 $F_2$ 이후부터 계속 개체선발을 하고 선발된 개체를 개체별 계통재배를 되풀이 하면 그들 계통을 서로 비교하여 우량한 계통을 선발, 고정하여 순계를 만들어 가는 방법으로 자가수정작물의 대표적인 육종방법이다.

**24** **다음 중 하디-바인베르크 법칙의 전제조건으로 옳지 않은 것은?**

① 집단 내에 유전적 부동이 있어야 한다.
② 다른 집단과 유전자 교류가 없어야 한다.
③ 집단 내에서 자연적 선택이 일어나지 않아야 한다.
④ 집단 내에 돌연변이가 일어나지 않아야 한다.

해설

하디-바인베르크 법칙은 무작위적 교배가 일어나고 있는 집단에서 유전자를 변화시키는 외부 힘이 작용하지 않는 한 우성 유전자와 열성 유전자의 비율은 세대를 거듭하여도 변하지 않고 유전적 평형을 이룬다는 내용이다

※ 하디-바인베르크 법칙 전제조건
- 돌연변이가 없어야 한다.
- 대립유전자의 적합도가 같아야 한다.
- 집단 간 이주가 없어야 한다.
- 무작위 교배가 일어나며 유전자 부동이 없어야 한다.

**25** **바빌로프의 유전자 중심지설에서 감자, 토마토, 고추 작물의 재배기원 중심지는?**

① 지중해 연안지구 ② 근동지구
③ 남미지구 ④ 중앙아메리카지구

해설

감자, 담배, 바나나, 토마토, 고추 등은 바빌로프의 유전자 중심지설에서 남미지구(남아메리카)에 해당된다.

**26** **토마토의 웅성불임은 세포질은 관여하지 않고 핵유전자가 열성의 msms일 때 나타난다. 웅성불임계통을 웅성불임 유지친과 교배하여 얻는 후대 중에서 웅성불임 개체는 최고 몇 %를 얻을 수 있는가?**

① 100% ② 75%
③ 50% ④ 25%

해설

웅성불임인자는 Ms 로 표시한다. 여기서 msms 는 불임, MsMs 는 가임이 된다. 불임주의 유지 증식은 불임주, msms 에 이형상태인 Msms 주의 화분을 교배하여 50% 의 불임주를 얻는다.

**27** **피자식물의 중복수정에 의해 형성되는 배유의 염색체 수는?**

① 1n ② 2n
③ 3n ④ 4n

해설

피자식물 중복수정으로 정핵(n)과 2개의 극핵(2n)을 통해 배유(3n)이 나타난다.



정답 22 ③ 23 ① 24 ① 25 ③ 26 ③ 27 ③

**28** 배추, 무 등 호냉성 채소의 주년생산은 어떤 형질의 개량에 의해 가능해 진 것인가?

① 저온 감응성　② 내습성
③ 내도복성　④ 내염성

해설

배추, 무 등 호냉성 채소는 저온감응성으로 최아종자의 시기에 저온에 감응해야 개화를 하는데 이러한 저온 감응성을 개량하여 주년생산이 가능하도록 하였다.

**29** 새로 육성한 우량품종의 순도를 유지하기 위하여 육종가 또는 육종기관이 유지·관리하고 있는 종자는?

① 보급종 종자　② 원종 종자
③ 원원종 종자　④ 기본식물 종자

해설

기본식물의 종자는 우량품종의 순도 유지를 위해 육종가 혹은 육종기관에서 관리를 한다.

**30** 세포질-유전자적 웅성불임성에 있어서 불임주의 유지친이 갖추어야 할 유전적 조건으로 옳은 것은?

① 핵내의 불임 유전자 조성이 웅성불임친과 동일해야 한다.
② 웅성불임친과 교배 시에 강한 잡종강세 현상이 일어나야 한다.
③ 핵내의 모든 유전자 조성이 웅성불임친과 동일하지 않아야 한다.
④ 웅성불임친에는 없는 내병성 유전인자를 가져야 한다.

해설

불임주의 유지친은 핵내의 불임 유전자 조성이 웅성불임친과 동일해야 한다.

**31** 두 유전자가 연관되었는지를 알아보기 위하여 주로 쓰는 방법은?

① 타가수정　② 원형질융합
③ 속간교배　④ 검정교배

해설

검정교배는 어떤 개체의 유전자형이나 배우자분리를 알고자 열성인 개체와 교배하는 것을 말한다.

**32** 다음 중 우장춘 박사의 작물육종 업적으로 옳은 것은?

① 배추와 양배추간의 종간잡종 획득
② 속간 잡종을 이용한 담배의 내병성 품종 육성
③ 콜히친에 의한 C-mitosis 발생 기작 규명
④ 방사선을 이용한 옥수수의 돌연변이체 획득

해설

우장춘 박사의 작물육종 업적에서 '종의 합성' 이라는 논문을 통해 배추와 양배추간의 종간잡종이 가능함을 밝혔다.

**33** 여교잡 육종법에 대한 설명으로 옳지 않은 것은?

① 목표형질 이외 다른 형질의 개량이 용이함
② 재래종의 내병성을 이병성 품종에 도입하는 경우 효과적임
③ 복수의 유전자 집적이 가능함
④ 비실용품종의 한 가지 우수한 특성을 도입하기 유용함

해설

여교잡육종법은 연속적으로 교배하면서 목표형질만을 선발하므로 육종효과가 있으나 목표형질 이외 다른 형질의 개량을 기대하기 어렵다.

2021

정답　28 ①　29 ④　30 ①　31 ④　32 ①　33 ①

## 34 잡종 집단에서 선발차가 50 이고, 유전획득량이 25 일 때의 유전력(%)은?

① 0.2　　② 0.5
③ 20　　④ 50

**해설**

$$\text{유전력} = \frac{\text{유전획득량}}{\text{선발차}} \times 100 = \frac{25}{50} \times 100 = 50(\%)$$

## 35 600개의 염기로 구성된 유전자의 DNA단편이 단백질로 합성되는 과정에서 몇 개의 코돈을 형성하는가?

① 100　　② 200
③ 300　　④ 600

**해설**

코돈은 단백질 합성 시 한 개의 아미노선을 지정하는 단위로 DNA에서 3개의 염기서열로 이루어진다. 즉 600개의 염기로 구성된 유전자의 DNA단편이 단백질로 합성되는 과정에서 200개의 코돈이 형성된다.

## 36 잡종강세육종에서 일반조합능력과 특정조합 능력을 함께 검정할 수 있는 것은?

① 단교배　　② 톱교배
③ 이면교배　　④ 3원교배

**해설**

이면교배는 여러 자식계를 둘씩 조합하거나 교배하여 특정조합능력과 일반조합능력을 검정한다.

## 37 동질배수체의 일반적인 특징에 대한 설명으로 옳지 않은 것은?

① 저항성이 증대된다.
② 핵과 세포가 커진다.
③ 착과수가 많아진다.
④ 영양기관의 생육이 증진된다.

**해설**

동질배수체는 임성이 저하되고 착과성이 감퇴하며 발육이 지연 된다.

## 38 일장효과의 이용에 대한 설명으로 틀린 것은?

① 단일성 작물에 한계일장 이상의 일장처리를 하면 개화가 지연된다.
② 단일성 작물에 한계일장 이하의 일장처리를 하면 개화가 촉진된다.
③ 장일성 작물에 한계일장 이하의 일장처리를 하면 개화가 촉진된다.
④ 장일성 작물에 한계일장 이상의 일장처리를 하면 개화가 촉진된다.

**해설**

장일성 식물은 한계일장이상의 빛을 받아야 개화가 유도된다.

## 39 동질4배체의 $F_1$(AAaa)을 자가수정하여 만들어진 $F_2$의 표현형의 분리비로 옳은 것은? (단, A는 a에 우성이다.)

① 우성 : 열성 = 1 : 1
② 우성 : 열성 = 3 : 1
③ 우성 : 열성 = 15 : 1
④ 우성 : 열성 = 35 : 1

**해설**

$F_1$(AAaa)을 자가수정하여 만들어진 $F_2$의 표현형의 분리비는 AAAA:AAAa:AAaa:Aaaa:AAAA = 1:8:18:8:1 이므로 분리비는 우성:열성 = 35:1 이다.



정답 34 ④ 35 ② 36 ③ 37 ③ 38 ③ 39 ④

**40** **집단선발법에 대한 설명으로 옳지 않은 것은?**

① 집단속에서 선발한 우량개체 간에 타식시킨다.
② 집단속에서 선발한 우량개체를 자식시켜 나간다.
③ 어느 정도 이형접합성을 유지해 나가도록 할 필요가 있다.
④ 선발한 우량개체를 방임상태로 수분시켜 채종한다.

해설
집단선발법은 개체나 계통의 집단을 대상으로 선발하는 방법으로 타가수정작물에 많이 이용된다.

## 제3과목 재배원론

**41** **다음 중 인과류에 해당하는 것은?**

① 앵두 ② 포도
③ 감 ④ 사과

해설
인과류에는 배, 사과, 비파 등이 있다.

**42** **벼, 보리 등 자가수분작물의 종자갱신방법으로 옳은 것은? (단, 기계적 혼입의 경우는 제외한다.)**

① 자가에서 정선하면 종자교환 할 필요가 없다.
② 원종장에서 보급종을 3~4년마다 교환한다.
③ 원종장에서 10년마다 교환한다.
④ 작황이 좋은 농가에서 15년마다 교환한다.

해설
벼, 보리 등의 종자갱신은 원종장에서 보급종을 4년마다 교환한다.

**43** **다음 중 방사선을 육종적으로 이용할 때에 대한 설명으로 옳지 않은 것은?**

① 주로 알파선을 조사하여 새로운 유전자를 창조한다.
② 목적하는 단일유전자나 몇 개의 유전자를 바꿀 수 있다.
③ 연관군 내의 유전자를 분리할 수 있다.
④ 불화합성을 화합성으로 변화시킬 수 있다.

해설
방사선을 이용한 돌연변이육종법에서는 γ 선(감마선)이 가장 많이 이용된다.

**44** **고구마의 저장온도와 저장습도로 가장 적합한 것은?**

① 1~4℃, 60~70%
② 5~7℃, 70~80%
③ 13~15℃, 80~90%
④ 15~17℃, 90% 이상

해설
저장시 감자의 저장온도는 1~4℃, 저장습도는 80~95% 이다. 고구마의 경우 저장온도 12~15℃, 저장습도 80~95% 이다.

**45** **무기성분의 산화와 환원형태로 옳지 않은 것은?**

① 산화형 : $SO_4$, 환원형 : $H_2S$
② 산화형 : $NO_3$, 환원형 : $NH_4$
③ 산화형 : $CO_2$, 환원형 : $CH_4$
④ 산화형 : $Fe^{++}$, 환원형 : $Fe^{+++}$

해설
Fe(철)에서 산화형은 전자를 잃은 $Fe^{3+}$ 이며 환원형은 전자를 얻은 $Fe^{2+}$ 이다

정답 40 ② 41 ④ 42 ② 43 ① 44 ③ 45 ④

## 46 다음 중 세포의 신장을 촉진시키며 굴광현상을 유발하는 식물호르몬은?

① 옥신 ② 지베렐린
③ 사이토카이닌 ④ 에틸렌

**해설**

옥신은 굴광현상에 영향을 주는 식물호르몬으로 옥신에 의해 식물이 빛을 따라 기울어지는 현상이 나타난다.

## 47 영양번식을 위해 엽삽을 이용하는 것은?

① 베고니아 ② 고구마
③ 포도나무 ④ 글라디올러스

**해설**

엽삽을 이용하는 것으로 베고니아, 산세베리아 등이 있다.

## 48 화곡류에서 잎을 일어서게 하여 수광율을 높이고, 증산을 줄여 한해 경감 효과를 나타내는 무기성분으로 옳은 것은?

① 니켈 ② 규소
③ 셀레늄 ④ 리튬

**해설**

규소는 화곡류의 저항성을 높이는데 도움을 주는데 벼에 있어 도열병에 대한 저항성을 키워주고 잎을 곧게 지지하도록 도와준다. 잎을 곧게 지지하여 수광율을 높이는데도 도움을 주며 한해에 대한 경감 효과도 있다.

## 49 건물생산이 최대로 되는 단위면적당 군락엽면적을 뜻하는 용어는?

① 최적엽면적 ② 비엽면적
③ 엽면적지수 ④ 총엽면적

**해설**

최적엽면적은 건물생산이 최대로 되는 단위 면적당의 군락엽면적이며 군락의 엽면적을 토지면적에 대한 배수치로 표현한 것을 엽면적지수라 한다.

## 50 토양의 pH가 1단위 감소하면 수소이온의 농도는 몇 % 증가하는가?

① 1 % ② 10 %
③ 100 % ④ 1000 %

**해설**

pH 1 은 $10^{-1}$ 로서 수소이온 농도가 1/10 을 의미한다 pH 2 는 $10^{-2}$ 로서 1/100 의 의미이며 pH 단위 1 당 수소이온 농도가 10배씩 변화된다. 여기서 % 로 표현하면 수소이온이 10배 차이가 나기에 1000%가 변화한다.

## 51 다음 중 봄철 늦추위가 올 때 동상해의 방지책으로 옳지 않은 것은?

① 발연법 ② 송풍법
③ 연소법 ④ 냉수온탕법

**해설**

동상해의 방지책에는 관개법, 송풍법, 발연법, 피복법, 연소법, 살수빙결법이 있다.

## 52 다음 중 하고현상이 가장 심하지 않은 목초는?

① 티머시 ② 켄터키브루그래스
③ 레드클로버 ④ 화이트클로버

**해설**

하고 현상이 심한 목초의 종류에는 티머시, 블루그라스, 레드클로버 등이 있고 상대적으로 하고현상이 적은 종류에는 라이그라스, 화이트클로버, 오처드그라스 등이 있다.



정답 46 ① 47 ① 48 ② 49 ① 50 ④ 51 ④ 52 ④

**53** **다음 중 질산태질소에 관한 설명으로 옳은 것은?**

① 산성토양에서 알루미늄과 반응하여 토양에 고정되어 흡수율이 낮다.
② 작물의 이용형태로 잘 흡수·이용하지만 물에 잘 녹지 않으며 지효성이다.
③ 논에서는 탈질작용으로 유실이 심하다.
④ 논에서 환원층에 주면 비효가 오래 지속된다.

해설

질산태질소($NO_3^-$)를 논에 주면 용탈 및 탈질현상이 심하게 나타난다.

**54** **질소농도가 0.3%인 수용액 20L를 만들어서 엽면시비를 할 때 필요한 요소비료의 양은? (단, 요소비료의 질소함량은 46% 이다.)**

① 약 28g ② 약 60g
③ 약 77g ④ 약 130g

해설

· 0.3% 수용액 20L 의 용질(질소)의 양은

$$\frac{\text{용질(질소)}}{20000g} \times 100 = 0.3 \rightarrow \text{용질(질소)} : 60g$$

· 요소비료의 질소함량은 46% 이므로 필요한 요소비료의 질량은 $60g \div \frac{46}{100} \fallingdotseq 130.43(g)$

**55** **작물이 정상적으로 생육하는 토양의 유효수분 범위(pF)는?**

① 1.8~3.0 ② 18~30
③ 180~300 ④ 1800~3000

해설

일반작물의 유효수분은 pF 1.8 ~ 4.0 정도이며 정상생육이 가능한 범위는 pF 1.8~3.0 이다.

**56** **식물의 무기영양설을 제창한 사람은?**

① 바빌로프 ② 캔돌레
③ 린네 ④ 리비히

해설

1840년 독일의 리비히가 무기영양설을 제창하였다. 무기영양설은 식물의 영양이 유기화합물은 필요하지 않고 무기화합물만으로 충분하다는 내용이다.

**57** **다음 중 벼 장해형 냉해에 가장 민감한 시기로 옳은 것은?**

① 유묘기 ② 감수분열기
③ 최고분열기 ④ 유숙기

해설

장해형 냉해는 화분이나 배낭의 생식기관이 정상적으로 형성되지 못하거나 수정장해가 유발되는 등의 현상이 발생한다. 벼는 냉해로 인하여 감수분열기에 이상발육이 초래되어 불임현상이 나타나기도 한다.

**58** **다음 중 연작 장해가 가장 심한 작물은?**

① 당근 ② 시금치
③ 수박 ④ 파

해설

당근은 연작의 해가 적은 작물이며 시금피와 파는 1년정도 휴작이 필요한 작물이다. 그러나 수박의 경우 5~7년 정도의 휴작이 필요하기에 연작을 할 경우 피해가 심하게 나타난다.

**59** **다음 중 파종량을 늘려야 하는 경우로 가장 적합한 것은?**

① 단작을 할 때
② 발아력이 좋을 때
③ 따뜻한 지방에 파종할 때
④ 파종기가 늦어질 때

해설

발아력이 낮거나 파종기가 늦을 경우 파종량을 늘린다.



정답 53 ③ 54 ④ 55 ① 56 ④ 57 ② 58 ③ 59 ④

**60** **다음 중 영양번식을 하는데 발근 및 활착을 촉진하는 처리가 아닌 것은?**

① 황화처리 ② 프라이밍
③ 환상박피 ④ 옥신류처리

해설

종자프라이밍은 일정 조건에서 종자에 삼투압 용액이나 수용성 화합물을 흡수시켜 종자 내 대사 작용이 진행되지만 발아하지 않도록 처리하는 기술로 발아 촉진과 발아 후 생육 촉진을 목적으로 한다.

## 제4과목 식물보호학

**61** **마늘의 뿌리를 가해하는 해충은?**

① 고자리파리 ② 점박이응애
③ 왕귀뚜라미 ④ 아이노각다귀

해설

고자리파리의 기주는 양파, 파, 마늘 부추 등이 있다. 유충이 뿌리 부분을 가해하고 이후 줄기까지 가해하여 식물을 고사시킨다.

**62** **병원균이 균핵 형태로 종자와 섞여 있다가 전염되는 병은?**

① 보리 깜부기병 ② 호밀 맥각병
③ 벼 키다리병 ④ 벼 도열병

해설

호밀 맥각병은 자낭균류에 의해 발생한다. 균핵은 땅에서 월동하고 다음해 자실체를 형성한다. 또한 병원균이 균핵 형태로 종자와 섞여 있다 전염되기도 한다.

**63** **곤충의 감각기에 대한 설명으로 옳지 않은 것은?**

① 곤충의 감각에는 청각, 후각, 촉각, 시각 등이 있다.
② 각종 화학물질을 탐지할 수 있는 화학감각기가 잘 발달되어 있다.
③ 곤충은 소리를 탐지할 수 없다.
④ 대부분의 곤충은 적색을 감지하지 못한다.

해설

곤충의 감각기에서 청각은 소리를 탐지할 수 있다.

**64** **고구마무름병균과 귤푸른곰팡이병의 공통된 기주침입 방법은?**

① 자연개구부를 통한 침입
② 상처를 통한 침입
③ 각피를 통한 침입
④ 특수기관을 통한 침입

해설

고구마무름병균과 귤푸른곰팡이병은 대상 식물의 상처를 통해 침입한다.

**65** **벼의 줄무늬잎마름병의 매개충은?**

① 벼멸구 ② 애멸구
③ 흰등멸구 ④ 복숭혹진딧물

해설

줄무늬잎마름병의 병원은 바이러스이며 매개충은 애멸구이다. 애멸구는 1년에 5회 정도 발생하며 4월, 6월, 7월, 8월, 9월에 각각한번씩 발생하고 4령 약충이 논둑의 잡초 사이에 월동한다.



정답 60 ② 61 ① 62 ② 63 ③ 64 ② 65 ②

**66** 식물병을 일으키는 비기생성의 원인으로 가장 거리가 먼 것은?

① 양분 부족　② 유해 물질
③ 바이로이드　④ 산업폐기물

해설
바이로이드는 생물성 병원으로 기생성에 해당된다.

**67** 농약의 구비조건이 아닌 것은?

① 약해가 없을 것
② 가격이 저렴할 것
③ 약효가 확실할 것
④ 타약제와 혼용 시 물리적 작용이 일어날 것

해설
농약의 경우 다른 약제와 혼용시 물리적 작용이 일어나지 않아야 한다.

**68** 사용목적에 따른 농약의 분류에서 종류가 다른 것은?

① 접촉독제　② 유인제
③ 훈증제　④ 종자소독제

해설
접촉제, 유인제, 훈증제는 살충제에 해당되며 종자소독제는 살균제에 해당된다.

**69** 식물을 보호하기 위한 포장위생 방법으로 옳지 않은 것은?

① 병든 식물의 제거
② 윤작
③ 병환부의 제거
④ 수확 후 이병잔재물의 제거

해설
포장위생에는 병든 식물, 병환부, 이병잔재물 등을 제거하여 1차 전염원을 없애는 것이다. 윤작은 포장위생과 함께 경종적 방제법에 해당된다.

**70** 식물병 표징의 특징이 다른 하나는?

① 흰가루병　② 녹병
③ 균핵병　④ 흰녹가루병

해설
흰가루병, 녹병, 흰녹가루병 등은 가루를 뿌린듯한 표징이 나타나지만 균핵병은 표면에 검은 쥐똥 같은 덩어리가 생긴다.

**71** 밑줄기녹병균의 중간기주는?

① 향나무　② 밀
③ 매자나무　④ 모과나무

해설
맥류 줄기녹병의 중간기주는 매자나무이다.

**72** 프루텔고치벌이 기생하는 기주곤충은?

① 파밤나방　② 담배나방
③ 배추좀나방　④ 담배거세미나방

해설
프루텔코치벌은 배추좀나방 유충에 기생하는 내부기생봉이다.

**73** 도열병균의 포자가 발아한 후 잎표피를 침입하기 위하여 형성하는 기구는?

① 부착기　② 발아관
③ 흡기　④ 제2차균사

해설
도열병균은 기주에 침입할 때 부착기를 형성하며 균사의 끝이 특수한 모양의 흡기를 세포 안에 박고 영양을 섭취한다.



정답 66 ③ 67 ④ 68 ④ 69 ② 70 ③ 71 ③ 72 ③ 73 ①

**74** **곤충의 특징이 아닌 것은?**

① 머리에는 한 쌍의 촉각과 여러 모양으로 변형된 입틀(구기)을 가지고 있다.
② 폐쇄 혈관계를 가지고 있다.
③ 호흡은 잘 발달된 기관계를 통해서 이루어진다.
④ 외골격으로 이루어져 있다.

해설

순환계는 개방형 순환계와 폐쇄형 순환계로 분류되며 곤충은 개방형 순환계를 가진다.

**75** **후배자 발육에 있어 날개가 없는 원시적인 곤충들에서 볼 수 있고 탈피만 일어나는 변태는?**

① 완전변태　② 불완전변태
③ 과변태　④ 무변태

해설

무변태는 불완전변태의 일종으로 부화 당시 성충과 같은 모양을 하고 있으며 톡도기목에서 관찰된다.

**76** **곤충의 가슴에 대한 설명으로 옳지 않은 것은?**

① 두 쌍의 날개가 있는 경우, 앞가슴과 가운데가슴에 각각 한 쌍씩 있다.
② 앞가슴, 가운데가슴, 뒷가슴의 세부분으로 구성된다.
③ 파리목 곤충은 뒷날개가 퇴화되어 있다.
④ 각 마디마다 한 쌍씩의 다리가 있다.

해설

대부분의 곤충은 날개는 2쌍으로 앞날개는 가운데가슴, 뒷날개는 뒷가슴에 달려 있다.

**77** **식물병을 일으키는 요인 중 전염성 병원이 아닌 것은?**

① 항생제　② 바이로이드
③ 스피로플라스마　④ 파이토플라스마

해설

항생제는 세균의 번식을 억제하거나 죽여서 세균 감염을 치료하는 데 활용된다.

**78** **해충 종합관리에 대한 설명으로 옳지 않은 것은?**

① 이용할 수 있는 모든 방제수단을 조화롭게 활용한다.
② 작물 재배지 내의 모든 해충을 박멸한다.
③ 해충밀도를 경제적 피해허용수준 이하로 유지한다.
④ 해충방제의 부작용을 최소한으로 줄인다.

해설

병해충 종합관리는 생태학적인 시각에서 관리를 요구하며 병해충의 박멸이 아닌 농작물에 피해를 입히지 않는 수준의 유지를 목적으로 한다.

**79** **식물병원 바이러스에 대한 설명으로 옳지 않은 것은?**

① 인공배지에 배양할 수 없다.
② 핵산은 DNA로만 구성되어 있다.
③ 주로 핵산과 단백질로 되어 있다.
④ 식물에 병을 일으키는 능력을 가진다.

해설

바이러스는 핵산과 단백질로 구성된 핵단백질로 세포벽이 없는 것이 특징이다. 핵산은 대부분 RNA 이며 몇몇은 DNA 가 존재한다.



정답 74 ② 75 ④ 76 ① 77 ① 78 ② 79 ②

**80** 식물 바이러스에 대한 설명으로 옳지 않은 것은?

① 식물 세균보다 크기가 큰 병원체이다.
② 초현미경적 병원체이다.
③ 살아있는 세포에서만 증식이 가능하다.
④ 핵산의 주위를 외피단백질이 둘러 싸고 있다.

해설

병원체의 크기는 곰팡이에 가장 크며 세균, 파이토플라스마, 바이러스, 바이로이드 순서로 바이로이드가 가장 작다.

## 제5과목 종자관련법규

**81** 식물신품종보호법상 우선권을 주장하려는 자는 최초의 품종보호 출원일 다음 날부터 얼마 이내에 품종보호 출원을 하지 아니하면 우선권을 주장할 수 없는가?

① 3개월 이내　② 6개월 이내
③ 9개월 이내　④ 1년 이내

해설

우선권을 주장하려는 자는 최초의 품종보호 출원일 다음 날부터 1년 이내에 품종보호 출원을 하지 아니하면 우선권을 주장할 수 없다.

**82** 종자산업법상 출입, 조사·검사 또는 수거를 거부·방해 또는 기피한 자의 과태료는?

① 5백만원 이하의 과태료
② 1천만원 이하의 과태료
③ 2천만원 이하의 과태료
④ 5천만원 이하의 과태료

해설

종자산업법상 출입, 조사·검사 또는 수거를 거부·방해 또는 기피한 자는 1년 이하의 징역 또는 1천만원 이하의 벌금에 처한다.

**83** 종자검사요령상 종자검사 순위도에서 종자검사 시 가장 우선 실시하는 것은?

① 발아세검사　② 농약검사
③ 발아율검사　④ 수분검사

해설

수분검사는 종자의 수분함량을 측정하는 것으로 종자의 저장과 관계가 있어 종자검사 시 가장 우선적으로 실시한다.

**84** 종자검사요령상 시료추출에서 수수의 순도검사 최소 중량은?

① 25g　② 50g
③ 90g　④ 120g

해설

수수의 제출시료는 900g, 순도검사는 90g 을 기준으로 한다.

**85** 종자산업법상 국가보증의 대상에 대한 내용이다. (　　)에 옳지 않은 내용은?

> (　　)가/이 품종목록 등재대상작물의 종자를 생산하거나 수출하기 위하여 국가보증을 받으려는 경우 국가보증의 대상으로 한다.

① 군수
② 시장
③ 도지사
④ 각 지역 국립 대학교 연구원

해설

시·도지사, 시장·군수·구청장, 농업단체등 또는 종자업자가 품종목록 등재대상작물의 종자를 생산하거나 수출하기 위하여 국가보증을 받으려는 경우 국가보증의 대상으로 한다.

2021

정답 80 ① 81 ④ 82 ② 83 ④ 84 ③ 85 ④

**86** **종자산업법상 육묘업 등록이 취소된 자는 취소된 날부터 몇 년이 지나지 아니하면 육묘업을 다시 등록할 수 없는가?**

① 2년 ② 3년
③ 5년 ④ 7년

해설
육묘업 등록이 취소된 자는 취소된 날부터 2년이 지나지 아니하면 육묘업을 다시 등록할 수 없다.

**87** **식물신품종보호법상 품종보호권의 설정등록을 받으려는 자나 품종보호권자는 품종보호료 납부기간이 지난 후에도 얼마 이내에는 품종보호료를 납부할 수 있는가?**

① 6개월 ② 9개월
③ 12개월 ④ 2년

해설
품종보호권의 설정등록을 받으려는 자나 품종보호권자는 품종보호료 납부기간이 지난 후에도 6개월 이내에는 품종보호료를 납부할 수 있다.

**88** **종자산업법상 지방자치단체의 종자산업 사업수행에 대한 내용이다. ( )에 알맞은 내용은?**

> ( )은 종자산업의 안정적인 정착에 필요한 기술보급을 위하여 지방자치단체의 장에게 지역특화 농산물 품목 육성을 위한 품종개발 사업을 수행하게 할 수 있다.

① 농림축산식품부장관
② 환경부장관
③ 농업기술실용화재단장
④ 농촌진흥청장

해설
농림축산식품부장관은 종자산업의 안정적인 정착에 필요한 기술보급을 위하여 지방자치단체의 장에게 종자 및 묘 생산과 관련된 기술의 보급에 필요한 정보 수집 및 교육 사업을 수행하게 할 수 있다.

**89** **종자산업법상 품종목록 등재의 유효기간은 등재한 날이 속한 해의 다음 해부터 몇 년 까지로 하는가?**

① 3년 ② 5년
③ 7년 ④ 10년

해설
종자산업법상 품종목록 등재의 유효기간은 등재한 날이 속한 해의 다음 해부터 10년까지로 한다.

**90** **종자산업법상 종자업 등록의 취소 등에서 구청장은 종자산업자가 종자업 등록을 한 날부터 1년 이내에 사업을 시작하지 아니하거나 정당한 사유 없이 1년 이상 계속하여 휴업한 경우에는 종자업 등록을 취소하거나 얼마 이내의 기간을 정하여 영업의 전부 또는 일부의 정지를 명할 수 있는가?**

① 1개월 ② 3개월
③ 6개월 ④ 9개월

해설
종자업 등록을 한 날부터 1년 이내에 사업을 시작하지 아니하거나 정당한 사유 없이 1년 이상 계속하여 휴업한 경우 시장·군수·구청장은 종자업 등록을 취소하거나 6개월 이내의 기간을 정하여 영업의 전부 또는 일부의 정지를 명할 수 있다.

**91** **종자관리요강상 과수 포장검사에 대한 내용이다. ( )에 알맞은 내용은?**

| 항목 / 생산단계 | 최고한도(%) | | | |
|---|---|---|---|---|
| | 이품종주 | 이종주 | 병주 | |
| | | | 특정병 | 기타병 |
| 원원종포 | 무 | 무 | 무 | ( ) |

① 1.0 ② 2.0
③ 3.0 ④ 4.0

해설
종자관리요강상 과수의 기타병의 원원종포의 최고한도는 2%, 원종포 2%, 모수포 6%, 증식포 10% 이다.



정답 86 ① 87 ① 88 ① 89 ④ 90 ③ 91 ②

**92** **식물신품종보호법상 과수와 임목의 경우 품종보호권의 존속기간은 품종보호권이 설정등록된 날부터 몇 년으로 하는가?**

① 25년 ② 20년
③ 15년 ④ 10년

해설
품종보호권의 존속기간은 품종보호권이 설정등록된 날부터 20년으로 한다. 다만, 과수와 임목의 경우에는 25년으로 한다.

**93** **식물신품종보호법상 절차의 무효에 대한 내용이다. (  )에 알맞은 내용은?**

> 심판위원회 위원장은 육성자의 권리 보호에 대한 절차가 무효로 된 경우로서 지정된 기간을 지키지 못한 것이 보정명령을 받은 자가 천재지변이나 그 밖의 불가피한 사유에 의한 것으로 인정될 때에는 그 사유가 소멸한 날부터 (  )에 또는 그 기간이 끝난 후 1년 이내에 보정명령을 받은자의 청구에 따라 그 무효처분을 취소할 수 있다.

① 7일 이내 ② 14일 이내
③ 30일 이내 ④ 50일 이내

해설
농림축산식품부장관, 해양수산부장관 또는 심판위원회 위원장은 그 절차가 무효로 된 경우로서 지정된 기간을 지키지 못한 것이 보정명령을 받은 자가 천재지변이나 그 밖의 불가피한 사유에 의한 것으로 인정될 때에는 그 사유가 소멸한 날부터 14일 이내에 또는 그 기간이 끝난 후 1년 이내에 보정명령을 받은 자의 청구에 따라 그 무효처분을 취소할 수 있다.

**94** **종자검사요령상 포장검사 병주 판정기준에서 참깨의 기타병은?**

① 엽고병 ② 균핵병
③ 갈반병 ④ 풋마름병

해설
참깨의 포장검사 병주 판정기준에서 특정병은 역병 및 위조병이며 기타병은 엽고병이다.

**95** **종자관리요강상 수입적응성시험의 대상작물 및 실시기관에서 배추 작물의 실시기관은?**

① 농업기술실용화재단
② 한국종자협회
③ 한국생약협회
④ 농업협동조합중앙회

해설
수입적응성시험의 대상작물 및 실시기관에서 한국종자협회의 대상작물은 무, 배추, 양배추, 고추, 토마토, 오이, 참외, 수박, 호박, 파, 양파, 당근, 상추, 시금치, 딸기, 마늘, 생강, 브로콜리가 있다.

2021

**96** **종자산업법상 전문인력의 양성에 대한 내용이다. (  )에 알맞은 내용은?**

> 국가와 지방자치단체는 지정된 전문인력 양성기관이 정당한 사유 없이 전문인력 양성을 거부하거나 지연한 경우 그 지정을 취소하거나 (  )이내의 기간을 정하여 업무의 전부 또는 일부 정지를 명할 수 있다.

① 3개월 ② 6개월
③ 9개월 ④ 12개월

해설
국가와 지방자치단체는 전문인력 양성기관이 정당한 사유 없이 전문인력 양성을 거부하거나 지연한 경우 대통령령으로 정하는 바에 따라 그 지정을 취소하거나 3개월 이내의 기간을 정하여 업무의 전부 또는 일부 정지를 명할 수 있다.

정답 92 ① 93 ② 94 ① 95 ② 96 ①

**97** **종자관리요강상 규격묘의 규격기준에서 뽕나무 묘목의 접목묘 길이(cm)는? (단, 묘목의 길이는 지제부에서 묘목선단까지의 길이 이다.)**

① 20 이상 ② 30 이상
③ 40 이상 ④ 50 이상

해설

뽕나무 묘목의 규격기준

| 묘목의 종류 | 묘목의 길이(cm) | 묘목의 직경(mm) |
|---|---|---|
| 접목묘 | 50 이상 | 7 |
| 삽목묘 | 50 이상 | 7 |
| 휘묻이묘 | 50 이상 | 7 |

**98** **식물신품종보호법상 품종보호권의 취소결정을 받은 자가 이에 불복하는 경우에는 그 등본을 송달받은 날부터 얼마 이내에 심판을 청구할 수 있는가?**

① 14일 ② 30일
③ 45일 ④ 90일

해설

품종보호권의 취소결정을 받은 자가 이에 불복하는 경우에는 그 등본을 송달받은 날부터 30일 이내에 심판을 청구할 수 있다.

**99** **식물신품종보호법상 신규성에 대한 내용이다. (    )에 알맞은 내용은? (단, 과수 및 임목인 경우에는 제외한다.)**

> 품종보호 출원일 이전에 대한민국에서는 (    )이상, 그 밖의 국가에서는 4년이상 해당 종자나 그 수확물이 이용을 목적으로 양도되지 아니한 경우에는 그 품종은 신규성을 갖춘 것으로 본다.

① 6개월 ② 1년
③ 2년 ④ 3년

해설

품종보호 출원일 이전에 대한민국에서는 1년 이상, 그 밖의 국가에서는 4년[과수(果樹) 및 임목(林木)인 경우에는 6년] 이상 해당 종자나 그 수확물이 이용을 목적으로 양도되지 아니한 경우에는 그 품종은 신규성을 갖춘 것으로 본다.

**100** **식물신품종보호법상 품종명령등록 이의신청 이유 등의 보정에서 품종명칭등록 이의신청을 한 자는 품종명칭등록 이의신청기간이 지난 후 얼마 이내에 품종명칭등록 이의신청서에 적은 이유 또는 증거를 보정할 수 있는가?**

① 7일 ② 15일
③ 30일 ④ 45일

해설

품종명칭등록 이의신청을 한 자는 품종명칭등록 이의신청기간이 지난 후 30일 이내에 품종명칭등록 이의신청서에 적은 이유 또는 증거를 보정할 수 있다.



정답 97 ④ 98 ② 99 ② 100 ③

2022

# 제1회 종자기사

## 제1과목 종자생산학

**01** 자가불화합성을 이용한 배추과 채소의 $F_1$ 채종 시 양친의 개화기를 일치시키는 방법으로 옳지 않은 것은?

① 저온처리 ② 일장처리
③ $H_2O_2$ 처리 ④ 파종기 조절

해설
개화기 조절 방법에는 파종기 조절, 일장처리, 저온처리, 생장조절제처리, 환상박피, 접목, 춘화처리 등의 방법이 있다.

**02** 십자화과채소의 채종 적기는?

① 백숙기 ② 녹숙기
③ 갈숙기 ④ 고숙기

해설
곡물류의 채종적기는 황숙기이며 십자화과작물(채소류)는 갈숙기에 적기이다.

**03** 종자 순도분석을 위한 시료의 구성요소에 해당하지 않는 것은?

① 정립 ② 수분함량
③ 이종종자 ④ 이물

해설
순도분석의 목적은 시료의 구성요소에는 정립, 이종종자, 이물 등이 있다.

**04** 무수정생식에 해당하지 않는 것은?

① 부정배생식 ② 위수정생식
③ 포자생식 ④ 웅성단위생식

해설
무수정생식은 단위생식이라 하며 단위생식의 종류에는 무배생식, 단성생식, 무핵란생식, 위수정, 무포자생식, 무정생식, 복상포자생식, 부정배형성 등이 있다.

**05** 감자의 채종체계로 옳은 것은?

① 조직배양→원종→원원종→기본종→기본식물→보급종
② 조직배양→기본종→기본식물→원종→원원종→보급종
③ 조직배양→원원종→원종→기본종→기본식물→보급종
④ 조직배양→기본종→기본식물→원원종→원종→보급종

해설
작물의 종자생산 관리 및 증식체계는 조직배양, 기본종, 기본식물, 원원종, 원종, 채종포(보급종), 농가의 순이다.

**06** 종자의 생화학적 검사 방법으로 옳지 않은 것은?

① 착색법
② 전기전도율검사
③ 효소활성측정법
④ ferric chloride법

해설
전기전도율검사는 종자세의 검사방법에 해당한다.

2022

정답 01 ③ 02 ③ 03 ② 04 ③ 05 ④ 06 ②

**07** **기내 인공발아시험 시 광 조사를 할 필요가 없는 작물은?**

① 파 ② 상추
③ 우엉 ④ 셀러리

해설
광조사가 필요한 호광성종자에는 담배, 상추, 우엉, 뽕나무, 베고니아, 셀러리 등이 있다.

**08** **발아세를 높이는 방법으로 옳지 않은 것은?**

① 프라이밍 처리
② 테트라졸리움액 처리
③ 저온 처리
④ 지베렐린액 처리

해설
테트라졸리움액 처리는 종자세 검사 방법에 해당한다.

**09** **종자의 휴면을 조절하는 요인으로 가장 거리가 먼 것은?**

① 광 ② 종피파상
③ 온도 ④ 이산화탄소

해설
종자의 휴면을 타파하는 방법에는 종피파상, 생장조절제, 광 처리, 온도처리, 층적처리 등이 있다.

**10** **종자의 저장조직에 해당하지 않는 것은?**

① 배유 ② 배
③ 외배유 ④ 자엽

해설
종자의 저장조직은 배유, 외배유, 자엽으로 구성되어 있으며 저장물질에는 전분(탄수화물), 단백질, 지방, 유기산 등이 있다.

**11** **포장검사에서 함께 조사해야 할 사항으로 가장 옳지 않은 것은?**

① 이전에 재배한 작물로부터 출현한 식물과 섞일 위험성이 있는가
② 1대잡종의 경우 자웅비율이 충분하고 제웅이 충분히 되어 있는가
③ 다른 작물과 가까워 타가수분이 충분히 잘 이루어질 수 있는가
④ 병으로부터 안전한가

해설
타가수분은 하나의 수분 방식으로 포장검사와 함께 조사할 사항에는 포함되지 않는다.

**12** **콩과작물 종자의 외형에 나타나는 특수기관에 해당하지 않는 것은?**

① 제 ② 주공
③ 외영 ④ 봉선

해설
성숙종자에는 제(배꼽), 주공(발아공), 봉선, 합점, 우류 등의 특수기관이 있다.

**13** **채소류의 채종지 환경에 대한 설명으로 가장 옳은 것은?**

① 고온에서 꽃가루가 충실하고 종자의 발육이 좋아져서 채종량이 많아진다.
② 등숙기로부터 수확기까지의 시기에 강우가 많아야 충실한 종자를 얻을 수 있다.
③ 후기에는 일시에 다량의 종자를 성숙시키므로 비효가 오래 지속되는 토양이 좋다.
④ 수분 매개충의 활동은 온도의 영향을 받지 않는다.

해설
채종지의 경우 배수가 양호하고 지력이 좋은 곳으로 선정하는데 후기에 다량의 종자 성숙으로 많은 양분이 필요하기에 비효가 오래 지속되는 토양이 좋다.



정답 07 ① 08 ② 09 ④ 10 ② 11 ③ 12 ③ 13 ③

**14** **종자검사 시 표본추출에 대한 설명으로 가장 옳지 않은 것은?**

① 포장검사, 종자검사는 전수 또는 표본추출 검사 방법에 의한다.
② 표본 추출은 채종 전 과정에서 골고루 채취한다.
③ 기계적인 채취 시에는 일정량을 한 번만 채취하면 된다.
④ 가마니, 포대 등에 들어 있을 때는 손을 넣어 휘저어 여러 번 채취한다.

**해설**

종자검사 시 표본추출은 일정량을 한 번만 채취하는 것이 아닌 여러번에 걸쳐 골고루 채취하도록 한다.

**15** **보급종 채종량은 일반재배의 몇 %로 하는가?**

① 50% ② 70%
③ 80% ④ 100%

**해설**

보급종의 채종량은 일반재배에 비해 원원종포 50%, 원종포 80%, 채종포(보급종) 100% 를 채종한다.

**16** **배낭모세포의 감수분열 결과 생긴 4개의 배낭세포 중 몇 개가 정상적인 세포로 남게 되는가?**

① 1개 ② 2개
③ 3개 ④ 4개

**해설**

배낭은 배주(밑씨)속 배낭모세포(2n)가 감수분열을 통해 4개의 배낭세포(n)를 만드는데 3개는 퇴화되고 1개만 성숙하게 된다.

**17** **국제적으로 유통되는 종자의 검사규정을 입안하고, 국제 종자분석 증명서를 발급하는 기관은?**

① FAO ② UPOV
③ ISTA ④ ISO

**해설**

국내의 국제종자검정협회(ISTA)로부터 인증실험실을 획득하고 국제종자분석증명서를 발급하는 기관은 국립종자원이다.

**18** **종자를 70℃ 정도에서 일정시간 건열처리 했을 때 종자전염성 병 방제에 효과가 있는 것으로만 나열된 것은?**

① 보리 깜부기병, 벼 키다리병
② 수박 탄저병, 토마토 TMV
③ 감자 역병, 밀 비린깜부기병
④ 밀 비린깜부기병, 보리 깜부기병

**해설**

건열처리는 종자 내의 바이러스 불활성에 효과적이며 60~80℃ 조건에서 많이 이용되는데 수박 탄저병 및 토마토 TMV 등의 식물병에 유효하다.

**19** **퇴화하는 종자의 특성으로 옳지 않은 것은?**

① 발아율 저하 ② 종자침출물 감소
③ 저항성 감소 ④ 유리지방산 증가

**해설**

퇴화하는 종자의 경우 종자 침출물이 증가한다.



**정답** 14 ③ 15 ④ 16 ① 17 ③ 18 ② 19 ②

**20** **배휴면을 하는 종자의 휴면타파에 가장 효과적인 방법은?**

① 습윤 저온처리 ② 습윤 고온처리
③ 건조 저온처리 ④ 건조 고온처리

해설

배휴면을 하는 종자를 저온습윤처리를 하면 불용성 물질이 분해되어 가용성 물질로 변화된다. 이때 삼투압이 낮아지면서 배의 물질이동이 쉬워지면서 휴면이 타파되며 새로운 조직의 형성을 위한 당류, 아미노산 등의 유기물질들이 나타난다.

## 제2과목 식물육종학

**21** **체세포의 염색체 구성이 2n+1일 때 이를 무엇이라고 하는가?**

① 일염색체 ② 이질배수체
③ 삼염색체 ④ 분리배수체

해설

2n+1 의 경우 3염색체라 한다.

**22** **(  )에 알맞은 내용은?**

> • 같은 형질에 관여하는 여러 유전자들이 누적효과를 가질 때 (  )라 한다.
> • (  )의 경우는 여러 경로에서 생성하는 물질량이 상가적으로 증가한다.

① 우성상위 ② 복수유전자
③ 보족유전자 ④ 치사유전자

해설

동일 방향 작용 유전자가 누적효과가 나타나는 경우 복수유전자라 한다.

**23** **$F_1$의 유전자 구성이 AaBbCcDd인 잡종의 자식 후대에서 고정된 유전자형의 종류는 몇 가지인가? (단, 모든 유전자는 독립유전한다.)**

① 4 ② 12
③ 16 ④ 30

해설

n 쌍의 대립유전자의 표현형은 $2^n$ 이므로 4쌍에 대한 표현형은 $2^4$=16 이다.

**24** **자가불화합성 식물을 자가수정 시켜 종자를 얻을 수 있는 방법으로만 알맞게 나열된 것은?**

① 종간교배, 자연교배
② 여교배, 정역교배
③ 뇌수분, 노화수분
④ 웅성불임, 종간교배

해설

자가불화합성 식물을 자가수정 시켜 종자를 얻을 수 있는 방법으로 뇌수분, 노화수분, 지연수분, 고온처리, 전기 자극, 이산화탄소 처리 등의 방법을 활용한다.

**25** **다음 중 식물병에 대한 진정저항성과 동일한 뜻을 가진 저항성은?**

① 질적저항성 ② 양적저항성
③ 포장저항성 ④ 수평저항성

해설

진정저항성은 식물이 가지고 있는 병 저항 유전자에 의해 나타나는 저항성으로 질적저항성, 수직저항성이라고도 한다.



정답 20 ① 21 ③ 22 ② 23 ③ 24 ③ 25 ①

**26** **다음 중 선발 효과가 가장 큰 경우는?**

① 유전변이가 작고, 환경변이가 클 때
② 유전변이가 작고, 환경변이도 작을 때
③ 유전변이가 크고, 환경변이도 클 때
④ 유전변이가 크고, 환경변이가 작을 때

해설

유전력에 관련되는 선발효과의 경우 유전변이가 크고 환경변이가 작을수록 선발효과가 크게 나타난다.

**27** **자연교잡에 의한 십자화과 채소품종의 퇴화를 방제하기 위해 사용할 수 있는 방법으로 가장 옳은 것으로만 나열된 것은?**

① 외딴섬재배, 망실재배
② 수경재배, B-9 처리
③ 에틸렌 처리, 지베렐린 처리
④ 옥신 처리, 수경재배

해설

품종의 퇴화를 막기 위해서는 격리법을 활용해야 하며 봉지, 망실, 망상 등의 차단격리법이나 해안지방, 산간지방 등에서 재배하는 거리격리법을 활용한다. 그 외에도 춘화처리, 일정처리, 생장조절제 처리, 파종기 조절 등의 처리를 활용하는 시간격리법이 있다.

**28** **트리티케일(Triticale)의 기원에 해당하는 것은?**

① 보리×귀리 ② 밀×보리
③ 호밀×보리 ④ 밀×호밀

해설

트리티케일은 밀과 호밀을 인공교배하여 만든 이질배수체이다.

**29** **완전히 자가수정하는 동형접합체의 1개체로부터 불어난 자손의 총칭은?**

① 동질배수체 ② 유전변이체
③ 돌연변이 ④ 순계

해설

순계는 동일한 유전자형으로 구성된 집단으로 완전히 자가수정하는 작물의 1 개체에서 나온 자손을 말한다.

**30** **영양번식 작물의 교배육종 시 선발은 어느 때 하는 것이 가장 좋은가?**

① 어느 세대든 관계가 없다.
② $F_1$ 세대
③ $F_4$ 세대
④ $F_6$ 세대

해설

영양번식 작물은 일반적으로 $F_1$ 에서 영양계를 선발한다.

**31** **교배모본 선정 시 고려해야 할 사항으로 옳지 않은 것은?**

① 유전자원의 평가 성적을 검토한다.
② 유전분석 결과를 활용한다.
③ 목적형질 이외에 양친의 유전적 조성의 차이를 크게 한다.
④ 교배친으로 사용한 실적을 참고한다.

해설

교배육종의 성패를 좌우하는 교배모본의 선정에 있어 품종의 특성조사성적, 형질의 유전자분석결과, 육종실적을 검토하여 과거 주요품종을 양친 중 한 모본을 선택하여 교배를 통해 조합능력을 검정한다. 과거의 주요품종을 양친 중의 한 모본으로 선택하기에 양친의 유전적 조성 차이가 작아야 한다.

2022

정답 26 ④ 27 ① 28 ④ 29 ④ 30 ② 31 ③

**32** **품종의 유전적 취약성에 가장 큰 원인은?**

① 재배품종의 유전적 배경이 다양화되었기 때문
② 재배품종의 유전적 배경이 단순화되었기 때문
③ 농약사용이 많아지기 때문
④ 잡종강세를 이용한 $F_1$ 품종이 많아졌기 때문

해설

재배품종이 단일 유전자형으로 재배되면서 일시에 많은 피해를 받게 되는 경우를 유전적 취약성이라 한다.

**33** **다음 중 육종집단의 변이 크기를 나타내는 통계치는?**

① 최소치와 평균치의 차이
② 평균치
③ 분산
④ 중앙치

해설

분산은 연속변이하는 집단에서 평균치를 중심으로 그 집단의 산포 정도를 나타낸다.

**34** **다음 중 동질배수체를 육종에 이용할 때 가장 불리한 점은?**

① 종자의 크기 ② 내병성
③ 생육상태 ④ 임성

해설

동질배수체는 임성이 저하되는 불리한 점이 있다.

**35** **다음 중 식물의 타가수정율을 높이는 기작으로 옳지 않은 것은?**

① 폐화수정 ② 자가불화합성
③ 자웅이주 ④ 웅예선숙

해설

꽃이 피기 전 봉오리 상태일 경우 일어나는 자가수정을 폐화수정이라 한다. 자웅이숙, 자가불화합성, 웅성불임성, 자웅이주 등은 타가수정율을 높이는 역할을 한다.

**36** **인위적인 교잡에 의해서 양친이 가지고 있는 유전적인 장점만을 취하여 육종하는 것은?**

① 초월육종 ② 조합육종
③ 반수체육종 ④ 이수체육종

해설

양친의 우량형질을 신품종에 모아 신품종의 재배적 특성을 종합적으로 향상시키는 것을 조합육종이라 한다.

**37** **다음 중 정역교배의 표현으로 가장 옳은 것은?**

① (A×B)×A, (A×B)×B
② (A×B)×C, (C×A)×B
③ A×B, B×A
④ (A×B) × (C×D)

해설

정역교배는 양친의 암수를 바꾸어 교배하는 방법이다.



정답 32 ② 33 ③ 34 ④ 35 ① 36 ② 37 ③

38 유전적 변이를 감별하는 방법으로 가장 알맞은 것은?

① 전체형성능 검정
② 질소 이용률 검정
③ 후대검정
④ 유의성 검정

해설
후대검정은 변이를 나타낸 개체를 자식하여 선발된 우량형이 유전적인 변이인가를 관찰한다.

39 피자식물의 중복수정에 해당하는 것은?

① 난핵×정핵, 극핵×정핵
② 난핵×정핵, 극핵×영양핵
③ 난핵×생식핵, 극핵×영양핵
④ 난핵×극핵, 영양핵×생식핵

해설
피자식물의 중복수정은 2개의 정핵 중 1개는 난핵과 결합하여 배가 되고 다른 1개는 2개의 극핵과 결합해서 배젖이 된다.

40 다음 중 아포믹시스에 대한 설명으로 옳은 것은?

① 웅성불임에 의해 종자가 만들어진다.
② 수정과정을 거치지 않고 배가 만들어져 종자를 형성한다.
③ 자가불화합성에 의해 유전분리가 심하게 일어난다.
④ 세포질불임에 의해 종자가 만들어진다.

해설
아포믹시스(단위생식, apomixis)는 무수정생식이라 하며 정상적인 정핵과 난핵의 결합 없이 종자를 형성한다.

## 제3과목 재배원론

41 화성유도 시 저온 · 장일이 필요한 식물의 저온이나 장일을 대신하여 사용하는 식물 호르몬은?

① CCC ② 에틸렌
③ 지베렐린 ④ ABA

해설
지베렐린을 작물에 적용시 발아촉진, 화성유도, 생장촉진, 수량의 증대 효과를 기대할 수 있는데 화성유도 시 저온 장일이 필요한 식물의 대신하는 효과가 있다.

42 다음 중 침수에 의한 피해가 가장 큰 벼의 생육 단계는?

① 분얼성기 ② 최고분얼기
③ 수잉기 ④ 고숙기

해설
벼는 분얼 초기 침수에 강해 피해가 적게 나타나지만 수잉기에서 출수개화기에는 침수에 약해지면서 침수피해가 크게 나타난다.

43 (　　　)에 알맞은 내용은?

> 감자 영양체를 20000 rad 정도의 (　)에 의한 $\gamma$선을 조사하면 맹아억제 효과가 크므로 저장기간이 길어진다.

① $^{13}C$ ② $^{17}C$
③ $^{60}C$ ④ $^{52}K$

해설
영양체에 $^{60}Co$, $^{137}Cs$에 의한 $\gamma$ 선을 조사하면 휴면이 연장되고 맹아억제 효과가 크다.

2022

정답 38 ③ 39 ① 40 ② 41 ③ 42 ③ 43 ③

**44** **노후답의 재배대책으로 가장 거리가 먼 것은?**

① 저항성 품종을 선택한다.
② 조식재배를 한다.
③ 무황산근 비료를 시용한다.
④ 덧거름 중점의 시비를 한다.

해설
노후답의 재배 대책으로 저항성 품종을 심거나, 조기재배를 통해 수확이 빠르도록 하여 추락을 완화한다. 무황산근 비료를 시비하여 황화수소의 발생을 줄이도록 한다.

**45** **녹체춘화형 식물로만 나열된 것은?**

① 완두, 잠두　② 봄무, 잠두
③ 사리풀, 양배추　④ 완두, 추파맥류

해설
녹체춘화형 식물에는 양배추, 당근, 양파, 사리풀 등이 있다.

**46** **다음 중 땅속줄기(지하경)로 번식하는 작물은?**

① 마늘　② 생강
③ 토란　④ 감자

해설
땅속줄기(지하경)로 번식하는 작물에는 생강, 연, 박하, 호프 등이 있다.

**47** **순무의 착색에 관계하는 안토시안의 생성을 가장 조장하는 광파장은?**

① 적색광　② 녹색광
③ 적외선　④ 자외선

해설
안토시안은 자외선 및 자색광의 파장으로 생성되며 순무의 착색에 영향을 준다.

**48** **다음 중 작물의 주요온도에서 최적온도가 가장 낮은 작물은?**

① 옥수수　② 완두
③ 보리　④ 벼

해설
작물 중에서 최적온도가 가장 높은 종류는 멜론, 오이, 옥수수, 벼 등이 대표적이며 보리의 경우 20℃ 정도로 낮은 작물에 해당된다.

**49** **뿌림골을 만들고 그곳에 줄지어 종자를 뿌리는 방법은?**

① 산파　② 점파
③ 적파　④ 조파

해설
조파는 줄뿌림이라 하며 종자의 소요량이 적고 고르게 파종할수 있어 이형주를 제거하거나 관찰할 경우 통로로도 이용할수 있다.

**50** **작물의 수해에 대한 설명으로 옳은 것은?**

① 수온이 높은 것이 낮은 것에 비하여 피해가 심하다.
② 유수가 정체수보다 피해가 심하다.
③ 벼 분얼초기는 다른 생육단계보다 침수에 약하다.
④ 화본과 목초, 옥수수는 침수에 약하다.

해설
관수해의 피해가 더욱 커지는 원인으로 흙탕물이나 고인 정체수, 고수온 등이 있으며 보통 수온이 높은 것이 낮은 것에 비해 피해가 심하게 나타난다.



정답　44 ②　45 ③　46 ②　47 ④　48 ③　49 ④　50 ①

**51** 앞 작물의 그루터기를 그대로 남겨서 풍식과 수식을 경감시키는 농법은?

① 녹색 필름 멀칭
② 스터블 멀칭
③ 볏짚 멀칭
④ 투명 필름 멀칭

해설

스터블 멀칭(stubble mulching)은 앞 작물의 그루터기를 그대로 남겨 놓은 채 경운하여 풍식과 수식으로 인한 피해를 경감하는 농법이다.

**52** 다음 중 T/R율에 대한 설명으로 옳은 것은?

① 감자나 고구마의 경우 파종기나 이식기가 늦어질수록 T/R율이 작아진다.
② 일사가 적어지면 T/R율이 작아진다.
③ 토양함수량이 감소하면 T/R율이 감소한다.
④ 질소를 다량시용하면 T/R율이 작아진다.

해설

토양 수분이 많아지면 지상부에 비해 지하하부의 생육이 나빠져 T/R 율이 커진다. 반대로 토양수분이 적어지면 T/R 율은 작아진다.

**53** 우리나라 원산지인 작물로만 나열된 것은?

① 감, 인삼　② 벼, 참깨
③ 담배, 감자　④ 고구마, 옥수수

해설

우리나라가 원산지인 작물에는 콩, 팥, 녹두, 들깨, 감, 인삼, 머루 등이 있다.

**54** 광합성에서 $C_4$ 작물에 속하지 않는 것은?

① 사탕수수　② 옥수수
③ 벼　④ 수수

해설

작물 중에서 옥수수, 수수, 사탕수수 등 열대 화본식물은 대부분 $C_4$ 식물이고 벼, 보리, 사탕무, 감자 등은 $C_3$ 식물이다.

**55** 벼의 비료 3요소 흡수 비율로 옳은 것은?

① 질소 5 : 인산 1 : 칼륨 1
② 질소 3 : 인산 1 : 칼륨 3
③ 질소 5 : 인산 2 : 칼륨 4
④ 질소 4 : 인산 2 : 칼륨 3

해설

벼의 비료 3요소 흡수비율은 질소:인산:칼륨=5:2:4이다.

**56** 등고선에 따라 수로를 내고, 임의의 장소로부터 월류하도록 하는 방법은?

① 등고선관개　② 보더관개
③ 일류관개　④ 고랑관개

해설

일류관개는 등고선 방향으로 지수로를 내어 임의의 장소에서 월류하도록 하는 방법이다.

**57** 다음 중 식물학상 과실로 과실이 나출된 식물은?

① 벼　② 겉보리
③ 쌀보리　④ 귀리

해설

식물학상 과실에 해당하고 나출된 것으로 밀, 쌀보리, 옥수수, 박하, 제충국 등이 있으며 과실의 외측이 내영, 외영에 싸여 있는 것으로 벼, 귀리, 겉보리 등이 있다.

2022

정답 51 ② 52 ③ 53 ① 54 ③ 55 ③ 56 ③ 57 ③

**58** **고무나무와 같은 관상수목을 높은 곳에서 발근시켜 취목하는 영양번식 방법은?**

① 삽목 ② 분주
③ 고취법 ④ 성토법

**해설**

고취법은 공중취목이라 하며 가지나 줄기의 일부에 상처를 주고 그 자리에 수태 혹은 황토로 싸서 건조하지 않도록 해주며 물을 주어 적당한 습도 조건에 유지하여 발근하는 방법으로 관상수목에 적용시 높은 곳에서 발근시킨다.

**59** **다음 중 단일식물에 해당하는 것으로만 나열된 것은?**

① 양파, 상추 ② 샐비어, 콩
③ 시금치, 양귀비 ④ 아마, 감자

**해설**

단일식물에는 콩, 옥수수, 벼, 딸기, 국화, 코스모스, 들깨, 샐비어 등이 있다.

**60** **식물체의 부위 중 내열성이 가장 약한 곳은?**

① 완성엽(完成葉) ② 중심주(中心柱)
③ 유엽(幼葉) ④ 눈(芽)

**해설**

미성엽과 중심주는 내열성이 가장 약하다.

## 제4과목 식물보호학

**61** **완두콩바구미의 발생 횟수와 월동 형태로 가장 적절한 것은?**

① 연 1회 발생, 성충
② 연 3회 발생, 번데기
③ 연 4~5회 발생, 성충
④ 연 7~10회 발생, 유충

**해설**

완두콩바구미는 1년에 1회 발생하고 성충이 완두 속에서 월동을 한다.

**62** **다음 중 종자소독제가 아닌 것은?**

① 테부코나졸 유제
② 프로클로라즈 유제
③ 디노테퓨란 수화제
④ 베노밀 · 티람 수화제

**해설**

디노테퓨란은 해충을 방제하는 살충제에 해당한다.

**63** **성충의 몸이 전체 흰색을 나타내며, 침 모양의 주둥이를 이용하여 기주를 흡즙하여 가해하는 해충은?**

① 무잎벌 ② 온실가루이
③ 고자리파리 ④ 복숭아혹진딧물

**해설**

온실가루이는 매미목 가루이과로 기주는 오이, 토마토, 딸기 등이 있다. 1년에 10회 이상 발생하며 보통은 월동이 어려우나 시설 내에서는 간간히 월동을 한다. 약충과 성충이 기주식물의 잎에서 즙액을 빨아먹어 생장을 방해해 심하면 고사한다.

**64** **번데기가 위용(圍蛹)인 곤충은?**

① 파리목 ② 나비목
③ 벌목 ④ 딱정벌레목

**해설**

위용은 유충이 번데기가 된 이후 피부가 경화되어 그 속에서 나용이 만들어진 형태로 파리목의 일부에서 관찰된다.

**65** **잡초의 생활형에 따른 분류는?**

① 여름형, 겨울형
② 수생, 습생, 건생
③ 일년생, 월년생, 다년생
④ 화본과, 방동사니과, 광엽류

**해설**

잡초의 생활형에 따른 분류에는 일년생, 월년생, 다년생이 있다.



정답 58 ③ 59 ② 60 ② 61 ① 62 ③ 63 ② 64 ① 65 ③

**66** **담자균문에 속하는 병원균으로 담자기에 격벽이 없는 균은?**

① 보리 깜부기병균
② 밀 줄기녹병균
③ 잣나무 털녹병균
④ 뽕나무 버섯균

해설
뽕나무 버섯균은 격벽(격막)이 없는 곤봉 모양의 형태를 띠고 있다.

**67** **흰가루병균과 같이 살아있는 기주에 기생하여 기주의 대사산물을 섭취해야만 살아갈 수 있는 병원균은?**

① 반사물기생균 ② 반활물기생균
③ 순사물기생균 ④ 순활물기생균

해설
순활물기생균은 절대기생체라 하며 살아있는 조직에만 생활한다. 순활물기생균에는 흰가루병균, 붉은별무늬병균, 녹병균 등이 있다.

**68** **병원체가 생성한 독소에 감염된 식물을 사람이나 동물이 섭취할 경우 독성을 유발할 수 있는 병은?**

① 벼 도열병
② 고추 탄저병
③ 채소류 노균병
④ 맥류 붉은곰팡이병

해설
맥류 붉은곰팡이병균은 균독소로 인하여 사람이나 동물이 섭취할 경우 중독증상을 일으킨다.

**69** **곰팡이의 대사산물에서 분리된 항곰팡이성 항생 물질은?**

① 부라에스 ② 포리옥신
③ 가스가마이신 ④ 글리세오풀빈

해설
글리세오풀빈(Griseofulvin)은 항곰팡이성 항생 물질이다.

**70** **유기인계 살충제에 대한 설명으로 가장 거리가 먼 것은?**

① 신경독이다.
② 적용해충의 범위가 좁다.
③ 알칼리에 분해되기 쉽다.
④ 일반적으로 잔효성이 짧다.

해설
유기인계 살충제는 살충력이 강하고 적용 가능한 해충의 종류가 많으며 대량생산이 가능하다.

**71** **작물 피해의 주요 원인 중 생물요소인 것은?**

① 파이토플라스마 ② 대기오염
③ 토양습도 ④ 토양온도

해설
작물 피해에 원인이 되는 생물성 병원에는 진균, 세균, 바이러스, 파이토플라스마 등이 있다.

**72** **입제에 대한 설명으로 옳은 것은?**

① 농약 값이 싸다.
② 사용이 간편하다.
③ 환경오염성이 높다.
④ 사용자에 대한 안정성이 낮다.

해설
입제는 유효성분을 고형증량제, 안정제, 계면활성제 등을 넣어 입상으로 성형한 제제이다. 사용이 간편하나 단위면적당 사용량이 많아 가격이 비싼 편이다.

2022

정답 66 ④ 67 ④ 68 ④ 69 ④ 70 ② 71 ① 72 ②

**73** **병원균을 접종하여도 기주가 병에 전혀 걸리지 않는 것은?**

① 면역성 ② 내병성
③ 확대저항성 ④ 감염저항성

해설
면역성은 식물이 병에 걸리지 않도록 하는 것을 의미한다.

**74** **완전변태 곤충의 유리한 점은?**

① 유충과 성충의 형태가 거의 같아서 분류에 용이하다.
② 유충과 성충의 먹이와 서식처의 경합이 생기지 않는다.
③ 유충과 성충이 먹이가 같으므로 먹이 찾는데 유리하다.
④ 유충과 성충이 같은 곳에 살 수 있어서 서식 공간 확보에 유리하다.

해설
완전변태에서 유충과 성충의 발생시기가 달라 먹이와 서식처의 경합이 생기지 않는다.

**75** **저장 곡식에 피해를 주는 해충은?**

① 화랑곡나방 ② 온실가루이
③ 꽃노랑총채벌레 ④ 아메리카잎굴파리

해설
화랑곡나방은 저장중인 곡식에 피해를 주는데 성충은 어두운 곳을 좋아하고 낮에는 쉬고 밤에 활동하는 특징을 가진다.

**76** **복숭아혹진딧물에 대한 설명으로 옳지 않은 것은?**

① 유충으로 월동한다.
② 무시충과 유시충이 있다.
③ 식물 바이러스병을 매개한다.
④ 천적으로는 꽃등에류, 풀잠자리류, 기생벌류 등이 있다.

해설
복숭아혹진딧물은 1년에 수회(9~23회) 발생하고 복숭아나무 겨울눈 기부에서 알로 월동한다.

**77** **잡초의 종자가 바람에 의하여 먼 거리까지 이동이 가능한 것은?**

① 등대풀 ② 바랭이
③ 민들레 ④ 까마중

해설
바람에 의해 전파되는 잡초종자는 종자의 크기가 작고 가볍거나 포자형인 종자가 전파된다. 바람에 의해 전파되는 잡초종자에는 민들레, 박주가리, 엉겅퀴속, 망초 등이 있다.

**78** **완전변태를 하는 곤충으로만 나열된 것은?**

① 바퀴목, 하루살이목
② 파리목, 나비목
③ 메뚜기목, 노린재목
④ 총채벌레목, 벼룩목

해설
완전변태를 하는 곤충에는 나비목, 파리목, 벌목, 딱정벌레목 등이 있다.



정답 73 ① 74 ② 75 ① 76 ① 77 ③ 78 ②

## 79 살충제에 대한 해충의 저항성이 발달되는 요인은?

① 살균제와 살충제를 섞어 뿌리기 때문에
② 같은 약제를 계속해서 뿌리기 때문에
③ 약제를 농도가 진하게 만들어 조금 뿌리기 때문에
④ 약제의 계통이나 주성분이 다른 약제를 바꾸어 뿌리기 때문에

해설
살충제를 연용하여 사용하면 해충의 저항성이 높아질 가능성이 있다.

## 80 밭 잡초 중 일년생 잡초로만 나열된 것은?

① 쑥, 망초 ② 메꽃, 쇠비름
③ 쇠뜨기, 까마중 ④ 명아주, 바랭이

해설
1년생 밭잡초로 바랭이, 쇠비름, 명아주, 닭의 장풀 등이 있다.

# 제5과목 종자관련법규

## 81 종자검사요령상 배추 순도검사를 위한 시료의 최소 중량(g)은?

① 120 ② 100
③ 30 ④ 7

해설
배추의 제출시료는 70g, 순도검사는 7g 을 기준으로 한다.

## 82 (  )안에 알맞은 내용은?

> 종자산업의 기반 조성에서 국가와 지방자치단체는 지정된 전문인력 양성기관이 정당한 사유 없이 1년 이상 계속하여 전문인력 양성업무를 하지 아니한 경우에는 대통령령으로 정하는 바에 따라 그 지정을 취소하거나 (  )의 기간을 정하여 업무의 전부 또는 일부 정지를 명할 수 있다.

① 24개월 이내 ② 12개월 이내
③ 6개월 이내 ④ 3개월 이내

해설
국가와 지방자치단체는 전문인력 양성기관이 정당한 사유 없이 전문인력 양성을 거부하거나 지연한 경우 대통령령으로 정하는 바에 따라 그 지정을 취소하거나 3개월 이내의 기간을 정하여 업무의 전부 또는 일부 정지를 명할 수 있다.

## 83 종자관리요강상 수입적응성시험의 심사기준에 대한 내용이다. (  )안에 알맞은 내용은? (단, 시설 내 재배시험인 경우는 제외한다.)

> 재배시험지역은 최소한 (  )지역 이상으로 하되, 품종의 주 재배지역은 반드시 포함되어야 하며 작물의 생태형 또는 용도에 따라 지역 및 지대를 결정한다. 다만, 실시기관의 장이 필요하다고 인정하는 경우에는 작물 및 품종의 특성에 따라 지역수를 가감할 수 있다.

① 7개 ② 5개
③ 4개 ④ 2개

해설
재배시험지역은 최소한 2개 지역 이상(시설 내 재배시험인 경우 1개지역 이상)으로 하되, 품종은 주 재배지역은 반드시 포함되어야 하며 작물의 생태형 또는 용도에 따라 지역 및 지대를 결정한다.



정답 79 ② 80 ④ 81 ④ 82 ④ 83 ④

**84** **종자관리요강상 겉보리 포장검사 시기 및 회수는 유숙기로부터 황숙기 사이에 몇 회 실시하는가?**

① 7회 ② 5회
③ 3회 ④ 1회

해설

겉보리, 쌀보리, 맥주보리, 밀의 검사시기 및 회수는 유숙기로부터 황숙기 사이에 1회 실시한다.

**85** **종자관리요강상 사진의 제출규격 촬영부위 및 방법에서 생산 · 수입판매신고품종의 경우에 대한 설명이다. (  )에 알맞은 내용은?**

> 화훼작물 : (  ) 및 꽃의 측면과 상면이 나타나야 한다.

① 화훼종자의 표본
② 접목 시설장의 전경
③ 개화기의 포장전경
④ 유묘기의 포장전경

해설

화훼작물 : 개화기의 포장전경 및 꽃의 측면과 상면이 나타나야 한다.

**86** **(  )에 알맞은 내용은?**

> 품종보호권자는 그 품종보호권의 존속기간 중에는 농림축산식품부장관에게 품종보호료를 (  ) 납부하여야 한다.

① 매년 ② 2년에 1번
③ 3년에 1번 ④ 5년에 1번

해설

품종보호권자는 그 품종보호권의 존속기간 중에는 농림축산식품부장관 또는 해양수산부장관에게 품종보호료를 매년 납부하여야 한다.

**87** **품종보호권의 존속기간은 과수와 임목의 경우 몇 년으로 하는가?**

① 25년 ② 15년
③ 10년 ④ 5년

해설

품종보호권의 존속기간은 품종보호권이 설정등록된 날부터 20년으로 한다. 다만, 과수와 임목의 경우에는 25년으로 한다.

**88** **(  )에 알맞은 내용은?**

> 식물신품종 보호법상 품종보호를 받을 수 있는 권리를 가진 자에서 2인 이상의 육성자가 공동으로 품종을 육성하였을 때에는 품종보호를 받을 수 있는 권리는 (  )

① 공유(共有)로 한다.
② 1인으로 제한한다.
③ 순번을 정하여 격년제로 실시한다.
④ 순번을 정하여 3년마다 변경하여 실시한다.

해설

2인 이상의 육성자가 공동으로 품종을 육성하였을 때에는 품종보호를 받을 수 있는 권리는 공유(共有)로 한다.

**89** **거짓이나 그 밖의 부정한 방법으로 품종보호결정 또는 심결을 받은 자의 벌칙은?**

① 3년 이하의 징역 또는 3천만원 이하의 벌금
② 5년 이하의 징역 또는 3천만원 이하의 벌금
③ 5년 이하의 징역 또는 5천만원 이하의 벌금
④ 7년 이하의 징역 또는 1억원 이하의 벌금

해설

거짓이나 그 밖의 부정한 방법으로 품종보호결정 또는 심결을 받은 자는 7년 이하의 징역 또는 1억원 이하의 벌금에 처한다.



정답 84 ④ 85 ③ 86 ① 87 ① 88 ① 89 ④

**90** **종자검사요령상 종자 건전도 검정에서 벼의 깨씨무늬병균의 배양방법은?**

① 암기 12시간, 명기 12시간씩 22℃에서 3일간 배양
② 암기 12시간, 명기 12시간씩 22℃에서 7일간 배양
③ 암기 12시간, 명기 12시간씩 22℃에서 15일간 배양
④ 암기 12시간, 명기 12시간씩 22℃에서 30일간 배양

해설
벼의 깨씨무늬병균의 시험시료는 400입이며 배양조건은 암기 12시간, 명기 12시간씩 22℃에서 7일간 배양한다.

**91** **식물신품종 보호법상 품종보호에 대해 취소결정을 받은 자가 이에 불복하는 경우에는 그 등본을 송달받은 날부터 며칠 이내에 심판을 청구할 수 있는가?**

① 15일 ② 30일
③ 40일 ④ 100일

해설
취소결정을 받은 자가 이에 불복하는 경우에는 그 등본을 송달받은 날부터 30일 이내에 심판을 청구할 수 있다.

**92** **국가품종목록의 등재에서 품종목록 등재의 유효기간은 등재한 날이 속한 해의 다음 해부터 얼마까지로 하는가?**

① 5년 ② 10년
③ 15년 ④ 20년

해설
종자산업법상 품종목록 등재의 유효기간은 등재한 날이 속한 해의 다음 해부터 10년까지로 한다.

**93** **종자검사요령상 포장검사 병주 판정기준에서 벼 깨씨무늬병의 병주판정기준은?**

① 위로부터 1엽의 중앙부 3cm 길이 내에 3개 이상 병반이 있는 주
② 위로부터 2엽의 중앙부 3cm 길이 내에 5개 이상 병반이 있는 주
③ 위로부터 2엽의 중앙부 5cm 길이 내에 30개 이상 병반이 있는 주
④ 위로부터 3엽의 중앙부 5cm 길이 내에 50개 이상 병반이 있는 주

해설
벼 깨씨무늬병의 병주판정기준은 위로부터 3엽의 중앙부 5cm 길이 내에 50개 이상 병반이 있는 주이다.

2022

**94** **육묘업 등록을 한 날부터 1년 이내에 사업을 시작하지 아니하거나 정당한 사유 없이 1년 이상 계속하여 휴업한 경우 육묘업 등록이 취소되거나 얼마 이내의 영업의 전부 또는 일부의 정지 받는가?**

① 1개월 이내 ② 3개월 이내
③ 6개월 이내 ④ 12개월 이내

해설
종자업 등록을 한 날부터 1년 이내에 사업을 시작하지 아니하거나 정당한 사유 없이 1년 이상 계속하여 휴업한 경우 종자업 등록을 취소하거나 6개월 이내의 기간을 정하여 영업의 전부 또는 일부의 정지를 명할 수 있다.

정답 90 ② 91 ② 92 ② 93 ④ 94 ③

**95** **종자의 보증에서 자체보증의 대상에 해당하지 않은 것은?**

① 도지사가 품종목록 등재대상작물의 종자를 생산하는 경우
② 군수가 품종목록 등재대상작물의 종자를 생산하는 경우
③ 구청장이 품종목록 등재대상작물의 종자를 생산하는 경우
④ 국립대학교 연구원이 품종목록 등재대상작물의 종자를 생산하는 경우

해설

시·도지사, 시장·군수·구청장, 농업단체등 또는 종자업자가 품종목록 등재대상작물의 종자를 생산하는 경우 자체보증의 대상으로 한다.

**96** **종자검사요령상 과수 바이러스·바이로이드 검정방법에서 시료 채취 방법은?**

① 과수 포장에 종자관리사가 임의로 1주를 선정하여 병이 발생한 잎을 3개 채취
② 1주 단위로 잎 등 필요한 검정부위를 나무 전체에서 고르게 1개를 깨끗한 시료용기에 채취
③ 1주 단위로 잎 등 필요한 검정부위를 나무 전체에서 고르게 3개를 깨끗한 시료용기에 채취
④ 1주 단위로 잎 등 필요한 검정부위를 나무 전체에서 고르게 5개를 깨끗한 시료용기에 채취

해설

시료 채취는 1주 단위로 잎 등 필요한 검정부위를 나무 전체에서 고르게 5개를 깨끗한 시료용기(지퍼백 등 위생봉지)에 채취한다.

**97** **(  )안에 알맞은 내용은?**

> 농림축산식품부장관은 종자산업의 육성 및 지원을 위하여 (  )마다 농림종자산업의 육성 및 지원에 관한 종합계획을 수립·시행하여야 한다.

① 1년 ② 2년
③ 3년 ④ 5년

해설

농림축산식품부장관은 종자산업의 육성 및 지원을 위하여 5년마다 농림종자산업의 육성 및 지원에 관한 종합계획(이하 "종합계획"이라 한다)을 수립·시행하여야 한다.

**98** **보증서를 거짓으로 발급한 종자관리사의 벌칙은?**

① 1년 이하의 징역 또는 1천만원 이하의 벌금
② 3년 이하의 징역 또는 2천만원 이하의 벌금
③ 3년 이하의 징역 또는 5천만원 이하의 벌금
④ 5년 이하의 징역 또는 7천만원 이하의 벌금

해설

보증서를 거짓으로 발급한 종자관리사는 1년 이하의 징역 또는 1천만원 이하의 벌금에 처한다.



정답 95 ④ 96 ④ 97 ④ 98 ①

**99** (　　　)에 알맞은 내용은?

> 식물신품종 보호법상 육성자의 권리 보호에서 보정명령을 받은 자가 지정된 기간까지 보정을 하지 아니한 경우에는 그 품종보호에 관한 절차가 무효로 될 수 있다. 다만, 지정된 기간을 지키지 못한 것이 보정명령을 받은 자가 천재지변이나 그 밖의 불가피한 사유에 의한 것으로 인정될 때에는 그 사유가 소멸한 날부터 (　　) 이내에 또는 그 기간이 끝난 후 1년 이내에 보정명령을 받은 자의 청구에 따라 그 무효처분을 취소할 수 있다.

① 3일　　② 7일
③ 14일　　④ 30일

해설

농림축산식품부장관, 해양수산부장관 또는 심판위원회 위원장은 그 절차가 무효로 된 경우로서 지정된 기간을 지키지 못한 것이 보정명령을 받은 자가 천재지변이나 그 밖의 불가피한 사유에 의한 것으로 인정될 때에는 그 사유가 소멸한 날부터 14일 이내에 또는 그 기간이 끝난 후 1년 이내에 보정명령을 받은 자의 청구에 따라 그 무효처분을 취소할 수 있다.

**100** 종자관리요강상 사후관리시험의 기준 및 방법에서 검사항목에 해당하지 않은 것은?

① 종자전염병　　② 품종의 진위성
③ 품종의 순도　　④ 품종의 기원

해설

사후관리시험의 검사항목은 품종의 순도, 품종의 진위성, 종자전염성이 있다.



정답 99 ③ 100 ④

# 2022 제2회 종자기사

## 제1과목 종자생산학

**01** 다음 중 종자의 수명이 가장 긴 종자는?

① 고추 ② 토마토
③ 파 ④ 팬지

해설
장명종자에는 비트, 수박, 호박, 오이, 배추, 가지, 토마토, 알팔파, 클로버 등이 있다.

**02** 종자의 형상이 능각형인 것으로만 나열된 것은?

① 배추, 양귀비 ② 참나무, 모시풀
③ 보리, 작약 ④ 삼, 메밀

해설
종자의 형상은 타원형, 구형, 능각형 등 다양한 형태로 분류되며 능각형에는 메밀과 삼이 있다.

**03** 품종의 유전적 순도를 높일 수 있는 방법으로 틀린 것은?

① 인공수분
② 격리재배
③ 개화 전의 이형주 제거
④ 염수선에 의한 종자의 정선

해설
염수선은 소금물을 이용하여 병든 종자를 제거하고 종자에 섞인 균핵제거를 하지만 유전적 순도를 높일 수는 없다.

**04** 메밀이나 해바라기와 같이 종자가 과피의 어느 한 줄에 붙어 있어 열개하지 않는 것을 무엇이라 하는가?

① 장과 ② 수과
③ 핵과 ④ 이과

해설
수과는 다 익은 열매껍질이 단단하여 터지지 않는데 한 개의 씨방에 한 개의 씨가 들어있다. 메밀, 해바라기, 국화과 등이 해당된다.

**05** 다음 중 종자의 휴면타파법으로 틀린 것은?

① 변온 처리 ② 석회 처리
③ 농황산 처리 ④ 지베렐린 처리

해설
석회의 경우 토양의 pH 를 조절하기 위해 활용한다.

**06** 다음 중 교잡 시 개화기 조절을 위하여 적심을 하는 작물로 가장 옳은 것은?

① 상추 ② 참외
③ 양파 ④ 토마토

해설
적심은 성장과 결실을 조절하기 위하여 식물의 눈이나 생장점을 따 내는 작업으로 순따기 혹은 순지르기라고 한다. 과채류, 두류 등에 실시하기 좋으며 담배, 상추 등의 작물에 적용할수 있다.



정답 01 ② 02 ④ 03 ④ 04 ② 05 ② 06 ①

## 07 4계성 딸기에 대한 설명으로 틀린 것은?

① 우리나라에서는 주로 여름철 재배에 이용된다.
② 주년(周年) 개화·착과 되는 특성을 갖는다.
③ 저위도 지방의 원산지에서 유래한 것이다.
④ 종자번식이 용이하다.

**해설**

딸기는 겨울에 재배하는 일계성딸기와 여름에 재배하는 사계성딸기(여름딸기)로 구분된다. 4계성 딸기는 주로 6~11월 사이인 여름철에 재배를 하며 고온장일의 특징을 가진다. 따뜻한 지방의 저위도 지방의 원산지에서 유래하였으며 종자번식은 상대적으로 불리한 품종이다.

## 08 산형화서의 형상으로 종자가 발달하는 작물이 아닌 것은?

① 양파 ② 부추
③ 보리 ④ 파

**해설**

보리는 수상화서에 해당된다.

## 09 다음 중 춘화처리를 실시하는 가장 큰 이유는?

① 발아억제 ② 생장억제
③ 화성유도 ④ 휴면타파

**해설**

춘화처리라고도 하는 버널리제이션은 식물에 인위적인 저온 처리를 통해 화성을 유도한다.

## 10 고구마의 개화 유도 및 촉진 방법으로 틀린 것은?

① 나팔꽃의 대목에 고구마 순을 접목한다.
② 14시간 이사의 장일처리를 한다.
③ 고구마덩굴의 기부에 환상박피를 한다.
④ 고구마덩굴의 기부에 절상을 낸다.

**해설**

고구마는 장일처리가 아닌 단일처리를 통해 개화촉진을 한다.

## 11 양파의 1대 교잡종 채종에 쓰이는 유전적 특성은?

① 자가불화합성 ② 웅성불임성
③ 자식약세 ④ 자가화합성

**해설**

양파, 당근, 고추, 토마토, 옥수수 등의 종자생산에는 웅성불임성을 이용한다.

2022

## 12 발아억제물질이 있는 부위가 영이며, 억제물질이 phenolic acid에 해당하는 것은?

① 단풍나무 ② 장미
③ 보리 ④ 사탕무

**해설**

발아억제물질인 phenolic acid, coumarin 은 리의 영 부위에 존재하면서 보리의 발아를 억제한다

## 13 다음 중 무한화서에 속하는 것은?

① 총상화서 ② 단성화서
③ 단집산화서 ④ 복집산화서

**해설**

무한화서에는 총상화서, 원추화서, 수상화서, 유이화서, 육수화서, 산방화서, 산형화서, 두상화서 등이 있다.

정답 07 ④ 08 ③ 09 ② 10 ② 11 ② 12 ③ 13 ①

**14** 기본식물에 유래된 종자를 무엇이라 하는가?

① 원종 ② 원원종
③ 보급종 ④ 장려품종

해설

원원종은 품종 고유의 특성을 보유하고 종자의 증식에 기본이 되는 종자를 말한다.

**15** 다음 중 자가수정만 하는 작물로만 나열된 것은?

① 호박, 무 ② 강낭콩, 완두
③ 옥수수, 호밀 ④ 오이, 수박

해설

자가수정작물(자식성작물)에는 벼, 보리, 밀, 귀리, 조, 콩, 담배, 토마토, 가지, 고추, 상추, 완두 등이 있다.

**16** "주피에 있는 구멍으로서 그 구멍을 통하여 자란 화분관이 난세포와 결합한다"에 해당하는 것은?

① 알레로파시 ② 주심
③ 주공 ④ 주병

해설

주공은 제(배꼽)의 끝에 위치하며 꽃가루의 침입구이다. 수분된 화분은 암술머리에서 발아하여 화주의 유도조직 내로 화분관을 신장하고 화분관이 배주의 주공에 도달하여 정핵이 이동하고 배낭 속에서 정핵과 난핵이 융합하게 된다.

**17** 배추과 작물의 채종에 대한 설명으로 옳지 않은 것은?

① 배추과 채소는 주로 인공교배를 실시한다.
② 자연교잡을 방지하기 위한 격리재배가 필요하다.
③ 등숙기로부터 수확기까지는 비가 적게 내리는 지역이 좋다.
④ 배추과 채소의 보급품종 대부분은 1대잡종이다.

해설

배추과 채소는 주로 타가수정을 실시한다.

**18** 광과 종자 발아에 대한 설명으로 틀린 것은?

① 종자 발아가 억제되는 광 파장은 700~750nm 정도이다.
② 종자 발아의 광가역성에 관여하는 물질은 cytochrome이다.
③ 광이 없어야 발아가 촉진되는 종자도 있다.
④ 광은 종자 발아와 아무런 관계가 없는 경우도 있다.

해설

종자 발아의 광가역성에 관여하는 물질은 파이토크롬(phytochrome)이다.

**19** 다음 중 배유의 형성은?

① 정핵과 조세포의 융합
② 정핵과 반족세포의 융합
③ 정핵과 난핵의 융합
④ 정핵과 극핵의 융합

해설

피자식물 중복수정으로 정핵과 2개의 극핵을 통해 배유이 나타난다.



정답 14 ② 15 ② 16 ③ 17 ① 18 ② 19 ④

**20** **수박의 꽃에 대한 설명으로 옳지 않은 것은?**

① 단위 결과로 만들어진 종자가 다음 대에 씨없는 수박이 된다.
② 암꽃의 씨방에서는 여러 개의 배주가 생긴다.
③ 오전 이른 시각에 수정이 잘 된다.
④ 단성화이다.

해설
씨없는 수박은 2배체 수박에 콜히친을 처리하여 4배체를 육성하고 4배체로 모계로 2배체를 부계로 하여 1대 잡종을 생산하여 채종하여 나타난다.

## 제2과목 식물육종학

**21** **교잡육종을 위해 교배친을 선정하는데 고려할 사항이 아닌 것은?**

① 특성조사성적　② 춘화처리능력
③ 과거실적검토　④ 근연계수이용

해설
교배친을 선정할 경우 사용실적, 육정실적, 대상지역의 주요품종, 근연계수, 유전자 분석 등과 자방친과 화분친의 유전적 조성이 유사 정도도 고려해야 한다.

**22** **자연교잡에 의한 배추과(십자화과) 채소품종이 퇴화를 막기 위하여 채종재배 시 사용할 수 있는 방법으로 가장 적당한 것으로만 나열된 것은?**

① 옥신 처리, 수경재배
② 에틸렌 처리, 외딴섬재배
③ 외딴섬재배, 망실재배
④ 수경재배, B-9 처리

해설
품종의 퇴화를 막기 위해서는 격리법을 활용해야 하며 봉지, 망실, 망상 등의 차단격리법이나 해안지방, 산간지방 등에서 재배하는 거리격리법을 활용한다. 그 외에도 춘화처리, 일정처리, 생장조절제 처리, 파종기 조절 등의 처리를 활용하는 시간격리법이 있다.

**23** **다음 중 분리 육종법에 해당하는 것은?**

① 집단 육종법　② 여교잡 육종법
③ 계통 분리법　④ 파생계통 육종법

해설
분리육종법에는 선발육종법, 순계분리법, 계통분리법, 영양계분리법이 있다.

**24** **염색체의 부분적 이상 중 역위는 무엇인가?**

① 염색체의 일부가 과잉상태로 되어 있는 경우
② 기존의 유전자 배열순서가 바뀌어서 배열하는 현상
③ 염색체의 일부가 절단되어 결실이 생기는 경우
④ 절달된 염색체의 일부가 다른 염색체에 부착되는 경우

해설
염색체의에서 역위는 한 염색체의 2개 부분에서 절단이 일어나 중간부분이 180도 회전하면서 다시 유합되면서 배열순서가 바뀌는 현상을 말한다.

**25** **인공교배에 의한 교잡육종기술을 크게 발전시키는데 이론적 근거를 제공해 준 이론은?**

① 몰간의 염색체설
② 멘델의 유전법칙
③ 다윈의 진화론
④ 뮐러의 돌연변이설

해설
교잡육종법은 멘델의 유전법칙에 근거로 성립하여 가장 널리 사용되는 방법이다.

2022

정답 20 ① 21 ② 22 ③ 23 ③ 24 ② 25 ②

**26** **1염색체식물을 옳게 나타낸 것은?**

① 2n+1　　② 2n-1

③ n　　④ 2n+2

해설

2n-1 을 단염색체(1염색체)라 하고 2n+2 는 4염색체, 2n+1 은 3염색체라 한다.

**27** **재배 벼 중 일본형 벼는 식물분류학상 어디에 속하는가?**

① 속　　② 목

③ 문　　④ 아종

해설

일본형 벼는 식물분류학적으로 벼 종의 하위 단위인 아종에 해당한다.

**28** **염색체 배가에 가장 효과적인 방법은?**

① 콜히친 처리　　② NAA 처리

③ 저온 처리　　④ 고온 처리

해설

염색체를 배가시켜 동질배수체를 작성하려면 콜히친(colchicine)처리법을 이용해야 한다.

**29** **교배친($P_1$, $P_2$), $F_1$ 및 $F_2$의 분산 값이 다음과 같을 때 넓은 의미의 유전력은 얼마인가? (단, 분산은 $P_1$,=28, $P_2$,=27, $F_1$=38, $F_2$=62 이다.)**

① 20%　　② 50%

③ 60%　　④ 15%

해설

- 유전분산 $= \frac{P1+P2+F1}{3} = \frac{28+27+38}{3} = 31$
- 유전력 $= \frac{31}{62} \times 100 = 50(\%)$

**30** **기본적인 육종과정이 가장 바르게 나열된 것은?**

① 재료집단수집 → 선발 및 고정 → 지역적응시험 → 생산력검정 → 품종등록 → 증식 및 보급

② 재료집단수집 → 생산력검정 → 선발 및 고정 → 지역적응시험 → 품종등록 → 증식 및 보급

③ 재료집단수집 → 지역적응시험 → 선발 및 고정 → 생산력검정 → 품종등록 → 증식 및 보급

④ 재료집단수집 → 선발 및 고정 → 생산력검정 → 지역적응시험 → 품종등록 → 증식 및 보급

해설

육종과정은 기본은 재료집단, 선발 및 고정, 생산력검정, 지역적응성시험, 품종의 결정, 종자의 증식, 농가의 보급 과정으로 이루어진다.

**31** **작물의 타가수정률을 높이는 기작이 아닌 것은?**

① 폐화수정　　② 웅성불임성

③ 자가불화합성　　④ 자웅이숙

해설

꽃이 피기 전의 봉오리 상태일 때 일어나는 자가수정을 폐화수정이라 하며 자가수분이 용이하게 이루어진다.

**32** **인공교배 육종 시 춘화처리를 하는 주된 목적은?**

① 결실률의 향상

② 수정의 촉진

③ 개화기의 조절

④ 교배립의 등숙기간 단축

해설

개화기의 조절하는데는 춘화처리를 이용한다.



정답 26 ② 27 ④ 28 ① 29 ② 30 ④ 31 ① 32 ③

## 33 게놈이 다른 타종, 타속의 우량한 형질을 재배종에 도입하고자 할 때 효과적으로 사용할 수 있는 육종법은?

① 일수일열법　② 돌연변이 육종법
③ 여교잡 육종법　④ 근계 교배법

해설

여교잡 육종법은 한쪽의 유전자형을 가진 개체를 교잡하여 수세대 반복하여 우량개체를 선발하는 방법으로 우량 형질을 재배종에 도입하고자 할 때 효과적인 방법이다.

## 34 30개의 아미노산으로 형성된 효소를 합성하는데 필요한 최소한의 DNA 염기의 수는 얼마인가?

① 30　② 60
③ 90　④ 120

해설

아미노산 1개를 지정하는데 필요한 염기의수는 3개이기에 30개의 아미노산의 경우 필요한 DNA 염기는 90개가 필요하다.

## 35 식물세포에서 단백질 합성 장소는?

① 리보솜　② 엽록체
③ 미토콘드리아　④ 액포

해설

식물세포에서 단백질을 합성하는 장소는 리보솜이다.

## 36 감자와 토마토로 육성된 포마토는 어떠한 육종 방법을 이용하였는가?

① 배배양　② 약배양
③ 원형질체융합　④ 염색체배양

해설

원형질체융합을 활용한 작물에는 감자와 토마토의 잡종인 포마토가 있다. 원형질체융합은 다른 식물종에서 유래된 원형질체를 융합하여 두 식물의 특성을 모두 가진 잡종식물체를 만드는 방법이다.

## 37 피자식물은 중복수정을 하는데 수정 후 배와 배유의 염색체수를 옳게 나타낸 것은?

① 배는 2n이고, 배유는 n이다.
② 배는 n이고, 배유는 2n이다.
③ 배는 2n이고, 배유는 3n이다.
④ 배는 2n이고, 배유는 4n이다.

해설

중복수정은 배와 배유의 형성이 한 배낭 내에서 동시에 이루어지는 것으로 아래와 같은 결과가 나타난다

- 정핵(n)+난핵(n) → 배(2n)
- 정핵(n)+2개 극핵(2n) → 배젖(3n)

## 38 신품종의 유전적 퇴화 원인으로만 옳게 나열한 것은?

① 자연교잡, 잡종강세
② 잡종강세, 바이러스병 감염
③ 바이러스병 감염, 돌연변이
④ 돌연변이, 자연교잡

해설

신품종의 유전적 퇴화요인으로 돌연변이, 자연교잡, 이형유전자의 분류, 근교약세, 기회적 부동, 이형종자의 기계적 혼입, 역도태 등이 있다.

## 39 다음 중 배추의 자가불화합성 개체에서 자식종자를 얻을 수 있는 방법으로 가장 옳은 것은?

① 타가수분　② 개화수분
③ 뇌수분　④ 폐화수분

해설

뇌수분은 자가수정률이 높아 자가불화합성의 계통을 유지하여 자식종자를 얻을수 있는데 배추와 같은 십자화과식물의 채종에 많이 이용한다.

2022

정답 33 ③ 34 ③ 35 ① 36 ③ 37 ③ 38 ④ 39 ③

## 40 자식성 작물의 육종 방법 중 인공교배 과정이 없는 방법은?

① 집단 육종법　② 잡종 강세 육종법
③ 계통 육종법　④ 순계 분리법

해설
순계분리법은 기본집단에서 우수형질을 가진 개체를 선발하여 우수한 순계를 선발하는 방법으로 자가수정작물을 이용한다.

# 제3과목 재배원론

## 41 다음 중 장일효과를 유도하기 위한 야간조파에 효과적인 광의 파장은?

① 300 ~ 350 nm　② 380 ~ 420 nm
③ 600 ~ 680 nm　④ 300 nm 이하

해설
야간조파는 밤에 광을 주어 밤의 연속길이를 짧게 하는 것으로 장일효과 유도를 위해 600~680nm 의 파장이 효과적이다.

## 42 다음 중 굴광현상에 가장 유효한 광은?

① 청색광　② 녹색광
③ 황색광　④ 적색광

해설
식물이 광을 향하는 굴광현상이 나타나며 주로 청색 파장(440~480mm)에 유효하다.

## 43 다음 중 연작에 의해서 나타나는 기지현상의 원인으로 옳지 않은 것은?

① 토양 비료분의 소모
② 염류의 감소
③ 토양 선충의 번성
④ 잡초의 번성

해설
기지현상의 원인에는 토양의 영양분의 과잉 혹은 결핍, 토양 내의 염류의 집적, 토양의 물리성 악화, 토양전염병, 토양선충의 번성, 유독물질의 축적, 잡초 번성 등이 있다.

## 44 다음 중 전분 합성과 관련된 효소로 옳은 것은?

① 아밀라아제　② 포스포릴라아제
③ 프로테아제　④ 리파아제

해설
포스포릴라아제는 녹말이나 클리코네 합성 및 분해에 작용하는 효소이다.

## 45 환상박피 때 화아분화가 촉진되고 과실의 발달이 조장되는 작물의 내적균형 지표로 가장 알맞은 것은?

① C/N율　② S/R율
③ T/R율　④ R/S율

해설
C/N 율은 탄소와 질소의 비율로 화아분화 촉진 및 과실의 발달을 나타내는 내적균형 지표로 활용된다.

## 46 다음 중 내염성 작물로 가장 옳은 것은?

① 감자　② 완두
③ 목화　④ 사과

해설
내염성 작물에는 사탕무, 목화, 양배추, 유채 등이 있다.



정답 40 ④ 41 ③ 42 ① 43 ② 44 ② 45 ① 46 ③

**47** **다음 중 식물분류학적 방법에서 작물 분류로 옳지 않은 것은?**

① 벼과 작물 ② 콩과 작물
③ 가지과 작물 ④ 공예 작물

해설
식물분류학적 방법으로 예를 들어 벼과, 콩과, 가지과, 국화과 등으로 분류하며 공예작물은 용도에 따른 분류에 해당한다.

**48** **다음 중 식물 세포의 크기를 증대시키는데 직접적으로 관여하는 것으로 가장 옳은 것은?**

① 팽압 ② 막압
③ 벽압 ④ 수분포텐셜

해설
세포의 크기를 증대시키려는 압력을 팽압이라 한다.

**49** **다음 중 접목부위로 옳게 나열된 것은?**

① 대목의 목질부, 접수의 목질부
② 대목의 목질부, 접수의 형성층
③ 대목의 형성층, 접수의 목질부
④ 대목의 형성층, 접수의 형성층

해설
접목을 위해서는 접수와 대목의 형성층을 서로 밀착시켜야 한다.

**50** **다음 중 사과의 축과병, 담배의 끝마름병으로 분열조직에서 괴사를 일으키는 원인으로 옳은 것은?**

① 칼슘의 결핍 ② 아연의 결핍
③ 붕소의 결핍 ④ 망간의 결핍

해설
붕소의 결핍시 분열조직의 괴사가 일어나고 사과의 축과병, 담배의 끝마름병 등과 같은 병해가 발생되며 꽃가루 생성이 불량하고 불임이 나타난다.

**51** **리비히가 주장하였으며 생산량은 가장 소량으로 존재하는 무기성분에 의해 지배받는다는 이론은 무엇인가?**

① 최소양분율
② 유전자중심설
③ C/N율
④ 하디-바인베르크법칙

해설
리비히가 제창한 최소양분율은 어느 한 요소라도 부족하면 다른 요소들이 충분하더라도 작물의 생육은 부족한 요소의 지배를 받는다는 법칙이다. 즉 식물의 생육 및 생산량은 가장 부족한 혹은 소량으로 존재하는 무기성분에 의해 지배받는다는 이론이다.

2022

**52** **다음 중 영양번식의 취목에 해당하지 않는 것은?**

① 성토법 ② 분주
③ 휘묻이 ④ 고취법

해설
취목에는 선취법, 성토법, 고취법, 휘묻이, 곡취법, 파취법 등이 해당된다.

**53** **무기성분 중 벼가 많이 흡수하는 것으로 벼 잎을 직립하게 하여 수광상태가 좋게 되어 동화량을 증대시키는 효과가 있는 것은?**

① 규소 ② 망간
③ 니켈 ④ 붕소

해설
규소는 벼의 잎을 직립하게 하여 수광상태를 좋게하고 벼도열병에 대한 저항성을 향상시킨다.

정답 47 ④ 48 ① 49 ④ 50 ③ 51 ① 52 ② 53 ①

**54** 다음 중 종자 휴면의 원인과 관련이 없는 것은?

① 경실 종자 ② 발아억제물질
③ 배의 성숙 ④ 종피의 불투기성

해설
종자 휴면의 원인에는 종피의 불투기성 및 불투수성, 배의 미숙, 발아억제 물질의 존재, 이중 휴면성 등이 있다.

**55** 다음 중 탄산시비의 효과로 옳지 않은 것은?

① 수량 증가 ② 개화 수 증가
③ 착과율 증가 ④ 광합성 속도 감소

해설
탄산시비를 통해 수량 증대, 품질의 향상, 착과율의 증가 등의 효과가 있다.

**56** 다음 중 산성토양에서 작물의 적응성이 가장 약한 것은?

① 호밀 ② 땅콩
③ 토란 ④ 시금치

해설
시금치는 산성토양에서 적응성이 약한 작물로 산성토양에 생육시 발아가 불량하고 뿌리의 피해가 발생하게 된다.

**57** 다음 중 골사이나 포기사이의 흙을 포기 밑으로 긁어 모아 주는 것을 뜻하는 용어로 옳은 것은?

① 멀칭 ② 답압
③ 배토 ④ 제경

해설
배토는 이랑 사이의 토양을 작물의 포기 아래로 모아 주는 작업을 말한다.

**58** 다음 중 중성식물로 옳은 것은?

① 시금치 ② 고추
③ 벼 ④ 콩

해설
일장에 관계 없이 화아하는 식물을 중성식물 혹은 중일식물이라 하며 토마토, 고추, 오이, 호박, 당근 등 있다.

**59** 대기 중 이산화탄소의 농도로 옳은 것은?

① 약 0.03% ② 약 0.09%
③ 약 0.15% ④ 약 0.20%

해설
이산화탄소는 대기 중에 약 0.035% 를 차지하고 있다.

**60** 다음 중 건물 생산이 최대로 되는 단위면적당 군락엽면적을 뜻하는 용어로 옳은 것은?

① 포장동화능력 ② 최적엽면적
③ 보상점 ④ 광포화점

해설
최적엽면적은 건물생산이 최대로 되는 단위 면적당의 군락엽면적이며 군락의 엽면적을 토지면적에 대한 배수치로 표현한 것을 엽면적지수라 한다.

## 제4과목 식물보호학

**61** 다음 중 화본과 잡초로만 나열된 것은?

① 가막사리, 올챙이고랭이
② 쇠털골, 알방동사니
③ 마디꽃, 매자기
④ 강피, 나도겨풀

해설
화본과 잡초에는 둑새풀, 강피, 나도겨풀, 강아지풀, 바랭이 등이 있다.



정답 54 ③ 55 ④ 56 ④ 57 ③ 58 ② 59 ① 60 ② 61 ④

## 62 복숭아혹진딧물에 대한 설명으로 틀린 것은?

① 날개가 있는 유시충과 날개가 없는 무시충이 존재한다.
② 여름기주로는 복숭아나무, 벚나무 등이 있다.
③ 식물 바이러스를 매개한다.
④ 간모는 단위생식을 한다.

해설

복숭아혹진딧물의 여름기주에는 무, 배추, 오이, 수박 등이 있다. 복숭아나무, 벚나무는 겨울기주에 해당된다.

## 63 종자가 바람에 의해 전파되기 쉬운 잡초로만 나열된 것은?

① 쇠비름, 방동사니
② 망초, 방가지똥
③ 어저귀, 명아주
④ 박추가리, 환삼덩굴

해설

바람에 의해 전파되는 잡초종자에는 민들레, 박주가리, 엉겅퀴속, 망초, 방가지똥 등이 있다.

## 64 벼 줄기 속을 가해하여 새로 나온 잎이나 이삭이 말라 죽도록 가해하는 해충은?

① 흑명나방 ② 땅강아지
③ 이화명나방 ④ 끝동매미충

해설

이화명나방 1세대는 잎 뒷면에서 부화한 유충이 잎집으로 이동해 볏대 속에 구멍을 뚫고 피해를 주며 2세대는 유충이 줄기 속을 가해하여 이삭줄기 전체가 하얗게 말라 죽는 백수 현상이 일어난다.

## 65 벼 흰잎마름병 발생에 가장 중요한 요인은?

① 한발 ② 저온
③ 침수 ④ 비료 부족

해설

벼 흰잎마름병은 배수가 나쁘고 습한 곳에서 주로 발생하며 강우가 많은 여름철 주로 발생한다.

## 66 2,4-D 제초제에 대한 설명으로 틀린 것은?

① 경엽처리형 제초제이다.
② 이행형 제초제이다.
③ 휘산성이므로 감수성 작물에 주의하여 살포한다.
④ 벼의 경우 유효분얼이 끝나기 전에 살포한다.

해설

2,4-D 제초제는 벼와 같은 화곡류의 경우 유효분얼종지기 ~ 유수형성기 사이에 처리하는 것이 좋다.

## 67 잡초에 대한 작물의 경합력을 높이는 방법은?

① 이식재배를 한다.
② 만생종을 재배한다.
③ 직파재배를 한다.
④ 재식밀도를 낮춘다.

해설

이식재배를 하면 생육기간이 연장되고 토지이용률이 증대된다. 또한 생육 촉진 및 숙기가 단축되어 경합력이 높아진다.

2022

정답 62 ② 63 ② 64 ③ 65 ③ 66 ④ 67 ①

**68** **다음 중 주로 온실에서 재배하는 토마토에 바이러스병 매개하는 해충으로 가장 피해를 많이 주는 것은?**

① 담배가루이 ② 목화진딧물
③ 갈색여치 ④ 외줄면충

해설
담배가루이는 온실에 재배되는 토마토에 피해를 주며 토마토황화잎말림바이러스(TYLCV)를 매개한다.

**69** **요소(urea)계 제초제에 대한 설명으로 틀린 것은?**

① 광합성 저해 및 세포막 파괴에 의하여 작용한다.
② 경엽처리 효과가 없어 토양처리형으로만 사용한다.
③ 제초 활성을 나타내기 위해 광이 필요하다.
④ 고농도 처리수준에서는 비선택성이다.

해설
요소계 제초제는 경엽 및 토양처리형으로 사용한다.

**70** **감자 역병에 대한 설명으로 틀린 것은?**

① 아일랜드 대기근의 원인이다.
② 병원균은 자웅동형성이다.
③ 역사적으로 1845년경에 대발생했다.
④ 무병 씨감자를 사용하여 방제할 수 있다.

해설
감자 역병의 병원균은 자웅이주균이다.

**71** **수용성이 아닌 원제를 아주 작은 입자로 미분화시킨 분말로 물에 분산시켜 사용하는 제초제의 제형은?**

① 유제 ② 수화제
③ 보조제 ④ 수용제

해설
수화제는 물에 녹지 않는 주제를 분말형태로 벤토나이트 및 계면활성제 등을 이용하여 분산 및 제제하며 골고루 퍼지는 현수성이 중요하다.

**72** **온실가루이가 속하는 목은?**

① 노린재목 ② 강도래목
③ 파리목 ④ 딱정벌레목

해설
온실가루이는 노린재목에 속한다.

**73** **바이로이드에 의한 식물병은?**

① 모과나무 검은별무늬병
② 벼 오갈병
③ 담배 모자이크병
④ 감자 걀쭉병

해설
감자 걀쭉병은 바이로이드에 의해 발생한다.

**74** **다음 중 완전변태를 하지 않는 것은?**

① 솔수염하늘소 ② 버들잎벌레
③ 진달래방패벌레 ④ 복숭아명나방

해설
진달래방패벌레는 불완전변태를 한다.



정답 68 ① 69 ② 70 ② 71 ② 72 ① 73 ④ 74 ③

**75** 벼 줄무늬잎마름병을 전반시키는 매개충은?

① 무당벌레 ② 진딧물
③ 애멸구 ④ 끝동매미충

해설
벼 줄무늬잎마름병은 애멸구에 의해 전염되며 병원은 바이러스로 Rice stripe virus 전염시킨다.

**76** 제초제의 약해 유발 원인으로 틀린 것은?

① 고압분무기로 살포 시 주변 작물로 제초제가 비산되는 경우
② 비닐하우스 내에서나 피복 재배지에서의 부주의한 처리
③ 전착제 농도를 권장량보다 낮게 처리하는 경우
④ 제초제의 정확한 특성을 무시하고 적용범위를 확대하는 경우

해설
전착제는 약제를 식물에 잘 전착하기 위한 보조제로 권장량 보다 낮게 처리한다고 하여 약해를 유발하지는 않는다.

**77** 오이 노균병에 대한 설명으로 틀린 것은?

① 병무늬의 가장자리가 잎맥으로 포위되는 다각형의 담갈색 무늬를 나타낸다.
② 잎과 줄기에 발생한다.
③ 습기가 많으면 병무늬 뒷면에 가루모양의 회색 곰팡이가 생긴다.
④ 발병이 심하면 병환부가 말라죽고 잘 찢어진다.

해설
오이 노균병은 고온 다습한 장마철에 발생하며 잎에서 발생한다.

**78** 다음 중 광발아 잡초로만 나열된 것은?

① 메귀리, 광대나물
② 냉이, 소리쟁이
③ 별꽃, 참방동사니
④ 강피, 바랭이

해설
광발아 잡초에는 바랭이, 쇠비름, 향부자, 강피, 소리쟁이 등이 있다.

**79** 주로 괴경으로 번식하는 잡초로만 나열된 것은?

① 메꽃, 사마귀풀
② 엉겅퀴, 물달개비
③ 향부자, 올방개
④ 물달개비, 알방동사니

해설
괴경으로 번식하는 잡초로 올방개, 매자기, 벗풀, 향부자, 너도방동사니, 올미 등이 있다.

**80** 다음 중 크기가 가장 작은 식물 병원체는?

① 세균 ② 진균
③ 바이러스 ④ 바이로이드

해설
바이로이드는 외부단백질이 없는 핵산만으로 구성되어 있으며 가장 작은 크기의 병원체이다.

## 제5과목 종자관련법규

**81** 종자검사요령상 시료추출에서 참외 순도검사를 위한 시료의 최소 중량은?

① 30g ② 50g
③ 70g ④ 100g

해설
참외의 순도검사를 위한 제출시료는 150g, 순도검사 70g, 수분검정용 50g 이다.

2022

정답 75 ③ 76 ③ 77 ② 78 ④ 79 ③ 80 ④ 81 ③

**82** **종자산업진흥센터의 지정 등에 대한 내용이다. (　　　)에 알맞은 내용은?**

> (　　)은 종자산업의 효율적인 육성 및 지원을 위하여 종자산업 관련 기관・단체 또는 법인 등 적절한 인력과 시설을 갖춘 기관을 종자산업진흥센터로 지정할 수 있다.

① 농림축산식품부장관
② 농촌진흥청장
③ 미래산업공동위원장
④ 농산물품질관리원장

**해설**

농림축산식품부장관은 종자산업의 효율적인 육성 및 지원을 위하여 종자산업 관련 기관・단체 또는 법인 등 적절한 인력과 시설을 갖춘 기관을 종자산업진흥센터(이하 "진흥센터"라 한다)로 지정할 수 있다.

**83** **종자검사요령상 종자 건전도 검정에서 배추과 뿌리썩음병의 시험시료는 몇 입으로 하는가?**

① 300입　　② 400입
③ 500입　　④ 1000입

**해설**

종자건전도검정에서 배추과의 뿌리썩음병의 시험시료는 1000 립을 기준으로 한다.

**84** **신고된 품종명칭을 도용하여 종자를 판매·보급·수출하거나 수입한 자의 벌칙은?**

① 3년 이하의 징역 또는 3천만원 이하의 벌금
② 2년 이하의 징역 또는 2천만원 이하의 벌금
③ 2년 이하의 징역 또는 1천만원 이하의 벌금
④ 1년 이하의 징역 또는 1천만원 이하의 벌금

**해설**

신고된 품종명칭을 도용하여 종자를 판매, 보급, 수출하거나 수입한 자는 1년 이하의 징역 또는 1천만원 이하의 벌금에 처한다.

**85** **식물신품종 보호법상 우선권을 주장하려는 자는 최초의 품종보호 출원일 다음 날부터 얼마 이내에 품종보호 출원을 하지 아니하면 우선권을 주장할 수 없는가?**

① 6개월　　② 1년
③ 2년　　④ 3년

**해설**

우선권을 주장하려는 자는 최초의 품종보호 출원일 다음 날부터 1년 이내에 품종보호 출원을 하지 아니하면 우선권을 주장할 수 없다.



정답 82 ① 83 ④ 84 ④ 85 ②

**86** **식물신품종 보호법상 절차의 보정에 대한 내용이다. (　)에 적절하지 않은 내용은?**

> (　)은 품종보호에 관한 절차가 식물신품종 보호법에 따른 명령에서 정하는 방식을 위반한 경우에는 기간을 정하여 보정을 명할 수 있다.

① 농림축산식품부장관
② 해양수산부장관
③ 농업기술센터장
④ 심판위원회 위원장

해설

농림축산식품부장관, 해양수산부장관 또는 심판위원회 위원장은 품종보호에 관한 절차가 다음 각 호의 어느 하나에 해당하는 경우에는 기간을 정하여 보정을 명할 수 있다.

- 제5조를 위반하거나 제15조에 따라 준용되는 「특허법」 제3조제1항을 위반한 경우
- 이 법 또는 이 법에 따른 명령에서 정하는 방식을 위반한 경우
- 제125조에 따라 납부해야 할 수수료를 납부하지 아니한 경우

**87** **품종보호권 또는 전용실시권을 침해한 자의 벌칙은?**

① 7년 이하의 징역 또는 1억원 이하의 벌금
② 8년 이하의 징역 또는 1억원 이하의 벌금
③ 3년 이하의 징역 또는 2억원 이하의 벌금
④ 5년 이하의 징역 또는 3억원 이하의 벌금

해설

품종보호권 또는 전용실시권을 침해한 자는 7년 이하의 징역 또는 1억원 이하의 벌금에 처한다.

**88** **국가보증이나 자체보증을 받은 종자를 생산하려는 자는 누구로부터 포장(圃場)검사를 받아야 하는가?**

① 농업기술센터장　② 농촌지도사
③ 농업연구사　④ 종자관리사

해설

국가보증이나 자체보증을 받은 종자를 생산하려는 자는 농림축산식품부장관 또는 종자관리사로부터 채종 단계별로 1회 이상 포장검사를 받아야 한다.

**89** **과수와 임목의 경우 품종보호권의 존속기간은 품종보호권이 설정등록된 날부터 몇 년으로 하는가?**

① 15년　② 25년
③ 30년　④ 35년

해설

품종보호권의 존속기간은 품종보호권이 설정등록된 날부터 20년으로 한다. 다만, 과수와 임목의 경우에는 25년으로 한다.

**90** **품종보호권의 설정등록을 받으려는 자나 품종보호권자는 품종보호료 납부기간이 지난 후에도 얼마 이내에는 품종보호료를 납부할 수 있는가?**

① 2년　② 1년
③ 9개월　④ 6개월

해설

품종보호권의 설정등록을 받으려는 자나 품종보호권자는 품종보호료 납부기간이 지난 후에도 6개월 이내에는 품종보호료를 납부할 수 있다.

2022

정답 86 ③ 87 ① 88 ④ 89 ② 90 ④

**91** **종자산업진흥센터 시설기준에서 분자표지 분석실의 장비 구비 조건에 해당하지 않는 것은?**

① DNA추출장비 ② 질량분석장비
③ 유전자증폭장비 ④ 유전자판독장비

해설

종자산업진흥센터 시설기준에서 분자표지 분석실의 장비 구비 조건에는 시료분쇄장비, DNA추출장비, 유전자증폭장비, 유전자판독장비가 있다

**92** **육묘업의 등록 등에 대한 내용이다. ( )에 적절하지 않은 내용은?**

> 육묘업을 하려는 자는 대통령령으로 정하는 시설을 갖추어 ( )에게 등록하여야 한다.

① 각 지역 국립대학교 총장
② 시장
③ 군수
④ 구청장

해설

육묘업을 하려는 자는 대통령령으로 정하는 시설을 갖추어 시장·군수·구청장에게 등록하여야 한다.

**93** **종자관리사의 자격기준 등에 대한 내용이다. ( )에 알맞은 내용은?**

> 종자관리사 등록이 취소된 사람은 등록이 취소된 날부터 ( )이 지나지 아니하면 종자관리사로 다시 등록할 수 없다.

① 3개월 ② 9개월
③ 1년 ④ 2년

해설

종자관리사 등록이 취소된 사람은 등록이 취소된 날부터 2년이 지나지 아니하면 종자관리사로 다시 등록할 수 없다.

**94** **식물신품종 보호법상 포기의 효력에 대한 내용이다. ( )에 알맞은 내용은?**

> 품종보호권·전용실시권 또는 통상실시권을 포기하였을 때에는 품종보호권·전용실시권 또는 통상실시권은 ( )부터 소멸한다.

① 14일 후 ② 7일 후
③ 3일 후 ④ 그 때

해설

품종보호권·전용실시권 또는 통상실시권을 포기하였을 때에는 품종보호권·전용실시권 또는 통상실시권은 그 때부터 소멸한다.

**95** **종자관리요강상 포장검사 및 종자검사의 검사기준에서 밀 포장검사의 검사시기는?**

① 이앙기로부터 중간배수기 사이
② 유묘기로부터 무효분얼기 사이
③ 이앙기로부터 유효분얼기 사이
④ 유숙기로부터 황숙기 사이

해설

겉보리, 쌀보리, 맥주보리, 밀의 검사시기 및 회수는 유숙기로부터 황숙기 사이에 1회 실시한다.

**96** **종자검사요령상 포장검사 병주 판정기준에서 맥류의 기타병은?**

① 겉깜부기병 ② 흰가루병
③ 속깜부기병 ④ 보리줄무늬병

해설

맥류의 기타병에는 흰가루병, 줄기녹병, 위축병 등이 있다.



정답 91 ② 92 ① 93 ④ 94 ④ 95 ④ 96 ②

**97** **종자산업법상 품종목록 등재의 유효기간 연장신청은 그 품종목록 등재의 유효기간이 끝나기 전 얼마 이내에 신청하여야 하는가?**

① 3개월 ② 6개월
③ 1년 ④ 3년

해설

종자관련법상 품종목록 등재의 유효기간에서 품종목록 등재의 유효기간 연장신청은 그 품종목록 등재의 유효기간이 끝나기 전 1년 이내 신청해야 한다.

**98** **종자검사요령상 수분의 측정에서 분석용 저울은 몇 단위까지 신속히 측정할 수 있어야 하는가?**

① 1g ② 0.1g
③ 0.01g ④ 0.001g

해설

종자검사요령상 수분의 측정에서 분석용 저울은 0.001g 단위까지 측정할수 있어야 한다.

**99** **수입적응성시험의 대상작물 및 실시기관에서 국립산림품종관리센터의 대상작물은?**

① 황금, 황기 ② 산약, 작약
③ 반하, 방풍 ④ 사삼, 시호

해설

국립산림품종관리센터의 수입적응성시험의 대상작물은 백출, 사삼, 시호, 오가피, 창출, 천궁, 하수오가 있다.

**100** **종자관리요강상 사진의 제출규격에서 사진의 크기는?**

① 2″×6″의 크기 ② 3″×3″의 크기
③ 4″×5″의 크기 ④ 5″×9″의 크기

해설

사진의 크기는 4″ × 5″ 의 크기이어야 하며 실물을 식별할 수 있어야 한다.

2022

정답 97 ③ 98 ④ 99 ④ 100 ③

CBT

# 1회 종자기사

** 본문제는 수험생들의 기억을 바탕으로 작성 된 것으로 실제 문제와 차이가 있을 수 있습니다.

## 제1과목 종자생산학

**01 배추과 작물의 채종에 대한 설명으로 옳지 않은 것은?**

① 배추과 채소는 주로 인공교배를 실시한다.
② 배추과 채소의 보급품종 대부분은 1대잡종이다.
③ 등숙기로부터 수확기까지는 비가 적게 내리는 지역이 좋다.
④ 자연교잡을 내리는 방지하기 위한 격리재배가 필요하다.

해설
배추과 채소는 주로 타가수정을 실시한다.

**02 다음 종자 기관 중 종피가 되는 부분은?**

① 주심 ② 주피
③ 주병 ④ 배낭

해설
종자의 주피는 종피(씨껍질)이 된다.

**03 자가수정만 하는 작물로만 나열된 것은? (단, 자가수정 시 낮은 교잡률과 자식열세를 보이는 작물은 제외)**

① 옥수수, 호밀 ② 참외, 멜론
③ 당근, 수박 ④ 완두, 강낭콩

해설
자가수정작물(자식성작물)에는 벼, 보리, 밀, 귀리, 조, 콩, 담배, 토마토, 가지, 고추, 상추, 완두 등이 있다.

**04 종자에 의하여 전염되기 쉬운 병해는?**

① 흰가루병 ② 모잘록병
③ 배꼽썩음병 ④ 잿빛곰팡이병

해설
모잘록병균은 토양 및 종자에 의해 전염되기에 토양 및 종자를 소독하는 것이 방제에 효과적이다.

**05 자식성 작물의 종자생산 관리체계에서 증식체계로 옳은 것은?**

① 기본식물 → 원원종 → 원종 → 보급종
② 보급종 → 기본식물 → 원원종 → 원종
③ 보급종 → 원원종 → 원종 → 기본식물
④ 원종 → 보급종 → 원원종 → 기본식물

해설
작물의 종자생산 관리 및 증식체계는 기본식물, 원원종, 원종, 채종포(보급종), 농가의 순이다.

**06 작물생식에 있어서 아포믹시스를 옳게 설명한 것은?**

① 수정에 의한 배 발달
② 수정없이 배 발달
③ 세포 융합에 의한 배 발달
④ 배유 배양에 의한 배 발달

해설
아포믹시스는 무수정생식이라 하며 난핵과 정핵의 결합이 없는 무성생식이다.



정답 01 ① 02 ② 03 ④ 04 ② 05 ① 06 ②

**07** **수확적기로 벼의 수확 및 탈곡 시에 기계적 손상을 최소화 할 수 있는 종자 수분함량은?**

① 14% 이하 ② 17~23%
③ 30~35% ④ 50% 이상

해설
벼, 보리의 수확적기 종자 수분함량은 17~23% 이며 이때 탈곡 시 기계적 손상을 최소화 할수 있다.

**08** **직접 발아시험을 하지 않고 배의 환원력으로 종자 발아력을 검사하는 방법은?**

① X선 검사법
② 전기전도도 검사법
③ 테트라졸리움 검사법
④ 수분함량 측정법

해설
테트라졸리움 검사법은 테트라졸리움 용액을 이용하여 살아 있는 종자 조직의 착색 정도를 통해 종자의 발아력을 검사한다.

**09** **다음 중 종자의 수명이 가장 긴 종자는?**

① 토마토 ② 상추
③ 당근 ④ 고추

해설
상추, 당근, 고추는 단명종자이며 토마토는 장명종자로 보기 중에서 종자의 수명이 가장 길다.

**10** **층적저장과 가장 가까운 의미를 갖는 것은?**

① 발아억제를 위한 건조처리
② 휴면타파를 위한 저온처리
③ 발아율 향상을 위한 후숙처리
④ 발아촉진을 위한 생장조절제 처리

해설
층적처리는 나무상자나 나무통에 습기가 있는 모래 혹은 톱밥과 종자를 층을 만들어 종자를 넣어 저온저장고에 보관한다.

**11** **다음 중 무배유 종자에 해당하는 것은?**

① 보리 ② 상추
③ 밀 ④ 옥수수

해설
무배유종자에는 콩, 완두, 팥, 녹두, 클로버 등의 콩과 식물 및 수박, 오이, 호박, 상추, 배추 등이 있다.

**12** **다음 중 발아촉진에 효과가 가장 큰 물질은?**

① gibberellin ② abscisic acid
③ parasorbic acid ④ momilactone

해설
지베렐린(Gibberellin)을 작물에 적용시 발아촉진, 화성유도, 생장 촉진, 수량의 증대 효과 등이 있으며 발아촉진에 큰 효과를 보인다.

**13** **다음 중 감자의 휴면타파법으로 가장 적절한 것은?**

① α선 처리 ② MH 처리
③ GA 처리 ④ 저온저장(0~6°C)

해설
감자의 휴면타파에는 최아법, 박피절단법, 지베렐린 처리(GA처리), 에틸렌-클로로하이드린 처리를 한다.

**14** **다음 중 영양번식과 가장 관련이 있는 것은?**

① 유성생식 ② 무성생식
③ 감수분열 ④ 타가수정

해설
무성생식은 배우자가 수정을 하지 않고 개체를 증식시키는 방법으로 단위생식, 영양생식이 여기에 해당된다.



정답 07 ② 08 ③ 09 ① 10 ② 11② 12 ① 13 ③ 14 ②

**15** 다음 중 호광성 종자인 것은?

① 토마토 ② 가지
③ 상추 ④ 호박

해설
광발아성 종자는 호광성종자로 상추, 담배, 우엉 등이 있다.

**16** 다음 중 종자발아에 필요한 수분흡수량이 가장 많은 것은?

① 옥수수 ② 벼
③ 콩 ④ 밀

해설
발아에 필요한 종자의 수분 흡수량은 종자무게 대비 벼 23%, 밀 30%, 콩 100% 정도로 콩이 가장 많다.

**17** 속씨식물의 중복수정에서 2개의 극핵과 1개의 웅핵이 수정되어 생성되는 것은?

① 배유 ② 종피
③ 배 ④ 자엽

해설
속씨식물의 수정에서 배낭 내로 들어간 2개의 정핵 중 하나는 난핵과 만나 2n 배를 형성하고 다른 하나는 2개의 극핵과 만나 3n 배유를 형성한다.

**18** 자가불화합성을 타파하는 방법이 아닌 것은?

① 뇌수분 ② 개화수분
③ 인공수분 ④ $CO_2$처리

해설
자가불화합성을 타파하는 방법으로 뇌수분, 노화수분, 지연수분, 고온처리, 전기 자극, 이산화탄소 처리 등이 있다.

**19** 종자의 형상이 능각형인 것으로만 나열된 것은?

① 배추, 양귀비 ② 참나무, 모시풀
③ 보리, 작약 ④ 삼, 메밀

해설
종자의 형상은 타원형, 구형, 능각형 등 다양한 형태로 분류되며 능각형에는 메밀과 삼이 있다.

**20** 배낭모세포가 감수분열을 못하거나 비정상적인 분열을 하여 배를 형성하는 것은?

① 복상포자생식 ② 무성생식
③ 영양번식 ④ 유사분열

해설
복상포자생식에서 난세포가 수정 없이 배발생을 하고 극핵도 수정 없이 단독으로 배유 형성을 한다.

## 제2과목 식물육종학

**21** 다음 중 감수분열 제1전기의 진행 순서가 바르게 나열된 것은?

① 세사기 → 이동기 → 대합기 → 태사기
② 이동기 → 세사기 → 태사기 → 대합기
③ 세사기 → 대합기 → 태사기 → 이동기
④ 세사기 → 이동기 → 태사기 → 대합기

해설
제1감수분열 전기는 세사기, 대합기, 태사기, 이중기, 이동기의 과정을 거친다.



정답 15 ③ 16 ③ 17 ① 18 ② 19 ④ 20 ① 21 ③

**22** **이질 배수체를 작성하는 방법으로 가장 알맞은 것은?**

① 특정한 게놈을 가진 품종의 식물체에 콜히친을 처리한다.
② 서로 다른 게놈을 가진 식물체끼리 교잡을 시킨 후 그 잡종에 콜히친 처리를 한다.
③ 동일한 게놈을 가진 품종끼리 교잡을 시킨 후 그 잡종에 콜히친 처리를 한다.
④ 인위적으로는 만들 수 없고 자연계에서 만들어지기를 기다린다.

해설
염색체를 배가시켜 동질배수체를 작성하려면 콜히친(colchicine)처리법을 이용해야 한다.

**23** **벼와 같은 자식성 식물에서 잡종강세에 대한 설명으로 옳은 것은?**

① 자식성 식물이므로 잡종 강세가 일어나지 않는다.
② 교배조합에 따라 잡종강세가 일어날 수 있다.
③ 모든 교배조합에서 잡종강세가 크게 나타난다.
④ 자식성 식물에서는 잡종강세를 조사하지 않는다.

해설
자식성식물에서 잡종강세가 나타나는 경우도 있지만 타식성 식물에서 현저하게 나타난다.

**24** **품종의 생리적 퇴화의 원인이 되는 것은?**

① 돌연변이
② 자연교잡
③ 토양적인 퇴화
④ 이형 유전자형의 분리

해설
생리적 퇴화는 품종의 생산지의 환경의 불량이 원인이 되기에 토양적인 퇴화가 한가지 원인이 되겠다.

**25** **타식성 식물에 대한 설명으로 옳은 것은?**

① 유전자형이 동형접합(homozygosity)이다.
② 단성화와 자가불임의 양성화뿐이다.
③ 자연계에서 서로 다른 개체 간 수정되는 비율이 높은 식물이다.
④ 자웅이숙 식물만이 순수한 타식성 식물이다.

해설
타식성 식물은 격리해서 채종하며 자가수정률은 5% 정도로 서로 다른 개체 간 수정 비율이 높은 식물이다.

**26** **다음 중 계통분리법에 해당하지 않는 육종법은?**

① 집단육종법　② 성군집단선발법
③ 모계선발법　④ 가계선발법

해설
집단육종법은 교잡육종법에 해당된다. 계통분리법은 집단선발법, 계통집단선발법, 성군집단선발법, 1수1렬법, 모계선발법, 가계선발법이 있다.

**27** **다음 중 반수체육종의 가장 큰 장점은?**

① 이형집단 발생이 쉬우며 다양한 형질을 가지고 있다.
② 돌연변이가 많이 나온다.
③ 유전자 재조합이 많이 일어난다.
④ 육종연한을 단축한다.

해설
반수체를 육성하여 육종 연한을 단축시킬수 있으며 담배, 벼 등의 작물에 적용 가능하다.

**28** **상위성이 있는 경우 양성잡종 $F_2$ 분리비가 15:1인 것은?**

① 보족유전자　② 중복유전자
③ 억제유전자　④ 피복유전자

해설
중복유전자의 $F_2$ 분리비는 15:1 이다.

CBT

정답 22 ② 23 ② 24 ③ 25 ③ 26 ① 27 ④ 28 ②

**29** **내병성 등 소수 형질을 개량할 목적으로 실시하는 가장 효과적인 육종 방법은?**

① 집단육종법 ② 여교잡육종법
③ 계통간교잡법 ④ 집단선발법

해설

여교잡육종법의 경우 내병성 품종을 육성하거나 유전자의 연관관계를 규명하는데 흔히 사용되며 육종의 시간과 경비를 절약하는 장점이 있다.

**30** **수량성에 대한 선발을 계통후기에 하는 가장 큰 이유는?**

① 수량성은 질적형질이기 때문이다.
② 수량성에는 주동유전자가 관여하기 때문이다.
③ 수량성에는 폴리진이 관여하기 때문이다.
④ 수량성에는 환경영향이 작기 때문이다.

해설

수량성은 폴리진이 관여하는 양적 형질이다.

**31** **배수체 작성에 가장 많이 이용하는 방법은?**

① 방사선 처리 ② 교잡
③ 콜히친 처리 ④ 에틸렌 처리

해설

염색체를 배가시켜 동질배수체를 작성하려면 콜히친(colchicine)처리법을 이용해야 한다.

**32** **다음 중 자가불화합성 식물을 자식시키기 위한 방법으로 가장 적절하지 않은 것은?**

① 봉지씌우기 ② 고온처리
③ 이산화탄소 처리 ④ 뇌수분

해설

봉지씌우기는 차단격리법(복대법)이라 하여 자연교잡을 막기 위한 방법이다.

**33** **피자식물에서 중복수정을 끝낸 후의 염색체 수로 옳은 것은?**

① 배 3n + 배유 3n
② 배 3n + 배유 2n
③ 배 2n + 배유 2n
④ 배 2n + 배유 3n

해설

중복수정은 배와 배유의 형성이 한 배낭 내에서 동시에 이루어지는 것으로 아래와 같은 결과가 나타난다.

- 정핵(n)+난핵(n) → 배(2n)
- 정핵(n)+2개 극핵(2n) → 배젖(3n)

**34** **다음 중 자웅이주 식물은?**

① 벼 ② 보리
③ 콩 ④ 시금치

해설

암꽃과 수꽃이 서로 다른 개체에 있는 경우 자웅이주라하며 시금치, 아스파라거스, 주목, 은행나무 등이 있다.

**35** **다음 중 정역교배조합인 것은?**

① A×(A×B) ② A×B, B×A
③ B×(A×B) ④ (A×B)×(C×D)

해설

정역교배는 양친의 암수를 서로 바꾸어 교배하는 것을 말한다. A 를 자방친, B를 화분친으로 교배하여 한편으로 B를 자방친으로 하고 A를 화분친으로 하여 교배한다.

**36** **잡종강세가 가장 크게 나타나는 품종은?**

① 복교배 품종 ② 3원교배 품종
③ 단교배 품종 ④ 합성품종

해설

단교배(단교잡)은 관여하는 계통이 2개뿐이라 우량조합의 선정이 용이하고 잡종강세 현상이 뚜렷하다.



정답 29 ② 30 ③ 31 ③ 32 ① 33 ④ 34 ④ 35 ② 36 ③

**37** **동질배수체의 일반적인 특성으로 가장 거리가 먼 것은?**

① 임성과 착과성의 감퇴
② 핵, 세포, 영양기관의 거대성
③ 발육의 촉진과 조기개화
④ 저항성의 증대와 성분변화

해설
동질배수체는 핵과 세포가 커지고, 영양기관의 발육이 왕성하여 거대화하고, 화서 및 종자가 대형화한다. 그리고 임성이 저하되고 착과성이 감퇴하며 발육이 지연 된다.

**38** **집단육종법의 장점으로 가장 알맞은 것은?**

① 제웅이 편리하다.
② 유용유전자를 상실한 우려가 적다.
③ 돌연변이가 쉽게 생긴다.
④ 목적하는 형질의 유전현상을 쉽게 밝힐 수 있다.

해설
집단육종법은 선발을 위한 노력이 절감되며 유용유전자에 대한 상실의 가능성이 적다.

**39** **복교잡을 나타낸 것으로 옳은 것은?**

① (A×B)의 $F_1$에 B를 교잡
② A×B
③ (A×B)×C
④ (A×B)×(C×D)

해설
복교잡은 두 개의 단교배로 $F_1$끼리 교배하며 [(A×B)×(C×D)] 이다.

**40** **다음 중 타가수정작물의 일반적인 개화 및 수정 특성으로 가장 거리가 먼 것은?**

① 폐화수정 ② 자가불화합성
③ 자웅이주 ④ 웅예선숙

해설
타가수정 작물에 많은 생리현상에는 화기의 구조적 원인, 자웅이숙, 자가불화합성, 웅성불임성, 자웅이주 등이 있다.

## 제3과목 재배원론

**41** **화곡류의 생육 단계 중 한발해에 가장 약한 시기는?**

① 유숙기 ② 출수개화기
③ 감수분열기 ④ 유수형성기

해설
벼는 냉온에 약한 작물로 10℃ 이하의 냉온이 지속되면 냉해의 피해가 발생된다. 벼는 감수분열기에 이상 발육이 초래되어 불임현상이 나타나기도 한다.

**42** **다음 중 윤작에 대한 설명으로 옳지 않은 것은?**

① 동양에서 발달한 작부방식이다.
② 지력유지를 위하여 콩과 작물을 반드시 포함한다.
③ 병충해 경감 효과가 있다.
④ 경지이용률을 높일 수 있다.

해설
윤작은 서유럽에서도 발달하였으며 중세시대 초기 1/2 씩 휴경하다가 9세기부터 삼포식을 실시하였다.

**43** **다음 중 인과류로만 나열되어 있는 것은?**

① 사과, 배 ② 무화과, 딸기
③ 복숭아, 앵두 ④ 감, 밤

해설
인과류에는 배, 사과, 비파 등이 있다.

CBT

정답 37 ③ 38 ② 39 ④ 40 ① 41 ③ 42 ① 43 ①

**44** $C_4$작물에 대한 설명으로 가장 거리가 먼 것은?

① 광 포화점이 높다.
② 광 호흡률이 높다.
③ 광 보상점이 낮다.
④ 광합성효율이 높다.

해설

$C_4$ 작물은 광합성 효율이 좋으나 광호흡률은 매우 낮다.

**45** 작부방식의 변천과정으로 가장 적절한 것은?

① 이동경작 → 3포식농법 → 개량3포식농법 → 자유작
② 자유작 → 이동경작 → 휴한농법 → 개량3포식농법
③ 이동경작 → 개량3포식농법 → 자유작 → 3포식농법
④ 자유작 → 휴한농법 → 개량3포식농법 → 이동경작

해설

작부체계의 변천을 보면 크게 이동경작에서 3포식농법, 개량3포식농법에서 자유경작으로 발달하였다.

**46** 우리나라 작물재배의 특색에 대한 설명으로 가장 적절하지 않은 것은?

① 토양비옥도가 낮음
② 전체적인 식량자급률이 높음
③ 경영규모가 영세함
④ 농산물의 국제 경쟁력이 약함

해설

우리나라의 전체적인 식량자급률은 시간이 지날수록 감수하는 추세를 보이고 있으며 최근에는 50% 아래로 떨어졌다.

**47** 다음 중 요수량이 가장 큰 작물은?

① 옥수수 ② 기장
③ 수수 ④ 호박

해설

수수, 기장, 옥수수는 요수량이 적은 작물로서 상대적으로 보기 중에서 호박의 요수량이 크다.

**48** 세포벽의 가소성을 증대시켜 세포의 신장을 유발하는 것으로 가장 옳은 것은?

① Auxin ② CCC
③ Cytokinin ④ Ethylene

해설

옥신은 식물의 신장에 관여하는 호르몬으로 줄기나 뿌리의 선단부에서 만들어져 세포의 신장촉진에 도움을 준다.

**49** 다음 중 휴작의 필요 기간이 가장 긴 작물은?

① 시금치 ② 고구마
③ 수수 ④ 토란

해설

토란은 3년 휴작이 요구되는 작물로 보기 중에서 가장 긴 작물이다.

**50** 수확물의 상처에 코르크층을 발달시켜 병균의 침입을 방지하는 조치를 나타내는 용어는?

① 큐어링 ② 예냉
③ CA 저장 ④ 후숙

해설

큐어링은 고구마, 감자, 양파 등에 상처가 발생한 경우 상처를 아물게 하거나 코르크층을 형성시켜 수분의 증발을 줄이고 미생물의 침입을 예방하는 방법이다.



정답 44 ② 45 ① 46 ② 47 ④ 48 ① 49 ④ 50 ①

**51** **다음 중 단일성 작물로만 나열 된 것은?**

① 들깨, 담배, 코스모스
② 감자, 시금치, 양파
③ 고추, 당근, 토마토
④ 사탕수수, 딸기, 메밀

해설
단일성 식물에는 콩, 옥수수, 벼, 딸기, 국화, 코스모스, 들깨, 샐비어, 담배 등이 있다.

**52** **다음 중 생존연한에 따른 분류 상 2년생 작물에 해당하는 것은?**

① 보리 ② 사탕무
③ 호프 ④ 벼

해설
대파, 무, 사탕무 등은 2년생 작물에 해당된다.

**53** **비늘줄기를 번식에 이용하는 작물은?**

① 생강 ② 마늘
③ 토란 ④ 연

해설
마늘, 양파 등은 영양기관 중에서 비늘줄기(인경)을 통해 번식한다.

**54** **내건성이 큰 작물의 세포적 특성이 아닌 것은?**

① 세포가 작다.
② 세포의 삼투압이 높다.
③ 원형질막의 수분투과성이 크다.
④ 원형질의 점성이 낮다.

해설
내건성이 큰 작물은 원형질의 점성이 높다.

**55** **버널리제이션의 농업이용에 가장 이용하지 않는 것은?**

① 억제재배 ② 수량 증대
③ 육종에 이용 ④ 대파(代播)

해설
춘화처리라고도 하는 버널리제이션은 식물에 인위적인 저온 처리를 통해 화성을 유도하기에 억제재배와는 관련이 없다.

**56** **다음 중 내염성이 가장 강한 작물은?**

① 가지 ② 양배추
③ 셀러리 ④ 완두

해설
사탕무, 목화, 양배추, 유채 등은 내염성이 강한 작물이다.

**57** **다음 중 다년생 방동사니과에 해당하는 것으로만 나열된 것은?**

① 여뀌, 물달개비 ② 올방개, 매자기
③ 개비름, 맹아주 ④ 망초, 별꽃

해설
다년생 방동사니과에는 너도방동사니, 쇠털골, 올방개, 올챙이고랭이, 매자기 등이 있다.

**58** **공예작물 중 유료작물로만 나열된 것은?**

① 목화, 삼 ② 모시풀, 아마
③ 참깨, 유채 ④ 어저귀, 왕골

해설
공예작물 중 유료작물에는 참깨, 들깨, 유채, 땅콩, 해바라기, 아주까리, 오일팜 등이 있다.

CBT

정답 51 ① 52 ② 53 ② 54 ④ 55 ① 56 ② 57 ② 58 ③

**59** **다음 중 고추의 일장 감응형은?**

① LL형　② II형
③ SS형　④ LS형

해설
고추, 벼(조생종), 메밀, 토마토 등은 II형에 속한다.

**60** **다음 중 작물 생육의 다량원소가 아닌 것은?**

① K　② Cu
③ Mg　④ Ca

해설
구리(Cu)는 미량원소에 해당된다.

## 제4과목 식물보호학

**61** **다년생 논 잡초가 우점하는 군락형으로 천이가 일어나는 원인으로 가장 거리가 먼 것은?**

① 손 제초 감소
② 잡초의 휴면성
③ 재배시기 변동
④ 잡초 방제 방법 변화

해설
잡초군락의 천이의 경우 주로 재배작물이나 작부체계가 변화하거나 경종조건이 변화할 경우 영향을 받는다.

**62** **배추 무사마귀병균에 대한 설명으로 옳은 것은?**

① 산성 토양에서 많이 발생한다.
② 주로 건조한 토양에서 발생한다.
③ 전형적인 병징은 주로 꽃에서 발생한다.
④ 병원균을 인공배양하여 감염여부를 알 수 있다.

해설
배추 무사마귀병은 산성토양이며 다습한 경우 많이 발생한다.

**63** **완전변태를 하는 곤충으로만 올바르게 나열한 것은?**

① 벌, 파리　② 매미 , 잠자리
③ 메뚜기, 노린재　④ 진딧물, 총채벌레

해설
완전변태를 하는 곤충에는 나비목, 파리목, 벌목, 딱정벌레목 등이 있다.

**64** **밭에 발생하는 일년생 잡초는?**

① 쑥, 망초　② 메꽃, 쇠비름
③ 쇠뜨기, 까마중　④ 명아주, 바랭이

해설
1년생 밭잡초로 바랭이, 쇠비름, 명아주, 닭의 장풀 등이 있다.

**65** **매개충과 관련된 식물병을 짝지은 것으로 옳지 않은 것은?**

① 끝동매미충 - 벼 오갈병
② 애멸구 - 벼 줄무늬잎마름병
③ 말매미충 - 대추나무 빗자루병
④ 복숭아혹진딧물 - 감자 잎말림병

해설
대추나무 빗자루병의 매개충은 마름무늬매미충이다.

**66** **잡초에 대한 작물의 경합력을 높이는 방법으로 옳지 않은 것은?**

① 윤작 실시　② 토양 pH 조절
③ 재배 방법 변화　④ 작물 품종 선택

해설
작물의 경합력을 높이는 방법에는 밀도의 조절, 환경조건에 적응력이 강한 품종을 선택, 조숙종의 선택, 이앙 재배, 윤작 실시, 경운 실시 등의 방법 등이 있으나 토양의 pH 조절은 큰 효과가 없다.



정답 59 ② 60 ② 61 ② 62 ① 63 ① 64 ④ 65 ③ 66 ②

**67** **제초제에 대한 설명으로 옳은 것은?**

① 디캄바는 접촉형으로 비선택성이다.
② 글루포시네이드암모늄은 광엽 잡초에 대하여 선택성이 있다.
③ 플루아지호프피부틸은 화본과 잡초에 대하여 선택성이 있다.
④ 글리포세이트는 이행형으로 콩과 잡초에 대하여 선택성이 있다.

해설
플루아지호프피부틸 약제는 화본과 잡초에 대하여 선택적으로 작용한다.

**68** **주로 과실을 가해하는 해충이 아닌 것은?**

① 복숭아순나방 ② 복숭아명나방
③ 복숭아심식나방 ④ 복숭아유리나방

해설
복숭아유리나방은 천공성해충에 해당한다.

**69** **알 → 약충 → 성충으로 변화하는 곤충 중에 약충과 성충의 모양이 완전히 다르고, 주로 잠자리목과 하루살이목에서 볼 수 있는 변태의 형태는?**

① 반변태 ② 과변태
③ 무변태 ④ 완전변태

해설
알, 약충, 성충의 과정을 반변태(불완전변태)라 한다.

**70** **벼 도열병균의 주요 전염 방법으로 옳은 것은?**

① 토양 ② 잡초
③ 바람 ④ 관개수

해설
벼 도열병균은 균사나 분생포자가 볏짚 혹은 병든 종자에서 월동하고 바람에 의해 전반된다.

**71** **무성포자에 해당하는 것은?**

① 자낭포자 ② 분생포자
③ 담자포자 ④ 접합포자

해설
분생포자는 무성포자에 해당되고 자낭포자는 유성포자에 해당된다.

**72** **A 유제(50%)를 2000배로 희석하여 10a당 160L를 살포할 때 A 유제의 소요량(mL)은?**

① 40 ② 60
③ 80 ④ 100

해설

$$\text{소요약량} = \frac{\text{단위면적당사용량}}{\text{소요희석배수}} = \frac{160}{2000} = 0.08L = 80ml$$

**73** **농약의 살포 방법 중 미스트법에 대한 설명으로 옳지 않은 것은?**

① 살포 시간 및 인력 비용 등을 절감한다.
② 살포액의 농도를 낮게 하고 많은 양을 살포한다.
③ 살포액의 미립화로 목표물에 균일하게 부착시킨다.
④ 분사 형식은 노즐에 압축공기를 같이 주입하는 유기분사 방식이다.

해설
미스트법은 미스트기로 만든 미립자를 살포하는 방법으로 분무법과 비교하여 살포량은 적지만 농도가 높고 입자가 작으며 농도는 약 2배 정도로 높다.

CBT

정답 67 ③ 68 ④ 69 ① 70 ③ 71 ② 72 ③ 73 ②

**74** **잡초로 인해 예상되는 피해 또는 손실이 아닌 것은?**

① 작물의 품질 저하
② 작물의 수확량 감소
③ 해충의 서식처 제공
④ 토양의 물리성 악화

해설
잡초로 토양의 침식 및 유실을 방지하기에 토양의 물리성에 도움을 준다.

**75** **주로 땅 속에서 작물의 뿌리를 가해하는 해충은?**

① 도둑나방 ② 조명나방
③ 방아벌레 ④ 화랑곡나방

해설
방아벌레는 딱정벌레목의 방아벌레과로 유충이 땅 속에서 식물의 줄기나 뿌리에 피해를 준다.

**76** **자낭균에 속하는 병균은?**

① 소나무 혹병균
② 잣나무 털녹병균
③ 복숭아 잎오갈병균
④ 사과 붉은별무늬병균

해설
자낭균에 속하는 것으로 벼 깨씨무늬병, 벼 키다리병, 맥류 흰가루병, 복숭아나무잎오갈병, 포도나무 새눈무늬병 등이 있다.

**77** **식물병이 크게 발생한 역사에 대한 설명으로 옳지 않은 것은?**

① 19세기 말 스리랑카에서 커피 녹병 발생
② 1845년경 아일랜드에서 양배추 역병 발생
③ 1970년경 미국에서 옥수수 깨씨무늬병 발생
④ 일제강점기 우리나라에서 사탕무 갈색무늬병 발생

해설
1845년에 아일랜드에 감자역병이 발생하여 100만명이 사망하는 역사적 사건이 있다.

**78** **살충제에 대한 해충의 저항성이 발달되는 가장 중요한 요인은?**

① 살균제와 살충제를 섞어 뿌리기 때문에
② 같은 약제를 계속해서 뿌리기 때문에
③ 약제를 농도가 진하게 만들어 조금 뿌리기 때문에
④ 약제의 계통이나 주성분이 다른 약제를 바꾸어 뿌리기 때문에

해설
살충제를 연용하여 사용하면 해충의 저항성이 높아질 가능성이 있다.

**79** **훈증제는 주로 해충의 어느 부분을 통하여 체내에 들어가서 해충을 죽게 하는가?**

① 입 ② 피부
③ 날개 ④ 기문

해설
약제를 가스화하여 해충을 죽이는 약제로 기문을 통해 체내로 침투하여 해충을 죽이게 된다.



정답 74 ④ 75 ③ 76 ③ 77 ② 78 ② 79 ④

**80** 잡초의 밀도가 증가하면 작물의 수량이 감소되는데, 어느 밀도 이상으로 잡초가 존재하면 작물 수량이 현저하게 감소되는 수준까지의 밀도는?

① 잡초밀도
② 잡초경제한계밀도
③ 잡초허용한계밀도
④ 작물수량감소밀도

해설

잡초허용한계밀도는 잡초의 밀도가 증가하면 양분의 손실 등으로 작물의 수량이 감소하는 밀도이다.

## 제5과목 종자관련법규

**81** 대통령령으로 자격기준을 갖춘 사람으로서 종자관리사가 되려는 사람은 농림축산식품부령으로 정하는 바에 따라 농림축산식품부 장관에게 등록하여야 하는데, 등록을 하지 아니하고 종자관리사 업무를 수행한 자의 벌칙은?

① 6개월 이하의 징역 또는 3백만원 이하의 벌금에 처한다.
② 6개월 이하의 징역 또는 5백만원 이하의 벌금에 처한다.
③ 1년 이하의 징역 또는 5백만원 이하의 벌금에 처한다.
④ 1년 이하의 징역 또는 1천만원 이하의 벌금에 처한다.

해설

등록을 하지 아니하고 종자관리사 업무를 수행한 자는 1년 이하의 징역 또는 1천만원 이하의 벌금에 처한다.

**82** 과수와 임목의 경우 품종보호권의 존속기간은 품종보호권이 설정등록된 날부터 몇 년으로 하는가?

① 15년 ② 20년
③ 25년 ④ 30년

해설

품종보호권의 존속기간은 품종보호권이 설정등록된 날부터 20년으로 한다. 다만, 과수와 임목의 경우에는 25년으로 한다.

**83** 종자검사요령상 추출된 시료를 보관할 경우 검사 후에는 재시험에 대비하여 제출시료는 품질변화가 최소화되는 조건에서 보증일자로부터 원원종은 몇 년간 보관되어야 하는가?

① 1년 ② 2년
③ 3년 ④ 4년

해설

원원종 3년, 원종 2년, 보급종은 1년간 보관되어야 한다.

CBT

**84** 종자검사요령상 "빽빽히 군집한 화서 또는 근대 속에서는 화서의 일부"에 해당하는 용어는?

① 화방 ② 영과
③ 씨혹 ④ 석과

해설

빽빽히 군집한 화서 또는 근대 속에서는 화서의 일부를 화방이라 한다.

**85** 종자관리요강상 밀 포장검사 시 검사시기 및 회수는 유숙기로부터 황숙기 사이에 몇 회 실시하여야 하는가?

① 4회 ② 3회
③ 2회 ④ 1회

해설

벼의 포장검사 기준에서 검사시기 및 회수는 유숙기로부터 호숙기 사이에 1회 검사한다. 다만, 특정병에 한하여 검사횟수 및 시기를 조정하여 실시할 수 있다.

정답 80 ③ 81 ④ 82 ③ 83 ③ 84 ① 85 ④

**86 식물신품종 보호법상 종자위원회는 위원장 1명과 심판위원회 상임심판위원 1명을 포함한 몇 명 이상 몇 명 이하의 위원으로 구성하여야 하는가?**

① 5명 이상 10명 이하
② 10명 이상 15명 이하
③ 15명 이상 20명 이하
④ 20명 이상 25명 이하

해설

종자위원회는 위원장 1명과 심판위원회 상임심판위원 1명을 포함한 10명 이상 15명 이하의 위원(이하 "종자위원"이라 한다)으로 구성한다.

**87 종자관리요강상 사진의 제출규격에서 사진의 크기는?**

① 2“×6”의 크기　② 3“×3”의 크기
③ 4“×5”의 크기　④ 5“×9”의 크기

해설

사진의 크기는 4“ × 5” 의 크기이어야 하며 실물을 식별할 수 있어야 한다.

**88 종자검사요령상 수분의 측정에서 저온항온건조기법을 사용하게 되는 종에 해당하는 것은?**

① 시금치　② 상추
③ 부추　④ 오이

해설

저온항온 건조기법은 마늘, 파, 부추, 콩, 땅콩, 배추씨, 유채, 고추, 목화, 피마자, 참깨, 아마, 겨자, 무에 적용한다.

**89 종자관리사의 자격기준 등에 대한 내용이다. (　　　)에 알맞은 내용은?**

> 농림축산식품부장관은 종자관리사가 종자산업법에서 정하는 직무를 게을리하거나 중대한 과오(過誤)를 저질렀을 때에는 그 등록을 취소하거나 (　　)이내의 기간을 정하여 그 업무를 정지시킬 수 있다.

① 3개월　② 6개월
③ 1년　④ 2년

해설

농림축산식품부장관은 종자관리사가 이 법에서 정하는 직무를 게을리하거나 중대한 과오(過誤)를 저질렀을 때에는 그 등록을 취소하거나 1년 이내의 기간을 정하여 그 업무를 정지시킬 수 있다.

**90 품종보호권 또는 전용실시권을 침해한 자의 벌칙은?**

① 7년 이하의 징역 또는 1억원 이하의 벌금
② 5년 이하의 징역 또는 1천만원 이하의 벌금
③ 3년 이하의 징역 또는 5백만원 이하의 벌금
④ 1년 이하의 징역 또는 3백만원 이하의 벌금

해설

품종보호권 또는 전용실시권을 침해한 자는 7년 이하의 징역 또는 1억원 이하의 벌금에 처한다.

**91 포장검사 병주 판정기준에서 고구마의 특정병은?**

① 풋마름병　② 흑반병
③ 역병　④ 후사리움위조병

해설

포장검사 병주 판정기준에서 고구마의 특정병 흑반병, 마이코프라스마병이 있다.



정답 86 ② 87 ③ 88 ③ 89 ③ 90 ① 91 ②

**92** **보증서를 거짓으로 발급한 종자관리사의 벌칙은?**

① 6개월 이하의 징역 또는 3백만원 이하의 벌금
② 1년 이하의 징역 또는 5백만원 이하의 벌금
③ 1년 이하의 징역 또는 1천만원 이하의 벌금
④ 2년 이하의 징역 또는 2천만원 이하의 벌금

해설

보증서를 거짓으로 발급한 종자관리사는 1년 이하의 징역 또는 1천만원 이하의 벌금에 처한다.

**93** **종자검사요령상 시료 추출에 대한 내용이다. ( )에 알맞은 내용은?**

| 작물 | 시료의 최소 중량 | | |
|---|---|---|---|
| | 제출시료(g) | 순도검사(g) | 이종계수용(g) |
| 벼 | ( ) | 70 | 700 |

① 300　② 500
③ 700　④ 100

해설

벼의 제출시료의 기준은 700 g 이다.

**94** **종자관리요강상 수입적응성시험의 대상작물 및 실시기관에서 인삼의 실시기관은?**

① 농업기술실용화재단
② 한국생약협회
③ 한국종균생산협회
④ 국립산림품종관리센터

해설

종자관리요강상 수입적응성시험의 대상작물 및 실시기관 기준 인삼은 한국생약협회에서 실시한다.

**95** **종자관리요강상 규격묘의 규격기준에 대한 내용에서 감 묘목의 길이(cm)는? (단, 묘목의 길이 : 지제부에서 묘목선단까지의 길이로 한다.)**

① 100 이상　② 80 이상
③ 60 이상　④ 40 이상

해설

감 묘목의 접목묘의 길이는 100cm 이상이다.

**96** **종자산업법상 품종목록 등재의 유효기간 연장신청은 그 품종목록 등재의 유효기간이 끝나기 전 얼마 이내에 신청하여야 하는가?**

① 6개월　② 1년
③ 2년　④ 3년

해설

종자관련법상 품종목록 등재의 유효기간에서 품종목록 등재의 유효기간 연장신청은 그 품종목록 등재의 유효기간이 끝나기 전 1년 이내 신청해야 한다.

**97** **종자검사요령상 수분의 측정의 분석용 저울에 대한 내용이다. ( )에 알맞은 내용은?**

> 분석용 저울은 ( )단위까지 신속히 측정할 수 있어야 한다.

① 1g　② 0.1g
③ 0.01g　④ 0.001g

해설

종자검사요령상 수분의 측정에서 분석용 저울은 0.001g 단위까지 측정할수 있어야 한다.

**98** **종자검사요령상 시료추출에서 귀리 순도검사 시 시료의 최소 중량은?**

① 80g　② 120g
③ 200g　④ 400g

해설

귀리의 순도검사 시 시료의 최소 중량 기준은 제출시료는 1000g, 순도검사 120g 이다.

CBT

정답 92 ③ 93 ③ 94 ② 95 ① 96 ② 97 ④ 98 ②

**99** **유통 종자 또는 묘의 품질표시를 하지 아니하거나 거짓으로 표시하여 종자 또는 묘를 판매하거나 보급한 자의 과태료는?**

① 1백만원 이하의 과태료
② 3백만원 이하의 과태료
③ 5백만원 이하의 과태료
④ 1천만원 이하의 과태료

해설

유통 종자 또는 묘의 품질표시를 하지 아니하거나 거짓으로 표시하여 종자 또는 묘를 판매하거나 보급한 자는 1천만원 이하의 과태료를 부과한다.

**100** **종자산업법상 작물의 정의로 옳은 것은?**

① 농산물 또는 임산물의 생산을 위하여 재배되는 모든 식물을 말한다.
② 농산물 중 생산을 위하여 재배되는 일부 식용 식물을 말한다.
③ 농산물 중 생산을 위하여 재배되는 기형 식물을 말한다.
④ 임산물의 생산을 위하여 재배되는 돌연변이 식물을 제외한 식용 식물을 말한다.

해설

"작물"이란 농산물 또는 임산물의 생산을 위하여 재배되는 모든 식물을 말한다.



정답 99 ④ 100 ①

CBT

# 2회 종자기사

** 본문제는 수험생들의 기억을 바탕으로 작성 된 것으로 실제 문제와 차이가 있을 수 있습니다.

## 제1과목 종자생산학

**01 채종포에서 이형주를 제거해야 하는 주된 이유는?**

① 잡초 방제
② 품종의 생육속도 향상
③ 단위면적당 종자량의 확보
④ 품종의 유전적 순도 유지

해설

이형주는 동일 품종 내에 고유한 특성을 지니지 않은 개체로 빨리 제거해야 정상적인 식물체에 수분되는 것을 막을수가 있다. 즉 품종의 유전적 순도를 높이거나 유지하는데 도움이 되는 방법이다.

**02 피토크롬에 대한 설명으로 가장 적절한 것은?**

① 광합성에 관여하는 색소 중의 하나이다.
② 개화를 촉진하는 호르몬이다.
③ 광을 수용하는 색소 단백질이다.
④ 호흡조절에 관여하는 단백질이다.

해설

식물에 존재하는 색소단백질인 파이토크롬은 특정 파장을 흡수하여 광가역 반응을 일으킨다.

**03 식물의 암 배우자, 수 배우자를 순서대로 옳게 나열한 것은?**

① 주피, 대포자 ② 배낭, 화분립
③ 소포자, 주심 ④ 반족세포, 꽃밥

해설

배낭은 식물의 자성배우자로 대포자라 하며 화분은 웅성배우자로 소포자라 한다.

**04 다음 종자 중 물 속에서 발아가 가장 잘되는 것은?**

① 가지 ② 상추
③ 멜론 ④ 담배

해설

물속에서도 발아가 잘되는 종자에는 벼, 상추, 당근, 셀러리 등이 있다.

**05 장명종자로만 나열된 것은?**

① 메밀, 목화 ② 고추, 옥수수
③ 팬지, 당근 ④ 가지, 수박

해설

장명종자에는 수박, 호박, 오이, 배추, 가지, 토마토 등이 있다.

**06 고추, 무, 레드클로버 종자의 형상은?**

① 난형 ② 도란형
③ 방추형 ④ 구형

해설

고추, 무, 레드클로버는 종자의 형상이 난형이다.

**07 제웅하지 않고 풍매 또는 충매에 의한 자연교잡을 이용하는 작물로만 나열된 것은?**

① 벼, 보리 ② 수수, 토마토
③ 가지, 멜론 ④ 양파, 고추

해설

제웅 없이 풍매나 충매에 의한 자연교잡을 이용하는 작물에는 양파, 고추와 같은 웅성불임 작물에 적합하다.

CBT

정답 01 ④ 02 ③ 03 ② 04 ② 05 ④ 06 ① 07 ④

**08** **"주피에 있는 구멍으로서 그 구멍을 통하여 자란 화분관이 난세포와 결합한다"에 해당하는 것은?**

① 주심 ② 에피스테이스
③ 주병 ④ 주공

해설
주공은 제(배꼽)의 끝에 위치하며 꽃가루의 침입구이다. 수분된 화분은 암술머리에서 발아하여 화주의 유도조직 내로 화분관을 신장하고 화분관이 배주의 주공에 도달하여 정핵이 이동하고 배낭 속에서 정핵과 난핵이 융합하게 된다.

**09** **종자 순도분석을 위한 시료의 구성요소에 해당하지 않는 것은?**

① 정립 ② 수분함량
③ 이종종자 ④ 이물

해설
순도분석의 목적은 시료의 구성요소에는 정립, 이종종자, 이물 등이 있다.

**10** **기내 인공발아시험 시 광 조사를 할 필요가 없는 작물은?**

① 파 ② 상추
③ 우엉 ④ 셀러리

해설
광조사가 필요한 호광성종자에는 담배, 상추, 우엉, 뽕나무, 베고니아, 셀러리 등이 있다.

**11** **종자의 저장조직에 해당하지 않는 것은?**

① 배유 ② 배
③ 외배유 ④ 자엽

해설
종자의 저장조직은 배유, 외배유, 자엽으로 구성되어 있으며 저장물질에는 전분(탄수화물), 단백질, 지방, 유기산 등이 있다.

**12** **무한화서이며 긴 화경에 여러 개의 작은 화경이 붙어 개화하는 것은?**

① 단집산화서 ② 복집산화서
③ 안목상취산화서 ④ 총상화서

해설
총상화서는 긴 화경에 여러 개의 작은 소화경이 붙어 꽃이 배열되어 개화하는 형태이다.

**13** **광과 종자 발아에 대한 설명으로 옳지 않은 것은?**

① 광은 종자 발아와 아무런 관계가 없는 경우도 있다.
② 종자 발아가 억제되는 광 파장은 700~750nm 정도이다.
③ 종자 발아의 광가역성에 관여하는 물질은 cytochrome이다.
④ 광이 없어야 발아가 촉진되는 종자도 있다.

해설
종자 발아의 광가역성에 관여하는 물질은 파이토크롬(phytochrome)이다.

**14** **종자 저장고 내의 습도와 종자의 함수량과의 관계를 옳게 설명한 것은?**

① 습도가 높아지면 종자 함수량도 비례하여 높아진다.
② 습도가 높아져도 종자 함수량은 높아지지 않는다.
③ 습도는 온도에 따라 변하므로 종자 함수량과는 관계가 없는 것이다.
④ 습도가 높아도 온도가 낮을 때는 관계가 없고 온도가 높을 때는 종자 함수량이 높아진다.

해설
상대습도가 높아지면 종자의 함수량도 비례하여 높아지는데 상대습도와 종자함수량은 비례관계에 있다.



정답 08 ④ 09 ② 10 ① 11 ② 12 ④ 13 ③ 14 ①

## 15 다음 채소 중 자가수정율이 가장 높은 것은?

① 토마토 ② 오이
③ 호박 ④ 배추

**해설**

토마토는 자가수정율이 90% 이상으로 매우 높은편에 속한다. 오이, 호박, 배추는 자가수정률이 5% 수준의 타가수정작물로 낮은편에 속한다.

## 16 제(臍)가 종자의 뒷면에 있는 것은?

① 배추 ② 시금치
③ 콩 ④ 상추

**해설**

종자의 배병이나 태좌에 붙어있던 흔적인 제(배꼽)은 식물의 종류에 따라 위치가 다르다. 배추, 시금치는 종자의 끝에 위치하고 상추, 쑥갓은 종자의 기부에 위치한다. 콩의 경우 종자의 뒷면에 위치하는 것이 특징이다.

## 17 종자의 휴면을 조절하는 요인으로 가장 거리가 먼 것은?

① 광 ② 종피파상
③ 온도 ④ 이산화탄소

**해설**

종자의 휴면을 타파하는 방법에는 종피파상, 생장조절제, 광 처리, 온도처리, 층적처리 등이 있다.

## 18 발아세를 높이는 방법으로 옳지 않은 것은?

① 프라이밍 처리
② 테트라졸리움액 처리
③ 저온 처리
④ 지베렐린액 처리

**해설**

테트라졸리움액 처리는 종자세 검사 방법에 해당한다.

## 19 감자의 채종체계로 옳은 것은?

① 조직배양→원종→원원종→기본종→기본식물→보급종
② 조직배양→기본종→기본식물→원종→원원종→보급종
③ 조직배양→원원종→원종→기본종→기본식물→보급종
④ 조직배양→기본종→기본식물→원원종→원종→보급종

**해설**

작물의 종자생산 관리 및 증식체계는 조직배양, 기본종, 기본식물, 원원종, 원종, 채종포(보급종), 농가의 순이다.

## 20 무수정생식에 해당하지 않는 것은?

① 부정배생식 ② 위수정생식
③ 포자생식 ④ 웅성단위생식

**해설**

무수정생식은 단위생식이라 하며 단위생식의 종류에는 무배생식, 단성생식, 무핵란생식, 위수정, 무포자생식, 무정생식, 복상포자생식, 부정배형성 등이 있다.

CBT

# 제2과목 식물육종학

## 21 DNA를 구성하고 있는 염기로만 나열된 것은?

① 시토신, 티민, 우라실, 옥신
② 시토신, 우라실, 리보솜, 구아닌
③ 시토신, 메티오닌, 아데닌, 우라실
④ 시토신, 티민, 아데닌, 구아닌

**해설**

DNA 의 염기는 아데닌(Adenine), 구아닌(Guanine), 시토신(Cytosine), 티민(Thymine) 으로 구성되어 있으며 아데닌은 티민과 결합하고 구아닌은 시토신과 결합한다.

**정답** 15 ① 16 ③ 17 ④ 18 ② 19 ④ 20 ③ 21 ④

## 22 미동유전자의 영향을 받는 비특이적 저항성은?

① 질적저항성 ② 진정저항성
③ 포장저항성 ④ 수직저항성

해설

포장저항성은 병원균이 모든 레이스에 균일하게 적용하는 것으로 비특이적 저항성, 미동유전자 저항성이라고도 한다.

## 23 자가수정 작물 품종 간 단교잡 후대에서 개체선발을 시작할 수 있는 세대는?

① $F_1$ ② 양친 세대
③ $F_4$ ④ $F_2$

해설

계통육종법은 교배를 하여 잡종을 만들고 그 분리세대인 $F_2$ 이후부터 계속 개체선발을 하고 선발된 개체를 개체별 계통재배를 되풀이 한다.

## 24 완전히 자가수정하는 동형접합체의 1개체로부터 불어난 자손의 총칭은?

① 동질배수체 ② 유전변이체
③ 돌연변이 ④ 순계

해설

순계는 동일한 유전자형으로 구성된 집단으로 완전히 자가수정하는 작물의 1 개체에서 나온 자손을 말한다.

## 25 다음 중 유전자원을 수집·보전해야 할 이유로 가장 옳은 것은?

① 멘델 유전법칙을 확인하기 위함
② 다양한 육종소재로 활용하기 위함
③ 야생종을 도태시키기 위함
④ 개량종의 보급을 확대시키기 위함

해설

전자원의 수집 및 보존은 다양한 육종소재로의 활용과 한번 시실되면 두 번 다시 재생이 어려워 보존에 노력을 기울어야 한다.

## 26 체세포로부터 식물체가 재생되는 현상을 적절하게 설명한 것은?

① 식물의 세포분화능을 이용하는 것이다.
② 세포의 탈분화능을 이용하는 것이다.
③ 식물의 생물농축형성능을 이용하는 것이다.
④ 세포의 전체형성능을 이용하는 것이다.

해설

식물은 하나의 기관이나 조직, 세포하나라도 적정 조건이 되면 모체와 동일한 유전형질을 갖는 완전한 식물체로 발달하는 전체형성능이라는 재생능력을 갖는다.

## 27 유전자형이 Aa인 이형접합체를 지속적으로 자가수정 하였을 때 후대집단의 유전자형 변화는?

① Aa 유전자형 빈도가 늘어난다.
② 동형접합체와 이형접합체 빈도의 비율이 1:1 이 된다.
③ Aa 유전자형 빈도가 변하지 않는다.
④ 동형접합체 빈도가 계속 증가한다.

해설

연속적으로 자가수정한 자식성 집단은 세대가 진전함에 따라 동형접합체가 증가한다.

## 28 세포질 유전에 대한 설명으로 틀린 것은?

① 멘델의 유전법칙을 따르지 않는다.
② 핵 내 염색체에 있는 유전자의 지배를 받는다.
③ 색소체에 존재하는 유전자(핵외 유전자)의 지배를 받는다.
④ 자방친의 특성을 그대로 닮는 모계유전을 한다.

해설

세포질유전은 세포질 내의 유전요소에 의해 형질의 유전이 지배되는 경우를 말한다.



정답 22 ③ 23 ④ 24 ④ 25 ② 26 ④ 27 ④ 28 ②

## 29 집단육종법의 장점으로 가장 알맞은 것은?

① 제웅이 편리하다.
② 유용유전자를 상실한 우려가 적다.
③ 돌연변이가 쉽게 생긴다.
④ 목적하는 형질의 유전현상을 쉽게 밝힐 수 있다.

해설

집단육종법은 선발을 위한 노력이 절감되며 유용유전자에 대한 상실의 가능성이 적다

## 30 자가불화합성 식물에서 반수체육종이 유리한 점은?

① 반수체는 특성검정을 할 필요가 없다.
② 유전적 변이가 크다.
③ 돌연변이가 많이 나온다.
④ 유전적으로 고정이 된다.

해설

반수체를 염색체 배가시키면 순계가 유전적으로 고정된다

## 31 배수체 작성을 위한 염색체 배가 방법이 아닌 것은?

① 콜히친처리법 ② 자외선처리법
③ 근친교배법 ④ 아세나프텐처리법

해설

근친교배는 목표로 하는 형질의 동형접합체 출현빈도를 높이기 위해 근친간에 이루어지는 교배이다

## 32 품종의 유전적 취약성에 가장 큰 원인은?

① 재배품종의 유전적 배경이 다양화되었기 때문
② 재배품종의 유전적 배경이 단순화되었기 때문
③ 농약사용이 많아지기 때문
④ 잡종강세를 이용한 F1 품종이 많아졌기 때문

해설

재배품종이 단일 유전자형으로 재배되면서 일시에 많은 피해를 받게 되는 경우를 유전적 취약성이라 한다.

## 33 자가수정을 계속함으로써 일어나는 자식약세 현상은?

① 타가수정 작물에서 더 많이 일어난다.
② 자가수정 작물에서 더 많이 일어난다.
③ 어느 것이나 구별 없이 심하게 일어난다.
④ 원칙적으로 자가수정 작물에만 국한되어 있는 현상이다.

해설

잡종 $F_1$ 에서 나타났던 잡종강세가 자식 혹은 근계교배를 계속함에 따라 현저하게 생활력이 감퇴되는 현상으로 자식약세라 하며 주로 타가수정작물에서 나타난다.

## 34 감수분열 과정 중 재조합이 일어나 후대의 변이가 확대되는 단계는?

① 제1감수분열 후기, 제2감수분열 후기
② 제1감수분열 후기, 제2감수분열 전기
③ 제1감수분열 전기, 제1감수분열 중기
④ 제2감수분열 전기, 제2감수분열 후기

해설

제1감수분열은 이형분열이라 하며 염색체 수가 2n에서 n 으로 반으로 줄고 유전물질의 양은 간기에 2배로 늘어나지만 후기에 다시 반으로 줄어들어 원래의 수가 된다.

CBT

정답 29 ② 30 ④ 31 ③ 32 ② 33 ① 34 ③

**35** **주연효과(周緣效果)에 대한 설명으로 맞는 것은?**

① 파종량이 많을수록 주연효과가 커진다.
② 파종량이 적을수록 주연효과가 커진다.
③ 파종량과 주연효과는 상관이 없다.
④ 파종작물의 종류, 장소 등의 영향을 받지 않는다.

**해설**

주연효과는 시험구 주위의 식물이 시험구 내부의 식물에 비해 생육이 다른 것으로 파종량이 많을수록 밀집 정도가 높아지면서 주연효과는 커지게 된다.

**36** **영양번식 작물의 교배육종 시 선발은 어느 때 하는 것이 가장 좋은가?**

① 어느 세대든 관계가 없다.
② $F_1$ 세대
③ $F_4$ 세대
④ $F_6$ 세대

**해설**

영양번식 작물은 일반적으로 $F_1$ 에서 영양계를 선발한다.

**37** **육종집단의 변이 크기를 나타내는 통계치는?**

① 평균치
② 최소치와 평균치의 차이
③ 중앙치
④ 분산

**해설**

분산은 연속변이하는 집단에서 평균치를 중심으로 그 집단의 산포 정도를 나타낸다.

**38** **유전력에 대한 설명으로 옳지 않은 것은?**

① 일반적으로 개체의 유전력은 계통의 평균치 유전력보다 그 값이 크다.
② 자식성작물의 잡종집단에서는 후기세대에서 동형개체가 증가할수록 유전력이 높아진다.
③ 유전력의 값이 100%에 가까울수록 환경에 따른 해당 형질의 변동이 적다는 것을 의미한다.
④ 유전력이 높은 형질은 표현형에서 유전자형이 잘 추정되므로 개체선발이 유효하다.

**해설**

개체의 유전력은 계통 평균치의 유전력보다 낮다.

**39** **반복친과 여러번 교잡하면서 선발 · 고정하는 육종법은?**

① 파생계통육종법 ② 혼합육종법
③ 계통육종법 ④ 여교잡육종법

**해설**

여교잡육종법은 (A×B)×B, (A×B)×A, [(A×B)×B]×B 등의 형식이며 한번 교잡시킨 것을 1회친, 두 번 이상 교잡시킨 것을 반복친이라 한다.

**40** **동질배수체의 일반적인 특성으로 가장 거리가 먼 것은?**

① 임성과 착과성의 감퇴
② 핵, 세포, 영양기관의 거대성
③ 발육의 촉진과 조기개화
④ 저항성의 증대와 성분변화

**해설**

동질배수체는 핵과 세포가 커지고, 영양기관의 발육이 왕성하여 거대화하고, 화서 및 종자가 대형화한다. 그리고 임성이 저하되고 착과성이 감퇴하며 발육이 지연 된다.



정답 35 ① 36 ② 37 ④ 38 ① 39 ④ 40 ③

## 제3과목 재배원론

**41 박과 채소류 접목의 특징으로 가장 거리가 먼 것은?**

① 당도가 증가한다.
② 기형과가 많이 발생한다.
③ 흰가루병에 약하다.
④ 흡비력이 강해진다.

해설
접목육묘에서 초세조절을 잘못하면 기형과의 발생이 증가하고 당도가 낮아진다.

**42 작물의 특징에 대한 설명으로 가장 거리가 먼 것은?**

① 이용성과 경제성이 높아야 한다.
② 일반적인 작물의 이용 목적은 식물체의 특정부위가 아닌 식물체 전체이다.
③ 작물은 대부분 일종이 기형식물에 해당된다.
④ 야생식물들보다 일반적으로 생존력이 약하다.

해설
작물의 이용 목적은 식물체의 특정 부위이다.

**43 고립상태일 때 광포화점이 가장 높은 것은?**

① 감자 ② 옥수수
③ 강낭콩 ④ 귀리

해설
옥수수, 수박, 토마토 등은 광포화점이 높은 작물에 해당한다.

**44 침수에 의한 피해가 가장 큰 벼의 생육단계는?**

① 분얼성기 ② 최고분얼기
③ 수잉기 ④ 등숙기

해설
벼는 분얼 초기 침수에 강해 피해가 적게 나타나지만 수잉기에서 출수개화기에는 침수에 약해지면서 침수 피해가 크게 나타난다.

**45 휴면연장과 발아억제를 위한 방법으로 틀린 것은?**

① 에스렐 처리 ② MH 수용액 처리
③ 저온저장 ④ 감마선 조사

해설
에스렐(에세폰) 처리를 하면 발아 촉진 및 과실의 성숙 효과가 있다.

**46 노후답의 재배대책으로 가장 거리가 먼 것은?**

① 저항성 품종을 선택한다.
② 조식재배를 한다.
③ 무황산근 비료를 시용한다.
④ 덧거름 중점의 시비를 한다.

해설
노후답의 재배 대책으로 저항성 품종을 심거나, 조기재배를 통해 수확이 빠르도록 하여 추락을 완화한다. 무황산근 비료를 시비하여 황화수소의 발생을 줄이도록 한다.

CBT

정답 41 ① 42 ② 43 ② 44 ③ 45 ① 46 ②

**47** **작물의 수해에 대한 설명으로 옳은 것은?**

① 수온이 높은 것이 낮은 것에 비하여 피해가 심하다.
② 유수가 정체수보다 피해가 심하다.
③ 벼 분얼초기는 다른 생육단계보다 침수에 약하다.
④ 화본과 목초, 옥수수는 침수에 약하다.

해설

관수해의 피해가 더욱 커지는 원인으로 흙탕물이나 고인 정체수, 고수온 등이 있으며 보통 수온이 높은 것이 낮은 것에 비해 피해가 심하게 나타난다.

**48** **작물의 내열성에 대한 설명으로 틀린 것은?**

① 늙은 잎은 내열성이 가장 작다.
② 내건성이 큰 것은 내열성도 크다.
③ 세포 내의 결합수가 많고, 유리수가 적으면 내열성이 커진다.
④ 당분함량이 증가하면 대체로 내열성은 증대한다.

해설

늙은 잎의 내열성이 어린 잎보다 크다.

**49** **종자 저온 춘화처리의 과정과 효과가 맞지 않는 것은?**

① 산소의 공급이 필요하다.
② 종자가 건조하지 말아야한다.
③ 광에 노출시키지 않아야 한다.

해설

춘화처리과정에서 산소의 공급이 필수적이며 광의 유무와 관련이 없다.

**50** **가장 높은 적산온도를 필요로 하는 작물은?**

① 밀 ② 옥수수
③ 벼 ④ 메밀

해설

작물별로 적산온도의 경우 메밀은 1000~1200℃, 감자는 1300~3000℃, 추파맥류는 1700~2300℃, 완두는 2100~2800℃, 콩은 2500~3000℃, 담배는 3200~3600℃ 벼는 3500~4500℃ 정도이다.

**51** **다음 중 광의 보상점이 가장 높은 식물은?**

① 단풍나무 ② 너도밤나무
③ 소나무 ④ 측백나무

해설

양지식물의 광보상점이 높은데 소나무의 경우 양수 수종으로 보기 중에서 광의 보상점이 가장 높다.

**52** **생력재배에 크기 공헌한 제초제로 처음으로 사용된 생장조절제는?**

① 옥신(Auxin)
② 지베렐린(Gibberellin)
③ 시토키닌(Cytokinin)
④ 아브시스산(Abscissic acid)

해설

합성옥신 제초제는 처음으로 사용된 식물생장조절제이다.

**53** **뿌림골을 만들고 그곳에 줄지어 종자를 뿌리는 방법은?**

① 산파 ② 점파
③ 적파 ④ 조파

해설

조파는 줄뿌림이라 하며 종자의 소요량이 적고 고르게 파종할 수 있어 이형주를 제거하거나 관찰할 경우 통로로도 이용할수 있다.



정답 47 ① 48 ① 49 ③ 50 ③ 51 ③ 52 ① 53 ④

**54** 녹체춘화형 식물로만 나열된 것은?

① 완두, 잠두 ② 봄무, 잠두
③ 사리풀, 양배추 ④ 완두, 추파맥류

해설

녹체춘화형 식물에는 양배추, 당근, 양파, 사리풀 등이 있다

**55** 고온이 오래 지속될 때 식물체 내에서 일어나는 현상은?

① 당의 증가 ② 증산작용의 저하
③ 질소대사의 이상 ④ 유기물의 증가

해설

고온의 조건인 열해는 단백질 합성이 저해되고 암모니아 축적이 많아진다

**56** 추파성 맥류의 상적발육설을 주창한 사람은?

① 다윈 ② 우장춘
③ 바빌로프 ④ 리센코

해설

상적발육설은 리센코(Lysenko)에 의해 제창되었으며 생장은 여러 기관의 양적 증가를 의미하고 발육은 작물체 내의 순차적인 질적 재조정작용을 의미한다.

**57** 다음 중 합성된 옥신은?

① IAA ② NAA
③ IAN ④ PAA

해설

합성 옥신에는 NAA, IBA, PCPA, 2·4-D, BNOA, 2,4,5-T 등이 있다.

**58** 목초의 하고(夏枯) 유인과 가장 거리가 먼 것은?

① 고온 ② 건조
③ 잡초 ④ 단일

해설

하고현상의 원인에는 고온, 건조, 병해충, 장일, 잡초 등으로 나타나기도 한다.

**59** 작물의 영양기관에 대한 분류가 잘못된 것은?

① 인경-마늘 ② 괴근-고구마
③ 구경-감자 ④ 지하경-생강

해설

감자의 영양기관은 덩이줄기(괴경)이다

**60** 다음 중 중일성 식물은?

① 코스모스 ② 토마토
③ 나팔꽃 ④ 시금치

해설

토마토, 고추, 오이, 호박, 당근 등은 중성식물(중일식물)이다

CBT

## 제4과목 식물보호학

**61** 다음 중 암발아 잡초는?

① 소리쟁이 ② 바랭이
③ 향부자 ④ 독말풀

해설

암발아 종자는 별꽃, 냉이, 광대나물 등이 있다

정답 54 ③ 55 ③ 56 ④ 57 ② 58 ④ 59 ③ 60 ② 61 ④

**62** **다음 중 다년생 잡초가 아닌 것은?**

① 벗풀 ② 쇠뜨기
③ 냉이 ④ 달래

해설
냉이는 월년생 잡초에 해당한다.

**63** **다음 중 곤충 분비계의 일반적인 설명으로 옳은 것은?**

① 유약호르몬(Juvenile Hormone)-생장촉진
② 성 페로몬-처녀생식
③ 카디아카체 호르몬-여왕물질 분비
④ 엑다이손(Ecdyson)-탈피촉진

해설
엑다이손은 탈피호르몬으로 곤충의 앞가슴선에서 분비된다.

**64** **상처가 아물도록 처리하여 저장할 경우 방제효과가 가장 큰 병은?**

① 사과 탄저병
② 고추 탄저병
③ 사과 겹무늬썩음병
④ 고구마 검은무늬병

해설
큐어링은 고구마, 감자, 양파 등에 상처가 발생한 경우 상처를 아물게 하거나 코르크층을 형성시켜 수분의 증발을 줄이고 미생물의 침입을 예방하는 방법이다. 고구마 검은무늬병은 상처를 통해 침입하기에 큐어링 처리를 통해 방제효과를 얻을수 있다.

**65** **식물병이 크게 발생한 역사에 대한 설명으로 옳지 않은 것은?**

① 19세기 말 스리랑카에서 커피 녹병 발생
② 1845년경 아일랜드에서 양배추 역병 발생
③ 1970년경 미국에서 옥수수 깨씨무늬병 발생
④ 일제강점기 우리나라에서 사탕무 갈색무늬병 발생

해설
1845년에 아일랜드에 감자역병이 발생하여 100만명이 사망하는 역사적 사건이 있다

**66** **잡초에 대한 설명으로 옳지 않은 것은?**

① 번식력이 강하며 종자 생산량이 많다.
② 생태학적 천이과정이 극상에 이른 지역에서 많이 발생한다.
③ 생태계의 구성원으로서 각자 고유한 생태적 지위를 가지고 있다.
④ 한 지역에 발생하는 종의 수가 많아 다양한 유전적 특성을 지니고 있다.

해설
최종적으로 안정된 식생이 오랜시간 지속될 경우 이를 극상이라 표현하며 천이의 마지막 단계이다. 즉 많이 발생하는 지역이 아닌 안정된 식생을 유지하는 경우를 의미한다.

**67** **같은 작물을 동일한 포장에 계속 재배하였을 때 나타나는 연작장해 현상과 가장 관련이 깊은 병해는?**

① 공기전염성 병해 ② 종자전염성 병해
③ 토양전염성 병해 ④ 충매전염성 병해

해설
같은 작물을 동일한 포장에서 계속 재배하면 토양에 통해 전염되는 병원균에 의해 식물병이 지속적으로 발생하게 된다. 이러한 토양전염성 병해를 방제하기 위해서는 같은 작물의 연작을 피해야 한다.



정답 62 ③ 63 ④ 64 ④ 65 ② 66 ② 67 ③

**68** **유기인계 살충제에 대한 설명으로 가장 거리가 먼 것은?**

① 신경독이다.
② 적용해충의 범위가 좁다.
③ 알칼리에 분해되기 쉽다.
④ 일반적으로 잔효성이 짧다.

**해설**

유기인계 살충제는 살충력이 강하고 적용 가능한 해충의 종류가 많으며 대량생산이 가능하다

**69** **다음 중 애멸구가 매개하는 병으로 가장 옳은 것은?**

① 콩 위축병
② 노균병
③ 벼 줄무늬잎마름병
④ 벼 오갈병

**해설**

벼 줄무늬잎마름병의 매개충은 애멸구이며 애멸구는 1년에 4~5회 정도 발생한다.

**70** **다음 중 해충의 천적으로서 기생성이 아닌 것은?**

① 진디혹파리　② 온실가루이좀벌
③ 굴파리좀벌　④ 콜레마니진디벌

**해설**

진디혹파리는 진딧물류, 온실가루이, 응애류 등의 포식자로 온실 내 진딧물의 생물적 방제에 활용하기도 한다.

**71** **냉해의 생리적 원인에 해당하지 않는 것은?**

① 증산 과잉
② 호흡저하
③ 단백질 분해 촉진
④ 광합성 작용의 과잉

**해설**

냉해의 피해로 광합성 작용의 저해가 발생한다.

**72** **밭에서 발생하는 주요 화본과 잡초가 아닌 것은?**

① 바랭이　② 돌피
③ 강아지풀　④ 참방동사니

**해설**

참방동사니는 1년생 방동사니과 잡초이다.

**73** **약제 저항성이 발달된 병해충의 화학적 방제방법으로 가장 적합한 것은?**

① 약제를 추천농도보다 진하게 타서 뿌린다.
② 저항성이 생긴 약제에는 전착제를 섞어 뿌린다.
③ 사용해오던 약제를 바꾸어 계통이 다른 약제를 살포한다.
④ 약제의 뿌리는 양을 평소보다 늘려서 뿌린다.

**해설**

동일한 약제를 연용으로 사용시 약제에 대한 저항성이 생겨 가능하면 다른계통의 약제를 살포하여 저항성을 줄여 방제효과를 높이도록 한다.

CBT

**정답** 68 ② 69 ③ 70 ① 71 ④ 72 ④ 73 ③

**74** **일반적으로 벼 키다리병 방제를 위한 온탕침법의 가장 적당한 온도와 시간은?**

① 70~75℃, 25분 ② 60~65℃, 15분
③ 50~55℃, 5분 ④ 40~45℃, 15분

해설
벼 키다리병의 방제를 위한 온탕침법의 기준은 물온도 60℃ 정도에서 15분정도 침지시킨다.

**75** **입제에 대한 설명으로 옳은 것은?**

① 농약 값이 싸다.
② 사용이 간편하다.
③ 환경오염성이 높다.
④ 사용자에 대한 안정성이 낮다.

해설
입제는 유효성분을 고형증량제, 안정제, 계면활성제 등을 넣어 입상으로 성형한 제제이다. 사용이 간편하나 단위면적당 사용량이 많아 가격이 비싼 편이다.

**76** **보호 살균제에 해당하는 것은?**

① 페나리몰 유제
② 만코제브 수화제
③ 가스가마이신 액제
④ 스트렙토마이신 수화제

해설
보호살균제에는 석회보르도액, 유기유황제, 구리분제, 석회유황합제 등이 있다. 여기서 유기유황제의 종류로 만코제브, 메티람, 프로피네브 등이 있다.

**77** **파리목에 대한 설명으로 옳은 것은?**

① 각다귀와 모기 등이 있다.
② 완전변태하며 번데기는 주로 대용이다.
③ 파리목은 크게 4개의 아목으로 나눠진다.
④ 뒷날개가 퇴화되어 반시초를 이루고 있다.

해설
파리목의 사각류에는 각다귀와 모기 등이 있다.

**78** **다음 중 곤충의 알라타체에서 분비하는 물질을 이용하여 해충을 방제하는 방법은?**

① 페로몬 이용법 ② 호르몬 이용법
③ 경종적 이용법 ④ 생태적 이용법

해설
알라타체는 성충으로 발육을 억제하는 유충호르몬으로 해충의 방제에 이용된다.

**79** **병원체의 주요 전염원의 잠복처로 가장 거리가 먼 것은?**

① 식물의 잔사물 ② 농기구
③ 곤충 ④ 종자

해설
병원체의 주요 잠복처에는 매개충, 종자, 묘목, 식물의 가지와 잎 등이 있다

**80** **벼멸구의 분류학적 위치로 가장 옳은 것은?**

① 총채벌레목 ② 딱정벌레목
③ 노린재목 ④ 나비목

해설
벼멸구는 노린재목의 멸구과로 대표기주는 벼, 옥수수, 바랭이 등이 있다

## 제5과목 종자관련법규

**81** **식물신품종 보호법상 품종보호권의 설정등록을 받으려는 자나 품종보호권자는 품종보호료 납부기간이 지난 후에도 몇 개월 이내에 품종보호료를 납부할 수 있는가?**

① 3개월 ② 6개월
③ 12개월 ④ 24개월

해설
품종보호권의 설정등록을 받으려는 자나 품종보호권자는 품종보호료 납부기간이 지난 후에도 6개월 이내에는 품종보호료를 납부할 수 있다.



정답 74 ② 75 ② 76 ② 77 ① 78 ② 79 ② 80 ③ 81 ②

**82** 종자검사요령상 수분의 측정에서 분석용 저울은 몇 단위까지 측정할 수 있어야 하는가?

① 0.001g
② 0.1g
③ 1g
④ 단위의 기준은 자유이다.

해설
종자검사요령상 수분의 측정에서 분석용 저울은 0.001g 단위까지 측정할수 있어야 한다.

**83** 종자검사요령상 시료 추출 시 고추 제출시료의 최소 중량은?

① 50g ② 100g
③ 150g ④ 200g

해설
고추 제출시료 최소중량은 150g 이다.

**84** 식물신품종 보호법상 육성자의 정의로 옳은 것은?

① 품종을 육성한 자나 이를 발견하여 개발한 자를 말한다.
② 품종을 발견하여 정부기관에 신고한 자를 말한다.
③ 품종을 대여 또는 수출한 자를 말한다.
④ 품종보호를 받을 수 있는 권리를 가진 자를 말한다.

해설
"육성자"란 품종을 육성한 자나 이를 발견하여 개발한 자를 말한다.

**85** 납부기간 경과 후의 품종보호료 납부에서 품종보호권의 설정등록을 받으려는 자나 품종보호권자는 품종보호료 납부기간이 경과한 후에도 몇 개월 이내에 품종보호료를 납부할 수 있는가?

① 1개월 ② 3개월
③ 5개월 ④ 6개월

해설
품종보호권의 설정등록을 받으려는 자나 품종보호권자는 품종보호료 납부기간이 지난 후에도 6개월 이내에는 품종보호료를 납부할 수 있다.

**86** 종자관리요강상 규격묘의 규격기준에서 뽕나무 접목묘 묘목의 길이는?

① 10 ~ 20cm ② 20 ~ 30cm
③ 30 ~ 40cm ④ 50cm 이상

해설
뽕나무 묘목의 접목묘의 길이는 50cm 이상이다

**87** 사료용으로 활용하기 위한 벼, 보리의 수입적응성시험을 실시하는 기관은?

① 농업기술실용화재단
② 한국종자협회
③ 농업협동조합중앙회
④ 한국생약협회

해설
사료용 벼, 보리, 콩, 감자, 옥수수 등 수입적응성시험은 농업협동조합중앙회에서 실시한다.

CBT

정답 82 ① 83 ③ 84 ① 85 ④ 86 ④ 87 ③

**88** **서류의 보관 등에서 농림축산식품부장관 또는 해양수산부 장관은 품종보호 출원의 포기, 무효, 취하 또는 거절결정이 있거나 품종보호권이 소멸한 날부터 몇 년간 해당 품종보호 출원 또는 품종보호권에 관한 서류를 보관하여야 하는가?**

① 1년　② 2년
③ 3년　④ 5년

해설
농림축산식품부장관 또는 해양수산부장관은 품종보호 출원의 포기, 무효, 취하 또는 거절결정이 있거나 품종보호권이 소멸한 날부터 5년간 해당 품종보호 출원 또는 품종보호권에 관한 서류를 보관하여야 한다.

**89** **(　　)에 알맞은 내용은?**

| 품종보호권자는 그 품종보호권의 존속기간 중에는 농림축산식품부장관에게 품종보호료를 (　　) 납부하여야 한다. |
|---|

① 매년　② 2년에 1번
③ 3년에 1번　④ 5년에 1번

해설
품종보호권자는 그 품종보호권의 존속기간 중에는 농림축산식품부장관 또는 해양수산부장관에게 품종보호료를 매년 납부하여야 한다.

**90** **종자검사요령상 종자 건전도 검정에서 벼의 깨씨무늬병균의 배양방법은?**

① 암기 12시간, 명기 12시간씩 22°C에서 3일간 배양
② 암기 12시간, 명기 12시간씩 22°C에서 7일간 배양
③ 암기 12시간, 명기 12시간씩 22°C에서 15일간 배양
④ 암기 12시간, 명기 12시간씩 22°C에서 30일간 배양

해설
벼의 깨씨무늬병균의 시험시료는 400입이며 배양조건은 암기 12시간, 명기 12시간씩 22°C에서 7일간 배양한다.

**91** **보증서를 거짓으로 발급한 종자관리사의 벌칙은?**

① 1년 이하의 징역 또는 1천만원 이하의 벌금
② 3년 이하의 징역 또는 2천만원 이하의 벌금
③ 3년 이하의 징역 또는 5천만원 이하의 벌금
④ 5년 이하의 징역 또는 7천만원 이하의 벌금

해설
보증서를 거짓으로 발급한 종자관리사는 1년 이하의 징역 또는 1천만원 이하의 벌금에 처한다.



정답 88 ④ 89 ① 90 ② 91 ①

**92** **수출입 종자의 국내유통 제한사유가 아닌 것은?**

① 기존의 국내 생태계를 심각히 파괴시킬 우려가 있는 경우
② 잡초 종자가 농림수산식품부장관이 정하는 기준 이하로 포함된 경우
③ 수입된 종자의 재배로 인하여 특정 병해충이 확산될 우려가 있는 경우
④ 국내 유전자원보존에 심각한 지장을 초래할 우려가 있는 경우

해설
수입된 종자에 유해한 잡초종자가 농림축산식품부장관이 정하여 고시하는 기준 이상으로 포함되어 있는 경우 국내유통을 제한할 수 있다.

**93** **대한민국 국민에게 품종보호 출원에 대한 우선권을 인정하는 국가의 국민이 그 국가에 1999년 8월 1일에 출원한 후 동일 품종을 대한민국에 1999년 10월 1일에 출원하면서 우선권을 주장하는 때에 적용되는 품종보호 출원일로 맞는 것은?**

① 1999년 8월 1일 ② 1999년 9월 1일
③ 1999년 10월 1일④ 1999년 12월 1일

해설
품종보호 출원한 날을 대한민국에 품종보호 출원한 날로 본다. 즉 품종보호 출원에 대한 우선권을 인정하는 국가의 국민이 그 국가에 1999년 8월 1일에 출원하였기에 출원일은 1999년 8월 1일이다.

**94** **식물신품종보호관련법상 품종보호권의 효력이 적용되는 것은?**

① 영리 외의 목적으로 자가소비(自家消費)를 하기위한 품종
② 실험이나 연구를 하기 위한 품종
③ 다른 품종을 육성하기 위한 품종
④ 보호품종을 반복하여 사용하여야 종자생산이 가능한 품종

해설
품종보호권의 효력이 적용되는 것으로 호품종(기본적으로 다른 품종에서 유래된 품종이 아닌 보호품종만 해당한다)으로부터 기본적으로 유래된 품종, 보호품종을 반복하여 사용하여야 종자생산이 가능한 품종 등이 있다.

**95** **품종목록 등재의 유효기간은 등재한 날이 속한 해의 다음해부터 몇 년까지로 하는가?**

① 5 ② 10
③ 15 ④ 20

해설
품종목록 등재의 유효기간은 등재한 날이 속한 해의 다음 해부터 10년까지로 한다.

**96** **종자의 보증을 받아야 할 대상이 아닌 것은?**

① 시장·군수가 벼 종자를 생산 보급할 때
② 농협이 감자 종자를 생산 보급할 때
③ 도지사가 벼 종자를 연구 목적으로 쓸 때
④ 도지사가 옥수수 종자를 생산 보급할 때

해설
종자가 시험 및 연구 목적으로 사용되는 경우 보증을 받지 않는다.

CBT

정답 92 ② 93 ① 94 ④ 95 ② 96 ③

**97** **농림축산식품부장관을 대행하여 국가품종목록에 등재된 품종의 종자를 생산할 수 있는 자로 맞는 것은?**

① 사단법인 한국종자협회
② 사단법인 한국낙농육우협회
③ 농림수산식품부령으로 정하는 농어민
④ 농작물 재배 경험이 2년 경험이 있는 종자업자

해설
농림축산식품부장관을 대행하여 국가품종목록에 등재된 품종의 종자를 생산할 수 있는 자는 농림축산식품부령으로 정하는 종자업자 또는 「농어업경영체 육성 및 지원에 관한 법률」 제2조제3호에 따른 농업경영체이다

**98** **품종보호권의 존속기간은 과수와 임목의 경우 몇 년으로 하는가?**

① 25년 ② 15년
③ 10년 ④ 5년

해설
품종보호권의 존속기간은 품종보호권이 설정등록된 날부터 20년으로 한다. 다만, 과수와 임목의 경우에는 25년으로 한다.

**99** **종자산업법상 보증종자의 정의로 옳은 것은?**

① 해당 품종의 진위성과 해당 종자의 품질이 보증된 채종 단계별 종자를 말한다.
② 해당 품종의 우수성과 해당 종자의 품질이 보증된 채종 단계별 종자를 말한다.
③ 해당 품종의 신규성과 해당 종자의 품질이 보증된 채종 단계별 종자를 말한다.
④ 해당 품종의 돌연변이성과 해당 종자의 품질이 보증된 채종 단계별 종자를 말한다.

해설
보증종자란 이 법에 따라 해당 품종의 진위성(眞僞性)과 해당 품종 종자의 품질이 보증된 채종(採種) 단계별 종자를 말한다.

**100** **종자검사요령상 포장검사 병주 판정기준에서 벼의 특정병은?**

① 잎도열병 ② 깨씨무늬병
③ 이삭누룩병 ④ 키다리병

해설
벼의 포장검사 및 종자검사에 있어 특정병은 키다리병, 선충심고병을 말한다.



정답 97 ③ 98 ① 99 ① 100 ④

CBT

# 3회 종자기사

** 본문제는 수험생들의 기억을 바탕으로 작성 된 것으로 실제 문제와 차이가 있을 수 있습니다.

## 제1과목 종자생산학

**01** 발아억제물질인 coumarin이 영 부위에 존재하는 것은?

① 사탕무 ② 보리
③ 단풍나무 ④ 장미

해설

발아억제물질인 쿠마린(coumarin)의 경우 보리의 영 부위에 존재하면서 보리의 발아를 억제하기도 한다.

**02** 다음 중 종자 안전건조온도의 적정 온도가 가장 낮은 것은?

① 벼 ② 양파
③ 순무 ④ 옥수수

해설

양파의 안전건조온도는 수분 함량이 높을수록 낮은 온도에서 건조를 하기에 초기에는 일반작물보다 건조온도의 적정 수준이 매우 낮은편이다. 그리고 건조가 되고 저장을 위해서는 구가 얼지 않을 정도로 낮은 0~0.5℃에서 저장하고 습도는 65~75% 정도로 유지한다.

**03** 수분의 자극을 받아 난세포가 배로 발달하는 것에 해당하는 것으로만 나열된 것은?

① 밀감, 부추 ② 파, 달맞이꽃
③ 목화, 벼 ④ 진달래, 국화

해설

난세포가 배로 발달하는 것을 위수정생식이라 하며 담배, 목화, 밀, 보리, 벼 등이 해당된다.

**04** 유채의 포장검사 시 포장격리에서 산림 등 보호물이 있을 때를 제외하고 원종, 보급종은 이품종으로부터 몇 m 이상 격리되어야 하는가?

① 300 ② 500
③ 800 ④ 1000

해설

유채의 격리거리 기준을 보면 원종, 보급종은 이품종으로부터 1,000m 이상 격리한다.

**05** 자가불화합성을 이용한 배추과 채소의 F1 채종 시 양친의 개화기를 일치시키는 방법으로 옳지 않은 것은?

① 저온처리 ② 일장처리
③ $H_2O_2$ 처리 ④ 파종기 조절

해설

개화기 조절 방법에는 파종기 조절, 일장처리, 저온처리, 생장조절제처리, 환상박피, 접목, 춘화처리 등의 방법이 있다.

**06** 십자화과채소의 채종 적기는?

① 백숙기 ② 녹숙기
③ 갈숙기 ④ 고숙기

해설

곡물류의 채종적기는 황숙기이며 십자화과작물(채소류)는 갈숙기에 적기이다.

CBT

정답 01 ② 02 ② 03 ③ 04 ④ 05 ③ 06 ③

**07** **일대잡종 종자생산을 위한 인공교배에서 제웅에 대한 설명으로 가장 옳은 것은?**

① 개화 전 양친의 암술을 제거하는 작업이다.
② 개화 전 자방친의 꽃밥을 제거하는 작업이다.
③ 개화 직후 화분친의 암술을 제거하는 작업이다.
④ 개화 직후 양친의 꽃밥을 제거하는 작업이다.

해설

제웅은 자가수정을 방지하기 위해 꽃망울 상태에서 모계의 수술을 제거해 주는 것으로 제웅 시 꽃가루가 일부 남아 있으면 자식(自殖)이 될 수 있어 꽃밥을 완전 제거하도록 한다.

**08** **고추, 무, 레드클로버 종자의 형상은?**

① 난형 ② 도란형
③ 방추형 ④ 구형

해설

고추, 무, 레드클로버 종자의 외형은 난형이다.

**09** **고구마의 개화 유도 및 촉진 방법이 아닌 것은?**

① 14시간 이상의 장일처리를 한다.
② 나팔꽃의 대목에 고구마 순을 접목한다.
③ 고구마덩굴의 기부에 절상을 낸다.
④ 고구마덩굴의 기부에 환상박피를 한다.

해설

고구마는 장일처리가 아닌 단일처리를 통해 개화촉진을 한다.

**10** **채종재배 시 채종포로서 적당하지 못한 것은?**

① 등숙기에 강우량이 많고 습도가 높은 지역
② 토양이 비옥하고 배수가 양호하며 보수력이 좋은 토양
③ 겨울 기온이 온화하고 등숙기에 기온의 교차가 큰 곳
④ 교잡을 방지하기 위하여 다른 품종과 격리된 지역

해설

채종포는 꽃 피는 시기와 종자의 등숙기에 비가 적고 건조한 곳이어야 한다.

**11** **종자를 70℃ 정도에서 일정시간 건열처리 했을 때 종자전염성 병 방제에 효과가 있는 것으로만 나열된 것은?**

① 보리 깜부기병, 벼 키다리병
② 수박 탄저병, 토마토 TMV
③ 감자 역병, 밀 비린깜부기병
④ 밀 비린깜부기병, 보리 깜부기병

해설

건열처리는 종자 내의 바이러스 불활성에 효과적이며 60~80℃ 조건에서 많이 이용되는데 수박 탄저병 및 토마토 TMV 등의 식물병에 유효하다.

**12** **종자 정선 시 액체친화성을 이용한 선별이 효과적인 작물은?**

① 티머시 ② 클로버
③ 벼 ④ 콩

해설

종자 정선에서 표면조직에 의한 선발에는 알팔파, 새삼 등이 적합하고 완충력을 이용한 선발에는 티머시, 액체친화성을 이용한 선발에는 클로버가 있다.



정답 07 ② 08 ① 09 ① 10 ① 11 ② 12 ②

**13** **종자소독법으로서 옳지 않은 것은?**

① 약제에 침지처리
② 저온처리
③ 약제에 분의 처리
④ 온탕처리

**해설**

저온처리는 개화기 조절 및 종자의 휴면타파 등에 활용하는 방법이다.

**14** **다음 중 1차 감염묘를 바르게 설명한 것은?**

① 배지에서 감염된 묘
② 병해묘로부터 감염된 묘
③ 종묘 자체에서 발병된 묘
④ 취급수분에서 감염된 묘

**해설**

1차 감염묘는 종자 자체에서 발병한 묘를 말한다.

**15** **다음 중 종자의 생리적 휴면에 해당하는 것은?**

① 배휴면(胚休眠)
② 종피휴면(種皮休眠)
③ 후숙(後熟)
④ 타발휴면(他發休眠)

**해설**

배휴면이 배 자체의 생리적 휴면에 해당한다.

**16** **배휴면(裴休眠)을 하는 종자를 습한 모래 또는 이끼와 교대로 층상으로 쌓아 두고, 그것을 저온에 두어 휴면을 타파시키는 방법을 무엇이라 하는가?**

① 밀폐처리 ② 습윤처리
③ 층적처리 ④ 예냉

**해설**

층적처리는 휴면의 타파 뿐만 아니라 발아력 저하방지, 발아억제물질 제거, 후숙 방지 등의 효과가 있다. 층적처리는 나무상자나 나무통에 습기가 있는 모래 혹은 톱밥과 종자를 층을 만들면서 넣어 저온저장고에 보관한다.

**17** **(  ) 에 알맞은 내용은?**

> 2개의 게놈을 갖고 있는 유채나 서양유채와 같은 것은 제1상의 저온감응상의 요구가 없고 다만 제2상의 일장감응상에 의하므로 이러한 (  )식물은 교배에 있어서 일장처리에 의하여 개화기를 조절할 수 있다.

① 뇌수분형 ② 종자춘화형
③ 적심형 ④ 무춘화형

**해설**

식물의 춘화형은 생육단계별 감온에 따라 종자춘화형, 녹식물춘화형, 무춘화형으로 구분된다. 개화에 저온을 요구하지 않고 일장반응에 따라 개화하는 것을 무춘화형이라 한다.

**18** **종자의 자엽 부위에 양분을 저장하는 무배유작물로만 나열된 것은?**

① 벼, 밀 ② 벼, 옥수수
③ 밀, 보리 ④ 콩, 팥

**해설**

무배유작물에는 콩, 완두, 팥, 녹두, 클로버 등이 있다.

**19** **퇴화하는 종자의 특성으로 옳지 않은 것은?**

① 발아율 저하 ② 종자침출물 감소
③ 저항성 감소 ④ 유리지방산 증가

**해설**

퇴화하는 종자의 경우 종자 침출물이 증가한다.

CBT

**정답** 13 ② 14 ③ 15 ① 16 ③ 17 ④ 18 ④ 19 ②

**20** **국제적으로 유통되는 종자의 검사규정을 입안하고, 국제 종자분석 증명서를 발급하는 기관은?**

① FAO ② UPOV
③ ISTA ④ ISO

해설
국내의 국제종자검정협회(ISTA)로부터 인증실험실을 획득하고 국제종자분석증명서를 발급하는 기관은 국립종자원이다.

## 제2과목 식물육종학

**21** **불임성 중 유전적 원인에 의한 것이 아닌 것은?**

① 순환적 불임성 ② 웅성불임성
③ 자가불화합성 ④ 이형예현상

해설
순환적 불임성은 환경적 원인에 의한 불임성이다.

**22** **돌연변이육종법의 특징이 아닌 것은?**

① 품종 내 조화를 파괴하지 않고 1개의 특성만 용이하기 치환할 수 있다.
② 이형접합체 영양번식 식물에서 변이를 작성하기가 용이하다.
③ 동질배수체의 임성을 저하시킬 수 있다.
④ 상동이나 비상동 염색체 사이에 염색체 단편을 치환시키기가 용이하다.

해설
돌연변이육종법은 동질배수체의 임성을 향상시킬 수 있다.

**23** **1대잡종 육종에서 조합능력의 개량이 필요한 이유는?**

① 근연종간에 교잡을 위하여
② 순계를 육성하기 위하여
③ 1대 잡종의 생산력을 높이기 위하여
④ 교잡을 용이하게 하기 위하여

해설
1대잡종의 생산력을 늘리기 위해 1대잡종 육종의 조합능력을 높이기 위해 자식계통을 육성하고 순환선발을 통해 조합능력을 개량한다.

**24** **반수체식물이 얻어지는 조직배양 기법은?**

① 배유배양 ② 약배양
③ 생장점배양 ④ 세포융합

해설
식물체의 화분이나 약을 채취 및 배양하여 반수체, 반수체성 배를 생산하는 방법을 약배양육종법이라 한다.

**25** **세포질적 웅성불임성에 해당하는 것은?**

① 보리 ② 옥수수
③ 토마토 ④ 사탕무

해설
세포질적 웅성불임은 세포질 요인에 의해서만 발생하며 옥수수에서 주로 관찰된다.

**26** **체세포의 염색체 구성이 2n+1일 때 이를 무엇이라고 하는가?**

① 일염색체 ② 이질배수체
③ 삼염색체 ④ 분리배수체

해설
2n+1 의 경우 3염색체라 한다.



정답 20 ③ 21 ① 22 ③ 23 ③ 24 ② 25 ② 26 ③

**27** **수정을 거치지 않고 유성생식 기관 또는 거기에 부수되는 조직 및 세포로부터 배가 만들어지는 경우가 아닌 것은?**

① 부정배형성 ② 유배생식
③ 복상포자생식 ④ 무포자생식

해설

정상적인 정핵과 난핵의 결합 없이 종자를 형성하는 단위생식에는 무배생식, 단성생식, 무핵란생식, 위수정, 무포자생식, 무정생식, 복상포자생식, 부정배형성 등이 있다.

**28** **동질배수체의 일반적인 특징이 아닌 것은?**

① 핵과 세포가 커진다.
② 함유성분의 변화가 생긴다.
③ 발육이 지연된다.
④ 채종량이 증가한다.

해설

동질배수체는 핵과 세포가 커지고, 영양기관의 발육이 왕성하여 거대화하고, 화서 및 종자가 대형화한다. 그리고 임성이 저하되고 착과성이 감퇴하며 발육이 지연 된다.

**29** **변이 중 유전하지 않는 변이는?**

① 장소변이 ② 아조변이
③ 교배변이 ④ 돌연변이

해설

환경변이 및 장소변이 등은 비유전적 원인에 의한 변이에 해당되며 유전을 하지 않는 변이이다.

**30** **쌍자엽식물의 형질전환에 가장 널리 이용하고 있는 유전자 운반체는?**

① Ti - plasmid
② E. coli
③ 바이러스의 외투단백질
④ 제한효소

해설

Ti - plasmid 는 쌍자엽식물의 형질 전환에 사용되는 유전자 운반체이다.

**31** **자식성 식물의 순계 내 선발은 효과가 없다는 순계설을 제안한 사람은?**

① 요한센(Johannsen)
② 멘델(Mendel)
③ 다윈(Darwin)
④ 묄러(Moller)

해설

순계는 동일한 유전자형으로 구성된 집단으로 순계 내에서의 선발은 효과가 없다는 것이 요한센(Johannsen)의 순계설이다.

**32** **체세포의 염색체 구성이 2n+1 일 때 이를 무엇이라 하는가?**

① 일염색체(monosomic)
② 삼염색체(trisomic)
③ 이질배수체
④ 동질배수체

해설

2n+1 의 경우 3염색체라 한다.

CBT

정답 27 ② 28 ④ 29 ① 30 ① 31 ① 32 ②

**33** **다음 중 폴리진에 대한 설명으로 가장 옳지 않은 것은?**

① 양적 형질 유전에 관여한다.
② 각각의 유전자가 주동적으로 작용한다.
③ 환경의 영향에 민감하게 반응한다.
④ 누적적 효과로 형질이 발현된다.

해설
각각의 유전자가 주동적으로 작용하기보다 각각의 폴리진이 같은 방향으로 작용한다.

**34** **분자표지를 이용하는 육종을 설명한 것으로 틀린 것은?**

① 분자표지는 다양한 품종 간 DNA 염기서열의 차이를 이용해서 제작할 수 있다.
② 분자표지의 유전분리는 일반 유전자와 같은 분리방식을 따른다.
③ DNA 분자표지는 환경에 영향을 받지 않기 때문에 선발시 안정적으로 사용할 수 있다.
④ 품종 간에 근연일수록 분자표지의 다형성이 높아서 이용하기 쉽다.

해설
유전현상의 본질인 DNA 염기서열 차이를 대상으로 개체간 다형성을 나타내며 근연할수록 분자표지의 다형성이 낮다.

**35** **순계분리법을 가장 효과적으로 적용할 수 있는 육종재료는?**

① 자식성 작물의 재래종
② 타식성 작물의 재래종
③ 자가불화합성이 강한 재래종
④ 웅성불임성이 강한 재래종

해설
순계분리법은 기본 집단에서 우수한 형질을 가진 개체를 계속 선발하여 우수한 순계를 선발하는 방법으로 자가수정작물에 이용된다.

**36** **유전적 변이를 감별하는 방법으로 가장 알맞은 것은?**

① 전체형성능 검정
② 질소 이용률 검정
③ 후대검정
④ 유의성 검정

해설
후대검정은 변이를 나타낸 개체를 자식하여 선발된 우량형이 유전적인 변이인가를 관찰한다.

**37** **다음 중 동질배수체를 육종에 이용할 때 가장 불리한 점은?**

① 종자의 크기 ② 내병성
③ 생육상태 ④ 임성

해설
동질배수체는 임성이 저하되는 불리한 점이 있다.

**38** **자연교잡에 의한 십자화과 채소품종의 퇴화를 방제하기 위해 사용할 수 있는 방법으로 가장 옳은 것으로만 나열된 것은?**

① 외딴섬재배, 망실재배
② 수경재배, B-9 처리
③ 에틸렌 처리, 지베렐린 처리
④ 옥신 처리, 수경재배

해설
품종의 퇴화를 막기 위해서는 격리법을 활용해야 하며 봉지, 망실, 망상 등의 차단격리법이나 해안지방, 산간지방 등에서 재배하는 거리격리법을 활용한다. 그 외에도 춘화처리, 일정처리, 생장조절제 처리, 파종기 조절 등의 처리를 활용하는 시간격리법이 있다.



정답 33 ② 34 ④ 35 ① 36 ③ 37 ④ 38 ①

**39** $F_1$의 유전자 구성이 AaBbCcDd인 잡종의 자식 후대에서 고정된 유전자형의 종류는 몇 가지인가? (단, 모든 유전자는 독립유전 한다.)

① 4 ② 12
③ 16 ④ 30

해설
n 쌍의 대립유전자의 표현형은 $2^n$ 이므로 4쌍에 대한 표현형은 $2^4 = 16$ 이다.

**40** 배수체 작성에 쓰이는 약품 중 콜히친의 분자구조를 기초로 하여 발견된 것은?

① 아세나프텐 ② 지베렐린
③ 멘톨 ④ 헤테로옥신

해설
아세나프텐은 배수체 작성에 사용되는 콜히친의 분자구조를 기초로 발견되었다.

## 제3과목 재배원론

**41** 토양 통기의 촉진책으로 틀린 것은?

① 배수 촉진
② 토양 입단 조성
③ 식질토를 이용한 객토
④ 심경

해설
토양 통기성을 위해서는 객토를 실시하여 식질토성을 개량하고 습지의 지반을 높이며 심경하도록 한다.

**42** 작물체 내에서의 생리적 또는 형태적인 균형이나 비율이 작물생육의 지표로 사용되는 것과 거리가 가장 먼 것은?

① C/N 율 ② T/R 율
③ G-D 균형 ④ 광합성-호흡

해설
C/N율, T/R율, G-D 균형은 작물의 생리적, 형태적 균형 및 비율을 나타내는 지표로 활용된다.

**43** 비료의 엽면흡수에 영향을 미치는 요인 중 맞는 것은?

① 잎의 이면보다 표피에서 더 잘 흡수된다.
② 잎의 호흡작용이 왕성할 때에 잘 흡수된다.
③ 살포액의 pH는 알칼리인 것이 흡수가 잘 된다.
④ 엽면시비는 낮보다는 밤에 실시하는 것이 좋다.

해설
엽면시비는 기공을 통한 흡수가 이루어지기에 잎의 호흡작용이 왕성할 때 잘 흡수된다.

**44** 다음 중 동상해 대책으로 틀린 것은?

① 방풍시설 설치 ② 파종량 경감
③ 토질개선 ④ 품종선정

해설
동상해가 발생하는 지역의 경우 내동성에 강한 품종을 선택하고 파종량을 늘려 결주를 보완한다.

**45** 화성유도 시 저온 · 장일이 필요한 식물의 저온이나 장일을 대신하여 사용하는 식물 호르몬은?

① CCC ② 에틸렌
③ 지베렐린 ④ ABA

해설
지베렐린을 작물에 적용시 발아촉진, 화성유도, 생장촉진, 수량의 증대 효과를 기대할수 있는데 화성유도시 저온 장일이 필요한 식물의 대신하는 효과가 있다.

CBT

정답 39 ③ 40 ① 41 ③ 42 ④ 43 ② 44 ② 45 ③

**46** 다음 중 T/R율에 대한 설명으로 옳은 것은?

① 감자나 고구마의 경우 파종기나 이식기가 늦어질수록 T/R율이 작아진다.
② 일사가 적어지면 T/R율이 작아진다.
③ 토양함수량이 감소하면 T/R율이 감소한다.
④ 질소를 다량시용하면 T/R율이 작아진다.

해설

토양 수분이 많아지면 지상부에 비해 지하하부의 생육이 나빠져 T/R 율이 커진다. 반대로 토양수분이 적어지면 T/R 율은 작아진다.

**47** 광합성에서 $C_4$ 작물에 속하지 않는 것은?

① 사탕수수 ② 옥수수
③ 벼 ④ 수수

해설

작물 중에서 옥수수, 수수, 사탕수수 등 열대 화본식물은 대부분 $C_4$ 식물이고 벼, 보리, 사탕무, 감자 등은 $C_3$ 식물이다

**48** 작물의 수량을 최대화하기 위한 재배이론의 3요인으로 가장 옳은 것은?

① 비옥한 토양, 우량종자, 충분한 일사량
② 비료 및 농약의 확보, 종자의 우수성, 양호한 환경
③ 자본의 확보, 생력화 기술, 비옥한 토양
④ 종자의 우수한 유전성, 양호한 환경, 재배기술의 종합적 확립

해설

일정 면적에 작물의 수량을 최대화하기 위해 좋은 환경조건에 유전성이 우수한 작물을 선정하여 적합한 재배기술을 적용해야 한다.

**49** 나팔꽃 대목에 고구마 순을 접목하여 개화를 유도하는 이론적 근거로 가장 적합한 것은?

① C/N율 ② G-D균형
③ L/W율 ④ T/R율

해설

나팔꽃 대목에 고구마 순을 접목하면 지상부 탄수화물의 축적이 많아져 개화 및 결실이 조장된다. 식물의 탄수화물과 질소의 비율을 C/N 율 이라 하는데 C는 탄수화물, N 은 질소를 의미하며 C/N 율이 높으면 화성을 유도하고 낮으면 영양생장이 지속된다.

**50** 작물의 영양번식에 대한 설명으로 옳은 것은?

① 종자 채종을 하여 번식시킨다.
② 우량한 유전특성을 영속적으로 유지할 수 있다.
③ 잡종 1세대 이후 분리집단이 형성된다.
④ 1대 잡종벼는 주로 영양번식으로 채종한다.

해설

작물의 영양번식을 통해 우량한 상태의 유전형질을 유지할수 있다.

**51** 다음 중 요수량이 가장 큰 것은?

① 보리 ② 옥수수
③ 완두 ④ 기장

해설

요수량이 큰 식물로 알팔파, 클로버, 완두 등이 있으며 요수량이 적은 식물로 수수, 기장, 옥수수 가 대표적이다. 그중에서도 명아주는 요수량이 매우 크다.



정답 46 ③ 47 ③ 48 ④ 49 ① 50 ② 51 ③

52 다음 중에서 생육 최저온도가 가장 낮은 작물은?

① 밀 ② 호밀
③ 보리 ④ 귀리

해설
작물이 생육가능한 최저온도는 호밀 1~2℃ 정도로 보기 중 생육 최저온도가 가장 낮다.

53 감자의 휴면타파를 위한 지베렐린의 처리 방법은?

① 절단 후 250~500ppm 지베렐린 수용액에 24시간 침지
② 절단 후 250~500ppm 지베렐린 수용액에 30~60분 침지
③ 절단 후 2~5ppm 지베렐린 수용액에 24시간 침지
④ 절단 후 2~5ppm 지베렐린 수용액에 30~60분 침지

해설
절단 후 2~5ppm 지베렐린 수용액에 30~60분 침지 후 그늘에서 자연바람으로 말려 휴면을 타파한다.

54 비료의 3요소 중 칼륨의 흡수비율이 가장 높은 작물은?

① 고구마 ② 콩
③ 옥수수 ④ 보리

해설
고구마와 같은 작물은 칼륨의 흡수비율이 높은 편인데 칼륨이 양분을 지하부로 이동하는 것을 촉진하여 덩이뿌리가 굵어지도록 도와주는 역할을 한다.

55 다음 중 벼의 적산온도로 가장 옳은 것은?

① 500~1000℃ ② 1200~1500℃
③ 2000~2500℃ ④ 3500~4500℃

해설
작물별로 적산온도의 경우 메밀은 1000~1200℃, 감자는 1300~3000℃, 추파맥류는 1700~2300℃, 완두는 2100~2800℃, 콩은 2500~3000℃, 담배는 3200~3600℃ 벼는 3500~4500℃ 정도이다.

56 앞 작물의 그루터기를 그대로 남겨서 풍식과 수식을 경감시키는 농법은?

① 녹색 필름 멀칭
② 스터블 멀칭
③ 볏짚 멀칭
④ 투명 필름 멀칭

해설
스터블 멀칭(stubble mulching)은 앞 작물의 그루터기를 그대로 남겨 놓은 채 경운하여 풍식과 수식으로 인한 피해를 경감하는 농법이다.

57 다음 중 침수에 의한 피해가 가장 큰 벼의 생육 단계는?

① 분얼성기 ② 최고분얼기
③ 수잉기 ④ 고숙기

해설
벼는 분얼 초기 침수에 강해 피해가 적게 나타나지만 수잉기에서 출수개화기에는 침수에 약해지면서 침수 피해가 크게 나타난다.

58 이랑을 세우고 낮은 골에 파종하는 방식은?

① 휴립휴파법 ② 이랑재배
③ 평휴법 ④ 휴립구파법

해설
이랑을 세우고 낮은 골에 파종하는 방법을 휴립구파법이라 하며 맥류의 한해와 동해를 동시에 방지할수 있다.

CBT

정답 52 ② 53 ④ 54 ① 55 ④ 56 ② 57 ③ 58 ④

**59** **변온이 작물 생육에 미치는 영향이 아닌 것은?**

① 발아촉진
② 동화물질의 축적
③ 덩이뿌리의 발달
④ 출수 및 개화의 지연

해설
온도의 변화(변온)을 통해 작물의 출수 및 개화가 촉진된다.

**60** **군락의 수광태세가 좋아지고 밀식 적응성이 큰 콩의 초형이 아닌 것은?**

① 꼬투리가 원줄기에 적게 달린 것
② 키가 크고 도복이 안 되는 것
③ 가지를 적게 치고 마디가 짧은 것
④ 잎이 작고 가는 것

해설
수광태세에 이상적인 콩의 초형은 키가 크고 도복이 안되며 가지를 적게 치고 마디가 짧고, 잎이 작고 가늘며 꼬투리가 원줄기에 많이 달리고 밑에까지 착생한 것이 좋다.

## 제4과목 식물보호학

**61** **농약제조용 증량제에 대한 설명으로 옳지 않은 것은?**

① 증량제의 강도가 너무 강하면 농약 살포 때 살분기의 마모가 심하다.
② 증량제 입자의 크기는 분제의 분산성, 비산성, 부착성에 영향을 미친다.
③ 농약의 저장 중 증량제에 의해 유효성분이 분해되지 않고 안정성이 유지되어야 한다.
④ 증량제의 수분함량 및 흡습성이 높으면 살포된 농약의 응집력이 증대되어 분산성이 향상된다.

해설
증량제는 주성분의 농도를 낮추는 약제로 분말도, 분산성, 비산성, 부착성 등이 높아야 한다. 증량제의 종류에는 규조토, 탈크, 벤토나이트 등이 있다

**62** **식물병 진단 방법에 대한 설명으로 옳지 않은 것은?**

① 충체 내 주사법은 주로 세균병 진단에 사용된다.
② 지표식물을 이용하여 일부 TMV를 진단할 수 있다.
③ 파지(phage)에 의한 일부 세균병 진단이 가능하다.
④ 혈청학적인 방법은 바이러스병 진단에 효과적이다.

해설
충체 내 주사법은 매개전염 바이러스병 진단에 사용된다.

**63** **다음 중 종자소독제가 아닌 것은?**

① 테부코나졸 유제
② 프로클로라즈 유제
③ 디노테퓨란 수화제
④ 베노밀・티람 수화제

해설
디노테퓨란은 해충을 방제하는 살충제에 해당한다.

**64** **곰팡이의 대사산물에서 분리된 항곰팡이성 항생 물질은?**

① 부라에스 ② 포리옥신
③ 가스가마이신 ④ 글리세오풀빈

해설
글리세오풀빈(Griseofulvin)은 항곰팡이성 항생 물질이다.

**65** **저장 곡식에 피해를 주는 해충은?**

① 화랑곡나방 ② 온실가루이
③ 꽃노랑총채벌레 ④ 아메리카잎굴파리

해설
화랑곡나방은 저장중인 곡식에 피해를 주는데 성충은 어두운 곳을 좋아하고 낮에는 쉬고 밤에 활동하는 특징을 가진다.



정답 59 ④ 60 ① 61 ④ 62 ① 63 ③ 64 ④ 65 ①

## 66 완전변태를 하는 곤충으로만 나열된 것은?

① 바퀴목, 하루살이목
② 파리목, 나비목
③ 메뚜기목, 노린재목
④ 총채벌레목, 벼룩목

**해설**

완전변태를 하는 곤충에는 나비목, 파리목, 벌목, 딱정벌레목 등이 있다.

## 67 다음 중 종합적 방제의 의미로 볼 수 없는 것은?

① 모든 방제수단을 조화롭게 사용한다.
② 효과가 빨리 나오는 방제법을 우선적으로 적용한다.
③ 생태학적 이론에 바탕을 두고 있다.
④ 경제적 피해수준 이하로 억제·유지한다.

**해설**

병해충종합관리(종합적 방제)는 Intergrated Pest Management(IPM) 이라 하며 환경 친화적이고 지속가능한 방법으로 병해충을 관리하여 농약으로 인한 사회, 보건학적 위험을 줄이는 것을 목적으로 하는 방법으로 여러 방제법을 조합하여 가장 효율적인 방제법을 적용한다.

## 68 농약의 유효성분 조성에 따른 분류로 살균제에 해당되지 않는 것은?

① Triazole계　② Benzimidazole계
③ Triazine계　④ Anilide계

**해설**

트리아진계(Triazine)는 제초제에 해당된다. 살균제에는 벤조이미다졸계(Benzimidazole), 트리아졸계(Triazole), 아닐리드계(Anilide), 모르폴린계(Morpholine) 등이 있다.

## 69 불완전 변태를 하는 목은?

① 나비목　② 파리목
③ 벌목　④ 바퀴목

**해설**

유시아강은 불완전변태를 하는 외시류와 완전변태를 하는 내시류로 구분한다. 바퀴목은 여기서 외시류에 해당된다.

## 70 흡즙형(Sucking Type)의 입틀을 갖는 해충으로 맞게 짝지어진 것은? (단, 성충의 입틀을 기준으로 한다.)

① 메뚜기, 나방　② 딱정벌레, 파리
③ 노린재, 진딧물　④ 바퀴, 나비

**해설**

노린재류, 방패벌레류, 응애류, 진딧물류, 총채벌레류 등은 흡즙형 입틀을 가지고 있다.

## 71 다음 중 곤충이 페로몬에 끌리는 현상은?

① 주광성　② 주열성
③ 주지성　④ 주화성

**해설**

곤충의 페로몬 및 화학물질에 유인되는 현상을 주화성이라 한다.

## 72 벼 흰잎마름병과 관련이 없는 것은?

① 풍매 전반한다.
② 주로 잎 가장자리나 수공을 통해 침입한다.
③ 병원균은 잡초에서 월동한다.
④ 병원균은 세균이다.

**해설**

벼 흰잎마름병은 물에 의해 전반되며 수공이나 상처를 통해 침입한다.

CBT

**정답** 66 ② 67 ② 68 ③ 69 ④ 70 ③ 71 ④ 72 ①

**73** **잡초의 종자가 바람에 의하여 먼 거리까지 이동이 가능한 것은?**

① 등대풀 ② 바랭이
③ 민들레 ④ 까마중

해설

바람에 의해 전파되는 잡초종자는 종자의 크기가 작고 가볍거나 포자형인 종자가 전파된다. 바람에 의해 전파되는 잡초종자에는 민들레, 박주가리, 엉겅퀴속, 망초 등이 있다.

**74** **병원체가 생성한 독소에 감염된 식물을 사람이나 동물이 섭취할 경우 독성을 유발할 수 있는 병은?**

① 벼 도열병
② 고추 탄저병
③ 채소류 노균병
④ 맥류 붉은곰팡이병

해설

맥류 붉은곰팡이병균은 균독소로 인하여 사람이나 동물이 섭취할 경우 중독증상을 일으킨다.

**75** **데기가 위용(圍蛹)인 곤충은?**

① 파리목 ② 나비목
③ 벌목 ④ 딱정벌레목

해설

위용은 유충이 번데기가 된 이후 피부가 경화되어 그 속에서 나용이 만들어진 형태로 파리목의 일부에서 관찰된다.

**76** **잡초의 종자가 바람에 의하여 먼 거리까지 이동이 가능한 것은?**

① 등대풀 ② 바랭이
③ 민들레 ④ 까마중

해설

바람에 의해 전파되는 잡초종자는 종자의 크기가 작고 가볍거나 포자형인 종자가 전파된다. 바람에 의해 전파되는 잡초종자에는 민들레, 박주가리, 엉겅퀴속, 망초 등이 있다.

**77** **잡초의 생태적 방제방법 중 경합특성 이용법에 해당되지 않은 것은?**

① 관배수 조절 ② 재식밀도 조절
③ 육묘이식 재배 ④ 품종 및 종자 선정

해설

관배수 조절은 잡초의 예방적 방제법에 해당한다.

**78** **진균에 대한 설명으로 옳은 것은?**

① 발달된 균사를 가지고 있다.
② 그람양성균과 그람음성균이 있다.
③ 운동기관으로 편모를 가지고 있다.
④ 효소계가 없으며 생명체 안에서만 증식이 가능하다.

해설

진균은 실모양의 균사체로 발달된 균사를 가지고 있다. 진균의 일부분인 균사는 격막의 유무로 분류되며 외부에 세포벽이 있고 그 성분은 키틴으로 이루어져 있다.

**79** **주로 땅 속에서 작물의 뿌리를 가해하는 해충은?**

① 도둑나방 ② 조명나방
③ 방아벌레 ④ 화랑곡나방

해설

방아벌레는 딱정벌레목의 방아벌레과로 유충이 땅속에서 식물의 줄기나 뿌리에 피해를 준다.



정답 73 ③ 74 ④ 75 ① 76 ③ 77① 78 ① 79 ③

**80** **자낭균에 속하는 병균은?**

① 소나무 혹병균
② 잣나무 털녹병균
③ 복숭아 잎오갈병균
④ 사과 붉은별무늬병균

해설
자낭균에 속하는 것으로 벼 깨씨무늬병, 벼 키다리병, 맥류 흰가루병, 복숭아나무잎오갈병, 포도나무 새눈무늬병 등이 있다

## 제5과목 종자관련법규

**81** **재배심사의 판정기준에서 안정성은 1년차 시험의 균일성 판정결과와 몇 년차 이상의 시험의 균일성 판정결과가 다르지 않으면 안정성이 있다고 판정하는가?**

① 2년차 ② 3년차
③ 4년차 ④ 5년차

해설
안정성은 1년차 시험의 균일성 판정결과와 2년차 이상의 시험의 균일성 판정결과가 다르지 않으면 안정성이 있다고 판정한다.

**82** **포장검사 병주 판정기준에서 맥류의 특정병에 해당하는 것은?**

① 줄기녹병 ② 좀녹병
③ 위축병 ④ 겉깜부기병

해설
맥류의 특정병에는 겉깜부기병, 속깜부기병, 보리줄무늬병 등이 있다

**83** **포장검사 및 종자검사의 검사기준에서 "합성시료 또는 제출시료로부터 규정에 따라 축분하여 얻어진 시료이다."에 해당하는 용어는?**

① 검사시료 ② 분할시료
③ 보급종 ④ 원종

해설
검사시료는 검사실에서 제출시료로부터 취한 분할시료로 품위검사에 제공되는 시료이다

**84** **종자검사요령상 배추 순도검사를 위한 시료의 최소 중량(g)은?**

① 120 ② 100
③ 30 ④ 7

해설
배추의 제출시료는 70g, 순도검사는 7g 을 기준으로 한다

**85** **종자관리요강상 사진의 제출규격 촬영부위 및 방법에서 생산 · 수입판매신고품종의 경우에 대한 설명이다. (  )에 알맞은 내용은?**

> 화훼작물 : (  ) 및 꽃의 측면과 상면이 나타나야 한다.

① 화훼종자의 표본
② 접목 시설장의 전경
③ 개화기의 포장전경
④ 유묘기의 포장전경

해설
화훼작물 : 개화기의 포장전경 및 꽃의 측면과 상면이 나타나야 한다.

정답 80 ③ 81 ① 82 ④ 83 ② 84 ④ 85 ③

CBT

**86** (　　)에 알맞은 내용은?

> 식물신품종 보호법상 품종보호를 받을 수 있는 권리를 가진 자에서 2인 이상의 육성자가 공동으로 품종을 육성하였을 때에는 품종보호를 받을 수 있는 권리는 (　　)

① 공유(共有)로 한다.
② 1인으로 제한한다.
③ 순번을 정하여 격년제로 실시한다.
④ 순번을 정하여 3년마다 변경하여 실시한다.

해설

2인 이상의 육성자가 공동으로 품종을 육성하였을 때에는 품종보호를 받을 수 있는 권리는 공유(共有)로 한다.

**87** 종자검사를 받은 보증종자를 판매하거나 보급하려는 자는 해당 보증종자에 대하여 보증표시를 하여야 한다. 이에 따라 보증종자를 판매하거나 보급하려는 자는 종지의 보증과 관련된 검사서류를 작성일로부터 얼마 동안 보관하여야 하는가? (단, 묘목에 관련된 검사서류는 제외한다.)

① 6개월　② 1년
③ 2년　④ 3년

해설

종자검사를 받은 보증종자를 판매하거나 보급하려는 자는 해당 보증종자에 대하여 보증표시를 하여야 한다. 이에 따라 보증종자를 판매하거나 보급하려는 자는 종자의 보증과 관련된 검사서류를 작성일부터 3년(묘목에 관련된 검사서류는 5년) 동안 보관하여야 한다.

**88** 종자관리요강상 종자산업진흥센터 시설기준에서 성분분석실의 장비 구비조건으로 옳은 것은?

① 시료분쇄장비　② 균주배양장비
③ 병원균 접종장비　④ 유전자판독장비

해설

종자산업진흥센터 시설기준에서 성분분석실의 장비 구비조건에는 시료분쇄장비, 성분추출장비, 성분분석장비, 질량분석장비가 있다.

**89** 과수와 임목의 경우 품종보호권의 존속기간은 품종보호권이 설정등록된 날부터 몇 년으로 하는가?

① 5년　② 10년
③ 25년　④ 30년

해설

품종보호권의 존속기간은 품종보호권이 설정등록된 날부터 20년으로 한다. 다만, 과수와 임목의 경우에는 25년으로 한다.

**90** 수입적응성시험의 대상 작물이 아닌 것은?

① 벼　② 보리
③ 옥수수　④ 기장

해설

수입적응성시험의 대상 작물에서 벼, 보리, 콩, 옥수수, 감자, 밀, 호밀, 조, 수수, 메밀, 팥, 녹두, 고구마 등은 식량작물로 분류된다.



정답 86 ① 87 ④ 88 ① 89 ③ 90 ④

**91** **다음 중 고소가 있어야 공소를 제기할 수 있는 죄는?**

① 품종보호권 또는 전용실시권을 침해한 죄
② 심판위원회에 허위로 진술, 감정 또는 통역을 한 죄
③ 품종보호에 관한 내용을 허위로 표시한 죄
④ 수입적응성시험을 받지 않고 종자를 수입한 죄

해설
품종보호권 또는 전용실시권을 침해한 자에 따른 죄는 고소가 있어야 공소를 제기할 수 있다.

**92** **선서한 증인, 감정인 또는 통역인이 심판위원회에 대하여 거짓으로 진술, 감정 또는 통역을 한 때의 벌칙은?**

① 5년 이하의 징역 또는 3천만원 이하의 벌금
② 5년 이하의 징역 또는 5천만원 이하의 벌금
③ 3년 이하의 징역 또는 1천만원 이하의 벌금
④ 1년 이하의 징역 또는 1천만원 이하의 벌금

해설
선서한 증인, 감정인 또는 통역인이 심판위원회에 대하여 거짓으로 진술, 감정 또는 통역을 하였을 때에는 5년 이하의 징역 또는 5천만원 이하의 벌금에 처한다.

**93** **종자업을 영위하고자 하는 경우에 종자관리사를 1인 이상 보유하여야 하는 작물은?**

① 감자 ② 무화과
③ 라이그라스 ④ 포인세티아

해설
종자업을 하려는 자는 종자관리사를 1명 이상 두어야 한다. 다만, 대통령령으로 정하는 작물의 종자를 생산·판매하려는 자의 경우에는 그러하지 아니하다. 품종목록에 등재할 수 있는 대상작물은 벼, 보리, 콩, 옥수수, 감자와 그 밖에 대통령령으로 정하는 작물로 한다. 다만, 사료용은 제외한다.

**94** **포장검사 및 종자검사의 검사기준에서 밀 포장검사의 검사시기 및 횟수는?**

① 각 지역 농업단체에서 정한 날짜에 1회 실시
② 감수분열기부터 유숙기 사이에 1회 실시
③ 완숙기로부터 고숙기 사이에 1회 실시
④ 유숙기로부터 황숙기 사이에 1회 실시

해설
겉보리, 쌀보리, 맥주보리, 밀의 검사시기 및 회수는 유숙기로부터 황숙기 사이에 1회 실시한다.

**95** **종자관리요강상 사후관리시험의 기준 및 방법에서 검사항목에 해당하지 않은 것은?**

① 종자전염병 ② 품종의 진위성
③ 품종의 순도 ④ 품종의 기원

해설
사후관리시험의 검사항목은 품종의 순도, 품종의 진위성, 종자전염성이 있다.

CBT

정답 91 ① 92 ② 93 ① 94 ④ 95 ④

**96** **거짓이나 그 밖의 부정한 방법으로 품종보호결정 또는 심결을 받은 자의 벌칙은?**

① 3년 이하의 징역 또는 3천만원 이하의 벌금

② 5년 이하의 징역 또는 3천만원 이하의 벌금

③ 5년 이하의 징역 또는 5천만원 이하의 벌금

④ 7년 이하의 징역 또는 1억원 이하의 벌금

해설

거짓이나 그 밖의 부정한 방법으로 품종보호결정 또는 심결을 받은 자는 7년 이하의 징역 또는 1억원 이하의 벌금에 처한다.

**97** **수분의 측정에서 저온항온건조기법을 사용하게 되는 종은?**

① 피마자 ② 조

③ 호밀 ④ 수수

해설

저온항온 건조기법은 마늘, 파, 부추, 콩, 땅콩, 배추씨, 유채, 고추, 목화, 피마자, 참깨, 아마, 겨자, 무에 적용한다.

**98** **보증서를 거짓으로 발급한 종자관리사는 어떤 벌칙을 받는가?**

① 1년 이하의 징역 또는 1천만원 이하의 벌금에 처한다.

② 1년 이하의 징역 또는 5백만원 이하의 벌금에 처한다.

③ 6개월 이하의 징역 또는 5백만원 이하의 벌금에 처한다.

④ 3개월 이하의 징역 또는 3백만원 이하의 벌금에 처한다.

해설

보증서를 거짓으로 발급한 종자관리사는 1년 이하의 징역 또는 1천만원 이하의 벌금에 처한다.

**99** **순도분석에서 "가늘고 곧거나 굽은 강모, 벼과에서는 통상 외영 또는 호영(glumes)의 중앙맥의 연장"에 해당하는 용어는?**

① 망(arista) ② 포엽(bract)

③ 부리(beaked) ④ 강모(bristle)

해설

- 망 : 가늘고 곧거나 굽은 강모, 벼과에서는 통상 외영 또는 호영(glumes)의 중앙맥의 연장
- 부리 : 과실의 길고 뾰족한 연장부
- 포엽 : 꽃, 볏과식물의 소수를 엽맥에 끼우는 퇴화한 잎 또는 인편상의 구조물
- 강모 : 뻣뻣한 털, 간혹 까락이 굽어 있을 때 윗부분을 지칭

**100** **품종목록 등재의 유효기간은 등재한 날이 속한 해의 다음 해부터 얼마까지로 하는가?**

① 3년 ② 5년

③ 7년 ④ 10년

해설

품종목록 등재의 유효기간은 등재한 날이 속한 해의 다음 해부터 10년까지로 한다.



정답 96 ④ 97 ① 98 ① 99 ① 100 ④

CBT

# 4회 종자기사

** 본문제는 수험생들의 기억을 바탕으로 작성 된 것으로 실제 문제와 차이가 있을 수 있습니다.

## 제1과목 종자생산학

**01 발아억제물질인 coumarin이 영 부위에 존재하는 것은?**

① 사탕무 ② 보리
③ 단풍나무 ④ 장미

해설

발아억제물질인 쿠마린(coumarin)의 경우 보리의 영 부위에 존재하면서 보리의 발아를 억제하기도 한다.

**02 자가수정만 하는 작물로만 나열된 것은? (단, 자가수정 시 낮은 교잡률과 자식열세를 보이는 작물은 제외)**

① 옥수수, 호밀 ② 참외, 멜론
③ 당근, 수박 ④ 완두, 강낭콩

해설

자가수정작물(자식성작물)에는 벼, 보리, 밀, 귀리, 조, 콩, 담배, 토마토, 가지, 고추, 상추, 완두 등이 있다.

**03 종자의 생화학적 검사 방법으로 옳지 않은 것은?**

① 착색법 ② 전기전도율검사
③ 효소활성측정법 ④ ferric chloride법

해설

전기전도율검사는 종자세의 검사방법에 해당한다.

**04 콩과작물 종자의 외형에 나타나는 특수기관에 해당하지 않는 것은?**

① 제 ② 주공
③ 외영 ④ 봉선

해설

성숙종자에는 제(배꼽), 주공(발아공), 봉선, 합점, 우류 등의 특수기관이 있다.

**05 다음 중 일반적으로 종자의 발아촉진 물질과 가장 거리가 먼 것은?**

① Gibberellin ② ABA
③ Cytokinin ④ Auxin

해설

ABA(Abscisic acid)은 대표적인 생장억제물질이다. ABA 를 작물에 적용시 낙엽을 촉진, 휴면의 유도, 발아 억제, 화성 촉진, 내건성 증대 등의 효과가 나타난다.

**06 옥수수의 화기구조 및 수분양식과 관련하여 옳은 것은?**

① 충매수분 ② 양성화
③ 자웅이주 ④ 자웅동주이화

해설

옥수수는 타가수정작물에서 자웅동주이화이다.

정답 01 ② 02 ④ 03 ② 04 ③ 05 ② 06 ④

**07** **다음 중 경실종자의 휴면타파를 위하여 가장 많이 이용하는 방법은?**

① 저온처리 ② 습윤처리
③ 건조처리 ④ 종피파상

해설

종피파상법은 경실의 휴면 타파를 통해 발아를 촉진시키기 위한 방법으로 종피에 상처를 내는 방법이다.

**08** **다음 화성유도에 관한 설명 중 맞는 것은?**

① 월년생 식물의 다수는 생장점이 일정기간 추위에 노출되어야 개화한다.
② 1년생 식물의 다수는 일장에 반응하여 개화하는데 이를 중일성 식물이라 부른다.
③ 무한형 식물은 영양생장을 계속하다가 개화자극이 있을 때 모든 생장점이 화기로 바뀐다.
④ 유한형 식물은 개화감응을 받은 후에도 영양생장을 계속하고 일부만 화기로 바뀐다.

해설

작물의 화성유도를 위해서는 저온처리를 통한 온도의 자극으로 생장점이나 세포분열을 왕성하게 한다.

**09** **종자의 저장력이 높은 작물로만 짝지어진 것은?**

① 수수, 사탕무 ② 귀리, 콩
③ 땅콩, 벼 ④ 양파, 수수

해설

보기에서 콩, 땅콩, 양파는 단명종자로 종자의 수명이 짧아 저장력이 낮은편이다.

**10** **종자를 실온에 저장했을 때 그 수명이 상대적으로 짧은 작물만으로 짝지어진 것은?**

① 토마토, 상추 ② 수박, 콩
③ 당근, 가지 ④ 땅콩, 고추

해설

양파, 파, 콩, 땅콩, 당근, 메밀, 고추, 상추, 우엉 등은 단명종자로 수명이 짧은 편이다.

**11** **다음 중 교잡 시 개화기 조절을 위하여 적심을 작물로 가장 옳은 것은?**

① 양파 ② 상추
③ 참외 ④ 토마토

해설

적심은 성장과 결실을 조절하기 위하여 식물의 눈이나 생장점을 따 내는 작업으로 순따기 혹은 순지르기라고 한다. 과채류, 두류 등에 실시하기 좋으며 담배, 상추 등의 작물에 적용할수 있다.

**12** **다음 중 봉지 씌우기를 가장 필요로 하지 않는 경우는?**

① 교배 육종
② 원원종 채종
③ 여고배 육종
④ 자가불화합성을 이용한 F1채종

해설

봉지씌우기는 차단격리법(복대법)이라하여 봉지를 씌우는데 육종이나 원종, 원원종 채종에서 이용되는 방법이다.



정답 07 ④ 08 ① 09 ① 10 ④ 11 ② 12 ④

## 13 종자검사 시 표본추출에 대한 설명으로 가장 옳지 않은 것은?

① 포장검사, 종자검사는 전수 또는 표본추출 검사 방법에 의한다.
② 표본 추출은 채종 전 과정에서 골고루 채취한다.
③ 기계적인 채취 시에는 일정량을 한 번만 채취하면 된다.
④ 가마니, 포대 등에 들어 있을 때는 손을 넣어 휘저어 여러 번 채취한다.

**해설**

종자검사 시 표본추출은 일정량을 한 번만 채취하는 것이 아닌 여러번에 걸쳐 골고루 채취하도록 한다.

## 14 제웅하지 않고 풍매 또는 충매에 의한 자연교잡을 이용하는 작물로만 나열된 것은?

① 벼, 보리　　② 수수, 토마토
③ 가지, 멜론　　④ 양파, 고추

**해설**

제웅 없이 풍매나 충매에 의한 자연교잡을 이용하는 작물에는 양파, 고추와 같은 웅성불임 작물에 적합하다.

## 15 오이의 암꽃 착생을 촉진하는 것은?

① 고온 처리
② 에테폰(에스렐) 처리
③ 질산은 처리
④ 지베렐린 처리

**해설**

오이의 암꽃 착생을 촉진하는 것에는 에스렐, 2,4-D, NAA 등이 있다.

## 16 다음 중 휘묻이로 주로 번식하는 것은?

① 구즈베리　　② 앵두나무
③ 커런트　　④ 모과나무

**해설**

식물의 줄기를 휘어서 끝을 땅속에 묻어 뿌리가 나오게 하는 영양번식법으로 모과나무에 적용 가능하다.

## 17 단일성 식물끼리 짝지은 것은?

① 보리 · 밀　　② 양파 · 당근
③ 상추 · 유채　　④ 담배 · 들깨

**해설**

단일성 식물에는 콩, 옥수수, 벼, 딸기, 국화, 코스모스, 들깨, 샐비어, 담배 등이 있다.

## 18 중복수정에서 배유(胚乳)가 형성되는 것은?

① 정핵과 극핵　　② 정핵과 난핵
③ 화분관핵과 정핵　④ 극핵과 화분관핵

**해설**

피자식물 중복수정으로 정핵(n)과 2개의 극핵(2n)을 통해 배유(3n)이 나타난다.

## 19 물의 투과성 저해로 인하여 종자가 휴면하는 것은?

① 나팔꽃
② 미나리아재비과 식물
③ 보리
④ 사과나무

**해설**

물의 투과성 저해로 인한 경실 종자에는 자운영, 고구마, 나팔꽃 등이 있다.

CBT

**정답** 13 ③ 14 ④ 15 ② 16 ④ 17 ④ 18 ① 19 ①

**20** **채소류의 채종지 환경에 대한 설명으로 가장 옳은 것은?**

① 고온에서 꽃가루가 충실하고 종자의 발육이 좋아져서 채종량이 많아진다.
② 등숙기로부터 수확기까지의 시기에 강우가 많아야 충실한 종자를 얻을 수 있다.
③ 후기에는 일시에 다량의 종자를 성숙시키므로 비효가 오래 지속되는 토양이 좋다.
④ 수분 매개충의 활동은 온도의 영향을 받지 않는다.

해설
채종지의 경우 배수가 양호하고 지력이 좋은 곳으로 선정하는데 후기에 다량의 종자 성숙으로 많은 양분이 필요하기에 비효가 오래 지속되는 토양이 좋다.

## 제2과목 식물육종학

**21** **콩과 식물의 제웅에 가장 적당한 방법은?**

① 화판인발법(花瓣引拔法)
② 집단제정법(集團除精法)
③ 절영법(切穎法)
④ 수세법(水洗法)

해설
화판인발법은 제웅법 중 하나로 콩, 자운영 등 꽃망울 끝의 꽃잎을 꽃밥과 함께 뽑아낸다.

**22** **식물육종에서 추구하는 주요 목표라 할 수 없는 것은?**

① 불량온도 등 환경스트레스에 대한 저항성 증진
② 비타민 등 영양분 개선에 의한 기계화 적응성 증진
③ 병·해충 등 생물적 스트레스에 대한 저항성 증진
④ 영양성분 및 물리적 특성 개선에 의한 품질개량

해설
식물육종은 수량을 증대, 품질을 향상, 내병충, 내재해성 향상을 통해 수확의 안정성을 높여 식량의 안정적 공급을 목표로 한다.

**23** **내병성 품종의 육성이나 유전자의 분리 및 연관관계를 밝히는 방법으로 흔히 쓰이는 것은?**

① 단교잡법 ② 복교잡법
③ 여교잡법 ④ 삼원교잡법

해설
여교잡육종법의 경우 내병성 품종을 육성하거나 유전자의 연관관계를 규명하는데 흔히 사용되며 육종의 시간과 경비를 절약하는 장점이 있다.

**24** **집단 육종법과 파생계통 육종법의 차이점은?**

① 집단육종법은 $F_2$세대에서 선발을 거친다.
② 파생계통 육종법은 $F_2$세대에서 선발을 거친다.
③ 파생계통 육종법은 모든 세대에서 선발이 이루어진다.
④ 후기 세대의 육종과정이 약간 다르다.

해설
파생계통육종법은 $F_2$, $F_3$에서 교배조합별로 계통선발하여 파생계통을 만든다.



정답 20 ③ 21 ① 22 ② 23 ③ 24 ②

**25** **자가불화합성 식물을 자가수정 시켜 종자를 얻을 수 있는 방법으로만 알맞게 나열된 것은?**

① 종간교배, 자연교배
② 여교배, 정역교배
③ 뇌수분, 노화수분
④ 웅성불임, 종간교배

해설
자가불화합성 식물을 자가수정 시켜 종자를 얻을 수 있는 방법으로 뇌수분, 노화수분, 지연수분, 고온처리, 전기 자극, 이산화탄소 처리 등의 방법을 활용한다.

**26** **인위적으로 반수체 식물을 만들기 위해 주로 사용하는 조직배양 방법은?**

① 배배양 ② 약배양
③ 생장점배양 ④ 원형질체배양

해설
식물체의 화분이나 약을 채취 및 배양하여 반수체, 반수체성 배를 생산하는 방법을 약배양육종법이라 한다.

**27** **식물의 화분모세포는 성숙분열 후 몇 개의 딸세포가 되는가?**

① 1개 ② 2개
③ 3개 ④ 4개

해설
화분모세포는 2회 연속 핵분열로 염색체 수가 체세포의 반으로 줄어들어 4개의 딸세포가 형성된다.

**28** **고위도 지역으로 작물 재배 한계를 확대할 수 있게 한 가장 중요한 육종의 성과는?**

① 품질 개선 ② 내충성 강화
③ 저온 내성 강화 ④ 내염성 강화

해설
저온에 대한 내성이 강해지면 날씨가 추운 고위도 지역에서 작물의 재배 한계를 확대할 수 있다.

**29** **분리육종법과 교잡육종법의 근본적 차이는?**

① 분리육종법은 환경변이를 이용하고, 교잡육종법은 유전변이를 이용한다.
② 분리육종법은 유전변이를 작성하여 이용하고, 교배육종법은 이미 존재하는 변이를 이용한다.
③ 분리육종법은 유전변이를 이용하고, 교잡육종법은 환경변이를 이용한다.
④ 분리육종법은 이미 존재하는 변이를 이용하고, 교잡육종법은 유전변이를 작성하여 이용한다.

해설
분리육종법은 지방종, 재래종 혹은 재배품종을 이용하고, 교잡육종법은 육종의 소재가 되는 변이를 교잡을 통해 얻는 방법이다.

**30** **교배와 상관없이 한 번 나타난 변이가 대를 계속해서 나타나는 유전적 변이는?**

① 방황변이 ② 돌연변이
③ 환경변이 ④ 개체변이

해설
유전적 변이는 돌연변이, 교배변이, 생물의 유성생식 과정 등에서 발생한다.

CBT

정답 25 ③ 26 ② 27 ④ 28 ③ 29 ④ 30 ②

**31** **임성회복유전자가 존재하는 웅성불임성은?**

① 집단웅성불임성
② 개체웅성불임성
③ 이수체웅성불임성
④ 세포질유전자웅성불임성

해설
세포질 유전자적 웅성불임으로 잡종강세를 이용하기 위해서 웅성불임친과 그 웅성불임성을 유지해 주는 유지친, 웅성불임친의 임성을 회복시켜 주는 회복인자친이 있어야 한다.

**32** **세포질·유전자적 웅성불임성을 이용하여 옥수수 1대 잡종 종자를 대량으로 채종하기 위해서 육종가 또는 육종기관은 어떤 종류의 계통을 세트로 유지하고 있어야 하는가?**

① 웅성불임계통, 내충성계통, 근동질유전자계통
② 근동질유전자계통, 웅성불임유지계통, 다수성계통
③ 내충성계통, 다수성계통, 임성회복유전자계통
④ 임성회복유전자계통, 웅성불임유지계통, 웅성불임계통

해설
세포질 유전자적 웅성불임으로 잡종강세를 이용하기 위해서 웅성불임친과 그 웅성불임성을 유지해 주는 유지친, 웅성불임친의 임성을 회복시켜 주는 회복인자친이 있어야 한다.

**33** **멘델의 유전법칙이 아닌 것은?**

① 지배의 법칙 ② 대립의 법칙
③ 독립의 법칙 ④ 분리의 법칙

해설
멘델의 유전법칙에는 지배의 법칙, 분리의 법칙, 독립의 법칙이 있다.

**34** **변이를 감별하는 방법은?**

① 타가수정 ② 후대검정
③ 영양번식 ④ 격리

해설
변이의 감별은 후대검정 및 특성검정, 변이의 상관비교 등이 이용된다.

**35** **생산력 검정에 관한 설명 중 틀린 것은?**

① 검정포장은 토양의 균일성을 유지하도록 노력한다.
② 계측, 계량을 잘못하면 포장시험에 따르는 오차가 커진다.
③ 시험구의 크기가 클수록 시험구당 수량변동이 커진다.
④ 시험구의 반복횟수의 증가로 오차를 줄일 수 있다.

해설
시험구의 크기가 클수록 시험구당 수량 변동이 작아진다.

**36** **잡종강세를 이용한 $F_1$ 품종들의 장점으로 가장 거리가 먼 것은?**

① 증수효과가 크다.
② 품질이 균일하다.
③ 내병충성이 양친보다 강하다.
④ 종자의 대량 생산이 용이하다.

해설
잡종강세를 나타내는 작물의 1대잡종($F_1$) 종자를 대량 생산할 수 있다.



정답 31 ④ 32 ④ 33 ② 34 ② 35 ③ 36 ④

**37** **다음 중 육종집단의 변이 크기를 나타내는 통계치는?**

① 최소치와 평균치의 차이
② 평균치
③ 분산
④ 중앙치

해설

분산은 연속변이하는 집단에서 평균치를 중심으로 그 집단의 산포 정도를 나타낸다.

**38** **다음 중 선발 효과가 가장 큰 경우는?**

① 유전변이가 작고, 환경변이가 클 때
② 유전변이가 작고, 환경변이도 작을 때
③ 유전변이가 크고, 환경변이도 클 때
④ 유전변이가 크고, 환경변이가 작을 때

해설

유전력에 관련되는 선발효과의 경우 유전변이가 크고 환경변이가 작을수록 선발효과가 크게 나타난다.

**39** **다음 중 식물병에 대한 진정저항성과 동일한 뜻을 가진 저항성은?**

① 질적저항성 ② 양적저항성
③ 포장저항성 ④ 수평저항성

해설

진정저항성은 식물이 가지고 있는 병 저항 유전자에 의해 나타나는 저항성으로 질적저항성, 수직저항성이라고도 한다.

**40** **종자번식 농작물의 일생을 순서대로 나타낸 것은?**

① 배우자형성 → 결실 → 중복수정 → 영양생장 → 발아
② 영양생장 → 결실 → 발아 → 중복수정 → 배우자형성
③ 발아 → 중복수정 → 배우자형성 → 결실 → 영양생장
④ 발아 → 영양생장 → 배우자형성 → 중복수정 → 결실

해설

전반적인 종자번식에 순서는 종자의 발아를 시작으로 영양생장 후 배유를 형성하고 배와 배유의 형성이 한 배낭 내에서 동시에 이루어지는 중복수정을 거치고 결실을 하게 된다.

## 제3과목 재배원론

**41** **다음 중 육묘의 장점으로 틀린 것은?**

① 증수 도모 ② 종자 소비량 증대
③ 조기수확 가능 ④ 토지 이용도 증대

해설

육묘를 통해 종자의 소비량을 줄일수 있다.

**42** **파종 양식 중 뿌림골을 만들고 그곳에 줄지어 종자를 뿌리는 방법은?**

① 산파 ② 점파
③ 조파 ④ 적파

해설

조파는 줄뿌림이라 하며 종자의 소요량이 적고 고르게 파종할 수 있어 이형주를 제거하거나 관찰할 경우 통로로도 이용할 수 있다.

CBT

정답 37 ③ 38 ④ 39 ① 40 ④ 41 ② 42 ③

**43** **내염성 정도가 강한 작물로만 짝지어진 것은?**

① 완두, 셀러리 ② 배, 살구
③ 고구마, 감자 ④ 유채, 양배추

해설

내염성 작물에는 사탕무, 목화, 양배추, 유채 등이 있다.

**44** **다음 중 땅속줄기(지하경)로 번식하는 작물은?**

① 마늘 ② 생강
③ 토란 ④ 감자

해설

땅속줄기(지하경)로 번식하는 작물에는 생강, 연, 박하, 호프 등이 있다.

**45** **다음 중 작물의 주요온도에서 최적온도가 가장 낮은 작물은?**

① 옥수수 ② 완두
③ 보리 ④ 벼

해설

작물 중에서 최적온도가 가장 높은 종류는 멜론, 오이, 옥수수, 벼 등이 대표적이며 보리의 경우 20℃ 정도로 낮은 작물에 해당된다.

**46** **다음 중 $CO_2$ 보상점이 가장 낮은 식물은?**

① 벼 ② 옥수수
③ 보리 ④ 담배

해설

옥수수와 같은 $C_4$ 식물은 콩이나 벼와 같은 식물들에 비하여 이산화탄소 보상점이 낮다.

**47** **벼의 생육 중 냉해에 의한 출수가 가장 지연되는 생육단계는?**

① 유효분얼기 ② 유수형성기
③ 유숙기 ④ 황숙기

해설

벼는 유수형성기에 냉해를 만나면 출수가 가장 지연된다.

**48** **토양이 pH 5 이하로 변할 경우 가급도가 감소되는 원소로만 나열된 것은?**

① P, Mg ② Zn, Al
③ Cu, Mn ④ H, Mn

해설

pH 5 이하의 산성토양에서는 인(P), 칼슘(Ca), 마그네슘(Mg) 등의 유효도가 낮아 가급도가 감소하게 된다.

**49** **다음의 종자 품질을 결정하는 여러 가지 조건 중에서 내적 조건에 해당하는 것은?**

① 종자의 순도
② 종자의 수분함량
③ 종자의 색택과 냄새
④ 종자의 발아력

해설

종자 품질 조건에서 내적 조건은 유전성, 발아력, 병해충이 있으며 외적조건에는 순도, 크기, 무게, 색택, 냄새, 수분함량 등이 있다.



정답 43 ④ 44 ② 45 ③ 46 ② 47 ② 48 ① 49 ④

**50** **풍해의 기계적 장해에 해당되는 것은?**

① 벼에서 수분 및 수정이 저해되어 불임립(不稔粒)이 발생하고, 상처에 의해 각종 병 등이 발생한다.
② 상처가 나면 호흡이 증대되어 체내의 양분 소모가 증대된다.
③ 증산이 커져서 식물이 건조해진다.
④ 기공이 닫혀 광합성이 감소한다.

해설

풍해에 의해 물리적, 기계적 장해가 발생하는데 수분 및 수정의 저해가 발생하고 도복과 상처로 인해 식물 병이 발생할 수 있다.

**51** **개량삼포식농법에 해당하는 작부방식은?**

① 자유경작법
② 콩과작물의 순환농법
③ 이동경작법
④ 휴한농법

해설

개량삼포식은 지력유지에 매우 효과적인 방법으로 휴한하는 대신 지력증진작물(콩과목초)을 함께 재배하는 방법으로 삼포식보다 더 개량된 방법이다.

**52** **대기 오염물질 중에 오존을 생성하는 것은?**

① 아황산가스($SO_2$)
② 이산화질소($NO_2$)
③ 일산화탄소(CO)
④ 불화수소(HF)

해설

이산화질소는 대기 중 일산화질소의 산화에 의해 발생하고 휘발성 유기화합물과 반응하여 오존을 생성하는 전구물질이다.

**53** **방사성 동위원소가 방출하는 방사선 중에서 가장 현저한 생물적 효과를 가지는 것은?**

① 알파선 ② 베타선
③ 감마선 ④ 엑스선

해설

감마선($\gamma$선)은 방사성 동위원소가 방출하는 방사선 중에서 생물학적 효과가 가장 크게 나타난다.

**54** **혼파의 이점이 될 수 없는 것은?**

① 화본과 목초와 콩과 목초가 섞이면 가축의 영양상 유리하다.
② 상번초와 하번초가 섞이면 공간을 효율적으로 이용할 수 있다.
③ 혼파에 의해서 토양의 비료성분을 더욱 효율적으로 이용할 수 있다.
④ 화본과목초가 고정한 질소를 콩과 목초가 이용하므로 질소 비료가 절약된다.

해설

콩과목초가 고정한 질소를 화본과목초가 이용하기에 질소 비료가 절약되는 것이다.

**55** **수해(水害)에 관한 설명이 바른 것은?**

① 수수와 옥수수는 침수에 강한 작물이다.
② 동진벼와 추정벼는 침수에 강한 품종이다.
③ 벼의 수잉기~출수개화기에는 침수에 강하다.
④ 벼가 관수될 때 수온이 낮으면 높은 경우보다 피해가 더 크다.

해설

피, 수수, 옥수수 등은 침수에 강한 편이다.

CBT

정답 50 ① 51 ② 52 ② 53 ③ 54 ④ 55 ①

**56** **내건성이 강한 작물의 특성으로 옳은 것은?**

① 세포액의 삼투압이 낮다.
② 작물의 표면적/체적 비가 크다.
③ 원형질막의 수분투과성이 크다.
④ 잎 조직이 치밀하지 못하고 울타리 조직의 발달이 미약하다.

해설
내건성 작물은 원형질의 점성이 높고 원형질막의 수분투과성이 크다.

**57** **도복의 대책에 대한 설명으로 가장 거리가 먼 것은?**

① 칼리, 인, 규소의 시용을 충분히 한다.
② 키가 작은 품종을 선택한다.
③ 맥류는 복토를 깊게 한다.
④ 벼의 유효분얼종지기에 지베렐린을 처리한다.

해설
지베렐린은 생장을 촉진시켜 도복이 증가한다.

**58** **순무의 착색에 관계하는 안토시안의 생성을 가장 조장하는 광파장은?**

① 적색광 ② 녹색광
③ 적외선 ④ 자외선

해설
안토시안은 자외선 및 자색광의 파장으로 생성되며 포도의 착색에 영향을 준다.

**59** **다음 중 무배유 종자로만 짝지어진 것은?**

① 벼, 밀, 옥수수 ② 벼, 콩, 팥
③ 콩, 팥, 완두 ④ 옥수수, 밀, 귀리

해설
무배유종자에는 콩, 완두, 팥, 녹두, 클로버 등의 콩과 식물 및 수박, 오이, 호박, 상추, 배추 등이 있다.

**60** **세포막 중 중간막의 주성분으로 잎에 많이 존재하며 체내의 이동이 어려운 것은?**

① 질소 ② 칼슘
③ 마그네슘 ④ 인

해설
칼슘은 식물체 내에서는 세포막의 구성성분으로 주로 잎에 함유량이 많다. 식물체내에서도 이동성이 낮아 신엽, 경엽등에서 결핍증상이 나타난다.

## 제4과목 식물보호학

**61** **살충제에 대한 해충의 저항성이 발달되는 가장 중요한 요인은?**

① 살균제와 살충제를 섞어 뿌리기 때문에
② 같은 약제를 계속해서 뿌리기 때문에
③ 약제를 농도가 진하게 만들어 조금 뿌리기 때문에
④ 약제의 계통이나 주성분이 다른 약제를 바꾸어 뿌리기 때문에

해설
살충제를 연용하여 사용하면 해충의 저항성이 높아질 가능성이 있다.

**62** **접촉형 제초제에 대한 설명으로 옳지 않은 것은?**

① 시마진, PCP 등이 있다.
② 효과가 곧바로 나타난다.
③ 주로 발아 후의 잡초를 제거하는 데 사용된다.
④ 약제가 부착된 세포가 파괴되는 살초효과를 보인다.

해설
접촉형 제초제의 종류에는 PCP, DNOC, DCPA, Difenoconazole 등이 있다. 시마진의 경우 이행성 제초제로 분류된다.



정답 56 ③ 57 ④ 58 ④ 59 ③ 60 ② 61 ② 62 ①

**63** **고추, 담배, 땅콩 등의 작물을 재배할 때 많이 사용되는 방법으로 잡초의 방제뿐만 아니라 수분을 유지시켜 주는 장점을 지닌 방법은?**

① 추경 ② 중경
③ 담수 ④ 피복

해설

피복은 토양위에 볏짚, 비닐 등의 재료로 덮어 잡초의 발생을 방제하며 수분의 증발을 막아 토양의 수분을 유지하는데 도움이 된다.

**64** **벼 줄무늬잎마름병과 벼 검은줄오갈병을 예방하기 위해 방제해야 하는 해충은?**

① 독나방 ② 애멸구
③ 혹명나방 ④ 벼모기붙이

해설

애멸구는 줄무늬잎마름병, 검은줄오갈병 등의 바이러스병을 매개한다.

**65** **어떤 유제(50%)를 1000배로 희석하여 150L를 살포하려 한다면 이 유제의 소요량은?**

① 15mL ② 75mL
③ 150mL ④ 300mL

해설

$$소요약량 = \frac{단위면적당사용량}{소요희석배수}$$

$$= \frac{150}{1,000} = 0.15L = 150ml$$

**66** **잡초의 생활형에 따른 분류는?**

① 여름형, 겨울형
② 수생, 습생, 건생
③ 일년생, 월년생, 다년생
④ 화본과, 방동사니과, 광엽류

해설

잡초의 생활형에 따른 분류에는 일년생, 월년생, 다년생이 있다.

**67** **병원균을 접종하여도 기주가 병에 전혀 걸리지 않는 것은?**

① 면역성 ② 내병성
③ 확대저항성 ④ 감염저항성

해설

면역성은 식물이 병에 걸리지 않도록 하는 것을 의미한다.

**68** **다음 중 암발아 잡초로만 나열된 것은?**

① 메귀리, 바랭이
② 독말풀, 별꽃
③ 쇠비름, 강피
④ 참방동사니, 향부자

해설

암발아 종자는 별꽃, 냉이, 광대나물, 독말풀 등이 있다.

**69** **다음 중 곤충의 소화기관으로 가장 거리가 먼 것은?**

① 침샘 ② 전장
③ 기문 ④ 후장

해설

기문은 곤충의 호흡계에 해당된다.

CBT

정답 63 ④ 64 ② 65 ③ 66 ③ 67 ① 68 ② 69 ③

**70** **도열병에 저항성이었던 품종이 몇 년이 지나 감수성이 되는 주된 원인으로 가장 옳은 것은?**

① 칼륨비료의 과용
② 기상 및 토양조건의 변화
③ 새로운 병원균 레이스의 출현
④ 기주 교대

해설
벼도열병균의 구분시 레이스가 12개의 판별품종을 가지고 있으며 이와 같이 도열병에 저항성이 있었지만 새로운 레이스의 출현으로 감수성이 된다.

**71** **다음 중 일반적으로 곤충의 암컷 생식기관이 아닌 것은?**

① 수정관 ② 저정낭
③ 여포 ④ 수란관

해설
수정관은 수컷의 생식기관이다.

**72** **식물병의 원인 중 생물성 병원이 아닌 것은?**

① 농약에 의한 약해
② 파이토플라스마
③ 균류
④ 원생동물

해설
농약에 의한 약해는 비생물성 원인에 해당된다.

**73** **많은 비로 침수된 곳이나 폭풍우 후에 심히 발생되며 Xanthomonas oryzae pv. oryzae 에 의해 발생되는 것은?**

① 벼 흰잎마름병 ② 벼 모썩음병
③ 벼 키다리병 ④ 벼 도열병

해설
벼 흰잎마름병은 세균인 Xanthomonas oryzae 에 의해 발생하고 세균이 수공이나 상처를 통해 침입하며 도관에서 증식하는 것이 특징이다. 배수가 나쁘고 습한 곳에서 주로 발생하며 강우가 많은 여름철 주로 발생한다.

**74** **식물병원균 중 진균에 의한 병해의 가장 일반적인 방제방법으로 옳지 않은 것은?**

① 물리적 방제로 열 또는 광을 이용한다.
② 화학적 방제로 살균제를 사용한다.
③ 생물적 방제로 미생물농약을 사용한다.
④ 병원균의 매개체인 해충 방제를 위해 살충제를 사용한다.

해설
진균의 경우 실모양의 균사체로 매개충에 의한 전반보다는 주로 종자, 물, 바람 등에 의해 전반되기에 해충 방제는 효과가 적다.

**75** **불완전 변태를 하는 목은?**

① 나비목 ② 파리목
③ 벌목 ④ 바퀴목

해설
유시아강은 불완전변태를 하는 외시류와 완전변태를 하는 내시류로 구분한다. 바퀴목은 여기서 외시류에 해당된다.



정답 70 ③ 71 ① 72 ① 73 ① 74 ④ 75 ④

**76** **식물병이 성립하기 위한 3요소가 아닌 것은?**

① 병원체 ② 부생체
③ 감수성 식물 ④ 적당한 환경

해설
식물병에 직접적인 요인을 주인, 주인을 도와 발병을 촉진 및 확산시키는 요인들을 유인이라 하며 유인은 주로 환경적 요인이 대표적이 예이다. 즉, 주인에는 병원체, 유인에는 감수성식물, 환경적 요인에는 적당한 환경이 해당된다.

**77** **현재 논에서 발생하는 잡초는 일년생보다 다년생 잡초가 증가하였는데, 논 잡초의 초종변화에 가장 직접적인 요인은?**

① 시비량의 감소
② 재배법의 변화
③ 물관리 변동
④ 동일 제초제의 연용

해설
동일 제초제의 연용으로 잡초의 저항성이 발생하면서 다년생 잡초가 증가하게 되고 논잡초의 초종변화가 나타난다.

**78** **흰가루병균과 같이 살아있는 기주에 기생하여 기주의 대사산물을 섭취해야만 살아갈 수 있는 병원균은?**

① 반사물기생균 ② 반활물기생균
③ 순사물기생균 ④ 순활물기생균

해설
순활물기생균은 절대기생체라 하며 살아있는 조직에만 생활한다. 순활물기생균에는 흰가루병균, 붉은별무늬병균, 녹병균 등이 있다.

**79** **담자균문에 속하는 병원균으로 담자기에 격벽이 없는 균은?**

① 보리 깜부기병균
② 밀 줄기녹병균
③ 잣나무 털녹병균
④ 뽕나무 버섯균

해설
뽕나무 버섯균은 격벽(격막)이 없는 곤봉 모양의 형태를 띠고 있다.

**80** **오염된 물보다는 주로 깨끗한 물에서 서식하는 곤충은?**

① 꽃등에 ② 나방파리
③ 모기붙이 ④ 민날개강도래

해설
민날개강도래는 국내의 최상류 계류와 고산습지와 같이 환경보존이 잘된 깨끗한 물에서 주로 서식한다.

## 제5과목 종자관련법규

**81** **보증표시 등에서 묘목을 제외하고 보증종자를 판매하거나 보급하려는 자는 종자의 보증과 관련된 검사서류를 작성일부터 몇 년 동안 보관하여야 하는가?**

① 3년 ② 5년
③ 7년 ④ 10년

해설
보증종자를 판매하거나 보급하려는 자는 종자의 보증과 관련된 검사서류를 작성일부터 3년(묘목에 관련된 검사서류는 5년) 동안 보관하여야 한다.

정답 76 ② 77 ④ 78 ④ 79 ④ 80 ④ 81 ①

**82** **종자관리요강상 겉보리 포장검사 시기 및 회수는 유숙기로부터 황숙기 사이에 몇 회 실시하는가?**

① 7회 ② 5회
③ 3회 ④ 1회

해설
겉보리, 쌀보리, 맥주보리, 밀의 검사시기 및 회수는 유숙기로부터 황숙기 사이에 1회 실시한다.

**83** **(　　)안에 알맞은 내용은?**

> 종자산업의 기반 조성에서 국가와 지방자치단체는 지정된 전문인력 양성기관이 정당한 사유 없이 1년 이상 계속하여 전문인력 양성업무를 하지 아니한 경우에는 대통령령으로 정하는 바에 따라 그 지정을 취소하거나 (　　)의 기간을 정하여 업무의 전부 또는 일부 정지를 명할 수 있다.

① 24개월 이내 ② 12개월 이내
③ 6개월 이내 ④ 3개월 이내

해설
국가와 지방자치단체는 전문인력 양성기관이 정당한 사유 없이 전문인력 양성을 거부하거나 지연한 경우 대통령령으로 정하는 바에 따라 그 지정을 취소하거나 3개월 이내의 기간을 정하여 업무의 전부 또는 일부 정지를 명할 수 있다.

**84** **식물신품종 보호법상 품종보호에 대해 취소결정을 받은 자가 이에 불복하는 경우에는 그 등본을 송달받은 날부터 며칠 이내에 심판을 청구할 수 있는가?**

① 15일 ② 30일
③ 40일 ④ 100일

해설
취소결정을 받은 자가 이에 불복하는 경우에는 그 등본을 송달받은 날부터 30일 이내에 심판을 청구할 수 있다.

**85** **종자관리요강상 사후관리시험의 기준 및 방법에서 검사항목에 해당하지 않는 것은?**

① 품종의 순도 ② 품종의 진위성
③ 종자전염병 ④ 토양 입경 분석

해설
사후관리시험의 검사항목은 품종의 순도, 품종의 진위성, 종자전염성이 있다.

**86** **선출원과 관련된 설명 중 옳은 것은?**

① 같은 품종에 대하여 품종보호 출원을 타인보다 2일 정도 늦게 하여도 사실만 입증되면 품종보호를 받을 수 있다.
② 같은 품종에 대하여 같은 날에 2인이 품종보호 출원을 하였을 경우 2인이 모두 품종보호를 받을 수 있다.
③ 같은 품종에 대하여 같은 날에 2인이 품종보호 출원을 하였을 경우는 출원인 간에 협의하여 정한 자만이 그 품종에 대하여 품종보호를 받을 수 있다.
④ 같은 품종에 대하여 같은 날에 2인이 품종보호 출원을 하였을 경우 출원 간에 협의가 이루어지지 않을 경우 농림수산식품부장관의 직권으로 1명을 지정할 수 있다.

해설
같은 품종에 대하여 같은 날에 둘 이상의 품종보호 출원이 있을 때에는 품종보호를 받으려는 자(이하 "품종보호 출원인"이라 한다) 간에 협의하여 정한 자만이 그 품종에 대하여 품종보호를 받을 수 있다. 이 경우 협의가 성립하지 아니하거나 협의를 할 수 없을 때에는 어느 품종보호 출원인도 그 품종에 대하여 품종보호를 받을 수 없다.



정답 82 ④ 83 ④ 84 ② 85 ④ 86 ③

**87** **종자산업법에서 정하는 품종보호요건에 해당하지 아니하는 것은?**

① 품질이 우수하여야 한다.
② 품종내에서는 균일하여야 한다.
③ 다른 품종과 구별이 되어야 한다.
④ 연차 간에도 품종의 고유특성이 발현되어야 한다.

해설
품종보호 요건은 신규성, 구별성, 균일성, 품종명칭 등이 있다.

**88** **종자의 보증과 관련하여 종자생산포장 및 종자검사에 관한 국제적인 기준이나 규정을 제정하는 국제기구와 관련이 없는 것은?**

① OECD ② AOSA
③ ISTA ④ FAO

해설
종자의 보증과 관련하여 경제협력개발기구(OECD), 국제종자검정가협회(AOSA), 국제검정협회(ISTA)가 있다. 세계식량농업기구(FAO)는 개발도상국의 기근과 빈곤을 제거하기 위해 설립된 국제기구이다.

**89** **국가품종목록에 등재된 품종 중 등재 취소와 관련된 설명으로 틀린 것은?**

① 동일 품종이 2개 이상의 품종명칭으로 중복된 경우 2품종 모두 취소
② 농림수산식품부령이 정하는 품종성능의 심사기준에 미달한 때 취소
③ 해당 품종의 재배로 인하여 환경에 위해가 발생하였거나 발생할 염려가 있을 때 취소
④ 거짓이나 그 밖의 부정한 방법으로 품종목록 등재를 받은 때 취소

해설
같은 품종이 둘 이상의 품종명칭으로 중복하여 등재된 경우(가장 먼저 등재된 품종은 제외한다) 등재를 취소하여야 한다.

**90** **종자관리사에 대한 행정처분 중 자격정지 6개월에 해당하는 위반사항은?**

① 종자보증과 관련하여 고의로 타인에게 손해를 가한 경우
② 종자관리사 자격과 관련하여 1회 이중취업을 한 경우
③ 종자관리사 자격과 관련하여 3회 이중취업을 한 경우
④ 자격정지처분기간 종료 후 3년 이내에 자격정지처분에 해당하는 행위를 한 경우

해설
종자보증과 관련하여 고의 또는 중대한 과실로 타인에게 손해를 입힌 경우 업무정지 6개월의 행정처분을 받는다.

**91** **종자검사수수료는 포장검사 합격통지를 받은 날부터 며칠 이내에 납부해야 하는가?**

① 15일 ② 30일
③ 50일 ④ 60일

해설
종자검사수수료는 포장검사 합격통지를 받은 날부터 15일 이내 납부해야 한다.

**92** **품종보호권의 존속기간에 대한 기준으로 맞는 것은?**

① 품종보호권이 설정등록된 날부터 10년이며 임목은 22년이다.
② 품종보호권이 설정등록된 날부터 20년이며 과수는 25년이다.
③ 품종보호권이 설정등록된 다음 날부터 모두 25년이다.
④ 품종보호 출원 후 모두 25년이다.

해설
품종보호권의 존속기간은 품종보호권이 설정등록된 날부터 20년으로 한다. 다만, 과수와 임목의 경우에는 25년으로 한다.

CBT

정답 87 ① 88 ④ 89 ① 90 ① 91 ① 92 ②

**93** **포장검사 병주 판정기준에서 고구마의 특정병은?**

① 풋마름병 ② 흑반병
③ 역병 ④ 후사리움위조병

해설
포장검사 병주 판정기준에서 고구마의 특정병 흑반병, 마이코프라스마병이 있다.

**94** **종자검사요령상 포장검사 병주 판정기준에서 벼 깨씨무늬병의 병주판정기준은?**

① 위로부터 1엽의 중앙부 3cm 길이 내에 3개 이상 병반이 있는 주
② 위로부터 2엽의 중앙부 3cm 길이 내에 5개 이상 병반이 있는 주
③ 위로부터 2엽의 중앙부 5cm 길이 내에 30개 이상 병반이 있는 주
④ 위로부터 3엽의 중앙부 5cm 길이 내에 50개 이상 병반이 있는 주

해설
벼 깨씨무늬병의 병주판정기준은 위로부터 3엽의 중앙부 5cm 길이 내에 50개 이상 병반이 있는 주이다.

**95** **종자관리요강상 수입적응성시험의 대상작물 및 실시기관에서 인삼의 실시기관은?**

① 농업기술실용화재단
② 한국생약협회
③ 한국종균생산협회
④ 국립산림품종관리센터

해설
종자관리요강상 수입적응성시험의 대상작물 및 실시기관 기준 인삼은 한국생약협회에서 실시한다.

**96** **종자검사요령상 수분의 측정에서 저온항온건조기법을 사용하게 되는 종에 해당하는 것은?**

① 시금치 ② 상추
③ 부추 ④ 오이

해설
저온항온 건조기법은 마늘, 파, 부추, 콩, 땅콩, 배추씨, 유채, 고추, 목화, 피마자, 참깨, 아마, 겨자, 무에 적용한다.

**97** **품종보호권 또는 전용실시권을 침해한 자의 벌칙은?**

① 7년 이하의 징역 또는 1억원 이하의 벌금
② 5년 이하의 징역 또는 1천만원 이하의 벌금
③ 3년 이하의 징역 또는 5백만원 이하의 벌금
④ 1년 이하의 징역 또는 3백만원 이하의 벌금

해설
품종보호권 또는 전용실시권을 침해한 자는 7년 이하의 징역 또는 1억원 이하의 벌금에 처한다.

**98** **종자의 보증에서 자체보증의 대상에 해당하지 않은 것은?**

① 도지사가 품종목록 등재대상작물의 종자를 생산하는 경우
② 군수가 품종목록 등재대상작물의 종자를 생산하는 경우
③ 구청장이 품종목록 등재대상작물의 종자를 생산하는 경우
④ 국립대학교 연구원이 품종목록 등재대상작물의 종자를 생산하는 경우

해설
시·도지사, 시장·군수·구청장, 농업단체등 또는 종자업자가 품종목록 등재대상작물의 종자를 생산하는 경우 자체보증의 대상으로 한다.



정답 93 ② 94 ④ 95 ② 96 ③ 97 ① 98 ④

**99** **국가품종목록의 등재에서 품종목록 등재의 유효기간은 등재한 날이 속한 해의 다음 해부터 얼마까지로 하는가?**

① 5년 ② 10년
③ 15년 ④ 20년

해설
종자산업법상 품종목록 등재의 유효기간은 등재한 날이 속한 해의 다음 해부터 10년까지로 한다.

**100** **식물신품종보호법상 종자위원회는 위원장 1명과 심판위원회 상임심판위원 1명을 포함한 몇 명 이상 몇 명 이하의 위원으로 구성해야 하는가?**

① 3명 이상 9명 이하
② 10명 이상 15명 이하
③ 18명 이상 21명 이하
④ 23명 이상 27명 이하

해설
종자위원회는 위원장 1명과 심판위원회 상임심판위원 1명을 포함한 10명 이상 15명 이하의 위원(이하 "종자위원"이라 한다)으로 구성한다.

CBT

정답 99 ② 100 ②

CBT

# 5회 종자기사

** 본문제는 수험생들의 기억을 바탕으로 작성 된 것으로 실제 문제와 차이가 있을 수 있습니다.

## 제1과목 종자생산학

**01** 발아억제물질인 coumarin이 영 부위에 존재하는 것은?

① 사탕무 ② 보리
③ 단풍나무 ④ 장미

해설
발아억제물질인 쿠마린(coumarin)의 경우 보리의 영 부위에 존재하면서 보리의 발아를 억제하기도 한다.

**01** 상추의 특성을 바르게 설명한 것은?

① 발아온도는 25℃가 알맞다.
② 생육시 30℃ 전후의 고온을 좋아한다.
③ 장일조건에서 추대가 촉진된다.
④ 20℃ 이하가 되어야 개화한다.

해설
상추는 장일식물로 장일조건에서 추대 및 개화가 촉진된다.

**02** 물의 투과성 저해로 인하여 종자가 휴면하는 것은?

① 나팔꽃
② 미나리아재비과 식물
③ 보리
④ 사과나무

해설
물의 투과성 저해로 인한 경실 종자에는 자운영, 고구마, 나팔꽃 등이 있다

**03** 광과 종자 발아에 대한 설명으로 옳지 않은 것은?

① 광은 종자 발아와 아무런 관계가 없는 경우도 있다.
② 종자 발아가 억제되는 광 파장은 700~750nm 정도이다.
③ 종자 발아의 광가역성에 관여하는 물질은 cytochrome이다.
④ 광이 없어야 발아가 촉진되는 종자도 있다.

해설
종자 발아의 광가역성에 관여하는 물질은 파이토크롬(phytochrome)이다.

**04** 종자가 발아에 적당한 조건을 갖추어도 발아하지 않는 현상을 무엇이라 하는가?

① 발아정지 ② 휴면
③ 퇴화 ④ 생육정지

해설
성숙한 종자가 발아조건이 되어도 발아하지 않을 경우 휴면이라 하며 생육의 일시적 정지상태라 할수 있다

**05** 다음 중 광발아성 종자로 가장 옳은 것은?

① 파 ② 상추
③ 오이 ④ 수박

해설
광을 주어야 발아하는 호광성 종자는 담배, 상추, 우엉, 뽕나무, 베고니아, 셀러리 등이 있다.



정답 01 ③ 02 ① 03 ③ 04 ② 05 ②

## 06 다음 중 종자휴면의 형태에 대한 설명으로 가장 거리가 먼 것은?

① 종피에 발아억제물질을 많이 함유하여 휴면하는 것은 자발휴면의 예이다.
② 배 휴면과 배의 미숙으로 인한 휴면은 모두 배 자체의 생리적 원인이 기인한다.
③ 주로 물, 공기 및 기계적 원인이 기인하여 발생한 휴면을 타발휴면이라 한다.
④ 상추종자에서처럼 발아최고온도 이상에서 휴면하는 것은 2차 휴면이라 한다.

해설

배 휴면과 배의 미숙으로 인한 휴면은 종자휴면의 형태에 대한 설명보다 종자휴면의 원인에 해당한다. 휴면의 형태에는 자발적휴면, 타발적휴면, 불리한 환경조건에서 새로이 휴면이 발생하는 경우인 2차 휴면이 있다.

## 07 고추, 무, 레드클로버 종자의 형상은?

① 난형 ② 도란형
③ 방추형 ④ 구형

해설

고추, 무, 레드클로버 종자의 외형은 난형이다

## 08 제(臍)가 종자의 뒷면에 있는 것은?

① 배추 ② 시금치
③ 콩 ④ 상추

해설

종자의 배병이나 태좌에 붙어있던 흔적인 제(배꼽)은 식물의 종류에 따라 위치가 다르다. 배추, 시금치는 종자의 끝에 위치하고 상추, 쑥갓은 종자의 기부에 위치한다. 콩의 경우 종자의 뒷면에 위치하는 것이 특징이다.

## 09 다음 중 일반적으로 종자의 발아촉진 물질과 가장 거리가 먼 것은?

① Gibberellin ② ABA
③ Cytokinin ④ Auxin

해설

ABA(Abscisic acid)은 대표적인 생장억제물질이다. ABA 를 작물에 적용시 낙엽을 촉진, 휴면의 유도, 발아 억제, 화성 촉진, 내건성 증대 등의 효과가 나타난다.

## 10 종자소독 약제의 처리방법으로 적절하지 않은 것은?

① 약액침지 ② 종피분의
③ 종피도말 ④ 종피 내 주입

해설

종자소독 약제는 주로 종피에 처리하고 종피 내에는 주입하지 않는다.

## 11 다음 중 춘화처리를 실시하는 가장 큰 이유는?

① 발아억제 ② 생장억제
③ 화성유도 ④ 휴면타파

해설

춘화처리라고도 하는 버널리제이션은 식물에 인위적인 저온 처리를 통해 화성을 유도한다.

CBT

정답 06 ② 07 ① 08 ③ 09 ② 10 ④ 11 ②

**12** **다음 중 종자수명에 관여하는 요인으로 가장 거리가 먼 것은?**

① 저장고의 상대습도와 온도
② 종자의 성숙도
③ 저장고 내의 공기조성
④ 저장고 내의 광의 세기

**해설**

종자의 수명에 관여하는 요인으로 종자의 유전성 및 성숙도, 종자의 기계적 손상 정도, 종자 저장고의 공기조성 및 환경, 온도 및 상대습도, 종자의 수분함량 등이 있다.

**13** **산형화서의 형상으로 종자가 발달하는 작물이 아닌 것은?**

① 파 ② 보리
③ 양파 ④ 부추

**해설**

보리는 수상화서에 해당된다.

**14** **채종지 선정 시 고려해야 할 사항으로 옳지 않은 것은?**

① 일장은 꽃눈형성 및 추대에 매우 중요한 요소이다.
② 개화기부터 등숙기까지는 습한 곳이 적당하다.
③ 도시 근교보다는 도시에서 떨어진 지역이 적합하다.
④ 배수가 양호한 토양으로 병해충의 발생 밀도가 낮아야 한다.

**해설**

개화기부터 등숙기까지는 습한 곳보다는 건조한 곳이 적당하다.

**15** **화분모세포 10개가 정상적으로 감수분열하면 몇 개의 화분(소포자)을 만들게 되는가?**

① 10개 ② 20개
③ 40개 ④ 50개

**해설**

화분모세포 2회의 감수분열로 4개의 화분이 형성되기에 10개의 화분모세포는 40개의 화분이 만들어지게 된다.

**16** **다음 중 품종의 순도를 유지하기 위한 격리재배에서 차단격리법으로 가장 거리가 먼 것은?**

① 화기에 봉지 씌우기
② 망실재배
③ 망상이용
④ 꽃잎제거법

**해설**

차단격리법에는 봉지 씌우기, 망실, 망상 등이 있다. 꽃잎제거법은 화판제거법이라 하며 자연교잡을 막기 위해 벌을 유인하는 꽃잎을 제거하는 것는 방법이다

**17** **2년생 식물에 대한 설명으로 가장 옳은 것은?**

① 1년에 꽃이 두 번 피는 식물
② 숙근성으로 2년이 경과되면 말라죽는 식물
③ 발아하여 개화·결실되는데, 온도 등 환경과 관계없이 12개월 이상 소요되는 식물
④ 자연상태에서 일정한 저온을 경과해야 화아분화되어 개화·결실하는 식물

**해설**

2년생 식물은 종자가 1년 이상 경과한 다음 개화 성숙하는 식물로 한해는 일정 저온을 경과하고 화아분화되어 개화 및 결실하는 식물이라 할수 있다.



정답 12 ④ 13 ② 14 ② 15 ③ 16 ④ 17 ④

**18** **다음 중 혐광성 종자는?**

① 상추　② 우엉
③ 차조기　④ 무

해설

호박, 토마토, 고추, 양파, 가지, 오이, 무, 부추 등은 혐광성종자이다.

**19** **고구마의 개화 유도 및 촉진 방법이 아닌 것은?**

① 12~14시간의 장일처리를 한다.
② 나팔꽃의 대목에 고구마 순을 접목한다.
③ 고구마 덩굴의 기부에 절상을 낸다.
④ 고구마 덩굴의 기부에 환상박피를 한다.

해설

고구마는 장일처리가 아닌 단일처리를 통해 개화촉진을 한다.

**20** **자연 교잡률이 5~25% 정도인 식물은?**

① 자가수정 식물　② 타가수정 식물
③ 부분타식성 식물　④ 내혼계 식물

해설

자가수분이 원칙이나 타가수분도 가능한 부분타식성 식물의 경우 자연교잡률이 5~25% 이다.

## 제2과목 식물육종학

**21** **계분리(純系分離) 육종법에 대한 설명으로 틀린 것은?**

① 타식성 작물에 적용되는 육종법으로 내병성 작물 육종에 많이 적용되는 육종법이다.
② 자연 상태에서 잡박한 여러 순계가 혼합되어 있을 때에 효과가 있다.
③ 동일한 순계 내에서 자연돌연변이가 일어나지 아니할 때는 효과가 없다.
④ Johannsen의 순계설에 이론적 근거를 두었다.

해설

순계분리법은 기본 집단에서 우수한 형질을 가진 개체를 계속 선발하여 우수한 순계를 선발하는 방법으로 자가수정작물에 이용된다

**22** **종속간 교잡육종법의 장점은?**

① 교잡을 하기 쉽다.
② 종자의 임실율이 높아진다.
③ 변이의 폭을 확대할 수 있다.
④ 적은 수의 유전자를 집적하는 방법이다.

해설

교잡육종법은 육종의 소재가 되는 변이를 교잡을 통해 얻는 방법이다. 품종간, 종속간 교잡에 의해 유전적 변이를 작성하여 그 중에 우량 계통을 선발하여 신품종으로 육성하는 것으로 변이의 폭을 확대할 수 있다.

CBT

정답 18 ④ 19 ① 20 ③ 21 ① 22 ③

**23** **유전자(gene)를 가장 바르게 표현한 것은?**

① plasmagene
② 핵산과 단백질로 구성된 물질
③ 질소를 가진 염기 3개로 구성된 RNA절편
④ 단백질 합성을 위한 완전한 염기코드를 가진 DNA절편

해설
유전자는 개개의 유전형질을 발현시키는 인자로 유전체 DNA 유전물질로 단백질 합성을 위한 정보를 담고있다.

**24** **주로 타가수정 작물에 적용하는 육종방법으로 개체 또는 계통의 집단을 대상으로 선발을 거듭하는 방법은?**

① 계통분리법 ② 인공교배법
③ 도입육종법 ④ 단위생식 이용법

해설
계통분리법은 자가수정작물의 채종에서 단기간에 순수한 집단을 얻을 수 있어 품종의 특성을 유지하는데 적합하다.

**25** **장벽수정(hercogamy)의 대표적 식물은?**

① 양파 ② 복숭아
③ 붓꽃 ④ 국화

해설
장벽수정은 암술과 수술의 위치상 수정이 불가능한 것으로 붓꽃이 있다.

**26** **자식성 작물의 변이집단에서 개체선발 효과를 알기 위한 척도가 되는 것은?**

① 유전력 ② 표현형 지배가
③ 잡종강세 현상 ④ 자식약세 현상

해설
자식성 작물의 변이집단에서 개체선발 효과는 유전력이 척도가 되며 유전력이 높으면 선발효율이 높음을 의미하고 유전력이 낮으면 선발효율이 낮음을 의미한다.

**27** **번식방법에 따른 육종방법 결정에 관여하는 요인이 아닌 것은?**

① 유전자수 ② 자가수정
③ 타가수정 ④ 영양번식

해설
자가수정, 타가수정, 영양번식 등의 방법을 통해 육종방법을 선택하는데 영향을 주게 된다.

**28** **다음 중 선발 총점에 대한 설명으로 가장 옳은 것은?**

① 한 형질의 선발에 대해서만 이용 가능하다.
② 질적 형질에 대해서만 유효하다.
③ 선발 지수를 이용하여 구한다.
④ 선발 총점이 낮아야 선발대상이 된다.

해설
선발지수는 목표로 하는 전체 형질에 대해 동시에 선발할 때 각 형질의 중요도에 따라 점수를 주어 총득점수가 많은 것부터 선발할 때 이용한다.



정답 23 ④ 24 ① 25 ③ 26 ① 27 ① 28 ③

**29** **다음 작물 중 크세니아 현상이 가장 잘 일어나는 작물은?**

① 옥수수 ② 메밀
③ 호밀 ④ 양파

해설

크세니아의 경우 예를 들어 찰벼와 메벼를 교잡하여 얻은 교잡종자의 경우 배유가 메벼의 성질이 나타나는 경우를 말한다. 주로 찰성벼, 보리, 밀, 옥수수 등에서 나타난다.

**30** **다음 변이의 종류 중 양적변이가 아닌 것은?**

① 종실 수량 ② 곡물의 찰성
③ 단백질 함량 ④ 건물중

해설

변이는 길이, 무게, 수량 등 측정형질을 숫자로 표현하는 양적변이와 색깔, 형태 등 측정형질을 숫자로 표현할수 없는 질적변이로 분류된다. 곡물의 찰성은 숫자로 표현할수 없는 질적변이에 해당한다.

**31** **콜히친처리에 의한 염색체 배가의 원인은?**

① 염색체 길이의 증가
② 세포분열시 방추사 형성의 억제
③ 세포분열시 상동염색체 접합의 억제
④ 염색체 내의 핵의 크기 증가

해설

콜히친을 종자나 세포분열이 왕성한 식물체의 생장점 부위에 처리하면 분열상태의 세포의 방추사, 세포막의 형성을 저해하고 복제된 염색체가 양극으로 분리되는 것을 방해하는 작용을 한다.

**32** **다음 중 유전자원을 수집·보전해야 할 이유로 가장 옳은 것은?**

① 멘델 유전법칙을 확인하기 위함
② 다양한 육종소재로 활용하기 위함
③ 야생종을 도태시키기 위함
④ 개량종의 보급을 확대시키기 위함

해설

유전자원의 수집 및 보존은 다양한 육종소재로의 활용과 한번 시실되면 두 번 다시 재생이 어려워 보존에 노력을 기울여야 한다.

**33** **다음 중 폴리진에 대한 설명으로 가장 옳지 않은 것은?**

① 양적 형질 유전에 관여한다.
② 각각의 유전자가 주동적으로 작용한다.
③ 환경의 영향에 민감하게 반응한다.
④ 누적적 효과로 형질이 발현된다.

해설

각각의 유전자가 주동적으로 작용하기보다 각각의 폴리진이 같은 방향으로 작용한다.

**34** **생산력 검정에 관한 설명 중 틀린 것은?**

① 검정포장은 토양의 균일성을 유지하도록 노력한다.
② 계측, 계량을 잘못하면 포장시험에 따르는 오차가 커진다.
③ 시험구의 크기가 클수록 시험구당 수량 변동이 커진다.
④ 시험구의 반복횟수의 증가로 오차를 줄일 수 있다.

해설

시험구의 크기가 클수록 시험구당 수량 변동이 작아진다.

CBT

정답 29 ① 30 ② 31 ② 32 ② 33 ② 34 ③

**35 감수분열 과정 중 재조합이 일어나 후대의 변이가 확대되는 단계는?**

① 제1감수분열 후기, 제2감수분열 후기
② 제1감수분열 후기, 제2감수분열 전기
③ 제1감수분열 전기, 제1감수분열 중기
④ 제2감수분열 전기, 제2감수분열 후기

해설

제1감수분열은 이형분열이라 하며 염색체 수가 2n에서 n 으로 반으로 줄고 유전물질의 양은 간기에 2배로 늘어나지만 후기에 다시 반으로 줄어들어 원래의 수가 된다.

**36 잡종강세를 이용한 $F_1$ 품종들의 장점으로 가장 거리가 먼 것은?**

① 중수효과가 크다.
② 품질이 균일하다.
③ 내병충성이 양친보다 강하다.
④ 종자의 대량 생산이 용이하다.

해설

잡종강세를 나타내는 작물의 1대잡종($F_1$) 종자를 대량 생산할 수 있다.

**37 다음 중 양성화 웅예선숙에 해당하는 것으로 가장 적절한 것은?**

① 목련 ② 양파
③ 질경이 ④ 배추

해설

양파는 암술과 수술의 성숙시기가 다른데 수술이 먼저 성숙하는 웅예선숙에 해당한다.

**38 2개의 유전자가 독립유전하는 양성잡종의 $F_2$분리비는?**

① 3 : 1 : 1 ② 9 : 1 : 1
③ 9: 3 : 1 : 1 ④ 9 : 3 : 3 : 1

해설

독립유전에서 두 쌍의 대립유전자에 의해 지배되는 형질은 $F_2$에서 9:3:3:1 로 분리된다.

**39 다음 중 일대잡종을 가장 많이 이용하는 작물은?**

① 벼 ② 옥수수
③ 밀 ④ 콩

해설

일대잡종은 가격이 비싸고 매년 바꾸어야 하는 단점이 있지만 품질, 균일성, 내병성 등이 좋다. 옥수수, 해바라기, 가지, 고추, 오이, 호박, 배추 등이 있다.

**40 인위적으로 반수체 식물을 만들기 위해 주로 사용하는 조직배양 방법은?**

① 배배양 ② 약배양
③ 생장점배양 ④ 원형질체배양

해설

식물체의 화분이나 약을 채취 및 배양하여 반수체, 반수체성 배를 생산하는 방법을 약배양육종법이라 한다.



정답 35 ③ 36 ④ 37 ② 38 ④ 39 ② 40 ②

## 제3과목 재배원론

**41 기지의 원인이 되는 토양전염병이 아닌 것은?**

① 완두 모잘록병 ② 인삼 뿌리썩음병
③ 사과적진병 ④ 토마토 풋마름병

해설
사과적진병은 망간 함량이 높아 발생하는 병이다.

**42 습해의 대책으로 적합하지 않은 것은?**

① 배수시설을 설치한다.
② 밭에서는 휴립휴파 재배를 한다.
③ 과산화석회($CaO_2$)를 종자에 분의하여 파종한다.
④ 미숙 유기물과 황산근 비료를 사용하여 입단형성을 촉진시킨다.

해설
습해의 대책으로 완숙유기물을 이용하면 입단형성이 촉진되어 통기성과 투수성이 좋아지지만 미숙 유기물을 사용할 경우 입단형성 효과가 떨어진다.

**43 다음 중 휴작의 필요 기간이 가장 긴 작물은?**

① 시금치 ② 고구마
③ 수수 ④ 토란

해설
토란은 3년 휴작이 요구되는 작물로 보기 중에서 가장 긴 작물이다.

**44 밭에 중경은 때에 따라 작물에 피해를 준다. 다음 중 중경에 대한 설명으로 가장 거리가 먼 것은?**

① 중경은 뿌리의 일부를 단근시킨다.
② 중경은 표토의 일부를 풍식시킨다.
③ 중경은 토양수분의 증발을 증가시킨다.
④ 토양온열을 지표까지 상승을 억제, 동해를 조장한다.

해설
중경작업 시 토양을 얕게 작업하면 모세관이 절단되고 표면 공극이 좁아져 토양의 유효수분 증발이 줄어드는 효과가 있다.

**45 광합성 양식에 있어서 $C_4$식물에 대한 설명으로 가장 거리가 먼 것은?**

① 광호흡을 하지 않거나 극히 작게 한다.
② 유관속초세포가 발달되어 있다.
③ $CO_2$보상점은 낮으나 포화점이 높다.
④ 벼, 콩, 보리가 $C_4$식물에 해당된다.

해설
벼, 콩, 보리가 $C_3$식물에 해당된다.

CBT

정답 41 ③ 42 ④ 43 ④ 44 ③ 45 ④

**46 작물의 냉해에 대한 설명으로 틀린 것은?**

① 병해형 냉해는 단백질의 합성이 증가되어 체내에 암모니아 축적이 적어지는 형의 냉해이다.
② 혼합형 냉해는 지연형 냉해, 장해형 냉해, 병해형 냉해가 복합적으로 발생하여 수량이 급감하는 형의 냉해이다.
③ 장해형 냉해는 유수형성기부터 개화기까지, 특히 생식세포의 감수분열기에 냉온으로 불임현상이 나타나는 형의 냉해이다.
④ 지연형 냉해는 생육초기부터 출수기에 걸쳐서 여러 시기에 냉온을 만나서 출수가 지연되고, 이에 따라 등숙이 지연되어 후기의 저온으로 인하여 등숙 불량을 초래하는 냉해이다.

해설

병해형 냉해는 단백질 합성이 저해되어 체내 질소화합물의 축적이 증대된다.

**47 다음 중 단일성 작물로만 나열 된 것은?**

① 들깨, 담배, 코스모스
② 감자, 시금치, 양파
③ 고추, 당근, 토마토
④ 사탕수수, 딸기, 메밀

해설

단일성 식물에는 콩, 옥수수, 벼, 딸기, 국화, 코스모스, 들깨, 샐비어, 담배 등이 있다.

**48 대기 오염물질 중에 오존을 생성하는 것은?**

① 아황산가스($SO_2$)
② 이산화질소($NO_2$)
③ 일산화탄소(CO)
④ 불화수소(HF)

해설

이산화질소는 대기 중 일산화질소의 산화에 의해 발생하고 휘발성 유기화합물과 반응하여 오존을 생성하는 전구물질이다.

**49 벼의 생육 중 냉해에 의한 출수가 가장 지연되는 생육단계는?**

① 유효분얼기 ② 유수형성기
③ 유숙기 ④ 황숙기

해설

벼는 유수형성기에 냉해를 만나면 출수가 가장 지연된다.

**50 작물의 영양번식에 대한 설명으로 옳은 것은?**

① 종자 채종을 하여 번식시킨다.
② 우량한 유전특성을 영속적으로 유지할 수 있다.
③ 잡종 1세대 이후 분리집단이 형성된다.
④ 1대 잡종벼는 주로 영양번식으로 채종한다.

해설

작물의 영양번식을 통해 우량한 상태의 유전형질을 유지할수 있다.



정답 46 ① 47 ① 48 ② 49 ② 50 ②

**51** 다음 중 $CO_2$ 보상점이 가장 낮은 식물은?

① 벼 ② 옥수수
③ 보리 ④ 담배

해설
옥수수와 같은 $C_4$ 식물은 콩이나 벼와 같은 식물들에 비하여 이산화탄소 보상점이 낮다.

**52** 작물의 내열성에 대한 설명으로 틀린 것은?

① 늙은 잎은 내열성이 가장 작다.
② 내건성이 큰 것은 내열성도 크다.
③ 세포 내의 결합수가 많고, 유리수가 적으면 내열성이 커진다.
④ 당분함량이 증가하면 대체로 내열성은 증대한다.

해설
늙은 잎의 내열성이 어린 잎보다 크다.

**53** 이랑을 세우고 낮은 골에 파종하는 방식은?

① 휴립휴파법 ② 이랑재배
③ 평휴법 ④ 휴립구파법

해설
이랑을 세우고 낮은 골에 파종하는 방법을 휴립구파법이라 한다. 맥류의 한해와 동해를 동시에 방지할 수 있다.

**54** 다음 중 산성토양에 강하면서 연작의 장해가 가장 적은 작물로만 나열된 것은?

① 자운영, 양파 ② 옥수수, 시금치
③ 콩, 담배 ④ 벼, 귀리

해설
벼, 귀리, 옥수수, 조 등은 산성토양에 강하고 연작에 피해가 적은 작물이다.

**55** 토양수분과 작물 생육과의 관계를 옳게 설명한 것은?

① 포장용수량의 pF는 2.5~2.7 정도이다.
② 작물생육에 적합한 수분함량은 pF 3.0~4.7 종도이다.
③ 작물이 주로 이용하는 수분은 중력수와 토양입자 흡습수이다.
④ 초기위조점에 달한 식물은 수분을 공급해도 살아나기 어렵다.

해설
포장용수량은 최대용수량에 중력수가 제거 되고 모세관의 수분 함량 기준으로 pF는 2.5~2.7 정도이며 넓게는 pF 1.7~2.7 정도로 보기도 한다.

**56** 1년생 가지에서 결실하는 과수로만 나열된 것은?

① 복숭아-감 ② 사과-밤
③ 감-밤 ④ 복숭아-사과

해설
1년생 가지에서 결실하는 것으로 포도, 감, 밤, 감귤, 무화과 등이 있다.

**57** 우량종자가 갖추어야 할 조건으로 틀린 것은?

① 발아력이 좋아야 한다.
② 초기신장성이 좋아야 한다.
③ 유전적으로 다양해야 한다.
④ 병, 해충에 감염되지 않아야 한다.

해설
우량종자는 유전적으로 순수해야 한다.

CBT

정답 51 ② 52 ① 53 ④ 54 ④ 55 ① 56 ③ 57 ③

**58** **비늘줄기를 번식에 이용하는 작물은?**

① 생강　　② 마늘
③ 토란　　④ 연

해설

마늘, 양파 등은 영양기관 중에서 비늘줄기(인경)을 통해 번식한다.

**59** **논벼가 다른 작물에 비해서 계속 무비료 재배를 하여도 수량이 급격히 감소하지 않는 이유로 가장 적절한 것은?**

① 잎의 동화력이 크기 때문이다.
② 뿌리의 활력이 좋기 때문이다.
③ 비료의 천연공급량이 많기 때문이다.
④ 비료의 흡수력이 크기 때문이다.

해설

논은 관개수를 통해 양분의 천연공급량이 충분하여 지력이 유지된다.

**60** **감자나 고구마의 파종기나 이식기가 늦어졌을 때 T/R율이 커지는 이유로 옳은 것은?**

① 탄수화물의 축적이 지하부에서 더 빨리 진행되기 때문이다.
② 지하부의 중량감소가 지상부의 중량감소보다 커지기 때문이다.
③ 지하부의 생장보다 지상부의 생장이 더 크게 저해되기 때문이다.
④ 지하부에 질소집적이 많아지고 단백질 합성이 왕성해지기 때문이다.

해설

감자, 고구마는 파종기나 이식기가 늦어지면 지하부의 생장보다 지상부 생장이 커지면서 지상부/지하부 비율인 T/R 율이 커지게 된다.

## 제4과목 식물보호학

**61** **약제가 해충의 먹이와 함께 소화관으로 들어가서 해충을 죽일 수 있는 것은?**

① 독제　　② 접촉제
③ 훈증제　　④ 기피제

해설

소화중독제(식독제)는 해충이 약제를 섭취하면 소화기관에서 중독을 일으켜 해충을 죽이게 된다.

**62** **해충의 종합적방제를 위한 방안으로 해충의 발생밀도조사 방법 중 주광성을 이용한 해충의 발생시기, 발생량, 발생장소 등을 조사하기 위한 방법은?**

① 페로몬 조사법　　② 수반조사법
③ 예찰등 조사법　　④ 포충망 조사법

해설

예찰등은 해충의 활동을 조사하기 위해 설치한 불빛 등으로서 주광성을 가진 해충의 발생시기, 발생량, 발생장소 등을 조사하는데 활용한다

**63** **노균병, 역병을 일으키는 난균류(Oomycetes)의 특징으로 옳은 것은?**

① 격벽이 있는 긴 균사체이다.
② 일반적으로 분생포자와 후막포자를 형성한다.
③ 장정기와 장란기의 결합으로 유주포자를 생성한다.
④ 균사체는 주로 글루칸과 셀룰로스로 이루어져 있다.

해설

난균류는 균사는 잘 발달하여 분지가 많다. 세포벽은 셀룰로오스, 글루칸로 이루어지며 유주자에 의해 무성생식한다.



정답 58 ② 59 ③ 60 ② 61 ① 62 ③ 63 ④

**64** **작물 피해의 주요 원인 중 생물요소인 것은?**

① 진균 ② 풍해
③ 오염된 물 ④ 영양장애

해설
작물 피해에 원인이 되는 생물성 병원에는 진균, 세균, 바이러스 등이 있다.

**65** **식물병 삼각형의 요인이 아닌 것은?**

① 병원체 ② 저항성
③ 감수체 ④ 환경

해설
식물병 삼각형의 요인에는 원인이 되는 병원체와 감수성이 있는 식물인 감수체, 그리고 환경적 요인이 있다.

**66** **식물 병원으로 균류의 변이에 해당하지 않는 것은?**

① 교잡 ② 약독변이
③ 자연돌연변이 ④ 이질다상현상

해설
병원체도 변이를 일으키기도 하는데 기작으로 돌연변이, 교잡, 이핵, 준유성교환이 있다.

**67** **토양전염성 병원균으로 옳은 것은?**

① 고추 역병균
② 벼 도열병균
③ 사과 탄저병균
④ 대추나무 빗자루병균

해설
고추역병균은 난포자가 토양에 월동하는 토양전염성 병원균이다. 장마기간에 기온이 낮고 습도가 높은 조건에서 많이 발생한다.

**68** **완전변태 곤충의 유리한 점은?**

① 유충과 성충의 형태가 거의 같아서 분류에 용이하다.
② 유충과 성충의 먹이와 서식처의 경합이 생기지 않는다.
③ 유충과 성충이 먹이가 같으므로 먹이 찾는데 유리하다.
④ 유충과 성충이 같은 곳에 살 수 있어서 서식 공간 확보에 유리하다.

해설
완전변태에서 유충과 성충의 발생시기가 달라 먹이와 서식처의 경합이 생기지 않는다.

**69** **보호살균제에 해당하는 것은?**

① 석회보르도액
② 페나리몰 유제
③ 스트렙토마이신 수화제
④ 가스가마이신 액제

해설
보호살균제에는 석회보르도액, 구리 분제, 유기유황제, 석회유황합제 등이 있다

**70** **농약의 살포 방법에서 미스터법에 대한 설명으로 옳지 않은 것은?**

① 살포 시간 및 인력 비용 등을 절감한다.
② 살포액의 미립화로 목표물에 균일하게 부착시킨다.
③ 분무법에 비하여 살포액의 농도를 낮게 하고 많은 양을 살포한다.
④ 분사 형식은 노즐에 압축공기를 같이 주입하는 유기분사 방식이다.

해설
미스트법은 미스트기로 만든 미립자를 살포하는 방법으로 분무법과 비교하여 살포량은 적지만 농도가 높고 입자가 작으며 농도는 약 2배 정도로 높다.

CBT

정답 64 ① 65 ② 66 ② 67 ① 68 ② 69 ① 70 ③

**71** **병원체가 기주 식물체 내로 들어가는 침입 장소 중 자연개구부가 아닌 것은?**

① 수공 ② 피목
③ 밀선 ④ 각피

해설
식물에 있어 대표적인 자연개구부는 기공이다. 그 외에도 수공, 피목, 밀선 등을 통해 침입하기도 하며 병원균의 종류에 따라 침입하는 곳이 상이하다.

**72** **배나무 붉은별무늬병균의 중간 기주는?**

① 향나무 ② 느티나무
③ 참나무 ④ 강아지풀

해설
배나무 붉은별무늬병은 중간기주인 향나무와 기주교대를 하는 순활물기생균이다.

**73** **식물병을 일으키는 병 삼각형 중 일반적으로 주인인 것은?**

① 식물체 ② 환경
③ 병원체 ④ 광선

해설
식물병에 직접적인 요인을 주인, 주인을 도와 발병을 촉진 및 확산시키는 요인들을 유인이라 하며 주인에는 병원체가 있다.

**74** **활엽과수에서 문제가 되는 사과응애에 대한 설명으로 틀린 것은?**

① 흡즙성 해충이다.
② 약충으로 월동한다.
③ 1년에 7~8회 발생한다.
④ 실을 토하며 바람에 날려 이동한다.

해설
사과응애는 1년에 7~8회 발생하고 알로 겨울눈, 수간에서 월동한다.

**75** **다음 중 화본과 잡초는?**

① 명아주 ② 향부자
③ 나도겨풀 ④ 벗풀

해설
돌피, 강피, 나도겨풀 등은 화본과 잡초에 속한다.

**76** **다음 중 명아주에 해당하는 것으로만 나열된 것은?**

① 다년생, 화본과 잡초
② 2년생, 방동사니과 잡초
③ 1년생, 광엽잡초
④ 다년생, 방동사니과 잡초

해설
명아주는 1년생 광엽 밭잡초에 해당한다.

**77** **다음 중 무시류에 속하는 곤충목은?**

① 파리목 ② 돌좀목
③ 사마귀목 ④ 집게벌레목

해설
무시아강(무시류)에는 톡토기목, 낫발이목, 좀붙이목, 좀목(좀, 돌좀) 등이 있다.

**78** **식물바이러스병의 외부병징으로 가장 거리가 먼 것은?**

① 변색 ② 위축
③ 괴사 ④ 무름증상

해설
무름증상(무름병)은 세균병의 병징에 해당한다.



정답 71 ④ 72 ① 73 ③ 74 ② 75 ③ 76 ③ 77 ② 78 ④

**79** 복숭아심식나방에 대한 설명으로 옳지 않은 것은?

① 일반적으로 연 2회 발생한다.
② 유충으로 나무껍질 속에서 겨울을 보낸다.
③ 부화유충은 과실 내부에 침입하여 식해한다.
④ 방제를 위해 과실에 봉지를 씌우면 효과적이다.

해설
복숭아심식나방은 노숙유충이 겨울고치를 짓고 그 속에서 월동을 한다.

**80** 광엽잡초에 해당하는 것은?

① 피 ② 쇠뜨기
③ 뚝새풀 ④ 왕바랭이

해설
광엽잡초에는 1년생인 물달개비, 물옥잠, 사마귀풀, 여뀌, 마디꽃, 자귀풀 등과 다년생의 가래, 개구리밥, 미나리, 올미, 좀개구리밥, 쇠뜨기 등이 있다.

## 제5과목 종자관련법규

**81** 품종보호권 또는 전용실시권을 침해한 자의 벌칙은?

① 1년 이하의 징역 또는 1천만원 이하의 벌금
② 3년 이하의 징역 또는 3천만원 이하의 벌금
③ 5년 이하의 징역 또는 5천만원 이하의 벌금
④ 7년 이하의 징역 또는 1억원 이하의 벌금

해설
품종보호권 또는 전용실시권을 침해한 자는 7년 이하의 징역 또는 1억원 이하의 벌금에 처한다.

**82** 식물신품종 보호법상 품종명칭등록 이의신청을 한 자는 품종명칭등록 이의신청기간이 지난 후 얼마 이내에 품종명칭등록 이의신청서에 적은 이유 또는 증거를 보정할 수 있는가?

① 10일 ② 20일
③ 30일 ④ 50일

해설
품종명칭등록 이의신청을 한 자(이하 "품종명칭등록 이의신청인"이라 한다)는 품종명칭등록 이의신청기간이 지난 후 30일 이내에 품종명칭등록 이의신청서에 적은 이유 또는 증거를 보정할 수 있다.

**83** 품종보호를 받지 아니하거나 품종보호 출원 중이 아닌 품종의 종자의 용기나 포장에 품종보호를 받았다는 표시 또는 품종보호 출원 중이라는 표시를 하거나 이와 혼동되기 쉬운 표시를 하는 행위 자의 벌금은?

① 1천만원 이하의 벌금
② 3천만원 이하의 벌금
③ 5천만원 이하의 벌금
④ 1억원 이하의 벌금

해설
품종보호를 받지 아니하거나 품종보호 출원 중이 아닌 품종의 종자의 용기나 포장에 품종보호를 받았다는 표시 또는 품종보호 출원 중이라는 표시를 하거나 이와 혼동되기 쉬운 표시를 하는 행위의 경우 3년 이하의 징역 또는 3천만원 이하의 벌금에 처한다.



정답 79 ② 80 ② 81 ④ 82 ③ 83 ②

**84** **종자관리요강상 규격묘의 규격기준에서 배 잎눈 개수는?**

① 접목부위에서 상단 30cm 사이에 잎눈 3개 이상
② 접목부위에서 상단 30cm 사이에 잎눈 5개 이상
③ 접목부위에서 상단 10cm 사이에 잎눈 3개 이상
④ 접목부위에서 상단 10cm 사이에 잎눈 10개 이상

해설
배 잎눈 개수 : 접목부위에서 상단 30cm 사이에 잎눈 5개 이상

**85** **종자관리요강상 수입적응성시험의 대상작물 및 실시기관에서 톨페스큐의 실시기관은?**

① 한국생약협회
② 한국종자협회
③ 농업협동조합중앙회
④ 농업기술실용화재단

해설
수입적응성시험의 대상작물 및 실시기관에 의거 농업협동조합중앙회는 오차드그라스, 톨페스큐, 티모시 등이 있다.

**86** **저온항온건조기법을 사용하게 되는 종으로만 나열된 것은?**

① 당근, 근대　② 잠두, 녹두
③ 고추, 목화　④ 기장, 벼

해설
저온항온 건조기법은 마늘, 파, 부추, 콩, 땅콩, 배추씨, 유채, 고추, 목화, 피마자, 참깨, 아마, 겨자, 무에 적용한다.

**87** **품종목록 등재의 유효기간 연장신청은 그 품종목록 등재의 유효기간이 끝나기 전 몇 년 이내에 신청하여야 하는가?**

① 4년　② 3년
③ 2년　④ 1년

해설
종자관련법상 품종목록 등재의 유효기간에서 품종목록 등재의 유효기간 연장신청은 그 품종목록 등재의 유효기간이 끝나기 전 1년 이내 신청해야 한다.

**88** **거짓이나 그 밖의 부정한 방법으로 품종보호결정 또는 심결을 받은 자는 몇 년 이하의 징역에 처하는가?**

① 3년　② 5년
③ 7년　④ 10년

해설
거짓이나 그 밖의 부정한 방법으로 품종보호결정 또는 심결을 받은 자는 7년 이하의 징역 또는 1억원 이하의 벌금에 처한다.

**89** **종자관리요강상 사진의 제출규격에서 사진의 크기는?**

① 6" × 12" 의 크기이어야 하며, 실물을 식별할 수 있어야 한다.
② 5" × 9" 의 크기이어야 하며, 실물을 식별할 수 있어야 한다.
③ 4" × 5" 의 크기이어야 하며, 실물을 식별할 수 있어야 한다.
④ 2" × 6" 의 크기이어야 하며, 실물을 식별할 수 있어야 한다.

해설
사진의 크기는 4" × 5" 의 크기이어야 하며 실물을 식별할 수 있어야 한다.



정답　84 ②　85 ③　86 ③　87 ④　88 ③　89 ③

**90** **종자업을 하려는 자는 종자관리사를 최소 몇 명 이상 두어야 하는가?**

① 1명 ② 2명
③ 3명 ④ 5명

해설

종자업을 하려는 자는 종자관리사를 1명 이상 두어야 한다. 다만, 대통령령으로 정하는 작물의 종자를 생산·판매하려는 자의 경우에는 그러하지 아니하다.

**91** **종자의 보증에서 재검사를 받으려는 자는 종자검사 결과를 통지받은 날부터 며칠 이내에 재검사신청서에 종자검사 결과 통지서를 첨부하여 검사기관의 장에게 제출하여야 하는가?**

① 15일 ② 20일
③ 30일 ④ 35일

해설

재검사신청 등에서 재검사를 받으려는 자는 종자검사 결과를 통지받은 날부터 15일 이내에 재검사신청서에 종자검사 결과 통지서를 첨부하여 검사기관의 장 또는 종자관리사에게 제출하여야 한다.

**92** **종자산업법상 농림축산식품부장관은 진흥센터가 진흥센터 지정기준에 적합하지 아니하게 된 경우에는 대통령령으로 정하는 바에 따라 그 지정을 취소하거나 몇 개월 이내의 기간을 정하여 업무의 정지를 명할 수 있는가?**

① 12개월 ② 7개월
③ 6개월 ④ 3개월

해설

농림축산식품부장관은 진흥센터가 진흥센터 지정기준에 적합하지 아니하게 된 경우 대통령령으로 정하는 바에 따라 그 지정을 취소하거나 3개월 이내의 기간을 정하여 업무의 정지를 명할 수 있다.

**93** **종자검사요령 상 포장검사 병주 판정기준에서 벼의 특정병은?**

① 깨씨무늬병 ② 잎도열병
③ 키다리병 ④ 줄무늬잎마름병

해설

벼의 포장검사 및 종자검사에 있어 특정병은 키다리병, 선충심고병이다.

**94** **종자의 수출·수입 및 유통 제한에 관한 사항을 위반하여 종자를 수출 또는 수입하거나 수입된 종자를 유통시킨 자의 벌칙은?**

① 5년 이하의 징역 또는 1억원 이하의 벌금
② 3년 이하의 징역 또는 3천만원 이하의 벌금
③ 2년 이하의 징역 또는 5백만원 이하의 벌금
④ 1년 이하의 징역 또는 1천만원 이하의 벌금

해설

종자의 수출·수입 및 유통 제한에 관한 사항을 위반하여 종자를 수출 또는 수입하거나 수입된 종자를 유통시킨 자는 1년 이하의 징역 또는 1천만원 이하의 벌금에 처한다.

**95** **식물신품종 보호법상 품종보호권의 설정등록을 받으려는 자나 품종보호권자는 품종보호료 납부기간이 지난 후에도 몇 개월 이내에는 품종보호료를 납부할 수 있는가?**

① 6개월 ② 7개월
③ 9개월 ④ 12개월

해설

품종보호권의 설정등록을 받으려는 자나 품종보호권자는 품종보호료 납부기간이 지난 후에도 6개월 이내에는 품종보호료를 납부할 수 있다.

CBT

정답 90 ① 91 ① 92 ④ 93 ③ 94 ④ 95 ①

**96** 품종보호권의 설정등록을 받으려는 자 또는 품종보호권자가 책임질 수 없는 사유로 추가납부기간 이내에 품종보호료를 납부하지 아니하였거나 보전기간 이내에 보전하지 아니한 경우에는 그 사유가 종료한 날부터 며칠 이내에 그 품종보호료를 납부하거나 보전할 수 있는가? (단, 추가납부기간의 만료일 또는 보전기간의 만료일 중 늦은 날부터 6개월이 지났을 경우는 제외한다.)

① 5일 ② 7일
③ 10일 ④ 14일

해설

품종보호권의 설정등록을 받으려는 자 또는 품종보호권자가 책임질 수 없는 사유로 추가납부기간 이내에 품종보호료를 납부하지 아니하였거나 보전기간 이내에 보전하지 아니한 경우에는 그 사유가 종료한 날부터 14일 이내에 그 품종보호료를 납부하거나 보전할 수 있다. 다만, 추가납부기간의 만료일 또는 보전기간의 만료일 중 늦은 날부터 6개월이 지났을 때에는 그러하지 아니하다.

**97** 종자검사요령상 시료추출에서 호박의 순도검사를 위한 시료의 최소 중량은?

① 180g ② 200g
③ 250g ④ 300g

해설

호박 시료의 순도검사 최소중량은 180g, 제출시료는 350g 이다.

**98** 과수와 임목의 경우 품종보호권의 존속기간은 품종보호권이 설정등록된 날부터 몇 년으로 하는가?

① 25년 ② 15년
③ 10년 ④ 5년

해설

품종보호권의 존속기간은 품종보호권이 설정등록된 날부터 20년으로 한다. 다만, 과수와 임목의 경우에는 25년으로 한다.

**99** 종자산업법상 품종목록 등재의 유효기간은 등재한 날이 속한 해의 다음 해부터 몇 년까지로 하는가?

① 3년 ② 5년
③ 10년 ④ 15년

해설

종자산업법상 품종목록 등재의 유효기간은 등재한 날이 속한 해의 다음 해부터 10년까지로 한다.

**100** 보증서를 거짓으로 발급한 종자관리사의 벌칙은?

① 2년 이하의 징역 또는 1천만원 이하의 벌금
② 1년 이하의 징역 또는 1천만원 이하의 벌금
③ 1년 이하의 징역 또는 5백만원 이하의 벌금
④ 6개월 이하의 징역 또는 3백만원 이하의 벌금

해설

보증서를 거짓으로 발급한 종자관리사는 1년 이하의 징역 또는 1천만원 이하의 벌금에 처한다.



정답 96 ④ 97 ① 98 ① 99 ③ 100 ②

# PART 7

# 산업기사 과년도문제

ENGINEER SEEDS

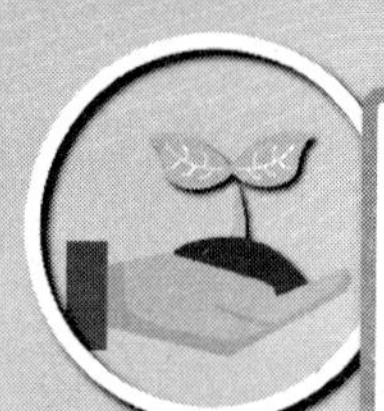

# 2019 제1회 종자산업기사

## 제1과목 종자생산학 및 종자법규

**01** 유한화서 중에서 가장 간단한 것으로 줄기의 맨 끝에서 1개의 꽃이 피는 것은?

① 총상화서 ② 원추화서
③ 단정화서 ④ 유이화서

해설

단정화서는 화서축의 선단에 1개의 꽃을 피우는 종류로 목련, 장미, 튤립 등이 있다.

**02** 다음에서 설명하는 것은?

> 배낭모세포가 감수분열을 못하거나 비정상적인 분열을 하여 배를 만든다.

① 부정배생식 ② 무포자생식
③ 복상포자생식 ④ 웅성단위생식

해설

복상포자생식은 배주, 주심, 표피 내의 포원세포가 분화되고 대포자모세포로 발달하여 정상적으로 분화되지만 감수분열을 처음부터 생략하거나 감수분열 과정이 진행되는 도중 분열에 문제가 생겨 발생한다.

**03** 메밀이나 해바라기와 같이 종자가 과피의 어느 한 줄에 붙어 있어 열개하지 않는 것을 무엇이라 하는가?

① 이과 ② 핵과
③ 감과 ④ 수과

해설

수과는 다 익은 열매껍질이 단단하여 터지지 않는데 한 개의 씨방에 한 개의 씨가 들어있다. 메밀, 해바라기, 국화과 등이 해당된다.

**04** 종자관련법상 종자업을 하려는 자는 종자관리사를 몇 명 이상 두어야 하는가? (단, 대통령령으로 정하는 작물의 종자를 생산, 판매하려는 자의 경우는 제외)

① 1명 ② 2명
③ 3명 ④ 4명

해설

종자업을 하려는 자는 종자관리사를 1명 이상 두어야 한다. 다만, 대통령령으로 정하는 작물의 종자를 생산・판매하려는 자의 경우에는 그러하지 아니하다.

**05** 다음 중 안전저장을 위해 종자의 최대 수분함량의 한계에서 '종자의 최대 수분함량'이 가장 높은 것은?

① 토마토 ② 보리
③ 배추 ④ 고추

해설

안전저장을 위한 종자 최대수분함량은 대략 벼 15%, 보리 13%, 콩 11%, 시금치 9%, 배추 5%, 고추 4.5% 정도이며 토마토는 일반적인 종자들보다 더 낮은 수준으로 해야 한다.

**06** 다음 중 수분의 측정에서 저온항온건조기법을 사용하게 되는 것은?

① 근대 ② 당근
③ 완두 ④ 마늘

해설

저온항온 건조기법은 마늘, 파, 부추, 콩, 땅콩, 배추씨, 유채, 고추, 목화, 피마자, 참깨, 아마, 겨자, 무에 적용한다.

정답 01 ③ 02 ③ 03 ④ 04 ① 05 ② 06 ④

**07** 다음에서 설명하는 것은?

> 보리에서는 제웅할 때 영의 선단부를 가위로 잘라내고 핀셋으로 수술을 끄집어낸다.

① 개열법 ② 화판인발법
③ 절영법 ④ 페탈 스플릿법

해설
절영법은 영의 선단 부위를 가위로 잘라 핀셋으로 수술을 끄집어 내며 벼, 보리, 밀 등에 적합하다.

**08** 씨없는 수박의 종자 생산을 위한 교잡법은?

① 2배체(♀) × 2배채(♂)
② 4배체(♀) × 2배체(♂)
③ 3배체(♀) × 2배체(♂)
④ 4배체(♀) × 4배체(♂)

해설
씨없는 수박은 2배체 수박에 콜히친을 처리하여 4배체를 육성하고 4배체로 모계로 2배체를 부계로 하여 1대 잡종을 생산하여 채종하여 나타난다.

**09** 교배에 앞서 제웅이 필요 없는 작물로만 나열된 것은?

① 벼, 귀리 ② 오이, 호박
③ 수수, 토마토 ④ 가지, 멜론

해설
교배에 앞서 제웅이 필요 없는 작물에는 오이, 호박, 수박 등이 있다.

**10** 후숙에 의한 휴면타파 시 휴면상태가 종피휴면이고, 후숙처리방법이 고온에 해당하는 것은?

① 야생귀리 ② 상추
③ 자작나무 ④ 벼

해설
벼의 경우 종피에 발아억제물질이 많이 함유하여 종피휴면이 발생하며 고온의 처리를 통해 휴면을 타파한다. 야생귀리는 배휴면으로 저온처리, 상추, 자작나무는 종피휴면이나 저온 및 광처리를 통해 휴면을 타파하는것이 효과적이다.

**11** 화훼 구근류 포장검사의 검사규격에 대한 내용이다. (가)에 알맞은 내용은?

| 구분 / 작물명 | 최저한도(%) |
|---|---|
| | 맹아율 |
| 나리 | ( 가 ) |

① 60 ② 65
③ 75 ④ 85

해설
검사규격에서 나리, 글라디올러스, 프리지아, 구근아이리스의 맹아율은 85% 이다.

**12** 다음에 해당되는 것으로만 나열된 것은?

> · 식물학상의 과실을 이용하는 것
> · 과실이 나출된 것

① 밀, 옥수수 ② 벼, 겉보리
③ 복숭아, 자두 ④ 귀리, 고사리

해설
식물학상 과실에 해당하고 나출된 것으로 밀, 쌀보리, 옥수수, 박하, 제충국 등이 있다.

정답 07 ③ 08 ② 09 ② 10 ④ 11 ④ 12 ①

**13** **채소작물의 포장검사에 대한 내용이다. (가)에 알맞은 내용은?**

| 작물명 | 격리거리(m) | 포장 내지 식물로부터 격리되어야 하는 것 |
|---|---|---|
| 고추 | ( 가 ) | · 같은 종의 다른 품종<br>· 바람이나 곤충에 의해 전파된 치명적인 특정병 또는 기타병에 감염된 같은 작물이나 다른 숙주식물 |

① 300 ② 500
③ 800 ④ 1000

해설

고추의 격리거리는 500m 이다.

**14** **제(臍)가 종자의 끝에 있는 것에 해당하는 것으로만 나열된 것은?**

① 배추, 시금치 ② 상추, 고추
③ 콩, 메밀 ④ 쑥갓, 목화

해설

종자의 배병이나 태좌에 붙어있던 흔적인 제(배꼽)은 식물의 종류에 따라 위치가 다르다. 배추, 시금치는 종자의 끝에 위치하고 상추, 쑥갓은 종자의 기부에 위치한다. 콩의 경우 종자의 뒷면에 위치하는 것이 특징이다.

**15** **녹두의 순도검사 시 시료의 최소 중량은?**

① 80g ② 100g
③ 120g ④ 150g

해설

녹두의 순도검사 시 시료의 최소 중량은 120g 이다.

**16** **(        )에 알맞은 내용은?**

> 시장, 군수, 구청장은 종자업자가 종자업 등록을 한 날부터 1년 이내에 사업을 시작하지 아니하거나 정당한 사유 없이 1년 이상 계속하여 휴업한 경우에 종자업 등록을 취소하거나 (        )이내에 기간을 정하여 영업의 전부 또는 일부의 정지를 명할 수 있다.

① 3개월 ② 6개월
③ 1년 ④ 2년

해설

시장·군수·구청장은 종자업자가 종자업 등록을 한 날부터 1년 이내에 사업을 시작하지 아니하거나 정당한 사유 없이 1년 이상 계속하여 휴업한 경우 종자업 등록을 취소하거나 6개월 이내의 기간을 정하여 영업의 전부 또는 일부의 정지를 명할 수 있다.

**17** **종자관련법상 국가보증이나 자체보증을 받은 종자를 생산하려는 자는 농림축산식품부 장관 또는 종자관리사로부터 채종 단계별로 몇 회 이상 포장(圃場)검사를 받아야 하는가?**

① 1회 ② 2회
③ 3회 ④ 4회

해설

국가보증이나 자체보증을 받은 종자를 생산하려는 자는 농림축산식품부장관 또는 종자관리사로부터 채종 단계별로 1회 이상 포장(圃場)검사를 받아야 한다.



정답 13 ② 14 ① 15 ③ 16 ② 17 ①

## 18 (　　)에 알맞은 내용은?

> 종자관리사의 자격기준 등에서 농림축산식품부장관은 종자관리사가 종자산업법에서 정하는 직무를 게을리하거나 중대한 과오를 저질렀을 때에는 그 등록을 취소하거나 (　)이내의 기간을 정하여 그 업무를 정지시킬 수 있다.

① 6개월　② 1년
③ 2년　④ 3년

**해설**

농림축산식품부장관은 종자관리사가 이 법에서 정하는 직무를 게을리하거나 중대한 과오(過誤)를 저질렀을 때에는 그 등록을 취소하거나 1년 이내의 기간을 정하여 그 업무를 정지시킬 수 있다.

## 19 ( 가 )에 알맞은 내용은?

> ( 가 )이/가 발달하여 종자가 된다.

① 배주　② 에피스네이스
③ 주공　④ 주피

**해설**

종자의 발달을 보면 배주가 발달하여 종자가 되고 주피가 발달하여 종피가 된다.

## 20 녹식물춘화형 식물에 해당하는 것은?

① 무　② 순무
③ 유채　④ 양배추

**해설**

녹식물춘화형에는 양파, 파, 양배추, 당근, 담배, 사탕무 등이 있다.

# 제2과목 식물육종학

## 21 다음 중 콜히친의 기능을 가장 바르게 설명한 것은?

① 세포 융합을 시켜 염색체 수가 배가된다.
② 세포막을 통하여 인근 세포의 염색체를 이동, 복제 시킨다.
③ 분열 중이 아닌 세포의 염색체를 분할시킨다.
④ 분열 중인 세포의 방추사와 세포막의 형성을 억제한다.

**해설**

콜히친을 종자나 세포분열이 왕성한 식물체의 생장점 부위에 처리하면 분열상태의 세포의 방추사, 세포막의 형성을 저해하고 복제된 염색체가 양극으로 분리되는 것을 방해하는 작용을 한다.

## 22 다음 교배조합 중 복교배에 해당하는 것은?

① (A×M)×(B×M)×(C×M)×(D×M)
② (A×B)×(C×D)
③ A×B
④ (A×B)×B

**해설**

복교배(복교잡)은 두 개의 단교배로 $F_1$ 끼리 교배하며 [(A×B)×(C×D)] 이다.

## 23 3염색체식물의 염색체 수를 표기하는 방법으로 가장 옳은 것은?

① 3n+3　② 3n+2
③ 2n+1　④ 2n-1

**해설**

2n+1 의 경우 3염색체라 한다.

**정답** 18 ② 19 ① 20 ④ 21 ④ 22 ② 23 ③

**24** 식량작물의 종자갱신체계로 가장 옳게 나열된 것은?

① 원원종 → 원종 → 보급종 → 기본종
② 보급종 → 원종 → 원원종 → 기본종
③ 기본종 → 원원종 → 원종 → 보급종
④ 원종 → 원원종 → 기본종 → 보급종

해설

작물의 종자생산 관리 및 증식체계는 기본식물, 원원종, 원종, 채종포(보급종), 농가의 순이다.

**25** 동질4배체의 $F_1$(AAaa)을 자가수정하여 만들어진 $F_2$의 표현형의 분리비로 옳은 것은? (단, A는 a에 우성이다.)

① 우성 : 열성 = 1 : 1
② 우성 : 열성 = 3 : 1
③ 우성 : 열성 = 15 : 1
④ 우성 : 열성 = 35 : 1

해설

$F_1$(AAaa)을 자가수정하여 만들어진 $F_2$의 표현형의 분리비는 AAAA:AAAa:AAaa:Aaaa:AAAA = 1:8:18:8:1 이므로 분리비는 우성:열성 = 35:1 이다.

**26** 다음 중 여교배 세대에 따라 반복친을 나타낼 때 $BC_4F_1$에 해당하는 반복친은 약 몇 %인가?

① 75.0 ② 87.5
③ 93.8 ④ 96.9

해설

$1-(1/2)^{4+1} = 1-0.03125 = 0.96875 =$ 약 96.9 (%)

**27** 2개의 유전자가 독립유전하는 양성잡종의 $F_2$ 분리비는?

① 9 : 3 : 1 : 1 ② 9 : 3 : 3 : 1
③ 3 : 1 : 1 ④ 9 : 1 : 1

해설

독립유전에서 두 쌍의 대립유전자에 의해 지배되는 형질은 $F_2$ 에서 9:3:3:1 로 분리된다.

**28** 다음 교배(AABB × AAbb)에 의해 $F_2$세대에서 AABB를 선발할 확률은? (단, 두 유전자는 완전우열성이다.)

① 계통육종과 반수체육종 모두 1/9이다.
② 계통육종과 반수체육종 모두 1/4이다.
③ 계통육종에서는 1/4이고, 반수체육종에서는 1/2이다.
④ 계통육종에서는 1/9이고, 반수체육종에서는 1/4이다

해설

계통육종은 AABB × AAbb 이기에 AABB, AABb, AABb, AAbb 로 1/4 이고, 반수체육종은 AB×Ab 이기에 AABB, AAbb 로 1/2 이다.

**29** AABB × aabb 교잡에서 $F_2$세대의 표현형은 몇 개인가? (단, A와 B는 a와 b에 대하여 각각 완전 우성이고, 서로 독립적이다.)

① 9 ② 4
③ 2 ④ 3

해설

n 쌍의 대립유전자는 $2^n$ 만큼의 표현형을 가지기에 2개의 대립유전자가 있으므로 $2^2=4$ 개이다.



정답 24 ③ 25 ④ 26 ④ 27 ② 28 ③ 29 ②

**30** **다음 중 유전자지도 작성의 기초가 되는 유전현상으로 가장 옳은 것은?**

① 유전자 분리
② 염색체 배가 및 복제
③ 연관과 교차
④ 비대립 유전자의 상위성

해설
연관과 교차는 조환가를 기준으로 염색체 위에 유전자들의 상대적 위치를 정하여 표시한 것으로 연관지도라고 한다.

**31** **잡종강세 육종에서 유전자형이 다른 자식계통들을 모두 상호교배하여 함께 검정하는 방법은?**

① 단교배검정법 ② 톱교배검정법
③ 이면교배분석법 ④ 다교배검정법

해설
이면교배는 여러 자식계를 둘씩 조합하거나 교배하여 특정조합능력과 일반조합능력을 검정한다

**32** **다음 중 신품종의 3대 구비조건에 가장 해당하지 않은 것은?**

① 안정성 ② 다양성
③ 구별성 ④ 균일성

해설
신품종 3대 구비조건은 구별성(Distinctness), 균일성(Uniformity), 안정성(Stability)를 말한다.

**33** **아조변이에 대한 설명으로 가장 적절한 것은?**

① 체세포의 돌연변이로서 영양번식 작물에 주로 이용되는 것
② 체세포의 돌연변이로서 유성번식 작물에 주로 이용되는 것
③ 생식세포의 돌연변이로서 영양번식 작물에 주로 이용되는 것
④ 생식세포의 돌연변이로서 유성번식 작물에 주로 이용되는 것

해설
아조변이는 체세포돌연변이의 일종인데 식물의 줄기와 가지의 생장점 세포가 돌연변이를 일으킨 것으로 과수류의 신품종 육성에 이용된다.

**34** **동질 3배체의 특징으로 옳은 것은?**

① 3가 염색체가 균등분리하여 임성이 매우 높다.
② 종자없는 과일을 생산한다.
③ 동질 3배체 식물은 종자번식을 한다.
④ 인위적인 동질 3배체는 2배체와 반수체를 교배하여 만든다.

해설
동질3배체 식물은 종자가 없는 과일 생산이 가능하다.

**35** **(          )에 가장 알맞은 내용은?**

| 계통육종은 인공교배하여 $F_1$을 만들고 (   )부터 메새대 개체선발과 계통재배 및 계통선발을 반복하면서 우량한 유전자형을 순계를 육성하는 육종방법이다. |
|---|

① $F_2$ ② $F_3$
③ $F_4$ ④ $F_6$

해설
계통육종법은 교배를 하여 잡종을 만들고 그 분리세대인 $F_2$ 이후부터 계속 개체선발을 하고 선발된 개체를 개체별 계통재배를 되풀이 하면 그들 계통을 서로 비교하여 우량한 계통을 선발, 고정하여 순계를 만들어 가는 방법으로 자가수정작물의 대표적인 육종방법이다.

정답 30 ③ 31 ③ 32 ② 33 ① 34 ② 35 ①

**36** **일반적으로 1세대당 1유전자에 일어나는 자연 돌연변이의 출현 빈도로 가장 옳은 것은?**

① $10^{-10} \sim 10^{-9}$

② $10^{-6} \sim 10^{-5}$

③ $10^{-3} \sim 10^{-2}$

④ $10^{-1}$

해설

자연상태에서 자연적 돌연변이 발생은 작물의 종류에 따라 다르나 유전자당 $10^{-6} \sim 10^{-5}$ 정도의 빈도로 나타난다.

**37** **다음 중 이종(異種) 게놈으로 된 이질배수체는?**

① 배추 ② 양배추

③ 고추 ④ 유채

해설

이질배수체는 복이배체(복2배체)라 하며 서로 다른 종류의 게놈이 배가되어 배수체를 만든 것으로 유채가 있다.

**38** **배낭모세포가 감수분열을 못하거나 비정상적인 분열을 하여 배를 형성하는 것은?**

① 부정배형성 ② 무포자생식

③ 복상포자생식 ④ 위수정생식

해설

복상포자생식은 배낭모세포의 수가 감수분열을 하지 못하고 체세포와 동일한 염색체 수를 가지게 된다.

**39** **합성품종의 설명으로 가장 옳지 않은 것은?**

① 집단의 유전평형 원리가 적용된다.

② 반영구적으로 사용된다.

③ 채종방법이 복잡하다.

④ 환경변동에 대한 안정성이 높다.

해설

합성품종은 매년 잡종종자를 생산할 필요가 없고 채종방법이 간단하며 환경 적응성이 커서 환경변화에 대한 안전성이 높다.

**40** **Apomixis를 가장 바르게 설명한 것은?**

① 수정 없이 종자가 생기는 현상이다.

② 종자 없이 과일이 생기는 현상이다.

③ 염색체가 배가 되는 현상이다.

④ 체세포에 일어나는 돌연변이다.

해설

아포믹시스(단위생식, apomixis)는 무수정생식이라 하며 정상적인 정핵과 난핵의 결합 없이 종자를 형성한다.

## 제3과목 재배원론

**41** **수해를 입은 뒤 사후 대책에 대한 설명으로 틀린 것은?**

① 물이 빠진 직후 덧거름을 준다.

② 철저한 병해충 방제 노력이 있어야 한다.

③ 퇴수 후 새로운 물을 갈아 댄다.

④ 짚을 매어 토양 표면의 흙 앙금을 헤쳐준다.

해설

수해를 입은 뒤 덧거름을 주면 피해가 심해진다.



정답 36 ② 37 ④ 38 ③ 39 ③ 40 ① 41 ①

**42** 다음 중 식물의 이층 형성을 촉진하여 낙엽에 영향을 주는 것은?

① ABA ② IBA
③ CCC ④ MH

해설

ABA 를 작물에 적용시 이층형성을 촉진하여 낙엽이 유도된다.

**43** 내건성 작물의 특성으로 옳은 것은?

① 세초액의 삼투압이 낮다.
② 원형질의 점성이 높다.
③ 원형질막의 수분투과성이 작다.
④ 기공이 크다.

해설

내건성 작물은 원형질의 점성이 높고 원형질막의 수분투과성이 크다.

**44** 내동성에 대한 설명으로 옳은 것은?

① 생식기관은 영양기관보다 내동성이 강하다.
② 휴면아는 내동성이 극히 약하다.
③ 저온 처리를 해서 맥류의 추파성을 소거하면 생식 생장이 유도되어 내동성이 약해진다.
④ 직립성인 것이 포복성인 것보다 내동성이 강하다.

해설

추파성인 밀과 보리는 저온처리로 추파성이 소거되며 생식 생장이 유도되면서 내동성이 약해진다.

**45** 감자의 휴면 타파를 위하여 흔히 사용하는 물질은?

① 질산염 ② ABA
③ 지베렐린 ④ 과산화수소

해설

지베렐린을 작물에 적용시 화성유도, 생장 촉진, 휴면 타파 등의 효과를 기대할수 있다.

**46** 다음에서 설명하는 것은?

> 식물체 내에 함유된 탄수화물과 질소의 비율이 개화와 결실에 영향을 미치는 것은?

① 일장효과 ② G/D균형
③ C/N율 ④ T/R율

해설

식물의 탄수화물과 질소의 비율을 C/N 율 이라 하는데 C 는 탄수화물, N 은 질소를 의미하며 C/N 율이 높으면 화성을 유도하고 낮으면 영양생장이 지속된다.

**47** $C_4$ 식물로만 나열된 것은?

① 벼, 보리, 수수
② 벼, 기장, 버뮤다그라스
③ 보리, 옥수수, 해바라기
④ 옥수수, 사탕수수, 기장

해설

작물 중에서 옥수수, 수수, 사탕수수 등 열대 화본식물은 대부분 $C_4$ 식물이다.

정답 42 ① 43 ② 44 ③ 45 ③ 46 ③ 47 ④

**48** **일장 효과에 가장 큰 영향을 주는 광 파장은?**

① 200~300mm ② 400~500mm
③ 600~800mm ④ 800~900mm

해설

식물이 일장에 의해 생육, 개화 등에 영향을 받는 현상을 일장효과라 하며 주로 가시광선 파장에 영향을 많이 받는다.

**49** **식물체에서 내열성이 가장 강한 부위는?**

① 주피 ② 눈
③ 유엽 ④ 중심주

해설

주피와 늙은 잎은 내열성이 강하다.

**50** **당료작물에 해당하는 것은?**

① 옥수수 ② 고구마
③ 감자 ④ 사탕수수

해설

사탕무, 사탕수수는 당료작물에 속한다.

**51** **작물이 자연적으로 분화하는 첫 과정으로 옳은 것은?**

① 도태와 적응 ② 지리적 격절
③ 유전적 교섭 ④ 유전적 변이

해설

작물이 자연적으로 분화하는 첫 과정은 유전적 변이이다.

**52** **자식성 식물로만 나열된 것은?**

① 양파, 감 ② 호두, 수박
③ 마늘, 셀러리 ④ 대두, 완두

해설

자식성 식물에는 벼, 밀, 보리, 대두, 완두, 팥, 토마토 등이 있다.

**53** **엽면시비가 필요한 경우가 아닌 것은?**

① 토양시비가 곤란한 경우
② 급속한 영양 회복이 필요한 경우
③ 뿌리의 흡수력이 약해졌을 경우
④ 다량요소의 공급이 필요한 경우

해설

엽면시비는 주로 철, 아연, 망간, 칼슘 등의 미량원소, 요소를 뿌려 준다.

**54** **작물의 습해 대책으로 틀린 것은?**

① 습답에서는 휴립재배한다.
② 황산근 비료의 시용을 피한다.
③ 미숙유기물을 다량 시용하여 입단을 조성한다.
④ 과산화석회를 시용하고 파종한다.

해설

토양의 입단 조성을 돕기 위해 토양개량제를 뿌려줘야 한다.

**55** **생리작용 중 광과 관련이 적은 것은?**

① 굴광현상 ② 일비현상
③ 광합성 ④ 착색

해설

일비현상은 식물줄기를 절단하거나 도관부에 구멍을 내면 다량의 수액이 배출되는 현상으로 수분에 관련된다.



정답 48 ③ 49 ① 50 ④ 51 ④ 52 ④ 53 ④ 54 ③ 55 ②

**56** **벼가 수온이 높고 정체된 흐린 물에 침관수 되어 급속히 죽게 될 때의 상태는?**

① 청고　② 적고
③ 황화　④ 백수

해설

물에 침관수 되어 죽게 될 때의 상태를 청고(풋마름)라 한다.

**57** **윤작, 춘경과 같이 잡초의 경합력이 저하되도록 재배관리 해주는 방제법은?**

① 물리적 방제법
② 생물적 방제법
③ 생태적, 경종적 방제법
④ 화학적 방제법

해설

생태학적(경종적) 방제법은 윤작, 춘경과 같이 잡초의 생육환경이 불리하도록 조성하여 작물이 경합에서 유리하도록 하여 잡초를 방제하는 방법이다.

**58** **단위면적당 광합성 능력을 표시하는 것은?**

① 재식 밀도 × 수광 태세 × 평균 동화 능력
② 재식 밀도 × 엽면적률 × 순동화율
③ 총 엽면적 × 수광 능률 × 평균 동화 능력
④ 엽면적률 × 수광 태세 × 순동화율

해설

포장동화능력은 포장군락의 단위면적당 광합성의 능력을 말하며 다음와 같이 산출한다
포장동화능력=총엽면적×수광능률×평균동화능력

**59** **벼 키다리병에서 유래되었으며 세포의 신장을 촉진하는 식물 생장 조절제는?**

① 지베렐린　② 옥신
③ ABA　④ 에틸렌

해설

지베렐린은 종자의 휴면타파의 효과가 있는 식물생장조절제로 옥신과 함께 사용시 효과가 극대화되는데 벼의 키다리병에서 유래한 물질이다.

**60** **벼 종자 선종 방법으로 염수선을 하고자 한다. 비중을 1.13으로 할 경우, 물 18L에 드는 소금의 분량은?**

① 3.0kg　② 4.5kg
③ 6.0kg　④ 7.5kg

해설

염수선은 소금물을 이용하는 방법으로 비중 1.13 을 기준으로 물 18L 에 소금 4.5kg 으로 한다.

## 제4과목 식물보호학

**61** **잡초로 인한 피해로 옳지 않는 것은?**

① 작물에 기생
② 작물과 경쟁
③ 토양 침식 가속화
④ 병충해 매개 역할

해설

잡초로 인하여 토양 침식이 방지된다.

**62** **잡초의 식생 천이에 관여하는 요인으로 옳지 않은 것은?**

① 물 관리
② 시비 방법
③ 작부체계 변화
④ 비선택성 제초제 시용

해설

비선택성 제초제는 잡초와 작물 등 식물 전체를 제거하는 약제로 식물을 제거하면서 식생의 안정적인 모습을 찾아가는 과정을 방해한다.

정답 56 ① 57 ③ 58 ③ 59 ① 60 ② 61 ③ 62 ④

**63** **석회황합제에 해당하는 농약 계통은?**

① 무기황제 계통 ② 유기황제 계통
③ 유기인제 계통 ④ 유기 염소계 계통

해설

무기황제에는 황분말, 수화황제, 석회황합제 등이 있다.

**64** **종합적 방제 체계의 정의로 옳은 것은?**

① 전국적으로 동시에 실시하는 방제 체계
② 여러 가지 병해충을 동시에 박멸하는 방제 체계
③ 여러 가지 방제 방법을 골고루 사용하는 방제 체계
④ 여러 가지 화학 약제를 골고루 사용하는 방제 체계

해설

병해충종합관리는 Intergrated Pest Management(IPM)이라 하며 환경 친화적이고 지속가능한 방법으로 병해충을 관리하여 농약으로 인한 사회, 보건학적 위험을 줄이는 것을 목적으로 하는 방법으로 여러 방제법을 조합하여 가장 효율적인 방제법을 적용한다.

**65** **1년에 가장 많은 세대를 경과하는 해충은?**

① 흰등멸구 ② 이화명나방
③ 섬서구메뚜기 ④ 복숭아혹진딧물

해설

복숭아혹진딧물은 1년에 수회(9~23회) 발생한다.

**66** **곤충의 형태적 특징에 대한 설명으로 옳은 것은?**

① 폐쇄혈관계이다.
② 외골격 구조이다.
③ 몸은 머리, 배 2부분으로 이루어진다.
④ 앞가슴과 가운데 가슴에 2쌍의 날개가 있다.

해설

곤충은 키틴질로 된 강한 외골격으로 몸을 보호한다.

**67** **작물의 생육 단계별로 제초제로 인한 약해 감수성이 가장 예민한 시기는?**

① 유묘기 ② 유숙기
③ 영양생장기 ④ 생식생장기

해설

작물의 생장단계 중 제초제에 대한 감수성은 유묘기에 가장 높은 편이다.

**68** **어떤 농약을 250배로 희석하여 10a당 100L씩 2ha에 처리하고자 할 때 필요한 농약의 양은?**

① 8kg ② 25kg
③ 50kg ④ 80kg

해설

1a 는 $100m^2$ 이고 2ha 는 $20,000m^2$ 이므로 총 2000L 가 소요된다. 250 배 희석으로 하기에

$$< 소요약량 = \frac{단위면적당사용량}{소요희석배수} = \frac{2000}{250} = 8L = 8kg >$$

이 도출된다.



정답 63 ① 64 ③ 65 ④ 66 ② 67 ① 68 ①

**69** **생태적 잡초 방제 방법으로 옳은 것은?**

① 작물을 연작한다.
② 피복작물을 제거한다.
③ 작물을 육묘이식 재배한다.
④ 작물의 재식밀도를 낮춘다.

해설

생태적 방제방법에는 재식밀도 조절, 육묘이식 재배, 품종 및 종자 선정 등이 있다.

**70** **식물병 진단방법으로 생물학적 진단법에 해당하지 않는 것은?**

① 파지에 의한 진단
② 제한효소에 의한 진단
③ 지표식물에 의한 진단
④ 즙액접종에 의한 진단

해설

생물학적 진단법에는 지표식물법, 최아법, 즙액접종법, 박테리오파지법이 있다.

**71** **도열병균의 포자가 발아한 후 잎표피를 침입하기 위하여 형성하는 기구는?**

① 부착기　② 발아관
③ 흡기　④ 제2차균사

해설

도열병균은 기주에 침입할 때 부착기를 형성하며 균사의 끝이 특수한 모양의 흡기를 세포 안에 박고 영양을 섭취한다.

**72** **생물적 방제에 사용 가능한 포식성 천적이 아닌 것은?**

① 굴파리좀벌　② 애꽃노린재
③ 깍지무당벌레　④ 칠성풀잠자리

해설

굴파리좀벌은 기생성 천적이다.

**73** **농약을 사용한 해충 방제 방법의 장점이 아닌 것은?**

① 방제 효과가 즉시 나타난다.
② 방제 효과가 지속적으로 유지된다.
③ 방제 대상 면적을 조절할 수 있다.
④ 사용이 비교적 간편하며 방제 효과가 크다.

해설

농약을 사용한 방제 효과는 빠르게 나타나지만 지속성이 없고 다른 생물에도 피해를 주어 생태계에 영향을 준다.

**74** **작물을 가해하는 해충에 대한 설명으로 옳지 않은 것은?**

① 흰등멸구는 벼를 흡즙 가해하는 해충이다.
② 혹명나방의 유충은 십자화과 작물을 가해한다.
③ 진딧물류나 매미충류는 식물의 즙액을 빨아먹는다.
④ 온실가루이는 시설재배의 채소류 및 화훼류에 발생하는 대표적인 해충이다.

해설

혹명나방은 주로 벼, 밀, 보리 등에 피해를 준다.

**75** **논에 발생하는 다년생 잡초는?**

① 강피　② 뚝새풀
③ 사마귀풀　④ 너도방동사니

해설

논에서 발생하는 다년생 잡초로는 너도방동사니, 올미, 가래, 매자기, 올챙이고랭이 등이 있다.

정답 69 ③ 70 ② 71 ① 72 ① 73 ② 74 ② 75 ④

**76** **식물 병원성 곰팡이의 포자 발아에 가장 큰 영향을 미치는 것은?**

① 대기습도
② 낮의 길이
③ 밤의 온도
④ 기주식물의 발육 정도

해설

일반적으로 병원균의 경우 습도가 높을 때 발병확률이 높아진다. 병원균의 포자가 발아하여 침입하기 위해서는 90% 이상의 높은 상대습도를 요구하기도 한다.

**77** **식물병 발생에 관여하는 요인으로 가장 거리가 먼 것은?**

① 병원균의 종류
② 주변 환경 조건
③ 기주 식물의 종류
④ 주변에 서식하는 동물의 종류

해설

식물병 발생에 관여하는 3요소로 병원체, 환경, 기주식물이 있다.

**78** **진딧물류와 같이 흡즙형 구기를 이용하여 작물을 가해하는 해충을 방제하기 위해 가장 적절한 살충제는?**

① 불임제 ② 훈증제
③ 침투성 살충제 ④ 잔류성 접촉제

해설

침투성 살충제는 식물의 일부에 처리시 식물 전체에 퍼지게 되어 흡즙성 해충을 선택적으로 제거 할 수 있다.

**79** **비선택성 제초제로 옳은 것은?**

① 이마자퀸 입제
② 오리자린 액상수화제
③ 글리포세이트포타슘 액제
④ 플라자설퓨론 입상수화제

해설

글리포세이트포타슘 액제는 유기인계 제초제로 1년생 및 다년생 잡초의 경엽을 처리하는 비선택성 제초제이다.

**80** **주로 수공으로 침입하는 병원균은?**

① 감자 역병균
② 벼 흰잎마름병균
③ 보리 흰가루병균
④ 보리 겉 깜부기병균

해설

벼 흰잎마름병은 세균이 수공이나 상처를 통해 침입하며 도관에서 증식하여 피해를 준다.



정답 76 ① 77 ④ 78 ③ 79 ③ 80 ②

# 2019 제3회 종자산업기사

## 제1과목 종자생산학 및 종자법규

**01** 융화 착생의 비율을 증가시키는 생상조절제로 가장 옳은 것은?

① NAA ② gibberellin
③ ethephon ④ B-9

해설
융화 착생 비율을 증가시키는 생장조절제로 에테폰이 있다.

**02** 포장검사 병주 판정기준에서 유채의 특정병에 해당하는 것은?

① 균핵병 ② 공동병
③ 줄기마름병 ④ 엽고병

해설
유채의 특정병은 균핵병이며 기타병에는 백수병, 근부병, 공동병을 말한다.

**03** 채소작물 채종에서 웅성불임 개체를 찾으려고 노력하는 이유는?

① 재배하기 쉽다.
② 병충해에 강하다.
③ 과실당 채종량을 높일 수 있다.
④ 인공교배작업을 생략할 수 있다.

해설
웅성불임성은 육종적으로 활용가능한데 웅성불임 품종을 모계로 하고 조합능력이 높은 다른 품종을 부계로 하여 제웅(자가수정 방지를 위한 작업) 등의 교배작업 없이 1대 잡종 종자를 얻을수 있다.

**04** 광과 종자 발아에 대한 설명으로 옳지 않은 것은?

① 광은 종자 발아와 아무런 관계가 없는 경우도 있다.
② 종자 발아가 억제되는 광 파장은 700~750nm 정도이다.
③ 종자 발아의 광가역성에 관여하는 물질은 cytochrome이다.
④ 광이 없어야 발아가 촉진되는 종자도 있다.

해설
종자 발아의 광가역성에 관여하는 물질은 파이토크롬(phytochrome)이다.

**05** 다음 중 단일성 식물로 옳지 않은 것은?

① 국화 ② 담배
③ 감자 ④ 코스모스

해설
감자는 장일식물이다.

**06** 식물신품종보호법상 "품종보호권자"에 대한 설명으로 옳은 것은?

① 품종보호권을 가진 자를 말한다.
② 품종을 육성한 자나 이를 발견하여 개발한 자를 말한다.
③ 보호품종의 종자를 증식·생산·조제(調製)하는 행위를 하는 자를 말한다.
④ 보호품종의 종자를 양도·대여·수출 또는 수입하거나 양도 또는 대여의 청약을 하는 행위를 하는 자를 말한다.

해설
"품종보호권자"란 품종보호권을 가진 자를 말한다.

정답 01 ② 02 ① 03 ④ 04 ③ 05 ③ 06 ①

**07** **채종포에서 격리재배하는 주된 이유는?**

① 해충 방지
② 병해 방지
③ 잡초유입 방지
④ 다른 화분의 혼입 방지

해설
채종포장 선정 시 격리를 통해 다른 화분의 혼입 및 종자전염병을 방지할수 있다.

**08** **다음 중 춘화처리를 실시하는 가장 큰 이유는?**

① 생장억제 ② 발아촉진
③ 휴면타파 ④ 화성유도

해설
춘화처리라고도 하는 버널리제이션은 식물에 인위적인 저온 처리를 통해 화성을 유도한다.

**09** **다음 종자 중 양분의 주요 저장기관이 배유가 아닌 것은?**

① 보리 ② 호밀
③ 옥수수 ④ 콩

해설
배유에 양분이 저장되는 배유종자는 옥수수, 보리, 벼, 밀, 당근 등이 있으며 콩은 무배유종자에 해당한다.

**10** **생식세포의 접합에 의하여 생성된 배유의 염색체 조성은?**

① 1n ② 2n
③ 3n ④ 4n

해설
피자식물 중복수정으로 정핵(n)과 2개의 극핵(2n)을 통해 배유(3n)이 나타난다.

**11** **일반적으로 배휴면을 하는 종자의 휴면타파에 가장 효과적인 방법은?**

① 습윤 저온처리 ② 건조 저온처리
③ 습윤 고온처리 ④ 건조 고온처리

해설
배휴면을 하는 종자를 저온습윤처리를 하면 불용성 물질이 분해되어 가용성 물질로 변화된다. 이때 삼투압이 낮아지면서 배의 물질이동이 쉬워지면서 휴면이 타파되며 새로운 조직의 형성을 위한 당류, 아미노산 등의 유기물질들이 나타난다.

**12** **다음 채소종자 중 수명이 가장 짧은 것은?**

① 호박종자 ② 토마토종자
③ 양파종자 ④ 무종자

해설
양파는 단명종자에 속하며 보기 중에서 수명이 가장 짧다.

**13** **종자검사요령상 시료 추출 시 양배추 순도검사 시료의 최소 중량으로 옳은 것은?**

① 70g ② 50g
③ 25g ④ 10g

해설
종자검사요령상 시료 추출 시 양배추 순도검사 시료의 최소중량은 10g, 제출시료는 100g 이다.



정답 07 ④ 08 ④ 09 ④ 10 ③ 11 ① 12 ③ 13 ④

**14** **종자관련법상 "종자업"에 대한 설명으로 옳은 것은?**

① 종자업자가 생산하여 판매·수출하거나 수입하려는 종자를 보증하는 행위를 업(業)으로 하는 것을 말한다.

② 신품종 생산만 하는 행위를 업(業)으로 하는 것을 말한다.

③ 종자를 생산·가공 또는 다시 포장(包裝)하여 판매하는 행위를 업(業)으로 하는 것을 말한다.

④ 2차 부산물을 생산하는 행위를 업(業)으로 하는 것을 말한다.

해설

"종자업"이란 종자를 생산・가공 또는 다시 포장(包裝)하여 판매하는 행위를 업(業)으로 하는 것을 말한다.

**15** **다음 중 종자가 퇴화하는 원인으로 볼 수 없는 것은?**

① 종자내에 양분의 고갈

② 종자내의 유해물질의 축적

③ 균이 침입하여 가피와 배의 색을 변색시킴

④ 지베렐린과 사이토키닌의 처리

해설

지베렐린과 시토키닌은 발아의 촉진과 휴면타파에 영향을 준다.

**16** **벼 포장검사 시 포장격리에서 원원종포·원종포는 이품종으로부터 몇 m 이상 격리되어야 하는가? (단, 각 포장과 이품종이 논둑 등으로 구획되어 있는 경우는 제외한다.)**

① 3m ② 2m

③ 1m ④ 1.5m

해설

원원종포·원종포는 이품종으로부터 3m이상 격리되어야 하고, 채종포는 이품종으로부터 1m이상 격리되어야 한다. 다만, 각 포장과 이품종이 논둑등으로 구획되어 있는 경우에는 그러하지 아니하다.

**17** **다음 중 오이의 암꽃 발달에 가장 유리한 조건은?**

① 13℃ 정도의 야간저온과 8시간 정도의 단일조건

② 25℃ 정도의 동일한 주·야간 온도와 10시간 정도의 단일조건

③ 25℃ 정도의 주간온도와 14시간 정도의 장일조건

④ 30℃ 정도의 주간온도와 14시간 정도의 장일조건

해설

오이는 저온 단일 조건에서 암꽃의 발달에 유리하다. 보기 1번의 조건이 저온의 단일 조건에 가장 부합된다.

**18** **다음 중 종자의 모양이 다른 것은?**

① 양파 ② 부추

③ 무 ④ 파

해설

종자의 형태에서 무는 난형에 해당하고 양파, 부추, 파는 방패형에 해당한다.

**19** **다음 중 광발아성 종자의 발아를 가장 촉진하는 광은?**

① 자외선 ② 적외선

③ 적생광 ④ 원적생광

해설

광발아성 종자의 발아 촉진에 영향을 주는 광은 600~700nm 의 적색광이다.

정답 14 ③ 15 ④ 16 ① 17 ① 18 ③ 19 ③

**20** **종자관리요강상 수입적응성시험의 대상작물 및 실시기관에서 한국종자협회의 대상작물로만 나열된 것은?**

① 벼, 보리
② 수박, 호박
③ 옥수수, 감자
④ 오차드그라스, 맥문동

해설
수입적응성시험의 대상작물 및 실시기관에서 한국종자협회는 무, 배추, 양배추, 고추, 토마토, 오이, 참외, 수박, 호박, 파, 양파, 당근, 상추, 시금치, 딸기, 마늘, 생강, 브로콜리를 대상작물로 한다.

## 제2과목 식물육종학

**21** **육종에 이용될 수 있는 변이가 유전변이이다. 유전변이의 감별법으로 가장 알맞은 것은?**

① 꽃가루 검정 ② 생산력 검정
③ 후대검정 ④ 조만성 검정

해설
후대검정은 변이를 나타낸 개체를 자식하여 선발된 우량형이 유전적인 변이인가를 관찰한다.

**22** **양성화 웅예선숙에 해당하는 것은?**

① 호밀 ② 셀러리
③ 양배추 ④ 무

해설
웅예선숙은 암술보다 수술이 먼저 성숙하는 것으로 옥수수, 딸기, 양파, 수박, 당근 등이 있다.

**23** **다음 중 단위결과를 옳게 설명한 것은?**

① 하나의 식물체에 하나의 과일이 달리는 현상
② 종자가 생기지 않고 과일이 비대되는 현상
③ 하나의 과일 속에 하나의 종자가 생기는 현상
④ 과일 속에 수많은 종자가 생기는 현상

해설
수정이 되고 종자가 생기지 않아도 과실이 형성되는 경우가 있는데 이를 단위결과라 한다.

**24** **우량품종에 한두가지 결점이 있을 때 이를 보완하는 데 효과적인 육종방법은?**

① 파생계통육종 ② 합성육종
③ 상호순환육종 ④ 여교배육종

해설
여교잡육종법은 양친의 제1대 잡종에 양친 중 한쪽의 유전자형을 가진 개체를 교잡하고 이것을 수세대 반복하여 우량개체를 선발하는 방법으로 결점을 보완하는데 효과적이다.

**25** **자가수분이 가장 용이하게 되는 경우는?**

① 장벽수정인 경우
② 이형예인 경우
③ 자가불화합성인 경우
④ 폐화수정인 경우

해설
꽃이 피기 전의 봉오리 상태일 때 일어나는 자가수정을 폐화수정이라 하며 자가수분이 용이하게 이루어진다.



정답 20 ② 21 ③ 22 ② 23 ② 24 ④ 25 ④

**26** 재배식물의 육종과정으로 옳은 것은?

① 육종재료 및 육종방법 결정 → 변이작성 → 유망계통 육성 → 신품종 결정 및 등록 → 증식 및 보급
② 육종재료 및 육종방법 결정 → 유망계통 육성 → 변이작성 → 신품종 결정 및 등록 → 증식 및 보급
③ 육종재료 및 육종방법 결정 → 신품종 결정 및 등록 → 유망계통 육성 → 변이작성 → 증식 및 보급
④ 육종재료 및 육종방법 결정 → 신품종 결정 및 등록 → 변이작성 → 유망계통 육성 → 증식 및 보급

해설

재배식물의 육종과정은 육종목표의 설정, 육종재료 및 육종방법 결정, 변이작성, 반복적 선발을 통해 유망계통 육성, 신품종의 결정 및 국가 기관에 등록, 신품종의 증식 및 보급이다.

**27** 세포가 개체를 재생하는 능력을 무엇이라 하는가?

① 단위결과　　② 발아능
③ 저항성　　④ 전능성

해설

식물은 하나의 기관이나 조직, 세포하나라도 적정 조건이 되면 모체와 동일한 유전형질을 갖는 완전한 식물체로 발달하는 전체형성능(전능성, totipotency)이라는 재생능력을 갖는다.

**28** 1개체 1계통 육종의 특징으로 틀린 것은?

① 유전력이 낮은 형질이나 폴리진이 관여하는 형질의 개체선발을 할 수 있다.
② 온실에서 세대촉진으로 생육기간을 단축시켜 육종연한을 줄일 수 있다.
③ 1개체에서 1립씩만 채종하므로 면적이 적게들고 많은 조합을 취급할 수 있다.
④ 밀식재배로 인하여 우수하지만 경쟁력이 약한 유전자형을 상실할 염려가 있다.

해설

1개체 1계통 육종은 집단육종과 계통육종의 이점을 모두 살리는 육종방법으로 초기 집단재배를 해서 유용유전자를 유지할수 있고 육종규모가 작아 온실에서 육종연한을 단축할 수 있다.

**29** 다음 중 양적 형질이 아닌 것은?

① 벼의 분얼 수　　② 꽃의 색
③ 열매의 크기　　④ 잎의 수

해설

질적형질은 꽃의 색같이 형질의 특성이 몇 가지 종류로 구분되는 형질이다.

**30** (A×B)×C와 같이 $F_1$과 제3의 품종을 교배하는 것으로 서로 다른 세 개의 품종을 사용하는 것은?

① 여교배　　② 3원교배
③ 벼교배　　④ 다계교배

해설

3원교잡(삼계교잡)은 단교배 $F_1$과 어떤 품종과 교배로 (A×B)×C 이다.

정답 26 ① 27 ④ 28 ① 29 ② 30 ②

**31** **배낭세포는 3회 연속 유사분열을 하여 8개의 세포를 가진다. 그 중 반족세포와 조세포는 몇 개의 세포를 갖는가?**

① 3개의 반족세포, 2개의 조세포
② 3개의 반족세포, 3개의 조세포
③ 2개의 반족세포, 3개의 조세포
④ 2개의 반족세포, 4개의 조세포

해설

배낭 4분자는 3개는 퇴화하고 1개만 체세포 분열을 3회 하게 되는데 8개의 핵을 가진 대포자가 형성된다. 이때 1개 난핵, 2개의 극핵, 2개의 조세포, 3개의 반족세포가 된다.

**32** **중복수정에 대한 설명으로 옳은 것은?**

① 난핵과 정핵, 조세포와 정핵이 수정하는 것
② 난핵과 정핵, 극핵과 정핵이 수정하는 것
③ 조세포와 정핵, 극핵과 정핵이 수정하는 것
④ 난핵과 정핵, 반족세포와 정핵이 수정하는 것

해설

중복수정은 배와 배유의 형성이 한 배낭 내에서 동시에 이루어지는 것을 말한다.

- 정핵(n)+난핵(n) → 배(2n)
- 정핵(n)+2개 극핵(2n) → 배젖(3n)

**33** **계통육종법과 집단육종법에 대한 설명으로 옳지 않은 것은?**

① 계통육종법은 유전자 수가 비교적 적고 감별이 용이한 질적형질의 개량에 효과적이다.
② 계통육종법은 양적형질들 중 유전력이 낮은 형질들에 대해서는 효과적이다.
③ 집단육종법은 초기에 선발하지 않고 집단 재배를 하면서 많은 유전자형을 양성하기 때문에 유효 유전자를 상실할 염려가 적다.
④ 집단육종법은 수량과 같은 양적형질의 개량에 유리하다.

해설

계통육종법은 질적형질이나 유전력이 높은 양적형질의 개량에 효과적인 육종법이다.

**34** **다음에서 설명하는 것은?**

- 같은 형질에 관여하는 여러 유전자들이 누적효과를 갖는다.
- 여러 경로에서 생성하는 물질량이 상가적으로 증가한다.

① 보족유전자 ② 중복유전자
③ 복수유전자 ④ 억제유전자

해설

동일 방향 작용 유전자가 누적효과가 나타나는 경우 복수유전자라 한다.

**35** **배낭모세포가 감수분열을 못하거나 비정상적인 분열을 하여 배를 형성하는 것은?**

① 부정배형성 ② 무포자생식
③ 복상포자생식 ④ 위수정생식

해설

복상포자생식은 배낭모세포의 수가 감수분열을 하지 못하고 체세포와 동일한 염색체 수를 가지게 된다.



정답 31 ① 32 ② 33 ② 34 ③ 35 ③

**36** **돌연변이 육종의 특징에 대한 설명으로 옳지 않은 것은?**

① 새로운 유전자를 창성할 수 있지만 단일 유전자를 변화시킬 수 없다.
② 영양번식작물에서도 인위적으로 유전적 변이를 일으킬 수 있다.
③ 방사선을 처리하여 염색체를 절단하면 연관군 내의 유전자들을 분리시킬 수 있다.
④ 형태적 기형화나 임실률이 떨어지는 변이가 많이 나타나고, 우량형질의 출현도 비교적 낮은 편이다.

해설

돌연변이 육종법은 새로운 유전자를 창성할 수 있고 단일유전자를 치환할 수 있다.

**37** **다음에서 설명하는 것은?**

> 이형접합체에서 우성형질만 나타나며, $F_2$의 표현형은 3:1로 분리한다.

① 불완전우성 ② 완전우성
③ 공우성 ④ 한성유전성

해설

완전우성은 이형접합체에서 우성형질만 나타나며 $F_1$ 에서 모두 우성형질만 나온다. $F_2$ 의 표현형은 우성:열성 = 3:1 로 분리된다.

**38** **잡종강세현상이 가장 뚜렷하며 형질이 균일하고 불량형질이 적게 나타나는 것은?**

① 톱교배 ② 여교배
③ 복교배 ④ 단교배

해설

단교배는 관여하는 계통이 2개뿐이라 우량 조합의 선정이 용이하고 잡종강세 현상이 뚜렷하다.

**39** **벼의 인공교배를 위한 제웅과 수분에 가장 적합한 것은?**

① 개화 다음날 오후 4시까지 제웅하고 일주일 후 오후 4시 이후에 수분시킨다.
② 개화전날 오전 10~12시 사이에 제웅하고 3일 후 오후 4시 이후에 수분시킨다.
③ 개화전날 오후 4시 이후에 제웅하고 다음날 오전 10~12시 사이에 수분시킨다.
④ 개화 다음날 오전 12시 까지 제웅하고 2주일 후 오전에 수분시킨다.

해설

벼의 개화는 오전 10시 쯤부터 시작되고 12시쯤 개화 최성기이므로 제웅 다음날 오전 10~12시 사이 수분시킨다.

**40** **다음 중 여교배 세대에 따라 반복친을 나타낼 때 $BC_4F_1$에 해당하는 반복친은 약 몇 %인가?**

① 75.0 ② 87.5
③ 93.8 ④ 96.9

해설

$1-(1/2)^{4+1} = 1-0.03125 = 0.96875 =$ 약 96.9 (%)

## 제3과목 재배원론

**41** **다음 중 식물 잎의 노화나 낙엽을 촉진하는 물질로 가장 옳은 것은?**

① ABA ② 옥신
③ 지베렐린 ④ 시토키닌

해설

ABA(Abscisic acid)는 생장억제물질에 속하며 식물에 있어 낙엽의 촉진, 휴면의 유도, 발아억제 등의 효과가 나타난다.

정답 36 ① 37 ② 38 ④ 39 ③ 40 ④ 41 ①

**42** **다음 중 혼파의 장점으로 가장 거리가 먼 것은?**

① 비료성분의 효율적 이용
② 잡초의 경감
③ 파종작업의 편리함
④ 산초량의 평준화

해설
혼파의 단점은 파종작업이 힘들고 작물의 생장속도 차이로 인해 관리에도 어려움이 있다.

**43** **병해충 방제에서 화학적 방제법이 아닌 것은?**

① 살균제 ② 생물농약
③ 유인제 ④ 기피제

해설
생물농약은 생물적 방제법에 해당한다.

**44** **경운시기와 건토효과에 대한 설명으로 가장 적절하지 않은 것은?**

① 흙이 습하고 차지며 유기물 함량이 많을 때에는 추경을 하는 것이 좋다.
② 흙이 사질이고 겨울에 강수량이 많을 때에는 추경을 하는 것이 좋다.
③ 건토효과는 밭에서보다 논에서 크다.
④ 봄철에 강유량이 많으면 춘경을 하는 것이 좋다.

해설
흙이 사질인 경우 모래 성분이 많이 포함되어 있어 추경을 하여도 양분이 대부분 소실되어 비효율적이다.

**45** **다음 중 산성토양에서 가장 결핍되기 쉬운 성분은?**

① Fe ② Mn
③ P ④ Zn

해설
강산성 토양에서 인산은 철, 알루미늄, 망간과 결합하여 식물이 이용할수 없게 된다.

**46** **다음 중 가장 높은 적산온도를 필요로 하는 작물은?**

① 추파맥류 ② 옥수수
③ 메밀 ④ 벼

해설
작물별로 적산온도의 경우 메밀은 1000~1200℃, 감자는 1300~3000℃, 추파맥류는 1700~2300℃, 완두는 2100~2800℃, 콩은 2500~3000℃, 담배는 3200~3600℃ 벼는 3500~4500℃ 정도이다.

**47** **식물체 줄기의 정아생장을 촉진하고 측아생장을 억제하는 식물생장조절물질로 가장 옳은 것은?**

① 옥신 ② ABA
③ 지베렐린 ④ 에틸렌

해설
옥신은 식물의 신장에 관여하는 호르몬으로 줄기나 뿌리의 선단부에서 만들어져 세포의 신장촉진에 도움을 주며 측아의 발달을 억제하는 기능을 하는 정아우세 현상이 나타난다.



정답 42 ③ 43 ② 44 ② 45 ③ 46 ④ 47 ①

**48** 작물 도복의 유발요인으로 가장 거리가 먼 것은?

① 질소성분의 과잉 흡수
② 근계의 발달과 근활력의 증대
③ 밀식재배
④ 병해충의 발생

해설

근계의 발달과 근활력의 증대는 도복을 감소시킨다.

**49** 작물 수량 증대를 위한 구성 요소가 아닌 것은?

① 재배환경 ② 유전성
③ 재배기술 ④ 유통환경

해설

작물수량 삼각형은 유전성, 환경조건, 재배기술 3가지에 영향을 받는다.

**50** 다음 중 장일 식물로만 나열된 것은?

① 콩, 담배 ② 시금치, 상추
③ 도꼬마리, 국화 ④ 담배, 무

해설

보리, 시금치, 양파, 당근, 양배추, 아마, 감자, 상추 등은 장일식물에 해당된다.

**51** 다음에서 설명하는 것으로 가장 적절한 것은?

| 빗물에만 의존하여 농사를 짓는 논 |
|---|

① 건답 ② 천수답
③ 누수답 ④ 습답

해설

벼농사에 필요한 물을 빗물에만 의존하는 논을 천수답이라 한다.

**52** 탄산시비의 효과가 아닌 것은?

① 수량증대 ② 품질향상
③ 착과율 감소 ④ 모 소질 향상

해설

탄산시비를 통해 수량 증대, 품질의 향상, 착과율의 증가 등의 효과가 있다.

**53** 씨 없는 포도를 유기하는데 가장 적절한 호르몬은?

① 지베렐린 ② ABA
③ 에틸렌 ④ 시토키닌

해설

씨 없는 포도가 형성되는 경우를 단위결과라 하며 이러한 단위결과는 지베렐린에 의해 유도된다.

**54** 다음 중 녹비작물로서 가장 거리가 먼 것은?

① 감자 ② 귀리
③ 자운영 ④ 호밀

해설

녹비작물에는 귀리, 호밀, 자운영, 콩 등이 있으며 감자는 식용작물의 분류에서 서류에 해당한다.

**55** 일반 농업의 특징에 대한 설명으로 가장 거리가 먼 것은?

① 공산물에 비하여 수요의 탄력성이 크다.
② 수확체감의 법칙이 적용된다.
③ 농산물의 가격변동이 심한 편이다.
④ 생산의 조절이 어렵다.

해설

농업의 경우 수요와 공급의 탄력성이 낮아서 생산의 변동에 따른 가격변동이 심한편이며 수확체감현상이 다른 산업보다 크게 나타난다. 또한 자연 기후적 조건 및 우발적 요인에 영향을 받기에 계획 생산 및 생산의 조절이 어렵다.

정답 48 ② 49 ④ 50 ② 51 ② 52 ③ 53 ① 54 ① 55 ①

**56** **엽면시비의 목적으로 옳지 않은 것은?**

① 토양시비가 곤란할 경우
② 영양상태를 급속히 회복시켜야 할 경우
③ 다량요소의 결핍증이 나타났을 경우
④ 뿌리흡수가 곤란할 경우

해설

엽면시비는 주로 철, 아연, 망간, 칼슘 등의 미량원소, 요소를 뿌려 준다.

**57** **광보상점에 대한 설명으로 가장 옳은 것은?**

① 음생식물과 양생식물에 광보상점은 존재하지 않는다.
② 음생식물과 양생식물의 광보상점은 동일하다.
③ 음생식물에 비하여 영생식물의 광보상점은 높다.
④ 음생식물에 비하여 양생식물의 광보상점은 낮다.

해설

양지식물은 광보상점과 광포화점이 높으며 음지식물은 광보상점과 광포화점이 낮다.

**58** **다음 중 연작장해가 가장 적은 작물은?**

① 딸기 ② 인삼
③ 참외 ④ 수박

해설

딸기는 연작 피해가 적은 작물에 속하며 인삼은 10년 이상의 휴작이 요구되며 연작의 피해가 가장 크다.

**59** **대전법은 어떤 작부방식에 해당되는가?**

① 순환농법 ② 이동경작
③ 휴한농법 ④ 자유경작

해설

대전법은 지속적 경작으로 지력이 떨어지고 잡초가 번식하면 다른 곳으로 이동하여 경작하는 이동경작이다.

**60** **다음 중 인과류로만 구성되어 있는 것은?**

① 포도, 복숭아 ② 배, 사과
③ 밤, 호두 ④ 앵두, 딸기

해설

배, 사과, 비파 등은 인과류에 해당한다.

## 제4과목 식물보호학

**61** **식물병원이 기주 식물의 세포벽을 분해하는 효소가 아닌 것은?**

① 펙틴 분해효소
② 탄닌 분해효소
③ 큐틴 분해효소
④ 셀룰로오스 분해효소

해설

세포벽의 구성 성분에서 셀룰로오스, 헤미셀룰로오스, 큐틴, 펙틴, 리그닌의 분해효소가 있다.

**62** **생물적 해충 방제 방법을 적용하기 위한 기생성 천적이 아닌 것은?**

① 진디혹파리 ② 온실가루이좀벌
③ 콜레마니진디벌 ④ 잎굴파리고치벌

해설

진디혹파리는 진딧물류, 깍지벌레류, 응애류와 기타 곤충들의 포식자에 해당하는 포식성 천적이다.



정답 56 ③ 57 ③ 58 ① 59 ② 60 ② 61 ② 62 ①

**63** 곤충강에 속하지 않는 것은?

① 좀목 ② 바퀴목
③ 진드기목 ④ 메뚜기목

해설

진드기목은 거미강에 해당된다.

**64** 토양 훈증제를 이용한 토양 소독 방법에 대한 설명으로 옳지 않은 것은?

① 화학적 방제의 일종이다.
② 식물병에 선택적으로 작용한다.
③ 비용이 많이 든다.
④ 효과가 크다.

해설

토양 훈증제는 특정 식물병에 선택적으로 작용하지 않는다.

**65** 주로 수공으로 감염되는 식물병은?

① 벼 도열병 ② 오이 노균병
③ 맥류 줄기녹병 ④ 벼 흰잎마름병

해설

벼 흰잎마름병은 세균인 *Xanthomonas oryzae* 에 의해 발생하고 세균이 수공이나 상처를 통해 침입하며 도관에서 증식하는 것이 특징이다.

**66** 식물병을 일으키는 바이러스의 특징으로 옳은 것은?

① 죽은 세포에서만 증식한다.
② 살아있는 세포에서만 증식한다.
③ 세포의 생사와 관계없이 세포핵에서 증식한다.
④ 세포의 생사와 관계없이 세포질에서 증식한다.

해설

바이러스는 핵산과 단백질로 구성되며 세포벽이 없다. 인공배양이 어렵고 살아 있는 세포에서만 증식한다.

**67** 논에서 제초제를 처리할 때 발생되는 약해 요인과 관련이 가장 적은 것은?

① 토양 성질 ② 기상 조건
③ 시비 방법 ④ 물 관리 조건

해설

약해의 요인은 농약자체의 원인, 환경에 의한 요인, 작물 자체에 의한 요인 등이 있다. 논에 제초제를 처리할 경우 물의 상태, 토양의 상태, 기상 조건 등을 고려해야 한다.

**68** 다음 중 농약의 원료로 천연물이 아닌 것은?

① 카보(carbo)
② 니코틴(nicotine)
③ 로테논(rotenone)
④ 피레스린(pyrethrin)

해설

천연살충제 종류로 제충국에서 추출한 피레트린제, 데리스의 뿌리에서 추출한 로테논제, 담배에서 추출한 니코틴제 등이 대표적이다.

**69** 종합적 잡초 방제에 대한 설명으로 옳은 것은?

① 약제 사용의 기회가 증대된다.
② 작물의 생산력을 간접적으로 감소시킨다.
③ 종합 방제 체계 하에서는 전체적인 잡초 밀도가 감소한다.
④ 가장 효과적인 한가지 방제 방법을 지속적으로 사용하는 것을 의미한다.

해설

종합적 방제는 여러 방제법을 조합하여 가장 효율적으로 방제하는 방법으로 이를 통해 전체적인 잡초 밀도 감소 효과가 나타난다.

정답 63 ③ 64 ② 65 ④ 66 ② 67 ③ 68 ① 69 ③

**70** **화분과 잡초가 아닌 것은?**

① 바랭이　　② 뚝새풀
③ 개비름　　④ 강아지풀

해설

화본과 잡초에는 둑새풀, 강피, 나도겨풀, 강아지풀, 바랭이 등이 있다. 개비름은 비름과에 속한다.

**71** **즙액을 빨아 식물에 피해를 주는 해충이 아닌 것은?**

① 배추벼룩잎벌레
② 복숭아혹진딧물
③ 버즘나무방패벌레
④ 톱다리개미허리노린재

해설

배추벼룩잎벌레는 부화유충이 땅속으로 들어가 뿌리를 가해하고 성충은 잎을 가해하며 잎에 구멍을 만든다.

**72** **식물병 방제를 위한 종자소독 방법이 아닌 것은?**

① 훈증　　② 분의
③ 침지　　④ 주입

해설

주입은 약제를 주입하는 방법으로 종자 소독 방법이 아니다.

**73** **잡초 발생으로 인한 피해가 아닌 것은?**

① 토양 침식
② 병해충 매개
③ 상호대립억제작용
④ 경합으로 인한 작물 수량 감소

해설

잡초가 있으면 토양 침식이 방지된다.

**74** **식물병 전염에 대한 설명으로 옳은 것은?**

① TMV는 경란 전염된다.
② 진딧물은 바이러스를 매개하지 못한다.
③ 벼 오갈병은 끝동매미충에 의해 매개된다.
④ 맥류 북지모자이크병은 벼멸구에 의해 매개된다.

해설

벼 오갈병은 끝동매미충, 번개매미충에 의해 매개된다.

**75** **불완전변태를 하는 곤충은?**

① 먹좀벌　　② 노린재
③ 딱정벌레　　④ 미국흰불나방

해설

나비목, 파리목, 벌목, 딱정벌레목 등은 완전변태를 한다.

**76** **어떤 유제(50%)를 1000배로 희석하여 150L를 살포하려 한다면 이 유제의 소요량은?**

① 15mL　　② 75mL
③ 150mL　　④ 300mL

해설

$$소요약량 = \frac{단위면적당사용량}{소요희석배수}$$

$$= \frac{150}{1,000} = 0.15L = 150ml$$

**77** **페녹시(phenoxy)계 제초제는?**

① 이사-디 액제
② 시마진 수화제
③ 뷰타클로르 유제
④ 알라클로르 유제

해설

이사디 제초제(2,4-D) 는 페녹시계 제초제이다.



정답 70 ③ 71 ① 72 ④ 73 ① 74 ③ 75 ② 76 ③ 77 ①

**78** **벼줄기굴파리의 설명으로 옳지 않은 것은?**

① 1년에 3회 발생한다.
② 못자리 고온성 해충이다.
③ 제1회 성충의 발생 최성기는 5월중 하순경이다.
④ 제1세대 부화유충은 줄기 속 생장점 부근에서 연약한 어린 잎을 가해한다.

**해설**

벼줄기굴파리는 온도가 높은 조건일수록 수명이 짧아진다.

**79** **다음 설명에 해당하는 농약 살포 방법은?**

> • 농약 약제의 입자가 식물체에 가장 잘 부착되는 방법이다.
> • 입자의 크기가 작고 비산성이 크므로 바람이 없는 경우에 살포하는 것이 적당하다.

① 살분법 ② 분무법
③ 도포법 ④ 연무법

**해설**

연무법은 약제의 주성분을 연기(10~20㎛)의 형태로 해서 사용하는 방법으로 입자의 크기가 작아 비산성이 크기에 바람이 없는 경우 살포하는 것이 좋다.

**80** **광조건에 따른 발아성의 분류에 있어 암발아 잡초 종자는?**

① 향부자 ② 쇠비름
③ 왕바랭이 ④ 광대나물

**해설**

암발아 종자에는 별꽃, 냉이, 광대나물, 독말풀 등이 있다.

**정답** 78 ② 79 ④ 80 ④

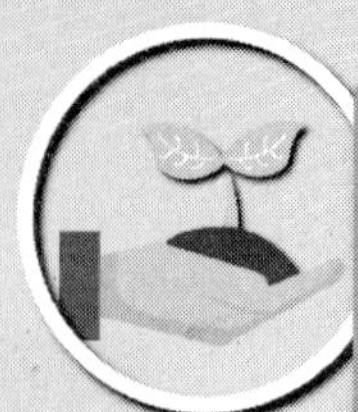

CBT

# 1회 종자산업기사

** 본문제는 수험생들의 기억을 바탕으로 작성 된 것으로 실제 문제와 차이가 있을 수 있습니다.

## 제1과목 종자생산학 및 종자법규

**01** 후숙에 의한 휴면타파 시 휴면상태가 종피휴면이고, 후숙처리방법이 고온에 해당하는 것은?

① 야생귀리 ② 상추
③ 자작나무 ④ 벼

해설

벼의 경우 종피에 발아억제물질이 많이 함유하여 종피휴면이 발생하며 고온의 처리를 통해 휴면을 타파한다. 야생귀리는 배휴면으로 저온처리, 상추, 자작나무는 종피휴면이나 저온 및 광처리를 통해 휴면을 타파하는것이 효과적이다.

**02** 다음에서 설명하는 것은?

> 콩에서 꽃봉오리 끝을 손으로 눌러 잡아당겨 꽃잎과 꽃밥을 제거한다.

① 클립핑법 ② 전영법
③ 절영법 ④ 화판인발법

해설

꽃봉우리 끝을 손으로 눌러 잡아당겨 꽃잎과 꽃밥을 함께 제거하며 콩, 자운영 등에 적용한다.

**03** 다음 중 장명종자에 해당하는 것으로만 나열된 것은?

① 스토크, 백일홍 ② 베고니아, 기장
③ 팬지, 스타티스 ④ 양파, 일일초

해설

화훼류의 장명종자 스토크, 백일홍, 안개초, 봉선화 등이 있다.

**04** 유한화서이면서, 작살나무처럼 2차지경 위에 꽃이 피는 것을 무엇이라 하는가?

① 두상화서 ② 유이화서
③ 원추화서 ④ 복집산화서

해설

복집산화서는 2차지경 위에 꽃이 피는 것으로 작살나무 등이 있다.

**05** 종피휴면을 하는 식물에서 억제물질의 존재부위가 배유에 해당하는 것은?

① 상추 ② 벼
③ 보리 ④ 도꼬마리

해설

상추는 종피휴면을 하는데 발아억제물질은 배유에 존재한다. 벼는 영에, 보리는 영과 과피, 도꼬마리는 내종피에 발아억제물질이 존재한다.

**06** 식물학상 과실을 이용하며, 과실이 영에 싸여 있는 것으로만 나열된 것은?

① 겉보리, 귀리 ② 밀, 시금치
③ 옥수수, 당근 ④ 상추, 목화

해설

과실의 외측이 내영, 외영에 싸여 있는 것으로 벼, 귀리, 겉보리 등이 있다.



정답 01 ④ 02 ④ 03 ① 04 ④ 05 ① 06 ①

**07** 품종보호를 받지 아니하거나 품종보호 출원 중이 아닌 품종의 종자가 용기나 포장에 품종보호를 받았다는 표시 또는 품종보호 출원 중이라는 표시를 하거나 이와 혼동하기 쉬운 표시를 하는 행위를 한 자가 받는 벌칙은?

① 3년 이하의 징역 또는 2천만원 이하의 벌금에 처한다.
② 2년 이하의 징역 또는 2천만원 이하의 벌금에 처한다.
③ 1년 이하의 징역 또는 1천만원 이하의 벌금에 처한다.
④ 1년 이하의 징역 또는 5백만원 이하의 벌금에 처한다.

해설
품종보호를 받지 아니하거나 품종보호 출원 중이 아닌 품종의 종자의 용기나 포장에 품종보호를 받았다는 표시 또는 품종보호 출원 중이라는 표시를 하거나 이와 혼동되기 쉬운 표시를 하는 행위는 3년 이하의 징역 또는 2천만원 이하의 벌금에 처한다.

**08** 종자관리요강에서 보증종자에 대한 사후관리시험의 검사항목인 것은?

① 발아율 ② 정립율
③ 품종순도 ④ 피해립율

해설
사후관리시험의 기준 및 방법에서 검사항목에는 품종의 순도, 품종의 진위성, 종자전염병이 있다.

**09** 다음 중 단일성 식물로만 이루어진 것은?

① 무궁화, 감자 ② 티머시, 토마토
③ 크로버, 백일홍 ④ 국화, 딸기

해설
콩, 옥수수, 담배, 고구마, 들깨, 국화, 코스모스, 딸기 등은 단일식물이다

**10** 종자관리요강에서 포장검사 용어 중 소집단의 한 부분으로부터 얻어진 적은 양의 시료를 말하는 것은?

① 소집단 ② 합성시료
③ 1차시료 ④ 제출시료

해설
1차시료는 소집단의 한부분으로부터 얻어진 적은 양의 시료를 말한다.

**11** 다음 중 (   )에 알맞은 내용은?

> (   )은 국태 생태계 보호 및 자원보존에 심각한 지장을 줄 우려가 있다고 인정하는 경우에는 대통령령으로 정하는 바에 따라 종자의 수출·수입을 제한하거나 수입된 종자의 국내 유통을 제한할 수 있다.

① 농촌진흥청장
② 국립종자원장
③ 농림축산식품부장관
④ 환경부장관

해설
농림축산식품부장관은 국내 생태계 보호 및 자원 보존에 심각한 지장을 줄 우려가 있다고 인정하는 경우에는 대통령령으로 정하는 바에 따라 종자의 수출·수입을 제한하거나 수입된 종자의 국내 유통을 제한할 수 있다.

**12** 도생배주에서 생긴 종자의 특성으로 종피와 다른 색을 띠며 가는 선이나 또는 홈을 이루는 것은?

① 봉선 ② 제
③ 주공 ④ 합점

해설
봉선은 가는 선이나 홈을 이룬 것으로 종피와 다른 색을 띠며 길이를 통해 종자의 구분이 가능하다

정답 07 ① 08 ③ 09 ④ 10 ③ 11 ③ 12 ①

**13** **감자보다 바이러스에 더 예민한 지표식물에 감자의 즙액을 접종하여 병의 발생 여부를 검정하는 것은?**

① 개별검정 ② 괴경단위재식법
③ 효소결합항체법 ④ 접종검정법

해설
식물바이러스 검정법에는 병징검정법, 접종검정법, 이화학적 검정, 전자현미경 검정, 혈청학적 검정 등의 방법이 있다. 여기서 접종검정법은 즙액접종을 이용하여 바이러스를 확인한다.

**14** **씨혹(caruncle)을 설명한 것은?**

① 통상 무병화(sessile)가 밀집한 화서
② 꽃받침조각으로 이루어진 꽃의 바깥쪽 덮개
③ 주공(珠孔, icropylar)부분의 조그마한 돌기
④ 꽃 또는 볏과식물의 소수(spikelet)를 엽맥에 끼우는 퇴화한 잎 또는 인편상의 구조물

해설
씨혹은 주공 부분의 작은 돌기이다.

**15** **품종목록 등재의 유효기간은 등재한 날이 속한 해의 다음 해부터 몇 년 까지로 하는가?**

① 5년 ② 7년
③ 10년 ④ 15년

해설
품종목록 등재의 유효기간은 등재한 날이 속한 해의 다음 해부터 10년까지로 한다.

**16** **한국종자협회에서 실시하는 수입적응성 시험 대상작물에 해당하는 것은?**

① 콩 ② 녹두
③ 고추 ④ 고구마

해설
수입적응성시험의 대상작물 및 실시기관에서 한국종자협회의 대상작물은 무, 배추, 양배추, 고추, 토마토, 오이, 참외, 수박, 호박, 파, 양파, 당근, 상추, 시금치, 딸기, 마늘, 생강, 브로콜리가 있다.

**17** **후숙의 직접적인 효과가 아닌 것은?**

① 종자의 숙도를 균일하게 한다.
② 종자의 충실도를 높인다.
③ 발아세와 발아율을 향상시킨다.
④ 종자의 수명을 연장시킨다.

해설
종자의 수명은 주로 수분함량, 온도, 산소 및 외부 환경에 의해 영향을 받으며 후숙에 의해 직접적인 영향을 받지는 않는다.

**18** **농림축산식품부장관은 종자관리사가 직무를 게을리하거나 중대한 과오를 저질렀을 때에는 몇 년 이내의 기간을 정하여 그 업무를 정지시킬 수 있는가?**

① 1년 ② 2년
③ 3년 ④ 5년

해설
농림축산식품부장관은 종자관리사가 이 법에서 정하는 직무를 게을리하거나 중대한 과오(過誤)를 저질렀을 때에는 그 등록을 취소하거나 1년 이내의 기간을 정하여 그 업무를 정지시킬 수 있다.



정답 13 ④ 14 ③ 15 ③ 16 ③ 17 ④ 18 ①

**19** **품종퇴화의 원인으로 부적절한 것은?**

① 미고정 형질의 분리
② 기계적 혼종
③ 돌연변이
④ 영양번식

해설

품종퇴화의 원인에는 유전적 퇴화, 생리적 퇴화 등이 있는데 영양번식의 경우 모종의 유전적 성질을 그대로 이어받는 번식으로 품종퇴화와는 관련이 없다.

**20** **전문인력 양성 기관의 지정취소 및 업무정지의 기준에서 전문인력 양성기관의 지정기준에 적합하지 않게 된 경우, 2회 위반시 처분은?**

① 업무정지 3개월
② 업무정지 6개월
③ 업무정재 12개월
④ 시정명령

해설

전문인력 양성기관의 지정기준에 적합하지 아니한 경우 2회 위반은 업무정지 3개월이다. 3회 위반시 지정취소에 해당된다.

## 제2과목 식물육종학

**21** **상위성이 있는 경우 양성잡종 $F_2$ 분리비가 15:1인 것은?**

① 보족유전자 ② 중복유전자
③ 억제유전자 ④ 피복유전자

해설

중복유전자의 $F_2$ 분리비는 15:1 이다.

**22** **잡종강세 육종에서 단교잡종보다 복교잡종의 유리한 점은?**

① 잡종강세의 발현이 현저하다.
② 불량형질이 나타나는 경우가 적다.
③ 채종량이 많다.
④ 품질이 균일하다.

해설

복교잡은 단교잡법보다 품질의 균일성이 떨어지나 채종량이 많고 종자가 크다.

**23** **재배식물에 발생하는 병에 대한 저항성으로 의미가 비슷한 것으로만 나열된 것은?**

① 질적저항성, 포장저항성, 수직저항성
② 양적저항성, 비특이적저항성, 수평저항성
③ 질적저항성, 비특이적저항성, 수직저항성
④ 양적저항성, 진정저항성, 수평저항성

해설

수평저항성은 비특이성저항성, 포장저항서이라고도 하며 비슷한 의미의 저항성에는 다인자저항성, 양적저항성 등도 있다.

**24** **다음 중 우성상위 $F_2$의 분리비로 가장 옳은 것은?**

① 12:3:1 ② 9:6:1
③ 15:1 ④ 9:3:4

해설

피복유전자는 두쌍의 비대립유전자간 한 우성 유전자가 다른 우성유전자의 발현을 막고 자신의 고유 특성만 발현하는 유전자를 말한다. $F_2$ 분리비는 12:3:1 이다.

정답 19 ④ 20 ① 21 ② 22 ③ 23 ② 24 ①

**25** **다음 중 인위적으로 유전변이를 작성하는 내용과 가장 관계가 없는 것은?**

① 종이 다른 야생종 벼와 재배종 벼 간 교배를 한다.
② 감자와 토마토의 체세포 원형질을 융합시킨다.
③ 생장점배양에 의한 딸기의 무병주 증식을 한다.
④ 박테리아에서 분리한 특정 유전자를 배추에 형질전환 한다.

해설
생장점배양은 바이러스가 없는 식물체를 얻는데 이용하는 방법으로 유전적 변이와는 관련이 없다.

**26** **무배유종자를 가진 것으로만 나열된 것은?**

① 벼, 밀　② 벼, 콩
③ 보리, 팥　④ 콩, 팥

해설
무배유종자에는 콩, 완두, 팥, 녹두, 클로버 등의 콩과 식물 및 수박, 오이, 호박, 상추, 배추 등이 있다.

**27** **다음 중 분리육종방법에서 순계분리에 대한 설명으로 가장 옳은 것은?**

① 품종화하기 이전에 지역적응시험이 필요치 않다.
② 다수의 선발개체로부터 채취한 종자를 혼합하여 세대를 진전한다.
③ 순계분리는 자식성 식물에 주로 적용되지만 타식성 식물의 자식계통 육성에도 이용된다.
④ 재래종을 공시화하여 선발계통의 우수성을 입증한다.

해설
기본 집단에서 우수한 형질을 가진 개체를 계속 선발하여 우수한 순계를 선발하는 방법으로 자가수정작물에 이용된다. 타가수정작물에서 근교약세를 나타내지 않는 작물은 순계분리법을 적용할 수 있는데 이때 순계를 얻기 위해 인공수분에 의한 교배가 필요하다.

**28** **감귤, 바나나와 같이 종자가 생성되지 않고 과일이 생기는 현상을 무엇이라 하는가?**

① 중복수정　② 아포믹시스
③ 단위결과　④ 배낭형성

해설
수정이 되고 종자가 생기지 않아도 과실이 형성되는 경우가 있는데 이를 단위결과라 한다.

**29** **다음에서 설명하는 것은?**

| 자가불화합성의 유전양식 중 화분의 유전자가 화합·불화합을 결정한다. |
|---|

① 계통형 자가불화합성
② 인공형 자가불화합성
③ 포자체형 자가불화합성
④ 배우체형 자가불화합성

해설
배우체형 자가불화합성은 화분(n)과 체세포(2n)로 이루어진 암술의 암술머리나 암술대간에 상호작용에 의한 결과로 교배의 화합과 불화합이 화분 자체의 유전자형에 의해 결정된다.

**30** **다음 동질 사배체는?**

① AABB　② BBBB
③ AAAABBBB　④ ABCD

해설
AAAA 혹은 BBBB 를 동질4배체라 한다.



정답 25 ③ 26 ④ 27 ③ 28 ③ 29 ④ 30 ②

**31** 기존의 우량품종의 단점을 교배를 통하여 단기간에 개선하는데 가장 적합한 육종방법은?

① 분리육종법 ② 계통육종법
③ 집단육종법 ④ 여교잡 육종법

해설
여교잡육종법은 연속적으로 교배하면서 목표형질만을 선발하므로 육종효과가 있으며 시간과 경비를 절약하는 장점이 있다.

**32** 내병성 품종의 육성을 효과적으로 수행하기 위한 필요조치로서 적합하지 않은 것은?

① 가장 병에 약한 계통을 일정한 간격으로 섞어 심는다.
② 문제되는 병이 가장 많이 발생하는 계절에 선발해야 한다.
③ 병원균을 인공접종 한다.
④ 살균제를 정기적으로 살포해 준다.

해설
내병성 품종 육성을 위해 병원균을 인공적으로 접종하여 유도하기에 살균제 및 살충제 등의 약제 살포를 하지 않도록 한다.

**33** 다음 중 중복수정 시 배유를 형성하는 조합은?

① 정핵+반족세포
② 정핵 +2개의 조세포
③ 정핵 +난핵
④ 정핵 +2개의 극핵

해설
피자식물 중복수정으로 정핵과 2개의 극핵을 통해 배유가 나타난다.

**34** 해외로부터 식물을 도입 시 격리하는 이유는?

① 농업적 특성을 조사하기 위해
② 급속한 증식을 위해
③ 국내풍토에 순화시키기 위해
④ 국내에 없는 병충해의 반입 여부를 검사하기 위해

해설
해외로부터 식물이 도입되면 국내에 없는 병충해의 반입으로 생태계에 영향을 줄수 있기에 이를 검사하기 위해 격리한다.

**35** 다음 중 (　　) 에 알맞은 것은?

> 토마토, 무화과 등은 개화기기에 (　)를 살포하면 단위결과가 유도된다.

① GA ② BNOA
③ BA ④ ABA

해설
BNOA 는 옥신의 합성호르몬으로 토마토 등의 개화기에 살포하면 단위결과가 유도된다.

**36** 반수체육종이 가장 유리한 점은?

① 교배를 할 필요 없다.
② 재조합형이 많이 나온다.
③ 돌연변이가 많이 나온다.
④ 육종연한을 크게 줄인다.

해설
반수체육종은 염색체를 배가시켜 동형접합체를 얻어 육종연한을 단축할 수 있다.

CBT

정답 31 ④ 32 ④ 33 ④ 34 ④ 35 ② 36 ④

**37** **다음 중 돌연변이 유발원으로 쓰이지 않는 것은?**

① 코발트60($^{60}CO$)
② X선(X ray)
③ 알콜(alcohol)
④ 열중성자

해설
알콜은 돌연변이를 유발할수 없다.

**38** **혼형집단의 재래종을 수집하고, 이 집단에서 우수한 개체를 선발·고정시키는 육종법은?**

① 세포융합육종 ② 돌연변이육종
③ 순계분리육종 ④ 배수체육종

해설
순계분리육종은 기본 집단에서 우수한 형질을 가진 개체를 계속 선발하여 우수한 순계를 선발하는 방법으로 자가수정작물에 이용된다.

**39** **양적형질을 개량하고자 할 때 그 형질의 유전력을 알고 있는 것은 육종상 매우 중요하다. 어떤 형질의 표현형 분산이 50이고 유전분산이 30일 때의 유전력은 얼마인가?**

① 37.5% ② 60%
③ 80.7% ④ 150%

해설
표현형 분산이 50 에 대한 유전분산 30 의 비를 광의의 유전력이라 하며 < $\frac{30}{50} \times 100 = 60(\%)$ >

**40** **꽃의 색깔은 흰색과 붉은색으로 뚜렷이 구분되고 그 중간계급이 없는 경우가 많다. 이와 같은 변이를 무엇이라고 하는가?**

① 연속변이 ② 환경변이
③ 연차변이 ④ 불연속변이

해설
불연속변이는 유전양식이 비교적 간단하고 중간계급이 없어 선발이 쉬운 변이이다.

## 제3과목 재배원론

**41** **방사성 동위원소가 방출하는 방사선 중에 가장 현저한 생물적 효과를 가진 것은?**

① X선 ② α선
③ β선 ④ γ선

해설
감마선(γ선)은 방사성 동위원소가 방출하는 방사선 중에서 생물학적 효과가 가장 크게 나타난다.

**42** **모관수(capillary water)의 설명으로 옳지 않은 것은?**

① 밭작물 재배 포장에서는 대부분 불필요하게 과잉 수분으로 존재한다.
② pF 2.7~4.5로서 작물이 주로 이용하는 수분이다.
③ 모세관현상에 의해서 지하수가 모관공극을 상승하여 공급된다.
④ 표면장력에 의해 토양공극 내에서 중력에 저항하여 유지된다.

해설
모관 인력에 의하여 토양 내의 작은 공극을 상승하는 수분을 모관수라 하며 식물이 사용할수 있는 수분으로 pF 2.7~4.5 이다.



정답 37 ③ 38 ③ 39 ② 40 ④ 41 ④ 42 ①

**43** **혼파에 관한 설명으로 틀린 것은?**

① 시비, 병충해 방제 등의 관리가 용이하다.
② 공간을 효율적으로 이용할 수 있다.
③ 재해에 대한 안정성이 증대된다.
④ 잡초를 경감시킬 수 있다.

해설

혼파는 두가지 이상의 작물을 혼합하여 파종하는 것으로 각 작물에 대한 생장속도 및 요구되는 양분 등의 차이로 시비 및 관리에 어려움이 있다.

**44** **화성유도의 주요인으로 가장 거리가 먼 것은?**

① 영양상태 ② 식물의 수분함량
③ 광조건 ④ 온도조건

해설

화성유도는 식물생장조절제, 식물의 영양상태, 광조건 및 환경조건에 영향을 받는다. 식물의 수분도 화성유도에 영향을 주는 요인이기는 하지만 주요인은 아니다.

**45** **다음 중 $CO_2$ 보상점이 가장 낮은 식물은?**

① 벼 ② 옥수수
③ 보리 ④ 담배

해설

옥수수와 같은 $C_4$ 식물은 콩이나 벼와 같은 식물들에 비하여 이산화탄소 보상점이 낮다.

**46** **냉해대책으로 입지조건 개선에 대한 내용으로 틀린 것은?**

① 방풍림을 제거하여 공기를 순환시킨다.
② 객토 등으로 누수답을 개량한다.
③ 암거배수 등으로 습답을 개량한다.
④ 지력을 배양하여 건실한 생육을 꾀한다.

해설

냉해를 방지하기 위해 방풍림을 설치하여야 한다.

**47** **수광태세가 좋아지고 밀식적응성을 높이는 콩의 초형으로 틀린 것은?**

① 키가 크고, 도복이 안되며, 가지를 적게 친다.
② 꼬투리가 원줄기에 많이 달리고, 밑에까지 착생한다.
③ 잎이 크고 가늘다.
④ 잎자루가 짧고 일어선다.

해설

콩의 수광태세 조건에서 잎은 작고 가는 것이 좋다.

**48** **질산환원효소의 구성성분으로 질소대사에 필요하고, 콩과작물 뿌리혹박테리아의 질소고정에 필요한 무기성분은?**

① 아연 ② 망간
③ 마그네슘 ④ 몰리브덴

해설

몰리브덴은 작물의 미량원소로 질산 환원 효소의 구성성분으로 콩과작물의 질소고정에 도움을 준다.

**49** **다음 중 (    ) 에 알맞은 내용은?**

> 서로 도움이 되는 특성을 지닌 두 가지 작물을 같이 재배할 경우 이 두 작물을 (    )이라고 한다.

① 중경작물 ② 보호작물
③ 흡비작물 ④ 동반작물

해설

서로 도움이 되는 작물을 같이 재배하는 경우 동반작물이라 한다.

CBT

정답 43 ① 44 ② 45 ② 46 ① 47 ③ 48 ④ 49 ④

**50** 다음 작물 중에서 내습성이 가장 강한 것은?

① 율무　　② 유채
③ 보리　　④ 메밀

해설
내습성이 강한 작물로 미나리, 벼, 옥수수, 율무 등이 있다.

**51** 배낭속의 난핵과 꽃가루관에서 온 웅핵의 하나가 수정한 결과 생긴 것으로 장차 식물체가 되는 부분은?

① 배　　② 배유
③ 주심　　④ 자엽

해설
배낭속의 난핵과 꽃가루관에서 온 웅핵의 하나가 수정하여 배가 되고 나머지 웅핵은 극핵과 결합해 배유가 된다.

**52** 식물학상 종자로만 이루어진 것은?

① 옥수수, 참깨　　② 콩, 참깨
③ 벼, 보리　　④ 쌀보리, 유채

해설
식물학상 종자로만 이루어진 것은 담배, 목화, 참깨, 콩, 자두, 앵두 등이 있다.

**53** 다음 중 청고의 개념으로 옳은 것은?

① 벼가 수온이 낮은 유동 청수에 관수되어 서서히 사멸하는 경우
② 벼가 수온이 높은 정체 탁수에 관수되어 급격히 사멸하는 경우
③ 벼가 수온이 낮은 유동 청수에 관수되어 급격히 사멸하는 경우
④ 벼가 수온이 높은 정체 탁수에 관수되어 서서히 사멸하는 경우

해설
벼가 고수온의 정체탁수에에서 단백질 소모가 없이 푸른 상태로 죽기에 청고라고 한다.

**54** 다음 중 식물의 생육이 왕성한 여름철의 미기상 변화를 옳게 설명한 것은?

① 지표면의 온도는 낮에는 군락과 비슷하며 밤에는 군락보다 더 낮다.
② 군락 내의 탄산가스 농도는 낮에는 지표면이나 대기중의 탄산가스 농도보다 높다.
③ 밤에는 탄산가스가 공기보다 무겁기 때문에 지표면에서 가장 높고 지표면에서 멀어질수록 낮아진다.
④ 대기 중의 탄산가스 농도는 약 350ppm으로 지표면과 군락 내에서도 낮과 밤에 따른 변화가 거의 없이 일정하다.

해설
탄산가스는 보통의 공기보다 무겁기 때문에 아래쪽으로 가라앉는 성질이 있어 지표면에서 가장 높게 분포하고 지표면에서 멀어질수록 낮아지게 된다.

**55** 벼의 키다리병에서 생성된 식물생장조절제는?

① 에틸렌　　② 사이토키닌
③ 지베렐린　　④ 2,4-D

해설
지베렐린은 종자의 휴면타파의 효과가 있는 식물생장조절제로 옥신과 함께 사용시 효과가 극대화되는데 벼의 키다리병에서 유래한 물질이다.

**56** 기상생태형으로 분류할 때 우리나라 벼의 조생종은 어디에 속하는가?

① Blt형　　② bLt형
③ BLt형　　④ blT형

해설
감온형(blT형) 작물로 조생종, 올콩, 봄조, 여름메밀 등이 있다.



정답 50 ① 51 ① 52 ② 53 ② 54 ③ 55 ③ 56 ④

**57** 작물이 주로 이용하는 토양수분의 형태는?

① 흡습수 ② 모관수
③ 중력수 ④ 지하수

해설

결합수와 흡습수는 식물이 사용할수 없는 수분이고 주로 모관수가 작물에 이용된다.

**58** 생력기계화 재배의 전제 조건으로만 짝지어진 것은?

① 경영단위의 축소, 노동임금 상승
② 잉여노동력 감소, 적심재배
③ 재배면적 축소, 개별재배
④ 경지정리, 제초제 이용

해설

생력기계화 재배를 위한 전제조건으로 농지가 생력화를 가능하게 할수 있게 정리되어야 하기에 관련된 내용으로 경지정리 및 제초제이용이 있다.

**59** 다음 중 냉해란?

① 작물의 조직세포가 동결되어 받는 피해
② 월동 중 추위에 의하여 작물이 받는 피해
③ 생육적온보다 온도가 낮아 작물이 받는 피해
④ 저온에 의하여 작물의 조직 내에 결빙이 생겨서 받는 피해

해설

냉해는 저온의 피해로 냉해의 원인은 저온, 일조 부족, 다우 등이 있다.

**60** 다음 중 접목의 목적과 방법이 올바르게 짝지어진 것은?

① 생육을 왕성하게 하고 수령을 늘리기 위한 접목 - 감나무에 고욤나무를 접목
② 병해충저항성을 높이기 위한 접목 - 수박을 박이나 호박에 접목
③ 과수나무의 왜화와 결과연형을 단축하고 관리를 쉽게 하기 위한 접목 - 사과나무를 환엽해당에 접목
④ 건조한 토양에 대한 환경적응성을 높이기 위한접목 - 서양배나무를 중국콩배에 접목

해설

수박을 박 혹은 호박에 접목하게 되면 덩굴쪼김병, 선충 등의 토양전염성 병해에 저항성이 높아진다.

CBT

## 제4과목 식물보호학

**61** 일반적인 곤충의 특징이 아닌 것은?

① 다리는 5마디로 되어 있다.
② 공통적으로 날개를 가지고 있다.
③ 머리, 가슴, 배의 3부분으로 되어 있다.
④ 입은 크게 나누어 씹는 입틀과 빠는 입틀로 나눌 수 있다.

해설

곤충의 경우 유시아강에서 날개가 퇴화되어 없거나 날개를 접을수 없는 고시류, 날개를 접을수 있는 신시류 등으로 분류되기에 공통적인 날개를 가진 것은 아니다.

**62** 다음 중 선택성 제초제로 옳은 것은?

① 2,4-D ② Paraquat
③ Sulfosate ④ Glufosinate

해설

선택성 제초제에는 2,4-D, MCP, MCPB, DCPA 등이 있다.

정답 57 ② 58 ④ 59 ③ 60 ② 61 ② 62 ①

**63** **에프 유제를 1,000배로 희석해서 10a당 100L 살포하려 할 때 소요 약량은?**

① 1ml ② 10ml
③ 100ml ④ 1000ml

해설

$$소요약량 = \frac{단위면적당사용량}{소요희석배수}$$

$$= \frac{100}{1000} = 0.1L = 100ml$$

**64** **다음 중 식물병 대발생에 대한 것으로 옳은 것은?**

① 스리랑카에서 커피 녹병 발생
② 미국에서 벼 재씨무늬병의 발생
③ 아일랜드 지방의 고구마 역병 발생
④ 인도 벵갈지방의 옥수수 재씨무늬병 발생

해설

19세기 스리랑카는 세계 커피 생산국이었으나 커피 녹병의 발생하였다.

**65** **식물 바이러스의 검출에 많이 사용하는 효소결합항체법은 무엇인가?**

① MRI ② PNP
③ HPLC ④ ELISA

해설

효소결합항체법(ELISA)은 항체에 효소를 결합시켜 바이러스와 반응했을 때 노란색으로 나타나는 정도로 확인하는 방법이다.

**66** **다년생 논 잡초가 우점하는 군락형으로 천이가 일어나는 원인으로 가장 거리가 먼 것은?**

① 손 제초 감소
② 잡초의 휴면성
③ 재배시기 변동
④ 잡초 방제 방법 변화

해설

잡초군락의 천이의 경우 주로 재배작물이나 작부체계가 변화하거나 경종조건이 변화할 경우 영향을 받는다.

**67** **10a당 3kg을 사용하는 약제를 가지고 $5000m^2$ 에 사용하려면 필요 약량은?**

① 1.5kg ② 2kg
③ 15kg ④ 20kg

해설

- 10a = $1000m^2$
- $1000m^2$ : 3kg = $5000m^2$ : 필요 약량
- 필요약량 = 15kg

**68** **파리목 성충의 형태적 특징으로 옳은 것은?**

① 날개가 1쌍이다.
② 몸이 좌우로 납작하다.
③ 씹는 입틀을 가지고 있다.
④ 날개가 비늘가루로 덮여있다.

해설

파리목은 1쌍의 날개를 가지며 뒷날개는 평균곤으로 변형되어 몸의 균형 유지와 감각기근을 담당한다.



정답 63 ③ 64 ① 65 ④ 66 ② 67 ③ 68 ①

CBT

**69** **매개충과 관련된 식물병을 짝지은 것으로 옳지 않은 것은?**

① 끝동매미충 - 벼 오갈병
② 애멸구 - 벼 줄무늬잎마름병
③ 말매미충 - 대추나무 빗자루병
④ 복숭아혹진딧물 - 감자 잎말림병

해설
대추나무 빗자루병의 매개충은 마름무늬매미충이다.

**70** **성충은 8월경에 콩꼬투리와 잎자루에 산란하고 부화한 유충은 콩꼬투리를 뚫고 들어가서 종실을 갉아먹으며, 연1회 발생하여 노숙유충으로 월동하는 해충은?**

① 콩나방 ② 콩풍뎅이
③ 완두콩바구미 ④ 콩잎말이명나방

해설
콩나방은 1년에 1회 발생하고 땅속의 고치안에서 성장한 유충으로 월동하여 8월경 우화한다. 유충은 콩의 어린 꼬투리를 가해하여 종실까지 피해를 주는데 가해초기에는 발견이 어렵다.

**71** **해충의 발생밀도를 조사하기 위한 방법이 아닌 것은?**

① 피해조사법 ② 예찰등조사법
③ 포충망조사법 ④ 털어잡기조사법

해설
해충조사를 위한 방법으로는 예찰, 포충망을 이용하거나, 유아등을 통한 채집, 접착트랩, 털어잡기 등 해충의 종류에 따라 적합한 방법을 선택한다.

**72** **살비제에 대한 설명으로 옳은 것은?**

① 응애를 죽이는 약제이다.
② 비소가 들어있는 살균제이다.
③ 소화중독제가 아닌 모든 농약을 말한다.
④ 살포시 바람에 의해 비산되는 농약을 말한다.

해설
살비제는 곤충에는 살충력이 거의 없고 응애류 방제에 효과가 있는 약제이다.

**73** **농약관리법에 정의된 잔류성에 의한 농약의 구분으로 옳지 않은 것은?**

① 종자전염성농약 ② 작물잔류성농약
③ 토양잔류성농약 ④ 수질오염성농약

해설
농약관리법상 잔류성에 의한 농약의 분류로 작물잔류성농약, 토양잔류성농약, 수질오염성농약이 있다.

**74** **다음 중 완전변태류가 아닌 것은?**

① 벌목 ② 나비목
③ 메뚜기목 ④ 딱정벌레목

해설
진딧물류, 잠자리목, 메뚜기목 등은 불완전변태를 한다.

**75** **국내 토양 잔류성 농약으로 규제하고 있는 농약의 반감기 기준은?**

① 30일 이상 ② 60일 이상
③ 180일 이상 ④ 365일 이상

해설
토양 중 농약의 반감기간이 180일 이상인 농약을 토양잔류성 농약이라 한다.

정답 69 ③ 70 ① 71 ① 72 ① 73 ① 74 ③ 75 ③

**76** **잡초를 토양수분 적응성에 따라 분류할 때 바랭이와 명아주는 어느 것에 속하는가?**

① 수생잡초 ② 건생잡초
③ 부유잡초 ④ 습생잡초

해설

토양수분 적응성에 의한 분류에서 바랭이, 명아주, 쇠비름, 강아지풀 등은 건생잡초로 분류된다.

**77** **광 요구성 잡초종자의 발아에 관여하는 파이토크롬의 활성화 조사에 필요한 빛의 유형은?**

① 남색광 ② 백색광
③ 황색광 ④ 적색광

해설

종자 껍질에 있는 색소단백질인 피토크롬은 적색광(Pfr형, 660nm)에서는 발아가 촉진된다.

**78** **잡초방제를 위한 방법 중 생태적 방제법이 아닌 것은?**

① 윤작 ② 경운
③ 피복작물 재배 ④ 재식밀도 조절

해설

잡초방제를 위한 방제법에서 경운은 예방적 방제법에 해당한다.

**79** **중국대륙에서 날아 들어오는 비래해충은?**

① 벼애나방 ② 감자나방
③ 벼밤나방 ④ 혹명나방

해설

외국에서 날아오는 비래해충에는 멸강나방, 벼멸구, 혹명나방 등이 있다.

**80** **식물바이러스의 구성성분으로 옳은 것은?**

① 핵산과 단백질
② 단백질과 비타민
③ 핵산과 탄수화물
④ 단백질과 탄수화물

해설

바이러스는 핵산과 단백질로 구성된 핵단백질로 세포벽이 없는 것이 특징이다.



정답 76 ② 77 ④ 78 ② 79 ④ 80 ①

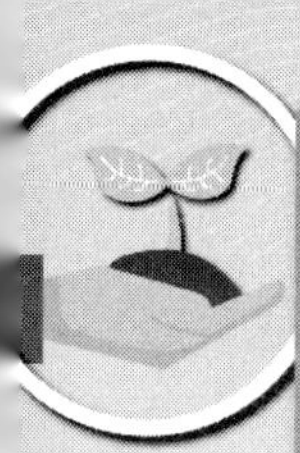

CBT

# 2회 종자산업기사

** 본문제는 수험생들의 기억을 바탕으로 작성 된 것으로 실제 문제와 차이가 있을 수 있습니다.

## 제1과목 종자생산학 및 종자법규

**01** 채소작물의 포장검사 시 시금치의 포장격리 거리는?

① 100m ② 300m
③ 700m ④ 1000m

해설
채소작물의 포장격리 기준에서 시금치는 1,000m 이다.

**02** 다음 중 ( 가 ), ( 나 )에 가장 알맞은 내용은?

> 오이에 GA를 살포하면 암꽃분화가 ( 가 )되고, 대부분 ( 나 )ppm 이상의 처리로 감응한다.

① 가 : 증가, 나 : 10
② 가 : 증가. 나 : 30
③ 가 : 억제, 나 : 2
④ 가 : 억제, 나 : 50

해설
오이에 GA(지베렐린)을 살포하면 암꽃분화가 억제되고 대부분 50ppm 이상의 처리로 감응한다.

**03** 기본식물에서 유래된 종자를 무엇이라 하는가?

① 원종 ② 원원종
③ 보급종 ④ 장려품종

해설
원원종은 품종 고유의 특성을 보유하고 종자의 증식에 기본이 되는 종자를 말한다.

**04** 다음 중 암발아성 종자에 해당하는 것으로만 나열된 것은?

① 양파, 오이 ② 베고니아, 갓
③ 명아주, 담배 ④ 차조기, 우엉

해설
암발아성 종자(혐광성종자)에는 호박, 토마토, 고추, 양파, 가지, 오이, 무, 부추 등이 있다.

**05** 다음 작물 중 배(胚)가 낫 모양을 하고 있는 종자는?

① 토마토 ② 명아주
③ 쇠비름 ④ 시금치

해설
무, 토마토 등의 종자의 배가 낫 모양을 하고 있다.

**06** 종자 춘화형 작물로만 짝지어진 것은?

① 배추, 양배추 ② 양배추, 당근
③ 양파, 당근 ④ 무, 배추

해설
종자춘화형에는 완두, 잠두, 무, 배추 등이 있다.

**07** 종자의 생성없이 과실이 자라는 현상은?

① 단위결과 ② 단위생식
③ 무배생식 ④ 영양결과

해설
수정이 되고 종자가 생기지 않아도 과실이 형성되는 경우가 있는데 이를 단위결과라 한다.

정답 01 ④ 02 ④ 03 ② 04 ① 05 ① 06 ④ 07 ①

**08** **다음 중 (　　　)에 알맞은 온도는?**

> 층적처리 방법 중 배휴면을 하는 종자는 저온에 수일 내지 수개월 저장하면 휴면이 타파된다. 이 때 (　　)미만 저온은 효과가 없다.

① 6℃　② 4℃
③ 2℃　④ 0℃

해설
층적처리는 휴면의 타파 뿐만 아니라 발아력 저하방지, 발아억제물질 제거, 후숙 방지 등의 효과가 있다. 배휴면을 하는 종자의 휴면 타파의 경우 0℃ 미만의 조건에서는 효과가 거의 나타나지 않는다.

**09** **종자가 발아에 적당한 조건을 갖추어도 발아하지 않는 현상을 무엇이라 하는가?**

① 발아정지　② 휴면
③ 퇴화　④ 생육정지

해설
성숙한 종자가 발아조건이 되어도 발아하지 않을 경우 휴면이라 하며 생육의 일시적 정지상태라 할수 있다.

**10** **종자의 보증과 관련된 검사 서류를 보관하지 아니한 자에 대한 최대 과태료 부과기준은?**

① 1백만원　② 3백만원
③ 5백만원　④ 1천만원

해설
보증종자를 판매하거나 보급하려는 자가 종자의 보증과 관련된 검사서류를 보관하지 아니 하면 1천만원 이하의 과태료를 부과한다.

**11** **다음 중 국가품종목록에 등재하여 품종의 생산보급이 가능한 작물은?**

① 밀　② 콩
③ 호밀　④ 고구마

해설
품종목록에 등재할 수 있는 대상작물은 벼, 보리, 콩, 옥수수, 감자와 그 밖에 대통령령으로 정하는 작물로 한다. 다만, 사료용은 제외한다.

**12** **다음 채소 중 자연 상태에서 자가 수정 능률이 가장 높은 것은?**

① 완두　② 양파
③ 시금치　④ 호프

해설
자가수정작물인 완두는 자가수정능률이 높으며 타가수정작물인 양파, 시금치 등은 낮은 편이다.

**13** **국내에 처음으로 수입되는 품종의 종자를 판매하기 위해 수입하고자 하는 자가 신청하는 수입적응성시험을 실시하는 기관으로 맞는 것은?**

① 농업기술센터
② 한국종자협회
③ 국립종자원
④ 국립농산물품질관리원

해설
수입적응성시험기관에는 농업기술실용화재단, 한국종자협회, 한국종균생산협회, 국립산림품종관리센터, 한국생약협회, 농업협동조합중앙회가 있다.



정답 08 ④ 09 ② 10 ④ 11 ② 12 ① 13 ②

**14** **품종보호와 관련하여 심판을 청구하고자 할 경우 심판청구서에 작성할 내용으로 맞지 않는 것은?**

① 심판청구자의 성명과 주소, 품종의 명칭을 기재하여야 한다.
② 심판청구서에는 청구의 취지 및 이유가 기재되어야 한다.
③ 품종보호 출원일자 및 품종보호 출원번호는 기재하지 않아도 된다.
④ 심사관이 품종보호를 결정한 일자를 기재한다.

해설

심판을 청구하려는 자는 공동부령으로 정하는 심판청구서에 다음 사항을 적어 심판위원회 위원장에게 제출하여야 한다.

- 당사자 및 대리인의 성명과 주소(법인인 경우에는 그 명칭, 대표자 성명 및 영업소 소재지)
- 품종명칭
- 품종보호 출원일 및 품종보호 출원번호
- 심사관의 거절결정일, 품종보호결정일 또는 취소결정일
- 청구의 취지 및 그 이유

**15** **종자세의 평가방법에서 종자의 발아에 나쁜 조건을 주어 검정하는 방법으로 옥수수나 콩에 가장 보편적으로 이용되는 검사법은?**

① 호흡량 검사법
② 저온검사법
③ 구루코스 대사검사법
④ 테트라조리움 검사법

해설

저온검사법은 종자 발아에 저온과 다습 조건에서 검사하는 방법 중 하나로 옥수수, 콩 등에 보편적으로 이용되는 방법이다.

**16** **국가품종목록에 등재할 수 있는 대상작물이 아닌 것은?**

① 보리 ② 콩
③ 감자 ④ 사료용 옥수수

해설

품종목록에 등재할 수 있는 대상작물은 벼, 보리, 콩, 옥수수, 감자와 그 밖에 대통령령으로 정하는 작물로 한다. 다만, 사료용은 제외한다.

**17** **종자가 발아하는데 중요한 요인이 아닌 것은?**

① 질소 ② 수분
③ 온도 ④ 산소

해설

종자 발아에 영향을 주는 요인에는 수분, 온도, 광, 산도 등이 있다.

**18** **종자관련법상 품종목록법상 품종목록에 등재품종등의 종자 생산에 관한 설명 중 틀린 것은?**

① 국립종자원장은 종자생산을 대행할 수 있다.
② 산림청장은 종자생산을 대행할 수 있다.
③ 특별시장은 종자생산을 대행할 수 있다.
④ 도지사는 종자생산을 대행할 수 있다.

해설

농촌진흥청장 또는 산림청장, 특별시장·광역시장·특별자치시장·도지사 또는 특별자치도지사, 대통령령으로 정하는 농업단체 또는 임업단체, 농림축산식품부령으로 정하는 종자업자는 품종목록에 등재한 품종의 종자 또는 농산물의 안정적인 생산에 필요하여 고시한 품종의 종자를 생산할 경우에는 그 생산을 대행하게 할 수 있다.

CBT

정답 14 ③ 15 ② 16 ④ 17 ① 18 ①

**19** **종자의 발아를 촉진하고 초기생육을 빠르게 하여 균일한 모를 얻기 위해 싹을 틔어서 파종하는 것은?**

① 침종　　② 최아
③ 선종　　④ 파종

해설

싹을 틔어서 파종하는 것을 최아라 한다.

**20** **다음 중 상온의 공기 또는 약간 가열한 공기를 곡물 층에 통풍하여 건조하는 방법은?**

① 천일건조　　② 밀봉건조
③ 상온통풍건조　　④ 냉동건조

해설

상온의 공기 또는 약간 가열한 공기를 곡물 층에 통풍하여 건조하는 방법을 상온통풍건조라 한다.

## 제2과목 식물육종학

**21** **다음 중 여교배 세대에 따라 반복친을 나타낼 때 $BC_4F_1$에 해당하는 반복친은 약 몇 %인가?**

① 75.0　　② 87.5
③ 93.8　　④ 96.9

해설

$1-(1/2)^{4+1} = 1-0.03125 = 0.96875 =$ 약96.9 (%)

**22** **종속간 교잡을 하면 수정이 되더라도 배가 완전 발육을 못하고 중도에서 정지되거나 또는 배유의 발육불량으로 종자가 발아하지 못한다. 이러한 경우 잡종을 얻을 수 있는 방법은?**

① 배배양　　② 배주배양
③ 자방배양　　④ 경정배양

해설

배배양은 수정이 되더라도 배가 완전 발육을 못하고 중도에서 정지하는 경우 적당한 배지에서 성장시키는 배양방법이다.

**23** **2n × 20인 작물의 연관군 개수는?**

① 5개　　② 10개
③ 20개　　④ 40개

해설

동일염색체상에서 2개 이상의 유전자가 연관되어 있어야 하고 이 유전자들은 n 핵상의 염색체만큼 연관군을 이루고 있다. 2n=20 의 경우 10개의 연관군을 가진다.

**24** **벼와 같은 자식성 식물에서 잡종강세에 대한 설명으로 옳은 것은?**

① 자식성 식물이므로 잡종 강세가 일어나지 않는다.
② 교배조합에 따라 잡종강세가 일어날 수 있다.
③ 모든 교배조합에서 잡종강세가 크게 나타난다.
④ 자식성 식물에서는 잡종강세를 조사하지 않는다.

해설

자식성식물에서 잡종강세가 나타나는 경우도 있지만 타식성 식물에서 현저하게 나타난다.

**25** **피자식물에서 볼 수 있는 중복수정의 기구는?**

① 난핵 × 정핵, 극핵 × 생식핵
② 난핵 × 생식핵, 극핵 × 영양핵
③ 난핵 × 정핵, 극핵 × 정핵
④ 난핵 × 정핵, 극핵 × 영양핵

해설

피자식물의 중복수정은 2개의 정핵 중 1개는 난핵과 결합하여 배가 되고 다른 1개는 2개의 극핵과 결합해서 배젖이 된다.



정답 19 ② 20 ③ 21 ④ 22 ① 23 ② 24 ② 25 ③

**26** **다음 중 폴리진에 대한 설명으로 가장 옳지 않은 것은?**

① 양적 형질 유전에 관여한다.
② 각각의 유전자가 주동적으로 작용한다.
③ 환경의 영향에 민감하게 반응한다.
④ 누적적 효과로 형질이 발현된다.

해설

각각의 유전자가 주동적으로 작용하기보다 각각의 폴리진이 같은 방향으로 작용한다.

**27** **다음 중 멘델의 유전법칙에 대한 설명으로 틀린 것은?**

① 우성과 열성의 대립유전자가 함께 있을 때 우성형질이 나타난다.
② $F_2$에서 우성과 열성형질이 일정한 비율로 나타난다.
③ 유전자들이 섞여 있어도 순수성이 유지된다.
④ 두 쌍의 대립형질이 서로 연관되어 유전 분리한다.

해설

멘델의 유전법칙의 독립에 법칙에 의거하여 다른 염색체상에 있는 두쌍이나 두쌍 이상의 대립유전자가 간섭받지 않고 후대로 전해진다.

**28** **자식성 작물에서 신품종의 증식과정은?**

① 원원종포 → 원종포 → 채종포
② 채종포 → 원원종포 → 원종포
③ 원종포 → 원원종포 → 채종포
④ 원원종포 → 채종포 → 원종포

해설

작물의 종자생산 관리체계는 기본식물, 원원종, 원종, 채종포(보급종), 농가의 순이다.

**29** **다음 중 양적형질의 유전과 가장 거리가 먼 것은?**

① 2쌍 이상의 유전자가 관여하여 정규곡선과 같은 변이분포를 나타낸다.
② 폴리진이 폴리진계로서 존재하여 변이에 관여한다.
③ 주로 수량에 관여하는 형질에 대하여 연속적 변이를 나타낸다.
④ 꽃 색깔과 같이 대립변이로 나타난다.

해설

양적변이는 길이, 무게, 수량 등 측정형질을 숫자로 표현하나 꽃 색깔과 같은 것은 숫자로 표현할수 없는 질적변이로 분류된다. 꽃 색깔은 대립변이, 불연속변이로 나타난다.

**30** **찰벼와 메벼를 교잡하여 얻은 교잡종자의 배유가 투명한 메벼의 성질을 나타내는 현상으로 가장 옳은 것은?**

① 크세니아 ② 메타크세니아
③ 위잡종 ④ 단위결과

해설

찰벼와 메벼의 교잡을 통해 다음 자손의 형질이 당대의 종자의 배젖에 표현되는 경우로 이를 크세니아라 한다.

**31** **하나의 화분모세포는 감수분열 후 몇 개의 소포자세포가 되는가?**

① 1개 ② 2개
③ 3개 ④ 4개

해설

화분모세포는 2회 연속 핵분열로 염색체 수가 체세포의 반으로 줄어들어 4개의 딸세포가 형성된다.

정답 26 ② 27 ④ 28 ① 29 ④ 30 ① 31 ④

**32 복 2배체 육종법의 설명으로 틀린 것은?**

① 고정이 가능하다.

② 2배체와의 교잡으로 2차적 육종이 가능하다.

③ 자연상태에서 육성된다.

④ 인공적으로 육성되지 않는다.

해설

복이배체(복2배체)는 이질배수체라 하며 서로 다른 종류의 게놈이 배가되어 배수체를 만든 것으로 인공적으로 육성된다.

**33 단교잡종에 대한 설명으로 옳은 것은?**

① 발아력이 약하다.

② 품질의 균일도가 낮다.

③ 잡종강세 발현이 약하다.

④ $F_1$종자 수량이 많다.

해설

단교잡종은 종자의 생산량이 적고 종자의 발아력이 약한 편이다.

**34 우리나라에서 현재 배추의 일대교잡종 채종에 보편적으로 이용하는 유전적 특성은?**

① 자가화합성 ② 자가불화합성

③ 교잡불화합성 ④ 웅성불임성

해설

자가불화합성의 이용에서 잡종강세를 나타내는 작물의 1대잡종($F_1$) 종자를 대량 생산할 수 있어 국내의 경우 무, 배추, 양배추 종자 생산에 이용된다.

**35 다음 중 정역교배 효과란?**

① 세포질 효과

② $F_1$이 지식 될 때의 효과

③ $F_1$이 모친과 여교잡 될 때의 효과

④ $F_1$이 부친과 여교잡 될 때의 효과

해설

정역교배는 $F_1$이 자방친의 특성만을 닮는다면 세포질적 유전을 나타내는 것이다.

**36 유전적 평형집단에서 A 유전자의 빈도를 0.7, a 유전자의 빈도를 0.3이라고 했을 때 집단 내에서 AA, Aa, aa의 유전자형의 빈도는?**

① AA: 0.7, Aa: 0.21, aa: 0.3

② AA: 0.49, Aa: 0.42, aa: 0.09

③ AA: 0.09, Aa: 0.42, aa: 0.49

④ AA: 0.7, Aa: 0, aa: 0.3

해설

Aa 를 자식하면 AA : 2Aa : aa 로 유전자형 빈도는 AA: 0.49, Aa: 0.42, aa: 0.09 로 나타난다.

**37 AA/aa 조합에서 열성친(aa)으로 여교배한 $BC_1F_1$의 유전구성으로 가장 옳은 것은?**

① 모두 열성유전자형이다.

② 모두 우성유전자형이다.

③ 동형접합체와 이형접합체가 1:1이다.

④ 유성유전자형과 열성유전자형이 3:1이다.

해설

AA/aa 의 여교잡의 경우 Aa, Aa. aa, aa 으로 동형접합체와 이형접합체가 1:1 이다.



정답 32 ④ 33 ① 34 ② 35 ① 36 ② 37 ③

**38** **약배양 하여 얻은 반수체 식물을 2배체로 만드는데 염색체 배가를 위하여 주로 사용하는 약제는?**

① 콜히친 ② 에틸렌
③ NAA ④ EMS

해설
인위적으로 염색체를 배가시켜 동질배수체를 작성하려면 콜히친(colchicine)처리법을 이용해야 한다. 콜히친을 종자나 세포분열이 왕성한 식물체의 생장점 부위에 처리하면 분열상태의 세포의 방추사, 세포막의 형성을 저해하고 복제된 염색체가 양극으로 분리되는 것을 방해하는 작용을 한다.

**39** **2개의 형질을 지배하는 2개의 유전자좌가 매우 근접해 있을 때 이를 분리하여 재조합형을 얻는데 가장 효과적인 방법은?**

① 방사선처리 ② 교잡
③ 고온처리 ④ 저온처리

해설
2개의 서로 다른 두 세포의 유전자를 방사선 처리로 분리하여 재조합하여 새로운 형질전환세포를 만들 수 있다.

**40** **세포질 · 유전자적 웅성불임성을 이용하여 옥수수 1대 잡종 종자를 대량으로 채종하기 위해서 육종가 또는 육종기관은 어떤 종류의 계통을 세트로 유지하고 있어야 하는가?**

① 웅성불임계통, 내충성계통, 근동질유전자계통
② 근동질유전자계통, 웅성불임유지계통, 다수성계통
③ 내충성계통, 다수성계통, 임성회복유전자계통
④ 임성회복유전자계통, 웅성불임유지계통, 웅성불임계통

해설
세포질 유전자적 웅성불임으로 잡종강세를 이용하기 위해서 웅성불임친과 그 웅성불임성을 유지해 주는 유지친, 웅성불임친의 임성을 회복시켜 주는 회복인자친이 있어야 한다.

## 제3과목 재배원론

**41** **작물의 생리적 또는 형태적 요인에 따른 내동성 정도를 옳게 설명한 것은?**

① 원형질의 점도가 낮고 연도가 높으면 내동성이 낮다.
② 원형질 단백질에 -SS기가 많은 것이 -SH기가 많은 것에 비하여 내동성이 크다.
③ 포복성인 것이 직립성인 것에 비하여 내동성이 낮다.
④ 세포의 수분함량이 높으면 세포의 결빙을 조장하여 내동성이 낮다.

해설
작물내부에 수분 함량이 적거나 유지함량이 높을수록 내동성이 강한편이다.

**42** **인공영양번식에서 환상박피처리를 하는 번식법으로 가장 적절한 것은?**

① 삽목 ② 취목
③ 복접 ④ 지접

해설
취목은 환상박피처리한 부분에 공중취목을 통해 번식을 한다.

정답 38 ① 39 ① 40 ④ 41 ④ 42 ②

**43 일반적으로 작물생육에 적합한 토양 3상의 비율은?(단, 고상, 액상, 기상의 순으로 나열)**

① 60%, 20%, 20% ② 50%, 30%, 20%
③ 25%, 50%, 25% ④ 20%, 60%, 20%

해설
고상:액상:기상=50:25:25 비율로 구성되어 있는 것이 작물이 크기에 가장 이상적인 구조이다.

**44 식물의 필수원소 중의 하나인 붕소가 결핍되었을 때 식물에 나타나는 특징적인 증상은?**

① 분열조직에 괴사가 일어나고 사과의 축과병과 같은 병해를 일으키며 수정, 결실이 나빠진다.
② 생장점이 말라죽고 줄기가 약해지며 잎의 끝이나 둘레가 황화되고, 심하면 아랫잎이 떨어진다.
③ 생육초기에 뿌리의 발육이 나빠지고 잎이 암녹색 이 되어 둘레에 점이 생기며, 심하게 결핍되면 잎이 황색으로 변한다.
④ 황백화 현상이 일어나고 줄기나 뿌리에 있는 생장점의 발육이 나빠지며 식물체 내의 탄수화물이 감소하며 종자의 성숙이 나빠진다.

해설
조직이 전반적으로 거칠고 단단해 지며 괴사가 일어나며 꽃가루 생성이 불량하고 불임이 발생한다.

**45 인과류 로만 나열되어 있는 것은?**

① 사과, 배, 비파
② 무화과, 딸기, 포도
③ 복숭아, 앵두, 자두
④ 감, 밤, 대두

해설
인과류에는 배, 사과, 비파 등이 있다.

**46 일반적으로 과수재배에서 환상박피를 하는 원리로 가장 적당한 것은?**

① 전류작용의 촉진 ② 수분 공급의 조절
③ C-N율의 증대 ④ 내병성의 증대

해설
환상박피를 통해 지상부의 탄수화물 축적이 많아지면서 개화 및 결실이 촉진된다.

**47 내건성 작물의 특성을 가장 잘 설명한 것은?**

① 건조할 때에 단백질의 소실이 빠르다.
② 건조할 때에 호흡이 낮아지는 정도가 작다.
③ 원형질의 점성이 낮고 수분 보유력이 강하다.
④ 원형질막의 수분 투과성이 크다.

해설
내건성 작물은 원형질의 점성이 높고 원형질막의 수분투과성이 크다.

**48 다음 중 다년생 방동사니과에 해당하는 것으로만 나열된 것은?**

① 여뀌, 물달개비 ② 올방개, 매자기
③ 개비름, 맹아주 ④ 망초, 별꽃

해설
다년생 방동사니과에는 너도방동사니, 쇠털골, 올방개, 올챙이고랭이, 매자기 등이 있다.



정답 43 ② 44 ① 45 ① 46 ③ 47 ④ 48 ②

## 49 T/R율에 대한 설명으로 틀린 것은?

① 토양함수량이 감소하면 T/R율이 커진다.
② 질소를 다량 시용하면 T/R율이 커진다.
③ 토양통기가 부량하면 T/R율이 증대된다.
④ 감자나 고구마의 경우 파종기나 이식기가 늦어질수록 T/R율이 커진다.

**해설**

토양내 수분이 많거나 일조의 부족, 석회사용의 부족 등이 지하부의 생육을 불량하게 하여 T/R 율이 커진다. 반대로 토양의 수분이 감소되면 T/R율이 감소된다.

## 50 토양 속에서 미생물의 작용을 받아 생리적 중성을 나타내는 비료는?

① 황산암모니아 ② 과인산석회
③ 용성인비 ④ 칠레초석

**해설**

생리적 중성비료에는 질산암모늄, 질산칼륨, 요소, 과인산석회 등이 있다.

## 51 한가지 주 작물이 생육하고 있는 조간에 다른 작물을 재배하는 방법은?

① 혼작 ② 간작
③ 점혼작 ④ 교호작

**해설**

간작은 한가지 작물이 생육하고 있는 조간에 다른 작물을 재배하는 방법이다.

## 52 5~7년 이상의 휴작이 필요한 작물로 구성된 것은?

① 고구마, 무 ② 생강, 당근
③ 호박, 담배 ④ 완두, 우엉

**해설**

5~7년 휴작이 요구되는 작물에는 수박, 토마토, 사탕무, 완두, 가지, 우엉, 고추 등이 있다.

## 53 작물의 기지현상에 대한 설명으로 옳은 것은?

① 하우스 재배에서는 기지현상이 발생하지 않는다.
② 연작의 해가 적은 작물은 벼, 조, 수수, 옥수수 등이다.
③ 기지가 문제가 되는 과수는 사과나무, 포도나무, 살구나무 등이다.
④ 화곡류와 두과작물을 윤작하면 기지현상이 많이 발생한다.

**해설**

연작의 해가 적은 작물은 벼, 맥류, 조, 수수, 옥수수, 담배, 무, 당근, 양파, 호박, 순무, 아스파라거스, 딸기, 미나리, 양배추 등이 있다.

## 54 화아분화나 과실의 성숙을 촉진시킬 목적으로 실시하는 작업은?

① 환상박피 ② 순지르기
③ 절상 ④ 잎따기

**해설**

환상박피를 통해 지상부의 탄수화물 축적이 많아지면서 개화 및 결실이 촉진된다.

## 55 다음 중 습해의 대책이 아닌 것은?

① 내습성 작물 및 품종을 선택한다.
② 심층시비를 실시한다.
③ 배수를 철저히 한다.
④ 토양공기를 조장하기 위해 중경을 실시하고 석회 및 토양개량제를 시용한다.

**해설**

심층비시는 암모니아태 질소비료를 논 토양의 환원층에 주어 탈질을 막아주는 역할을 하나 습해에 대한 대책은 되지 못한다.

CBT

정답 49 ① 50 ② 51 ② 52 ④ 53 ② 54 ① 55 ②

**56 습해의 발생기구에 대한 설명으로 틀린 것은?**

① 과습하여 토양산소가 부족하면 직접피해로서 호흡장해가 생긴다.

② 무기성분 (N, P, K, Ca, Mg등)이 과잉흡수, 축적되어 피해를 유발한다.

③ 봄과 여름철에는 토양미생물의 활동으로 환원성 유해물질이 생성되어 피해가 커진다.

④ 토양전염병해의 전파가 많아지고 작물도 쇠약하여 병해발생을 초래한다.

해설

습해는 토양이 과습상태가 되어 작물에 피해현상이 나타나는 것이지 무기성분이 과잉흡수 및 축적으로 발생하는 것이 아니다.

**57 콩 농사를 하는 홍길동은 콩밭 둘레에 옥수수를 심어 방풍효과도 거두었다. 이 작부체계로서 가장 적절한 것은?**

① 간작　　② 혼작

③ 교호작　　④ 주위작

해설

주위작은 포장의 주위에 포장내의 작물과는 다른 작물을 재배하는 방식으로 주위에 빈공간을 이용하는 것이다. 옥수수나 수수의 경우 주위에 재배시 방풍의 효과가 있다.

**58 다음 중 휴립휴파법 이용에 가장 적합한 작물은?**

① 보리　　② 고구마

③ 감자　　④ 밭벼

해설

휴립휴파법은 이랑을 세우고 이랑에 파종하는 방법으로 고구마에 적합한 방법이다.

**59 지베렐린의 재배적 이용에 해당되는 것은?**

① 앵두나무 접목 시 활착촉진

② 호광성 종자의 발아촉진

③ 삽목 시 발근촉진

④ 가지의 굴곡유도

해설

지베렐린은 작물에 적용시 종자의 발아촉진, 화성유도, 생장 촉진 등의 효과가 있어 호광성 종자의 발아촉진에 활용된다.

**60 다음 작물 중에서 자연적으로 단위결과하기 쉬운 것은?**

① 포도　　② 수박

③ 가지　　④ 토마토

해설

씨없는 과실이 형성되는 경우 단위결과라 하며 대표적으로 바나나, 포도, 오이, 감귤류 등이 해당된다.

## 제4과목 식물보호학

**61 약제의 주성분을 공기 중에다 안개와 같은 작은 입자로 부유시키는 방법으로 높은 농도의 약제를 짧은 시간에 처리할 수 있는 제형은?**

① 분제　　② 수화제

③ 훈연제　　④ 연무제

해설

연무제는 안개와 같이 작은 입자로 공기 중에 부유하여 약제를 처리하는 방법이다.



정답 56 ② 57 ④ 58 ② 59 ② 60 ① 61 ④

**62** 벼 도열병의 발병원인으로 가장 적절한 것은?

① 고온 건조 조건일 때
② 저온 다습 조건일 때
③ 잡초 방제할 때
④ 질소 균형 시비할 때

해설
벼 도열병은 온도가 낮고 습도가 높을 경우, 바람이 강하게 불 경우, 토양온도가 낮을 경우 자주 발생한다.

**63** 제초제의 제형에 계면활성제를 첨가하는 이유로 가장 거리가 먼 것은?

① 습윤성 증진 ② 확산성 증진
③ 분산성 증진 ④ 휘발성 증진

해설
계면활성제는 물과 기름의 계면에서 표면장력을 감소시켜 약품의 습윤성, 부착성 및 고착성, 확전성을 높여주는 역할을 한다.

**64** 완전변태를 하는 곤충으로만 올바르게 나열한 것은?

① 벌, 파리 ② 매미, 잠자리
③ 메뚜기, 노린재 ④ 진딧물, 총채벌레

해설
완전변태를 하는 곤충에는 나비목, 파리목, 벌목, 딱정벌레목 등이 있다.

**65** 생물적 잡초 방제 방법으로 옳지 않은 것은?

① 상호대립억제작용은 잡초 방제에 방해가 된다.
② 식물 병원균은 수생 잡초의 방제에 효과적이다.
③ 잡초 방제에 이용되는 천적은 식해성 곤충일수록 좋다.
④ 어패류를 이용할 경우 초종 선택성이 없어 방류제한성이 문제가 된다.

해설
상호대립억제작용은 타감작용이라 하며 근처 식물의 생육에 영향을 주는 것으로 잡초의 방제에 활용되는 생물적 방제법에 해당된다.

**66** 잡초에 대한 작물의 경합력을 높이는 방법으로 옳지 않은 것은?

① 윤작 실시 ② 토양 pH 조절
③ 재배 방법 변화 ④ 작물 품종 선택

해설
작물의 경합력을 높이는 방법에는 밀도의 조절, 환경조건에 적응력이 강한 품종을 선택, 조숙종의 선택, 이앙 재배, 윤작 실시, 경운 실시 등의 방법 등이 있으나 토양의 pH 조절은 큰 효과가 없다.

**67** 농약이 인체 내로 들어와 흡입중독 시 응급처치 방법으로 옳지 않은 것은?

① 옷을 벗겨 체온을 낮춘다.
② 편안한 자세로 안정시킨다.
③ 공기가 신선한 곳으로 옮긴다.
④ 호흡이 약하면 인공호흡을 한다.

해설
흡입중독은 약물이 기도를 통해 중독된 경우 환자가 바람이 잘 통하는 깨끗한 장소에 눕히고 의복을 느슨하게 하여 신선한 공기를 호흡할 수 있도록 하며 심할 경우 인공호흡을 실시한다.

CBT

정답 62 ② 63 ④ 64 ① 65 ① 66 ② 67 ①

## 68 다음 설명에 해당하는 해충은?

> • 우리나라 제주도 귤나무에 피해가 많았으며, 두꺼운 밀랍으로 덮여있어 농약으로 인한 방제효과가 미비하다.
> • 연 1회 발생하며 가지와 잎에 기생하며 흡즙하여 가해한다.

① 귤응애 ② 귤굴나방
③ 루비깍지벌레 ④ 담배거세니마나방

**해설**

루비깍지벌레
- 1년에 1회 발생하며 주로 가지에 기생하면서 흡즙 가해한다.
- 6~8월 유충이 발생하고 9월에 성충이 된다.
- 동화작용을 저해시켜 생육이 불량해지고 그을음병을 발생시킨다.
- 암컷 성충은 두꺼운 암적색 밀랍 분비물로 이루어져 있다.

## 69 논에서 주로 많이 발생하는 잡초는?

① 망초 ② 바랭이
③ 쇠뜨기 ④ 물달개비

**해설**

물달개비는 1년생 논잡초이다.

## 70 복숭아혹진딧물에 대한 설명으로 옳지 않은 것은?

① 흡즙성 해충이다.
② 단위생식을 한다.
③ 바이러스를 매개한다.
④ 간모 상태로 월동한다.

**해설**

복숭아혹진딧물은 복숭아나무 겨울눈 기부에서 알로 월동한다.

## 71 살균제로 옳지 않은 것은?

① 베노밀 수화제
② 만코제브 수화제
③ 아세타미프리드 수화제
④ 보르도혼합액 입상수화제

**해설**

아세타미프리드 수화제는 살충제에 속한다.

## 72 식물 병해충 발생에 따른 피해 설명으로 옳지 않은 것은?

① 느릅나무 마름병으로 인해 수목 경관이 훼손된다.
② 대추나무 빗자루병으로 인해 대추 품질이 저하된다.
③ 감자 무름병은 저장, 수송과정에서 발생하여 피해를 준다.
④ 소나무 재선충병 방제를 위하여 해마다 경제적 손실이 발생하고 있다.

**해설**

대추나무 빗자루병 발생시 가지 끝부분에 작은 이과 가는 가지가 빗자루 형태로 나고 꽃이 피지 않으며 병든 가지에 열매는 열리지 않는다. 대추의 품질이 저하되는 것이 아니라 열매가 열리지 않게 된다.

## 73 논에 사용하는 제초제가 아닌 것은?

① 2,4-D 액제 ② 벤타존 액제
③ 뷰타클로르 유제 ④ 메티오졸린 유제

**해설**

메티오졸린은 잔디용 제초제로 많이 활용된다.



정답 68 ③ 69 ④ 70 ④ 71 ③ 72 ② 73 ④

**74** **잡초를 1년생, 월년생, 다년생으로 구분하는 분류 방식은?**

① 잡초의 생활형에 따른 분류
② 잡초의 발생 시기에 따른 분류
③ 잡초의 발생 장소에 따른 분류
④ 잡초의 토양수분 적응성에 따른 분류

해설

잡초를 1년생, 월년생, 다년생으로 구분하는 것은 생활형에 따른 분류이다.

**75** **식물병의 발생생태에 대한 설명으로 옳지 않은 것은?**

① 보리 속깜부기병균은 종자의 배 속에 잠재한다.
② 호밀 맥각병균의 맥각은 종자와 섞여서 존재한다.
③ 벼 도열병균은 볏짚이나 볍씨에 포자나 균사로 수년 동안 생존한다.
④ 각종 작물의 모잘록병균은 병든 식물체에서 난포자 또는 분생포자 등으로 월동한다.

해설

보리 속깜부기병은 병에 걸린 씨알은 백색 피막에 쌓여 있고 수확할 때 흑색분말이 비산하지 않지만 탈곡할 경우 후막포자가 흩어진다.

**76** **인위적 처리에 의한 잡초 종자의 휴면타파 방법과 거리가 먼 것은?**

① 파상방법 ② 냉동저장방법
③ 온도처리방법 ④ 약품처리방법

해설

종자의 휴면 타파를 위해 종피파상법, 약품처리법, 온도처리법, 광처리법, 황산처리법 등을 활용하나 냉동저장방법은 종자를 장기간 저장하기 위한 방법에 해당한다.

**77** **곤충강에 속하지 않는 것은?**

① 좀목 ② 바퀴목
③ 진드기목 ④ 메뚜기목

해설

진드기목은 거미강에 속한다.

**78** **농약의 원액이나 유효성분 함량이 높은 ULV제 등을 항공기를 이용하여 살포하는 방법은?**

① 연무법 ② 관주법
③ 살분법 ④ 미량살포법

해설

미량살포자(ULV제)는 항공 살포를 이용한다.

**79** **Sulfonylurea 계 제초제가 아닌 것은?**

① Bensulfuron
② Prometryn
③ Cinosulfuron
④ Flazasulfuron

해설

설포닐우레아(Sulfonylurea) 제초제에는 벤셀퓨론(bensulfuron), 아짐설퓨론(azimsulfuron), 시노설퓨론(cinosulfuron), 플라자설퓨론(flazasulfuron) 등이 있다.

**80** **식물병원성 균류의 일반적인 특징으로 옳지 않은 것은?**

① 영양체와 번식체로 구성된다.
② 세포 내 소기관을 가지고 있다.
③ 원형질막 안쪽에는 세포벽이 있다.
④ 엽록소가 없어서 광합성을 할 수 없다.

해설

균류는 세포벽은 외부에 존재하고 그 성분은 키틴으로 이루어져 있다.

정답 74 ① 75 ① 76 ② 77 ③ 78 ④ 79 ② 80 ③

CBT

# 3회 종자산업기사

** 본문제는 수험생들의 기억을 바탕으로 작성 된 것으로 실제 문제와 차이가 있을 수 있습니다.

## 제1과목 종자생산학 및 종자법규

**01** **종자전염성 병의 방제법을 가장 옳게 설명한 것은?**

① 파종 직전 종자처리로 완전 방제가 가능하다.
② 종자저장 중 방제로 모든 병해충을 방제할 수 있다.
③ 종자수확 후 방제에 의하여 전염원을 완전히 제거할 수 있다.
④ 종자수확 전 방제가 가장 중요하다.

해설
종자전염성 병의 경우 종자수확 전 사전에 미리 방제를 하는 것이 가장 효과적이다.

**02** **다음 중 발아 시 광 조건과 무관한 불감수성 종자는?**

① 양파 ② 상추
③ 담배 ④ 옥수수

해설
광 불감수성 종자에는 화곡류, 옥수수 및 대부분의 콩과 작물이 해당된다.

**03** **기본식물에서 유래된 종자를 무엇이라 하는가?**

① 원종 ② 원원종
③ 보급종 ④ 장려품종

해설
원원종은 품종 고유의 특성을 보유하고 종자의 증식에 기본이 되는 종자를 말한다.

**04** **종자의 형태에서 형상이 능각형에 해당하는 것으로만 나열된 것은?**

① 보리, 작약 ② 메밀, 삼
③ 모시풀, 참나무 ④ 배추, 양귀비

해설
종자의 형상은 타원형, 구형, 능각형 등 다양한 형태로 분류되며 능각형에는 메밀과 삼이 있다.

**05** **다음 중 채소류 영양번식의 특징에 대한 설명으로 가장 적절하지 않은 것은?**

① 번식의 용이성
② 종자와 같은 장기저장 곤란
③ 영양체를 통한 바이러스 감염 방지
④ 저장 및 운반의 비용의 과다

해설
영양번식은 모체와 유전적으로 동일한 개체로 모체가 바이러스에 감염되면 영양번식한 다음 세대의 경우도 바이러스 감염된다.

**06** **다음 ( )에 공통으로 들어갈 내용은?**

> ·( )은/는 포원세포로부터 자성배우체가 되는 기원이 된다.
> ·( )은/는 원래 자방조직에서 유래하며 포원세포가 발달하는 곳이다.

① 주피 ② 주심
③ 주공 ④ 에피스테이스

해설
주심은 포원세포에서 자성배우체가 되는 기원으로 자방조직에서 유래하며 포원세포가 발달한다.



정답 01 ④ 02 ④ 03 ② 04 ② 05 ③ 06 ②

**07** 교배에 앞서 제웅이 필요 없는 작물로만 나열된 것은?

① 벼,보리 ② 토마토, 가지
③ 오이, 호박 ④ 귀리, 멜론

해설
교배에 앞서 제웅이 필요 없는 작물에는 오이, 호박, 수박 등이 있다.

**08** (        )에 알맞은 내용은?

> 제 1상의 저온감응상의 요구가 없고 다만 제2상의 일장감응상에 의하므로 이러한 (    )식물은 교배에 있어서 일장처리에 의하여 개화기를 조절할 수 있다.

① 녹식물춘화형 ② 무춘화형
③ 종자춘화형 ④ 제춘화형

해설
무춘화형은 개화에 저온의 요구가 없고 일장반응에 따라 개화한다.

**09** 다음 작물 중 크세니아 현상이 가장 잘 일어나는 작물은?

① 옥수수 ② 메밀
③ 호밀 ④ 양파

해설
크세니아의 경우 예를 들어 찰벼와 메벼를 교잡하여 얻은 교잡종자의 경우 배유가 메벼의 성질이 나타나는 경우를 말한다. 주로 찰성벼, 보리, 밀, 옥수수 등에서 나타난다.

**10** 다음 국제종자보증과 검사에 대한 설명 중 맞지 않은 것은?

① 시료채취와 검사가 국제종자검사협회(ISTA) 공인검정기관에 의하여 이루어지면 등황색증명서로 표시한다.
② 표본이 비공인으로 채취되고 검사만 ISTA 공인검정기관에서 이루어지면 청색증명서로 표시된다.
③ 우리나라는 OECD 회원국으로서 종자 공인검정기관이지만 ISTA 국제종자검정 기관은 아니다.
④ 경제협력개발기구(OECD)의 보증표지는 유전적인 순도에 대한 보증이다.

해설
국내의 국제종자검정협회(ISTA)로부터 인증실험실을 획득하고 국제종자분석증명서를 발급하는 기관은 국립종자원이다.

**11** 다음 중 종자휴면의 형태에 대한 설명으로 가장 거리가 먼 것은?

① 종피에 발아억제물질을 많이 함유하여 휴면하는 것은 자발휴면의 예이다.
② 배 휴면과 배의 미숙으로 인한 휴면은 모두 배 자체의 생리적 원인이 기인한다.
③ 주로 물, 공기 및 기계적 원인이 기인하여 발생한 휴면을 타발휴면이라 한다.
④ 상추종자에서처럼 발아최고온도 이상에서 휴면하는 것은 2차 휴면이라 한다.

해설
배 휴면과 배의 미숙으로 인한 휴면은 종자휴면의 형태에 대한 설명보다 종자휴면의 원인에 해당한다. 휴면의 형태에는 자발적휴면, 타발적휴면, 불리한 환경조건에서 새로이 휴면이 발생하는 경우인 2차 휴면이 있다.

CBT

정답 07 ③ 08 ② 09 ① 10 ③ 11 ②

**12** 다음 중 무한화서에 속하는 것은?

① 단성성화 ② 단집산화서
③ 총상화서 ④ 복집산화서

해설

무한화서에는 총상화서, 원추화서, 수상화서, 유이화서, 육수화서, 산방화서, 산형화서, 두상화서 등이 있다.

**13** 대부분 종자의 발아 시 공통적인 필수조건과 가장 거리가 먼 것은?

① 수분 ② 온도
③ 산소 ④ 광

해설

종자 발아시 공통적인 필수조건에는 수분, 온도, 산소가 있으나 광은 필요한 종자가 있고 필요 없는 종자가 있어 필수조건은 아니다.

**14** 품종보호권 또는 전용실시권을 침해한 자에게 부과되는 벌금은 얼마인가?

① 5천만원 이하 ② 7천만원 이하
③ 9천만원 이하 ④ 1억원 이하

해설

품종보호권 또는 전용실시권을 침해한 자는 7년이하 징역 또는 1억원 이하 벌금에 처한다.

**15** 다음 중 종자의 휴면타파법으로 옳지 않은 것은?

① 변온처리 ② 농황산처리
③ 지베렐린 처리 ④ 석회처리

해설

석회의 경우 토양의 pH 를 조절하기 위해 활용한다.

**16** 다음 중 안전저장을 위한 종자의 최대 수분함량이 4.5%인 작물은?

① 벼 ② 고추
③ 귀리 ④ 옥수수

해설

안전저장을 위한 종자 최대수분함량은 대략 벼 15%, 콩 11%, 시금치 9%, 배추 5%, 고추 4.5% 이다.

**17** 종자관리요강에서 포장검사 시 겉보리의 특정병이 아닌 것은?

① 흰가루병 ② 겉깜부기병
③ 속깜부기병 ④ 보리줄무늬병

해설

겉보리의 특정병은 겉깜부기병, 속깜부기병 및 보리줄무늬병을 말한다.

**18** 종자를 토양에 파종했을 때 새싹이 지상으로 출현하는 것을 무엇이라 하는가?

① 출아 ② 유근
③ 맹아 ④ 부아

해설

종자를 토양에 파종했을 때 새싹이 지상으로 출현하는 것을 출아라 한다.



정답 12 ③ 13 ④ 14 ④ 15 ④ 16 ② 17 ① 18 ①

**19** **종자관리사에 대한 행정처분의 세부 기준에서 행정 처분이 업무정지 1년에 해당하는 것은?**

① 종자보증과 관련하여 형을 선고받은 경우
② 종자관리사 자격과 관련하여 최근 2년간 이중취업을 2회 이상 한 경우
③ 업무정지처분기간 종료 후 3년 이내에 업무 정지처분에 해당하는 행위를 한 경우
④ 종자보증과 관련하여 고의 또는 중대한 과실로 타인에게 막대한 손해를 입힌 경우.

해설

종자보증과 관련하여 고의 또는 중대한 과실로 타인에게 막대한 손해를 입힌 경우 업무정지 1년에 해당한다.

**20** **품종보호권, 전용실시권 또는 질권의 상속이나 그 밖의 일반승계의 취지를 신고하지 아니한 자에게 부과되는 과태료는 얼마인가?**

① 10만원 이하　② 30만원 이하
③ 50만원 이하　④ 100만원 이하

해설

품종보호권・전용실시권 또는 질권의 상속이나 그 밖의 일반승계의 취지를 신고하지 아니한 자는 50만원 이하의 과태료를 부과한다.

## 제2과목 식물육종학

**21** **생산력 검정에 관한 설명 중 틀린 것은?**

① 검정포장은 토양의 균일성을 유지하도록 노력한다.
② 계측, 계량을 잘못하면 포장시험에 따르는 오차가 커진다.
③ 시험구의 크기가 클수록 시험구당 수량 변동이 커진다.
④ 시험구의 반복횟수의 증가로 오차를 줄일 수 있다.

해설

시험구의 크기가 클수록 시험구당 수량 변동이 작아진다.

**22** **단위결과를 자연적으로 볼 수 있는 작물로만 짝지어 진 것은?**

① 바나나, 감귤, 포도
② 바나나, 복숭아, 배
③ 무화과, 사과, 포도
④ 무화과, 밤, 사과

해설

단위결과의 작물에는 바나나, 포도, 오이, 감귤류 등이 있다.

**23** **변이와 육종관계에 대한 내용으로 옳지 않은 것은?**

① 육종소재가 되는 변이의 존재야말로 육종의 기본이 된다.
② 환경에 의한 변이도 육종과정을 통하여 고정 시킬 수 있다.
③ 육종의 대상이 되는 농업상 중요한 실용형질은 대부분이 연속적 변이를 나타내는 양적형질이다.
④ 변이의 유발빈도가 높아지고 인위돌연변이 유발의 방향성까지 조절될 수 있다면 육종사업은 비약적인 발전을 가져오게 될 것이다.

CBT

정답 19 ④ 20 ③ 21 ③ 22 ① 23 ②

해설

환경에 의한 변이는 유전적 변이에 해당되지 않으며 육종과정을 통해 고정시킬수 없다.

**24** **3성잡종의 $F_2$에 분리되는 표현형의 종류수는? (단, 3 유전자 모두 완전 우열성이다.)**

① 2 ② 4
③ 8 ④ 16

해설

3쌍의 대립유전자의 표현형 종류수는 $2^3=8$ 이다.

**25** **보리의 춘화처리(버널리제이션)에 필요한 종자의 흡수율(흡수량)로 가장 적당한 것은?**

① 15% ② 25%
③ 35% ④ 50%

해설

춘화처리에 필요한 종자의 흡수량은 봄밀, 가을밀은 30~35%, 귀리, 호밀, 옥수수 등은 30%, 보리는 25% 이다.

**26** **벼 군락의 수광태세가 좋은 초형 조건으로 거리가 먼 것은?**

① 잎이 지나치게 얇지 않고, 약간 좁으며, 상위엽이 직립한다.
② 줄기가 굵고 가능한 한 키가 최대로 크다.
③ 분얼이 조금 개산형 이다.
④ 각 잎이 공간적으로 되도록 균일하게 분포한다.

해설

수광에 있어 벼의 이상적인 초형은 잎이 두껍지 않고 약간 가늘며 상위엽이 직립인 것이 좋다. 그러나 키가 너무 크면 도복의 위험성이 있어 키는 너무 크지 않는것이 좋다.

**27** **생력작업을 위한 기계화 재배의 전체조건이 아닌 것은?**

① 대규모 경지정리
② 적응재배체계의 확립
③ 집단재배
④ 제초제의 미사용

해설

생력기계화재배의 전제조건으로 경지의 정리, 집단재배, 재배 체계의 확립, 국가 제도화 확립 등이 있다.

**28** **식물의 굴광현상이 가장 유효한 광은?**

① 황색광 ② 적색광
③ 청색광 ④ 녹색광

해설

식물이 광을 향하는 굴광현상이 나타나며 주로 청색파장(440~480mm)에 유효하다.

**29** **다음 중 계통분리법과 가장 관계가 없는 것은?**

① 자식성작물의 집단선발에 가장 많이 사용되는 방법이다.
② 주로 타가수분 작물에 쓰여지는 방법이다.
③ 개체 또는 계통의 집단을 대상으로 선발을 거듭하는 방법이다.
④ 1수1렬법과 같이 옥수수의 계통분리에 사용된다.

해설

자식성작물의 집단선발에 가장 많이 사용되는 방법은 순계분리법이다.



정답 24 ③ 25 ② 26 ② 27 ④ 28 ③ 29 ①

**30** 다음 중 두 개의 다른 품종을 인공교배하기 위해 가장 우선적으로 고려해야 할 사항은?

① 개화시기 ② 수량성
③ 종자탈립성 ④ 도복저항성

해설
두 개의 다른 품종을 인공교배하기 위해서는 먼저 개화기가 다른 두 품종에 대한 개화기 조절이 필요하다.

**31** 다음 ( )에 공통으로 들어갈 내용은?

> • 같은 형질에 관여하는 여러 유전자들이 누적효과를 가질 때 ( )라 한다.
> • ( )경우는 여러 경로에서 생성하는 물질량이 상가적으로 증가한다.

① 우성상위 ② 보족유전자
③ 복수유전자 ④ 열성상위

해설
동일 방향 작용 유전자가 누적효과가 나타나는 경우 복수유전자, 누적효과가 없는 경우 중복유전자라 한다.

**32** 1대 잡종을 품종으로 취급하는 이유로 옳지 않은 것은?

① 모든 개체가 동일한 유전자형이다.
② 광지역적응이고 채종량이 많으며, 각기 다른 표현형을 나타낸다.
③ 인공교배로 똑같은 유전자형을 재생산할 수 있다.
④ 형질이 우수하고 균일하다.

해설
1대 잡종은 유전조성이 균일한 특성이 있어 품종으로 취급한다.

**33** 한 개의 유전자가 여러 가지 형질의 발현에 관여하는 현상을 무엇이라 하는가?

① 반응규격 ② 다면발현
③ 호메오스타시스 ④ 가변성

해설
한 개의 유전자가 여러 형질을 발현하는 경우 다면발현이라 한다.

**34** 식물체의 방사선감수성에 영향하는 요인이 아닌 것은?

① 처리종자량 ② 종자의 수분함량
③ 품종 ④ 세포내 산소농도

해설
식물체의 방사선감수성에서 처리 종자량은 영향을 주지 않으며 종자 자체의 수분, 품종, 산소 등에 의해 영향을 받는다.

**35** 동질배수체의 일반적인 특성으로 옳은 것은?

① 임성의 증대 ② 종자 크기의 감소
③ 생육지연 ④ 세포의 크기감소

해설
동질배수체는 임성이 저하되고 착과성이 감퇴하며 발육이 지연 된다.

정답 30 ① 31 ③ 32 ② 33 ② 34 ① 35 ③

**36** **다음 중 변이의 감별 방식 중 옳지 않은 것은?**

① 유전변이와 환경변이 : 자식종자로 후대 검정
② 유전자형의 동형접합성 여부 : 자식종자로 후대검정
③ 질적변이와 양적변이 : 자식종자로 후대 검정
④ 표현형으로 구분하기 어려운 변이 : 특수 환경을 조성하여 감별

해설

후대검정은 연속변이를 하는 양적형질의 유전성 여부를 확인하고자 할 때 사용되는 검정방법이다.

**37** **다음 중 조합 육종이 아닌 것은?**

① 단간품종과 다수성 품종을 교배하여 단간 다수성 품종을 육성한다.
② A저항성 품종과 B저항성 품종을 교배하여 복합저항성 품종을 교배하여 단간조숙성 품종을 육성한다.
③ 단간품종과 조생품종을 교배하여 극 조생종을 육성한다.
④ 조생품종과 조생품종을 교배하여 극 조생종을 육성한다.

해설

조합육종은 교배육종에서 두 개의 품종이 각각 별도로 가지고 있는 유용 형질을 한 개체 속에 새롭게 조합시킬 목적으로 교배하는 것인데 같은 조생품종끼리의 교배는 해당되지 않는다.

**38** **변이와 육종관계에 대한 내용으로 옳지 않은 것은?**

① 육종소재가 되는 변이의 존재야말로 육종의 기본이 된다.
② 환경에 의한 변이도 육종과정을 통하여 고정 시킬 수 있다.
③ 육종의 대상이 되는 농업상 중요한 실용형질은 대부분이 연속적 변이를 나타내는 양적형질이다.
④ 변이의 유발빈도가 높아지고 인위돌연변이 유발의 방향성까지 조절될 수 있다면 육종사업은 비약적인 발전을 가져오게 될 것이다.

해설

환경에 의한 변이는 유전적 변이에 해당되지 않으며 육종과정을 통해 고정시킬수 없다.

**39** **다음 중 균일도가 가장 높은 것은?**

① 단교잡종 ② 3원교잡종
③ 복교잡종 ④ 합성품종

해설

단교잡종은 각 형질이 균일하고 불량형질이 나타나는 일이 적다.

**40** **다음 중 교잡에 관한 설명으로 옳은 것은?**

① 여교잡을 시키면 자식시킨 것보다 $F_2$에서 유전자형의 출현이 단순해진다.
② 여교잡에서 목표형질이 우성인 경우에는 $F_2$를 생산하고, 거기에 개량하고자하는 품종을 교배시켜 나간다.
③ 복교잡은 유용한 유전자를 풍부하게 도입 할 수 있으며, 단교잡에 비해 유전자 구성이 단순해진다.
④ 옥수수와 같은 타가수정 작물은 복교잡을 만들 수 없다.

해설

여교잡은 자식에 비해 분리되는 유전자형의 종류수가 적고 단순해진다.



정답 36 ③ 37 ④ 38 ② 39 ① 40 ①

제3과목 **재배원론**

**41** 수목의 묘목(苗木)을 기르는 곳을 자칭하는 용어는?

① 묘대 ② 묘상
③ 못자리 ④ 묘포

해설
묘포는 수목의 묘목을 양성하는데 이용되는 토지 및 장소를 말한다.

**42** 다음 중 천연 옥신류에 해당하는 것은?

① $GA_2$ ② IAA
③ CCC ④ BA

해설
천연옥신류에는 IAA, PAA, IAN 가 있다.

**43** 다음 중 장일식물로만 나열된 것은?

① 도꼬마리, 코스모스
② 시금치, 아마
③ 목화, 벼
④ 나팔꽃, 들깨

해설
장일식물에는 보리, 시금치, 양파, 당근, 양배추, 아마 등이 있다.

**44** 다음에서 설명하는 것은?

- 이랑을 세우고 이랑에 파종하는 방식이다.
- 배수와 토양통기가 좋게 된다.

① 평휴법 ② 휴립구파법
③ 성휴법 ④ 휴립휴파법

해설
휴립휴파법은 이랑을 세우고 이랑에 파종하는 방법으로 배수와 통기성을 양호하게 하여 고구마에 적합한 방법이다.

**45** 다음 중 작물의 기지 정도에서 휴작을 가장 적게 하는 것은?

① 당근 ② 토란
③ 참외 ④ 쑥갓

해설
벼, 맥류, 조, 수수, 옥수수, 담배, 무, 당근, 양파, 호박, 순무, 아스파라거스, 딸기, 미나리, 양배추 등은 연작의 피해가 적은 작물로 휴작을 적게 할수 있다.

**46** 고립상태일 때 광포화점(%)이 가장 낮은 것은?(단, 조사광량에 대한 비율임)

① 고구마 ② 콩
③ 사탕무 ④ 무

해설
광포화점(%) 의 경우 무, 사탕무, 고구마는 40~60%, 콩은 20~23% 로 콩이 낮다.

**47** 다음 중 자연교잡률(%)이 가장 높은 것은?

① 벼 ② 수수
③ 보리 ④ 밀

해설
벼, 보리, 밀 등은 자연교잡률이 4% 이하로 낮은 편이며 수수는 5% 정도로 보기 중에서 가장 높다.

**48** 작물의 내열성에 대한 설명으로 틀린 것은?

① 늙은 잎은 내열성이 가장 작다.
② 내건성이 큰 것은 내열성도 크다.
③ 세포 내의 결합수가 많고, 유리수가 적으면 내열성이 커진다.
④ 당분함량이 증가하면 대체로 내열성은 증대한다.

해설
늙은 잎의 내열성이 어린 잎보다 크다.

CBT

정답 41 ④ 42 ② 43 ② 44 ④ 45 ① 46 ② 47 ② 48 ①

**49** **다음 중 감온형에 해당하는 것은?**

① 그루콩　　② 올콩
③ 그루조　　④ 가을메밀

해설
감온형 작물로 조생종, 올콩, 봄조, 여름메밀 등이 있다.

**50** **공기 속에 산소는 약 몇 %정도 존재하는가?**

① 약 35%　　② 약 32%
③ 약 28%　　④ 약 21%

해설
대기의 조성은 질소 78%, 산소 21%, 이산화탄소 0.03% 및 기타로 구성되어 있다.

**51** **다음 중 작물의 주요온도에서 '최고온도'가 가장 높은 것은?**

① 밀　　② 옥수수
③ 호밀　　④ 보리

해설
옥수수의 발아 최적온도는 32~34℃, 최고온도는 40℃ 내외로 높은편에 속한다.

**52** **논토양의 산화와 환원의 정도를 나타내는 기호는?**

① Eμ　　② E∅
③ Eh　　④ pF

해설
논토양의 산화와 환원의 정도를 산화환원전위(Eh)라 한다.

**53** **종묘로 이용되는 기관이 맞게 연결된 것은?**

① 덩이뿌리 – 다알리아, 감자, 뚱딴지
② 덩이줄기 – 감자, 토란. 마늘
③ 비늘줄기 – 마늘, 백합, 생강
④ 땅속줄기 – 생강, 박하, 호프

해설
땅속줄기는 지하경이라 하며 생강, 박하, 호프, 연 등이 있다.

**54** **인조 합성비료와 농약이 발달함에 따라 유리하다고 생각되는 작물을 자유로이 재배하는 방식은?**

① 대전법　　② 휴한농법
③ 3포식 농법　　④ 자유경작

해설
비료와 농약이 발달함에 따라 유리하다고 생각되는 작물을 그때그때 자유로이 재배하는 방식을 자유경작이라 한다.

**55** **친환경농업에 관련된 설명으로 옳지 않은 것은?**

① 유기농업: 농약과 화학비료를 사용하지 않고 안전한 농산물을 얻는 농업
② 생태농업: 지역폐쇄시스템에서 작물양분과 병해충 종합관리기술을 이용하여 생태계 균형 유지에 중점을 두는 농업
③ 저투입. 지속농업: 환경에 부담을 주지 않고 영원히 유지할 수 있는 농업
④ 자연농업: 지력을 토대로 한 포장에 종자, 비료, 농약 등을 달리하여 환경문제를 최소화하는 농업

해설
자연농업은 비료를 주지 않고 자연의 힘을 이용하는 농업이다.



정답 49 ② 50 ④ 51 ② 52 ③ 53 ④ 54 ④ 55 ④

**56** 작물의 종류와 시비방법에 대한 설명이 바르게 된 것은?

① 콩과인 알팔파는 벼과인 오처드그라스에 비하여 질소, 칼륨, 석회 등을 훨씬 빨리 흡수한다.
② 혼파 하였을 때 질소를 많이 주면 콩과가 우세해진다.
③ 담배, 사탕무는 암모니아태질소의 효과가 크고, 질산태 질소를 주면 해가 되는 경우도 있다.
④ 고구마의 3요소 흡수량의 크기는 인산>질소>칼륨의 순위이다.

해설
알팔파는 오처드그라스에 비하여 양분의 흡수율이 높다.

**57** 작물이 영양생장에서 생식생장으로 전환하는데 가장 크게 관여하는 요인은?

① C/N율
② $CO_2/O_2$의 비
③ 수분과 양분
④ 온도와 일장

해설
생식기관의 발육단계인 생식생장의 경우 일장, 온도, 양분 등이 영향을 준다.

**58** 중북부지방의 맥류재배에서 한해와 동해를 방지할 목적으로 실시되는 작휴법은?

① 성휴법　② 이랑재배
③ 휴립휴파법　④ 휴립구파법

해설
휴립구파법은 이랑을 세우고 낮은 골에 파종하는 방법으로 맥류의 한해와 동해를 동시에 방지할수 있다.

**59** 다음 중 종자발아의 필요한 수준흡수량이 가장 많은 것은?

① 호밀　② 옥수수
③ 벼　④ 콩

해설
발아에 필요한 종자의 수분 흡수량은 종자무게 대비 벼 23%, 밀 30%, 콩 100% 정도이다.

**60** 잡초로 인한 피해가 아닌 것은?

① 경합으로 인해 작물의 영양분이 부족하게 한다.
② 병해충을 매개하여 작물에 병해충 피해를 입힌다.
③ 상호대립억제작용에 의해 작물 생육을 방해한다.
④ 잡초가 작물보다 우세한 경우 토양 침식이 가중되어 토양이 황폐화된다.

해설
잡초의 경우 토양의 침식을 방지해준다.

## 제4과목 식물보호학

**61** 다음 중 우리나라에서 월동하지 못하는 비래 해충으로만 짝지어진 것은?

① 벼멸구, 흰등멸구
② 애멸구, 흰등멸구
③ 벼멸구, 이화명나방
④ 끝동매미충, 이화명나방

해설
멸강나방, 벼멸구, 혹명나방 등은 비래해충으로 국내에서 월동하지 않는다.

정답 56 ① 57 ④ 58 ④ 59 ④ 60 ④ 61 ①

**62** **완전변태를 하는 곤충 중 날개가 1쌍인 것은?**

① 벌목 ② 파리목
③ 나비목 ④ 날도래목

해설
파리목은 1쌍의 날개를 가지며 뒷날개는 평균곤으로 변형되어 몸의 균형 유지와 감각기근을 담당한다.

**63** **벼의 즙액을 빨아먹어 직접 피해를 주고, 간접적으로는 바이러스를 매개하여 벼 줄무늬잎마름병을 유발시키는 것은?**

① 애멸구 ② 벼멸구
③ 벼잎벌레 ④ 흰등멸구

해설
애멸구는 줄무늬잎마름병, 검은줄무늬오갈병 등의 식물병을 매개하는 매개충이다.

**64** **해충방제에 있어서 생물적 방제의 장점은?**

① 비용이 저렴하다.
② 방제효과가 빠르다.
③ 천적 생물의 유지가 용이하다.
④ 해충이 농약에 내성이 생길 염려가 없다.

해설
생물적 방제는 화학적 방제에 해당하는 농약을 이용하지 않기에 내성이 생길 가능성이 없다.

**65** **잡초의 번식에 대한 설명으로 옳은 것은?**

① 올방개는 인경으로 영양번식을 한다.
② 야생마늘은 직근으로 영양번식을 한다.
③ 냉이는 이듬해에 종자를 맺는 유성생식을 한다.
④ 버뮤다그래스는 다년생 잡초로서 유성생식을 한다.

해설
냉이는 월년생 잡초로서 이듬해 종자를 맺는 유성생식을 한다.

**66** **다음 중 작물 피해의 원인이 되지 않는 것은?**

① 응애 ② 바이러스
③ 방화곤충 ④ 대기오염

해설
방화곤충은 화분을 운반하는 곤충으로 작물에 도움을 준다.

**67** **식물병을 일으키는 비기생성의 원인으로 가장 거리가 먼 것은?**

① 양분 부족 ② 유해 물질
③ 바이로이드 ④ 산업폐기물

해설
바이로이드는 생물성 병원으로 기생성에 해당된다.

**68** **배추 무사마귀병균에 대한 설명으로 옳은 것은?**

① 산성 토양에서 많이 발생한다.
② 주로 건조한 토양에서 발생한다.
③ 전형적인 병징은 주로 꽃에서 발생한다.
④ 병원균을 인공배양하여 감염여부를 알 수 있다.

해설
배추 무사마귀병은 산성토양이며 다습한 경우 많이 발생한다.



정답 62 ② 63 ① 64 ④ 65 ③ 66 ③ 67 ③ 68 ①

69 잡초의 생육 특성에 대한 설명으로 옳지 않은 것은?

① 잡초는 생육의 유연성이 크다.
② 대부분의 문제 잡초들은 $C_4$ 식물이다.
③ 일반적으로 잡초는 종자 크기가 작아서 발아가 빠르다.
④ 일반적으로 잡초는 독립 생장은 늦지만 초기 생장은 빠른 편이다.

해설
잡초는 이유기가 빨라 독립생장을 통한 초기 생장이 빠르다.

70 밭에 발생하는 일년생 잡초는?

① 쑥, 망초 ② 메꽃, 쇠비름
③ 쇠뜨기, 까마중 ④ 명아주, 바랭이

해설
1년생 밭잡초로 바랭이, 쇠비름, 명아주, 닭의 장풀 등이 있다.

71 유기인계 농약이 아닌 것은?

① 포레이트 입제
② 페니트로티온 유제
③ 클로르피리포스메틸 유제
④ 감마사이할로트린 캡슐현탁제

해설
감마사이할로트린 캡슐현탁제는 피레트로이드계 살충제이다.

72 광엽잡초와 작물이 경합하는 요소가 아닌 것은?

① 양분 ② 수분
③ 온도 ④ 햇빛

해설
잡초와 작물의 경합 요인에는 양분, 수분, 광, 밀도가 있다.

73 작물의 생육을 우세하도록 환경을 유도해 주는 동시에 잡초의 생육을 재배적으로 억제하여 작물의 생산성을 높이도록 관리해 주는 방법은?

① 물리적 방제법 ② 생태적 방제법
③ 생물적 방제법 ④ 화학적 방제법

해설
잡초의 생태적 혹은 경종적 방제법은 작물이 잡초와의 경합에서 유리하도록 해주어 작물의 생산력을 높이도록 관리하는 방법이다.

74 벼 도열병 방제 방법으로 옳은 것은?

① 만파와 만식을 실시한다.
② 질소 거름을 기준량보다 더 준다.
③ 존자소독보다 모판소독이 더 중요하다.
④ 생육기에 찬물이 유입되지 않도록 한다.

해설
벼 도열병의 방제를 위해 찬물을 직접 논에 넣지 않고 얕게 대되 마르지 않게 한다.

75 화본과 1년생 밭잡초에 속하는 것은?

① 여뀌 ② 명아주
③ 토끼풀 ④ 강아지풀

해설
종자로 번식하는 1년생 밭잡초에서 강아지풀이 있으며 화본과 잡초에 속한다.

76 벼룩에 대한 설명으로 옳지 않은 것은?

① 완전변태 한다.
② 외부기생성 해충이다.
③ 날개가 없는 무시아강에 속한다.
④ 사람은 물론 고양이나 개에도 해를 가한다.

해설
벼룩은 유시아강에 속한다.

CBT

정답 69 ④ 70 ④ 71 ④ 72 ③ 73 ② 74 ④ 75 ④ 76 ③

**77** **괴경번식을 하는 잡초는?**

① 벗풀 ② 네가래
③ 한련초 ④ 쇠비름

해설
괴경 번식하는 잡초에는 올방개, 매자기, 벗풀, 향부자, 너도방동사니, 올미 등이 있다.

**78** **곤충의 다리 마디를 몸통부터 순서대로 나열한 것은?**

① 밑마디 - 넓적다리마디 - 종아리마디 - 도래마디 - 발목마디
② 밑마디 - 넓적다리마디 - 도래마디 - 종아리마디 - 발목마디
③ 밑마디 - 도래마디 - 넓적다리마디 - 종아리마디 - 발목마디
④ 밑마디 - 도래마디 - 종아리마디 - 넓적다리마디 - 발목마디

해설
다리 구조는 흉부 부착점에서 밑마디(기절), 도래마디(전절), 넓적다리마디(퇴절), 종아리마디(경절), 발목마디(부절)로 5마디로 분류한다.

**79** **약제를 가스화하여 방제하는 방법으로 수입농산물의 검역방법에 주로 사용되는 것은?**

① 훈증법 ② 살립법
③ 연무법 ④ 미스트법

해설
훈증법은 밀폐된 곳에 넣고 약제를 가스화시켜 방제하는 방법이다.

**80** **해충이 살충제에 대하여 저항성을 갖게 되는 기작이 아닌 것은?**

① 더듬이의 변형
② 표피층 구성의 변화
③ 피부 및 체내 지질의 함량 증가
④ 살충제에 대한 체내 작용점의 감수성 저하

해설
곤충의 더듬이는 감각기관으로 살충제 저항성에 의한 기작과는 관련이 없다.



정답 77 ① 78 ③ 79 ① 80 ①

CBT

# 4회 종자산업기사

** 본문제는 수험생들의 기억을 바탕으로 작성 된 것으로 실제 문제와 차이가 있을 수 있습니다.



## 제1과목 종자생산학 및 종자법규

**01** 종자업의 정의로 맞는 것은?

① 종자의 생산 및 판매를 업(業)으로 하는 것을 말한다.
② 종자의 매매를 업(業)으로 하는 것을 말한다.
③ 종자생산시설을 관리하는 업(業)을 말한다.
④ 종자보증을 업(業)으로 하는 것을 말한다.

해설

"종자업"이란 종자를 생산·가공 또는 다시 포장(包裝)하여 판매하는 행위를 업(業)으로 하는 것을 말한다.

**02** 다음 중 발아 시 광 조건과 무관한 불감수성 종자는?

① 양파　② 상추
③ 담배　④ 옥수수

해설

광 불감수성 종자에는 화곡류, 옥수수 및 대부분의 콩과 작물이 해당된다.

**03** 기본식물에서 유래된 종자를 무엇이라 하는가?

① 원종　② 원원종
③ 보급종　④ 장려품종

해설

원원종은 품종 고유의 특성을 보유하고 종자의 증식에 기본이 되는 종자를 말한다.

**04** 종자검사요령상 시료추출에서 소집단과 시료의 중량에 대한 내용이다. (　　)에 알맞은 내용은?

| 작물 | 시료의 최소중량 |
|---|---|
| | 순도검사 |
| 당근 | (　)g |

① 7　② 4
③ 3　④ 2

해설

종자검사에서 당근의 시료 최소 중량은 순도검사 기준 3g 이며, 제출시료 기준 30g 이다.

**05** 겉보리 포장검사 시 표본 10,000주 중 겉깜부기병 10주, 속깜부기병 20주, 흰가루병 30부, 붉은곰팡이병 40주가 조사되었다. 이 때 특정병의 비율은?

① 0.1%　② 0.3%
③ 0.6%　④ 1.0%

해설

겉보리의 특정병은 겉깜부기병, 속깜부기병 및 보리줄무늬병을 말한다. 즉 표본 10,000 주에서 겉깜부기병 10주, 속깜부기병 20주가 특정병에 해당되기에 특정병의 비율은 $< \frac{30}{10,000} \times 100 = 0.3(\%) >$ 이다.

**06** 등숙기의 저온감응이 차대식물의 화아분화에 영향을 미칠 수 있는 것은?

① 무　② 가지
③ 오이　④ 상추

해설

배추, 무 등 호냉성 채소는 저온감응성으로 최아종자의 시기에 저온에 감응해야 개화를 한다.

정답 01 ① 02 ④ 03 ② 04 ③ 05 ② 06 ①

**07** **종자검사 용어 중 소집단에서 추출한 모든 1차 시료를 혼합하여 만든 시료는 무엇인가?**

① 제출시료(Submitted sample)
② 합성시료(composite sample)
③ 검사시료(Working sample)
④ 분할시료(Sub-sample)

해설

합성시료(composite sample)는 소집단에서 추출한 모든 1차시료를 혼합하여 만든 시료를 말한다.

**08** **성숙한 종자에 없었던 휴면이 외부의 환경조건에 의해, 일어나는 휴면을 무엇이라고 하는가?**

① 자발휴면 ② 강제휴면
③ 제1차 휴면 ④ 제2차 휴면

해설

성숙한 종자가 적합한 발아조건이 되어도 발아되지 않고 새로이 발생되는 휴면 상태를 2차 휴면이라 한다. 즉, 발아환경이 부적당하면 2차 휴면을 한다.

**09** **다음 중 화아유도에 영향을 미치는 요인으로 가장 거리가 먼 것은?**

① 습도 ② 일장
③ 온도 ④ 화학물질

해설

화아분화에 영향을 주는 요인으로 일장, 온도(춘화처리 등), 습도 등의 외부환경요인이 있으며 내적요인으로는 식물의 성숙도, 영양상태(C/N율 등), 식물호르몬 등이 있다.

**10** **종자 발아검정시 사용하는 발아시험지(종이배지)의 구비여건에 해당하지 않는 것은?**

① 흡습성이 충분해야 한다.
② 뿌리가 뚫고 들어가기 쉬워야 한다.
③ 젖은 상태에서 잘 찢어지지 않아야 한다.
④ 유독물질이 없어야한다.

해설

종자 발아검정시 사용하는 발아시험지는 시험 조작 중 찢어짐에 견디도록 충분한 강도를 가져야 한다.

**11** **종자의 수분상태에 따른 안전건조온도의 범위에 대한 내용이다. (　　　)에 가장 알맞은 내용은?**

| 완두 최소수분함량이 24%이상일 때 적정온도는 (　　)이다. |
|---|

① 약 10℃ ② 약 18℃
③ 약 38℃ ④ 약 60℃

해설

완두는 최초수분함량이 24% 이상일 때 적정온도는 약 38℃ 이며 최초수분함량이 24% 미만일 때는 적정온도는 약 43℃ 이다.

**12** **품종보호권 · 전용실시권 또는 질권의 상속이나 그 밖의 일반승계의 취지를 신고하지 아니한 자에게는 얼마 이하의 과태료가 부과되는가?**

① 50만원 ② 100만원
③ 200만원 ④ 300만원

해설

품종보호권 · 전용실시권 또는 질권의 상속이나 그 밖의 일반승계의 취지를 신고하지 아니한 자는 50만원 이하의 과태료를 부과한다.



정답 07 ② 08 ④ 09 ① 10 ② 11 ③ 12 ①

CBT

## 13 다음에서 설명하는 것은?

| 배낭을 만들지 않고 포자체의 조직세포가 직접 배를 형성한다. |
|---|

① 무포자생식 ② 부정배생식
③ 복상포자생식 ④ 웅성단위생식

해설
배낭을 둘러싸고 있는 많은 체세포들이 여러 개의 배가 발생하는 경우 부정배형성이라 한다. 자자연상태에서 감귤류의 주심세포나 주피의 세포가 단위생식으로 부정배를 형성하기도 한다.

## 14 성숙한 자방이 꽃이 아닌 다른 식물부위나 변형된 포엽에 붙어있는 것을 무엇이라 하는가?

① 복과 ② 취과
③ 위과 ④ 장과

해설
성숙한 자방이 꽃이 아닌 다른 식물부위나 변형된 포엽에 붙어있는 것을 위과라 한다. 위과는 꽃받침이 발달해 과실이 되는 것으로 사과, 배, 무화과 등이 있다.

## 15 다음 중 안전저장을 위한 종자의 최대 수분함량의 한계가 가장 높은 것은?

① 고추 ② 양배추
③ 시금치 ④ 겨자

해설
안전하게 저장하기 위한 종자의 최대수분함량은 일반종자 5~7%, 유지종자 3~5% 정도이다. 시금치의 경우 최대수분함량이 약 9% 정도로 매우 높은 편에 속한다.

## 16 종자검사 순도분석시 정립에 해당되는 것은?

① 떨어진 불인소화
② 콩과에서 분리된 자엽
③ 원래 크기의 1/2보다 큰 종자 쇄립
④ 원래크기의 절반 미만인 쇄립

해설
정립은 이종종자, 잡초종자 및 이물을 제외한 종자를 말하며 다음의 것을 포함한다
- 미숙립, 발아립, 주름진립, 소립
- 원래크기의 1/2이상인 종자쇄립
- 병해립(맥각병해립, 균핵병해립, 깜부기병해립 및 선충에 의한 충영립을 제외한다)
- 목초나 화곡류의 영화가 배유를 가진 것

## 17 다음 중 과실 저장시 알맞은 온도와 습도는?

① 0~4도, 85~90%
② 0~4도, 80%이하
③ 5도 이상, 80~95%
④ 12~15도, 80~95%

해설
과실 저장시 온도는 0℃ 내외, 상대습도는 90% 내외를 권장한다.

## 18 종자업자에 대한 행정처분의 세부 기준에서 거짓이나 그 밖의 부정한 방법으로 종자업 등록을 한 경우, 1회 위반 시 행정처분은?

① 영업정지 7일 ② 영업정지 15일
③ 영업정지 30일 ④ 등록취소

해설
거짓 및 부정한 방법으로 종자업을 등록한 경우 등록을 취소한다.

정답 13 ② 14 ③ 15 ③ 16 ③ 17 ① 18 ④

**19** 빛에 의해 발아가 촉진되는 작물은?

① 상추 ② 파
③ 가지 ④ 수박

해설

상추, 담배, 우엉 등은 호광성 종자로 광을 주어야 발아를 한다.

**20** 거짓이나 그 밖의 부정한 방법으로 품종보호결정 또는 심결을 받은 자는 몇 년 이하의 징역에 처하는가?

① 3년 ② 5년
③ 7년 ④ 10년

해설

거짓이나 그 밖의 부정한 방법으로 품종보호결정 또는 심결을 받은 자는 7년 이하의 징역 또는 1억원 이하의 벌금에 처한다.

## 제2과목 식물육종학

**21** 변이 중 유전하지 않는 변이는?

① 장소변이 ② 아조변이
③ 교배변이 ④ 돌연변이

해설

환경변이 및 장소변이 등은 비유전적 원인에 의한 변이에 해당되며 유전을 하지 않는 변이이다.

**22** 자웅이주 식물로 가장 옳은 것은?

① 벼 ② 보리
③ 콩 ④ 호프

해설

자웅이주 식물에는 시금치, 호프 등이 있다.

**23** 유전자의 상호작용 중에서 대립유전자 내의 작용인 것은?

① 복대립 유전자 ② 보족유전자
③ 억제유전자 ④ 변경유전자

해설

대립유전자 상호작용에는 불완전우성, 공동우성, 복대립유전자 등이 해당된다.

**24** 다음 중 두 개의 다른 품종을 인공교배하기 위해 가장 우선적으로 고려해야 할 사항은?

① 개화시기 ② 수량성
③ 종자탈립성 ④ 도복저항성

해설

두 개의 다른 품종을 인공교배하기 위해서는 먼저 개화기가 다른 두 품종에 대한 개화기 조절이 필요하다.

**25** 여교배육종에서 반복친과 1회친에 대한 설명으로 옳은 것은?

① 반복친은 한 가지 결점만 가지고, 도입하고자하는 유전자는 폴리진인 것이 좋다.
② 반복친은 한 가지 결점만 가지고, 도입하고자하는 유전자는 소수의 주동유전자인 것이 좋다.
③ 반복친과 1회친은 서로 원연품종이 바람직하다.
④ 반복친은 비실용품종으로 하고, 1회친은 실용품종으로 하는 것이 바람직하다.

해설

여교잡육종법은 양친의 제1대 잡종에 양친 중 한쪽의 유전자형을 가진 개체를 교잡하고 이것을 수세대 반복하여 우량개체를 선발하는 방법이다.



정답 19 ① 20 ③ 21 ① 22 ④ 23 ① 24 ① 25 ②

## 26 다음 중 잡종(hetero)의 자가 수정작물을 계속해서 재배하면 어떻게 되는가?

① 동형접합성이 증가한다.
② 이형접합성이 증가한다.
③ 아무변화도 없다.
④ 환경에 따라 호모나 헤테로 어느 하나가 증가한다.

**해설**

완전히 자가수정하는 작물의 한 개체에서 나온 자손을 순계라 하며 순계는 유전적으로 동형접합체이다. 자식성 작물이 자가수정을 계속하면 동형접합성이 증가하게 된다.

## 27 ( )에 가장 알맞은 내용은?

> 자식 또는 근친교배로 인한 근교약세가 더 이상 진행되지 않는 수준을 ( )(이)라 한다.

① 선발 ② 초우성
③ 잡종강세 ④ 자식극한

**해설**

자식극한은 자식 또는 근친교배로 인한 자식약세가 더 이상 진행되지 않는 수준을 말한다.

## 28 고등식물 유전자의 구조 중에서 단백질을 합성하는 유전정보를 가지고 있는 부위는?

① 프로모터 ② 리보솜
③ 인트론 ④ 엑손

**해설**

DNA 염기서열에서 단백질의 구성정보를 담고 있는 부분을 엑손(exon)이라 하고 엑손의 총합을 엑솜(exome)이라 한다.

## 29 여교배 세대에 따른 반복친과 1회친의 비율에서 $BC_1F_1$일 때 반복친의 비율은?

① 50% ② 75%
③ 87.5% ④ 93.75%

**해설**

- $1-(1/2)^{n+1}$, n : 여교잡 횟수
- $1-(1/2)^{n+1}=1-(1/2)^{1+1}=1-(1/2)^2=75(\%)$

## 30 염색체의 수적 이상에 해당하는 것은?

① 역위 ② 상호전좌
③ 삼염색체성 ④ 결실

**해설**

염색체 조성이 2n 인 개체에서 감수분열 과정에서 한 두 개의 상동염색체가 완전히 분리되지 않아 염색체의 수적 이상이 발생하는 경우 이수성이라하며 이러한 결과물을 단염색체, 삼염색체, 사염색체 등이 있다.

## 31 염색체 배가의 가장효과적인 방법은?

① Colchicine처리
② N-Mustard의 처리
③ X-처리
④ 방사선 동위원소 처리

**해설**

인위적으로 염색체를 배가시켜 동질배수체를 작성하려면 콜히친(colchicine)처리법을 이용해야 한다.

CBT

정답 26 ① 27 ④ 28 ④ 29 ② 30 ③ 31 ①

**32 배우체형 자가불화합성과 포자체형 자가불화합성의 차이를 옳게 설명한 것은?**

① 불화합성이 배우체형은 화주 내에서, 그리고 포자체형은 주두의 표면에서 발현된다.
② 불화합성 관련 대립유전자 간에 배우체형은 우열관계, 포자체형은 공우성 관계가 성립된다.
③ 주두 표면의 특성 비교 시 배우체형 식물의 주두는 건성이고, 포자체형 식물의 주두는 습성(점성)이다.
④ 불화합성에 관련된 유전자가 배우체형은 한 쌍이고, 포자체형은 여러 쌍이다.

해설

배우체형 자가불화합성은 화분과 체세포로 이루어진 암술의 암술머리나 암술대간의 상호작용에 의해서 나타나며 주로 화주 내에서 이루어진다. 포자체형 자가불화합성은 주두의 표면에서 발현이 된다.

**33 수정에 의해서 종자가 생기지 않았는데도 과실이 형성되는 현상은?**

① 우수정　② 단위결과
③ 영양생식　④ 처녀생식

해설

수정이 되고 종자가 생기지 않아도 과실이 형성되는 경우가 있는데 이를 단위결과라 한다.

**34 돌연변이육종에 고려해야 할 사항으로 가장 적절하지 않은 것은?**

① 현실적인 육종규모를 설정한다.
② 주로 양적 형질을 육종목표로 설정한다.
③ 효과적인 돌연변이 유발원을 선택한다.
④ $M_1$ 및 그 이후 세대의 효율적 육종방법을 설정한다.

해설

돌연변이육종은 인위적 돌연변이를 통해 만들어진 유용한 형질을 이용하는 육종법이다.

**35 다음 중 유전적 원인에 의한 변이가 아니 것은?**

① 불연속변이　② 대립변이
③ 환경변이　④ 연속변이

해설

변이는 유전성에 따라 유전적 변이, 비유전적 변이로 분류된다. 유전적 원인에 의한 변이에는 불연속변이, 대립변이, 연속변이 등이 있으며 환경변이나 장소변이 등은 비유전적 원인에 의한 변이에 해당한다.

**36 1대 잡종 품종의 교배친이 갖추어야 할 조건으로 틀린 것은?**

① 유전적으로 고정되어 있어야 한다.
② 조합능력이 우수해야 한다.
③ 병해충 저항성 같은 실용적 형질을 지니고 있어야 한다.
④ 두 교배친 간 유전적 거리가 가까워야 한다.

해설

두 교배친 간 유전조성이 유사해야 한다.

**37 연속적으로 자가수정한 자식성 집단의 유전적 특성은?**

① 동형접합체가 많다.
② 이형접합체가 많다.
③ 돌연변이체가 많다.
④ 배수체가 많다.

해설

연속적으로 자가수정한 자식성 집단은 세대가 진전함에 따라 동형접합체가 증가한다.



정답 32 ① 33 ② 34 ② 35 ③ 36 ④ 37 ①

## 38 목표 형질에 대해 육종가에 의한 개체 선발 시기가 가장 늦은 육종방법은?

① 계통육종법 ② 집단육종법
③ 파생계통육종법 ④ 돌연변이육종법

해설

집단육종법은 수세대 후 개체를 선발하기에 선발시기가 가장 늦은 육종방법이다.

## 39 유전자의 재조합빈도에 대한 설명으로 틀린 것은?

① 두 연관유전자 사이의 재조합빈도는 0~50%의 범위에 있다.
② 재조합빈도가 50%이면 독립적임을 나타낸다.
③ 재조합빈도가 50%에 가까울수록 연관이 강하다.
④ 재조합빈도는 검정교배나 F2의 표현형 분리비에 의해 구한다.

해설

재조합빈도가 0 에 가까울수록 연관이 강하고 50에 가까울수록 연관이 약하다.

## 40 상위성이 있는 경우 양성잡종 $F_2$ 분리비가 15:1인 것은?

① 보족유전자 ② 중복유전자
③ 억제유전자 ④ 피복유전자

해설

중복유전자의 $F_2$ 분리비는 15:1 이다.

## 제3과목 재배원론

## 41 논에 심층시비를 하는 효과에 대한 설명으로 가장 옳은 것은?

① 질산태 질소비료를 논 토양의 환원층에 주어 탈질을 막는다.
② 질산태 질소비료를 논 토양의 산화층에 주어 용탈을 막는다.
③ 암모니아태 질소비료를 논 토양의 환원층에 주어 탈질을 막는다.
④ 암모니아태 질소비료를 논 토양의 산화층에 주어 용탈을 막는다.

해설

심층비시는 암모니아태 질소비료를 논 토양의 환원층에 주어 탈질을 막아준다.

## 42 생육기간의 적산온도가 가장 낮은 작물은?

① 벼 ② 담배
③ 조 ④ 메밀

해설

작물별로 적산온도의 경우 메밀은 1000~1200℃, 감자는 1300~3000℃, 추파맥류는 1700~2300℃, 완두는 2100~2800℃, 콩은 2500~3000℃, 담배는 3200~3600℃ 벼는 3500~4500℃ 정도이다.

## 43 다음 중 요수량이 가장 큰 작물은?

① 감자 ② 완두
③ 옥수수 ④ 보리

해설

요수량이 큰 식물로 알팔파, 클로버, 완두 등이 있으며 요수량이 적은 식물로 수수, 기장, 옥수수 가 대표적이다. 그중에서도 명아주는 요수량이 매우 크다.

CBT

정답 38 ② 39 ③ 40 ② 41 ③ 42 ④ 43 ②

**44** **공예작물 중 유료작물로만 나열된 것은?**

① 목화, 삼　② 모시풀, 아마
③ 참깨, 유채　④ 어저귀, 왕골

해설
공예작물 중 유료작물에는 참깨, 들깨, 유채, 땅콩, 해바라기, 아주까리, 오일팜 등이 있다.

**45** **다음에서 설명하는 것은?**

- 배출원은 질소질 비료의 과다시용이다.
- 잎 표면에 흑색 반점이 생긴다.
- 잎 전체에 백색 또는 황색으로 변한다.

① 아황산가스　② 불화수소가스
③ 암모니아가스　④ 염소계 가스

해설
암모니아가스는 질소질 비료가 과다시용되었을 경우 다량 발생하는데 잎 전체에 영향을 주고 수시간후 잎 전체가 갈변 혹은 검게 한다.

**46** **엽채류의 안전저장 조건으로 가장 옳은 것은?**

① 온도 : 0~4℃, 상대습도 : 90~95%
② 온도 : 5~7℃, 상대습도 : 80~90%
③ 온도 : 0~4℃, 상대습도 : 70~80%
④ 온도 : 5~7℃, 상대습도 : 70~80%

해설
배추와 같은 엽채류의 안전저장 온도는 0~4℃, 상대습도는 90~95% 이다.

**47** **다음 중 작물별로 구분할 때 K의 흡수비율이 가장 높은 것은?**

① 콩　② 고구마
③ 옥수수　④ 벼

해설
고구마와 같은 작물은 칼륨의 흡수비율이 높은 편인데 칼륨이 양분을 지하부로 이동하는 것을 촉진하여 덩이뿌리가 굵어지도록 도와주는 역할을 한다.

**48** **작물의 도복을 경감시키는 요인이 아닌 것은?**

① 규소를 시용한다.
② 지베렐린을 처리한다.
③ 칼륨을 시용한다.
④ 인을 시용한다.

해설
지베렐린은 생장을 촉진시켜 도복이 증가한다.

**49** **습해의 대책으로 적합하지 않은 것은?**

① 배수시설을 설치한다.
② 밭에서는 휴립휴파 재배를 한다.
③ 과산화석회($CaO_2$)를 종자에 분의하여 파종한다.
④ 미숙 유기물과 황산근 비료를 사용하여 입단형성을 촉진시킨다.

해설
습해의 대책으로 완숙유기물을 이용하면 입단형성이 촉진되어 통기성과 투수성이 좋아지지만 미숙 유기물을 사용할 경우 입단형성 효과가 떨어진다.



정답 44 ③ 45 ③ 46 ① 47 ② 48 ② 49 ④

**50** **파이토크롬의 설명으로 틀린 것은?**

① 광흡수색소로서 일장효과에 관여한다.
② Pr은 호광성종자의 발아를 억제한다.
③ 파이토크롬은 적색광과 근적외광을 가역적으로 흡수할 수 있다.
④ 굴광현상을 나타내는 호르몬의 일종으로 식물 생육에 필수적인 물질이다.

해설
식물에 존재하는 색소단백질인 파이토크롬(phytochrome)은 특정 파장을 흡수하여 광가역 반응을 일으킨다.

**51** **작물의 생태적 특성에 의한 분류에 해당되지 않는 것은?**

① 생존연한에 따른 분류
② 생존계절에 따른 분류
③ 생육형에 따른 분류
④ 식용가능에 따른 분류

해설
작물의 생태적 분류 기준에는 생존연한, 생육계절, 생육형, 생육온도, 저항성 등이 있다.

**52** **다음 중 (　　　)에 알맞은 호르몬은?**

> (　　)은 양조산업에서 배가 없는 보리종자의 효소활성 증진과 전분의 가수분해 작용을 촉진하는데 이용되고 있다.

① 옥신　　② 지베렐린
③ 사이토키닌　　④ 에스렐

해설
지베렐린은 양조산업에서 배가 없는 보리 종자의 효소활성 증진과 전분의 가수분해작용을 촉진한다.

**53** **다음 중 산성토양에 적응성이 가장 강한 내산성 작물은?**

① 감자　　② 사탕무
③ 부추　　④ 콩

해설
산성토양에 저항성이 강한 작물로는 벼, 귀리, 조, 옥수수, 감자, 수박 등이 있다.

CBT

**54** **과실을 수확한 직후부터 수일간 서늘한 곳에 보관하여 몸을 식히는 것이며, 저장, 수송중 부패를 최소화하기 위해 실시하는 것은?**

① 후숙　　② 큐어링
③ 예냉　　④ 음건

해설
예랭(예냉)은 수확 직후 청과물의 품질 유지에 좋은 방법으로 호흡량을 줄이고 저장양분의 소모를 감소시킨다.

**55** **내습성이 가장 강한 작물은?**

① 고구마　　② 감자
③ 옥수수　　④ 당근

해설
작물의 내습성은 미나리, 벼, 옥수수 등이 높은 편이며 파, 양파, 고추, 당근 등은 낮은 편이다.

**56** **중경의 특징에 대한 설명으로 틀린 것은?**

① 작물종자의 발아 조장
② 동상해 억제
③ 토양통기의 조장
④ 잡초의 제거

해설
중경은 파종이나 이식 이후에 작물 생육 기간에 작물 사이 토양의 표토를 긁어 부드럽게 하는 토양관리로서 발아조장, 통기성증진, 수분증발억제, 비효증진 등의 효과가 있으나 동상해가 발생하는 단점이 있다.

정답 50 ④ 51 ④ 52 ② 53 ① 54 ③ 55 ③ 56 ②

**57** **다음 중 장과류에 해당하는 것으로만 나열된 것은?**

① 포도, 무화과 ② 감, 귤
③ 배, 사과 ④ 밤, 호두

해설

포도, 무화과, 딸기 등은 장과류에 해당한다.

**58** **다음 중 작물의 요수량이 가장 높은 것은?**

① 감자 ② 귀리
③ 완두 ④ 보리

해설

요수량이 높은 작물로 알팔파, 완두, 클로버 등이 있다.

**59** **한해(旱害) 때 밭작물 재배 대책에 대한 설명으로 틀린 것은?**

① 뿌림골을 낮게 한다.
② 뿌림골을 넓힌다.
③ 칼리를 증시한다.
④ 밀밭이 건조할 때에는 답압을 한다.

해설

한해의 방지를 위해 질소질 과용을 피하고 인산, 칼륨을 사용해 주고 재식밀도를 낮추고 뿌림골을 낮추는 것이 좋다.

**60** **작물과 온도와의 관계를 바르게 설명한 것은?**

① 고등식물의 열사 온도는 대략 80~90℃이다.
② 밤이나 그늘의 작물체온은 기온보다 높아지기 쉽다.
③ 고구마는 변온보다 항온조건에서 덩이뿌리의 발달이 촉진된다.
④ 혹서기에 토양온도는 기온보다 10℃ 이상 높아질 수 있다.

해설

혹서기에는 지온의 온도가 기온보다 높게 유지될수 있다.
① 고등식물의 열사 온도는 대략 50~60℃ 이다.
② 밤이나 그늘의 작물체온은 기온보다 낮다.
③ 고구마는 변온조건에서 덩이뿌리의 발달이 촉진된다.

## 제4과목 식물보호학

**61** **잡초 종자 발아 생리 조건과 거리가 먼 것은?**

① 영양 ② 산소
③ 수분 ④ 온도

해설

잡초의 출현에 영향을 주는 요인에는 산소, 수분, 온도, 비옥도, 산도 등이 있다.

**62** **잡초의 생태적 방제방법으로 옳은 것은?**

① 연작시킨다.
② 작물을 선점시킨다.
③ 전체적으로 시비한다.
④ 작물의 재식밀도를 낮춘다.

해설

작물을 선점시키면 잡초의 생육공간이 줄어들게 되는데 이는 생태적 방제법에 해당된다.

**63** **작물에 피해를 미치는 잡초의 공통적인 속성이 아닌 것은?**

① 종자의 장구한 수명
② 가축용 사료로 이용가능
③ 다양한 환경조건에 대한 적응성
④ 개화에서 결실까지 빠른 생장 특성

해설

잡초의 경우 가축용 사료로 이용 가능한 것도 있으나 어려운 것도 있으며 잡초에 식물병균이 있을 경우 가축에 중독 증상을 일으킬수 있다.



정답 57 ① 58 ③ 59 ② 60 ④ 61 ① 62 ② 63 ②

## 64 다음 설명에 해당하는 것은?

> 약독계통의 바이러스를 기주에 미리 접종하여 같은 종류의 강독계통 바이러스의 감염을 예방하거나 피해를 줄인다.

① 파지 ② 교차보호
③ 기주교대 ④ 효소결합

해설
교차보호는 어떤 바이러스에 감염된 식물이 통상 동종의 바이러스에 다시 감염되지 않는 현상을 말한다. 병원성이 약화된 식물바이러스가 침입한 기주에 병원성이 강한 식물바이러스에 의한 병의 확산이 억제되는 현상으로 바이러스의 간섭작용을 이용한다.

## 65 흰가루병균과 같이 살아있는 기주에 기생하여 기주의 대사산물을 섭취해서만 살아갈 수 있는 병원균은?

① 순사물기생균 ② 반사물기생균
③ 반활물기생균 ④ 순활물기생균

해설
순활물기생균은 절대기생체라 하며 살아있는 조직에만 생활한다. 순활물기생균에는 흰가루병균, 붉은별무늬병균, 녹병균 등이 있다.

## 66 벼 도열병균의 주요 전염 방법으로 옳은 것은?

① 토양 ② 잡초
③ 바람 ④ 관개수

해설
벼 도열병균은 균사나 분생포자가 볏짚 혹은 병든 종자에서 월동하고 바람에 의해 전반된다.

## 67 식물 병원체의 변이 기작이 아닌 것은?

① 이핵 현상 ② 일액 현상
③ 준유성생식 ④ 이수체 형성

해설
병원체도 변이를 일으키기도 하는데 기작으로 돌연변이, 교잡, 이핵, 준유성교환이 있다.

## 68 다음 설명에 해당하는 식물병은?

> 병든 것으로 의심되는 토마토의 줄기를 잘라 물 속에 넣었더니 우유빛 즙액이 선명하게 흘러 나왔다.

① 돌림병 ② 오갈병
③ 시들음병 ④ 풋마름병

해설
풋마름병에 감염된 토마토의 줄기를 절단하면 우유빛의 점액성 물질이 흘러나온다.

## 69 2%의 2,4-D 농도는 몇 ppm인가?

① 200ppm ② 2000ppm
③ 20000ppm ④ 200000ppm

해설
ppm 은 백만분의 1 로서 1% 가 10,000 ppm 이므로 2% 의 경우 20,000 ppm 이다.

## 70 여름철 밭작물에 발생하는 1년생 화본과 잡초가 아닌 것은?

① 개기장 ② 바랭이
③ 강아지풀 ④ 나도겨풀

해설
나도겨풀은 다년생 화본과 논잡초이다.

CBT

정답 64 ② 65 ④ 66 ③ 67 ② 68 ④ 69 ③ 70 ④

**71** **각종 피해 원인에 대한 작물의 피해를 직접 피해, 간접피해 및 후속피해로 분류할 때 간접적인 피해에 해당하는 것은?**

① 수확물의 질적 저하
② 수확물의 양적 감소
③ 수확물 분류, 건조 및 가공비용 증가
④ 2차적 병원체에 대한 식물의 감수성 증가

해설

간접피해에는 수확의 어려움이 발생하는 것으로 수확물을 분류하거나 건조 및 가공에 비용이 증가하게 된다.

**72** **창고에 보관중인 100kg의 콩에 살충제를 10ppm 농도로 처리하려고 할 때 살충제의 소요약량은? (단, 살충제는 50% 유제이며, 비중은 1이다.)**

① 0.02mL　② 0.2mL
③ 2mL　④ 20mL

해설

소요약량(ppm 살포)

$$= \frac{\text{추천농도}(ppm) \times \text{살포대상량}(kg) \times 100}{1{,}000{,}000 \times \text{비중} \times \text{원액농도}}$$

$$= \frac{10 \times 100 \times 100}{1{,}000{,}000 \times 1 \times 50} = 0.002L = 2ml$$

**73** **채소류에 발생하는 잿빛곰팡이병에 대한 설명으로 옳은 것은?**

① 기주 범위가 좁다.
② 균핵을 형성하지 않는다.
③ 기주의 상처로 침입이 가능하다.
④ 약제에 대한 내성균 발생이 적다.

해설

잿빛곰팡이병은 대부분 상처를 통해 침입한다.

**74** **세포벽에 섬유소를 함유하는 균류는?**

① 난균류　② 병꼴균류
③ 자낭균류　④ 담자균류

해설

난균류는 균사는 잘 발달하여 분지가 많다. 세포벽은 셀룰로오스, 글루칸으로 이루어지며 유주자에 의해 무성생식한다.

**75** **대추나무 빗자루병 방제를 위해 가장 적합한 것은?**

① 페니실린　② 가나마이신
③ 테트라싸이클린　④ 스트렙토마이신

해설

파이토플라스마는 세포막이 없고 일종의 원형질막이 존재하며 대표적으로 대추나무 빗자루병, 오동나무 빗자루병, 뽕나무 오갈병의 병원체이다. 파이토플라스마의 방제를 위해 테트라사이클린계 약제를 활용한다.

**76** **우리나라 씨감자 생산은 대관령과 같은 고랭지에서 생산하게 되는데, 이는 씨감자를 주로 어떤 병원으로부터 보호하기 위해서인가?**

① 세균　② 곰팡이
③ 바이러스　④ 파이토플라스마

해설

감자 등과 같은 영양번식성 작물이 바이러스병에 의해 퇴화되는 것을 방지하기 위해 고랭지 재배를 한다.



정답 71 ③ 72 ③ 73 ③ 74 ① 75 ③ 76 ③

## 77 주로 풍매전반을 하는 병은?

① 배추 무사마귀병
② 배나무 붉은별무늬병
③ 오이 모자이크바이러스병
④ 식물의 모잘록병

**해설**

바람에 의한 전반은 배나무 붉은별무늬병균, 도열병균, 잣나무 털녹병균, 감자 역병균 등이 있다.

## 78 세균에 의해 발생하는 병은?

① 토마토 역병 ② 배추 무름병
③ 오이 흰가루병 ④ 딸기 시들음병

**해설**

세균에 의해 발생하는 식물병에는 벼 흰잎마름병, 벼 세균성알마름병, 감자둘레썩음병, 풋마름병, 채소 세균성무름병 등이 있다.

## 79 식물병원체가 생산하는 것으로 사람이나 가축에 생리적 장애를 주는 것은?

① 옥신 ② 균독소
③ 일리시타 ④ PR-단백질

**해설**

균독소는 사람이나 가축에 중독 증상 등의 생리적 장애를 일으킨다.

## 80 물에 녹지 않는 원제를 증량제 계면활성제 등과 혼합하여 분말화 시킨 것은?

① 유제 ② 수용제
③ 수화제 ④ 액상수화제

**해설**

수화제는 물에 녹지 않는 주제를 벤토나이트 등의 점토광물과 계면활성제 등을 배합하여 혼합 분쇄하여 제제한다.

CBT

정답 77 ② 78 ② 79 ② 80 ③

CBT

# 5회 종자산업기사

** 본문제는 수험생들의 기억을 바탕으로 작성 된 것으로 실제 문제와 차이가 있을 수 있습니다.

## 제1과목 종자생산과 법규

**01 종자전염성 병의 방제법을 가장 옳게 설명한 것은?**

① 파종 직전 종자처리로 완전 방제가 가능하다.

② 종자저장 중 방제로 모든 병해충을 방제할 수 있다.

③ 종자수확 후 방제에 의하여 전염원을 완전히 제거할 수 있다.

④ 종자수확 전 방제가 가장 중요하다.

해설

종자전염성 병의 경우 종자수확 전 사전에 미리 방제를 하는 것이 가장 효과적이다.

**02 다음 중 발아 시 광 조건과 무관한 불감수성 종자는?**

① 양파 ② 상추
③ 담배 ④ 옥수수

해설

광 불감수성 종자에는 화곡류, 옥수수 및 대부분의 콩과 작물이 해당된다.

**03 기본식물에서 유래된 종자를 무엇이라 하는가?**

① 원종 ② 원원종
③ 보급종 ④ 장려품종

해설

원원종은 품종 고유의 특성을 보유하고 종자의 증식에 기본이 되는 종자를 말한다.

**04 다음 중 녹체춘화형식물(green plant vernalization type)은?**

① 양배추 ② 완두
③ 추파맥류 ④ 수박

해설

녹체춘화형 식물에는 양배추, 당근, 양파, 사리풀 등이 있다.

**05 우리나라에서 현재 배추의 일대교잡종 채종에 보편적으로 이용하는 유전적 특성은?**

① 자가화합성 ② 자가불화합성
③ 교잡불화합성 ④ 웅성불임성

해설

자가불화합성의 이용에서 잡종강세를 나타내는 작물의 1대잡종($F_1$) 종자를 대량 생산할 수 있어 국내의 경우 무, 배추, 양배추 종자 생산에 이용된다.

**06 다음 중 종자의 수명에 가장 큰 영향을 미치는 것은?**

① 종자의 수분함량

② 종자의 청결도

③ 종자저장고의 온도

④ 종자저장고의 밀폐도

해설

종자의 수명에 관여하는 요인으로 종자의 유전성 및 성숙도, 종자의 기계적 손상 정도, 종자 저장고의 공기조성 및 환경, 온도 및 상대습도, 종자의 수분함량 등이 있으며 그중 가장 큰 영향을 미치는 요인은 종자의 수분함량이다.



정답 01 ④ 02 ④ 03 ② 04 ① 05 ② 06 ①

**07** 장일조건에서 화아분화가 촉진되는 작물은?

① 무 ② 배추
③ 양배추 ④ 시금치

해설

보리, 시금치, 상추, 양파, 당근, 감자 등은 장일식물로 장일조건에서 화아가 분화된다.

**08** 포장 및 종자 검사 기준의 용어 정의로 옳은 것은?

① 1차시료란 소집단의 한 부분으로부터 얻어진 적은 양의 시료를 말한다.
② 합성시료란 검사실에서 제출시료로부터 취한 분할시료로 품위검사에 제공되는 시료이다.
③ 품종순도란 동일품종 내에서 유전적 형질이 그 품종 고유의 특성을 갖지 아니한 개체를 말한다.
④ 정립이란 이종종자, 잡초종자 및 이물을 포함한 종자를 말한다.

해설

1차시료는 소집단의 한부분으로부터 얻어진 적은 양의 시료를 말한다.

**09** 꽃에서 발육하여 나중에 종자가 되는 부분은?

① 자방 ② 수술
③ 꽃받침 ④ 배주

해설

과실은 성숙한 씨방으로 씨방은 배주를 가지고 있고 이 배주가 종자로 발달하게 된다.

**10** 품종보호 출원을 하고자 할 때 제출할 사항이 아닌 것은?

① 품종보호 출원인의 성명과 주소
② 품종보호 출원인의 대리인이 있을 경우에는 그 대리인의 성명·주소 또는 영업소 소재지
③ 품종보호 출원인의 영농실적
④ 품종의 사진 및 시료

해설

품종보호 출원서에는 다음과 같은 사항을 적어 제출해야 한다.

- 품종보호 출원인의 성명과 주소(법인인 경우에는 그 명칭, 대표자 성명 및 영업소의 소재지)
- 품종보호 출원인의 대리인이 있는 경우에는 그 대리인의 성명 · 주소 또는 영업소 소재지
- 육성자의 성명과 주소
- 품종이 속하는 식물의 학명 및 일반명
- 품종의 명칭
- 제출 연월일

**11** 국제적인 인정을 받기 위하여 발아검사를 할 때의 최소시료는 어느 정도여야 하는가?

① 50립씩 2반복 ② 50립씩 4반복
③ 100립씩 2반복 ④ 100립씩 4반복

해설

발아검사를 할 때의 최소시료는 100립씩 4반복 하도록 한다.

**12** 종자의 발아과정의 순서로 옳은 것은?

| ㉠ 효소의 활성 | ㉡ 수분의 흡수 |
|---|---|
| ㉢ 배의 생장개시 | ㉣ 유묘의 출아 |
| ㉤ 과피의 파열 | |

① ㉡-㉠-㉢-㉤-㉣ ② ㉡-㉤-㉠-㉢-㉣
③ ㉤-㉡-㉠-㉢-㉣ ④ ㉤-㉠-㉡-㉢-㉣

해설

종자의 발아과정은 수분흡수, 효소활성, 배의 생장, 종피의 파열, 유묘의 형성 및 출아의 과정을 거친다.

정답 07 ④ 08 ① 09 ④ 10 ③ 11 ④ 12 ①

## 13 발아시험을 다시 실시해야 하는 경우는?

① 반복간 발아율 차이가 최대 허용오차 범위를 넘을 때
② 반복간 발아율 차이가 5%를 넘을 때
③ 휴면을 타파시킨 종자의 발아율이 50% 미만일 때
④ 한 개 이상의 정상묘가 자란 복수발아종자가 있을 때

**해설**

발아시험을 다시 실시해야 하는 경우는 다음과 같다

- 휴면으로 여겨질 때(신선종자)
- 시험결과가 독물질이나 진균, 세균의 번식으로 신빙성이 없을 때
- 상당수의 묘에 대해 정확한 평가를 하기 어려울 때
- 시험조건, 묘평가, 계산에 확실한 잘못이 있을 때
- 100입씩 반복간 차이가 최대허용오차를 넘을 때

## 14 작물별 채종지의 조건에 관한 설명으로 틀린 것은?

① 배추를 채종할 경우 봄부터 여름에 걸쳐 기온의 상승이 완만한 조건하에서 채종량이 많고 대립의 종자가 생산된다.
② 배추, 무 등은 늦가을에 화아가 분화되고 겨울철이 온난한 남부지방에서 채종하는 것이 좋다.
③ 개화기부터 종자 등숙기까지의 강우는 종자의 수량과 품질에 크게 영향을 미치므로 이 시기에 건조한 곳이 적당하다.
④ 개화기의 월 강우량이 300m이하 이어야 양파의 채종적지가 될 수 있다.

**해설**

양파 채종적지의 개화기 월 강우량은 150mm 이하이다.

## 15 품종보호의 요건이 아닌 것은?

① 신규성 ② 구별성
③ 다수성 ④ 균일성

**해설**

품종보호 요건을 심사함에 있어 구별성, 균일성, 안정성으로 구분하여 판정한다.

## 16 다음의 품종 중 그 육성방법이 다른 하나는?

① 밀양콩 ② 진품콩
③ 제초제저항성콩 ④ 남해콩

**해설**

유전자 변형 육종을 통해 해충, 제초제, 바이러스에 저항성을 가진 작물을 개발하고 있다.

## 17 반수체가 생성될 수 없는 생식법은?

① apogamy ② 단위생식
③ 무핵란생식 ④ 영양생식

**해설**

영양생식은 모체와 같은 형질을 이어 받기에 반수체가 생성될 수 없다.

## 18 채종포의 시비방법으로 적절한 것은?

① 질소시비량만 늘린다.
② 질소시비량만 줄인다.
③ 질소시비량은 일반포장과 같이 하고, 인산과 칼리를 줄인다.
④ 질소시비량은 일반포장과 같이 하고, 인산과 칼리를 늘린다.

**해설**

채종포의 경우 질소시비량의 과용을 피하고 일반포장과 유사하게 공급한다. 인산과 칼리를 충분히 공급하도록 한다.



정답 13 ① 14 ④ 15 ③ 16 ③ 17 ④ 18 ④

19 성숙 종자 중 배유가 배의 무게보다 훨씬 큰 작물로만 짝지어진 것은?

① 참외, 무, 참깨 ② 콩, 완두, 녹두
③ 밀, 옥수수, 보리 ④ 벼, 수박, 오이

해설
배유가 배의 무게보다 큰 작물은 배유종자로 밀, 옥수수, 보리, 벼, 당근, 토마토 등이 있다.

20 벼 종자의 정선과정으로 옳은 것은?

① 대략정선 → 건조 → 정밀정선 → 비중정선 → 소독 → 포장
② 대략정선 → 정밀정선 → 비중정선 → 소독 → 건조 → 포장
③ 대략정선 → 소독 → 건조 → 비중정선 → 정밀정선 → 포장
④ 애략정선 → 비중정선 → 정밀정선 → 건조 → 소독 → 포장

해설
종자를 정선할 때는 보통 대략정선, 건조, 정밀정선, 비중정선, 소독, 포장의 순서로 실시한다.

## 제2과목 육종

21 직접 발아시험을 하지 않고 배의 환원력으로 종자 발아력을 검사하는 방법은?

① X선 검사법
② 전기전도도 검사법
③ 테트라졸리움 검사법
④ 수분함량 측정법

해설
테트라졸리움 검사법은 테트라졸리움 용액을 이용하여 살아 있는 종자 조직의 착색 정도를 통해 종자의 발아력을 검사한다.

22 배우자에 의한 불화합성에서 $S_1S_1$(♀) × $S_1S_2$(♂)를 교배하여 얻을 수 있는 개체의 유전자형은?

① $S_1S_2$ × $S_2S_3$ ② $S_1S_1$ × $S_1S_3$
③ $S_1S_3$ ④ $S_1S_2$

해설
자방친의 불화합유전자 $S_1$ 과 화분의 불화합유전자 $S_1$이 같기에 화분의 $S_1$ 의 불화합은 $S_1S_1$(♀) × $S_1S_2$(♂) → $S_1S_2$ 이다.

23 씨감자를 고랭지에 재배하는 주된 이유는?

① 자연교잡 방지 ② 병리적 퇴화 방지
③ 돌연변이 방지 ④ 유전적 퇴화 방지

해설
감자 등과 같은 영양번식성 작물이 바이러스병에 의해 퇴화되는 것을 방지하기 위해 고랭지 재배를 한다.

24 타식성 식물 중 자웅이주식물로만 나열된 것은?

① 양배추, 구마, 삼
② 호프, 시금치, 메밀
③ 아스파라거스, 호프, 삼
④ 메밀, 클로버, 은행나무

해설
암꽃과 수꽃이 서로 다른 개체에 있는 경우 자웅이주라 하며 시금치, 아스파라거스, 호프, 삼 등이 해당된다.

정답 19 ③ 20 ① 21 ③ 22 ④ 23 ② 24 ③

**25** **멘델(Mendel)이 발견 및 정리한 주요 유전 법칙에 직접적으로 해당되지 않는 것은?**

① 잡종강세 현상
② 우성과 열성
③ 표현형과 유전자형
④ 독립유전

해설

멘델의 유전법칙에는 지배의 법칙, 독립의 법칙, 분리에 법칙이 있으며 이에 관련되나 잡종강세 현상은 멘델의 유전법칙에 직접적으로 해당되지 않는다.

**26** **아조변이에 대한 설명으로 옳지 않은 것은?**

① 환경에 의한 일시적 변이이다.
② 체세포적인 변이이다.
③ 과수류 육종에 적합하다.
④ 감귤류에 자연변이가 많다.

해설

아조변이는 돌연변이의 일종으로 일시적 변이에는 해당되지 않는다.

**27** **3계 교잡을 나타내는 것은?**

① A × B
② (A × B) × (C × D)
③ (A × B) × C
④ [(A × B) × (C × D)] × [(E × F) × (G × H)]

해설

삼계교잡은 단교배 $F_1$과 어떤 품종과 교배로 (A×B)×C 이다.

**28** **벼의 조생종과 만생종을 교배시키려고 한다. 가장 알맞은 방법은?**

① 조생종을 장일처리 한다.
② 만생종을 단일처리 한다.
③ 조생종을 단일처리 한다.
④ 만생종을 저온처리 한다.

해설

벼의 조생종과 만생종을 교배시키는 경우 벼는 단일식물이므로 만생종을 단일처리하여 개화를 촉진한다.

**29** **품종퇴화를 방지하고 품종의 특성을 유지하는 방법으로 틀린 것은?**

① 개체집단선발법 ② 계통집단선발법
③ 방임 수분 ④ 격리재배

해설

품종의 특성을 유지하기 위한 방법에는 개체집단선발법, 계통집단선발법, 주보존재배, 격리재배, 종자갱신 등의 방법이 있다.

**30** **생물학적 분류의 최소 단위는?**

① 계통 ② 품종
③ 종 ④ 속

해설

생물학적 분류의 최소 단위는 종이다.

**31** **유전자의 다면발현(pleiotropy)이란?**

① 한 개의 유전자가 여러개의 형질 발현에 관여하는 것
② 유전자 두 개가 극도로 연관되어 있는 것
③ 유전자가 환경변화에 부응하여 형질 발현이 달라지는 것
④ 여러개의 유전자가 한 개의 형질 발현에 관여하는 것

해설

한 개의 유전자가 여러 형질을 발현하는 경우 다면발현이라 한다.



정답 25 ① 26 ① 27 ③ 28 ② 29 ③ 30 ③ 31 ①

**32** **친환경 재배에 가장 유리한 품종은?**

① 병충해와 각종 재해에 강한 저항성 품종
② 생육 기간이 단축된 단기성 품종
③ 품질이 우수한 양질성 품종
④ 수량성이 높은 다수성 품종

해설
병해충 및 각종 재해에 강한 품종에 별도의 약품 등의 처리가 필요없기에 친환경 재배에 유리하다.

**33** **완전연관의 경우 조환가는?**

① 0% ② 25%
③ 50% ④ 100%

해설
완전연관의 조환가는 0% 이고 부분연관의 조환가는 0~50% 이다.

**34** **유전자원의 설명으로 옳은 것은?**

① 환경에 의한 유전자 변이
② 실용성이 없는 유전자의 총칭
③ 재배하는 품종만을 모은 집단
④ 육종재료로 쓸 각종변이의 집합체

해설
유전자원은 육종재료로 쓸 각종변이의 집합체이다. 유전자 다양성이 급격하게 감소하고 있어 이를 보존하고자 노력하고 있다.

**35** **다음 중 유전하는 변이는?**

① 일시적 변이 ② 교배변이
③ 장소 변이 ④ 환경변이

해설
유전적 변이는 돌연변이, 교배변이, 생물의 유성생식 과정 등에서 발생한다.

**36** **조합능력을 올바르게 설명한 것은?**

① 교배조합에 따른 유전자와 환경의 상호작용
② 교배조합에 따른 $F_1$의 잡종강세를 일으킬 수 있는 정도
③ 교배조합에 따른 잡종세대의 유전력의 크기
④ 교배조합에 따른 유전분리비

해설
잡종 $F_1$이 나타내는 잡종강세 정도를 조합능력이라 하고 일반조합능력과 특정조합능력이 있다.

**37** **꽃가루의 인공적 배양을 하는 가장 중요한 목적은?**

① 현재 존재하지 않는 완전히 새로운 작물을 만들기 위하여
② 4배체 식물을 만들어 과실의 크기를 크게 하기 위하여
③ 씨 없는 과실을 만들기 위해서
④ 동형접합율이 높은 계통을 단시일에 얻기 위하여

해설
꽃가루를 인공배양하여 동형접합률이 높은 계통을 얻어 결실률과 품질이 높일수 있다.

**38** **식량작물의 종자갱신체계로 맞는 것은?**

① 보급종 → 원종 → 원원종 → 기본종
② 기본종 → 원원종 → 원종 → 보급종
③ 원종 → 원원종 → 기본종 → 보급종
④ 원원종 → 원종 → 보급종 → 기본종

해설
작물의 종자생산 관리 및 증식체계는 기본식물, 원원종, 원종, 채종포(보급종), 농가의 순이다.

CBT

정답 32 ① 33 ① 34 ④ 35 ② 36 ② 37 ④ 38 ②

**39** **2개의 형질을 지배하는 2개의 유전자좌가 매우 근접해 있을 때 이를 분리하여 재조합형을 얻는데 가장 효과적인 방법은?**

① 방사선처리 ② 교잡
③ 고온처리 ④ 저온처리

해설

2개의 서로 다른 두 세포의 유전자를 방사선 처리로 분리하여 재조합하여 새로운 형질전환세포를 만들 수 있다.

**40** **유전자 전환에 의한 형질전환 육종과정이 옳은 것은?**

① 플로토플라스트 융합 - 유전자클로닝 - 벡터에 도입 - 식물체 재분화 - 형질전환품종육성
② 플로토플라스트 융합 - 형질전환캘러스선발 - 벡터에 도입 -형질전환품종육성
③ 유전자클로닝 - 벡터에 도입 - 형질전환캘러스선발 - 식물체 재분화 -형질전환품종육성
④ 유전자클로닝 - 형질전환캘러스선발 -벡터에 도입 - 식물체 재분화 -형질전환품종육성

해설

유전자 클로닝은 생물체 게놈에 한 특정 유전자나 특정 DNA 절편을 분리하여 세균이나 박테리오파지의 복제기구를 이용하여 대량 복제하는 기술이다. 클로닝될 유전자를 가진 DNA 단편을 벡터라 불리는 원형의 DNA 내부에 삽입한다. 유용 유전자가 도입된 형질전환체는 조직배양 방법을 통해 선발과정과 재분화 과정을 거친 다음 완전한 형질전환식물체가 된다.

## 제3과목 재배

**41** **다음 중 밀을 춘화처리(春化處理)하여 추파성을 소거하는 방법은?**

① 저온처리
② 고온처리
③ 저온처리 후 고온처리
④ 고온처리 후 광처리

해설

추파성인 밀과 보리는 저온처리로 추파성을 소거해야 한다.

**42** **다음 중 낙과의 방지법이 아닌 것은?**

① 환상박피 ② 합리적 시비
③ 수광상태의 향상 ④ 수분의 매조

해설

환상박피는 화성을 유도하는 효과가 있으나 낙과의 방지법은 아니다.

**43** **버널리제이션의 재배적 이용에 관한 설명이 옳지 않은 것은?**

① 증수효과가 있다.
② 춘파 맥류의 추파성화가 가능하다.
③ 육종 연한을 단축시킬 수 있다.
④ 화아분화를 촉진시켜 촉성재배를 할 수 있다.

해설

버널리제이션은 맥류의 추파성을 소거하는 방법으로도 적합하다. 저온처리를 하면 추파성을 춘파성으로 변화시킬수 있다.



정답 39 ① 40 ③ 41 ① 42 ① 43 ②

**44** **토양의 과습에 의한 습해의 직접적인 피해는?**

① 양분흡수 저해 ② 호흡 장해
③ 유해가스 피해 ④ 유기산 피해

해설
습해 발생시 토양의 산소가 부족으로 환원성물질이 발생하고 이로 인해 증산 및 광합성 작용의 저해를 야기한다.

**45** **품종개량의 효과로 가장 보기 힘든 것은?**

① 순종의 보존
② 경제적 이익
③ 재배한계의 확대
④ 재배안정성의 증대

해설
품종개량은 유전형질을 개량하는 것으로 순종의 보존은 어렵다.

**46** **C/N율(C-N ratio)의 설명으로 가장 바르게 된 것은?**

① 탄수화물보다 광물질양분이 풍부하면 화성 및 결실이 양호하다.
② 탄수화물과 다른 양분이 동시에 풍부하면 화성 및 결실이 양호하다.
③ 수분과 질소의 공급이 약간 쇠퇴하고 탄수화물이 풍부해지면 화성 및 결실이 양호하지만 생육은 약간 감소한다.
④ C/N율은 화성 유도의 주요 외적 요인이다.

해설
식물의 탄수화물과 질소의 비율을 C/N 율 이라 하는데 C 는 탄수화물, N 은 질소를 의미하며 C/N 율이 높으면 화성을 유도하고 낮으면 영양생장이 지속된다.

**47** **풍해의 생리적 장해에서 옳지 않은 것은?**

① 광합성 감퇴 ② 호흡감소
③ 작물체온 저하 ④ 수분탈취

해설
바람이 강할 경우 물리적 손상에 의한 상처가 발생하여 병해충에 취약해지고 작물의 호흡이 증가되어 양분의 소모가 증가된다.

CBT

**48** **아주 미세한 종자를 종자코팅물질과 혼합하여 반죽을 만들고 이를 일정한 크기의 구멍으로 압축하여 원통형 일정크기로 잘라 건조 처리한 종자는?**

① 테이프종자 ② 매트종자
③ 피막종자 ④ 장환종자

해설
장환종자는 코팅 종자로 일정 크기의 구멍으로 압출하여 원통형으로 절단한 종자이다.

**49** **작물생육의 최저·최적·최고의 세 온도를 무엇이라고 하는가?**

① 유효온도 ② 생육온도
③ 주요온도 ④ 삼온도

해설
작물생육이 가능한 최저온도, 최적온도, 최고온도를 주요온도라 한다.

**50** **다음 중 대공극이 많고, 투기력 및 투수력이 가장 큰 토양은?**

① 사양토 ② 사질토
③ 양토 ④ 점질토

해설
사질토는 모래질 흙으로 공극이 많으며 그만큼 투기력과 투수력이 큰 토양이다.

정답 44 ② 45 ① 46 ③ 47 ② 48 ④ 49 ③ 50 ②

**51** **식물의 화성유도에 대한 설명으로 틀린 것은?**

① 작물이 영양생장에서 생식생장으로 이행하여 화성(花成)을 이루도록 유도하는 것이다.
② 온도와 일장이 식물의 화성에 영향을 미친다.
③ 추파맥류는 저온 감온상과 장일 감광상이 뚜렷하다.
④ 벼의 단일 감광형 품종을 장일환경에서 생육시키면 출수가 촉진된다.

해설
벼의 단일 감광형 품종은 단일환경에서 생육시키면 출수가 촉진된다.

**52** **작물의 생장저해물질로 담배의 액아억제 등에 사용된 것은?**

① MH(maleic hydrazide)
② IAA(β-indole acetic acid)
③ Gibbeellin
④ MCPA

해설
말릭하이드라자이드(Malelc hydrazide, MH)은 생장억제물질에 해당하며 담배의 액아억제 등에 사용된다.

**53** **육묘 중 상토의 EC가 낮게 나타날 때의 원인이나 대책이 아닌 것은?**

① 원인 - 관수량이 적어 식물체의 무기염 흡수가 많아질 때
② 원인 - 시비량이 지나치게 부족할 때
③ 대책 - 시비량을 늘린다.
④ 대책 - 시비 횟수를 늘린다.

해설
관수량이 적어 식물체의 무기염 흡수가 많아지면 염류가 누적되어 EC 는 높아지게 된다.

**54** **방사성동위원소의 농업적 이용에 해당되지 않는 것은?**

① 추적자로서의 이용
② 식품저장에 이용
③ 육종적 이용
④ 생리활성물질로 이용

해설
방사선동위원소의 경우 방사선동위원소를 이용한 이동의 조사, 식물 영양기관의 장기저장, 병해충의 방제에 대한 연구, 지하수의 조사, 육종적 연구 등 다양한 분야에서 활용된다. 그러나 영양기관에 감마선을 조사하면 휴면이 연장되는 등의 현상이 나타나며 생리활성물질로 이용되는 것은 아니다.

**55** **다음 중 연작장해가 가장 적은 작물은?**

① 딸기 ② 인삼
③ 참외 ④ 수박

해설
딸기는 연작 피해가 적은 작물에 속하며 인삼은 10년 이상의 휴작이 요구되며 연작의 피해가 가장 크다.

**56** **식물체의 정아우세현상을 발현하는 식물 호르몬은?**

① 옥신 ② 지베렐린
③ 사이토키닌 ④ 아브시스산

해설
옥신은 식물의 신장에 관여하는 호르몬으로 줄기나 뿌리의 선단부에서 만들어져 세포의 신장촉진에 도움을 주며 측아의 발달을 억제하는 기능을 하는 정아우세 현상이 나타난다.



정답 51 ④ 52 ① 53 ① 54 ④ 55 ① 56 ①

**57** **작물의 내동성 증대요인이 아닌 것은?**

① 원형질 단백질에 -SH(thiol)기가 많아야 한다.
② 지유함량이 높아야 한다.
③ 당분함량이 높아야 한다.
④ 전분함량이 높아야 한다.

해설
전분함량이 적을수록 내동성이 증가한다.

**58** **기체성 식물호르몬인 것은?**

① 사이토키닌 ② 옥신
③ 지베렐린 ④ 에틸렌

해설
에틸렌은 과실의 성숙을 촉진하는 물질로 주로 기체 상태로 존재한다.

**59** **관리가 편리하고 통풍, 통광이 양호하나 결과수가 적어지는 결점이 있는 정지법은?**

① 원추형 ② 변칙주간형
③ 배상형 ④ 울타리형

해설
배상형은 수형이 술잔 모양이 되게 하는 정지법으로 관리가 편리하고 수관내로의 통풍 및 통광이 좋다. 그러나 가지가 늘어지기 쉽고 과실의 수가 적어지는 단점이 있다.

**60** **목초의 하고 원인에 대한 설명으로 옳은 것은?**

① 한지형 목초는 고온에서 생육이 왕성하여 하고현상이 덜하다.
② 한지형 목초는 요수량이 작아 건조에 견디는 힘이 적어서 하고가 심하다.
③ 월동목초는 대부분 장일식물이며 초여름의 장일조건에 의해서 생식생장이 촉진되어 하고현상을 조장한다.
④ 고온다습한 상태는 병충해의 발생이 억제되어 하고현상이 덜하다.

해설
하고현상은 내한성이 강하여 월동을 하는 북방형 목초가 여름철과 같은 고온으로 인하여 생육장해를 일으키는 현상을 말한다.

## 제4과목 작물보호

**61** **다음 중 성충은 8월경에 콩꼬투리와 잎자루에 산란하고, 부화한 유충은 콩꼬투리를 뚫고 들어가서 종실을 갉아먹는 해충은?**

① 콩나방 ② 콩잎말이명나방
③ 콩은무늬밤나방 ④ 콩풍뎅이

해설
콩나방은 1년에 1회 발생하고 땅속의 고치안에서 성장한 유충으로 월동하여 8월경 우화한다. 유충은 콩의 어린 꼬투리를 가해하여 종실까지 피해를 주는데 가해초기에는 발견이 어렵다.

**62** **다음 중 작물과 잡초의 직접적인 경쟁요인이 아닌 것은?**

① 수분 ② 양분
③ 광선 ④ 바람

해설
작물과 잡초의 경쟁요인으로 수분, 양분, 광선, 공간이 있다.

정답 57 ④ 58 ④ 59 ③ 60 ③ 61 ① 62 ④

**63** 다음 중 곤충 행동의 제어가 이루어지는 방식이 아닌 것은?

① 신경에 의한 제어
② 호르몬에 의한 제어
③ 유전적 제어
④ 무작위적 제어

해설
곤충 행동의 제어에는 신경에 의한 제어, 호르몬에 의한 제어, 유전적 제어가 있다.

**64** 다음 중 병원균이 형성하는 포자로서 무성포자에 해당하는 것은?

① 자낭포자 ② 담자포자
③ 분생포자 ④ 접합포자

해설
분생포자는 무성포자에 해당되고 자낭포자는 유성포자에 해당된다.

**65** 불완전변태를 하는 곤충에서 거치지 않는 과정은?

① 알 ② 유충
③ 번데기 ④ 성충

해설
불완전변태는 알→유충→성충 의 과정을 거친다.

**66** 다음 논 잡초 중 다년생 잡초는?

① 알방동사니 ② 참방동사니
③ 너도방동사니 ④ 바람하늘지기

해설
논잡초 중에서 다년생 잡초는 너도방동사니, 올미, 가래, 나도겨풀 등이 있다.

**67** 어떤 곤충이 다른 곤충을 잡아먹는 식성을 무엇이라고 하는가?

① 포식성(捕食性) ② 기생성(寄生性)
③ 부식성(腐食性) ④ 균식성(菌食性)

해설
곤충을 잡아먹는 식성을 포식성이라 하며 포식성 천적의 종류로 풀잠자리류, 무당벌레류, 거미류, 꽃노린재, 칠레이리응애, 오이이리응애 등이 있다.

**68** 1840년대 유럽의 아일랜드 지역의 감자에 대 발생한 병해는?

① 탄저병 ② 더뎅이병
③ 역병 ④ 잿빛곰팡이병

해설
1845년에 아일랜드에 감자역병이 발생하여 100만명이 사망하는 역사적 사건이 있다.

**69** 다음 중 잡초발생량이 가장 많은 논은?

① 담수직파재배 논
② 건답직파재배 논
③ 무논골뿌림재배 논
④ 어린모 기계이앙재배 논

해설
이앙보다는 직파에서 경합력이 낮아 잡초 발생량이 많다. 또한 담수직파의 경우 특정 잡초만 발생하지만 건답직파의 경우 발생하는 잡초의 종류 및 수량이 많다.

**70** 작물의 피해원인 중 생물에 의한 피해가 아닌 것은?

① 병원균에 의한 피해
② 해충에 의한 피해
③ 바람에 의한 피해
④ 잡초에 의한 피해

해설
바람에 의한 피해는 환경적 요인에 의한 피해이다.



정답 63 ④ 64 ③ 65 ③ 66 ③ 67 ① 68 ③ 69 ② 70 ③

**71** **무시아강에 속하는 곤충의 목(目)은?**

① 돌좀목 ② 집게벌레목
③ 사마귀목 ④ 파리목

해설

무시아강(무시류)에는 톡토기목, 낫발이목, 좀붙이목, 좀목(좀, 돌좀) 등이 있다.

**72** **이 병에 걸린 곡물을 가축에게 먹였을 때 중독 증상을 일으키는 맥류의 병해는?**

① 깜부기병 ② 녹병
③ 붉은곰팡이병 ④ 흰가루병

해설

붉은곰팡이병에 감염된 보리, 밀 등을 섭취한 사람, 동물 등은 심한 중독 증상을 일으키기도 한다.

**73** **곤충체벽의 구성부위가 아닌 것은?**

① 표피층 ② 진피층
③ 하피층 ④ 기저막

해설

곤충체벽의 구성부위는 표피층, 원표피, 진피층, 기저막 등이 있다.

**74** **나용을 만들지 않는 것은?**

① 딱정벌레목 ② 나비목
③ 벼룩목 ④ 벌목

해설

나용은 벼룩목, 부채벌레목, 대부분의 딱정벌레목과 벌목, 파리목의 일부에서 그 예를 볼 수 있다. 나비목의 경우 피용이 관찰된다.

**75** **생태계에서 그 지위가 분해자의 역할을 하는 부식성 해충은?**

① 송장벌레 ② 명주잠자리유충
③ 땅강아지 ④ 개미사돈

해설

다른 동물의 사체를 먹는 시식성, 부식성 해충에는 송장벌레과, 반날개과, 풍뎅이붙이과가 있다.

CBT

**76** **노린재목(매미목)이 아닌 것은?**

① 벼메뚜기 ② 벼멸구
③ 애멸구 ④ 끝동매미충

해설

벼메뚜기는 메뚜기목에 속하며 진딧물, 멸구, 매미충, 깍지벌레 등은 매미목에 속한다.

**77** **음성 주광성을 지닌 곤충은?**

① 나비 ② 바퀴
③ 파리 ④ 나방

해설

구더기, 바퀴 등은 음성주광성이다.

**78** **곤충의 분산과 이동에 관계하는 것으로 가장 거리가 먼 것은?**

① 환경요인 ② 먹이
③ 짝찾기 ④ 휴면

해설

곤충의 휴면은 불리한 환경 조건을 극복하고자 발육을 일시적으로 정지하는 현상으로 곤충의 분산 및 이동과는 관련이 적다.

정답 71 ① 72 ③ 73 ③ 74 ② 75 ① 76 ① 77 ② 78 ④

**79 벼 키다리병에 관한 설명으로 맞는 것은?**

① 병원균은 Gibberella zeae이다.
② 육묘기 때는 발생하지 않는다.
③ 벼가 웃자라는 것은 Fusaric acid 때문이다.
④ 대표적인 종자전염성 병해로 종자소독이 주요한 방제법이다.

해설

벼 키다리병은 종자를 통해 전염되기에 종자소독을 통해 방제가 가능하다.

**80 식물병원 바이러스(virus)의 설명으로 옳지 않은 것은?**

① 단백질로 된 외피를 가지고 있다.
② 핵산으로 구성되어 있다.
③ 인공배지에서 증식이 가능하다.
④ 생물에 기생하며 병을 일으킨다.

해설

바이러스는 인공배양이 어렵다.



정답 79 ④ 80 ③

# 종자기사 · 산업기사 필기

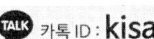

1판1쇄 발행 2023년 1월 10일　　2판1쇄 발행 2024년 1월 10일
3판1쇄 발행 2025년 1월 10일　　4판1쇄 발행 2026년 1월 10일

지 은 이 • 권 현 준
펴 낸 이 • 이 정 훈
펴 낸 곳 • 올배움 BOOK
주　　소 • 서울시 금천구 가산디지털1로 168 B동 B105(가산동, 우림라이온스밸리)
전　　화 • 1544-8509 / FAX 0505-909-0777
홈페이지 • www.kisa.co.kr

법인등록번호 • 110111-5784750
I S B N • 979-11-6517-190-2 (13520)

정가 35,000원